全国科学技术名词审定委员会

公　　布

科学技术名词·工程技术卷（全藏版）

28

机 械 工 程 名 词

CHINESE TERMS IN MECHANICAL ENGINEERING

（五）

物料搬运机械 流体机械 工程机械 动力机械

机械工程名词审定委员会

国家自然科学基金资助项目

科 学 出 版 社
北 京

内 容 简 介

本书是全国科学技术名词审定委员会审定公布的机械工程名词(物料搬运机械、流体机械、工程机械、动力机械)，其中物料搬运机械包括起重机械，输送机械，给料机械，装卸机械，机动工业车辆，电梯、自动扶梯、自动人行道；流体机械包括泵，水射流设备，阀门，风机、压缩机，气体分离设备，制冷与空调设备，真空获得与应用设备；工程机械包括土方机械，道路施工与养护机械及压实机械，地基基础施工设备，混凝土机械及混凝土制品机械，钢筋及预应力机械，骨料加工机械和设备，装修与高空作业机械，凿岩机械与气动工具；动力机械包括锅炉，汽轮机和燃气轮机，内燃机，水轮机，风力机，共 6924 条。这些名词是科研、教学、生产、经营以及新闻出版等部门应遵照使用的机械工程规范名词。

图书在版编目(CIP)数据

科学技术名词. 工程技术卷：全藏版 / 全国科学技术名词审定委员会审定. —北京：科学出版社，2016.01

ISBN 978-7-03-046873-4

I. ①科… II. ①全… III. ①科学技术–名词术语 ②工程技术–名词术语 IV. ①N-61 ②TB-61

中国版本图书馆 CIP 数据核字(2015)第 307218 号

责任编辑：史金鹏 / 责任校对：陈玉凤
责任印制：张 伟 / 封面设计：铭轩堂

科学出版社 出版
北京东黄城根北街 16 号
邮政编码：100717
http://www.sciencep.com
北京厚诚则铭印刷科技有限公司印刷
科学出版社发行 各地新华书店经销
*
2016 年 1 月第 一 版 开本：787×1092 1/16
2016 年 1 月第一次印刷 印张：36 3/4
字数：965 000

定价：7800.00 元(全 44 册)

(如有印装质量问题，我社负责调换)

全国科学技术名词审定委员会
第六届委员会委员名单

第二届机械工程名词审定委员会委员名单

顾　问（以姓名笔画为序）：

朱森第　陆燕荪　钟群鹏　徐滨士　路甬祥

主　任：宋天虎

副主任：王玉明　钟秉林　王松林　陈学东　刘　青

委　员（以姓名笔画为序）：

马国远　王建军　王善武　方洪祖　计维斌　石治平
刘子金　刘雨亭　孙大涌　杨一凡　吴　卫　沈德昌
宋肃庆　张　华　张喜军　陈长琦　陈志远　尚项绳
赵六奇　赵钦新　徐石安　徐仲伦　黄开胜　曹树良
谭　宁　薛胜雄　瞿俊鸣

办公室成员：吕亚玲　于兆清　宋正良　谢　景　王自严　王丽滨

物料搬运机械、流体机械、工程机械、动力机械名词审定组成员名单

组　长：陈学东

组　员（以姓名笔画为序）：

马国远　王善武　方洪祖　计维斌　刘子金　杨一凡
沈德昌　宋肃庆　张　华　张喜军　陈长琦　陈志远
赵钦新　曹树良　谭　宁　薛胜雄　瞿俊鸣

路甬祥序

我国是一个人口众多、历史悠久的文明古国，自古以来就十分重视语言文字的统一，主张“书同文、车同轨”，把语言文字的统一作为民族团结、国家统一和强盛的重要基础和象征。我国古代科学技术十分发达，以四大发明为代表的古代文明，曾使我国居于世界之巅，成为世界科技发展史上的光辉篇章。而伴随科学技术产生、传播的科技名词，从古代起就已成为中华文化的重要组成部分，在促进国家科技进步、社会发展和维护国家统一方面发挥着重要作用。

我国的科技名词规范统一活动有着十分悠久的历史。古代科学著作记载的大量科技名词术语，标志着我国古代科技之发达及科技名词之活跃与丰富。然而，建立正式的名词审定组织机构则是在清朝末年。1909 年，我国成立了科学名词编订馆，专门从事科学名词的审定、规范工作。到了新中国成立之后，由于国家的高度重视，这项工作得以更加系统地、大规模地开展。1950 年政务院设立的学术名词统一工作委员会，以及 1985 年国务院批准成立的全国自然科学名词审定委员会(现更名为全国科学技术名词审定委员会，简称全国科技名词委)，都是政府授权代表国家审定和公布规范科技名词的权威性机构和专业队伍。他们肩负着国家和民族赋予的光荣使命，秉承着振兴中华的神圣职责，为科技名词规范统一事业默默耕耘，为我国科学技术的发展做出了基础性的贡献。

规范和统一科技名词，不仅在消除社会上的名词混乱现象，保障民族语言的纯洁与健康发展等方面极为重要，而且在保障和促进科技进步，支撑学科发展方面也具有重要意义。一个学科的名词术语的准确定名及推广，对这个学科的建立与发展极为重要。任何一门科学(或学科)，都必须有自己的一套系统完善的名词来支撑，否则这门学科就立不起来，就不能成为独立的学科。郭沫若先生曾将科技名词的规范与统一称为“乃是一个独立自主国家在学术工作上所必须具备的条件，也是实现学术中国化的最起码的条件”，精辟地指出了这项基础性、支撑性工作的本质。

在长期的社会实践中，人们认识到科技名词的规范和统一工作对于一个国家的科技发展和文化传承非常重要，是实现科技现代化的一项支撑性的系统工程。没有这样一个系统的规范化的支撑条件，不仅现代科技的协调发展将遇到极大困难，而且在科技日益渗透人们生活各方面、各环节的今天，还将给教育、传播、交流、经贸等多方面带来困难和损害。

全国科技名词委自成立以来，已走过近 20 年的历程，前两任主任钱三强院士和卢嘉锡院士为我国的科技名词统一事业倾注了大量的心血和精力，在他们的正确领导和广大专家的共同努力下，取得了卓著的成就。2002 年，我接任此工作，时逢国家科技、经济飞速发展之际，因而倍感责任的重大；及至今日，全国科技名词委已组建了 60 个学科名词审定分委员会，公布了 50 多个学科的 63 种科技名词，在自然科学、工程技术与社会科学方面均取得了协调发展，科技名词蔚成体系。而且，海峡两岸科技名词对照统一工作也取得了可喜的成绩。对此，我实感欣慰。这些成就无不凝聚着专家学者们的心血与汗水，无不闪烁着专家学者们的集体智慧。历史将会永远铭刻着广大专家学者孜孜以求、精益求精的艰辛劳作和为祖国科技发展做出的奠基性贡献。宋健院士曾在 1990 年全国科技名词委的大会上说过：“历史将表明，这个委员会的工作将对中华民族的进步起到奠基性的推动作用。”这个预见性的评价是毫不为过的。

科技名词的规范和统一工作不仅仅是科技发展的基础，也是现代社会信息交流、教育和科学普及的基础，因此，它是一项具有广泛社会意义的建设工作。当今，我国的科学技术已取得突飞猛进的发展，许多学科领域已接近或达到国际前沿水平。与此同时，自然科学、工程技术与社会科学之间交叉融合的趋势越来越显著，科学技术迅速普及到了社会各个层面，科学技术同社会进步、经济发展已紧密地融为一体，并带动着各项事业的发展。所以，不仅科学技术发展本身产生的许多新概念、新名词需要规范和统一，而且由于科学技术的社会化，社会各领域也需要科技名词有一个更好的规范。另一方面，随着香港、澳门的回归，海峡两岸科技、文化、经贸交流不断扩大，祖国实现完全统一更加迫近，两岸科技名词对照统一任务也十分迫切。因而，我们的名词工作不仅对科技发展具有重要的价值和意义，而且在经济发展、社会进步、政治稳定、民族团结、国家统一和繁荣等方面都具有不可替代的特殊价值和意义。

最近，中央提出树立和落实科学发展观，这对科技名词工作提出了更高的要求。我们要按照科学发展观的要求，求真务实，开拓创新。科学发展观的本质与核心是以人为本，我们要建设一支优秀的名词工作队伍，既要保持和发扬老一辈科技名词工作者的优良传统，坚持真理、实事求是、甘于寂寞、淡泊名利，又要根据新形势的要求，面向未来、协调发展、与时俱进、锐意创新。此外，我们要充分利用网络等现代科技手段，使规范科技名词得到更好的传播和应用，为迅速提高全民文化素质做出更大贡献。科学发展观的基本要求是坚持以人为本，全面、协调、可持续发展，因此，科技名词工作既要紧密围绕当前国民经济建设形势，着重开展好科技领域的学科名词审定工作，同时又要在强调经济社会以及人与自然协调发展的思想指导下，开展好社会科学、文化教育和资源、生态、环境领域的科学名词审定工作，促进各个学科领域的相互融合和共同繁荣。科学发展观非常注重可持续发展的理念，因此，我们在不断丰富和发展已建立的科技名词体系的同时，还要进一步研究具有中国特色的术语学理论，以创建中国的术语学派。研究和建立中国特色的术语学理论，也是一种知识创新，是实现科技名词工作可持续发展的必由之路，我们应当为此付出更大的努力。

当前国际社会已处于以知识经济为走向的全球经济时代，科学技术发展的步伐将会越来越快。我国已加入世贸组织，我国的经济也正在迅速融入世界经济主流，因而国内外科技、文化、经贸的交流将越来越广泛和深入。可以预言，21 世纪中国的经济和中国的语言文字都将对国际社会产生空前的影响。因此，在今后 10 到 20 年之间，科技名词工作就变得更具现实意义，也更加迫切。“路漫漫其修远兮，吾今上下而求索”，我们应当在今后的工作中，进一步解放思想，务实创新、不断前进。不仅要及时地总结这些年来取得的工作经验，更要从本质上认识这项工作的内在规律，不断地开创科技名词统一工作新局面，做出我们这代人应当做出的历史性贡献。

2004 年深秋

卢嘉锡序

科技名词伴随科学技术而生，犹如人之诞生其名也随之产生一样。科技名词反映着科学研究的成果，带有时代的信息，铭刻着文化观念，是人类科学知识在语言中的结晶。作为科技交流和知识传播的载体，科技名词在科技发展和社会进步中起着重要作用。

在长期的社会实践中，人们认识到科技名词的统一和规范化是一个国家和民族发展科学技术的重要的基础性工作，是实现科技现代化的一项支撑性的系统工程。没有这样一个系统的规范化的支撑条件，科学技术的协调发展将遇到极大的困难。试想，假如在天文学领域没有关于各类天体的统一命名，那么，人们在浩瀚的宇宙当中，看到的只能是无序的混乱，很难找到科学的规律。如是，天文学就很难发展。其他学科也是这样。

古往今来，名词工作一直受到人们的重视。严济慈先生 60 多年前说过，“凡百工作，首重定名；每举其名，即知其事”。这句话反映了我国学术界长期以来对名词统一工作的认识和做法。古代的孔子曾说“名不正则言不顺”，指出了名实相副的必要性。荀子也曾说“名有固善，径易而不拂，谓之善名”，意为名有完善之名，平易好懂而不被人误解之名，可以说是好名。他的“正名篇”即是专门论述名词术语命名问题的。近代的严复则有“一名之立，旬月踟躇”之说。可见在这些有学问的人眼里，“定名”不是一件随便的事情。任何一门科学都包含很多事实、思想和专业名词，科学思想是由科学事实和专业名词构成的。如果表达科学思想的专业名词不正确，那么科学事实也就难以令人相信了。

科技名词的统一和规范化标志着一个国家科技发展的水平。我国历来重视名词的统一与规范工作。从清朝末年的科学名词编订馆，到 1932 年成立的国立编译馆，以及新中国成立之初的学术名词统一工作委员会，直至 1985 年成立的全国自然科学名词审定委员会(现已改名为全国科学技术名词审定委员会，简称全国名词委)，其使命和职责都是相同的，都是审定和公布规范名词的权威性机构。现在，参与全国名词委领导工作的单位有中国科学院、科学技术部、教育部、中国科学技术协会、国家自然科学基金委员会、新闻出版署、国家质量技术监督局、国家广播电影电视总局、国家知识产权局和国家语言文字工作委员会，这些部委各自选派了有关领导干部担任全国名词委的领导，有力地推动科技名词的统一和推广应用工作。

全国名词委成立以后，我国的科技名词统一工作进入了一个新的阶段。在第一任主任委员钱三强同志的组织带领下，经过广大专家的艰苦努力，名词规范和统一工作取得了显著的成绩。1992 年三强同志不幸谢世。我接任后，继续推动和开展这项工作。在国家和有关部门的支持及广大专家学者的努力下，全国名词委 15 年来按学科共组建了 50 多个学科的名词审定分委员会，有 1800 多位专家、学者参加名词审定工作，还有更多的专家、学者参加书面审查和座谈讨论等，形成的科技名词工作队伍规模之大、水平层次之高前所未有。15 年间共审定公布了包括理、工、农、医及交叉学科等各学科领域的名词共计 50 多种。而且，对名词加注定义的工作经试点后业已逐渐展开。另外，遵照术语学理论，根据汉语汉字特点，结合科技名词审定工作实践，全国名词委制定并逐步完善了一套名词审定工作的原则与方法。可以说，在 20 世纪的最后 15 年中，我国基本上建立起了比较完整的科技名词体系，为我国科技名词的规范和统一奠定了良好的基础，对我国科研、教学和学术交流起到了很好的作用。

在科技名词审定工作中，全国名词委密切结合科技发展和国民经济建设的需要，及时调整工作方针和任务，拓展新的学科领域开展名词审定工作，以更好地为社会服务、为国民经济建设服务。近些年来，又对科技新词的定名和海峡两岸科技名词对照统一工作给予了特别的重视。科技新词的审定和发布试用工作已取得了初步成效，显示了名词统一工作的活力，跟上了科技发展的步伐，起到了引导社会的作用。两岸科技名词对照统一工作是一项有利于祖国统一大业的基础性工作。全国名词委作为我国专门从事科技名词统一的机构，始终把此项工作视为自己责无旁贷的历史性任务。通过这些年的积极努力，我们已经取得了可喜的成绩。做好这项工作，必将对弘扬民族文化，促进两岸科教、文化、经贸的交流与发展做出历史性的贡献。

科技名词浩如烟海，门类繁多，规范和统一科技名词是一项相当繁重而复杂的长期工作。在科技名词审定工作中既要注意同国际上的名词命名原则与方法相衔接，又要依据和发挥博大精深的汉语文化，按照科技的概念和内涵，创造和规范出符合科技规律和汉语文字结构特点的科技名词。因而，这又是一项艰苦细致的工作。广大专家学者字斟句酌，精益求精，以高度的社会责任感和敬业精神投身于这项事业。可以说，全国名词委公布的名词是广大专家学者心血的结晶。这里，我代表全国名词委，向所有参与这项工作的专家学者们致以崇高的敬意和衷心的感谢!

审定和统一科技名词是为了推广应用。要使全国名词委众多专家多年的劳动成果——规范名词，成为社会各界及每位公民自觉遵守的规范，需要全社会的理解和支持。国务院和 4 个有关部委［国家科委(今科学技术部)、中国科学院、国家教委(今教育部)和新闻出版署］已分别于 1987 年和 1990 年行文全国，要求全国各科研、教学、生产、经营以及新闻出版等单位遵照使用全国名词委审定公布的名词。希望社会各界自觉认真地执行，共同做好这项对于科技发展、社会进步和国家统一极为重要的基础工作，为振兴中华而努力。

值此全国名词委成立 15 周年、科技名词书改装之际，写了以上这些话。是为序。

2000 年夏

钱三强序

科技名词术语是科学概念的语言符号。人类在推动科学技术向前发展的历史长河中，同时产生和发展了各种科技名词术语，作为思想和认识交流的工具，进而推动科学技术的发展。

我国是一个历史悠久的文明古国，在科技史上谱写过光辉篇章。中国科技名词术语，以汉语为主导，经过了几千年的演化和发展，在语言形式和结构上体现了我国语言文字的特点和规律，简明扼要，蓄意深切。我国古代的科学著作，如已被译为英、德、法、俄、日等文字的《本草纲目》、《天工开物》等，包含大量科技名词术语。从元、明以后，开始翻译西方科技著作，创译了大批科技名词术语，为传播科学知识，发展我国的科学技术起到了积极作用。

统一科技名词术语是一个国家发展科学技术所必须具备的基础条件之一。世界经济发达国家都十分关心和重视科技名词术语的统一。我国早在 1909 年就成立了科学名词编订馆，后又于 1919 年中国科学社成立了科学名词审定委员会，1928 年大学院成立了译名统一委员会。1932 年成立了国立编译馆，在当时教育部主持下先后拟订和审查了各学科的名词草案。

新中国成立后，国家决定在政务院文化教育委员会下，设立学术名词统一工作委员会，郭沫若任主任委员。委员会分设自然科学、社会科学、医药卫生、艺术科学和时事名词五大组，聘请了各专业著名科学家、专家，审定和出版了一批科学名词，为新中国成立后的科学技术的交流和发展起到了重要作用。后来，由于历史的原因，这一重要工作陷于停顿。

当今，世界科学技术迅速发展，新学科、新概念、新理论、新方法不断涌现，相应地出现了大批新的科技名词术语。统一科技名词术语，对科学知识的传播，新学科的开拓，新理论的建立，国内外科技交流，学科和行业之间的沟通，科技成果的推广、应用和生产技术的发展，科技图书文献的编纂、出版和检索，科技情报的传递等方面，都是不可缺少的。特别是计算机技术的推广使用，对统一科技名词术语提出了更紧迫的要求。

为适应这种新形势的需要，经国务院批准，1985 年 4 月正式成立了全国自然科学名词审定委员会。委员会的任务是确定工作方针，拟定科技名词术语审定工作计划、实施方案和步骤，组织审定自然科学各学科名词术语，并予以公布。根据国务院授权，委员会审定公布的名词术语，科研、教学、生产、经营以及新闻出版等各部门，均应遵照使用。

全国自然科学名词审定委员会由中国科学院、国家科学技术委员会、国家教育委员会、中国科学技术协会、国家技术监督局、国家新闻出版署、国家自然科学基金委员会分别委派了正、副主任担任领导工作。在中国科协各专业学会密切配合下，逐步建立各专业审定分委员会，并已建立起一支由各学科著名专家、学者组成的近千人的审定队伍，负责审定本学科的名词术语。我国的名词审定工作进入了一个新的阶段。

这次名词术语审定工作是对科学概念进行汉语订名，同时附以相应的英文名称，既有我国语言特色，又方便国内外科技交流。通过实践，初步摸索了具有我国特色的科技名词术语审定的原则与方法，以及名词术语的学科分类、相关概念等问题，并开始探讨当代术语学的理论和方法，以期逐步建立起符合我国语言规律的自然科学名词术语体系。

统一我国的科技名词术语，是一项繁重的任务，它既是一项专业性很强的学术性工作，又涉及亿万人使用习惯的问题。审定工作中我们要认真处理好科学性、系统性和通俗性之间的关系；主科与副科间的关系；学科间交叉名词术语的协调一致；专家集中审定与广泛听取意见等问题。

汉语是世界五分之一人口使用的语言，也是联合国的工作语言之一。除我国外，世界上还有一些国家和地区使用汉语，或使用与汉语关系密切的语言。做好我国的科技名词术语统一工作，为今后对外科技交流创造了更好的条件，使我炎黄子孙，在世界科技进步中发挥更大的作用，做出重要的贡献。

统一我国科技名词术语需要较长的时间和过程，随着科学技术的不断发展，科技名词术语的审定工作，需要不断地发展、补充和完善。我们将本着实事求是的原则，严谨的科学态度做好审定工作，成熟一批公布一批，提供各界使用。我们特别希望得到科技界、教育界、经济界、文化界、新闻出版界等各方面同志的关心、支持和帮助，共同为早日实现我国科技名词术语的统一和规范化而努力。

钱三强

1992 年 2 月

前　言

机械工业是国家的支柱产业，在建设有中国特色的社会主义进程中起着举足轻重的作用。机械工业涉及面广，包括的专业门类多，是工程学科中最大的学科之一。为了振兴和发展机械工业，加强机械科学技术基础工作，促进科学技术交流，第一届机械工程名词审定委员会在全国自然科学名词审定委员会(现称全国科学技术名词审定委员会)和原机械工业部的领导下，于 1993 年 4 月 1 日成立。根据该委员会的规划，机械工程名词包括机械工程基础、机械零件与传动、机械制造工艺与设备、仪器仪表、汽车和拖拉机、物料搬运机械、流体机械、工程机械、动力机械等 9 个部分，将分 5 批(5 个分册)陆续审定和公布。

第一届机械工程名词审定委员会分别于 2000 年和 2003 年完成了《机械工程名词》(一)、《机械工程名词》(二)和《机械工程名词》(三)的编写、审定工作，并由全国科学技术名词审定委员会公布。以上 3 个分册《机械工程名词》涵盖了机械工程基础、机械零件与传动、机械制造工艺与设备、仪器仪表等 4 部分的内容。

在全国科学技术名词审定委员会和中国机械工程学会的领导下，第二届机械工程名词审定委员会于 2009 年 6 月 23 日成立。该委员会由顾问和正、副主任及委员共 38 人组成，其中包括 5 名中国科学院和中国工程院的院士及一大批我国机械工程学科的知名专家和学者，为做好《机械工程名词》(四)和《机械工程名词》(五)的审定工作提供了可靠保障。这两个分册《机械工程名词》涵盖了规划中的汽车和拖拉机、物料搬运机械、流体机械、工程机械、动力机械等 5 部分的内容。

机械工程名词的选词和审定工作是在《中国机电工程术语数据库》的基础上进行的，在选词时还参考了大量国内外现行术语标准以及各种词典、手册和主题词表等，词源丰富，选词的可靠性高，词条定义的准确度高。

《机械工程名词》(五)的审定工作本着整体规划、分步实施的原则，按专业范围逐步展开。审定中严格按照全国科学技术名词审定委员会制定的《科学技术名词审定的原则及方法》和根据此文制定的《机械工程名词审定的原则及方法》进行。为保证审定质量，机械工程名词审定工作在全国科学技术名词审定委员会规定的“三审”定稿的基础上，又增加了同行评议和复审环节。参加本分册同行评议工作的专家有甘海仁、田广范、陈志平、邱栋良、吴德绳、林汝谋、居钰生、张涤新、徐洪泉、温龙。在同行评议的基础上，由王玉明、朱森第、孙大涌等 3 位专家进行了复审。其后，第二届机械工程名词审定委员会对以上各位专家的审定意见进行了认真的研究，再次进行修改后定稿，并上报全国科学技术名词审定委员会批准公布。

这次公布的《机械工程名词》(五)由物料搬运机械、流体机械、工程机械、动力机械等 4 部分名词组成，共有词条 6924 条。审定中遵循了定名的单义性、科学性、系统性、简明性和约定俗成的原则。对实际应用中存在的不同命名方法，公布时确定一个与之相对应的、规范的中文名词，其余用“又称”“简称”“曾称”“俗称”等加以注释。对一些缺乏科学性，易发生歧义的定名，本次审定予以改正。选词中注意选择了“本学科较基础的词、特有的常用词及重要词”，避免选取属于其他学科的词或已被淘汰和过时的词。加注定义时尽量不用多余或重复的字与词，使文字简练、准确。本分册所涵盖的物料搬运机械、流体机械、工程机械、动力机械为 4 个相互独立的部分，各部分所选条目的定义分别按照各自的行业习惯撰写。

名词审定工作是一项浩繁的基础性工作，现在公布的名词和定义只能反映当前的学术水平，随着科学技术的发展，还将适时修订。

在《机械工程名词》(五)的审定过程中，除了审定组成员、同行评议专家及复审专家付出了辛勤劳动之外，还得到了本行业诸多专家的大力支持，在此一并表示感谢。

第二届机械工程名词审定委员会

2012 年 12 月

编 排 说 明

一、本书公布的是机械工程中物料搬运机械、流体机械、工程机械、动力机械四个领域的基本词；每个词条均给出了英文名及定义。

二、本书分为起重机械，输送机械，给料机械，装卸机械，机动工业车辆，电梯、自动扶梯、自动人行道；泵，水射流设备，阀门，风机、压缩机，气体分离设备，制冷与空调设备，真空获得与应用设备；土方机械，道路施工与养护机械及压实机械，地基基础施工设备，混凝土机械及混凝土制品机械，钢筋及预应力机械，骨料加工机械和设备，装修与高空作业机械，凿岩机械与气动工具；锅炉，汽轮机和燃气轮机，内燃机，水轮机，风力机。

三、正文按汉文名词所属学科的概念体系排列，定义一般只给出基本内涵。汉文名后给出了与该词概念相对应的英文名。

四、当一个汉文名有两个或多个不同的概念时，则用（1）、（2）、（3）……分列。

五、一个汉文名一般只对应一个英文名，同时并存多个英文名时，英文名之间用“,”分开。

六、凡英文名的字母除必须大写外，一律小写；英文除必须用复数外，一般用单数；英文名一般用美式拼法。

七、“[　]”中的字为可省略的部分。

八、主要异名和释文中的条目用楷体表示。“全称”“简称”是与正名等效使用的名词；“又称”为非推荐名，只在一定范围内使用；“俗称”为非学术用语；“曾称”为被淘汰的旧名。

九、正文后所附英汉索引按英文字母顺序排列，汉英索引按汉语拼音顺序排列。所示号码为该名词在正文中的序号。索引中带“*”者为规范名的异名。

目　　录

路甬祥序
卢嘉锡序
钱三强序
前言
编排说明

正文

物料搬运机械

01. 起重机械……1
01.01 一般名词……1
01.02 机构和零部件……3
01.03 安全和指示装置……7
01.04 流动式起重机……8
01.05 铁路起重机……11
01.06 浮式起重机……12
01.07 门座起重机……13
01.08 桥式起重机……14
01.09 门式起重机……16
01.10 缆索起重机……18
01.11 悬挂单轨系统……19
01.12 冶金起重机……20
01.13 堆垛起重机……22
01.14 集装箱起重机……24
01.15 轻型起重设备……26
01.16 建筑起重机械……27
01.16.01 塔式起重机……27
01.16.02 桅杆起重机……29
01.16.03 建筑卷扬机……30
01.16.04 施工升降机……31
01.17 其他起重机……32
02. 输送机械……34
02.01 装置和零部件……34

02.02 带式输送机……34
02.03 埋刮板输送机……37
02.04 板式输送机……39
02.05 螺旋输送机……40
02.06 流体输送机……41
02.07 提升机……42
02.08 牵引链输送机……43
02.09 辊子输送机……43
02.10 振动输送机……44
02.11 悬挂输送机……44
02.12 索道……45
03. 给料机械……48
04. 装卸机械……49
05. 机动工业车辆……51
06. 电梯、自动扶梯、自动人行道……52

流 体 机 械

07. 泵……56
07.01 一般名词……56
07.02 回转动力式泵……56
07.03 容积式泵……58
07.04 水轮泵……62
07.05 其他类型泵……62
08. 水射流设备……63
09. 阀门……64
09.01 一般名词……64
09.02 类型……65
10. 风机、压缩机……69
10.01 一般名词……69
10.02 风机……70
10.03 压缩机……72
11. 气体分离设备……75
11.01 一般名词……75
11.02 单元设备……76
11.02.01 精馏塔……76
11.02.02 换热器……77
11.02.03 净化设备与其他……78
11.03 稀有气体提取设备……80
11.03.01 一般名词……80
11.03.02 单元设备……81

11.04　低温液体贮运设备……82
11.05　透平膨胀机……83
11.06　低温液体泵与其他……85
12.　制冷与空调设备……86
12.01　制冷……86
12.01.01　冷的制取……86
12.01.02　制冷循环……87
12.01.03　制冷剂和载冷剂……89
12.01.04　制冷机……91
12.01.05　制冷设备……95
12.01.06　制冷应用……100
12.02　空调设备……103
12.02.01　空气调节器……103
12.02.02　空气换热器……108
12.02.03　加湿器……109
12.02.04　除湿机……109
12.02.05　末端设备……110
12.02.06　空气–空气热回收器……111
12.03　空气净化设备……111
12.03.01　空气过滤器……111
12.03.02　洁净室……113
12.03.03　局部净化设备……113
13.　真空获得与应用设备……114
13.01　一般名词……114
13.02　真空泵……115
13.02.01　类型……115
13.02.02　零部件及附件……118
13.02.03　特性……118
13.03　真空系统……119
13.04　真空计……122
13.05　检漏……125
13.06　真空镀膜……126
13.07　真空干燥和冷冻干燥……128
13.08　真空冶金……129

工 程 机 械

14.　土方机械……133
14.01　一般名词……133
14.01.01　制动系……133
14.01.02　转向系……134

14.01.03 驱动桥 135
14.02 挖掘机 136
14.03 装载机 137
14.04 推土机 141
14.05 铲运机 142
14.06 平地机 142
14.07 挖沟机 143
14.08 自卸车和翻斗车 144
14.09 掘进机和盾构机 145
15. 道路施工与养护机械及压实机械 146
15.01 沥青结合料、混合料机械和沥青混凝土路面施工机械 146
15.02 石屑撒布机 152
15.03 混凝土摊铺机 152
15.04 混凝土路面修筑和养护机械 153
15.05 路面压实机械 154
15.06 稳定土搅拌机械 154
15.07 路面铣刨机和除雪机 156
16. 地基基础施工设备 156
17. 混凝土机械及混凝土制品机械 158
18. 钢筋及预应力机械 167
19. 骨料加工机械和设备 169
20. 装修与高空作业机械 171
21. 凿岩机械与气动工具 175
21.01 凿岩机械 175
21.02 气动工具 178
21.03 零部件与机构 183

动 力 机 械

22. 锅炉 187
22.01 一般名词 187
22.02 类型 190
22.03 参数 194
22.04 原理 198
22.05 结构 202
22.06 主要零部件 204
22.06.01 制粉及燃烧系统设备 204
22.06.02 锅筒、集箱及锅筒内部装置 208
22.06.03 蒸发受热面 209
22.06.04 过热器、再热器和减温器 210
22.06.05 省煤器 211

22.06.06 空气预热器……211
22.06.07 构架……212
22.06.08 管道系统和附件……212
22.06.09 其他……213
22.07 运行、维修和故障……213
22.07.01 运行……213
22.07.02 维修……215
22.07.03 故障……216
22.08 试验和测试……219
22.08.01 试验……219
22.08.02 测试……220
22.09 性能指标……220
22.09.01 技术性能……220
22.09.02 经济指标……221
22.09.03 可靠性指标……222
23. 汽轮机和燃气轮机……223
23.01 一般名词……223
23.02 汽轮机……225
23.02.01 类型……225
23.02.02 参数……227
23.02.03 结构和辅助装置……231
23.02.04 运行……237
23.02.05 辅机……242
23.03 燃气轮机……248
23.03.01 类型……248
23.03.02 参数……251
23.03.03 结构和辅机……257
23.03.04 运行……263
23.04 联合循环和热电联供……266
24. 内燃机……268
24.01 发动机……268
24.02 发动机设计和运行……271
24.03 发动机维修……278
24.04 固定件及外部罩盖……281
24.05 气门、凸轮机构……283
24.06 主要运动件……284
24.07 增压及进排气管系统……287
24.08 冷却系统……289
24.09 润滑系统……290

24.10 调节系统……292
24.11 起动系统……295
24.12 监控系统……296
24.13 发动机排放……299
24.13.01 燃料和能源……299
24.13.02 排放物……300
24.13.03 净化系统和装置……302
24.13.04 试验和标准……315
24.14 喷油泵……321
24.15 喷油器……325
24.16 泵喷嘴……328
24.17 高压油管和管端连接件……329
24.18 共轨式燃油喷射系统……330
25. 水轮机……331
26. 风力机……343
26.01 一般名词……343
26.02 类型……344
26.03 参数……346
26.03.01 设计、性能和安全参数……346
26.03.02 噪声测试参数……350
26.04 结构部件……351
26.05 运行……354
26.06 风力机试验……355

附录

英汉索引……357
汉英索引……461

物料搬运机械

01. 起 重 机 械

01.01 一 般 名 词

01.0001 起重机械 lifting appliances
以间歇、重复工作方式，通过起重吊钩或其他吊具起升、下降，或升降与运移重物的机械设备。

01.0002 起重机 crane
用吊钩或其他取物装置吊挂重物，在空间进行升降与运移等循环性作业的机械。

01.0003 起重力矩 load moment
幅度和与之相对应的载荷的乘积。

01.0004 起重倾覆力矩 load-tipping moment
载荷中心线至倾覆线的距离和与之相对应的载荷的乘积。

01.0005 设计质量 design mass
经过设计得出的，不包括压重、平衡重、燃料、油品、润滑剂和水的起重机质量。

01.0006 总质量 total mass
经过设计得出的，包括压重和平衡重以及按规定量加足的燃料、油品、润滑剂和水在内的起重机全部质量。

01.0007 轮压 wheel load
起重机一个车轮作用在轨道或地面上的最大垂直载荷。

01.0008 幅度 radius
起重机置于水平场地时，从其回转平台的回转中心线至取物装置(空载时)垂直中心线的水平距离。

01.0009 尾部回转半径 tail radius
与臂架相反方向的起重机回转部分的最大回转半径。

01.0010 起升高度 load-lifting height
起重机支承面至取物装置最高工作位置之间的垂直距离。

01.0011 下降深度 load-lowering height
起重机支承面至取物装置最低工作位置之间的垂直距离。

01.0012 起升范围 lifting range
取物装置最高和最低工作位置之间的垂直距离。

01.0013 回转速度 slewing speed
在稳定运动状态下，起重机回转部分的回转角速度。

01.0014 起重机运行速度 crane traveling speed
在稳定运动状态下，起重机的水平位移速度。

01.0015 小车运行速度 crab traversing speed
在稳定运动状态下，小车横移的速度。

01.0016 作业周期 operation cycle time
完成一个规定的作业循环所需的时间。

01.0017 起重机基准面 crane datum level
支承起重机运行底架的基础或轨道顶面的水平面。

01.0018 跨度 span
桥架型起重机运行轨道中心线之间的水平距离。

01.0019 起重机轨距 track gage
臂架型起重机钢轨轨道中心线或起重机运行车轮踏面中心线之间的水平距离。

01.0020 小车轨距 track gage
起重小车运行线路钢轨轨道中心线之间的距离。

01.0021 基距 base
对于流动式起重机或行走式起重机，沿平行于起重机纵向运行方向测定的起重机支承中心线之间的距离。

01.0022 坡度 gradient
起重机基距的两点之间的标高差值与坡道上的水平距离之比。

01.0023 爬坡能力 gradeability
空载起重机以稳定行驶速度爬行的斜坡的最大斜率，用百分数表示。

01.0024 支承轮廓 support contour
连接诸如车轮或支腿等支承件垂直轴线的水平投影线段围成的轮廓。

01.0025 轨道曲率半径 track curvature radius
起重机运行轨道曲线段上通过内轨中心线的最小曲率半径。

01.0026 最小转弯半径 minimum turning radius
起重机转向车轮处于极限偏转位置，其外侧前轮运行轨迹的曲率半径。

01.0027 工作级别 classification group
考虑起重机起重量和时间的利用程度以及工作循环次数的综合特性参数。

01.0028 起重机限界线 crane clearance line
起重机靠近构筑物工作时，安全作业条件所限定的空间，其边界线只有取物装置在进行搬运作业时才允许逾越。

01.0029 载荷升降 lifting of load
载荷在垂直方向的位移。

01.0030 起重机运行 crane traveling
起重机在作业状态下的整体移动。

01.0031 臂架伸缩 boom telescope
通过伸缩机构使臂架伸缩，改变臂架作业长度的运动。

01.0032 变幅 luffing
通过臂架的俯仰、移动或起重小车的运行使取物装置改变位置。

01.0033 水平变幅 level luffing
臂架俯仰过程中，载荷的高度能自动保持基本不变的运动。

01.0034 横移 traversing
起重小车沿桥架、承载索、臂架或悬臂的横向移动。

01.0035 回转 slewing
桥架型或臂架型起重机的回转部分在水平面的角运动。

01.0036 伸缩 telescoping
臂架或塔架从基础节改变其长度或高度所做的单节或多节的运动。

01.0037 起重机稳定性 crane stability
起重机抗倾覆力矩的能力。

01.0038 工作状态稳定性 stability under working condition
起重机抵抗由起升载荷、惯性力、风载荷和其他因素引起的倾覆力矩的能力。

01.0039 空载状态稳定性 stability under no-load condition
起重机抵抗由非工作状态风载荷和其他因素引起的倾覆力矩的能力。

01.0040 静载试验 static test
对起重机取物装置施加超过额定起重量一定比例的静载荷所进行的试验。

01.0041 动载试验 dynamic test

对起重机取物装置施加超过额定起重量一定比例的载荷下进行工作运动的试验。

01.0042 稳定性试验 stability test

对起重机取物装置施加超过额定起重量一定比例的静载荷所进行的抗倾覆能力的试验。

01.0043 有效起重量 payload

吊挂在起重机可分吊具上或无此类吊具，直接吊挂在固定吊具上起升的重物质量。

01.0044 可分吊具 non-fixed load-lifting attachment

用于起吊有效起重量，且不包含在起重机的质量之内的装置。

01.0045 净起重量 net load

吊挂在起重机固定吊具上起升的重物质量。

01.0046 固定吊具 fixed load-lifting attachment

能吊挂净起重量，并永久固定在起重挠性件下端的装置。

01.0047 起重挠性件下起重量 hoist medium load

吊挂在起重机起重挠性件下端起升的重物质量，为有效起重量、可分吊具质量和固定吊具质量之和。

01.0048 起重挠性件 hoist medium

从起重机上垂下，如从起重小车或臂架头部垂下，并由起升机构等设备驱动，使挂在其下端的重物升降的钢丝绳、链条或其他设备。

01.0049 总起重量 gross lifting load

直接吊挂在起重机上，如挂在起重小车或臂架头部上的重物的质量。

01.0050 额定起重量 rated capacity

在正常工作条件下对于给定的起重机类型和载荷位置，起重机设计能起升的最大净起重量。

01.0051 最大起重量 maximum capacity

额定起重量的最大值。

01.02 机构和零部件

01.0052 起升机构 hoisting mechanism

使载荷升降的机构。

01.0053 起重机运行机构 crane travel mechanism

使起重机移动的机构。

01.0054 小车运行机构 crab traverse mechanism

全称“起重小车运行机构”。使起重小车横移的机构。

01.0055 变幅机构 derricking mechanism

通过变换臂架和(或)副臂架的倾角改变幅度和起升高度的机构。

01.0056 柔性变幅机构 flexible derricking mechanism

利用钢丝绳或链条等挠性件实现变幅的机构。

01.0057 刚性变幅机构 rigid derricking mechanism

利用液压油缸或传动螺旋、齿条等刚性件实现变幅的机构。

01.0058 回转机构 slewing mechanism

使起重机的回转部分在水平面内转动的机构。

01.0059 小车回转机构 trolley slewing mechanism, crab slewing mechanism

使装有起升机构的起重小车回转部分相对小车运行部分转动的机构。

01.0060 悬臂俯仰机构 boom hoisting mechanism

使起重机悬臂俯仰的机构。

01.0061 伸缩机构 telescoping mechanism
使臂架、塔身、立柱等做伸缩运动的机构。

01.0062 开闭机构 closing mechanism
使抓斗、夹钳等做开闭运动的机构。

01.0063 底盘 undercarriage
用于安装转台或起重机塔架，包括使起重机移动的驱动装置的基座。

01.0064 底架 base frame, chassis frame
(1)用来安装施工升降机导轨架及围栏等构件的机架。(2)承受整机自重、各种载荷，并通过轮胎、履带或支腿传给地面，安装各种机构和附件的梁架式底盘结构件。

01.0065 门座 portal
由带或不带运行机构的支腿支承在地面上的高架结构件。

01.0066 平衡台车 bogie
装有车轮或滚轮并通过铰接使轮压均匀的支承装置。

01.0067 桥架 bridge
供起重机小车在其上横移用的桥架型起重机主要承载结构，或门式和半门式起重机支腿之间的结构件。

01.0068 起重小车 crab, trolley
使吊挂载荷移动的总成。

01.0069 主小车 main crab
多小车起重机上，起重能力最大的起重小车。

01.0070 副小车 auxiliary crab
多小车起重机上，除主小车之外的起重小车。

01.0071 带司机室小车 man trolley
带有司机室的起重小车。

01.0072 钢丝绳牵引小车 rope trolley
又称“绳索小车”。起升机构和运行机构均设置在小车以外，靠绳索牵引的起重小车。

01.0073 钢丝绳半牵引小车 semi-rope trolley
又称“半绳索小车”。起升机构或运行机构设置在小车以外，靠绳索牵引的起重小车。

01.0074 回转小车 slewing trolley
装有起升机构的部分相对运行部分能做转动的起重小车。

01.0075 电缆小车 cable trolley
在桥架或其他构件上运行，装有跟随起重小车收放电缆卷绕装置的小车。

01.0076 回转支承 slewing ring
用于将回转部分的载荷(力矩、垂直力和水平力)传递给非回转部分的部件，也可包括回转齿圈。

01.0077 柱式回转支承 central post slewing ring
由具有上下支承的柱状构件支承起重机回转部分的回转支承。

01.0078 转柱式回转支承 slewing ring with rotary column
柱状构件随起重机回转部分一起转动的柱式回转支承。

01.0079 定柱式回转支承 slewing ring with fixed column
柱状构件不随起重机回转部分一起转动的柱式回转支承。

01.0080 转盘式回转支承 turntable slewing ring
起重机回转部分装在转台上，通过各种不同的滚动件，支承在环形轨道上的回转支承。

01.0081 滚轮式回转支承 wheel slewing ring
滚动件为若干个滚轮的转盘式回转支承。

01.0082 滚子夹套式回转支承 roller slewing ring

滚动件为一系列滚子的转盘式回转支承。

01.0083 滚动轴承式回转支承 anti-friction slewing ring
采用带齿圈的滚动轴承的转盘式回转支承。

01.0084 转台 rotating platform
放置起重机机构的回转结构件。

01.0085 塔身 tower
又称"塔架"。起重机上支承臂架和(或)回转平台，并保证臂架根部必要高度的垂直结构件。

01.0086 门架 gantry
由桥架和支腿组成的结构。

01.0087 立柱 pillar
支承回转臂架及其载荷并保证必要的起升高度的垂直柱状机构件。

01.0088 转柱 rotary column
与回转部分一起转动的立柱。

01.0089 定柱 fixed column
固定而不随回转部分转动的立柱。

01.0090 主梁 main girder
桥架跨度方向的主要承载梁。

01.0091 箱形主梁 box girder
用钢板焊成的箱形断面主梁。

01.0092 端梁 end carriage
和主梁两端连接，或和主梁、副梁两端连接，构成桥架，并装有大车车轮的梁。

01.0093 臂架 jib, boom
保证取物装置获得必要的幅度和(或)起升高度的结构件。

01.0094 悬臂 cantilever, boom
桥架从起重机运行轨道中心线向外侧伸出的部分。

01.0095 固定臂 fixed jib
不做俯仰和伸缩运动的臂架。

01.0096 伸缩臂 telescopic jib
可按要求伸缩、改变作业范围的臂架。

01.0097 动臂 luffing jib
通过俯仰运动改变倾角，使取物装置处于不同起升高度和幅度的臂架。

01.0098 平衡重 counterweight
装在平衡臂或转台上，在起重机作业时用于平衡工作载荷和(或)某些起重机部件的重力的重块。

01.0099 压重 ballast
固定在底架或门座上，保证起重机稳定性的重块。

01.0100 制动器 brake
具有使运动部件(或运动机械)减速、停止或保持停止状态等功能的装置。

01.0101 卷筒制动器 drum brake
直接作用在卷扬机的卷筒上的制动器。

01.0102 鼓式制动器 drum brake
用制动轮和制动瓦作为摩擦副的制动器。

01.0103 盘式制动器 disk brake
用制动盘和制动块作为摩擦副的制动器。

01.0104 防风制动器 rail brake
将工作状态下轨道行走起重机压紧在轨顶上，防止其被阵风意外地吹动的防滑装置。

01.0105 夹轨器 rail clamp
将处于非工作状态下的轨道行走起重机夹紧在轨道沿线任意位置上，防止其被非工作状态下的阵风意外地吹动的防滑装置。

01.0106 锚定装置 anchor
将处于非工作状态下的轨道行走起重机夹紧在轨道沿线的停机位上，防止其在暴风的作用下意外地沿轨道滑行的装置。

01.0107 滑轮 sheave, pulley
具有一个或若干个导槽，用于引导和(或)改变钢丝绳(链条)方向的旋转件。滑轮上钢丝绳(链条)的受力无本质上的变化。

01.0108　平衡滑轮　compensating sheave, compensating pulley
在钢丝绳缠绕系统中，用于均衡钢丝绳伸长量的滑轮。

01.0109　绳索滑轮组　reeving system
由滑轮和钢丝绳组成的用于改变力、速度和方向的滑轮组件。

01.0110　吊钩滑轮组　hook assembly
装有起重吊钩的滑轮组件。

01.0111　卷筒　winding drum
用来卷绕绳索并传递动力的转动件。

01.0112　换绳装置　rope changer
快速更换钢丝绳的装置。

01.0113　排绳器　rope guider
引导钢丝绳有顺序地在卷筒上卷绕的装置。

01.0114　压绳器　rope guard
装在滑轮或卷筒旁边，防止钢丝绳从绳槽中脱出、松弛的装置。

01.0115　取物装置　load-handling device
用于抓取、持住或搬运重物的装置，如吊钩、抓斗、电磁吸盘、货叉、挂梁、集装箱吊具或其他装置。

01.0116　起重吊钩　lifting hook
端部做成钩状，起吊重物的吊具。

01.0117　主钩　main hook
用于主起升机构的吊钩。

01.0118　副钩　auxiliary hook
用于副起升机构的吊钩。

01.0119　抓斗　grab
靠颚板的开闭，自行抓取、卸出散料的取物装置。

01.0120　单绳抓斗　single-rope grab
通过特殊的锁扣装置，由一根钢丝绳轮流起到升降和闭合作用的抓斗。

01.0121　双绳抓斗　twin-rope grab
由提升绳和闭合绳两根单独的钢丝绳实现开闭和升降动作的抓斗。

01.0122　四绳抓斗　four-rope grab
采用两组双绳(双联卷筒)的抓斗。

01.0123　电动抓斗　electric grab, motor grab
由设在抓斗上的电动机直接驱动开闭的抓斗。

01.0124　多爪抓斗　jaw grab
又称“多颚板抓斗”。斗部带多颚板的抓斗。

01.0125　水下抓斗　grab used in water
用于水中抓取物料的抓斗。

01.0126　电磁吸盘　electromagnet
又称“起重电磁铁”。靠磁力自行吸取导磁物品的取物装置。通常靠线圈通电激磁吸料，断电去磁卸料。

01.0127　真空吸盘　vacuum chuck
靠空气压力差吸取重物的取物装置。

01.0128　起重横梁　lifting beam
对称地装有两个或两个以上的吊钩、电磁吸盘、夹钳、料耙等吊具，吊运长形物料的横梁。

01.0129　吊钩横梁　lifting beam with hooks
装有多吊钩的起重横梁。

01.0130　支腿　leg
用来承托桥架的结构件。

01.0131　外伸支腿　outrigger
加大起重机作业时的支承轮廓的装置。

01.0132　机械设备室　machinery room
能容纳一个或多个起重机驱动装置，人员能进入检查和维护的封闭空间。

01.0133　电气设备室　electrical equipment room
安装电气设备，人员能进入检查和维护的封

闭空间。

01.0134 轨道总成 rail track
由钢轨、横梁、承轨梁、托架和框架等组成的供起重机在上运行的总成。

01.0135 轨道 rail
供车轮或滚轮滚动，使起重机或小车，以及起重机的某一部分运动，并承受其载荷的钢质线路。

01.0136 滚道 roller path
供滚轮或滚子、滚珠滚动，使起重机或起重小车的回转部分转动，并承受其上的载荷的圆形钢质线路。

01.0137 电缆卷绕装置 cable winder
起重机上收放、缠绕电缆的装置。

01.0138 电缆卷筒 cable drum
缠绕电缆的转动件。

01.03 安全和指示装置

01.0139 限制器 limiting device, limiter
停止或限制起重机运动或功能的装置。大多数限制器在有关的运动或功能到达极限状态时自动作用。

01.0140 起重机运行速度限制器 crane traveling speed limiter
限制起重机最高运行速度的限制器。

01.0141 小车运行速度限制器 crab traversing speed limiter
限制起重小车最高运行速度的限制器。

01.0142 偏斜限制器 skew limiter
当起重机一侧相对于另一侧的运行偏斜超过某一规定值时，调整偏斜或自动停止起重机运行机构运转的限制器。

01.0143 额定起重量限制器 rated capacity limiter
自动防止起重机起吊超过规定的额定起重量的限制器。

01.0144 起重力矩限制器 load moment limiter
当起重机的起重力矩超过规定值时，自行停止起升和变幅机构运转的限制器。

01.0145 功能限制器 function limiter
使起重机停止指定功能或限制起重机指定功能的装置。

01.0146 运动限制器 motion limiter
使起重机运动停止或限制起重机运动的装置。

01.0147 缓冲器 buffer, bumper
吸收动能、缓和冲撞的装置。

01.0148 终端止挡器 end stop
限制起重机和小车运动的装置。

01.0149 指示器 indicating device, indicator
向起重机司机发送听觉和(或)视觉信号，以便将起重机控制在其合适的工作参数范围内的装置。

01.0150 起升高度限位器 hoisting limiter
吊具升至最高极限位置时起作用的限制器。

01.0151 下降深度限位器 lowering limiter
吊具下降至最低位置时起作用的限制器。

01.0152 回转限位器 slewing limiter
限制起重机回转部分转动角度的限制器。

01.0153 起重机行程限位器 crane traveling limiter
起重机运行至终端位置时起作用的限制器。

01.0154 小车行程限位器 crab traversing limiter
起重小车运行至终端位置时起作用的限制器。

01.0155　臂架变幅限位器　derricking limiter
限制臂架倾角的限制器。

01.0156　绳索松弛停止器　slack rope stop
当绳索松弛时，自动停止起升机构运转的装置。

01.0157　防风装置　safety device against wind
防止起重机或起重小车在大风作用下沿轨道滑行或倾覆的装置。

01.0158　防臂架后翻装置　overturn protection of jib
防止摆动臂架往后翻倒的装置。

01.0159　起重机防碰装置　crane anticollision device
防止相邻两台起重机碰撞的装置。

01.04　流动式起重机

01.0160　流动式起重机　mobile crane
可以配置立柱或塔柱，能在带载或不带载情况下沿无轨路面行驶，且依靠自重保持稳定的臂架型起重机。

01.0161　履带起重机　crawler crane
以履带为运行底架的流动式起重机。

01.0162　汽车起重机　crane truck, truck crane
以通用或专用的汽车底盘为运行底架的流动式起重机。

01.0163　轮胎起重机　wheel crane
装有充气轮胎，以特制底盘为运行底架的流动式起重机。

01.0164　特殊底盘起重机　special mounted crane
具有除轮胎或履带底盘以外的特殊底盘的流动式起重机。

01.0165　回转流动式起重机　slewing mobile crane
作业时整个上车回转部分，包括起重臂及附件，可相对下车固定部分绕垂直回转中心转动的流动式起重机。

01.0166　非回转流动式起重机　non-slewing mobile crane
臂架不能相对下车运行底架转动的流动式起重机。

01.0167　铰接流动式起重机　articulated mobile crane
转向的机构与垂直的枢轴铰接，在行走时臂架做水平摆动的流动式起重机。

01.0168　特殊流动式起重机　special configuration mobile crane
将不同的附件加于基型流动式起重机上，以提高起重能力或扩大其功能范围的流动式起重机。

01.0169　桁架臂流动式起重机　mobile crane with lattice jib
采用桁架臂的流动式起重机。

01.0170　箱形臂流动式起重机　mobile crane with box section jib
采用箱形臂的流动式起重机。

01.0171　铰接臂流动式起重机　mobile crane with articulated jib
采用铰接臂的流动式起重机。

01.0172　通用流动式起重机　general purpose mobile crane
适用于一般情况下进行作业的流动式起重机。

01.0173　越野流动式起重机　roughterrain mobile crane
具有越野性能，可在崎岖不平的场地进行作业的流动式起重机。

01.0174　专用流动式起重机　specific purpose

mobile crane

从事某种专门作业或备有其他设施进行特殊作业的流动式起重机。如集装箱轮胎起重机。

01.0175 桅柱装置 mast attachment

由桅柱、带或不带副臂架以及其他必要附件组成的流动式起重机的可替换工作装置。

01.0176 塔柱装置 tower attachment

由塔柱、带或不带副臂架以及其他必要附件组成的流动式起重机的可替换工作装置。

01.0177 上车 superstructure

回转流动式起重机的底盘或下车以上的回转部分、取物装置、吊臂、配重等机构和装置的总称。

01.0178 下车 underchassis

回转支承以下，包括起重机行驶机构、底盘、外伸支腿等部件在内的机构和装置的总称。

01.0179 起重臂伸缩机构 boom telescoping device

驱动伸缩臂各伸缩节做伸缩运动的机构。

01.0180 桁架臂 lattice jib

桁架结构的起重臂。

01.0181 箱形臂 box jib

具有封闭截面的起重臂。

01.0182 主臂 main jib

从与转台或塔帽相铰接的根部铰点起，至其头部装设的起升定滑轮组轴心线之间的起重臂。

01.0183 加长臂 extension jib

铰接于主臂头部，其轴线与主臂轴线方向基本一致，用以加长作业臂长的附加臂。

01.0184 副臂 fly jib

铰接于主臂头部，并可在起升面内俯仰，改变其与主臂夹角进行变幅的起重臂。

01.0185 基本臂 basic jib

又称“最短主臂”。将桁架臂的中间臂节全部拆除，只由下端的基础臂节和上端的顶部臂节组成的主臂，或伸缩臂的各伸缩节全部缩回的主臂。

01.0186 最长主臂 full extensional main jib

将桁架臂的中间臂节全部装上，或伸缩臂全部伸出的主臂。

01.0187 基础臂节 base jib section

直接与转台、底座或塔身相铰接的臂节。

01.0188 顶部臂节 top jib section

位于起重臂最外端的臂节，在其头部设有支承钢丝绳的定滑轮组，或(和)安装副臂的连接点。

01.0189 中间臂节 insert jib section

为得到不同的臂长而安装于基础臂节和顶部臂节之间，截面尺寸和长度一定的起重臂节。

01.0190 铰接臂 articulated jib

各臂节互相铰接，靠液压缸伸缩而伸屈的起重臂。

01.0191 固定长度起重臂 fixed length jib

起重机的作业臂长不能改变，或在作业循环期内不能改变臂长的起重臂。

01.0192 可变长度起重臂 varied length jib

起重机在作业循环期内可以改变臂长的起重臂。

01.0193 组合式起重臂 boom with fly jib, extension jib

在主臂端部或近于臂端装有副臂或加长臂，用以加长作业臂长并安置辅助吊具的起重臂。

01.0194 塔臂配置 mast attachment, tower attachment

由塔架、带或不带副臂的臂架及必要附件组成的结构。

01.0195　W 形外伸支腿　W-outrigger

又称"蛙式支腿"。支腿收回后，从起重机的正后方看，其左右两侧的外伸支腿呈 W 形配置。

01.0196　H 形外伸支腿　H-outrigger

用支腿作业时，从起重机的正后方看，左右两支腿呈 H 形。每个支腿由水平伸缩及垂直升降两部分组成。

01.0197　X 形外伸支腿　X-outrigger

用支腿作业时，从起重机的正后方看，左右两支腿呈 X 形。

01.0198　辐射式外伸支腿　radial outrigger

作业时各支腿伸出后，在支承地面呈辐射状布置。不用支腿时，支腿可以收回，并回转一个角度，依附底架两侧或被拆除，便于起重机行驶。

01.0199　副臂支撑杆　brace pole of fly jib

安装在起重臂头部附近，支撑副臂拉索的结构件。

01.0200　臂架折叠机构　jib fold mechanism

起重机由工作状态转换成非工作状态，使起重臂折叠的机构。

01.0201　行驶机构　traveling mechanism

使起重机行驶和行走的机构。

01.0202　取力装置　power take-off

又称"动力输出装置"。自发动机的传动系统引出动力的装置，用来驱动起重机液压泵或其他机构。

01.0203　悬挂锁紧机构　suspension lock device

具有弹性悬架或平衡悬架的底盘，在作业时锁住悬架弹簧或平衡架，以阻止车轴与底架间的相对运动或减少弹性效应，增加作业时的稳定性的一种装置。

01.0204　牵引装置　tow device

起重机被牵引或进行牵引作业的装置。

01.0205　轴荷　axle load

起重机总质量(作业时包括起升载荷)分配在底盘轮轴上的载荷。

01.0206　地面最大作业载荷　maximum pavement load in working conditions

起重机起吊额定起重量做全回转运动，支承点作用于地面的最大垂直载荷。

01.0207　质量利用系数　coefficient of mass utilization

起重机单位质量的起重性能参数，为起重机额定起重力矩和其最大起升高度的乘积与起重机总质量之比。

01.0208　行驶状态全长　overall length in transporting condition

道路行驶状态下的整机全长。

01.0209　行驶状态全宽　overall width in transporting condition

道路行驶状态下的整机全宽。

01.0210　行驶状态全高　overall height in transporting condition

道路行驶状态下的整机全高。

01.0211　履带接地面积　crawler bearing area

履带接地长度与左右两履带板宽度之和的乘积。

01.0212　履带接地长度　crawler bearing length, ground contact length of track

履带与地面的接触长度。

01.0213　履带宽度　crawler width

履带起重机底盘各侧履带板的宽度。

01.0214　履带底盘基距　base of crawler crane

履带底盘的驱动轮和导向轮轴心线间的距离，或底盘上将载荷传给地面的最前和最后两支重轮轴线间的距离。

01.0215 履带底盘转弯半径 turning radius of crawler chassis

由履带底盘纵向对称平面到转向中心的距离。

01.0216 臂头最小转弯半径 minimum turning radius of jib nose

起重机以最小转弯半径转向行驶时，起重臂前端做弧线运动，其最外点在支承地面的投影到转向中心的距离。

01.0217 道路行驶 transport traveling, road traveling

将起重臂放下固定或部分拆除，收回支腿，切断各工作机构的动力，并根据运行要求拆除某些零部件，进行长距离的场地转移。

01.0218 工作幅度 working radius

起重作业时的幅度。

01.0219 最小工作幅度 minimum rated radius

起吊最大总起重量时的幅度。

01.0220 后翻稳定性 stability to resist back tipping condition

起重机抵抗向后倾覆力矩的能力。

01.0221 行驶稳定性 stability under transport condition

无吊重行驶状态下，起重机抵抗倾覆的能力。

01.0222 倾翻线 tipping line

起重机各相邻支承点间的水平连线。

01.05 铁路起重机

01.0223 铁路起重机 railway crane

安装在专用底架上沿铁路轨道运行的起重机。

01.0224 蒸汽铁路起重机 steam locomotive crane

以蒸汽机为动力装置的铁路起重机。

01.0225 内燃铁路起重机 diesel locomotive crane

以内燃机为动力装置的铁路起重机。

01.0226 电动铁路起重机 motor-driven railway crane

以外接电源的电动机为动力装置的铁路起重机。

01.0227 装卸用铁路起重机 railway crane for handling use

为装卸货物用的铁路起重机。

01.0228 救援用铁路起重机 wreck railway crane

为铁路机车、车辆颠覆等事故救援用的铁路起重机。

01.0229 自力走行 self-propelled traveling

起重机依靠本身动力在铁路线上的运行。

01.0230 牵行能力 vehicle tractive capacity

起重机在平直线路上走行，允许牵挂车辆的能力。

01.0231 自力走行速度 self-propelled traveling speed

起重机自力走行时允许的最高速度。

01.0232 自行通过最小曲线半径 negotiable radius for self-propelled traveling

起重机自力走行可通过的最小线路曲线半径。

01.0233 回送速度 haulage speed

起重机回送时允许的最高速度。

01.0234 回送通过最小曲线半径 negotiable radius for haulage by train

起重机回送时，可通过的最小线路曲线半径。

01.0235 车钩间距 length between couples

起重机两端车钩连接线间的水平距离。

01.0236 走行挂齿装置 clutch in traveling system

按回送或自力走行的不同工况，使下部走行装置与上部传动机构脱开或连接的装置。

01.0237 止摆装置 anti-oscillation device

起重机回送时防止回转部分相对底架摆动的装置。

01.0238 底架千斤顶 undercarriage jack

为了使转向架弹簧不承受或部分承受重物引起的载荷，使底架上的载荷直接作用到转向架的侧架或构架上的千斤顶。

01.0239 臂架平车 auxiliary truck

起重机在线路上停放或回送时，用来安置臂架和吊具的专用平车。有时同车设有宿营设施。

01.0240 回送 haulage by train

起重机被编挂到列车中或由机车单独牵行，从一地到另一地的运行。

01.06 浮式起重机

01.0241 浮式起重机 floating crane

以自航或拖航的专用浮船体做支承和运行装置的起重机。

01.0242 自航浮式起重机 self-propelled floating crane

可独立航行的浮式起重机。

01.0243 非自航浮式起重机 non-propelled floating crane

依靠拖轮拖航的浮式起重机。

01.0244 全回转浮式起重机 full-circle slewing floating crane

起重装置可绕回转中心线相对浮船做 360° 以上连续转动的浮式起重机。

01.0245 非全回转浮式起重机 limited slewing floating crane

起重装置只能在夹角小于360°的有限范围内，绕回转中心线相对浮船转动的浮式起重机。

01.0246 非回转浮式起重机 non-slewing floating crane

起重装置不能相对浮船转动的浮式起重机。

01.0247 复合浮式起重机 compound-type floating crane

起重装置分上、下两层，下层起重装置不能回转，上层起重装置可全回转的浮式起重机。

01.0248 蒸汽浮式起重机 steam floating crane

采用蒸汽机作为动力装置的浮式起重机。

01.0249 内燃浮式起重机 diesel floating crane

采用内燃机作为动力装置的浮式起重机。

01.0250 内燃电力浮式起重机 diesel-electric floating crane

采用柴油发电机组作为动力装置的浮式起重机。

01.0251 蒸汽电力浮式起重机 steam-electric floating crane

采用蒸汽发电机组作为动力装置的浮式起重机。

01.0252 电动浮式起重机 electric floating crane

采用以岸电为电源的电动机作为动力装置的浮式起重机。

01.0253 吊钩浮式起重机 hook floating crane

采用吊钩作为吊具的浮式起重机。

01.0254 抓斗浮式起重机 grabbing floating

crane

采用抓斗作为吊具的浮式起重机。

01.0255　港湾浮式起重机　harbour floating crane

在港湾、内河航道、造船厂等从事货物装卸、设备吊装、船舶下水等作业的各种浮式起重机。除非采取特种预防措施，一般不能出海航行或拖航。

01.0256　航海浮式起重机　sea-going floating crane

可在海洋中航行、拖航和从事起重、救援等作业的浮式起重机。

01.0257　装卸用浮式起重机　floating crane for cargo handling

装卸货物用的浮式起重机。

01.0258　造船用浮式起重机　shipyard floating crane

用于造船厂船舶下水和舾装的浮式起重机。

01.0259　建筑安装用浮式起重机　floating crane for erection work

用于建造、安装港岸设备和水工建筑物的浮式起重机。

01.0260　救援用浮式起重机　floating crane for salvage work

用于水上抢险救援工作的浮式起重机。

01.07　门座起重机

01.0261　门座起重机　portal slewing crane

安装在门座上，下方可通过铁路或公路车辆的移动式回转起重机。

01.0262　半门座起重机　semi-portal slewing crane

安装在半门座上，下方可通过铁路或公路车辆的移动式回转起重机。

01.0263　港口通用门座起重机　harbour portal crane for general use

配备有可以更换的吊钩、抓斗等吊具，能满足港口装卸不同种类的件货、散料和集装箱要求的门座起重机。

01.0264　带斗门座起重机　kangaroo

门座上装有漏斗和带式输送机，用抓斗卸船的门座起重机。

01.0265　船厂门座起重机　shipyard portal crane

装在高门座上的门座起重机，用于船厂的吊装工作，具有较大的起重能力和较大的起升高度。通常备有两个或多个起重吊钩。

01.0266　电站门座起重机　power station portal crane

用于电站建设的门座起重机，具有较大的工作幅度和起重能力，且易于拆卸和拼装，便于转移工地。

01.0267　非工作性变幅　non-operating luffing

起重机只允许在空载情况下改变幅度。

01.0268　工作性变幅　operating luffing

起重机能在带载情况下改变幅度。

01.0269　单臂架系统　single-boom system

绕某一铰轴摆动的单一臂架，通过起升绳的不同缠绕方式而得到补偿，从而使吊具做近似水平移动的装置。

01.0270　滑轮组补偿法　means of compensation with pulley block

通过臂架和上转柱之间设置补偿滑轮组的补偿，使起重机变幅时，吊具即能做近似水平移动的方法。

01.0271　平衡滑轮补偿法　means of compensation with compensating pulley

起升绳绕过设置在平衡梁尾部的平衡滑轮的补偿，使起重机变幅时，吊具做近似水平移动的方法。

01.0272 平衡卷筒补偿法 means of compensation with compensating drum

由绳索卷筒带动变幅的起重机，起升绳一端固定在与变幅卷筒联动的补偿卷筒上，当变幅时，补偿卷筒即收进或放出起升绳，使吊具做近似水平移动的方法。

01.0273 组合臂架系统 double-link jib

由臂架、象鼻架、拉杆或拉索组成的四联杆式臂架系统，象鼻架端部的滑轮可做近似水平移动。

01.0274 平行四边形组合臂架 double-link jib in parallelogram

组合臂架的臂架纵向中心线与大拉杆的轴心线相互平行。象鼻架中心线与小拉杆轴心线相互平行，组成平行四边形，使象鼻架端部滑轮做水平运动。

01.0275 臂架平衡系统 boom balancing system

变幅时，使臂架系统的质心高度保持不变或基本不变的装置。

01.0276 不变质心平衡原理 fixed center of mass for jib balance

臂架与对重的合成质心固定不变，因而臂架的质量得到完全的平衡。

01.0277 移动质心平衡原理 movable center of mass for jib balance

利用杠杆系统使臂架与对重的合成质心沿近似水平线移动，使臂架系统得到近似平衡。

01.0278 无对重平衡原理 jib balanced without counterweight

臂架系统没有对重，靠系统构件的组合特性使臂架系统的合成质心沿水平或近似水平运动。

01.0279 对重平衡梁 equalizing beam for counterweight

臂架与对重之间的传力梁。

01.0280 撑杆式门座 portal with prop bar

由上支承环、若干数量的撑杆以及横梁和门腿组成的门座。

01.0281 交叉式门座 cross frame portal

由两片箱形截面的钢架交叉组成的门座。

01.0282 圆筒形门座 portal with cylindrical structure

由支承圆筒和门腿组成的门座。

01.0283 桁架式门座 trussed portal

由数片桁架组成空间结构的门座。

01.08 桥式起重机

01.0284 桥式起重机 bridge crane, overhead traveling crane

桥架梁通过运行装置直接支承在轨道上的起重机。

01.0285 带回转臂架的桥式起重机 overhead crane with slewing jib

小车上设有可回转刚性臂架，吊具挂在臂架上升降的桥式起重机。

01.0286 带回转小车的桥式起重机 overhead crane with slewing crab

小车除了沿桥架运行、起升吊具外，还可回转的桥式起重机。

01.0287 单主梁桥式起重机 single-girder overhead crane

具有一根主梁的桥式起重机。

01.0288 主梁受扭的起重机 torsion beam crane

起重小车装于单梁一侧的桥式或门式起重机。

01.0289 双梁桥式起重机 double-girder

overhead crane
具有两根主梁的桥式起重机。

01.0290 同轨双小车桥式起重机 overhead crane with double trolley on the same rails
两台小车在桥架的同一轨道上运行的双小车桥式起重机。

01.0291 异轨双小车桥式起重机 overhead crane with double trolley on the different rails
两台小车在桥架的不同轨道上运行的双小车桥式起重机。

01.0292 挂梁桥式起重机 overhead crane with carrier-beam
带有挂梁的桥式起重机。

01.0293 电动葫芦桥式起重机 overhead crane with electric hoist
用电动葫芦作为小车上起升机构的桥式起重机。

01.0294 带导向架的桥式起重机 overhead crane with guided beam
吊具沿垂直导架运行的桥式起重机。

01.0295 柔性吊挂桥式起重机 overhead crane with loose-suspending
吊具柔性悬挂的桥式起重机。

01.0296 梁式起重机 overhead crane with simple girder
起重小车在工字形梁或其他简单梁上运行的简易桥式起重机。

01.0297 吊钩桥式起重机 overhead crane with hook
用吊钩作为吊具的桥式起重机。

01.0298 抓斗桥式起重机 overhead crane with grab
用抓斗作为吊具的桥式起重机。

01.0299 电磁桥式起重机 overhead crane with magnet
用电磁吸盘作为吊具的桥式起重机。

01.0300 二用桥式起重机 2-purpose overhead crane
用抓斗和电磁吸盘，或用抓斗和吊钩两种作为吊具的桥式起重机。

01.0301 三用桥式起重机 3-purpose overhead crane
可采用吊钩、抓斗或电磁吸盘三种作为可分吊具的桥式起重机。

01.0302 通用桥式起重机 general purpose overhead crane
普通用途的桥式起重机，它的吊具是吊钩、抓斗及电磁吸盘中的一种或同时用其中的二、三种。

01.0303 专用桥式起重机 special overhead crane
专门用途的桥式起重机，它的吊具及结构型式随用途不同有很大差别。

01.0304 冶金桥式起重机 overhead crane for metallurgic plants
适应冶金用途的各种桥式起重机。

01.0305 防爆桥式起重机 overhead explosion-proof crane
用于易燃、易爆介质的车间中，具有防爆特性的桥式起重机。

01.0306 绝缘桥式起重机 overhead isolation crane
对强电流具有绝缘装置的桥式起重机。

01.0307 手动桥式起重机 manual overhead crane
由人力驱动的桥式起重机。

01.0308 电动桥式起重机 electric overhead crane
由电力驱动的桥式起重机。

01.0309 液压桥式起重机 hydraulic overhead crane

由液压驱动的桥式起重机。

01.0310 司机室操纵桥式起重机 cab-operated overhead crane

司机室内操纵的桥式起重机。

01.0311 地面操纵桥式起重机 floor-controlled overhead crane

在地面操纵的桥式起重机。

01.0312 远距离操纵桥式起重机 remote-controlled overhead crane

有线或无线远距离操纵的桥式起重机。

01.09 门式起重机

01.0313 门式起重机 portal bridge crane, gantry crane

桥架梁通过支腿支承在轨道上的起重机。

01.0314 半门式起重机 semi-gantry crane, semi-portal bridge crane

桥架梁一端直接支承在轨道上，另一端通过支腿支承在轨道上的起重机。

01.0315 双梁门式起重机 double-girder gantry crane

有两根主梁的门式起重机。

01.0316 框架型门式起重机 gantry crane with saddle

在侧门架同一侧轨道的支腿上方用Π形梁使支腿连接起来的门式起重机。

01.0317 单主梁门式起重机 single-girder gantry crane

有一根主梁的门式起重机。

01.0318 可移动主梁门式起重机 gantry crane with movable girder

主梁可沿桥架纵向移动的门式起重机。

01.0319 无悬臂门式起重机 non-cantilever gantry crane

桥架两侧都没有悬臂的门式起重机。

01.0320 悬臂门式起重机 cantilever gantry crane

起重机轨道一侧或两侧外有桥架梁或横向外伸梁的门式或半门式起重机。

01.0321 单悬臂门式起重机 gantry crane with cantilever

桥架一侧有悬臂的门式起重机。

01.0322 双悬臂门式起重机 gantry crane with two cantilevers

桥架两侧都有悬臂的门式起重机。

01.0323 铰接悬臂门式起重机 gantry crane with hinged boom

悬臂与桥架铰接的门式起重机。

01.0324 可伸缩悬臂门式起重机 gantry crane with retractable boom

悬臂能沿桥架方向伸缩的门式起重机。

01.0325 平移门式起重机 traveling gantry crane

两侧支腿平行移动的门式起重机。

01.0326 辐射式门式起重机 radial gantry crane

一侧支腿可绕固定垂直中心线沿弧形轨道移动的门式起重机。

01.0327 通用门式起重机 gantry crane for general use

一般用途的门式起重机。

01.0328 造船门式起重机 shipbuilding gantry crane

专门用于制造船体，设在船台上的门式起重机。

01.0329 水电站门式起重机 power station gantry crane

安装在水电站坝顶上，主要用来吊运和启闭闸门、拦污栅的门式起重机。

01.0330　装卸桥　unloader
小车运行速度大，运行距离长，生产率高，主要吊运散料的门式起重机。

01.0331　吊钩门式起重机　gantry crane with hook, goliath
用吊钩作为吊具的门式起重机。

01.0332　抓斗门式起重机　bridge grabbing crane, grabbing goliath
用抓斗作为吊具的门式起重机。

01.0333　电磁门式起重机　magnet gantry crane
用电磁吸盘作为吊具的门式起重机。

01.0334　三用门式起重机　hook-grab-magnet gantry crane
采用吊钩、抓斗、电磁吸盘三种吊具互换使用的门式起重机。

01.0335　手拉葫芦门式起重机　gantry crane with chain hoist
用手拉葫芦升降重物的门式起重机。

01.0336　电动葫芦门式起重机　gantry crane with electric hoist
用电动葫芦升降重物的门式起重机。

01.0337　自行小车门式起重机　gantry crane with self-propelled trolley
有自行小车的门式起重机。

01.0338　绳索小车门式起重机　gantry crane with rope trolley
起升机构和运行机构与小车分离，用钢丝绳牵引小车运行的门式起重机。

01.0339　带固定臂架的门式起重机　portal bridge crane with fixed jib
在桥架上装有固定臂架的门式起重机。

01.0340　带臂架起重机的门式起重机　gantry crane with traversing jib crane
具有臂架和上部回转机构的小车在桥架轨道上运行的门式起重机。

01.0341　带回转司机室小车的门式起重机　gantry crane with slewing man-trolley
司机室与悬垂臂架一起回转，并随小车运行的门式起重机。

01.0342　L 形支腿　L-leg
从垂直于起重机轨道方向看，形状为 L 形的支腿。

01.0343　C 形支腿　C-leg
从垂直于起重机轨道方向看，形状为 C 形的支腿。

01.0344　O 形支腿　O-leg
从垂直于起重机轨道方向看，形状为 O 形的支腿。

01.0345　U 形支腿　U-leg
从垂直于起重机轨道方向看，形状为 U 形的支腿。

01.0346　柔性支腿　flexible leg
依靠支腿和桥架的(柔性)连接或支腿的柔性，允许支腿相对桥架产生一定范围的倾斜的支腿。

01.0347　刚性支腿　rigid leg
和桥架刚性连接，刚性较大的支腿。

01.0348　拐臂　connecting lever
下横梁和回转台车之间的结构件，一端用垂直心轴与下横梁相连，另一端与回转台车相连。

01.0349　角形小车　angular trolley
对一根抗扭的梁做角形包围的起重小车，其载荷从支承以外升降。

01.0350　悬挂小车　underslung trolley
悬挂在起重机主梁上的起重小车。

01.0351　翻身小车　trolley for turning use
在造船门式起重机的承载梁下翼缘上运行的小车，用于翻转船体构件。

01.0352　悬臂长度　boom length
悬臂伸出起重机轨道中心线以外的距离。

01.0353　悬臂端上翘度　camber
悬臂端部向上翘起的高度。

01.0354　侧门架净空　clearance of side portal
侧门架一半高度处，支腿间的距离和主梁下缘到下横梁上缘的距离。

01.0355　门架净空　gantry clearance
沿起重机轨道方向的门形架，从起重机轨道顶面到桥架梁下缘的距离和两侧支腿的距离。

01.10　缆索起重机

01.0356　缆索起重机　cable crane
以固定在支架顶部的承载索作为承载件的起重机。

01.0357　门式缆索起重机　portal cable crane
承载索作为承载件固定于两支腿上的桥架两端的起重机。

01.0358　固定式缆索起重机　stationary cable crane
承载索固定在两个固定式支架(或地锚)上的缆索起重机。

01.0359　摇摆式缆索起重机　cable crane with swinging leg
支架能在垂直于跨度平面内摆动一定幅度的缆索起重机。

01.0360　平移式缆索起重机　parallelly traveling cable crane
承载索两端的支架可以在两侧平行的轨道上运行的缆索起重机。

01.0361　辐射式缆索起重机　radial cable crane
一个支架固定，另一个支架可在弧形轨道上围绕固定支架移动的缆索起重机。

01.0362　单索缆索起重机　mono-cable crane
有一条承载索的缆索起重机。

01.0363　双索缆索起重机　double-cable crane
有两条承载索的缆索起重机。

01.0364　四索缆索起重机　four-cable crane
有四条承载索的缆索起重机。

01.0365　承载索　carrying cable, track rope
(1)又称“主索”。支承起重小车用的钢丝绳。(2)又称“轨索”。支承运载工具，运行小车可以沿其运动的固定索。

01.0366　牵引索　hauling rope, haulage rope
(1)带动起重小车在承载索上往返运行的钢丝绳。(2)用于牵引运载工具运行的运动索。

01.0367　起重索　hoisting rope
用于起吊载荷的钢丝绳。

01.0368　节索　node rope
配置有节套的绳索。

01.0369　辅助索　auxiliary rope
用以悬挂电源线、控制线及照明线等的钢丝绳。

01.0370　机器塔架　machine tower
又称“主塔”。设有机器房及操纵室等的塔式支架。

01.0371　后塔架　tail tower, tail mast
又称“副塔”。设置有配重或与拉索相连接，以保持承载索一定张力的格构式支架。

01.0372　支架　supporting mast
一种格构式的支承结构。

01.0373　摆动支架　oscillating mast

又称“摇腿”。下端铰接于基础或行走台车上，上端向外倾斜，靠承载索的拉力与配重保持平衡的支架。

01.0374 承载索接头 track cable joint
固定承载索端头的连接装置。

01.0375 转索器 cable rotating device
用以旋转承载索接头来转动承载索，以变换与起重小车行走轮的接触面，改善对承载索磨损状况的装置。

01.0376 支索器 rope carrier
又称“承马”。支承在承载索上，用以承托起重索和牵引索，防止它们在空载时出现垂度过大或发生绞乱现象的装置。

01.0377 固定式支索器 fixed carrier
用以承托起重索和牵引索的、固定安装在承载索上的支索器。它分为可打开和不可打开两种。

01.0378 移动式支索器 movable carrier
可沿承载索运行的支索器。

01.0379 节套式支索器 node carrier
又称“节子式承马”。利用固定在节索上的节套，分布装在起重小车端部的支索器。

01.0380 链条式支索器 chain rope carrier, towed rope carrier
又称“牵引式承马”。在小车与各支索器之间以链条连接起来，通过滚轮在承载索上移动的支索器。

01.0381 自行式支索器 mobile rope carrier
由牵引索通过摩擦作用，使之沿承载索移动的支索器。它能按一定的时间间隔在支架处自动与牵引索接合或脱开。

01.0382 收放器 distributor
安装在起重小车两端的矛状器具，当起重小车往返运行时用以收集和分布支索器。

01.0383 张紧装置 tightening device
使承载索具有一定张力的装置。

01.0384 重锤式张紧装置 ballast tightening device
在后塔架上悬吊或放置重块，使承载索中保持一定张力的装置。

01.0385 螺旋式张紧装置 screw tightening device
利用螺旋传动装置，调整固定式缆索起重机承载索张紧程度的装置。

01.0386 卷筒式张紧装置 drum tightening device
利用动力驱动的卷筒装置来调整承载索张紧程度的装置。

01.11 悬挂单轨系统

01.0387 悬挂单轨系统 underslung monorail system
若干台简易的起重小车沿一条悬挂于空中的轨道行走，进行吊运物品的轻小起重设备。

01.0388 开式单轨系统 monorail opened system
不封闭简单线路的单轨系统。

01.0389 环形单轨系统 monorail loop system
封闭简单线路的单轨系统。

01.0390 多支路单轨系统 multiple-path monorail system
可将物品从主线路送到各特定工艺线路或积放物品的各分支线路的单轨系统。

01.0391 地面操纵单轨系统 floor-controlled monorail system
人在地面随小车行进操纵的单轨系统。

01.0392 司机室操纵单轨系统 cab-controlled monorail system

在与起重小车连接的移动司机室内操纵的单轨系统。

01.0393 远距离操纵单轨系统 remote-controlled monorail system
在中央控制室(站)操纵的单轨系统。

01.0394 自动控制单轨系统 automatic-dispatched monorail system
自动按程序将物品发送到同一高度或不同高度处的一个或几个位置的单轨系统。

01.0395 手链小车 manual chain-driven carrier
靠人在地面手拉链条驱动行走的猫头小车。

01.0396 电动小车 motor-driven carrier
带有电力驱动运行装置的猫头小车。

01.0397 拖行小车 tractor-driven carrier
电力驱动装置独立于轨道上，形成牵引装置，推(拉)主小车沿水平线路或倾斜线路行走。

01.0398 载重梁 load bar
连接猫头并供吊挂物品、分配载荷的承重杆件，与猫头的轭板可相对转动，以便于通过曲线部分。

01.0399 悬挂轨道 underslung track
供起重小车行走，吊挂在屋架或独立支架上的刚性单轨。

01.0400 固定悬挂件 fixed suspender
可使轨道固定到建筑物上所需的吊挂件。

01.0401 转舌型道岔 tongue switch
有一段可绕一端转动的直轨道(直岔轨)的道岔，可摆动到不同位置，与其他固定轨道连接。

01.0402 猫头 carrier head
猫头小车的基本部分，主要由轨道腹板两侧的一对轮子和轭板组成。

01.0403 Y形道岔 Y-switch
又称“双路道岔”。使一条线路朝两个不同方向分岔的转舌型双路道岔。

01.0404 升降段 dropping section
根据生产工艺过程的需要，允许一段轨道升起或降落，使物品从一个水平线路转移到另一水平线路上的装置。

01.12 冶金起重机

01.0405 冶金起重机 metallurgy crane
适应金属冶炼、轧制等热加工特殊要求，直接用于生产工艺流程中的特种起重机。

01.0406 平炉加料起重机 open-hearth furnace charging crane
装备有料箱搬运装置的桥架型起重机。

01.0407 地面加料起重机 ground charging crane
用料箱挑杆作为取物装置，对平炉加料的地面起重机。

01.0408 料箱起重机 scrap charging crane
借助于料箱吊架，使料箱挂起、搬运和倾倒，用于转炉加料的起重机。

01.0409 铸造起重机 ladle crane
装备钢(铁)水包升降和倾翻机构的桥架型起重机。

01.0410 兑铁水起重机 hot metal charging crane
用铁水包将铁水送入混铁炉或转炉的起重机。

01.0411 钢水包起重机 teeming ladle crane
用钢水包将钢水浇入钢锭模，或将钢水包放置到钢水包回转台(连续铸锭装置)上的起重机。

01.0412 脱锭起重机 stripper crane
装备有使钢锭从钢锭模中脱出装置的桥架型起重机。

01.0413　整模起重机　mould-handling crane
具有锭模搬运回转夹钳装置的起重机。

01.0414　揭盖起重机　cover carriage crane
用于初轧厂，为均热炉打开或关闭炉盖用的起重机。

01.0415　夹钳起重机　soaking pit crane
采用立式夹钳作为取物装置的起重机。多用来夹取钢坯，送入均热炉加热。

01.0416　板坯搬运起重机　slab-handling crane
具有板坯夹钳(或电磁吸盘)装置的起重机。用于轧制或连铸板坯的搬运和堆垛。

01.0417　板坯翻转起重机　slab turn crane
采用电磁吸盘使板坯翻转的起重机。用于板坯精整车间。

01.0418　料耙起重机　claw crane
具有料耙(或附加电磁吸盘)横梁，并由倾翻机构使料耙倾翻的起重机。用于搬运和堆垛、轧制或连铸的条形坯料。

01.0419　锻造起重机　forge cane
装备有锻件升降、搬运和翻转装置的桥架型起重机。

01.0420　淬火起重机　quenching crane
用于淬火工序时，将工件快速浸入淬火液中的起重机。

01.0421　加热炉装取料起重机　ingot charging crane
用装在回转立柱下端的水平夹钳向加热炉内夹送或取出钢锭的桥架型起重机。

01.0422　均热炉夹钳起重机　soaking pit crane
装备有向均热炉加料的夹钳的桥架型起重机。

01.0423　电磁起重机　magnet crane
用电磁吸盘作为取物装置的起重机。

01.0424　电磁料箱起重机　box-handling crane with magnet
用电磁吸盘作为取物装置并配备有料箱搬运装置的桥架型起重机。

01.0425　抓斗料箱起重机　box-handling crane with grab
用抓斗作为取物装置并配备有料箱搬运装置的桥架型起重机。

01.0426　电极棒起重机　electrode-handling crane
又称“拔棒起重机”。装备有从电解槽中取出电极棒的抓具的桥架型起重机。

01.0427　立柱回转机构　post revolving mechanism
使立柱相对导架部分绕垂直中心线转动的机构。

01.0428　挑杆回转机构　rod tipping mechanism
使挑杆绕水平中心线转动的机构。

01.0429　夹钳开闭机构　tong operation mechanism
使夹钳张开、闭合的机构。

01.0430　脱锭机构　stripper
直接使钢锭与锭模脱离的机构。

01.0431　料耙倾翻机构　claw tipping mechanism
使耙子绕料耙横梁轴心线完成倾翻动作的机构。

01.0432　挑杆摆动机构　rod oscillation mechanism
使挑杆相对于水平线完成摆动动作的机构。

01.0433　挑杆锁紧机构　rod locking mechanism
使料箱挂住，并锁定在挑杆上的机构。

01.0434　夹钳　clamp, tong

靠钳口之间的夹紧力夹持(或借助钳口的形状支承)重物的取物装置。

01.0435 均热炉夹钳 soaking pit clamp

用于夹取和搬运钢锭，为均热炉送料的夹钳。

01.0436 脱锭夹钳 stripper tong

用于使锭模和钢锭脱开并夹取、搬运锭模，及夹取、搬运钢锭的夹钳。

01.0437 板坯夹钳 slab clamp

用于夹取并搬运板坯的夹钳。

01.0438 钢卷夹钳 coil clamp

用于夹取、搬运带钢卷的夹钳。

01.0439 料箱吊架 scrap chute hanger

料箱起重机起吊并倾翻料箱的取物装置。

01.0440 夹钳吊架 clamp hanger

又称“钢板提升器”。用于挂取并搬运成捆薄钢板的取物装置。钳杆用电动机驱动，可以纵向和横向移动，以适应挂取不同尺寸的钢板。

01.0441 轧辊吊架 roll hanger

又称“换辊装置”。更换和吊运轧辊(或支撑辊)的取物装置。以不同方式夹持轧辊。

01.0442 翻料器 tipper

借助于驱动链条来提升和翻转锻件的装置。

01.13 堆垛起重机

01.0443 堆垛起重机 stacking crane

通常采用货叉作为取物装置，在仓库或车间堆取成件物品的起重机。

01.0444 桥式堆垛起重机 overhead stacking crane

装备有悬吊立柱且其上带有堆垛货叉的桥架型起重机。

01.0445 支承桥式堆垛起重机 top-running stacking crane

大车轮沿轨道顶面运行的桥式堆垛起重机。

01.0446 悬挂桥式堆垛起重机 suspended stacking crane

大车轮沿着工字钢下翼缘运行的桥式堆垛起重机。

01.0447 巷道堆垛起重机 aisle stacking crane

金属结构由上、下支承支持，起重机沿仓库巷道运行，装取成件物品的堆垛起重机。

01.0448 手操纵堆垛起重机 hand-operated stacking crane

由人工操纵控制手柄或按钮的堆垛起重机。

01.0449 自动控制堆垛起重机 automatic controlled stacking crane

使物品按给定程序自动认址的堆垛起重机。

01.0450 有轨巷道堆垛起重机 storage-retrieval machine

沿高层货架仓库巷道内轨道运行，向货格存取单元货物，完成入出库作业的堆垛起重机。

01.0451 地面支承型有轨巷道堆垛起重机 floor-supported S/R machine

支承在地面铺设的轨道上的堆垛起重机。

01.0452 悬挂型有轨巷道堆垛起重机 suspended S/R machine

悬挂在巷道上部装设的轨道下翼缘上运行的堆垛起重机。

01.0453 货架支承型有轨巷道堆垛起重机 rack-supported S/R machine

支承在货架顶部铺设的轨道上运行的堆垛起重机。

01.0454 单元型有轨巷道堆垛起重机 unit

load S/R machine

以托盘单元或货箱单元进行入出库作业的堆垛起重机。

01.0455 拣选型有轨巷道堆垛起重机 order-picking S/R machine

由操作人员向(从)货格内的托盘单元或货箱单元中存取少量货物，进行入出库作业的堆垛起重机。

01.0456 拣选–单元混合型有轨巷道堆垛起重机 S/R machine for both unit load and order picking

具有单元型与拣选型综合功能的堆垛起重机。

01.0457 手动有轨巷道堆垛起重机 manual S/R machine

由司机在堆垛机上，直接控制运行、起升、货叉机构动作的堆垛起重机。

01.0458 半自动有轨巷道堆垛起重机 semi-automatic S/R machine

与手动控制方式基本相同，但运行、起升目的位置的准确定位是自动进行的堆垛起重机。

01.0459 自动有轨巷道堆垛起重机 automatic S/R machine

在机体上装设全自动控制装置和入出库作业设定器，或把该机的自动控制装置全部集中在控制室内，能自动完成入出库作业的堆垛起重机。

01.0460 单立柱型有轨巷道堆垛起重机 single-mast S/R machine

在机体结构中，只有一根立柱的堆垛起重机。

01.0461 双立柱型有轨巷道堆垛起重机 double-mast S/R machine

在机体结构中有两根立柱的堆垛起重机。

01.0462 直线运行型有轨巷道堆垛起重机 straightly traveling S/R machine

只能在巷道内直线轨道上行驶的非自行转换巷道的堆垛起重机。

01.0463 曲线运行型有轨巷道堆垛起重机 curve-negotiating S/R machine

能在环形或其他曲线轨道上行驶的、自行转换巷道的堆垛起重机。

01.0464 水平运行机构 travel mechanism

使堆垛机水平运行的机构。

01.0465 货叉伸缩机构 shuttle mechanism

使货叉水平伸缩的机构。

01.0466 松绳保护装置 safe device against slack rope

当绳索松弛时，自动停止起升机构运转的装置。

01.0467 限速防坠装置 drop-preventing device for carriage

当载货台下降速度超过预定极限速度，或其承载件断裂时，均能停止载货台下降运动的装置。

01.0468 运行终端限速器 traveling speed end limiter

又称“强迫换速开关”。运行趋近巷道终端时，强迫切断该方向高速(或高速和中速)的装置。

01.0469 夹钩 clamps

防止堆垛机倾翻和车轮脱轨的装置。

01.0470 货叉超行程停止器 shuttle over-travel stops, mechanical stops

又称“货叉超行程挡块”。防止伸缩货叉从固定货叉脱出的机械装置。

01.0471 货物位置异常检测装置 load location detector

检测货物突出载货台或货垛倒塌的装置。

01.0472 双重货位检测装置 bin detection

device
又称“货位探测器”。自动控制的堆垛机在进行货物存(取)作业时，在货叉伸出准备存(取)货物之前，需先检测货位内有无货物的检测装置。

01.0473 货叉间距 distance between two telescopic shuttles
又称“货叉中心距”。两个相互平行的货叉中心线之间的垂直距离。

01.0474 货叉宽度 width of shuttles
沿堆垛机运行方向上，上层货叉的最大尺寸。

01.0475 货叉伸缩速度 extending speed of shuttle
货叉伸缩机构稳定运动状态下，上层货叉伸缩的水平位移速度。

01.0476 货叉伸出最大行程 maximum distance of shuttle, maximum extension of shuttle
上层货叉从零位伸出至最大距离时，沿垂直于巷道方向上，该两位置中心线中点之间的水平距离(货叉伸出的最大距离)。

01.0477 货叉伸出高度 thickness of extended part of shuttle
伸缩货叉伸出部分的总高度。

01.0478 货叉下挠度 deflexion of shuttle
在额定载荷下，货叉伸出最大行程时，上层货叉上表面端部与货叉零位时该表面端部之间的垂直距离。

01.0479 货叉伸缩行程限位器 shuttle extension limiter
货叉伸出至最大行程或复位对中时起限制作用的装置。

01.14 集装箱起重机

01.0480 集装箱起重机 container handling crane
装有集装箱吊具，用于搬运集装箱的起重机。

01.0481 岸边集装箱起重机 quayside container crane
在集装箱码头前沿，可沿岸边移动，以对准船舶货位，进行装卸作业的集装箱起重机。

01.0482 H 形门架岸边集装箱起重机 H-portainer
具有海侧门框和陆侧门框平行、呈 H 形门架的岸边集装箱起重机。

01.0483 A 形门架岸边集装箱起重机 A-portainer
具有海侧门框和陆侧门框在顶部相交呈 A 形门架的岸边集装箱起重机。

01.0484 绳索小车集装箱起重机 container crane with rope trolley
起升机构和小车运行机构均布置在固定于桥架上的机房内，通过绳索牵引的集装箱起重机。

01.0485 半绳索小车集装箱起重机 container crane with semi-rope trolley
运行机构布置在小车上，起升机构布置在固定机房内，通过绳索牵引的集装箱起重机。

01.0486 自行小车集装箱起重机 container crane with self-propelled trolley
起升机构和运行机构布置在小车上的集装箱起重机。

01.0487 单箱式集装箱起重机 single-lift container crane
一次吊取一个集装箱的起重机。

01.0488 双箱式集装箱起重机 twin-lift container crane
一次同时吊运两个集装箱的集装箱起重机。

01.0489 伸缩臂架式集装箱起重机 telescope jib-type container crane

臂架可伸缩的、取物装置悬挂在臂架上或沿臂架运行的小车上、装有集装箱吊具的起重机。

01.0490 集装箱门式起重机 gantry container crane

在集装箱码头、铁路货运站、堆场专用的门式起重机。

01.0491 轮胎式集装箱门式起重机 rubber-tired transtainer

行走部分采用轮胎支承的集装箱门式起重机。

01.0492 轨道式集装箱门式起重机 rail-mounted transtainer

行走部分采用钢轮支承的集装箱门式起重机。

01.0493 集装箱正面吊运起重机 front-handling mobile crane

装在自行轮胎底盘上的伸缩臂架式集装箱起重机。

01.0494 集装箱侧面吊运机 side container crane

装在集装箱挂车底盘上，可自装自卸的集装箱起重机。

01.0495 高架集装箱轮胎起重机 mobile container crane

塔柱装在自行轮胎底盘上的集装箱起重机。

01.0496 集装箱门座起重机 container portal crane

用于集装箱码头、堆场上的专用门座起重机。

01.0497 海侧悬臂 boom

又称“外臂架”。为便于船舶靠离码头，岸边集装箱起重机可绕铰点俯仰的外伸悬臂。

01.0498 悬臂拉杆 boom tie

支承外伸悬臂的拉杆，悬臂仰起时拉杆折叠三段收回。

01.0499 柱架 pylon

岸边集装箱起重机H形门架的上部结构，柱架上装有悬臂拉杆的支承铰点，顶端装有滑轮。

01.0500 悬臂定位钩 boom latch

悬臂处于上限位置时的定位装置。

01.0501 运行轨迹控制装置 track control device

轮胎式集装箱门式起重机中，手动或自动控制运行轨迹的装置。

01.0502 台车回转装置 bogie turning mechanism

轮胎式集装箱门式起重机更换工作场地时，使各支腿台车转动90°的装置。

01.0503 防碰报警装置 anti-collision warning device

防止轮胎式门式起重机运行时门架与跨内堆放的集装箱碰撞的报警装置。

01.0504 吊具水平回转装置 spreader slewing device

集装箱吊具绕其垂直轴线回转 3°～5°的装置。

01.0505 吊具倾斜装置 spreader incline device

集装箱吊具绕其水平轴线倾斜 3°～5°的装置。

01.0506 减摇装置 anti-sway device

消减吊具摇摆的装置。

01.0507 集装箱吊具 spreader

专用于吊运集装箱的吊具，通过吊具上的转锁对准集装箱顶部或底部的四个角配件孔，提取吊运集装箱。

01.0508 直接吊装式吊具 unexchangeable spreader

只适合于起吊一种尺寸集装箱的吊具。

01.0509 可更换式吊具 exchangeable spreader

可更换的、用于吊运 1CC(20 英尺)或 1AA(40 英尺)集装箱的吊具。

01.0510 子母式吊具 master beam spreader

采用销轴将 1CC 或 1AA 吊具分别与吊架相连，吊运 1CC 或 1AA 集装箱的吊具。

01.0511 主从式吊具 master slave spreader

1CC 吊具通过转锁连接 1AA 吊具后，可吊运 1AA 集装箱的吊具。

01.0512 液压伸缩吊具 hydraulic telescopic spreader

由液压系统操纵的可伸缩吊具。

01.0513 机械伸缩吊具 mechanic telescopic spreader

由机械操纵的伸缩吊具。

01.0514 导向翼板 aligning arm

又称"导向爪"。使吊具对准集装箱的机件。

01.0515 导向翼板翻转机构 rotative mechanism for arm

使导向翼板翻转的机构。

01.0516 转锁 twist lock

集装箱吊具四个角上的转动锁件，使吊具和集装箱连接在一起。

01.0517 前伸距 outreach

岸边集装箱起重机的运行小车位于前悬臂端的极限位置时，集装箱吊具的中心线和海侧轨道中心线之间的距离。

01.0518 后伸距 backreach

岸边集装箱起重机的运行小车位于后部桥架的极限位置时，集装箱吊具的中心线和陆侧轨道中心线之间的距离。

01.0519 侧门框净空尺寸 clearance of sea-side gantry frame

岸边集装箱起重机侧门框的净宽度和高度尺寸，为可供集装箱通过的尺寸。

01.0520 门架净空高度 height of portal clearance

自轨道面或地面至集装箱起重机门架供集装箱车辆通过的高度。

01.0521 门架净空宽度 leg clearance

确保集装箱通行时的支腿最小水平间距。

01.0522 悬臂俯仰时间 boom raising time

悬臂从水平位置起升到最大倾角时所需的时间。

01.15 轻型起重设备

01.0523 轻型起重设备 light-duty lifting equipment

构造紧凑，动作简单，作业范围投影以点、线为主的轻便起重机械。

01.0524 千斤顶 jack

用刚性顶举件作为工作装置，通过顶部托座或底部托爪的小行程内顶开重物的轻小起重设备。

01.0525 螺旋千斤顶 screw jack

采用螺杆或由螺杆推动的升降套筒作为刚性顶举件的千斤顶。

01.0526 齿条千斤顶 rack-pinion jack

采用齿条作为刚性顶举件的千斤顶。

01.0527 液压千斤顶 hydraulic jack

采用柱塞或液压缸作为刚性顶举件的千斤顶。

01.0528 滑车 pulley block

由定滑轮组、动滑轮组及依次绕过定滑轮和动滑轮的起重绳组成的轻小起重设备。

01.0529 起重葫芦 hoist

由汇装在公共吊架上的驱动装置、传动装置、制动装置以及挠性件卷放，或夹持装置带动取物装置升降的轻小起重设备。

01.0530　手拉葫芦　chain block

由人力通过曳引链和链轮驱动，最后经星轮或有巢链轮卷放起重链条，以带动取物装置升降的起重葫芦。

01.0531　手扳葫芦　lever block

由人力通过扳柄驱动钢丝绳或链条，以带动取物装置运动的起重葫芦。

01.0532　钢丝绳手扳葫芦　rope lever block

由人力通过扳柄驱动钢丝绳夹持器，交替牵引钢丝绳，以带动取物装置运动的起重葫芦。

01.0533　环链手扳葫芦　chain lever block

由人力通过扳柄驱动有巢链轮卷放起重环链，以带动取物装置升降的起重葫芦。

01.0534　电动葫芦　electric hoist

由电动机驱动，最后经卷筒、星轮或有巢链轮卷放起重绳或起重链条，以带动取物装置升降的起重葫芦。

01.0535　气动葫芦　pneumatic hoist

以压缩空气为动力的起重葫芦。

01.0536　绞车　winch

由动力驱动的卷筒通过挠性件(钢丝绳、链条)起升运移重物的起重装置。

01.0537　卷绕式绞车　drum hoist

起重挠性件的末端直接固定在卷筒上，卷筒起卷放和收储起重挠性件双重作用的绞车。

01.0538　摩擦式绞车　friction hoist

起重挠性件只在卷筒上缠绕数圈，一端绕入时，另一端同时放出，卷筒依靠挠性件和筒壁间的摩擦力在挠性件出入端之间造成拉力差，使挠性件获得牵引力的绞车。

01.0539　绞盘　capstan

卷筒外周呈凹弧面，使卷入的起重挠性件能沿卷筒(绞盘头)轴向自动滑向弧底，不致产生轴向游移的单卷筒摩擦式绞车。

01.0540　葫芦运行机构　hoist traverse mechanism

使葫芦横移的机构。

01.16　建筑起重机械

01.16.01　塔式起重机

01.0541　塔式起重机　tower crane

臂架安装在垂直塔身顶部的回转式臂架型起重机。

01.0542　固定式塔式起重机　stationary tower crane, fixed base tower crane

通过连接件将塔身基架固定在地基基础或结构物上，进行起重作业的塔式起重机。

01.0543　移动式塔式起重机　traveling tower crane

具有运行装置，可以行走的塔式起重机。

01.0544　轨道式塔式起重机　rail-mounted tower crane

在轨道上运行的塔式起重机。

01.0545　内爬式塔式起重机　climbing tower crane

设置在建筑物内部，通过支承在结构物上的专门装置，使整机能随着建筑物的高度增加而升高的塔式起重机。

01.0546　上回转塔式起重机　high level slewing tower crane

回转支承设置在塔身上部的塔式起重机。

01.0547 塔帽回转式塔式起重机 tower crane with slewing cap head

臂架及平衡臂等安装在塔身顶部的塔帽上，能绕塔顶轴线回转的塔式起重机。

01.0548 塔顶回转式塔式起重机 tower crane with slewing cat head

塔身顶部连同起重臂等能相对塔身并绕其轴线回转的塔式起重机。

01.0549 汽车式塔式起重机 truck-mounted tower crane

以汽车底盘为运行底架的塔式起重机。

01.0550 履带式塔式起重机 crawler-mounted tower crane

以履带底盘为运行底架的塔式起重机。

01.0551 自升式塔式起重机 self-raising tower crane

依靠自身的专门装置，增、减塔身标准节或自行整体爬升的塔式起重机。

01.0552 附着式塔式起重机 attached tower crane

按一定间隔距离，通过支撑装置将塔身锚固在建筑物上的自升式塔式起重机。

01.0553 上回转平台式塔式起重机 tower crane with slewing upper platform

回转平台设置在塔身顶部的塔式起重机。

01.0554 转柱式塔式起重机 tower crane with inner mast

臂架及平衡臂等安装在插入塔身上部，可回转的柱状结构上的塔式起重机。

01.0555 下回转塔式起重机 low level slewing tower crane

回转支承设置于塔身底部，塔身相对于底架转动的塔式起重机。

01.0556 非自行架设塔式起重机 non-self-erecting tower crane, traditional tower crane

依靠其他起重设备进行组装架设成整机的塔式起重机。

01.0557 自行架设塔式起重机 self-erecting tower crane

依靠自身的动力装置和机构能实现运输状态与工作状态相互转换的塔式起重机。

01.0558 小车变幅塔式起重机 trolley jib tower crane

起重小车沿起重臂运行进行变幅的塔式起重机。

01.0559 动臂变幅塔式起重机 luffing jib tower crane

臂架做俯仰运动进行变幅的塔式起重机。

01.0560 折臂式塔式起重机 goose-neck jib tower crane

根据起重作业的需要，臂架可以弯折的塔式起重机。可以同时具备动臂变幅和小车变幅的性能。

01.0561 建筑塔式起重机 building tower crane

工业和民用建筑施工中，进行起重、安装和搬运作业的塔式起重机。

01.0562 堤坝建设塔式起重机 tower crane for dam construction

堤坝建设等水利工程中，用于吊运和浇筑混凝土等作业的塔式起重机。

01.0563 电站建设塔式起重机 power station tower crane

在电站施工中，吊装发电机组、厂房构件等用的巨型塔式起重机。

01.0564 固定塔身 fixed tower

固定在起重机基架上，不能回转的塔身。

01.0565 回转塔身 slewing tower

能做回转运动的塔身。

01.0566 伸缩塔身 telescopic tower
有两个(或两个以上)套装在一起的塔身节段，它们之间可以相对伸缩的塔身。

01.0567 塔节 tower section
塔身的结构单元，可按所需的起升高度进行组合。

01.0568 基础节 base section
位于塔身下端与基架连接的塔节。

01.0569 标准节 standard section
用来改变塔身高度的具有标准尺寸的塔节。

01.0570 过渡节 transition section
连接不同断面尺寸的塔节之间的变断面塔节。

01.0571 塔顶 cat head
位于塔身的顶部，主要用以支承臂架及平衡臂的拉索等的结构件。

01.0572 平衡臂 counter-jib, counter-boom
装于起重臂对称的方向，装设平衡重以及其他有关设备的结构件。

01.0573 塔身折叠机构 folding device
将塔身从竖立(或折叠)状态放倒并折叠(或竖立)起来的装置。

01.0574 架设机构 erecting device
使起重机能实现运输状态与工作状态相互转换的机构。

01.0575 顶升机构 climbing mechanism
自升式塔式起重机中，增减标准节的机构。

01.0576 爬升机构 climbing mechanism
使内爬式塔式起重机在建筑物内部、随建筑物高度的增加而爬升的机构。

01.0577 附着装置 anchorage device
将附着式塔式起重机的塔身按一定间隔距离的要求，锚固于建筑物或基础上的支撑件系统。

01.0578 爬升套架 climbing frame
自升式塔式起重机在爬升过程中，用来引导被顶升部分稳定地进行垂直运动的结构件。

01.0579 架设平台 erection platform
设置在爬升套架外侧，安装或拆除标准节时，供操作人员进行作业及设置有关设备的平台。

01.16.02 桅杆起重机

01.0580 桅杆起重机 derrick crane
臂架铰接在上下两端均有支承的垂直桅杆下部的回转起重机。

01.0581 固定式桅杆起重机 stationary derrick crane
固定在基础或其他固定底座上的桅杆起重机。

01.0582 缆绳式桅杆起重机 guy-derrick crane
桅杆顶部用多条缆绳支承，动臂比桅杆短，能做360°回转的桅杆起重机。

01.0583 斜撑式桅杆起重机 diagonal-brace derrick crane
用两根刚性斜撑支持桅杆，动臂比桅杆长，只能在270°以内回转的桅杆起重机。

01.0584 单立柱桅杆起重机 mono-mast crane
由缆绳支承的立柱兼臂架作用的桅杆起重机。有的在桅杆上部设有小臂架。

01.0585 移动式桅杆起重机 traveling derrick crane
具有运行底架的桅杆起重机。

01.0586 缆绳 guy
又称“牵索”。连接桅杆顶部支承件与锚碇间的拉索，用以保持桅杆的稳定与直立。

01.0587 缆绳顶盖 stay gland
安装在桅杆顶部枢轴上，用以连接各条缆绳，并允许桅杆做自由回转的盘状盖。

01.0588 锚碇 guy anchor

又称“拉线锚”。埋设于地面下，用以锚固缆绳或地梁的装置。

01.0589 支承套 splicing sleeve
在斜撑式桅杆起重机中，安装在桅杆顶部的枢轴上，保证桅杆直立并能做回转运动的上支承装置。

01.0590 斜撑 back stay
在斜撑式桅杆起重机中，连接在支承套与地梁之间的刚性支撑结构件。

01.0591 地梁 sleeper, lying leg
在斜撑式桅杆起重机中，连接在下支承座与锚碇之间，用以固定斜撑的水平结构件。

01.0592 系梁 bowsill, stringer
连接在两地梁端部之间的紧固支撑构件。

01.0593 紧线器 turnbuckle
用以调整缆绳张紧力的装置。

01.16.03 建筑卷扬机

01.0594 卷扬机 winch
借助于挠性件(钢丝绳或链条)从驱动卷筒传递牵引力的起重装置。

01.0595 建筑卷扬机 construction winch
在建筑和安装工程中使用的由电动机通过传动装置驱动带有钢丝绳的卷筒来实现载荷移动的机械设备。

01.0596 溜放卷扬机 load-free fall winch
可断开电动机与卷筒之间的动力，利用载荷自身的重力来实现载荷下降的卷扬机。

01.0597 高速卷扬机 high-speed winch
额定速度大于 50 m/min 的卷扬机。

01.0598 快速卷扬机 fast winch
额定速度在 20～50 m/min 之间的卷扬机。

01.0599 慢速卷扬机 low-speed winch
额定速度小于 20 m/min 的卷扬机。

01.0600 调速卷扬机 variable-speed winch
又称“变速卷扬机”。卷扬机的电动机或传动系统具有调速或变速功能，基准层钢丝绳有两个或两个以上的稳定运行速度。

01.0601 单卷筒卷扬机 single-drum winch, mono-drum winch
只有一个卷筒的卷扬机。

01.0602 双卷筒卷扬机 double-drum winch, twin-drum winch
具有两个卷筒的卷扬机。

01.0603 多卷筒卷扬机 multiple-drum winch
具有三个或三个以上卷筒的卷扬机。

01.0604 光面卷筒 smooth drum
圆柱形外表面无绳槽的卷筒。

01.0605 槽面卷筒 fluted drum
圆柱形外表面有绳槽的卷筒。

01.0606 停止器 stop, stopper
防止卷筒自行逆转的装置。

01.0607 离合器 clutch
断开或连接电动机与卷筒之间动力的装置。

01.0608 基准层 datum layer
钢丝绳顺序紧密地卷绕在卷筒上时，距卷筒直径与卷筒侧板外径之和 1/2 处最近的卷绕层。

01.0609 额定载荷 rated load
允许基准层钢丝绳承受的最大载荷。双卷筒卷扬机的额定载荷是指作为单卷筒使用时所能承受的最大载荷。如两个卷筒同时工作，则两个卷筒所承受的载荷总和不得超过额定载荷。

01.0610 额定速度 rated speed
基准层钢丝绳在提升额定载荷时稳定运行

的线速度。

01.0611　平均速度　mean speed
各层钢丝绳线速度的算术平均值。

01.0612　容绳量　rope capacity
卷筒允许容纳的钢丝绳工作长度最大值。

01.0613　钢丝绳出绳偏角　deflection angle of rope
钢丝绳在载荷的作用下卷入或卷出卷筒时，钢丝绳出绳方向与绳槽的最大夹角或与垂直于卷筒平面的最大夹角。

01.0614　卷筒节径　pitch diameter of drum
卷筒上最内层钢丝绳中心处的直径。

01.0615　节距　pitch
卷筒上相邻两绳槽或两钢丝绳中心之间的距离。

01.16.04　施工升降机

01.0616　施工升降机　builder's hoist
用吊笼载人、载物沿导轨做上下运输的施工机械。

01.0617　齿轮齿条式施工升降机　rack and pinion hoist
采用齿轮齿条传动的施工升降机。

01.0618　钢丝绳式施工升降机　rope-suspended hoist
采用钢丝绳提升的施工升降机。

01.0619　混合式施工升降机　combined hoist
一个吊笼采用齿轮齿条传动，另一个吊笼采用钢丝绳提升的施工升降机。

01.0620　货用施工升降机　material hoist
用于运载货物，禁止运载人员的施工升降机。

01.0621　人货两用施工升降机　personal and material hoist
用于运载人员及货物的施工升降机。

01.0622　固定式升降机　stationary hoist
工作时导轨架固定在基础上的升降机。

01.0623　拖式升降机　towed hoist
导轨架安装在移动底盘上，可以整体拖运架设的升降机。

01.0624　附着式升降机　attached hoist
按一定间隔，通过附着架将导轨架固定在建筑物或其他固定结构上的升降机。

01.0625　单导轨架式升降机　mono-mast hoist
吊笼、平台或料斗在单导轨架外侧运行的升降机。

01.0626　双导轨架式升降机　gantry hoist
吊笼、平台或料斗在双导轨架之间运行的升降机。

01.0627　井架式升降机　derrick hoist
吊笼、平台或料斗被导轨架包容，在其内侧运行的升降机。

01.0628　导轨架　mast
用以支撑和引导吊笼、对重等装置运行的金属构架。

01.0629　吊笼　cage
用来运载人员或货物的笼形部件，以及用来运载物料的带有侧护栏的平台或斗状容器的总称。

01.0630　天轮　car head
导轨架顶部的滑轮总成。

01.0631　层站　landing
建筑物或其他固定结构上供吊笼停靠和人货出入的地点。

01.0632　层门　landing gate
层站上通往吊笼的可封闭的门。

01.0633　对重　counterweight

对吊笼起平衡作用的重物。

01.0634 层站栏杆 landing bar
层站上通往吊笼出入口的栏杆。

01.0635 附墙架 mast tie
按一定间距连接导轨架与建筑物或其他固定结构，从而支撑导轨架的构件。

01.0636 地面防护围栏 base level enclosure
地面上包围吊笼的防护围栏。

01.0637 防坠安全器 safety device
非电气、气动和手动控制的防止吊笼或对重坠落的机械式安全保护装置。

01.0638 瞬时式安全器 instantaneous safety device
初始制动力(或力矩)不可调，瞬间即可将吊笼或对重制停的防坠安全器。

01.0639 渐进式安全器 progressive safety device
初始制动力(或力矩)可调，制动过程中制动力(或力矩)逐渐增大的防坠安全器。

01.0640 匀速式安全器 constant safety device
制动力(或力矩)不足以制停吊笼或对重，但可使它们以较低速度平缓下滑的防坠安全器。

01.0641 安全钳 safety gear
由限速器激发，迫使吊笼制停的安全装置。

01.0642 安装吊杆 jib attachment
施工升降机上用来装拆标准节等部件的提升装置。

01.0643 安全钩 safety hook
防止吊笼倾翻的挡块。

01.0644 限速器 overspeed governor
吊笼运行速度达到限定值时产生动作，致使安全钳激发的装置。

01.0645 防松绳开关 slack rope device
升降机的对重钢丝绳或提升钢丝绳松弛时，自动切断电源的开关。

01.0646 急停开关 emergency stop switch
供司机在紧急情况下制动吊笼用的手动开关。

01.0647 额定载重量 rated load
工作工况下吊笼允许的最大载荷。

01.0648 额定安装载重量 rated erection load
安装工况下吊笼允许的最大载荷。

01.0649 额定乘员数 rated passengers
包括司机在内的吊笼限乘人数。

01.17 其他起重机

01.0650 桥架型起重机 overhead-type crane
取物装置悬挂在能沿桥架运行的起重小车、起重葫芦或臂架型起重机上的起重机。

01.0651 缆索型起重机 cable-type crane
挂有取物装置的起重小车沿固定在支架上的承载绳索运行的起重机。

01.0652 臂架型起重机 jib-type crane
取物装置悬挂在臂架上或沿臂架运行的小车上的起重机。

01.0653 甲板起重机 deck crane
安装在船舶甲板上，用于装卸船货的回转起重机。

01.0654 悬臂起重机 cantilever crane
取物装置吊挂在刚性固定的悬臂(臂架)上，或悬挂在可沿悬臂(悬架)运行的小车上的臂架型起重机。

01.0655 柱式悬臂起重机 pillar jib crane
悬臂可绕固定于基座上的定柱回转，或与能在基础内支承回转的转柱固定在一起的悬臂起重机。

01.0656　壁式悬臂起重机　wall crane

固定在墙壁上或者可沿安装在墙壁或承重结构上的高架轨道运行的悬臂起重机。

01.0657　自行车式起重机　walking crane

由高架导轨支撑，可沿地面轨道运行的悬臂起重机。

01.0658　吊钩起重机　hook crane

用吊钩作为取物装置的起重机。

01.0659　抓斗起重机　grabbing crane

用抓斗作为取物装置的起重机。

01.0660　挂梁起重机　traverse crane

装备有带吊钩、电磁吸盘或其他取物装置的吊梁，搬运长条形重物的桥架型起重机。

01.0661　固定式起重机　fixed base crane

固定在基础或其他静止不动的基座上的起重机。

01.0662　爬升式起重机　climbing crane

装在正在修建的建筑物构件上，并能随着建筑物高度的增加，借助自有的机构向上移动的起重机。

01.0663　便携式起重机　portable crane

安装在底座上，可由人力或借助于辅助设备，从一个场地转移到另一个场地的起重机。

01.0664　行走式起重机　traveling crane

工作时能自行移动的起重机。

01.0665　拖行式起重机　trailer crane

不带运行动力，但可像挂车一样用牵引车拖行的起重机。

01.0666　手动起重机　manual crane

工作机构为人力驱动的起重机。

01.0667　电动起重机　electric crane

工作机构为电力驱动的起重机。

01.0668　液压起重机　hydraulic crane

工作机构为液压驱动的起重机。

01.0669　回转起重机　slewing crane

回转平台能带着重物相对于底架或基座在平面内进行转动的起重机。

01.0670　非回转起重机　non-slewing crane

不能使所吊重物相对于底架在平面内回转的起重机。

01.0671　非全回转起重机　limited slewing crane

回转平台能在两个相互间夹角小于 360°的极限位置之间转动的回转起重机。

01.0672　全回转起重机　full-circle slewing crane

回转平台能在两个相互间夹角大于 360°的极限位置之间转动的回转起重机。

01.0673　径向回转起重机　radial crane

工作时能绕固定的垂直中心线回转的起重机。

01.0674　支承式起重机　supported crane

运行在高架或地面轨道上的桥架型起重机。

01.0675　悬挂式起重机　underslung crane

悬挂在轨道下翼缘上的桥架型起重机。

01.0676　司机室操纵起重机　cab-operated crane

司机在起重机司机室内的控制台控制其运行的起重机。

01.0677　地面操纵起重机　floor-operated crane

司机在地面使用悬吊式控制器或无线装置控制的起重机。

01.0678　按钮操纵起重机　pendant-operated crane

通过电缆与起重葫芦小车，或与独立电缆滑车相连的按钮装置进行操作的起重机。

01.0679 遥控起重机 remote operated crane
控制点距起重机有一定距离的起重机。

01.0680 无线遥控起重机 cableless remote operated crane
控制器(控制台)与起重机之间无需任何实体连接，可传输司机指令进行操纵的起重机。

01.0681 无线电操纵起重机 radio-operated crane
无线电发射器将人的操作指令由无线电波传递给起重机上的接受系统，接受系统经转换后将指令还原，对起重机进行控制的起重机。

01.0682 红外线操纵起重机 infrared ray operated crane
红外线发射器将人的操作指令由红外线传递给起重机上的接受系统，接受系统经转换后将指令还原，对起重机进行控制的起重机。

01.0683 有线遥控起重机 cable remote operated crane
控制台与起重机之间使用电气、液压或光导纤维连接、通过司机指令操纵的起重机。

02. 输 送 机 械

02.01 装置和零部件

02.0001 输送机械 conveyor
可连续或间断地沿给定线路输送物料或物品的机械设备。

02.0002 驱动装置 drive arrangement
输送机械的动力装置。

02.0003 拉紧装置 take-up unit
产生输送机牵引件预张力，以保证其正常运行的装置。

02.0004 支承构件 support construction
输送机械的支承物。

02.0005 供料装置 feedway
给输送机械供料的装置。

02.0006 卸料装置 discharge apparatus
输送机械卸下物料的装置。

02.02 带式输送机

02.0007 带式输送机 belt conveyor
以输送带作为承载和牵引件或只做承载件的输送机。

02.0008 织物芯带式输送机 fabric belt conveyor
用纺织物做输送带芯层的带式输送机。

02.0009 钢绳芯带式输送机 wire cord belt conveyor
用钢丝绳做输送带芯层的带式输送机。

02.0010 织物带式输送机 solid woven belt conveyor
用织物编织带做输送带的带式输送机。

02.0011 可伸缩带式输送机 telescopic belt conveyor
具有卸料头和一个能改变输送机长度的装置的带式输送机。

02.0012 固定带式输送机 fixed belt conveyor
按指定线路固定安装的带式输送机。

02.0013 移动带式输送机 mobile belt conveyor
具有行走机构可以移动的带式输送机。

02.0014 携带带式输送机 portable belt conveyor

人力可移动的带式输送机。

02.0015 移置带式输送机 movable belt conveyor

可随工作场地的变化靠自身行走机构或借助其他机械进行横向移置的带式输送机。

02.0016 花纹带式输送机 ribbed belt conveyor

输送带工作表面具有花纹的带式输送机。

02.0017 横隔板带式输送机 belt conveyor with cross cleats

输送带工作表面具有横隔板的带式输送机。

02.0018 钢带输送机 steel band belt conveyor

用薄的挠性钢带做输送带的带式输送机。

02.0019 压带式输送机 sandwich belt conveyor

承载带上覆盖压带，物料在两输送带间被输送的带式输送机。

02.0020 吊挂带式输送机 suspension belt conveyor

用刚性构件或柔性构件吊挂在支承装置上的带式输送机。

02.0021 管状吊挂带式输送机 suspension pipe belt conveyor

输送带成管状的吊挂带式输送机。

02.0022 钢丝绳牵引带式输送机 cable belt conveyor

用钢丝绳做牵引件，输送带做承载件的带式输送机。

02.0023 链牵引带式输送机 chain-driven belt conveyor

用链条做牵引件，输送带做承载件的带式输送机。

02.0024 弯曲带式输送机 curved belt conveyor

输送带可实现水平曲线输送的带式输送机。

02.0025 钢丝网带输送机 wire-mesh belt conveyor

用金属丝网带做输送带的带式输送机。

02.0026 波状挡边带式输送机 walled belt conveyor

输送带具有波状挡边的带式输送机。

02.0027 大倾角带式输送机 steeply inclined belt conveyor

输送倾角大于22°的带式输送机。

02.0028 可逆带式输送机 reversible belt conveyor

可双向运行输送物料的带式输送机。

02.0029 气垫带式输送机 air cushion belt conveyor

用薄气膜支承输送带的带式输送机。

02.0030 磁垫带式输送机 magnetic belt conveyor

用磁斥力支承输送带的带式输送机。

02.0031 水垫带式输送机 water-supported belt conveyor

用薄水膜支承输送带的带式输送机。

02.0032 可逆配仓带式输送机 reversible belt conveyor with hopper

用于料仓配料的可逆带式输送机。

02.0033 手选带式输送机 hand-chosen belt conveyor

人工手选物料使用的带式输送机。

02.0034 直线摩擦驱动带式输送机 belt conveyor driven by line friction

靠布置在主带式输送机上、下分支间的短带式输送机输送带与主输送机输送带之间的摩擦力驱动主输送机的带式输送机。

02.0035　直线电动机驱动带式输送机　belt conveyor driven by linear motor
以输送带作为直线电动机次级驱动的带式输送机。

02.0036　圆管带式输送机　pipe belt conveyor
用数个托辊组成多边形强制输送带呈管状断面输送物料的带式输送机。

02.0037　带式抛料机　belt thrower
可将物料抛向预定目标的带式输送机。

02.0038　带宽　belt width
输送带横向两侧边缘之间的最小距离。

02.0039　带速　belt speed
输送带在被送物料前进方向的运行速度。

02.0040　输送带垂度　belt sag
两个相邻托辊之间的输送带在规定载荷和自重的作用下，下挠的最大垂直距离。

02.0041　传动滚筒表面摩擦系数　surface friction coefficient of driving pulley
传动滚筒表面与输送带之间的摩擦系数。

02.0042　围包角　wrap angle
输送带在传动滚筒上的包角。

02.0043　输送机宽度　width of conveyor
输送机中间架的宽度。

02.0044　输送机长度　conveyor length
输送机头、尾滚筒中心线之间的展开长度。

02.0045　输送机水平长度　horizontal length of conveyor
输送机长度在水平面内的投影距离。

02.0046　提升高度　lifting height
输送机头、尾滚筒中心线在垂直面内投影之间的距离。

02.0047　托辊间距　idler spacing
两个相邻托辊辊子中心线之间的距离。

02.0048　托辊槽角　trough angle of idler
槽型托辊两侧辊子中心线与水平面间的夹角。

02.0049　输送带　conveyor belt
输送机承载物料的承载件和牵引件。

02.0050　滚筒　pulley
缠绕输送带的圆筒形部件。

02.0051　传动滚筒　driving pulley
靠摩擦向输送带传递牵引力的滚筒。

02.0052　改向滚筒　bend pulley
改变输送带运行方向的滚筒。

02.0053　拉紧滚筒　take-up pulley
对输送带施加拉紧力的滚筒。

02.0054　电动滚筒　motorized pulley
驱动装置安装于滚筒内部的传动滚筒。

02.0055　托辊　idler
由辊子和支承架组成的用来支承输送带的部件。

02.0056　承载托辊　carrying idler
支承输送带承载分支的托辊。

02.0057　回程托辊　return idler
支承输送带回程分支的托辊。

02.0058　平形托辊　flat idler
一个使输送带横断面成平形状态的直辊，作为下托辊以及输送成件物品的上托辊。

02.0059　槽形托辊　troughing idler
输送散状物料时，将支承架上的辊子安装成槽形，从而使输送带横断面形成槽形状态的托辊。

02.0060　过渡托辊　transition idler
装在靠近机头或机尾处可改变槽角的托辊。

02.0061　调心托辊　centring idler
可以纠正输送带跑偏的托辊。

02.0062 导向托辊 guide idler
纠正输送带跑偏并可控制输送带运行方向的托辊。

02.0063 缓冲托辊 impact idler
能够减缓加料时物料对输送带的冲击的托辊。

02.0064 吊挂托辊 suspension idler
以悬吊方式支承输送带的托辊。

02.0065 梳形托辊 idler with rubber rings
在辊子上以一定间距装着橡胶环的托辊。

02.0066 螺旋托辊 spiral idler
辊子工作表面为螺旋状的托辊。

02.0067 卸料车 tripper
具有行走机构并沿机架上铺设的轨道移动的双滚筒卸料小车。

02.0068 犁式卸料器 plough tripper
采用卸料挡板卸料的装置。

02.0069 单侧犁式卸料器 side plough tripper
只能向一侧卸料的犁式卸料器。

02.0070 双侧犁式卸料器 two-side plough tripper
可同时向两侧卸料的犁式卸料器。

02.0071 输送带防跑偏装置 protective device against side running of conveyor belt
防止输送带在垂直运行方向的位移量超过限定值的装置。

02.0072 输送带纵向撕裂保护装置 belt broken protector
防止输送带沿运行方向撕裂的保护装置。

02.0073 输送带断带保护装置 belt protector for anti-break
防止输送带横向撕裂的保护装置。

02.0074 速度检测装置 speed detector
在输送机运行过程中检测输送带速度的装置。

02.0075 输送带打滑检测装置 belt slip detector
在输送机运行过程中检测输送带与传动滚筒之间是否有相对滑动的装置。

02.0076 拉线保护装置 emergency switch along the line
沿输送机线路上设置的紧急停机保护装置。

02.0077 超速保护装置 overspeed protector
为限制输送机速度设置的装置。

02.03 埋刮板输送机

02.0078 埋刮板输送机 en masse conveyor
物料在封闭的料槽中靠刮板链条和物料之间的摩擦力，以及物料的内摩擦力输送物料的输送机。

02.0079 水平型埋刮板输送机 horizontal-type en masse conveyor
水平布置的埋刮板输送机。

02.0080 倾斜埋刮板输送机 inclined en masse conveyor
与水平面呈倾斜布置的埋刮板输送机。

02.0081 扣环型埋刮板输送机 loop-boot-type en masse conveyor
尾部成封闭环型的埋刮板输送机。

02.0082 平面环型埋刮板输送机 horizontal loop-type en masse conveyor
在水平面内形成环路布置的埋刮板输送机。

02.0083 立面环型埋刮板输送机 vertical loop-type en masse conveyor
在垂直平面内形成环路布置的埋刮板输送机。

02.0084 L 形埋刮板输送机 L-type en masse

conveyor

在垂直平面内，布置形式为水平–垂直或大倾角的埋刮板输送机。

02.0085　Z 形埋刮板输送机　Z-type en masse conveyor

在垂直平面内，布置形式为水平–垂直(或大倾角)–水平的埋刮板输送机。

02.0086　热料型埋刮板输送机　en masse conveyor for high-temperature materials

用于输送温度高于 100℃物料的埋刮板输送机。

02.0087　防腐型埋刮板输送机　anticorrosion-type en masse conveyor

具有防腐性能，用于输送腐蚀性物料的埋刮板输送机。

02.0088　气密型埋刮板输送机　air-tight-type en masse conveyor

用于输送各种强挥发性、强渗透性或有毒物料，具有气密性能的埋刮板输送机。

02.0089　隔爆型埋刮板输送机　anti-explosion-type en masse conveyor

用于输送易燃、易爆物料，具有隔爆性能的埋刮板输送机。

02.0090　移动埋刮板输送机　mobile en masse conveyor

行走机构可以移动的埋刮板输送机。

02.0091　管式埋刮板输送机　tubular en masse conveyor

机壳为圆管的埋刮板输送机。

02.0092　单链埋刮板输送机　single-chain en masse conveyor

具有一根牵引链的埋刮板输送机。

02.0093　双链埋刮板输送机　double-chain en masse conveyor

具有两根牵引链的埋刮板输送机。

02.0094　双刮板埋刮板输送机　twin-chain scraper en masse conveyor

在同一机槽内布置有两根完全相同的刮板链条的埋刮板输送机。

02.0095　牵引链　drag chain

固定刮板并牵引其运行的链条。

02.0096　模锻链　fork link forged chain

采用模锻方法制造的链节所组成的链条。

02.0097　板式套筒滚子链　plate-type bushed roller chain

在内链板内侧装有套筒，在套筒上装有滚子的板式链。

02.0098　双板链　welded steel chain

由两片钢板焊接而成的链节所组成的链条。

02.0099　刮板链条　chain scraper

不同型式的牵引链与不同形状的刮板组合而成的构件。

02.0100　刮板　scraper

为带动物料运动，在牵引链上安装的具有一定形状的构件。

02.0101　T 形刮板　T-type scraper

形状为 T 形的刮板。

02.0102　V 形刮板　V-type scraper

形状为 V 形的刮板。

02.0103　B 形刮板　B-type scraper

形状为 B 形的刮板。

02.0104　O 形刮板　O-type scraper

形状为 O 形的刮板。

02.0105　H 形刮板　H-type scraper

形状为 H 形的刮板。

02.0106　L 形刮板　L-type scraper

形状为 L 形的刮板。

02.0107　传动链轮　driving sprocket
驱动输送机刮板链条的链轮。

02.0108　导轮　guide wheel
起导向作用的轮子。

02.0109　尾轮　tail wheel
在弯曲段强制刮板链条改向的轮状件。

02.0110　托轮　supporting wheel
支承刮板链条的轮子。

02.04　板式输送机

02.0111　板式输送机　slat conveyor
在牵引链上安装承载物料(品)的平板或一定形状底板的输送机。

02.0112　平板输送机　flat top conveyor
以平板作为承载构件的板式输送机。

02.0113　鳞板输送机　apron conveyor
以连续重叠的鳞板作为承载构件的板式输送机。

02.0114　挡边板式输送机　skirted slat conveyor
装有固定或可移动的侧挡边的板式输送机。

02.0115　槽型板式输送机　pan conveyor
以槽型构件作为承载构件的板式输送机。

02.0116　箱型板式输送机　box conveyor
以具有侧挡板和横隔板的箱体作为承载构件的板式输送机。

02.0117　固定板式输送机　fixed slat conveyor
指定线路固定安装的板式输送机。

02.0118　移动板式输送机　mobile slat conveyor
具有行走机构、可以移动的板式输送机。

02.0119　携带板式输送机　portable slat conveyor
人力可移动的板式输送机。

02.0120　单链板式输送机　single-chain slat conveyor
具有一根牵引链的板式输送机。

02.0121　双链板式输送机　double-chain slat conveyor
具有两根牵引链的板式输送机。

02.0122　多链板式输送机　multiple-chain slat conveyor
具有三根或三根以上牵引链的板式输送机。

02.0123　水平板式输送机　horizontal slat conveyor
水平布置的板式输送机。

02.0124　倾斜板式输送机　inclined slat conveyor
与水平面呈锐角布置的板式输送机。

02.0125　弯曲板式输送机　curved slat conveyor
在水平面内弯曲布置的板式输送机。

02.0126　底板　floor
板式输送机的承载构件。

02.0127　头轮装置支架　frame of driving sprocket device
安装驱动链轮的金属结构架。

02.0128　尾轮装置支架　frame of the take-up sprocket device
安装拉紧链轮的金属结构架。

02.0129　缓冲导料装置　buffer feeder
导料槽一端铰接，一端装有缓冲构件，可调节大块物料或成件物品加载方向，以减小对底板冲击的装置。

02.05 螺旋输送机

02.0130 螺旋输送机 screw conveyor
借助旋转的螺旋叶片，或者靠带内螺旋而自身又能旋转的料槽输送物体的输送机。

02.0131 水平螺旋输送机 horizontal screw conveyor
螺旋轴与水平面的夹角小于 15°布置的螺旋输送机。

02.0132 倾斜螺旋输送机 inclined screw conveyor
螺旋轴与水平面的夹角大于 15°、小于 90°布置的螺旋输送机。

02.0133 垂直螺旋输送机 vertical screw conveyor
螺旋轴与水平面呈垂直布置的螺旋输送机。

02.0134 可弯曲螺旋输送机 flexible screw conveyor
螺旋轴及叶片由可弯曲挠性构件组成的螺旋输送机。

02.0135 移动式螺旋输送机 mobile screw conveyor
具有行走机构、可以整机移动的螺旋输送机。

02.0136 弹簧螺旋输送机 spring-screw conveyor
以挠性螺旋弹簧作为输送构件的螺旋输送机。

02.0137 双螺旋输送机 twin-screw conveyor
具有两根相互平行、分别为左右方向旋转的螺旋的螺旋输送机。

02.0138 件货螺旋输送机 screw conveyor for package
无载料槽，由两根相互平行、转速相同、方向相反的左右螺旋组成，用于输送成件物品的螺旋输送机。

02.0139 螺旋管输送机 screw tube conveyor
具有内螺旋而自身又能旋转的螺旋输料管的螺旋输送机。

02.0140 螺旋转速 rotational speed of screw
螺旋单位时间内的转数。

02.0141 螺旋直径 diameter of screw
螺旋叶片与螺旋轴在垂直平面的投影。

02.0142 螺旋 screw
由螺旋状叶片缠绕在轴上制成的杆件，或是具有挠性的螺旋形弹簧。

02.0143 实体螺旋 solid screw
螺旋叶片为实体结构的螺旋。

02.0144 带形螺旋 ribbon screw
螺旋叶片为带状结构的螺旋。

02.0145 桨叶形螺旋 puddle screw
螺旋叶片为桨叶状结构的螺旋。

02.0146 锯齿形螺旋 cut-flight screw
螺旋叶片边缘为锯齿状的螺旋。

02.0147 变直径螺旋 variable diameter screw
同一轴上安装不同直径螺旋叶片的螺旋。

02.0148 变螺距螺旋 variable pitch screw
同一轴上的螺旋叶片的螺距不同的螺旋。

02.0149 弹簧螺旋 spring screw
具有挠性螺旋形弹簧制造的螺旋。

02.0150 单头螺旋 single screw
只有一条螺旋叶片的螺旋。

02.0151 多头螺旋 multi-screw
有两条或多条螺旋叶片的螺旋。

02.0152 内螺旋管 tube with internal screw
自身能够旋转且内部装有螺旋的管状输料槽。

02.06　流体输送机

02.0153　流体输送机　fluid conveyor
借助于具有一定能量的流体在输送管内输送物料(品)的输送机。

02.0154　气力输送机　pneumatic conveyor
借助于一定能量的气体在输送管内输送物料的输送机。

02.0155　吸气式气力输送机　vacuum-type pneumatic conveyor
输送管内的压力低于外界大气压的气力输送机。

02.0156　压气式气力输送机　pressure-type pneumatic conveyor
输送管内的压力高于外界大气压的气力输送机。

02.0157　混合式气力输送机　pneumatic conveyor in combination vacuum-pressure
由吸气式和压气式两种方式组成的气力输送机。

02.0158　静压气力输送机　static pneumatic conveyor
物料靠气体的静压差被推动输送的气力输送机。

02.0159　脉冲气力输送机　pulse pneumatic conveyor
采用脉冲发生器使物料在输送管内形成料栓，在静压差作用下进行输送的气力输送机。

02.0160　旁通管式栓状气力输送机　plug-type pneumatic conveyor with side air pipe
输送管内的物料受到来自旁通管的压缩空气的切割，形成料栓而被输送的气力输送机。

02.0161　容器式管道气力输送机　capsule pipeline conveyor
被运物料装在容器内，借助于压缩空气的压差推动容器前进的气力输送机。

02.0162　气力提升机　pneumatic elevator
利用气流运动提升物料的输送机。

02.0163　液力输送机　hydraulic conveyor
借助于具有一定能量的液体输送物料(品)的输送机。

02.0164　容器管道液力输送机　capsule hydraulic pipe conveyor
被运物料装在容器内，借助于一定压力的液体沿管道推动容器前进的输送机。

02.0165　气力输送槽　pneumatic chute
在封闭的壳内，装有微下倾的有孔槽板，借助吹入的空气使物料流态化，靠自重下滑的气力输送机。

02.0166　双相流　two-phase flow
流体和物料的混合流体。

02.0167　输送管　transport pipe
流体输送机输送物料的管子。

02.0168　吸嘴　suction nozzle
吸气式气力输送机吸取物料的装置。

02.0169　供料器　feeder
向流体输送机供料的装置。

02.0170　分离器　separator
将两种物质或两种不同相的物质进行分离的装置。

02.0171　卸料器　discharger
将物料从分离器中卸出并阻止外部空气进入分离器的装置。

02.0172　气刀　air cutting device
能够产生脉冲气流将物料切成料栓的装置。

02.0173　稠化装置　thickening device
使双相流达到规定质量浓度的装置。

02.0174　脱水装置　dewatering device

将水和物料分离开或使物料含水量减少的设备。

02.07 提 升 机

02.0175 提升机 elevator
在大倾角或垂直状态下输送物料(品)的输送机。

02.0176 垂直提升机 vertical elevator
与水平面成90°提升物料的提升机。

02.0177 倾斜提升机 inclined elevator
与水平面成一定角度(一般超过70°)提升物料的提升机。

02.0178 斗式提升机 bucket elevator
在牵引件上装有料斗的提升机。

02.0179 带斗式提升机 belt bucket elevator
以牵引带作为牵引构件的斗式提升机。

02.0180 双排带斗式提升机 belt twin-bucket elevator
装有双排料斗的带斗式提升机。

02.0181 链斗式提升机 chain-bucket elevator
以链条作为牵引件的斗式提升机。

02.0182 双排链斗式提升机 chain twin-bucket elevator
装有双排料斗的链斗式提升机。

02.0183 单链斗式提升机 single-chain bucket elevator
具有一根牵引链的链斗式提升机。

02.0184 双链斗式提升机 double-chain bucket elevator
具有两根牵引链的链斗式提升机。

02.0185 多链斗式提升机 multiple-chain bucket elevator
具有多根牵引链(一般四根)的链斗式提升机。

02.0186 单通道斗式提升机 single-passage bucket elevator
承载分支和回程分支在同一个机壳通道中运行的斗式提升机。

02.0187 双通道斗式提升机 twin-passage bucket elevator
承载分支和回程分支分别在两个机壳通道中运行的斗式提升机。

02.0188 内斗式提升机 internal bucket elevator
在牵引件的内侧装有料斗的斗式提升机。

02.0189 袋式提升机 bag elevator
在牵引件上安装料袋的提升机。

02.0190 托架提升机 arm elevator
在牵引链上安装托架的提升机。

02.0191 托盘提升机 swing tray elevator
在牵引链上安装托盘的提升机。

02.0192 料斗 bucket
斗式提升机提运物料的容器。

02.0193 浅斗 shallow bucket
斗前壁斜度大、斗口与后壁夹角为45°、斗深小的料斗。

02.0194 深斗 deep bucket
斗前壁斜度小、斗口与后壁夹角为60°、斗深大的料斗。

02.0195 中深斗 mid-deep bucket
介于深斗和浅斗之间的料斗。

02.0196 组合型料斗 combined bucket
具有深斗和浅斗性能的料斗。

02.0197 三角斗 V-bucket
斗底角为50°、具有导向侧边的三角形料斗。

02.0198 圆底斗 round bottom bucket

斗前臂倾角为 45°，斗口与后壁夹角为 90°，斗底呈圆弧形的料斗。

02.0199 圆弧斗 round bucket
斗前臂为圆弧形的料斗。

02.0200 梯形斗 trapezium bucket
横截面呈梯形的料斗。

02.0201 脱水斗 dewater bucket
具有脱水孔的料斗。

02.0202 托架 arm
安装在牵引链上的载物装置。

02.0203 托盘 suspended tray
安装在牵引链上可以绕销轴转动的载物装置。

02.0204 料袋 bag
袋式提升机的袋形载物装置。

02.08 牵引链输送机

02.0205 牵引链输送机 tractive chain conveyor
无级牵引链或钢丝绳上不带承载件，物品或盛物的容器直接装在无级牵引链条或钢丝绳上进行输送的输送机。

02.0206 托盘输送机 pallet-type conveyor
托盘装在牵引链条上的牵引链输送机。

02.0207 小车输送机 trolley conveyor
牵引链上装有盛物小车的牵引链输送机。

02.0208 推链输送机 push chain conveyor
牵引链上装有推送物品装置的牵引链输送机。

02.0209 拖式输送机 tow conveyor
牵引链上装有拖挂式小车用的附件的牵引链输送机。

02.0210 地面小车输送机 floor-mounted truck conveyor
盛物小车在室内地表面运行的牵引链输送机。

02.0211 单线地面小车输送机 single-strand floor-mounted truck conveyor
一根牵引链在地表面上的地面小车输送机。

02.09 辊子输送机

02.0212 辊子输送机 roller conveyor
用多个并排安装在机架上的辊子输送物品的输送机。

02.0213 无动力辊子输送机 gravity roller conveyor
无驱动辊子的辊子输送机。

02.0214 动力式辊子输送机 live roller conveyor
有驱动辊子的辊子输送机。

02.0215 带传动辊子输送机 belt-driven live roller conveyor
以传动带驱动辊子的辊子输送机。

02.0216 链传动辊子输送机 chain-driven live roller conveyor
用链条驱动辊子的辊子输送机。

02.0217 摩擦传动辊子输送机 friction-driven live roller conveyor
靠摩擦使承载辊转动而达到输送物品目的的辊子输送机。

02.0218 积放式辊子输送机 accumulating roller conveyor
具有储存物品功能的动力式辊子输送机。

02.0219 可伸缩无动力辊子输送机 telescopic gravity roller conveyor
机身可以伸长或缩短的无动力辊子输送机。

02.0220　铰接式辊子输送机　hinged roller conveyor

机身分若干段，互相之间以铰链连接的辊子输送机。

02.0221　滚轮输送机　wheel conveyor

用安装在机架上的轮子输送物品的输送机。

02.10　振动输送机

02.0222　振动输送机　vibrating conveyor

以料槽振动而达到输送物料目的的输送机。

02.0223　电磁振动输送机　electromagnetic vibrating conveyor

利用电磁力驱动产生振动的振动输送机。

02.0224　惯性振动输送机　inertial vibrating conveyor

利用偏心块旋转产生振动的振动输送机。

02.0225　机械振动输送机　mechanical vibrating conveyor

采用机械方法产生振动的振动输送机。

02.0226　电动振动输送机　electrodynamic vibrating conveyor

利用振动电动机产生振动的振动输送机。

02.0227　垂直式振动输送机　vertical vibrating conveyor

利用垂直方向的直线振动和绕铅垂中心轴的扭转振动的合成，使物料沿螺旋槽向上输送的输送机。

02.11　悬挂输送机

02.0228　悬挂输送机　overhead conveyor

物品通过固接在牵引链上的吊具，可进行空间输送，并能自动地装载和卸载的输送机。

02.0229　通用悬挂输送机　general overhead conveyor

以可拆链牵引的沿空间封闭线路连续输送成件物品的输送机。其工作环境温度为–20～45℃，小车、链条、轨道允许的工作环境温度为–20～180℃，水平回转装置允许的工作环境温度为–20～100℃。

02.0230　积放式悬挂输送机　power and free overhead conveyor

承载小车支承在承载轨上，由牵引件上的推杆推动其运行的输送机。

02.0231　拖式悬挂输送机　overhead tow conveyor

由空间轨道上的牵引件牵引地面上载重小车运行的输送机。

02.0232　单轨小车悬挂输送机　monorail system, automated monorail

由导电轨供电，承载小车在轨道上能自动运行的输送机。

02.0233　负载滑架　load trolley

承受载荷的滑架小车。

02.0234　组合滑架　linkup load trolley

两个负载滑架连在一起，用以联合承载。

02.0235　空载滑架　chain support trolley

支撑牵引件，防止过度下垂而影响正常工作的滑架小车。

02.0236　牵引轨　power track

滑架小车运行的轨道。

02.0237　承载轨　free track

承载小车运行的轨道。

02.0238　载货小车　load carrier

携带输送物品在承载轨上运行的小车。

02.0239 单车 single trolley carrier
独立承受载荷并具有积放功能的小车。

02.0240 复式小车 multiple trolley carrier
由两部或多部小车组成的联合承载车组。

02.0241 道岔 track switch
将载货小车从一条输送线转移至另一条输送线的装置。

02.0242 道岔舌 switch tongue
道岔装置中能改变小车运行方向的舌状构件。

02.0243 逆向道岔 power switch
道岔舌尖的指向与小车运行方向相逆的道岔。

02.0244 顺向道岔 free switch
道岔舌尖的指向与小车运行方向相同的道岔。

02.0245 直传装置 straight through transfer
在同一载重轨上将承载小车从一条牵引件转移到另一条牵引件的装置。

02.0246 拖链 towing chain
拖着运输车运行的链条。

02.0247 拖挂附件 towing attachment
牵引件与拖链相连接的构件。

02.0248 运输车 truck, cart
由拖链牵引，在地面上运行的载货小车。

02.12 索 道

02.0249 索道 ropeway
由动力驱动，利用柔性绳索牵引运载工具运送人员或物料的运输系统，包括架空索道、缆车和拖牵索道等。

02.0250 货运索道 material ropeway
输送物料的索道。

02.0251 客运索道 passenger ropeway
输送人员的索道。

02.0252 架空索道 aerial ropeway
以架空的柔性绳索承载，用来输送物料或人员的索道。

02.0253 循环式架空索道 circulating ropeway
运载工具在线路上循环运行的架空索道。

02.0254 连续循环式架空索道 continuously circulating ropeway
运载工具在线路上以恒定速度运行的循环式架空索道。

02.0255 间歇循环式架空索道 intermittent circulating ropeway
运载工具在线路上间歇运行(走–停–走)的循环式架空索道。

02.0256 脉动循环式架空索道 pulsatile circulating ropeway
运载工具在线路上脉动运行(快行–慢行–快行–慢行)的循环式架空索道。

02.0257 往复式架空索道 to-and-fro ropeway, reversible aerial tramway
运载工具在线路上往复运行的架空索道。

02.0258 单侧往复式架空索道 single to-and-fro ropeway, single reversible tramway
运载工具只在线路的一侧钢丝绳上运行的往复式架空索道。

02.0259 双侧往复式架空索道 double to-and-fro ropeway, double reversible tramway
运载工具分别在线路两侧钢丝绳上运行的往复式架空索道。

02.0260 单线架空索道 mono-cable ropeway
一根钢丝绳既承载又牵引的架空索道。

02.0261 单线循环式架空索道 mono-cable continuously circulating ropeway

一根钢丝绳既承载又牵引的循环式架空索道。

02.0262 单线循环式固定抱索器架空索道 fixed grip mono-cable ropeway

采用固定抱索器的单线循环式架空索道。

02.0263 单线循环式脱挂抱索器架空索道 detached grip mono-cable ropeway

采用脱挂抱索器的单线循环式架空索道。

02.0264 单线往复式架空索道 mono-cable to-and-fro ropeway

一根钢丝绳既承载又牵引的往复式架空索道。

02.0265 双环路单线架空索道 double-loop mono-cable circulating detachable ropeway

每侧有两条同步运行的运载索绕成双环路系统的单线架空索道。

02.0266 双线架空索道 bi-cable ropeway

同时具有承载索和牵引索(包括平衡索)，其中承载索可以是单承载或双承载，牵引索可以是单牵引或双牵引的索道。

02.0267 双线循环式架空索道 bi-cable circulating ropeway

同时具有承载索(单承载或双承载)和一根牵引索的循环式架空索道。

02.0268 双线往复式架空索道 to-and-fro bi-cable ropeway

同时具有承载索(单承载或双承载)和牵引索(包括平衡索、单牵引或双牵引)的往复式架空索道。

02.0269 双环路双线往复式架空索道 double-loop to-and-fro bi-cable ropeway

在线路两侧的运载工具，分别由独立的驱动装置驱动、彼此可以相互救护的双线往复式架空索道。

02.0270 吊椅式客运架空索道 chair lift

运载工具为吊椅的客运架空索道。

02.0271 吊篮式客运架空索道 bucket lift

运载工具为吊篮的客运架空索道。

02.0272 吊厢式客运架空索道 gondola lift

运载工具为吊厢的客运架空索道。

02.0273 堆栈式货运索道 disposal material ropeway

堆积物料的专用货运索道。

02.0274 自行式架空索道 self-propelled ropeway

具有驱动装置的运载工具在承载索上能行走的架空索道。

02.0275 可移式架空索道 portable ropeway

借助人力或辅助设备，可以从一个场地搬移到另一个场地的架空索道。

02.0276 救援索道 succor ropeway, rescue ropeway

客运索道不能运行时，将线路上的乘客沿钢丝绳救援到安全地方的备用索道。

02.0277 缆车 funiculars

运载工具沿地面轨道或由固定结构支承的轨道运行的索道。

02.0278 循环式缆车 circulating funiculars

运载工具与钢丝绳可以脱开和挂接，并在线路上循环运行的缆车。

02.0279 往复式缆车 to-and-fro funiculars

运载工具在线路上往复运行的缆车。

02.0280 单往复式缆车 single-car to-and-fro funiculars

只有一个或一组运载工具在轨道线路上运动的往复式缆车。

02.0281 有会车段往复式缆车 to-and-fro

funiculars with criss-cross

两个或两组运载工具在中间有会车段的轨道线路上运动的往复式缆车。

02.0282 双线往复式缆车 bi-line to-and-fro funiculars

两个或两组运载工具分别在两条轨道线路上运行的往复式缆车。

02.0283 拖牵索道 ski-tow, draglift

用绳索牵引，在地面上运送乘客的索道。

02.0284 低位拖牵索道 low-surface lift

拖牵索距地面高度小于 2 m 的拖牵索道。

02.0285 高位拖牵索道 high-surface lift

拖牵索距地面高度在 2 m 以上的拖牵索道。

02.0286 脱挂抱索器式拖牵索道 detachable draglift

拖牵器可以和拖牵索脱开或挂接的拖牵索道。

02.0287 固定索 static rope, fixed rope

至少有一端锚固的钢丝绳。

02.0288 承载索 carrying cable, track rope

(1) 又称“主索”。支承起重小车用的钢丝绳。(2) 又称“轨索”。支承运载工具，运行小车可以沿其运动的固定索。

02.0289 张紧索 tension rope

连接张紧重锤或张紧装置所使用的固定索。

02.0290 制动索 brake rope

起制动作用的固定索。

02.0291 信号索 signal rope

用于传输诸如控制信号、视频信号或电话通信的固定索。

02.0292 锚拉索 guy rope, anchor rope

用于拉紧支架的固定索。

02.0293 运动索 moving rope

按一定方向做纵向运动的绳索。

02.0294 运载索 carrying hauling rope

在单线架空索道中既承载又牵引运载工具的运动索。

02.0295 牵引索 hauling rope, haulage rope

(1) 带动起重小车在承载索上往返运行的钢丝绳。(2) 用于牵引运载工具运行的运动索。

02.0296 平衡索 counter rope

与运载工具相连接而不经过驱动轮的运动索。

02.0297 拖牵索 towing rope, haul rope

又称“拖拉索”。牵引拖牵器沿预定线路运行的运动索。

02.0298 无极绳 rope loop

又称“绳环”。通过编接形成闭环的运动索。

02.0299 救援索 evacuation rope

用于移动救援车的运动索。

02.0300 吊具 carriers

在架空索道或缆车上用于承载人员或物料的部件。

02.0301 吊厢 cabin, gondola

架空索道中使用的封闭式运载工具。

02.0302 客车 carriage

在缆车或往复式架空索道中使用的封闭式运载工具。

02.0303 吊椅 chair

形状类似座椅的敞开式运载工具。

02.0304 吊篮 basket

形状类似篮筐的敞开式运载工具。

02.0305 车组式运载工具 group of carriers

多个顺序连接、作为一组使用的运载工具。

02.0306 自行式运载工具 self-powered carrier

自身装备了驱动装置的运载工具。

02.0307 抱索器 grip

在运载工具或吊架上直接与牵引索或运载索相连接的部件。

02.0308 固定抱索器 fixed grip

在索道运行过程中，在绳索上保持固定位置不能脱开的抱索器。

02.0309 脱挂抱索器 detachable grip

到达索道站内时，能够与牵引索或运载索脱开的抱索器。

02.0310 重力式抱索器 weight-operated grip

借助货车重力抱紧牵引索或运载索的抱索器。

02.0311 螺旋式抱索器 screw-type grip, coercive grip

又称“强迫式抱索器”。用螺旋强制抱紧牵引索或运载索的抱索器。

02.0312 四连杆抱索器 four-bar linkage grip

具有四连杆机构的重力式抱索器。

02.0313 鞍式抱索器 saddle-type grip, automatic grip

利用两个带有凸齿形鞍形槽使其卡入运载索螺旋槽内的抱索器。

02.0314 弹簧式抱索器 spring grip

利用弹簧力抱紧钢丝绳的抱索器。

02.0315 抱卡 clamp

在固定抱索器或脱挂抱索器中环绕绳索、用足够压力压紧绳索以免打滑的装置。

02.0316 挂接器 locking rail, locking frame, coupling rail, coupling frame

使抱索器能够与牵引索或运载索自动挂接的装置。

02.0317 脱开器 unlocking rail, unlocking frame, uncoupling rail, uncoupling frame

使抱索器能够与牵引索或运载索自动脱开的装置。

02.0318 挂接 attachment

脱挂抱索器与牵引索或运载索相连接的过程。

02.0319 脱开 detachment

脱挂抱索器与牵引索或运载索相分离的过程。

03. 给料机械

03.0001 给料机械 feeder

将物料由储料装置输送至受料装置中，并可以控制物料输送速度和流量的机械设备。

03.0002 带式给料机 belt feeder

给料用的带式输送机。

03.0003 板式给料机 slat feeder

给料用的板式输送机。

03.0004 重型板式给料机 heavy-duty slat feeder

用于大块、重物料的板式给料机。

03.0005 中型板式给料机 middle-duty slat feeder

用于较大块、中等密度物料的板式给料机。

03.0006 轻型板式给料机 light-duty slat feeder

用于轻物料的板式给料机。

03.0007 螺旋给料机 screw feeder

给料用的螺旋输送机。

03.0008 双螺旋给料机 twin-screw feeder

具有两根给料螺旋的螺旋给料机。

03.0009 多螺旋给料机 multiple-screw feeder

具有多根螺旋(螺旋为偶数)的螺旋给料机。

03.0010 圆盘给料机 rotary table feeder

由一个低速卧式圆形转动板构成，物料靠重力流入板内，通过调节刮板卸料的给料机。

03.0011 滚筒式给料机 rotary drum feeder

由低速滚筒的转动，使物料有控制的卸料的给料机。

03.0012 往复式给料机 reciprocating feeder

由料槽往复运动而卸料的给料机。

03.0013 振动给料机 vibrating feeder

通过料槽高频振动而卸料的给料机。

03.0014 电磁振动给料机 electromagnetic vibrating feeder

用电磁振动器激振的振动给料机。

03.0015 电动振动给料机 electrodynamic vibrating feeder

利用振动力驱动的振动给料机。

03.0016 机械振动给料机 mechanical vibrating feeder

用机械不平衡振子驱动的振动给料机。

03.0017 叶轮给料机 rotary vane feeder

由带径向叶片的卧式或立式转子旋转而卸料的给料机。

03.0018 柱塞式给料机 piston feeder

靠柱塞在料槽内做往复运动使物料卸出的给料机。

03.0019 刮板给料机 scraper feeder

给料用的刮板输送机。

03.0020 埋刮板给料机 en masse feeder

给料用的埋刮板输送机。

04. 装 卸 机 械

04.0001 装卸机械 loading-unloading machine

具有自行装、卸功能或具有转载装置和连续装卸功能的机械设备。

04.0002 斗轮堆取料机 bucket wheel stacker-reclaimer

靠非自身运行机构，并具有斗轮取料机构和转运机构，可以将料场带式输送机输送的物料经转运机构堆放至料场，或者通过斗轮取料机构把料场物料经转运机构转送给料场带式输送机的装卸机械。

04.0003 斗轮取料机 bucket wheel reclaimer

本身具有行走机构并通过斗轮取料机构，将物料经转运机构输送给料场带式输送机的装载机。

04.0004 堆料机 stacker

本身具有行走机构和转运机构，并通过带式输送机将物料堆放到储料场的卸载机。

04.0005 固定堆料机 fixed stacker

无行走机构的、而且固定于某一位置的堆料机。

04.0006 单臂堆料机 single-boom stacker

具有一个卸料臂架的堆料机。

04.0007 双臂堆料机 double-boom stacker

具有两个相对应并垂直运行轨道卸料臂架的堆料机。

04.0008 铲斗装载机 loader with digging bucket

以铲斗为取料机构的装载机。

04.0009 链斗装载机 chain-bucket loader

具有链斗取料机构的装载机。

04.0010 刮板装载机 scraper loader

具有链条刮板取料机构的装载机。

04.0011 圆盘装载机 disk loader

具有圆盘取料机构的装载机。

船机。

04.0012　蟹耙装载机　crab-rake loader
具有蟹爪形取料机构的装载机。

04.0013　装船机　ship loader
用于将物料或物品连续装入船舱内或甲板上的装载机。

04.0014　固定式装船机　fixed ship loader
本身不能移动的装船机。

04.0015　移动式装船机　mobile ship loader
可以移动(如沿轨道移动)的装船机。

04.0016　装车机　car-loader
用于将物料或物品连续装入车厢内的装载机。

04.0017　固定式装车机　fixed car-loader
本身不能移动的装车机。

04.0018　移动式装车机　mobile car-loader
可以移动(如沿轨道移动)的装车机。

04.0019　卸载机　unloader
通过输出机构和卸料机构进行卸料的机械设备。

04.0020　链斗卸车机　chain-bucket waggon unloader
具有链斗卸料机构，并为铁路货车专用的卸车机。

04.0021　螺旋卸车机　screw waggon unloader
具有螺旋卸料机构，并为铁路货车专用的卸车机。

04.0022　链斗卸船机　chain-bucket ship unloader
具有链斗卸料机构，并为水运货船专用的卸船机。

04.0023　螺旋卸船机　screw ship unloader
具有螺旋卸料机构，并为水运货船专用的卸船机。

04.0024　气力卸船机　pneumatic ship unloader
靠气体的压力或吸力卸船的设备。

04.0025　岸边抓斗卸船机　ship unloader
抓斗小车沿桥架运行的散货卸船作业专用的起重机。

04.0026　自行小车抓斗卸船机　ship unloader with self-propelled trolley
起升机构和小车运行机构均装设在运行小车上的卸船机。

04.0027　绳索小车抓斗卸船机　ship unloader with rope trolley
起升机构和小车运行机构均装设在固定于桥架上机房内的门式卸船机。

04.0028　抓斗横移机构　grab traversal mechanism
门式抓斗卸船机中，使抓斗垂直于小车运行方向移动的机构，在整机原有位置扩大卸船作业范围。

04.0029　抓斗回转机构　grab slewing mechanism
抓斗卸船机中，使抓斗回转90°的机构，充分利用抓斗开度抓取甲板下的松散物料。

04.0030　平衡小车　balancing trolley
绳索小车抓斗卸船机中，保持抓斗水平移动而设置的补偿装置。

04.0031　翻车机　waggon tipple
将铁路货车车厢翻转或倾倒而卸料的卸车设备。

04.0032　双车翻车机　twin-waggon tipple
一次可以翻两节铁路货车车厢的翻车机。

04.0033　三车翻车机　three-waggon tipple
一次可以翻三节铁路货车车厢的翻车机。

05. 机动工业车辆

05.0001 固定平台搬运车 fixed-height load-carrying truck, fixed platform truck

载货平台不能起升的搬运车辆。

05.0002 牵引车 towing tractor

装有牵引连接装置，专门用来在地面上牵引其他车辆的工业车辆。

05.0003 推顶车 pushing tractor

前端装有缓冲板并且能在地面上或钢轨上推动车辆运行的牵引车辆。

05.0004 起升车辆 lift truck

能够装载、起升和搬运载荷的工业车辆。

05.0005 堆垛用高起升车辆 stacking high-lift truck

装有平台、货叉或其他载荷搬运装置，能将载荷(有托盘或无托盘)起升到足够的高度进行堆垛或拆垛以及分层堆垛或分层拆垛作业的车辆。

05.0006 叉车 fork lift truck

采用货叉装载、起升、搬运载荷的工业车辆。

05.0007 平衡重式叉车 counterbalanced fork lift truck

具有承载货物(有托盘或无托盘)的货叉(亦可用其他装置替换)，载荷相对于前轮呈悬臂状态，并且依靠车辆的质量来进行平衡的堆垛用叉车。

05.0008 前移式叉车 reach fork truck

带有外伸支腿，通过门架或货叉架移动进行载荷搬运的堆垛用叉车。

05.0009 插腿式叉车 straddle truck

带有外伸支腿，货叉位于两支腿之间，载荷重心始终位于稳定性好的支承面内的堆垛用叉车。

05.0010 托盘堆垛车 pallet-stacking truck

货叉位于外伸支腿正上方的堆垛用起升车辆。

05.0011 平台堆垛车 platform truck

载荷平台位于外伸支腿正上方的堆垛用起升车辆。

05.0012 操作台可升降的车辆 truck with elevatable operation position

操作台可随载荷一起升降进行分层堆垛作业的堆垛用起升车辆。

05.0013 侧面式叉车 side-loading truck

门架或货叉架位于两车轴之间，垂直于车辆的运行方向横向伸缩，在车辆的一侧进行堆垛或拆垛作业的叉车。

05.0014 越野叉车 rough-terrain truck

在未经平整的地面诸如建筑工地等粗糙地面上进行作业的轮式平衡重式叉车。

05.0015 侧面堆垛式叉车 lateral stacking truck

能够在车辆运行方向的两侧进行堆垛和取货的高起升堆垛叉车。

05.0016 三向堆垛式叉车 lateral and front stacking truck

能够在车辆的运行前方及任一侧面进行堆垛或取货的高起升堆垛叉车。

05.0017 堆垛用高起升跨车 stacking high-lift straddle carrier

车体及起升装置跨在载荷上，对载荷进行起升、搬运和堆垛作业的起升车辆。

05.0018 非堆垛用低起升车辆 non-stacking low-lift truck

带有平台或货叉，并能将载荷起升到恰好满足运行的高度而进行搬运作业的车辆。

05.0019 托盘搬运车 pallet truck

装有货叉的步行式或乘驾式的非堆垛用起

升车辆。

05.0020　平台搬运车　platform and stillage truck

装有载货平台或载货架的步行式或乘驾式的非堆垛用起升车辆。

05.0021　非堆垛低起升跨车　non-stacking low-lift straddle carrier

车体及起升装置跨在载荷上，对载荷进行起升和搬运作业的起升车辆。

05.0022　拣选车　order-picking truck

操作台随平台或货叉一起升降，允许操作者将载荷从承载属具上堆放到货架上，或从货架上取出载荷放置在承载属具上的起升车辆。

05.0023　车架　chassis

固定车辆各部件即发动机、变速箱、起升装置的主要框架构件。

05.0024　压载箱　ballast container

装满压载物时可作为平衡重用的容器。

05.0025　辅助平衡重　auxiliary ballast weights

固定在车辆车架后部的附加质量。

05.0026　车身侧板　bodywork

固定在车体上起保护或造型作用的护板。

05.0027　稳定器　stabilizer

为保证堆垛作业时车辆的稳定性，通常成对使用的可拆卸部件。

05.0028　自重　service mass

包括辅助设备和属具，即内燃车辆油箱中充满燃油、蓄电池车辆带牵引蓄电池组，车辆无载及无驾驶员时，车辆可立即投入使用的全部质量。

05.0029　装运质量　shipping mass

包括辅助设备和属具，但不包括车上的能源即没有燃料或牵引蓄电池、车辆无载及无驾驶员时车辆的质量。

05.0030　堆垛　stacking

起升载荷以及将载荷放到由相类似载荷组成的货堆上的搬运过程。

05.0031　拆垛　unstacking

从货堆的最顶端位置取出载荷及下降载荷的搬运过程。

05.0032　分层堆垛　tiering

在仓储系统中，起升载荷以及将载荷放置到货架上的搬运过程。

05.0033　分层拆垛　untiering

从货架上取出载荷及下降载荷的搬运过程。

05.0034　工业挂车　industrial trailer

用工业牵引车或工业车辆牵引沿地面上行走的轮式载货车辆。

05.0035　非自装载的挂车　non-self-loading trailer

没有装载系统，只用于搬运的挂车。

05.0036　自装载挂车　self-loading trailer

自身装备了装载及卸载设备，而不用借助其他任何起升或搬运设备的工业挂车。

06.　电梯、自动扶梯、自动人行道

06.0001　电梯　lift, elevator

服务于建筑物内若干特定的楼层，其轿厢在至少两列垂直于水平面或与铅垂线倾斜角小于 15°的刚性导轨上运行的永久运输设备。

06.0002　乘客电梯　passenger lift

为运送乘客而设计的电梯。

06.0003　载货电梯　goods lift, freight lift

又称“货客电梯(goods-passenger lift)”。主要运送货物，同时允许有人员伴随的电梯。

06.0004　客货电梯　passenger-goods lift

以运送乘客为主，可同时兼顾运送非集中载荷货物的电梯。

06.0005　病床电梯　bed lift, hospital lift
又称“医用电梯”。运送病床(包括病人)及相关医疗设备的电梯。

06.0006　住宅电梯　residential lift
服务于住宅楼供公众使用的电梯。

06.0007　双电梯　twin lift
两个电梯轿厢在同一电梯轨道上运行的电梯。

06.0008　双层电梯　double-deck lift
由在提升通道中一起垂直移动的上轿厢和下轿厢组成的电梯。其中上轿厢和下轿厢之间的空间由多个盖盖住，这些盖引导气流绕过该空间，以降低空气紊流噪声，并使得在电梯轿厢中感到更安静和更舒适。

06.0009　低速电梯　low-speed lift
电梯升降速度低于 1 m/s 的电梯。

06.0010　中速电梯　medium-speed lift
电梯升降速度为 1～2 m/s 的电梯。

06.0011　高速电梯　high-speed lift
电梯升降速度大于 2 m/s 的电梯。

06.0012　超高速电梯　ultra-high-speed lift
电梯升降速度超过 5 m/s 的电梯。

06.0013　杂物电梯　dumbwaiter, service lift
服务于规定层站的固定式提升装置。具有一个轿厢，由于结构型式和尺寸的关系，轿厢内不允许人员进入。

06.0014　船用电梯　lift on ships
船舶上使用的电梯。

06.0015　防爆电梯　explosion prevention lift
采取适当措施，可以应用于有爆炸危险场所的电梯。

06.0016　消防员电梯　firefighter lift
在为乘客使用而安装的电梯中，加装附加的保护、控制和信号装置，使其能在消防员的直接控制下使用的电梯。

06.0017　观光电梯　observation lift, panoramic lift
井道和轿厢壁至少有同一侧透明，乘客可观看轿厢外景物的电梯。

06.0018　非商用汽车电梯　non-commercial vehicle lift
其轿厢适于运载小型乘客汽车的电梯。

06.0019　家用电梯　home lift
安装在私人住宅中，仅供单一家庭成员使用的电梯。也可以安装在非单一家庭使用的建筑物内，作为单一家庭进入其住所的工具。

06.0020　无机房电梯　lift without machine room
不需要建筑物提供封闭的专门机房用于安装电梯驱动主机、控制柜、限速器等设备的电梯。

06.0021　曳引驱动电梯　traction lift
依靠摩擦力驱动的电梯。

06.0022　强制驱动电梯　positive drive lift
用链或钢丝绳悬吊的非摩擦方式驱动的电梯。

06.0023　液压电梯　hydraulic lift
依靠液压驱动的电梯。

06.0024　机房　machine room
安装一台或多台电梯驱动主机及其附属设备的专用房间。

06.0025　辅助机房　secondary machine room
因设计需要，在井道顶设置的房间。不用于安装驱动主机，可以作为隔音层，也可用于安装滑轮、限速器和电气设备等。

06.0026　层站入口　landing entrance
井道壁上的开口部分。构成从层站到轿厢之间的通道。

06.0027 基站 main landing, main floor, home landing

轿厢无投入运行指令时停靠的层站。一般位于乘客进出最多并且方便撤离的建筑物大厅或底层端站。

06.0028 预定层站 predetermined landing

又称“*待梯层站*”。并联或群控控制的电梯轿厢无运行指令时，指定停靠待命运行的层站。

06.0029 底层端站 bottom terminal landing

最低的轿厢停靠站。

06.0030 顶层端站 top terminal landing

最高的轿厢停靠站。

06.0031 层间距离 floor-to-floor distance, inter-floor distance

两个相邻停靠层站层门地坎之间的垂直距离。

06.0032 井道 well, shaft, hoist way

保证轿厢、对重(平衡重)和(或)液压缸柱塞安全运行所需的建筑空间。

06.0033 平层 leveling

在平层区域内，使轿厢地坎平面与层门地坎平面达到同一平面的运动。

06.0034 电梯曳引型式 traction type of lift

曳引机驱动的电梯，曳引机在井道上方(或上部)的为上置曳引型式；曳引机在井道侧面的为侧置曳引型式；曳引机在井道下方(或下部)的为下置曳引型式。

06.0035 电梯曳引绳曳引比 hoist rope ratio of lift

悬吊轿厢的钢丝绳根数与曳引轮轿厢侧下垂的钢丝绳根数之比。

06.0036 轿厢 car, lift car

电梯中用以运载乘客或其他载荷的箱形装置。

06.0037 轿架 car frame

又称“*轿厢架*”。固定和支撑轿厢的框架。

06.0038 曳引绳补偿装置 compensating device for hoist ropes

用来补偿电梯运行时因曳引绳造成的轿厢和对重两侧质量不平衡的部件。

06.0039 补偿链装置 compensating chain device

用金属链构成的曳引绳补偿装置。

06.0040 补偿绳装置 compensating rope device

用钢丝绳和张紧轮构成的曳引绳补偿装置。

06.0041 补偿绳防跳装置 anti-rebound device of compensation rope

当补偿绳张紧装置由于惯性力作用超出限定位置时，能使曳引机停止运转的安全装置。

06.0042 曳引机 traction machine

包括电动机、制动器和曳引轮在内的靠曳引绳和曳引轮槽摩擦力驱动或停止电梯的装置。

06.0043 有齿轮曳引机 geared traction machine

电动机通过减速齿轮箱驱动曳引轮的曳引机。

06.0044 无齿轮曳引机 gearless traction machine

电动机直接驱动曳引轮的曳引机。

06.0045 曳引轮 driving sheave, traction sheave

曳引机上的驱动轮。

06.0046 曳引绳 hoist rope

连接轿厢和对重装置，并靠与曳引轮槽的摩擦力驱动轿厢升降的专用钢丝绳。

06.0047 扁平复合曳引钢带 flat covered steel belt for drive

由多股钢丝被聚氨酯等弹性体包裹形成的

扁平状曳引轿厢用的带子。

06.0048　永磁同步曳引机　permanent synchro motor

采用永磁同步电动机的曳引机。

06.0049　自动扶梯　escalator

带有循环运行梯级，用于向上或向下倾斜输送乘客的固定电力驱动设备。

06.0050　自动人行道　passenger conveyor

带有循环运行(板式或带式)走道，用于水平或倾斜角不大于 12°输送乘客的固定电力驱动设备。

06.0051　扶手带　handrail

位于扶手装置的顶面，与梯级、踏板或胶带同步运行，供乘客扶握的带状部件。

06.0052　梯级　step

在自动扶梯桁架上循环运行，供乘客站立的部件。

06.0053　梯级踏板　step tread

带有与运行方向相同齿槽的梯级水平部分。

06.0054　梯级踢板　step riser

带有齿槽的梯级上竖立的弧形部分。

06.0055　梯级导轨　step track

供梯级滚轮运行的导轨。

06.0056　梯级水平移动距离　horizontally step moving distance, horizontally step run

为使梯级在出入口处有一个导向过渡段，从梳齿板出来的梯级前缘和进入梳齿板梯级后缘的一段水平距离。

06.0057　踏板　pedal

循环运行在自动人行道桁架上，供乘客站立的板状部件。

06.0058　梳齿板　comb

位于运行的梯级或踏板出入口，为方便乘客上下过渡，与梯级或踏板相啮合的部件。

06.0059　梳齿板安全装置　comb safety device

当梯级、踏板或胶带与梳齿板啮合处卡入异物时，能使自动扶梯或自动人行道停止运行的电气装置。

06.0060　驱动链保护装置　drive-chain guard

当梯级驱动链或踏板驱动链断裂或过分松弛时，能使自动扶梯或自动人行道停止运行的电气装置。

06.0061　主驱动链保护装置　main drive-chain guard

当主驱动链断裂时，能使自动扶梯或自动人行道停止运行的电气装置。

06.0062　非操纵逆转保护装置　unintentional reversal protection device

在自动扶梯或自动人行道运行中非人为地改变其运行方向时，能使其停止运行的装置。

06.0063　扶手带断带保护装置　control guard for handrail breakage

当扶手带断裂时，能使自动扶梯或自动人行道停止运行的电气装置。

06.0064　梯级塌陷保护装置　step sagging guard

又称“踏板塌陷保护装置”。当梯级或踏板任何部位断裂下陷时，使自动扶梯或自动人行道停止运行的电气装置。

流 体 机 械

07. 泵

07.01 一 般 名 词

07.0001 泵扬程 pump head
泵产生的总水头。其值等于泵出口总水头和入口总水头的代数差。

07.0002 排出压力 discharge pressure
泵出口截面的静压。

07.0003 吸入压力 suction pressure
泵入口截面的静压。

07.0004 排出压头 discharge head
换算到泵基准面上的排出口压力水头。

07.0005 吸入压头 suction head
换算到泵基准面上的吸入口压力水头。

07.0006 汽蚀余量 net positive suction head, NPSH
泵入口总水头加上相应于大气压力的水头减去相应于汽化压力的水头所得的值。

07.0007 比转速 specific speed
判别动力式泵水力特征的相似准数。

07.0008 泵流量 pump capacity
单位时间内，从泵出口排出并进入管路的液体体积。

07.0009 泵的额定流量 rated pump capacity
在额定条件下，设计规定该泵在正常运行时应从泵出口节流阀后排出来的流量公称值。

07.0010 泵转速 pump revolution speed
泵轴旋转的速度，即单位时间内泵轴的旋转数。

07.0011 泵轴功率 pump shaft power
又称“泵输入功率(pump power input)”。泵轴所接受的功率。

07.0012 泵输出功率 pump power output
又称“泵有效功率(pump effective power)”。泵传递给输出液体的功率。

07.0013 泵效率 pump efficiency
泵输出功率与泵轴功率之比。

07.0014 扬程系数 head coefficient
泵特性中表示扬程的无因次数。

07.0015 托马汽蚀系数 Thoma cavitation constant
必需汽蚀余量或有效汽蚀余量与扬程的比值。

07.02 回转动力式泵

07.0016 回转动力式泵 rotodynamic pump
又称“叶片式泵”。依靠叶轮旋转，将能量传给液体的机械。

07.0017 离心泵 centrifugal pump
叶轮排出的液流基本上在与泵轴垂直的面内流动的动力式泵。

07.0018 混流泵 mixed-flow pump
叶轮中的液体沿着与泵轴同心的锥面内排出的泵。

07.0019 轴流泵 axial-flow pump
叶轮中的液体沿着与泵轴同心的圆筒内排出的泵。

07.0020 旋涡泵 regenerative pump, vortex pump

叶轮为外缘部分带有许多小叶片的整体轮盘，液体在叶片和泵体流道中反复做旋涡运动的泵。

07.0021 蜗壳泵 volute pump

叶轮排出的液体直接进入蜗状壳体的泵。

07.0022 导叶泵 diffuser pump

叶轮排出的液体直接进入导叶形扩散器的泵。

07.0023 潜液电泵 submergible motor pump

整个泵包括电动机潜入液体中工作，电动机内部有充水、充油和充气等型式的泵。

07.0024 屏蔽电泵 canned motor pump

由定子内侧具有屏蔽套的电动机驱动的离心泵。屏蔽套内侧和泵内是连通的，没有轴封部分，因此不产生泄漏。转子外侧同样有屏蔽套起防腐作用。

07.0025 高速部分流泵 high-speed partial emission pump

又称“高速离心泵”。一般带有增速装置，多为开式叶轮，叶片呈直线辐射状且出口角为 90°的离心泵。

07.0026 磁力泵 magnetic drive pump

通过磁力传动器(磁力联轴器)来实现无接触力矩传递从而以静密封取代动密封，达到完全无泄漏的泵。

07.0027 自吸泵 self-priming pump

泵本身能抽去吸入管路中的空气，并使之充满液体，因而起动前不需人工灌水的泵。

07.0028 贯流泵 tubular pump

泵轴全部装在呈直管状的泵壳内的轴流泵，进出水流道顺直。常用在低扬程、大流量泵站上。

07.0029 锅炉给水泵 boiler feed pump

往锅炉送水的泵，一般为离心泵。

07.0030 凝结水泵 condensate pump

抽送凝水器中凝结水的离心泵。由于凝水器中高度真空而要求泵应有较高耐汽蚀性能。

07.0031 循环水泵 circulating water pump

在封闭系统中迫使水循环流动的泵。一般为低扬程大流量的离心泵。

07.0032 水力采煤泵 monitor pump

以水射流形式用于水采工作面落煤并可串联增压的多级高扬程离心泵或高压往复泵。

07.0033 矿山排水泵 pit drainage pump

自矿坑内向外排水的泵。一般为离心泵。

07.0034 煤浆泵 coal pump

煤矿中输送煤水(或油)混合物的泵。一般为离心泵。

07.0035 除鳞泵 descaling pump

钢厂轧钢过程中用于除氧化皮的高扬程离心泵或高压往复泵。

07.0036 除焦泵 decoking pump

炼油厂炼油过程中输送带有焦粉等颗粒介质的高扬程离心泵。

07.0037 压舱泵 ballast pump

根据船上货物多少，把海水吸入或排出船内水槽，使船保持一定吃水深度的离心泵。

07.0038 均衡泵 balance pump

为保持船体平衡，使船上左、右水槽里的水来回流动的离心泵。

07.0039 杂质泵 liquid-solid handling pump

输送带有固体颗粒的浆料泵的总称。一般为离心泵。

07.0040 砂泵 sand pump

输送含有砂子的液体的水泵。一般为离心泵。

07.0041 渣浆泵 slag-slurry pump

输送渣浆的泵。一般为离心泵。

07.0042　污水泵　sewage pump
输送污水的离心泵。

07.0043　消防泵　fire water pump
安装在消防车、固定灭火系统或其他消防设施上，用作输送水或泡沫溶液等液体灭火剂的专用离心泵。

07.0044　流程泵　process pump
石油化工装置中输送原料、半成品及产品的泵的总称。一般为离心泵或往复泵。

07.0045　纸浆泵　pulp pump
造纸工业输送纸浆的离心泵。

07.0046　液化石油气泵　liquefied petroleum gas pump
输送液化石油气的泵。一般为离心泵。

07.0047　增压泵　booster pump
安装在送液管路上，用来增加液体压力的往复泵。

07.0048　耐腐蚀泵　anti-corrosion pump
用来输送酸、碱和盐类等含有腐蚀性液体的泵。一般为离心泵。

07.0049　筒式泵　barrel pump
内壳外侧设置能承受吐出压的圆筒状外壳的泵。一般为多级离心泵。

07.0050　单级泵　single-stage pump
进入泵的液体仅一次通过叶轮的泵。

07.0051　多级泵　multi-stage pump
进入泵的液体多次串联地通过叶轮的泵。按通过次数分为两级泵、三级泵等。

07.0052　单吸泵　single-suction pump
叶轮仅一侧有吸入口的泵。

07.0053　双吸泵　double-suction pump
叶轮两侧都有吸入口或装入两个单吸叶轮(背靠背)的泵。对于多级泵，只要第一级叶轮双吸就是双吸泵。

07.0054　管道泵　inline pump
直接安装在管路上的离心泵。

07.0055　液下泵　wet pit pump
泵本体被吊装在液面下的一种立式离心泵。

07.03　容 积 式 泵

07.0056　容积式泵　positive-displacement pump
依靠包容液体的密封工作空间容积的周期性变化将能量传递给液体的泵。

07.0057　往复泵　reciprocating pump
依靠活塞、柱塞或隔膜在泵缸内往复运动使缸内工作容积交替增大和缩小来输送液体或使之增压的容积式泵。

07.0058　回转泵　rotary pump
依靠回转部件的回转运动使包容液体的密封工作空间容积发生变化将能量传递给液体的泵。

07.0059　单联泵　simplex pump
只有一个或相当于一个柱塞(活塞)的泵。

07.0060　双联泵　duplex pump
有两个或相当于两个柱塞(活塞)的泵。

07.0061　三联泵　triplex pump
有三个或相当于三个柱塞(活塞)的泵。

07.0062　多联泵　multiplex pump
有四个以上或相当于四个以上柱塞(活塞)的泵。

07.0063　活塞泵　piston pump
工作腔内做直线往复位移的元件上有密封件的泵。

07.0064　柱塞泵　plunger pump
工作腔内做直线往复位移的元件上无密封

件，但在不动件上有密封件的泵。

07.0065 隔膜泵 diaphragm pump
借助于膜状弹性元件在工作腔内做周期性挠曲变形的往复泵。

07.0066 油隔离泵 pump handling fluid separated by oil
在工作腔(油隔离罐)内借助于被输送流体与油的密度差形成自然分界面的上、下波动来代替隔膜泵中弹性元件作用的往复泵。

07.0067 单作用泵 single-acting pump
工作腔内的位移元件(柱塞、活塞等)每往复运动一次，吸入和排出流体各一次的泵。

07.0068 双作用泵 double-acting pump
工作腔内的位移元件(柱塞、活塞等)每往复运动一次，吸入和排出流体各两次的泵。

07.0069 差动活塞泵 differential piston pump
工作腔内的位移元件(活塞)每往复运动一次，所吸入的流体分两次排出的泵。

07.0070 单缸泵 single-cylinder pump
具有一个或相当于一个工作腔的泵。

07.0071 双缸泵 twin-cylinder pump
有两个或相当于两个工作腔，且工作腔内位移元件(柱塞、活塞等)行程容积相等，相位角相错 180°(或 90°)，两工作腔的进口前和出口后分别设有共同的分流器和集流器的泵。

07.0072 三缸泵 three-cylinder pump
有三个或相当于三个工作腔，且工作腔内位移元件(柱塞、活塞等)行程容积相等，相位角相错 120°，三个工作腔的进口前和出口后分别设有共同的分流器和集流器的泵。

07.0073 多缸泵 multi-cylinder pump
有四个以上或相当于四个以上工作腔，且工作腔内位移元件(柱塞、活塞等)行程容积相等，相位角相错为圆周角除以缸数的商，各工作腔的进口前和出口后分别设有共同的分流器和集流器的泵。

07.0074 卧式泵 horizontal pump
各柱塞(活塞)轴线都是水平布置的往复泵。

07.0075 立式泵 vertical pump
各柱塞(活塞)轴线都是竖直布置的往复泵。

07.0076 角式泵 angle pump
各柱塞(活塞)轴线互成一定角度布置的往复泵。

07.0077 V 型泵 V-type pump
每两个柱塞(活塞)为一组，其轴线互成 V 形布置的往复泵。

07.0078 Y 型泵 Y-type pump
每三个柱塞(活塞)为一组，其轴线互成 Y 形布置的泵。

07.0079 对置式泵 opposed pump
每两个柱塞(活塞)为一组，其轴线在同一直线上且对称布置在传动端两侧的往复泵。

07.0080 轴向泵 axial pump
各柱塞(活塞)轴线都与传动端主轴旋转线平行的往复泵。

07.0081 径向泵 radial pump
各柱塞(活塞)轴线都与传动端主轴旋转线垂直的往复泵。

07.0082 曲柄泵 crank pump
传动端为曲柄连杆机构的往复泵。

07.0083 无曲柄泵 crankless pump
传动端为摆盘机构的往复泵。

07.0084 偏心轴泵 eccentric pump
传动端主轴为偏心轴(轮)的泵。

07.0085 机动泵 power pump
用独立的旋转式原动机(包括电动机、内燃机、汽轮机等)驱动的泵。

07.0086 电动泵 motor pump

电动机驱动的泵。

07.0087 直动泵 direct acting pump
液力端柱塞(活塞)与动力端(气缸)活塞用同一个活塞杆连接，轴线在同一直线上，并经此活塞杆把动力端工作介质的能量直接传递给液力端被输送流体的泵。动力端工作介质可以是蒸汽、压缩气体(通常是空气)或有压液体。

07.0088 蒸汽泵 steam pump
以蒸汽为动力端工作介质的直动往复泵。

07.0089 手动泵 hand pump
用人力通过杠杆机构驱动柱塞(活塞)做往复运动的泵。

07.0090 计量泵 metering pump
能够通过流量(或行程长度)调节机构(或设备)，按流量(或相对行程长度)指示机构(或设备)上的指示值精确地进行调节和输送流体的往复泵。

07.0091 柱塞计量泵 plunger metering pump
工作腔内做直线往复位移的元件是柱塞(活塞)的计量泵。

07.0092 隔膜计量泵 diaphragm metering pump
工作腔内做周期性挠曲变形的元件是薄膜状弹性元件的计量泵。

07.0093 机械隔膜计量泵 mechanically actuated diaphragm metering pump
隔膜的周期性挠曲变形是由液力驱动的计量泵。

07.0094 波纹管计量泵 bellows metering pump
工作腔内做周期性挠曲变形的弹性元件是波纹管的计量泵。

07.0095 手调计量泵 metering pump with stroke adjustment
借助人力来调节行程长度(或流量)的计量泵。

07.0096 电控计量泵 metering pump with electric stroke actuator
通过电、气信号，借助电动伺服装置来调节行程长度(或流量)的计量泵。

07.0097 气控计量泵 metering pump with pneumatic stroke actuator
借助气动伺服装置来调节行程长度(或流量)的计量泵。

07.0098 试压泵 test pump
专门用于容器、管路、阀门等进行液压试验的往复泵。

07.0099 手动试压泵 hand operating test pump
人力驱动的进行液压试验的往复泵。

07.0100 电动试压泵 motor test pump
电动机驱动的进行液压试验的往复泵。

07.0101 船用泵 marine pump
用于输送船舶上各种介质的泵。既有离心泵，也有往复泵。

07.0102 清洗机用泵 pump for cleaning units
与清洗机配套用来提供压力清洗液的泵。一般为往复泵。

07.0103 注水泵 water injection pump
向油田、煤层中注水的往复泵。

07.0104 清水泵 clean-water pump
输送清水或类似清水的泵。

07.0105 泥浆泵 slurry pump
输送泥浆的往复泵。

07.0106 乳化液泵 emulsion pump
煤矿井下输送乳化液的泵。一般为往复泵。

07.0107 稠油转子泵 heavy oil rotary pump
输送沥青质和胶质含量较高、黏度较大的原油的旋转容积泵。

07.0108 化肥泵 chemical fertilizer pump
化肥生产过程中由甲胺泵(一甲泵、二甲泵)、液氨泵等多种泵组成的成套泵机组。一般为往复泵。

07.0109 低压泵 low-pressure pump
泵的排出压力不大于 1.6 MPa 的泵。

07.0110 中压泵 medium-pressure pump
泵的排出压力为 1.6～10 MPa(不含 1.6 MPa)的泵。

07.0111 高压泵 high-pressure pump
泵的排出压力为 10～100 MPa(不含 10 MPa)的泵。

07.0112 超高压泵 ultra-pressure pump
泵的排出压力高于 100 MPa 的泵。欧美这一压力值一般在 150 MPa。

07.0113 低速泵 low-speed pump
泵的转速低于 100 r/min 的往复泵。

07.0114 中速泵 medium-speed pump
泵的转速为 100～550 r/min 的往复泵。

07.0115 高速泵 high-speed pump
泵的转速高于 550 r/min 的往复泵。

07.0116 螺杆泵 screw pump
具有两个或两个以上啮合螺杆，可以在壳体中转动以实现吸、排的液压泵。

07.0117 单螺杆泵 single-screw pump
由螺杆、泵套和万向节组成的泵。

07.0118 双螺杆泵 twin-screw pump
由一对啮合的螺杆和泵套组成的泵。

07.0119 三螺杆泵 three-screw pump
由一根主动螺杆、两根从动螺杆和泵套组成的泵。

07.0120 五螺杆泵 five-screw pump
由一根主动螺杆、四根从动螺杆和泵套组成的泵。

07.0121 齿轮泵 gear pump
依靠密封在一个壳体中的两个或两个以上齿轮，在相互啮合过程中所产生的工作空间容积变化来输送液体的泵。

07.0122 滑片泵 vane pump
依靠偏心转子旋转时泵缸与转子上相邻两叶片间所形成的工作容积的变化来输送液体或使之增压的回转泵。

07.0123 软管泵 hose pump
工作腔内做有规律变形的元件是非金属软管的泵。

07.0124 混凝土输送泵 concrete pump
用来输送混凝土和有大颗粒的渣浆的一种液力作用直动泵。

07.0125 液环泵 liquid-ring pump
依靠叶轮的旋转把机械能传给工作液体(旋转液环)，又通过液环把能量传给气体的泵。

07.0126 注聚泵 polymer injection pump
向油田采油系统注聚合物的往复泵。

07.0127 调剖泵 profile control pump
向油田采油系统注调剖剂的往复泵。

07.0128 压裂泵 fracturing pump
向油田采油系统注压裂液的往复泵。

07.0129 传动端 driving end
往复泵上传递动力的部件。对于机动泵，传动端是指从十字头起一直到主轴(曲轴)伸出端(动力输入端)为止的部件。如果是泵内减速的，则传动端包括减速机构；如果是泵外减速的，则传动端不包括减速机构。对于直接作用泵，传动端即指动力缸部件。

07.0130 液力端 hydraulic end
往复泵所有与输送介质接触的零件、部件的总称。通常是指活塞(柱塞)至进、出口法兰所包括的全部零件、部件。

07.04 水 轮 泵

07.0131 水轮泵 water-turbine pump

由水轮机和水泵按一定方式组成的提水机械。

07.0132 同轴水轮泵 coaxial water-turbine pump

转轮和叶轮同装在一根主轴上(包括转轴和泵轴之间仅设联轴器)的水轮泵。

07.0133 单级同轴水轮泵 single-stage coaxial water-turbine pump

只有一个叶轮的同轴水轮泵。

07.0134 多级同轴水轮泵 multi-stage coaxial water-turbine pump

有两个或两个以上叶轮的同轴水轮泵。

07.0135 非同轴水轮泵 non-coaxial water-turbine pump

转轮轴(转轴)与泵轴之间设有增速装置的水轮泵。

07.0136 轴流式水轮泵 axial-flow water-turbine pump

转轮为轴流式的水轮泵。

07.0137 低水头轴流式水轮泵 low-head axial-flow water-turbine pump

适用水头为1～6 m的轴流式水轮泵。

07.0138 中水头轴流式水轮泵 mid-head axial-flow water-turbine pump

适用水头为5～14 m的轴流式水轮泵。

07.0139 高水头轴流式水轮泵 high-head axial-flow water-turbine pump

适用水头为10～20 m的轴流式水轮泵。

07.0140 混流式水轮泵 mixed-flow water-turbine pump

转轮为混流式的水轮泵。

07.0141 低水头混流式水轮泵 low-head mixed-flow water-turbine pump

适用水头为10～20 m的混流式水轮泵。

07.0142 中水头混流式水轮泵 mid-head mixed-flow water-turbine pump

适用水头为15～25 m的混流式水轮泵。

07.0143 高水头混流式水轮泵 high-head mixed-flow water-turbine pump

适用水头为20～35 m的混流式水轮泵。

07.0144 动力输出式水轮泵 power-take-off water-turbine pump

既可用于提水又可为其他设备提供动力的水轮泵。

07.0145 手动调速器 hand governor, manual governor

由人工操作来改变导叶开度或转轮叶片角度的机构。

07.05 其他类型泵

07.0146 射流泵 jet pump

工作流体(主动流)由喷嘴流出形成射流，射流形成低压区来抽吸被输送流体的泵。

07.0147 水锤泵 water hammer pump

一种利用水锤效应直接将低水头能转换为高水头能的泵。

07.0148 电磁泵 electromagnetic pump

处在磁场中的通电流体在电磁力作用下向一定方向流动的泵，常用于泵送液态金属。

08. 水射流设备

08.0001 往复泵机组 reciprocating pump unit
往复泵及其驱动机加上必要的传动装置和结构支承件的一种组合， 以入口和出口管嘴连接处及驱动机的能源供入处为界定端。

08.0002 高压清洗机 high-pressure cleaning unit
以高压往复泵为主机进行工业清洗或破碎的成套机组,其机组功率一般不小于 15 kW。

08.0003 超高压水切割机 ultra-high-pressure waterjet cutting unit
以超高压往复泵或增压器为主机用于水切割的成套机组。

08.0004 微小型清洗机 mini-and-small-type cleaning unit
以高速往复泵为主机用于清洗的成套机组。其机组功率一般小于 15kW。

08.0005 高温清洗机 high-temperature cleaning machine
额定排出压力不高于 18 MPa、额定流量不大于 15 L/min、工作温度不高于 150 ℃、工作介质为不含颗粒清洗剂与清水混合液的清洗机。

08.0006 下水道清洗车 sewer cleaning vehicle
安装在机动车上用来清洗下水道的设备，软管与喷头总成在下水管道内进退伸缩，以清除杂物。

08.0007 机场跑道除胶车 airport-runway rubber-removal vehicle
安装在汽车底盘上以高压往复泵为主机用于清洗机场跑道表面胶层的成套设备。

08.0008 标志线清除车 stripe-removal vehicle
安装在机动车上以高压往复泵为主机用于清除标志线的成套设备。

08.0009 水炮 water cannon
产生间断脉冲射流的成套设备。

08.0010 增压器 supercharger
通过活塞面积的变化使驱动液体所施加的压力倍增的一种超高压发生设备，其驱动液体通常是油或水。

08.0011 喷枪 spray gun, lance
具有阀控制和喷嘴形成水射流的工具。它通过高压软管与高压泵排出端的调压阀直接连接。

08.0012 平面清洗器 surface cleaner
专用于清洗平面或近似平面的清洗装置。其特点是大直径二维旋转喷头垂直向下喷射作业，分为转速可以调节与不可以调节两种。

08.0013 水射流 waterjet
由喷嘴流出形成的不同形状的高速水流束。射流的流速主要取决于喷嘴断面的压力降。

08.0014 低压水射流 low-pressure waterjet
工作压力不大于 10 MPa 的水射流。其设备主机多为离心泵或低压往复泵。

08.0015 高压水射流 high-pressure waterjet
工作压力在 10～100 MPa 之间的水射流。其设备主机多为高压往复泵。

08.0016 超高压水射流 ultra-high-pressure waterjet
工作压力不小于 100 MPa 的水射流。其设备主机多为超高压往复泵和增压器，一般产品的工作压力已提高到 150 MPa 以上。

08.0017 磨料射流 abrasive waterjet
在射流打击物件之前固体颗粒已与射流束混合，通常由水射流引射磨料自磨料贮罐进入混合腔，然后再经准直喷嘴形成的射流。

08.0018　靶距　standoff distance
喷嘴到射流打击物件表面的最短距离。

08.0019　射流打击力　jet impact force
射流作用于物体表面上的总作用力。

08.0020　射流反冲力　jet recoil force
射流工具形成射流同时产生的反冲作用力。

09. 阀　　门

09.01　一 般 名 词

09.0001　阀门　valve
用来控制管道内介质流动的，具有可动机构的机械产品的总称。

09.0002　公称压力　nominal pressure
阀门的一种标准压力等级，其数值是指在规定温度下阀门允许承受的最高工作压力。

09.0003　公称通径　nominal diameter
用于表征阀门口径的名义内径值。

09.0004　工作压力　operating pressure
阀门在正常操作条件下承受的压力。

09.0005　工作温度　operating temperature
阀门在正常操作条件下的介质温度。

09.0006　强度试验　strength test
按规定的试验介质和强度试验压力，对阀门中受压零件材料的强度和紧密性进行的试验。

09.0007　强度试验压力　strength test pressure
阀门进行强度试验时规定的压力。

09.0008　密封试验　seal test
按规定的试验介质和密封试验压力，对阀门的密封性进行的试验。

09.0009　密封试验压力　seal test pressure
阀门进行密封试验时规定的压力。

09.0010　上密封试验　back seal test
检验阀门上密封结构的密封性而做的试验。

09.0011　渗漏量　leakage
做阀门密封试验时，在规定的持续时间内由密封面间渗漏的介质量。

09.0012　吻合度　percent of contact area
密封副径向最小接触宽度与密封副中的最小密封面宽度之比。

09.0013　连接尺寸　connection dimension
阀门和管道连接部位的尺寸。

09.0014　启闭件　disk
用于截断或调节介质流通的零件的统称。如闸阀中的闸板、蝶阀中的蝶板、球阀中的球体等。

09.0015　阀座　seat
安装在阀体上，与启闭件组成密封副的零件。

09.0016　闸板　wedge, disk
闸阀中的启闭件。其型式有单闸板、双闸板和弹性闸板。

09.0017　单闸板　single gate disk
整体制造的一种刚性或弹性的闸板结构。

09.0018　双闸板　double gate disk
由两块闸板组成的一种闸板结构。

09.0019　弹性闸板　flexible gate disk
能产生弹性变形的一种单闸板结构。

09.0020　蝶板　disk
蝶阀中的启闭件。

09.0021　隔膜　diaphragm
隔膜阀中的启闭件。

09.0022　钟形罩　inverted bucket
疏水阀中带动阀瓣动作的钟罩形零件。

09.0023 浮桶 bucket float
疏水阀中带动阀瓣动作的桶形零件。

09.02 类 型

09.0024 通用阀门 general valve
各工业企业中管道上普遍采用的阀门。

09.0025 闸阀 gate valve, slide valve
启闭件(闸板)由阀杆带动，沿阀座(密封面)做直线升降运动的阀门。

09.0026 明杆闸阀 rising stem gate valve
阀杆做升降运动，其传动螺纹在体腔外部的闸阀。

09.0027 暗杆闸阀 non-rising-stem gate valve
阀杆做旋转运动，其传动螺纹在体腔内部的闸阀。

09.0028 楔式闸阀 wedge gate valve
闸板的两侧密封面成楔状的闸阀。

09.0029 平板闸阀 flat-plate valve
活门呈平板形，通过活门的升降来控制水流的阀。

09.0030 平行式闸阀 parallel gate valve, parallel slide valve
闸板的两侧密封面相互平行的闸阀。

09.0031 截止阀 globe valve, stop valve
启闭件(阀瓣)由阀杆带动，沿阀座(密封面)轴线做直线升降运动的阀门。

09.0032 节流阀 throttle valve
通过启闭件(阀瓣)的运动改变通路截面面积，以调节流量、压力的阀门。

09.0033 球阀 ball valve
启闭件(球体)由阀杆带动，并绕阀杆的轴线做旋转运动的阀门。

09.0034 浮动式球阀 floating ball valve
球体不带有固定轴的球阀。

09.0035 固定式球阀 fixed ball valve
球体带有固定轴的球阀。

09.0036 蝶阀 butterfly valve
启闭件(蝶板)由阀杆带动，并绕阀杆的轴线做旋转运动的阀门。

09.0037 垂直板式蝶阀 vertical-disk-type butterfly valve
蝶板与阀体通路轴线垂直的蝶阀。

09.0038 斜板式蝶阀 inclined disk butterfly valve
蝶板与阀体通路轴线成一倾斜角的蝶阀。

09.0039 隔膜阀 diaphragm valve
启闭件(隔膜)在阀内沿阀杆轴线做升降运动，通过启闭件(隔膜)的变形将动作机构与介质隔开的阀门。

09.0040 屋脊式隔膜阀 weir diaphragm valve
阀体流道中以屋脊形结构与隔膜构成密封副的隔膜阀。

09.0041 截止式隔膜阀 globe diaphragm valve
阀体与截止阀阀体形状相似的隔膜阀。

09.0042 闸板式隔膜阀 wedge diaphragm valve
阀瓣与楔式闸阀的单闸板形状相似的隔膜阀。

09.0043 旋塞阀 plug valve
启闭件(塞子)由阀杆带动，并绕阀杆的轴线做旋转运动的阀门。

09.0044 填料式旋塞阀 gland-packing plug valve
采用填料为密封圈的旋塞阀。

09.0045 油封式旋塞阀 lubricated plug valve
采用油脂密封的旋塞阀。

09.0046 止回阀 check valve, non-return valve
启闭件(阀瓣)借助介质作用力，自动阻止介质逆流的阀门。

09.0047 升降式止回阀 lift check valve
阀瓣沿阀体通路轴线做升降运动的止回阀。

09.0048 旋启式止回阀 swing check valve
阀瓣绕体腔内销轴做旋转运动的止回阀。

09.0049 底阀 foot valve
安装在泵进口水端，保证泵进口端充满液体的一种止回阀。

09.0050 旋启双瓣式底阀 double-disk swing foot valve
具有对称的两个阀瓣，并绕阀体内固定轴做旋转运动的底阀。

09.0051 旋启多瓣式止回阀 multi-disk swing check valve
具有三个以上阀瓣的旋启式止回阀。

09.0052 蝶式止回阀 butterfly swing check valve
形状与蝶阀相似，其阀瓣绕固定轴(无摇杆)做旋转运动的止回阀。

09.0053 安全阀 safety valve, relief valve
当管道或设备内介质压力超过规定值时启闭件(阀瓣)自动开启排放介质，低于规定值时启闭件(阀瓣)自动关闭的对管道或设备起保护作用的阀门。

09.0054 弹簧式安全阀 spring-loaded safety valve
利用压缩弹簧的力来平衡介质对阀瓣的作用力并使其密封的安全阀。

09.0055 杠杆式安全阀 lever-loaded safety valve
利用杠杆作用力来平衡介质对阀瓣的作用力并使其密封的安全阀。

09.0056 先导式安全阀 pilot-actuated safety valve, pilot-operated safety valve
依靠从导阀排出介质来驱动和控制主阀的安全阀。

09.0057 全启式安全阀 full-lift safety valve
阀瓣开启高度等于或大于阀座喉径 1/4 的安全阀。

09.0058 微启式安全阀 low-lift safety valve
阀瓣开启高度为阀座喉径 1/40～1/20 的安全阀。

09.0059 波纹管平衡式安全阀 bellows seal balance safety valve
利用波纹管平衡背压的作用，以保持开启压力稳定的安全阀。

09.0060 双连弹簧式安全阀 duplex safety valve
将两个弹簧式安全阀并联，具有同一进口的安全阀组。

09.0061 直接载荷式安全阀 direct-loaded safety valve
一种仅靠直接的机械加载装置如重锤、杠杆加重锤或弹簧来克服由阀瓣下介质压力所产生作用力的安全阀。

09.0062 带动力辅助装置的安全阀 power-actuated safety valve
借助一个动力辅助装置，可以在压力低于正常整定压力时开启，即使该装置失灵，仍能满足对安全阀所有要求的安全阀。

09.0063 带补充载荷的安全阀 supplementary-loaded safety valve
在其进口压力达到整定压力前始终保持有一个用于增强密封的附加力的安全阀。该附加力(补充载荷)可由外部能源提供，而在安全阀进口压力达到整定压力时应可靠地释放。

09.0064 真空安全阀 vacuum relief valve
一种设计用来补充流体以防止容器内过高真空度的安全阀。当正常状况恢复后又重新关闭而阻止介质继续流入。

09.0065 减压阀 pressure reducing valve
通过启闭件(阀瓣)的节流，将介质压力降低，并借助阀门压差的直接作用，使阀后压力自动保持在一定范围内的阀门。

09.0066 薄膜式减压阀 diaphragm reducing valve
采用薄膜做传感件来带动阀瓣升降运动的减压阀。

09.0067 弹簧薄膜式减压阀 spring diaphragm reducing valve
采用弹簧和薄膜做传感件来带动阀瓣升降运动的减压阀。

09.0068 活塞式减压阀 piston reducing valve
采用活塞机构来带动阀瓣升降运动的减压阀。

09.0069 波纹管式减压阀 bellows seal reducing valve
采用波纹管机构来带动阀瓣升降运动的减压阀。

09.0070 杠杆式减压阀 lever reducing valve
采用杠杆机构来带动阀瓣升降运动的减压阀。

09.0071 直接作用式减压阀 direct-acting reducing valve
利用出口压力变化，直接控制阀瓣运动的减压阀。

09.0072 先导式减压阀 pilot reducing valve
由主阀和导阀组成，出口压力的变化通过导阀放大控制主阀动作的减压阀。

09.0073 疏水阀 steam trap
具有自动排除蒸汽中产生的冷凝水且阻止蒸汽泄漏功能的阀门。

09.0074 浮球式疏水阀 ball float steam trap
利用在凝结水中浮动的空心球，带动启闭件动作的疏水阀。

09.0075 钟形浮子式疏水阀 inverted bucket steam trap
利用在凝结水中浮动的钟形罩，带动启闭件动作的疏水阀。

09.0076 浮桶式疏水阀 open bucket steam trap
利用在凝结水中浮动的浮桶，带动启闭件动作的疏水阀。

09.0077 双金属片式疏水阀 bimetal-element steam trap
利用双金属片受热变形，带动启闭件动作的疏水阀。

09.0078 脉冲式疏水阀 impulse steam trap
利用蒸汽在两级节流中的二次蒸发，导致蒸汽和凝结水的压力变化而使启闭件动作的疏水阀。

09.0079 热动式疏水阀 thermodynamic steam trap
利用蒸汽和凝结水的不同热力性质，及其静压和动压的变化而使阀片动作的疏水阀。

09.0080 蒸汽疏水阀 steam trap
迅速排除产生的凝结水，防止蒸汽泄露，排除空气及其他不可凝气体的疏水阀。

09.0081 低压阀门 low-pressure valve
公称压力不大于 1.6 MPa 的各种阀门。

09.0082 中压阀门 medium-pressure valve
公称压力为 1.6～10 MPa(不含 1.6 MPa)的各种阀门。

09.0083 高压阀门 high-pressure valve
公称压力为 10～100 MPa(不含 10 MPa)的

各种阀门。

09.0084 超高压阀门 ultra-high-pressure valve
公称压力大于 100 MPa 的各种阀门。

09.0085 高温阀门 high-temperature valve
用于介质温度 T>425℃的各种阀门。

09.0086 低温阀门 low-temperature valve
用于介质温度为–100℃≤T≤–29℃的各种阀门。

09.0087 超低温阀门 cryogenic valve
用于介质温度 T<–100℃的各种阀门。

09.0088 直通式阀 straight-through valve
进、出口轴线重合或相互平行的阀门。

09.0089 角式阀 angle valve
进、出口轴线相互垂直的阀门。

09.0090 直流式阀 Y-globe valve
通路成一直线，阀杆位置与阀体通路轴线成锐角的阀门。

09.0091 三通式阀 three-way valve
具有三个通路方向的阀门。

09.0092 平衡式阀 balanced valve
利用介质压力平衡其对阀杆的轴向力的阀门。

09.0093 杠杆式阀 lever valve
采用杠杆带动启闭件的阀门。

09.0094 常开式阀 normally-open valve
无外力作用时，启闭件自动处于开启位置的阀门。

09.0095 常闭式阀 normally-closed valve
无外力作用时，启闭件自动处于关闭位置的阀门。

09.0096 保温阀 insulating valve
带有蒸汽加热夹套结构的各种阀门。

09.0097 波纹管阀 bellows valve
带有波纹管结构的各种阀门。

09.0098 全径阀门 full-port valve
阀门内所有流道内径尺寸与管道内径尺寸相同的阀门。

09.0099 缩径阀门 reduced-port valve
阀门内流道孔通径按规定要求缩小的阀门。

09.0100 缩口阀门 reduced-bore valve
具有一定缩口比的阀门。

09.0101 单向阀门 unidirectional valve
设计为一个介质流动方向密封的阀门。

09.0102 双向阀门 bidirectional valve
设计为两个介质流动方向均密封的阀门。

09.0103 双座双向阀门 twin-seat bidirectional valve
阀门有两个密封座，每个阀座的两个介质流动方向均可密封的阀门。

09.0104 一单向座一双向座的双座阀 twin-seat valve with one unidirectional seat and one bidirectional seat
阀门有两个密封座，一个阀座单向密封，另一个阀座双向密封的阀门。

09.0105 双关双泄放阀 double-block-and-bleed valve
具有两个密封副的阀门。在关闭位置时，两个密封副可同时保持密封状态，中腔内(两个密封副间)的阀体有一个泄放介质压力的接口。

10. 风机、压缩机

10.01 一般名词

10.0001 升压 pressure rise
风机的出口与进口的压力差。

10.0002 压力比 pressure ratio
气体被压缩后的压力与被压缩前的压力之比。

10.0003 通风机比转速 specific speed of fan
在相似定律的基础上导出的一个包括风量、风压及转速等设计参数在内的综合相似特征数。对于相似的通风机，不管尺寸大小、转速高低，比转速均是一定的。

10.0004 内泄漏 inner leakage
在机壳内气流经各间隙由高压向低压的回流。

10.0005 外泄漏 external leakage
经风机的轴端处由机壳内向大气的泄漏。

10.0006 泄漏损失 leakage loss
由泄漏而造成的损失。

10.0007 泄漏系数 leakage factor
气体的泄漏量与流经叶轮的有效流量之比。通风机用容积流量计算，鼓风机、压缩机用质量流量计算。

10.0008 轮阻系数 factor of disk friction
叶轮的轮阻损失与理论能量头之比。

10.0009 弯振 lateral vibration
转子旋转时，与轴线垂直方向的振动。

10.0010 扭振 torsional vibration
转子旋转时因扭曲变形引起的圆周方向的振动。

10.0011 旋转脱流 rotating stall
叶栅中由于局部气流脱离，旋涡团向相邻的叶片流道转移的现象。

10.0012 喘振 surge
风机与管网联合工作，当流量减少到一定值时，风机与管网出现大幅度低频率的气流脉动，机组振动急增的现象。

10.0013 喘振点 surge point
风机发生喘振时的工况点。

10.0014 通风机内功率 inner power of fan
计入流动损失和泄漏损失，单位时间内传给气体的有效功。

10.0015 压缩性修正系数 compressible factor
不可压缩流体的通风机压力(或静压)与可压缩流体的通风机压力(或静压)之比。

10.0016 防喘振装置 anti-surge system
防止风机进入喘振工况的调节和控制装置。

10.0017 测振装置 vibration monitoring system
由测振探头、趋近器、转换器等部件组成的装置，利用测量探头与被测表面间磁场的变化，来测量转子的横向振动和轴向窜动。

10.0018 除湿装置 dehumidifier
去除气体中水蒸气的装置。

10.0019 气液分离器 eliminator
由多层网格组成的过滤部件，气流流经该部件时气流中的水或其他液滴与气体分离开。

10.0020 旋风分离器 cyclone separator
利用气流回转的离心力使气体和液滴或固体颗粒分离的装置。

10.0021 注水装置 water injector
为冷却清洗被压缩气体，向机组流道内注水的设备。

10.0022 通风机静压 fan static pressure

通风机压力减去用马赫数修正的通风机动压。

10.0023　通风机动压　fan dynamic pressure
通风机出口截面的平均动压，由质量流量、出口平均气体密度和通风机出口面积进行计算。

10.0024　通风机压力　fan pressure
通风机出口截面滞止压力与通风机进口截面滞止压力之差值。

10.0025　通风机效率　fan efficiency
通风机空气功率除以叶轮功率。

10.0026　通风机轴效率　fan shaft efficiency
通风机空气功率除以通风机轴功率。

10.0027　通风机静轴效率　fan static shaft efficiency
通风机静空气功率除以通风机轴功率。

10.0028　通风机总效率　fan total efficiency
通风机空气功率除以电动机输入功率。

10.0029　进气温度　inlet temperature, suction temperature
压缩机第 1 级的吸气温度。

10.0030　输气温度　discharge temperature
压缩机末级的排气温度。

10.0031　排气量　discharge capacity
经压缩机某级压缩并排出的气体，在标准排气位置的气量，换算到进气温度、进气压力及其组分(如湿度)时的值。

10.0032　输气量　capacity
压缩机末级的排气量。

10.0033　活塞力　piston rod load
压缩机的每一列中，沿活塞轴线方向作用在活塞上的气体力与往复惯性力及其摩擦力的代数和。

10.0034　活塞力图　piston rod load diagram
以活塞力为纵坐标，行程为横坐标(也有以主轴转角为横坐标的)，表示活塞力随行程或转角变化的图形。

10.0035　贯穿活塞杆　through piston rod
同时穿过气缸盖或气缸头和气缸座的活塞杆。

10.02　风　机

10.0036　风机　fan, air blower
由风叶、百叶窗、开窗机构、电机、皮带轮、进风罩、内框架、机壳、安全网等部件组成，依靠输入的机械能，提高气体压力并排送气体的机械。

10.0037　贯流风机　cross-flow fan
空气以垂直转轴方向，由叶轮边缘一侧进入，穿过叶轮内部，由另一侧离开叶轮的风机。

10.0038　通风机　fan
借助一个或多个装有叶片的叶轮来保持空气或其他气体连续流动的旋转式机械，其单位质量功一般不超过 25 kJ/kg，压力不超过 30 kPa。

10.0039　斜流通风机　oblique-flow fan
工质气体主要以介于径向和轴向之间的流向通过叶轮的透平式风机。在机壳和轮毂形成的环形截面流道中，机壳和轮毂沿流动方向均呈半径扩大的锥形，总体接近于轴流风机。

10.0040　子午加速轴流通风机　meridionally accelerated axial fan
在机壳和轮毂形成的环形截面流道中，机壳呈圆柱筒的斜流风机。叶轮流道中气流的子午面分速度呈加速状态。

10.0041　多叶通风机　multiblade fan
叶片数很多的前向叶片离心通风机。

10.0042　管道输送通风机　ducted fan
用来输送管道内空气的通风机。

10.0043　间壁式通风机　partition fan
用来从一个自由空间向另一个由间壁隔开的空间输送空气的通风机。这些间壁中或间壁上带有安装通风机的窗孔。

10.0044　射流式通风机　jet fan
用于在一个空间内产生空气射流，且不与任何管道相连接的通风机。

10.0045　离心式通风机　centrifugal fan
又称“径流式通风机”。空气沿轴向流入叶轮，并沿垂直于轴向流出叶轮的通风机。

10.0046　轴流式通风机　axial-flow fan
气体沿着与通风机同轴的圆柱面进入和离开叶轮的通风机。

10.0047　对旋式通风机　contra-rotating fan
有两个串联安装且相对反向旋转叶轮的轴流式通风机。

10.0048　可逆转轴流式通风机　reversible axial-flow fan
专门设计的可正、反转的轴流式通风机。

10.0049　螺旋桨式通风机　propeller fan
具有一个带有少数等厚板型叶片的叶轮，而且是在一个孔内运行的轴流式通风机。

10.0050　板式安装的轴流式通风机　plate-mounted axial-flow fan
叶轮叶片为机翼形，叶轮在一个孔或轴向长度相对短的风筒内旋转的轴流式通风机。

10.0051　导叶轴流式通风机　vane axial fan
适合于管道用的，在叶轮前或叶轮后，或前后都有导叶的轴流式通风机。

10.0052　管式轴流通风机　tube axial fan
适合于管道应用的无导叶的轴流式通风机。

10.0053　混流式通风机　mixed-flow fan
气体通过叶轮的路径是介于离心式和轴流式之间的通风机。

10.0054　横流式通风机　cross-flow blower
气体通过叶轮的路径基本上是沿着垂直于叶轮轴线的方向进入和流出的通风机。

10.0055　环形通风机　ring-shaped fan
在复曲面机壳内，流体做螺旋形循环的气体输送装置。

10.0056　多级通风机　multi-stage fan
有两个或更多叶轮串联工作的通风机(二级通风机和三级通风机等)。

10.0057　筒形离心式通风机　tubular centrifugal fan
在管线配置中使用的具有离心式叶轮的通风机。

10.0058　分路通风机　bifurcated fan
在轴向管道中布置有轴流、混流或离心式叶轮的通风机。其直联电动机通过管道中的空腔或隧道与气流隔离。

10.0059　通用通风机　general purpose fan
适用于输送无毒的、不饱和的、无腐蚀性的、非易燃的、无磨损(料)颗粒，且温度在−20～+80℃的范围内的气体的通风机。如果电动机和(或)通风机轴承处于气流中，则被输送气体的最高温度为40℃。

10.0060　专用通风机　special purpose fan
用于特定条件下的通风机。

10.0061　热气通风机　hot gas fan
用来连续处理热气体的通风机。

10.0062　排烟通风机　smoke-ventilating fan
适用于在规定的时间/温度条件下输送热烟气的通风机。

10.0063　湿气通风机　wet-gas fan
适用于输送含有水或任何其他液体颗粒的气体的通风机。

10.0064　气密式通风机　gas-tight fan

在规定的压力下，具有与规定泄漏率相匹配的密封壳体的通风机。

10.0065　排尘通风机　dust fan

适用于输送含尘气体的通风机。

10.0066　传输通风机　conveying fan, transport fan

又称“传送通风机”。适用于输送固体(如木屑、纺织品棉纱头、粉碎材料等)和气流中携带灰尘的通风机。

10.0067　抗阻塞通风机　nonclogging fan

具有特殊形状或材料的叶轮，其阻塞被减少到最低程度的通风机。

10.0068　耐磨通风机　abrasion-resistant fan

为减轻磨损，一些易遭受磨损的部件由耐磨材料制成并便于拆卸的通风机。

10.0069　耐腐蚀通风机　corrosion-resistant fan

为了减少特定介质的腐蚀，由耐腐蚀的材料制成或经过特殊工艺进行适当的防腐蚀处理的通风机。

10.0070　防电火花通风机　spark-resistant fan, ignition-proof fan

又称“传送防引燃通风机”。将电火花或由于在运转和静止部件之间的接触而导致的过热点引燃粉末或气体的危险减少到最低程度的通风机。

10.0071　鼓风机　air blower

在设计条件下，风压为30～200 kPa或压缩比为1.3～3的风机。

10.0072　透平鼓风机　turbo-blower

工质气体以增大半径的径向流动方式通过叶轮的透平式风机。

10.0073　旋涡鼓风机　regenerative blower

工质气体在旋涡的作用下，能够反复多次进入叶轮叶片间流道获得能量的透平式鼓风机。它是一种特殊的离心鼓风机。

10.0074　高速鼓风机　high-speed blower

叶轮的工作转速高于3000 r/min的鼓风机。

10.0075　低速鼓风机　low-speed blower

叶轮的工作转速小于或等于3000 r/min的鼓风机。

10.03　压　缩　机

10.0076　透平压缩机　turbo-compressor

出口压力(表压)高于200kPa，或压力比大于3的透平式风机。

10.0077　离心式压缩机　centrifugal compressor

依靠叶轮对气体做功使气体的压力和速度增加，而后又在扩压器中将速度能转变为压力能，气体沿径向流过叶轮的压缩机。

10.0078　轴流式压缩机　axial-flow compressor

主要由叶轮、导叶和机壳等组成，依靠高速旋转的叶轮将气体从轴向吸入，气体获得速度后排入导叶，经扩压后再沿轴向排出的一种透平压缩机。

10.0079　容积式压缩机　positive-displacement compressor

通过运动件的位移，使一定容积的气体顺序地吸入和排出封闭空间以提高静压力的压缩机。

10.0080　往复压缩机　reciprocating compressor

活塞在圆筒形气缸内做往复运动，以提高气体压力的压缩机(包括隔膜压缩机)。

10.0081　曲轴活塞压缩机　crankshaft piston compressor

具有曲轴旋转运动的压缩机。

10.0082 无曲轴压缩机 reciprocating compressor without crankshaft
没有曲轴或轴的旋转运动的压缩机。

10.0083 轴活塞压缩机 shaft piston compressor
活塞轴线平行于动力输入轴轴线，且均布于其周围的压缩机。

10.0084 隔膜压缩机 diaphragm compressor
机械直接或液压驱动膜片，完成压缩循环的压缩机。

10.0085 自由活塞压缩机 free-piston compressor
内燃动力通过对动活塞直接压缩工质的无曲轴压缩机，活塞的返程和同步，利用气垫作用和同步机构来完成。

10.0086 电磁驱动活塞压缩机 compressor with electromagnetically actuated piston
交变磁场的磁力直接驱动活塞做往复直线运动来完成压缩循环的压缩机。

10.0087 微型压缩机 mini compressor
功率不大于 15 kW，额定压力不大于 1.4 MPa 的空气压缩机。

10.0088 无基础压缩机 no-foundation compressor
装有吸振装置，不需基础的压缩机。

10.0089 水冷式压缩机 water-cooled compressor
压缩介质由水进行冷却的压缩机。

10.0090 风冷式压缩机 air-cooled compressor
压缩介质由空气冷却的压缩机。

10.0091 混冷式压缩机 mixed-cooling compressor
压缩介质由(空)气和液体分别冷却的压缩机。

10.0092 干运转压缩机 non-lubricated compressor
活塞和气缸间为干运转的压缩机。

10.0093 迷宫压缩机 labyrinth compressor
以迷宫密封压缩介质的压缩机。

10.0094 单级压缩机 single-stage compressor
级数为 1 的压缩机。

10.0095 两级压缩机 double-stage compressor
级数为 2 的压缩机。

10.0096 多级压缩机 multi-stage compressor
级数不少于 3 的压缩机。

10.0097 单列压缩机 single-row compressor
列数为 1 的压缩机。

10.0098 两列压缩机 double-row compressor, two-line compressor
列数为 2 的压缩机。

10.0099 多列压缩机 multi-row compressor
列数不少于 3 的压缩机。

10.0100 V 型压缩机 V-type compressor
列呈 V 形布置的压缩机。

10.0101 W 型压缩机 W-type compressor
列呈 W 形布置的压缩机。

10.0102 L 型压缩机 L-type compressor
列做水平和垂直布置呈 L 形的压缩机。

10.0103 星型压缩机 radial compressor
列在大于 π rad 范围内呈辐射状布置，列数不少于 3 的压缩机。

10.0104 扇型压缩机 quadrantal compressor
列在小于或等于 π rad 范围内呈辐射状布置，列数不少于 3 的压缩机。

10.0105 立式压缩机 vertical compressor

列呈垂直布置的压缩机。

10.0106 卧式压缩机 horizontal compressor
列呈水平布置的压缩机。

10.0107 对动式压缩机 balanced-opposed compressor
相对列的活塞做完全反向运动的卧式压缩机。

10.0108 M 型压缩机 M-type compressor
主机位于驱动机或传动装置一侧(端)的对动式压缩机。当列数为 2 时，也可称为“D 型压缩机”。

10.0109 H 型压缩机 H-type compressor
主机分位于驱动机或传动装置两侧(端)的对动式压缩机。

10.0110 单作用压缩机 single-acting compressor
仅在活塞的一端(面)与气缸组成行程容积的压缩机。

10.0111 双作用压缩机 double-acting compressor
在活塞的两端(面)均与气缸组成行程容积的压缩机。

10.0112 单机双级压缩机 compound two-stage compressor
压缩过程在两缸或多缸中分级进行的压缩机。

10.0113 顺流式压缩机 uniflow compressor
吸入气体通过活塞顶部的吸气阀流入气缸，经压缩后从气缸顶部的排气阀流出的压缩机。

10.0114 逆流式压缩机 return flow compressor
吸入气体从气缸顶部的吸气阀流入气缸，经压缩后又从气缸顶部的排气阀流出的压缩机。

10.0115 增压压缩机 booster compressor
有压力(不小于 0.1 MPa)的系统中，进一步提高介质压力的压缩机。

10.0116 角度式压缩机 angular-type compressor
各气缸中心线互成角度的压缩机。

10.0117 对称平衡型压缩机 symmetrically balanced compressor
气缸呈对置、曲拐相差 180°的压缩机。

10.0118 回转式压缩机 rotary compressor
通过一个或几个部件的旋转运动来完成压缩腔内部容积变化的容积式压缩机。包括滚动活塞式、滑片式、螺杆式和涡旋式压缩机等。

10.0119 滚动活塞式压缩机 rolling-piston compressor
依靠偏心安设在气缸内的旋转活塞在圆柱形气缸内做滚动运动和一个与滚动活塞相接触的滑板的往复运动实现气体压缩的压缩机。

10.0120 滑片式压缩机 sliding-vane compressor
依靠偏心转子和转子槽内滑动的一个或几个滑片在圆柱形气缸内做回转运动而实现气体压缩的压缩机。

10.0121 斜盘式压缩机 swash-plate compressor
依靠与转轴呈一定倾斜的斜盘的旋转运动带动活塞或活塞杆做往复运动以实现气体压缩的压缩机。

10.0122 三角转子式压缩机 Wankel compressor
依靠三角形旋转活塞在近似于椭圆形的气缸内运动而实现气体压缩的压缩机。

10.0123 螺杆压缩机 screw compressor
通过两个在机壳(气缸)内的螺旋转子，按一定的传动比相互啮合回转而压送气体的压缩机。

10.0124 单螺杆压缩机 single-screw compressor
通过蜗杆与星轮的啮合实现压送气体的压缩机。

10.0125 涡旋式压缩机 scroll compressor
由一个固定的渐开线涡旋盘和一个呈偏心回旋平动的渐开线运动涡旋盘组成可压缩容积的压缩机。

10.0126 船用压缩机 marine compressor
专用于舰船的压缩机。

10.0127 低压压缩机 low-pressure compressor
额定压力不大于 1.0 MPa 的压缩机。

10.0128 中压压缩机 medium-pressure compressor
额定压力为 1.0～10 MPa 的压缩机。

10.0129 高压压缩机 high-pressure compressor
额定压力为 10～100 MPa 的压缩机。

10.0130 超高压压缩机 ultra-high-pressure compressor
额定压力大于 100 MPa 的压缩机。

10.0131 无油压缩机 oil-free compressor
在压缩机气缸内不用润滑油的压缩机。

10.0132 联合压缩机 multi-purpose compressor, multi-service compressor
同一台压缩机中，各气缸分别压缩多种工质且非前后级关系的压缩机。

10.0133 复合压缩机 combined compressor
同一压缩机中，分别采用不同类型的压缩机，形成前后级关系，达到提高介质压力的压缩机。

10.0134 制冷压缩机 refrigerant compressor
制冷系统中用以压缩和输送气相制冷剂的设备。

11. 气体分离设备

11.01 一般名词

11.0001 加工空气 process air
进入空分冷箱内且参加精馏的空气。

11.0002 原料空气 feed air
用于空气分离而被吸入空气压缩机的空气。

11.0003 工业用工艺氧 industrial process oxygen
用空气分离设备制取的用于工业工艺的氧，其含氧量(体积比)一般小于 98%。

11.0004 工业用氧 industrial oxygen
用空气分离设备制取的用于工业的氧，其氧含量(体积比)大于或等于 99.2%。

11.0005 高纯氧 high purity oxygen
用空气分离设备制取的氧气和液氧，其含氧量(体积比)大于或等于 99.995%。

11.0006 工业用氮 industrial nitrogen
用空气分离设备制取的用于工业的氮，其氮含量(体积比)大于或等于 98.5%。

11.0007 纯氮 pure nitrogen
用空气分离设备制取的氮气，其含氮量(体积比)大于或等于 99.95%。

11.0008 高纯氮 high purity nitrogen
用空气分离设备制取的氮气，其含氮量(体积比)大于或等于 99.999%。

11.0009 液氧 liquid oxygen, liquefied oxygen
又称“液态氧”。液体状态的氧，为天蓝色、透明、易流动的液体。在 101.325 kPa 压力下的沸点为 90.17 K，密度为 1140 kg/m^3。可用空气分离设备制取液氧或用气态氧加以液化。

11.0010 液氮 liquid nitrogen, liquefied nitrogen

又称“液态氮”。液体状态的氮，为透明、易流动的液体。在 101.325 kPa 压力下的沸点为 77.35 K，密度为 810 kg/m^3。可用空气分离设备制取液氮或用气态氮加以液化。

11.0011 液空 liquid air

又称“釜液”。经下塔(或单塔)精馏后底部的浅蓝色、易流动的液体。

11.0012 富氧液空 oxygen-enriched liquid air

含氧量(体积比)超过 20.95%的液态空气。

11.0013 馏分液氮 liquid nitrogen fraction

又称“污液氮”。在下塔合适位置抽出的、氮含量(体积比)一般为 94%～96%的液体。

11.0014 污氮 waste nitrogen

由上塔上部抽出的、氮含量(体积比)一般为低于产品氮气纯度的氮气。

11.0015 空气分离 air separation

从空气中分离其组分以制取氧、氮和提取氩、氖、氦、氪、氙等气体的过程。

11.0016 空气分离设备 air separation plant

用深冷法把空气分离成氧、氮、氩及其他稀有气体的成套设备。

11.0017 特大型空气分离设备 super-large scale air separation plant

产氧量大于或等于 60 000 m^3/h(标准状态)的成套空气分离设备。

11.0018 大型空气分离设备 large scale air separation plant

产氧量大于或等于 10 000 m^3/h 至小于 60 000 m^3/h(标准状态)的成套空气分离设备。

11.0019 中型空气分离设备 medium scale air separation plant

产氧量大于或等于 1000 m^3/h 至小于 10 000 m^3/h(标准状态)的成套空气分离设备。

11.0020 小型空气分离设备 small scale air separation plant

产氧量小于 1000 m^3/h(标准状态)的成套空气分离设备。

11.02 单元设备

11.02.01 精馏塔

11.0021 精馏塔 rectification column

将多元组分混合物的液体和气体通过热质交换，达到分离的塔。

11.0022 低温精馏塔 cryogenic rectification column

在低温下进行精馏，将空气分离成氧、氮或其他组分的塔。

11.0023 单级精馏塔 single rectification column

由一个塔和冷凝蒸发器所组成的进行一次精馏的塔。

11.0024 双级精馏塔 double rectification column

由下塔、上塔和冷凝蒸发器所组成的进行二次精馏的塔。

11.0025 下塔 lower column

又称“压力塔”。在双级精馏中空气进行初步分离的塔。

11.0026 上塔 upper column

又称“低压塔”。在双级精馏中空气进行第二次精馏分离的塔。

11.0027 氧塔 oxygen column
制取纯氧的精馏塔。

11.0028 氮塔 nitrogen column
制取纯氮的精馏塔。

11.0029 筛板塔 sieve-tray column
又称“孔板塔”。内装筛孔塔板，上升蒸汽穿过筛孔与液体接触，气液两相间进行传质传热的塔。

11.0030 泡罩塔 bubble cap tray column
内装泡罩塔板，上升蒸汽穿过泡罩齿缝与液体接触，气液两相间进行传质传热的塔。

11.0031 填料塔 packed column
内装填料，气液通过填料在填料表面进行传质传热的塔。

11.0032 精馏段 rectifying section
在上塔中，从液空进料口以上至塔顶，用来不断提高低沸点组分含量的精馏塔段。

11.0033 提馏段 stripping section
在上塔中，从液空进料口以下至塔底，用来不断提高高沸点组分含量的精馏塔段。

11.0034 塔板 tray
使气液两相在其上进行传质传热，以达到气液分离、组分变化的盘板。

11.0035 环流塔板 circular flow tray
液体在其上以圆周方向流入溢流槽的塔板。

11.0036 对流塔板 counter flow tray
液体在其上以直径方向(相对或相反)流入溢流槽的塔板。

11.0037 泡罩塔板 bubble cap tray
按规则排列许多泡罩的塔板。

11.0038 筛孔板 sieve tray
按规则排列布满小孔的塔板。

11.02.02 换 热 器

11.0039 换热器 heat exchanger
又称“热交换器”。用来实现冷热流体间进行换热(热交换)的设备。

11.0040 管式换热器 tubular heat exchanger
冷热流体间通过管壁传递热量的换热器。

11.0041 列管式换热器 shell and tube heat exchanger
由许多直列固定在上、下平行两管板间的管子组成管束，装在圆筒形壳体内的一种管式换热器。其中一种流体在管内流动，另一种流体在管间流动。

11.0042 板翅式换热器 plate-fin heat exchanger
由隔板、封条、翅片、导流片等基本元件组成，经钎焊成一个整体(板束)，并在流体进出口配置封头和接管的一种换热器。

11.0043 主低温换热器 main cryogenic heat exchanger
空气分离设备中用来回收产品气体的冷量以冷却原料空气的主要换热器。

11.0044 管壳式换热器 tube and shell heat exchanger
由许多固定在平行两管板上的管子组成管束，装在圆筒形壳体内的一种管式换热器。其中一种流体在管内流动，另一种流体在管间流动。

11.0045 绕管式换热器 coiled pipe heat exchanger
由两端固定在管板上的若干根管子分层盘绕在中心管上，每层盘管间以垫条隔开(垫条厚度确定管间空隙构成气流通道)并且盘管束与外筒紧贴的一种管式换热器。其中一种流体在管内流动，另一种流体在盘管隔层间流动。

11.0046 主换热器 main heat exchanger
空分冷箱中用来回收产品气体和返流气体的冷量以冷却正流空气的换热器。

11.0047 过冷器 subcooler
使饱和液体进一步冷却而无相变的换热器。

11.0048 液空过冷器 liquid air subcooler
使饱和温度下的富氧液空进一步冷却而无相变的换热器。

11.0049 液氮过冷器 liquid nitrogen subcooler
使饱和温度下的液氮进一步冷却而无相变的换热器。

11.0050 液空液氮过冷器 liquid air and nitrogen subcooler
使饱和温度下的富氧液空、液氮进一步冷却而无相变的换热器。

11.0051 液氧过冷器 liquid oxygen subcooler
使饱和温度下的液氧进一步冷却而无相变的换热器。

11.0052 液化器 liquefier
使气体被液化的换热器。利用下塔的空气回收返流流体的冷量，空气被液化，而返流流体被加热。

11.0053 氧液化器 oxygen liquefier
利用下塔来的空气回收返流氧气的冷量，空气被液化的换热器。

11.0054 纯氮液化器 pure nitrogen liquefier
利用下塔来的空气回收返流纯氮气的冷量，空气被液化的换热器。

11.0055 污氮液化器 waste nitrogen liquefier
利用下塔来的空气回收返流污氮气的冷量，空气被液化的换热器。

11.0056 冷凝器 condenser
使气体冷凝为液体的换热器。

11.0057 蒸发器 evaporator
使液体蒸发为气体的换热器。

11.0058 冷凝蒸发器 condenser-evaporator
一侧为液体在某压力下蒸发，另一侧为气体在另一压力下冷凝，同时出现集态变化的间壁式换热器。液侧和气侧间隔排列。

11.0059 液体喷射蒸发器 liquid jet evaporator
用蒸汽直接加热排放的液体，使其快速蒸发的设备。

11.0060 冷却器 cooler
用一股流体冷却另一股流体的换热设备。通常用水或空气作为冷却剂。

11.0061 预冷器 precooler
利用返流气体的冷量或外加冷量来预先冷却加工气体的换热器。

11.0062 蓄冷器 regenerator
以填料作为中间媒介使冷热流体间断进行换热，并清除空气中水和二氧化碳的一种周期性交替的蓄冷式换热器。

11.02.03 净化设备与其他

11.0063 过滤器 filter
从流体中除去固体微粒和油雾的设备。

11.0064 空气过滤器 air filter
用来过滤空气中固体微粒的过滤器。

11.0065 干带式过滤器 dry band filter
用尼龙丝或棉、毛等纤维织成的长毛绒状织物来过滤空气中夹带的尘埃及油雾的过滤器。

11.0066 链带式过滤器 chain filter
空气所含的灰尘在通过时被滤网上的油膜所黏附、随链转动使附着的灰尘通过油槽时被洗掉并重新覆上一层油膜的过滤器。

11.0067 袋式过滤器 bag filter
以袋式滤布过滤空气中夹带的尘埃和油雾的过滤器。

11.0068 拉西环过滤器 Raschig ring filter
在钢制壳体内装有拉西环的插入盒，拉西环上涂以低凝固点的过滤油，以过滤气体中固体微粒的过滤器。

11.0069 二氧化碳过滤器 carbon dioxide filter
用来过滤来自下塔空气中二氧化碳颗粒的过滤器。

11.0070 膨胀空气过滤器 expanded air filter
装在膨胀机前，用来过滤空气中二氧化碳颗粒和固体微粒的过滤器。

11.0071 吸附器 adsorber
用吸附法净除流体中杂质的设备。

11.0072 液空吸附器 liquid air adsorber
用吸附法净除液空中乙炔的吸附器。

11.0073 液氧吸附器 liquid oxygen adsorber
用吸附法净除液氧中乙炔的吸附器。

11.0074 二氧化碳吸附器 carbon dioxide adsorber
内装细孔球形硅胶，用低温吸附法净除空气中二氧化碳的吸附器。一般用于蓄冷器采用中部抽气法的低压空气分离设备中。

11.0075 纯化器 purifier
用吸附法或催化法净除气体中杂质的设备。

11.0076 干燥器 drier, dryer
内装干燥剂，用以除去气体中水分的设备。

11.0077 分离器 separator
将两种物质或两种不同相的物质进行分离的设备。

11.0078 水分离器 water separator
用来除去压缩气体中水滴和雾状水滴的设备。

11.0079 油分离器 oil separator
用来除去夹带在气体中油雾的设备。

11.0080 氮水预冷系统 precooling system with water and impure nitrogen
用以回收返流氮气或污氮的冷量来冷却原料空气的换热系统。它由水冷却塔、空气冷却塔及其附属设备所组成。

11.0081 水冷却塔 water cooling tower
利用空分冷箱中排出来的常温、相对湿度为零的污氮(纯氮)与水在塔内进行充分接触，以降低水温的冷却塔。

11.0082 空气冷却塔 air cooling tower
利用较低温度的水来冷却压缩空气至设定温度的冷却塔。

11.0083 空气预冷系统 air precooling system
用来冷却压缩机出口空气的系统。

11.0084 加温解冻系统 defrosting system
用来提供加温、解冻空分冷箱的干燥热气体的系统。

11.0085 仪表空气系统 instrument air system
用来提供仪表用气的系统。

11.0086 电加热器 electric heater
利用电能加热气体的加热器。

11.0087 蒸汽加热器 steam heater
利用蒸汽加热气体的加热器。

11.0088 消声器 silencer
用以降低气流噪声的设备。其壳体多为钢材。

11.03　稀有气体提取设备

11.03.01　一 般 名 词

11.0089　稀有气体提取设备　rare gas recovery equipment

用以提取氩、氖、氦、氪、氙等产品的设备。一般附加在空气分离设备中。

11.0090　稀有气体　rare gas

无色、无味，化学性质不活泼，在空气中含量极少的氩、氖、氦、氪、氙等五种气体。

11.0091　纯氩　pure argon

氩含量(体积比)大于或等于 99.99%的氩气。

11.0092　液氩　liquid argon

液体状态的氩，是一种无色、无味、透明的液体。

11.0093　纯氖　pure neon

氖含量(体积比)大于或等于 99.95%的氖气。

11.0094　液氖　liquid neon

液体状态的氖，是一种无色、无味、透明的液体。

11.0095　纯氦　pure helium

氦含量(体积比)大于或等于 99.99%的氦气。

11.0096　液氦　liquid helium

将氦气冷却到露点所形成的液态氦。常压下的温度为 4.2K，无色透明，目前是温度最低的液体。

11.0097　纯氪　pure krypton

氪含量(体积比)大于或等于 99.99%的氪气。

11.0098　纯氙　pure xenon

氙含量(体积比)大于或等于 99.99%的氙气。

11.0099　氩馏分　argon fraction

从上塔合适部位抽取的作为氩提取原料的一股氧、氩、氮混合气。其氩含量(体积比)为 8%～12%，氮含量一般小于 0.06%，其余为氧。

11.0100　粗氩　crude argon

由粗氩塔塔顶获得的氩含量(体积比)大于或等于 96%，其余为氧和氮的混合气体。

11.0101　工艺氩　process argon

粗氩加氢经除氧后获得的氩含量(体积比)大于或等于 96%，其余为氮和氢的混合气体。

11.0102　余气　residual gas

又称“废气”。由纯氩塔顶部冷凝器的冷凝侧排放的少部分氩、氮、氢(有的无氢组分)混合气体。

11.0103　富氧液空蒸汽　oxygen-enriched liquid air vapor

由粗氩冷凝器蒸发侧的富氧液空蒸发形成的蒸汽。

11.0104　富氧液空回流液　oxygen-enriched liquid air reflux

为避免粗氩冷凝器蒸发侧液空中碳氢化合物的浓缩，排放返回上塔的一部分液空。

11.0105　过量氢　excessive hydrogen

粗氩加氢除氧过程中使氧能完全反应，氢的加入量必须略大于其化学当量数而超出的这部分氢。

11.0106　氖氦馏分　Ne-He fraction

从主冷凝蒸发器顶部抽取的、作为氖氦提取设备原料的氖、氦、氮混合气体。

11.0107　粗氖氦气　crude Ne-He

氖氦馏分经粗氖氦塔分离而获得的氖氦浓缩物。其氖和氦的总含量(体积比)为 30%～50%(有的可提至 60%～65%)，其余为氮及少量氢(有的无氢组分)的混合气体。

11.0108　氖氦混合气　Ne-He mixture

经除氮氢（有的无氢组分）后所获得的氖氦混合气体。其组分含量（体积比）氖约为75%，氦约为25%。

11.0109　贫氪　poor krypton

贫氪塔塔底蒸发器中获得的浓缩物。其氪和氙的总含量（体积比）为 0.1%～0.3%，其余为氧（甲烷含量 0.1%～0.3%）的混合气体。

11.0110　粗氪　crude krypton

粗氪塔塔底蒸发器中获得的浓缩物。其氪、氙的总含量（体积比）约为 50%，其余为氧的混合气体（含有少量甲烷）。

11.0111　工艺氙　process xenon

粗氪氙气体通过纯氪塔进一步分离后获得的氙气。其氙含量（体积比）为 99%左右。

11.03.02　单 元 设 备

11.0112　氩提取设备　argon distilling equipment

用以提取纯氩的设备。

11.0113　粗氩塔　crude argon column

用来精馏氩馏分气体，以提取粗氩的精馏塔。用筛板塔可提取含氩量（体积比）大于或等于 96%的粗氩。用填料塔可提取氩含量（体积比）大于或等于 98.5%的粗氩。

11.0114　纯氩塔　pure argon column

又称“精氩塔”。用来进一步分离粗氩，以提取氩含量（体积比）99.99%～99.999%的精馏塔。

11.0115　粗氩冷凝器　crude argon condenser

为粗氩塔提供回流液并伴随流体的集态变化（粗氩冷凝、液空蒸发）的换热器。

11.0116　纯氩冷凝器　pure argon condenser

为纯氩塔提供回流液并伴随流体相变（液氮蒸发、余气冷凝）的换热器。

11.0117　纯氩蒸发器　pure argon evaporator

为纯氩塔提供上升蒸气，并伴随流体相变（液氩蒸发、氮气或工艺氩冷凝）的换热器。

11.0118　氩换热器　argon heat exchanger

把工艺氩预冷至某一个温度的换热器。

11.0119　氩预冷器　argon precooler

把工艺氩冷却至 5～10℃的换热器。

11.0120　氩纯化器　argon purifier

又称“触媒炉”。内装催化剂（触媒），以催化法达到清除某些气体杂质的设备。

11.0121　氖氦提取设备　Ne-He recovery equipment

用以分离和提取纯氖、纯氦的设备。

11.0122　粗氖氦塔　crude Ne-He column

又称“氖氦浓缩塔”。用分离、精馏的方法使氖氦馏分中的部分氮被分离，以达到浓缩氖氦、制取粗氖氦的精馏塔。

11.0123　粗氖氦冷凝器　crude Ne-He condenser

为粗氖氦塔提供回流液并伴随流体相变（液氮蒸发、氖氦馏分中的部分氮冷凝）的换热器。

11.0124　粗氖氦除氮器　nitrogen remover for crude Ne-He

用以除去粗氖氦气中的氮，以制取氖、氦混合气体的设备。

11.0125　氖氦分离器　Ne-He separator

把氖氦混合气体分离为单组分的氖气和氦气的设备。

11.0126　氖纯化器　neon purifier

把未达到产品纯度的氖气用吸附法做进一步的纯化处理，除去氖气中的少量杂质，以获得纯氖气体的设备。

11.0127 氦纯化器 helium purifier

把未达到产品纯度的氦气用吸附法做进一步的纯化处理，除去氦气中的少量杂质，以获得纯氦气体的设备。

11.0128 氪氙提取设备 Kr-Xe recovery equipment

用以提取纯氪和纯氙的设备。

11.0129 贫氪塔 poor krypton column

又称“一氪塔”。以液氧或气氧为原料气体进行第一次精馏浓缩，以提取贫氪液体的精馏塔。

11.0130 粗氪塔 crude krypton column

又称“二氪塔”。以贫氪为原料气体进行第二次浓缩，以提取粗氪液体的精馏塔。

11.0131 纯氪塔 pure krypton column

用来分离粗氪气体以制取纯氪和工艺氙的精馏塔。

11.0132 纯氙塔 pure xenon column

用工艺氙为原料气体进行分离并提取纯氙的精馏塔。

11.0133 贫氪蒸发器 poor krypton evaporator

为贫氪塔提供上升蒸汽并伴随流体相变(贫氪蒸发、空气冷凝)的换热器。

11.0134 贫氪换热器 poor krypton heat exchanger

贫氪气预冷至某一个温度的换热器。

11.0135 粗氪蒸发器 crude krypton evaporator

为粗氪塔提供上升蒸汽并伴随流体相变(粗氪蒸发、氮气冷凝)的换热器。

11.0136 粗氪冷凝器 crude krypton condenser

为粗氪塔提供回流液并伴随流体相变(液氮蒸发、贫氪冷凝)的换热器。

11.04 低温液体贮运设备

11.0137 低温液体容器 cryogenic liquid vessel

储存和运输低温液体的设备。它是杜瓦容器、贮液器、低温液体气瓶、低温液体贮槽的统称。

11.0138 杜瓦容器 Dewar

以杜瓦命名、以真空绝热方式储存低温液体的容器。通常指的是小型低温液体储存容器。

11.0139 直口杜瓦容器 cylindrical Dewar

一种颈管与容器内胆是等直径的敞口的低温液体储存容器。

11.0140 低温液体贮槽 cryogenic liquid tank

一种较大型的储存低温液体的容器。

11.0141 圆柱形贮槽 cylindrical tank

容器的结构形状为圆柱形的贮槽。

11.0142 球形贮槽 spherical tank

容器的结构形状为球形的贮槽。

11.0143 卧式贮槽 horizontal tank

水平安装的贮槽。

11.0144 立式贮槽 vertical tank

垂直安装的贮槽。

11.0145 固定式贮槽 stationary tank

安装在生产、使用地附近并固定地点的贮槽。

11.0146 移动式贮槽 movable tank

低温液体的储存和运输设备。它包括公路槽车、贮槽挂车、罐式集装箱和铁路槽车。

11.0147 公路槽车 road tanker

贮槽固定在汽车底盘上，用于公路运输的低温液体贮运设备。

11.0148 贮槽挂车 tank trailer

贮槽固定在挂车架上，由牵引车牵引运输的低温液体贮运设备。

11.0149 铁路槽车 rail tanker

贮槽固定在挂车体上，用于铁路长途运输的低温液体贮运设备。

11.0150　罐式集装箱　tank container

又称“液体集装箱”。在一个金属框架内固定上一个液罐，液罐由罐体和箱体框架两部分组成，为运输食品、药品、化工品等液体货物而制造的特殊集装箱。

11.0151　槽车空载行驶试验　no-load running test of tanker

贮槽未装低温液体时，经空载行驶检查槽车在运输状态和停车后的性能的试验。

11.0152　槽车满载行驶试验　full-load running test of tanker

贮槽装满低温液体，经满载行驶检查槽车在运输状态和停车后的性能的试验。

11.0153　气化设备　vaporization equipment

由贮槽、气化器、减压系统、平衡器和送气管道等组成的供气设备。

11.0154　气化器　vaporizer

把低温液体气化为气体的换热器。

11.0155　增压气化器　boosting vaporizer

利用外界热量气化少量低温液体为气体，使其返至容器气相空间，以使气体增压的设备。

11.0156　移动式气化设备　movable vaporization equipment

安装在车辆上的或其他可移动装置上的气化设备。

11.0157　冷式气化器　cold vaporizer

用常温空气或水对低温液体进行加热，使低温液体气化的设备。

11.0158　热式气化器　hot vaporizer

利用热介质对低温液体进行加热使低温液体气化的设备。

11.0159　气化充瓶车　tanker with vaporization and cylinder filling equipment

由移动式贮槽、低温液体泵、气化设备及充灌设备等组成的，将低温液体运往用气地点，由低温液体泵增压输送给气化设备，使其气化成气态并充入钢瓶的车辆。

11.0160　低温输液管　cryogenic delivery pipe

输送低温液体的管道。

11.0161　裸管　naked pipe

无绝热措施的输液管。

11.0162　普通绝热输液管　delivery pipe with conventional insulation

用普通绝热形式绝热的输液管。

11.0163　真空绝热输液管　delivery pipe with vacuum insulation

用真空或真空多层绝热的输液管。

11.0164　挠性输液管　flexible delivery pipe

用纤维绝热材料缠绕在金属波纹管上，具有挠性的输液管。

11.0165　真空绝热挠性输液管　flexible delivery pipe with vacuum insulation

内外管为金属波纹管，具有挠性的夹层空间抽至真空的输液管。

11.0166　内容器　inner pressure vessel

储存低温液体并能承受一定压力的容器。

11.0167　外壳　outer shell

又称“外容器”。低温容器的绝热夹套的外壳体。

11.0168　吸附室　adsorption chamber

为保持和提高夹层真空，在低温液体容器的夹层内设置填充吸附剂的腔室。

11.05　透平膨胀机

11.0169　透平膨胀机　expansion turbine, turboexpander

通过流体在喷嘴和工作轮中的膨胀使工作轮旋转，对外做功而降低流体出口温度的机械。

11.0170　冲动式透平膨胀机　impulse expansion turbine

又称“冲击式透平膨胀机”。反动度为零的透平膨胀机。

11.0171　反动式透平膨胀机　reaction expansion turbine

又称“反作用式透平膨胀机”，“反击式透平膨胀机”。反动度大于零的透平膨胀机。

11.0172　单级透平膨胀机　single-stage expansion turbine

由一个导流器、工作轮及其他部件组成的透平膨胀机。

11.0173　多级透平膨胀机　multi-stage expansion turbine

包含两个和两个以上的导流器、工作轮的透平膨胀机。

11.0174　向心径流式透平膨胀机　radial-inflow expansion turbine

流体从工作轮叶片流道的径向进入，径向流出的透平膨胀机。

11.0175　向心径–轴流式透平膨胀机　radial-axial-flow expansion turbine

流体从工作轮叶片流道的径向进入，轴向流出的透平膨胀机。

11.0176　低压透平膨胀机　low-pressure expansion turbine

进口压力小于 1.6 MPa 的透平膨胀机。

11.0177　中压透平膨胀机　medium-pressure expansion turbine

进口压力大于 1.6 MPa 且小于 10.0 MPa 的透平膨胀机。

11.0178　高压透平膨胀机　high-pressure expansion turbine

进口压力大于 10.0 MPa 且小于 25.0 MPa 的透平膨胀机。

11.0179　增压机–透平膨胀机　booster expansion turbine

又称“增压透平膨胀机”。采用增压机制动的透平膨胀机。

11.0180　气体轴承透平膨胀机　gas-bearing expansion turbine

转子采用气体轴承支承的透平膨胀机。

11.0181　风机制动　brake by blower

利用风机消耗膨胀功，使膨胀机稳定运转的制动方法。

11.0182　增压机制动　brake by booster

又称“压缩机制动”。利用增压机回收膨胀功，使膨胀机稳定运转的制动方法。

11.0183　电机制动　brake by generator

利用发电机回收膨胀功，使膨胀机稳定运转的制动方法。

11.0184　油制动　oil brake

利用油制动器消耗膨胀功，使膨胀机稳定运转的制动方法。

11.0185　节流调节　control by throttling

通过节流改变膨胀机进口压力，调节膨胀机制冷量的方法。

11.0186　喷嘴组调节　control by nozzle block

又称“副喷嘴调节”，“部分进气调节”。通过关闭部分喷嘴调节膨胀机制冷量的方法。

11.0187　转动喷嘴调节　control by adjustable nozzle

又称“可调喷嘴调节”。转动喷嘴环叶片角度，改变喷嘴流通面积，以调节膨胀机制冷量的方法。

11.0188　变高度喷嘴调节　control by changing height of nozzle

改变喷嘴环叶片轴向有效高度，使喷嘴流通面积发生变化，以调节膨胀机制冷量的方法。

11.06 低温液体泵与其他

11.0189 低温液体泵 cryogenic liquid pump
用来输送温度在–100℃以下液体的泵。

11.0190 往复式低温液体泵 reciprocating cryogenic liquid pump
简称“低温往复泵”。用来输送温度在–100℃以下液体的往复泵。

11.0191 活塞式低温液体泵 piston-type cryogenic liquid pump
简称“低温活塞泵”。以活塞做往复运动的低温液体泵。

11.0192 柱塞式低温液体泵 plunger-type cryogenic liquid pump
简称“低温柱塞泵”。以柱塞做往复运动的低温液体泵。

11.0193 立式低温往复泵 vertical reciprocating cryogenic liquid pump
活塞(或柱塞)往复运动轨迹为铅垂线的往复式低温液体泵。

11.0194 卧式低温往复泵 horizontal reciprocating cryogenic liquid pump
活塞(或柱塞)往复运动轨迹为水平线的往复式低温液体泵。

11.0195 离心式低温液体泵 centrifugal cryogenic liquid pump
简称“低温离心泵”。用来输送温度在–100℃以下液体的离心泵。

11.0196 进口补偿器 inlet compensator
用以补偿因低温引起的泵进出口部分和吸入管路变形的部件。

11.0197 出口补偿器 outlet compensator
用以补偿因低温引起的泵出口部分和排出管路变形的部件。

11.0198 分子筛空气分离设备 molecular sieve air separation plant
以分子筛为吸附剂，运用变压吸附原理，将空气中的氧氮进行分离并富集，分别获得氮气或者氧气的成套设备。

11.0199 空气压缩机 air compressor
将空气压缩、升压的动力设备。

11.0200 微型压缩机 mini compressor
功率不大于15 kW，额定压力不大于1.4 MPa的空气压缩机。

11.0201 压缩空气储罐 compressed air tank
储存压缩空气的压力容器。

11.0202 冷冻干燥机 freezing dry machine
将压缩空气降温，排除其中所含的水蒸气，以获得相对干燥的压缩空气的设备。

11.0203 分子筛吸附塔 molecular sieve adsorbing tower
吸附塔内装填分子筛，利用变压吸附原理，即加压吸附，减压脱附，从而实现空气的氧氮分离和富集的压力容器。

11.0204 产品气储罐 product gas tank
用来储存空气分离后所获得氮气或氧气等产品气的压力容器。

11.0205 产品气纯化装置 product gas purifying device
去除杂质气体，提高产品气纯度的设备。

11.0206 程序控制器 procedure controller
用来对变压吸附空气分离工艺过程的程序和参数进行实时控制的设备。

11.0207 氧分析仪 oxygen analysis instrument
定量分析测量产品气中氧含量的仪器。

11.0208 流量计 flowmeter

实时测量原料空气或产品气流量的仪器。

11.0209 膜空气分离设备 film air separation plant

运用压力空气选择性透过膜实现氮氧分离和富集的设备。

11.0210 膜组件 film air separation plant membrane components

将一定面积的膜以某种形式组装而成的膜分离器件。

12. 制冷与空调设备

12.01 制 冷

12.01.01 冷 的 制 取

12.0001 制冷工程 refrigerating engineering

研究制冷及低温技术应用的学科。

12.0002 低温技术 cryogenics

制取−120℃以下至绝对零度区域内温度的技术。

12.0003 制冷 refrigeration

从低于环境温度的空间或物体中吸取热量并将其转移给周围环境的过程。

12.0004 热电制冷 thermo-electric refrigeration

利用电流通过两种不同金属、合金或半导体的结点时，产生热扩散和热吸收效应的一种制冷方法。

12.0005 半导体制冷 semiconductor refrigeration

利用半导体的热电制冷效应的一种制冷方法。

12.0006 磁制冷 magnetic refrigeration

依靠磁性材料的磁热效应，通过磁化和去磁过程的反复循环获得低温的一种制冷方法。

12.0007 核制冷 nuclear refrigeration

利用核去磁而获得冷效应的一种制冷方法。

12.0008 氦涡流制冷 helium vortex refrigeration

利用 ^{4}氦Ⅱ中超流组分的流速超过该临界速度时会产生涡流并带走常流组分的特性，使整个液体的熵值减少而表现出温度降低的一种制冷方法。

12.0009 ^{3}氦–^{4}氦稀释制冷 ^{3}He-^{4}He dilution refrigeration

利用 ^{3}氦–^{4}氦混合液分成互不相溶的两相液体，将 ^{3}氦从稀释相中不断抽走，而浓缩相中的 ^{3}氦不断溶于稀释相中，产生制冷效应的一种制冷方法。

12.0010 绝热放气制冷 adiabatic delivery refrigeration of gases

利用刚性容器里的高压气体在绝热状态下放出时带走一定的能量，使容器内的气体降温而产生制冷效应的一种制冷方法。

12.0011 制冷装置 refrigerating plant

制冷机和耗冷设备的整体。包括全部附件、控制设备、耗冷设备及围护结构。

12.0012 制冷回路 refrigeration circuit

制冷系统中所用的含制冷剂的部件及其连接管路的总成。

12.0013 过热 superheat

制冷剂蒸气的温度高于相应压力下饱和温度的状态。

12.0014 过冷 subcooling

将气态或液态制冷剂的温度降到相应给定压力的冷凝温度以下的过程，或者是将液态或固态制冷剂的温度降低到给定压力的凝固温度以下的过程。

12.0015 制冷量 refrigerating capacity

在规定工况下单位时间内从被冷却的物质或空间中移去的热量。

12.0016 总制冷量 gross refrigerating capacity

在规定工况下的单位时间内，制冷剂在制冷系统内从节流阀至压缩机吸气口间的设备及低压管道内所吸收的总热量。

12.0017 净制冷量 net refrigerating capacity

单位时间内，制冷剂从被冷却物体或载冷剂中移去的热量。

12.0018 单位制冷量 per-unit refrigerating capacity of refrigerant mass

单位质量流量的制冷剂在制冷系统中所产生的制冷量。

12.0019 单位容积制冷量 per-unit refrigerating capacity of swept volume

在同一时间内，制冷压缩机的制冷量与其容积输气量之比。

12.0020 单位轴功率制冷量 refrigerating effect per shaft power

压缩机的制冷量与压缩机输入功率之比。

12.0021 水冷冷凝器量热器法 water-cooled condenser calorimeter method

测量压缩机制冷量的一种方法。水冷冷凝器是组成被测试压缩机的试验制冷系统的设备，同时又是试验系统的量热器，其上设置测量制冷剂温度、压力和冷却水温度、流量的仪表。通过测量冷凝器的热量，可计算出被测压缩机的制冷量。

12.0022 压缩机排气管道量热器法 compressor discharge line calorimeter method

在压缩机的排气管道上，设置一个使制冷剂气体全部流经的热交换器型式的量热器，从而测量压缩机制冷量的一种方法。可以设置冷却制冷剂气体的冷却水回路(制冷剂不得产生冷凝)，或采用电加热制冷剂气体的方法，通过测量量热器的换热量从而计算出被测压缩机的制冷量。

12.01.02 制冷循环

12.0023 循环 cycle

工质经过若干个热力过程而回复到初始状态的一系列热力变化。

12.0024 卡诺循环 Carnot cycle

由一系列可逆过程组成的理想可逆循环。它包括两个等温过程和两个等熵过程。

12.0025 兰金循环 Rankine cycle

一种理论上的热力循环，包括四个热力过程：液体在高压下吸热气化成为蒸气；蒸气膨胀对外做功；蒸气等压放热凝结成液体；液体被泵送到初始的高压环境，从而完成一个循环。

12.0026 回热循环 heat regenerative cycle

节流前的制冷剂液体与从蒸发器出来的制冷剂蒸气在回热器中进行换热，使制冷剂蒸气过热、液体过冷的制冷循环。

12.0027 洛伦兹循环 Lorentz cycle

由两个等熵过程和两个变温可逆过程组成的可逆循环。

12.0028 布雷敦循环 Brayton cycle

由两个等压和两个等熵过程组成的循环。

12.0029 斯特林循环 Stirling cycle

由两个等温过程和两个等容过程组成的理论热力循环。整个循环通过等温压缩、等容冷却、等温膨胀、等容加热等四个过程来完成。

12.0030 制冷循环 refrigeration cycle

在制冷系统中，制冷剂所经历的一系列热力过程的总和。其目的是依靠消耗能量而将低温热源的热量转移给高温热源。

12.0031 压缩式制冷循环 compression refrigeration cycle

由下列四个过程组成的循环:液体的蒸发或气体的等压吸热；蒸气或气体的压缩；蒸气的液化或气体的等压放热；液体的节流或气体的膨胀。

12.0032 吸收式制冷循环 absorption refrigeration cycle

一种利用吸收作用使制冷剂发生迁移的制冷循环。制冷剂首先在蒸发器中蒸发，然后在吸收器中被吸收剂吸收而成为溶液，继而溶液在发生器中加热而产生制冷剂蒸气，最后蒸气在冷凝器中放出热量而液化，完成一个循环。

12.0033 蒸汽喷射式制冷循环 steam jet refrigeration cycle

一种利用喷射器把制冷剂蒸汽从蒸发器压送到冷凝器之后液化、节流并在蒸发器中吸热蒸发的制冷循环。

12.0034 吸附式制冷循环 adsorption refrigeration cycle

一种利用吸附作用使制冷剂发生迁移的制冷循环。制冷剂首先在蒸发器中蒸发变为蒸气，然后被吸附剂吸附，继而吸附剂受热解析出制冷剂蒸气，然后制冷剂蒸气在冷凝器里凝结成液体，并经过节流机构节流，再进入蒸发器中蒸发，同时吸附剂被冷却恢复其吸附能力，从而完成一个制冷循环。

12.0035 复叠式制冷循环 cascade refrigeration cycle

由两个或两个以上各自独立的制冷系统组成的制冷循环。各制冷系统使用不同的制冷剂。通常，高温制冷系统采用中温制冷剂，低温制冷系统采用低温制冷剂。

12.0036 空气制冷循环 air refrigeration cycle

由空气被压缩、空气冷却到环境温度、空气膨胀、空气在被冷却空间中吸热组成的制冷循环。

12.0037 索尔文制冷循环 Solver refrigeration cycle

由索尔文于 1886 年提出的利用绝热放气制冷原理工作的制冷循环。

12.0038 威勒米尔制冷循环 Vuilleumier refrigeration cycle

简称“VM 循环”。通常用氦气作制冷剂，在冷腔和热腔中分别膨胀和压缩，并分别在冷再生器和热再生器中换热的制冷循环。

12.0039 吉福德–麦克马洪制冷循环 Gifford-McMahon refrigeration cycle

由吉福德和麦克马洪两人提出的利用绝热放气制冷原理工作的制冷循环。

12.0040 气体液化循环 gas liquefaction cycle

以空气、氧气、氮气、氢气、氦气和天然气等在常温下难液化的气体作为制冷剂，在循环过程中制冷剂自身被液化而作为产品输出的开式循环过程。

12.0041 系统 system

按照一定顺序排列而成的制冷或供热的机器、设备和管路的组合。通常只限于与制冷或供热介质相接触的那些部件。

12.0042 制冷系统 refrigerating system

在两个热源之间工作的用于制冷目的的系统，即通过制冷剂从低温热源中吸取热量并将热量排放到高温热源中。

12.0043 机械制冷系统 mechanical refrigerating system

运用机械压缩设备将低压侧换热器中的制冷剂输送到高压侧换热器的一种制冷系统。

12.0044 压缩式制冷系统 compression refrigerating system

气态制冷剂的温度和压力都由压缩机来增高的一种制冷系统。在大多数情况下，系统中的制冷剂有集态变化。

12.0045 复叠式制冷系统 cascade refrigerating system

由两种制冷回路组成的系统。每一回路是单独的制冷系统，包括压缩机、蒸发器、冷凝器、节流机构，并且一个回路中的蒸发器同时兼作冷却另一回路中制冷剂的冷凝器。

12.0046 吸收式制冷系统 absorption refrigerating system

使用不同沸点的两种物质混合的溶液，以低沸点组分为制冷剂，以高沸点组分为吸收剂组成的制冷系统。

12.0047 蒸汽喷射式制冷系统 steam jet refrigerating system

高压蒸汽通过喷嘴引射出蒸发器中产生的蒸汽，在一侧维持所需的低压，随后在扩压器中进行压缩，在另一侧形成高压的一种制冷系统。

12.0048 蓄冷式制冷系统 refrigerating system with accumulation of cold

带有蓄冷设备的制冷系统。在用冷量少时，将制冷机产生的多余冷量储存到蓄冷系统里。当用冷量大时，所储存的冷量将从蓄冷系统放出。

12.0049 直接制冷系统 direct refrigeration system

制冷系统的蒸发器与被冷却物质或空间直接接触，或放置在与这类空间连通的循环空气通路中的制冷系统。

12.0050 间接制冷系统 indirect refrigeration system

液体载冷剂在制冷系统中被制冷剂冷却，然后输送到被冷却或冷冻的物质或空间中循环，或者去冷却流过被冷却的物质或空间的空气的一种制冷系统。

12.01.03 制冷剂和载冷剂

12.0051 制冷剂 refrigerant

在制冷系统中通过相变传递热量的流体。它在低温低压时吸收热量，在高温高压时放出热量。主要包括氨、二氧化碳、水、空气等无机物，以及乙烷、丙烷、异丁烷、卤代烃等有机物。

12.0052 天然工质制冷剂 natural refrigerant

又称“自然工质制冷剂”。自然界已经存在的、可用作制冷剂的物质。如水、 氨、 二氧化碳、 空气、 碳氢化合物等。

12.0053 卤代烃 halohydrocarbons

烃分子中的氢原子被卤素(氟、氯、溴、碘)取代后生成的化合物。人工合成的甲烷、乙烷卤代物多用作制冷剂，根据取代卤素的不同，可分为氯氟烃(CFCs)、氢氯氟烃(HCFCs)、氢氟烃(HFCs)三类。

12.0054 氟利昂 freon

几种氟氯代甲烷和氟氯代乙烷的总称。它们大多为氯氟烃(CFCs)和氢氯氟烃(HCFCs)。

12.0055 混合制冷剂 mixed refrigerant

两种或两种以上制冷剂的混合物。

12.0056 共沸制冷剂 azeotropic refrigerant

两种或两种以上制冷剂的混合物。其液相和气相在平衡状态下具有相同的组分(在恒定的压力下具有恒定的蒸发温度)。

12.0057 非共沸制冷剂 non-azeotropic refrigerant

两种或两种以上制冷剂的混合物。在平衡状态下其液相和气相具有不同的组分。低沸点组分在气相中的成分总是高于液相中的成分(在恒定的压力下蒸发温度随组分而变)。

12.0058 吸收剂 absorbent

一种通过接触时能吸收其他气态或液态介质并且发生物理或化学变化的物质。

12.0059 工质对 working fluid pair

由两种沸点不同的物质所组成的二元溶液。

12.0060 吸附剂 adsorbent

一种能够吸附气态、液态和固态物质分子到物质内表面的固态物质。吸附时只发生物理变化，并且在一定的条件下可使被吸附的物质分子从吸附剂中释放出来。

12.0061 溶液 solution

由溶质和溶剂组成的均匀液体。未指明溶剂时一般指水溶液。

12.0062 浓溶液 rich solution

溶质组分较高的溶液。

12.0063 稀溶液 weak solution

溶质组分较低的溶液。

12.0064 载冷剂 secondary refrigerant

一种挥发性的或不挥发性的流体。它在间接制冷系统中吸收被冷却空间中物体的热量，并将热量传给制冷系统的蒸发器。

12.0065 蓄冷 cold storage

利用蓄冷介质的显热或潜热特征，用一定方式将冷量存储起来的过程。广义上分为显热式蓄冷和潜热式蓄冷。

12.0066 水蓄冷 water cold storage

以水为蓄冷介质的显热式蓄冷。

12.0067 冰蓄冷 ice cold storage

利用水的相态变化，结冰时吸收冷量，融冰时释放冷量的蓄冷过程。

12.0068 共晶盐蓄冷 eutectic salt cold storage

利用共晶盐，即硫酸钠无水化合物与水及添加剂调配而成的混合物进行的蓄冷。

12.0069 干式制冷剂量热器法 dry system refrigerant calorimeter method

测量压缩机制冷量的一种方法。由压缩机推动其循环的制冷剂液体，在一组由套管所组成的量热器结构的管内蒸发并过热，管间通入已知其性质的加热液体，提供使管内制冷剂蒸发和过热所需的热量。

12.0070 第二制冷剂量热器法 secondary fluid calorimeter method

测量压缩机制冷量的一种方法。量热器由一组直接蒸发盘管作蒸发器。该蒸发器被悬置在一个隔热压力容器的上部，电加热器安装在容器底部并被容器中的第二制冷剂(R123或R134a)浸没着。制冷剂流量由靠近量热器安装的膨胀阀调节。当调节达到规定要求时，电加热器输入功率即等于压缩机的制冷量。

12.0071 满液式制冷剂量热器法 flooded refrigerant calorimeter method

测量压缩机制冷量的一种方法。量热器由一个承压蒸发容器或几个并联的承压蒸发器构成，在蒸发器中热量直接输送给由被测试压缩机所驱动循环的制冷剂，制冷剂的流量由靠近量热器安装的膨胀阀或液面控制器调节。当调节达到规定要求时，其加热量即等于被测试压缩机的制冷量。

12.0072 制冷剂液体流量计法 refrigerant liquid flowmeter method

测量制冷剂液体流量，用以计算被测压缩机的制冷量，可使用积算式或指示式流量计测量制冷剂容积流量。流量计安装在过冷器与膨胀阀之间的液体管道上，测量时应保证制冷剂处于过冷状态并不含气泡。

12.0073 制冷剂气体流量计法 refrigerant vapor flowmeter method

用一个喷嘴或孔板式流量测量节流装置，测量制冷剂气体体积流量，用以计算被测压缩机的制冷量。该装置可以安装在压缩机的吸气或排气侧的管道上，节流装置应安装在由被测试压缩机、调节阀和气体过热度调节装置组成的封闭系统中。

12.01.04 制　冷　机

12.0074 制冷机 refrigerating machine
包括原动机在内的按照制冷循环依次连接起来的机械和设备的整体。

12.0075 蒸气压缩式制冷机 vapor compression refrigerating machine
使用在循环中发生相变的制冷剂，按照蒸气压缩式制冷循环工作的制冷机。通常由压缩机、蒸发器、冷凝器和节流机构等部件组成。

12.0076 空气涡轮制冷机 air turbine refrigerating machine
以空气为制冷剂，按照空气制冷循环工作，压缩机和膨胀机均为涡轮式的制冷机。

12.0077 回热式空气制冷机 regenerative air refrigerating machine
带有回热器的空气制冷机。从低温腔排出的低温、低压空气在回热器中和来自冷却器的高温、高压空气进行热交换，使系统的压比减少，膨胀开始前的空气温度降低。

12.0078 氦制冷机 helium refrigerator
以氦作工质，按制冷循环工作的制冷机。

12.0079 ^{3}氦–^{4}氦稀释制冷机 ^{3}He-^{4}He dilution refrigerator
按照^{3}氦–^{4}氦稀释制冷方法工作的低温制冷机。

12.0080 蒸汽喷射式制冷机 steam jet refrigerating machine
按照蒸汽喷射式制冷循环工作的制冷机。

12.0081 吸收式制冷机 absorption refrigerating machine
按照吸收式制冷循环工作的制冷机。

12.0082 氨水吸收式制冷机 ammonia-water absorption refrigerating machine
以氨为制冷剂，水为吸收剂，按照吸收式制冷循环工作的制冷机。

12.0083 单级氨水吸收式制冷机 single-stage ammonia-water absorption refrigerating machine
具有一级发生和一级吸收过程的氨水吸收式制冷机。

12.0084 双级氨水吸收式制冷机 two-stage ammonia-water absorption refrigerating machine
具有两级吸收过程的氨水吸收式制冷机。

12.0085 节流循环低温制冷机 throttling- cycle low-temperature refrigerator
利用焦耳–汤姆孙效应来产生低温的制冷机。

12.0086 吉福德–麦克马洪制冷机 Gifford-McMahon refrigerator
按吉福德麦克马洪原理工作的机械式制冷机。

12.0087 苏尔威尔制冷机 Suerweier refrigerator
按苏尔威尔原理工作的机械式制冷机。

12.0088 低温制冷机 low-temperature refrigerator, cryogenic refrigerating machine
用来获得 120 K 以下低温的小型制冷机。它分为间壁式和回热式两类。

12.0089 脉管低温制冷机 vascular cryogenic refrigerator
利用高低压气体对脉管腔的充放气而获得制冷效果的微型低温制冷机。

12.0090 蓄冷用制冷机 refrigerating unit for cold storage
又称“双工况制冷机”。白天按照空调工况制冷，晚上按照蓄冷工况制冰并蓄存起来，能在这两种差别较大的工况下运行的制冷机。

12.0091 溴化锂吸收式制冷机 lithiumbromide-absorption refrigerating machine

以水为制冷剂，溴化锂水溶液为吸收剂，按吸收式制冷循环工作的制冷机。

12.0092 单效溴化锂吸收式制冷机 single-effect lithiumbromide-absorption refrigerating machine

具有一次发生和一次吸收的溴化锂吸收式制冷机。

12.0093 双效溴化锂吸收式制冷机 double-effect lithiumbromide-absorption refrigerating machine

具有两次发生过程的溴化锂吸收式制冷机。

12.0094 单筒溴化锂吸收式制冷机 one-shell lithiumbromide-absorption refrigerating machine

发生器、吸收器、蒸发器、冷凝器等主要部件设在一个内部分隔的筒体内的溴化锂吸收式制冷机。

12.0095 双筒溴化锂吸收式制冷机 two-shell lithiumbromide-absorption refrigerating machine

发生器和冷凝器置于一个筒体内，蒸发器和吸收器置于另一个筒体内的溴化锂吸收式制冷机。

12.0096 双级溴化锂吸收式制冷机 two-stage lithiumbromide-absorption refrigerating machine

具有两级发生和两级吸收过程的溴化锂吸收式制冷机。

12.0097 直燃式溴化锂吸收式制冷机 direct-fired lithiumbromide-absorption refrigerating machine

以燃油、燃气做热源的溴化锂吸收式制冷机。

12.0098 无泵溴化锂吸收式制冷机 lithium-bromide-absorption refrigerating machine with bubble pump

不依靠机械泵而依靠热虹吸作用使溶液提升后循环的溴化锂吸收式制冷机。

12.0099 蒸汽型吸收式制冷机 steam-operated absorption refrigerating machine

以蒸汽为热源的吸收式制冷机。

12.0100 扩散–吸收式制冷机 diffusion-absorption refrigerator

利用工质对其中不同组分的扩散与吸收能力而实现制冷的装置。

12.0101 制冷压缩机 refrigerant compressor

制冷系统中用以压缩和输送气相制冷剂的设备。

12.0102 容积式制冷压缩机 positive-displacement refrigerant compressor

依靠压缩腔的内部容积缩小来提高制冷剂气体或蒸气压力的制冷压缩机。

12.0103 速度型压缩机 dynamic compressor

靠高速旋转的工作叶轮对蒸气做功使压力升高并输送蒸气的压缩机。

12.0104 往复式制冷压缩机 reciprocating refrigerant compressor

靠一个或几个做往复运动的活塞来改变压缩腔内部容积的容积式制冷压缩机。

12.0105 回转式制冷压缩机 rotary refrigerant compressor

通过一个或几个部件的旋转运动来完成压缩腔内部容积变化的容积式制冷压缩机。包括滑片式、滚动活塞式、螺杆式和涡旋式制冷压缩机。

12.0106 滑片式制冷压缩机 sliding-vane refrigerant compressor

依靠偏心转子和转子槽内滑动的一个或几个滑片在圆柱形气缸内做回转运动而实现气体压缩的制冷压缩机。

12.0107　斜盘式制冷压缩机　swash-plate refrigerant compressor

依靠与转轴呈一定倾斜度的斜盘的旋转运动带动活塞或活塞杆做往复运动以实现气体压缩的制冷压缩机。

12.0108　滚动活塞式制冷压缩机　rolling-piston refrigerant compressor

依靠偏心安设在气缸内的旋转活塞在圆柱形气缸内做滚动运动和一个与滚动活塞相接触的滑板的往复运动实现气体压缩的制冷压缩机。

12.0109　三角转子式制冷压缩机　Wankel refrigerant compressor

依靠三角形旋转活塞在近似于椭圆形的气缸内运动而实现气体压缩的制冷压缩机。

12.0110　涡旋式制冷压缩机　scroll refrigerant compressor

由一个固定的渐开线涡旋盘和一个呈偏心回转平动的渐开线运动涡旋盘组成可压缩容积的制冷压缩机。

12.0111　膜式制冷压缩机　diaphragm refrigerant compressor

依靠膜片变形而引起气缸容积改变的制冷压缩机。

12.0112　离心式制冷压缩机　centrifugal refrigerant compressor

依靠叶轮对气体做功使气体的压力和速度增加，而后又在扩压器中将气体的动能转变为压力能，气体沿径向流过叶轮的制冷压缩机。

12.0113　螺杆式制冷压缩机　screw refrigerant compressor

用带有螺旋槽的一个或两个转子(螺杆)在气缸内旋转使气体压缩的制冷压缩机。

12.0114　单螺杆制冷压缩机　monorotor screw refrigerant compressor

由一个螺杆和一对星轮组成的螺杆式制冷压缩机。

12.0115　双螺杆制冷压缩机　twin-rotor screw refrigerant compressor

由两个螺杆彼此啮合组成的螺杆式制冷压缩机。

12.0116　单作用制冷压缩机　single-acting refrigerant compressor

每个气缸在曲柄一转中只有一个压缩行程的制冷压缩机。

12.0117　双作用制冷压缩机　double-acting refrigerant compressor

每个气缸在曲柄一转中有两个压缩行程的压缩机，即活塞两面都是工作面的制冷压缩机。

12.0118　单级制冷压缩机　single-stage refrigerant compressor

制冷剂在压缩机中经一次压缩而由蒸发压力提高到冷凝压力的制冷压缩机。

12.0119　单机双级制冷压缩机　compound refrigerant compressor

在一台压缩机的不同气缸内可进行高、低两级压缩的制冷压缩机。

12.0120　顺流式制冷压缩机　uniflow refrigerant compressor

吸入气体通过气缸壁上的进气口，通过活塞流入气缸，经压缩后从气缸顶部的排气阀流出的制冷压缩机。

12.0121　逆流式制冷压缩机　return flow refrigerant compressor

吸入气体从气缸顶部的吸气阀流入气缸，压缩后又从气缸顶部的排气阀流出的制冷压缩机。

12.0122　开启式制冷压缩机　open-type refrigerant compressor

靠原动机来驱动伸出机壳外的轴或其他运转零件的制冷压缩机。这种压缩机在固定件和运动件之间必须设置轴封。

12.0123 半封闭制冷压缩机 semi-hermetic refrigerant compressor

可在现场拆开维修内部机件的无轴封的制冷压缩机。

12.0124 全封闭制冷压缩机 hermetic refrigerating compressor

压缩机和电动机装在一个由熔焊或钎焊焊死的外壳内的制冷压缩机。

12.0125 制冷压缩机组 refrigerating compressor unit

由制冷压缩机、原动机及其他附件组装在一个公共底座上的机组。

12.0126 制冷压缩冷凝机组 refrigerant compressor condensing unit, refrigerating condensing unit

由一台或几台制冷压缩机、冷凝器、贮液器(需要时)以及附件等组成的组合体。用于压缩及液化制冷剂。

12.0127 氨吸收式空气调节机组 ammonia air-conditioning unit

蒸气型及直燃型氨吸收式制冷机组。

12.0128 氨吸收式热泵机组 ammonia absorption heat pump unit

以氨为制冷剂，可利用各种余热并提高其品位，供生产生活用的装置。

12.0129 高效 GAX 回热循环氨吸收式机组 GAX efficient ammonia-absorption-cycle heat recovery unit

以氨水溶液为工质的发生器–吸收器热交换(GAX)回热循环的高效吸收式机组。

12.0130 多效溴化锂吸收式机组 multi-effect lithiumbromide-absorption heat pump unit

为充分利用烟气的高品味能量而采用多效吸收式循环流程的机组。

12.0131 热水型溴化锂吸收式冷水机组 hot-water-operated lithiumbromide-absorption water chiller unit

以热水的显热为驱动热源，如热电厂供热、地热、太阳能热水、工艺热排水等，进行供冷供热的装置。

12.0132 溴化锂吸收式热泵机组 lithiumbromide-absorption heat pump unit

以热能为驱动能源，从低温处向高温处输送热量的装置。

12.0133 压缩–吸收式热泵机组 compressor-absorption heat pump unit

采用压缩–吸收复叠循环流程的热泵机组。

12.0134 膨胀机 expander

将高压制冷剂膨胀成低压、低温状态，并输出外功的机械。

12.0135 透平膨胀机 expansion turbine, turbo-expander

将高压制冷剂通过叶轮旋转而膨胀成低温、低压状态，并输出外功的机械。其主要零件有轴、叶轮、喷嘴和蜗壳等。

12.0136 活塞式膨胀机 piston-type expander

将高压制冷剂在容积变化的气缸里膨胀成低温、低压状态，并输出外功的机械。

12.0137 热泵 heat pump

将热量输给某一空间或物体用的制冷系统，此时蒸发器从室外空气、水等处吸收热量，冷凝器则放出热量，加热某一空间或物体。如改变制冷剂的流向，热泵系统也可用来冷却某一空间或物体。

12.0138 供热热泵 heating heat pump

主要以系统本身的排热来完成供热功能的制冷系统。

12.0139 制冷与供热热泵 cooling and heating heat pump

从低温处吸取热量而向高温处排出热量的

制冷系统，可交替或同时使用制冷与供热两种功能。

12.0140　喷射器　ejector
由喷嘴、混合室和扩压器组成，依靠工作蒸气流过喷嘴时达到高速，使喷嘴出口周围形成低压区，以抽吸由蒸发器来的低压蒸气，在混合室内低压蒸气和工作蒸气混合后，一同通过扩压器排出，因而起到压缩蒸气作用的装置。

12.0141　主喷射器　main ejector
在蒸气喷射式制冷机中，用于引射蒸发器出来的制冷剂的喷射器。

12.0142　辅助喷射器　auxiliary ejector
在蒸气喷射式制冷机中，用于引射主冷凝器内的制冷剂蒸气和空气混合物的喷射器。

12.0143　冷冻机油　refrigerant oil
用于各种制冷压缩机中，起润滑、降温、密封及能量调节作用的全损耗系统用油。

12.01.05　制 冷 设 备

12.0144　制冷设备　refrigerating apparatus
制冷机中的换热设备和辅助设备(如油分离器、干燥器和贮液器等)的总称。

12.0145　冷凝器　condenser
使气体冷凝为液体的换热器。

12.0146　板式冷凝器　plate-type condenser
由传热板片、盖板和接管等组成的冷凝器。一般有钎焊板式及焊接板式两种。

12.0147　螺旋板式冷凝器　spiral sheet condenser
由螺旋形本体、制冷剂蒸气进口管、制冷剂液体出口管、冷却水进口管和出口管组成的冷凝器。

12.0148　自然对流冷却式冷凝器　natural convection air-cooled condenser
以空气的自然对流方式而带走热量的冷凝器。

12.0149　强制对流空气冷凝器　forced convection air-cooled condenser
以风机作用下空气的强制对流方式而带走热量的冷凝器。

12.0150　风冷冷凝器　air-cooled refrigerant condenser
依靠流过冷凝器表面的空气带走全部热量的冷凝器。

12.0151　水冷冷凝器　water-cooled condenser
依靠流过冷凝器表面的水带走全部热量的冷凝器。

12.0152　淋激式冷凝器　spray condenser
用冷却水淋洒在大气中的水平管排上，使管内制冷剂凝结的冷凝器。

12.0153　蒸发式冷凝器　evaporative condenser
利用空气强制循环和水分的蒸发将制冷剂凝结热带走的冷凝器。

12.0154　沉浸式冷凝器　submerged-coil condenser
冷凝管沉浸在盛满冷却水的容器内的冷凝器。

12.0155　套管式冷凝器　double-pipe condenser
内管内部与两套管的空间分别流过两种流体(制冷剂和冷却介质)，制冷剂在其中被冷凝的冷凝器。

12.0156　壳管式冷凝器　shell and tube condenser
通常冷却水在管内流动，制冷剂在管间被冷凝的壳管式结构的冷凝器。

12.0157　立式壳管式冷凝器　open shell and

tube condenser
换热管和壳体垂直放置，冷却水沿管子内壁呈膜状流下，与大气相通的冷凝器。

12.0158 卧式壳管式冷凝器 closed shell and tube condenser
换热管和壳体水平放置，在压力作用下的冷却水在冷凝器换热管内多程往返流动的冷凝器。

12.0159 组筒式冷凝器 multi-shell condenser
由几个管数较少的卧式管壳式冷凝单元组成的冷凝器。

12.0160 混合式冷凝器 barometric condenser
蒸气喷射式制冷机中水蒸气减压后和冷却水直接接触而冷凝的冷凝器。

12.0161 冷凝–贮液器 condenser-receiver
壳管式冷凝器壳体内管束下部留有作为贮液器用的空间的水冷冷凝器。

12.0162 过冷器 subcooler
使饱和液体进一步冷却而无相变的换热器。

12.0163 蒸发器 evaporator
经减压后的液态制冷剂通过被冷却的介质吸收热量而被蒸发的一种热交换器。

12.0164 干式蒸发器 dry-expansion evaporator
蒸发器总容积内的液体制冷剂全部蒸发成蒸气的蒸发器。

12.0165 沉浸式蒸发器 submerged evaporator
蒸发管组沉浸在淡水或盐水箱中，在搅拌器的作用下增强传热的装置。它包括直管式、螺旋管式和蛇管式等型式。

12.0166 满液式蒸发器 flooded evaporator
蒸发器总容积内的液体制冷剂不完全蒸发成蒸气的蒸发器。

12.0167 再循环式蒸发器 recirculation-type evaporator
未蒸发的制冷剂液体依靠重力、引射或泵送回到蒸发器里再蒸发的一种带低压贮液器的满液式蒸发器。

12.0168 强制循环式蒸发器 pump-feed evaporator
用机械泵使液体制冷剂循环的蒸发器。

12.0169 壳盘管式蒸发器 shell and coil evaporator
蒸发盘管装在一封闭的圆柱形壳体中，并与被冷却的液体直接接触的蒸发器。

12.0170 壳管式蒸发器 shell and tube evaporator
管束浸在蒸发的制冷剂中，被冷却的液体在管内流动的蒸发器。

12.0171 喷淋式蒸发器 spray-type evaporator
制冷剂液体喷淋在管子上的壳管式蒸发器。

12.0172 立管式蒸发器 vertical-type evaporator
由一组垂直布置的平行管组组成的蒸发器。平行管组的上、下端各用一根水平集管相联。

12.0173 V 形管蒸发器 herringbone-type evaporator
由布置在垂直平面上弯成 V 形的管组成的蒸发器。

12.0174 管板式蒸发器 tube on sheet evaporator
将制冷剂流过的盘管焊在一块或几块金属板的表面上的一种扩展表面的蒸发器。

12.0175 凹凸板式蒸发器 embossed-plate evaporator
将板压成凹凸对应的形状，焊在一起形成制冷剂通道的一种蒸发器。

12.0176 平板式蒸发器 plate-type evaporator

(1) 两板间具有制冷剂循环通道的蒸发器。(2) 由一组管子焊在平板或侧面上或夹在两块夹板间组成的蒸发器。

12.0177 吹胀式蒸发器 roll-bond evaporator
两块金属板，除了用石墨粉印刷有制冷剂通道的部分外，经加热滚压焊接在一起，然后用压缩空气吹胀出制冷剂通道的蒸发器。

12.0178 结冰式蒸发器 ice-bank evaporator
沉浸在水中使其外表面结成冰壳的蒸发器。

12.0179 多效蒸发器 multi-effect evaporator
蒸汽喷射式制冷机中，制冷剂在两种或两种以上蒸发温度下蒸发的蒸发器。

12.0180 回热器 superheater
从满液式蒸发器出来的湿蒸气，用冷凝后的高压液体加热使之过热，从而使高压液体过冷的一种换热器。

12.0181 气–液回热器 gas-liquid regenerator
制冷系统中用来使冷凝后液体和蒸发器出来的蒸气进行热交换的回热器。

12.0182 预冷器 precooler
(1) 运输、储存和处理之前移去显热用的冷却器。(2) 在流体进入设备的某一部分之前冷却流体用的设备。

12.0183 空气冷却机组 air-cooler unit
包括空气循环和冷却的整体空气处理机组。

12.0184 冷却塔 cooling tower
利用水在空气中部分蒸发使水冷却的设备。

12.0185 自然通风冷却塔 atmospheric cooling tower
利用空气自然对流的冷却塔。

12.0186 机械通风冷却塔 mechanical draught cooling tower
利用通风机械使空气循环的冷却塔。

12.0187 送风式冷却塔 force draught cooling tower
利用风机将空气强制送入的机械通风冷却塔。

12.0188 吸风式冷却塔 induced draught cooling tower
利用风机将空气抽出的机械通风冷却塔。

12.0189 水膜式冷却塔 film cooling tower
水在填料上形成水膜的冷却塔。

12.0190 水滴式冷却塔 drop cooling tower
水滴垂直落下的冷却塔。

12.0191 喷雾式冷却塔 spray cooling tower
水通过喷头喷成雾状的冷却塔。

12.0192 干式冷却塔 dry cooling tower
水在管组内通过时被管外高速空气流冷却的冷却塔。

12.0193 喷射式冷却塔 jet cooling tower
热水通过压力喷嘴喷向塔内并带入大量常温空气以达到冷却目的的冷却塔。

12.0194 干湿式冷却塔 dry-wet cooling tower
将常规冷却塔的蒸发部分和翅片管换热器的干表面结合起来的冷却塔。

12.0195 冷却塔填料 packing of cooling tower
冷却塔内加强空气和水热质交换时得到充分接触的填充物。

12.0196 膜式填料 film packing
冷却水塔中使水通过填料时会形成一层水膜的填充物。

12.0197 片式填料 plate packing
由紧凑的压花或波纹薄片制成的冷却水塔填充物。

12.0198 松散填料 random packing
冷却水塔内，由小片材料松散充装的填充

物。

12.0199 飞溅式填料 splash packing
排列在冷却水塔中使水溅成小滴的薄片填充物。

12.0200 冷却器 cooler
用一股流体冷却另一股流体的换热设备。通常用水或空气作为冷却剂。

12.0201 级间冷却器 intercooler
用来冷却多级制冷压缩机级与级之间的被压缩气体或蒸气的冷却器。

12.0202 饮水冷却器 drinking-water cooler
带有手动的饮水放出阀，用制冷方法冷却饮用水的冷却器。

12.0203 喷泉式饮水冷却器 bubbler-type drinking-water cooler
采用压力管道系统供水，并在饮水管路上设有阀门以控制送往喷水器的水流量，或控制直接敞开的喷水量，因而饮水时可不用杯子的冷却器。

12.0204 盐水冷却器 brine cooler
间接系统中冷却盐水用的冷却器。

12.0205 空气冷却器 air cooler
使空气等湿和减湿冷却的冷却器。

12.0206 干式空气冷却器 dry-type air cooler
一种被冷却的空气流不与冷却工质接触的空气冷却器。

12.0207 湿式空气冷却器 wet-type air cooler
一种使空气通过液体或在空气流中喷液、接触液体的空气冷却器。

12.0208 强制循环空气冷却器 forced-circulation air cooler
设有促使空气循环流动的风扇或鼓风机的空气冷却器。

12.0209 自然对流空气冷却器 natural-convection air cooler
依靠自然对流使空气循环的空气冷却器。

12.0210 喷水空气冷却器 sprayed air cooler
又称“喷水式表冷器”。在表面式冷却器上喷淋冷水，以提高换热效果和增加空气净化效果的空气冷却器。

12.0211 蓄冷器 regenerator
一种使冷、热不同的流体交替流过蓄热填料式换热表面的换热器。

12.0212 发生器 generator
吸收式制冷机中的一个换热设备。依靠热源加热，使溶液中的低沸点组分沸腾，产生蒸气。

12.0213 沉浸式发生器 submerged generator
传热管浸没在被加热的溶液里，加热流体在传热管内流动的发生器。

12.0214 喷淋式发生器 spray-type generator
溶液由喷淋装置喷出，在管内或管外形成液膜，被加热蒸发，生成蒸气的发生器。

12.0215 立式降膜式发生器 vertical falling-film generator
溶液在管内沿管壁呈液膜状流下，加热蒸气在管间流动的氨水吸收式制冷机中使用的发生器。

12.0216 直燃式发生器 direct-fired generator
以燃油、燃气作为热源的发生器。

12.0217 高压发生器 high-pressure generator
双效溴化锂吸收式制冷机中的第一级发生器。温度较高的热源在其中加热溶液，产生的制冷剂蒸气进入第二级发生器，作为热源。

12.0218 低压发生器 low-pressure generator
双效溴化锂吸收式制冷机中的第二级发生器，利用第一级发生器的蒸气作热源。

12.0219 吸收器 absorber

吸收式制冷机的换热设备之一。用于将蒸发器出来的制冷剂蒸气吸收到溶液中。

12.0220　喷淋式吸收器　spray absorber
溶液通过喷淋装置落下，在传热管外壁形成液膜，吸收来自蒸发器的制冷剂蒸气，传热管内流过冷却水，带走吸收过程中热量的吸收器。

12.0221　立式降膜式吸收器　vertical falling-film absorber
传热管呈立式安设的喷淋式吸收器。

12.0222　换热器　heat exchanger
又称"热交换器"。用来实现冷热流体间进行换热(热交换)的设备。

12.0223　溶液热交换器　solution heat exchanger
冷、热溶液之间进行换热的设备。

12.0224　液化器　liquefier
用制冷的方法将常温下气态的物质变成液体的设备。

12.0225　氦液化器　helium liquefier
以氦作制冷剂，通过液化循环使氦成为液体的制冷机。

12.0226　卡皮查氦液化器　Kapitza helium liquefier
由卡皮查首次研制成功而命名的带膨胀机的液化氦的制冷机。

12.0227　柯林斯氦液化器　Collins helium liquefier
由柯林斯研制成功而命名的带两台膨胀机的液化氦的制冷机。

12.0228　精馏器　rectifier
依靠多元组分混合物中各组分沸点不同的特性，使低沸点组分不断从液相逸出进入气相，高沸点组分不断从气相进入液相，从而达到混合物分离的制冷设备。

12.0229　分离器　separator
将两种物质或两种不同相的物质进行分离的设备。

12.0230　油分离器　oil separator
用来除去夹带在气体中油雾的设备。

12.0231　液体分离器　liquid separator
分离低压侧气液混合物中液体的设备。

12.0232　不凝性气体分离器　non-condensable gas separator
分离和排除不凝性气体的设备。

12.0233　贮液器　receiver
制冷系统中用于储存液体制冷剂的容器。

12.0234　低压循环贮液器　low-pressure side receiver
设在制冷系统低压侧，用以储存液态制冷剂并使其补充至低压系统中的贮液器。

12.0235　集油器　oil receiver
在制冷系统中，用来收集油的容器。

12.0236　干燥器　drier, dryer
内装干燥剂，用以除去气体中水分的设备。

12.0237　分液蓄液器　accumulator
一种用于蓄存和分离低压侧制冷剂液体或减少吸气压力下气体压力脉动的容器或腔体。

12.0238　低温容器　cryogenic vessel
储存和运输低温液体的设备。

12.0239　抽气回收装置　purge recovery unit
离心式制冷机中将空气和制冷剂分开，排除空气、回收制冷剂的装置。

12.0240　经济器　economizer
在离心式和螺杆式制冷机组中，将级间节流后生成的闪发蒸气引至相应级中压缩，以减少压缩机功耗的设备。

12.0241 冷却管组 cooling battery
用以冷却空气的成组冷却盘管。

12.0242 排管 row of tubes
用作换热器的成排管子。

12.0243 顶排管 ceiling coil
装在房间天花板下的冷却排管。

12.0244 墙排管 wall coil
装在房间墙上的冷却排管。

12.01.06 制 冷 应 用

12.0245 冰箱 refrigerator
主要的家用冷冻冷藏设备。

12.0246 冷藏陈列柜 refrigerated display cabinet
可存放、陈列冷藏和冷冻食品，并使存放的食品温度保持在规定的范围内的有制冷系统的陈列柜。

12.0247 立式冷藏陈列柜 vertical refrigerated display cabinet
柜门与地平面的夹角大于 45°的冷藏陈列柜。

12.0248 半高立式冷藏陈列柜 semi-vertical refrigerated display cabinet
总高度不超过 1.5m，有一个垂直或倾斜展示面的立式冷藏陈列柜。

12.0249 卧式冷藏陈列柜 horizontal refrigerated display cabinet
又称“柜台式冷藏陈列柜”。柜门与地平面的夹角小于 45°的冷藏陈列柜。其顶部敞开，可从顶部取物。

12.0250 封闭式冷藏陈列柜 closed refrigerated display cabinet
以开门或开盖的方式存取食品的冷藏陈列柜。

12.0251 自助式冷藏陈列柜 self-service refrigerated display cabinet
消费者自行挑选预先包装好的食品的冷藏陈列柜。

12.0252 他助式冷藏陈列柜 assisted-service refrigerated display cabinet
需要服务人员把现切装的或事先包装好的食品递给消费者的冷藏陈列柜。

12.0253 带有贮藏室的他助式柜台柜 serve-over counter with integrated storage
带有贮藏室的他助式冷藏陈列柜。贮藏室通常设于冷藏陈列柜的下部。

12.0254 上部玻璃门组合式冷藏陈列柜 combined refrigerated display cabinet with top glass door
下部敞开或带玻璃盖、上部带玻璃门的冷藏陈列柜。

12.0255 上部敞开组合式冷藏陈列柜 combined refrigerated display cabinet with open top
下部敞开或带玻璃盖、上部敞开的冷藏陈列柜。

12.0256 多温组合式冷藏陈列柜 multi-temperature combined refrigerated display cabinet
具有多种温度空间，用于冷藏或冷冻食品的冷藏陈列柜。

12.0257 前侧开移式冷藏陈列柜 movable front cabinet
前下部可以打开的、可使货盘和小车自由拉出和推进的、并能展示货物的冷藏陈列柜。

12.0258 靠墙放置的他助式壁柜 back-wall service cabinet
放置在服务人员身后，带有或不带有后补贮藏室的他助式冷藏陈列柜。

12.0259 速冻装置 quick freezing equipment
一种在保温间内进行快速冻结食物的装置。

12.0260 螺旋式速冻装置 spiral freezer
靠螺旋式输送带进行快速冻结的速冻装置。

12.0261 网带式速冻装置 mesh belt tunnel freezer
靠网带式输送带进行食品冻结的速冻装置。

12.0262 板带式速冻装置 plated belt tunnel freezer
靠板带式输送带进行快速冻结的速冻装置。

12.0263 流态化速冻装置 fluidized bed freezer
在一个底部多孔的槽内，冷空气自下而上流动，使小体积的被冻结食品像流体一样流动的速冻设备。

12.0264 平板速冻装置 plate freezer
食品与平板式蒸发器直接接触完成食品快速冻结的速冻装置。

12.0265 液氮速冻装置 liquid N_2 freezer
通过液态氮在保温间内吸收食品中的热量蒸发，完成食品快速冻结的速冻装置。

12.0266 液体二氧化碳速冻装置 liquid CO_2 freezer
液体二氧化碳在保温间内吸收食品中的热量蒸发，完成食品快速冻结的速冻装置。

12.0267 冷库 cold store
用于在低温条件下保藏货物的建筑组合。包括库房、氨压缩机房、变配电室及其附属建(构)筑物。

12.0268 组合冷库 sectional cold room
组成冷库的库板、蒸发器等在工厂预先制造好，现场组装即可使用的冷库。

12.0269 气调冷库 controlled atmosphere storage
简称“气调库”。在普通冷藏库的基础上，通过对贮藏环境中二氧化碳、氧气和乙烯等气体成分的浓度进行调节，抑制果蔬呼吸作用，更好地保持果蔬新鲜度的冷库。

12.0270 冷藏链 cold chain
易腐食品或药品在生产、贮藏、运输、销售、消费的整个流通过程中始终处于规定的温湿度环境中，保证易腐食品或药品质量、减少损耗的一项系统工程。

12.0271 冰温贮藏 controlled freezing-point storage
将新鲜果蔬贮藏在 0℃至其冻结点(冰点)的温度区域内，有效地保持果蔬色、香、味及营养成分的一种贮藏方式。

12.0272 冻结间 freezing room
用大流量空气循环来冻结货物的冷房间。

12.0273 冷藏间 cold storage room
用于接受和储存已冷却(冻结)至接近其所需储存温度的产品的冷房间。

12.0274 冷却物冷藏间 chilled food storage room
用于储存温度高于其冰点的货物的房间。

12.0275 冻结物冷藏间 frozen food storage room
用于接受和储存冻结食品的冷房间。

12.0276 库房 storehouse
冷库建筑群中的主体建筑。包括冷加工间、冷藏间、冰库及直接为其服务的建筑(如楼梯间、电梯间、穿堂、附属小房等)。

12.0277 冷加工间 cooling processing room
泛指食品、冰块在冷藏前进行冷却、冻结等用的房间。包括冷却间、晾肉间、待冻间、冻结间、脱盘间、包冰衣间、制冰间等。

12.0278 冷却间 chilling room
对产品进行冷却的房间。

12.0279 冰库 ice storage room

用于储存冰的冷房间。

12.0280 穿堂 anteroom
专为冷加工间或冷藏间进出货物而设置的通道，其室温分常温或某一特定温度。

12.0281 制冰机 ice maker
将水由制冷系统中的制冷剂冷却后生成冰的制冷设备。

12.0282 连续式制冰机 non-cyclic ice maker
制冰过程中注水、冻结和收冰等各个阶段同时进行的自动制冰机。

12.0283 间歇式制冰机 cyclic ice maker
制冰过程中注水、冻结和收冰等各个阶段分别按顺序进行的自动制冰机。

12.0284 片冰制冰机 chip ice maker
生产片状冰的制冰机。

12.0285 雪花冰制冰机 granular ice machine
一种以电动机械压缩式制冷的方式将水连续地制成雪花形冰的设备。

12.0286 块冰制冰机 block ice maker
生产块状冰的制冰机。

12.0287 管冰制冰机 tube ice maker
生产管状冰的制冰机。

12.0288 冰棒机 ice lolly maker
生产冰棒的机器。

12.0289 冰淇淋机 ice cream maker
制造冰淇淋的机器。

12.0290 冰淇淋冻结器 ice cream freezer
将冰淇淋配料冻结成冰淇淋的设备。

12.0291 连续式冰淇淋冻结器 continuous ice cream freezer
配料连续进入，在另一端冰淇淋连续出来的冻结设备。

12.0292 间歇式冰淇淋冻结器 batch-type ice cream freezer
每次处理一批配料的冰淇淋冻结器。

12.0293 冷藏汽车 refrigerated vehicle
利用冰、干冰、冷冻板、液化气等制冷方式，而不是用机械制冷的运输冷藏物品的汽车。

12.0294 保温汽车 insulated vehicle
无机械制冷，仅在车体设有隔热层的汽车。

12.0295 冷藏列车 refrigerated rail-car
利用冰、干冰、冷冻板、液化气等制冷方式，而不是用机械制冷的运输冷藏物品的铁路列车。

12.0296 机械冷藏列车 mechanically refrigerated rail-car
带有机械制冷设备和隔热材料车体的运输冷藏物品的铁路列车。

12.0297 保温列车 insulated rail-car
无机械制冷，仅在车体设有隔热层的铁路列车。

12.0298 冷藏船 refrigerated cargo vessel
带有制冷装置以保持货仓低温的运输物品的货船。

12.0299 冷藏集装箱 refrigerated container
带有制冷机组用于装运货物的标准尺寸专用箱体。

12.0300 冷冻干燥 freeze-drying
将含水物质先冻结成固态，而后使其中的水分从固态升华成气态，以除去水分的方法。

12.0301 校核试验 check test
又称“辅助试验”。在制冷空调设备进行性能试验时，至少应同时采用两种方法进行测量，其中一种精度较低，其测量数据用于校核主要试验性能的试验。

12.0302 起动性能试验 start performance test
制冷空调设备在标准规定的较严酷的工况等级下，在规定的低于或高于额定电压下进行数次起动的试验。

12.0303　融霜试验　defrost test

从冷却器表面上融去冰霜的试验。它用来检查制冷设备或热泵空调设备的融化冰霜和排除融霜水的能力。

12.02　空 调 设 备

12.02.01　空气调节器

12.0304　空气调节　air conditioning

为满足被调节空间的温度、湿度和洁净度的要求，控制空气的瞬时温度、湿度、洁净度和气流分布情况的空气处理过程。

12.0305　舒适空调　comfort air conditioning

用来满足人们舒适需要的空气调节。

12.0306　工艺空调　industrial air conditioning

为满足工业生产中工艺过程或设备的需要为主的空气调节。

12.0307　夏季空调　summer air conditioning

当室外空气温度和湿度高于被调节空间所需保持的温度、湿度值时使用的空调。

12.0308　冬季空调　winter air conditioning

当室外温度低于室内温度时，对被调节室进行加热、加湿、空气分配和空气净化处理的空调。

12.0309　空调设备　air-conditioning equipment

用于处理和输配空气以满足被调节空间的空气温度、湿度、洁净度和气流速度等要求的各种设备的总称。

12.0310　空气调节系统　air-conditioning system

以空气调节为目的而对空气进行处理、输送、分配，并控制其参数的所有设备、管道及附件、仪器仪表的总合。

12.0311　集中式空气调节系统　central air-conditioning system

集中进行空气处理、输送和分配的空气调节系统。

12.0312　半集中式空气调节系统　semi-central air-conditioning system

除有集中在空调机房的空气处理设备可处理一部分空气外，还有分散在被调节房间内的空气处理设备，可以对室内空气进行就地处理，或对来自集中处理设备的空气进行补充处理的空气调节系统。

12.0313　分散式空调系统　local air-conditioning system

空气处理设备分散在各个被调节房间内的空调系统。

12.0314　全空气空调系统　all-air air-conditioning system

空调房间内的热、湿负荷全部由经过处理的空气来承担的空调系统。

12.0315　全水空调系统　all-water air-conditioning system

空调房间的热、湿负荷全部由水负担的空调系统。

12.0316　空气–水空调系统　air-to-water air-conditioning system

空调房间的热、湿负荷一部分由空气负担，其余部分由水负担的空调系统。

12.0317　冷剂式空调系统　refrigerated air-conditioning system

又称“机组式空调系统”。空调房间的热、湿负荷全部由制冷剂直接负担的空调系统。

12.0318　混合式空调系统　mixed air-conditioning system

部分利用回风，部分利用新风的空调系统。

12.0319 吸湿型复合空调系统 hygroscopic compound air-conditioning system

又称“吸湿剂系统”。显热和潜热分别采用独立系统进行处理的空调装置。对温湿度分别独立控制，在不增加能耗的情况下有效增加新风量。

12.0320 空调水系统 air-conditioning water system

空调设备中由冷冻水系统、冷却水系统和热水系统组成的水系统。它可分为开式和闭式、两管制和四管制、同程式和异程式、上分式和下分式等；按运行调节方法可分为定流量式和变流量式。

12.0321 全年空调系统 year-round air-conditioning system

在冷天对被调节房间进行通风、供热和加湿，在热天则进行冷却和减湿，并保证有一定程度的空气流通和洁净度的全年使用的空气调节系统。

12.0322 直流式系统 direct air system

又称“全新风系统”。系统所使用的空气全部是来自室外新风的空调系统。

12.0323 封闭式系统 close cycle system

系统被处理的空气全部是室内空气的系统。

12.0324 双送风道系统 double-duct system

一根送冷风，另一根送热风的风道系统。

12.0325 定风量系统 constant air volume system

当被调节房间内热、湿负荷变化时，风量固定不变的空调系统。

12.0326 变风量系统 variable air volume system

当被调节房间内热、湿负荷变化时，风量也随之改变的空调系统。

12.0327 高压送风系统 high-pressure ventilating system

风管压力较常规高得多的送风系统。

12.0328 集中通风系统 central fan system

空气在空调房间外集中处理后，通过风机和配风系统分送到各有关房间循环使用的机械通风系统。

12.0329 制冷/供热空气调节机组 cooling / heating air-conditioning unit

一个包括通风、空气循环、空气净化、热泵以及带有制冷(供热)控制设备的组合体。

12.0330 燃气氨吸收式空气调节机组 gas ammonia absorption air-conditioning unit

通过燃气燃烧热驱动，以风冷方式向环境排放冷凝热和吸收热的空气调节机组。

12.0331 组合式空气调节机组 combined air-conditioning unit

由各种空气处理功能段(空气混合、均流、过滤、冷却、一次和二次加热、去湿、加湿、送风机、回风机、喷水、消声、热回收等单元体)组装而成的、适用于阻力大于 100Pa 的空调系统的一种空气处理设备。

12.0332 立式空气调节机组 vertical air-conditioning unit

功能段立式顺序排列的组合式空气调节机组。

12.0333 卧式空气调节机组 horizontal air-conditioning unit

功能段水平顺序排列的组合式空气调节机组。

12.0334 吊挂式空气调节机组 hanging-type air-conditioning unit

采用吊挂安装的卧式组合式空气调节机组。

12.0335 混合式空气调节机组 mixed-type air-conditioning unit

由部分功能段立式和卧式排列组成的组合式空气调节机组。

12.0336 新风空气调节机组 fresh-air-conditioning unit

用于处理室外空气的大焓差空气调节机组。

12.0337 变风量空气调节机组 variable air volume conditioning unit

送风量可以自动调节的空气调节机组。

12.0338 净化空气调节机组 air cleaning-conditioning unit

带有高效空气过滤器的空气调节机组。

12.0339 整体式空气调节机组 self-contained air-conditioning unit

设有通风、空气循环、空气净化、空气冷却及控制等设备，并与压缩冷凝机组装在一个柜中的空气调节机组。

12.0340 局部空气调节机组 partial air-conditioning unit

每个房间都有各自的空调设备来处理空气的小型空调系统。适用于面积小、房间分散和热湿负荷相差大的场合，包括穿墙式机组、变冷剂量空气调节机组等。

12.0341 蒸发式空气冷却机组 evaporative air-cooling unit

利用水蒸发与空气直接或间接热湿交换，使空气干球温度降低的空气冷却机组。

12.0342 冷水机组 water chiller unit

把制冷压缩机、电动机、换热器、节流元件、控制装置等各个部件、机件紧凑地组成一体以制备冷水的一种整体式冷水机组。分风冷型和水冷型。

12.0343 空气调节机 air-conditioning unit, air conditioner

由空气处理设备、通风机、制冷机及自动控制仪表等组装而成的结构紧凑的局部空气调节设备。小型的空气调节机习惯上又称“空气调节器”。

12.0344 整体式空气调节机 packaged air-conditioning unit

将制冷压缩机、换热器、通风机、过滤器以及自动控制仪表等组成一个单元或多个单元的空气调节机。

12.0345 水冷式空气调节机 water-cooled air-conditioning unit

冷凝器用水来冷却的空气调节机。

12.0346 风冷式空气调节机 air-cooled air-conditioning unit

冷凝器用室外空气来冷却的空气调节机。

12.0347 恒温恒湿空气调节机 air-conditioning unit with constant temperature and humidity

将制冷压缩机、冷凝器、蒸发器、加湿器及电控元件组成一体，并能控制房间一定温湿度精度的空气调节机。

12.0348 单元式空气调节机 unitary air conditioner

一种向封闭空间、房间或区域直接提供处理空气的设备。它主要包括制冷系统以及空气循环和净化装置，还可以包括加热、加湿和通风装置。

12.0349 房间空气调节机 room air conditioner

一种由工厂制造的，用来向密封的空间或房间提供被调节空气的空气调节机。它包括制冷和除湿系统，并且能使空气循环流动和净化，也可包括通风和供热设备。

12.0350 柜式空气调节机 packaged air conditioner

制冷、通风、加湿设备组装成一个柜形整体的空气调节机。使用时可安放在被调节房间内，也可安放在邻室用风管送风和回风。

12.0351 计算机房专用空气调节机 air conditioner for computer room use

一种专门用于计算机房的空气调节机。其特点为大风量、送风焓降小；设有初效和中效过滤器；送风形式为下送风、上回风。

12.0352 通信机房专用空气调节机 air conditioner for communication room use

一种专门用于通信机房，高可靠性的空气调节机。

12.0353 多联式空气调节机 variable refrigerant flow air conditioner

一台或多台室外机通过制冷剂管路连接多台直接蒸发换热形式室内机的空气调节机。

12.0354 空气调节器 air conditioner

由制冷(热)循环系统、空气循环通风系统、电气控制系统和箱体等四部分组成，使被调节空间的空气保持一定的温度、湿度、流动速度、洁净度和新鲜度的小型空气调节机。

12.0355 窗式空气调节器 window air conditioner

流过蒸发器的空气吹向室内，流过冷凝器的空气吹向室外，安装在窗口上的整体式空气调节器。有的窗式空气调节器还兼有除湿和供热功能。

12.0356 分体式空气调节器 split air conditioner

制冷压缩机和冷凝器装在一起，安装在被调节房间以外的场所，而蒸发器和风机装在一起，安装在被调节房间内的空气调节器。

12.0357 落地式空气调节器 floor-type air conditioner

直立地放置在地面上的空气调节器。

12.0358 吊顶式空气调节器 ceiling-type air conditioner

悬挂在天花板附近的空气调节器。

12.0359 壁挂式空气调节器 wall-mounting-type air conditioner

室内机组安装在墙上的分体式空气调节器。

12.0360 吊顶内装式空气调节器 in-ceiling-type air conditioner

安装在顶棚上，但被装饰物遮住而不能直接看到的空气调节器。

12.0361 嵌入式空气调节器 cassette-type air conditioner

可整体安装到预留孔中的空气调节器。

12.0362 穿墙型空气调节器 through-the-wall air conditioner

安装在外墙上的、落地式整体空气调节器。

12.0363 多台并联式机组型房间空气调节器 air conditioner with multi-units

一台室外机(制冷压缩机及冷凝器)与多台室内机(蒸发器)相连所组成的房间空气调节器。

12.0364 房间空气调节器 room air conditioner

可以直接安装在室内的无风管箱式空气调节器。

12.0365 屋顶式空气调节器 roof-top air conditioner

安装在屋顶的整体式空气调节器，可直接将通过蒸发器的冷空气送入室内或通过管道送入室内。

12.0366 热泵式空气调节器 heat-pump air conditioner

装有四通换向阀以实现蒸发器与冷凝器(即供冷与供热)功能转换的整体式空气调节器。

12.0367 低温空气调节器 low-temperature air conditioner

有别于20～27℃常规空气调节器，其空调温度参数为–5～15℃的空气调节器。

12.0368 变频空气调节器 variable frequency

air conditioner
采用变频专用制冷压缩机和变频控制系统的空气调节器。

12.0369 风机动力箱 fan power box
由风机、可调节的一次风进口、回风口、数据显示控制器控制板、加热盘管(用于办公室周边区域时)等组成的动力箱。有的还在箱体内设有消声器。

12.0370 高压诱导器 high-pressure induction unit
喷嘴产生的一次空气的高速气流诱导产生二次空气流，使其流过设在二次空气流中的盘管的诱导装置。

12.0371 低压诱导器 low-pressure induction unit
利用已经调节的空气(一次空气)的射流去诱导室内空气或二次空气，诱导器使两者在其内混合的诱导装置。供热用的诱导器在二次空气流中设有加热盘管。

12.0372 空气散流器 air diffuser
装有一些固定或可调叶片，形成下吹、扩散气流的圆形、方形或矩形风口(通常装在天花板上)，使送风空气和被调节的室内空气快速混合的装置。

12.0373 空气洗涤器 air washer
对空气进行洁净、加湿或减湿用的喷水洗涤设备。

12.0374 热风器 blast heater
用来加热空气的一组盘管。空气由风机吹风或吸风。

12.0375 恒湿器 humidistat
根据湿度变化自动控制相对湿度用的调节设备。

12.0376 喷淋式空气冷却器 spray-type air cooler
蒸发器的一种，将液体(一般为水)喷淋到蒸发盘管的表面，并使强制流动的空气冷却的换热器。

12.0377 喷水室 spray chamber
喷淋水与空气直接接触的热湿交换设备。

12.0378 风机盘管 fan-coil unit
带有风机的冷、热水盘管组件。

12.0379 百叶窗 louver
由斜板条组成的组件，它只允许空气通过而能挡住水滴。

12.0380 室内机制冷量 refrigerating capacity of indoor machine
在规定的制冷能力试验条件下，室内机(单台)从封闭空间、房间或区域排出(放出)的热量。

12.0381 空气再加热 reheating of air
在空气调节系统末端，对温度过低的被处理空气的最后一个加热处理步骤。

12.0382 空气洗涤系统 air wash system
使空气清洁、升温、降温、加湿或减湿的洗涤、喷雾系统。

12.0383 单台工作状态 one-unit operation
一拖多空气调节器室内机组中仅有一台室内机与室外机组运行，其余室内机组处于停止使用的工作状态。

12.0384 全部工作状态 all-unit operation
一拖多空气调节器室外机组与所有能同时起动的室内机组同时运行且处于使用状态的工作状态。

12.0385 部分工作状态 part-unit operation
一拖多空气调节器部分室内机组与室外机组处于同时运行且处于使用工作状态，而另一部分机组处于停止使用状态的工作状态。

12.0386 多联式空气调节机组的分流不平衡率 distributary disequilibrium rate of

multi-connected air-conditioning unit
在规定的制冷能力试验条件下，机组的各室内机实测制冷量与其名义制冷量之差的绝对值与其名义制冷量之比。

12.0387　最大配置率　maximum ordonnance rate
各室内机的名义制冷量之和与机组名义制冷量之比的最大值。

12.0388　最小配置率　minimum ordonnance rate
各室内机的名义制冷量之和与机组名义制冷量之比的最小值。

12.0389　制冷能效比　refrigerating energy efficiency ratio
在规定的制冷能力试验条件下，机组制冷量与制冷消耗功率之比。

12.0390　制冷综合性能系数　refrigerating integrated part load value
描述部分负荷制冷效率的值。

12.0391　制热综合性能系数　heating integrated part load value
描述部分负荷制热效率的值。

12.02.02　空气换热器

12.0392　空气换热器　air heat exchanger
通过热(冷)媒使空气间接加热或冷却的表面式热交换设备。

12.0393　混合流换热器　mixed-flow heat exchanger
流态比顺流、逆流及交叉流更加复杂的换热器。

12.0394　热管换热器　heat pipe heat exchanger
由热管作为换热元件而组成的空气换热器。

12.0395　肋片换热器　finned tube heat exchanger
由以肋片作为扩展表面的肋管组成的空气换热器。

12.0396　平板型肋片换热器　plate finned tube heat exchanger
肋片呈平行板状的空气换热器。

12.0397　波纹型肋片换热器　corrugated finned tube exchanger
肋片呈波纹状的空气换热器。

12.0398　条缝型肋片换热器　split finned tube heat exchanger
肋片上冲有各种条形缝隙的空气换热器。

12.0399　窝型肋片换热器　nest finned tube heat exchanger
肋片上冲有各种形状小窝的空气换热器。

12.0400　针刺型肋片换热器　needled finned tube heat exchanger
由以针状肋为扩展表面的换热管组成的空气换热器。

12.0401　套片换热器　infixed finned air heat exchanger
采用冲孔金属箔套紧在管上形成的肋片式空气换热器。

12.0402　绕片换热器　spiral finned tube heat exchanger
由带状金属薄板连续绕紧在管上形成螺旋形肋片管组成的空气换热器。

12.0403　轧片换热器　finned tube heat exchanger with integral rolled fins
由金属管经冷轧使其外壁形成螺旋形肋片组成的空气换热器。

12.0404　镶片换热器　inlaid finned tube heat exchanger
带状金属薄板镶入绕紧在金属管表面的浅槽内，形成的螺旋形肋片管组成的空气换热器。

12.0405 焊片换热器 welded spiral finned tube heat exchanger
由带状金属薄板连续绕紧在管上，同时加以焊接形成的螺旋形肋片管组成的空气换热器。

12.0406 复合管换热器 finned compound tube heat exchanger
由两种管材组成的肋片管换热器。

12.0407 空气加热器 air heater
用蒸汽、热水或电热元件加热空气的空气换热器。

12.0408 电加热器 electric heater
利用电热加热气体的加热器。

12.0409 蓄热器 recuperator
当供热系统用热量在时间上不均衡时，用来均衡产热的一种蓄热装置。它主要有热水、蒸汽两类。

12.02.03 加 湿 器

12.0410 加湿器 humidifier
又称“空气加湿器”。增加空气中水蒸气含量的器件。

12.0411 中央加湿器 central humidifier
在集中空调系统中对循环于风管中的空气加湿用的加湿器。

12.0412 房间喷淋式加湿器 room spray-type humidifier
直接向房间内的空气喷水的加湿器。

12.0413 干蒸汽加湿器 steam humidifier
向空气中喷射干蒸汽的空气加湿器。

12.0414 电热式加湿器 electric humidifier
又称“电阻式加湿器”。由插入水中的电热元件使水加热产生蒸汽的空气加湿器。

12.0415 电极式加湿器 electrode humidifier
由插入水中的电极使电极间的水加热产生蒸汽的空气加湿器。

12.0416 超声波加湿器 ultrasonic humidifier
由超声波作用使水雾化的空气加湿器。

12.0417 压缩空气喷雾加湿器 compressed air spray-type humidifier
由喷射压缩空气使水雾化的空气加湿器。

12.0418 离心式加湿器 centrifugal humidifier
又称“转盘式加湿器(spinning disk humidifier)”。依靠转盘的离心力使水雾化的空气加湿器。

12.0419 喷射加湿器 jet humidifier
由高压喷射使水雾化的空气加湿器。

12.0420 淋水层加湿器 drenched humidifier
将水喷淋在纤维或多孔材料上，空气流过使水蒸发的空气加湿器。

12.0421 渗透膜加湿器 membrane humidifier
空气流过分子渗透膜使水蒸发的空气加湿器。

12.0422 红外线加湿器 infrared humidifier
由远红外加热元件辐射使表面水蒸发产生水蒸气的空气加湿器。

12.02.04 除 湿 机

12.0423 除湿机 dehumidifier
由压缩机、热交换器、风扇、盛水器、机壳及控制器组成，由风扇将潮湿空气抽入机内，通过热交换器(此时空气中的水分冷凝成水珠)变成干燥的空气排出机外，如此循环使室内湿度降低的设备。

12.0424 冷冻除湿机 refrigerating dehumidifier
空气经制冷设备冷却，使水蒸气凝结而被排

除的除湿机。

12.0425 液体吸收剂除湿机 liquid-absorbent dehumidifier

湿空气与某些盐类的水溶液接触时水蒸气被吸收的除湿机。

12.0426 固体吸附剂除湿机 solid-adsorbent dehumidifier

湿空气通过固体吸附材料时水蒸气被吸附的除湿机。

12.0427 转轮除湿机 rotary dehumidifier

由吸湿材料构成的转轮在缓慢转动中，湿空气通过转轮的一部分而被除湿，热空气通过另一部分使其再生，可连续进行空气减湿处理的除湿机。

12.02.05 末 端 设 备

12.0428 末端装置 terminal device

在空调系统中，对空气进行就地处理或调节后直接向室内送风的装置。

12.0429 风机盘管机组 fan-coil unit

由风机、换热器及过滤器等组成一体的空气调节设备。它是空气–水空调系统的末端装置。

12.0430 单盘管风机盘管机组 fan-coil unit with single coil

仅有一组盘管，冷、热媒进行转换的风机盘管机组。

12.0431 双盘管风机盘管机组 fan-coil unit with double coil

有两组盘管，分别接冷、热媒，具有较高调节能力的风机盘管机组。

12.0432 明装风机盘管机组 exposed fan-coil unit

带有适于在室内明装的外壳的风机盘管机组。可落地或壁挂安装。

12.0433 暗装风机盘管机组 concealed fan-coil unit

适于安装在壁罩、吊顶内的风机盘管机组。

12.0434 立式风机盘管机组 floor fan-coil unit

盘管与风机分别装置在上、下部位，出风方向垂直向上或向斜前方的风机盘管机组。它有明装、暗装两种机型。

12.0435 卧式风机盘管机组 ceiling fan-coil unit

盘管与风机在水平方向前后放置，前方水平方向出风，后部和下部回风的风机盘管机组。它有明装、暗装两种机型。

12.0436 立柱式风机盘管机组 column-type fan-coil unit

外形为柱状的立式风机盘管机组。

12.0437 矮体式风机盘管机组 low-body fan-coil unit

适于窗台较低的风机盘管机组。

12.0438 嵌入式风机盘管机组 cassette-type fan-coil unit

又称“吸顶式风机盘管机组”。暗装在吊顶内，仅送、回风口明露在室内的风机盘管机组。

12.0439 诱导器 induction unit

以依靠喷嘴将经过处理的空气(一次风)形成的射流为动力，诱导室内空气(二次风)并混合构成房间送风的空调系统末端装置。

12.0440 全空气诱导器 all-air induction unit

不带换热盘管，室内冷热负荷由一次风承担的诱导器。

12.0441 空气–水诱导器 air-water induction unit

带换热盘管，室内冷热负荷由一次风和通过换热盘管的二次风共同承担的诱导器。

12.0442　变风量末端装置　variable air volume terminal device
根据空调房间负荷的变化自动调节送风量以保持室内所需参数的装置。它是全空气系统的末端装置。

12.0443　节流型变风量末端装置　throttle-type VAV terminal device
通过改变流通截面面积而改变风量的末端装置。

12.0444　旁通型变风量末端装置　bypass-type VAV terminal device
通过旁通改变送往室内风量的末端装置。

12.0445　诱导型变风量末端装置　induction-type VAV terminal device
利用可变一次风量的诱导器，改变诱导比的末端装置。

12.0446　双风道变风量末端装置　dual-duct VAV terminal device
利用风量控制器调节风阀，改变冷、热送风量的末端装置。

12.0447　压力相关型变风量末端装置　pressure-dependent VAV terminal device
利用内设的风量控制器靠系统压力变化而改变风量的变风量末端装置。

12.0448　压力不相关型变风量末端装置　pressure-independent VAV terminal device
利用内设的风量控制器不受系统压力变化影响仅靠室内温度变化而改变风量的变风量末端装置。

12.02.06　空气–空气热回收器

12.0449　空气–空气热回收器　air-to-air heat exchanger
通过进风与排风间热交换而实现热量回收的换热器。

12.0450　全热回收器　air-to-air total heat exchanger
使进风和排风之间同时进行显热和潜热交换的热回收器。

12.0451　显热回收器　air-to-air sensible heat exchanger
进风和排风之间只进行显热交换的热回收器。

12.0452　转轮式热回收器　rotary heat exchanger
利用填充具有很大内表面积的换热介质的转轮循环穿流送风和排风的过程，进行送、排风热量交换的热回收器。

12.0453　板式热回收器　plate heat exchanger
进、排风通过多层平行相间的通道进行间接换热的热回收器。

12.0454　热管式热回收器　heat pipe heat recovery unit
由热管组成的换热装置，排风与进风分别流经热管的蒸发段、冷凝段而进行间接热回收。

12.0455　热回收环　heat recovery ring
对空调房间内有组织的集中排气进行热(或冷)量回收的气流系统。

12.03　空气净化设备

12.03.01　空气过滤器

12.0456　空气过滤器　air filter
用来除去空气中含有的微小固体和液体以及有害气体等杂质的设备。

12.0457　干式空气过滤器　dry-type air filter
滤料不浸油或不喷水，仅靠过滤机理捕集微粒的空气过滤器。

12.0458　湿式空气过滤器　wet-type air filter
利用水膜或水滴增强捕集空气中微粒效果的空气过滤器。

12.0459　黏附式空气过滤器　viscous-type air filter
滤料上喷涂黏附剂以增强捕集效果的空气过滤器。

12.0460　粗效空气过滤器　roughing filter
以过滤 5 μm 以上微粒为主的空气过滤器。

12.0461　中效空气过滤器　medium-efficiency filter
对 1～5 μm 范围微粒具有中等程度捕集效率的空气过滤器。

12.0462　高中效空气过滤器　high-efficiency filter
对 1 μm 以上微粒具有较高捕集效率的空气过滤器。

12.0463　高效空气过滤器　high-efficiency particulate air filter, HEPA filter
在额定风量下，对粒径大于或等于 0.3 μm 微粒的捕集效率在 99.97%以上及气流阻力在 245 Pa 以下的空气过滤器。

12.0464　亚高效空气过滤器　sub-high efficiency particulate air filter, sub-HEPA filter
过滤性能略低于高效空气过滤器的空气过滤器。

12.0465　超高效空气过滤器　ultra-low-penetration air filter
在额定风量下，对粒径大于或等于 0.1 μm 微粒的捕集效率在99.9995%以上及气流阻力在 245 Pa 以下的极低穿透率空气过滤器。

12.0466　平板式空气过滤器　mat-type air filter
将滤料组装成板状的空气过滤器。

12.0467　楔形空气过滤器　expand-type air filter
把多个板状过滤器组装成楔形的空气过滤器。

12.0468　折褶式空气过滤器　folded-media-type air filter
把滤料叠成折褶状的空气过滤器。

12.0469　有隔板过滤器　folded-media-type filter with separator
滤料间插有波纹分隔板的折褶式空气过滤器。

12.0470　无隔板过滤器　mini-pleat folded-media-type filter
滤料间靠均匀分布的纸条、绳等起分隔支撑作用的折褶式空气过滤器。

12.0471　袋式空气过滤器　bag-type air filter
滤料制成袋形并联而成的空气过滤器。

12.0472　自动卷绕式空气过滤器　roll-type air filter
滤料呈卷形，可由积尘后的压差变化自动卷绕更替滤料受尘面的空气过滤器。它有垂直卷绕、水平卷绕两种型式。

12.0473　静电式空气净化装置　electrostatic air cleaner
利用高压静电场使微粒荷电，然后被集尘板捕集的空气过滤装置。有单级电离及双级电离两类。

12.0474　电感应式空气过滤器　electroinduction air filter
由电离段和强感电滤料组成，在静电感应的作用下捕集电离段带电微粒的空气过滤器。

12.0475　薄膜空气过滤器　membrane filter
由具有均匀微孔的薄膜滤料做成的空气过滤器。

12.0476　活性炭空气过滤器　carbon air filter

以多孔活性炭材料为滤料，可去除空气中有害气体的空气过滤器。

12.03.02 洁　净　室

12.0477 洁净室 cleanroom
空气中悬浮微粒控制在规定洁净度内的有限空间。

12.0478 装配式洁净室 assembly cleanroom
用工厂化生产的一定模数的部件在建筑物内组装成的洁净室。

12.0479 移动式洁净小室 mobile cleanbooth
可整体移动位置的小型洁净室。有刚性或薄膜围挡两类。

12.0480 隧道式洁净室 tunnel cleanroom
由单向流控制洁净效果的隧道形的洁净室。

12.0481 生物洁净室 biological cleanroom
空气中悬浮微生物控制在规定洁净度的有限空间。

12.0482 生物危害安全室 biohazard safety room
采用空气净化措施防止微生物危害环境的有限空间。

12.03.03 局部净化设备

12.0483 局部净化设备 local clean equipment
为提高和改善洁净室功能设置的人员着装的净化，器件物品传递、存放，局部环境的再净化，室内清扫等装置。

12.0484 隔离室 isolator
在密封容器中，设有高效过滤器送排风口，可隔离操作的装置。用于无菌动物的饲养。

12.0485 无菌锁气室 sterile lock
具有有消毒功能的传递窗，用于生物洁净的无菌室。

12.0486 空气吹淋室 air shower booth
设有高速吹出洁净气流装置以吹落并清洁使用者身体及衣物表面附着微粒的小室。

12.0487 空气自净器 self air cleaner
由风机和过滤器等组成，可使洁净室内空气循环、净化的设备。

12.0488 新风净化器 outside air cleaner
由风机和过滤器等组成的，用于引入并过滤室外空气的设备。

12.0489 分集水器 water collector/separator
分别为向各分路分配水流量和从分路及环路汇集水流量的容积装置。

12.0490 生物安全柜 safety cabinet
处理危险性微生物时所用的箱形空气净化装置。

12.0491 洁净衣柜 garment stocker
内部设有高效净化送风装置和排风通道的专用衣柜。

12.0492 洁净保管柜 clean shelf
内部设有高效净化送风装置和排风通道的专用物品存放柜。

12.0493 洁净烘箱 clean oven
内部设有高效净化送风装置和排风通道的电热烘箱。

12.0494 膨胀水箱 expansion tank
用于储存热水系统加热膨胀水量并在冷却水量收缩时回灌的水箱。

12.0495 洁净工作台 clean bench
能够保持操作空间所需洁净度的工作台。

12.0496 集气罐 gas collector
用于水系统收集并排除空气的一种设备。水系统中所有可能聚集空气的气囊顶点，都应设置自动放空气的集气罐。

12.0497 洁净罩 unidirectional flow ceiling module

可形成局部垂直单向流的空气净化设备。

12.0498 气幕式洁净罩 ceiling module with air curtain

周边带有空气幕的洁净罩。

12.0499 洁净屏 unidirectional flow wall module

可形成局部水平单向流的空气净化设备。

12.0500 高效过滤器送风口 high-efficiency particulate air filter，HEPA filter unit

简称“高效送风口”。由静压箱、高效空气过滤器等构成的洁净空气出风口。可自带风机。

13. 真空获得与应用设备

13.01 一般名词

13.0001 标准环境条件 standard ambient condition

温度为 20℃，相对湿度为 65%，干燥空气大气压力为 101.325kPa(1013.25 mbar)的环境。

13.0002 标准气体状态 standard reference condition for gases

温度为 0℃，压力为 101.325kPa 的气体状态。

13.0003 分压力 partial pressure

气体混合物中某一特定组分的压力。

13.0004 全压力 total pressure

气体混合物所有组分分压力之和。

13.0005 真空 vacuum

低于大气压力或大气质量密度的稀薄气体状态。

13.0006 真空度 degree of vacuum

真空状态下气体的稀薄程度。通常用压力值来表示。

13.0007 真空区域 range of vacuum

根据一定的压力间隔所划分的不同的真空范围或真空度。按气体分子的物理特性划分如下：10^5～10^2Pa 为低(粗)真空；10^2～10^{-1} Pa 为中真空；10^{-1}～10^{-5} Pa 为高真空(HV)；＜10^{-5}Pa 为超高真空(UHV)。

13.0008 非可凝性气体 non-condensable gas

温度处在临界温度之上的气体，即单纯增加压力不能使其凝结的气体。

13.0009 蒸气 vapor

温度处在临界温度以下的气体，即单纯增加压力就能使其凝结的气体。

13.0010 饱和蒸气压 saturation vapor pressure

在给定温度下，蒸气与其凝聚相处于热力平衡时蒸气的压力。

13.0011 饱和度 degree of saturation

蒸气压力与其饱和蒸气压力之比。

13.0012 饱和蒸气 saturated vapor

在给定温度下，压力等于其饱和蒸气压的蒸气。当蒸气与物质的凝聚相处于热力学平衡时，蒸气始终处于饱和状态。

13.0013 未饱和蒸气 unsaturated vapor

在给定温度下，蒸气压力低于其饱和蒸气压的蒸气。

13.0014 平均自由程 mean free path

一个分子和其他气体分子两次连续碰撞之间所走过的平均距离。该平均值应是在足够多的分子数且足够长的时间间隔下得到的统计值。

13.0015　黏滞流　viscous flow

气体分子平均自由程远小于导管最小截面线性尺寸时气体通过导管的流动。流动取决于气体的黏滞性。流动可以是层流或湍流。

13.0016　黏滞系数　viscous factor

在气流速度梯度方向单位面积上的切向力与速度梯度之比。

13.0017　中间流　intermediate flow

在层流、黏滞流和分子流之间的中间状态下，气体通过导管的流动。

13.0018　分子流　molecular flow

气体平均自由程远大于导管最大截面尺寸时气体通过导管的流动。

13.0019　克努森数　number of Knudsen

气体分子的平均自由程与导管直径之比。

13.0020　流导　conductance

在等温稳定状态下，流量除以两个特定截面间或孔口两侧的平均压力差。

13.0021　解吸　desorption

被材料吸附的气体或蒸气的释放现象。释放可以自然进行，也可用物理方法加速。

13.0022　去气　degassing

气体从某一材料上的人为解吸。

13.0023　放气　outgassing

气体从某一材料上的自然解吸。

13.0024　蒸发率　evaporation rate

在给定时间间隔内，从某一表面上蒸发的分子数(物质数量或物质质量)除以该时间和蒸发表面积。

13.0025　渗透　permeation

气体通过某一固定体阻挡层的过程。该过程包括气体在固体内的扩散，也包括各种表面现象。

13.02　真　空　泵

13.02.01　类　　型

13.0026　真空泵　vacuum pump

产生、改善和(或)维持真空的一种机械。可以分为气体传输泵和捕集泵两种类型。

13.0027　变容真空泵　positive-displacement vacuum pump

又称“容积真空泵”。充满气体的泵腔，其入口被周期性地隔离，然后将气体输送到出口的一种真空泵。大多数的变容泵，气体在排出之前是被压缩的。它可分为往复式变容真空泵和旋转式变容真空泵两种类型。

13.0028　往复式变容真空泵　reciprocating positive displacement vacuum pump

又称“活塞式变容真空泵”。利用泵腔内活塞做往复运动，将气体吸入、压缩并排出的变容真空泵。

13.0029　旋转式变容真空泵　rotary positive displacement vacuum pump

利用泵腔内活塞做旋转运动，将气体吸入、压缩并排出的变容真空泵。

13.0030　气镇真空泵　gas ballast vacuum pump

又称“气镇泵(gas ballast pump)”。在泵压缩腔内，放入可控的适量非可凝性气体，以降低被抽气体在泵中凝结程度的一种变容真空泵。

13.0031　油封真空泵　oil-sealed vacuum pump

又称“液封真空泵(liquid-sealed vacuum pump)”。用泵油来密封相对运动零部件间的间隙、减少压缩腔末端残余死空间的一种旋转式变容真空泵。

13.0032 干式真空泵 dry-sealed vacuum pump, dry vacuum pump

不用油封(或液封)的变容真空泵。

13.0033 活塞真空泵 piston vacuum pump

由泵内活塞往复运动将气体压缩并排出的一种变容真空泵。

13.0034 液环真空泵 liquid ring vacuum pump

泵内装有带固定叶片的偏心转子，将液体抛向定子壁，液体形成与定子同心的液环，液环与转子叶片一起构成可变容积的一种旋转式变容真空泵。

13.0035 旋片真空泵 sliding-vane rotary vacuum pump, rotary vane vacuum pump

泵内偏心安装的转子与定子固定面相切，两个(或两个以上)旋片在转子槽内滑动(通常为径向的)并与定子内壁相接触，将泵腔分成几个可变容积的一种旋转式变容真空泵。

13.0036 定片真空泵 rotary piston vacuum pump

泵内偏心安装的转子和定子内壁相接触转动，相对于定子运动的滑片与转子压紧并把泵腔分成可变容积的一种变容真空泵。

13.0037 滑阀真空泵 rotary plunger vacuum pump

泵内偏心安装的转子相对定子内壁转动，固定在转子上的滑阀在定子适当位置可摆动的导轨中滑动，并将定子腔分成两个可变容积的一种变容真空泵。

13.0038 余摆线泵 trochoid pump

泵内装有一断面为余摆线型(例如椭圆)的转子，其重心沿圆周轨道运动的一种旋转式变容真空泵。

13.0039 多室旋片真空泵 multi-chamber sliding-vane rotary vacuum pump

在一个泵壳内并联装有由同一电动机驱动的多个独立工作室的旋片真空泵。

13.0040 罗茨真空泵 Roots vacuum pump

泵内装有两个方向相反同步旋转的叶形转子，转子间、转子与泵壳内壁间有细小间隙而互不接触的一种旋转式变容真空泵。

13.0041 动量真空泵 kinetic vacuum pump

将动量传递给气体分子，使气体由入口不断地输送到出口的一种真空泵。它可分为液体输送泵和牵引真空泵两种类型。

13.0042 牵引分子泵 molecular drag pump

泵内气体分子和高速转子表面相碰撞而获得动量，使气体分子向泵出口运动的一种动量真空泵。

13.0043 涡轮分子泵 turbo-molecular pump

泵内由开槽圆盘或叶片组成的转子，在定子上的相应圆盘间转动，转子圆周线速度与气体分子速度为同一数量级的一种牵引分子泵。涡轮分子泵通常工作在分子流态下。

13.0044 喷射真空泵 ejector vacuum pump

利用文丘里(Venturi)效应产生压力降，被抽气体被高速气流携带到出口的一种动量真空泵。它在黏滞流和中间流态下工作。

13.0045 液体喷射真空泵 liquid jet vacuum pump

以液体(通常为水)为传输流体的一种喷射真空泵。

13.0046 气体喷射真空泵 gas jet vacuum pump

以非可凝性气体为传输流体的一种喷射真空泵。

13.0047 蒸气喷射真空泵 vapor jet vacuum pump

以蒸气(水、汞或油蒸气)为传输流体的一种喷射真空泵。

13.0048 扩散泵 diffusion pump

以低压、高速蒸气射流为工作介质的一种动

量真空泵。气体分子扩散到蒸气射流内并被携带到出口。在蒸气射流内气体分子数密度总是较低。在分子流态下工作。

13.0049 自净化扩散泵 self-purifying diffusion pump
工作液中的挥发性杂质不能返回锅炉而被输送到出口的一种特殊油扩散泵。

13.0050 分馏扩散泵 fractionating diffusion pump
将工作介质中密度高、蒸气压力低的馏分供给最低压力级，而将密度小、蒸气压高的馏分供给高压力级的一种多级油扩散泵。

13.0051 扩散喷射泵 diffusion-ejector pump
泵内前一级或几级具有扩散泵的特性，而后一级或几级具有喷射泵特性的一种多级动量真空泵。

13.0052 离子传输泵 ion transfer pump
泵内气体分子被电离，然后在电磁场或电场作用下向出口输运的一种动量真空泵。

13.0053 捕集真空泵 entrapment vacuum pump, capture vacuum pump
气体分子被吸附或冷凝而保留在泵内表面上的一种真空泵。

13.0054 吸附泵 adsorption pump
泵内气体分子主要被具有大的表面积材料(如多孔物质)物理吸附而保留在泵内的一种捕集真空泵。

13.0055 吸气剂泵 getter pump
泵内气体分子主要与吸气剂化合而保留在泵内的一种捕集真空泵。吸气剂通常是一种金属或合金，并以散装或淀积成新鲜薄膜的状态存在。

13.0056 升华泵 sublimation pump
又称“蒸发泵(evaporation pump)”。泵内吸气剂材料被升华(蒸发)的一种捕集真空泵。

13.0057 吸气剂离子泵 getter ion pump
泵内气体分子被电离，在电磁场或电场作用下输运到泵内表面，并被吸气剂吸附的一种捕集真空泵。

13.0058 蒸发离子泵 evaporation ion pump
泵内被电离的气体传输到以间断或连续方式升华或蒸发而覆在泵内壁的吸气材料上而被吸附的一种吸气剂离子泵。

13.0059 溅射离子泵 sputter ion pump
泵内被电离的气体输运到由阴极连续溅射所获得的吸气剂上的一种吸气剂离子泵。

13.0060 低温泵 cryopump
由被冷却至可以凝结残余气体的低温表面组成的一种捕集真空泵。冷凝物因此保持在其平衡蒸气压力等于或低于真空室要求压力的温度下。泵冷面的温度选择依赖于被抽气体的性质，应低于 120 K。

13.0061 主泵 main pump
真空系统中，用来获得所要求的真空度的真空泵。

13.0062 粗真空泵 rough vacuum pump
又称“低真空泵(low vacuum pump)”。从大气压开始降低容器内压力的真空泵。

13.0063 粗抽真空泵 roughing vacuum pump
从大气压开始降低容器或系统内的压力，直到另一个抽气系统能够开始工作的真空泵。

13.0064 前级真空泵 backing vacuum pump
维持另一泵的前级压力低于其临界值的真空泵。前级泵可以作为粗抽真空泵使用。

13.0065 维持真空泵 holding vacuum pump
当气体流率低、无需使用主前级泵时，维持某类真空泵前级压力的辅助前级泵。

13.0066 高真空泵 high vacuum pump
当抽气系统由一个以上泵串联组成时，在最低压力范围内工作的真空泵。

13.0067　超高真空泵　ultra-high vacuum pump
在超高真空范围工作的真空泵。

13.0068　增压真空泵　booster vacuum pump
通常设置在前级真空泵和高真空泵之间，用以增加中间压力范围内抽气系统流量或改善系统压力分布，以降低前级泵所必需抽速的真空泵。

13.02.02　零部件及附件

13.0069　泵壳　pump case
将低压气体与大气隔开的泵外壁。

13.0070　入口　inlet
被抽气体被真空泵吸入的进气口。

13.0071　出口　outlet
真空泵的出口或排气口。

13.0072　旋片　vane, blade
在一些容积真空泵中，将泵腔分成若干部分的滑动零件。

13.0073　排气阀　discharge valve
变容真空泵中，自动排除压缩腔气体的阀门。

13.0074　气镇阀　gas ballast valve
在气镇真空泵的压缩室安装的一种起气镇作用的充气阀。

13.0075　膨胀腔　expansion chamber
变容真空泵内不断增大的定子腔空间。其中的被抽气体产生膨胀。

13.0076　压缩腔　compression chamber
变容真空泵内不断减少的定子腔空间。其中的气体在排出前被压缩。

13.0077　真空泵油　vacuum pump oil
油封真空泵中用来密封、润滑和冷却的油液。

13.0078　泵液　pump fluid
扩散泵或喷射泵所使用的液态工作介质。

13.0079　喷嘴　nozzle
扩散泵或喷射真空泵中用来使泵液定向流动、产生抽气作用的零件。

13.0080　阱　trap
用物理或化学的方法降低蒸气和气体混合物中组分分压的装置。

13.0081　冷阱　cold trap
通过冷却表面冷凝而工作的阱。

13.0082　吸附阱　sorption trap
通过吸附而工作的阱。

13.0083　离子阱　ion trap
应用电离方法从气相中除去某些不希望成分的阱。

13.0084　冷冻升华阱　cryosublimation trap
用间断方式把吸气剂材料升华并沉积到阱的冷却表面上来吸附气体和凝结泵液蒸气的阱。

13.0085　油分离器　oil separator
设置在真空泵出口处，用以减少以微滴形式被带走泵油损失的装置。

13.0086　油净化器　oil purifier
从泵油中除去杂质的装置。

13.0087　冷凝器　condenser
用以冷凝混合气流中水蒸气的装置。

13.02.03　特　　性

13.0088　真空泵的体积流率　volume flow rate of vacuum pump
真空泵从抽空室所抽走气体的体积流率。本定义仅用于和真空室分开的单独泵。但实际上按惯例，在规定工作条件下，对给定气体，泵的体积流率为连接到泵上的标准试验罩流过的气流量与试验罩上规定位置所测得的平衡压力之比。

13.0089 真空泵的流量 throughput of vacuum pump

流过泵入口的气体流量。

13.0090 前级压力 backing pressure

低于大气压力的泵出口排气压力。

13.0091 临界前级压力 critical backing pressure

喷射泵或扩散泵正常工作允许的最大前级压力。泵的前级压力稍高于临界前级压力值时，还不至于引起其入口压力的明显增加。泵的临界前级压力主要取决于气流量。

13.0092 最大前级压力 maximum backing pressure

超过了前级压力，导致泵损坏的压力。

13.0093 最大工作压力 maximum working pressure

与最大气体流量对应的入口压力。在此压力下，泵能连续工作而不恶化或破坏。

13.0094 真空泵的极限压力 ultimate pressure of vacuum pump

泵正常工作且没有引进气体的情况下，标准试验罩内逐渐接近的压力值。只有非可凝性气体的极限压力与含有气体和蒸气总极限压力之间会产生差异。

13.0095 压缩比 compression ratio

对于给定气体，泵的出口压力与入口压力之比。

13.0096 何氏系数 Ho coefficient

扩散泵入口抽气咽喉面积上的实际抽速与该处按分子泻流计算的理论抽速之比。

13.0097 抽速系数 speed factor

扩散泵的实际抽速与泵入口处按分子泻流计算的理论抽速之比。

13.0098 返流率 back-streaming rate

泵按规定条件工作时，通过泵入口单位面积的泵液质量流率。

13.03 真 空 系 统

13.0099 真空系统 vacuum system

由真空容器和产生真空、测试真空、控制真空等元件组成的真空装置。

13.0100 真空机组 pump system

由真空泵、真空计、真空阀门、真空管道和控制元件所组成，能获得不同真空度的装置。

13.0101 有油真空机组 oil vacuum pump system

用油作工作液和用有机材料密封的真空机组。

13.0102 无油真空机组 oil-free vacuum pump system

不用油作工作液和有机材料密封的真空机组。

13.0103 连续处理真空设备 continuous treatment vacuum plant

能将处理研究的材料或工件连续地送入到真空容器中，并且又能从真空室输出而不必中断设备连续工序的一种真空设备。

13.0104 闸门式真空系统 vacuum system with an air-lock

在不破坏系统真空的情况下，能将工件或材料通过一个或若干个真空闸室导入或导出的一种真空系统。

13.0105 压差真空系统 differentially pumped

vacuum system

通过气体节流，使相互连接的各个室分别用单独的真空泵抽气以达到维持压差(压降或压力梯段)目的的一种真空系统。

13.0106　进气系统　gas admittance system

在规定的和控制的条件下，能将气体或气体混合物放入真空系统的一种装置。

13.0107　抽气装置的抽速　volume flow rate of pumping unit

在抽气装置进气口处测得的抽速。

13.0108　抽气装置的抽气量　throughput of pumping unit

流经抽气装置进气口处的气体流量。

13.0109　真空系统的放气率　degassing throughput of vacuum system, outgassing throughput of vacuum system

由真空系统内部所有表面解吸气体所产生的气体流量。在真空系统内部经常出现一种漏气假象，这种情况称为“虚漏”。

13.0110　真空系统的漏气速率　leak throughput of vacuum system

由于漏气渗入到真空系统中并影响真空容器中压力的气体流量。

13.0111　极限压力　ultimate pressure

当真空系统主泵在工作时，空载干燥的真空容器经过充分时间的抽气所能达到的稳定的最低压力。

13.0112　工作压力　working pressure

在真空系统的真空容器中，为满足实施应用工艺要求所必需的压力。

13.0113　粗抽时间　roughing time

前级真空泵或前级真空抽气机组从大气压抽至本底压力或抽至在较低压力下工作的真空泵的起动压力所需要的时间。

13.0114　抽气时间　pump-down time

将真空系统的压力从大气压降低到工作压力所需要的时间。

13.0115　真空容器　vacuum container

根据力学计算能允许容器的压力低于环境压力的真空密封容器。

13.0116　封离真空装置　sealed vacuum device

容器被抽真空之后将其封离或者以别的方法用永久性的封接将其封离的一种真空容器。如电子管、X 射线管。

13.0117　真空钟罩　vacuum bell jar

借助于一个可拆卸的连接部件，将其放置到另一个组件(一般来说是一块底板)上并同这个组件共同组成的真空室钟罩形组件。

13.0118　真空闸室　vacuum air lock

连接在两个不同压力空间之间的真空室。它具有能与这个或那个相接的空间相适应压力的连接装置和能将物件从这个空间输送到那个空间而在这些空间中压力不发生干扰性变化的开孔(全部或部分可以关闭)。一般来说这些装置和开孔用于将物件从大气送入到真空容器中或从真空容器中取出到大气中。

13.0119　真空冷凝器　device for condensing vapor

又称“蒸汽冷凝器”。内部带有冷却面，设置于真空室和抽气系统之间用于冷凝大量水蒸气的一种真空容器。通常有一个可闭锁的冷凝液收集罐，能在不中断真空过程情况下排出液体冷凝物。

13.0120　永久性真空封接　permanent seal

不可拆卸的真空封接。如真空焊接、玻璃–玻璃封接、玻璃–金属封接。

13.0121　玻璃分级过渡封接　graded seal

由具有不同热膨胀系数的各种玻璃组成的一种永久性真空封接。

13.0122 压缩玻璃金属封接 compression glass-to-metal seal

将玻璃同金属或合金熔接在一起，并使玻璃始终处于压缩应变之下的一种永久性真空封接。

13.0123 匹配式玻璃金属封接 matched glass-to-metal seal

将玻璃熔接到金属或合金上，使金属或合金在很大的温度范围内热膨胀系数几乎与玻璃相同的一种永久性真空封接。

13.0124 陶瓷金属封接 ceramic-to-metal seal

将陶瓷零件的金属化表面与一个金属零件钎焊在一起的一种永久性真空封接。

13.0125 半永久性真空封接 semi-permanent seal

用蜡、胶、漆或类似物质接合的一种真空封接。

13.0126 可拆卸的真空封接 demountable joint

可以拆卸又可以重新组装起来的一种真空封接。

13.0127 液体真空封接 liquid vacuum seal

借助于低蒸气压液体进行密封的一种可拆卸的真空封接。

13.0128 熔融金属真空封接 molten metal vacuum seal

用低熔点金属进行密封的一种可拆卸式真空封接。加热金属后能使密封进行拆卸或组合。

13.0129 研磨面搭接封接 ground and lapped seal

由两个经研磨的表面构成的一种可拆卸式真空封接。研磨面可以是平面形状、球形或锥形等。通常都涂以油脂。

13.0130 真空法兰连接 vacuum flange connection

在两个法兰之间放入一个适宜的可变形的密封件，形成的一种可拆卸式真空密封连接。

13.0131 真空密封垫 vacuum-tight gasket

用于真空密封的垫圈。

13.0132 真空密封圈 vacuum ring gasket

一种环形真空密封件。

13.0133 真空平密封垫 flat gasket

用扁平材料制得的一种真空密封件。

13.0134 真空引入线 feedthrough, leadthrough

引入到真空容器内的一种导线或导线组件。

13.0135 真空轴密封 shaft seal

用来密封轴的一种真空动密封件。它能将旋转和(或)移动运动相对无泄漏地传递到真空容器器壁内，以实现真空容器内机构的运动，满足所进行的工艺过程的需要。

13.0136 真空窗 vacuum window

装在真空容器器壁上能使电磁辐射或微粒辐射穿透的一种透明装置(如列纳尔特窗)。

13.0137 观察窗 viewing window

能观察真空容器内部情况的一种真空窗。

13.0138 真空调节阀 regulating valve

能调节由真空阀隔开的真空系统部件之间流率的一种真空阀。

13.0139 微调阀 micro-adjustable valve

用来微量调节进入真空系统中气体量的真空阀。

13.0140 充气阀 charge valve

用来控制调节气体充入真空系统中的真空阀。

13.0141 进气阀 gas admittance valve

将气体放入到真空系统中的一种真空阀。

13.0142 真空截止阀 break valve

用来使真空系统的两个部分相隔离的一种真空阀。

13.0143　前级真空阀　backing valve

在前级真空管路中用来使前级真空泵和与其相连的真空泵隔离的一种真空截止阀。

13.0144　旁通阀　bypass valve

(1)用在旁通管路中的一种真空截止阀。(2)在再生过程中，用来使柴油机颗粒捕集器旁通的阀。此阀将排气转换至另一收集器或排至大气。

13.0145　真空阀　vacuum valve

工作压力低于标准大气压的阀门。

13.0146　主真空阀　main vacuum valve

用来使真空容器同主真空泵隔离的一种真空截止阀。

13.0147　低真空阀　low vacuum valve

在低真空管路中，用来使真空容器同其粗抽真空泵隔离的一种真空截止阀。

13.0148　高真空阀　high vacuum valve

符合高真空技术要求的，主要在该真空区域内使用的一种真空阀。

13.0149　超高真空阀　ultra-high vacuum valve

符合超高真空技术要求的，主要在该真空区域内使用的一种真空阀。其阀座和密封垫通常由金属制成，可以进行烘烤。

13.0150　手动阀　manually operated valve

用手开启或关闭的真空阀。

13.0151　气动阀　pneumatically operated valve

以压缩气体为动力来开启或关闭的阀门。

13.0152　电磁阀　electromagnetically operated valve

以电磁力为动力来开启或关闭的阀门。

13.0153　电动阀　valve with electrically motorized operation

用电动机开启或关闭的阀门。

13.0154　挡板阀　baffle valve

利用阀板沿阀座轴向移动来开启或关闭的阀门。

13.0155　翻板阀　flap valve

利用阀板翻转一个角度来开启或关闭的阀门。

13.0156　插板阀　gate valve

利用阀板沿阀座径向移动来开启或关闭的阀门。

13.0157　蝶阀　butterfly valve

启闭件(蝶板)由阀杆带动，并绕阀杆的轴线做旋转运动的阀门。

13.04　真　空　计

13.0158　压力计　pressure gauge

测量高于、等于或低于环境大气压力的气体或蒸气压力的仪器。

13.0159　真空计　vacuum gauge

测量低于大气压力的气体或蒸气压力的一种仪器。

13.0160　规头　gauge head

又称“规管”。在某些种类真空计中，包含压力敏感元件并直接与真空系统连接的部件。

13.0161　裸规　nude gauge

没有外壳的一种规头。其压力敏感元件直接插入真空系统中。

13.0162　真空计控制单元　gauge control unit

某些种类真空计中，包含电源和工作需要的全部电路的部件。

13.0163　真空计指示单元　gauge indicating unit

某些种类真空计中，常以压力为单位来显示输出信号的部件。

13.0164　压差式真空计　differential vacuum gauge

测量同时存在于一个敏感元件两侧压差的一种真空计。如这个元件为弹性膜片或可动分隔液体。

13.0165　绝对真空计　absolute vacuum gauge

仅通过测得的物理量就能确定压力的一种真空计。

13.0166　全压真空计　total pressure vacuum gauge

测量气体或气体混合物全压力的一种真空计。压缩式真空计仅测量过程中未被凝结气体的压力。

13.0167　分压真空计　partial pressure vacuum gauge

又称“分压分析仪(partial pressure analyzer)”。测量来自于气体混合物中电离成分的电流的一种真空计。测得的电流代表具有不同比例常数的不同组分的分压。

13.0168　相对真空计　relative vacuum gauge

通过测量与压力有关的物理量并与绝对真空计比较来确定压力的真空计。

13.0169　液位压力计　liquid level manometer

通常为U形管状绝对压差计。管中的敏感元件为一种可动的隔离液体(如汞)。通过测量液位差便可得到压力差。

13.0170　弹性元件真空计　elastic element gauge

变形部分为弹性元件的一种压差式真空计。压差可以通过测量弹性元件位移(直接法)或测量补偿其变形需要的力(回零法)来确定。如膜盒真空计、布尔登(Bourdon)压力计等。

13.0171　压缩式真空计　compression gauge

按已知比例压缩(如通过液柱——通常为汞柱的移动)待测压力下气体的已知体积，并产生较高压力后进行测量的一种真空计。对于满足 *PV-T* 关系的气体，如果用液位压力计测量该较高压力，此真空计为绝对真空计，如麦克劳真空计。

13.0172　压力天平　pressure balance

待测压力作用于一精确匹配的、已知横截面面积的活塞–气缸组件上，作用力与一组已知质量砝码的重力相比较的一种绝对真空计。

13.0173　黏滞真空计　viscosity gauge

通过测量作用在元件表面上与压力有关的黏滞力来确定压力的一种真空计。这种真空计基于由压力决定的气体黏滞性。如衰减真空计、分子牵引真空计。

13.0174　热传导真空计　thermal conductivity gauge

通过测量保持不同温度的两个固定元件表面间的热量传递来确定压力的一种真空计。这种真空计基于气体热传导与压力有关。如皮拉尼真空计、热偶真空计、热敏真空计、双金属片真空计。

13.0175　热分子真空计　thermo-molecular gauge

通过测量气体分子打击保持不同温度固定表面的净动量传输率来确定压力的一种真空计。与气体分子平均自由程相比，固定表面间的距离必须是很小的。如克努森真空计、反磁悬浮热分子真空计。

13.0176　电离真空计　ionization vacuum gauge

通过测量气体在控制条件下，电离产生的离子流来确定分子密度的一种真空计。压力与气体密度直接相关。

13.0177　放射性电离计　radioactive ionization gauge

通过放射源射线产生离子的一种电离真空计。

13.0178　冷阴极电离计　cold cathode ionization gauge

通过冷阴极放电产生离子的一种电离真空计。该真空计中，通常用磁场来延长电子的行程，以增加离子产生的数目。

13.0179　潘宁计　Penning gauge

带有磁铁并具有特殊几何形状电极的一种冷阴极电离计。一个电极由两个相连的平行圆盘组成，另一个电极(通常为阳极)通常是环形的，位于圆盘之间并与之平行，而磁场与圆盘垂直。

13.0180　冷阴极磁控管真空计　cold cathode magnetron gauge

由同轴圆筒电极组成，阴极置于内侧，轴向磁场与电场垂直的一种冷阴极电离计。如果内侧电极是阳极，则该真空计称为“反磁控管真空计”。

13.0181　放电管指示器　discharge tube indicator

从冷阴极放电的颜色和形状给出气体性质和压力指示的一种透明管。

13.0182　热阴极电离真空计　hot cathode ionization gauge

通过加热阴极发射电子使气体电离的一种电离真空计。

13.0183　三极管真空计　triode gauge

具有一般三极管结构的一种热阴极电离真空计。灯丝置于以栅极作为阳极的轴线上，板极作为离子收集极与阳极同心。

13.0184　高压力电离真空计　high-pressure ionization gauge

与一般三极管真空计压力测量范围相比，使其测量范围向中真空移动而设计的一种热阴极电离真空计。

13.0185　B-A 真空计　Bayard-Alpert gauge

通过使用置于圆筒形栅极轴线上的细离子收集极丝来降低 X 射线极限值的一种热阴极电离真空计。其阴极布置在栅极的外面。

13.0186　调制型真空计　modulator gauge

一种装有调制电极的 B-A 型热阴极电离真空计。当改变调制极电位时，可以通过测量离子收集极上的电流效应来估算残余电流(包括 X 射线电流)的影响。

13.0187　抑制型真空计　suppressor gauge

通过安装在离子收集极附近的抑制电极，使离子收集极发射的二次电子返回到其自身来降低 X 射线极限值的一种热阴极电离真空计。

13.0188　分离型真空计　extractor gauge

通过使用一个短而细金属丝做离子收集来降低 X 射线极限值的一种热阴极电离真空计。该收集极置于圆筒形栅极外部轴线上的屏蔽罩内，用以收集来自电离区域的离子。

13.0189　弯注型电离真空计　bent-beam gauge

离子从电离区域拉出进入一个静电偏转极的一种热阴极电离真空计。

13.0190　弹道型真空计　orbitron gauge

注入电子沿轨道长距离飞行，以增加每个电子所产生离子数目的一种热阴极电离真空计。电子注入发生在圆筒形离子收集和同轴细金属丝之间的静电场中。低的电子流降低了 X 射线效应和解析离子效应。

13.0191　热阴极磁控管真空计　hot cathode magnetron gauge

类似于截止条件下工作的简单圆柱磁控管的一种热阴极电离真空计。其中，磁场用于延长电子路程，以增加离子产生的数目。

13.0192　射频质谱仪　radio frequency mass spectrometer

离子直线飞行，并通过一系列交替与射频振荡器连接的栅极而被加速，然后进入静电场，该静电场只允许在射频场中加速的离子到达收集极的一种质谱仪。

13.0193 四极质谱仪 quadrupole mass spectrometer

轴向入射的离子进入由四个电极(通常为棒)组成的四极透镜系统，透镜加有成临界比的射频和直流电场，使得只有一定质荷比的离子通过的一种质谱仪。

13.0194 单极质谱仪 monopole mass spectrometer

L 形电极以及与其对称布置的单柱，提供了相似于四极透镜一个象限形状的电场，离子从 L 形电极角附近入射，且只有一定质荷比(取决于电场)的离子通过的一种质谱仪。

13.0195 双聚焦质谱仪 double-focusing mass spectrometer

通过径向静电场和扇形磁场的连续作用来分离离子，致使离子在两分析器中的速度分布相反并近似相等的一种质谱仪。

13.0196 磁偏转质谱仪 magnetic deflection mass spectrometer

加速离子在磁场的作用下，被分离到不同圆弧路径的一种质谱仪。

13.0197 余摆线聚焦质谱仪 trochoidal focusing mass spectrometer

离子被正交电磁场分离，沿不同的摆线路程依质荷比到达不同焦点上的一种质谱仪。

13.0198 回旋质谱仪 omegatron mass spectrometer

由于相互垂直的射频电场和稳定磁场所提供的回旋加速谐振效应，离子按照半径逐渐增大的螺旋路径被分离的一种质谱仪。

13.0199 飞行时间质谱仪 flight time mass spectrometer

气体被脉冲调制电子束电离，每组离子加速飞向漂移空间末端的离子收集极，离子达到的时间差取决于质荷比的一种质谱仪。

13.0200 标准真空计 reference gauge

校准真空计时，用来做量值传递或量值参照的真空计。

13.0201 校准系统 system of calibration

校准真空计所用的真空系统。

13.0202 校准系数 calibration coefficient

在校准系统中标准计指示的压力值与被校准计指示的压力值之比。

13.0203 压缩计法 McLeod-gauge method

在等温条件下，用压缩计做标准计与被校计进行比较的标准方法。

13.0204 膨胀法 expansion method

在等温条件下，将已知体积和压力的小容器中的永久气体膨胀到已知体积的低压大容器中，根据波意耳定律算出膨胀后的气体压力的一种校准方法。膨胀法校准系统是静态校准系统。

13.0205 流导法 flow method

又称“小孔法”，“泻流法”。在等温和分子流条件下，使气体通过已知流导的小孔，达到动态平衡时利用小孔的流导和测得的流量计算出压力的一种校准方法。

13.05 检　漏

13.0206 漏孔 leak

在真空技术中，在压力或浓度差作用下，使气体从壁的一侧通到另一侧的孔洞、孔隙、渗透元件或一个封闭器壁上的其他结构。

13.0207 通道漏孔 channel leak

可以把它理想地当作长毛细管的由一个或多个不连续通道组成的漏孔。

13.0208 薄膜漏孔 membrane leak

气体通过渗透穿过薄膜的一种漏孔。

13.0209 分子漏孔 molecular leak

漏孔的质量流率正比于流动气体分子质量平方根的倒数的一种漏孔。

13.0210　黏滞漏孔　viscous leak

漏孔的质量流率正比于流动气体黏度的倒数的一种漏孔。

13.0211　校准漏孔　calibrated leak

在规定条件下，对于一种规定气体提供已知质量流率的一种漏孔。

13.0212　标准漏孔　reference leak

在规定条件(入口压力为 100 kPa±5%，出口压力低于 1 kPa，温度为 23 ℃±7℃)下，漏率是已知的一种校准用的漏孔。

13.0213　虚漏　virtual leak

在系统内，由于气体或蒸气的放出所引起的压力增加的一种现象。

13.0214　漏率　leak rate

在规定条件下,一种特定气体通过漏孔的流量。

13.0215　标准空气漏率　standard air leak rate

在规定的标准状态下，露点低于–25℃的空气通过一个漏孔的流量。

13.0216　探索气体　search gas

又称“示漏气体”。用来对真空系统进行检漏的气体。

13.0217　检漏仪　leak detector

用来检测真空系统或元件漏孔的位置或漏率的仪器。

13.0218　高频火花检漏仪　high-frequency spark leak detector

在玻璃系统上，用高频放电线圈所产生的电火花能集中于漏孔处的现象来确定漏孔位置的检漏仪(通常用它对玻璃系统进行检漏)。

13.0219　卤素检漏仪　halide leak detector

利用卤族元素探索气体存在时，使赤热铂电极发射正离子大大增加的原理来制作的检漏仪。

13.0220　氦质谱检漏仪　helium mass spectrometer leak detector

利用磁偏转原理制成的对于漏气体氦反应灵敏，专门用来检漏的质谱仪。

13.06　真 空 镀 膜

13.0221　真空镀膜　vacuum coating

在真空中把金属、合金或化合物进行蒸发或溅射，使其沉积在被涂覆的物体(称为基片、基板或基体)上的方法。

13.0222　基片　substrate

膜层承受体。

13.0223　试验基片　testing substrate

在镀膜开始、镀膜过程中或镀膜结束后用作测量和(或)试验的基片。

13.0224　镀膜材料　coating material

用来制取膜层的原材料。

13.0225　蒸发材料　evaporation material

在真空蒸发中用来蒸发的镀膜材料。

13.0226　溅射材料　sputtering material

在真空溅射中用来溅射的镀膜材料。

13.0227　膜层材料　film material

又称“膜层材质”。组成膜层的材料。

13.0228　真空蒸镀　vacuum evaporation coating

使镀膜材料蒸发沉积到基片上的真空镀膜过程。

13.0229　蒸发速率　evaporation rate

单位时间的蒸发量。常用在给定的时间间隔内，蒸发出来的材料量除以该时间间隔来表达。

13.0230　溅射速率　sputtering rate

单位时间的溅射量。常用在给定的时间间隔内，溅射出来的材料量除以该时间间隔来表达。

13.0231　真空溅射　vacuum sputtering

在真空环境中，惰性气体离子从靶表面上轰击出原子(分子)或原子团在基片上成膜的过程。

13.0232　反应性真空溅射　reactive vacuum sputtering

通过与气体的反应获得理想化学成分的膜层材料的真空溅射。

13.0233　偏压溅射　bias sputtering

在溅射过程中，将负偏压施加于基片以及膜层的溅射。

13.0234　直流二极溅射　direct current diode sputtering

通过两个电极间的直流电压，使气体自持放电并把靶作为阴极的溅射。

13.0235　非对称性交流溅射　asymmetric alternate current sputtering

通过两个电极间的非对称性交流电压，使气体自持放电并把靶作为吸收较大正离子流电极的溅射。

13.0236　高频二极溅射　high-frequency diode sputtering

通过两个电极间的高频电压获得高频放电而使靶极获得负电位的溅射。

13.0237　热阴极直流溅射　hot cathode direct current sputtering

借助于热阴极和阳极获得非自持气体放电，气体放电所产生的离子由在阳极和阴极(靶)之间所施加的电压加速而轰击靶的溅射。

13.0238　热阴极高频溅射　hot cathode high-frequency sputtering

借助于热阴极和阳极获得非自持气体放电，气体放电产生的离子在靶表面负电位的作用下加速而轰击靶的溅射。

13.0239　磁控溅射　magnetron sputtering

借助于靶表面上形成的正交电磁场，把二次电子束缚在靶表面或靶表面与基片之间的特定区域，来增强电离效率，增加离子密度和能量，因而可取得很高的溅射速率，或提高靶材溅射均匀性，或提高成膜质量的溅射。

13.0240　物理气相沉积　physical vapor deposition, PVD

在真空状态下，镀膜材料经蒸发或溅射等物理方法气化沉积到基片上制取膜层的一种方法。

13.0241　化学气相沉积　chemical vapor deposition, CVD

利用一定化学配比的反应气体，在特定激活条件下(通常是一定高的温度)，通过气相化学反应生成新的膜层材料沉积到基片上制取膜层的一种方法。

13.0242　等离子体化学气相沉积　plasma chemistry vapor deposition, PCVD

通过放电产生的等离子体促进气相化学反应，在低温下，在基片上制取膜层的一种方法。

13.0243　空心阴极离子镀　hollow cathode discharge deposition, HCD

利用空心阴极发射的电子束使坩埚内镀膜材料蒸发并电离，在基片上的负偏压作用下，离子具有较大能量，沉积在基片表面上的一种镀膜方法。

13.0244　电弧离子镀　arc discharge deposition

以镀膜材料作为靶极，借助于触发装置，使靶表面产生弧光放电，镀膜材料在电弧作用下，产生无熔池蒸发并沉积在基片上的一种镀膜方法。

13.0245　真空镀膜设备　vacuum coating plant

在真空状态下沉积膜层的设备。

13.0246 真空蒸发镀膜设备 vacuum evaporation coating plant

借助于蒸发进行真空镀膜的设备。

13.0247 真空溅射镀膜设备 vacuum sputtering coating plant

借助于真空溅射进行真空镀膜的设备。

13.0248 连续镀膜设备 continuous coating plant

被镀膜物件(单件或带材)连续地从大气压经过压力梯段进入到一个或数个镀膜室，再经过相应的压力梯段，继续离开设备的镀膜设备。

13.0249 半连续镀膜设备 semi-continuous coating plant

被镀膜物件通过闸门送进镀膜室并从镀膜室取出的真空镀膜设备。

13.07 真空干燥和冷冻干燥

13.0250 真空干燥 vacuum drying

在低压条件下，使湿物料中所含水分的沸点降低，从而实现在较低温度下，脱除物料中水分的过程。

13.0251 冷冻干燥 freeze-drying

将湿物料先行冷冻到该物料的共晶点温度以下，然后在低于物料共晶点温度下进行升华真空干燥(第一阶段干燥)，待湿物料中所含水分除去 90%之后转入解吸干燥(第二阶段干燥)，直到物料中所含水分满足要求的真空过程。

13.0252 预干燥 preliminary drying

待干物料在进入真空干燥器之前进行的脱水过程。包括过滤、蒸发、机械甩干等过程。

13.0253 一次干燥 primary drying

又称“稳速干燥”。在真空干燥器中去除湿物料中自由水分的过程。在此干燥过程中的干燥速度几乎是不变的。

13.0254 二次干燥 secondary drying

又称“降速干燥”。在一次干燥结束后，去除湿物料中结合水分或吸附水分直到最终含湿量的干燥过程。在此干燥过程中干燥速度随物料含湿量的变小而降低。

13.0255 接触干燥 contact drying

湿物料主要通过与加热表面接触供给热量的干燥。

13.0256 辐射干燥 drying by radiation

湿物料主要通过辐射供给热量的干燥(如红外干燥)。

13.0257 微波干燥 microwave drying

湿物料主要在交变电场中被直接加热的干燥。

13.0258 气相干燥 vapor-phase drying

将待干燥物料送入真空干燥机，抽空之后通入合适的蒸气(如有机物蒸气、煤油)，使之冷凝于物料上并通过其释放的冷凝热使物料加热的干燥。

13.0259 静态干燥 static drying

湿物料放在格层中、轨道或皮带等上面，其接触面不改变的干燥。

13.0260 动态干燥 dynamic drying

湿物料不断运动或周期性运动的干燥。在干燥过程中使用机械装置(如叶片式干燥机)或活动式接触面(如振动式干燥机、筒式干燥机)对物料进行搅拌，使整个干燥时间缩短。

13.0261 冷冻 freezing

将湿物料降温使其中所含水分冻结的过程。

13.0262 静态冷冻 static freezing

待冷冻的物料在冷冻过程中不运动的冷冻。

13.0263 动态冷冻 dynamic freezing

待冷冻的物料在冷冻过程中处于运动状态的冷冻。

13.0264　离心冷冻　centrifugal freezing
湿物料在旋转的容器内靠离心力使物料到达容器壁并冷冻的一种冻结方式。如滚动冷冻、旋转冷冻。

13.0265　滚动冷冻　shell freezing
湿物料缓慢地绕容器的水平轴或倾斜轴旋转，由容器壁向物料传递冷量的一种冷冻方式。

13.0266　旋转冷冻　spin-freezing
湿物料快速地绕容器轴旋转，由容器壁开始冷冻的一种冷冻方式。

13.0267　真空旋转冷冻　vacuum spin-freezing
湿物料快速地绕容器轴旋转，在真空中通过溶剂蒸发进行冷冻的一种冷冻方式。

13.0268　喷雾冷冻　spray freezing
采用雾化器将湿物料分散成雾滴然后在低温下冻结的一种冷冻方式。

13.0269　气流冷冻　air blast freezing
冷却气体(如空气)自下而上穿过湿物料层形成强制对流，使颗粒状物料保持悬浮状态进行冷冻的一种冷冻方式。

13.08　真 空 冶 金

13.0270　真空冶金　vacuum metallurgy
(1)真空制造、处理和继续加工聚合状态金属的理论、经验和方法的总和。(2)在真空条件下冶炼金属的方法。

13.0271　真空熔炼　vacuum melting
金属在真空状态下的熔炼。它可熔炼易氧化合金(如钛合金)。

13.0272　真空精炼　vacuum refining
熔融金属或固体物料在真空下，以气相状态分离出不希望有的成分的一种处理法。

13.0273　化学反应真空精炼　chemical reaction vacuum refining
不希望有的成分通过与添加物的化学反应，与要求成分得到分离的一种真空精炼。在化学反应时，添加物同待分离成分一起形成挥发性化合物。

13.0274　金属真空除气　metal vacuum degassing
将正常状态下气体的组分抽除的一种真空精炼。

13.0275　金属真空蒸馏　metal vacuum distillation
制造和回收以有色金属为主的金属和合金的一种真空精炼。蒸馏时易挥发的成分在真空下被蒸发并凝结到冷凝器上。

13.0276　真空氧化　vacuum oxidation
通过加入氧化物或气态氧降低碳含量的一种化学反应真空精炼。

13.0277　真空脱碳　vacuum decarbonizing
通过在熔融金属中溶解的氧与其内的碳的反应，来减少碳的一种化学反应真空精炼。

13.0278　真空脱氧　vacuum deoxidation
主要通过碳降低游离氧含量的一种化学反应的真空精炼。

13.0279　熔融金属真空精炼　vacuum refining of melting metal
熔融金属在真空下进行精炼的方法。也能同时进行或先后进行一些真空下其他加工过程，如炼制合金、扩散退火、金属渣反应。

13.0280　真空钢包除气　vacuum ladle degassing
把钢水包中的熔融金属经真空处理的一种真空精炼工艺。

13.0281　真空钢包脱气法　vacuum ladle degassing process

液态金属从钢包以液滴状态注入真空室进行除气的一种真空精炼工艺。

13.0282　真空虹吸脱气法　vacuum siphon degassing process

主要用于炼钢时的一种真空精炼熔融金属的方法。真空室中熔融金属液面上、下发生周期变化引起盛钢桶和真空室之间熔融金属的交流，在每次吸升时，对新注入真空室中的熔融金属进行除气。

13.0283　真空循环脱气法　vacuum cycle degassing process

真空精炼熔融金属的一种方法。在钢包上部有一个真空室，它有两根管子浸入到钢包之中，当一根浸管中有惰性气体流动时，包内的熔融金属就流向真空室，使熔融金属产生循环作用。

13.0284　电子束熔炼　electron beam melting

通过电子轰击将能量供给炉料进行熔化的一种真空熔炼法。

13.0285　真空感应熔炼　vacuum induction melting

通过感应将能量供给炉料进行熔化的一种真空熔炼法。

13.0286　真空电弧熔炼　vacuum arc melting

通过电弧将能量供给炉料进行熔化的一种真空熔炼法。

13.0287　真空等离子体熔炼　vacuum plasma melting

由等离子体将能量供给炉料进行熔化的一种真空熔炼法。

13.0288　真空电阻熔炼　vacuum resistance melting

利用炉料本身电阻或特殊加热电阻将热能供给炉料进行熔化的一种真空熔炼法。

13.0289　真空坩埚熔炼　vacuum crucible melting

炉料完全在坩埚中熔化，并通过其倾斜(对于倾翻式坩埚而言)或底孔(对于底部设有放液口的坩埚而言)浇注到铸型或锭模中的一种真空熔炼法。

13.0290　真空凝壳熔炼　vacuum skull melting

使冷却的坩埚内表面和熔融金属之间形成一层熔炼物料的凝结外壳，接着将壳层中的熔融金属浇注到铸型或锭模中的一种真空坩埚熔炼法。

13.0291　底部真空浇注　bottom vacuum pouring

真空中的一种底部放液法。它用来炼制特别精密的材料(如用于核技术)。

13.0292　真空精密浇注　vacuum precision casting

在真空下将液态金属压入到截面小、形状复杂的空腔中的一种真空精密铸造(如用于首饰制造)。

13.0293　真空压铸　evacuated die casting

先使型腔内造成部分真空，然后压射熔融金属的压铸法。

13.0294　真空锭模熔炼　vacuum ingot melting

在加热的锭模内使炉料熔化，从而铸出铸锭的一种真空熔炼。

13.0295　真空悬浮熔炼　vacuum floating melting

在真空条件下，使炉料悬浮(如通过在炉料中产生的高频涡流使炉料悬浮)并使之熔化的一种真空熔炼。

13.0296　真空重熔　vacuum remelting

真空熔炼的一种。因熔炼时炉料持续地熔化，以液态停留一段时间后，熔融金属获得一个凝固面，故可以连续地产生出固态金属体。炉料一般都是预熔材料，经常把它作为熔化电极使用。

13.0297 真空区域熔炼 vacuum zone melting
将棒状材料的熔炼区置于真空区域内，按一个方向移动的一种真空熔炼。这种方法主要用于制取单晶和高纯材料。

13.0298 真空拉单晶 vacuum pulling crystal
在真空中，从过冷熔融金属中以固定的低速拉制出均匀的取向相同的晶体的一种方法。

13.0299 等离子体热处理 plasma heat treatment
使铁质材料的工件经受气体放电的一种真空热处理。当气体放电时，所选择气体的离子打到工件的表面并能渗入到表面层，于是表面层在化学成分上起了变化。按照所使用气体的种类，分为等离子渗氮、等离子碳氮共渗、等离子体渗碳等。

13.0300 离子蚀刻 ion etching
在真空条件下，用离子轰击除去表面层的一种精细加工方法。

13.0301 真空蒸发 vacuum evaporation
在真空条件下，金属材料或金属化合物蒸发，从而制取金属中间产品或最终产品的方法。如制取粉末、模制体和张臂式薄箔。

13.0302 真空雾化 vacuum atomization
在真空条件下，把感应熔化的熔融金属通过喷嘴喷入真空室，利用其溶解的气体在低压下快速膨胀，使熔融金属雾化，进而制成金属粉末的一种方法。

13.0303 真空热处理 vacuum heat treatment
通过把材料或零件在真空状态下按工艺规程加热、冷却来达到预期性能的一种热处理方法(如真空退火、回火、淬火等)。

13.0304 真空钎焊 vacuum brazing
在真空状态下，把一组焊接件加热到填充金属熔点温度以上，但低于基体金属熔点温度，借助于填充金属对基体金属的湿润和流动形成焊缝的一种焊接工艺(钎焊温度因材料不同而异)。

13.0305 真空烧结 vacuum sintering
在真空状态下，把金属粉末制品加热，使相邻金属粉末晶粒通过黏着和扩散作用而烧结成零件的一种方法。

13.0306 真空加压烧结 vacuum pressure sintering
把在真空状态下的粉末，通过加热和机械压力同时作用的一种烧结方法。

13.0307 真空冶金设备 vacuum metallurgy plant
由真空室和真空抽气机组组成，能在真空下实施金属冶炼一定过程或实验的冶金设备。

13.0308 电子束焊接设备 electron beam welding plant
借助电子束实施焊接的一种真空焊接设备。实施焊接的工件可以处于高真空、中真空、低真空或特殊场合之中，也可以处于大气之中。

13.0309 高真空电子束焊接设备 high vacuum electron beam welding plant
焊接工件处于高真空中的一种电子束焊接设备。

13.0310 中真空电子束焊接设备 medium vacuum electron beam welding plant
焊接工件处于中真空室中的电子束焊接设备。

13.0311 低真空电子束焊接设备 low vacuum electron beam welding plant
焊接工件处于低真空室中的电子束焊接设备。

13.0312 大气压电子束焊接设备 electron beam welding plant under atmosphere
焊接工件处于大气压下的一种电子束焊接设备。通过压力梯度将高真空中的电子束与大气隔开。必要时采用保护气体对工件进行保护。

13.0313 真空炉 vacuum furnace

将炉室抽成真空的炉子。经常按使用目的或能量供给的方式来表示真空炉的名称，如真空熔炼炉、真空电弧炉。

13.0314 真空热壁炉 vacuum hot wall furnace

热量通过炉壁传给工件的真空炉。

13.0315 负压真空热壁炉 negative pressure vacuum hot wall furnace

带有真空外壳的真空热壁炉。为减少热损失和降低对炉壁的压力，炉中包围真空室的炉壳被抽空。

13.0316 真空冷壁炉 vacuum cold wall furnace

热量在真空室之内直接传给工件，在热源和炉壁之间设有隔热装置的一种真空炉。

13.0317 真空连续式加热炉 vacuum continuity heating furnace

炉料依次通过前后相连的加热和冷却区域的一种真空炉。加热和抽空是通过闸室系统或压力梯段实现的。

13.0318 真空感应炉 vacuum induction furnace

由感应线圈连同坩埚组成的一种装置，它可以带有或不带安装在真空室中的倾翻装置。

13.0319 电子枪 electron gun

在真空条件下能产生电子束的组件。它包括一个能够加速和一定程度聚焦的电子光学系统。

13.0320 自加速电子枪 self-acceleration electron gun

电子源和加速阳极组成同一系统的一种电子枪。

13.0321 电子平面射束枪 electron plane beam gun

线性阴极为伸展式或稍稍有点弧形的自加速电子枪。由线性阴极产生出扇形电子束。

13.0322 电子束枪 electron beam gun

电子源附近的电子束扩展相当小的一种自加速电子枪。通过电子光学方法能使管内电子束产生密集的聚焦。

13.0323 外加速电子枪 outer acceleration electron gun

由熔炼物料或工件构成的加速阳极的一种电子枪。

13.0324 电子环射束近距离枪 electron ring beam short range gun

阴极为环形的外加速电子枪。熔融物料处于电子束的中央。

13.0325 压力梯段电子枪 pressure gradient electron gun

在电子枪和工作室之间连续有一个或若干个压力梯段的电子枪。

工 程 机 械

14. 土 方 机 械

14.01 一 般 名 词

14.01.01 制 动 系

14.0001 行车制动系 service braking system
使行驶中的车辆平稳减速或停驶的制动系。

14.0002 紧急制动系 emergency braking system
为辅助常用制动系而设，能使行驶车辆特别是下坡时持续地减低或稳定车辆速度的制动系。

14.0003 驻车制动系 parking braking system
以机械作用保持停驶车辆(包含坡道停车)不动的制动系。

14.0004 辅助制动系 auxiliary braking system
在行车制动系失效的情况下，仍能使行驶中的车辆减速或停驶的制动系，其作用应是渐进的。

14.0005 自动制动系 automatic braking system
当挂车与牵引车连接的制动管路渗漏或断裂时，能使挂车自动制动的制动系。

14.0006 空气制动系 air braking system
利用压缩空气作为能源产生制动力的制动系。

14.0007 液压制动系 hydraulic braking system
利用流体压力作为能源产生制动力的制动系。

14.0008 气液制动系 air-hydraulic braking system
产生制动力的能源是由压缩空气转换成液体压力来实现的制动系。

14.0009 机械制动系 mechanical braking system
产生制动力的能量是通过键、凸轮、链等纯机械机构传到制动器的制动系。

14.0010 单回路制动系 single-circuit braking system
传能装置仅有一条回路组成的制动系。若传能装置一处失效，便不能传递制动力。

14.0011 双回路制动系 dual-circuit braking system
传能装置是由两条回路分别组成的制动系统。若其中有一处失效，仍能部分或全部传递制动力。

14.0012 多回路制动系 multi-circuit braking system
传能装置是由两条以上回路组成的制动系统。若传能装置一处失效，则仍能部分或全部传递制动力。

14.0013 制动器 brake
具有使运动部件(或运动机械)减速、停止或保持停止状态等功能的装置。

14.0014 摩擦式制动器 friction brake
对安装在车辆的固定部位的部件施加作用力，借其摩擦力而产生制动的制动器。

14.0015 鼓式制动器 drum brake
用制动轮和制动瓦作为摩擦副的制动器。

14.0016 盘式制动器 disk brake
用制动盘和制动块作为摩擦副的制动器。

14.0017 减速装置 retarder
用以使行驶中的车辆(特别是下长坡的车辆)速度减低或稳定在一定的速度范围内的装置。

14.0018 内燃机减速装置 retarder by internal combustion engine
通过对内燃机减少供油、节制进气、排气节流等产生的内燃机内部阻力，使车辆产生减速作用的装置。

14.0019 电动机减速装置 retarder by electric traction motor
利用车辆的驱动轮拖动电动机，使电动机变为发电机而产生减速作用的装置。

14.0020 液力减速装置 hydro-dynamic retarder
利用液力原理而获得减速作用的装置。

14.0021 制动系报警装置 braking system alarm device
当制动系工作条件达到临界工况时，发出警告驾驶员信号的装置。

14.0022 保护压力装置 protection pressure device
当制动装置或其附件的某一部分损坏后，仍可使制动系维持一定压力的装置。

14.01.02 转 向 系

14.0023 机械转向系 manual steering system
又称“手动转向系”。完全靠驾驶员的手力操纵的转向系。

14.0024 动力转向系 power steering system
借助于动力来减少驾驶员操纵力的转向系。

14.0025 液压助力转向系 hydraulic boosting steering system
借助液压能提供的动力来操纵的转向系。

14.0026 全液压转向系 full-hydraulic power steering system
完全靠液压油的压力操纵的转向系。

14.0027 机械转向器 manual steering gear
又称“手动转向器”。把转向盘的转动变为转向摇臂的摆动，并按一定传动比放大扭矩的机构。

14.0028 循环球式转向器 recirculating-ball steering gear
具有螺杆–钢球–螺母传动副的转向器。

14.0029 循环球–齿条齿扇式转向器 recirculating-ball rack-sector steering gear
具有齿条、齿扇传动副的循环球式转向器。

14.0030 循环球–曲柄销式转向器 recirculating-ball lever-and-peg steering gear
具有曲柄销–销座传动副的循环球式转向器。

14.0031 动力转向器 power steering gear
借助于动力来减轻驾驶员操纵力的装置。

14.0032 整体式动力转向器 integral power steering gear
转向控制阀、转向作用缸、机械转向器组合为一个整体的转向器。

14.0033 半整体式动力转向器 semi-integral power steering gear
转向控制阀和机械转向器组合为一个整体的转向器。

14.0034 全液压转向器 full-hydraulic steering gear
完全靠压力油来操纵转向，并且在发动机熄火后还能实现人力转向作用的转向器。

14.0035 转向系角传动比 steering system angle ratio
转向盘转角的增量与同侧转向节转角的相应增量之比。

14.0036　转向器角传动比　steering gear angle ratio
转向轴转角增量与转向器输出轴转角的相应增量之比。

14.0037　转向传动机构角传动比　steering linkage angle ratio
摇臂轴转角的增量与同侧转向节转角的相应增量之比。

14.0038　转向器传动效率　steering gear efficiency
转向器输出功率与输入功率之比。

14.0039　转向器扭转刚度　torsional stiffness of steering gear
转向器垂臂固定，转向器输入的力矩增量与其产生的角位移增量之比。

14.0040　摇臂轴最大转角　maximum rotating angle of pitman arm shaft
与转向器总圈数相对应的摇臂轴转角。

14.0041　转向摇臂最大摆角　maximum swing angle of steering pitman arm
车辆上与转向盘总圈数相对应的转向摇臂摆角。

14.0042　转向器反驱动力矩　reverse rotating torque of steering gear
转向轴处于自由状态时，使转向器输出端运动的力矩。

14.0043　转向控制阀预开隙　pre-opened play of steering control valve
阀在中间位置时，阀台肩相对于阀体台肩之间的轴向或角度间隙。

14.0044　转向控制阀全开隙　totally opened play of steering control valve
在转向时，阀台肩相对于阀体台肩所间隔的距离或角度。

14.0045　转向控制阀内泄漏量　internal leakage in steering control valve
在额定工况下，单位时间内阀里的液压油从高压腔向低压腔及向阀体外的总泄漏量。

14.01.03　驱　动　桥

14.0046　驱动桥　drive axle
装有车轮，能支承汽车质量，并有主减速器和差速器，能驱动车轮前进的轴梁形构件。

14.0047　普通驱动桥　general drive axle
具有单级主传动或双级主传动和差速器及轮边行星减速器的驱动桥。

14.0048　转向驱动桥　steering drive axle
同时起转向作用的驱动桥。

14.0049　主减速器　final drive
传动系统末端的齿轮传动机构，由它经轴驱动车轮。

14.0050　单级主减速器　single-reduction final drive
由一对齿轮所构成的主减速器，通常采用圆锥齿或双曲面齿的锥齿轮副。

14.0051　双级主减速器　double-reduction final drive
由两对齿轮所组成的主减速器，通常由锥齿轮副与圆柱齿轮副组成。

14.0052　差速器　differential
能使同一驱动桥的左右车轮在转弯或不平道路上行驶时，以不同角速度旋转，并传递扭矩的机构。

14.0053　圆锥齿轮式差速器　bevel gear differential
由行星锥齿轮机构所构成的差速器。

14.0054　防滑差速器　limited-slip differential
能防止驱动轮打滑的差速器。

14.0055　轮边行星减速器　wheel planetary reductor, hub planetary reductor

靠近车轮布置的行星齿轮减速器。

14.0056　桥壳　axle housing

安装主减速器、半轴等零件，也可以支承汽车的重力，将车轮上的各种作用力通过悬架系传给车架或车身的构件。

14.0057　驱动桥最大输入扭矩　drive axle maximum input torque

按发动机最大净输出扭矩、变矩器失速工况(即最大变矩比工况)变速器 I 档时传给主减速器箱输入轴上的最大扭矩。

14.0058　驱动桥最大附着扭矩　drive axle maximum slip torque

驱动轮打滑时的扭矩。其数值是驱动桥满载时桥荷能力和轮胎与地面的最大附着系数以及轮胎滚动半径三者的乘积。

14.0059　驱动桥额定桥荷能力　rating axle capacity

考虑材料强度、轮胎负荷能力等因素，由制造厂所规定的桥荷能力。

14.0060　差速器锁止系数　differential locking coefficient

慢转车轮的扭矩与快转车轮的扭矩之比。

14.0061　驱动桥减速比　drive axle ratio

又称“主减速比”。在不差速条件下，主减速器输入轴转速与车轮转速之比。当无轮边减速时，驱动桥减速比等于主减速器减速比；当有轮边减速时，驱动桥减速比等于主减速器减速比和轮边减速器减速比的乘积。

14.02　挖　掘　机

14.0062　挖掘机　excavator

具有可带着工作装置做 360°回转的上部结构，主要用铲斗进行挖掘作业，在其工作循环中底盘不移动的自行的履带式、轮胎式或步履式机械。

14.0063　小回转半径挖掘机　minimal swing radius excavator

具有一个小回转半径的上部结构，可带着工作装置和附属装置在底盘宽度的 120%范围内回转的、在狭窄空间内作业的挖掘机。

14.0064　步履式挖掘机　walking excavator

支腿是铰接的、伸缩的或两者兼有的，并可安装车轮的、具有三条或三条以上支腿的挖掘机。

14.0065　小型挖掘机　compact excavator

工作质量等于或小于 6000 kg 的挖掘机。

14.0066　机械挖掘机　cable excavator

用拉铲、正铲或抓斗进行挖掘作业，用夯板夯实物料，用钩或球进行破碎作业，用专用的工作装置及附属装置进行物料搬运的、由钢丝绳操作上部结构的挖掘机。

14.0067　履带挖掘机　crawler excavator

装有履带行走装置的挖掘机。

14.0068　轮胎挖掘机　wheel excavator, rubber-tired excavator

装有轮胎行走装置的挖掘机。

14.0069　液压挖掘机　hydraulic excavator

工作装置用液压系统来控制和操纵的挖掘机。

14.0070　正铲装置　shovel attachment

装在机体上由动臂、斗杆、铲斗等组成的机械传动的挖掘装置，其切削方向向上或离开机体。主要用于挖掘停机面以上的土壤。

14.0071　反铲装置　hoe attachment

装在机体上由动臂、斗杆、铲斗等组成的机械传动的挖掘装置，其切削方向向下或向着机体。主要用于挖掘停机面以下的土壤。

14.0072　抓铲装置　clamshell attachment
由动臂、斗杆和带连杆的抓斗组成，一般在垂直方向进行挖掘和抓取作业，在基准地平面上、下进行卸料作业的装置。

14.0073　伸缩臂工作装置　telescoping boom attachment
由动臂和铲斗组成，铲斗能沿着动臂轴线伸出和缩回，并且切削是通过动臂的伸缩动作朝向主机，主要用于停机地平面上、下的挖掘和斜坡作业的装置。

14.0074　破碎挖掘力　breakout force
又称“铲斗挖掘力”。单独操作铲斗液压缸时，在铲斗斗齿尖端运动轨迹的切线方向上所产生的最大挖掘力。

14.0075　斗杆挖掘力　arm crowd force
单独操作斗杆液压缸时，在铲斗斗齿尖端运动轨迹的切线方向上所产生的最大挖掘力。

14.0076　起重装置　lifting device
在机体上装有通用动臂（或带有横伸臂）的可以进行起重、吊装作业的起重作业装置。

14.0077　拉铲装置　dragline device
在机体上装有通用动臂并利用钢丝绳牵引的铲斗进行土壤挖掘的一种挖掘装置。其切削方向向着机体，主要用于挖掘停机面以下大范围内的土壤。

14.0078　挖掘装载机　backhoe loader
主机架用来支承前置的工作装置及后置的挖掘装置（通常带有外伸支腿或稳定器）的自行的履带式或轮胎式机械。

14.0079　轮胎式液压挖掘装载机　hydraulic wheel backhoe loader
装有轮胎式行走装置和工作装置采用液压传动的挖掘装载机。

14.03　装　载　机

14.0080　装载机　loader
前端装有主要用于装载作业（用铲斗）的工作装置，通过机器向前运动进行装载或挖掘的自行的履带式或轮胎式机械。

14.0081　回转装载机　swing loader
装有回转式提升臂的装载机。该提升臂相对于中线位置可向左或向右转动。

14.0082　铲斗式装载机　bucket loader
机器前进使铲斗插入料堆，通过铲斗的提升和翻转，将矿岩倒入运输槽，再通过运输机构将矿岩卸入转载机或其他车辆的设备。

14.0083　连续式装载机　continual loader
工作机构不间断地耙取矿岩，运输机连续转载，能实现连续卸载作业的装载机。

14.0084　蟹爪装载机　gathering arm loader
机头铲板局部插入岩堆，沿铲板平面布置的双臂式耙爪交替地耙取矿岩，通过机器本身的运输机构将矿岩卸入转载机或其他车辆的设备。

14.0085　立爪装载机　digging arm loader
由电动机驱动，液压传动与操纵，立爪在竖直平面连续动作耙取矿岩，并通过机器本身的运输机构将矿岩卸入转载机或其他车辆的正装后卸连续式装载设备。

14.0086　蟹立爪装载机　gathering and digging arm loader
耙爪在铲板平面、立爪在竖直平面交替耙取矿岩，通过机器本身的运输机构将矿岩卸入转载机或其他车辆的装载机。

14.0087　小型装载机　compact loader
工作质量小于或等于 4500 kg 的装载机，用在狭窄的场地作业，具有很大的机动性。

14.0088　滑移转向装载机　skid-steer loader
司机室通常位于工作装置与支承结构之间，

通过牵引驱动机器两侧对应的用固定轴连接的轮胎或履带，使两侧轮胎或履带产生速度差和(或)不同的旋转方向来实现转向的装载机。

14.0089　装岩机　rock loader
在矿山或工程中对矿物或岩石等松散物料只完成铲装和卸载作业的设备。

14.0090　耙斗装岩机　scraper rock loader
通过绞车和钢丝绳牵引耙斗，把矿岩耙入卸料槽并卸入矿车的装岩机。

14.0091　装运机　transloader
带有储矿仓，能够独立完成铲装、运输和卸载三种作业的一机多能的联合设备。

14.0092　抓岩机　grab loader
用抓斗抓取爆破后的矿岩或松散物料的设备。

14.0093　液压操纵耙斗装岩机　hydraulic scraper rock loader
通过具有液压操纵内胀式离合传动装置的双卷筒和钢丝绳牵引耙斗，把矿岩耙入卸料槽并卸入矿车的耙斗装岩机。

14.0094　靠壁式抓岩机　keeping-to-the-side hydraulic grab loader
由地面凿井绞车单独悬吊，机架靠井壁布置的抓岩机。其驱动方式有电动和气动两种。

14.0095　中心回转式抓岩机　center swivel grab loader
固定在吊盘上，位置接近井筒中心、机架可绕中心回转的抓岩机。

14.0096　行星传动耙斗装岩机　scraper rock loader with planetary gear
通过具有行星离合传动机构的双卷筒和钢丝绳牵引耙斗，把矿岩耙入卸料槽并卸入矿车的耙斗装岩机。

14.0097　鼓轮装置　drum wheel device
保证铲斗卸载时归中的装置。

14.0098　钢丝绳装置　steel rope device
对工作机构起稳定作用的柔性装置。

14.0099　液压操纵装置　hydraulic manipulator
液压操纵耙斗装岩机中，通过操纵手柄，使液压离合传动装置分别控制绞车主、副卷筒工作的装置。

14.0100　液压内胀离合传动装置　hydraulic inner expansion clutch
通过液压内胀摩擦离合装置控制卷筒转动，缠放钢丝绳带动耙斗工作的部件。

14.0101　悬吊装置　hanging device
用于整机的提升与下放吊运的装置。

14.0102　支撑装置　supporting device
把机架支撑在井壁上的装置。

14.0103　提升机构　lifting mechanism
由链条、卷筒、导向装置、传动和操作装置等组成，用于驱动卷筒、控制铲斗工作的机构。

14.0104　铲头　loading head
在蟹爪装载机中，由耙爪和铲板等组成，插入岩堆后靠耙爪交替动作耙取矿岩的机构。

14.0105　铲装机构　bucketing mechanism
直接铲取和装载矿岩的机构。有滚动斗柄和铰接斗柄两种型式。

14.0106　履带行走机构　crawler attachment
由底架、履带装置、行走传动系统等组成，用以支承并实现机器行走的机构。

14.0107　行走传动系统　running driving system
将行走原动机的动力传递到行走驱动轮的系统。

14.0108　回转变幅机构　rotary-range mechanism

使立柱回转并改变臂杆摆幅大小的机构。

14.0109 变幅机构 amplitude changing mechanism

改变臂杆摆幅大小的机构。

14.0110 运输机构 conveying mechanism

将耙取的矿岩运到机器尾部卸载的机构。

14.0111 耙取机构 digging mechanism

立爪装载机中，通过升降臂、回转臂和立爪的联合动作来耙取矿岩的机构。

14.0112 反铲 backhoe

安装在装载机后部的一种装置，一般用于地平面以下的挖掘，通过动臂、斗杆和铲斗的运动，进行提升、回转和卸载。挖掘方向是向主机运动，反铲的回转角度小于 360°。

14.0113 铲斗 bucket

用于铲装物料的焊接构件。

14.0114 侧卸铲斗 side dump bucket

通过主机的前进运动装载，并能从铲斗一侧卸载的铲斗。它也能从前端卸载。

14.0115 多功能铲斗 multi-purpose bucket

具有推土铲型式的平板，平板上装有能打开到不同位置的夹板，从而可实现推土铲、铲土板、夹具、铲斗功能的铲斗。

14.0116 圆木叉 log fork, log grapple

又称“圆木抓钩”。作为提升、搬运和卸载圆木的一种带有叉和上部夹具的机构。

14.0117 铲斗架 cradle

固定铲斗，并使其按一定轨迹运动的臂型构件。

14.0118 耙角 angle of scraper

耙斗在水平位置时耙齿内侧与水平面的夹角。

14.0119 耙斗 scraper bucket

在主绳与尾绳的牵引下往复运动，直接耙取物料的部件。

14.0120 台车 chassis

由车架、弹簧、碰头和轮对等组成的耙斗装岩机的底盘。

14.0121 绞车 winch

借助于挠性件(钢丝绳或链条)从驱动卷筒传递牵引力的起重装置。

14.0122 中间槽 medial launder

安装在进料槽和卸料槽之间的部件。

14.0123 进料槽 feed launder

由簸箕口、连接槽和升降装置等组成的进料部件。

14.0124 卸料槽 discharge launder

槽底开有卸料口，安装在中间槽后端的部件。

14.0125 卡轨器 check plate

把耙斗装岩机固定在钢轨上防止其移动的装置。

14.0126 摆臂 move-about arm

保证铲装机构左右摆动的零件。

14.0127 行走机构 traveling mechanism

由传动装置和操纵装置组成，用于驱动和控制车轮使机器移动的机构。

14.0128 轮轴 wheel shaft

驱动行走主动轮的轴。

14.0129 斗舌 bucket tongue

铲斗底板凸出的部分。

14.0130 斗刃 bucket lip

斗舌的前缘部分。

14.0131 摇臂 rocker arm

与铲斗相连，绕固定支点回转的力臂杆。

14.0132 最大铲取力 maximum breakout

force
铲斗绕固定铰点转动时，作用在斗齿尖部的法向力。

14.0133 举升能力 lifting capacity
铲斗举升到最大高度时，所能举起的矿岩的最大质量。

14.0134 作业质量 operating weight
机械自重，燃料、油、水及一名司机的质量总和。

14.0135 动臂举升时间 lifting time of boom
铲运机定置，将装满矿岩的铲斗从最低位置举升到最高位置所需的时间。

14.0136 倾卸时间 dumping time
在最高点，铲斗倾翻至最大卸载角所需的时间。

14.0137 动臂下降时间 lowering time of boom
空斗时，动臂从最高位置下降到最低位置所需的时间。

14.0138 最大转向角 maximum swing angle
前机架中心线相对于整机中心线在水平面内的最大回转角度。

14.0139 最大卸载高度 maximum dumping height
铲斗举升到最高位置且卸载角为最大时，从地面到斗刃最低点的距离。

14.0140 卸载距离 dumping distance
最大卸载高度时，斗尖与铲运机最前端外廓的水平距离。

14.0141 最小离地间隙 minimum ground clearance
底架离地的最小距离。

14.0142 下挖深度 depth of low gathering
履带在水平面时，铲头的最大下放深度。

14.0143 运输机架尾端摆角 conveyor swing angle
运输机尾端侧弯时，向左右摆动的角度。

14.0144 耙爪 gathering arm
直接耙取矿岩的部件。

14.0145 铲板 insertion board
直接插入岩堆的楔形板。

14.0146 耙装传动系统 driving system of gathering
由耙装原动机到耙爪之间的传动与减速系统。

14.0147 固定枢轴 stationary shaft
在曲柄导槽机构中起导向作用，调整耙装机构运动轨迹的固定轴。

14.0148 爪齿 blade tooth
装在立爪下端直接耙取矿岩的耐磨零件。

14.0149 推料板 scraping plate
将矿岩推聚在运输机构前部，便于耙料和清底的构件。

14.0150 转盘 swing carries
使耙取和运输机构能相对底盘回转一定角度，以增加耙装宽度的装置。

14.0151 抓岩能力 grabbing productivity
抓岩机连续工作时单位时间的抓岩量。

14.0152 适用井径 fit diameter of well
保证抓岩机正确使用，并能有效地发挥抓岩能力的成井直径。

14.0153 最大变幅距离 maximum range
臂杆在最大变幅时抓斗中心线至回转中心线的距离。

14.0154 抓斗闭合直径 closed diameter of grab unit
抓斗闭合后的最大横断面的外接圆直径。

14.0155　抓斗张开直径　diameter of opened grab unit

抓斗张开后的最大横断面的外接圆直径。

14.0156　抓斗气缸　grab unit cylinder

控制抓斗动作的气缸。

14.0157　联接盘　tie-plate

连接抓斗气缸活塞和抓瓣的构件。

14.0158　抓瓣　grab claw

组成抓斗空间容积的弧形构件。

14.0159　臂杆　arm lever

一端与机架相连，另一端通过滑轮、悬吊链与抓斗相连的悬臂杆件。

14.0160　回转机架　swivel stand

使机架绕中心轴线旋转的机构。

14.0161　装载装置　loader

一种装在机体前部，有连杆机构、装载斗的装载机构。通过机体向前运动进行土壤等物料的铲掘、装载、提升、运料和卸料。

14.0162　强制卸料铲斗　bucket with ejector

带排土机构进行强制卸料的铲斗。

14.0163　装载斗　loading bucket

用于装载装置装物料的容器。

14.0164　回转机构　swing actuator

使反铲装置相对机体纵向铅垂面左右摆动的传动机构。

14.0165　侧移机构　side-shift actuator

使反铲装置在悬挂架上沿机体横向铅垂面左右移动的机构。

14.0166　装载斗自动复位装置　bucket auto-return device

在一定高度卸料后，放下装载斗时，能使装载斗自动回正至地面铲掘位置的装置。

14.0167　装载斗自动调平装置　bucket auto-leveling device

装载斗装满物料后，在提升臂液压缸提升过程中，能使铲斗始终保持水平位置的装置。

14.0168　收斗角　rollback angle

装载斗后倾时，切削刃底平面与水平面之间的夹角。

14.0169　最大掘起力　maximum prying force

装载斗作业时，由装载斗液压缸或提升臂液压缸的动作，不计土壤重力，铲斗绕着某个规定的铰接点回转时，作用在斗刃向内100 mm处的最大垂直向上的力。

14.0170　翻车保护机构　roll over protective structure

在机体上安装的结构件，在发生翻车事故时，保护司机及随员免受轧伤的装置。

14.04　推　土　机

14.0171　推土机　dozer

可安装推土装置，通过机器的前进运动进行铲土、推移和平整物料，也可安装附属装置来产生推力或牵引力的自行的履带式或轮胎式机械。

14.0172　履带式推土机　crawler-type tractor-dozer

具有履带行走装置的推土机。

14.0173　轮胎式推土机　wheel-type tractor-dozer

具有轮式行走装置的推土机。

14.0174　推土铲装置　dozing device

前推土板、顶推架和相关的调位装置。

14.0175　直推土铲　straight dozer

切削刃始终保持与推土机纵向轴线的垂面平行的推土铲。

14.0176　角推土铲　angle dozer

铲刀位置可能改变，使切削刃与推土机纵向轴线的垂面存在一定角度的推土铲。

14.0177　松土器　ripper

由装有一个或多个齿的支承架组成，安装在主机后部的松土装置。

14.0178　铰接式松土器　radial-type ripper

齿尖对于地面的松土角度随着作业深度的变化而变化的松土器。

14.0179　平行四连杆式松土器　parallelogram-type ripper

齿尖对于地面的松土角度为一常数，其不随作业深度的变化而变化的松土器。

14.0180　可调式松土器　variable-type ripper

齿尖对于地面的松土角度是可调的，并能由操作人员进行调整的松土器。

14.0181　冲击式松土器　impact ripper

由液压脉冲系统产生一个附加的冲击力的松土器。

14.0182　绞盘　winch

装备有卷筒并安装在主机后部的装置。

14.0183　手动操纵式绞盘　manually-controlled winch

用手动控制离合器和制动器进行操纵的绞盘。

14.0184　动力操纵式绞盘　power-controlled winch

用液压或其他动力控制离合器和制动器进行操纵的绞盘。

14.05　铲　运　机

14.0185　铲运机　scraper

在位于两桥之间装有带切削刃的铲运斗，通过机器的向前运动，进行铲削、装载、运输、卸载和摊铺物料的自行的或拖行的履带式或轮胎式机械。

14.0186　拖式铲运机　towed scraper

由一台装有司机室的牵引车拖行的非自行式的铲运机。

14.0187　内燃铲运机　diesel LHD

以内燃机为动力的铲运机。

14.0188　电动铲运机　electric LHD

以电为动力源的铲运机。

14.0189　催化箱　catalytic purifier

内燃铲运机中，借助催化剂净化内燃机排气中的一氧化碳等有害成分的装置。

14.0190　水洗箱　water scrubber

内燃铲运机中，借助水对内燃机排气进行二次净化，兼起除尘与降温等作用的装置。

14.0191　有效载荷　payload

制造商规定的，铲运机铲斗所能装载的质量。

14.0192　满载质量　loaded mass

工作质量与有效载荷之和。

14.0193　轴荷分配　axle distribution of mass

在空载或满载时机器的实际质量在各轴分布的百分比。

14.0194　运输质量　shipping mass

带有空铲斗的主机质量。没有司机，但润滑系统、液压系统和冷却系统均装足油、液，燃油箱装10%容量的燃油，是否带有工作装置、司机室、机棚、滚翻保护结构或落物保护结构由制造商来确定。

14.06　平　地　机

14.0195　平地机　grader

在前、后桥之间装有一个可调节的铲刀，可

装有一个前置推土板或松土耙，松土耙也可以装在两桥之间的自行的轮胎式机械。

14.0196 松土耙 scarifier
带齿的机械，这些齿能插入并疏松土质、沥青和碎石等路面的表层。它可装在平地机前桥前面或可装在前后桥之间。

14.0197 松土器 ripper
由装有一个或多个齿的支承架组成，安装在主机后部的松土装置。

14.0198 扫雪装置 snowplough
装在平地机前桥前面的一套装置。在做扫雪动作时，利用除雪板将雪扫向侧面，除雪板可以是单面的，也可以是V形的。

14.0199 前置铲刀 front blade
又称“推土板”。装在平地机前桥前面的铲刀，常用于向前铲、推泥土或类似的物料。

14.07 挖 沟 机

14.0200 挖沟机 trencher
装有后置的和(或)前置的工作装置或附属装置，主要通过机器的移动，以连续作业方式挖出一条沟的自行的履带式或轮胎式机械。

14.0201 步行操纵式挖沟机 pedestrian-operated trencher
司机沿着机器的一侧或其行驶路线，通过步行进行操纵的挖沟机。

14.0202 驾驶操纵式挖沟机 rider-operated trencher
司机乘坐在机器上操纵的挖沟机。

14.0203 链式挖沟机 chain-line trencher
为了挖沟和转移弃土，用一条或更多条可弯曲的附带着链齿、钻头、铲斗等工具组成的挖沟机。

14.0204 盘式挖沟机 disk trencher
采用带有开凿刀具的旋转圆盘进行挖掘的挖沟机。一般用于开挖岩石、坚硬的表面或路面(如沥青和混凝土路面)。

14.0205 轮斗挖沟机 wheel trencher
一般采用带有齿形切削刃的一系列铲斗的旋转轮进行挖掘和从挖沟里排出弃土的挖沟机。

14.0206 直埋式开沟机 direct-burial plough
采用牵引杆拖着类似松土器的犁穿过土壤，且同时掩埋地下的设施的挖沟机。其工作装置可以是采用仅是牵引杆拖着的固定犁刀移动刀刃穿过土壤，或者是采用刀刃摆动的振动犁刀穿过土壤以减少挂钩所需的牵引力。

14.0207 工作装置 working device
当装备附属装置时，安装在主机上的一组部件，该装置可执行基本的设计功能。

14.0208 挖沟偏移量 trench offset
挖沟的中心线到通过机器每侧最远点的垂直平面的距离。

14.0209 圆盘直径 disk diameter
圆盘上切削刀具外面的顶端的直径。

14.0210 进刀深度 feed blade cover depth
刀刃在最大深度位置，基准地平面(GRP)到与进给管出口末端的内表面顶部相切的水平线的垂直距离。

14.0211 进刀宽度 feed blade width
在最狭窄的横断面上，与进给管内部相切的两垂直平面间的垂直距离。

14.0212 进刀弯曲半径 feed blade bend radius
从进给管内表面测量，进给管导向器的最小弯曲半径。

14.0213 刀具转向角 blade steer angle

从（包括刀刃的中点的）犁臂中心线到犁刀最大转角位置时，犁刀绕枢轴转动的最大角度。该角度是在水平面上测量的角度。

14.0214 犁刀离地间隙 blade ground clearance

基准地平面（GRP）距在犁臂完全举升时犁刀最低点的垂直距离，且以平行于通过装备指定犁刀的机器的纵向中心线的垂直平面为导向。

14.0215 犁刀距中心线的偏移量 blade offset from centerline

从通过机器纵向中心线的垂直平面到犁刀最大横向位置的距离，此时，在基准地平面（GRP）上最大深度且犁刀与垂直平面相平行。

14.0216 滚筒支架 reel carrier

在直埋开沟作业中，传送和分配卷轴的电缆或其他材料的整体结构件。

14.0217 滚筒最大直径 maximum reel diameter

滚筒和轴中心线之间最小半径距离的两倍。

14.0218 回填铲 backfill blade

安装在挖沟机前面或后面的用于把弃土填回挖沟里的附属装置。

14.0219 履带接地长度 crawler bearing length, ground contact length of track

履带与地面的接触长度。

14.0220 接近角 angle of approach, approach angle

基准地平面（GRP）与通过在轮胎或履带前面任何凸出的构件或零部件最低点且和前轮或履带相切的平面形成的夹角。凸出的构件或零部件限制该角度的大小。

14.0221 离去角 departure angle

基准地平面（GRP）与通过在后轮或履带任何凸出的构件或零部件最低点且和机器的后轮或履带相切的平面形成的夹角。凸出的构件或零部件限制该角度的大小。

14.08 自卸车和翻斗车

14.0222 自卸车 dumper

有敞开的车厢，用来运输、卸载或摊铺物料的自行的履带式或轮胎式机械。

14.0223 刚性车架自卸车 rigid-frame dumper

具有刚性车架，用车轮或履带转向的自卸车。

14.0224 回转自卸车 swing dumper

上部结构由刚性车架、敞开式车厢和司机室组成，底盘可由履带或轮胎系统组成，具有可 360°回转的上部结构的自卸车。

14.0225 整体车架自卸车 rigid-frame dumper

有刚性车架的轮胎或履带转向的自卸车。

14.0226 铰接车架自卸车 articulated frame dumper

具有铰接车架，并用该车架进行转向的轮式自卸车。

14.0227 小型自卸车 compact dumper

工作质量小于或等于 4500kg 的铰接或刚性车架的自卸车。它可以与自装装置组合在一起。

14.0228 后卸料式自卸车 rear dump tipper

料斗沿车辆纵轴方向绕铰销向后倾翻，完成卸料，或由推料装置从车辆尾部顶推卸料的自卸车。

14.0229 底部卸料式自卸车 bottom dump tipper

料斗底部斗门开启时，物料靠重力卸出，装料时斗门关闭的自卸车。

14.0230　侧翻卸料式自卸车　side dump tipper
料斗绕平行车辆纵轴的铰销向车辆侧面倾翻卸料的自卸车。

14.0231　前轮转向式自卸车　front wheel steering tipper
通过转向驱动机构使前轮相对车架保持或偏转一定角度，实现车辆以不同的弯道行驶半径行驶的自卸车。

14.0232　铰接式自卸车　articulated steering tipper
车架由两段(或多段)车段组成，车段间用垂直铰销连接，通过油缸使相邻车段保持或偏转一定角度，实现车辆以不同的弯道行驶半径行驶的自卸车。

14.0233　后轮驱动式自卸车　rear wheel drive tipper
以车辆后车轴作为驱动轴的自卸车。

14.0234　全轮驱动式自卸车　all wheel drive tipper
车辆全部车轴都作为驱动轴的自卸车。

14.0235　中间轴驱动式自卸车　center axle drive tipper
以车辆中间车轴作为驱动轴的自卸车。

14.0236　双轴式自卸车　two-axle tipper
具有两根车轴的自卸车。

14.0237　三轴式自卸车　three-axle tipper
具有三根车轴的自卸车。

14.0238　多轴式自卸车　multi-axle tipper
具有三根以上车轴的自卸车。

14.0239　底卸式料斗离地间隙　ground clearance of bottom dump body
自底部基准平面至底部卸料式料斗最低点的距离。按斗门关闭、斗门开启时分别测得。

14.0240　拖挂装置　hitch
保证牵引车与拖挂式料斗可靠连接与正常工作的整套装置。

14.0241　牵引架　frame, draft
用来连接牵引车并传递牵引力的结构件。

14.0242　推料装置　ejector
后卸式料斗上用来推出物料的装置。

14.0243　鹅颈式牵引架　gooseneck
牵引架的一种结构形式，其形如鹅的颈部。

14.0244　翻斗车　dumper
短距离输送物料且料斗可倾翻的搬运车辆。由料斗和行走底架组成。料斗通常装在轮胎行走底架前部，借助斗内物料的重力或液压缸推力倾翻卸料。

14.0245　翻斗提升机构　dumping lifter
料斗提升到要求高度后倾翻卸料的提升机构。

14.09　掘进机和盾构机

14.0246　掘进机　tunnel boring machine , TBM
能实现破碎岩土、装渣及运输、除尘、衬砌各工序联合作业的隧道机械。

14.0247　掘进机出渣转载装置　muck transfer device of TBM
将岩渣从掘进机出渣输送机上转载到运渣车辆的装置。一般为胶带转载机。

14.0248　掘进机刀盘　TBM cutterhead
掘进机中破岩并铲拾岩渣的部件。

14.0249　掘进机滚刀　TBM rolling cutter
装于掘进机刀盘上，可在岩石上边滚边压破碎岩石的工具。

14.0250　掘进机推进机构　propelling unit of TBM
由推进缸、支座、销轴等组成，推动掘进机前进及使掘进机支撑机构前移复位的机构。

14.0251 掘进机运刀机构 rolling cutter transporting unit of TBM

更换滚刀时，在掘进机机尾、机首间设置的运送滚刀的机构。一般由安装在掘进机底部的单根钢轨及单轨吊车组成。

14.0252 掘进机支撑机构 gripper unit of TBM

掘进机掘进过程中，承受反推力、反扭矩及机械部分重力的机构。由支撑液压缸、支撑板及支撑座等组成。

14.0253 掘进机直径 diameter of TBM

掘进机的公称设计直径。即刀盘最外缘边滚刀所围成的最大圆周直径。

14.0254 盾构机 metro shield

用于土质隧道暗挖施工并使隧道衬砌结构一次拼装成形的机械。

14.0255 推进装置 thrust device

为盾构机掘进提供推力的装置。包括推进液压缸、顶靴、行程传感器等设备。

14.0256 同步注浆装置 simultaneous backfilling device

在盾构机推进过程中同步向建筑间隙处注浆的机械装置。

14.0257 土砂密封 driving seal

安装于盾构机刀盘驱动部分的密封，用来抵御土砂、地下水、添加剂等侵入，保护刀盘驱动主轴承。

14.0258 人行闸 man lock

为盾构施工中抢险、排除设备故障、更换磨损刀具而准备的供作业人员进出土仓的变压室。

14.0259 刀盘装备扭矩 cutter driving torque

盾构机根据土质条件、盾构型式、盾构直径等因素配备的刀盘驱动最大扭矩。

14.0260 集中润滑系统 concentrating lubricating system

能定期、定量地向刀盘主轴承、土砂密封、减速器等规定设备加注油脂的系统。

14.0261 数据采集系统 data acquisition system

运用计算机技术、数据库技术、网络技术等技术措施，达到实时监控、传输并记录盾构机施工数据的信息管理系统。

14.0262 导向测量装置 guidance measuring system

在盾构机推进过程中自动连续测量隧道实际施工轴线的装置。

15. 道路施工与养护机械及压实机械

15.01 沥青结合料、混合料机械和沥青混凝土路面施工机械

15.0001 沥青结合料用机械设备 machine and equipment for bituminous binders

用于存储、保温、融化、拌均、输送和(或)撒布沥青结合料的机械设备。

15.0002 沥青结合料加热融化装置 bituminous binders heater and smelter

又称“沥青加热锅(asphalt cooker)”。用于存储、融化、均化、保温和卸下沥青结合料的固定式或移动式设备。

15.0003 沥青混合料 asphalt mixture

已定规格的骨料、粉料和可能的添加剂，被沥青全部地均匀裹敷所制成的匀质性良好的路面铺筑产品。

15.0004 沥青混合料搅拌设备 asphalt mixing plant

生产沥青混合料的成套设备。

15.0005　间歇式沥青混合料搅拌设备　asphalt mixture batch plant

物料的配给和搅拌按连续批次进行，且搅拌机的进出料流为间断性的沥青混合料搅拌设备。

15.0006　连续式沥青混合料搅拌设备　continuous asphalt plant

物料的配给和搅拌由连续设备和操作系统完成，且搅拌机的进出料流为连续性的沥青混合料搅拌设备。

15.0007　固定式沥青混凝土搅拌设备　stationary asphalt plant

由干燥机组、搅拌机组、材料输送系统、称量系统和除尘装置等组成，属沥青混凝土工厂中的主要组成部分的沥青混凝土搅拌设备。

15.0008　移动式沥青混凝土搅拌设备　movable asphalt mixer

全部组成部分安装在一辆或数辆挂车上，易于自行或拖运的沥青混凝土搅拌设备。

15.0009　滚筒式沥青混凝土搅拌设备　asphalt drum mixer

砂石料的烘干加热和混合料的搅拌都在同一个滚筒中连续进行 z 自落式搅拌设备。

15.0010　沥青混合料再生搅拌设备　asphalt mixing plant with recycling capability

在沥青混合料搅拌设备上附加和(或)改进的对可回收沥青路面材料进行处理的专用装置。

15.0011　沥青混凝土熔化加热机　concrete asphalt melter and mixer

由沥青混凝土块熔化炉和搅拌器组成的、用于小型沥青混凝土路面铺设的车载式或拖式机械。

15.0012　配料给料装置　aggregate feeder

分别储存不同规格的冷湿砂石料，并按规定的容积配合比进行给料的装置。

15.0013　往复式给料器　reciprocating-type feeder

借助往复运动的斗底板将砂、石料定量地输送给受料部分的装置。

15.0014　圆盘式给料器　table feeder

借助圆盘的旋转，将筒内的砂石料定量地卸落到受料部分的装置。

15.0015　闸门式振动给料器　gate-type feeder

带有可调式斗底闸门和振动器的给料斗。

15.0016　粉料供给系统　filler feeding system

由粉料仓、粉料提升机、螺旋输送器、粉料暂存仓等装置组成的用来供给粉料的系统。

15.0017　沥青供给系统　asphalt feeding system

由热油炉(燃油)、储存罐、卸油槽、沥青管路及泵、阀等装置组成的用来供给沥青的系统。

15.0018　搅拌器　mixer

将矿料与沥青搅拌成沥青混合料的装置。

15.0019　强制式搅拌器　forced action mixer

通过转动的桨叶对矿料和沥青进行强力搅拌成混合料的装置。

15.0020　滚筒式搅拌器　drum mixer

通过旋转滚筒中叶片的提升与搅拌作用，将骨料烘干，加热并与沥青拌和的装置。

15.0021　沥青混凝土摊铺机　asphalt paver, asphalt finisher

用于沥青混合料的接收、传输、撒布、成型和压实的自行式、轮式或履带式机械。

15.0022　自行式沥青混凝土摊铺机　self-propelled asphalt paver

通过自身动力而行驶的沥青混凝土摊铺机。

15.0023　拖式沥青混凝土摊铺机　towed asphalt paver

利用自卸车牵引，并接受其供料而进行摊铺作业的沥青混凝土摊铺机。

15.0024 履带式沥青混凝土摊铺机 crawler asphalt paver
具有履带行走装置的沥青混凝土摊铺机。

15.0025 轮胎式沥青混凝土摊铺机 wheel asphalt paver
具有轮胎行走装置的沥青混凝土摊铺机。

15.0026 液压传动式沥青混凝土摊铺机 hydraulic asphalt paver
所有机构均以液压方式驱动的沥青混凝土摊铺机。

15.0027 机械传动式沥青混凝土摊铺机 mechanical asphalt paver
一个或几个机构以机械方式驱动的沥青混凝土摊铺机。

15.0028 沥青砂胶摊铺机 mastic asphalt paver
用于流动的沥青混合料的接收、撒布和压型的移动式机械。

15.0029 沥青砂胶输送搅拌机 mastic asphalt transporting mixer
沥青砂胶罐安装在载货汽车或挂车上，罐中配有水平或竖直搅拌装置(搅拌轴和搅拌器)，可直接或间接加热沥青砂胶的搅拌机。

15.0030 混合料转运机 material transfer machine
用于存储和将铺路材料从载货汽车传送到沥青混凝土摊铺机的机械。

15.0031 沥青混合料路缘成型机 asphalt mixture curb machine
采用挤压沥青混合料的方法一次成型道路路缘的机械。

15.0032 推辊 push roller
位于料斗前方,用以顶推自卸汽车后轮的装置。

15.0033 料斗 hopper
装在机械前部、接受沥青混合料的敞口容器。

15.0034 刮板输送装置 bar feeder, drag conveyer
用刮板实现由前向后输送物料的装置。

15.0035 给料闸门 gate
安装在料斗后壁，可以上下移动的闸门，用来调整刮板输送装置的送料量。

15.0036 螺旋分料装置 distributing screw conveyer
将沥青混合料均匀分布在熨平装置前方的螺旋输送器。

15.0037 牵引臂 towed arm
前端铰接在机架两侧的牵引点上，后端安装熨平装置的两根长臂。

15.0038 熨平装置 screed unit
按预定的路面宽度、厚度和拱度要求，将已摊铺开的沥青混合料进行熨平的装置。

15.0039 基本熨平装置 basic screed unit
具有最小摊铺宽度的熨平装置。

15.0040 机械加宽熨平装置 mechanical extension screed unit
采用机械的方法改变摊铺宽度的熨平装置。

15.0041 液压伸缩熨平装置 hydraulic extension screed unit
采用液压的方法改变摊铺宽度的熨平装置。

15.0042 夯锤 tamper
悬挂在熨平装置的前部，用来初步捣实沥青混合料的板–梁组件。

15.0043 单夯锤 single tamper
由单一的板–梁组件组成的夯锤。

15.0044 双夯锤 double tamper
由两个板–梁组件组成的夯锤。

15.0045 拱度调节装置 crown control device
用来调整左右熨平装置的横向倾角，使之符合路拱要求的装置。

15.0046　自动调平系统　auto-leveling system
由基准、自动调平控制器和液压执行机构等组成的系统，可以自动调节左右牵引臂前端牵引点的高度，保持熨平装置纵向与横向倾角为设定值，达到路面纵横向平整的要求。

15.0047　自动调平控制器　auto-leveling device
自动调平系统中集传感、变换、控制于一体的电子装置，其输出信号用来控制液压执行机构。

15.0048　电子自动调平器　electronic auto-leveling device
用电子传感器采集的信号进行自动调平控制的装置。

15.0049　超声波自动调平器　ultrasonic auto-leveling device
用超声波传感器采集的信号进行自动调平控制的装置。

15.0050　激光自动调平器　laser auto-leveling device
用激光传感器采集的信号进行自动调平控制的装置。

15.0051　料位传感器　materiel controller
检测刮板输送装置或螺旋分料装置设定位置处的沥青混合料料位高度，并控制其运行速度以保证混合料的均衡输送和布料的电子装置。

15.0052　料斗容量　hopper capacity
料斗所能装载的沥青混合料的最大质量。

15.0053　摊铺宽度　paving width
摊铺机单次行程可摊铺的沥青混凝土铺层宽度。

15.0054　最大摊铺宽度　maximum paving width
摊铺机熨平板接长加宽到最大时可摊铺的沥青混凝土铺层宽度。

15.0055　最大摊铺厚度　maximum paving thickness
摊铺机所能摊铺的最大沥青混凝土铺层厚度。

15.0056　最大摊铺速度　maximum paving speed
摊铺机工作档的最高行驶速度。

15.0057　拱度调节范围　crown adjustment
路拱调整的正负极限。

15.0058　横坡度调节范围　slope adjustment
左右横坡度的调整极限。

15.0059　摊铺密实度　paving compactness
摊铺成型后，路面所能达到的最大相对密实程度。

15.0060　沥青储仓　asphalt storage
带有加热、保温系统的沥青储存容器。

15.0061　地上沥青储仓　ground asphalt storage
建立在地面以上的沥青储仓。

15.0062　地下沥青储仓　underground asphalt storage
建立在地平面以下的沥青储仓。

15.0063　半地下沥青储仓　semi-underground asphalt storage
有一部分埋入地平面以下的沥青储仓。

15.0064　沥青加热存储设备　bitumen heating and storage plant
由加热装置和水平或垂直的保温金属罐或地下混凝土罐组成的、用于存储热沥青的设备。

15.0065　中压水加热式沥青储仓　medium-pressure water heating asphalt storage
利用中等压力(1.0～1.6 MPa)的饱和水作为

载热体来加热沥青的沥青储仓。

15.0066　蒸汽加热式沥青储仓　steam heating asphalt storage
利用蒸汽作为载热体来加热沥青的沥青储仓。

15.0067　燃气加热式沥青储仓　burning gas heating asphalt storage
利用燃料燃烧产生的燃气作为载热体来加热沥青的沥青储仓。

15.0068　导热油加热式沥青储仓　hot oil heating asphalt storage
利用导热油作为载热体来加热沥青的沥青储仓。

15.0069　电加热式沥青储仓　electric heating asphalt storage
利用电阻发热元件来加热沥青的沥青储仓。

15.0070　远红外线加热式沥青储仓　far-infrared heating asphalt storage
利用远红外线加热沥青的沥青储仓。

15.0071　太阳能加热式沥青储仓　solar energy heating asphalt storage
利用太阳能加热沥青的沥青储仓。

15.0072　沥青储存罐　bituminous binders storage tank
配有加热装置、用于储存沥青结合料的固定式或拖式保温罐。

15.0073　沥青熔化加热装置　asphalt melting and heating unit
使固态沥青熔化、脱水并加热到工作温度的装置。

15.0074　移动式沥青熔化加热装置　traveling asphalt melting and heating unit
全部或部分设备安装有行走轮，可以拖运的沥青熔化加热装置。

15.0075　固定式沥青熔化加热装置　stationary asphalt melting and heating unit
固定安装的沥青熔化加热装置。

15.0076　明火加热式沥青熔化加热装置　fire heating asphalt melting and heating unit
火焰直接加热的沥青熔化加热装置。

15.0077　火管加热式沥青熔化加热装置　fire tube heating asphalt melting and heating unit
燃气通过火管来加热的沥青熔化加热装置。

15.0078　蒸汽加热式沥青熔化加热装置　steam heating asphalt melting and heating unit
利用蒸汽作为载热体来加热的沥青熔化加热装置。

15.0079　导热油加热式沥青熔化加热装置　hot oil heating asphalt melting and heating unit
利用导热油作为载热体来加热的沥青熔化加热装置。

15.0080　桶装沥青熔化加热装置　barreled asphalt melting and heating unit
将桶装沥青连桶一起进行加热的沥青熔化加热装置。

15.0081　有机载热体加热装置　heat transfer material heater
将导热油循环加热，作为载热体，使燃料燃烧的热量传给被加热物体的装置。

15.0082　卧式有机载热体加热装置　horizontal heat-transfer material heater
加热炉体水平布置的有机载热体加热装置。

15.0083　立式有机载热体加热装置　vertical heat-transfer material heater
加热炉体竖直布置的有机载热体加热装置。

15.0084　有机载热体燃煤加热装置　coal-fired heat-transfer material heater
以煤作为燃料的有机载热体加热装置。

15.0085　有机载热体燃油加热装置　oil-fired heat-transfer material heater
以燃油作为燃料的有机载热体加热装置。

15.0086　沥青泵　asphalt pump
用于输送液态沥青结合料、具有保温密封性能的泵。

15.0087　沥青喷洒机　bituminous binder spreader
用于按预先确定的洒布量将沥青均匀地洒布在路面上的机器。

15.0088　带沥青泵的洒布机　displacement pump asphalt spreader
一种由泵将沥青从沥青罐输送到洒布管的机器。

15.0089　恒压洒布机　constant-pressure spreader
将沥青加压从沥青罐输送到洒布管的机器。

15.0090　沥青洒布车　asphalt-distributing tanker
装备有保温容器、沥青泵、加热器和喷洒系统，用于喷洒沥青的罐式汽车。

15.0091　可拆装的喷洒机　removable assembly spreader
沥青罐和附加装置被固定在可拆装的底盘上的喷洒机。

15.0092　带隔热装置的喷洒机　heat-insulated spreader
沥青罐装备了隔热装置以避免热量损失的喷洒机。

15.0093　直接加热喷洒机　directly heated spreader
由加热管里的热气体循环加热或由电热管接触沥青加热的喷洒机。

15.0094　间接加热喷洒机　indirectly heated spreader
利用洒布机内部或外部加热器加热的介质循环加热沥青的喷洒机。

15.0095　热沥青喷洒机　hot binder spreader
能够在沥青温度大于 80℃洒布的喷洒机。

15.0096　冷沥青喷洒机　cold binder spreader
能够在沥青温度小于 80℃洒布的喷洒机。

15.0097　高黏度沥青喷洒机　high-viscosity binder spreader
能够在适用温度下、沥青黏度大于 300cSt(厘斯)使用的喷洒机。

15.0098　高压沥青喷洒机　high-pressure binder spreader
喷洒时洒布管里的沥青压力大于 0.2 MPa 的喷洒机。

15.0099　中压沥青喷洒机　medium-pressure binder spreader
喷洒时洒布管里的沥青压力在 0.02～0.2 MPa 之间的喷洒机。

15.0100　低压沥青喷洒机　low-pressure binder spreader
喷洒时洒布管里的压力低于 0.02 MPa 的喷洒机。

15.0101　液态沥青运输车　bituminous binders dispenser
保温加热罐安装在载货汽车、半挂车或全挂车上，并配有重力阀或输送泵式卸料系统的运输车。

15.0102　标定的沥青罐装载量　nominal loading of tank
额定容量下装载最高密度沥青时的质量。

15.0103　洒布管宽度　spray bar width
流体流到洒布管两端点喷嘴间的距离。

15.0104　沥青泵最大输出量　maximum output of asphalt pumping unit
沥青黏度为 100 cSt(厘斯)时，沥青泵的最大输出量。

15.0105 标定的洒布量 nominal application rate

最大洒布宽度、沥青密度为 1 g/cm^3、黏度为 100 cSt(厘斯)、行驶速度为 4 km/h、沥青泵最大输出量时的洒布量。

15.0106 喷洒高度 spreading height

喷嘴口和喷洒面之间的平均测量高度。

15.02 石屑撒布机

15.0107 石屑撒布机 chippings spreader

以一定的速率在道路撒布石屑料层的机械。依据工作方式它可分为车载式、自行式和自卸卡车推行式。

15.0108 车载式石屑撒布机 transported chippings spreader

在载货汽车或半挂车尾部增设撒布机构的石屑撒布机。

15.0109 自行式石屑撒布机 self-propelled chippings spreader

能自行的石屑撒布机。

15.0110 自卸卡车推行式石屑撒布机 chippings spreader pushed by tipper truck

撒布机行走轮轴与自卸卡车的后轴对接，依靠自卸卡车推行前进的石屑撒布机。撒布机的传送辊由行走轮轴驱动。

15.0111 撒布机底盘 spreader chassis

可以安装整套撒布机部件并提供撒布作业所需动力的载货汽车或半挂车底盘。

15.0112 卸料斗 dumping body

撒布和运输作业时，储存石屑的箱形料斗。

15.0113 卸料斗分隔板 partial partition of dumping body

料斗内设置的分隔壁板，其作用是改善轮轴负荷和减少撒布装置的载荷。

15.0114 石屑撒布装置 chippings spreading device

安装在自卸卡车尾部的撒布机构。撒布作业时，自卸卡车大多以后退档工作。

15.0115 撒布料斗 spreading hopper

可将石屑定量地撒布到地面上的、由一个或多个传送带向其供料的箱体。

15.03 混凝土摊铺机

15.0116 混凝土摊铺机 concrete paver

将混凝土拌和料均匀地摊铺在路基上，并进行捣实、整平成型的抹光修饰等工作的机械。

15.0117 轨模式混凝土摊铺机 rail-form concrete paver

行驶在两根带边模的轨道上的混凝土摊铺机。

15.0118 斗铺轨模式混凝土摊铺机 hopper-type rail-form concrete paver

以专门的摊铺斗沿两条横向轨道移动，进行周期式工作的轨模式混凝土摊铺机。

15.0119 螺旋轨模式混凝土摊铺机 auger-type rail-form concrete paver

以螺旋摊铺器将预置在路基上的混凝土拌和料摊开，进行连续摊铺工作的轨模式混凝土摊铺机。

15.0120 刮板轨模式混凝土摊铺机 blade-type rail-form concrete paver

通过在水平面上调整角度的刮板沿横向滑轨移动，可将预置在路基上的混凝土拌和料进行刮铺的轨模式混凝土摊铺机。

15.0121 固模式混凝土摊铺机 concrete mix paver

又称“混凝土修整机(concrete finisher)”。用于压实和修整(使其平滑)固定模板里的混凝土混合料的移动式混凝土摊铺机。

15.0122 滑模式混凝土摊铺机 slipform concrete paver

在机架两侧装有随机滑动的侧模板，对混凝土拌和料进行连续摊铺，并具备整饰成型和捣实功能的多功能混凝土摊铺机。

15.0123 履带式滑模混凝土摊铺机 crawler slipform concrete paver

由履带行走装置驱动的滑模式混凝土摊铺机。

15.0124 轮胎式滑模混凝土摊铺机 tire slipform concrete paver

由轮胎台车驱动的滑模式混凝土摊铺机。

15.0125 多功能滑模式混凝土摊铺机 multi-function-type slipform concrete paver

通过更换模具，可摊铺路面、路缘、边沟和防护墙等工程的滑模式混凝土摊铺机。

15.0126 辊轴式混凝土路面摊铺整平机 roller-axle-type concrete spread and flap solid machine

通过辊轴对混凝土路面进行捣实、提浆、整平成型等工作的机械。

15.0127 螺旋摊铺器 auger concrete paver

铺散混凝土拌和料的螺旋输送装置。

15.0128 摊铺斗 distributing hopper

通过底部可控斗门卸铺拌和料的料斗。

15.04 混凝土路面修筑和养护机械

15.0129 路面清理用鼓风机 blower for road bed cleaning

用于清理路基和路面的自行式鼓风机。

15.0130 水泥混凝土铺设机 concrete mix laying machine

又称“混凝土撒布机(concrete spreader)”。将自卸车堆置到地面上固定模板里的混凝土混合料摊开的移动式或手控式机械。

15.0131 混凝土路面切缝机 concrete saw

切割混凝土路面伸缩缝的机械。

15.0132 混凝土路面填缝机 concrete crack sealing machine

用热填缝胶填塞混凝土路面伸缩缝的机械。

15.0133 边缘压实切割机 edge tamping and cutting machine

通过压实或切割来除去伸缩缝的突起边缘的机械。

15.0134 路石铺设机 paving stone laying machine

又称“路块铺设机(paving block laying machine)”。装有起重吊臂和抓爪，用于从载货汽车或料堆中抓取预制的铺路石(铺路块)，并将抓取的材料搬运、铺设在施工路面的合适位置的自行式机械。

15.0135 混凝土整平机 concrete leveller

用于摊开、平整、压实在固定模板里的混凝土混合料的移动式机械。

15.0136 混凝土浇筑机 concrete mix placer

用于接收自卸车等运输车辆运载的混凝土混合料，将其输送到路基处，并在滑模式摊铺机前预铺设指定厚度混凝土混合料的移动式机械。

15.0137 路基修整机 grade trimming machine

装有旋转切削轮，在铺设路面材料之前，将公路或机场路的路基精确地整修成预定轮廓的移动式机械。

15.0138 水泥混凝土转运机 concrete mix transfer machine

用于接收运输车辆上的水泥混凝土，并将其传送至滑模式摊铺机上的移动式机械。

15.0139　混凝土真空脱水处理设备　concrete vacuum dewatering treatment equipment

利用真空泵对新铺筑的混凝土路面或新浇灌的混凝土块进行真空脱水处理，使之快干并提高其物理力学性能的设备。

15.0140　混凝土路面抹光机　concrete trowel machine

用于抹平混凝土表面的机械。

15.0141　混凝土路面排式振动器　concrete linable machine

由多个振动器排列组成，与辊轴式混凝土路面摊铺整平机配合使用，用于路面振实的机械。

15.0142　混凝土路缘成型机　concrete curb machine

采用挤压混凝土的方法一次成型道路路缘的机械。

15.0143　混凝土路面刻纹机　concrete scarifier machine

用于路面刻制防滑纹的机械。

15.0144　混凝土拉毛养生机　concrete texture curing machine

拉毛初凝混凝土表面，并喷洒养护剂或水进行养生的机械。

15.05　路面压实机械

15.0145　回填压实机　landfill compactor

装有前置的工作装置可安装推土铲或装载附件，还装有碾碎并压实垃圾的辊轮，通过机器的向前运动还可以推移、平整和装载土壤、回填物或废料(垃圾)的自行式轮胎压实机械。

15.0146　压路机　roller

装有由一个或多个金属圆柱形筒(滚筒)或橡胶轮胎组成的压实装置，通过压实装置的滚动和(或)振动来压实碎石、土壤、沥青混合料或砾石等物料的自行式或拖行式机械。

15.0147　拖式压路机　towed roller

由装有司机室的牵引车拖行的非自行式压路机。

15.0148　冲击压路机　impact roller

有一个或多个，外廓表面由若干曲线为母线构成的柱面，转动时能产生冲击力的金属压轮，用于压实碎石、混凝土、土壤或砂砾材料的自行式或拖式机械。

15.0149　振动冲击夯　vibratory rammer

由发动机或电动机、激振装置、缸筒和夯板等组成，发动机或电动机带动曲柄连杆机构运动，产生上下往复作用力使夯板跳离地面，在曲柄连杆机构作用力和设备重力作用下，夯板往复冲击被压实材料，达到夯实目的的设备。

15.0150　振动平板夯　vibratory tamper

由发动机、夯板、激振器、弹簧悬挂系统等组成，动力由发动机经皮带传给偏心块式激振器，由激振器产生的偏心力矩带动夯板以一定的振幅和激振力振实被压材料的设备。

15.06　稳定土搅拌机械

15.0151　稳定土搅拌机械　soil-stabilizing machinery

将土粉碎，并与稳定剂(石灰、水泥、沥青、乳化沥青或其他化学剂)均匀搅拌，以提高土壤稳定性，用来修建稳定土路面或加强土路基的机械。

15.0152　稳定土拌和机　soil stabilizer

具有粉碎、分散、风干、拌均和(或)疏松现有的或新的摊铺材料，并将其与一种或多种添加材料(石粉、水泥、石灰等)搅拌混合功能的自行式、拖式或车载式机械。

15.0153 路拌式稳定土搅拌机 mixing-in-place soil stabilizer

机械行驶过程中，以其工作装置对土就地进行松碎，并与稳定剂均匀搅拌的机械。

15.0154 自行式稳定土搅拌机 self-propelled pulvi-mixer

能独自驱动全部作业和行驶的路拌式稳定土搅拌机。

15.0155 拖式稳定土搅拌机 towed pulvi-mixer

由牵引机械拖曳工作的路拌式稳定土搅拌机。

15.0156 一次成型稳定土搅拌机 single-pass soil stabilizer

具有松土、搅拌、整型与压实等工作装置的半挂自行式多功能一次成型的搅拌机。

15.0157 稳定土拌和站 soil mix plant

用于将石粉和(或)水泥、石灰、乳化沥青等黏结料同天然土拌和，以改善土壤的力学性能和物理性能的成套设备。

15.0158 稳定土厂拌设备 center soil stabilization material mixing equipment

将土块集中在工厂中进行粉碎，并与稳定剂均匀搅拌的设备。

15.0159 移动式稳定土拌和站 portable soil mix plant

具有轮式底盘的稳定土拌和站。

15.0160 路面整型器 screed

将已拌制好的稳定土按路型要求进行平整的工作装置。

15.0161 计量给土斗 soil batch hopper

按规定量分批供土的加料斗。

15.0162 稳定剂计量给料斗 stabilizing agent batch hopper

定量供给稳定剂的斗。

15.0163 计量给水装置 water batcher

定量供水的装置。

15.0164 双轴式强制搅拌器 double-shaft agitator

将土与稳定剂进行强制对拌的工作装置。

15.0165 松土–搅拌转子 pulvimixer rotor

将土壤粉碎，并与稳定剂均匀搅拌的转子。

15.0166 翻松转子 cutting rotor

翻松土的齿刀式转子。

15.0167 叶桨式粉碎转子 mill rotor with flexible blades

将已翻松的土块加以粉碎的工作装置。

15.0168 双轴式搅拌转子 double-shaft mix rotor

将已粉碎的土与稳定剂进行对拌的工作装置。

15.0169 支承轮 bogie wheel

支承拖式稳定土搅拌机的充气轮。

15.0170 支承–压实轮 bogie tire wheel

支承一次成型式稳定土搅拌机半挂式底盘后部，并起压实作用的单排充气轮。

15.0171 履带行走装置 crawler track, endless track installation

装在机架或整体台车架上，支承机体使履带循环转动行驶及发挥出牵引力的全套机构。

15.0172 搅拌宽度 mixing width

路拌式稳定土搅拌机一次通过所能搅拌的宽度。

15.0173 最大搅拌深度 maximum mixing depth

路拌式稳定土搅拌机一次翻拌的最大深度。

15.07 路面铣刨机和除雪机

15.0174 路面铣刨机 road milling machine

用于铣刨道路铺装层的可移动式道路施工机械。

15.0175 铣刨装置 cutting and milling system

由铣刨鼓和洒水装置组成的设备。铣刨鼓为动力驱动的圆柱体，上面装有铣刨刀具。

15.0176 除雪机 snow remover

采用机械方法清除道路积雪的设备或车辆。由工作装置和底盘组成。工作装置有转子式、犁板式和联合式三种。底盘可以是汽车、工程车辆或专用底盘。

15.0177 转子式除雪机 snow remover with snowblower

在底盘上安装有转子式除雪工作装置的除雪机。

15.0178 犁板式除雪机 snow remover with snowplough

除雪犁板安装在汽车、工程车辆或专用底盘上的除雪机。

15.0179 联合式除雪机 combine snow remover

利用除雪犁板将积雪推到道路限界以外，也可同时利用转子式工作装置将较厚雪层在离心力作用下把积雪抛扬到限界以外的除雪机。

16. 地基基础施工设备

16.0001 打桩设备 piling equipment

沉桩和拔桩用的机器及部件。

16.0002 冲击锤 impact hammer

根据冲击设备工作原理，冲击质量直接或间接地对桩进行冲击，将桩沉入土壤的桩锤。间接对桩冲击时，冲击质量与桩之间有衬垫和桩帽等缓冲装置。

16.0003 落锤 winch-operated impact hammer

由卷扬机或类似方法提升冲击质量的桩锤。

16.0004 蒸汽锤 steam-operated impact hammer

由蒸汽压力提升冲击质量的桩锤。

16.0005 空气锤 air-operated impact hammer

由空气压力提升冲击质量的桩锤。

16.0006 柴油锤 diesel-powered impact hammer

由燃料混合气燃烧产生的气体压力提升冲击质量的桩锤。

16.0007 液压锤 hydraulically powered impact hammer

由液压提升冲击质量的桩锤。

16.0008 振动桩锤 vibrator for piling equipment

产生定向振动用于沉拔桩的桩锤。

16.0009 电动式振动桩锤 electric vibrator for piling equipment

以电力为动力产生单向振动的桩锤。

16.0010 液压式振动桩锤 hydraulic vibrator for piling equipment

以液压为动力产生单向振动的桩锤。

16.0011 压桩设备 pile forcing equipment

将连接或非连接的桩以及钢板桩或成型桩压入地下的设备。

16.0012 千斤顶压桩设备 equipment for jacking preformed pile sections into the ground

由液压动力装置和液压缸组成的设备。在已

有基础下面的坑内顶着基础压入预制桩节（段）。

16.0013 静力压拔桩设备 static pile pushing/pulling equipment
利用几个垂直液压缸施加稳定的力压、拔钢板桩的设备。液压缸要夹紧已压入地面的若干钢板桩。

16.0014 成桩设备 pile forming rig
用旋转或冲击的办法成孔，在孔中做成桩的机械。有的在套管内取走土壤，有的不取走，利用套管来做成桩。

16.0015 钻孔成桩设备 drilling pile forming rig
在可拔出的套管钻出的孔中制成灌注桩的钻孔装置。

16.0016 套管可拔出的旋转钻孔机 rig for rotary drilling and installation of withdrawable casing
汽车式或履带式等底盘，装有导向杆、旋转钻孔装置及可压入并拔出套管的设备。

16.0017 套管可拔出的冲抓钻孔机 rig for stroke drilling and installation of withdrawable casing
汽车式或履带式等底盘，装有为冲抓成孔用钢丝绳（操纵）抓斗或安装在导杆上的抓斗及套管的设备。

16.0018 使用稳定液的旋转钻孔装置 rig for rotary drilling with stabilizing fluid
汽车式或履带式等底盘，装有导向立柱、旋转钻孔装置、空心钻杆以及从孔中连续排出泥屑的泥浆泵等的设备。

16.0019 使用稳定液的冲抓钻孔装置 rig for stroke drilling with stabilizing fluid
汽车式或履带式等底盘，装有冲抓成孔用钢丝绳（操纵）抓斗或安装在导杆上的抓斗的设备。

16.0020 旋挖钻机 rotary drilling rig
用回转斗、短螺旋钻头或其他作业装置进行干、湿钻进，逐次取土、反复循环作业成孔为基本功能的机械设备。

16.0021 长螺旋钻孔机 rig for rotary drilling with a continuous flight auger
汽车式或履带式等底盘，装有导向立柱及沿立柱移动的钻孔装置的设备。

16.0022 多功能沉桩和拔桩装置 multi-purpose pile driving and extracting equipment
液压底盘（通常用液压挖掘机）装有伸缩导杆系统，可快速固定振动桩锤、静力压桩和拔桩设备、长螺旋钻孔机、冲击锤（液压锤或柴油锤）等工作装置的机械。

16.0023 导向装置 guiding device
用于安装沉拔桩作业装置的结构件。

16.0024 沉拔桩作业装置 pile installation and extraction equipment
使桩与其周围土壤产生相对运动的设备。向下的运动用来沉桩，向上的运动用来拔桩。

16.0025 冲击式拔桩器 impact extractor
根据冲击设备的工作原理，利用冲击质量被提升时的动能将桩从土壤中拔出的机器。

16.0026 冲击式沉拔桩设备 impact extractor-hammer
根据冲击设备的工作原理，既可沉桩又可拔桩的机器。

16.0027 静力压拔桩机 static pile pushing/pulling device
通过在桩上施加静力完成沉、拔桩的机器。

16.0028 冲击设备 impact equipment
通过提升冲击质量并使其落下，作用于桩

上，在短时间内实现能量转化的机器。

16.0029 送桩器 pilefollower

桩帽、桩盔或衬垫与桩头部之间的连接装置，使桩被沉设得更深，也可用来沉设大直径的桩。

16.0030 夹紧装置 clamping device

夹紧桩以传递来自冲击式拔桩设备或压拔桩机作用力的装置。

16.0031 吊桩装置 pile-handling device

包括吊运桩所用的远距离释放挂钩和定位、组装临近互锁的桩的装置。

16.0032 桩的导向装置 pile guide

固定在立柱上或可在立柱上移动的，为桩提供定位和支撑的装置。

16.0033 桩架 piling rig

包含立柱、立柱连接装置和底盘，但不包括沉拔桩作业装置和其他设备的机架。

16.0034 桩帽 drive cap

放置在冲击质量和桩之间的部件。

16.0035 桩盔 hammer helmet

下部有凹槽，既可对桩进行定位，也可另外安装缓冲垫以保护桩头不被破坏的桩帽。

16.0036 连续墙设备 diaphragm walling equipment

用于连续墙现场浇灌的非圆形桩和防渗墙的施工机械。

16.0037 液压式连续墙抓斗 diaphragm walling equipment using hydraulic grabs and telescopic extension rods

汽车式或履带式等底盘，配有伸缩导杆的液压(操纵)抓斗的设备。

16.0038 钢丝绳式连续墙抓斗 diaphragm walling equipment using rope-operated grabs

汽车式或履带式等底盘，配有直接装在起重臂上或伸缩导杆上的钢丝绳(操纵)抓斗的设备。

16.0039 连续墙铣槽机 diaphragm walling equipment using milling cutters

汽车式或履带式等底盘，配有铣槽机在地下铣槽的机械设备。铣切时用稳定液来保护槽壁，切下的泥屑由泥浆泵从槽中吸走，泥浆泵与铣槽机组成一体。

16.0040 水平定向钻机 horizontal directional drilling machine

使用连接在钻杆端部的一个可控方向的钻头，穿透地层，完成在地层中水平成孔过程的设备。

17. 混凝土机械及混凝土制品机械

17.0001 混凝土搅拌站 concrete mixing plant

由供料、储料、配料、搅拌、出料、控制等系统及结构部件组成，所有混凝土搅拌物料的称量装置设置在配套主机安装平面以下，用于生产混凝土的机械和设备。

17.0002 混凝土搅拌楼 concrete mixing tower

由供料、储料、配料、搅拌、出料、控制等系统及结构部件组成，所有混凝土搅拌物料的称量装置设置在配套主机安装平面以上，用于生产混凝土的机械及设备。

17.0003 船载式混凝土搅拌站 boat-mounted concrete mixing plant

安装在船上的混凝土搅拌站。

17.0004 水平式混凝土搅拌站 horizontal concrete mixing plant

骨料储存仓或辐射式骨料储存场位于搅拌机的旁边的一种生产混凝土的设备。

17.0005 固定式混凝土搅拌站 stationary concrete mixing plant

建在固定地点的混凝土搅拌站。

17.0006 可转移式混凝土搅拌站 transferable concrete mixing plant

可以拆卸、运输并在另一地方重新安装的混凝土搅拌站。

17.0007 移动式混凝土搅拌站 mobile concrete mixing plant

装在挂车上的混凝土搅拌站。

17.0008 塔式混凝土搅拌站 tower concrete mixing plant

骨料储存仓位于搅拌机之上的一种混凝土生产设备。

17.0009 混凝土配料站 concrete batching plant

水泥、骨料(包括砂、石)、水、干的组合料，按比例配制后装到运输设备上去的机械和设备。

17.0010 竖直式混凝土配料站 vertical concrete mix batching plant

将组合料按比例配制，并装到运输设备中的机械和设备。

17.0011 水平式混凝土配料站 horizontal concrete mix batching plant

将组合料按比例配制，并装到运输设备中的机械和设备。骨料储存仓位于加料(进料)斗旁边。

17.0012 固定式混凝土配料站 stationary concrete batching plant

不能移位的混凝土配料站。

17.0013 可转移式混凝土配料站 transferable concrete batching plant

按比例配制组合料，能拆卸运输，移位后重新装配起来的混凝土配料站。

17.0014 周期式混凝土搅拌站 periodic concrete mixing plant

供料、配料、投料、搅拌、出料等工序按预定程序运行并周期式重复的混凝土搅拌站。

17.0015 连续式混凝土搅拌站 continuous concrete mixing plant

供料、配料、投料、搅拌、出料等工序按预定程序连续运行的混凝土搅拌站。

17.0016 混凝土搅拌机 concrete mixer

将一定配合比的水泥、骨料、水等搅拌物料搅拌成混凝土的机械。

17.0017 连续式混凝土搅拌机 continuous concrete mixer

连续进行均衡加料、搅拌、出料的混凝土搅拌机。

17.0018 周期式混凝土搅拌机 periodic concrete mixer

加料、搅拌、出料按周期进行循环作业的混凝土搅拌机。

17.0019 重力式混凝土搅拌机 gravitation concrete mixer

又称“自落式混凝土搅拌机(free-fall concrete mixer)”。混凝土搅拌物料由固定在搅拌筒内的叶片带至高处，靠自重下落进行搅拌的混凝土搅拌机。

17.0020 反转式混凝土搅拌机 reversing concrete mixer

其搅拌筒两端是截锥筒体，中部有一段圆柱体，筒内固定着若干组叶片，搅拌筒正转搅拌，反转出料的混凝土搅拌机。

17.0021 倾翻式混凝土搅拌机 tilting concrete mixer

带倾翻搅拌筒出料的混凝土搅拌机。

17.0022 强制式混凝土搅拌机 compulsory concrete mixer

混凝土搅拌物料由旋转的搅拌叶片或装置强制搅拌的混凝土搅拌机。

17.0023 涡桨式混凝土搅拌机 paddle concrete mixer

通过安装在转子(立轴式)上的拌和铲片对搅拌物料进行搅动的混凝土搅拌机。从顶上加料，从罐底部打开卸料门卸料。

17.0024 行星式混凝土搅拌机 planetary concrete mixer

垂直安装的搅拌器在固定罐内做行星运动的混凝土搅拌机。从顶上加料，从罐底部打开卸料门卸料。

17.0025 双卧轴式混凝土搅拌机 double-horizontal-shaft concrete mixer

装有两根水平平行的搅拌轴，轴上装有拌和铲片，对搅拌物料进行搅动的混凝土搅拌机。

17.0026 单卧轴式混凝土搅拌机 single-horizontal-shaft concrete mixer

装有一根水平搅拌轴，轴上装有螺旋带状叶片或铲片，对搅拌物料进行搅动的混凝土搅拌机。

17.0027 溜槽卸料式混凝土搅拌机 discharging chute concrete mixer

搅拌筒两端开口的重力式混凝土搅拌机。从一边加料，另一边靠伸入搅拌筒的溜槽卸料。

17.0028 涡桨行星式混凝土搅拌机 turbo planetary concrete mixer

有绕固定罐垂直轴旋转的搅拌器，再加上另外做行星运动的搅拌器的强制式混凝土搅拌机。从顶部加料，从罐底部打开卸料。

17.0029 逆流式混凝土搅拌机 counter-current operation concrete mixer

一个或多个搅拌器绕垂直轴旋转，而罐反向旋转的强制式混凝土搅拌机。从顶部加料，从罐底部打开卸料。

17.0030 混凝土轮式输送设备 wheeled concrete transport equipment

装在汽车或挂车上，带搅拌装置或不带搅拌装置，旋转的或顶部开口的料罐。

17.0031 搅拌输送车 truck mixer

安装在自行式底盘上或挂车上，能够生产和运送匀质混凝土的搅拌设备。

17.0032 混凝土输送斗 concrete transport skip

用来运送混凝土但不带搅拌装置的设备。

17.0033 混凝土翻斗车 concrete dumper

车厢顶部敞开，并向卸料端倾斜，车厢可向前或向一边或两边倾翻，或用提升倾翻使之倒空的四轮自行车辆。

17.0034 带皮带输送机的混凝土搅拌输送车 truck concrete mixer with belt conveyor

装有皮带输送机的混凝土搅拌输送车。

17.0035 混凝土输送设备 concrete mix delivery equipment

用泵或气动装置通过管子或软管输送混凝土料的设备。

17.0036 混凝土搅拌运输车 concrete mixing carrier, concrete truck mixer

装备有搅拌筒、螺旋叶片、动力系统等设备，用于运输混凝土的罐式汽车。

17.0037 带混凝土泵的搅拌运输车 truck mixer with concrete pump

装有混凝土泵的混凝土搅拌运输车。

17.0038 混凝土搅拌输送斗 concrete transport agitating skip

装在自行式底盘上，在运送时使新鲜混凝土处于完全搅拌好的均匀状态的设备。

17.0039 固定式混凝土泵 stationary concrete pump

安装在固定机座上的混凝土泵。

17.0040 拖式混凝土泵 towed concrete pump

安装在可以拖行的底盘上的混凝土泵。

17.0041 车载式混凝土泵 transported concrete pump

安装在机动车辆底盘上的混凝土泵。

17.0042 气压式混凝土泵 pneumatic concrete pump

利用气体压力输送混凝土的泵。

17.0043 液压式混凝土泵 hydraulic concrete pump

利用液体压力输送混凝土的泵。

17.0044 活塞式混凝土泵 piston concrete pump

利用活塞的往复运动压送混凝土的泵。

17.0045 挤压式混凝土泵 squeeze concrete pump

利用挤压滚轮挤压软管压送混凝土的泵。

17.0046 带布料杆的混凝土泵 concrete pump with distributor

带有布料杆的混凝土泵，把混凝土输送到布料杆所能到达的地方。

17.0047 不带布料杆的混凝土泵 concrete pump without a placing boom

通过管道输送混凝土而不装备布料杆的混凝土泵。

17.0048 混凝土泵车 concrete pump truck

又称“布料杆泵车”，“臂架式泵车”。装备有混凝土输送泵和布料装置，利用压力通过管道输送或浇灌混凝土的专用汽车。

17.0049 气动混凝土布料装置 pneumatic concrete placing device

用压缩空气从管道里输送混凝土的装置。

17.0050 单罐气动混凝土布料装置 single-chamber pneumatic concrete placing device

压缩空气交替地引入梨形密封罐内的混凝土上部及底部，使混凝土进入输送管的布料装置。

17.0051 双罐气动混凝土布料装置 twin-chamber pneumatic concrete placing device

给料器包括一个加料罐和一个工作罐，工作罐充满从加料罐卸下来的混凝土，气动系统工作方式与单罐输送类似的布料装置。

17.0052 新鲜混凝土和灰浆给料器 feeder of fresh concrete and mortar

楼板整平用的混凝土、松散材料、干硬性混合料的搅拌及气动输送设备。

17.0053 混凝土振动器 concrete vibrator

具有振源并将振动传给混凝土，使其得以振动密实的机械。

17.0054 附着振动器 external vibrator

安装在模板等结构上并工作的振动器。

17.0055 电动振动器 electric vibrator

以电为动力的振动器。

17.0056 内燃振动器 engine-type vibrator

以汽油机作为动力的振动器。

17.0057 气动振动器 pneumatic vibrator

以压缩气体为动力的振动器。

17.0058 液压振动器 hydraulic vibrator

以液体压力为动力的振动器。

17.0059 直联式振动器 rigid vibrator

动力装置与振动棒刚性连接的振动器。

17.0060 软轴式振动器 flexible shaft vibrator

动力装置通过挠性钢丝软轴与振动棒连接的振动器。

17.0061 电动机式振动器 motor-in vibrator

电动机安装在振动棒内部的振动器。

17.0062 行星式振动器 planetary vibrator

在振动体内安装有绕内滚道或外滚道转动的行星滚锥而产生振动的振动器。

17.0063　内置式振动器　internal vibrator
插入混凝土中使其密实的振动器。

17.0064　外置式振动器　external vibrator
附着于建筑施工设备的外部构件上(即模板壁上)，利用偏心式或摆式工作原理使混凝土密实的振动器。

17.0065　偏心式插入振动器　eccentric-type immersion vibrator
用一个偏心的质量在壳体内两轴承间旋转，产生简谐振动以密实混凝土的插入式振动器。

17.0066　摆式插入振动器　pendulum-type immersion vibrator
与偏心式插入振动器相似，依靠一个不平衡质量沿圆形轨道旋转的摆锤机构产生振动的插入式振动器。其大多数由电动机或内燃机驱动。

17.0067　振动棒　vibrating head
直接插入混凝土中进行振动的圆柱体振动装置。

17.0068　滚道　rolling race
使滚锥在其内(外)锥面上滚动以产生振动的金属套。

17.0069　软轴　flexible shaft
由分层相互交叉缠绕的钢丝和钢带螺旋管、橡胶组成，具有一定挠性并能传递一定扭矩的软管。

17.0070　混凝土喷射机　concrete spraying machine
将混凝土拌和料或混合料喷向施工作业面，使施工作业面得到加强和保护的机械。

17.0071　干式混凝土喷射机　dry concrete spraying machine
将干的混合料通过压缩空气输送至喷嘴处加水喷出的喷射机。

17.0072　湿式混凝土喷射机　wet concrete spraying machine
将水灰比达到使用要求的混凝土拌和料(喷射混凝土)通过压缩空气输送至喷嘴处直接喷出的混凝土喷射机。

17.0073　转子式混凝土喷射机　rotor concrete spraying machine
在转子的料孔中加入混凝土拌和料或混合料，当料孔转至风口处，拌和料或混合料即被压缩空气喷出的混凝土喷射机。

17.0074　螺旋式混凝土喷射机　screw concrete spraying machine
由料斗、套筒、螺旋给料机构、车架等组成，混凝土拌和料或混合料由螺旋给料机构进行输送，然后由压缩空气喷出的混凝土喷射机。它分为水平式和垂直式两种。

17.0075　鼓轮式混凝土喷射机　drum concrete spraying machine
通过旋转鼓轮上的 V 形槽将混凝土拌和料或混合料从进料斗带至出料口后由压缩空气喷出的混凝土喷射机。

17.0076　称量装置　weighing batcher
对水泥、骨料、水等各种搅拌物料进行计量的装置。

17.0077　单独式称量装置　single batcher
对一种搅拌物料计量的称量装置。

17.0078　累计式称量装置　cumulative batcher
对两种或两种以上搅拌物料计量的称量装置。

17.0079　质量式称量装置　quality batcher
以质量为计量单位的称量装置。

17.0080　容积式称量装置　volumetric batcher
以容积为计量单位的称量装置。

17.0081 减法计量装置 measuring device based on subtraction method

根据搅拌物料储料斗(仓)的总质量(包括物料质重和皮质重)，用减去的质量作为搅拌物料量的称量装置。

17.0082 储料仓 storage bin

储存生产混凝土所需的搅拌物料的料仓。

17.0083 给料机 feeder

向称量装置等供料的装置。

17.0084 拉铲 pulling scraper

利用卷扬机构、绳索拉动铲斗对骨料进行堆垛集料的设备。

17.0085 稠度仪 consistency measurer

用以测量混凝土稠度的仪器。

17.0086 搅拌罐 mixing tank

容纳混凝土搅拌物料并对其进行搅动的容器。

17.0087 进料叶片 charge blade

安装在搅拌罐进料口处，引导搅拌物料进入搅拌罐的叶片。

17.0088 出料叶片 discharge blade

搅拌罐内引导混凝土搅拌物料从罐内卸出的叶片。

17.0089 卸料门 discharge gate

搅拌罐上卸出混凝土搅拌物料的启闭装置。

17.0090 搅拌筒 mixing drum

装载预拌混凝土或混凝土搅拌物料的筒状容器。它能绕容器的中心轴旋转。

17.0091 供水装置 water-supplying device

清洗搅拌筒和增补混凝土的含水量或对输送的干料进行加水的装置。

17.0092 供水系统 water-supplying system

用车辆的气路系统或用水泵向搅拌筒压力供水的系统。

17.0093 进出料装置 feeding and outgoing device

引导混凝土搅拌物料装入搅拌筒和卸出搅拌筒的导向漏斗。

17.0094 塔式布料杆 tower distributor

安装在塔柱上，有铰接点和输送管的布料杆。它绕垂直轴回转，输送管的端部是柔性的，在垂直平面内(立面)布料杆的回转角度几乎达 360°。

17.0095 混凝土输送箱 concrete delivery tank

可将混凝土转送到施工现场的箱形容器，其出料端为收敛形的，并设有卸料机构。通常有低位装料和竖直位置卸料两个工作位置。

17.0096 混凝土斗 concrete bucket

用起重机转运混凝土时使用的漏斗式容器，设有卸料机构。

17.0097 泵送机构 pumping mechanism

由混凝土料斗、分配阀、混凝土缸、水洗箱和推送液压缸等零部件组成的，混凝土泵的混凝土推送装置。

17.0098 输送管道清洗装置 cleaning device for transport tube

由清洗结合器、清洗接收器(气洗用)、清洗活塞(或清洗球、清洗海绵)等零部件组成的，将混凝土泵输送管路中的混凝土清除出输送管的装置。

17.0099 混凝土输送容器 concrete delivery vessel

临时储存混凝土以及用起重机将混凝土运送到施工现场的敞开式装置。

17.0100 清洗结合器 cleaning adapter

在清洗管路中残留混凝土时，用以连接高压水管和混凝土输送管的装置。

17.0101 清洗接收器 cleaning catcher

清洗时，安装在管路的卸料端，用以接收清

洗器排出物的安全装置。

17.0102 布料杆 placing boom
在一定的范围内可回转、伸缩的臂架和输送管(包括硬管及出料软管)的总成。

17.0103 组装式布料杆 assembled placing boom
可按施工要求组合拆装的布料杆。

17.0104 折叠式布料杆 folding placing boom
可折叠的布料杆。

17.0105 盘式给料器 disk feeder
通过转盘旋转将拌和料或混合料拨至出料口的机构。

17.0106 鼓轮给料器 drum feeder
通过鼓轮的转动将拌和料或混合料送至出料口的机构。

17.0107 螺旋给料器 screw feeder
通过螺旋叶片轴的转动将拌和料或混合料送至出料口的机构。

17.0108 强制式混凝土清洗机 compulsory cleaning machine for concrete
盛装混凝土和清洗水的容器(清洗筒)固定不动，靠螺旋形搅拌叶片的旋转带动混凝土在清洗水中进行清洗，清洗后的砂石靠此螺旋导出容器外的一种混凝土清洗设备。

17.0109 自落式混凝土清洗筛分机 gravitation cleaning and sizing machine for concrete
盛装混凝土和清洗水的格栅式圆柱形或圆锥形滚筒筛旋转，混凝土中砂石靠滚筒内壁的螺旋叶片进行清洗，清洗后的砂从筛孔中漏出，留在筛面上的石子由内装式螺旋叶片导出滚筒筛外的一种混凝土清洗筛分设备。

17.0110 受料斗 feeding hopper
接收混凝土机械如混凝土泵、混凝土泵车、混凝土搅拌机和混凝土运输车等清洗后的废料、废水的一种漏斗式容器。

17.0111 清洗筒 cleaning drum
盛装混凝土机械清洗后的废水、废料的容器。

17.0112 清洗滚筒筛 rolling drum bolter for cleaning
盛装混凝土机械清洗后的废料、废水的一种能旋转的栅格式筛分装置。

17.0113 清洗螺旋机 spiral equipment for cleaning
一种对混凝土机械清洗后的废料、废水进行搅动并能将砂石导出混凝土清洗机的螺旋机。

17.0114 破拱装置 broken device
破除物料拱塞的装置。

17.0115 砂–石含水率测定仪 moisture measurer for sand and stone
用以测量砂、石含水率的仪器。

17.0116 混凝土贮斗 concrete hopper
混凝土搅拌机生产的混凝土在卸入运输工具之前暂时储存的容器。

17.0117 收尘设备 dust collector
将混凝土搅拌设备生产过程中产生的粉尘收集并分离出来的装置。

17.0118 搅拌罐齿圈 mixing tank gear ring
安装在搅拌罐上并带动搅拌罐旋转的齿圈。

17.0119 搅拌罐滚道 mixing tank rolling track
搅拌罐托轮滚动的轨道。

17.0120 托轮 supporting wheel
支撑搅拌罐的滚轮。

17.0121 衬板 liner plate
安装在搅拌罐内壁上的耐磨板。

17.0122 搅拌叶片 mixing blade

固定在搅拌罐内壁或搅拌臂上带动混凝土搅拌物料运动的叶片。

17.0123　涡浆转子　paddle rotor
带动拌和铲片旋转的回转体。

17.0124　提升卷扬机　hoist
提升给料斗的装置。

17.0125　眼镜板　eye-shaped board
安装在混凝土缸进料口端的形状像眼镜的一块板。

17.0126　切割环　cutting ring
安装在管形阀一端并与眼镜板紧密贴合的环形零件。

17.0127　混凝土缸水洗箱　water tank for cylinder cleaning
一端安装有两个混凝土缸，另一端安装有两根推动混凝土活塞前进或后退的液压缸的箱形零件，箱内装有清水，用来清洗和冷却混凝土缸和活塞。

17.0128　泵送混凝土压力　pumping concrete pressure
工作时混凝土泵出口的混凝土压力。

17.0129　泵送混凝土　pumping concrete
在一定配合比范围内的适合于混凝土泵泵送的混凝土。

17.0130　允许骨料最大粒径　maximum permitted diameter of aggregate
泵送过程中不产生卡管现象的骨料最大粒径。

17.0131　泵送能力指数　pumping ability factor
混凝土泵工作时的泵送混凝土压力与实际最大输送量乘积的值。

17.0132　最大垂直输送距离　maximum vertical delivery distance
喷射混凝土时喷嘴距喷射机主体所能达到的最大垂直(水平)距离。

17.0133　混凝土制品机械　concrete products machinery
用于生产混凝土制品的机械。

17.0134　混凝土砌块生产成套设备　complete equipment for making concrete blocks
用于生产混凝土小型砌块的混凝土混合料制备、砌块成型、砌块及托板转运、养护、输送、码垛等装置的总成。

17.0135　全自动混凝土砌块生产成套设备　complete set of automatic equipment for block making
起动后不再需要人工干预即可自行控制混凝土砌块生产循环的成套设备。

17.0136　半自动混凝土砌块生产成套设备　complete set of semi-automatic equipment for block making
起动后需要人工干预(手动操作)以控制混凝土砌块生产单个循环或多个循环的成套设备。

17.0137　手动操作混凝土砌块生产成套设备　complete set of manual operating equipment for block making
采用手动操作控制混凝土砌块生产过程的成套设备。

17.0138　带架养护混凝土砌块生产成套设备　complete set of rack-curing block making equipment
将混凝土砌块置入便于搬运的框架中整体进入养护窑养护的砌块生产成套设备。

17.0139　无架养护混凝土砌块生产成套设备　complete set of non-rack-curing block making equipment
混凝土砌块不使用搬运框架进养护窑养护的砌块生产成套设备。

17.0140　单板传送混凝土砌块生产成套设备　complete set of single-plate-conveying block making equipment

混凝土砌块以单板形式传送并养护的成套设备。

17.0141 小型砌块成型机 small block machine

将混凝土混合料经振动、压制成小型砌块的机械。

17.0142 移动式砌块成型机 movable block machine

生产的砌块不移动而机器移动的砌块成型机。

17.0143 固定式砌块成型机 stationary block machine

生产的砌块移动而机器不移动的砌块成型机。

17.0144 模振式砌块成型机 mould-vibrating block machine

使模框体或模芯振动将能量传递给混凝土混合料使其密实成型的砌块成型机。

17.0145 台振式砌块成型机 table-vibrating block machine

使振动台振动将能量通过托板传递给混凝土混合料使其密实成型的砌块成型机。

17.0146 分层布料式砌块成型机 layered-filling block machine

能生产由两种不同混凝土混合料组成的砌块的成型机。

17.0147 混凝土空心板挤压成型机 hollow concrete slab extruder

通过螺旋送料器和振动装置的联合作用使混凝土混合料挤压密实成型为空心板的机械。

17.0148 外振式挤压机 outer-vibrating extruder

振源在被成型构件外表面的挤压机。

17.0149 内振式挤压机 inner-vibrating extruder

螺旋送料器内部装有振源的挤压机。

17.0150 双块式挤压机 double-blocking extruder

同时生产出两排空心板的挤压机。

17.0151 单块式挤压机 single-blocking extruder

每次生产一排空心板的挤压机。

17.0152 混凝土空心板推挤成型机 hollow-concrete-slab squeezer

通过滑块的运动以及振动装置的联合作用使混凝土混合料密实成型为空心板的机械。

17.0153 混凝土空心板拉模机 hollow concrete slab mould dragger

模框内的混凝土混合料经振动密实后抽出模芯和模框而制成空心板的机械。

17.0154 自行式拉模机 self-moving mould dragger

自身带有行走装置的拉模机。

17.0155 牵引式拉模机 attractive mould dragger

配有牵引装置的拉模机。

17.0156 单块式拉模机 single-blocking mould dragger

每次成型一块空心板的拉模机。

17.0157 多块式拉模机 multi-blocking mould dragger

每次成型多块空心板的拉模机。

17.0158 内振式拉模机 inner-vibrating mould dragger

模芯内部装有振源的拉模机。

17.0159 外振式拉模机 outer-vibrating mould dragger

振源装在被成型构件外表面的拉模机。

18. 钢筋及预应力机械

18.0001 钢筋加工机械 steel reinforced-bar processing machinery
用于加工钢筋的机械。

18.0002 钢筋强化机械 intensification machinery for steel bar
在常温下，对钢筋或钢丝进行强力拉、拔、轧的机械。

18.0003 钢筋冷拉机 steel bar cold-drawing machine
在常温下，对钢筋进行强力拉伸(拉应力超过钢材的屈服点)的机器。

18.0004 卷扬机式钢筋冷拉机 winch-type cold-drawing machine
利用卷扬机产生拉力的钢筋冷拉机。

18.0005 液压式钢筋冷拉机 hydraulic cold-drawing machine
利用液压系统产生拉力的钢筋冷拉机。

18.0006 钢筋(丝)冷拔机 steel bar cold-drawing machine
在常温下，将圆钢筋(丝)通过拔丝模多次强力拉拔使其强度提高、直径减小的机械。

18.0007 立式冷拔机 vertical wire-drawing machine
驱动卷筒是立式的钢筋(丝)冷拔机。它可分为单卷筒式或双卷筒式。

18.0008 卧式冷拔机 horizontal wire-drawing machine
驱动卷筒是水平式的钢筋(丝)冷拔机。它可分为单卷筒式或双卷筒式。

18.0009 双模冷拔机 double-die wire-drawing machine
钢筋(丝)在一次拉拔中两次通过拔丝模模孔的钢筋(丝)冷拔机。

18.0010 钢筋成型机 steel bar forming machine
对钢筋进行调直、切断、弯曲、焊接等加工的钢筋机械。

18.0011 冷轧带肋钢筋成型机 cold rolling steel wire and bar making machine
在常温下，将圆钢筋通过轧头多次强力轧制使其强度提高，并形成筋肋的钢筋成型机。

18.0012 主动冷轧带肋钢筋成型机 power driven cold rolling steel wire and bar making machine
轧头带有动力机构的冷轧带肋钢筋成型机。

18.0013 被动冷轧带肋钢筋成型机 powerless driven cold rolling steel wire and bar making machine
轧头没有动力机构的冷轧带肋钢筋成型机。

18.0014 冷轧扭钢筋成型机 cold-rolled and twisted steel bar making machine
在常温下，将圆钢筋通过轧头强力轧制并扭转使其强度提高、直径减小的钢筋成型机。

18.0015 冷拔螺旋钢筋成型机 cold-drawn spiral steel bar making machine
在常温下，将圆钢筋通过拔丝模轧头强力拉拔旋转使其强度提高、直径减小的钢筋成型机。

18.0016 钢筋螺纹成型机 steel bar thread making machine
把钢筋连接端加工成各种螺纹形状的钢筋机械。

18.0017 钢筋锥螺纹成型机 steel bar taper thread making machine
把钢筋连接端加工成锥形螺纹的钢筋机械。

18.0018　钢筋滚轧直螺纹成型机　steel bar straight thread rolling machine

通过滚轧方式将钢筋连接端加工成螺纹的钢筋机械。

18.0019　钢筋镦粗直螺纹成型机　steel bar upsetting and straight thread making machine

把钢筋连接端先进行镦粗，再加工出圆柱螺纹形状的钢筋机械。

18.0020　钢筋镦头机　steel bar header

把钢筋(丝)的端头镦粗成腰鼓形或蘑菇形的钢筋机械。

18.0021　电动冷镦机　electric cold header

在常温下由电动机驱动对钢筋(或钢丝)进行镦头的钢筋镦头机械。

18.0022　液压冷镦机　hydraulic cold header

在常温下由电动机与液压系统驱动对钢筋(丝)进行镦头的钢筋镦头机械。

18.0023　钢筋除锈机　steel bar rust cleaner

清除钢筋表面污垢及铁锈的机械。

18.0024　钢筋调直机　steel bar straightening machine

把弯曲的钢筋矫直成具有一定直线度的钢筋机械。

18.0025　钢筋切断机　reinforcing bar cutting machine

把钢筋剪切成所需要长度的机器。

18.0026　电动钢筋切断机　reinforcing bar electric-cutting machine

通过电动机与机械机构来切断钢筋的钢筋切断机。

18.0027　液压钢筋切断机　reinforcing bar hydraulic-cutting machine

通过液压系统与机械机构来切断钢筋的钢筋切断机。

18.0028　卧式钢筋切断机　horizontal reinforcing bar cutting machine

动刀片沿水平方向运动的钢筋切断机。

18.0029　立式钢筋切断机　vertical reinforcing bar cutting machine

动刀片沿垂直方向运动的钢筋切断机。

18.0030　颚剪式钢筋切断机　jaw reinforcing bar cutting machine

动刀片绕固定轴张开，闭合完成剪断钢筋的钢筋切断机。

18.0031　钢筋调直切断机　reinforcing bar straightening and cutting machine

具有调直和定长剪切功能的钢筋机械。

18.0032　机械式钢筋调直切断机　mechanical reinforcing bar straightening and cutting machine

通过机械方式完成定长剪切的钢筋调直切断机。

18.0033　液压式钢筋调直切断机　hydraulic reinforcing bar straightening and cutting machine

通过液压方式完成定长剪切的钢筋调直切断机。

18.0034　气动式钢筋调直切断机　pneumatic reinforcing bar straightening and cutting machine

通过气动方式完成定长剪切的钢筋调直切断机。

18.0035　钢筋弯曲机　reinforcing bar bending machine

把钢筋弯曲成各种形状的机械。

18.0036　电动式钢筋弯曲机　electric reinforcing bar bender

通过电动机驱动工作转盘把钢筋弯曲成形的钢筋弯曲机。

18.0037 液压式钢筋弯曲机 hydraulic reinforcing bar bender
通过液压系统驱动工作转盘把钢筋弯曲成形的钢筋弯曲机。

18.0038 钢筋弯弧机 steel bar hoop spiral bending machine
把钢筋弯曲成圆形或螺旋形状的钢筋机械。

18.0039 钢筋弯箍机 steel bar stirrup bender
能够加工完成各种形状箍筋的钢筋机械。

18.0040 钢筋网成型机 wire-mesh making machine
把纵向钢筋和横向钢筋以一定间距焊接成网格的钢筋机械。

18.0041 钢筋笼成型机 steel bar cage making machine
把纵向钢筋和环向钢筋或箍筋以一定间距焊接在一起的钢筋机械。

18.0042 钢筋桁架成型机 girder making machine
把纵筋和腹筋以一定间距焊接在一起的钢筋机械。

18.0043 预应力钢筋张拉设备 prestressed steel bar tensioning equipment
预应力混凝土构件和结构生产中对预应力钢筋施加张拉力的预应力混凝土机具。

18.0044 机械式张拉设备 mechanical tensioning equipment
机械方式张拉预应力钢筋的预应力张拉设备。

18.0045 液压式张拉设备 hydraulic tensioning equipment
利用液压千斤顶对预应力钢筋进行张拉的预应力张拉设备。

19. 骨料加工机械和设备

19.0001 筛分机械 screening machinery
按骨料的大小将颗粒料分级的机械。

19.0002 偏心驱动振动筛 vibrating screen with eccentric drive
又称“四轴承筛(four-bearing screen)”。由装在四个轴承上的偏心轴等组成，两个轴承与筛分箱连接，另两个与机架连接，轴承将圆周运动传递给筛分箱的筛子。

19.0003 非平衡驱动振动筛 vibrating screen with out-of-balance drive
又称“两轴承筛(two-bearing screen)”。带有不平衡重的一个或多个轴将圆周运动传递给筛分箱的筛子。该轴用两个轴承连接到筛分箱上。

19.0004 两个或多个非平衡驱动的振动筛 vibrating screen with double or more out-of-balance drive
带有不平衡重的两轴(或多轴)以相反方向转动，将线性运动或椭圆运动传递给筛分箱的筛子。

19.0005 不平衡马达驱动的振动筛 vibrating screen driven by out-of-balance motors
由装在筛分箱上的一个或多个不平衡马达(振动器)使其做圆周运动、椭圆运动或线性运动的筛子。

19.0006 带附加质量的椭圆形振动筛 elliptically vibrating screen with additional mass
用附加质量限制一个运动方向的不平衡机构，使筛分箱做椭圆运动的筛子。

19.0007 推杆驱动振动筛 vibrating screen with push-rod drive
依靠曲轴驱动的推杆使筛分箱做线性运动的筛子。

19.0008 共振筛 resonance screen

弹性悬挂的平衡质量(平衡架)与筛分箱弹性连接的筛子。这种组合形成一个振动系统，其固有频率和工作频率非常接近。运动是线性的还是椭圆的，根据驱动和悬挂形式来定。

19.0009 电磁驱动筛分机 screening machine with electromagnetic drive

固定在筛分箱上的电磁装置使筛分箱做线性运动的筛子。

19.0010 旋回筛 gyratory screen

依靠不平衡重或曲轴使筛分箱做平行于筛分面的圆周或线性振动的筛子。

19.0011 旋转筛 rotary screen

筛分面为圆柱形、棱柱形或锥形，并绕其纵向轴线旋转的筛子。其轴线可以是水平的也可以是倾斜的。

19.0012 筛板振动筛 screen with direct vibrated screen plate

筛板做机械运动，与筛分箱无关的筛子。

19.0013 碎石机 stone crusher

将石块破碎成小尺寸颗粒的机械。

19.0014 破碎机 crusher

用于破碎或分割混凝土结构的移动式液压破碎装置。

19.0015 颚式破碎机 jaw crusher

由一个固定颚板和一个可动颚板组成的压缩式破碎机。可动颚板的运动使两颚板的间隙增大或减小。

19.0016 双肘板颚式破碎机 double-toggle jaw crusher

通过连杆和两个肘板将偏心轴的运动传递到颚板上的额式破碎机。可动颚板上的每一点都沿一段圆弧运动。

19.0017 单肘板颚式破碎机 single-toggle jaw crusher

颚板架由一个偏心轴悬挂并由一个肘板从颚板背部支撑的颚式破碎机。运动的颚板上的每一点都沿一封闭曲线运动。

19.0018 旋回破碎机 gyratory crusher

又称“圆锥破碎机(cone crusher)”。由一个可动件在一个固定件内偏心转动的压缩式破碎机。可动件和固定件均为截锥形。

19.0019 首次破碎用旋回破碎机 gyratory crusher for primary crushing application

固定破碎件(外壳)为倒置截锥形(顶部直径大于底部直径)的旋回破碎机。

19.0020 辊式破碎机 roll crusher

在两旋转圆柱体(辊子)表面之间连续地保持压力，在一个带有成排齿的辊子和另一辊子或破碎板之间产生冲击、剪切和挤压而进行破碎作业的破碎机。

19.0021 双辊破碎机 double-roll crusher

由相向旋转的两个表面光滑或带有成排齿的辊子组成的破碎机。

19.0022 单辊滑板破碎机 single-roll sledging crusher

一个外表面带齿的辊子和一个在顶部铰接并被可调锚杆固定的破碎板组成的破碎机。

19.0023 冲击破碎机 impact breaker, impact crusher

装有破碎冲击器，用以破碎石块或混凝土等的破碎机。

19.0024 坚硬转子冲击破碎机 solid-rotor impact breaker

装有可更换衬板的一个或两个坚硬转子的破碎机。

19.0025 单转子冲击破碎机 single-rotor impact breaker

由一个装有可更换打击棒的坚硬转子组成的破碎机。

19.0026　双转子冲击破碎机　double-rotor impact breaker

由两个装有可更换打击棒的相向旋转的坚硬转子组成的破碎机。

19.0027　摆锤破碎机　swing-hammer crusher

又称“锤磨机”。用铰接销把锤固定在一个或两个转子上的破碎机。

19.0028　单辊摆锤破碎机　single-rotor swing-hammer crusher

又称“单辊锤磨机”。用铰接销把摆锤固定在一个转子上的破碎机。

19.0029　双辊摆锤破碎机　double-rotor swing-hammer crusher

又称“双辊锤磨机”。用铰接销把摆锤固定在两个转子上，转子相向旋转的破碎机。

19.0030　立轴式冲击破碎机　vertical shaft impactor

由装在立轴上以高速旋转的转子，或叶轮将石料抛到砧子上或抛到已破碎颗粒形成的破碎腔衬里上，或抛到不经过转子而注入的其他石料上进行破碎的破碎机。

19.0031　清洗机　washing machine

用水将骨料上的灰尘、砂土和黏土清除掉的机械。

19.0032　洗矿机　log-washer

水箱倾斜放置，其中一个轴或两个轴旋转，或水箱旋转，骨料从低端进入叶片或螺旋器，并使骨料滚动，脏水从低端排出，洗净骨料从上端排出的清洗设备。

19.0033　清洗筛　washing screen

骨料在斜置的振动筛上做翻滚，并在水中或在筛板上固定的喷水管下输送。

19.0034　桶式清洗机　barrel washer

骨料清洗装置，包括一个旋转圆柱体，里面装有提升机构，将骨料提升并沿着圆桶顺水或逆水移动。

20.　装修与高空作业机械

20.0001　灰浆制备机械　mortar material processing machinery

将装修用灰浆混合材料加工成可用成品的处理机械。

20.0002　灰浆泵　mortar pump

沿管道连续压送的灰浆输送机械。

20.0003　灰浆联合机　mortar combine

将灰浆混合材料进行搅拌并利用柱塞在密闭容器内的往复运动，形成容积和压力的变化，从而将灰浆沿管道输送出去的机械。

20.0004　灰浆打底装置　mortar rendering unit

灰泥状的浆或腻子的送料和喷射设备。

20.0005　灰浆喷射器　mortar sprayer

把泵送来的灰浆形成射流，对建筑物表面进行喷涂装修的施工机具。

20.0006　灰浆状涂层喷射机　spraying unit for plaster-like coats

用灰浆状的浆(聚氯乙烯灰浆)完成最后涂层喷涂工作的喷射设备。

20.0007　灰浆搅拌机　mortar mixer

拌和灰浆用的机械。

20.0008　灰浆给料机　mortar feeder

主要用于地板抹平，使其从基面增加到另一厚度的灰浆供料设备。

20.0009　抹灰机械　plastering machinery

涂抹用的机械。包括灰浆的准备、送料以及在墙上和天花板上抹灰。

20.0010　抹灰装置　plastering unit

灰浆的准备(搅拌和粗滤)、送料和涂抹用的机械。

20.0011 水泥石灰砂浆抹灰机 plastering unit for cement-lime mortars

用石灰、水泥和水泥石灰砂浆完成抹灰工作的设备。

20.0012 石膏灰浆抹灰机 plastering unit for gypsum mortars

用石膏灰浆完成抹灰工作的抹灰设备。

20.0013 抹平机械 floating machinery

将新拌混凝土、水泥、砂浆或其他适用的矿物材料做成的地板表面镘平的机械。

20.0014 抹平修整装置 float finish device

在粉刷表面完成灰浆涂层修整的机械。

20.0015 手持机具 portable machines and tools

进行建筑装修施工用的手持小型机械或工具。

20.0016 涂料机械 paint machine

以涂料对建筑物表面进行装饰的施工机械。

20.0017 涂料喷刷机 paint sprayer

能将涂料浆液形成射流或进行雾化以喷涂在建筑物表面的涂料输送喷射成套机械。

20.0018 有气涂料喷射机 pneumatic paint sprayer

涂料浆在泵送进入喷枪时，在同时输入喷枪的压缩空气作用下，形成高速射流或雾滴以进行喷涂施工的机械。

20.0019 无气涂料喷射机 non-pneumatic paint sprayer

涂料在较高的泵送压力作用下，通过喷枪无须压缩空气辅助即可直接形成射流或雾化的喷涂机械。

20.0020 涂料弹涂机 paint catapult

以弹拨机件将微料涂料滴弹射并黏附在建筑物表面，以进行装饰的机具。

20.0021 涂料泵 paint pump

沿管道压送涂料的涂料输送机械。

20.0022 地面修整机械 floor finishing machine

对建筑物地坪(或物件)进行平整加工的施工机械。包括准备、给料、底层材料的摊铺、表面找平并磨光、修整及地板材料的拼接。

20.0023 地面抹光机 trowelling machine

具有回转压抹机件，对凝固前的混凝土地坪或物件表面进行平面光整的机械。

20.0024 水磨石机 terrazzo grinder

对建筑物(或物件)的混凝土、砖石表面进行研磨光整的装修机械。

20.0025 木地板刨平机 wooden floor planer

具有高速转动的刨刃和行走轮，对木质地板表面进行平整加工的机械。

20.0026 冲击钻 percussion drill

能使工具产生冲击和旋转复合运动的多用途手持机具。配用不同工具(或附件)可对混凝土、石料等建筑物进行钻孔、破碎、铲刮、开槽、锤击、夯实以及紧固螺母等各种工作。

20.0027 壁纸准备装置 wallpaper preparation device

将壁纸切割到规定长度的设备及涂胶设备。

20.0028 油漆机械 painting machinery

在建筑结构及其构件上现场进行油漆的机械及设备。包括涂漆、表面准备、油漆搅拌、粗滤、给料等。

20.0029 油漆搅拌机 paint mixer

搅拌油漆使其均匀的机械。

20.0030 振动筛 vibration screen

用振动加速过滤油漆的筛子。

20.0031 真空筛 vacuum screen

装有可加速过滤用的减压装置的油漆筛子。

20.0032 油漆装置 painting unit

在需要油漆的表面给料及涂漆用的机械。

20.0033 低压喷漆装置 low-pressure painting unit

将油漆输送到喷射装置的设备，其压力不大于 0.2 MPa。

20.0034 高压喷漆装置 high-pressure painting unit

将油漆输送到喷射装置的设备，其压力大于 1.5 MPa。

20.0035 喷射设备 spraying equipment

用来雾化并均匀喷射油漆的设备。

20.0036 气动喷射设备 pneumatic spraying equipment

用压缩空气使油漆雾化和洒布的设备。

20.0037 低压气动喷射设备 low-pressure pneumatic spraying equipment

压缩空气的压力在 0.001～0.030 MPa 范围内的气动喷射设备。

20.0038 中压气动喷射设备 medium-pressure pneumatic spraying equipment

压缩空气的压力大于 0.1 MPa 的气动喷射设备。

20.0039 地板施工机械 machinery for floor work

在施工工地用于地板施工用的机械。包括准备、给料、底层材料的摊铺、表面找平并磨光、修整及地板材料的拼接。

20.0040 地板磨光机 floor grinder

地板表面磨光用的机器。

20.0041 矿物地板磨光机 mineral floor grinder

用于磨光天然或人造矿物材料制成的地板的磨光机。

20.0042 木地板磨光机 wooden floor sander

用于磨光木制地板的磨光机。

20.0043 地板砖切割机 floor tile cutter

用于切割有机材料(塑料)地板砖的切割机。

20.0044 聚氯乙烯地板焊接机 PVC flooring welder

用于焊接聚氯乙烯(PVC)地板的焊接机。

20.0045 石料切割机 stone cutter

用于切割天然和人造石料(原料为矿物料)的切割机。

20.0046 防潮机械 damp-proofing machinery

防水隔离用的机械。包括表面准备；不加热沥青的给料和喷洒；热沥青的准备、给料及喷洒；成卷材料的黏接以及塑料的连接等。

20.0047 冷态沥青用机械 machinery for cold application of bitumen

不加热的液态沥青给料和喷洒用的机械。

20.0048 沥青乳化设备 bituminous emulsifying plant

主要由水、沥青计量罐以及乳化沥青制品均化系统组成的、使沥青乳化的固定式或者安装在轮式底盘上的移动式设备。

20.0049 沥青乳液和乳化剂喷洒机 bituminous emulsion and dispersion sprayer

防水用沥青乳液和乳化剂供料、喷洒的机械。

20.0050 熔化沥青喷洒机 melted bitumen sprayer

输送、喷洒防水用的熔化了的沥青混合物料的喷洒机。

20.0051 热沥青用设备 hot pitch application equipment

在隔离表面上加热、输送和喷洒沥青的设备。

20.0052 卷材粘贴铺设机械 machinery for sticking roll materials to base

用于将黏接剂涂在需要防潮的表面(热沥青除外)、给沥青纸上的沥青层加热、展开卷材并将其压到作业面上的机械。

20.0053 沥青纸展开机 tar paper unroller
黏接时用于展开、铺设和粘贴成卷材料的机械。

20.0054 黏接剂涂抹装置 device for spreading adhesives
成卷材料或基面上涂黏接剂的装置。

20.0055 绝缘塑料应用设备 equipment for application of insulating plastics
喷涂各种液体塑料或焊接各种塑料薄板用的塑料隔层铺敷设备。

20.0056 绝缘塑料喷洒机 plastic insulation sprayer
用喷涂塑料作绝缘层的设备。

20.0057 隔层剥离机 machine for stripping insulation
从基面上刮去旧的隔离层，为铺设新的隔离层做准备的机械。

20.0058 清扫机 sweeper
施工工作中清扫固体颗粒及尘土的设备。

20.0059 刷光机 brusher
将黏接在表面的尘土用刷子清除掉的机械。

20.0060 地板抛光机 floor polisher
地板抛光剂的涂抹和抛光用的机械。

20.0061 射钉枪 cartridge-charged fixing tool
用弹药爆炸法使钉子、销子及螺栓固定在固体内的工具。

20.0062 墙面防潮用机械 machinery for vertical dampproofing
在垂直墙面上敷设成卷隔离材料用的机械。

20.0063 空心钻 core drill
手提式或装在挂车上的钻机。在钻头上装有金刚石并加水钻削，可在混凝土或其他结构中钻孔。

20.0064 地板锯 floor saw
用金刚石锯片对厚板、地板及类似结构进行切割、开槽用的手扶式、拖式和自行式的锯切机械。

20.0065 高空作业平台 aerial work platform
用来运送人员、工具和材料到指定位置进行工作的设备。包括带控制器的工作平台、伸展结构和底盘。

20.0066 高空作业车 vehicle-mounted mobile elevating work platform
高空作业平台的底盘为定型道路车辆，并有车辆驾驶员操纵其移动的设备。

20.0067 高处作业吊篮 temporarily installed suspended access equipment
悬挂机构架设于建筑物或构筑物上，提升机驱动悬吊平台通过钢丝绳沿立面上下运行进行清洗、维修和装饰、装修作业的一种非常设悬挂设备。

20.0068 擦窗机 window cleaning unit
用于建筑物或构筑物窗户和外墙清洗、维修等作业的常设悬吊接近设备。

20.0069 工作平台 work platform
在空中承载工作人员和使用器材的装置。如斗、篮、筐或其他类似的装置。

20.0070 移动式升降工作平台 mobile elevating work platform
用来运载人员、工具和材料到工作位置的设备。至少由带控制的工作平台、伸展结构和底盘组成。

20.0071 行走控制移动式升降工作平台 pedestrian-controlled mobile elevating work platform
用动力驱动行走，人员徒步随行控制设备操作使其移动的移动式升降工作平台。

20.0072 轨道移动式升降工作平台 rail-mounted mobile elevating work platform
在轨道上移动的移动式升降工作平台。

20.0073 车载移动式升降工作平台 vehicle-mounted mobile elevating work platform
行走控制位于车辆驾驶室内的移动式升降工作平台。

20.0074 伸展结构 extending structure
与底座相连、支撑工作平台并可让工作平台移动至所需位置的结构。

20.0075 固定式升降工作平台 stationary elevating work platform
用来运载人员、工具和材料到工作位置的设备。至少由带控制的工作平台、伸展结构和固定底座组成。

20.0076 导架爬升式工作平台 mast-climbing work platform
用来运载人员、工具和材料到工作位置进行施工作业的设备。其作业平台通过传动机构进行提升，并通过导架导向和移动。导架可有或无附着支撑。有单导架或多导架、站立式或悬挂式导架、移动式或固定式底架(底盘)等型式。

20.0077 最大工作平台高度 maximum platform height
工作平台承载面与作业车支承面之间的最大垂直距离。

20.0078 最大作业高度 maximum working height
最大工作平台高度与作业人员可以进行安全作业所能达到的高度(1.7 m)之和。

20.0079 最大平台幅度 maximum platform range ability
回转中心轴线与工作平台外边缘的最大水平距离。

20.0080 最大作业幅度 maximum working range ability
最大平台幅度与作业人员可以进行安全作业所能达到的最大水平距离(0.6 m)之和。

20.0081 额定载荷 rated load
工作平台所标称的最大装载质量。

20.0082 载荷传感系统 load sensing system
监控工作平台上的垂直载荷和垂直力的系统。

20.0083 力矩传感系统 moment sensing system
对移动式升降工作平台相对于倾翻线产生倾翻力矩的监控系统。

20.0084 桥梁检测作业车 bridge inspection truck
用于桥梁检测维修，可将工作人员及设备送至桥下进行作业的专用汽车。

21. 凿岩机械与气动工具

21.01 凿 岩 机 械

21.0001 凿岩机械 rock drilling machine
钻凿岩孔的机械。

21.0002 凿岩机 rock drill
具有冲击和回转机构用于钻凿岩孔的机器。

21.0003 气动凿岩机 pneumatic rock drill
以压缩空气或气体为动力的凿岩机。

21.0004 液压凿岩机 hydraulic rock drill
以液压油为动力介质的凿岩机。

21.0005 水压凿岩机 water-driving rock drill
以水或乳化液为动力介质的凿岩机。

21.0006 电动凿岩机 electric rock drill
以电为动力的凿岩机。

21.0007 内燃凿岩机 internal combustion rock drill
以燃油燃烧为动力的凿岩机。

21.0008 钻车 drill wagon, jumbo, rig
供凿岩机钻凿岩孔的车。

21.0009 凿岩机器人 rock drilling robot
由计算机控制作业过程的钻车。

21.0010 钻机 drill
主要靠回转机构进行钻岩孔的机器。

21.0011 凿岩辅助设备 rock drilling auxiliary
钻凿岩孔时用的其他设备。

21.0012 手持式凿岩机 hand-held rock drill
用手握持，靠凿岩机自重或操作者施加推力进行凿岩的凿岩机。

21.0013 手持式高频凿岩机 high-frequency hand-held rock drill
活塞冲击频率高于 42 Hz 的手持式凿岩机。

21.0014 手持式集尘凿岩机 hand-held rock drill with dust collector
具有集尘结构的手持式凿岩机。

21.0015 手持式水下凿岩机 hand-held underwater rock drill
具有整机潜入水下凿岩功能的手持式凿岩机。

21.0016 手持气腿两用凿岩机 hand-held/air-leg rock drill
既可手持使用，又可安装气腿使用的凿岩机。

21.0017 气腿式凿岩机 air-leg rock drill
用气腿支承、推进的凿岩机。

21.0018 气腿式高频凿岩机 high-frequency air-leg rock drill
活塞冲击频率高于 42 Hz 的气腿式凿岩机。

21.0019 气腿式集尘凿岩机 air-leg rock drill with dust collector
具有集尘结构的气腿式凿岩机。

21.0020 向上式凿岩机 stoper
具有轴向伸缩机构，用于向上凿岩的凿岩机。

21.0021 向上式侧向凿岩机 offset stoper
伸缩机构与凿岩机缸体的中心不在一轴线上的向上式凿岩机。

21.0022 向上式高频凿岩机 high-frequency stoper
活塞冲击频率高于 42 Hz 的向上式凿岩机。

21.0023 导轨式凿岩机 drifter
装在推进器的导轨上进行凿岩的凿岩机。

21.0024 导轨式高频凿岩机 high-frequency drifter
活塞冲击频率高于 42 Hz 的导轨式凿岩机。

21.0025 导轨式独立回转凿岩机 drifter with independent rotation
回转、冲击可独立动作的导轨式凿岩机。

21.0026 内回转凿岩机 rock drill with rifle-bar rotation
回转、冲击不可单独动作的凿岩机。

21.0027 手持式内燃凿岩机 hand-held internal-combustion rock drill
用手握持，靠凿岩机自重或操作者施加推力进行凿岩的内燃凿岩机。

21.0028 导轨式液压凿岩机 hydraulic drifter
装在推进器的导轨上进行凿岩的液压凿岩机。

21.0029 手持式电动凿岩机 hand-held electric rock drill
用手握持，靠凿岩机自重或操作者施加推力进行凿岩的电动凿岩机。

21.0030 支腿式电动凿岩机 leg-support electric rock drill
以支腿支承、推进的电动凿岩机。

21.0031 导轨式电动凿岩机 electric drifter
装在推进器的导轨上进行凿岩的电动凿岩机。

21.0032 井下采矿钻车 mining drill wagon for underground
用于井下采矿的钻车。

21.0033 掘进钻车 tunneling drill jumbo
用于巷道、隧道掘进的钻车。

21.0034 通用钻车 universal drill wagon
既能用于采矿又能用于掘进以及其他作业的钻车。

21.0035 锚杆钻车 roof bolter
主要供钻凿锚杆孔的钻车。

21.0036 锚杆钻装车 roof bolter
主要供钻凿锚杆孔及安装锚杆的钻车。

21.0037 联合钻车 combined drill jumbo
凿岩、装岩、运输联合作业的钻车。

21.0038 履带式钻车 crawler rig
具有履带式行走机构的钻车。

21.0039 轨轮式钻车 rail jumbo
具有轨轮式行走机构的钻车。

21.0040 轮胎式钻车 rubber-tired drill wagon
具有轮胎式行走机构的钻车。

21.0041 自行式钻车 self-propelled jumbo
本身具有行走驱动机构的钻车。

21.0042 牵引式钻车 traction drill wagon
靠其他动力牵引行走的钻车。

21.0043 露天钻车 open-pit drill wagon
露天作业的钻车。

21.0044 履带式露天钻车 open-pit crawler rig
具有履带式行走机构的露天钻车。

21.0045 轮胎式露天钻车 rubber-tired open-pit drill wagon
具有轮胎式行走机构的露天钻车。

21.0046 水下钻车 underwater jumbo
潜入水下作业的钻车。

21.0047 潜孔冲击器 down-the-hole hammer
装在钻杆前端，潜入孔底进行凿岩的器具。

21.0048 潜孔钻机 down-the-hole drill
装有潜孔冲击器的钻机。

21.0049 履带式潜孔钻机 crawler downhole drill
具有履带式行走机构的潜孔钻机。

21.0050 轮胎式潜孔钻机 rubber-tired down-hole drill
具有轮胎式行走机构的潜孔钻机。

21.0051 柱架式潜孔钻机 support-rig down-hole drill
柱架支承的潜孔钻机。

21.0052 潜孔钻车 down-the-hole jumbo
装有潜孔冲击器的钻车。

21.0053 履带式露天潜孔钻车 open-pit crawler downhole jumbo
具有履带式行走机构，适于露天作业的潜孔钻车。

21.0054 煤钻 auger coal drill
只有回转机构用于煤层钻孔的钻机。

21.0055 岩石钻 rotary rock drill
只有回转机构用于软岩钻孔的钻机。

21.0056 矿用隔爆电动岩石钻 mining flame-proof electrical rock drill
以电为动力，具有防爆性能的岩石钻机。

21.0057 岩心钻 core drill

只有回转机构用于地质探矿取岩心的钻机。

21.0058　回转钻　rotation drill
煤钻、岩石钻、岩心钻的统称。

21.0059　支腿　leg support
气腿、水腿、油腿、手摇支腿的统称。

21.0060　气腿　air leg
以压缩空气为动力，支承、推进凿岩机的凿岩辅助设备。

21.0061　水腿　water leg
以压力水为动力，支承、推进凿岩机的凿岩辅助设备。

21.0062　油腿　oil leg
以压力油为动力，支承、推进凿岩机的凿岩辅助设备。

21.0063　手摇支腿　hand-cranking leg
以手摇为动力，支承、推进凿岩机的凿岩辅助设备。

21.0064　钻架　drill rig
供凿岩机钻凿岩孔的架。

21.0065　单柱式钻架　single-column drill rig
单柱支承的钻架。

21.0066　双柱式钻架　double-column drill rig
双柱支承的钻架。

21.0067　圆盘式钻架　ring guide drill rig
带有圆盘便于导轨定位的钻架。

21.0068　伞形钻架　shaft jumbo
形状似伞，用于竖井掘进的钻架。

21.0069　环形钻架　ring drill rig
形状似环，用于竖井掘进的钻架。

21.0070　注油器　line oiler
靠压缩空气将油带入机器内部供润滑的凿岩辅助设备。

21.0071　磨钎机　bit grinder
磨钎头的凿岩辅助设备。

21.0072　集尘器　dust collector
钻凿岩孔时，能将岩粉吸出并集中在专用容器内的凿岩辅助设备。

21.0073　破碎锤　breaking hammer
安装在承载机械上，具有冲击破碎石块或混凝土等功能的冲击式器具。

21.0074　气动破碎锤　pneumatic breaker hammer
以压缩空气为动力的破碎锤。

21.0075　液压破碎锤　hydraulic breaking hammer
以液压油为动力的破碎锤。

21.02　气 动 工 具

21.0076　气动工具　pneumatic tool, air tool
以压缩空气为动力的工具。

21.0077　手持式气动工具　portable pneumatic tool
使用时可携带至使用场所并用手握持的气动工具。

21.0078　固定式气动工具　fixed pneumatic tool
与固定或移动的装置组成一体的气动工具。

21.0079　回转式气动工具　rotary pneumatic tool
作业机构以回转方式工作的气动工具。

21.0080　冲击式气动工具　percussive pneumatic tool
作业机构以往复冲击方式工作的气动工具。

21.0081　内回转往复冲击式气动工具　reciprocating percussive pneumatic tool with integral rotation

靠活塞往复运动带动作业工具旋转的冲击式气动工具。

21.0082　独立回转往复冲击式气动工具　reciprocating percussive pneumatic tool with independent rotation

靠独立的气动马达驱动作业工具回转的冲击式气动工具。

21.0083　气动机械　pneumatic machine

以压缩空气或气体为动力的机械。

21.0084　气镐　pneumatic pick

以冲击方式破碎煤层、混凝土、路面及修整巷道等用的气动工具。

21.0085　气铲　pneumatic chipping hammer

装有铲头，以冲击方式铲切金属构件飞边、毛刺及清砂等用的气动工具。

21.0086　弯柄式气铲　curved-handle pneumatic chipping hammer

操纵手柄为弯形的气铲。

21.0087　环柄式气铲　annular-handle pneumatic chipping hammer

操纵手柄为环形的气铲。

21.0088　直柄式气铲　straight pneumatic chipping hammer

操纵手柄与主机同轴的气铲。

21.0089　气锹　pneumatic spade

装有锹头，以冲击方式挖掘硬土、碎石等用的气动工具。

21.0090　气动捣固机　pneumatic tamper

装有捣头，以冲击方式夯实铸造型砂等用的气动工具。

21.0091　枕木捣固机　tie tamper

捣固钢轨枕木下石碴用的气动工具。

21.0092　气动铆钉机　pneumatic riveting hammer

装有窝头，以冲击方式铆接金属构件用的气动工具。

21.0093　弯柄式气动铆钉机　curved-handle pneumatic riveting hammer

操纵手柄为弯形的气动铆钉机。

21.0094　直柄式气动铆钉机　straight pneumatic riveting hammer

操纵手柄与主机同轴的气动铆钉机。

21.0095　枪柄式气动铆钉机　pistol-grip pneumatic riveting hammer

操纵手柄为手枪柄式的气动铆钉机。

21.0096　枪柄式偏心气动铆钉机　pistol-grip eccentric pneumatic riveting hammer

锤体与窝头不同轴的枪柄式气动铆钉机。

21.0097　顶把　holder-on

装有窝头，用于金属构件铆接时顶住的气动工具。

21.0098　偏心顶把　eccentric holder-on

活塞杆与窝头不同轴的顶把。

21.0099　冲击式顶把　percussive holder-on

带有冲击机构的顶把。

21.0100　气动拉铆机　pneumatic rivet puller

采取拉胀的方法，用特殊的铆钉铆接金属构件的气动工具。

21.0101　气动压铆机　pneumatic squeeze riveter

采取挤压的方法，用特殊的铆钉铆接金属构件的气动工具。

21.0102　气动除锈器　pneumatic scaler

清除金属表面锈层或漆层等的气动工具。

21.0103　冲击式气动除锈器　pneumatic scaling hammer

以冲击方式除掉锈层或漆层等的气动工具。

21.0104　冲击式多头气动除锈器　multi-piston pneumatic scaling hammer
多个锤体的冲击式气动除锈器。

21.0105　针束气动除锈器　pneumatic needle scaler
装有针束的冲击式气动除锈器。

21.0106　回转式气动除锈器　rotary pneumatic scaler
以回转方式除掉锈层或漆层等的气动除锈器。

21.0107　气动振动器　pneumatic vibrator
以压缩气体为动力的振动器。

21.0108　冲击式气动振动器　pneumatic vibrating hammer
振动装置为冲击式的气动振动器。

21.0109　回转式气动振动器　rotation pneumatic vibrator
振动装置为回转式的气动振动器。

21.0110　气动打钉机　pneumatic nail-driver
用于钉钢钉的气动工具。

21.0111　气动雕刻机　pneumatic engraving tool
雕刻用的气动工具。

21.0112　冲击式气动雕刻机　percussive pneumatic engraving tool
以冲击方式进行雕刻的气动雕刻机。

21.0113　回转式气动雕刻机　rotary pneumatic engraving tool
以回转方式进行雕刻的气动雕刻机。

21.0114　气动油枪　pneumatic oil gun
以压缩空气或气体为动力的注油枪。

21.0115　气动砂轮机　pneumatic grinder
简称“气砂轮”。以气动发动机驱动砂轮回转，进行磨削的气动工具。

21.0116　直柄式气动砂轮机　straight pneumatic grinder
操纵手柄与主机同轴的气动砂轮机。

21.0117　角式气动砂轮机　angle pneumatic grinder
砂轮轴线与气动发动机轴线成一定角度的气动砂轮机。

21.0118　模具用气动砂轮机　die pneumatic grinder
装有弹性夹头夹持尖状砂轮等，用于修磨模具的气动砂轮机。

21.0119　端面气动砂轮机　pneumatic vertical grinder
以砂轮端面进行磨削的气动砂轮机。

21.0120　气动砂带机　pneumatic belt sander
以气动发动机驱动砂带运动，进行磨削的气动工具。

21.0121　气动抛光机　pneumatic polisher
用布、毡等抛轮对各种材料表面进行抛光的气动工具。

21.0122　气动涂油机　pneumatic oil sprayer
专供钢锭模内壁涂油的气动工具。

21.0123　气动灯　pneumatic lamp
气动发动机与发电机、灯具为一整体结构的灯。

21.0124　气钻　pneumatic drill
在金属等材料上钻孔的气动工具。

21.0125　直柄式气钻　straight pneumatic drill
操纵手柄与主机同轴的气钻。

21.0126　枪柄式气钻　piston pneumatic drill
操纵手柄为手枪柄式的气钻。

21.0127　万向式气钻　all-direction pneumatic drill
钻头可改变方向，能钻任意方向孔的气钻。

21.0128 双向式气钻 reversible pneumatic drill
能够正反转的气钻。

21.0129 角式气钻 angle pneumatic drill
钻头与气动发动机轴线成一定角度的气钻。

21.0130 气扳机 pneumatic wrench
用以拧紧或旋松螺栓、螺母的气动工具。

21.0131 冲击式气扳机 pneumatic impact wrench
具有冲击扭矩功能的气扳机。

21.0132 高转速气扳机 high-speed pneumatic impact wrench
没有回转减速机构的冲击式气扳机。

21.0133 纯扭式气扳机 pneumatic nutrunner
只有扭矩功能而不冲击的气扳机。

21.0134 直柄式气扳机 straight pneumatic wrench
操纵手柄与主机同轴的气扳机。

21.0135 环柄式气扳机 annular-handle pneumatic wrench
操纵手柄为环形的气扳机。

21.0136 侧柄式气扳机 side-handle pneumatic wrench
操纵手柄在侧面的气扳机。

21.0137 枪柄式气扳机 pistol-grip pneumatic wrench
操纵手柄为手枪柄式的气扳机。

21.0138 角式气扳机 angle pneumatic wrench
扳轴与气动发动机轴线成一定角度的气扳机。

21.0139 定扭矩气扳机 torque-controlled pneumatic wrench
具有控制扭矩机构的气扳机。

21.0140 直柄式定扭矩气扳机 straight torque-controlled pneumatic wrench
操纵手柄与主机同轴的定扭矩气扳机。

21.0141 环柄式定扭矩气扳机 annular-handle torque-controlled pneumatic wrench
操纵手柄为环形的定扭矩气扳机。

21.0142 侧柄式定扭矩气扳机 side-handle torque-controlled pneumatic wrench
操纵手柄在侧面的定扭矩气扳机。

21.0143 枪柄式定扭矩气扳机 pistol-grip torque-controlled pneumatic wrench
操纵手柄为手枪柄式的定扭矩气扳机。

21.0144 活塞式气扳机 piston pneumatic nutrunner
具有活塞式气动发动机的气扳机。

21.0145 组合式气扳机 combination pneumatic nutrunner
几个气扳机组合在一起使用的气动工具。

21.0146 组合用气扳机 pneumatic nutrunner for combination
供组合式气扳机使用的纯扭式气扳机。

21.0147 棘轮式气扳机 ratchet pneumatic wrench
用棘轮和棘爪机构转动机动扳手套筒的角式气扳机。

21.0148 气动攻丝机 pneumatic tapper
具有正反转机构，在金属等材料上攻制内螺纹的气动工具。

21.0149 气动螺丝刀 pneumatic screwdriver
简称“气螺刀”。拧紧或旋松螺钉用的气动工具。

21.0150 双向气动螺丝刀 reversible pneumatic screwdriver
能够正反转的气动螺丝刀。

21.0151 单向气动螺丝刀 non-reversible pneumatic screwdriver
只能单向回转的气动螺丝刀。

21.0152 纯扭式气动螺丝刀 non-impact pneumatic screwdriver
只有扭矩功能而不冲击的气动螺丝刀。

21.0153 气剪 pneumatic shears
用以剪切金属薄板的气动工具。

21.0154 气冲剪 pneumatic nibbler
以往复运动的冲头冲剪金属板材的气动工具。

21.0155 气动羊毛剪 pneumatic wool shears
用以剪切羊毛的气动工具。

21.0156 气动地毯剪 pneumatic carpet shears
用于地毯剪绒的气动工具。

21.0157 气动订合机 pneumatic stapler
用以订合纸板箱的气动工具。

21.0158 气动扎网机 pneumatic stapler for metallic mesh
用于捆扎钢筋网的气动工具。

21.0159 气动捆扎机 pneumatic strapping machine
用于包装箱捆扎带拉紧、打扣的气动工具。

21.0160 气动捆扎拉紧机 pneumatic puller of strapping
用于拉紧包装箱捆扎带的气动工具。

21.0161 气动捆扎锁紧机 pneumatic locker of strapping
用于锁紧包装箱捆扎带的气动工具。

21.0162 气铣刀 pneumatic mill
用以铣削金属等材料的气动工具。

21.0163 气锉刀 pneumatic file
用以锉削金属等材料的气动工具。

21.0164 气锯 pneumatic saw
用以锯割金属、非金属等材料的气动工具。

21.0165 摆式气锯 pneumatic oscillating saw
锯片在一定角度范围内能摆动的气锯。

21.0166 圆片式气锯 pneumatic circular saw
装有圆锯片的气锯。

21.0167 链式气锯 pneumatic chain saw
装有链式锯条的气锯。

21.0168 带式气锯 pneumatic band saw
又称“往复式气锯”。装有直锯条并做往复运动的气锯。

21.0169 气动磨光机 pneumatic sander
装有纤维材质的柔性盘或砂纸，用以抛光或研磨的气动工具。

21.0170 气动马达 pneumatic motor
将压缩空气的压力能转换成回转机械能的气动机械。

21.0171 叶片式气动马达 pneumatic vane motor
气动发动机为叶片式的气动马达。

21.0172 起动用叶片式气动马达 pneumatic vane motor for starting
供起动大功率柴油机或其他设备用的叶片式气动马达。

21.0173 活塞式气动马达 pneumatic piston motor
气动发动机为活塞式的气动马达。

21.0174 齿轮式气动马达 pneumatic gear motor
气动发动机为齿轮式的气动马达。

21.0175 透平式气动马达 pneumatic turbine motor
气动发动机为叶轮式的气动马达。

21.0176 气动泵 pneumatic pump

以气动发动机直接带动的泵。

21.0177 气动油泵 pneumatic oil pump
专供吸油或压油用的气动泵。

21.0178 气动水泵 pneumatic water pump
专供吸水或压水用的气动泵。

21.0179 气动吊 pneumatic hoist
用以起吊或降落重物的气动机械。

21.0180 气动绞车 pneumatic winch
以压缩空气或气体为动力，由两端支起的钢丝绳滚筒组成的牵引或起重设备。

21.0181 气动绞盘 pneumatic capstan
钢丝绳滚筒支在一端的牵引或起重用气动机械。

21.0182 气动搅拌机 pneumatic stirrer
用于搅拌或混合材料的气动机械。

21.0183 气动撬浮机 pneumatic barring down tool
用以撬掉隧道、矿井巷道的采场顶板悬浮石块的气动工具。

21.0184 气动打桩机 pneumatic pile driver
供打桩用的气动机械。

21.0185 气动拔桩机 pneumatic pile extractor
供拔桩用的气动机械。

21.03 零部件与机构

21.0186 发动机活塞 engine piston
内燃凿岩机、电动凿岩机中与曲轴连接的活塞。

21.0187 冲击活塞 impact piston, blow piston
内燃凿岩机、电动凿岩机中冲击钎尾的活塞。

21.0188 锤体 hammer
气动工具和潜孔冲击器中，在缸体内做往复运动实现冲击动作的零件。

21.0189 机头 front head
凿岩机前部的外壳。

21.0190 螺旋棒 rifle bar
凿岩机转钎系统中，有外螺旋槽，后部可装棘轮爪或有棘轮牙的零件。

21.0191 螺旋母 rifle nut
凿岩机转钎系统中，有内螺旋槽，与螺旋棒或活塞上螺旋槽配合的零件。

21.0192 棘轮爪 ratchet pawl
凿岩机转钎系统中，与棘轮牙配合，控制单向回转的零件。

21.0193 棘轮 ratchet ring
凿岩机转钎系统中，有棘轮牙的轮状零件。

21.0194 导向套 cylinder guide
在凿岩机缸体与机头之间，导正活塞并起密封作用的零件。

21.0195 转动套 rotation sleeve
在凿岩机机头内，传递活塞或回转马达扭矩，由机头内孔导向转动的零件。

21.0196 钎尾套 chuck sleeve
在凿岩机转动套内，导向钎尾并将扭矩传给钎尾或只导正钎尾的零件。

21.0197 花键母 internal spline nut
装在凿岩机转动套内，有内花键，与活塞配合，将扭矩传给转动套的零件。

21.0198 卡套 chuck
在凿岩机转动套前，与转动套咬合，将扭矩传给钎尾的零件。

21.0199 尾柄 shank
(钎尾)作业工具插入机器的部分。

21.0200 衬套 chuck bushing

装在机器前端，对尾柄起定位、导向作用的零件。

21.0201　钎具　accessories for percussive drilling

凿岩孔用的作业工具，即接杆钎尾、钎杆、连接套、钎头、整体钎等的统称。

21.0202　钻具　accessories for rotary drilling

钻岩孔用的作业工具，即钻杆、钻头等的统称。

21.0203　接杆钎尾　shank adapter

钎具一端插入凿岩机，另一端通过连接套与钎杆连接，或另一端直接连接钎杆的零件。

21.0204　钎杆　drill steel, drill rod

凿岩孔时传递冲击能和扭矩的杆。

21.0205　连接套　coupling sleeve

连接接杆钎尾和钎杆、钎杆和钎杆，带有内螺纹的套筒状零件。

21.0206　钎头　bit

装在钎杆或潜孔冲击器前端，传递冲击能，进行凿岩的刃具。

21.0207　整体钎　integral drill steel

钎尾、钎杆、钎头为一体的钎具。

21.0208　钻杆　drill rod

钻岩孔时传递扭矩的杆。

21.0209　钻头　drill bit

装在钻杆前端，传递扭矩，进行钻岩的刃具。

21.0210　配气机构　compressed-air distributing mechanism

装在气动机械或气动工具内部，分配压气，控制活塞或锤体往复运动的机构。

21.0211　主动阀配气机构　compressed-air distributing mechanism of driving valve

缸体内有推阀孔道的配气机构。

21.0212　被动阀配气机构　compressed-air distributing mechanism of unpowered valve

缸体内无推阀孔道，靠压力差推动阀的配气机构。

21.0213　无阀配气机构　valveless compressed-air distributing mechanism

无独立阀，即阀与活塞或与锤体为一体的配气机构。

21.0214　水针　water tube

位于凿岩机中心，在钻凿岩孔时供通水用的细管状零件。

21.0215　气针　air tube

套在水针外面，通以压气，加速水的流通，避免水返回机器内部的零件。

21.0216　钎卡　steel puller

装在凿岩机机头上，卡住钎杆凸缘，用于拔钎和防止钎杆脱落的零件。

21.0217　中心供水机构　central water-supply mechanism

通过凿岩机水针供水的机构。

21.0218　侧向供水机构　side water-supply mechanism

从凿岩机机头侧面，即钎尾侧面供水的机构。

21.0219　气水联动机构　air-on water-on mechanism

以压缩空气控制凿岩机进水的机构。

21.0220　钻臂　drill boom

装有推进器等，可调整孔位的钻车主要机构。

21.0221　定长钻臂　length-fixed drill boom

长度固定的钻臂。

21.0222　伸缩钻臂　telescopic drill boom

长度可变的钻臂。

21.0223 中心钻臂 center drill boom
供钻凿中心掏槽孔等用的钻臂。

21.0224 剪式钻臂 shear-type drill boom
根据剪刀原理设计的钻臂。

21.0225 平移钻臂 parallel traveling drill boom
能使推进器平行移动的钻臂。

21.0226 组合式钻臂 combinational drill boom
由主臂和副臂组成的钻臂。

21.0227 主臂 main drill boom
凿岩钻车钻臂的主体部分。

21.0228 弯臂 curve boom
弯形的主臂。

21.0229 副臂 sub-boom
在凿岩钻车主臂前端的辅助臂。

21.0230 摆式钻臂 swing drill boom
能左右摆动和上下俯仰的钻臂。

21.0231 叠式钻臂 superimposition drill boom
推进器和钻臂、副臂和主臂可折叠的钻臂。

21.0232 采矿钻臂 mining drill boom
用于采矿作业的钻臂。

21.0233 掘进钻臂 tunneling drill boom
用于掘进作业的钻臂。

21.0234 通用钻臂 universal drill boom
既能用于采矿又能用于掘进作业的钻臂。

21.0235 极坐标式钻臂 polar-coordinates drill boom
以极坐标方式变换位置的钻臂。

21.0236 直角坐标式钻臂 rectangular-coordinates drill boom
以直角坐标方式变换位置的钻臂。

21.0237 回转式钻臂 rotation drill boom
能回转的钻臂。

21.0238 钻臂回转机构 drill boom rotation mechanism
能使钻臂回转的机构。

21.0239 齿条齿轮式回转机构 rack and pinion rotation mechanism
由液压驱动齿条、齿轮使钻臂回转的机构。

21.0240 曲柄式回转机构 crank rotation mechanism
由液压缸驱动曲柄使钻臂回转的机构。

21.0241 螺旋副式回转机构 spiral rotation mechanism
由液压缸驱动螺旋套使钻臂回转的机构。

21.0242 摆动缸式回转机构 swing-cylinder rotation mechanism
由摆动缸驱动使钻臂回转的机构。

21.0243 钻臂平移机构 drill boom parallel traveling mechanism
能保证推进器平移的机构。

21.0244 螺旋副式翻转机构 spiral turn-over mechanism
由液压缸驱动螺旋套使推进器翻转的机构。

21.0245 摆臂缸 swing boom cylinder
使钻臂左右摆动的缸。

21.0246 支臂缸 lift boom cylinder
使钻臂俯仰的缸。

21.0247 平移引导缸 parallel pilot cylinder
与其他缸配合使推进器平行移动的缸。

21.0248 钻臂伸缩缸 drill boom telescopic cylinder

使钻臂伸长或缩短的缸。

21.0249 推进器俯仰角缸 feed dump cylinder

使推进器俯仰的缸。

21.0250 推进器摆角缸 feed swing cylinder

使推进器左右摆动的缸。

21.0251 推进器补偿缸 feed compensation cylinder

为了凿岩时钻臂的稳定，保证推进器前端始终顶在工作面上，补偿推进器到工作面距离的缸。

21.0252 推进器 feed

能使凿岩机等在其导轨上滑移并提供推进力的机构。

21.0253 夹钎器 drill steel holder

夹住连接套或钎杆、钎头，接卸钎杆或钎头以及导正钎杆的机构。

21.0254 托钎器 drill steel support

只供导正钎杆的机构。

21.0255 推进自控机构 automatic feed control mechanism

自动控制凿岩机推进或退回的机构。

21.0256 铰接式底盘 articulated chassis

由前后两底盘铰接在一起底盘。

21.0257 整体式底盘 integral chassis

由整体构件组成的底盘。

21.0258 稳车支腿 stabilizing jack

稳定钻车的千斤顶。

21.0259 底盘锁紧机构 lock mechanism of chassis

锁紧铰接式底盘的机构。

21.0260 夹轨器 rail clamp

用于夹住轨道，固定轨轮式钻车的机构。

21.0261 操纵器 manipulator

集中操纵钻车、钻机及钻架作业的机构。

21.0262 气顶 pneumatic jack

以压缩空气或气体为动力，顶在岩面上，便于凿岩时稳定钻车或钻架的机构。

21.0263 液压顶 hydraulic jack

以液体传递压力为动力，顶在岩面上，便于凿岩时稳定钻车或钻架的机构。

21.0264 气动发动机 pneumatic engine

以压缩空气或气体为动力，推动叶片或活塞等而使主轴回转、冲击或振动的机构。

21.0265 扳轴 anvil spindle

气扳机的输出轴。

21.0266 冲击器部件 impacter part

在气动工具中将气动发动机的扭矩转变为冲击扭矩的机构。

21.0267 冲击头 impact head

冲击器部件中冲击扳轴的零件。

21.0268 起动把 starting handle

(1)内燃凿岩机中起动机器的手把。(2)气动工具中控制进气量兼作操纵机器用的手把。

21.0269 镐钎 pick rod

装在气镐前端，用于破碎的工具。

21.0270 铲头 chisel

装在气铲前端，用于铲切的工具。

21.0271 锹头 spade

装在气锹前端，用于挖掘的工具。

21.0272 捣头 tamping butt

装在气动捣固机前端，用于夯实的工具。

动 力 机 械

22. 锅　　炉

22.01 一 般 名 词

22.0001 工质 working medium, working fluid
赖以实现热能与机械能相互转换的媒介物质。

22.0002 介质 medium, agent
存在于某一空间、某一物体周围或物体之间的物质。

22.0003 水蒸气 steam
又称“蒸汽”。 由水气化或冰升华而成的气态物质。

22.0004 给水 feed water
符合一定质量要求而被输入锅炉的水。

22.0005 锅水 boiler water
又称“炉水”。存在于锅炉受热系统中的水。

22.0006 补给水 make-up water
热力系统中，因各种汽水损失或因无生产回水而从系统外部补充的符合质量要求的给水。

22.0007 凝结水 condensate water
蒸汽冷凝而成的水。

22.0008 锅内过程 inter-boiler process
锅炉汽水系统内工质的流动、传热、蒸汽净化等过程的统称。

22.0009 循环回路 circulation circuit
自然循环锅炉、控制循环锅炉和低循环倍率锅炉中，由下降管、上升管、锅筒(对低循环倍率锅炉为汽水分离器)和集箱(或下锅筒)所组成的工质循环流动的蒸发系统。

22.0010 循环倍率 circulation ratio, recirculation ratio
在汽水循环回路中，指进入上升管的循环水量与上升管出口蒸汽量之比；在循环流化床锅炉中，指由物料分离器分离下来且返送回炉内的物料量与入炉燃料量之比。

22.0011 汽水两相流 steam water two-phase flow
蒸汽和水两相共存状态下的流动。

22.0012 气固两相流 gas solid two-phase flow
气体中夹带有固体颗粒物料状态下的流动。

22.0013 沸腾传热恶化 boiling crisis
蒸发管内壁面与蒸汽持续接触，得不到水的冷却，管壁向工质的放热系数大幅度下降，使壁温急剧上升的现象。锅炉可能遇到的传热恶化现象主要是膜态沸腾和蒸干。

22.0014 偏离核态沸腾 departure-from-nucleate boiling
又称“第一类传热恶化(the first kind of boiling crisis)”。蒸发管内由核态沸腾转变为膜态沸腾的传热恶化现象。

22.0015 蒸干 dry out
又称“第二类传热恶化(the second kind of boiling crisis)”。当蒸发管内含汽率较高并达到一定数值时，管内流动结构呈贴壁为环状水膜的汽柱状，这种局部地区的水膜被完全汽化而产生的传热恶化现象。

22.0016 核态沸腾 nucleate boiling
在临界压力以下，蒸发管内壁上保持一层流动的水膜，管子中间为汽泡状或夹带水滴的汽雾状态的传热模式。

22.0017　膜态沸腾　film boiling

在临界压力以下，蒸发管内壁热负荷升高时，汽水两相流中含汽率增大，附壁水膜逐渐减薄，当水膜被撕破且汽流核心夹带的散状水滴几乎又回落不到管壁时，管壁便被一层连续的过热蒸汽膜覆盖，导致管壁对工质放热系数急剧下降，壁温急剧上升的管内传热恶化现象。

22.0018　蒸汽净化　steam purification

减少锅筒出口饱和蒸汽中所携带水滴和盐类的含量，使蒸汽品质达到有关规定要求的净化过程。

22.0019　炉前燃料　as-received fuel, as-fired fuel

又称“入炉燃料”。锅炉运行时实际送入炉内的燃料。

22.0020　设计煤种　design coal

锅炉设计中所规定的煤种。

22.0021　校核煤种　checked coal

锅炉设计中用于校核计算的煤种。

22.0022　炉内过程　inter-furnace process

锅炉炉内燃烧介质的流动、燃烧、传质与传热等过程的统称。

22.0023　燃烧系统　combustion system

组织燃料和空气在锅炉炉膛内燃烧，并将生成的燃烧产物排出所需的设备和相应的燃料(煤、煤粉、油、气等)、风、烟管道的组合。燃烧系统通常包括燃料制备系统、燃烧器、空气系统及烟气系统等。

22.0024　燃烧设备　combustion equipment

组织燃料燃烧所必须的设备。通常包括燃料制备、输送、燃烧器、炉膛、点火装置以及相关的设备。

22.0025　风烟系统　air and flue gas system

锅炉燃烧系统中将空气加压、加热后送往燃料制备设备和燃烧器的空气流程通道、将燃烧产物从炉膛及烟道中抽出的烟气通道、直接或经净化后排至烟囱(或部分返回燃烧系统)的烟气流程通道和相关设备所组成的系统。

22.0026　煤粉制备系统　coal pulverizing system

根据锅炉燃烧的要求，将入炉煤碾磨成合格细度的煤粉并以气力输送方式按一定风煤比将其送进燃烧器所需的设备和有关管道所组成的系统。

22.0027　中间贮仓热风送粉系统　pulverizing system with intermediate bunker and hot air as primary air

从磨煤机经粗粉分离器引出的携带合格细度煤粉的气粉两相流体，通过细粉分离器将绝大部分煤粉分离出来送入煤粉贮仓，再从贮仓经给粉机进入一次风管，并用热风作为一次风将煤粉输送给燃烧器的送粉制粉系统。其分离出煤粉后的乏气经乏气喷口单独进入炉膛。该系统多用于燃烧低挥发分贫煤和无烟煤。

22.0028　中间贮仓乏气送粉系统　pulverizing system with intermediate bunker and drying agent as primary air

从磨煤机经粗粉分离器引出的携带合格细度煤粉的气粉两相流体通过细粉分离器将绝大部分煤粉分离出来送入煤粉贮仓，再从贮仓经给粉机进入一次风管，并用分离出煤粉后的乏气作为一次风将煤粉输送给燃烧器的送粉制粉系统。

22.0029　开式制粉系统　open pulverizing system

制粉系统中分离出煤粉后的乏气不排入炉膛，而是经过净化后排放到大气或引风机前的烟道内的制粉系统。主要用于磨制高水分褐煤，个别用于磨制难燃的低挥发分煤。

22.0030　直吹式制粉系统　direct fired pulverizing system

从磨煤机经粗粉分离器引出的携带合格细度煤粉的气粉两相流体，直接经由燃烧器吹入炉膛的制粉系统。

22.0031 半直吹式制粉系统 semi-direct fired pulverizing system

从磨煤机经粗粉分离器引出的携带合格细度煤粉的气粉两相流体，通过细粉分离器将绝大部分煤粉分离出来(无煤粉仓)，再用热风将煤粉输送给燃烧器并吹入炉膛的制粉系统。其分离出煤粉后的乏气经乏气喷口单独吹入炉膛。

22.0032 石子煤 pulverizer rejects, pyrites

中速磨煤机在运行过程中从下部排出的没有被磨碎的黄铁矿及被夹带的矸石和煤粒的统称。

22.0033 烟气露点 flue gas dewpoint

又称“酸露点”。烟气中硫酸蒸气蒸发和凝结达到平衡时的温度。

22.0034 烟气再循环 gas recirculation

从省煤器后或其他烟道中抽取一部分低温烟气送入炉膛，以改变辐射与对流受热面吸热量分配比率或降低炉膛出口烟温，用于汽温调节或防止结渣，或使火焰温度降低以减少热力型氮氧化物(NO_x)生成的一种措施。

22.0035 热风再循环 hot air recirculation

将部分热空气返回送风机入口或出口，与冷空气混合后再流经空气预热器，以提高空气预热器低温段换热元件壁温，防止低温腐蚀的一种措施。

22.0036 飞灰再循环 ash recirculation

将对流烟道底部灰斗中的沉降灰粒以及除尘器分离下来的飞灰再喷入炉膛燃烧的过程，是降低飞灰可燃物的一种措施。

22.0037 沉降灰 sedimentation ash, settled ash

沉降于锅炉对流烟道及灰斗的飞灰。

22.0038 飞灰 fly ash

燃料在锅炉炉膛内燃烧产生的灰渣中随烟气一起从炉膛上部烟窗逸出的灰粒。

22.0039 炉底渣 bottom ash

燃料在锅炉炉膛中燃烧产生的灰渣中从炉底排渣口排出的炉渣。

22.0040 氧化性气氛 oxidizing atmosphere

含氧量很高的气体(或烟气)介质。

22.0041 还原性气氛 reducing atmosphere

含氧量很低，且显著含有还原性气体氨、一氧化碳、氢气等使某些已形成的氧化物还原成原物质的气体(或烟气)介质。

22.0042 燃料型氮氧化物 fuel NO_x

燃料中含氮有机化合物经热裂解产生氮、氰基、氰化氢等中间产物基团，然后氧化而生成的氮氧化物(NO_x)。

22.0043 热力型氮氧化物 thermal NO_x

又称“温度型氮氧化物”。燃烧用空气中的氮气(N_2)在高温下氧化而生成的氮氧化物(NO_x)。

22.0044 瞬态型氮氧化物 prompt NO_x

又称“快速氮氧化物”。燃烧过程中，空气中的氮和燃料中碳氢离子团先在高温下反应生成中间产物氮、氰基、氰化氢等，然后快速和氧反应生成的氮氧化物(NO_x)。

22.0045 烟气净化 flue gas cleaning

为使锅炉排出的烟气达到环境保护法规的要求而进行烟气除尘、脱硫和脱氮氧化物等工艺过程的总称。

22.0046 添加剂 additive, sorbent

为了不同的目的直接加入到燃料、炉膛、烟道中的物质。

22.0047 火床 fire bed

炉排上燃烧的燃料层。它分为固定火床和移动火床两种。

22.0048 流化床 fluidized bed
当空气自下而上地穿过固体颗粒随意填充状态的料层，而气流速度达到或超过颗粒的临界流化速度时，料层中颗粒呈上下翻腾，并有部分颗粒被气流夹带出料层的状态。

22.02 类 型

22.0049 锅炉 boiler
利用燃料燃烧释放的热能或其他热能加热水或其他工质，以生产规定参数(温度、压力)和品质的蒸汽、热水或其他工质的设备。

22.0050 锅炉机组 boiler unit
锅炉本体及其必要的辅助机械、附属设备、监控装置和它们的连接管(线)路系统的总称。

22.0051 蒸汽锅炉 steam boiler
又称"*蒸汽发生装置*(steam generator)"。用以产生水蒸气的锅炉。

22.0052 固定式锅炉 stationary boiler
安装于固定基础上不可移动的锅炉。

22.0053 移动式锅炉 mobile boiler
安装在可以移动的设备上且能够随设备移动时安全运行的锅炉。

22.0054 电站锅炉 utility boiler, power boiler
生产的蒸汽(水蒸气)主要用于发电的锅炉。

22.0055 工业锅炉 industrial boiler
生产的蒸汽或热水主要用于工业生产和(或)人民生活的锅炉。按我国现行的工业蒸汽锅炉参数系列和热水锅炉参数系列，工业蒸汽锅炉的额定蒸汽压力规定为大于 0.04 MPa 但小于 3.8 MPa。

22.0056 热水锅炉 hot water boiler
用以产生热水的锅炉。其额定出水压力大于 0.1 MPa。

22.0057 热载体锅炉 heat transfer boiler
以有机化合物的混合物或熔盐(一般是由亚硝酸钠、硝酸钠、硝酸钾组成的混合物)作为热载体工质的锅炉。

22.0058 有机热载体锅炉 organic heat transfer boiler
以有机化合物的混合物作为热载体工质的锅炉。

22.0059 整装锅炉 package boiler
按照运输条件所允许的范围，在制造厂完成总装整台发运的锅炉。

22.0060 组装锅炉 shop-assembled boiler
在制造厂内将整台锅炉分成几个装配齐全的大件，运到工地后可将诸大件方便地组合而成的锅炉。

22.0061 超临界压力锅炉 supercritical pressure boiler
出口蒸汽压力超过临界压力的锅炉。水蒸气的临界压力为 22.1 MPa。

22.0062 亚临界压力锅炉 subcritical pressure boiler
出口蒸汽压力低于但接近于临界压力，一般为 15.7～19.6 MPa 的锅炉。按我国电站锅炉现行的蒸汽参数系列，亚临界压力锅炉出口蒸汽压力规定为 16.7 MPa。

22.0063 超高压锅炉 super-high-pressure boiler
蒸汽出口压力一般为 11.8～14.7 MPa 的锅炉。按我国电站锅炉现行的蒸汽参数系列，超高压锅炉出口主蒸汽压力规定为 13.7 MPa。

22.0064 高压锅炉 high-pressure boiler
出口蒸汽压力一般为 7.84～10.8 MPa 的锅炉。按我国电站锅炉现行的蒸汽参数系列，高压锅炉出口蒸汽压力规定为 9.81 MPa。

22.0065　中压锅炉　medium-pressure boiler
出口蒸汽压力一般为 2.45～4.90 MPa 的锅炉。按我国电站锅炉现行的蒸汽参数系列，中压锅炉出口蒸汽压力规定为 3.83 MPa。

22.0066　低压锅炉　low-pressure boiler
出口蒸汽压力一般不大于 2.45 MPa 的锅炉。

22.0067　相变换热锅炉　steam condensation heat transfer boiler
通过在蒸汽锅炉锅筒的蒸汽空间中加装二次回路的热交换管束，利用蒸汽冷凝(相变)时的放热将热交换管束内的冷水加热成热水并向外供热的锅炉。

22.0068　常压热水锅炉　atmospheric hot water boiler
锅炉本体开孔或者用连通管与大气相通，在任何情况下锅炉本体顶部表压为零的锅炉。

22.0069　小型锅炉　small-size boiler
(1)额定蒸发量(或额定热功率)不大于 0.5 t/h(或 0.35 MW)、额定工作压力不大于 0.04 MPa 的小型汽水两用锅炉。(2)额定出水压力不大于 0.1 MPa 的热水锅炉和自来水加压的热水锅炉。(3)水容积不大于 50L 且额定蒸汽压力不大于 0.7 MPa 的小型蒸汽锅炉。

22.0070　壁挂式锅炉　wall-hung boiler
家庭或类似于家庭使用的悬挂安装在墙壁上的供热锅炉。

22.0071　水管锅炉　water tube boiler
烟气在受热面管子外部流动，工质(水、蒸汽或其混合物)在管子内部流动的锅炉。

22.0072　火管锅炉　fire tube boiler
又称“锅壳式锅炉”。燃料燃烧后产生的烟气在火筒或烟管中流过，对火筒或烟管外水、汽或汽水混合物加热的锅炉。

22.0073　锅筒锅炉　drum boiler
俗称“汽包锅炉”。带有锅筒并用以构成水循环回路的水管锅炉。

22.0074　横锅筒锅炉　cross drum boiler
又称“横置式锅炉”。锅筒纵向轴线与锅炉前后轴线垂直的锅炉。

22.0075　纵锅筒锅炉　longitudinal drum boiler
又称“纵置式锅炉”。锅筒纵向轴线与锅炉前后轴线平行的锅炉。

22.0076　锅壳锅炉　shell boiler
以布置在锅壳内的炉胆作为主要蒸发受热面、燃烧后的烟气在烟管内而汽水在烟管外流动的锅炉。它包括卧式锅壳锅炉(内燃、外燃)、立式锅壳锅炉和固定式机车锅炉。

22.0077　卧式锅壳锅炉　horizontal shell boiler
锅壳纵向轴线平行于地面，燃料在炉胆内或外置式炉膛中燃烧后烟气流入烟管的锅炉。

22.0078　卧式内燃干背式锅壳锅炉　horizontal dry-back shell boiler
炉胆后部的烟气折返空间由耐火材料构成的卧式锅壳锅炉。

22.0079　卧式内燃湿背式锅壳锅炉　horizontal wet-back shell boiler
炉胆后部的烟气折返空间由浸没在炉水中的回燃室构成的卧式锅壳锅炉。

22.0080　立式锅炉　vertical boiler
锅壳纵向轴线垂直于地面的锅炉。它包括立式火管锅炉、立式水管锅炉、立式水火管锅炉、立式无管锅炉。

22.0081　热管锅炉　heat-pipe boiler
由管内注有部分传热液体并抽成真空后两端密封的钢管(即热管，锅炉上主要为水重力式热管)管束制成的锅炉。其蒸发端置于烟气侧，凝结端置于水侧。

22.0082　角管式锅炉　corner-tube boiler
由位于四角的四根垂直的大直径钢管(即角管)及连接其上的纵置和横置集箱组成的框架自支撑结构的锅炉。

22.0083　铸铁锅炉　cast-iron boiler

由铸铁铸造成的锅片组装而成的热水锅炉。

22.0084　箱型锅炉　box-type boiler

下部为炉膛、上部分隔成两个串联对流烟道的箱型结构锅炉。它一般用于燃油锅炉或燃气锅炉。

22.0085　塔式锅炉　tower boiler

下部为炉膛、上部为对流烟道的塔型结构锅炉。大容量(通常指 300 MW 以上)锅炉很少采用全塔型，而只采用半塔型，即将空气预热器及送引风机布置在零米地面。

22.0086　Π 型锅炉　Π-type boiler, two-pass boiler

由垂直柱体上行炉膛及其出口水平烟道和下行对流烟道三部分组成Π形结构的锅炉。

22.0087　T 型锅炉　T-type boiler

由垂直柱体上行炉膛及其出口左右两侧对称布置的水平烟道呈 T 形结构，再分别和下行对流烟道组成的锅炉。

22.0088　D 型锅炉　D-type boiler

半部为炉膛，半部为对流烟道，呈 D 形布置的双纵置锅筒锅炉。其双锅筒和下降管、上升管管系的布置的侧视，近似于英文大写字母 D。

22.0089　A 型锅炉　A-type boiler

锅筒、集箱和下降管、上升管管系对称布置，结构型式的侧视近似于英文大写字母 A 形的单锅筒纵置式水管锅炉。

22.0090　O 型锅炉　O-type boiler

上、下锅筒和下降管、上升管管系对称布置，结构型式的侧视近似于英文大写字母 O 形的双锅筒纵置式水管锅炉。

22.0091　自然循环锅炉　natural circulation boiler

依靠下降管中的水和炉内上升管中汽水混合物之间的密度差和重位高度产生的压差作为动力推动水循环的锅筒锅炉。

22.0092　控制循环锅炉　controlled circulation boiler

又称“强制循环锅炉(forced circulation boiler)”。不仅依靠自然循环、还需依靠下降管和上升管之间装设炉水循环泵的压头推动水循环的锅筒锅炉。

22.0093　复合循环锅炉　combined circulation boiler

在低负荷时依靠炉水循环泵使蒸发受热面出口的部分或全部水经过再循环管路回到炉膛水冷壁受热面中进行再循环，而在一定高负荷下自动切换成直流方式运行的锅炉。按再循环负荷的大小，可分为全负荷复合循环锅炉和部分负荷复合循环锅炉。

22.0094　直流锅炉　once-through boiler, mono-tube boiler

又称“惯流锅炉”。受给水泵压头的作用，工质按顺序一次通过加热段(蒸发段和过热段)等各级受热面而产生额定参数蒸汽或热水的锅炉。

22.0095　化石燃料锅炉　fossil-fuel-fired boiler

燃用化石燃料(矿物燃料)即煤、油页岩、石油及其制品、天然气等的锅炉。

22.0096　固体燃料锅炉　solid-fuel-fired boiler

燃用固体燃料(煤、油页岩、生物质燃料和可燃固体废弃物等)的锅炉。

22.0097　液体燃料锅炉　liquid-fuel-fired boiler

燃用液体燃料(石油、燃料油、工业废液等)的锅炉。

22.0098　气体燃料锅炉　gas-fuel-fired boiler

又称“燃气锅炉”。燃用气体燃料(天然气、高炉煤气和焦炉煤气等)的锅炉。

22.0099　生物质燃料锅炉　biomass-fired boiler

以生物质(如秸秆、木材等)为燃料的锅炉。

22.0100 燃煤锅炉 coal-fired boiler
以煤为燃料的锅炉。

22.0101 煤粉锅炉 pulverized-coal-fired boiler
燃煤磨制成的煤粉，通过燃烧器送入炉膛后，在悬浮状态下进行燃烧的锅炉。

22.0102 燃油锅炉 oil-fired boiler
以油为燃料的锅炉。

22.0103 电加热锅炉 electric boiler
利用电能加热给水以获得规定参数的蒸汽或热水的锅炉。按我国现行的《电加热锅炉技术条件》，电加热锅炉指额定工作电压不大于 400 V、额定蒸发量不小于 0.07 t/h 的固定式蒸汽锅炉和额定热功率不小于 0.05 MW 的固定式热水锅炉。

22.0104 混烧锅炉 mixed-fuel-fired boiler, multi-fuel-fired boiler
同时使用两种或两种以上不同燃料的锅炉。主要有油煤混烧、油气混烧、气煤混烧和油页岩烟煤混烧等。

22.0105 水煤浆锅炉 coal water slurry boiler, coal water mixed boiler
以水煤浆为燃料的锅炉。

22.0106 余热锅炉 heat recovery steam generator, HRSG
利用各种工业过程中的废气、废料或废液中含有的显热或(和)其可燃物质燃烧后产生热量的锅炉。

22.0107 冷凝式锅炉 condensing boiler
能够从锅炉排放的烟气中吸收水蒸气所含的汽化潜热的锅炉。

22.0108 垃圾焚烧锅炉 municipal waste incineration boiler, garbage-fired boiler, refuse-fired boiler
利用焚烧生活垃圾和工业垃圾而产生热量的锅炉。

22.0109 黑液锅炉 black-liquor-fired boiler
以造纸废液(黑液)为燃料的余热锅炉。

22.0110 原子能锅炉 nuclear energy steam generator
利用核燃料在反应堆内的裂变(或聚变)所释放的热能作为热源的蒸汽发生装置。

22.0111 固态排渣锅炉 boiler with dry ash furnace, boiler with dry-bottom furnace
燃料燃烧后产生的炉渣呈固态从炉膛排出的锅炉。

22.0112 液态排渣锅炉 boiler with slagging furnace, boiler with wet bottom furnace
燃料燃烧后产生的炉渣在熔渣室的高温下熔化成液态从炉膛排出的锅炉。

22.0113 负压锅炉 induced draft boiler, suction boiler
用引风机压头和系统所产生的自生通风压头(主要是烟囱)克服烟道和风道阻力，而使风道、炉膛及烟道均处于负压状态下运行的锅炉。

22.0114 平衡通风锅炉 balanced draft boiler
用送风机和引风机压头和系统所产生的自生通风压头克服风道和烟道阻力，使炉膛顶部保持微负压运行的锅炉。

22.0115 增压锅炉 supercharged boiler
在某些燃气–蒸汽联合循环中，同时作为燃气轮机燃烧室以产生高压烟气的锅炉。烟气压力一般大于 0.3 MPa(3 atm)。

22.0116 微正压锅炉 pressurized boiler
只配置送风机而不配置引风机，因而炉膛中烟气压力高于大气环境压力的锅炉。一般用于燃油和燃气的锅炉，炉膛设计压力一般在5 kPa 以下。

22.0117　切向燃烧锅炉　tangential-fired boiler, corner-fired boiler

采用切向燃烧方式的锅炉。

22.0118　墙式燃烧锅炉　wall-fired boiler

采用墙式燃烧方式的锅炉。

22.0119　U 型火焰锅炉　U-flame boiler

采用拱式燃烧构成 U 形火炬的锅炉。

22.0120　W 型火焰锅炉　W-flame boiler

采用双拱燃烧,在炉腔下部构成 W 形火炬的锅炉。

22.0121　立式旋风炉　vertical cyclone furnace

采用旋风燃烧且水冷旋风筒呈竖直布置的锅炉。

22.0122　卧式旋风炉　horizontal cyclone furnace

采用旋风燃烧且水冷旋风筒呈水平或倾斜布置的锅炉。

22.0123　流化床锅炉　fluidized bed boiler

煤粒处于沸腾状态燃烧的锅炉。

22.0124　鼓泡流化床锅炉　bubbling fluidized bed boiler

简称“鼓泡床锅炉”。采用鼓泡流化床燃烧方式的锅炉。

22.0125　循环流化床锅炉　circulating fluidized bed boiler

简称“循环床锅炉”。采用循环流化床燃烧方式的锅炉。

22.0126　常压流化床锅炉　atmospheric fluidized bed boiler

采用炉内烟气为常压(近于大气压力)的流化床燃烧技术的锅炉。它分为常压鼓泡流化床锅炉和常压循环流化床锅炉两类。

22.0127　增压流化床锅炉　pressurized fluidized bed boiler

采用炉内烟气为增压(指几个或十几个大气压力)的流化床燃烧技术的锅炉。它分为增压鼓泡流化床锅炉和增压循环流化床锅炉两类。

22.0128　层燃锅炉　grate-fired boiler, stoker-fired boiler

又称“火床炉”。采用层式燃烧技术的锅炉。它分为固定火床炉和移动火床炉两类。

22.0129　室燃锅炉　suspension-fired boiler

采用悬浮燃烧技术的锅炉。如煤粉锅炉、燃油锅炉、燃气锅炉等。

22.0130　启动锅炉　pre-operational test boiler

用于新装发电机组调试试验的锅炉。

22.0131　基本负荷锅炉　base-load boiler

长期运行在经济负荷和满负荷范围内，年运行时间在 6000～8000 h，年利用率达 90%以上，与承担电网中基本负荷机组相配套的锅炉。

22.0132　可变负荷锅炉　variable load boiler

承担电网中中间负荷机组的锅炉。年运行时间为 2000～4000 h,年利用率在 40%～50%。按其运行方式不同分为两班制运行、夜间低负荷运行和周末停运等方式。

22.0133　尖峰负荷锅炉　peak load boiler

承担电网中尖峰负荷机组的锅炉。年运行时间为 500～2000 h。

22.03　参　　数

22.0134　锅炉容量　boiler capacity

又称“锅炉出力”。蒸汽锅炉在给定的输入、输出工质条件下，单位时间内所产生的蒸汽量。

22.0135　锅炉额定负荷　boiler rated load

又称“锅炉额定蒸发量”。蒸汽锅炉在额定蒸汽参数、额定给水温度、使用设计燃料时所达到的设计蒸发量。用 t/h 表示，有时也用热功率表示。

22.0136 锅炉最大连续蒸发量 boiler maximum continuous rating, BMCR

又称“锅炉最大连续出力”。锅炉在额定蒸汽参数、额定给水温度，并使用设计燃料能安全连续产生的最大蒸发量。

22.0137 经济连续蒸发量 economical continuous rating, ECR

又称“锅炉经济连续出力”。锅炉在额定蒸汽参数、额定给水温度、使用设计燃料情况下能安全、连续运行且锅炉效率最高的蒸发量。

22.0138 额定供热量 rated heat capacity

热水锅炉在额定回水温度、额定回水压力、额定循环水量和使用设计燃料长期连续运行时应予保证的供热量。用热功率表示。

22.0139 额定蒸汽参数 rated steam conditions

额定蒸汽压力和额定蒸汽温度的合称。

22.0140 额定蒸汽压力 rated steam pressure

蒸汽锅炉在规定的给水压力和负荷范围内长期连续运行时应予保证的出口蒸汽压力。

22.0141 设计压力 design pressure

又称“计算压力”。受压部件(元件)强度计算时按规定使用的压力值。

22.0142 最高允许工作压力 maximum allowable working pressure

受压部件或受压元件按规定条件所能承受的最大压力。

22.0143 炉膛设计压力 furnace enclosure design pressure

设计炉膛壁面及构架时按要求所取用的结构强度计算压力。

22.0144 炉膛设计瞬态承受压力 furnace enclosure design transient pressure

在非正常情况下炉膛结构所能承受的最大瞬态压力。在此压力下，炉膛不应由于任何支撑部件发生屈服或弯曲而导致永久变形。

22.0145 汽水阻力 pressure drop

工质在锅炉本体汽水流程中，由于流动阻力、重位压差所造成的压降。

22.0146 通风阻力 draft loss, pressure drop

气体(空气或烟气)在锅炉烟、风道流程中由于流动阻力所造成的压降。

22.0147 自生通风压头 stack draft

又称“自生通风压力”。由于热烟(空)气和外部大气密度差，沿烟(风)道(包括烟囱)高度所产生的通风压头。

22.0148 运动压头 available static head

沿循环回路高度，下降和上升系统中工质密度差所产生的压头，在自然循环锅炉中用以克服回路的总流动阻力。

22.0149 锅炉输入热量 boiler heat input

单位时间内输入锅炉的总热量，包括入炉燃料完全燃烧释放的化学能、外来热源携带入炉的热能，以及用外来热源加热燃料或空气时所带入的热量的总和。

22.0150 锅炉有效利用热量 boiler heat output, boiler utilization heat

单位时间内工质在锅炉中所吸收的总热量，包括水和蒸汽吸收的热量以及排污水和自用蒸汽所消耗的热量。

22.0151 炉膛容积热强度 furnace volume heat release rate

又称“炉膛容积热负荷”。单位炉膛有效容积在单位时间内的释热量(热功率)。它等于锅炉输入热功率与炉膛有效容积之比。

22.0152 炉膛断面热强度 furnace cross-section heat release rate

又称“炉膛断面热负荷”。单位炉膛断面积在单位时间内的释热量(热功率)。它等于锅炉输入热功率与炉膛横断面积之比。

22.0153 燃烧器区域壁面热强度 burner zone wall heat release rate

锅炉输入热功率与炉膛内燃烧器区域的四周炉壁面积之比。

22.0154 炉膛辐射受热面热强度 heat release rate of furnace radiant heating surface

单位炉膛辐射受热面在单位时间内的释热量。它等于锅炉输入热功率与炉膛辐射受热面面积之比。

22.0155 燃料消耗量 fuel consumption, fuel consumption rate

单位时间所消耗的燃料量。

22.0156 计算燃料消耗量 fuel consumption rate for calculation

扣除固体未完全燃烧热损失后的燃料消耗量。

22.0157 喷水量 injection flow rate, spray water rate

喷水减温器的减温水流量。

22.0158 排污量 blow-down flow, blow-down flow rate

连续排污的排污水流量。一般用排污量占锅炉额定蒸发量的百分数即排污率表示。

22.0159 最高允许壁温 maximum allowable metal temperature

受热金属材料按规定条件所允许使用的最高壁温。

22.0160 热风温度 hot air temperature

空气预热器出口的空气温度。

22.0161 排烟温度 exhaust gas temperature

锅炉最末级受热面出口处的平均烟气温度。

22.0162 炉膛出口烟气温度 furnace exit gas temperature

炉膛出口截面上的平均烟气温度。炉膛出口截面的位置随不同的炉型和制造厂而有所不同。

22.0163 额定蒸汽温度 rated steam temperature

蒸汽锅炉在规定的负荷范围、额定蒸汽压力和额定给水温度下长期连续运行应予保证的出口蒸汽温度。

22.0164 给水温度 feed water temperature

蒸汽锅炉给水进口处水的温度。额定给水温度为在规定负荷范围内应予保证的给水温度。

22.0165 热水温度 hot water temperature

供热系统中循环水在锅炉出口处的温度。

22.0166 回水温度 return water temperature

供热系统中循环水在锅炉进口处的温度。

22.0167 循环水速 circulation velocity

锅炉循环回路中，上升管入口按工作压力下饱和水密度折算的水流速度。

22.0168 质量含汽率 steam quality by mass

汽水混合物中，蒸汽的质量流量与汽水混合物总质量流量之比。

22.0169 容积含汽率 steam quality by volume

汽水混合物中，蒸汽的体积流量与汽水混合物总体积流量之比。

22.0170 截面含汽率 steam quality by section

汽水混合物中，蒸汽所占管子截面面积与总截面面积之比。

22.0171 质量流速 mass velocity

单位截面上工质的质量流量。

22.0172 临界含汽率 critical steam quality
在一定的热流密度、工作压力和质量流速下，蒸发管中汽水混合物沸腾换热开始恶化，使壁温急剧升高时的质量含汽率。

22.0173 炉膛有效容积 effective furnace volume
炉膛边界范围以内进行燃料燃烧及有效辐射换热过程的空间的几何容积。

22.0174 炉排面积热强度 grate heat release rate
每小时单位炉排面积上的平均释热量。对于流化床锅炉，即为炉床面积放热强度。

22.0175 炉壁热流密度 furnace wall heat flux density
每小时通过炉膛单位辐射受热面积的平均热流量。

22.0176 临界热流密度 critical heat flux density
在一定的工作压力、质量流量和质量含汽率下，使蒸发管中管壁向工质的放热系数大幅度下降，壁温开始急剧上升时的热流密度。

22.0177 燃烧器输出热功率 burner heat output
又称“燃烧器出力”。单台燃烧器单位时间内输入锅炉的热量。

22.0178 点火能量 ignition energy
在主燃烧器规定的点火条件下，点火器为保证稳定点燃单台燃烧器所必须输出的能量。

22.0179 受热面蒸发率 heating surface evaporation rate
蒸发受热面单位面积上每小时的产汽量。

22.0180 省煤器沸腾率 percentage of economizer evaporation
省煤器出口处工质的质量含汽率。

22.0181 一次风 primary air
首先参加燃料燃烧的那部分空气。如煤粉燃烧时携带煤粉经由主燃烧器送入炉膛的空气、油燃烧时从火焰根部送入炉膛的空气、火床燃烧时从炉排下部送入的空气、流化床燃烧时从布风板下送入料层的流化空气。

22.0182 一次风率 primary air ratio, primary air rate
燃料燃烧时，一次风量占进入炉膛总空气量(有组织进入炉膛的空气量与炉膛漏风量之和)的百分率。

22.0183 二次风 secondary air
随一次风后参加燃料燃烧的那部分空气。燃料燃烧时进入炉膛的总空气量中扣除一次风、三次风和炉膛漏风以外的部分；火床燃烧时从炉排上部送入的空气。

22.0184 二次风率 secondary air ratio, secondary air rate
燃料燃烧时，二次风量占进入炉膛总空气量的百分率。

22.0185 三次风 exhaust air, tertiary air
又称“乏气风”。热风送粉的贮仓式制粉系统中通过专用喷口送入炉膛的乏气；通过布置在拱式燃烧炉膛前后墙上的喷口送入炉膛的分级二次风。

22.0186 三次风率 exhaust air ratio, exhaust air rate
三次风量占进入炉膛总空气量的百分率。

22.0187 燃尽风 over-fire air, OFA
为降低氮氧化物(NO_x)的生成，炉膛内采用分级送风方式而在主燃烧器上部单独送入的二次风，以使可燃物在后期进一步燃尽。

22.0188 燃空比 fuel-air ratio
燃料–空气的混合物中燃料与空气的质量比。

22.0189 漏风系数 air leakage factor
漏入锅炉烟道的空气量与燃料燃烧所需理论空气量之比。亦即为该烟道出口、进口断面处烟气的过量空气系数之差值。

22.0190 过量空气系数 excess air ratio, excess air coefficient

燃料燃烧时实际供给的空气量与理论空气量之比值。

22.0191 旋流强度 swirling intensity

用以表达旋流燃烧器喷出的旋转气流旋转强烈程度的特征参数。它是气流旋转动量矩与轴向动量矩的比值。

22.0192 假想切圆 imaginary circle

以四角布置直流燃烧器同一标高喷口的几何轴线作为切线，在炉膛横截面中心所形成的假想几何切圆。

22.0193 通风截面比 percentage of air space

炉排片的总通风截面面积占炉排面积的百分比。

22.0194 爆炸界限 explosion mixture limit

当可燃混合物遇到火源时迅速燃烧而引起爆炸的可燃物浓度上下限。

22.0195 捕渣率 ash-retention rate

又称“排渣率”。锅炉单位时间内排出炉渣的含灰量占入炉煤含灰量的百分率。

22.0196 炉膛背压 back pressure of chamber

烟气在锅炉炉膛至烟气出口间流动的压力损失。

22.0197 煤可磨性指数 coal grindability index

表征煤被研磨成煤粉的难易程度的指数。通常用质量相等的标准煤样和试验煤样由相同的初始粒度磨制成细度相同的煤粉时所消耗能量的比值来表示。

22.0198 煤磨损指数 coal abrasiveness index

表征煤在破碎和制粉过程中对金属研磨部件磨蚀强烈程度的指数。

22.0199 煤粉细度 pulverized coal fineness

煤粉中一定粒级范围内的颗粒所占的质量百分率。通常按规定方法用标准筛进行筛分。

22.0200 煤粉均匀性指数 pulverized coal uniformity index

表示煤粉中不同粒度颗粒分布均匀程度的指数。

22.04 原 理

22.0201 水循环 water circulation

水和汽水混合物在蒸发受热面回路中的循环流动。

22.0202 机械携带 mechanical carry-over, moisture carry-over

锅筒内饱和蒸汽携带含盐水滴使蒸汽污染的现象。

22.0203 机械携带系数 mechanical carry-over coefficient

饱和蒸汽中来自含盐水滴的含盐量与锅水含盐量之比。

22.0204 溶解携带 vaporous carry-over

又称“蒸汽携带”。锅筒内饱和蒸汽溶解有硅酸盐等而使蒸汽污染的现象。

22.0205 汽水分离 steam water separation

利用离心分离、惯性分离、重力分离和水膜分离等方法，使水雾从汽水混合物中分离出去而使饱和蒸汽达到一定干度的过程。

22.0206 蒸汽清洗 steam washing

使饱和蒸汽穿过给水层和水雾空间，使蒸汽中溶解携带的部分盐分向给水转移，从而降低饱和蒸汽溶解携带的过程。

22.0207 分段蒸发 stage evaporation

用隔板将锅筒内的水容积分成含盐量较低的净段和较高的盐段(或设有外置式分离器)，隔板上设有连通管，绝大部分蒸汽由净段中产生，仅5%～20%的蒸汽由盐段产生，以其提高蒸汽品质和降低排污量的过程。

22.0208　悬浮燃烧　suspension combustion

俗称“火室燃烧”。燃料以粉状、雾状或气态随同空气经燃烧器喷入锅炉炉膛，在悬浮状态下进行燃烧的燃烧方式。

22.0209　层状燃烧　grate firing

俗称“火床燃烧”。将燃料置于炉排(或炉箅)上，形成一定厚度燃料层而进行燃烧的燃烧方式。

22.0210　切向燃烧　tangential firing

又称“角式燃烧(corner firing)”。直流式燃烧器布置在炉膛四角，每层喷口射流的几何轴线都与位于炉膛中央的一个或多个同心水平假想圆相切(极限条件下假想圆直径可以为零，称为四角对冲燃烧)，各层射流的旋转方向相同或相反，这些气流相遇时发生强烈混合，并在炉内形成一个充满炉膛的旋转上升火焰的燃烧方式。

22.0211　墙式燃烧　wall firing, horizontally firing

在炉膛一面或两面(前、后墙或两侧墙)墙壁上布置多个旋流(或平流)燃烧器，所形成的燃烧火焰由水平射入炉膛后转折向上的燃烧方式。

22.0212　对冲燃烧　opposite firing

燃烧器在两面墙上或在同一条轴线上相对布置，燃料和空气喷入炉膛，并在中心撞击后形成上升火焰的燃烧方式。包括前后墙对冲、两侧墙对冲和四角对冲。

22.0213　拱式燃烧　arch firing

(1)采用直流缝隙式、套筒式或弱旋流式燃烧器成排布置在炉膛前墙的炉拱上，煤粉火焰向下射入炉膛一定深度后转折向上形成U形火炬的燃烧方式。(2)当燃烧器同时布置在前后墙的炉拱上时，形成W形火炬的燃烧方式。它是燃烧难于着火的煤种(无烟煤、贫煤)常采用的一种燃烧方式。

22.0214　旋风燃烧　cyclone firing, cyclone combustion

粒状或粉状燃料由高速气流带动在圆筒形燃烧室内做旋涡运动并燃烧的燃烧方式。

22.0215　流化床燃烧　fluidized bed combustion

又称“沸腾燃烧”。利用气固两相流态化实现固体燃料燃烧的燃烧方式。常用的燃烧方式分为鼓泡流化床燃烧和循环流化床燃烧两大类。

22.0216　鼓泡流化床燃烧　bubbling fluidized bed combustion, BFBC

在较低的流化速度下，处于鼓泡流化床状态，进行固体燃料燃烧的一种流化床燃烧方式。

22.0217　循环流化床燃烧　circulating fluidized bed combustion, CFBC

利用气固两相流化床工艺，在较高的流化速度下实现湍流流化状态，并使大部分逸出的细颗粒经分离器捕集后，重返床内循环燃烧的一种固体燃料流化床燃烧方式。

22.0218　低氮氧化物燃烧　low NO_x combustion

采用适当的燃烧装置或燃烧技术，以降低燃烧产物(烟气)中的氮氧化物的燃烧方式。

22.0219　浓淡燃烧　dense-weak combustion, dense-lean combustion

使燃料在燃烧器不同的喷口中以不同的比例和空气混合，一部分燃料在富燃料条件下燃烧，另一部分燃料则在贫燃料条件下燃烧(总过量空气系数在合理范围内)，实现燃料浓淡分道的燃烧方式。

22.0220　低氧燃烧　low oxygen combustion

在炉内过量空气系数 α 低于常规设定值(对

于煤粉锅炉 $\alpha<1.15$；油炉 $\alpha<1.05$）工况下组织燃烧的燃烧方式。

22.0221　增氧燃烧　oxygen-enhanced combustion, OEC

又称“富氧燃烧”。增加助燃空气中的氧气含量以提高燃烧效率和燃烧质量的燃烧方式。

22.0222　大气式预混燃烧　atmosphere premixed combustion

在着火前就将气体燃料和部分空气相互均匀混合的燃烧方式（$0<\alpha_1<1$）。

22.0223　预混燃烧　premixed combustion

又称“无焰燃烧（flameless combustion）”。在着火前就将气体燃料和全部空气相互均匀混合的燃烧方式（$\alpha_1\geqslant1$）。

22.0224　扩散燃烧　diffusion combustion

在燃烧过程中将气体燃料和空气边相互混合、边进行燃烧的燃烧方式（$\alpha_1=0$）。

22.0225　燃料再燃烧　fuel reburning

将炉膛内燃烧过程设计成三个区域：主燃烧区、再燃还原区及完全燃烧区。在主燃烧区送入大部分燃料，主燃烧区的上部（火焰的下游）喷入二次燃料（通常与主燃料不同，如天然气等）进行再燃烧，在高温和还原性气氛下产生碳氢基团，将主燃烧区生成的氮氧化物（NO_x）还原成分子氮（N_2）及中间产物氰化氢、氰基等基团。在第三区送入燃烧所需其余空气，完成燃尽过程的燃烧方式。

22.0226　分级燃烧　staged combustion

组织燃料和燃烧所需空气分期分批参加燃烧过程的燃烧方式。

22.0227　密相区　dense phase zone, dense region

在流化床锅炉炉膛的下部，气固两相流中固相颗粒浓度较高的区域。

22.0228　稀相区　lean phase zone, dilute phase, dilute region

在流化床锅炉炉膛的上部（通常为二次风喷口以上），气固两相流中固相颗粒浓度低的区域。

22.0229　临界流化速度　critical fluidized velocity, minimum fluidized velocity

从固定床开始转化为流态化状态时按布风板面积计算的空截面气体流速，此时床层开始向上膨胀，床层阻力基本不变。

22.0230　流化速度　fluidizing velocity

流化床燃烧中床层物料达到完全流化状态时的空床截面气流速度。

22.0231　钙硫[摩尔]比　Ca/S mole ratio

入炉钙基脱硫剂量与燃料中含硫量的摩尔比。

22.0232　空气分级　air staging

将燃料燃烧所需的空气分阶段送入炉膛的燃烧方式。如先将理论空气量的80%左右送入主燃烧器区，形成缺氧富燃料区，在燃烧后期将燃烧所需空气的剩余部分以二次风形式送入，使燃料在空气过剩区燃尽，实现总体抑制氮氧化物（NO_x）生成。

22.0233　炉膛整体空气分级　air staging over burner zone

燃烧过程先在炉膛内主燃烧器区处于过量空气系数较低的富燃料区，而后由紧靠燃烧器上部的燃尽风喷口或（和）远离主燃烧器上部的燃尽风喷口送入燃烧所需的其余空气，形成空气分级燃烧过程，以抑制氮氧化物（NO_x）排放的燃烧方式。

22.0234　富燃料　rich fuel

在炉膛或其局部区域内空气与燃料之比远低于平均值，或远低于燃料燃烧所需最佳比值（空气不足）的现象。

22.0235　贫燃料　lean fuel

在炉膛或其局部区域内空气与燃料之比远高于平均值，或远高于燃料燃烧所需最佳比值(空气富裕)的现象。

22.0236 燃料分级 fuel staging
组织燃料分批分阶段参加燃烧反应，抑制氮氧化物(NO_x)生成的燃烧技术。

22.0237 自然通风 natural draft
仅依靠空气与烟气的密度不同，并利用烟囱的高度对锅炉进风口所产生的压差(即自生通风压头)克服烟风道阻力的通风方式。

22.0238 正压通风 forced draft
用送风机压头克服烟风道阻力使炉膛内呈现正压的通风方式。

22.0239 平衡通风 balanced draft
用送风机和引风机压头以及自生通风压头克服烟、风道阻力使炉膛顶部保持微负压的通风方式。

22.0240 负压通风 induced draft
用引风机压头及自生通风压头克服烟风道阻力使炉膛内呈现负压的通风方式。

22.0241 分段送风 zoned air control
将机械炉排下的风室分隔成几段，根据沿炉排长度上各区段所需的燃烧空气量进行分段调节的送风方式。

22.0242 惯性分离器 inertial separator
利用改变两相流体方向，依靠惯性而使两相流体分开的设备。

22.0243 离心分离器 centrifugal separator
利用两相流体的旋转运动，使两相流体在离心力的作用下分开的设备。

22.0244 锅炉灰平衡 boiler ash split
锅炉入炉煤灰量与排出燃烧残余物(炉渣、烟道各部飞灰及漏煤)含灰量之间的平衡。通常以炉渣、飞灰与漏煤的灰分质量各占入炉煤灰量的百分率表示。

22.0245 漏风率 air leakage rate
漏入某段烟道烟气侧的空气质量占进入该段烟道的烟气质量的百分率。

22.0246 理论空气量 theoretical air
每千克固、液体燃料或每标准立方米气体燃料在化学当量比之下完全燃烧所需的空气量。

22.0247 理论燃烧温度 theoretical combustion temperature
假设燃料在绝热条件下完全燃烧时燃烧产物所能达到的温度。

22.0248 过量空气 excess air
燃料燃烧时实际供给的空气量与理论空气量的差值。

22.0249 气泡雾化 bubbling atomization
利用压缩空气或蒸汽与油在混合室中形成含有大量气泡的泡状流，流出喷口时压力突降，气泡急速膨胀而产生爆裂的雾化。

22.0250 机械雾化 mechanical atomization
又称“压力雾化”。利用油在压力下旋转喷出时的紊流脉动和空气撞击力使油雾化的工艺方法。

22.0251 蒸汽雾化 steam atomization
利用蒸汽射流扩散的撕裂作用和与周围介质的撞击力使油雾化的工艺方法。

22.0252 空气雾化 air atomization
利用压缩空气射流扩散的撕裂作用和与周围介质的撞击力使油雾化的工艺方法。

22.0253 旋杯雾化 rotary cup atomization
又称“转杯雾化”。利用油在高速旋转体中获得的离心力使油雾化的工艺方法。

22.0254 直接泄漏 direct leakage, air infiltration
回转式空气预热器中，由于空气和烟气间存在静压差，使空气通过密封间隙流入烟气侧的泄漏现象。

22.0255 间接泄漏 bypass leakage, entrained leakage
又称“携带泄漏”。回转式空气预热器中，

转子或风罩在旋转时将其通道空间中的空气带入烟气中的泄漏现象。

22.05 结 构

22.0256 锅炉本体 furnace and heat recovery area

由锅筒、受热面及其集箱和连接管道(子)、炉膛、燃烧器和空气预热器(包括烟道和风道)、构架(包括平台和扶梯)、炉墙和除渣设备等所组成的整体。

22.0257 炉胆 furnace, flame tube, fire tube

锅壳内承受外压的筒形炉膛，作为内燃式锅壳锅炉的燃烧空间和辐射受热面。炉胆有波形炉胆和平直炉胆之分。

22.0258 回燃室 reversal chamber

卧式锅壳锅炉炉胆后部用于烟气折返的空间。

22.0259 烟箱 smoke box

锅壳锅炉中用以汇集烟管内的烟气并导向下一个流程的烟气空间。

22.0260 受热面 heating surface, heat transfer surface

从炉膛及烟道内的放热介质中吸收热量并传递给工质的金属或非金属表面。

22.0261 辐射受热面 radiant heating surface

在炉膛及其出口部位，主要以辐射换热方式从火焰及高温放热介质吸收热量的受热面。

22.0262 对流受热面 convective heating surface

布置在锅炉对流烟道中，主要以对流换热方式从烟气吸收热量的受热面。

22.0263 受压部件 pressurized component, pressurized part

内部或外部承受工质压力作用的部件(元件)。对于常规锅炉主要指组成水、汽系统的诸部件，如锅筒、集箱、水冷壁、过热器、再热器和省煤器等。

22.0264 管屏 tube panel

由同一进口集箱和出口集箱之间并联管子所组成的屏状受热面。

22.0265 垂直上升管屏 vertical riser tube panel

用于工质一次或多次垂直上升的蒸发受热面管屏。

22.0266 回带管屏 ribbon panel

多行程水平或垂直迂回上升的水冷壁管屏。

22.0267 螺旋管圈 spirally wound tube

又称“水平围绕管圈”。多根并联的微倾斜或部分微倾斜、部分水平的管子，沿整个炉膛四周壁面盘旋上升的水冷壁管屏。

22.0268 管束 tube bundle, tube bank

又称“对流管束”。由同一进口集箱和出口集箱(或锅筒)之间并联管子所组成的束状对流受热面。

22.0269 烟道 gas duct, flue duct

烟气流动的通道。它包括锅炉内部烟道和锅炉外部烟道，其中有的布置有受热面。

22.0270 对流烟道 convection pass

布置有以对流换热为主的受热面的烟道。

22.0271 并联烟道 parallel gas pass

在对流烟道中用隔墙或膜式受热面管所分成的两个并联双流烟气通道。可在其后分别布置挡板用以调节再热蒸汽温度。

22.0272 风道 air duct

输送空气的通道。

22.0273 拱 arch

由炉膛水冷壁管向炉内弯曲形成缩腰，或用耐火材料等所砌筑或敷设的曲面结构。一般用于组织或强化燃烧，常分为前拱、中拱和后拱。

22.0274　折焰角　nose, deflection arch

后墙水冷壁在炉膛出口处向炉内延伸所形成的凸出部分，用以改善炉膛上部烟气流场分布。

22.0275　冷灰斗　water-cooled hopper, ash pit

用于冷却下落的炉渣，使其呈固态以便集中排出而在煤粉锅炉炉膛下部由前后墙水冷壁所形成的斗状(水平倾角一般为50°～55°)结构。

22.0276　悬吊管　hanging tube

悬吊受热面并用汽、水工质进行冷却的管子。

22.0277　防渣管束　furnace slag screen

俗称“弗斯顿管束”。用于避免或减轻炉膛出口密排受热面的沾污结渣而布置在炉膛出口密排受热面之前的、具有较大节距的蒸发受热面管束。

22.0278　炉膛　furnace, combustion chamber

又称“燃烧室”。燃料及空气发生连续燃烧反应直至燃尽，并产生辐射传热过程的有限空间，是锅炉本体的一部分。

22.0279　液态排渣炉膛　wet-bottom furnace, slagging-tap furnace

燃烧器区域水冷壁及炉底全部敷以耐火涂料，减少工质吸热、提高炉内温度，保持灰渣熔化后顺利排出的一种炉膛结构形式。

22.0280　开式液态排渣炉膛　open wet-bottom furnace

炉膛下部敷以耐火材料的熔渣段与上部不敷设耐火材料的冷渣段之间无缩腰的液态排渣炉膛。

22.0281　半开式液态排渣炉膛　semi-open wet-bottom furnace

在液态排渣炉膛下部前后墙形成缩腰，将炉膛分隔成下部为熔渣段和上部为冷却段的液态排渣炉膛。

22.0282　闭式液态排渣炉膛　closed wet-bottom furnace

在熔渣室出口处用防渣管束将熔渣段和冷却段隔开，形成独立的熔渣室和冷却室的液态排渣炉膛。

22.0283　U型火焰炉膛　U-flame furnace

采用U形火焰燃烧方式的单拱结构炉膛(单拱炉膛)。

22.0284　W型火焰炉膛　W-flame furnace

采用W形火焰燃烧方式的双拱结构炉膛(双拱炉膛)。

22.0285　高温分离器　high-temperature separator

循环流化床锅炉的飞灰分离装置中，工作温度在850℃左右的烟气/循环灰分离器。

22.0286　中温分离器　medium-temperature separator

循环流化床锅炉的飞灰分离装置中，工作温度在500℃左右的烟气/循环灰分离器。

22.0287　低温分离器　low-temperature separator

循环流化床锅炉的飞灰分离装置中，工作温度在300℃以下的烟气/循环灰分离器。

22.0288　Ω管屏　Ω-tube platen

布置于Pyroflow型循环流化床炉膛中，由特殊结构形状的Ω管组成的屏式受热面。

22.0289　外置流化床换热器　external fluidized bed heat exchanger

简称“外置床”。布置在循环流化床锅炉炉膛外部灰循环回路上的一种流化床式换热器。其作用是将循环灰载有的一部分热量传递给一组或数组受热面，并兼有循环灰回送功能。

22.0290　整体化循环物料换热器　integrated recycle heat exchanger

FW 型循环流化床锅炉中，外置床热交换器向炉膛靠拢并合为一体的换热器。

22.06 主要零部件

22.06.01 制粉及燃烧系统设备

22.0291 燃烧器 burner

将燃料和空气按所要求的比例、速度、湍流度和混合方式送入炉膛，并使燃料能在炉膛内稳定着火与燃烧的装置。

22.0292 煤粉燃烧器 pulverized coal burner

将煤粉制备系统供来的煤粉–空气混合物（一次风）和燃烧所需的二次风分别以一定的配比和速度射入炉膛，在悬浮状态下实现稳定着火燃烧的燃烧器。

22.0293 直流煤粉燃烧器 straight-flow pulverized coal burner

出口气流为直流射流或直流射流组的煤粉燃烧器。

22.0294 旋流煤粉燃烧器 swirl pulverized coal burner

又称“圆型燃烧器”。出口气流包含有旋转射流的煤粉燃烧器。此时燃烧器出口气流可以是几个同轴旋转射流的组合，也可以是旋转射流和直流射流的组合。

22.0295 摆动式燃烧器 tilting burner

喷口可上下摆动一定角度的直流煤粉燃烧器。

22.0296 角式燃烧器 corner burner

布置于炉膛四角的燃烧器。

22.0297 水煤浆燃烧器 coal water slurry burner

水煤浆通过喷嘴雾化成一圆锥形雾状射流与调风器射出的空气射流在炉膛内强烈混合着火燃烧的燃烧器。

22.0298 油燃烧器 oil burner

燃油通过油喷嘴雾化成一圆锥形油雾射流与调风器射出的空气射流在炉膛内强烈混合着火燃烧的燃油装置。

22.0299 蒸汽雾化油燃烧器 steam atomizing oil burner

采用蒸汽雾化方式的油燃烧器。

22.0300 空气雾化油燃烧器 air atomizing oil burner

采用空气雾化方式的油燃烧器。

22.0301 机械雾化油燃烧器 mechanical atomizing oil burner

又称“压力雾化油燃烧器(pressure atomizing oil burner)”。采用机械(压力)雾化方式的油燃烧器。

22.0302 旋杯雾化油燃烧器 rotary cup atomizing oil burner

又称“转杯雾化油燃烧器”采用旋杯雾化方式的油燃烧器。

22.0303 气泡雾化油燃烧器 bubbling atomizing oil burner

采用气泡雾化方式的油燃烧器。

22.0304 双调风旋流燃烧器 dual-register swirl burner

将二次风分成内二次风和外二次风两股气流，通过调风器和旋流叶片分别控制各自的风量和旋流强度，以调节一、二次风的混合，实现空气分级的旋流燃烧器。

22.0305 一次风交换旋流燃烧器 dual-register burner with primary air exchange

一次风煤粉气流送入燃烧器时用简单的弯头作惯性分离，将其分成两股，将原来在弯头中心部位约 50%的一次风(含约 10%煤粉)

作为三次风通过开设在燃烧器周围水冷壁上的三次风口喷入炉内；另一股原来靠近一次风管管壁的约 50%的一次风(携带总煤粉量的约 90%)，再掺入热风后作为一次风喷出的旋流燃烧器。如不掺入热风，则可称为一次风浓缩型旋流燃烧器。

22.0306 低氮氧化物燃烧器 low NO_x burner
能降低和抑制氮氧化物(NO_x)生成的燃烧器。

22.0307 气体燃烧器 gas burner
由燃气喷嘴与调风器组成的一种燃烧气体燃料的装置。按工作机理分为预混合式燃烧器(无焰燃烧器)和扩散式燃烧器两种。

22.0308 多种燃料燃烧器 multi-fuel burner
可以同时燃用气、油和煤或任意两种或两种以上燃料的燃烧器。

22.0309 燃烧器喷口 burner nozzle
将燃料和空气按燃烧要求的浓度、速度、方向或旋流强度送进炉膛的孔口。不同燃烧器喷口具有不同的结构形状。

22.0310 调风器 register
(1)燃烧器中用来加强混合和调节火焰形状，调节气流分布的装置。(2)在旋流燃烧器中由沿圆周方向设置的可调叶片组成的，用来调节气流分配、旋流强度及实现空气分级的装置。

22.0311 直流式调风器 jet air register
组织油燃烧所需空气通过矩形或文丘里型通道，形成高速直流射流喷入炉膛参与油雾射流燃烧的配风装置。

22.0312 平流式调风器 parallel flow register
在油喷嘴四周设置稳燃叶轮，通过一小部分低旋流风起稳定火焰作用，其余燃烧空气以直流风的形式高速喷入炉内以实现油的低氧燃烧的配风装置。它常用于墙式圆型重油燃烧器中。

22.0313 旋流式调风器 swirl air register
组织油燃烧所需空气通过切向或轴向旋流叶片产生旋转射流参与油雾燃烧的配风装置。

22.0314 油雾化器 oil atomizer
又称“油喷嘴”。将油雾化，使其适应燃烧要求的装置。

22.0315 点火油枪 torch oil gun
供煤粉锅炉点火及稳燃用的热功率较小的燃油装置。

22.0316 启动油枪 warm-up oil gun
用于锅炉启动过程中暖炉、升压、冲管和带低负荷的油枪。

22.0317 点火器 igniter, lighter
能在一瞬间提供足够的能量点着主燃烧器燃料并能稳定火焰的常设装置。

22.0318 点火装置 ignition equipment
由煤粉锅炉点火油系统(包括前部供油系统和炉前油系统)、无油或少油点火器以及点火自控仪表系统构成的全套装置。

22.0319 内调风器 inner vanes
在二次风分级的双调风旋流燃烧器中，用于调节内二次风旋流强度的调风器。

22.0320 外调风器 outer vanes
在二次风分级的双调风旋流燃烧器中，用于调节外二次风旋流强度的调风器。

22.0321 稳燃器 flame stabilizer
在燃烧器出口造成一次风气流有一定程度扩散或旋转，形成高温烟气回流，或产生局部燃料浓度升高以稳定着火燃烧的装置。

22.0322 风箱 wind box
将来自风道中的空气分配给各燃烧器的箱形部件。

22.0323 流化床点火装置 warm-up facility for FBC boilers
为流化床锅炉起动提供热源，将点火床料加热并引燃给煤，使之达到正常燃烧的点火装置。

22.0324 布风板 air distributor

构成流化床锅炉炉底，用以支承床料、均布空气、保证正常流化状态的构件。

22.0325 风帽 air nozzle, bubbling cap, nozzle

使流化空气均匀分布，减少粗大颗粒沉积，实现良好稳定流化状态的布风元件。

22.0326 流化床埋管 submerged tube, in-bed tube

埋置于流化床料层或密相区内的受热面管子。

22.0327 回料控制阀 loop seal

循环流化床锅炉灰循环回路中，将分离器收集下来的灰可控而稳定地送回压力较高的炉膛下部，并阻止炉底气固流体反向进入分离器的装置。

22.0328 排渣控制阀 bottom ash discharge valve

在流化床锅炉的排渣口处，用以控制底渣排放量的装置。

22.0329 槽型分离器 U-beam separator

将 U 形槽钢件多排错列布置于循环流化床锅炉炉膛上部，利用惯性将颗粒从气流中分离并回落床内循环燃烧的一种分离器。

22.0330 水冷旋风分离器 water-cooled cyclone separator

分离器壳体由水冷膜式壁构成，并与锅炉本体水冷壁相连接，利用旋转含灰气流在其内所产生的离心力将灰颗粒从气流中分离出来的循环流化床锅炉灰分离器。

22.0331 汽冷旋风分离器 steam-cooled cyclone separator

圆形分离壳体由汽冷膜式壁构成，作为锅炉蒸汽回路的一部分，利用旋转含灰气流在其内所产生的离心力将灰颗粒从气流中分离出来的循环流化床锅炉灰分离器。

22.0332 筒式磨煤机 tubular ball mill, ball-tube mill

又称“钢球磨煤机”，“低速磨煤机(low-speed pulverizer)”。在旋转的卧式钢制筒内，利用提升到一定高度的钢球所具有的能量将煤磨成煤粉的机械设备。其筒体回转速度较其他型式磨煤机低(15～25 r/min)。

22.0333 中速磨煤机 medium-speed mill

又称“立轴式磨煤机(vertical spindle mill)”。磨煤部件转速介于筒式磨煤机和风扇磨煤机之间，磨盘转速为 20～50 r/min，利用碾磨件在一定压力下做相对运动时，煤在其间受挤压、碾磨而被粉碎的磨煤机。

22.0334 高速磨煤机 high-speed pulverizer

叶轮或转子转速为 425～1000 r/min，利用高速转动转子的撞击将煤粉碎的磨煤机。

22.0335 风扇磨煤机 fan mill, beater wheel mill

利用高速旋转的风扇式冲击叶轮将煤制成煤粉的磨煤机。

22.0336 锤击磨煤机 hammer mill, impact mill

利用高速旋转锤头的动能把煤击碎的磨煤机。

22.0337 给煤机 coal feeder

按锅炉负荷或磨煤机出力要求，将煤连续均匀并可调节地送往磨煤机或炉膛的设备。

22.0338 粗粉分离器 coarse pulverized coal classifier

将磨煤机输出的煤粉中不合格的粗粉从气粉混合物中分离出来，返回磨煤机继续磨碎的装置。

22.0339 细粉分离器 finely-pulverized coal classifier

中间贮仓式或半直吹式制粉系统中，置于粗

粉分离器之后，将制成的煤粉从气粉混合物中分离并收集起来的装置。

22.0340　回转式分离器　rotary mill classifier, rotating classifier

又称“动态分离器(dynamic mill classifier)”。分离器出口设有由多枚叶片制成的叶轮，通过调整叶轮的转速改变输出煤粉细度的分离设备。

22.0341　给粉机　pulverized coal feeder

在中间贮仓式制粉系统中，将来自煤粉仓的煤粉连续、稳定并可调地送入一次风管道的设备。

22.0342　煤粉分配器　pulverized coal distributor

在直吹式或半直吹式制粉系统中将风和煤粉均匀地分配到其后各一次风管中去的装置。

22.0343　煤粉混合器　pulverized coal mixer

保证煤粉自给粉机下的落粉管均匀连续地落入一次风管而形成气粉混合物的混合器。

22.0344　排粉风机　exhauster, vent fan

煤粉制备系统中置于细(或粗)煤粉分离器后用于输送干燥剂–煤粉混合物的风机。

22.0345　一次风机　primary air fan

单独供给锅炉燃料制备和燃烧所需一次空气的风机。按其在系统中的安装位置，设在空气预热器前的为冷一次风机；设在空气预热器出口的为热一次风机。

22.0346　抽烟风机　flue gas fan

用炉烟作为干燥介质的制粉系统中，用以抽取冷(低温)炉烟的风机。

22.0347　再循环风机　recirculating fan

在有烟气再循环的系统中，用来抽取和输送再循环烟气的风机。

22.0348　密封风机　seal air fan

向正压运行的磨煤机和给煤机供送高压密封风，防止含粉气流外泄的风机。

22.0349　送风机　forced draft fan

供给锅炉燃料燃烧所需空气的风机。

22.0350　引风机　induced draft fan

在负压锅炉和平衡通风锅炉中用以吸排烟气的风机。

22.0351　锁气器　flapper, clapper

制粉系统中装设于细粉分离器下部落粉管上和粗粉分离器的回粉管上，防止卸粉时空气由此漏入分离器内并保证卸粉的装置。通常有重力式和电动式两类。

22.0352　一次风煤粉喷口　primary air nozzle

燃烧器中向炉膛喷射一次风煤粉混合物气流的喷口。

22.0353　二次风喷口　secondary air nozzle

燃烧器中向炉膛喷射二次风气流的喷口(在四角布置的直流煤粉燃烧器中有时称为辅助风喷口)。

22.0354　周界风喷口　circumferential air nozzle, peripheral air nozzle

直流煤粉燃烧器中沿一次风喷口外缘四周向炉膛喷射二次风气流的喷口。

22.0355　燃尽风喷口　over-fire air nozzle

采用炉膛整体分级送风低氮氧化物(NO_x)燃烧技术时，从燃烧器上部送入分级二次风，使燃烧后期的可燃物进一步燃尽的喷口。

22.0356　三次风喷口　exhaust gas nozzle, tertiary air nozzle

又称“乏气风喷口”。中间贮仓式热风送粉系统中，向炉膛内喷射磨煤乏气的喷口或设置在拱式燃烧锅炉前后墙上的分级二次风喷口。

22.0357　宽调节比一次风喷口　wide-range primary air nozzle

喷口内装有三角形或波形钝体扩锥，利用入口弯管和水平隔板或用扭转隔板将一次风煤粉气流分隔成上下或左右浓淡两股气流的一次风喷口。这种一次风喷口使煤粉锅炉有较宽的负荷调节比。

22.0358　炉排　grate
火床燃烧时，承载固体燃料并从其孔隙送入空气进行燃烧的装置。

22.0359　手烧炉排　hand-fired grate
又称“固定炉排”。用人工加入燃料和清除灰渣的炉排。

22.0360　机械炉排　stoker-fired grate
用机械加入燃料和清除灰渣的炉排。

22.0361　链条炉排　chain grate stoker
又称“移动式炉排”。连续加入燃料和排出灰渣、具有连续移动闭合炉排面的炉排。它包括链带式炉排、横梁式炉排和鳞片式炉排。

22.0362　链带式炉排　chain belt stoker
用长销将许多链片状的炉排片串联成带，以组成炉排面的链条炉排。

22.0363　横梁式炉排　bar grate stoker
用支承在链条上的横梁将炉排片串联成带，以组成炉排面的链条炉排。

22.0364　鳞片式炉排　louver grate stoker
用套管或滚筒将鳞片状的炉排片串联成带，以组成炉排面的链条炉排。

22.0365　振动炉排　vibrating stoker
以振动方式周期地加入燃料和排出灰渣的炉排。

22.0366　水冷振动炉排　water-cooled vibrating stoker
以用光管和扁钢间隔焊接而成的膜式蒸发受热面作为炉排面，并以振动方式周期地加入燃料和排出灰渣的炉排。

22.0367　往复炉排　reciprocating grate
以往复运动方式周期地加入燃料和排出灰渣的炉排。分为水平式往复炉排和倾斜式往复炉排。

22.0368　阶梯炉排　step grate stoker
由活动炉排片在固定炉排片上形成阶梯状并往复运动，使燃料在燃烧过程中不断下落、搅动和翻滚的一种炉排形式。它常用于垃圾锅炉。

22.0369　抛煤机　spreader stoker
用机械或(和)风力将燃料连续地播散到炉排面上的装置。

22.0370　风室　air plenum
又称“风仓”。炉排或布风板下部的进风空间。

22.0371　煤斗　coal hopper
对运输来的煤进行收集和再分配的料斗。

22.06.02　锅筒、集箱及锅筒内部装置

22.0372　锅筒　drum
俗称“汽包”。水管锅炉中用以进行蒸汽净化、组成水循环回路和蓄水的筒形压力容器。

22.0373　锅筒内部装置　drum internals
俗称“汽包内部装置”。布置在锅筒内部用以进行给水分配、蒸汽净化、防止下降管带汽以及加药和排污的装置。

22.0374　锅壳　shell
锅壳式锅炉中用以进行蒸汽净化、组成水循环回路和蓄水的筒形压力容器。

22.0375　人孔　man-hole
锅筒(壳)上开设的便于制造、安装和检修时能够让人进出锅筒(壳)的孔。

22.0376　人孔盖板　man-hole cover
用以密封人孔不使锅筒(壳)内部介质外泄的平板。

22.0377 清洗装置 steam washer, steam scrubber
为减少蒸汽中溶解盐类的含量，将饱和蒸汽(全部或部分)穿过给水层和水雾进行清洗的装置。

22.0378 旋风分离器 cyclone separator
使汽水混合物切向进入筒体做旋转运动，以分离水滴的分离器。有立式与卧式之分。

22.0379 涡轮式旋风分离器 turbo cyclone separator
又称“轴流式分离器”。使汽水混合物轴向进入筒体并流经螺旋叶片做旋转运动以分离水滴的分离器。

22.0380 缝隙挡板 baffle plate
使汽水混合物流经挡板时折流以分离水滴的器件。

22.0381 百叶窗分离器 corrugated separator, corrugated plate separator
使湿蒸汽穿过多块波形板时折流，分离水分并形成水膜以提高饱和蒸汽干度的分离器。

22.0382 钢丝网分离器 screen separator
使湿蒸汽穿过钢丝网时分离水分并形成水膜以提高饱和蒸汽干度的分离器。

22.0383 多孔板 perforated distribution plate
利用汽水混合物或饱和蒸汽穿过板上小孔时的节流作用使汽流均匀分布的器件。它包括水下孔板和均汽孔板。

22.0384 集汽管 dry pipe
利用汽流穿过缝隙通道或管上小孔时的节流作用使蒸汽均匀分布并汇集引出锅筒的器件。

22.0385 筒体 cylindrical shell
锅筒、锅壳或集箱的圆筒形部分。

22.0386 封头 head
锅筒或集箱两端的封口部分。

22.0387 管板 tube plate
在锅壳锅炉中用于锅筒两端封口并安装与固定烟管的部件。

22.0388 平端盖 end plate
集箱的平板状封口部分。

22.0389 集箱 header
又称“联箱”。在汽水系统中用于汇集和分配工质的压力容器。

22.0390 分配集箱 distributed header
向并联管束分配工质的集箱。

22.0391 汇集集箱 catch header
由并联管束汇集工质的集箱。

22.0392 防焦箱 anti-clinker box
装设在炉排两侧炉墙内壁上防止炉墙黏附熔渣的水冷集箱。

22.06.03 蒸发受热面

22.0393 蒸发受热面 evaporating heating surface
将工质加热并产生饱和蒸汽的受热面。

22.0394 水冷壁 water wall, water-cooled wall
敷设在锅炉炉膛四周由多根并联管组成的水冷受热面。主要吸收炉膛中高温燃烧产物的辐射热量，工质在其中受热、蒸发并做上升运动。

22.0395 膜式水冷壁 membrane panel, membrane water wall, membrane water-cooled wall
敷设在锅炉炉膛四周，由多根并联管分别与扁钢拼焊或用轧制鳍片管拼焊而成的整体式气密性水冷受热面管屏。主要吸收炉膛中高温燃烧产物的辐射热量，工质在其中受热、蒸发并做上升运动。

22.0396 销钉管水冷壁 stud water wall

水冷壁管上焊有错列布置的销钉，再敷设耐火涂料的水冷壁。用于炉膛卫燃带、旋风炉和液态排渣炉。

22.0397　上升管　riser
水循环回路中，锅水吸收炉内烟气热量自下而上流动的管路，亦即水冷壁管。

22.0398　下降管　downcomer
水循环回路中，由锅筒向水冷壁下集箱的供水管路。

22.0399　内螺纹管　ribbed tube
内壁带有特定几何形状螺纹槽线的钢管。

22.0400　双面水冷壁　division wall
沿炉高布置在炉膛空间能双面吸收辐射热的水冷壁。

22.0401　锅炉管束　generating tube bank, boiler convection tube bank
用作对流蒸发受热面的管束。

22.0402　混合器　mixer
工质(单相或双相)在其中进行混合的筒形或球形压力容器。

22.0403　节流圈　orifice
装在集箱或管子内用于增大阻力，改变管屏或管组中各管内的工质流量分配的圆形孔圈。

22.0404　烟管　smoke tube
又称“火管”。烟气在管内流动的蒸发受热面。

22.0405　螺纹烟管　screw-thread smoke tube
内壁带有特定几何形状螺纹槽线的烟管。

22.06.04　过热器、再热器和减温器

22.0406　过热器　superheater
将饱和温度或高于饱和温度的蒸汽加热到规定过热温度的受热面。

22.0407　辐射过热器　radiant superheater
布置在炉膛中，主要直接吸收炉膛火焰辐射热的过热器。

22.0408　半辐射式过热器　semi-radiant superheater
布置在炉膛出口进入对流烟道之前，既吸收炉膛辐射热，也吸收烟气对流热的过热器。

22.0409　墙式过热器　wall superheater
又称“壁式过热器”。布置在炉膛内壁上(通常布置在炉膛的前墙或两侧墙上)的辐射式过热器。

22.0410　屏式过热器　platen superheater
以管屏形式布置在炉膛上部或炉膛出口处的过热器。

22.0411　对流过热器　convection superheater
布置在对流烟道中，主要以对流换热方式吸热的过热器。

22.0412　包墙管过热器　wall-enclosed superheater
布置在水平烟道和尾部烟道内壁上的过热器。

22.0413　顶棚管过热器　ceiling superheater
布置在炉顶内壁上的过热器。

22.0414　再热器　reheater
将汽轮机高压缸或中压缸排汽再次加热到规定温度的锅炉过热蒸汽受热面。

22.0415　减温器　attemperator, desuperheater
用不同温度的介质进行汽温调节的装置。

22.0416　面式减温器　surface-type attemperator
利用管内流动的锅炉给水冷却管外蒸汽的减温器。

22.0417　喷水减温器　spray-type desuperheater
又称“混合式减温器(mixed desuperheater)”。将减温水直接喷入过热蒸汽，在容器内进行混合的减温器。

22.0418　汽–汽热交换器　bi-flux heat exchanger
布置在烟道外，利用过热蒸汽加热再热蒸汽，用于调节再热汽温的热交换装置。

22.0419　烟气比例调节挡板　gas proportioning damper, gas-bypass damper
用膜式壁将锅炉尾部烟道分成前后两部分，分别布置卧式低温再热器和低温过热器、省煤器，在出口装设烟气调节挡板，利用挡板的不同开度改变流经前后烟道的烟气流量之比，进行汽温调节的装置。

22.0420　旁路挡板　bypass damper
布置在旁路烟(风)道中，用以改变烟气(风)流量分配的挡板。

22.06.05　省　煤　器

22.0421　省煤器　economizer
又称"节能器"。利用给水吸收锅炉尾部低温烟气的热量，降低烟气温度的对流受热面的装置。

22.0422　沸腾式省煤器　steaming economizer
出口沸腾率大于零的省煤器。

22.0423　钢管省煤器　steel tube economizer
又称"光管省煤器(bare tube economizer)"。由钢管弯制成蛇形管的省煤器。

22.0424　翅片管省煤器　helically finned tube economizer, extended-tube economizer
在钢管的直段部分周向焊上肋片而形成扩展受热面的省煤器。

22.0425　膜式省煤器　membrane economizer
同列钢管的直段部分之间用扁钢焊成整体膜式结构的省煤器。

22.0426　铸铁省煤器　cast-iron gilled tube economizer
由铸铁肋片管所组成的省煤器。

22.06.06　空气预热器

22.0427　空气预热器　air preheater
利用锅炉尾部烟气的热量加热燃料燃烧所需空气，改善燃料燃烧条件并提高锅炉效率的热交换装置。

22.0428　管式空气预热器　tubular air preheater
烟气、空气分别在管内外流动，通过管壁进行热交换的空气预热器。有立式和卧式两种。

22.0429　回转式空气预热器　rotary air preheater
又称"再生式空气预热器(regenerative air preheater)"。通过旋转器件使烟气和空气交替冲刷传热元件，进行放热和吸热的空气预热器。

22.0430　受热面回转式空气预热器　rotating-rotor air preheater
又称"容克式空气预热器(Ljungström-type air preheater)"。通过装填蓄热元件转子的旋转使烟气和空气交替冲刷蓄热元件，进行放热和吸热的回转式空气预热器。

22.0431　三分仓回转式空气预热器　tri-sector air preheater
将空气通道分成两部分，分别与一次风、二次风通道相接的回转式空气预热器。用于中速磨煤机冷一次风机直吹式制粉系统。

22.0432　四分仓回转式空气预热器　quad-sector air preheater
在三分仓回转式空气预热器基础上，将空气通道分成一个一次风通道和两个二次风通道，一次风通道夹在两个前后二次风通道中间，它们分别与一次风通道、二次风通道相连的回转式空气预热器。

22.0433　风罩回转式空气预热器　rotating-ducts air preheater

又称“罗特米勒式空气预热器(Rothemühle regenerative air preheater)”。蓄热元件放在不动的定子之内，上、下方对称布置的两个风罩同步旋转，使烟气和空气交替冲刷蓄热元件，进行放热和吸热的回转式空气预热器。

22.0434 热管空气预热器 heat-pipe air preheater

由管内注有部分传热液体，管两端密封并抽成真空的钢管或鳞片管所构成的空气预热器。锅炉上多为水重力式热量，蒸发端置于烟气侧，凝结端置于空气侧。

22.0435 暖风器 air preheater coils

又称“前置预热器(preposed preheater)”。布置在空气预热器进口前，用蒸汽(或其他工质)加热进口冷空气的热交换器，以防止空气预热器的冷端积灰和低温腐蚀。

22.06.07 构　架

22.0436 锅炉构架 boiler structure

用以支承和固定锅炉的各个部件，并保持它们之间相对位置的构架。

22.0437 刚性梁 buckstay, bumper

沿炉膛四壁分层布置，对炉膛起箍紧和提高刚度作用的钢梁构件。使锅炉在运行压力或炉膛设计瞬态承受压力下不受破坏。

22.0438 内护板 inner casing

装设在水冷壁管子背火侧的金属密封板。

22.0439 外护板 outer casing

装设在炉墙外壁的金属护板。

22.0440 膨胀中心 expansion center

悬吊式锅炉中所设置的锅炉膨胀零点。

22.06.08 管道系统和附件

22.0441 锅炉汽水系统 boiler steam and water circuit

由受热面和锅炉范围内管道所组成的汽水流程系统。

22.0442 启动系统 warm-up system, drain start-up system

在直流锅炉或复合循环锅炉上，为在启动和低负荷运行时保证炉内受热面得到良好的冷却保护而专门设置的系统，包括汽水分离器及其管道等。

22.0443 启动分离器 water separator, start-up flash tank

在直流锅炉的启动系统中，用来扩容和汽水分离的筒形压力容器。

22.0444 安全阀 safety valve, relief valve

为防止系统过载，保证系统安全的压力控制阀。

22.0445 安全泄放阀 safety relief valve

当阀门进口侧静压超过其起座压力时，根据使用情况以不同方式自动泄压的阀门。它可立即起跳至全开(用于蒸汽)或起跳后随压差增加而进一步开大(用于液体)。

22.0446 截止阀 stop valve

使锅炉产生的蒸汽进入用汽管道并能快速关闭的阀门。

22.0447 排污阀 blow-down valve

控制锅炉锅筒中带有较多盐类物质和水渣的锅水排放的阀门。

22.0448 疏水阀 drain valve

具有自动排除蒸汽中产生的冷凝水且阻止蒸汽泄漏功能的阀门。

22.0449 动力排放阀 power control valve

安装在过热器出口的电动(或气动)控制阀门。当压力达到一定值时，以自动或手动指令方式开启阀门泄压。

22.0450 水位表 water level indicator
显示锅筒或其他容器中水位的表计。

22.0451 膨胀节 expansion joint, expansion piece, expansion pipe
在烟、风管道和风粉管道(或设备)中，能补偿两固定端之间的冷/热胀差并使接点自由移动的装置。

22.0452 翼型测风装置 aerofoil flow measuring element
采用机翼型结构，用于锅炉的矩形风道内测量空气流量的装置。

22.0453 文丘里测风装置 Venturi flow-measuring element
利用流体流经缩放型文丘里管的节流作用测量流体流量的装置。

22.0454 注水器 injector
利用锅炉本身蒸汽喷射作用所造成的真空，吸入给水并进行混合送入锅炉的给水装置。

22.0455 分汽缸 distributing head
用于把锅炉运行时所产生的蒸汽分配到各路管道中去的装置。

22.0456 冷凝水回收装置 condensing-water recovery equipment
回收用汽设备使用后的蒸汽(通常称为冷凝水)并有效利用冷凝水拥有的热量和水的设备。

22.0457 蒸汽蓄热器 steam heat accumulator
在用气量发生变化时使锅炉负荷变化稳定并根据用气量的变化自动进行蒸汽蓄积或自行蒸发的设备。

22.06.09 其　他

22.0458 炉墙 boiler wall
用耐火和保温材料等所砌筑或敷设的锅炉外墙。

22.0459 锅炉密封 boiler seal
在锅炉受热面本身和各受热面相互间以及穿墙管处装设(焊)金属或非金属密封件等，以有效防止炉膛和烟道内/外泄漏的结构措施。

22.0460 吹灰器 soot blower
以蒸汽、压缩空气或水等为介质，在运行中清除受热面烟气侧沉积物的装置。

22.0461 除渣设备 slag removal equipment
收集由炉膛中或炉排上所落下的灰渣并将其排出的设备。

22.0462 炉水循环泵 boiler water circulating pump
又称“控制循环泵”。串联安装在锅炉水循环系统下降管的出口，使炉水在循环系统内作强制流动的大流量、低扬程单级离心泵。

22.0463 启动循环泵 start-up circulating pump
使水循环启动起来所用的泵。

22.0464 冷渣器 bottom ash cooler
流化床锅炉中用于底渣的冷却并回收其物理热的设备。

22.07 运行、维修和故障

22.07.01 运　行

22.0465 启动 start-up
锅炉由点火、升压到并汽或向汽轮机供汽至带额定负荷的过程。

22.0466 定压启动 constant-pressure start-up
锅炉首先启动，蒸汽参数升至额定值，然后再冲动汽轮机，汽轮机从冲转至带额定负荷，电动主汽门前的蒸汽参数始终保持为额定值的启动方式。仅用于一些母管制的小机组启动。

22.0467 冷态启动 cold start-up
锅炉内已无压力，温度接近环境温度时的启动。

22.0468 热态启动 hot start-up
锅炉停运时间较短，还保持有一定的压力和温度情况下的启动方式。包括温态(停运时间为 24～48 h)、热态(停运时间为 8～24 h)和极热态(停运时间为 2～8 h)三种启动方式。

22.0469 滑参数启动 sliding-pressure start-up
单元制机组在汽轮机电动主汽门全开状态下，随着锅炉点火及不断地升压升温而完成机组启动的方式。此时，电动主汽门前的蒸汽参数随机组负荷升高而升高。

22.0470 上水 filling
在点火前将符合给水品质要求和一定温度的水送入锅炉的过程。

22.0471 水位 water level
容器(锅筒和汽水分离器等)中水面的位置。

22.0472 点火水位 ignition water level
锅炉启动点火前锅筒中所应建立的水位。

22.0473 吹扫 purge
点火前将规定流量的空气通入炉膛，替换积聚在炉膛及烟道内的原有气体的过程，以期有效清除其中所含的可燃物，防止可能发生的炉膛爆炸。

22.0474 放水 blow-off
升压时以排出残渣和使受热面受热均匀，满水时以降低水位，停炉时以防止腐蚀或检修时将锅炉中的水放出的过程。

22.0475 疏水 drain
从热力系统排出的水。

22.0476 升压 raising pressure
点火后工质受热汽化，锅炉压力按规定速度升至工作压力的过程。

22.0477 并汽 bringing a boiler onto the line
母管制锅炉启动时将压力和温度均符合规定的蒸汽送入母管的过程。

22.0478 启动压力 start-up pressure
直流锅炉和复合循环锅炉启动时，为保证蒸发受热面的水动力稳定性(不产生脉动现象)所必须建立的给水压力。

22.0479 启动流量 start-up flow rate
直流锅炉和复合循环锅炉启动时，为保证蒸发受热面良好冷却(防止垂直上升管屏的个别管中发生停滞、倒流)所必须建立的锅水流量，即最低循环流量。一般为额定蒸发量的 30%左右。

22.0480 计划停运 planned outage
锅炉机组处于计划检修的状态。它分为大修停运、小修停运和节日检修停运三类。

22.0481 非计划停运 unplanned outage
处于计划停运以外的不可用状态。

22.0482 滑压运行 sliding-pressure operation
又称“变压运行”。保持汽轮机进汽调节汽门全开或部分全开，通过改变锅炉出口蒸汽压力(温度不变)调整电网负荷的运行方式。

22.0483 定压运行 constant-pressure operation
汽轮机运行时，主蒸汽压力保持基本恒定，用改变调节阀开度的方式来调整负荷的运行方式。

22.0484 定压–滑压复合运行 modified sliding-pressure operation
在机组不同负荷范围内，分别采用定压或滑压的变负荷运行方式。如高负荷时采用额定压力运行方式，中间负荷时采用滑压运行方式，当负荷低至某一值时，又改为定压运行方式。

22.0485 调峰运行 peak-shaving operation, variable-load operation
锅炉机组承担电网负荷曲线中最低负荷到最高负荷之间调节任务的运行方式。

22.0486 非设计工况运行 operation at undesigned conditions, off-design condition operation
锅炉在负荷、燃料特性、给水温度和过量空气系数等偏离设计值条件下的运行。

22.0487 停炉 shutdown, outage
按规定程序切断燃料和水，停止送、引风机，使锅炉停止运行的过程。

22.0488 停用 out of service
锅炉因检修或其他原因需较长时间停止运行的状态。

22.0489 滑参数停运 sliding-pressure shut-down , sliding-pressure outage
在汽轮机调节汽门全开的情况下，锅炉逐渐减弱燃烧，降低蒸汽压力和温度，汽轮机负荷逐渐降低，直到机组停运的过程。

22.0490 强迫停运 forced shutdown, forced outage
又称“故障停炉”。因设备发生故障而锅炉被迫停止运行的过程。

22.0491 汽水膨胀 water swelling
直流锅炉起动过程中，当水冷壁管内某处炉水达到相应压力下的饱和温度时即开始汽化，比容急剧增大，引起局部压力升高，使水冷壁排出的汽水混合物流量远大于给水量的现象。

22.0492 汽温调节 steam temperature control
在锅炉运行中对过热蒸汽温度和再热蒸汽温度进行调节，使其稳定在规定的数值范围内。

22.0493 锅炉排污 boiler blow-down
锅筒锅炉运行中将带有较多盐类和水渣的锅水排放到锅炉外的排污方式。

22.0494 连续排污 continuous blow-down
锅筒锅炉运行中，为了保证锅水含盐量在规定的限度内，将部分含盐较浓的锅水从锅筒中连续不断排出的排污方式。

22.0495 定期排污 periodic blow-down
锅筒锅炉运行中，将锅水中的沉渣和铁锈从汽水系统的较低处定期排出的排污方式。

22.0496 吹灰 soot-blowing, lancing
锅炉运行时清除锅炉受热面烟气侧的积灰和结渣的操作。尤指利用吹灰器进行的操作。

22.0497 锅炉水处理 boiler water treatment
为使锅内在各种运行条件下不形成沉积物，不发生腐蚀和获得清洁蒸汽，而对锅炉给水或锅水进行处理的运行措施。包括锅外水处理和锅内水处理。

22.0498 压火 banking fire
炉排锅炉作热备用时，暂停供给燃料但适当进行通风，使火床保持适量燃烧而不致熄灭的状态；鼓泡流化床锅炉则关闭快速风门，停送、引风机，使床料压火保温。

22.0499 经济运行 economical operation
在满足安全、可靠、保护环境和供热要求的前提下，通过科学管理、技术改造、提高运行操作水平，使锅炉处于高效、节能的运行状态。

22.07.02 维　修

22.0500 停炉保护 storage
锅炉停用时期，为防止汽水系统金属内表面受到空气或水中溶解氧的腐蚀而采取的保护措施。

22.0501 化学清洗 chemical cleaning

采用化学方法清除锅炉水汽系统中的各种沉积物、金属氧化物和其他污物，并使金属表面形成保护膜，防止发生腐蚀或结垢的方法。

22.0502 煮炉 boiling-out
使用氢氧化钠与磷酸三钠混合溶液注入锅炉汽水系统，在 0.5～2 MPa 压力下经 24～48 h 加热、除油、去垢并使金属内表面钝化的方法。适用于压力在 9.8 MPa 以下的锅筒锅炉。

22.0503 冲管 flushing
又称“水清洗”。用具有一定流速的清水清除汽水系统和管道内表面上杂物的方法。

22.0504 蒸汽系统吹洗 scavenging of steam system
俗称“吹管”。在机组投产前，利用高速蒸汽流的动能吹净锅炉蒸汽管路及设备在制造、运输、保管、安装过程中发生的污物和大气腐蚀产物，并在金属表面形成保护膜的方法。

22.0505 钝化 passivating
在经酸洗后的金属表面上用钝化液进行流动清洗或浸泡清洗以形成保护层的方法。

22.0506 烘炉 drying-out
用点火或其他加热方法以一定的温升速度和保温时间烘干炉墙的过程。

22.0507 事故检修 break maintenance
又称“故障检修”。设备发生故障或其他失效时进行的非计划性维修。

22.0508 改进性检修 corrected maintenance
为消除设备的缺陷、频发性故障或改善设备性能，对设备的局部结构或零部件的设计加以改进而实施的一种检修。

22.0509 状态检修 condition-based maintenance
又称“预知性检修”。根据状态监测、分析诊断确定的设备实际技术状况来决定检修日期和对象的预防性检修。

22.0510 预防性定期检修 time-based maintenance
又称“计划检修”。以时间为基础的预防检修方式。它可分为大检修、小检修和节日检修。

22.07.03 故　障

22.0511 汽水分层 separation of steam-water flow
汽水混合物在水平或倾角较小的管内流动，当流速较低时水在下部，汽在上部分层流动的现象。

22.0512 汽塞 vapor lock, steam binding, steam blanketing
蒸汽泡在蒸发受热面上升管中聚集，导致阻塞水循环的现象。

22.0513 流动停滞 flow stagnation
自然循环锅炉蒸发受热面中，某些上升管受热差，工质流速度低，进入管中循环水量仅等于该管蒸发量时的水流停滞现象。

22.0514 循环倒流 flow reversal
自然循环锅炉的上升管接入锅筒水空间，在个别受热弱的管内发生工质自上而下的逆向流动现象。

22.0515 脉动 pulsation
直流锅炉蒸发受热面发生的一种不稳定的水动力现象。当锅炉工况变动时，在蒸发受热面并联工作的管圈之间，某些管子内流量随时间发生的周期性的变化。

22.0516 汽水共腾 priming
锅筒锅炉运行中，蒸汽流量突然增大而炉膛内燃烧放热还来不及增大时，由于锅筒内压力急剧下降，导致锅水汽化，锅炉水容积中含汽量急剧增大的现象。

22.0517　泡沫共腾　foaming
当锅水中含有油脂、悬浮物或锅水浓度过高时，蒸汽泡表面水膜因含有杂质而不易撕破，在锅筒水面上产生大量泡沫的现象。

22.0518　烟气侧沉积物　external deposit
从烟气中沉积到受热面外表面或炉墙内壁上的物质，包括烟炱、熔渣、高温黏结灰、低温沉积灰和疏松灰等。

22.0519　汽水侧沉积物　internal deposit
从水或蒸汽中沉积到受热面和管道内表面或汽轮机叶片上的矿物质或盐类，包括水渣、水垢和积盐等。

22.0520　结渣　slagging
处在黏结温度以上的高温灰渣黏附在炉膛内壁或辐射受热面、高温对流受热面上的现象。

22.0521　结焦　agglomeration, clinkering, coking
在燃煤和燃油锅炉中，局部积聚在燃烧器喷口、燃料床或受热面上的燃料，在高温缺氧的情况下析出挥发分后形成焦块的现象。

22.0522　积灰　fouling
又称“沾污”。处在黏结温度以下的灰粒沉积在锅炉受热面上的现象。

22.0523　结垢　incrustation, scale formation
在锅炉受热面和换热设备水侧生成固态附着物的现象。

22.0524　堵灰　clogging
对流受热面的烟气侧沉积物厚度不断增加，使烟气通道发生堵塞或灰渣在输送系统中局部沉积发生堵塞的现象。

22.0525　剥落　spalling
表层裂成碎片以及部分脱落的现象。

22.0526　脱碳　decarburization
钢或铸铁表面再高温气体中失碳的现象。

22.0527　贫铬　chromium depletion
不锈钢由于晶界析出铬的碳化物而使晶界区铬含量降低的现象。

22.0528　点蚀　pitting attack
由于给水中溶解氧含量过大，造成给水系统和省煤器内表面的电化学腐蚀，状如麻点。

22.0529　缝隙腐蚀　crevice corrosion
由发生在缝隙中的化学反应造成金属接触面的局部腐蚀。

22.0530　沉积物腐蚀　deposit corrosion
由于腐蚀产物或其他物质的沉积，在其下面或周围发生的局部腐蚀。

22.0531　氢脆　hydrogen embrittlement
因吸氢，导致金属韧性和延性降低的损伤过程。

22.0532　苛性脆化　caustic embrittlement, caustic cracking
锅筒的铆接或胀接部位因局部应力集中和游离碱(氢氧化钠)含量过高(因长期漏汽)产生金属晶间裂纹的脆化现象。

22.0533　应力腐蚀　stress corrosion
在应力和腐蚀性介质协同作用下产生的腐蚀。

22.0534　疲劳腐蚀　fatigue corrosion
在循环载荷和腐蚀介质并存时，腐蚀介质在金属材料的疲劳过程中促进了裂纹的萌生和扩展，使金属材料产生的腐蚀。

22.0535　磨损腐蚀　erosion-corrosion
由腐蚀和磨损联合作用引起的腐蚀。

22.0536　蒸汽氧化　steam oxidation
高温水蒸气与铁或合金元素反应生成氧化物的化学腐蚀。温度越高则腐蚀越剧烈。

22.0537　热腐蚀　hot corrosion
又称“高温腐蚀(high-temperature corrosion)”。通常发生在锅炉炉膛水冷壁和过热器、再热器等高温受热面烟气侧金属管壁的腐蚀。

22.0538　露点腐蚀　dew-point corrosion

又称“低温腐蚀(low-temperature corrosion)”。当受热面金属管壁温度低于烟气酸露点时，烟气中含有的硫酸蒸汽在壁面凝结所造成的腐蚀。

22.0539　超温　overtemperature

锅炉运行中受热面金属管壁温度或出口蒸汽温度超过其额定值的现象。

22.0540　热偏差　heat deviation

并列管组中个别或局部管圈(偏差管)内工质焓增与整个管组工质平均焓增不一样的现象。

22.0541　过热　overheating

受热面或管道的金属壁温超过钢材最高许用温度的现象。

22.0542　回火　flashback

由于燃烧器出口处可燃混合物的法向速度小于燃烧火焰传播速度，使火焰向燃烧器内部传播的现象。

22.0543　脱火　blow-off

由于燃烧器出口处可燃混合物的法向速度大于燃烧火焰传播速度，使火焰远离燃烧器被吹灭的现象。

22.0544　灭火　loss of ignition, loss of fire

又称“熄火”。炉膛变暗，看不到火焰或燃烧器丧失火焰的现象。

22.0545　锅炉爆管　boiler tube explosion, boiler tube failure, boiler tube rupture

锅炉受热面管子在运行中损伤失效而爆漏的现象。

22.0546　炉膛爆炸　furnace explosion

炉膛内可燃混合物发生爆燃导致炉内烟气压力瞬时剧增，所产生的爆炸力超过炉墙结构强度而造成向外爆破的事故。

22.0547　炉膛内爆　furnace implosion

平衡通风锅炉由于炉膛负压非正常增大，致使内外气体压差骤增，超过炉膛结构瞬态承压强度而造成的向内爆破事故。

22.0548　炉膛爆燃　furnace detonation, fire puffs

当连续进入炉膛的可燃混合物没有即时着火燃烧而在炉膛内聚集，突然被引燃，发生剧烈燃烧，致使炉膛内压力瞬时大幅升高的现象(此时火焰传播速度高于声速)。

22.0549　制粉系统爆炸　explosion of pulverized-coal preparation system

制粉系统内积聚的煤粉在一定的温度下热解，释放出可燃挥发分，形成可燃混合物(可燃气体、煤粉和空气混合物)，当其浓度和热量达到一定数值时导致自燃爆炸或遇到火源时发生爆燃(剧烈燃烧并以高于声速的速度传播)，导致系统内压力急剧上升使设备爆破的现象。

22.0550　尾部烟道再燃烧　flue dust reburning in flue duct

又称“尾部烟道二次燃烧(flue dust secondary combustion in flue duct)”。锅炉炉膛燃烧不完全，导致未燃尽的燃料积存于尾部烟道内或受热面上，在适宜条件时发生自燃的现象。

22.0551　析铁　formation of iron

又称“液态排渣炉析铁”。液态排渣炉(包括旋风炉)运行中，在炉底渣池内形成积铁或积铁熔化后经渣口流出的现象。

22.0552　氢爆　hydrogen explosion

液态排渣炉运行中炉底积铁在高温下熔化，铁水经渣口流入粒化水箱而产生氢气，发生爆燃或爆炸的现象。

22.0553　锅炉满水　drum flooding

运行中锅筒内水位超过水位计上部可见水位的故障现象。

22.0554　锅炉缺水　loss of water level

运行中锅筒内水位在水位计中消失的故障现象。

22.08 试验和测试

22.08.01 试　　验

22.0555 锅炉热效率试验 boiler heat efficiency test
确定锅炉效率的试验。有正平衡法和反平衡法之分。

22.0556 锅炉燃烧调整试验 boiler combustion adjustment test
又称"燃烧优化试验"。通过对锅炉燃料供给和配风参数的调整，以及对其控制方式的改变等，保证送入锅炉炉内的燃料及时、稳定、完全和连续燃烧，并在满足机组负荷需要前提下，获得最佳燃烧工况的试验。

22.0557 锅炉性能试验 boiler performance test
新机组投运后一定期限内，按合同规定的试验规程(标准)进行的、考核卖方在商务合同中所规定的锅炉各项性能指标是否达到保证值的试验。针对罚款保证值项目进行的称为性能考核试验，针对非罚款保证值项目进行的称为性能验收试验。

22.0558 锅炉性能鉴定试验 boiler performance certificate test
对新型机组或改造后的机组，按照国家标准进行的锅炉全面的运行性能试验。它为该机组的设计(或改造)与运行性能作出鉴定，作为该型机组定型生产或进一步改进的依据。

22.0559 炉膛空气动力场试验 furnace aerodynamic test
根据冷、热态空气动力场相似理论的要求，计算室温下各次喷口的风量和风速，并在此工况条件下测量炉膛内的空气流动速度场的分布，以便掌握和评价炉内气流的流动特性的试验。

22.0560 炉膛冷态模型试验 cold model test
试验时介质工作参数远远低于实际工作参数(或接近于常温)下的试验。该项试验可在实际炉膛内进行，也可在按几何相似缩小的模型上进行。

22.0561 制粉系统冷态风平衡试验 cold air distributing test of pulverizing system
冷态下调节一次风管上的缩孔或挡板，使各一次风管间风量均衡(相对偏差值不大于±5%)的试验。

22.0562 漏风试验 air leakage test
检查锅炉炉膛、烟风道或制粉系统漏风的试验。

22.0563 风压试验 pressure decay test
按规定的压力和保持时间对炉膛或烟道用空气进行的压力试验，以检查其严密性是否符合要求。

22.0564 水循环试验 water circulation test
又称"水动力特性试验(hydrodynamic characteristics test)"。检查锅炉在启动、停炉和各种运行工况下水循环可靠性的试验。

22.0565 热化学试验 thermal chemical test
测定锅炉在启动和各种运行工况下蒸汽品质和水化学特性的试验。它用以确定汽水分离元件和系统的合理结构及运行方式，了解盐分在锅炉受热面中的沉积规律。

22.0566 水压试验 hydrostatic test
按规定的压力和保持时间对锅炉受压元件、受压部件或整台锅炉机组用水进行的压力试验。它用以检查其有无泄漏和残余变形。

22.0567 过热器和再热器试验 thermal test of superheater and reheater

确定过热器和再热器的热偏差与管壁温度等热力特性、汽温调节特性以及阻力特性的试验。

22.0568 负荷试验 load test

为确定锅炉的经济负荷、最低负荷以及相应于机组各种出力下的锅炉负荷所进行的试验。

22.08.02 测 试

22.0569 燃料特性分析 fuel characteristic analysis

为了解燃料的质量和燃烧特性,用物理和化学的方法对燃料取样进行的化验和测试工作。

22.0570 烟气分析 flue gas analysis

取样测定烟气中气相组成成分及其容积比例的定量分析。

22.0571 奥氏烟气分析仪 Orsat flue-gas analyzer

用化学选择性吸收法测定干烟气试样中气相成分容积比例的仪器。

22.0572 抽气式热电偶 suction pyrometer

抽出烟气冲刷热电偶工作端及其外面加装的单层或多层遮热罩，以减少炉内烟气温度测量误差的热电偶高温计(包括二次仪表和抽气系统)。

22.0573 气力式高温计 Venturi pneumatic pyrometer

利用抽出烟气流经高温和低温节流元件时烟气绝对温度与密度成反比原理测量烟气温度的高温计。

22.0574 热流计 heat flux meter

测量单位时间内通过某截面热流量的仪器。

22.0575 热重分析仪 thermogravimetric analyzer

在程序控制和按规定速度缓慢升温条件下，测量样品的质量随加热程度变化的仪器。

22.0576 等速取样 isokinetical sampling

在含粉尘的气流中，使进入粉尘取样探头进口的吸入速度与探头周围的来流速度(如锅炉烟道中的烟气速度、输粉管路中的煤粉气流速度等)相等条件下的取样方法。

22.0577 锅炉排烟监测 boiler flue gas monitoring

用规定的测试方法测定和监视锅炉排烟中污染物质(如粉尘、二氧化硫、氮氧化物等)的浓度。

22.0578 火焰检测器 flame detector

通过接收的火焰光波信号来判别燃烧是否正常的装置。

22.0579 烟温探针 gas-temperature probe

用于测量烟气温度的可伸缩式热电偶测温器件。布置在炉膛出口前的烟温探针，用来监测锅炉启动时该处的烟温状况。

22.09 性 能 指 标

22.09.01 技 术 性 能

22.0580 锅炉热效率 boiler heat efficiency

单位时间内锅炉有效利用热量与所消耗燃料的输入热量的百分比(正平衡热效率)。

22.0581 给水品质 feed water quality

给水水质达到规定标准值的程度。如酸碱度、硬度和杂质含量。

22.0582 蒸汽品质 steam purity

蒸汽的纯洁程度。

22.0583 锅水浓度 boiler water concentration
又称“炉水浓度”。锅水的酸碱度和杂质含量。

22.0584 临界含盐量 critical dissolved salt
锅炉运行负荷(蒸发量)不变工况下，使蒸汽含盐量突然增多的锅水含盐量。

22.0585 总含盐量 total dissolved salt
水中所含盐类的总量。

22.0586 全固形物 total solid matter
水中悬浮物和溶解固形物质含量的总和。

22.0587 溶解固形物 dissolved solid matter
溶解于水中的物质(不包括溶解气体)，即将水样滤出其悬浮物后进行蒸发和干燥所得的残渣。

22.0588 悬浮物 suspended solid matter
不溶解于水中的无机物和有机物，即用规定的过滤材料在水样中所分离出的固形物。

22.0589 总硬度 total hardness
水中钙和镁离子的总含量。

22.0590 碱度 alkalinity
水中所含能接受氢离子的物质的含量。

22.0591 锅炉负荷调节范围 boiler load range
锅炉在规定工况下安全运行所允许的最低和最高负荷的范围。

22.0592 额定汽温负荷范围 load range at constant temperature
锅炉出口过热蒸汽温度、再热蒸汽温度保持额定值的负荷范围。

22.0593 经济负荷 economic load
运行热效率最高时的锅炉负荷。

22.0594 锅炉最低稳定燃烧负荷 boiler minimum stable load without auxiliary fuel support
锅炉不投辅助燃料助燃而能长期连续稳定运行的最低负荷。对于燃煤锅炉而言，常称最低不投油稳燃负荷。

22.0595 锅炉最低稳燃负荷率 boiler minimum stable combustion load rate
不投辅助燃料助燃的最低稳定燃烧负荷与锅炉最大连续蒸发量或额定蒸发量之比。

22.0596 液态排渣临界负荷 slag-tapping critical load in wet bottom furnace
液态排渣炉运行中能保证顺利流渣时的最低负荷。

22.0597 燃烧器调节比 turndown ratio
单只燃烧器的最大燃料量与最小燃料量之比。

22.0598 烟气含尘量 particulate in flue gas
单位容积(标准状态下)的烟气中所含烟尘量。

22.0599 烟气污染物排放量 pollutants in flue gas
锅炉运行期间排入环境的烟气中所含大气污染物的数量。

22.0600 锅炉设计性能 boiler design performance
锅炉设计单位根据锅炉的技术规范、设计条件以及用户的要求，设计时预期的锅炉应具有的性能。

22.0601 安全阀排汽量 discharge capacity of safety valve
按有关规程规定通过试验所确定的安全阀或安全泄压阀排出的蒸汽量。

22.09.02 经 济 指 标

22.0602 热损失 heat loss
输入热量中未能为工质所吸收利用的部分。一般用所损失的热量占输入热量的百分率表示。

22.0603 气体不完全燃烧热损失 unburned gases heat loss in flue gas
由于排烟中残留的可燃气体(如 CO 等)未放出其燃烧热所造成的热损失。

22.0604 固体不完全燃烧热损失 unburned carbon heat loss in residue
由于飞灰、炉渣和漏煤中未燃碳未放出其燃烧热所造成的热损失。

22.0605 散热损失 radiation and convection heat loss
炉墙、锅炉范围内管道和烟风道向周围环境散热所造成的热损失。

22.0606 灰渣物理热损失 sensible heat loss in residue
锅炉排出灰渣的物理显热所造成的热损失。

22.0607 排烟热损失 sensible heat loss in exhaust flue gas
锅炉排出烟气的显热所造成的热损失。

22.0608 飞灰可燃物含量 unburned combustible in fly ash
又称“飞灰含碳量”。锅炉对流烟道飞灰中可燃物(碳)含量。

22.0609 炉渣可燃物含量 unburned combustible in bottom ash
又称“炉渣含碳量”。锅炉从冷灰斗或出渣口处排出炉渣中的可燃物(碳)含量。

22.0610 漏煤可燃物含量 unburned combustible in sifting
炉排下漏煤的可燃物含量。

22.0611 制粉电耗 power consumption of pulverizing system
制粉系统磨制每吨煤所消耗的电能，包括磨煤机磨煤电耗和排粉风机或一次风机的通风电。

22.09.03 可靠性指标

22.0612 可用状态 available state
锅炉机组处于能运行的状态，是运行状态和备用状态的总称。

22.0613 不可用状态 unavailable state
锅炉机组因故不能运行的状态，不论其由什么原因造成。

22.0614 运行状态 state in service
锅炉机组处于联接到电力系统工作的状态，可以是全出力运行，也可以是(计划或非计划)降低出力运行。

22.0615 备用状态 reserve shutdown state
锅炉机组处于可用、但不在运行状态时的状态。

22.0616 降低出力 derating
锅炉机组因本身原因不能达到额定负荷而必须在其以下运行的情况(按负荷曲线运行的正常调整出力不在此列)。

22.0617 计划降低出力 planned derating
锅炉机组事先计划好的在既定时间内要降低的出力。如季节性的及能预计到的并列入(月度)计划的一些降低出力。

22.0618 非计划降低出力 unplanned derating
锅炉机组不能预计到的降低出力。按其需要降低出力的紧急程度分为 4 类：第 1 类非计划降低出力(UD1)：机组需要立即降低出力者；第 2 类非计划降低出力(UD2)：机组虽不需立即降低出力，但需在 6h 以内降低出力者；第 3 类非计划降低出力(UD3)：机组可延至 6h 以后，但需在 72h 内降低出力者；第 4 类非计划降低出力(UD4)：机组可延至 72h 以后，但需在下次计划停运前降低出力者。

22.0619 运行小时数 service hours
锅炉机组处于运行状态的小时数。

22.0620 备用小时数 reserve shutdown hours

锅炉机组处于备用停机状态的小时数。

22.0621 计划停运小时数 planned outage hours
锅炉机组处于计划停运状态的小时数。

22.0622 非计划停运小时数 unplanned outage hours
锅炉机组处于非计划停运状态的小时数。按状态分为：第 1 类非计划停运小时数(UOH1)，指机组需立即停运或被迫不能按规定立即投入运行的小时数；第 2 类非计划停运小时数(UOH2)，指机组虽不需立即停运，但需在 6h 以内停运的小时数；第 3 类非计划停运小时数(UOH3)，指机组可延迟至 6h 以后，但需在 72h 以内停运的小时数；第 4 类非计划停运小时数(UOH4)，指机组可延迟至 72h 以后，但需在下次计划停运前停运的小时数；第 5 类非计划停运小时数(UOH5)，指计划停运的机组因故超过计划停运期限的延长停运小时数。

22.0623 强迫停运小时数 forced outage hours
锅炉机组处于第 1、2 和 3 类非计划停运状态的小时数。

22.0624 可用小时数 available hours
锅炉机组处于可用状态的小时数。

22.0625 不可用小时数 unavailable hours
锅炉机组处于不可用状态的小时数。

22.0626 统计期间小时数 period hours
锅炉机组在统计期间处于可用状态小时数和不可用状态小时数之和。

23. 汽轮机和燃气轮机

23.01 一 般 名 词

23.0001 保温层 lagging
又称“隔热层”。为减少机组的热量向环境散失，在高温部件外表面敷设的绝热保温材料层。

23.0002 报警保护系统 alarm and protection system
机组在起动和运行过程中，主机或各系统主要参数超出正常值，或机组发生损伤及其他异常情况时，发出报警信号，并进行必要的动作，甚至停机等以保护机组安全的系统。

23.0003 汽轮机迟缓率 stagnant rate of steam turbine
又称“汽轮机死区(dead band of steam turbine)”。不会引起调节汽阀位置改变的稳态转速变化的总值，以额定转速的百分数表示，是调速系统灵敏度的一种尺度。

23.0004 燃气轮机迟缓率 stagnant rate of gas turbine
又称“燃气轮机死区(dead band of gas turbine)”。当输入信号变化后，在执行机构不产生随动反应的一个区域。它以额定转速的百分数表示。

23.0005 冲角 incidence, attack angle
又称“攻角”。叶型进口几何角与进口气流角之差。

23.0006 调节系统 governing system
为控制关键参数(如转速、温度、压力、输出功率、推力、间隙等)所提供的控制元件和设备构成的系统。

23.0007 额定转速 rated speed
在额定功率下输出轴的转速。

23.0008 透平反动度 reaction degree of turbine
透平动叶栅中的等熵焓降与该级的等熵焓降之比。

23.0009 压气机反动度 reaction degree of compressor

压气机动叶栅中等熵焓增与该级的等熵焓增之比。

23.0010 刚性转子 rigid rotor

第一阶临界转速高于工作转速的转子。

23.0011 机械损失 mechanical loss

由主机转子的轴承和鼓风损失，以及轴驱动的辅助设备耗功等引起的输出功率的减少。

23.0012 透平级 turbine stage

透平中由一列静叶栅(喷嘴)和随后的一列动叶栅组成的使工质热能转换做功的基本工作单元。

23.0013 压气机级 compressor stage

压气机中由一列动叶栅和随后的一列静叶栅组成的将机械功转换成气体压力能的基本工作单元。

23.0014 节距 pitch

叶栅中相邻两叶片上对应点之间沿额线方向的距离。

23.0015 透平轮周效率 wheel efficiency of turbine

级的单位质量工质所做轮周功与等熵焓降之比。

23.0016 压气机轮周效率 wheel efficiency of compressor

单位质量工质由进口全压到出口静压的等熵压缩功与级的实际耗功之比。

23.0017 轮盘摩擦损失 disk friction loss

轮盘转动时，与其周围的工质产生摩擦，并带动这部分工质运动所消耗的有用功。

23.0018 挠性转子 flexible rotor

又称"柔性转子"。工作转速高于第一阶临界转速的转子。

23.0019 透平内效率 internal efficiency of turbine

实际焓降与等熵焓降之比。

23.0020 压气机内效率 internal efficiency of compressor

等熵压缩功与实际消耗的压缩功之比。

23.0021 盘车装置 turning gear

在热运行停机后，利用动力装置，在非常低的转速下使主转子组件旋转，以防止冷却不均匀而造成转子的弯曲与不平衡的驱动组件。它也可提供扭矩使转子从静止进入初始转动状态。

23.0022 热力性能试验 thermal performance test

确定机组的功率、热耗率、热效率等性能指标所进行的试验。

23.0023 压气机实际焓增 actual enthalpy rise of compressor

工质在压缩过程中，从进口初始滞止状态点到计及余速动能头后的实际终态点之间的焓值之差。

23.0024 透平实际焓降 actual enthalpy drop of turbine

工质实际膨胀时，从初始滞止热力状态点到终止热力状态点的比焓差值。

23.0025 甩负荷试验 load rejection test, load dump test

机组在不同负荷下突然卸去负荷，以考核其动态特性的试验。

23.0026 速比 velocity ratio

级规定截面处的动叶片圆周速度与静叶栅(喷嘴)的出口气流速度或级理想速度之比值。

23.0027 锁口件 locking piece

最后装入叶轮，以某种特殊方法固定，并对叶片起紧固作用的构件。

23.0028 速度三角形 velocity triangle
将动叶栅进出口的工质速度矢量和动叶圆周速度矢量(相对速度、绝对速度、圆周速度)按一定比例画出的矢量三角形。

23.0029 速度系数 velocity coefficient
透平静叶栅或动叶栅出口的工质实际速度与理想速度的比值。

23.0030 通流部分 flow passage, through-flow parts
(1)汽轮机本体中从调节阀后到汽缸排汽口的整个汽流通道和元件的总称。(2)燃气轮机工作气流从压气机进气口到透平排气口流经的通道。

23.0031 弦长 chord
叶型中弧线前缘点和后缘点的连线长度。

23.0032 型面损失 profile loss
由叶片型面附面层中的摩擦、脱离和尾迹的涡流现象等所引起的能量损失。

23.0033 叶片高度 blade height
叶片叶身部分的径向高度。

23.0034 叶根 blade root
使叶片固定在轮盘(转子体)或汽(气)缸(持环)上的具有一定尺寸和形状的叶片部分。

23.0035 叶轮 blade disk, blade wheel
装有动叶的轮盘。

23.0036 叶片 blade
在透平机械(汽轮机、压气机、燃气轮机)中，使工质(蒸汽、空气、燃气等)进行能量转换并对工质起导向作用的零件。

23.0037 叶型 blade profile
静叶或动叶工作部分的横剖面形状。

23.0038 余速损失 leaving velocity loss
动叶栅出口处的汽(气)流所具有的动能。

23.0039 罩壳 enclosure
用于保护人员及设备免受环境影响的构件，包括防火以及可以衰减噪声的屏障。

23.0040 直叶片 straight blade
沿叶高的叶型相同或相似，横截面形心连线与径向线一致的叶片。

23.0041 转子体 rotor without blades
未装动叶片的转子。

23.0042 二氧化碳分离 carbon dioxide capture
从气体燃料或燃烧产物(烟气)中将二氧化碳(CO_2)分离出来或捕集的过程。

23.0043 二氧化碳封存 carbon dioxide sequestration, carbon dioxide storage
将从燃料或燃烧产物中分离出来的二氧化碳永久储存在地下岩穴、矿井或海底下，以减少对大气的排放的过程。

23.0044 二氧化碳零排放 CO_2 zero emission
燃气轮机的排气或锅炉的排烟中二氧化碳含量为零。

23.02 汽　轮　机

23.02.01 类　　型

23.0045 汽轮机 steam turbine
又称“蒸汽轮机”，“蒸汽透平”。使蒸汽膨胀将热能转换为机械能的、具有叶片的旋转式动力机械。

23.0046 冲动式汽轮机 impulse steam turbine
大多数级的蒸汽主要在喷嘴或静叶栅中进行膨胀的汽轮机。

23.0047 反动式汽轮机 reaction steam turbine
大多数级的蒸汽在喷嘴(或静叶栅)和动叶栅中都进行膨胀的汽轮机。

23.0048 轴流式汽轮机 axial-flow steam turbine
蒸汽基本上沿轴向流动的汽轮机。

23.0049 辐流式汽轮机 radial-flow steam turbine
蒸汽基本上沿径向自外向内流动的汽轮机。

23.0050 凝汽式汽轮机 condensing steam turbine
排汽直接进入凝汽器的汽轮机。

23.0051 背压式汽轮机 back pressure steam turbine
将高于大气压力的排汽用于供热或其他用途的汽轮机。

23.0052 抽汽式汽轮机 extraction steam turbine
从汽轮机级后抽出部分蒸汽供用户使用的汽轮机。

23.0053 调节抽汽式汽轮机 regulated-extraction steam turbine
抽汽压力可以调节的抽汽式汽轮机。

23.0054 热电联产汽轮机 cogeneration steam turbine
能同时承担供热和发电两项任务的汽轮机。

23.0055 回热式汽轮机 regenerative steam turbine
有部分蒸汽从汽轮机级后抽出加热锅炉给水的汽轮机。

23.0056 再热式汽轮机 reheat steam turbine
蒸汽在膨胀过程中从汽轮机引出，经再次加热后重新返回，继续膨胀做功的汽轮机。

23.0057 低压汽轮机 low-pressure steam turbine
主蒸汽压力在 1.5 MPa 以下的汽轮机。

23.0058 中压汽轮机 medium-pressure steam turbine
主蒸汽压力在 3.4 MPa 左右的汽轮机。

23.0059 高压汽轮机 high-pressure steam turbine
主蒸汽压力为 9.0 MPa 左右的汽轮机。

23.0060 超高压汽轮机 super-high-pressure steam turbine
主蒸汽压力为 12.0～14.0 MPa 的汽轮机。

23.0061 亚临界汽轮机 subcritical pressure steam turbine
主蒸汽压力接近于临界压力(一般高于 16.0 MPa，又低于临界压力 22.1 MPa)的汽轮机。

23.0062 超临界汽轮机 supercritical pressure steam turbine
主蒸汽压力高于临界压力 22.1 MPa (一般高于 24.0 MPa，低于 28.0 MPa)的汽轮机。

23.0063 超超临界汽轮机 ultra supercritical pressure steam turbine
主蒸汽压力达到 28.0 MPa 以上的超临界汽轮机。

23.0064 多压式汽轮机 multi-pressure steam turbine, mixed-pressure steam turbine
向同一台汽轮机的不同压力级分别注入相应压力的蒸汽，同时膨胀做功的汽轮机。

23.0065 单轴汽轮机 tandem compound steam turbine
多缸汽轮机各汽缸的轴串联为一个轴系的汽轮机。

23.0066 双轴汽轮机 cross compound steam turbine
多缸汽轮机各汽缸的转子分列为两组，分别采用串联方式连接的汽轮机。

23.0067 基本负荷汽轮机 base-load steam turbine

长期以额定负荷或接近额定负荷运行的汽轮机。

23.0068 空冷式汽轮机 dry cooling steam turbine
采用空气带走排汽凝结时放出热量的汽轮机。

23.0069 前置式汽轮机 superposed steam turbine
排汽作为其他汽轮机进汽的一种背压式汽轮机。

23.0070 饱和蒸汽汽轮机 saturated steam turbine
又称“湿蒸汽汽轮机”。主蒸汽为饱和或接近饱和状态的汽轮机。

23.0071 地热汽轮机 geothermal steam turbine
利用地热能产生的蒸汽作为工质的汽轮机。

23.0072 核电汽轮机 nuclear steam turbine
利用核能产生的蒸汽作为工质的汽轮机。

23.0073 联合循环汽轮机 combined cycle steam turbine
在燃气–蒸汽联合循环中使用的汽轮机。

23.0074 调峰汽轮机 peak regulation steam turbine
通过机组起停或调整负荷，以适应电网负荷变化要求的汽轮机。

23.0075 发电用汽轮机 power generation steam turbine
又称“电站汽轮机”。带动发电机的汽轮机。

23.0076 驱动用汽轮机 mechanical-drive steam turbine
驱动各种工业机械用的汽轮机。

23.0077 工业汽轮机 industrial steam turbine
各类工业企业中驱动用汽轮机与自备电站的发电用汽轮机的总称。

23.0078 船用汽轮机 marine steam turbine
供船舶推进或驱动辅机用的汽轮机。

23.0079 乏汽轮机 exhaust steam turbine
利用其他蒸汽设备的低压排汽或工业生产工艺流程中副产的低压蒸汽作为工质的汽轮机。

23.02.02 参 数

23.0080 主蒸汽 main steam, initial steam
汽轮机主汽阀进口处的蒸汽。

23.0081 再热蒸汽 reheat steam
从汽轮机中抽出引至锅炉再热器加热前和加热后的蒸汽。

23.0082 抽汽 extraction steam
自汽轮机某级后抽出的蒸汽。

23.0083 回热抽汽 regenerative extraction steam
用来加热锅炉(或蒸汽发生器)给水的抽汽。

23.0084 调节抽汽 regulated extraction steam
又称“调整抽汽”。自汽轮机某级后抽出，并控制在一定压力范围内供给用户的蒸汽。

23.0085 排汽 exhaust steam
从汽轮机低压缸排出的蒸汽。

23.0086 热电比 ratio of heat-to-electricity
以同一单位表示热电联产汽轮机装置的供热量与供电量之比。

23.0087 蒸汽参数 steam conditions
确定蒸汽热力状态的参数。通常是(静)压力和温度或干度。

23.0088 过热度 degree of superheat
过热蒸汽的温度和与其压力所对应的饱和温度的差值。

23.0089 抽汽参数 extraction steam conditions

汽轮机抽汽口处的蒸汽参数。

23.0090　额定蒸汽参数　rated steam conditions
额定蒸汽压力和额定蒸汽温度的合称。

23.0091　再热蒸汽参数　reheat steam conditions
又称“热段再热蒸汽参数”。再热汽阀进口处的蒸汽参数。

23.0092　冷再热蒸汽参数　cold reheat steam conditions
又称“冷段再热蒸汽参数”。再热汽轮机高压缸排汽口处的蒸汽参数。

23.0093　终端参数　terminal conditions
合同中规定的汽轮机或汽轮发电机组终端点参数。通常包括主蒸汽和再热蒸汽参数、冷段再热蒸汽压力、最终给水温度、排汽压力、输出功率、转速、抽汽等参数。

23.0094　主蒸汽流量　initial-steam flow rate
进入汽轮机主汽阀的蒸汽流量。

23.0095　设计工况　design condition
(1)在给定的燃气轮机设计参数下，按照设计要求，计算所得到的基准工况。(2)设计汽轮机通流部分尺寸所依据的工况，一般是使汽轮机获得最大内效率的工况。

23.0096　汽轮机额定功率　rated power of steam turbine
又称“铭牌功率”。汽轮机在规定的热力系统和补水率、额定参数(含转速、主蒸汽和再热蒸汽的压力、温度)及规定的对应于夏季高循环水温度的排汽压力等终端参数条件下，保证在寿命期内任何时间，在额定功率因数、额定发电机冷却条件下，发电机出线端能安全、连续地输出的功率。

23.0097　全周进汽　full-arc admission
蒸汽通过布置在整个圆周上的喷嘴或静叶进汽的方式。

23.0098　部分进汽　partial-arc admission
蒸汽通过布置在部分圆周上的喷嘴或静叶进汽的方式。

23.0099　部分进汽度　partial-arc admission degree
蒸汽通过的喷嘴或静叶栅在平均直径处所占的弧段长度与平均直径处圆周长度之比。

23.0100　等熵焓降　isentropic enthalpy drop
又称“理想焓降”。蒸汽等熵膨胀时，从初始滞止热力状态点到终止热力状态点的比焓差值。

23.0101　理想功率　ideal power
在单位时间内蒸汽的等熵焓降所转换成的机械功。

23.0102　轮周功　wheel work
在汽轮机级中，蒸汽对动叶所做的功。

23.0103　轴端功率　shaft power
汽轮机轴端输出的功率。

23.0104　内功率　internal power
单位时间内在汽轮机(或级)中蒸汽实际焓降所转换成的机械功。

23.0105　机械效率　mechanical efficiency
汽轮机轴端功率与内功率之比。

23.0106　热力过程曲线　thermal process curve
又称“汽轮机膨胀过程线”。流经通流部分膨胀做功的蒸汽，在焓熵图或温熵图上所表示的热力状态点的连线。

23.0107　焓降分配　distribution of enthalpy drop
汽轮机做功蒸汽的等熵焓降在各级之间的分配。

23.0108　重热系数　reheat factor
多级汽轮机各级的等熵焓降之和与整机等熵焓降值的差值，与整机等熵焓降值之比。

23.0109　余速　leaving velocity
蒸汽离开汽轮机级时的绝对速度。

23.0110　余速利用系数　utilization factor of leaving velocity
多级汽轮机中本级的余速动能为后一级所利用的部分与本级余速动能之比。

23.0111　理想速度　ideal jet velocity
与级的等熵焓降对应的汽流速度。

23.0112　最佳速比　optimum velocity ratio
级内效率最高时的速比。

23.0113　流量系数　flow coefficient
通过叶栅或孔口等通道的实际流量与理论流量之比值。

23.0114　汽轮机型面损失　profile loss of steam turbine
汽(气)流流过平面叶栅时所产生的汽(气)动损失，包括叶型表面附面层中的摩擦损失、叶型上汽(气)流分离时的涡流损失和叶栅后的尾迹损失。当来流为近音速或超音速时，还包括冲波损失。

23.0115　端部损失　blade end loss
由于叶栅端壁边界层和二次流的影响，叶栅端部的损失超过型面损失的部分。

23.0116　冲波损失　shock loss
又称“激波损失”。由于超音速汽(气)流产生冲波而形成的一种能量损失。

23.0117　静叶栅损失　stator cascade loss
静叶栅中静叶型面损失与端部损失之和。

23.0118　动叶栅损失　moving cascade loss
动叶栅中动叶型面损失与端部损失之和。

23.0119　冲角损失　incidence loss
又称“攻角损失”。由于汽流进汽角与叶片进口几何角不一致而引起的叶栅附加损失。

23.0120　鼓风损失　windage loss
在部分进汽级中，由于动叶栅在不进汽部分的蒸汽中运动时发生的一种风扇作用所消耗掉的一部分有用功。

23.0121　弧端损失　arc end loss
部分进汽级中，在动叶栅进入进汽弧段时汽流排斥和加速滞留在汽道中的蒸汽造成的损失，以及在进汽弧段两端汽流因周向流动所消耗的能量损失之和。

23.0122　漏汽损失　leakage loss
蒸汽通过转子与静子部分之间的间隙产生漏汽而引起的损失。它分为隔板漏汽损失、轴端漏汽损失和叶顶及叶根漏汽损失等。

23.0123　湿汽损失　moisture loss
汽轮机级在湿蒸汽区工作产生的附加损失。它一般包括过饱和损失、汽流阻力损失、制动损失和疏水损失。

23.0124　节流损失　throttling loss
由于节流作用引起的蒸汽压力下降而造成的能量损失。

23.0125　电功率　electrical power
扣除外部励磁和非同轴主油泵所耗功率后，发电机出线端所输出的功率。

23.0126　辅助电功率　electrical auxiliary power
非汽轮机驱动的汽轮机和发电机的辅机所耗功率。通常包括所有的控制、润滑、发电机的冷却和密封所耗功率，也可包括附加的辅机，如电动机驱动的锅炉给水泵和循环水泵的耗功。

23.0127　净电功率　net power
电功率与辅助电功率的差值。

23.0128　厂用电率　station auxiliary power rate
发电厂同一时期的自用电量与发电量之比。

23.0129　汽轮机最大连续功率　turbine maximum continuous rating, TMCR

汽轮机在年平均水温对应的排汽压力和补水率为零的条件下，维持额定功率时的进汽量及额定参数，保证寿命期内，在额定功率因数、额定氢压下，发电机出线端安全、连续地输出的功率。通常作为保证热耗率和汽耗率的功率。

23.0130　最大功率　maximum capability

又称“调节汽阀全开功率”。在规定终端参数下，所有调节(汽)阀完全开启时，发电机出线端所输出的功率。

23.0131　最大过负荷功率　maximum over-load capability

在规定的过负荷终端参数下(如最后一个高压给水加热器旁路或提高新蒸汽压力)，调节(汽)阀全部开启时，发电机出线端能发出的最大功率。

23.0132　汽轮发电机组热效率　turbine-generator thermal efficiency

电功率与单位时间内外界加入热力循环的热量之比。

23.0133　汽耗量　steam consumption

单位时间内的蒸汽消耗量。

23.0134　汽耗率　steam rate, specific steam consumption

单位电功率的汽耗量。

23.0135　热耗量　heat consumption

单位时间内消耗的热量。

23.0136　毛热耗率　gross heat rate

单位电功率的热耗量。

23.0137　净热耗率　net heat rate

单位净电功率的热耗量。

23.0138　工况图　working condition chart

反映调节抽汽式汽轮机的功率、总蒸汽流量和调节抽汽量三者之间相互关系的线图。

23.0139　能量利用系数　energy utilization coefficient

又称“总热效率”。单位时间内生产的电量与供热量之和与消耗的燃料总热量的比值。

23.0140　热平衡计算　heat balance calculation

根据汽轮机热力系统的汽水参数进行热量、质量守恒的计算。

23.0141　新蒸汽　initial steam

调节阀后喷嘴组前的蒸汽。

23.0142　背压　back pressure

自背压式汽轮机排出蒸汽的压力。

23.0143　调速器上限　upper limit of speed regulator

调速器调节转速范围的最高限度。

23.0144　调速器下限　lower limit of speed regulator

调速器调节转速范围的最低限度。

23.0145　主蒸汽参数　main steam condition

又称“进汽参数”。主蒸汽的压力、温度、湿度等的总称。

23.0146　终参数　end condition

又称“排汽参数”。排汽的压力、温度、湿度等的总称。

23.0147　热力过程线　condition curve

又称“状态过程线”。蒸汽从初始状态到最终状态，代表汽轮机内各级蒸汽在焓熵图上状态点的过程线。

23.0148　再热温度　reheat temperature

再热汽阀进口处的蒸汽温度。

23.0149　再热压力　reheat pressure

再热汽阀进口处的蒸汽压力。

23.0150　最高连续转速　maximum continuous speed

允许连续运行的最高转速。

23.02.03 结构和辅助装置

23.0151 蒸汽室 steam chest
蒸汽通过主汽阀后进入调节汽阀前，为均衡汽流而设置的腔室。

23.0152 汽缸 casing, cylinder
承受压力，包容转子并供安装持环、隔板、静叶、汽封等零部件的壳体。

23.0153 筒形汽缸 barrel-type casing
呈筒形的无水平法兰的汽缸。

23.0154 喷嘴室 nozzle chamber
调节(汽)阀后喷嘴组前的腔室。

23.0155 静叶片 stationary blade, stator blade
(1)固定在透平喷嘴组件上的叶片。(2)隔板、汽缸等静止部件上的叶片。

23.0156 导向叶片 guide blade
主要起改变汽流方向作用的静叶片。

23.0157 动叶片 rotor blade, moving blade
(1)固定在透平轮盘或转子上的叶片。(2)装在转子上的叶片。

23.0158 隔板 diaphragm
装有静叶片的两半圆环或整圆环。

23.0159 旋转隔板 rotating diaphragm
通过转动安置在静叶前的旋转环改变静叶通流面积，以控制抽汽量的隔板。

23.0160 静叶环 stator blade ring
反动式汽轮机中，全级静叶片沿周向分成若干弧段的环状组合体。

23.0161 导叶环 guide blade ring
由导向叶片组成的环状部件。

23.0162 围带 shroud
位于叶片顶部，用于改善叶片振动特性并减少叶顶漏气的覆盖体。

23.0163 扭叶片 twisted blade
叶型和安装角(或只是安装角)沿叶高按一定规律变化的叶片。

23.0164 弯曲叶片 bowed blade
横截面形心连线按一定规律偏离径向位置的叶片。

23.0165 复合弯扭叶片 compound bowed and twisted blade
兼有弯叶片和扭叶片特性的叶片。

23.0166 斜置叶片 sideling placed blade
又称“倾斜叶片”。出气边沿周向相对径向线倾斜一定角度的静叶片。

23.0167 后加载叶片 after loading blade
工质能量转换主要在叶栅通道后半部分完成的叶片。它可以减弱通道二次流强度，减少叶栅通道的总损失。

23.0168 锁口叶片 locking blade
又称“末叶片”。叶根沿轮槽周向安装时，最后装入轮盘或转子体以某种特殊方法固定，并对整圈叶片起锁紧作用的叶片。

23.0169 轮盘 disk
用来安装动叶用的圆盘体。

23.0170 拉筋 lacing wire
又称“拉金”。位于叶片中部起调频和阻尼作用的连接件。

23.0171 自由叶片 free-standing blade
叶轮上不用围带、拉筋连接的叶片。

23.0172 整体围带叶片 integral shroud blade
围带与叶片一体加工构成的总体。

23.0173 汽轮机转子 steam turbine rotor
包含动叶片及传递汽轮机机械功的所有旋转部件的总体。

23.0174 整锻转子 integral rotor, mono-block rotor
转子体为整体锻造的转子。

23.0175 焊接转子 welded disk rotor
转子体由几个锻件焊接而成的转子。

23.0176 套装转子 shrunk-on rotor
转子体的轮盘采用热套方式装配的转子。

23.0177 鼓型转子 drum rotor
又称“转鼓”。通常为反动式汽轮机采用的呈鼓形的转子。

23.0178 汽封 steam seal
防止蒸汽从动、静部件之间的间隙处过量泄漏，或空气从轴端处漏入汽缸的密封。

23.0179 叶片汽封 blade seal
减少转子与静叶环或动叶环与静子之间漏汽的汽封。

23.0180 隔板汽封 diaphragm seal
减少隔板内圆面与转子之间漏汽的汽封。

23.0181 轴封 shaft gland, shaft end seal
减少转子两端穿过汽缸部位处漏汽的汽封。

23.0182 曲径汽封 labyrinth gland
又称“迷宫汽封”。形成曲折密封通道的汽封。

23.0183 蜂窝式汽封 beehive gland
利用蜂窝状元件减少漏汽的汽封。

23.0184 自调整汽封 self-adjusting gland
利用蒸汽压差变化，自动调整漏汽间隙的汽封。

23.0185 联轴器 coupling
连接汽轮机–发电机组各转子，能传递力矩并使之成为一个整体轴系的对轮。

23.0186 轴系 shafting
由轴、轴承和安装于轴上的传动体、密封件及定位组件组成，起支撑旋转零件、传递转矩和运动作用的组合体。

23.0187 支持轴承 journal bearing
承受汽轮机转子径向载荷的滑动轴承。

23.0188 推力轴承 thrust bearing
承受汽轮机转子轴向载荷的滑动轴承。

23.0189 径向推力轴承 radial thrust bearing
同时承受汽轮机转子轴向载荷和径向载荷的滑动轴承。

23.0190 轴承座 bearing pedestal
又称“轴承箱”。装在汽轮机汽缸体或基础上用来支承轴承的构件。

23.0191 推力盘 thrust collar
将转子轴向推力传递到推力轴承上的圆盘。

23.0192 平衡活塞 dummy piston
反动式汽轮机中，形成反向蒸汽压差，用来减少汽轮机轴向推力的活塞。

23.0193 去湿装置 moisture removal device, moisture catcher
汽轮机中处于湿蒸汽区域工作的通流部分，采用分离、抽吸和加热等方法降低蒸汽湿度的装置。

23.0194 排汽缸 exhaust hood
又称“排汽室”。引导末级排汽至汽轮机出口的通流壳体。

23.0195 滑销系统 sliding key system
为使汽轮机的汽缸定向自由膨胀或收缩，并保持机组各部件正确的相对位置，在汽缸与基座之间所设置的一系列滑键。

23.0196 死点 anchor point, dead point
转子和汽缸(静子)在加热和冷却过程中产生热膨胀和冷收缩的基准点。

23.0197 绝对死点 absolute anchor point
汽缸相对于基础的膨胀和收缩的基准点。

23.0198 相对死点 relative anchor point

转子相对于静子(某点)膨胀和收缩的基准点。通常被选在转子推力盘处。对于双层缸，存在内缸相对外缸的死点。

23.0199 速度级 velocity stage
在较小的速比下工作的、一个叶轮上有两列或两列以上动叶的汽轮机级。

23.0200 调节级 governing stage
采用喷嘴调节的汽轮机第一级。

23.0201 单列级 single-row stage
只有一排静叶栅和一排动叶栅的汽轮机级。

23.0202 复速级 double-row stage
有一排喷嘴和两排动叶栅，在两排动叶栅之间还有一排转向导叶的速度级。

23.0203 冲动级 impulse stage
反动度较小带有隔板的级。

23.0204 反动级 reaction stage
反动度为 0.5 左右、带导叶环的级。

23.0205 叶宽 blade width
叶栅进出汽边额线之间的垂直距离。

23.0206 喉宽 throat opening
叶栅中相邻叶片间通道的最小宽度。

23.0207 喉部面积 throat area
叶栅喉宽处的面积。

23.0208 出口面积 outlet area
叶栅通道出口处的环形面积。

23.0209 面积比 area ratio
级的动叶栅喉部面积与静叶栅喉部面积之比。

23.0210 相对节距 relative pitch
节距与弦长之比。

23.0211 展弦比 aspect ratio
又称“相对叶高(relative blade height)”。叶高与弦长之比。

23.0212 进汽角 inlet flow angle
又称“进口汽流角”。静(动)叶栅进口处汽流绝对(相对)速度的方向与额线之间的夹角。

23.0213 出汽角 outlet flow angle
又称“出口汽流角”。静(动)叶栅出口处汽流绝对(相对)速度的方向与额线之间的夹角。

23.0214 进口几何角 inlet geometric angle
又称“叶型进口角”。叶型中弧线在前缘点的切线与叶栅额线之间的夹角。

23.0215 出口几何角 outlet geometric angle
又称“叶型出口角”。叶型中弧线在后缘点的切线与叶栅额线之间的夹角。

23.0216 汽流落后角 flow lag angle
出口汽流角与叶型出口几何角之差。

23.0217 汽流折转角 flow turning angle
叶栅的进汽与出汽速度矢量之夹角。

23.0218 径高比 diameter-length ratio
级平均直径与叶片高度之比。

23.0219 主汽阀 main stop valve
使主蒸汽进入汽轮机并能快速关闭的阀门。

23.0220 调节汽阀 governing valve, control valve
位于主汽阀后，调节进汽流量以控制汽轮机功率的阀门。

23.0221 再热汽阀 reheat stop valve
使再热蒸汽进入汽轮机并能快速关闭的阀门。

23.0222 再热调节汽阀 intercept valve
位于再热汽阀之后，控制再热蒸汽流量的阀门。

23.0223 联合汽阀 combined valve
主汽阀与调节汽阀组合成一体的阀门。

23.0224 调节抽汽阀 regulating extraction steam valve
用来控制调节抽汽汽轮机抽汽量的阀门。

23.0225 再热联合汽阀 combined reheat valve
再热汽阀与再热调节汽阀组合成一体的阀门。

23.0226 预启阀 equalizing valve
为减轻阀门提升力设置的可预先开启的旁通阀。

23.0227 抽汽逆止阀 extraction check valve
防止蒸汽和水由抽汽管向汽轮机倒流的关闭阀。

23.0228 过载阀 overload valve
超负荷运行或低参数运行时，向汽轮机送入超过额定蒸汽流量的阀门。

23.0229 危急排汽阀 emergency blowdown valve
汽轮机紧急停机时，使再热器及再热蒸汽管道中的剩余蒸汽经减温减压装置排入凝汽器或排空的阀门。

23.0230 疏水阀 drain valve
具有自动排除蒸汽中产生的冷凝水且阻止蒸汽泄漏功能的阀门。

23.0231 配汽机构 steam distributing gear
调节汽阀及其提升机构的总称。

23.0232 主蒸汽管 main steam pipe
将主蒸汽从锅炉或蒸汽发生器出口引至汽轮机主汽阀之间的连接的管道。

23.0233 再热蒸汽管 reheat steam pipe
从汽轮机高压缸排汽口将冷再热蒸汽(高压缸排汽)输送到锅炉再热器进口的管道，以及将热再热蒸汽从再热器出口引向中压汽缸的管道。若采用二级再热，则还应包括中压缸排汽送入锅炉再热并返回低压缸的管道。

23.0234 联通管 cross-over pipe
多缸汽轮机中用于连接相邻汽缸的蒸汽管道。

23.0235 疏水管 drain pipe
排除疏水的管道。

23.0236 机械液压调节系统 mechanical-hydraulic control system
按机械、液压原理设计的敏感元件、放大元件和液压执行机构等部件组成的汽轮机调节系统。

23.0237 电液转换器 electro-hydraulic servovalve
将电信号转换为液压信号的转换器。

23.0238 电液调节系统 electro-hydraulic control system
机组的转速、功率、压力等电信号经综合放大，用模拟量或数字量，通过电液转换器操纵液压执行机构，以控制机组运行的调节系统。

23.0239 数字式电液调节系统 digital electro-hydraulic control system
将模拟电信号转换为数字电信号、实现综合与放大，再将电信号转换为液压信号，以控制汽轮机运行的调节、保安系统。

23.0240 模拟式电液调节系统 analogical electro-hydraulic control system
直接将模拟信号综合与放大，并将其转换为液压信号，以控制汽轮机运行的调节、保安系统。

23.0241 机械离心式调速器 mechanical centrifugal speed governor
利用由主轴带动旋转的飞锤使其离心力与弹簧或钢带弹性力平衡而产生转速变化信号的调速器。

23.0242 液压式调速器 hydraulic speed governor

利用由主轴带动旋转的压力油输送装置的出口油压或进出口油压压差随转速变化的关系，产生转速变化信号的调速器。

23.0243 调速泵 governor impeller

又称“脉冲泵”。由主轴直接带动的一种离心泵式液压式调速器。

23.0244 电气式调速器 electrical speed governor

利用电气元件产生主轴转速变化电信号的调速器。

23.0245 油动机 hydraulic servo-motor

又称“液压伺服装置”。调速装置中用来开、关主汽阀，控制调节(汽)阀开度的液压执行机构，起液压功率放大器作用。

23.0246 旋转阻尼 rotating damper

又称“旋转阻尼调速器”。由主轴直接带动的，利用油柱离心力产生随转速变化的阻尼作用来感知汽轮机转速变化的液压式调速器。

23.0247 磁阻发生器 speed pulser

又称“转速脉冲发生器”。利用磁阻变化产生转速变化电信号的电气式调速器。

23.0248 放大器 amplifier, magnifier

将调节系统某一环节输出的位移、油压或电量等变化信号加以放大的装置。

23.0249 错油门 pilot valve

改变通往油动机油流路径的阀。

23.0250 同步器 synchronizer

又称“转速变换器(speed changer)”。可在一定范围内平移调节系统静态特性曲线，以整定机组转速或改变负荷的装置。

23.0251 自复位装置 automatic runback device

汽轮机甩负荷，转速超过某一定值时，将同步器自动调整到额定转速位置的装置。

23.0252 负荷限制器 load limiter

又称“功率限制器”。控制调节(汽)阀开度，使汽轮发电机组功率不超过给定值的装置。

23.0253 调压器 pressure regulator

感受蒸汽压力变化并用来调整汽压的装置。

23.0254 主蒸汽压力调节器 main steam pressure regulator

当主蒸汽压力降低到一定值时，通过调整调节(汽)阀开度来调整主蒸汽压力的调节器。

23.0255 抽汽压力调节器 extraction pressure regulator

将调整抽汽压力控制在规定范围内，并维持汽轮发电机组功率不变的调节器。

23.0256 背压调节器 back pressure regulator

通过控制调节(汽)阀以维持汽轮机背压稳定的调节器。

23.0257 监视装置 supervisory equipment

为保证汽轮发电机组正常运行，对其引发报警和跳闸信号的主要运行参数(转速、振动、轴向位移和胀差等)进行测量和监视的设备。

23.0258 超速保护装置 overspeed tripping device

汽轮机转速超过额定转速一定值时，使汽轮发电机组紧急停机的各类机械或电气的保护装置。

23.0259 危急保安器 emergency governor, overspeed governor

又称“危急遮断器”。汽轮机转速超过额定转速一定值时立即动作，切断进汽，使汽轮机–发电机组紧急停机的保护装置。

23.0260 危急遮断油门 emergency governor pilot valve

又称“危急保安油门”。危急遮断器动作后使主汽阀关闭的错油门。

23.0261 微分加速器 differential accelerator

以转子加速度作为信号，使汽轮发电机组调节(汽)阀迅速关闭，维持机组在额定转速下运行的保安装置。

23.0262 主脱扣器 master trip
汽轮发电机组运行中发生异常情况时，用手操作或用电信号远距离操作使汽轮机停机的保安装置。

23.0263 闭锁装置 lock-out device
在汽轮机运行过程中进行危急遮断器试验时，防止汽轮机停机的装置。

23.0264 低真空保护装置 vacuum trip device
凝汽器真空降低到一定值后使汽轮机减负荷运行或停机的保护装置。

23.0265 真空破坏器 vacuum breaker
汽轮机紧急停机时，为了破坏凝汽器真空而向排汽缸或凝汽器导入空气的装置。

23.0266 润滑油压过低保护装置 low oil pressure protection device
当润滑油压力低于规定值时，使机组停机的保护装置。

23.0267 手动跳闸装置 manual tripping device
机组运行中发生异常情况时，直接手动停机的保安装置。

23.0268 汽轮发电机组保护系统 turbine-generator protection system
为防止汽轮发电机组本身或电网的故障危及机组安全的系统。

23.0269 自动起动控制系统 automatic start-up control system
按转子热应力和运行参数，优化设置升速率和升荷率，实现寿命管理，自动完成机组由盘车至带额定负荷的起动全过程的控制系统。

23.0270 低压缸喷水装置 low-pressure casing spray
为防止低压排汽缸温度超过一定值而设置的向排汽缸喷水的冷却装置。

23.0271 油动机行程指示器 servomotor position indicator
指示油动机行程的装置。

23.0272 轴向位移指示器 shaft position indicator
指示和记录转子轴向位移的仪器。

23.0273 相对膨胀指示器 differential expansion indicator
又称“胀差指示器”。指示和记录汽缸与转子膨胀差值的仪器。

23.0274 绝对膨胀指示器 cylinder expansion indicator
指示和记录汽缸膨胀值的仪器。

23.0275 振动指示器 vibration indicator
指示和记录振动参数的仪器。

23.0276 调节油系统 control oil system
采用液压调节或电液调节系统的汽轮机中，提供调节系统和保护系统等设备的油动机所用压力油的供油系统。

23.0277 主油泵 main oil pump
汽轮机运行时，为调节油系统及润滑油系统提供压力油的泵。

23.0278 辅助油泵 auxiliary oil pump
在机组起停或主油泵发生故障时，为调节油系统及润滑油系统提供压力油的泵。

23.0279 事故油泵 emergency oil pump
又称“备用润滑油泵”。轴承油压过低时自动起动，供给润滑油的泵。

23.0280 顶轴油泵 jacking oil pump
起动和停机时，为减轻转子的旋转摩擦力并保护轴颈和轴瓦而向轴承注入高压油的泵。

23.0281 油透平 oil turbine

用压力油驱动的小透平。

23.0282 增压油泵 booster oil pump
用油透平驱动向主油泵供给压力油的泵。

23.0283 液压蓄能器 hydraulic accumulator
为向液压系统提供周期性或瞬时所需的大量高压液体而储存高压液体的容器。

23.0284 注油器 oil ejector
又称“射油器”。向主油泵进口或润滑油系统供油的注射装置。

23.0285 油箱 oil tank
汽轮机调节油系统及润滑油系统中储存一定油量的容器。

23.0286 油箱排气装置 oil tank gas exhauster
排除油箱中的空气、湿气、油气等气体的装置。

23.0287 油位指示器 oil level indicator
油箱上表明存油量的机构。

23.0288 冷油器 oil cooler
冷却润滑油的装置。

23.0289 油净化装置 oil purification device, oil condition device
对从油箱中连续不断地抽出的工作油进行过滤和净化处理，去除油中的水分和尘埃等杂质的装置。

23.0290 轴封冷却器 gland steam condenser
使轴封漏汽凝结的装置。

23.0291 轴封抽汽器 gland steam exhauster
将轴封漏汽及吸入的空气抽入轴封冷却器使漏汽凝结，并将空气抽出的装置。

23.0292 疏水系统 drain system
汽轮机起动、停机、暖管及运行过程中，排除汽轮机本体及蒸汽管道内因冷凝产生积水的系统。

23.0293 汽轮机主轴 main shaft of steam turbine
套装叶轮、传递机械功的轴。

23.0294 平衡孔 balancing hole
为减少冲动式汽轮机的轴向推力而均匀布置在轮盘上的圆孔。

23.0295 静叶持环 blade carrier
又称“隔板套”。外缘装在汽缸槽内，内缘可装静叶或隔板的中间支承零件。

23.0296 水封 water seal gland
以水为密封介质防止汽轮机轴端泄漏的装置。

23.0297 汽封压力调节器 gland steam regulator
负荷变化时仍保持汽封压力稳定的装置。

23.0298 调速装置 speed control device
通过改变调节阀开度控制蒸汽流量使汽轮机在不同负荷时保持稳定转速的装置。

23.0299 同步电动机 synchronizing motor
远距离控制同步器的电动机。

23.02.04 运　行

23.0300 蒸汽静弯应力 steam static bending stress
蒸汽流过叶片产生的汽流力在叶片横截面上所引起的弯应力。

23.0301 叶片离心拉应力 blade centrifugal tensile stress
由动叶片、围带及拉筋质量所产生的离心力在叶片中引起的拉应力。

23.0302 叶片偏心弯应力 blade centrifugal bending stress
当动叶片工作部分的质心与径向基准面不重合时，离心力在叶片中引起的弯应力。

23.0303　叶片调频　blade tuning
对叶片的基本振型固有振动频率或激振力频率进行调整，使它们不相等并错开，处于一定安全范围的工艺。

23.0304　叶片共振　blade resonant vibration
当作用于叶片上的激振力频率与叶片固有振动频率相等或相近时，叶片产生的剧烈振动。

23.0305　长叶片颤振　long blade flutter
在高背压、小容积流量的工况下运行时，叶片周围非稳定流场的汽动力与振动着的叶片之间相互耦合引起的自激振动。

23.0306　不调频叶片　untuned blade
允许在共振条件下运行的叶片，其安全性校核主要考虑共振时的叶片动应力水平，而振动频率特性是次要的。

23.0307　调频叶片　tuned blade
将固有振动频率与运行时可能发生的激振力频率调开的叶片，其安全性校核要对叶片振动频率特性和相应的动应力水平一并考核。

23.0308　叶片–轮盘系统振动　blade-disk vibration
又称"轮系振动"。叶片和轮盘两种不同弹性体相耦合而产生的具有轮盘特性的振动。

23.0309　叶片疲劳　blade fatigue
叶片材料在交变应力或交变应变作用下，某些部位的微观结构逐渐产生了不可逆变化，导致在一定的循环次数以后，形成宏观裂纹或发生断裂的过程。

23.0310　汽轮发电机组轴系　turbine-generator shaft system
汽轮发电机组的各个转子用联轴器连接而成的组合体。

23.0311　汽轮发电机组振动　vibration of turbine-generator set
发生在汽轮发电机组轴系上的弯曲和扭转振动。通常的机组振动或轴系振动即指弯曲振动(径向振动)。

23.0312　轴系扭振　torsional vibration of shaft system
当汽轮发电机组轴系传递转矩时，在其各个断面上因所受转矩的不同而产生不同的角位移。当转矩受到瞬时干扰而突然卸载或加载时，轴系按固有扭振频率产生的扭转振动。

23.0313　轴系稳定性　shafting stability
汽轮发电机组轴系在工作中维持稳定运行的性能。轴系中的工作参数如转速、动静间隙等变化时，会影响转子轴承系统的稳定性能，使机组发生自激振动。

23.0314　转子共振转速　rotor vibration resonance speed
当转子不平衡力产生的激振力频率与支承系统固有频率一致时，引起共振所对应的转速。

23.0315　转子临界转速　rotor critical speed
当激振力频率与转子弯曲振动固有频率一致时所对应的转速。

23.0316　汽流激振　steam flow excited vibration
又称"汽流涡动"。由动叶顶部沿周向不均匀泄漏流或汽封的间隙流引起的不平衡蒸汽作用力激发的转子低频自激振动。

23.0317　转子轴向推力　rotor axial thrust
蒸汽作用在转子上的各种轴向力的总和。

23.0318　转子静平衡　rotor static balancing
调整转子的质量分布，使其在静止状态下测得的质心相对几何中心的偏移量处于允许范围的工艺。

23.0319　转子动平衡　rotor dynamic balancing
调整转子的质量分布，使其在旋转状态下测得的质心偏移回转中心引起的力与力矩的不平衡量处于允许范围的工艺。

23.0320 热跑试验 hot running test, heat indication test

为验证汽轮机转子受热后的变形情况，在制造过程中所进行的使主轴、转子体边旋转边加热的试验。

23.0321 冷却停机 cooling shutdown

降低蒸汽的压力、温度，使汽轮机边冷却边停机的操作过程。

23.0322 冷态起动 cold starting

(1)汽轮机停机超过 72 h(某些部件如高压内缸的金属温度已下降至约为其满负荷值的 40%以下)的重新起动。(2)在机组的部件温度接近(可根据设计规定)室温状态下进行的起动。

23.0323 温态起动 warm starting

汽轮机停机在 10～72 h 之间(某些部件如高压内缸的金属温度约为其满负荷值的 40%～80%之间)的重新起动。

23.0324 热态起动 hot starting

(1)汽轮机停机不到 10 h(某些部件如高压内缸的金属温度约为其满负荷值的 80%以上)的重新起动。(2)机组停机后，其部件温度尚未降至冷态起动的温度而再次进行的起动。

23.0325 极热态起动 very hot starting

汽轮机在脱扣后 1 h 以内(某些部件如高压内缸的金属温度仍维持或接近满负荷时的温度值)的重新起动。

23.0326 高–中压缸联合起动 hybrid start-up of high-medium pressure cylinder couplet

汽轮机起动时，高、中压缸同时进汽，冲转、升速、带负荷的起动过程。

23.0327 中压缸起动 start-up of medium-pressure cylinder

汽轮机起动时，高压缸不进汽，新蒸汽经一级旁路和再热器进入中压缸，冲转、升速、带负荷，当达到某一转速或负荷后，高压缸再进汽的起动过程。

23.0328 汽轮机起动特性曲线 starting characteristic curve of steam turbine

表示起动时汽轮机各种参数(如汽缸金属温度、蒸汽参数、胀差和负荷变化等)与时间的关系曲线。

23.0329 胀差 differential expansion

随着温度上升，转子和汽缸以各自的死点为基准膨胀，两者产生的相对膨胀差。转子大于汽缸膨胀为正胀差，反之为负胀差。

23.0330 初始负荷 initial load

又称“*初负荷*”。汽轮发电机组并网后在初始阶段中的规定时间内所保持的最小发电机功率。

23.0331 惰走时间 idle time

汽轮机在额定转速下自截断向汽轮机送汽时开始，至转子完全停止转动所需的时间。

23.0332 调频运行 speed governing operation

通过调节系统来增减汽轮发电机组负荷，以控制电力系统频率在允许范围内变化的运行。

23.0333 调相运行 phasing operation

用于改善电网中功率因数的汽轮发电机组带无功运行。

23.0334 两班制运行 two-shift operation

汽轮发电机组每天 24 h 中约有 16 h 以额定功率或接近额定功率运行，其余时间停用的运行方式。

23.0335 一班制运行 one-shift operation

汽轮发电机组每天 24 h 中约有 8 h 以额定功率或接近额定功率运行，其余时间停用的运行方式。

23.0336 基本负荷运行 base-load operation
汽轮发电机组长期以额定或接近额定功率运行。

23.0337 周期性负荷运行 cycling operation
汽轮发电机组负荷按一定规律高低交替的运行。

23.0338 限负荷运行 load limit operation
通过功率限制器控制调节(汽)阀的开度，使负荷不超过给定值的运行。

23.0339 尖峰负荷运行 peak load operation
汽轮发电机组短期(一般1～3 h)以较高负荷运行。每天尖峰次数不定，其余时间停用。

23.0340 最低负荷运行 minimum load operation
保证机组能安全连续运转的最低负荷的运行。

23.0341 非正常运行 abnormal operation
汽轮机在特殊条件下的运行方式，如停运凝汽器的部分冷却水管或停运部分给水加热器的运行方式。

23.0342 节流调节 throttle governing
所有调节(汽)阀同步或接近同步动作，以改变汽轮机进汽量的调节方式。

23.0343 喷嘴调节 nozzle governing
几个调节(汽)阀依次启闭，以改变汽轮机进汽量的调节方式。

23.0344 定压运行 constant-pressure operation
汽轮机运行时，主蒸汽压力保持基本恒定，用改变调节阀开度的方式来调整负荷的运行。

23.0345 滑压运行 sliding-pressure operation
又称“变压运行”。保持汽轮机进汽调节汽门全开或部分全开，通过改变锅炉出口蒸汽压力(温度不变)调整电网负荷的运行方式。

23.0346 改良滑压运行 modified sliding-pressure operation
负荷在100%至约90%额定负荷范围内运行时，主蒸汽压力维持不变，通过同步启闭所有调节(汽)阀来改变负荷的运行。负荷低于约90%额定负荷运行时，调节(汽)阀保持在接近于90%额定负荷时的开度，由改变主蒸汽压力来改变负荷。

23.0347 复合运行 hybrid operation
喷嘴调节进汽的机组运行时，主蒸汽压力维持不变，通过按顺序逐个关闭调节(汽)阀来降低负荷，直至余下的全开阀数达到允许的最小数目所对应的某一负荷时，维持这时的调节(汽)阀开度，通过降低主蒸汽压力来进一步降低负荷的运行。

23.0348 定压–滑压复合运行 modified sliding-pressure operation
在机组不同负荷范围内，分别采用定压或滑压的变负荷运行方式。如高负荷时采用额定压力运行方式，中间负荷时采用滑压运行方式，当负荷低至某一值时，又改为定压运行方式。

23.0349 调节汽阀快控保护 fast valving protection
在电网故障甩负荷的瞬间，利用汽轮机调节(汽)阀快速关闭来提高电力系统暂态稳定性的保护措施。

23.0350 非计划停运 unplanned outage
处于计划停运以外的不可用状态。

23.0351 额定工况 rated condition
(1)在规定条件下，汽轮发电机组发出额定功率时的运行工况。(2)在规定的条件下，燃气轮机发出额定功率的运行工况。

23.0352 真空试验 vacuum test
80%额定负荷以上，抽气设备停运后，按规定的方法测量单位时间内真空变化，以确定真空系统严密性的试验。

23.0353　阀点　valve point
顺序开启的调节(汽)阀中后一个阀处在将开而未开的状态。

23.0354　空负荷试验　no-load test
机组在不带负荷状态下的性能试验。

23.0355　带负荷试验　load test
机组在规定负荷状态下的性能试验。

23.0356　噪声水平　noise level
又称"噪声级"。利用声级计测得的反映噪声强弱的声压级、声强级和声功率级(单位为 dB)，以及反映人在心理和生理上对噪声感受程度的 A 声级和等效 A 声级，单位为 dB(A)。

23.0357　面噪声水平　surface noise level
又称"面噪声级"。在离机器表面一定距离的假想面上，并且离地面一定高度的位置上测得的噪声的最大 A 加权均方根声压级。

23.0358　手动脱扣停机　manual tripping
用手操作使主脱扣器动作的停机方式。

23.0359　电磁脱扣停机　solenoid tripping
通过电磁作用引起主脱扣器动作的停机方式。

23.0360　超速脱扣停机　overspeed tripping
汽轮机超速引起主脱扣器动作的紧急停机方式。

23.0361　瞬时升速　temporary speed rise
在调速系统控制下，甩负荷后汽轮机转速的瞬时升高值。如果在额定转速下甩去额定负荷，则其值为额定瞬时升速。

23.0362　最高转速　maximum speed
制造厂进行转子超速试验的转速。

23.0363　最高升速　maximum speed rise
甩负荷后在调速系统失灵和超速跳闸动作下，汽轮机转速的瞬时升高值。如果在额定转速下甩去额定负荷，则为额定最高升速。

23.0364　转速不等率　speed governing droop
当机组调速系统的整定值不变，在额定参数下，负荷从零到额定值所对应的转速变化，以额定转速的百分率表示。

23.0365　局部转速不等率　incremental speed governing droop
又称"局部不等率"。假定没有迟缓率，在某一给定的稳态转速和负荷下，稳态转速相对于负荷的变化率。该值即为调节系统静态特性转速–负荷曲线上在给定负荷处的斜率。

23.0366　危急遮断器动作转速　trip speed
转子升速达到危险程度时危急遮断器动作时的转速。

23.0367　复位转速　return speed
危急遮断器动作后飞锤回复到原位置时的转速。

23.0368　旁通调节　bypass governing
操纵旁通阀从而调节汽轮机功率的调节方式。

23.0369　电液调节　electro-hydraulic control
汽轮机的压力、功率、转速等电信号，经综合放大，通过电液转换器，操纵液压执行机构以控制汽轮机运行的调节方式。

23.0370　破坏真空　vacuum break
汽轮机停机时为缩短空转时间而打开真空破坏阀使空气进入凝汽器的过程。

23.0371　负荷上升率　rate of load-up
单位时间内的负荷增加量。

23.0372　油膜振荡　oil whipping
轴承油膜的自振与汽轮机转子挠度引起的固有振动所产生的共振现象。

23.02.05 辅 机

23.0373 给水加热系统 feed water heating system

汽轮机的热力系统中利用汽轮机抽汽加热锅炉给水的(汽水)系统。

23.0374 热力系统 thermal power system

按照蒸汽热力循环完成热功转换的所有设备和系统的组合。

23.0375 厂用电系统 station auxiliary power system

为发电厂辅助设备的动力、厂房照明及设备检修的用电而设置的厂内供电系统，有监视、控制、保护和连锁等自动装置。

23.0376 给水加热器 feed water heater

用汽轮机的抽汽加热锅炉给水的热交换器。

23.0377 给水泵汽轮机 steam turbine of feed water pump

驱动给水泵用的变转速汽轮机。

23.0378 凝汽设备 condenser equipment

由凝汽器、凝结水泵、循环水泵和抽气设备等组成的使汽轮机排汽凝结成水的换热设备。

23.0379 汽水分离再热器 moisture separator reheater

用于除去饱和蒸汽汽轮机高压缸排汽中所含的水分，并使其再热的装置。

23.0380 一次冷却回路 primary cooling circuit

又称“主回路”。将核能转化为蒸汽热能的反应堆主冷却剂循环的回路。

23.0381 二次冷却回路 secondary cooling circuit

在具有两个以上回路的反应堆核电厂中，用于冷却一次冷却回路的二次冷却剂的循环系统。

23.0382 热网 heat network

在集中供热条件下，用于输送和分配供热介质(蒸汽或热水)的管道系统。

23.0383 旁路系统 bypass system

与汽轮机并联的蒸汽减温减压系统。

23.0384 整体旁路系统 integral bypass system

又称“一级旁路系统”。蒸汽旁通整台汽轮机，直接引至凝汽器的汽轮机旁路系统。

23.0385 高压旁路系统 high-pressure bypass system

蒸汽旁通汽轮机高压缸，直接引入高压缸排汽管道的汽轮机旁路系统。

23.0386 低压旁路系统 low-pressure bypass system

蒸汽旁通汽轮机中低压缸，直接引入凝汽器的汽轮机旁路系统。

23.0387 二级旁路系统 two-stage bypass system

由高压和低压旁路组成的串联旁路系统。

23.0388 三级旁路系统 three-stage bypass system

整体旁路系统与二级旁路系统并联而成的旁路系统。

23.0389 高压旁路系统容量 capacity of high-pressure bypass system

又称“整体旁路容量”。蒸汽在额定参数下通过高压或整体旁路的最大流量与锅炉最大连续蒸发量或额定蒸发量的比值(以百分比表示)。

23.0390 低压旁路系统容量 capacity of low-pressure bypass system

再热蒸汽在额定参数下通过低压旁路(旁路阀全开时)的最大流量与高压旁路容量为

100%时的蒸汽流量的比值(以百分比表示)。

23.0391　凝汽器　condenser
使汽轮机排汽冷却凝结成水，并在其中形成真空的换热器。

23.0392　表面式凝汽器　surface condenser
汽轮机排汽不直接与水或空气等冷却介质接触的凝汽器。

23.0393　混合式凝汽器　mixing condenser
又称“接触式凝汽器”。汽轮机排汽与冷却水直接接触的凝汽器。

23.0394　多压凝汽器　multi-pressure condenser
由多个不同工作压力、互不相通汽室组成的凝汽器。从同一台汽轮机多个排汽口排出的不同压力的排汽，进入相对应的汽室，被同一股串行流过的冷却水冷却，凝结成不同温度的凝结水。

23.0395　排热系统　heat sink
又称“冷端系统”。由汽轮机低压排汽缸、凝汽器、冷却水系统及部分其他设备组成的系统。

23.0396　冷却水　cooling water
又称“循环水”。用于吸收凝汽器中蒸汽的热量，并使蒸汽凝结成水的一种冷却介质。

23.0397　水阻　water resistance
冷却水流经凝汽器的压力损失。

23.0398　汽阻　steam resistance
排汽在凝汽器中流动时的压力损失。

23.0399　凝汽器除氧　condenser deaeration
在凝汽器中除掉溶解于凝结水中的氧气等气体的过程。

23.0400　凝汽器压力　condenser pressure
凝汽器第一排冷却水管前某一位置处(一般相距 300 mm)的蒸汽绝对压力。

23.0401　凝结水流量　condensate flow
又称“冷凝水流量”。单位时间内凝结的凝结水量。

23.0402　凝结水温度　condensate temperature
凝汽器热井内凝结水的温度。

23.0403　流程数　number of pass
冷却水通过凝汽器管子的往返次数。

23.0404　冷却倍率　cooling rate
流经凝汽器的冷却水流量与被凝结的蒸汽流量之比。

23.0405　凝汽器反冲洗阀　back wash valve
在运行中为清洗凝汽器管子中堵塞的杂质而使冷却水逆流的阀门。

23.0406　凝汽器清洗装置　condenser cleaning equipment
清洗凝汽器冷却水管内壁的装置。

23.0407　排空阀　atmospheric relief valve
又称“大气释放阀”。当排汽压力超过给定值时将排汽引向大气的阀门。

23.0408　凝汽器真空度　condenser vacuum degree
大气压与凝汽器内的绝对气压的差值。

23.0409　凝汽器热负荷　condenser heat load
单位时间内排入凝汽器中的蒸汽传给冷却水的净热量。

23.0410　清洁系数　cleanness factor
计算实际传热系数时考虑冷却表面不清洁的修正系数。

23.0411　过冷度　degree of supercooling
相应于凝汽器真空度的蒸汽饱和温度与热井中凝结水温度之差。

23.0412　喉部　throat
凝汽器接受汽轮机排汽的进口部分。

23.0413　冷却水管　cooling water tube

表面式凝汽器中通过冷却水并形成凝汽器冷却表面的管子。

23.0414 水室 water chamber

表面式凝汽器中管束两端汇集冷却水的腔室。

23.0415 热井 hot well

凝结水汇集箱，表面式凝汽器底部汇集凝结水的容器。

23.0416 凝汽区 condensing zone

又称"凝结区"。表面式凝汽器中使汽轮机排汽和从其他方面排来的蒸汽绝大部分凝结为水的区域。

23.0417 空气冷却区 air cooling zone

凝汽器中空气抽出前专门设置的冷却汽–气混合物的管束区域。

23.0418 管子有效长度 effective length of tube

表面式凝汽器中两端管板内侧面之间冷却水管的长度。

23.0419 管板 tube plate

(1)在汽轮机机组中安装与固定冷却水管并将冷却水和蒸汽隔开的部件。(2)燃气轮机热交换器中固定换热管的板。

23.0420 支撑板 support plate

凝汽器内两端管板之间用于支撑冷却水管的板。

23.0421 管子排列 tube arrangement

冷却水管在凝汽器内的安排方式。

23.0422 胀管 tube expanding

用扩管器扩大冷却水管端部的直径，使管子在胀口处与管板紧密接触，并固定在管板上的方法。

23.0423 凝结水泵 condensate pump

抽送凝水器中凝结水的离心泵。由于凝水器中高度真空而要求泵应有较高汽蚀性能。

23.0424 汽轮机循环水泵 circulating water pump of steam turbine

向凝汽器输送冷却水的泵。

23.0425 抽气器 air ejector

为保持凝汽器内的真空，将漏入空气抽出的装置。

23.0426 起动抽气器 start-up ejector, starting ejector

汽轮机起动时使用的抽气器。

23.0427 水环式真空泵 water ring vacuum pump

带有叶片的叶轮偏心安装在泵壳中的一种容积式泵。叶轮在泵壳中旋转形成水环，其作用相当于一个活塞，依靠改变体积抽出空气形成真空。

23.0428 射水抽气器 water jet air ejector

利用水喷射形成的高速和低压将空气抽出的抽气器。

23.0429 射汽抽气器 steam jet air ejector

利用蒸汽喷射形成的高速和低压将空气抽出的抽气器。

23.0430 后冷却器 after-cooler

在多级抽气器后使抽出的蒸汽凝结，并将空气排入大气的装置。

23.0431 冷却水泄漏检查装置 cooling-water leakage detector

检查冷却水是否漏入凝汽设备汽侧腔室的装置。

23.0432 反冲洗系统 back washing system

在运行中为清洗凝汽器管子中堵塞的杂质而使冷却水逆向流动的系统。

23.0433 胶球清洗装置 sponge ball cleaning device

实施胶球清洗凝汽器冷却水管的装置。

23.0434 冷却塔 cooling tower
利用水在空气中部分蒸发使水冷却的设备。

23.0435 自然通风湿式冷却塔 natural draft wet cooling tower
依靠空气的密度差产生抽力，使空气和冷却水进行热、质交换的塔形建筑物。

23.0436 机械通风湿式冷却塔 mechanical draft wet cooling tower
采用风机强制抽风，使空气和冷却水进行热、质交换的塔形建筑物。

23.0437 空气冷却塔 air cooling tower
又称“干式冷却塔”。装有空气凝汽器或空气冷却器的塔形建筑物。

23.0438 空气凝汽器 air condenser
以空气作为冷却介质，使汽轮机排汽直接冷却凝结成水的表面式换热器。

23.0439 空气冷却器 air cooler
使空气等湿和减湿冷却的空气换热器。

23.0440 喷射式凝汽器 jet condenser
由高压喷管组喷入冷却水使汽轮机排汽凝结的混合式凝汽器。

23.0441 干式冷却系统 dry cooling system
以空气为冷却介质，直接或间接地将汽轮机排汽热量带走的冷却系统。

23.0442 直接干式冷却系统 direct dry cooling system
采用空气凝汽器的干式冷却系统。

23.0443 间接干式冷却系统 indirect dry cooling system
采用空气冷却器的干式冷却系统。

23.0444 海勒系统 Heller system
又称“混合式间接干式冷却系统”。采用喷射式凝汽器的间接干式冷却系统。

23.0445 表面式间接干式冷却系统 indirect dry cooling system of surface condenser
采用表面式凝汽器的间接干式冷却系统。

23.0446 真空下降率 vacuum decreasing rate
凝汽器真空降低的速率。

23.0447 凝汽器性能试验 condenser performance test
凝汽器传热、除氧和气密性等性能的试验。

23.0448 凝汽器非设计工况 off-design conditions of condenser
凝汽器在非设计条件下的工况。

23.0449 凝汽器特性 condenser characteristics
凝汽器压力随凝结蒸汽量、冷却水进口温度及冷却水流量而变化的规律。

23.0450 机械清洗 mechanical cleaning
用专门工具清除冷却水管中污垢的清洗方法。

23.0451 化学清洗 chemical cleaning
采用适当浓度的酸和缓蚀剂清除冷却水管中污垢的清洗方法。

23.0452 水力清洗 hydraulic cleaning
采用高压水冲刷冷却水管中的污垢，并使其清除的清洗方法。

23.0453 胶球清洗 sponge ball cleaning
用特制的海绵橡胶球连续通过凝汽器冷却水管来擦洗管内壁上污垢的清洗方法。

23.0454 混合式加热器 mixing heater
又称“接触式加热器”。汽轮机抽汽与给水直接接触的给水加热器。

23.0455 表面式加热器 surface heater
又称“间壁式加热器”。汽轮机抽汽与给水在不同的通道流动，通过传热表面传热的给水加热器。

23.0456　管壳式加热器　shell-and-tube heater
又称“管式加热器”。抽汽在管外加热管内流动给水的表面式加热器。

23.0457　管板式加热器　tube-in-sheet heater
传热管与管板连接，并有水室作为给水进口和出口腔室的表面式加热器。

23.0458　U 形管式加热器　U-tube-type heater
传热管呈 U 形，且其两端与管板连接的管板式加热器。

23.0459　直管式加热器　straight-tube-type heater
传热管为直管，并有水室作为进口和出口腔室的管板式加热器。

23.0460　联箱式加热器　header-type heater
由给水进、出口联箱和与其相连的传热管组成的表面式加热器。

23.0461　螺旋管联箱式加热器　coil-tube header-type heater
传热面由水平螺旋管圈组成，在垂直方向排列成若干管组，布置在立式壳体内的联箱式加热器。

23.0462　蛇形管联箱式加热器　serpentine-tube header-type heater
传热面由若干平行的蛇形管屏组成的联箱式加热器。

23.0463　卧式加热器　horizontal heater
轴线水平布置的加热器。

23.0464　立式加热器　vertical heater
轴线垂直布置的加热器。

23.0465　低压加热器　low-pressure feed water heater
在回热给水系统中位于凝汽器至除氧器之间的加热器。

23.0466　高压加热器　high-pressure feed water heater
在回热给水系统中位于给水泵至锅炉之间的加热器。

23.0467　加热器过热蒸汽冷却区　heater desuperheating zone
在给水加热器中过热蒸汽冷却成为饱和蒸汽之前把热量传给给水的区域。

23.0468　加热器凝汽区　heater condensing zone
在给水加热器中饱和蒸汽凝结时把热量传给给水的区域。

23.0469　加热器疏水冷却区　heater drain cooling zone
给水加热器中，使汽轮机来的抽汽凝结成的水继续将热量传给给水的区域。

23.0470　过热蒸汽冷却器　superheated steam cooler
利用蒸汽较高的过热度将给水加热到等于或高于抽汽压力下的饱和温度的换热器。

23.0471　疏水冷却器　drain cooler
在疏水离开表面式加热器后，将其热量传递给进入该级给水的换热器。

23.0472　加热器疏水系统　heater drain system
将加热器疏水与相邻加热器等外部设备和系统相连的系统。

23.0473　危急疏水系统　emergency drain system
当加热器水位异常升高到设定值时，紧急排出的疏水系统。

23.0474　疏水泵　drain pump
将一级加热器疏水送入本级加热器出口给水管中的泵。

23.0475　疏水调节阀　regulated drain valve
调整疏水流量以控制加热器水位的阀门。

23.0476　给水自动旁路系统　automatic feed water bypass system
当加热器出现事故时，自动切断给水进入事

故加热器(或事故加热器组)而直接进入后一级(或组)加热器或锅炉的系统。

23.0477 超压保护装置 overpressure protection device
防止给水加热器管侧和壳侧压力超过许可值的设备。

23.0478 加热器空气排放系统 heater air vent system
排放加热器壳侧空气或其他不凝结气体的系统。

23.0479 加热器初温差 initial temperature difference of heater
又称"疏水端差"。加热器抽汽疏水出口温度与给水进口温度的差值。

23.0480 加热器终温差 final temperature difference of heater
加热器进口处的抽汽温度与加热器出口处的给水温度的差值。

23.0481 加热器端差 terminal temperature difference of heater
加热器进口处的抽汽压力对应的饱和温度与加热器出口处的给水温度的差值。

23.0482 给水温升 feed water temperature rise
加热器给水出口处温度与进口处温度之差。

23.0483 管侧阻力 tube-side pressure loss
又称"给水压力损失"。加热器给水进口压力与出口压力之差。

23.0484 壳侧阻力 shell-side pressure loss
加热器蒸汽进口压力与疏水出口压力之差。

23.0485 汽轮机给水泵 feed water pump of steam turbine
将给水从除氧器水箱中抽出、升压并输送到锅炉的泵。

23.0486 最小流量装置 minimum flow recirculating system
防止给水泵因进口流量低于最小流量引起过热而设置的从给水泵出口至进口的再循环装置。

23.0487 前置泵 booster pump
用来提高给水泵进口压力，防止给水泵汽蚀，安置在给水泵之前的离心式泵。

23.0488 汽蚀余量 net positive suction head, NPSH
泵入口总水头加上相应于大气压力的水头减去相应于汽化压力的水头所得的值。

23.0489 液力联轴器 hydraulic coupling, fluid drive coupling
利用液力传递转矩的变速装置。

23.0490 加热器投运率 heater operation rate
在统计时间内，加热器投运小时数与汽轮发电机组运行小时数的比值(以百分数表示)。

23.0491 加热器堵管率 heater tube-blocking rate
加热器被堵传热管数与总传热管数之比(以百分数表示)。

23.0492 加热器温升率 heater temperature rise rate
加热器给水温度在单位时间内升高的数值。

23.0493 加热器温降率 heater temperature decrease rate
加热器给水温度在单位时间内降低的数值。

23.0494 化学除氧 chemical deaeration
根据化学原理除去水中溶解的氧气等气体的方法。

23.0495 热力除氧 thermal deaeration
利用加热给水除去水中溶解的氧气等气体的方法。

23.0496 真空除氧 vacuum deaeration
在真空状态下采用的一种热力除氧方法。

23.0497　除氧器　deaerator
利用汽轮机的抽汽与给水混合，加热给水，以除去水中的溶解氧和其他气体，同时提高给水温度的一种混合式加热器。

23.0498　高压式除氧器　high-pressure deaerator
又称"压力式除氧器"。工作压力(表压)大于 0.098 MPa 的除氧器。

23.0499　大气式除氧器　atmospheric deaerator
工作压力(表压)为0.065～0.098 MPa 的除氧器。

23.0500　立式除氧器　vertical deaerator
除氧头轴线与贮水箱中心线垂直的除氧器。

23.0501　卧式除氧器　horizontal-type deaerator
除氧头轴线与贮水箱中心线平行的除氧器。

23.0502　喷雾淋盘式除氧器　spray tray deaerator
具有喷嘴和淋水盘的除氧器。

23.0503　喷雾填料式除氧器　spray-stuffing-type deaerator
具有喷嘴和填料的除氧器。

23.0504　膜式除氧器　film-type deaerator
具有旋膜式喷嘴的除氧器。

23.0505　除氧头　deaeration head
除氧器中完成除氧主要任务的部件。

23.0506　除氧器喷嘴　deaerator nozzle
除氧器中将需要除氧的水雾化成水滴的装置。

23.0507　淋水装置　dripping device
使需要除氧的水在其中呈膜状或细小水流流下的装置。

23.0508　填料层　filler layer
使需要除氧的水在其中呈膜状迂回流动，达到深度除氧的装置。

23.0509　除氧器贮水箱　water storage tank of deaerator
储存除氧后的给水和除氧用蒸汽凝结水的箱体。

23.0510　除氧器安全门　safety valve of deaerator
为防止除氧器内部压力超过允许值而设置的蒸汽排放装置。

23.0511　滤油器　oil purifier
去除汽轮机油中的水分和尘埃等杂质的装置。

23.0512　自起动装置　automatic starting device
根据各监视点的状态使汽轮机自行起动、升速的装置。

23.0513　除氧器给水泵　deaerator feed water pump
向除氧器输送给水的泵。

23.0514　疏水箱　drain tank
收容疏水的容器。

23.0515　疏水扩容箱　drain flash tank
又称"疏水膨胀箱"。汇集疏水并进行汽水扩容分离的装置。

23.03　燃 气 轮 机

23.03.01　类　　型

23.0516　燃气轮机　gas turbine
主要由压气机、燃烧室和燃气透平(涡轮)等三部分组成，采用由绝热压缩、等压加热、绝热膨胀和等压放热等过程组成的热力学循环或布雷敦循环的发动机。

23.0517　燃气轮机动力装置　gas-turbine power plant
燃气轮机发动机及为产生有用电能、机械能或热能等动力所必需的基本设备。

23.0518　单轴燃气轮机　single-shaft gas turbine
通过一根轴把压气机与透平及负荷机械地连接，从而使它们旋转一致，传递由透平膨胀过程产生动力的燃气轮机。

23.0519　多轴燃气轮机　multi-shaft gas turbine
有两根或两根以上机械上相互独立旋转的透平轴的燃气轮机。它可以是具有一个自由动力透平和单根压气机–透平轴的分轴燃气轮机或具有多个压气机–透平轴的燃气轮机。

23.0520　移动式燃气轮机　mobile gas turbine
用作固定的动力源，但移动方便的燃气轮机。

23.0521　自由活塞燃气轮机　free piston gas turbine
利用自由活塞发动机产生高压高温气源的燃气轮机。

23.0522　多转子燃气轮机　multi-spool gas turbine
具有压气机和透平直接连接的几个同心转子(通常为同心轴套、无中间冷却或再热)的一种多轴燃气轮机。

23.0523　箱装式燃气轮机　packaged gas turbine
主要部件组装在整体底板上，并可安装在便于运输的包装箱内的燃气轮机。

23.0524　航空派生型燃气轮机　aero-derivative gas turbine, aircraft-derivative gas turbine
又称“航空发动机改型燃气轮机”。以航空涡轮发动机为基础改型、发展派生而成的非航空用途的一种轻型的燃气轮机。

23.0525　注蒸汽燃气轮机　steam injection gas turbine, SIGT
利用燃气轮机的排气通入余热锅炉产生蒸汽，再将其全部(或一部分)注入燃烧室和(或)高低压透平中，形成燃气蒸汽混合工质，到透平中膨胀做功的燃气轮机。

23.0526　变几何燃气轮机　variable-geometry gas turbine
燃气轮机通流部分中有些几何形状和尺寸随工况变化而改变的燃气轮机。

23.0527　微型燃气轮机　micro gas turbine
通常指功率小于 300 kW 的燃气轮机，一般由离心式压气机、燃烧室、向心式透平、回热器和必要的辅机设备组成。

23.0528　氦气轮机　helium turbine
以氦气为工质的旋转式热机，其循环形式为闭式布雷敦循环，主要用于高温气冷堆核电站。

23.0529　燃气透平　gas turbine
又称“燃气涡轮”。利用工质的膨胀产生机械动力的燃气轮机部件。

23.0530　径流式透平　radial-flow turbine
又称“向心式透平(centripetal turbine)”。工质流动的主方向与机械旋转轴垂直的透平。通常是径向向内流入的透平。

23.0531　轴流式透平　axial-flow turbine
工质流动的主方向与机械旋转轴线平行的透平。

23.0532　动力透平　power turbine
由燃气发生器排出的燃气驱动的透平，通过该透平的独立轴产生输出动力。

23.0533　压气机透平　compressor turbine
驱动一个压气机或在多轴系统中驱动多个压气机的透平。

23.0534　气体膨胀透平　gas expander turbine
从压力较高的气流中回收能量的透平。

23.0535　高压透平　high-pressure turbine
在具有多个透平的燃气轮机中，膨胀过程的第一个透平。

23.0536 中压透平 intermediate-pressure turbine

在一些具有三个透平的燃气轮机中，膨胀过程的第二个透平。

23.0537 低压透平 low-pressure turbine

在一些具有多个透平的燃气轮机中，膨胀过程的最后一个透平。

23.0538 能量回收透平 power recovery turbine

在回收工艺流程中以气体的能量来做功的透平。

23.0539 冲动式透平 impulse turbine

工质主要在静叶(喷嘴)中进行膨胀的透平。

23.0540 反动式透平 reaction turbine

工质在静叶(喷嘴)和动叶中进行膨胀的透平。

23.0541 内燃式燃气轮机 internal-combustion gas turbine

燃烧在燃气轮机内部工质中进行的燃气轮机。

23.0542 外燃式燃气轮机 external-combustion gas turbine

燃烧发生在外部区域，并把热传递给工质的燃气轮机。

23.0543 开式循环 open cycle

工质从大气进入燃气轮机，再排入大气的热力循环。

23.0544 闭式循环 closed cycle

循环工质不排入大气的热力循环。

23.0545 半闭式循环 semiclosed cycle

燃烧在工质中进行，一部分工质进入再循环，另一部分排向大气的热力循环。

23.0546 简单循环 simple cycle

依次由压缩、燃烧、膨胀和排气过程组成的热力循环。

23.0547 回热循环 regenerative cycle

利用回收排气余热的热力循环。它包含依次对工质的压缩、回热加热、燃烧、膨胀和回热放热(排气热量传递给压气机出口的工质)。

23.0548 中间冷却循环 intercooled cycle

在相继的压缩段之间对工质进行冷却的热力循环。

23.0549 再热循环 reheat cycle

在相继的膨胀段之间对工质再加入热量的热力循环。

23.0550 压气机 compressor

利用机械动力增加工质的压力，并伴有温度升高的燃气轮机部件。

23.0551 轴流式压气机 axial-flow compressor

工质流动的主方向是轴向的压气机。

23.0552 径流式压气机 radial-flow compressor

工质主流方向是径向向外流出的压气机。

23.0553 低压压气机 low-pressure compressor

在具有多个压气机的燃气轮机中，压缩过程的第一个压气机。

23.0554 中压压气机 intermediate-pressure compressor

在具有三个压气机的燃气轮机中，压缩过程的第二个压气机。

23.0555 高压压气机 high-pressure compressor

在具有多个压气机的燃气轮机中，压缩过程的最后一个压气机。

23.0556 燃烧室 combustor chamber

燃料(热源)与工质发生反应，增加工质温度的燃气轮机部件。

23.0557 顺流式燃烧室 straight-flow combustor

火焰管外侧空气的流动方向和火焰管中燃气主流方向一致的燃烧室。

23.0558　逆流式燃烧室　counter-flow combustor
火焰管外侧空气的流动方向和火焰管中燃气主流方向相反的燃烧室。

23.0559　分管形燃烧室　can-type combustor
由多个单管燃烧室组成的燃烧室，每个燃烧室由承压外壳和火焰筒组成。这些燃烧室通常以环形排列围绕着透平安装。

23.0560　环形燃烧室　annular combustor
横截面为环形的燃烧室。它安装在压气机和透平之间，并完全围绕着燃气轮机。

23.0561　环管形燃烧室　can annular combustor
在压气机和透平之间的环形截面的壳体中，环形排列的多个火焰筒组成的燃烧室。

23.0562　筒形燃烧室　silo combustor
由一个或两个大型逆流式筒形燃烧室组成的燃烧室，用法兰连接于透平与压气机气缸上。

23.0563　再热燃烧室　reheat combustor
对在透平中已部分膨胀的工质进行二次加热的燃烧室。

23.0564　干式低排放燃烧室　dry low emission combustor, DLE combustor
使气体燃料与助燃空气预先混合，形成贫燃料空气混合物再进入火焰筒中燃烧的燃烧室。它可以降低火焰温度，减少氮氧化物(NO_x)的生成量和排放量。

23.0565　催化燃烧　catalytic combustion
在催化剂作用下的燃烧。

23.0566　回热器　regenerator
回收燃气轮机排气的热量，将其传递给压气机排气(燃烧室进气)的热交换器。

23.0567　表面式回热器　recuperator
通过隔离膜板，把热从一种流体传递到另一种流体的固定式热交换器。

23.0568　回转式回热器　rotating regenerator
又称“再生式回热器”。其中的蓄热体在热流体和冷流体中交替旋转，从而把热量从热流体传递到冷流体的热交换器。

23.0569　壳管式回热器　shell and tube recuperator
热传导面是圆柱形管子组件的热交换器。高压的冷流体通常在管子的内侧，较热的排气在管子的外侧。管子的传热面可以通过翅片和(或)销钉来增加。

23.0570　板式回热器　plate-type recuperator
传热面是一系列平板或波纹板的热交换器。

23.03.02　参　数

23.0571　额定工况　rated condition
(1)在规定条件下，汽轮发电机组发出额定功率时的运行工况。(2)在规定的条件下，燃气轮机发出额定功率时的运行工况。

23.0572　设计工况　design condition
(1)在给定的燃气轮机设计参数下，按照设计要求，计算所得到的基准工况。(2)设计汽轮机通流部分尺寸所依据的工况，一般是使汽轮机获得最大内效率的工况。

23.0573　变工况　off-design condition
偏离设计工况或额定工况的其他运行工况。

23.0574　燃气轮机额定输出功率　rated output of gas turbine
燃气轮机在额定工况并处于新的和清洁的状态下运行时的标称或保证的输出功率。

23.0575　标准额定输出功率　standard rated output
燃气轮机在透平温度、转速、燃料、进气温度、压力和相对湿度、排气压力为标准参考条件下，且处于新的和清洁的状态下运行时的标称或保证的输出功率。

23.0576　最大连续功率　maximum continuous

power
在规定条件下，燃气轮机动力装置输出端保持连续输出的最大功率。

23.0577　极限功率　limit power
由强度和结构条件所限定的动力装置输出端最大功率。

23.0578　现场额定输出功率　site rated output
燃气轮机在规定的现场运行条件下，并处于新的和清洁的状态运行时的标称或保证的输出功率(该输出功率是减去辅助负荷后的净值)。

23.0579　尖峰负荷额定输出功率　peak load rated output
燃气轮机在规定的条件和在透平尖峰负荷的额定温度下，并处在新的和清洁的状态运行时的标称或保证的输出功率。ISO 标准尖峰额定值指在尖峰负荷额定温度下，每年安全运行可达到 2000 h 和起动 500 次。

23.0580　基本负荷额定输出功率　base-load rated output
燃气轮机在规定的条件和在透平基本负荷的额定温度下，且处在新的和清洁状态运行时的标称或保证的输出功率。ISO 标准基本负荷额定值指在透平基本负荷温度下，每年安全运行可达到 8760 h 和起动 25 次。

23.0581　备用尖峰负荷额定输出功率　reserve peak load output
又称“应急尖峰负荷额定输出功率”。燃气轮机在规定的条件和在透平备用尖峰负荷额定温度下，且处在新的和清洁状态运行时的标称或保证的输出功率。ISO 标准备用尖峰负荷额定值指在透平备用尖峰负荷温度下每年安全运行可达到 500 h。

23.0582　半基本负荷额定输出功率　semi-base-load rated output
又称“中间负荷额定输出功率”。燃气轮机在规定的条件和在透平半基本额定负荷的温度下，且处在新的和清洁状态时运行的标称或保证的输出功率。ISO 标准半基本额定负荷值指在透平半基本负荷额定温度下，每年运行达到 6000 h。

23.0583　折算输出功率　referred output, corrected output
燃气轮机的试验输出功率换算到在折算(修正)条件下的输出功率。

23.0584　轴输出功率　shaft output
燃气轮机在输出轴联轴器处的净输出功率。

23.0585　辅助负荷　auxiliary load
燃气轮机动力装置的支持系统需要的所有负荷，不包括气体燃料压缩机的负荷。

23.0586　热能利用率　heat utilization
动力装置输出功与供给外界有用热量之和对于所消耗热量之比。

23.0587　热效率　thermal efficiency
燃气轮机的净能量输出与按燃料的净比能(低热值)计算的燃料能量输入之比。

23.0588　折算热效率　referred thermal efficiency, corrected thermal efficiency
又称“修正热效率”。燃气轮机的试验热效率换算到折算(修正)条件下的热效率。

23.0589　燃料消耗率　specific fuel consumption
给定燃料的质量流量与净输出功的比值。

23.0590　热耗量　heat consumption
单位时间内消耗的热量。

23.0591　热耗率　heat rate
燃气轮机每单位时间消耗的净燃料能量与输出净功率的比值。

23.0592　现场条件　site condition
影响燃气轮机性能的某一特定安装场地所给定的条件。如燃料特性、大气压力、压气机进气温度和湿度、进气压损和排气压损等。

23.0593　标准大气　standard atmosphere

温度为 15℃、压力为 101.325kPa、相对湿度为 60%的大气条件。它属于标准参考条件。

23.0594 标准参考条件 standard reference conditions

燃气轮机的额定值所应采用的假定条件。它包括①在压气机进气口(总压力、温度和相对湿度)和在透平排气法兰处(静压)为标准大气值。②用来冷却工质的冷却水或冷却空气的温度为 15℃。③标准气体燃料(CH_4)，其 H/C 质量比为 0.333，净比能为 50 000 kJ/kg。④标准燃料油($CH_{1.684}$——蒸馏油)，其 H/C 质量比为 0.1417，净比能为 42 000 kJ/kg。

23.0595 新的和清洁的状态 new and clean condition

燃气轮机所有影响性能的零部件符合设计规范时的设备状态,或当正常运行小于 100 h 和对发现的任何明显缺陷都已检查和校正好的设备状态。

23.0596 起动特性试验 starting characteristics test

确定正常起动过程中燃气轮机转速与时间关系的试验。其他测量参数是温度、压力以及诸如点火、着火、起动设备脱扣和任何其他明显的事件发生的时间。

23.0597 保护设备试验 protective device test

对所有与燃气轮机及其系统有关的保护装置进行的试验，以检验整定值是否适当及功能是否正常。

23.0598 质量功率比 mass-to-power ratio

燃气轮机总净质量与标准额定功率之比。

23.0599 温比 temperature ratio

燃气轮机的透平进气温度与压气机进气温度的比值。

23.0600 比功率 specific power

又称“比功”。燃气轮机的净输出功率与压气机进气质量流量的比值。

23.0601 全压损失系数 total pressure loss coefficient

(1)全压损失除以进口动压(对于扩压流道而言)。(2)全压损失除以出口动压(对于膨胀流道而言)。

23.0602 流量系数 flow coefficient

通过叶栅或孔口等通道的实际流量与理论流量之比值。

23.0603 环壁阻力损失 annulus drag loss

由于叶栅两端面附面层的气流摩擦和涡流所引起的损失。

23.0604 二次流损失 secondary flow loss

叶栅中主流方向之外的流动造成的损失，其中主要是两端壁面附近两个方向相反旋涡流所引起的损失。

23.0605 级效率 stage efficiency

(1)级的实际焓降与级的等熵焓降之比(对于透平而言)。(2)级的等熵压缩功与级的实际耗功之比(对于压气机而言)。

23.0606 内损失 internal loss

在通流部分中气体非等熵过程所导致可用能量的损失。

23.0607 外损失 external loss

气体工作过程中除内损失以外的损失(主要是机械损失和轴端漏气损失)。

23.0608 重热系数 reheat factor

(1)各级等熵焓降总和对整机等熵焓降的超量值与整机等熵焓降之比(对于透平而言)。(2)各级等熵压缩功总和对整机等熵压缩功的超量值与整机等熵压缩功之比(对于压气机而言)。

23.0609 进气压力 inlet pressure

进入透平第一级工质的质量流量加权平均总压力。

23.0610　进口压力　inlet pressure
在压气机进口法兰处工质的质量流量加权平均绝对总压力。

23.0611　出口压力　outlet pressure
在扩压器出口平面处工质的质量流量加权平均总压力。

23.0612　透平参考进口温度　turbine reference inlet temperature
根据燃烧室进口温度、燃烧室内释放的净能、压气机进口质量流量加上燃料的质量流量计算出来的透平进口总温度。

23.0613　透平进口温度　turbine entry temperature
静叶进口处工质的质量流量加权平均总温度。一般情况下此温度与燃烧室出口温度相等。

23.0614　透平转子进口温度　turbine rotor inlet temperature
相应在第一级动叶进口前沿的静止平面处工质的质量流量加权平均总温度。是热力学修正的透平进口温度，因为工质仅在透平转子中做功，并且流体做功的能力与绝对温度成正比。

23.0615　进口温度　inlet temperature
在压气机进口法兰处工质的质量流量加权平均绝对总温度。

23.0616　出口温度　outlet temperature
在扩压器出口平面处工质的质量流量加权平均总温度。

23.0617　膨胀比　pressure ratio
透平进口总压力与透平出口总压力的比值。

23.0618　排气流量　exhaust gas flow
在透平出口法兰处排气的质量流量。

23.0619　透平输出功率　turbine power output
透平的毛输出功率(未扣除轴承、鼓风摩擦和抽吸损失)。

23.0620　透平多变效率　turbine polytropic efficiency
在给定膨胀比下，透平具有无穷多级且每级以相同的等熵效率膨胀的功之和与该透平的等熵膨胀功的比值。

23.0621　透平特性线　turbine characteristic curve
表示透平在不同工况下各性能参数(转速、膨胀比、流量、效率、功率等)之间关系的曲线。

23.0622　压气机多变效率　compressor polytropic efficiency
在给定压比下，压气机的压缩功与该压气机在具有无穷多级且每级以相同等熵效率的条件下压缩功之和的比。

23.0623　压比　pressure ratio
压气机出口总压力与进口总压力之比。

23.0624　进口空气流量　inlet air flow
在压气机进口法兰处的进口空气质量流量。

23.0625　抽气　bleed air, extraction air
在压缩过程中从主气流中抽出的空气。

23.0626　放气　blow-off
在压缩过程中的放气动作，用来实现防止诸如超速或喘振的控制功能。

23.0627　压气机输入功率　compressor input power
驱动压气机所需的功率总量，包括轴承和鼓风的损失。

23.0628　等熵功率　isentropic power
在绝热和可逆过程的条件下，压缩工质所需的功率。

23.0629　等熵效率　isentropic efficiency
透平毛输出功率除以透平的输入功率。对于

有冷却的燃气透平，需将冷却剂与主气流混合在一起来计算。

23.0630 旋转失速 rotating stall
压气机可能出现的工况，有一个或多个低速或逆流区横跨部分压气机叶栅通道，并且沿转子旋转方向旋转，但旋转的速度只是转子速度的几分之一。

23.0631 堵塞 choking
气流在某处达到音速，而使下游参数不产生进一步影响的工况。如果压气机的排气压力足够低，最后一级静子中流动将达到音速，从而出现堵塞工况。此后，进一步降低压气机的排气压力，对流量或驱动压气机的所需功率没有影响。

23.0632 失速 stall
由于气流冲角过大而造成压气机叶片型面上气流附面层严重分离，致使压气机性能下降的现象。

23.0633 喘振 surge
在一定转速下，当压气机流量减小到一定值以后，气体进入工作叶轮和扩压器的角度偏离设计工况，造成气流从叶片或扩压器上强烈分离，使气流产生强烈的振荡和倒流，引起压气机工况不稳定，压气机强烈振动，并发出异常声响的现象。

23.0634 喘振裕度 surge margin
压气机的运行点离开该转速时的喘振点的裕量。

23.0635 喘振边界 surge limit
在压气机特性图中，各等转速线上喘振起始点的连线。

23.0636 阻塞极限 choking limit
在压气机特性图中，各等转速线上阻塞起始点的连线。

23.0637 压气机特性图 performance map, characteristic map
以转速和效率为参数来表示压气机的压比–流量性能图。同时也示出了压气机的稳定运行区域，该图也可以用于近似确定在不同压力、温度和湿度进口条件下的性能。

23.0638 燃烧室出口温度 burner outlet temperature, combustor outlet temperature
在燃烧室出口截面处工质的质量流量加权平均总温度。包括任何泄漏进入工质所产生的影响。

23.0639 燃料空气比 fuel-air ratio
燃料–空气的混合物中燃料与空气的质量比。

23.0640 理论燃料空气比 stoichiometric fuel-air ratio
燃料完全燃烧时，具有精确比例的燃料–空气混合物中燃料与空气的质量比。

23.0641 当量比 equivalence ratio
实际的燃料空气比除以理论燃料空气比。

23.0642 过量空气系数 excess air ratio
理论燃料空气比除以实际燃料空气比并减去 1。过量空气系数为 2 表示所提供的空气是所需的 3 倍。

23.0643 燃烧强度 combustion intensity
在单位大气压力或单位绝对压力下，火焰筒单位体积、单位时间内释放的燃料能量的量度。

23.0644 工质加热器效率 working fluid heater efficiency
在加热器中传递给工质的能量与热源提供的能量净能之比。

23.0645 容积热强度 volumetric heat release rate
单位时间内，在单位容积中，燃料燃烧释放出来的热量。

23.0646 比容积热强度 specific-volume heat release rate

容积热强度与压强的比值。

23.0647 面积热强度 area heat release rate

单位时间内，单位截面面积上燃料燃烧所释放出来的热量。

23.0648 比面积热强度 specific area heat release rate

面积热强度与压强的比值。

23.0649 燃烧室效率 combustor efficiency

燃烧过程中，释放给工质的能量与所消耗燃料的净能之比。

23.0650 燃烧室比压力损失 combustor specific pressure loss

在燃烧室出口平面处工质质量流量加权平均总压力与燃烧室进口平面处工质质量流量加权平均总压力之差对燃烧室进口平面处工质质量流量加权平均总压力之比。

23.0651 燃料喷射压力 fuel injection pressure

燃料喷嘴进口处的燃料总压力。

23.0652 温度场系数 temperature pattern factor

燃烧室出口处的工质最高温度与其平均温度之差对工质通过燃烧室的温升之比。大型燃气轮机典型的数值为 0.1～0.2。

23.0653 雾化细度 atomized particle size

按规定的统计(或测量)方法得到的燃油雾化颗粒的平均直径(和颗粒直径分布)。

23.0654 雾化锥角 spray cone angle

燃油在喷嘴出口雾化所形成的锥形雾化区的锥角。

23.0655 理论燃烧温度 theoretical combustion temperature

假设燃料在绝热条件下完全燃烧时燃烧产物所能达到的温度。

23.0656 全压恢复系数 total pressure recovery factor

又称“全压保持系数”。工质流过通道时，出口全压与入口全压之比。在燃气轮机燃烧室中为出口燃气的全压与入口空气的全压之比。

23.0657 燃烧稳定性 combustion stability

不发生强烈的火焰脉动和熄火，维持稳定燃烧的特性。

23.0658 熄火极限 flame failure limit

保持燃烧室稳定工作的燃料空气比或过量空气系数的上下极限值。

23.0659 对数平均温差 logarithmic mean temperature difference

两种流体在热交换器中传热过程温差的积分平均值。

23.0660 回热度 regenerator effectiveness

在回热器中空气所吸收的热量，与燃气温度降低到空气进口温度时燃气所释放出的理论热量之比。

23.0661 燃气侧全压损失 total pressure loss for gas side

燃气进入回热器到离开回热器的整个流程的全压损失。

23.0662 空气侧全压损失 total pressure loss for air side

空气进入回热器到离开回热器的整个流程的全压损失。

23.0663 紧凑系数 compactness factor

热交换器单位体积所拥有的传热面积。

23.0664 受热表面的传热率 heat transfer rate of heating surface

通过传热面，一种流体传递到另一种流体的热量的比率。

23.0665 温度有效度 temperature effectiveness

被加热流体的实际温升与热、冷流体的初始温度的差值之比。

23.0666 能量有效度 energy effectiveness
冷侧流体的质量流量与回热器冷侧的进、出口温度下工质的比焓差的乘积与热侧质量流量与回热器热侧进口温度下和冷侧进口温度下工质的比焓差的乘积之比。

23.0667 端差 final temperature difference
热侧进口温度和冷侧出口温度的温差。

23.03.03 结构和辅机

23.0668 透平转子 turbine rotor
包含所有透平旋转零件的旋转组件。

23.0669 透平叶轮 turbine wheel
透平级的旋转组件，它包括轮盘和动叶片。

23.0670 动叶片 rotor blade, moving blade
(1)固定在透平轮盘或转子上的叶片。(2)装在转子上的叶片。

23.0671 静叶片 stationary blade, stator blade
(1)固定在透平喷嘴组件上的叶片。(2)隔板、汽缸等静止部件上的叶片。

23.0672 透平喷嘴 turbine nozzle
用来形成高效的加速工质的流道，将工质导入透平动叶片的叶片静止组件。在径流式透平中它可称为导向叶片。

23.0673 透平隔板 turbine diaphragm
透平喷嘴和其支承结构(持环)。

23.0674 可调静叶片 variable stator blade
出口角能够进行调整的静叶片。

23.0675 冷却叶片 cooled blade
具有内部通道，从而可用冷却流体来降低叶片温度的叶片。

23.0676 轮毂比 tip-hub ratio
叶轮上叶身外径与内径之比值。

23.0677 叶栅 cascade
由若干相同叶片，按一定几何规律排列而成的组合体。

23.0678 中弧线 camber line
通过叶型内切圆切点的弦线中点的连线或叶型中所有内切圆圆心的连线。

23.0679 叶型厚度 blade profile thickness
垂直叶型中弧线的直线和叶型的内、背弧相交的两点之间距离。其最大值称为最大叶型厚度。

23.0680 展弦比 aspect ratio
叶片高度与平均弦长之比。

23.0681 喉部面积 throat area
叶栅喉宽处的面积。

23.0682 额线 front
连接叶栅中各叶型进气边对应点的线。

23.0683 安装角 stagger angle
(1)叶型弦线与额线之间的夹角。(2)叶型弦线与轴线之间的夹角。

23.0684 叶片进口角 blade inlet angle
(1)叶型中弧线在前缘点的切线与叶栅额线之间的夹角。(2)叶型中弧线在前缘点的切线与叶栅轴线之间的夹角。

23.0685 叶片出口角 blade outlet angle
(1)叶型中弧线在后缘点的切线与叶栅额线之间的夹角。(2)叶型中弧线在后缘点的切线与叶栅轴线之间的夹角。

23.0686 叶型折转角 camber angle
在中弧线上前缘点的切线与后缘点的切线之间的夹角。

23.0687 进气角 flow inlet angle
(1)叶栅进口处气流速度矢量与额线的夹角。(2)叶栅进口处气流速度矢量与轴线的夹角。

23.0688　出气角　flow outlet angle
(1)叶栅出口处气流速度矢量与额线的夹角。(2)叶栅出口处气流速度矢量与轴线的夹角。

23.0689　落后角　deviation angle
出气角与叶片出口角之差。

23.0690　气流折转角　flow turning angle
叶栅的进气速度与出气速度矢量之夹角。

23.0691　平面叶栅法　method of plane cascade
根据平面叶栅风洞试验中得到的综合数据，设计通流部分的一种方法。

23.0692　模型级法　method of modelling stage
根据单级模拟试验得到的特性数据，设计通流部分的一种方法。

23.0693　流型　flow pattern
气流参数在静叶栅和(或)动叶栅中沿径向变化的模式。

23.0694　气膜冷却　air film cooling
冷却介质从被冷却部件表面的一排或几排小孔或缝隙流出后，形成一层气膜，以遮护部件表面的冷却方式。

23.0695　发散冷却　transpiration cooling
冷却介质从被冷却部件的内部透过整个细微多孔壁面，形成一层气膜，以遮护部件表面的冷却方式。

23.0696　冲击冷却　impingement cooling
冷却介质以射流形式喷向被冷却部件的表面，并带走热量的冷却方式。

23.0697　气缸　casing
又称“机匣”。透平或压气机部件，为圆筒形静止结构。它容纳工质、支承和安装透平或压气机的其他静止零件。

23.0698　进气缸　inlet casing
又称“进气室”。透平或压气机进气部分的壳体(舱室)。

23.0699　排气缸　exhaust casing, discharge casing
又称“排气室”。透平或压气机排气部分的壳体(舱室)。

23.0700　外气缸　outer casing
燃气轮机最外层的圆筒形静止部件。它支承和安装透平的其他静止零件，通常也是透平的承压壳体。

23.0701　内气缸　inner casing
透平最内层的圆筒形静止部件。它支承透平喷嘴或静叶，并支承形成工质静子通流部分的零件。

23.0702　扩压器　diffuser
紧随透平叶片之后的通流结构。它使工质速度降低以提高工质的静压。

23.0703　空心叶片　hollow blade
为实现冷却、减少应力、调频以及加工工艺等目的而制成的具有内部空腔的透平叶片。

23.0704　叶冠　integral tip shroud
叶片顶部周向延伸部分。相邻叶片的叶冠互相衔接成一个整圈。

23.0705　长颈叶根　long shank blade root
为使透平轮盘冷却及叶片减振，在叶身之下具有可通过冷却空气的长颈部分的叶根。

23.0706　隔叶块　spacer
装在相邻叶片根部间保持叶片节距及流道宽度用的零件。

23.0707　定中系统　center support system
使机组在热胀或冷缩过程中，保持中心位置的系统。

23.0708　气封　sealing
减少转子与静子间漏气的密封装置。

23.0709　透平清洗设备　turbine washing

equipment
清洗透平流道或外来污垢的燃气轮机附属设备。通常只是在燃烧诸如被处理过的渣油、原油或其他含灰燃料的燃气轮机上才有这样的要求。

23.0710 燃烧区 combustion zone
燃料连续燃烧的区域。

23.0711 一次燃烧区 primary zone
在火焰筒内燃料与空气充分混合，发生燃烧反应的区域。在扩散火焰中，该反应发生在近似化学配比或理论化学计量混合气条件下。

23.0712 二次燃烧区 secondary zone
在火焰筒内来自一次燃烧区的燃烧产物与来自压气机的剩余空气相混合，使工质在进入透平部件以前形成温度均匀的混合物的区域。

23.0713 一次空气 primary air
进入燃烧室一次燃烧区的空气。

23.0714 二次空气 secondary air
又称“掺混空气”。进入燃烧室二次燃烧区的空气。

23.0715 回流区 recirculating zone
在火焰管头部轴线附近的区域。在这个区域内，气流的轴向速度与火焰管内主流轴向速度方向相反。

23.0716 掺混区 dilution zone
为降低高温燃气的温度，并得到符合要求的温度场而掺入空气的区域。

23.0717 火焰筒 combustion liner, combustor can, combustor basket, flame tube
包围燃烧反应区域的组件。

23.0718 联焰管 cross flame tube, inter-connector, cross fire tube, cross light tube
在多火焰筒燃烧室中，为点火气体提供火焰连通的管道，从而使其由已点着的火焰筒通到未点着的火焰筒，并点燃其邻近的火焰筒。

23.0719 燃料流量分配器 fuel flow divider
将燃料等量分配到每个燃料喷嘴，使每个燃烧室产生均匀温度的计量装置。通常气体燃料不需要此装置。

23.0720 点火装置 ignition equipment
燃气轮机燃烧室中用于引发燃烧的装置。点火装置可以由高能源、火花塞或点火器等组成。某些燃气轮机可用火炬点火器。

23.0721 火焰检测器 flame detector
通过接收的火焰光波信号来判别燃烧是否正常的装置。

23.0722 燃烧室外壳 combustor outer casing
支撑火焰管等内部零件，承受内部压力的筒形或环形壳体。

23.0723 燃料喷嘴 fuel injector
把燃料(液体或气体)喷入燃烧室的装置。

23.0724 气体燃料喷嘴 gas fuel nozzle
向燃烧室喷入气体燃料的喷嘴。

23.0725 液体燃料喷嘴 liquid fuel nozzle
将液体燃料雾化成细小颗粒，以增加燃料的表面积，确保燃料与空气的快速混合和燃烧，同时也使燃料直接进入燃烧区中的适当区域使其达到最佳混合和燃烧状态的喷嘴。

23.0726 双燃料喷嘴 dual-fuel nozzle
具有两种燃料(液体燃料和气体燃料)通道，可并行或单独向燃烧室喷射燃料的喷嘴。

23.0727 火焰稳定器 flame-holder
使燃烧区混合气体流速与火焰传播速度相匹配，以稳定火焰的部件。

23.0728 旋流器 swirler
一种使空气做旋转运动，形成局部回流区的火焰稳定器。

23.0729　控制系统　control system
在所有运行方式下用来控制、保护、监视及报告燃气轮机状况的系统。

23.0730　电液调节系统　electro-hydraulic control system
机组的转速、功率、压力等电信号经综合放大，用模拟量或数字量，通过电液转换器操纵液压执行机构，以控制机组运行的调节系统。

23.0731　同步器　synchronizer
又称“转速变换器(speed changer)”。可在一定范围内平移调节系统的静态特性曲线，以整定机组转速或改变负荷的装置。

23.0732　燃料控制系统　fuel control system
用来为燃气轮机燃烧室提供适量燃料的控制系统。

23.0733　转速调节器　speed governor
调节被控制转子或轴转速的装置。

23.0734　燃气发生器　gas generator
产生高温压力燃气，输送给工艺流程或自由动力透平的燃气轮机的组件。它由一个或多个旋转压气机、与工质相关的热设备、一个或多个驱动压气机的透平、控制系统以及基本的辅助设备组成。

23.0735　燃气温度控制器　gas temperature controller
用来调整燃料控制系统或空气质量流量控制系统(通过可变几何部件)，以获得所设定的透平温度值的装置。

23.0736　燃料流量控制阀　fuel flow control valve
用于控制进入燃气轮机的燃料量的阀门。

23.0737　保护系统　protection system
保护燃气轮机免受控制系统未涉及到的任何危险情况的系统。

23.0738　超速控制装置　overspeed control device
又称“超速遮断装置(overspeed trip device)”。当转子转速达到设定值时，立即能触发超速保护系统的控制或遮断的装置。

23.0739　燃料切断阀　fuel shut-off valve
当被触发时，立即切断流入燃烧系统的全部燃料的阀门。

23.0740　超温控制装置　overtemperature control device
又称“超温保护装置(overtemperature protective device)”。限制关键温度达到某些设定的最大值的控制装置。

23.0741　超温检测器　overtemperature detector
对温度直接响应的一次元件。当温度达到设定值时，通过合适的放大器或转换器，立即作用于保护系统。

23.0742　火焰失效遮断装置　flame-failure trip device
在预定的时间内，未建立满意的燃烧而使起动程序中断的装置。

23.0743　熄火遮断装置　flame-out trip device
在运行中，监测到燃烧系统出现火焰不充分时，致使燃料控制系统切断进入燃烧系统燃料的装置。

23.0744　主齿轮箱　main gearbox
又称“负荷齿轮箱(load gearbox)”。用于燃气轮机输出轴减速或增速的齿轮箱。

23.0745　起动设备　starting equipment
对燃气轮机转子提供扭矩的组合部件。它能使其加速到点火转速，然后达到自持转速。

23.0746　燃料处理设备　fuel treatment equipment
用于处理和(或)清除燃料中有害成分如固体粒子、钒、钠、钾、铅、清漆等的设备。这种设备可由过滤器、燃料添加剂系统、清洗系统等组成。

23.0747 燃料供给系统 fuel supply system
向燃气轮机供给燃料的系统。系统的设备视燃气轮机采用燃料种类而确定，一般分为三类：液体燃料供给系统、气体燃料供给系统、双燃料供给系统。

23.0748 液体燃料供给系统 oil fuel supply system
向燃气轮机供给液体燃料的系统。它可由燃料的前置泵、日用油箱、主燃料泵、燃料分配器、隔离阀等组成。

23.0749 气体燃料供给系统 gas fuel supply system
向燃气轮机供给气体燃料的系统。它可由气体燃料过滤器、气体速度比例截止阀、燃料阀、燃料阀控制系统等组成。

23.0750 双燃料系统 dual-fuel system
允许燃气轮机燃用两种不同燃料的系统。如气体燃料或液体燃料。

23.0751 雾化空气系统 atomizing air system
在使用液体燃料的燃气轮机机组中，为使液体燃料更好的雾化，提高燃烧效率所配备的由主雾化空气压缩机、辅助雾化空气压缩机、冷却器、控制阀、空气过滤器或分离器等组成的空气系统。

23.0752 润滑油系统 lubrication system
由泵、过滤器、压力控制装置、流量控制装置等组成，调节并供应润滑油给轴承和其他使用润滑油的设备的系统。

23.0753 空气充气系统 air-charging system
用来提高循环的压力值的系统。在半闭式循环燃气轮机中，它用来对循环提供增压空气；在闭式循环燃气轮机中，它控制循环的压力大小，从而控制装置的功率大小。

23.0754 冷却系统 cooling system
由热交换器、风机、冷却剂泵、冷却剂膨胀箱、温度调节器及控制部件等组成，对燃气轮机的润滑油、雾化空气和其他需要冷却的地方进行冷却的系统。

23.0755 冷却与密封空气系统 cooling and sealing air system
对透平高温燃气通道的部件进行冷却，提供透平轴承密封所用的空气，冷却透平气缸和燃气轮机排气支撑，为压气机防喘振放气阀提供操作气源，为燃气轮机进口空气滤网的自动清洗和防冰系统提供气源，为气动阀门提供气源的空气系统。

23.0756 加热与通风系统 heating and ventilation system
由加热器、风扇、温度开关、过载保护器、空气调节器等组成，用来对透平间和气体燃料模块进行加热和通风冷却的系统。

23.0757 防火系统 fire prevention system
具有火警探测、灭火保护、防止火焰复燃等功能，用来防止燃气轮机发生润滑油、燃料和电气设备起火的系统。

23.0758 清洗系统 washing system
由给料器、喷射系统、泵、阀、控制元件、必需的管道等组成，对压气机和透平进行干洗或水洗的系统。

23.0759 进气道 air intake duct
将工质引入压气机进口法兰的管道。它可装有过滤器、消声器、蒸发冷却器等。

23.0760 排气道 exhaust duct
引导工质从燃气轮机排向大气或热回收装置或预冷却器的管道。它可以包含消声器、挡板等。

23.0761 进气过滤器 intake air filter
清除进气空气中大部分的固体颗粒和(或)液体的装置。

23.0762 消声器 silencer

衰减燃气轮机噪声的装置。

23.0763 放气阀 blow-off valve

能迅速排出高压气体的阀门。在回热循环中某些情况下，储存在回热器高压侧的能量，需要通过放气阀快速排入大气以防止发生超速。

23.0764 注蒸汽设备 steam injection equipment

用来向工质注蒸汽，以达到控制氮氧化物排放和(或)增加功率目的的设备。用于控制氮氧化物排放时，喷注点通常是在燃烧反应区。用于增加功率时，喷注点可以是压气机入口、燃烧室入口或透平入口。

23.0765 注水设备 water injection equipment

用来向工质注水，以达到控制氮氧化物排放和(或)增加功率目的的设备。用于控制氮氧化物排放时，喷注点通常是在燃烧反应区。用于增加功率时，喷注点可以是压气机入口、燃烧室入口或透平入口。

23.0766 压气机转子 compressor rotor

包含所有压气机旋转零件的旋转组件。

23.0767 压气机轮盘 compressor disk

压气机级的旋转零件，用来支承压气机的叶片。

23.0768 压气机叶轮 compressor wheel

压气机级的旋转组件，它包含轮盘和动叶。

23.0769 进口导叶 inlet guide vanes

用来对流入的流体产生预旋的压气机第一级动叶前的导叶。它常做成可以旋转的结构，以便调整压气机的工况，此时称为可调转导叶。

23.0770 出口导叶 outlet guide vanes

用来消除气流的周向分量的紧接末级静叶片的一列(或数列)叶片。

23.0771 防喘装置 surge-preventing device

为了扩大压气机的稳定工作范围，防止发生喘振的装置。

23.0772 压气机进气防冰系统 compressor intake anti-icing system

压气机和(或)压气机进气系统中用以防止形成有害冰堆积的附属设备。

23.0773 压气机清洗系统 compressor washing system

能够方便地清洗压气机通流表面的燃气轮机附属设备。

23.0774 预冷器 precooler

在工质开始压缩之前降低其温度的热交换器或蒸发冷却器。

23.0775 蒸发冷却器 evaporative cooler

通过喷水蒸发降低工质温度的设备。

23.0776 中间冷却器 intercooler

降低燃气轮机压缩段间工质温度的热交换器或蒸发冷却器(喷雾式中间冷却器)。

23.0777 颗粒分离器 particle separator

用来从进口空气中分离固体颗粒的设备。

23.0778 换热器壳体 shell of heat exchanger

用来支承和安装传热面的结构。它也可起到承压壳的作用。

23.0779 换热器管 heat exchanger tube

冷流体在管内流动，热流体在管外流动的管壳式换热器的换热元件。

23.0780 换热器板 heat exchanger plate

热交换器的组件，通过把两块薄板焊接到隔离板条上而形成流动通道。这些板条把薄板连接在一起。

23.0781 联箱 header

用来收集来自众多的热交换器管束或板块间的流体的承压壳结构。

23.0782 蓄热体 thermal matrix

在回转式热交换器中进行交替吸收和释放

热量给工质的材料。

23.0783 端板 end plate
蓄热体端部的密封板，用来防止流体从回热器的高压侧流向低压侧。

23.0784 管束 tube bundle, tube nest
由一定数量的换热管按规定方式排列在一起的组合体。

23.0785 管板 tube plate
(1)在汽轮机机组中安装与固定冷却水管并将冷却水和蒸汽隔开的部件。(2)燃气轮机热交换器中固定换热管的板。

23.0786 受热面积 heating surface area
把热量从热交换器的一侧传递到另一侧的热传递表面的有效面积。

23.0787 天然气调压站 natural gas reducing station
燃气轮机和联合循环电厂的天然气燃料的预处理站。它主要包括入口单元、计量单元、粗分离单元、加热单元、分离/过滤单元和调压单元等系统，以保证燃气轮机需求的天然气温度、压力和清洁度。

23.03.04 运 行

23.0788 热悬挂 thermal blockage
燃气轮机在起动过程中，由于燃气温度上升过快，与机组升速率不协调而造成压气机严重失速，即使再增加燃料量，也不能使机组正常升速的现象。

23.0789 起动机脱扣 starter cut-off
在起动过程中，当燃气轮机超过自持转速后，起动机脱开的现象。

23.0790 空负荷运行 no-load operation
机组在无输出功率状态下，维持规定转速的运行。

23.0791 基准压力调节 level pressure control
在闭式循环燃气轮机系统中，通过吸气阀吸入工质，或通过放气阀放出工质来改变系统工作压力及流量的调节方式。

23.0792 燃料压力过低保护装置 low fuel pressure protection device
当燃料供给压力低于规定值时，自动报警或使机组停机的保护装置。

23.0793 润滑油压过低保护装置 low oil pressure protection device
当润滑油压力低于规定值时，使机组停机的保护装置。

23.0794 润滑油温过高保护装置 high oil temperature protection device
当润滑油温度超过规定值时，自动报警或使机组停机的保护装置。

23.0795 压力油系统 actuating oil system
采用液压调节或电液调节系统的机组中，提供调节系统、控制系统以及盘车装置等设备的液压执行机构所用液压油的供油系统，包括油泵、油滤、阀门、管道等部件。

23.0796 燃气轮机跳闸转速 turbine trip speed
又称“透平遮断转速”。使超速保护装置自行动作以切断向燃气轮机供应燃料时的燃气轮机转速。

23.0797 报警保护系统 alarm and protection system
机组在起动和运行过程中，主机或各系统主要参数超出正常值，或机组发生损伤及其他异常情况时，发出报警信号，并进行必要的动作，甚至停机等以保护机组安全的系统。

23.0798 轴向位移保护装置 axial displacement limiting device
机组运行过程中，当转子轴向位移量超过规

定值时，使机组自动报警并停机的保护装置。

23.0799　手动遮断装置　manual tripping device
机组运行中发生异常情况时，直接手动停机的保护装置。

23.0800　惰转时间　idle time
机组在额定转速下从切断燃料开始到转子完全停止运转所经历的时间。

23.0801　可靠性　reliability
成功地完成预期运行功能的概率。

23.0802　可用性　availability
燃气轮机动力装置处于备用状态及使用状态的时间之和占总的消逝时间的百分比。

23.0803　燃气轮机平均连续运行时间　average continuous running time of gas turbine
燃气轮机累计运行时间与其总起动次数的比值。

23.0804　燃气轮机的自动起动时间　automatic starting time of gas turbine
燃气轮机由发出起动信号起至空负荷转速(慢车转速)时所需的时间。

23.0805　折算流量　corrected flow
将机组在实际运行条件下的流量按相似原理折合到标准运行条件或规定条件下相应的流量。

23.0806　轮系振动　disk-coupled vibration
由轮盘、叶片、围带等组成的轮系的振动。

23.0807　轴系振动　shafting vibration
由两根以上的轴机械地连接成的整个系统的振动。

23.0808　气流弯应力　gas flow bending stress
气流作用在叶片上的力所引起的弯应力。

23.0809　热冲击　thermal shock
工作部件在非稳定工况时，由于温度急骤变化，从而产生很大的热应力的现象。

23.0810　热疲劳　thermal fatigue
工作部件在温度反复变化时产生较大交变热应力，从而导致裂纹萌生和扩展的现象。

23.0811　热腐蚀　hot corrosion
燃料中的钒或硫同钠、钾等碱金属在燃烧后形成的化合物，附着于透平叶片等高温金属表面，使金属产生腐蚀的现象。

23.0812　运行点　operating point
压气机、燃烧室和透平等部件联合运行的工况。

23.0813　自持转速　self-sustaining speed
燃气轮机转子能够正常运转的最小转速，此时，不需外力来维持燃气轮机的稳态运行或使转子加速。

23.0814　恒温运行　constant temperature operation
受控温度保持不变的燃气轮机运行方式。

23.0815　恒功率运行　constant power operation
出力保持不变的燃气轮机运行方式。

23.0816　冷却盘车　cooling-down
燃气轮机热态停机时，为防止造成热冲击损伤，使热部件逐渐冷却的燃气轮机运行方式。

23.0817　起动特性图　starting characteristics diagram
燃气轮机从准备起动状态到准备加载状态的重要特性图。可以用温度、压力、燃料流量等为参变量所表示的扭矩–转速的关系曲线。

23.0818　正常起动　normal start
在正常的维修间隔期内，按照制造厂推荐的方式起动燃气轮机的动作过程。

23.0819　快速起动　fast start
一种比正常起动方式时间短的燃气轮机起动方式，这种方式可能对燃气轮机的维护和(或)寿命产生不良影响。

23.0820　黑起动　black start
不使用外部电源使燃气轮机起动，即仅使用燃气轮机电厂内电力的起动。

23.0821　冷态起动　cold starting
(1)燃气轮机停机超过72 h(某些部件如高压内缸的金属温度已下降至约为其满负荷值的40%以下)的重新起动。(2)在机组的部件温度接近(可根据设计规定)室温状态下进行的起动。

23.0822　热态起动　hot starting
(1)燃气轮机停机不到10 h(某些部件如高压内缸的金属温度约为其满负荷值的 80%以上)的重新起动。(2)机组停机后，其部件温度尚未降至冷态起动的温度而再次进行的起动。

23.0823　盘车　turning, barring
(1)起动前和停机后，使转子做低速(连续或断续的)转动。(2)为检测和维修而转动发动机的一种方法。

23.0824　负荷上升率　rate of load-up
单位时间内的负荷增加量。

23.0825　点火　ignition
给点火器通电的动作。

23.0826　起动时间　starting time
燃气轮机从开始起动状态到准备加载状态所需的时间。对某些应用情况而言，此时间在很大程度上取决于被驱动的设备。

23.0827　加载时间　loading time
燃气轮机从开始加载状态到满负荷状态所需要的时间。

23.0828　清吹　purging
在准备起动或重新起动燃气轮机之前，对燃气轮机气流通道和排气系统中的可燃产物进行的吹扫或清除。

23.0829　旁路控制　bypass control
(1)通过允许部分流体绕过被控制装置而剩余流体继续通过装置起作用的一种控制方法。(2)闭式循环燃气轮机中采用使压气机部分工质分流送至预冷器入口来控制转速或功率的方法。

23.0830　热通道检查　hot section inspection
燃气轮机燃烧室和透平部件的检查，以确定这些零部件是否能在规定的期间内继续正常运行，或为满足规范是否需要修理和(或)更换零部件。

23.0831　关键部件检查　major inspection
燃气轮机所有关键部件的检查，以确定燃气轮机是否能在规定的期间内继续正常运行，或为满足规范是否需要修理和(或)更换零部件。

23.0832　空负荷转速　idling speed
允许燃气轮机持续运行而不对外输出功的指定转速。

23.0833　点火转速　ignition speed
燃气轮机转子在燃烧室点火器通电时的转速。除标准条件外，它可能不是个常数。

23.0834　折算转速　referred speed
又称“修正转速(corrected speed)”。燃气轮机试验时的运行转速换算到折算(修正)条件下的转速。

23.0835　临界转速　critical speed
燃气轮机及其驱动设备的相关旋转轴系的固有频率对应的转速。

23.0836　飞升转速　maximum momentary speed
在负荷遮断条件下，燃气轮机瞬间所达到的

最大转速。

23.0837 稳态转速 steady-state speed
当所有主要相关参数基本不变时，燃气轮机的转速。

23.0838 稳定性时间 stabilization time
一旦独立参数稳定时，主要相关参数达到某一稳态时所需的时间。

23.0839 稳态转速增量调节 steady-state incremental speed regulation
稳态转速相对于输出功率的变化率。即在所考虑的输出功率点处，稳态转速随输出功率变化曲线的切线斜率。

23.0840 稳态转速调节 steady-state speed regulation
又称“稳态转速不等率(steady-state speed droop)”。燃气轮机运行在标准工况下，且其转速调节系统的所有调节具有相同的给定值，输出功率从额定减少到零时，以额定转速百分比表示的稳态转速的改变量。

23.0841 进气冷却 inlet air chilling, inlet air cooling
为增加燃气轮机的输出功率和提高热效率而对燃气轮机的压气机进口空气进行的冷却。

23.04 联合循环和热电联供

23.0842 总能系统 integrated energy system, total energy system
通过系统集成把各种热力过程有机地整合在一起，来同时满足各种热工功能需求的能量系统。基于“温度对口，梯级利用”原理集成的热力系统为热工领域的总能系统。

23.0843 热能的梯级利用 cascade utilization of thermal energy
对高品位(高温)的热能在不同的热力系统中逐级合理利用，以达到综合效益最大化。

23.0844 湿空气透平循环 humid air turbine cycle, HAT cycle
一种采用湿化技术的布雷敦(Brayton)回热循环。系统集成时采用许多有效手段来利用系统中的各种中、低温余热与废热，用于工质(空气)湿化，以节省输入循环的燃料，提高循环效率。

23.0845 冷热电联供系统 combined cool, heat and power system, CCHP
又称“冷热电联产系统”。梯级利用热能同时向用户提供冷、热和电三种能源的系统。一般除了利用燃气轮机等热机发电外，还利用热机的排热或废热等来制冷和供热。

23.0846 分布式能源系统 distributed energy system
分散地布置在用户附近的一种中小型的冷热电联供或热电联供系统。它一般具有较高的能源综合利用效率。

23.0847 湿化器 humidifier
在湿空气透平循环中向压缩空气增湿的设备。

23.0848 燃气蒸汽联合循环 gas and steam combined cycle
简称“联合循环”。布雷敦循环(燃气轮机)与蒸汽或其他流体的兰金循环相联合的热力循环。

23.0849 单轴联合循环 single-shaft-type combined cycle
循环的有用输出功率来自一根轴的联合循环。

23.0850 多轴联合循环 multi-shaft-type combined cycle
循环的有用输出功率由一根以上轴输出的联合循环。

23.0851 单压兰金循环的联合循环 combined cycle with single pressure level Rankine cycle

兰金循环的工质是在一种压力下产生的联合循环。

23.0852　多压兰金循环的联合循环　combined cycle with multi-pressure level Rankine cycle
兰金循环的工质是在一种以上的压力下产生，通入汽轮机的相应压力级进行膨胀的联合循环。

23.0853　再热兰金循环的联合循环　combined cycle with reheat Rankine cycle
兰金循环的工质在膨胀过程中在较低的压力下再次加热的联合循环。

23.0854　无补燃的余热锅炉型联合循环　unfired combined cycle with heat recovery steam generator
简称“余热锅炉型联合循环”。所有的热量都从循环的燃气轮机部分加入的联合热力循环。

23.0855　补燃的余热锅炉型联合循环　supplementary fired combined cycle with heat recovery steam generator
在余热锅炉中加入补充燃料燃烧的余热锅炉型联合循环。

23.0856　热电联供系统　cogeneration system, combined heat and power system, CHP
又称“热电联产系统”。梯级利用热能，同时向用户提供热和电两种能源的系统。

23.0857　余热锅炉　heat recovery steam generator, HRSG
利用各种工业过程中的废气、废料或废液中含有的显热或(和)其可燃物质燃烧后产生热量的锅炉。

23.0858　整体煤气化联合循环　integrated gasification combined cycle, IGCC
又称“整体气化联合循环”。采用煤经气化后的煤气作为燃料的燃气蒸汽联合循环。整个循环装置包括固体燃料气化和煤气净化等设备。

23.0859　地下煤气化联合循环电厂　combined cycle power plant with underground coal gasification
在地下煤层中使煤气化产生煤气用作燃料的联合循环电厂。

23.0860　增压流化床联合循环　pressurized fluidized bed combined cycle, PFBC
采用增压流化床燃煤的联合循环。代替燃气轮机燃烧室的增压流化床锅炉燃烧固体燃料(通常为煤)，其烟气经除尘净化后送入燃气透平做功，而流化床锅炉产生的蒸气和燃气轮机排热产生的蒸汽供入汽轮机做功。

23.0861　常压流化床联合循环　atmospheric pressure fluidized bed combined cycle, AFBC
采用常压流化床燃煤的联合循环。燃气轮机排气通入常压流化床锅炉助燃固体燃料(通常为煤)，流化床蒸汽锅炉产生的蒸气供汽轮机做功；流化床空气锅炉产生高温空气供入空气透平做功。

23.0862　蒸汽空气比　steam-air ratio
燃气蒸汽联合循环中或蒸汽回注燃气轮机中，参与做功的蒸汽质量流量与燃气轮机压气机进口空气质量流量之比。

23.0863　蒸燃功比　steam-gas power ratio
燃气蒸汽联合循环中，蒸汽循环所输出的功率与燃气循环所输出功率之比。

23.0864　电热比　power-heat ratio
热电联供系统输出的净电能与总供热量之比。

23.0865　排气全燃型联合循环　fully fired combined cycle
燃气工质中剩余的氧几乎全部与燃料发生化学反应，并以蒸汽循环为主串联集成的排气助燃型联合热力循环。

23.0866 增压锅炉型联合循环 combined supercharged boiler and gas turbine cycle

蒸汽发生器放在循环的燃气侧的燃烧室之后和燃气透平之前的联合循环。

23.0867 给水加热型联合循环 feed-water heating combined cycle

燃气轮机排气余热主要用于加热蒸汽循环锅炉给水的联合循环。它是以蒸汽循环为主串联集成的联合热力循环。

24. 内 燃 机

24.01 发 动 机

24.0001 天然气发动机 natural gas engine

用天然气做为燃料的发动机。

24.0002 废气涡轮增压发动机 turbocharge engine

利用废气涡轮增压器使空气或可燃混合气增压的发动机。

24.0003 非增压发动机 naturally aspirated engine, non-supercharged engine

又称“自然吸气式发动机”。进入气缸前的空气或可燃混合气未经压气机压缩的发动机。

24.0004 四冲程发动机 four-stroke engine

一种按四冲程(曲轴旋转二圈)循环工作的发动机。

24.0005 二冲程发动机 two-stroke engine

活塞连续运行两个冲程(曲柄旋转一圈)完成一个工作循环的发动机。

24.0006 均质充量压燃式发动机 homogeneous charge compression ignition engine, HCCI engine

又称“HCCI发动机”。采用混合气均匀混合后压缩点燃的发动机。

24.0007 旋转活塞式发动机 rotary piston engine

又称“转子发动机”,“汪克尔发动机(Wankel engine)”。活塞通常呈三角形,在气缸内做旋转运动的发动机。

24.0008 压燃式发动机 compression ignition engine

在接近压缩行程终了时向气缸内喷入燃料,与缸内空气混合并在缸内高温下自行着火燃烧的发动机。

24.0009 热球点燃式发动机 hot bulb engine

不仅利用混合气在气缸内的压缩,而且还依靠局部赤热表面的加温而使燃料着火的发动机。

24.0010 外源点燃式发动机 engine with externally supplied ignition

使用气体燃料,并使其与空气在气缸外混合,然后通过燃烧室内的装置,利用气缸外部提供的能源进行点火的发动机。

24.0011 点燃式发动机 spark ignition engine

又称“火花点燃式发动机”。用电火花点燃以奥托循环工作的发动机。

24.0012 可转换发动机 convertible engine

在设计和装备上只要对发动机的结构稍作更改,就能将其从压燃式转换成点燃式的发动机,反之亦然。

24.0013 引燃喷射式发动机 pilot injection engine

用少量燃油喷入气缸以引发燃烧的发动机。

24.0014 液体燃料发动机 liquid-fuel engine

燃用燃料在标准环境状况下为液体的发动机。

24.0015 化油器式发动机 carburetor engine
将空气和燃料送入气缸外的化油器内进行适当混合的点燃式发动机。

24.0016 燃料喷射点燃式发动机 spark ignition engine with fuel injection
将燃料喷入进气道或气缸内的点燃式发动机。

24.0017 多种燃料发动机 multi-fuel engine
在设计和装备上无需进行更改就能燃用多种燃料的发动机。这些燃料可以具有不同的着火特性。

24.0018 燃气发动机 gas engine
燃用各种气体燃料工作的发动机。通常为点燃式发动机。

24.0019 引燃喷射式燃气发动机 pilot injection gas engine
将气体燃料和空气的混合气进行压缩，并先期喷入少量液体燃料加以引燃的压燃式发动机。

24.0020 点燃式燃气发动机 spark ignition gas engine
用电火花点燃的燃气发动机。

24.0021 双燃料发动机 dual-fuel engine
既可采用柴油，又可采用气体燃料且用柴油引燃的发动机。

24.0022 液冷发动机 liquid-cooled engine
用液体直接冷却气缸和气缸盖等零件的发动机。

24.0023 水冷发动机 water-cooled engine
用水冷却气缸和气缸盖等零件的发动机。

24.0024 风冷发动机 air-cooled engine
直接用空气冷却气缸和气缸盖等零件的发动机。

24.0025 绝热发动机 adiabatic engine
(1)又称"隔热式发动机"。采用绝热结构、绝热零件或陶瓷材料等对气缸燃烧室进行隔热，以阻止或减少热量向冷却介质散失的发动机。(2)按绝热循环工作，热效率高的发动机。

24.0026 单作用发动机 single-acting engine
燃烧发生在每个工作活塞同一端的发动机。

24.0027 双作用发动机 double-acting engine
燃烧交替发生在每个工作活塞两端的发动机。

24.0028 对动活塞式发动机 opposed-piston engine
在一个共同的气缸内有两个做相对运动的工作活塞，而工质位于这两个活塞中间的发动机。该发动机没有气缸盖。

24.0029 筒形活塞式发动机 trunk-piston engine
每个连杆直接铰接在工作活塞上，将连杆因摆动所产生的侧向力传给气缸壁的发动机。

24.0030 十字头式发动机 cross head engine
将连杆因摆动所产生的侧向力通过连接机构(十字头)传给固定在气缸外导向装置上的发动机。

24.0031 单转向发动机 unidirectional engine
曲轴设计成总是按同一方向旋转的发动机。

24.0032 可逆转发动机 direct reversing engine
操纵控制装置可以改变旋转方向的发动机。

24.0033 涡轮复合式发动机 turbocompound engine
又称"涡轮复合增压发动机"。一种工质在往复式内燃机工作气缸和第二级涡轮(动力涡轮)内经多级膨胀而发出的功率通过传输机构同时输出的发动机。

24.0034 直列式发动机 in-line engine
具有两个或两个以上气缸，且所有气缸中心线在同一平面内呈一列布置的发动机。

24.0035 立式发动机 vertical engine

气缸布置于曲轴上方且气缸中心线垂直于水平面的发动机。

24.0036 卧式发动机 horizontal engine
有一列或多列气缸，每列气缸位于一水平面内的发动机。

24.0037 斜置式发动机 inclined engine
具有一列气缸，其中心线通过曲轴中心线且位于垂直平面和水平平面之间的一个倾斜平面内的发动机。

24.0038 倒置式发动机 inverted engine
有一列或多列气缸，每列气缸位于曲轴下方的垂直平面内的发动机。

24.0039 双列式发动机 twin-bank engine
有两列平行气缸和两根曲轴的发动机。

24.0040 V 型发动机 V engine
具有两个或两列气缸，其中心线分别在两个呈 V 形相交的平面内且共用一根曲轴的发动机。

24.0041 水平对置发动机 horizontally opposed engine
又称“对置气缸式发动机(opposed-cylinder engine)”。两个或两列气缸呈 180°夹角分别排列在同一曲轴的两边的发动机。即夹角为 180°的 V 型发动机。

24.0042 扇形发动机 broad-arrow engine
有两列以上互为夹角的气缸，共用一根曲轴，而最外两列气缸间的夹角小于 180°的发动机。

24.0043 X 型发动机 X engine
由布置在两个互为夹角平面内的四列气缸共用一根曲轴所组成，每一平面内的两列气缸位于曲轴两侧相对布置的发动机。

24.0044 H 型发动机 H engine
由在两平行平面内的四列气缸和两根曲轴所组成，每一平面内的两列气缸位于曲轴相对两侧的发动机。

24.0045 径向发动机 radial engine
在每个曲轴周围具有五个或五个以上气缸，气缸中心线呈放射状均匀布置在曲轴周围，并共用一根曲轴输出功率的往复式发动机。

24.0046 多边形发动机 polygon engine
由互为夹角的三列或更多列气缸所组成，使各列气缸形成一个多边形棱柱体的侧面，而曲轴位于棱柱体每一转角上的对动活塞发动机。

24.0047 顶置气门发动机 overhead-valve engine
气门安装在活塞上部的气缸盖内，当活塞向上止点移动时，气门按同一方向关闭的发动机。

24.0048 侧置气门发动机 side-valve engine
气门安装在活塞侧面的机体内，当活塞向下止点移动时，气门按同一方向关闭的发动机。

24.0049 自由活塞发动机 free-piston engine
燃料在一个或多个气缸内燃烧，工作活塞在气缸内做往复运动，但功率并非由轴传输的无曲轴发动机。

24.0050 自由活塞发气机 free-piston gas generator
以高温燃气形式输出功率的自由活塞发动机。

24.0051 自由活塞压气机 free-piston compressor
以压缩空气形式输出功率的自由活塞发动机。

24.0052 自由活塞发气机组 free-piston gas generator set
将一台或多台自由活塞发气机与一种将高温燃气功率转化为轴功率的机构组合在一起的装置。

24.0053　重载发动机　heavy-duty engine
用以驱动重型车辆的发动机。

24.0054　增压发动机　supercharged engine
进入气缸前的空气或可燃混合气经压气机压缩，借以增大充量密度的发动机。通常采用机械增压、废气涡轮增压和气波增压三种基本方法。

24.0055　往复式内燃机　reciprocating internal combustion engine
燃料在一个或多个气缸内燃烧，推动工作活塞做往复运动，将燃料的化学能转化为机械功而输出轴功率的机械装置。

24.0056　气体燃料内燃机　gas-fuel engine
以可燃气体做燃料的内燃机。

24.0057　液化石油气内燃机　liquified-petroleum-gas engine
以液化石油气做燃料的内燃机。

24.0058　水冷式内燃机　water-cooled engine
用水冷却气缸和气缸盖等零件的内燃机。

24.0059　油冷式内燃机　oil-cooled engine
用油冷却气缸和气缸盖等零件的内燃机。

24.0060　汽油机　gasoline engine
以汽油为燃料的内燃机。

24.0061　气道喷射汽油机　port-injection gasoline engine
将汽油喷入进气道，以实现汽油与空气混合的点燃式汽油机。

24.0062　缸内直喷汽油机　gasoline direct injection engine
将汽油直接喷入燃烧室的汽油机。

24.0063　柴油机　diesel engine
基本热力过程采用狄塞尔循环，燃烧是通过将柴油喷入压缩加热的空气中进行的压燃式内燃机。

24.0064　直接喷射式柴油机　diesel direct injection engine
简称“直喷式柴油机”。将燃油直接喷入开式或半开式燃烧室的柴油机。

24.0065　间接喷射式柴油机　diesel indirect injection engine
简称“间喷式柴油机”，又称“非直喷式柴油机”。将燃油喷入分开式燃烧室的副室的柴油机。

24.0066　煤气机　gas engine
以各种煤气为燃料的点燃式内燃机。

24.0067　柴油燃气发动机　diesel-gas engine
曾称“柴油煤气机”。以燃气为主要燃料，并喷入少量柴油，压缩后引燃燃气的内燃机。

24.0068　燃气轮机　gas turbine
主要由压气机、燃烧室和燃气透平(涡轮)等三部分组成，采用由绝热压缩、等压加热、绝热膨胀和等压放热等过程组成的热力学循环或布雷敦循环的发动机。

24.02　发动机设计和运行

24.0069　燃料喷射　injection of fuel
在一定的压力下，采用喷嘴将燃料以喷雾的形态供给发动机的过程。燃料可以喷入进气歧管、进气口或直接喷入气缸或燃烧室内。

24.0070　空气喷射　air injection
燃料在压缩空气作用下经喷射阀供给发动机的过程。

24.0071　机械喷射　mechanical injection
仅依靠机械方法来控制燃料喷射的过程。

24.0072　直接喷射　direct injection
将燃料直接喷入燃烧室或气缸内的喷射方法。

24.0073 间接喷射 indirect injection
将燃料喷入分隔式燃烧室的副燃烧室的喷射方法。

24.0074 蓄压式喷射 accumulator injection
(1)油泵将燃料供给蓄压器并建立油压，然后利用该油压来控制喷油嘴的开启或关闭以实现燃料喷射的喷射方法。(2)油泵将燃料供给蓄压器并根据发动机工况的要求建立相应的油压，通过控制喷油器的开启时间来实现燃料喷射和计量的喷射方法。

24.0075 引燃喷射 pilot injection
(1)在采用双燃料的压燃式发动机中，通过喷入少量柴油使发动机实现着火燃烧的一种燃料供给(喷射)方式。(2)在压燃式发动机中，将燃料喷射过程分成几个阶段，首先喷入少量的燃料形成少量的预混可燃混合气，然后再喷入大部分燃料的喷射方式。

24.0076 燃料输入 induction of fuel
将缸外形成的燃料与空气的混合气供给工作气缸的过程。

24.0077 工作循环 working cycle
在发动机中所完成的工质参数(质量、体积、压力和温度等)所发生的、一系列重复出现的、完整的能量转换和做功的变化过程。

24.0078 工质 working medium, working fluid
在发动机中用于完成工作循环的流体。通常是由空气或空气与燃料和(或)燃烧产物组成的混合气。

24.0079 四冲程循环 four-stroke cycle
往复式内燃机的工作活塞需要经过四个连续行程才能完成的一个工作循环。

24.0080 二冲程循环 two-stroke cycle
往复式内燃机的工作活塞需要经过两个连续行程才能完成的一个工作循环。

24.0081 自然吸气 natural aspiration
仅仅依靠大气压力与气缸压力之间的压差而使空气(或空气–燃料混合气)流进工作气缸的进气方式。

24.0082 增压 pressure-charging
使空气(或空气–燃料混合气)以超过大气压的压力流进工作气缸，以增加充气质量，使其能燃用更多燃料的进气方式。

24.0083 谐波增压 tuned intake pressure charging
利用进气管内调谐共振所形成的压力波，对新鲜充量进行预压缩提高进气量的增压方式。

24.0084 外源增压 independent pressure charging
利用增压发动机以外能源驱动的压气机，对新鲜充量进行预压缩的增压方式。

24.0085 机械增压 mechanical pressure charging
由增压发动机通过诸如齿轮或链条等机械驱动压气机，对新鲜充量进行预压缩的增压方式。

24.0086 涡轮增压 turbocharging
又称“*废气涡轮增压*”。利用发动机排气中的废气能量推动涡轮机，然后再由涡轮机驱动压气机对新鲜充量进行压缩来提高进气充量密度的一种增压方式。

24.0087 气波增压 pressure wave charging
利用增压发动机的排气压缩波，在气波增压器内直接预压缩新鲜充量的增压方式。

24.0088 定压增压 constant pressure charging
将所有排气口连接在一根单独的排气管上，以确保进入废气涡轮增压器的废气压力基本恒定的一种涡轮增压方法。

24.0089 两级废气增压 two-stage turbo-charging
将两台废气涡轮增压器串联起来使用，对新鲜充量进行两次压缩以获得很高增压压力和进气密度，同时又充分利用废气能量的一种增压方式。

24.0090　喘振点　surge point
出现喘振工况的工作点。

24.0091　喘振线　surge line
又称“喘振临界线”，“稳定工作边界”。压气机特性曲线上各喘振点的连线。

24.0092　增压器效率　turbocharger efficiency
绝热输出功率与实际输入功率的比值。

24.0093　涡轮喷嘴当量面积　equivalent area of turbine nozzle
对每一具体设计的增压器所规定的一个影响增压器转速，从而影响压比的数值。它是由喷嘴环出口面积与动叶轮出口面积所组成的一种折合面积。

24.0094　增压中冷　turbocharging intercooling, turbocharging aftercooling
对经增压器压缩后尚未进入工作气缸的充气进行冷却的过程。

24.0095　扫气　scavenging
在排气阀或排气口仍旧开启的情况下，利用由进气阀或进气口进入的新鲜空气，将燃烧气体排出工作气缸的过程。

24.0096　直流扫气　uniflow scavenging
当进、排气口位于工作气缸两端时所进行的轴向流动扫气。

24.0097　横流扫气　cross scavenging
当进、排气口位于工作气缸同一端，并且基本上在气缸相对两侧时所进行的横向流动扫气。

24.0098　回流扫气　loop scavenging
当进、排气口位于工作气缸同一端和同一侧所进行的横向流动扫气。

24.0099　曲轴箱扫气　crankcase scavenging
一种利用工作活塞的曲轴箱端对曲轴箱的压缩，使新鲜充气进入气缸的扫气方法。

24.0100　扫气泵扫气　scavenging by blower
利用扫气泵提供的新鲜充气进行扫气的方法。

24.0101　排气脉冲扫气　exhaust pulse scavenging
借助于排气歧管内压力脉冲循环中的低压部分所产生的低压排气，将燃气排出工作气缸的扫气方法。

24.0102　空气消耗率　specific air consumption
每单位功率和单位时间内进入工作气缸的空气量。

24.0103　总空燃比　overall air-fuel ratio
进入工作气缸的空气量与在相同时间内供给发动机的燃料量之比。

24.0104　实际空燃比　trapped air-fuel ratio
燃烧前留在气缸内的空气量，与在一个工作循环中供给该气缸的燃料量之比。

24.0105　给气比　delivery ratio
又称“给气效率”。在一个工作循环中供给气缸的新鲜充气质量，与相应于活塞在增压空气歧管压力和温度状况下所扫过的新鲜充气质量(扫气空气量)之比。

24.0106　扫气利用系数　trapping efficiency
燃烧前留在气缸内的新鲜充气质量，与在一个工作循环中供给该气缸的新鲜充气质量之比。

24.0107　充气效率　charging efficiency
燃烧前留在气缸内的新鲜充气质量，与相应于活塞在增压空气歧管压力和温度状况下所扫过的新鲜充气质量之比。充气效率=给气比×扫气利用系数。

24.0108　充气流量　charge flow
每单位时间供给气缸的新鲜充气质量。

24.0109　名义充气量　nominal gas flow

每单位时间所供给的、相应于活塞在增压空气歧管压力和温度状况下所扫过的理论新鲜充气质量。

24.0110　扫气效率　scavenging efficiency

燃烧前留在气缸内的新鲜充气质量与缸内全部气体充量(即燃烧前留在气缸内的新鲜充气质量及前一工作循环在排气口关闭后留在气缸内的残余气体质量之和)之比。

24.0111　相对总充量　relative total charge

燃烧前留在气缸内的新鲜充气质量及前一工作循环在排气口关闭后留在气缸内的残余气体质量之和与相当于活塞在增压空气歧管压力和温度状况下所扫过的新鲜充气质量之比。

24.0112　增压比　charging pressure ratio

增压后与增压前的空气平均压力之比。

24.0113　浓混合气　rich mixture

所含燃料大于完全燃烧时理论所需燃料量的空气燃料混合气。

24.0114　稀混合气　lean mixture

所含空气大于完全燃烧时理论所需空气量的空气燃料混合气。

24.0115　分层充气发动机的混合气　stratified engine mixture

靠近火花塞处较浓，而远离火花塞处较稀的混合气。

24.0116　理论混合气　stoichiometric mixture

达到完全燃烧理论所需空燃比时的混合气。

24.0117　过量空气系数　excess air ratio

实际空燃比与理论空燃比之比。

24.0118　涡流　swirl

燃气围绕气缸中轴线的旋转流动。

24.0119　涡流比　swirl ratio

涡流每分钟转数与发动机每分钟转数之比。

24.0120　挤流　squish

活塞向上运动时，燃气挤向活塞中心并向下进入活塞凹坑的旋转流动。

24.0121　燃烧室　combustion chamber

活塞顶上面发生着火和燃烧的气缸空间。

24.0122　开式燃烧室　open combustion chamber

由气缸盖底平面、活塞顶面和气缸壁所形成的不分隔的燃烧室。

24.0123　分隔式燃烧室　divided combustion chamber

被分隔成主室和副室两部分，以限制两者间流通的燃烧室。

24.0124　预燃室　prechamber

分隔式燃烧室中喷入燃料的副室，有一个或多个较窄通道与燃烧室其他部分相通。

24.0125　涡流室　whirl chamber

分隔式燃烧室中喷入燃料的副室，有一个较大通道与燃烧室其他部分相通，并能控制工质的涡流强度。

24.0126　空气室　air chamber

分隔式燃烧室中不喷入燃料，并与燃烧室其他部分的流通受到限制的副室。

24.0127　活塞顶内燃烧室　piston chamber

位于活塞顶内的燃烧室凹坑部分。

24.0128　点火定时　ignition timing

点燃式发动机在火花塞开始点火时的那一循环时刻，一般用上止点前曲柄转角来表示。

24.0129　柴油机工作粗爆　diesel knock

燃烧开始时，因无法控制的极端压力升高率所产生的噪声。

24.0130　爆燃　detonation

燃烧过程中压力升高率异常过高的现象。

24.0131　缸径　cylinder bore
工作气缸的公称内径。

24.0132　活塞面积　piston area
直径等于缸径的圆面积。

24.0133　行程　stroke
工作活塞在其连续两次转换运动方向间所经过的公称距离。

24.0134　止点　dead center
当活塞在任一行程端点转向时所处的位置。

24.0135　下止点　bottom dead center
活塞离曲轴旋转中心线最近时的止点。

24.0136　上止点　top dead center
活塞离曲轴旋转中心线最远时的止点。

24.0137　行程–缸径比　stroke-bore ratio
行程与缸径(尺寸数值)之比。

24.0138　公称容积　nominal volume
根据公称尺寸计算得到的容积。

24.0139　公称余隙容积　nominal clearance volume
在上止点时，活塞燃烧室端上部空间的公称容积。

24.0140　活塞排量　piston-swept volume, piston displacement
当工作活塞从一止点向下一止点移动时所形成的公称容积。用活塞面积乘以活塞行程来计算。

24.0141　公称气缸容积　nominal cylinder volume
在下止点时，活塞燃烧室端上部空间的公称容积。

24.0142　发动机排量　engine-swept volume, engine displacement
发动机所有活塞排量之和。

24.0143　发动机气缸容积　engine cylinder volume
发动机所有公称气缸容积之和。

24.0144　公称压缩比　nominal compression ratio
公称气缸容积(数值)与公称余隙容积(数值)之比。

24.0145　有效压缩比　effective compression ratio
气缸有效容积(数值)与有效余隙容积(数值)之比。

24.0146　工质容积　working medium volume
在某一工作循环处，工质在活塞燃烧端上部所占有的有效容积。

24.0147　气缸有效容积　effective cylinder volume
气缸内的最大工质容积。

24.0148　有效余隙容积　effective clearance volume
气缸内的最小工质容积。

24.0149　防撞间隙　anti-bumping clearance
活塞在上止点时，缸盖底面与活塞顶面之间的距离。

24.0150　缸数　number of cylinders
一台往复式内燃机的工作气缸数。

24.0151　连杆长度　connecting rod length
连杆大头孔中心到连杆小头孔中心的距离。

24.0152　连杆比　connecting rod ratio
曲柄半径与连杆大头孔中心到连杆小头孔中心距离之比。

24.0153　气门定时　valve timing
气门开始和结束运动的时刻。一般用距离指定止点的曲柄转角表示。

24.0154　发动机转速　engine speed

曲轴在某一时间内所旋转的次数。

24.0155 最高持续转速 maximum continuous speed

发动机在出厂时按用途标定的持续功率下允许持续运行的最高转速。

24.0156 标定转速 declared speed, rated speed

发动机输出标定功率时的转速。

24.0157 超负荷转速 overload speed

发动机在发出制造厂标定的超负荷功率时的转速。

24.0158 怠速 idling speed

发动机空载时的稳定转速。

24.0159 着火转速 firing speed

发动机须使用与供油系统分开的外部能源，使其从静止状态加速到可以自主运行时的转速。

24.0160 活塞平均速度 mean piston speed

在标定转速下，活塞运动的平均速度。它可用行程与转速乘积的 2 倍计算。

24.0161 有效扭矩 brake torque

发动机传动轴输出的旋转力矩。

24.0162 起动扭矩 breakaway torque

在开始转动时为克服主要运动件和基本从属辅助设备的静摩擦阻力，而施加给飞轮或曲轴的驱动扭矩。

24.0163 旋转扭矩 cranking torque

旋转阻力矩与加速扭矩之和。

24.0164 旋转阻力矩 cranking resistance torque

为克服主要运动件的摩擦阻力、工作循环损失和向基本从属辅助设备提供旋转扭矩，以使发动机在开始转动后的一定时间内保持恒速运行所需的驱动扭矩。

24.0165 加速扭矩 acceleration torque

在开始转动后的加速过程中，使主要运动件和基本从属辅助设备加速运转所需的扭矩。

24.0166 指示功率 indicated power

在工作气缸内，由工质作用于活塞上的压力所发出的总功率。

24.0167 示功图 indicator diagram

表示气缸内工质在整个工作循环内压力随曲轴转角或气缸工作容积变化的图形。

24.0168 有效功率 brake power

在一根或多根传动轴上测得的输出功率或输出功率之和。它等于指示功率减去机械损失功率。

24.0169 平均有效压力 mean effective pressure

对应于发动机有效功率的每缸每工作循环有效功(即有效功率除以气缸数和单位时间内的工作循环数)与发动机排量之比。

24.0170 有效热效率 brake thermal efficiency

有效功率与单位时间供给发动机的燃料热能之比。指燃料中所含的热能转变为有效功的比例。

24.0171 机械效率 mechanical efficiency

有效功率与指示功率之比。

24.0172 负荷 load

表示从动机械要求发动机输出“功率”或“扭矩”的大小，并常用标定功率或标定扭矩表示。

24.0173 摩擦功率 friction power

为克服机械摩擦和向所有基本从属辅助设备提供能量所需的功率。

24.0174 指示热效率 indicated thermal efficiency

指示功率与单位时间供给发动机的燃料热能之比。

24.0175 散热 heat emission

发动机通过辐射、对流和传导向周围大气排放的热。

24.0176 燃料消耗量 fuel consumption, fuel consumption rate

单位时间所消耗的燃料量。

24.0177 燃料消耗率 specific fuel consumption

发动机每单位功率和单位时间所消耗的燃料量。

24.0178 机油消耗量 lubrication oil consumption

发动机每单位时间所消耗的润滑油量。

24.0179 机油消耗率 specific lubricating oil consumption

发动机每单位功率和单位时间所消耗的润滑油量。

24.0180 热能消耗量 heat consumption

每单位时间供给发动机的热能量。

24.0181 热能消耗率 specific heat consumption

每单位功率和单位时间供给发动机的热能量。

24.0182 气缸压缩压力 compression pressure in a cylinder

在切断燃料供给或断开点火开关(即发动机不工作，仅通过外部动力)使之运转时，气缸内工质受压缩所能达到的最高压力。

24.0183 最高气缸压力 maximum cylinder pressure

气缸内工质在一个工作循环内所达到的最高压力。

24.0184 环境压力 ambient pressure

在发动机进气附近处的大气压力值。

24.0185 进气压力 inlet pressure

在发动机或增压器进口处的算术平均绝对空气压力。

24.0186 增压压力 boost pressure

在增压器后的算术平均增压空气压力。

24.0187 排气背压 exhaust back pressure

在排气歧管内或涡轮后的算术平均压力。

24.0188 环境温度 ambient temperature

发动机运转现场的大气温度。

24.0189 进气温度 inlet temperature

在进气管一定处测得进入发动机的气体温度。

24.0190 发动机最低起动温度 minimum engine starting temperature

在规定的起动条件下，在起动装置起动后的一定时间内，使装备有基本从属辅助设备的发动机达到自主运行转速时的最低现场温度。

24.0191 排气温度 exhaust temperature

废气离开气缸后从排气道排出时的平均温度。

24.0192 气缸排 cylinder row

活塞连接在曲轴同一连杆轴颈上的气缸布置。

24.0193 气缸列 cylinder bank

曲轴主轴颈的中心线位于或平行于发动机气缸中心线的平面内，且所有气缸均在曲轴同一侧的气缸布置。

24.0194 V 形夹角 V-angle delta

在垂直于曲轴的两个发动机气缸中心线平面之间的夹角($0<\Delta<180°$)。

24.0195 气缸偏置距 cylinder offset

对连杆共用同一连杆轴颈的 V 型发动机，在相对两侧的两活塞中心线之间沿平行于曲轴方向所测得的距离。

24.03 发动机维修

24.0196 故障 failure
发动机的功能、零部件或整机的失效或损坏的一种现象。

24.0197 检测 inspection
对发动机或零部件状况所做的检查、测试和评估。

24.0198 维修 maintenance
用以确保发动机使用寿命的任何手段和活动。

24.0199 调整 adjusting
将发动机的可变控制机构调定到正确规范的程序。

24.0200 盘车 turning, barring
(1)起动前和停机后，使转子做低速(连续或断续的)转动。(2)为检测和维修而转动发动机的一种方法。

24.0201 压力试验 pressure testing
用压缩空气、水或机油测试零部件泄漏的试验。

24.0202 易损件 consumable part
容易损耗、可以更换的低价零件。

24.0203 维修计划 maintenance schedule
按照规范和预定时间间隔制定的需要进行的维修任务和方案。

24.0204 大修 major overhaul
将发动机拆开，检测零件，按照要求对零件进行修复或更换新的零件，然后重新装配使发动机可以正常使用的一种维修活动。

24.0205 更换件 replacement part
用以更换磨损或失效零件或部件的单个零件或部件。

24.0206 统一更换件 consolidated replacement part
在功能上与被更换的原装件相当的零件。

24.0207 直接更换件 direct replacement part
在功能上与被更换的原装件等同的零件。

24.0208 更改件 modified part
在功能上与被更换的原装件不相当的零件。

24.0209 后加件 add-on part
既不是原来经认证车辆上的零件，也不是替换原配套零件的零件。

24.0210 再制件 rebuilt part
旧件经拆卸、加工和再装配，功能上与原装件的部分规格等同的零件。

24.0211 改制件 remanufactured part
旧件经拆卸、加工和再装配，功能上与原装件的部分规格相当的零件。

24.0212 重紧 retightening
按照发动机制造厂的要求，在经过一定磨合期后再次检查并拧紧螺钉、螺栓和螺母的过程。

24.0213 修复 recondition, rework
对单个零件、部件、系统或整机进行彻底检修使其恢复到规定状态的过程。

24.0214 修复件 reconditioned part, reworked part
用机械加工方法修复的单个零件或部件。

24.0215 磨合 running-in
新装配的发动机按一定规范进行试运转，使所有摩擦副表面相互贴合良好的过程。

24.0216 备件 spare part
储存在仓库中用作更换的零件或部件。

24.0217 活塞窜气 abnormal piston blow-by
过量燃气通过活塞环进入曲轴箱或扫气室内的一种现象。

24.0218　传动带垂度　belt sag
在规定载荷下两带轮之间最长传动带中心处的挠度。

24.0219　低温燃油滤清器堵塞　cold fuel filter clogging, cold fuel filter plugging
由低温燃油形成的蜡状晶体使通过燃油滤清器的燃油通道堵塞。

24.0220　压气机喘振　compressor surge
涡轮增压器压气机内的正常流动被破坏，导致在一定压力下的流量急速变化，使涡轮增压器的进气管内产生脉冲噪声的现象。

24.0221　从属损坏　consequential damage
由于其他零件的故障导致的零件损坏。

24.0222　排气油烟　exhaust plume
由未燃燃油(黑烟)或已燃机油(蓝烟)形成的排烟。

24.0223　游车　hunting
发动机转速的不规则或不可控变化。

24.0224　液力锁紧　hydraulic lock, hydrostatic lock
由于燃烧室内存有液体而使发动机不能转动的现象。

24.0225　安装错误　installation error
由于安装不正确或不合格而引起的故障。

24.0226　回流燃油　leak-off fuel
多余燃油(如供冷却用的燃油)的回流。

24.0227　失速　lug-down, stall
发动机加载减速至一定程度使扭矩增大，并在极端情况下还会使发动机熄火或停车的现象。

24.0228　失火　misfire
在一个或多个气缸内，因可燃混合气不能着火或不能点火而使发动机无法正常运转的现象。

24.0229　过热　overheating
当冷却液或发动机零部件的温度异常升高时所造成的发动机的状况。

24.0230　后燃　post combustion
燃烧很晚结束，在发动机膨胀过程后期仍在进行的一种不正常燃烧过程。后燃常产生排气火焰。

24.0231　不平衡　unbalance
当旋转件的重心与旋转中心不重合时所产生的剧烈振动现象。

24.0232　燃油系统气阻　vapor lock in the fuel system
通常由于局部过热或环境温度过高，导致化油器或喷油系统内燃油部分气化或油路中进入空气而使燃油无法正常流动的一种现象。

24.0233　燃油系统燃油过热气阻　vapor lock due to overheating of fuel in the fuel system
由于环境温度过高使燃油系统中燃油产生气化的一种现象。它会造成发动机不能稳定运转。

24.0234　磨粒磨损　abrasion
由于外部硬质颗粒侵入、拉伤或刮伤表面，使表面材料脱落的一种现象。

24.0235　磨合痕迹　bedding-in pattern
两个接触件在运转初期形成的光滑发亮的磨损花纹。

24.0236　积炭　carbon residue
因不完全燃烧而沉积在零件上的残炭。

24.0237　穴蚀　cavitation corrosion, erosion
因液体局部压力，导致气泡形成和破裂，使表面材料剥落的一种现象。

24.0238　结焦　charring
表面结积一层焦化的燃烧产物的过程。

24.0239　剥蚀　chipping
由于局部高压使颗粒剥落而造成的表面损坏。

24.0240　燃烧残余物　combustion residue
由燃烧产物与积炭形成的固体沉积物。

24.0241　缝隙腐蚀　crevice corrosion
由发生在缝隙中的化学反应造成金属接触面的局部腐蚀。

24.0242　点蚀　corrosive pitting
由腐蚀机理产生的小孔和小点所构成的损坏。

24.0243　露点腐蚀　dew-point corrosion
在燃烧室或排气管道内，由低温表面凝结的燃烧产物所造成的腐蚀。

24.0244　电解腐蚀　electrolytic corrosion
由于两种不同金属与电解液发生电解反应时造成的腐蚀。

24.0245　疲劳裂纹　fatigue crack
长期反复加载后在零件表面出现的裂纹。

24.0246　疲劳断裂　fatigue fracture
因疲劳裂纹扩展而使零件产生的断裂。

24.0247　微动腐蚀　fretting rust
由接触面之间微动而造成的腐蚀。

24.0248　摩擦疲劳断裂　frictional fatigue fracture
因摩擦而加剧的疲劳断裂。

24.0249　瓷釉　glaze
燃烧胶质形成的填入珩磨表面的沟纹中的沉积物。它影响活塞环在气缸中或缸套壁上的正确就座。

24.0250　发裂　hairline crack
表面不易察觉的微小裂纹。

24.0251　热变色　heat discoloration
由于过热而使零件变色。

24.0252　高周疲劳断裂　high-cycle fatigue
在弹性区域内由高频循环载荷造成的金属断裂。

24.0253　低周疲劳断裂　low-cycle fatigue
在弹性区域内由低频循环载荷造成的金属断裂。

24.0254　过热区　hot spot
因暴露在燃气或排气中而引起的局部过热。

24.0255　漆膜　lacquering, varnishing
聚合在零件(如活塞、气门等)表面上的机油残余物薄膜。

24.0256　混合摩擦　mixed friction
两零件间由于润滑油膜破裂而造成金属与金属接触的摩擦。

24.0257　喷油器滴漏　nozzle dribble
由于喷油器工作不正常使燃油滴入燃烧室内的现象。

24.0258　活塞烧焦　piston burning, charring
活塞在高温下出现的硬而黑的沉积物。

24.0259　麻点　pitting
由于受机械或化学作用，使材料结构强度降低，造成表面材料的局部脱落。

24.0260　活塞环结胶　ring gumming
燃烧产物在活塞环处形成胶状沉积物的现象。它使活塞环在环槽中被卡紧。

24.0261　活塞环拉缸　ring scuffing
活塞环在气缸套表面被局部咬住而刮伤气缸套的现象。

24.0262　活塞环胶结　ring sticking
由于沉积物的积聚使活塞环在环槽中卡死或黏住的现象。

24.0263　拉伤　score
在运动方向以擦伤形式出现在表面上的沟

槽样机械性损伤。

24.0264 咬死 seizure
在两个通常互作相对运动的表面之间，当相互接触的零部件因贴合太紧而无法做相对运动时所造成的破坏性后果。

24.0265 同轴度 shaft misalignment
两相连总成(如发动机与发电机)各轴间的定向偏差或轴向不同心度。

24.0266 表面裂纹 surface crack
表面产生的微小伤痕或缝隙。

24.0267 热龟裂 thermal cracking
由热应力造成工作表面局部地区出现不规则纵深裂缝的现象。

24.0268 热疲劳 thermal fatigue
工作部件在温度反复变化时产生较大交变热应力，从而导致裂纹萌生和扩展的过程。

24.0269 啮合痕迹 toeing pattern
啮合过程中的齿轮接触痕迹。

24.0270 阀座点蚀 valve seat pitting
阀座表面产生的点状腐蚀。

24.0271 虫蚀状痕迹 vermiculated pattern
由波纹形、隧道状的沟槽或条纹组成的损坏痕迹。

24.0272 磨损率 wear rate
相对于单位工作时间的磨损量。

24.0273 变质机油 degraded oil
由于添加剂降解而丧失润滑作用和清洁性能的机油。

24.0274 油泥 oil sludge
变质润滑油的残渣和(或)经长时间工作被机油吸收而呈污泥状的物质。

24.0275 变质冷却剂 degraded coolant
防腐剂和添加剂已耗尽的冷却剂。

24.0276 清除瓷釉 glaze-busting
当发动机为改进存油性能而需装用新活塞环时，对气缸套滑动面进行的处理。

24.0277 修磨表面 surface dressing out
清除表面微小缺陷的一种机械方法。

24.04 固定件及外部罩盖

24.0278 机体 engine block
曲轴箱及与其连成一体的气缸或气缸水套。

24.0279 曲轴箱 crankcase
将曲柄室及位于其中的曲轴主轴承部分围住，用以承载气缸、气缸水套或气缸体，并提供安装用平面的构件。

24.0280 曲轴箱检查孔盖 crankcase door
为曲柄室提供检修孔的可拆卸盖板。

24.0281 曲轴箱端盖 crankcase end cover
用以封闭曲柄室一端的盖板。

24.0282 曲轴箱呼吸器 crankcase breather
安装在发动机上，使蒸气和燃气排出曲柄室的组件。

24.0283 主轴承盖 main bearing cap
装在气缸体或曲轴箱的主轴承支承横隔板上并作为半个主轴承座使用的零件。

24.0284 贯穿螺栓 tie-rod
将发动机固定件的几个构件在预紧力下固紧在一起的螺栓。

24.0285 机座 bedplate
将曲柄室部分围住，用以承载主轴承座并提供安装可能性的构件。

24.0286 曲柄室 crank chamber
被曲轴箱油底壳和(或)机座包围的、供曲轴在其内部旋转的空腔。

24.0287 油底壳 oil pan, oil sump

将曲柄室下部围住，不是用以承载曲轴主轴承，而是起储油箱作用的构件。

24.0288 机柱 column
安装在机座上，用以承载气缸、气缸水套或气缸体的构件。

24.0289 机架 frame
安装在机座上，将曲柄室上部围住，但不与气缸水套或气缸体连成一体的构件。

24.0290 气缸体机架 cylinder frame
安装在机座上，用以围住曲柄室上部，并与气缸、气缸水套和气缸体连成一体的构件。

24.0291 气缸体 cylinder block
连成一体或连接在一起的两个或多个气缸。

24.0292 气缸体隔片 cylinder spacer
气缸体之间的构件。

24.0293 气缸体端盖 cylinder block end piece
盖住气缸体端面的构件。

24.0294 水套 water jacket
在气缸套与气缸体机架或气缸体之间所形成的、供冷却液流通的空腔。

24.0295 气缸 cylinder
中间有工作活塞运行，内部镶有或不镶有单独的气缸套，顶部装有或不装有气缸盖的零件。

24.0296 气缸套 cylinder liner
气缸内为工作活塞提供滑动表面的零件。

24.0297 湿缸套 wet liner
利用冷却液对其外壁进行冷却的气缸套。

24.0298 干缸套 dry liner
利用传导方式对其外壁进行冷却，与冷却液不接触的气缸套。

24.0299 中间隔板 intermediate bottom
十字头发动机上，用以承载填料箱的曲柄室顶板。

24.0300 导板 guideway
为十字头导向的零件。

24.0301 气缸盖 cylinder head, cylinder cover
用以密封燃烧室，具有或不具有换气部件的构件。

24.0302 气缸盖下层 cylinder head base, cylinder cover base
双层气缸盖的下部。

24.0303 气缸盖上层 cylinder head top, cylinder cover top
双层气缸盖的上部。

24.0304 配气机构室 valve mechanism casing
装在气缸盖上，用以支承和(或)围住气门的箱体。

24.0305 摇臂室盖 rocker cover
用以围住摇臂或摇臂室的盖板。

24.0306 气缸盖罩 valve mechanism cover
用以保护气门、气门弹簧等运动件的零件。

24.0307 气缸盖垫片 cylinder head gasket
嵌放在气缸盖与气缸或气缸套之间，用以密封燃烧室、冷却液通道和润滑油通道的零件。

24.0308 气缸盖密封环 cylinder head ring gasket
镶嵌在气缸盖与气缸或气缸套之间，用以密封燃烧室的零件。

24.0309 气缸盖螺栓 cylinder head bolt, cylinder head stud
把气缸盖紧固在气缸体机架或气缸体上的螺栓或螺柱。

24.05 气门、凸轮机构

24.0310 凸轮轴 camshaft
用以控制内燃机工作循环中的各种动作(如气门的运转、喷油或点火)，而装有一个或多个凸轮的轴。

24.0311 整体式凸轮轴 one-piece camshaft
将凸轮和轴制成一体的凸轮轴。

24.0312 组合式凸轮轴 assembled camshaft
将各个凸轮用法兰组装在轴上的凸轮轴。

24.0313 凸轮 cam
旋转时能使其从动件往复移动或摆动以驱动气门或喷油泵、泵喷嘴柱塞运动的零件。

24.0314 凸轮轴传动机构 camshaft drive
用以转动凸轮轴的机构。

24.0315 齿轮传动 gear drive
通过一系列齿轮而实施的由曲轴至凸轮轴的传动。

24.0316 链传动 chain drive
通过链轮和正时链条而实施的由曲轴至凸轮轴的传动。

24.0317 链轮 sprocket wheel
用以传动正时链条或由正时链条传动的轮子。

24.0318 正时链条 timing chain
将运动从曲轴传递到凸轮轴的零件。

24.0319 链条总成张紧调节装置 chain assembly tension adjuster
利用弹簧或液压机构驱动张紧轮或张紧滑轨，以补偿因磨损而使链条伸长的机构。

24.0320 张紧轮 tensioning wheel
紧压在链条上，用以调节张紧度的轮子。

24.0321 张紧滑轨 slide rail
紧压在链条上，用以调节张紧度的导轨。

24.0322 滑动导杆 slide bar
用以吸收链条振动和对链条进行导向的成对零件。

24.0323 导向轮 guide wheel
用以对链条进行导向的轮子。

24.0324 同步带 synchronous belt
弹性环状齿形带。

24.0325 同步带传动 synchronous belt drive
通过同步带轮和皮带而实施的由曲轴至凸轮轴的传动。

24.0326 皮带张紧装置 belt tensioner
用以调节皮带张紧度的机构。

24.0327 张紧带轮 tensioning pulley
紧压在皮带上，用以调节皮带张紧度的轮子。

24.0328 气门 valve
由阀杆、阀盘和阀面(阀座)所组成，能使燃烧产物进出气缸的零件。

24.0329 进气门 air inlet valve
使新鲜充气进入发动机燃烧室的阀门。

24.0330 排气门 exhaust valve
使废气从发动机燃烧室排出的阀门。

24.0331 气门弹簧座 valve spring retainer
用于固定气门弹簧，并将弹簧作用力传递到阀杆上的零件。

24.0332 气门锁夹 valve collet, valve key, valve lock
用以将气门弹簧座固紧在阀杆上的成对零件。

24.0333 气门弹簧垫圈 valve spring washer
用以防止气缸盖损坏的垫圈。

24.0334 气门弹簧 valve spring
用以关闭气门的弹簧。

24.0335　气门导管　valve guide

用于气门导向的零件。

24.0336　气门座圈　valve seat insert

安装在气缸盖或机体上的可更换阀座。

24.0337　阀杆密封圈　valve stem seal

安装在气门导管上部和(或)下部，位于阀杆与气门导管之间的密封件。

24.0338　阀壳　valve cage

与气缸盖或机体分离，内部装有气门的零件。冷却式阀壳应标注“冷却式”的标记。

24.0339　驱动机构　actuating mechanism

用于将凸轮的旋转运动转换为气门和喷油泵的往复运动的零件。

24.0340　挺柱　tappet

支撑在凸轮上并在导孔内滑动，以传递往复运动的装置。

24.0341　滑动挺柱　sliding tappet

与凸轮做滑动接触的平面挺柱。

24.0342　滚轮挺柱　roller tappet

带有滚轮，并与凸轮做滚动接触的挺柱。

24.0343　挺柱滚轮　tappet roller

滚轮挺柱中将凸轮升程传递给挺柱的零件。

24.0344　挺柱导套　tappet guide

挺柱体或泵喷嘴体中用以引导挺柱或挺柱部件运动的零件。

24.0345　凸轮从动件　cam follower

接触凸轮并随着凸轮转动而产生往复移动或往复摆动的零件。

24.0346　凸轮从动件销轴　cam follower shaft

凸轮从动件绕其摆动的轴。

24.0347　凸轮从动件支架　cam follower bracket

用以支撑凸轮从动件的支架。

24.0348　止推座　thrust cup

凸轮从动件或摇臂中用以承受推杆压力的部分。

24.0349　推杆　push-rod

将挺柱或凸轮从动件的运动传递到摇臂的杆子。

24.0350　摇臂　rocker arm, rocker

用于改变推杆运动方向的零件。

24.0351　气门调整螺钉　valve adjuster

用以调节气门间隙的螺钉。

24.0352　摇臂座　rocker arm bracket, rocker arm pedestal

用以支撑摇臂的零件。

24.0353　摇臂轴　rocker arm shaft

用以支撑摇臂的轴。

24.0354　阀桥　valve bridge

又称“气门过桥”。用来同时驱动两个或多个气门的零件。

24.0355　气门旋转机构　valve rotator

用以使气门旋转的机构。

24.06　主要运动件

24.0356　活塞　piston

受燃气压力作用，在发动机气缸内做往复运动的零部件，通常与连杆铰接。

24.0357　十字头活塞　crosshead piston

与活塞杆刚性连接的活塞。

24.0358　整体活塞　one-piece piston

由一个或数个零件永久连接在一起所组成的活塞。

24.0359　组合活塞　multi-piece piston

由几个零件组成，其中有些可以装拆的活

塞。

24.0360 可控热膨胀活塞 piston with controlled thermal expansion
用铸入元件控制活塞裙部热膨胀的活塞。

24.0361 铰接活塞 articulated piston
至少由两个零件组成，活塞裙部(活塞下部)和活塞头部(活塞上部)用活塞销连接的活塞。

24.0362 活塞头部 piston crown, piston upper part
又称“活塞上部”。活塞上用以承受气缸内燃气作用，并装有全部或部分活塞环的部分。它由活塞顶和活塞环带所组成。

24.0363 活塞裙部 piston skirt, piston bottom part
又称“活塞下部”。活塞上用以对活塞进行导向的下面部分，可有或可无活塞环槽。如为二冲程发动机，裙部将在部分行程时盖住气口。

24.0364 活塞导向环 piston guide ring
十字头活塞上位于活塞头部和活塞裙部之间，用以对十字头活塞进行导向的部分。

24.0365 活塞顶凹腔 piston bowl
利用活塞头部形状在活塞向上止点移动时，使充气产生挤流的活塞顶凹坑。

24.0366 活塞顶凹腔护边 bowl edge protection
强化活塞顶凹腔边缘的零件。

24.0367 活塞顶镶圈 piston top insert
强化活塞顶的零件。

24.0368 活塞销衬套 piston-pin bushing
支承活塞销的零件。

24.0369 活塞筒体 piston shell
组合式活塞的外部，活塞销轴承位于活塞中与其分离的内部。

24.0370 活塞销支座 piston pin carrier
用以支承活塞销轴承，并在装入活塞筒体后可以拆卸的零件。

24.0371 活塞销 piston pin, gudgeon pin
连接活塞和连杆的零件。

24.0372 挡圈 retaining ring, circlip
紧固在轴上的圈形机件，可以防止装在轴上的其他零件窜动。

24.0373 活塞环槽镶圈 ring groove insert
作为安装一个或数个活塞环用的镶圈而铸入活塞中的耐磨零件。

24.0374 活塞杆 piston rod
连接十字头和活塞的零件。

24.0375 十字头 crosshead
在相应的导轨中滑动以承受由连杆摆动所产生的侧推力，并和活塞刚性连接、和连杆铰接的机构。

24.0376 活塞顶 piston top
活塞面向燃烧室的表面。

24.0377 活塞环带 piston ring belt
活塞顶与最低活塞环槽底部之间，用以安装活塞环的活塞侧面部分。

24.0378 顶岸 top land, piston junk
活塞环槽上部的活塞侧面部分。

24.0379 活塞环岸 piston ring land
活塞环槽间的活塞侧面部分。

24.0380 活塞环槽 piston ring groove
用以安装活塞环的槽。

24.0381 压缩高度 compression height
活塞销中心线至顶岸上部边缘的距离。

24.0382 冷却通道 cooling gallery
活塞内部冷却液(通常为发动机机油)循环流动的空腔。

24.0383 连杆 connecting rod

通过轴承安装在活塞或十字头和曲轴上，将往复运动转换为旋转运动的零件。

24.0384 连杆小头 connecting rod small end, connecting rod top end
连杆与活塞或十字头连接的部分。

24.0385 连杆大头 connecting rod big end, connecting rod bottom end
连杆与曲轴或主连杆大头连接的部分。

24.0386 连杆杆身 connecting rod shank
连杆中用以连接连杆小头和连杆大头的部分。

24.0387 船用连杆 marine-type connecting rod, palm-ended connecting rod
具有可拆式大头的连杆。

24.0388 水平切口连杆 horizontally split connecting rod
连杆大头剖分面垂直于连杆轴线的连杆。

24.0389 斜切口连杆 obliquely split connecting rod
大头剖分面不垂直于连杆轴线的连杆。

24.0390 主副连杆 articulated connecting rod
一个主连杆带有一个或数个副连杆的总成。

24.0391 主连杆 master connecting rod
大头上铰接有一个或数个副连杆大头的连杆。

24.0392 副连杆 slave connecting rod
大头与主连杆大头铰接的连杆。

24.0393 叉形连杆 fork-and-blade connecting rod
V 型或水平对置发动机的连杆大头做成叉形，其上带有安装片形连杆用切槽的连杆。

24.0394 并列连杆 side-by-side connecting rod
V 型或水平对置发动机中，大头并列安置在同一曲柄销上的连杆。

24.0395 连杆大头轴承 connecting rod big end bearing, connecting rod bottom end bearing
固装在连杆大头孔中而与曲柄销有相对运动的轴承。

24.0396 连杆小头轴承 connecting rod small end bearing, connecting rod top end bearing
连杆与活塞销或十字头销之间的轴承。

24.0397 曲轴 crankshaft
通过连杆将活塞往复运动转变为旋转运动的带有曲柄的轴。

24.0398 整体式曲轴 one-piece crankshaft
由整块材料制成，平衡重可以与其制成一体或另行安装上去的曲轴。

24.0399 组合式曲轴 built-up crankshaft
由各个单独元件组成，不能进行拆卸的曲轴。

24.0400 装配式曲轴 assembled crankshaft
由各个单独元件组成，可以进行拆卸的曲轴。

24.0401 曲柄 crank throw, crank
由曲柄销和关联的曲柄臂组成的曲轴部分。

24.0402 主轴颈 crank journal
在主轴承内旋转的曲轴部分。

24.0403 曲柄销 crank pin
安装有一个或数个连杆大头的曲轴部分。

24.0404 曲柄臂 crank web
连接主轴颈和曲柄销的曲轴部分。

24.0405 主轴承 main bearing
曲轴在其中旋转的轴承。

24.0406 止推轴承 thrust bearing
位于曲轴轴向，用以承载曲轴轴向力的轴承。

24.0407 平衡重 balance weight
安装在曲轴上或与曲轴制成一体，以降低往复和旋转质量不平衡影响的质量。

24.0408 飞轮 flywheel
具有适当转动惯量、起储存和释放动能作用的转动构件。

24.0409 扭振减振器 torsional vibration damper
安装在曲轴上，用以防止扭振振幅过大的能量吸收装置。

24.0410 动平衡机构 dynamic balancer
带有偏心质量，按照与曲轴转速相适宜的传动比随曲轴转动，以降低不平衡力和(或)频率的机构。

24.0411 主传动系 main drive gear
在发动机输出轴与从动机械之间的传动系内的所有零部件。

24.0412 整体传动齿轮系 integral drive gearing
安装在发动机内，用以在曲轴与发动机传动轴之间提供一定速比的齿轮。

24.07 增压及进排气管系统

24.0413 废气涡轮增压器 turbocharger
由废气驱动的涡轮和同轴连接的压气机叶轮组成，用来将空气压缩输入发动机的装置。

24.0414 低压涡轮增压器 low-pressure turbocharger
二级涡轮增压系统中的第一级涡轮增压器。进入该系统的新鲜空气被压缩至压气机高压叶轮前的进气压力。

24.0415 高压涡轮增压器 high-pressure turbocharger
二级涡轮增压系统中的第二级涡轮增压器。由低压涡轮增压器输出的空气被压缩至增压压力。

24.0416 可变几何截面涡轮增压器 variable-geometry turbocharger
装有可以改变涡轮喷嘴环或压气机叶轮扩压环通道型线和截面的装置的涡轮增压器。

24.0417 联接式涡轮增压器 engine-coupled turbocharger
其转子与发动机曲轴相连接的涡轮增压器。

24.0418 罗茨式增压器 multilobed pressure charger
依靠旋转叶片压缩和输送空气的增压器。

24.0419 气波增压器 pressure exchanger
由废气直接将能量传递给空气，使之压缩和输送的增压器。

24.0420 涡轮壳进气端 turbine inlet casing
涡轮增压器壳体中，具有一个或几个进口，用以将废气输入涡轮的部分。通常带有涡轮喷嘴环。

24.0421 涡轮壳排气端 turbine outlet casing
涡轮增压器壳体中，用以将废气排出涡轮的部分。

24.0422 轴承体 bearing housing
涡轮增压器壳体中用以安置转子轴承的部分。

24.0423 压气机壳 compressor casing
涡轮增压器壳体中，具有为压气机叶轮提供输气通道的部分。一般装有扩压器。

24.0424 增压器转子 turbocharger rotor
主要由涡轮工作轮、压气机叶轮和公共轴所组成的旋转部件。

24.0425 轴流式涡轮 axial-flow turbine
工质轴向流过涡轮工作轮的涡轮。

24.0426 径流式涡轮 centripetal turbine, radial turbine

废气径向流入、轴向流出涡轮工作轮的涡轮。

24.0427　动力涡轮　power turbine
由发动机废气驱动，并与曲轴、驱动轴或发电机相连接的涡轮。

24.0428　涡轮工作轮　turbine wheel
涡轮的旋转组件。

24.0429　涡轮叶片　turbine blade
涡轮工作轮的组成部分，其轮廓可以在废气流过时使其产生旋转运动。

24.0430　涡轮喷嘴环　turbine nozzle ring
涡轮入口处的一种固定或可调式通道结构，可以将废气的压能转变为动能。

24.0431　离心式叶轮　centrifugal impeller
空气轴向流入，径向流出的叶轮。

24.0432　扩压器　diffuser
压气机叶轮和涡轮出口处的一种通道结构，可以将排气/废气的动能转变为压能。

24.0433　导流轮　inducer
又称“导流环”。离心式压气机叶轮的组成部分，其叶片角度面向进气相对速度的方向。

24.0434　机械驱动式压气机　engine-driven blower
由发动机曲轴机械驱动的压气机。

24.0435　活塞式压气机　piston compressor
由往复活塞按照不同循环输送和压缩空气的压气机。

24.0436　废气旁通控制系统　exhaust bypass control system
用废气旁通阀控制增压空气压力的控制系统。

24.0437　增压空气旁通控制系统　charge air bypass control system
用旁通阀将部分增压空气直接排入大气或排气管，以控制增压空气压力的控制系统。

24.0438　进气总管　inlet pipe
将新鲜增压空气输入进气支管或气缸的管道。

24.0439　进气歧管　inlet manifold
将新鲜增压空气分配给发动机各气缸的管道系统。

24.0440　排气总管　exhaust pipe
将废气从涡轮增压器、排气支管或发动机气缸排出时所通过的管道。

24.0441　排气歧管　exhaust manifold
将发动机各气缸排出的废气汇集在一起的管道系统。

24.0442　定压排气歧管　constant-pressure exhaust manifold
具有较大容积，用以将每排气缸排出的废气汇集在一起的排气支管。其管内废气压力基本均匀。

24.0443　脉动排气歧管　pulse exhaust manifold
具有较小容积，用以将几个气缸排出的废气汇集在一起的排气支管。其管内废气压力是脉动的。

24.0444　脉冲转换器　pulse converter
可以安装在排气支管上，用以将气缸排出废气的脉动压力部分或全部转变为近似恒压的元件。

24.0445　废气旁通阀　waste gate
调节涡轮废气流量的旁通阀。

24.0446　空气滤清器　air filter, air cleaner
用以滤除吸入发动机新鲜空气中悬浮颗粒的装置。

24.0447　空气滤清器滤芯　filter element of air filter, air cleaner
由滤清材料和骨架组成的可更换部分，用以滤除杂质的滤清器零件。

24.0448　消声器　silencer, muffler
用以降低发动机进排气口噪声级的装置。

24.0449　隔声罩　acoustic hood

用以将发动机罩住，通过全部或部分隔声以降低噪声级的装置。

24.0450　排气净化器　exhaust gas scrubber

利用吸附、吸收或化学转变为无害产物，而将排气有害组分滤除的净化器。

24.0451　排气滤清器　exhaust gas filter

利用机械、静电或其他物理作用滤除排气中颗粒物的排气净化器。

24.08　冷 却 系 统

24.0452　液体冷却　liquid cooling

以液体作为冷却介质的一种冷却方式。

24.0453　蒸发冷却　evaporative cooling

通过冷却介质的蒸发，使发动机热量散发的一种液冷方式。

24.0454　简单蒸发冷却　single evaporative cooling

以加注冷却液来补偿冷却介质蒸发损失的蒸发冷却。

24.0455　带辅助水箱的蒸发冷却　evaporative cooling with additional tank

用辅助水箱补充冷却液介质的蒸发冷却。

24.0456　带冷凝器的蒸发冷却　evaporative cooling with condenser

蒸发冷却介质在冷凝器中凝结后，通过冷却回路流回到发动机加水水箱的蒸发冷却。

24.0457　循环冷却　circulative cooling

使冷却介质重新冷却后再循环使用的冷却方式。

24.0458　对流冷却　convective cooling

利用热虹吸作用使冷却介质自然循环的冷却方式。

24.0459　强制冷却　force-feed cooling

用水泵使冷却介质强制循环的冷却方式。

24.0460　开式循环强制冷却　force-feed cooling in an open circuit

冷却介质不进行再循环的强制冷却。

24.0461　单循环强制冷却　force-feed cooling in a single-circuit system

冷却介质在冷却水箱、冷却塔、管式冷却器、散热器等中进行冷却的强制冷却。

24.0462　双循环强制冷却　force-feed cooling in a dual-circuit system

利用副回路(外循环)中的冷却液在热交换器中对发动机冷却介质进行再冷却的强制冷却。

24.0463　空气冷却　air cooling

以空气作为冷却介质的一种冷却方式。

24.0464　自然空气冷却　natural air cooling

利用自然空气循环的空气冷却。

24.0465　强制空气冷却　forced air cooling

利用风扇迫使空气循环的空气冷却。

24.0466　冷却水箱　coolant tank

储存发动机冷却介质的容器。

24.0467　上水箱　header tank

位于热交换器上部、有时与其连在一起，并储有一定量冷却介质的容器。

24.0468　内蒸发装置　interior evaporation unit

防止冷却介质沸腾损失的一种装置。

24.0469　辅助水箱　additional tank, expansion tank

冷却液回路中的膨胀水箱。

24.0470　散热器　radiator

冷却介质与空气的热交换器。

24.0471　液–液式热交换器　liquid-to-liquid heat exchanger

主循环(内循环)和副循环(外循环)的介质均为液体的热交换器。

24.0472　龙骨冷却器　keel cooler

安装在船上的液–液式热交换器。它既可以是固定在船体内表面的板式冷却水箱，也可以是龙骨外侧的管式装置。

24.0473　机油冷却器　oil cooler

用于冷却润滑油的热交换器。

24.0474　液冷式机油冷却器　liquid-cooled oil cooler

将润滑油的热量传给冷却液的冷却器。

24.0475　风冷式机油冷却器　air-cooled oil cooler

将润滑油的热量传给冷却空气的冷却器。

24.0476　增压空气冷却器　charge air cooler, inter-cooler

又称“中冷器”。冷却增压器后方增压空气的热交换器。

24.0477　气–液式增压空气冷却器　air-to-liquid charge air cooler

使用冷却液的增压空气冷却器。

24.0478　空–空式增压空气冷却器　air-to-air charge air cooler

采用外部空气作为冷却剂的增压空气冷却器。

24.0479　风扇罩　fan cowl

散热器与风扇间的冷却空气导流管道。

24.0480　冷却气道　cooling airduct

用以将冷却气流输送到发动机需要冷却的零件处或从发动机需要冷却的零件处输出冷却空气的空气管道。

24.0481　散热片　cooling fin

发动机零部件上用以增加热交换的延伸表面，从而提高热交换效率或换热效果的片状结构。

24.0482　压力盖　pressure cap

允许冷却系统自行升压至最大压力限值，并可防止冷却系统内形成真空的零件。

24.09　润 滑 系 统

24.0483　非压力润滑　non-pressurized lubrication

不是靠泵压提供润滑油，而是靠诸如飞溅、滴油或油雾，使其附着于润滑表面的润滑方式。

24.0484　强制润滑　force-feed lubrication

又称“压力润滑(pressurized lubrication)”。将一个或几个油泵的润滑油供给发动机运动件的润滑方式。

24.0485　混合油润滑　oil-in-gasoline lubrication, petrol lubrication

又称“汽–机油润滑”。将润滑油以一定比例加入到汽油中，使足够的润滑油经分离后附着在发动机需要润滑的零件上的润滑方式。

24.0486　主要运动件润滑　main running gear lubrication

为曲轴轴承、连杆轴承、活塞销衬套、十字头导轨、配气机构、气缸及其与活塞的滑动面提供润滑油实现的润滑。

24.0487　汲油润滑　dip lubrication

依靠汲油运动件(如连杆上的刮油勺)将油底壳中的润滑油甩入曲轴箱和(或)轴承中的非压力润滑。

24.0488　湿式油底壳强制润滑　wet sump force-feed lubrication

将润滑油收集在作为发动机油箱的油底壳内的强制润滑。

24.0489　干式油底壳强制润滑　dry sump force-feed lubrication
将润滑油收集在单独油箱内，润滑油不断从油底壳中抽出并返回到油箱内的强制润滑。

24.0490　飞溅润滑　splash lubrication
依靠发动机运动件所飞溅的润滑油润滑发动机的润滑方式。

24.0491　气缸润滑　cylinder lubrication
以一种或几种组合形式专门对气缸套供给润滑油的润滑方式。

24.0492　辅助润滑　supplementary lubrication
任何起辅助作用的用以增加润滑发动机零件的润滑油供给量的润滑方法。

24.0493　独立润滑　independent lubrication
从一个独立于发动机的油箱中将所有润滑油供给发动机零件进行润滑的润滑方式。

24.0494　重力润滑　gravity-feed lubrication, gravity oiling
在重力作用下为发动机运动件提供润滑油的润滑方式。

24.0495　滴油润滑　drip-feed lubrication
以油滴形式向发动机运动件提供润滑油的润滑方式。

24.0496　机油滤清器　lubrication oil filter
所滤液体为润滑油的滤清器。

24.0497　机油集滤器　lubricating oil suction strainer
机油泵吸油管进口处的粗滤器。

24.0498　单级机油滤清器　single-stage lubricating-oil filter
润滑油只经过一级滤芯的滤清器。

24.0499　二级机油滤清器　two-stage lubricating-oil filter
由粗滤和精滤两种滤芯进行串联滤清的滤清器。

24.0500　离心式机油滤清器　rotating centrifugal lubricating oil filter
利用离心力分离杂质的滤清器。

24.0501　全流式机油滤清器　full-flow lubricating oil filter
输送到润滑系统的润滑油全部通过的滤清器。

24.0502　分流式机油滤清器　bypass lubricating oil filter
输送到润滑系统的润滑油仅有部分通过的滤清器。

24.0503　旋装式机油滤清器　spin-on cartridge lubricating oil filter
由装有整体滤芯的可换式总成所组成、直接旋装在润滑系统中的滤清器。该总成可包括滤芯旁通元件和止回阀。

24.0504　并联式机油滤清器　duplex lubricating oil filter
两个并联的、用阀门连接的机油滤清器。当清洗其中一个滤芯时，润滑油可直接通过另一个滤芯，而不必中止运行。

24.0505　反冲式机油滤清器　back-flushing lubricating oil filter
利用使润滑油反向流动(逆向冲洗)对滤清器内断开的滤芯进行清洗的滤清器，可不必中止运行。

24.0506　自动清洗式机油滤清器　automatic lubricating oil filter
自动清洗滤芯的滤清器。可不必中止运行；清洗作业可人工起动(半自动)或由开关控制(全自动)。

24.0507　机油泵　lubricating oil pump
使润滑油强制循环，并将其输送到发动机各运动件的泵。

24.0508 机油抽油泵 lubricating oil scavenging pump

将油底壳中润滑油抽出，并将其泵入干式油底壳发动机油箱中的泵。

24.0509 润滑器 lubricator

定期将一定量的润滑油供给发动机特定零件的泵。

24.0510 机油安全阀 oil pressure relief valve

防止润滑系统机油压力超过预定值的阀门。

24.0511 机油调压阀 oil pressure regulating valve

将润滑系统中任何部位的油压调至预定值的阀门。

24.0512 油面指示器 oil level indicator

采用诸如观察孔、观察帽、遥示仪等以指示润滑油液面的元器件或装置。

24.0513 油标尺 dipstick

装在油箱或油底壳上的带刻度的尺，用以检查发动机中的润滑油量/油面。

24.0514 机油箱 lubricating oil tank

用作机油泵抽取润滑油的储油罐。它可以是发动机的油底壳(湿式油底壳系统)或是单独的容器(干式油底壳系统)。

24.0515 滤清器外壳 filter housing

用以安置滤芯或滤芯总成的滤清器零件。

24.0516 滤清器座 filter cover

用以封闭滤清器壳体和夹住滤芯的滤清器零件。

24.0517 滤芯总成 filter insert

由一个(或几个)滤芯及其支承件构成的组合件。

24.0518 转子 rotor

又称"转鼓"。离心式机油滤清器中起滤清作用的零件。"转子"用于外力驱动的离心式滤清器；"转鼓"用于液力反作用驱动的离心式滤清器。

24.0519 机油压力表 oil pressure gauge

用以指示和测量润滑系统中机油压力的仪表。

24.0520 机油滤清器滤芯 filter element of lubrication oil filter

用于滤除机油中不溶性杂质的滤清器零件。

24.0521 曲轴箱油 crankcase oil

盛放在油底壳或机油箱中，并由此提供至所需发动机零部件的润滑油。

24.0522 气缸油 cylinder oil

大型发动机中，不是靠发动机主润滑系统，而是直接向气缸内表面提供的润滑油。

24.0523 系统油 system oil

不是靠气缸油系统，而向诸如轴承、油冷活塞等提供的润滑油。

24.10 调节系统

24.0524 发动机调速器 engine speed governor

通过实际转速与整定转速的比对，对输入发动机的燃料量进行修正，以调节发动机的实际转速，使其趋近整定转速的装置。

24.0525 机械调速器 mechanical governor

利用飞锤总成的离心作用感应发动机的实际转速(输入信号 X_R)，并提供输出信号 Y_R(通常为拉杆位移)，而无任何功率放大的调速器。

24.0526 机械液压调速器 mechanical-hydraulic governor

对输出信号 Y_R 进行液压放大的机械调速器。

24.0527 机械气动调速器 mechanical-pneumatic governor

对输出信号 Y_R 进行气动放大的机械调速器。

24.0528 气动调速器 pneumatic governor

转速输入信号或转速误差值由用膜片等气

动元件感应得到的进气歧管压力 X_R 的变化决定，输出信号 Y_R 可以或不进行气动放大的调速器。

24.0529 液压调速器 hydraulic governor
转速输入信号或转速误差值由液压力 X_R 的变化决定，输出信号 Y_R 可以或不进行液压放大的调速器。

24.0530 电子/电动调速器 electronic/electric governor
根据传感器(如电磁传感器)获得的转速输入信号 X_R，去驱动一个电子执行器来调节发动机转速的装置。调速器的电子输出信号 Y_R 可以或不进行电子/电动放大。

24.0531 电–液调速器 electrohydraulic governor
对输出信号进行液压放大的电子/电动调速器。

24.0532 电–气调速器 electropneumatic governor
对输出信号进行气动放大的电子/电动调速器。

24.0533 比例调速器 proportional governor, P governor
又称“P 调速器”。输出信号 Y_R 与转速误差值成比例的调速器。

24.0534 比例积分调速器 proportional integral governor, PI governor
又称“PI 调速器”。输出信号由与转速误差值成比例的信号所组成，并经与该转速误差值的时间积分成比例的信号修正的调速器。

24.0535 比例积分微分调速器 proportional integral differential governor, PID governor
又称“PID 调速器”。对与转速变化率成比例的输出信号进行附加修正的比例积分调速器。

24.0536 单极式调速器 single-speed governor
在发动机规定的一个工作转速下进行调节的调速器。

24.0537 全程式调速器 all-speed governor
又称“变速调速器(variable-speed governor)”。在两个预先确定的转速限值范围内对任意选定的发动机转速均起调节作用的调速器。主要用于船舶或农用拖拉机。

24.0538 多极式调速器 multiple-speed governor
可对数个预先确定的发动机转速中的某一转速进行调节的调速器。主要用于机车。

24.0539 两极式调速器 idle and limiting speed governor
仅对发动机怠速和极限转速进行调节，而中间转速由控制杆位置和发动机功率决定的调速器。主要用于道路车辆。

24.0540 复合式调速器 combination governor
具有与两极式调速器相似的特点，但扩大了低速和(或)高速控制范围的调速器。

24.0541 惯性调速器 inertia governor
采用转速变化导致惯性力变化原理的调速器。

24.0542 调速器输入信号 governor input signal
用以度量发动机瞬时转速而输入调速器的信号。

24.0543 调速器输出信号 governor output signal
用以调节供油量而由调速器输出的信号。

24.0544 整定转速 setting speed
(1)在转速–功率特性曲线上，按照所需功率，由调速部件确定的稳态转速。如果调速器不是直接安装在燃料喷射泵上，调速器输出信号与油泵齿条的行程为线性关系。(2)在调速器调节特性曲线上，供油量为零的理论转速。

24.0545　空载转速　no-load speed

发动机空载时的稳态转速。

24.0546　转速–功率特性曲线　speed-power characteristic curve

又称“调速特性曲线”。在某一给定整定转速下，在空载与标定功率之间的功率范围内所绘制的稳态转速与往复式内燃机功率的关系曲线。

24.0547　整定转速信号　setting speed signal

用以度量整定转速而输入调速器的信号。

24.0548　转速误差值　speed error value

调速器输入信号 X_R 与当前整定转速信号 W 之间的瞬时差值。

24.0549　工作能力　work capacity

当调速器的输出轴或臂移至有效全行程时，调速器所提供的最大有用功。

24.0550　最大作用力　maximum force

调速器输出端在任意规定行程位置时的最大作用力值。

24.0551　最大扭矩　maximum torque

调速器输出轴在任意规定行程位置时的最大扭矩值。

24.0552　调速器增益率　governor gain

又称“调速器杠杆比(governor lever ratio)”。调速器输出信号与转速误差值之比。

24.0553　调速器驱动扭矩　governor drive torque

驱动发动机调速器的转速感应元件及其他旋转件所需的扭矩。

24.0554　调速器需求功率　governor power demand

视发动机运行工况，发动机调速器所要求的功率。

24.0555　调速率　speed droop

空载转速与给定功率时规定转速的差值与规定转速之比(以百分数表示)。

24.0556　无差调节　isochronous governing

在某一规定整定转速下，在整个功率范围内调速器均能保持一稳定转速的调节方式，即调速率为 0%。

24.0557　有差调节　speed droop governing

在某一规定整定转速下，调速率大于 0%的调节方式。

24.0558　防失速　antistall

防止发动机在减速时出现转速过度下冲的功能。

24.0559　调速器特性曲线　governor characteristic curve, governor control rod curve

又称“调速器控制杆曲线”。表示在不同规定工况下，调速器输出信号(通常为拉杆位置)与（喷油泵或发动机）稳态转速之间的关系曲线。

24.0560　调速器作用力曲线　governor force curve

表示在不同调速器飞锤位置时，调速器作用力与（喷油泵或发动机）转速之间的关系曲线。

24.0561　最小灵敏度　minimum sensitivity, insensitivity

又称“不灵敏度”。使输出信号不发生改变的转速误差值的最大变化。

24.0562　调速部件　speed-setting device

可根据用途和所需调节的类型，调节调速器整定点的装置。

24.0563　标定空载转速　declared no-load speed

又称“高怠速(high idling speed)”。当转速调定在标定转速时，发动机卸去全部负荷后经调速器控制而达到的空载稳态转速。

24.0564 最低可调空载转速 lowest adjustable no-load speed
发动机在无负荷时能稳定运转的最低转速。

24.0565 上冲转速 overshoot speed
当功率从大到小突然卸去负荷时，发动机转速突然从低到高变化时出现的最高瞬时转速。

24.0566 下冲转速 undershoot speed
当功率从小到大发动机突然增加负荷时，转速突然从高到低变化时出现的最低瞬时转速。

24.0567 转速回复时间 speed recovery time
在设定负载发生变化后，转速从偏离原稳态转速带到重新进入新的稳态转速带所经历的时间间隔。

24.0568 扭矩校正 torque control
在转速低于发动机标定转速下，对从燃料喷射系统获得的最大自然供油量曲线(全负荷供油速度特性曲线)所做的修正。此时，喷油泵油门操纵杆位置保持不变。

24.0569 负扭矩校正 negative torque control
又称“负校正”。随转速降低而减少供油量的扭矩校正。

24.0570 正扭矩校正 positive torque control
随转速降低而增加供油量的扭矩校正。

24.0571 扭矩校正行程 torque control travel
当扭矩校正装置在整个转速范围内动作时，使控制杆位置产生的最大变化。

24.0572 功率限制附加装置 additional power-limiting device
根据发动机的用途和运行参数(如进气歧管压力、增压空气压力、发动机机油压力和温度等)，用以限制发动机输出功率的装置。

24.0573 负载感应 load sensing
对发动机的扭矩(或功率)进行的直接检测或感应。

24.0574 防失速装置 antistall device
防止发动机在减速时出现转速过度下冲的装置。

24.0575 超速限制装置 overspeed limiting device
在转速超过预定值时控制燃料供给量和(或)其他参数，以保护发动机和所驱动的机械不致损坏的装置。

24.11 起动系统

24.0576 起动系统 starting system
由起动控制设备和执行机构组成的、安装在发动机上、通过提供一系列操作程序使发动机着火并独立运转的装置。

24.0577 人工起动系统 manual starting system
依靠体力完成预起动和起动操作程序的起动系统。

24.0578 手起动系统 hand starting system
采用摇把或绳索转动发动机，使其达到着火转速的起动系统。

24.0579 摇把起动器 crank-handle starter
采用能与曲轴啮合的摇把，用手摇车的起动系统。

24.0580 绳索起动器 rope starter
采用可拆卸绳索转动发动机曲轴，使其达到着火转速的起动系统。

24.0581 回弹式绳索起动器 recoil starting device
采用固定安装的绳索转动发动机曲轴，在达到着火转速后又使绳索自动重绕的起动系统。

24.0582　脚踏起动系统　kick starting system
采用踏板转动发动机，使其达到着火转速的起动系统。

24.0583　弹簧起动系统　spring starting system
采用人工储存在弹簧中的能量起动发动机的起动系统。

24.0584　自动起动系统　automatic starting system
用起动按钮或其他触发装置发出信号，由发动机自带的起动器自动完成预起动和起动操作程序的起动系统。

24.0585　气缸空气起动　cylinder air starting
将压缩空气输入发动机气缸，以转动发动机使其达到着火转速的起动系统。

24.0586　空气分配器　air distributor
按适当顺序向气缸供应起动空气的装置。

24.0587　起动空气阀　starting air valve
将发动机任意一缸与起动系统压力总管连通或断开的阀门。

24.0588　可控起动空气阀　controllable starting air valve
可由外部(机械、液压、电子等)信号控制的起动空气阀。

24.0589　自动起动空气阀　automatic starting air valve
随起动空气压力升高而开启的起动空气阀。

24.0590　主起动空气阀　main starting air valve
将压缩空气气源与发动机起动系统连通或断开的可控阀门。

24.0591　马达起动系统　motor starting system
采用起动用发动机或马达(电动、气动、液压)起动发动机的系统。

24.0592　起动电动机　electrical starter motor
使用电能(电动机)转动发动机，使其达到着火转速的装置。

24.0593　压缩空气起动马达　compressed air starter motor
使用压缩空气马达转动发动机，使其达到着火转速的装置。

24.0594　起动辅助措施　starting aid
诸如预热、喷油或喷气、阻风、卸压等使发动机容易起动的方法。

24.0595　起动联锁装置　starting interlock
用以在特殊环境下防止发动机起动的装置。

24.12　监 控 系 统

24.0596　系统　system
为实现规定功能以达到某一目标而构成的相互关联的一个集合体或装置。

24.0597　控制　control
为达到规定的目标，对元件或系统的工作特性所进行的调节或操作。

24.0598　监测　monitoring
对系统或系统零件的运行所做的观察，以便通过检测不正确的功能来检验正确功能。可以通过测量系统的一个或多个变量并将实测值与规定值进行比较来达到。

24.0599　控制系统　control system
使发动机和(或)其相关系统中的受控条件保持在预期值的系统。

24.0600　受控条件　controlled condition
系统设计时要求保持的物理量或工况。

24.0601　预期值　desired value
系统设计时要求受控条件应保持的值。

24.0602　控制点　control point

受控条件在稳态工况下实际所保持的值。

24.0603　控制点变化　change of control point

受控条件值在稳态工况下实际所保持的范围。

24.0604　设定点　set point

自动控制器所设定的受控条件值。

24.0605　限值　limiting value

由停机机构、停机阀等保护装置限定的受控条件值。

24.0606　限值范围　range of limiting value

两极或通/断控制器起作用时的受控条件值的范围。

24.0607　手动控制系统　manual control system

将受控条件值与预期值进行比较，并通过人为干预采取纠正措施的控制系统。

24.0608　自动控制系统　automatic control system

将受控条件值与预期值进行比较，并自动采取纠正措施的控制系统。

24.0609　遥控系统　remote control system

对相隔一定距离的被测对象由中央统一进行控制，并使其产生相应的控制效果的系统。可以人工或者自动采取纠正措施，例如主机的驾驶台操纵。

24.0610　转速控制系统　speed control system

由受控对象(如发动机)和速度控制器(如发动机的调速器)所组成的控制系统。

24.0611　温度控制系统　temperature control system

由受控对象(如发动机)和温度控制器所组成的控制系统。无论负荷和(或)环境状况如何变化，均能使流动介质(冷却液、润滑油、增压空气等)或发动机零部件的温度保持在预定水平。

24.0612　串级控制系统　cascade control system

用一个控制器改变另一个或其他多个控制器设定点的控制系统。如对发动机冷却系统的综合控制。

24.0613　再循环控制系统　recirculating control system

用阀门控制流体在发动机出口处的流动，使其直接再循环通过发动机的控制系统。

24.0614　旁通控制系统　bypass control system

用旁通阀控制流体通过发动机和(或)冷却系统的流动，以控制发动机出口参数的控制系统。

24.0615　压力控制系统　pressure control system

由受控流体和压力控制器所组成的控制系统。无论负荷和(或)环境状况如何变化，均能使流动介质(润滑油、增压空气等)的压力保持在预定水平。

24.0616　比值控制系统　ratio control system

利用控制器使两被测变量的比值保持在预期值的控制系统。如对空/燃比的控制。

24.0617　多元控制系统　multi-element control system

将多个测量元件的信号综合后向控制器提供操作信号的控制系统。

24.0618　伺服控制系统　servo control system

通过伺服机构的作用来增强驱动力的控制系统。

24.0619　测量单元　measuring unit

由检测元件所组成，用以确定受控条件值的装置。

24.0620　纠正单元　correcting unit

由调节受控条件相关物理量的元件所组成的装置。如调节阀、流体加热器、燃油泵油量调节杆等。

24.0621 控制器 controller
又称"控制单元(control unit)"。将受控条件与预期值进行比较，并对纠正单元施加纠正措施以减小偏差的装置。

24.0622 自作用控制器 self-acting controller
直接从测量元件获得使纠正元件工作所需作用力的控制器。如蜡式节温阀、弹簧式调压阀、单极式调速器等。

24.0623 间接作用控制器 indirect acting controller
从单独能源获得使纠正元件工作所需作用力的控制器。如气动恒温阀、液压调速器等。

24.0624 执行机构 actuator
又称"执行器"。将控制信号转换成相应动作的机构。

24.0625 定位器 positioner
确保执行机构的动作符合控制器要求的装置。

24.0626 设定点调节器 set point adjuster
用于调节设定点的机构。

24.0627 两极控制器 two-step controller
仅在受控条件处于最大和最小值时才进行校正的控制器。如简易油箱液位控制器、暖风装置自动节温器等。

24.0628 比例作用控制器 proportional action controller
又称"单作用控制器(one-term controller)"。输出随偏差按比例变化的持续作用式控制器。

24.0629 积分作用控制器 integral action controller
输出变化率与偏差成比例，亦即控制器输出信号随偏差的时间积分按比例变化的控制器。

24.0630 微分作用控制器 differential action controller
输出与偏差变化率成比例的控制器。

24.0631 双作用控制器 two-term controller
具有比例作用、加上微分作用或积分作用的控制器。

24.0632 三作用控制器 three-term controller
具有比例作用，加上微分作用和积分作用的控制器。

24.0633 监测系统 monitoring system
用于对运行中的发动机系统或零部件进行连续监视的系统。

24.0634 性能监测 performance monitoring
用于对运行中的发动机性能参数进行监测的系统。

24.0635 人工监测 manual monitoring
通过从发动机附近或远离发动机处，如中央控制室，直接从仪表上读取数据对系统运行进行的观测。

24.0636 自动监测 automatic monitoring
对若干变量自动进行扫描，并可显示所选变量数值，包括最大值、最小值、平均值或与平均值的偏差的系统。

24.0637 自监测 self-monitoring
能对系统本身进行监测的自动监测系统。

24.0638 计算机控制监测 computer-controlled monitoring
用计算机接收被监测变量信号的自动监测系统。

24.0639 工况监测 condition monitoring
对工作变量进行长期观测的监测系统。

24.0640 功能诊断 functional diagnostic
能在发动机运行过程中采集数据的工况监测系统。

24.0641 测试诊断 test diagnostic
需要对发动机进行特殊试验，并可能要求发动机停机的工况监测系统。

24.0642　报警监测　alarm monitoring
当被监测变量达到限值时可以显示视频和(或)音频报警的系统。

24.0643　一级报警　single-level alarm
由某变量的单一限值触发的报警系统。

24.0644　两级报警　two-level alarm
当变量值达到报警级时进行首次触发，而当变量达到紧急级、发动机必须停机、卸载等时进行二次触发的报警系统。

24.0645　自动保护监测　automatic protection monitoring
依靠监测系统所检测的故障，触发某一保护性功能，使发动机停机、卸载等的系统。

24.0646　停机　shutdown
当被自动保护监测系统触发时，可以超越发动机的控制系统，使发动机停止运转。

24.0647　手动越控停机　manual override shutdown
在应急情况下，自动保护监测系统将提供手动越控，以手动方式实现的发动机停机。当进行手动越控时应提供适宜的报警措施。

24.13　发动机排放

24.13.01　燃料和能源

24.0648　基准燃料　reference fuel
排放试验中规定使用的燃料(汽油、柴油、液化石油气或天然气)。这种燃料比市场上销售的燃料在理化性能上有较严格的规定。

24.0649　试验燃油　test fuel
为某一试验指定用的燃油。它具有符合此试验需要的理化性能。

24.0650　烯烃　olefin
具有开链结构的碳氢化合物，含有单个或多个碳–碳双链。带有一个双键的烯烃的通用分子式为 C_nH_{2n}。

24.0651　烷烃　paraffin hydrocarbon
具有开链或支链结构、只有碳–碳单键的碳氢化合物。其通用分子式为 C_nH_{2n+2}。

24.0652　芳香烃　aromatic hydrocarbon
具有单环或多环的碳氢化合物。其通用分子式为 $C_nH_m(n \geqslant m)$。

24.0653　无铅汽油　unleaded gasoline
不加四乙基铅的汽油。这种汽油的含铅量少于 5mg/L 且不能人为加入。

24.0654　代用燃料　alternative fuel
汽油和柴油之外的任何燃料。如甲醇、乙醇、气体燃料等。

24.0655　甲醇　methanol
由天然气、煤等天然燃料制成，或来自化工副产品的液态燃料，分子式为 CH_3OH。甲醇有毒、易燃，燃烧时颗粒排放极少，碳氢化合物(HC)排放量较少，氮氧化物(NO_x)的排放量约为柴油的一半，辛烷值达 112，但热值约为汽油或柴油的一半。

24.0656　乙醇　ethanol
又称“酒精”。由有机物(一般利用农作物的下脚料如甘蔗、玉米等)制成，分子式为 CH_3CH_2OH。其排放性能与甲醇类似。

24.0657　变性燃料乙醇　denatured fuel ethanol
在乙醇中加入变性剂后不能作为饮品，只用于燃料的乙醇。

24.0658　乙醇汽油　ethanol gasoline
在不添加含氧化合物的液体烃类中加入一定量变性乙醇后，用作点燃式内燃机的燃料。加入乙醇量(体积含量)为 10%或 15%时，称为 E10 或 E15。

24.0659 液化石油气 liquefied petroleum gas, LPG

以丙烷为主要成分的气体，使用时又经压缩成液态。分为油田液化石油气和炼厂液化石油气两大类。其辛烷值(RON)在 94～110 之间。

24.0660 天然气 natural gas, NG

天然开采的以甲烷为主要成分的气体。其辛烷值(RON)高达近 130。

24.0661 压缩天然气 compressed natural gas , CNG

经压缩，压力在 14.7～24.5 MPa 范围内的天然气。

24.0662 液化天然气 liquefied natural gas, LNG

净化处理深度冷却后成液态的天然气。

24.0663 含氧燃油 oxygenated fuel

含碳–氢的组分(汽油或柴油)和含碳–氢–氧的组分的混合物(一般为醇类、醚类等)。可降低一氧化碳和碳氢化合物的排放量。

24.0664 甲基叔丁基醚 methyl tertiary butyl ether, MTBE

汽油或含氧燃油中添加的一种碳–氢–氧组分，辛烷值达 116，也是替代四乙基铅的抗爆添加剂。

24.0665 甲基环戊二烯三羰基锰 tricarbonyl manganese, methylcyclopentadienyl

一种提高汽油辛烷值的燃油添加剂。其所含锰将随发动机排气排至大气，影响环境和人的健康。为限制其用量，我国规定了汽油中的最大含锰量。

24.0666 燃料电池 fuel cell

将燃料的化学能直接变换为电能的能量转换装置。

24.0667 飞轮蓄能装置 flywheel energy storage device

又称“飞轮电池(flywheel battery)”。利用飞轮旋转，以机械能的形式储存能量的装置。储存的能量可通过装置中的发电机转换为电能输出。

24.0668 蓄热器 heat battery

捕获废能用于快速暖化汽车发动机和(或)催化器的储热装置。

24.13.02 排　放　物

24.0669 排放污染物 emission pollutant

汽车排放物中污染环境的各种物质。主要有一氧化碳、碳氢化合物、氮氧化物、颗粒等。

24.0670 排气排放物 exhaust emission

俗称“尾气排放”。从发动机燃烧室经排气道出口排放到大气中的气态、液态和固态物质。

24.0671 蒸发排放物 evaporative emission

从车辆的燃油系统，即油箱、输油管、燃油泵、燃油滤清器、回油管、化油器或喷射部件、燃油系统各通风口、蒸发排放控制装置等处排放到大气中的燃油蒸气，也包括整车涂料、橡胶件和塑料件的碳氢化合物蒸发物。

24.0672 昼间换气损失 diurnal breathing loss

因燃油箱温度升高而逸入大气中的燃油蒸气。

24.0673 热浸损失 hot soak loss

在发动机停车后立即开始的规定时间内，从燃油系统中逸出的燃油蒸气。

24.0674 运转损失 running loss

车辆按规定试验规程运行时所逸出的燃油蒸气。

24.0675 曲轴箱排放物 crankcase emission

从曲轴箱通气孔或润滑系的开口处排放到

大气中的物质。

24.0676 加油排放物 refueling emission
汽车油箱加油过程中产生的碳氢排放物。包括从油箱中被置换的燃油蒸气、蒸气带出的油滴、溢出的燃油和加油枪进出加油口时加油枪上的油滴等。

24.0677 滴油排放物 dripped fuel emission
加油过程中，液态燃油损失所造成的碳氢化合物蒸发排放物。

24.0678 氮氧化物 oxides of nitrogen, NO_x
(1)气缸内的氮在高温下被氧化而生成的气体。主要由一氧化氮(NO)和二氧化氮(NO_2)混合而成。(2)样气中一氧化氮(NO)和二氧化氮(NO_2)的总和，用NO_2当量表示。

24.0679 一氧化碳 carbon monoxide, CO
燃料中的碳在不完全燃烧下所生成的一种气体。

24.0680 二氧化碳 carbon dioxide
燃料中的碳完全燃烧后的产物。它是造成全球温室效应的主要成分。

24.0681 二氧化硫 sulfur dioxide, SO_2
燃料中的硫燃烧后的产物。

24.0682 氯氟化碳 chlorofluorocarbon, CFC
一种化学性质稳定的，用于电冰箱、空气调节机、冷冻机等制冷装置的制冷剂。它会造成高空臭氧层的破坏。

24.0683 苯并芘 benzo pyrene
由三个或多个稠环组成的、具有较大分子量的芳香烃。它常在燃烧过程中形成，并以碳烟颗粒组分排出，是一种很强的致癌物。

24.0684 碳氢化合物 hydrocarbon, HC
仅由碳和氢组成的有机化合物。

24.0685 总碳氢 total hydrocarbon, THC
排气排放物中各种碳氢化合物的总称。

24.0686 甲烷 methane
最简单的烷系碳氢化合物，分子式为CH_4。它不参与光化学反应，但具有强烈的温室效应。

24.0687 非甲烷有机气体 non-methane organic gas, NMOG
汽车排放物中除甲烷外的所有的气体碳氢化合物及其氧化物。

24.0688 非甲烷碳氢化合物 non-methane hydrocarbons, NMHC
排气样气中除甲烷以外的所有有机碳氢化合物。

24.0689 光化学活性碳氢化合物 photochemically reactive hydrocarbons
散布在大气中具有光化学活性的碳氢化合物。它是形成光化学烟雾的主要物质之一。

24.0690 挥发性有机化合物 volatile organic compound, VOC
碳氢化合物中易蒸发的部分。

24.0691 颗粒物 particulate matter, PM
又称“微粒物”。排气中各种直径大于0.001 μm的固体或液体颗粒的总称。通常包括铅氧化物等重金属化合物、硫酸盐、有机物、烟灰和碳颗粒等。此物质的体积密度大约为0.066 g/cm^3。

24.0692 悬浮颗粒 aerosol
悬浮在排气中，细微分散的非凝结液体和固体。

24.0693 柴油机颗粒 diesel particulate
柴油机排放物测定中，在涂有碳氟化合物的玻璃纤维滤纸或以碳氟化合物为基体的薄膜滤纸上收集到的具有不同成分的颗粒物质。

24.0694 可溶取部分 solvent extractable fraction, SEF

颗粒总质量中可被各种溶剂提取的物质。它既包括有机物也包括被溶剂提取的无机物。

24.0695　可溶性有机物部分　soluble organic fraction, SOF

颗粒总质量的可溶性有机物部分中被二氯甲基物($MeCl_2$)提取的物质。

24.0696　总有机物被提取部分　total organic extract fraction, TOF

颗粒总质量中被甲苯/乙醇(32/68(w/w))混合溶剂提取的部分。

24.0697　硫酸盐　sulfate, water soluble sulfate

颗粒中可提取的主要无机物，由水/异丙醇(60/40(v/v))溶剂提取。

24.0698　结合水　combined water

水与硫酸以及颗粒总质量中亲水性金属硫酸盐的化学组合。颗粒总质量是在50%相对湿度和20℃下称量的，结合水的质量大约是硫酸盐质量的1.3倍。

24.0699　残留碳颗粒　residual carbon particulate, RCP

总颗粒质量减去总有机物、硫酸盐和水的质量得到的颗粒质量。可能包含少量硫和微量金属。

24.0700　柴油机颗粒物　diesel particulate matter

主要由碳烟及被吸附的H_2O、SO_4^{2-}、NO_3^-、PO_4^{3-}和碳氢化合物组成的排放物。

24.0701　柴油机排烟　diesel smoke

悬浮在柴油机排气流中能吸收和(或)散射光线的颗粒物(包括微粒)。

24.0702　碳烟　soot

排气中由燃烧产生的、能使滤纸变黑的所有固体颗粒。

24.0703　黑烟　black smoke

主要由不完全燃烧生成的、尺寸通常小于1 μm颗粒组成的碳烟。

24.0704　蓝烟　blue smoke

柴油机排烟的一种形态，通常由未完全燃烧的燃油和润滑油的微滴形成，尺寸一般小于0.4 μm。

24.0705　白烟　white smoke

柴油机排烟的一种形态，通常由凝结的水蒸气和液体燃油的微滴形成，尺寸一般大于1 μm。

24.0706　蓝白烟　white and blue smoke

主要由无色液体(微滴)所组成、能反射和折射可见光的颗粒物。

24.0707　光化学烟雾　photochemical smog

碳氢化合物和氮氧化物在太阳光紫外线照射及低温条件下，发生光化学反应所产生的烟雾状物。它刺激人们的眼睛、鼻腔和咽喉，损害农作物。

24.0708　臭味　odor

柴油机排气散发出的特殊刺激性气味。强度和性质与燃料种类、燃烧中间产物及运转工况有关。

24.0709　反应调节因素　reactivity adjustment factor

表示某个组分可能形成烟雾的调节因素。

24.13.03　净化系统和装置

24.0710　双床催化系统　dual-catalyst system

又称“双重催化系统”。使用氧化和还原两种催化床，以降低发动机排气中碳氢化合物、一氧化碳和氮氧化物污染物的系统。这两种催化床可封装在一起或放置在两个单独的容器内。

24.0711　催化器总成　catalyst assembly

由壳体、载体和催化材料等零部件组成的总成。

24.0712　催化转化器　catalytic converter, catalyst converter

采用催化剂降低排气中碳氢化合物、一氧化碳和氮氧化物的装置。主要由壳体、载体和催化剂等组成。

24.0713　轴流式转化器　axial-flow-type converter

排气沿轴向流动与催化剂接触的催化转化器。

24.0714　径流式转化器　radial-flow-type converter

排气成放射状或向心状流动与布置成多层同心圆的催化剂接触的催化转化器。

24.0715　双床式转化器　dual-bed converter

其还原或三效催化床和氧化催化床分别装在各自容器内，排气经还原或三效催化床流入氧化催化床，在氧化催化床的前方设有供给二次空气装置的催化转化器。

24.0716　单床式转化器　single-bed converter

容器中只装一个催化床的催化转化器。

24.0717　原装催化转化器　originally equipped catalytic converter

车辆型式认证时所装的催化转化器或催化转化器总成。

24.0718　替代用催化转化器　replacement catalytic converter

经过认证可以替代原装催化转化器的催化转化器或催化转化器总成。

24.0719　氧化型催化转化器　oxidation catalyst converter

安装在柴油车排气系统中，通过催化氧化反应，能降低排气中一氧化碳、总碳氢化合物和颗粒物中可溶性有机物部分等污染物排放量的排气后处理装置。

24.0720　颗粒过滤器　diesel particulate filter, DPF

安装在发动机排气系统中，通过过滤来降低排气中颗粒物的装置。

24.0721　颗粒过滤器再生　DPF regeneration

颗粒过滤器使用一段时间以后，将收集在颗粒过滤器里的颗粒物定期去除掉，从而恢复颗粒过滤器过滤性能的过程。可分为主动再生和被动再生。

24.0722　主动再生　active regeneration

利用外加能量(如电加热器、燃烧器或发动机操作条件的改变以提高排气温度)使颗粒过滤器内部温度达到颗粒物的氧化燃烧温度而进行的再生。

24.0723　被动再生　passive regeneration

利用柴油机排气本身所具有的能量进行的再生。一般针对催化型颗粒过滤器或氧化型催化转化器+颗粒过滤器系统。

24.0724　颗粒过滤器再生效率　DPF regeneration efficiency

颗粒过滤器在指定的颗粒物加载水平(或指定工况)下进行再生时，再生前后颗粒过滤器中的颗粒物的质量变化率。颗粒过滤器质量在颗粒过滤器床温为125℃时称量。

24.0725　颗粒过滤器加载工况　DPF loading condition

能使颗粒过滤器中收集到的颗粒物增加至加载水平的发动机稳态工况。

24.0726　颗粒过滤器加载水平　DPF loading level

颗粒过滤器加载前后的质量增加量与颗粒过滤器的载体容积之比值。颗粒过滤器质量在颗粒过滤器的床温为125℃时称量。

24.0727　催化型颗粒过滤器　catalyzed diesel particulate filter, CDPF

载体表面涂覆有催化剂的颗粒过滤器。

24.0728　柴油机用整体式颗粒过滤器　monolithic diesel particulate filter

挤压成型的蜂窝状陶瓷过滤装置。蜂室通道一端孔口被间隔封住，另一端孔口亦同样封住但要错开一格，以迫使排气横向流过多孔的通道壁。

24.0729　选择性催化还原装置　selective catalytic reduction device

安装在发动机排气系统中，将排气中的氮氧化物进行选择性催化还原，以降低氮氧化物排放量的排气后处理装置。该系统需要外加能产生还原剂的物质(如能水解产生 NH_3 的尿素)。

24.0730　空气开关阀　air switching valve

将辅助空气从三效催化剂的上游处引向三效催化剂下游处的阀门。

24.0731　催化剂　catalyst

能加速化学反应、但本身并不参与化学反应的物质。

24.0732　氧化型催化剂　oxidation catalyst

使碳氢化合物和一氧化碳加速氧化为水蒸气和二氧化碳的催化剂。

24.0733　还原型催化剂　reduction catalyst

加速氮氧化物与一氧化碳、游离氢或碳氢化合物起化学还原反应的催化剂。化学反应的理想生成物为氮气、二氧化碳和水。

24.0734　三效催化剂　three-way catalyst

既氧化碳氢化合物和一氧化碳又还原氮氧化物的催化剂。

24.0735　贵金属催化剂　noble metal catalyst

活性材料系由铂、钯、铑或钌等贵金属组成的催化剂。

24.0736　普通金属催化剂　base metal catalyst

活性催化材料是由诸如铜或铬等一种或多种非贵金属组成的催化剂。

24.0737　稀土催化剂　rare earth catalyst

活性材料是诸如镧或铈等稀土元素的催化剂。

24.0738　同时氧化还原型催化剂　simultaneous oxidation reduction catalyst

可同时氧化碳氢化合物和一氧化碳及还原氮氧化物排放物的催化剂。

24.0739　催化剂耗损　catalyst attrition

由于摩擦、高温等原因导致催化剂从表面剥落或破碎而质量减少的现象。

24.0740　催化剂收缩　catalyst shrinkage

催化床暴露于高温，其载体收缩，催化剂作用面积减少的现象。

24.0741　催化剂中毒　catalyst poisoning

诸如铅、磷或硫等外来物质进入催化转换器，削弱或消除了催化剂对排气污染物的化学作用，使催化剂效率降低的现象。

24.0742　空速　space velocity

将标准压力和温度(100 kPa 和 25℃)状态下测得的排气流量(m^3/s 或 ft^3/h)除以催化器体积(m^3)所得的值。

24.0743　载体涂料　washcoat

为增加催化剂涂覆表面积而加在载体上的材料。

24.0744　载体　substrate

催化器的一个组成部分。通常为无催化作用的热稳定材料，用黏结、镶嵌或其他方法与活性材料结合在一起。

24.0745　整体式载体　monolithic substrate

通常为蜂窝状结构的单块催化剂载体。

24.0746　颗粒状载体　pelleted substrate

具有诸如卵石、念珠、小圆柱或小圆球等形状的催化剂载体。

24.0747　转化效率　conversion efficiency
在催化转化剂作用下，某一有害排气成分起化学反应转化为无害成分的百分率。

24.0748　起燃温度　light-off temperature
汽车催化转化器转化效率达到 50%时的入口气体温度。

24.0749　转化器旁通　converter bypass
通常使排气绕过转化器，以保护转化器不致因工作温度过高而损坏的方法。

24.0750　排气点火　exhaust gas ignition, EGI
为了快速加热催化剂和降低排放物的一种装置。此装置使混合气过浓，并用一附加泵向催化器前端供给空气，并点燃此可燃混合物。

24.0751　电加热催化器　electrically heated catalyst, EHC
为了快速达到起燃温度和降低排放物而采用的电加热的催化器。

24.0752　燃料点火式催化加热器　fuel-fired catalyst heater
为了快速加热催化器和降低排放物，在排气系统中正对催化器发出火焰的一种燃烧器。

24.0753　催化效率　catalytic efficiency
在转化器作用下，某一排气组分经化学反应而转换为其他组分的百分率。

24.0754　催化转化器转化效率　catalytic converter efficiency
试验车辆或发动机按照指定的工况运行时，催化转化器前后的某种污染物排放量的变化率。

24.0755　氧化型催化转化器起燃温度　DOC light-off temperature
催化转化器对气相组分的一氧化碳(CO)、总碳氢化合物(THC)的转化效率达到 50%时所对应的催化转化器入口的排气温度。

24.0756　热反应器　thermal reactor
常带有一些内部流道和(或)隔热装置，使排气离开发动机燃烧室后仍能继续燃烧的一种加大尺寸的排气歧管。

24.0757　稀混合气反应器　lean reactor
通常在比理论配比稀的空燃比范围内运行的热反应装置。

24.0758　浓混合气反应器　rich reactor
通常在比理论配比浓的空燃比范围内运行的热反应装置。

24.0759　过热保护装置　overtemperature protection system
保护热反应装置避免因不正常的氧化反应造成过热的控制装置。

24.0760　过热报警装置　overtemperature warning system
当热反应装置的温度超过控制范围时发出警报的装置。

24.0761　反应器衬套　reactor liner
镶嵌在热反应器内用以降低排气热损失的薄金属片或陶瓷零件。

24.0762　排气道衬套　exhaust port liner
镶嵌在排气道内，用以减少排气热损失的薄金属片或陶瓷零件。

24.0763　后燃器　after burner
为净化排气，再次燃烧排气中的碳氢化合物和一氧化碳的装置。其中备有点火或使排气着火的机构。

24.0764　二次空气分配歧管　secondary air distribution manifold
将二次空气按比例分配到各个排气口的歧管。此歧管可能包含有外部管道或与歧管组成一体的通道。

24.0765　二次空气控制阀　secondary air control valve

根据发动机的运转工况控制二次空气供给量的控制阀。

24.0766　二次空气转换阀　secondary air switching valve

根据发动机的工况切断向排气系统供给的二次空气，或者改变二次空气输送方向的二次空气控制阀。

24.0767　二次空气转流阀　secondary air diverter valve

为了防止汽车减速时回火，在减速后立即暂时中止供给二次空气，并将它排到大气或者送入进气总管的二次空气控制阀。

24.0768　二次空气喷射装置　secondary air injection system

将二次空气喷入排气系统的整套装置。

24.0769　二次空气喷射管　secondary air injection tube

伸入排气歧管或气缸盖排气道内，用以将二次空气分配歧管来的空气射向各排气阀附近的管子。

24.0770　二次空气喷射减压阀　secondary air injection relief valve

限制喷射空气的最大供给压力的阀。通常与二次空气泵或二次空气转流阀组成一体。

24.0771　脉动空气装置　pulsating air system

利用排气系统中的压力脉动吸入周围空气，以氧化碳氢化合物和一氧化碳的装置。

24.0772　二次空气泵　secondary air pump

用以供给二次空气的泵。

24.0773　电动热空气泵　electric thermactor air pump, ETA pump

用电动空气泵减少排放物的二次空气喷射装置。

24.0774　排气再循环　exhaust gas recirculation, EGR

将一部分排气通过进气系统返回燃烧室，以降低最高燃烧温度和氧浓度，从而减少氮氧化物形成的方法。

24.0775　排气再循环系统　exhaust gas recirculation system, EGR system

又称“废气再循环系统”，“EGR 系统”。将部分排气返回燃烧室以降低燃烧温度和氧浓度，减少氮氧化物形成的系统。

24.0776　比例式排气再循环系统　proportional exhaust gas recirculation system

根据发动机吸入的空气量，将一定百分比的排气进行再循环的排气再循环系统。

24.0777　节气门前排气再循环系统　above-throttle-valve EGR system

再循环排气的入口设在节气门前方的排气再循环系统。

24.0778　节气门后排气再循环系统　below-throttle-valve EGR system

再循环排气的入口设在节气门后方的排气再循环系统。

24.0779　空气比例式排气再循环系统　air proportional EGR system

根据发动机吸入的空气量将一定比例的排气作再循环的排气再循环系统。

24.0780　负荷比例式排气再循环系统　load proportional EGR system

根据发动机的负荷大小将一定比例的排气做再循环的排气再循环系统。

24.0781　孔口真空控制式排气再循环系统　ported vacuum-controlled EGR system

由节气门处真空口的真空度直接作用在 EGR 阀上，以控制再循环排气量的排气再循环系统。

24.0782　喉管真空控制式排气再循环系统　Venturi vacuum controlled EGR system

以化油器喉管处的真空度作为控制信号来控制再循环排气量的排气再循环系统。

24.0783 排气背压控制式排气再循环系统 exhaust back pressure-controlled EGR system

以排气背压作为控制信号来控制再循环排气量的排气再循环系统。

24.0784 节气门控制式排气再循环系统 throttle-valve-controlled EGR system

以与节气门机构联动的 EGR 阀来控制再循环排气量的排气再循环系统。

24.0785 音控式排气再循环系统 sonic-controlled EGR system

以音速喷嘴控制再循环排气量的排气再循环系统。

24.0786 电子控制式排气再循环系统 electronic-controlled EGR system

根据发动机的运转工况，利用电子控制系统来控制再循环排气量的排气再循环系统。

24.0787 排气再循环真空放大器 EGR vacuum amplifier

用以在某些车辆行驶工况下将较弱化油器信号放大以改善排气再循环量与发动机吸入空气量之间配比的装置。

24.0788 排气再循环真空口 EGR vacuum port

化油器上用以传感真空度，以控制排气再循环系统的孔口。

24.0789 排气后处理系统 exhaust aftertreatment system

安装在发动机排气系统中，能降低排气中一种或数种污染物排放量的系统，包括催化转化器或(和)颗粒过滤器、电子控制单元、传感器、执行器及其管路等。

24.0790 柴油车排气后处理装置 diesel aftertreatment device

安装在发动机排气系统中，能通过各种理化作用来降低排气中污染物排放量的装置。

24.0791 床温 bed temperature

排气流经排气后处理装置载体内部的温度。

24.0792 反应剂 reagent

储存于车载储存罐内的一种介质。按照排放控制系统的要求供给排气后处理系统(如需要)。

24.0793 降氮氧化物系统 deNO_x system

设计用来降低氮氧化物的排气后处理系统，如主动和被动的稀燃式发动机的氮氧化物催化器、吸附性氮氧化物催化器以及选择性催化还原系统。

24.0794 组合式降氮氧化物–颗粒物系统 combined deNO_x-particulate filter

设计用来同时减少氮氧化物和颗粒物的排气后处理系统。

24.0795 再循环排气 EGR gas

在排气再循环系统中再循环的排气。

24.0796 排气再循环冷却器 EGR cooler

将再循环排气的温度控制在一定范围内的冷却器。

24.0797 排气再循环过滤器 EGR filter

防止再循环排气中的杂质(特别是固态物质)进入进气系统的过滤器。

24.0798 排气再循环控制阀 EGR control valve

又称“EGR 控制阀”。控制进入发动机进气系统的排气再循环量的阀门。

24.0799 排气再循环调压阀 EGR pressure regulator

根据排气压力、喉管真空度或进气歧管真空度调节作用在 EGR 阀上的控制压力的装置。

24.0800 排气再循环率 EGR rate

表示再循环排气量与进气量或与进气量加

上再循环排气量的质量比率。

24.0801　隔热罩　heat shield
通常由薄金属片制成的隔热装置，位于高温零部件(排气系统)附近，以保护周围环境。

24.0802　隔热管　insulated pipe
在两个基本同心的环形空间内充以空气或其他隔热材料的双层壁排气管。

24.0803　脉冲空气系统　pulse air system
利用排气系统或曲轴箱内的低压脉冲，将外界空气吸入排气系统以氧化碳氢化合物和一氧化碳的装置。

24.0804　电子点火系统　electronic ignition system
用脉冲发生器代替常规凸轮和触点，并利用脉冲发生器的信号接通和断开点火线圈初级电流的非常规点火系统。

24.0805　无触点式点火系统　breakerless ignition system
采用脉冲发生器代替常规凸轮和触点，并利用脉冲发生器的信号接通和断开点火线圈的初级电流的非常规点火装置。

24.0806　点火正时控制系统　ignition timing control system
为了减少碳氢化合物和氮氧化物而控制点火正时的系统。

24.0807　双膜片式分电器　dual-diaphragm distributor
具有两个真空膜片，能根据作用其上的真空信号使点火定时提前或延迟的分电器。

24.0808　点火延迟装置　spark delay device
在真空提前软管中，用以延迟真空点火提前的校正量孔。

24.0809　车速控制式点火装置　speed-controlled spark
一般与自动变速箱一起使用，用以控制分电器的真空度，防止在低于某一选定车速时出现真空点火提前的装置。

24.0810　变速箱点火控制阀　transmission spark control valve
只有当变速箱以特定的一个或多个传动比工作时，才将进气歧管真空度传送到分电器点火提前装置的阀门。

24.0811　减速点火提前控制装置　deceleration spark advance control
在减速时将点火定时提前的装置。

24.0812　热真空开关　thermal vacuum switch
冷却液温度传感式真空控制阀，可作为过载保护装置，以调节分电器和排气再循环的真空度，使点火提前角增大的装置。

24.0813　喷油延时控制系统　retarded injection timing control system
为减少柴油机排气中的氮氧化物而推迟喷油正时的控制系统。

24.0814　点火提前角　spark advance angle
从火花塞跳火到活塞运行到上止点时曲轴转过的角度。

24.0815　点火真空口　spark port
化油器上用以传感真空度，以控制分电器点火提前角的孔口。

24.0816　转速控制的喷油延时　retarded injection timing with speed
为控制氮氧化物，随转速改变推迟喷油时刻。

24.0817　负荷控制的喷油延时　retarded injection timing with load
为控制氮氧化物，随负荷改变推迟喷油时刻。

24.0818　燃油系统　fuel system
内燃机燃油供给部分的总称。包括燃油箱、燃油管、燃油泵、燃油滤清器、蒸气返回管、化油器或喷射部件、燃油系统所有通风口和蒸发排放物控制系统或装置等。

24.0819　空燃比反馈控制系统　air-fuel ratio feed-back control system

利用排气氧传感器产生的反馈信号以调节燃烧混合气空燃比的系统。

24.0820　自适应存储器　adaptive memory

常用于电子反馈式空燃比调节系统中的电子控制装置。在发动机运行时，可对空燃比值进行动态修正，并可作为参比参数以控制发动机的其他运行功能，如定时、混合和节气门的调节。

24.0821　理论配比　stoichiometric

各种物质间起化合作用，并达到完全反应而不留任何剩余反应物时的化学理论精确配比。

24.0822　高效窗口　high-efficiency window

在理论空燃比附近，三效催化剂能高效发挥功能的一段空燃比范围。

24.0823　变比流动　perturbated flow

由排气中的氧传感器信号引起的空燃比变动，以供给催化转化器合适的气体状况。

24.0824　氧传感器　oxygen sensor

检测排气中氧浓度的传感器。它为空燃比反馈控制系统提供一个反映排气中氧浓度的电信号。

24.0825　分层充气　stratified charge

为扩大稀混合气稳定工作的极限，在火花塞附近形成浓混合气，在其他部位形成稀混合气的充气方式。可减少一氧化碳、碳氢化合物和氮氧化物的排放。

24.0826　温度补偿　temperature compensating

在控制供油量的系统中，为了保持正确的混合比，根据进气温度和冷却水温度对供油量进行修正所做的补偿。

24.0827　海拔补偿　altitude compensating

在控制供油量的系统中，为了保持正确的混合比，根据海拔高度对供油量进行修正所做的补偿。

24.0828　气压补偿　atmospheric pressure compensating

在控制供油量的系统中，为了保持正确的混合比，根据大气压力对供油量进行修正所做的补偿。

24.0829　电子控制化油器　electronic-controlled carburetor

用电子控制系统控制混合比、怠速供油等机能的化油器。我国已禁止生产采用化油器供油的汽车。

24.0830　减速节气门缓冲器　deceleration-throttle modulator

调节化油器节气门关闭速率的装置。

24.0831　喉管真空放大器　Venturi vacuum amplifier

将化油器喉管真空度放大的装置，以通过调节歧管真空度来控制排气再循环的阀门。

24.0832　电控燃油喷射系统　electronic fuel injection system

将发动机转速、进气量、冷却水温度、进气温度、排气中氧含量等参数的电信号，经电子控制单元处理后，确定喷油量和喷油正时的燃油喷射系统。

24.0833　怠速限制器　idle limiter

为使怠速时的一氧化碳浓度低于一定水平而限制怠速油量的装置。

24.0834　阻风门开启器　choke opener

为了减少使用阻风门时浓混合气所生成的一氧化碳和碳氢化合物，在发动机预热到一定程度后，迫使阻风门开到一定开度的装置。

24.0835　快动阻风门　quick-acting choke

用来缩短发动机起动期间阻风门关闭时间

的电动或机动装置。

24.0836 防继燃装置 anti-diesel device
在切断点火时进一步关闭气门或切断化油器怠速油量的装置。

24.0837 减速控制装置 deceleration control system
控制减速时的进气量或空燃比，以减少排气中污染物或防止回火的装置。

24.0838 补气阀 gulp valve
为防止液体燃油在高真空下蒸发形成过浓的混合气，在节气门突然关闭后，让一定量空气暂时进入进气歧管的阀门。

24.0839 进气节气门 inlet air throttle
限制燃烧室的进气量，以提高排气温度、激发捕集器内颗粒物氧化作用的装置。

24.0840 空气分配歧管 air distribution manifold
向各个排气道按比例分配空气的歧管。

24.0841 速热式进气歧管 quick-heat intake manifold
利用排气加热的进气歧管。它具有相当大的汇合通道和金属薄片制的隔板，可使进气混合气迅速加热，促进燃油蒸发。

24.0842 反应式歧管 reactive manifold
加大容积的排气歧管，以加速排气的热氧化反应。

24.0843 节气门定位器 throttle positioner
使减速时化油器节气门开度大于怠速时化油器节气门开度的装置。

24.0844 节气门缓冲器 throttle dash pot
为减少减速时的排气污染物，使节气门延迟关闭的空气阻尼器。

24.0845 节气门开启器 throttle opener
减速时，根据进气歧管的真空度开启节气门的装置。

24.0846 燃油减速阀 fuel decel valve
利用发动机减速时的真空度，将节气门稍微打开，或在节气门关闭时从化油器补充一定量的空气燃油混合气，以达到更完全燃烧的阀门。

24.0847 燃油箱止回阀 fuel tank check valve
燃油箱上用来防止液体燃油进入蒸发排放物储存系统的阀门。

24.0848 加油口盖 fuel filler cap
加油管上的盖子。一般均采用强制密封并可装有安全阀以供压力过高和真空时通气用。

24.0849 强制怠速加浓装置 coasting richer
强制怠速时，使混合气加浓的装置。

24.0850 加热装置 stove
(1)进气歧管或自动阻风门被排气加热的部位。(2)将化油器进气通过排气歧管进行加热的装置。(3)将热空气送向自动阻风门的双金属螺旋片的热交换器(阻风门加热装置)。

24.0851 进气加热装置 stove
进气歧管中用排气加热的部分。

24.0852 加油管限制装置 filler tube restrictor
燃油箱加油管内只允许插入小直径无铅汽油加油枪的装置。

24.0853 调温式空滤器 temperature-modulated air cleaner
通常由加热装置、管道和控制阀组成，用以使进入化油器的空气温度控制在规定范围内的进气系统。

24.0854 温度传感器 temperature sensor
控制系统中，反映温度参数的一种元件。一般用于检测发动机的进气温度和冷却水温度。

24.0855 压力传感器 pressure sensor

控制系统中，反映压力参数的一种元件。一般用于检测发动机的进气歧管压力和大气压力。

24.0856　位置传感器　position sensor

控制系统中，反映位置参数的一种元件。一般用于检测曲轴转角和节气门开度。

24.0857　转速传感器　speed sensor

控制系统中，反映发动机转速参数的一种元件。常同曲轴转角位置传感器制成一体。

24.0858　爆震传感器　knock sensor

控制系统中，检测发动机爆震的一种元件。

24.0859　燃料化学传感器　fuel chemistry sensor

用来测定可变燃料醇类汽车的醇含量，并与电子控制模块相连的一种装置。

24.0860　温度开关　temperature switch

根据冷却水温度或进气温度发出的电信号，操纵控制电路接通或断开的传感器。

24.0861　节气门位置开关　throttle position switch

根据节气门开度发出的电信号，操纵控制电路接通或断开的传感器。

24.0862　电子控制单元　electronic control unit, ECU

又称“电子控制模块”。一方面接收来自传感器的信号，另一方面完成对这些信息的处理，并发出相应的控制指令来控制执行元件的正确动作，使发动机和汽车的运行保持在最佳状态的核心控制元件。它实际上是一个微型计算机。

24.0863　故障指示灯　malfunction indicator light, MIL

安装在仪表板上，用于显示和提示车辆出现故障的指示灯。

24.0864　发动机电子集中控制系统　electronic-concentrated engine control system

控制排气中污染物的微处理机控制系统，其中包括微处理机、各种传感器、存储器和执行机构等元件。

24.0865　曲轴箱排放物控制系统　crankcase emission control system

将曲轴箱中的漏气排出或送入发动机进气系统的通道系统。可能包括或不包括调节流量的装置。

24.0866　曲轴箱双通风系统　crankcase dual ventilation system

曲轴箱完全密封，用两个通风装置强制曲轴箱通风的系统。

24.0867　曲轴箱单通风系统　crankcase single ventilation system

曲轴箱完全密封，用一个通风装置使曲轴箱通风的系统。

24.0868　曲轴箱强制通风装置　positive crankcase ventilation device

将曲轴箱内气体(漏气和空气)送入发动机进气系统的装置。

24.0869　曲轴箱强制通风阀　PCV valve

调节曲轴箱内气体进入发动机进气系统流量的阀门。

24.0870　曲轴箱储存装置　crankcase storage system

利用曲轴箱储存蒸发排放物的装置。

24.0871　空气滤清器储存装置　air filter storage system

利用空气滤清器暂时储存蒸发排放物的装置。一般以活性炭作为吸附材料。

24.0872　炭罐储存装置　carbon canister storage system

蒸发控制系统中利用炭罐中的活性炭收集和储存来自燃油箱和(或)化油器中蒸发排放物的部件。

24.0873 炭罐 carbon canister

炭罐储存装置中用来储存活性炭的容器。

24.0874 炭罐通气阀 carbon canister vent valve

为了监控蒸发系统的泄漏，用来密封炭罐通大气口的装置。

24.0875 蒸发排放物用炭罐 carbon canister for evaporative emission

燃油蒸发排放物控制系统中，用以收集和储存燃油箱和(或)化油器在燃油蒸发时的碳氢排放物的零部件。

24.0876 蒸气炭罐 vapor canister

燃油蒸发排放物控制系统中用以收集和储存燃油箱和(或)化油器在燃油蒸发时的碳氢排放物的装置。

24.0877 活性炭罐 charcoal canister

燃油蒸发排放物控制系统中用以收集和储存燃油箱和(或)化油器在燃油蒸发时的碳氢排放物的装置。

24.0878 油气分离器 fuel and vapor separator, vapor seperator

在蒸发排放物控制系统内用以防止液体燃油进入燃油蒸气储存装置的一种捕集器。

24.0879 蒸发排放物清除系统 evaporative purge system

控制蒸发排放物的计算机逻辑电路和硬件，包括动力控制模块、清除阀、炭罐、燃油箱和辅助部件等。它控制发动机产生的储存在炭罐中的蒸发物以及发动机运转时油箱产生的蒸发物。它可以将产生的燃油蒸气直接送入进气系统，也可以将燃油蒸气暂时储存，在某种运转工况下再送入进气系统。

24.0880 清除阀 purge valve

蒸发排放物控制系统中的一种真空或电动装置，用以将收集到的碳氢化合物释放到发动机的进气系统中。

24.0881 浮子室双路通气 two-way bowl vent

在发动机停机时将化油器浮子室内部气孔(平衡管)关闭，而同时保持浮子室外部通气孔与蒸气罐相通的方法。

24.0882 蒸发系统泄漏监控器 evaporative system leak monitor

汽车使用过程中，由动力控制模块对蒸发排放物系统进行的泄漏自诊断检验。

24.0883 加油排放物控制系统 refueling emission control system

控制加油过程中汽油蒸气排向大气的系统。在美国这种控制分为两个阶段：阶段 I 和阶段 II 。

24.0884 阶段Ⅰ加油控制装置 stage I refueling control device

当在汽油生产厂或油库为油罐车加油，或从油罐车为加油站的地下油罐加油时，收集可能逸向大气的汽油蒸气的装置。

24.0885 阶段Ⅱ加油控制装置 stage II refueling control device

装在加油站加油泵上，收集汽车加油过程中汽油蒸气的装置。

24.0886 阶段Ⅱ蒸气回收加油枪 stage II vapor recovery nozzle

在加油处为了收集和储存加油中的蒸气，附加有密封和回收装置或真空装置的加油枪。

24.0887 油面控制装置 fuel fill level control device

加油时限制油箱中最高油平面的装置。

24.0888 车载加油蒸气回收装置 on-board refueling vapor recovery device

加油时在车上捕集可能散发到大气中的汽油蒸气的装置。

24.0889　燃油箱防滴油装置　fuel tank anti-dripping device

在加油过程中，为了限制液态油通过加油管的开口处滴漏，在燃油箱加油管内安装的一种装置。

24.0890　燃油箱喘息损失　fuel tank puff loss

当打开油箱盖或加油枪刚插入油箱加油管内时，从油箱排入大气的碳氢化合物蒸气。

24.0891　整体式加油排放控制系统　integrated refueling emission control system

将加油产生的燃油蒸气，与汽车其他蒸发排放物储存在同一个蒸气储存单元内，并用同一个清除系统加以清除的蒸气储存系统。

24.0892　非整体式加油排放控制系统　non-integrated refueling emission control system

将加油产生的燃油蒸气，储存在一个单独的蒸气储存单元内的储存系统。

24.0893　蒸发物控制阀　vapor management control valve

加油和非加油期间控制燃油箱的蒸气通向蒸气储存装置的阀门。

24.0894　油箱正常蒸气通风道　tank normal vapor vent path

油箱与蒸气储存装置间的蒸气通风道。在非加油期间一般是打开的，在加油期间一般是关闭的。

24.0895　油箱加油蒸气通风道　tank refueling vapor vent path

油箱与蒸气储存装置间的蒸气通风道。只有在加油期间是打开的。

24.0896　加油枪限制器　fuel filler restrictor

在油箱加油管中，只允许小直径无铅汽油加油枪进入的装置。

24.0897　蒸气回收加油枪　vapor recovery nozzle

加油期间为了收集和储存燃油蒸气所用的带真空系统的加油枪。

24.0898　喷水装置　water injection system

向进气系统或燃烧室喷水，降低燃烧温度，减少氮氧化物形成的装置。

24.0899　空燃比控制装置　air-fuel ratio control device

用于使供应的燃料与增压柴油机加速时所提供的空气进行完全燃烧的燃料限制装置。

24.0900　化油器减速燃烧控制阀　carburetor deceleration combustion control valve

利用发动机减速时的真空度使节气门稍微打开，或绕过关闭的节气门，从化油器补充一定量的空气燃油混合气，以达到更完全燃烧的阀门。

24.0901　闭环控制　closed-loop control

利用排气氧传感器产生的反馈信号以调节燃烧混合气空燃比。

24.0902　冷却液过热越控阀　coolant override valve

又称“热真空开关(thermal vacuum switch)”。冷却液温度传感式真空控制阀，可作为一种过载保护装置，以调节分电器和废气再循环的真空度，使点火提前角增大的装置。

24.0903　车载诊断　on-board diagnostics, OBD

利用汽车上的电子控制单元，在车上实时监测所有与排放有关的部件和系统。

24.0904　故障指示器　malfunction indicator, MI

当连接于车载诊断系统的与排放相关的任何零部件或车载诊断系统本身发生故障时，能清楚地提示汽车驾驶员的一种可视的指示器。

24.0905 排放默认模式 emission default mode

当失效的零部件或系统导致车辆排放超过车载诊断装置所规定的限值时，发动机的管理控制器将持久地转换至所设定的、不再要求失效零部件或系统输入信号的一种状态。

24.0906 严重功能性故障 major function failure

排气后处理系统中的永久或暂时性故障。这些故障会立刻或即将导致发动机系统气体或颗粒污染物排放增加，而这种排放物的增加程度是不能由车载诊断装置正确估计到的。

24.0907 蒸发排放物控制系统 evaporative emission control system

汽车上所有限制碳氢蒸发排放物排放到大气中的部件。包括液态燃料控制系统、蒸发控制系统和动力系统。

24.0908 排放控制系统 emission control system

排气后处理系统、发动机电子控制单元、安装在发动机排气装置中为发动机电子控制单元提供输入信号或接受发动机电子控制单元输出信号的排放相关部件、发动机电子控制单元与任何其他动力总成或汽车排放控制单元之间的通信界面(硬件或软件，如适用)。

24.0909 排放控制检测系统 emission control monitoring system

用来确保氮氧化物(NO_x)控制措施按照要求在发动机系统上正确执行的检测系统。

24.0910 劣化部件/系统 deteriorated component/system

为进行车载诊断系统型式核准试验，制造企业用可控方法特制的已劣化的发动机系统或排气后处理的部件/系统。

24.0911 净化率 purifying rate

装排放物控制系统前后，某种排放物浓度(排放量)降低的比率(以百分数表示)。

24.0912 捕集器 trap

捕集系统中收集颗粒的装置。

24.0913 催化捕集器 catalytic trap

用于捕集和氧化排气中颗粒的装置。它利用催化剂和排气余热加速化学反应来进行连续再生，再生是随时进行的。

24.0914 网式过滤器 mesh filter

使排气流经过一曲折通道进行工作的捕集器。根据冲撞和扩散的捕集机理，使颗粒冲撞在细丝上，并黏附在细丝或早先捕集到的颗粒表面。较小的颗粒靠扩散移向表面，并保留下来。

24.0915 捕集氧化系统 trap oxidizer system

由采集柴油机颗粒排放物的捕集器和氧化沉降颗粒的装置所组成的排放控制系统。

24.0916 捕集器氧化装置 trap oxidizer

为了防止捕集器堵塞，在一定条件下重新燃烧捕集器捕集到的颗粒物的装置。

24.0917 周期性再生捕集氧化装置 periodically regenerating trap oxidizer

采用诸如加热器、燃烧器等外部热源或通过临时调整发动机，使排气温度提高到足以点燃沉降颗粒的装置。

24.0918 连续再生装置 continuously regenerating device

在发动机运行时不断将捕集到的颗粒物烧去的颗粒采集装置。

24.0919 再生 regeneration

将沉降的柴油机排放颗粒烧掉，使捕集器清洁的过程。

24.0920 捕集器再生循环 trap regeneration cycle

带捕集器再生装置的柴油机颗粒捕集器所

用的再生循环。

24.0921 再生触发信号 trigger to regeneration

启动再生过程的信号，此信号可以来自排气背压、发动机总转数或行驶里程。

24.0922 再生间隔期 regeneration interval

柴油机颗粒捕集器从本次再生开始到下次再生开始的间隔时间。

24.0923 再生失控 run-away regeneration

柴油机排放颗粒迅速氧化，造成温度失控升高，使捕集器损坏的现象。

24.0924 旁通阀 bypass valve

(1)用在旁通管路中的一种真空截止阀。(2)在再生过程中，用来使柴油机颗粒捕集器旁通的阀。此阀将排气转换至另一收集器或排至大气。

24.0925 空气喷射安全阀 air injection relief valve

通常与空气泵或空气泵分流阀组成一体、用以限制喷射空气最高输气压力的减压阀。

24.0926 空气喷射管 air injection tube

伸入排气歧管或气缸盖排气道内，用以将空气分配歧管内的喷射空气引向排气阀的管子。

24.0927 空气泵转向阀 air pump diverter valve

阻止空气输向排气道的阀门，一般用以在车辆减速时防止发动机回火。

24.0928 吹除 blow-off

利用气流或背压去除捕集器内的颗粒物。

24.13.04 试验和标准

24.0929 气相色谱 gas chromatogram

由气相色谱仪检测器发出的、随时间变化的记录仪输出信号。其偏离表示混合气中存在被分离的各组分。

24.0930 正乙烷当量浓度 hexane equivalent concentration

能显示丙烷标定气相同信号的正乙烷浓度。

24.0931 有机物碳氢当量 organic material hydrocarbon equivalent, OMHCE

样气中没有氧化的碳氢化合物、甲醇和甲醛中碳的总质量，以汽油车的碳氢化合物表示。我国排放标准规定：对于排气排放物，当量的氢碳比为 1.85∶1；对于昼间换气蒸发物和热浸蒸发物，当量的氢碳比分别为 2.33∶1 和 2.2∶1。

24.0932 非甲烷有机物碳氢化合物当量 organic material non-methane hydrocarbon equivalent

减去甲烷后的有机物碳氢化合物当量。

24.0933 颗粒总质量 total particulate mass, TPM

由滤纸上收集到的所有物质的质量计算出的颗粒排放量。

24.0934 氮氧化物 oxides of nitrogen, NO_x

(1)气缸内的氮在高温下被氧化而生成的气体。主要由一氧化氮(NO)和二氧化氮(NO_2)混合而成。(2)样气中一氧化氮(NO)和二氧化氮(NO_2)的总和，用二氧化氮(NO_2)当量表示。

24.0935 试验燃料 test fuel

用于某一规定试验并具有该试验所要求的特定化学和物理性质的燃料。

24.0936 比排放量 specific emission

每单位输出功在单位时间内所排放的污染物质量。

24.0937 百万分率碳 parts per million carbon

以甲烷为换算基础测定的碳氢化合物的摩尔数乘以 10^{-6}。

24.0938 排放系数 emission factor

某种排放物在排放源的排放量中所占的比例。

24.0939 排放指数 emission index

燃烧 1kg 燃料所排放出的污染物的质量，以 g/kg 表示。

24.0940 质量排放量 mass emission

单位时间、每公里或每次试验期内排放出的污染物的质量，以 g/h、g/km 或 g/试验表示。

24.0941 透射比 transmittance

透过充满烟气通道的光能与透过同一通道但无烟气存在的光能之比。

24.0942 消光度 opacity

经遮挡未能到达观察者或仪器受光元器件的光线分量。

24.0943 雷特蒸气压 Reid vapor pressure

在一特殊容器内，使空气体积为液体燃料体积的四倍，测定在 37.8 ℃(100 ℉)温度时汽油蒸气的绝对压力(ASTM D323 试验规程)。

24.0944 分辨率 resolution

使仪器输出产生明显变化而需要的最小输入浓度。

24.0945 催化型颗粒过滤器平衡点温度 CDPF balance point temperature

在指定的发动机工况下进行颗粒物加载时，催化型颗粒过滤器的压降从上升到没有明显下降时的入口温度。

24.0946 颗粒过滤器过滤效率 DPF filtration efficiency

试验车辆或发动机按照指定的工况运行时，单位时间颗粒过滤器入口端和出口端的颗粒物排放质量的变化率。

24.0947 颗粒过滤器热重 DPF hot weight

颗粒过滤器的床温达到 120℃以上时称得的颗粒过滤器质量。

24.0948 劣化率 deteriorate rate

后处理装置劣化前后对某种污染物转化效率(或过滤效率)的变化率。

24.0949 后处理式排放修正法 emission correction method with after treatment

用无再生排放试验结果对再生排放试验结果进行计权的排放计算。

24.0950 加载减速法 lug-down method

将柴油车驱动轮放在自由滚轮上，利用脚制动器加载，采用消光烟度计测定 100%～40%最高转速范围内的烟度值的一种方法。它可用于在用车的简易试验。

24.0951 稳定单速法 single steady speed method

将柴油车驱动轮放在自由滚轮上，利用脚制动器加载，使发动机稳定在最高烟度转速下，采用消光式或滤纸式烟度计测定烟度值的方法。它可用于在用车的简易试验。

24.0952 道路试验法 road test method

利用汽车在坡道上行驶加载，采用滤纸式烟度计测定 75%～100%最高转速范围内的烟度的一种方法。它可用于在用车的简易试验。

24.0953 密闭室测定蒸发排放物法 sealed housing for evaporative-emission determination, SHED

简称“SHED 法”。在密闭室内测定汽车全部蒸发排放物的方法。所测得的蒸发排放物既包括燃油排放的，也包括汽车其他部件排放的。

24.0954 滑行法 coast-down method

用汽车在一定行驶速度下测得的行驶阻力来确定底盘测功机所吸收功率的一种方法。

24.0955 排放物校正方法 emission correction method

将再生排放试验结果与不再生排放试验结果进行加权的一种排气排放物计算方法。此方法适用于装冷起动捕集器和催化后处理装置的汽车。

24.0956　烟度照相测量　photographic smoke measurement

依靠仪器或目测，将烟柱的摄影图像与规定的黑度或消光度的标样进行比较，以确定原烟柱消光度的测量技术。

24.0957　目测烟度测量　visual smoke measurement

依靠目测发动机烟气，对照规定的黑度或消光度标样(通常是一种在透明或不透明白色底板上的灰色标样)，对烟气外观进行评级的测量技术。

24.0958　无再生排放试验　non-regeneration emission test

不包括柴油机颗粒捕集器再生过程的整个排放试验。

24.0959　再生排放试验　regeneration emission test

包括柴油机颗粒捕集器再生过程的整个排放试验。

24.0960　试验循环　test cycle

通常为模拟车辆在道路上使用而制定的一系列发动机或车辆的运转工况。

24.0961　行驶循环　driving cycle

为测定汽车的排放物而制定的一组行驶工况。一般包括加速、减速、等速和怠速工况。

24.0962　车载加油蒸气回收　on-board refueling vapor recovery

美国从 1998 年开始实施的一种试验，要求汽车在整个寿命期间，加油过程中碳氢的挥发量限值为 0.053 g/L。

24.0963　取样　sampling

采集有代表性的样物以供分析用的技术。取样可非连续、连续或按比例进行。

24.0964　全流取样法　full-flow sampling

全部排气流过测定仪器的取样方法。此方法最能反映排气的实际状况。

24.0965　部分流取样法　partial-flow sampling

从排气中取出一定量的样气流过测定仪器的取样方法。所测定的样气必须反映全部排气的状态。

24.0966　连续取样法　continuous sampling

又称“动态取样法(dynamic sampling)”。连续抽取部分排气将其泵入分析系统的试验方法。

24.0967　连续取样　continuous sampling

连续抽取部分排气作即时分析的技术。

24.0968　非连续取样　batch sample

用注射器、气袋或其他容器在短时间内取样，以供分析用。

24.0969　简单取样　grab sample

为分析气体，用注射器、气袋或其他容器在短时间内所进行的取样。

24.0970　比例取样　proportional sampling

根据气流流量按比例计权，从流动气流中采集混合样气的方法。

24.0971　变稀释度取样　variable dilution sampling

用变量稀释空气稀释全部排气流，使稀释排气的总体积流量(在恒定温度下)保持一已知值，采集有代表性的样品以供分析用的技术。

24.0972　变流量取样　variable rate sampling

从每个工况的总排气流中抽取一定比率(如 1/1000)排气气样的技术。

24.0973　取样袋　sampling bag

CVS 法和全袋取样法中用以收集样气或环境空气的袋子。由不吸附材料制成。

24.0974　比尔–朗伯定律　Beer-Lambert law

为测量柴油机烟度而使用的用以表达烟柱

消光度、通过烟柱的光通道长度及每单位光通道长度烟柱的消光度之间关系的近似方程式。

24.0975 拖尾 hang-up
样品各组分(主要为高相对分子质量的碳氢化合物)在取样系统表面的吸附和脱附作用会造成分析仪的响应滞后，使检测器开始时的浓度读数偏低，接着又在随后的试验中使计数偏高的现象。

24.0976 干扰 interference
因存在非检测组分而使分析产生的一种错误响应。

24.0977 工况 mode
车辆试验规范中的某一运行状况。如加速、减速、常速或怠速等。

24.0978 稳态工况 steady-state condition
发动机在恒定转速、恒定负荷及稳定温度和稳定压力下的运转状况。

24.0979 分析系统 analytical train
为抽取和测定排气中某一组分所需的整套系统。一般包括取样管、颗粒过滤器、冷凝器、取样泵、分析仪和流量计等零部件。

24.0980 底盘测功机 chassis dynamometer
能模拟车辆道路行驶工况的实验室设备。这种测功器具有模拟作用在行驶车辆上的惯性力、摩擦力和风阻力的能力。

24.0981 惯性配重 inertia weights
底盘测功机上的一套转盘，用以模拟车辆的惯性质量。

24.0982 化学发光分析仪 chemiluminescent analyzer
利用化学发光反应，如一氧化氮与过量臭氧反应所产生的光或辐射量，以确定反应物数量的仪器。

24.0983 气相色谱仪 gas chromatograph
用气相色谱法对物质进行定性、定量分析的仪器。

24.0984 不分光红外线分析仪 nondispersive infrared analyzer, NDIR
利用气体对红外线吸收特性的响应而选择性测量混合气中某一特定组分的仪器。主要供认证和开发时测定一氧化碳和二氧化碳之用。

24.0985 氢火焰离子化检测器分析仪 flame ionization detector analyzer, FID analyzer
简称“FID 分析仪”。在氢/空气火焰中通入样气，产生的离子电流信号与每单位时间进入火焰的碳氢化合物的碳质量流量成正比，通过测量此电流来确定碳氢化合物浓度的分析仪。

24.0986 加热式氢火焰离子化检测器分析仪 heated flame ionization detector analyzer, HFID analyzer
简称“HFID 分析仪”。为了防止水分或碳氢化合物在取样系统内凝结或吸附，而对检测器和检测器前的取样系统进行加热的氢火焰离子化检测器分析仪。

24.0987 总碳氢分析仪 total hydrocarbon analyzer, THC analyzer
简称“THC 分析仪”。测定样气中碳氢化合物总量的分析仪。通常用氢火焰离子化检测器分析仪测定。

24.0988 化学发光检测器分析仪 chemiluminescent detector analyzer, CLD analyzer
简称“CLD 分析仪”。利用被分析成分中一氧化氮和臭氧反应时产生的激发态二氧化氮转变到稳态时所产生的发光现象，其发光强度与浓度成正比的原理制成的分析仪，是国家标准规定用来测定排气中氮氧化物的一种分析仪。

24.0989　催化燃烧分析仪　catalytic combustion analyzer

对样气中的一氧化碳等气体进行催化氧化时所产生的反应热进行电测定，以求出浓度的分析仪。

24.0990　行驶监视仪　driver aid

又称“司机助”。用于指导驾驶员按规定车速–时间规范驾驶汽车的仪器。

24.0991　定容取样器　constant-volume sampler, CVS

用变量稀释空气稀释全部排气流，使稀释排气的总体积流量(在恒定温度下)保持不变并在试验中为已知值的装置。

24.0992　检测器　detector

分析仪内对某一排气组分做出响应的元器件。

24.0993　氢火焰离子化检测器　flame ionization detector

利用氢在空气中的燃烧火焰产生电流的装置。该电流与每单位时间内进入火焰的碳氢化合物组分中的碳质量近似成正比。

24.0994　烟度计　smokemeter

柴油机排烟浓度的测定装置。一般分消光式和滤纸式两种。消光式又分全流式和部分流式两种，滤纸式只有部分流式。

24.0995　全流式烟度计　full-flow smokemeter

将发动机所有气缸或部分气缸排出的全部排气流通过测量部位的烟度计。

24.0996　部分流式烟度计　partial-flow smokemeter

将发动机所有气缸或部分气缸排出的排气流中具有代表性的一部分通过测量部位的烟度计。其光通道有效长度随烟度计结构而变。

24.0997　全流管端式烟度计　full-flow end-of-line smokemeter

测量尾管端全部排气柱的消光度的烟度计。其光源和检测计位于烟柱的两侧，并且靠近尾管的开口端。其光通道有效长度随尾管结构而变。

24.0998　光学式烟度计　optical smokemeter

使用光学手段直接测定排烟特性的烟度计。

24.0999　消光烟度计　smoke opacimeter

又称“不透光烟度计”。利用消光原理测量烟气颗粒消光度的仪器。

24.1000　滤纸式烟度计　filter-type smokemeter

烟度计的一种。用一适当装置将一定量的排气通过一张一定规格的白色滤纸，根据滤纸的染黑程度，由光学手段评定其染黑度。适合于测量黑烟，但不能做连续测定。

24.1001　滤光室　filter cell

不分光红外线分析仪中，内部充有特种气体，用来减少干扰信号，提高检测精度的腔室。

24.1002　参比室　reference cell

不分光红外线分析仪的组成部分。与气样室相似，但不充入待测气相组分。

24.1003　气样室　sample cell

不分光红外线分析仪中，用以充入待分析气样的腔室。

24.1004　稀释通道　dilution tunnel

用空气稀释并混合发动机的排气，以采集排气用的装置。

24.1005　探头　probe

插入发动机或车辆系统某部位，以采集具有代表性的气体、液体或颗粒样品的装置。

24.1006　取样探头　sampling probe

插入发动机或汽车排气流中的取样管道的一部分。它位于取样管道的最前部，用来获得具有代表性的气体或颗粒样品。

24.1007 标定气 calibration gas

已知某一组分浓度的混合气，用以确定该组分的仪器响应值，通常与其他不同浓度的同类标定气一起使用，以定出分析仪的响应曲线。

24.1008 量距气 span gas

单一浓度的、用于日常校正分析仪的校正气。

24.1009 零气 zero gas

用以确定分析仪响应曲线零点的纯气体，如氮气或纯空气。

24.1010 零点气 zero grade air

所含以甲烷为换算基础的碳氢化合物少于 1×10^{-6}，一氧化碳少于 1×10^{-6}、二氧化碳少于 400×10^{-6} 和一氧化氮少于 0.1×10^{-6} 的空气。

24.1011 稀释空气 dilution air

系外界空气，用来稀释汽车的排气。它通过滤清器以稳定背景气体中碳氢化合物的浓度。

24.1012 欧洲 ECE 15 工况试验循环 ECE 15-mode test cycle

欧洲制定的测量总质量≤3.5 t车辆排气排放物的试验循环。试验循环从冷起动开始，由 15 个工况组成。我国排放标准也采用此 15 工况试验循环。

24.1013 欧盟试验循环 EU-test cycle

欧盟测定总质量≤3.5 t车辆排气排放物的试验循环。由四个连续的 ECE 15 工况和一个市郊循环(EUDC)组成。我国排放标准和燃料消耗量标准也采用此试验循环。

24.1014 欧洲 ECE 13 工况试验循环 ECE 13-mode test procedure

欧洲用于测定 M_2、M_3、N_1、N_2、N_3类及总质量＞3.5 t 的 M_1类机动车所装用的压燃式发动机、气体燃料点燃式发动机排气排放物的试验规程，由 13 个工况组成。我国排放标准也采用此规程。

24.1015 排放标准 emission standard

为了限制污染物排放量而规定的排放限值。

24.1016 怠速排放标准 idle speed emission standard

为限制怠速运转时排气中一氧化碳、碳氢化合物等成分的排放量而制定的标准。

24.1017 浓度排放标准 emission concentration standard

用排放物的浓度来表示排放限值的标准。一般用容积比(%或 10^{-6})表示。

24.1018 质量排放标准 mass rate of emission standard

用单位排放质量来表示排放限值的标准。以单位行驶距离或单位功率时间内的排放质量表示。

24.1019 型式认证 type approval, TA

在车辆或发动机的排放水平方面对一种车辆型式或一种发动机型式进行的认证。

24.1020 车辆型式 vehicle type

在规定的发动机和车辆基本特性上无差异的同一类车辆。

24.1021 发动机型式 engine type

在规定的基本特性上无差异的同一类发动机。

24.1022 生产一致性 conformity of production, COP

制造厂所安排的生产过程能保证所生产的经型式认证的产品与认证批准的样品在排放水平上相一致。

24.1023 发动机系族 engine family

发动机制造厂生产的发动机系列中，基本结构一致，排放特性类似的一些机型，其所有发动机都必须满足相应的排放限值。

24.1024 蒸发和加油排放物系族 evaporative/refueling emission family

在炭罐吸附材料、清除系统结构、清除过程和其他有关参数方面完全一致的蒸发和加油排放物。

24.1025 在用车 in-use vehicle

已投入使用的汽车。在我国系指已经取得牌照的汽车。

24.14 喷 油 泵

24.1026 喷油泵 fuel injection pump

将燃油提高压力，并通过一个或多个高压油管和喷油器定时定量地向柴油机燃烧室供给燃油的装置。

24.1027 柱塞式喷油泵 jerk fuel injection pump

由操纵机构直接驱动柱塞运动，并通过柱塞偶件将燃油加压后定时定量地供给发动机的喷油泵。

24.1028 蓄压式喷油泵 accumulator fuel injection pump

由储存在蓄能器中的能量驱动柱塞运动，将燃油加压后定时定量地供给发动机的喷油泵。

24.1029 伺服式喷油泵 servo fuel injection pump

由喷油泵外部动力，用或不用中间助力装置驱动柱塞运动的喷油泵。

24.1030 机械式喷油泵 mechanical fuel injection pump

喷油量、喷油正时和喷油压力等参数完全通过机械方法控制的喷油泵。

24.1031 电控式喷油泵 electrical fuel injection pump

喷油量、喷油正时和喷油压力等参数通过电控方法控制的喷油泵。

24.1032 液压式喷油泵 hydraulic fuel injection pump

喷油量、喷油正时和喷油压力等参数通过液力方法控制的喷油泵。

24.1033 往复式喷油泵 reciprocating fuel injection pump

不采用整体式凸轮轴驱动泵油偶件的柱塞做往复运动的机械式喷油泵。

24.1034 滚轮式喷油泵 roller fuel injection pump

带滚轮挺柱的往复式喷油泵。

24.1035 合成式喷油泵 integral drive fuel injection pump

采用自带的整体式驱动轴或凸轮轴驱动泵油偶件柱塞的机械式喷油泵。

24.1036 凸轮轴式喷油泵 camshaft fuel injection pump

利用自带的整体式凸轮轴驱动泵油偶件柱塞的合成式喷油泵。

24.1037 单缸喷油泵 single-cylinder fuel injection pump

只有一副泵油偶件和一个出油口的喷油泵。

24.1038 直列式喷油泵 in-line fuel injection pump

各泵油偶件轴线互相平行，且位于同一平面内的合成式喷油泵。

24.1039 分列式喷油泵 unit fuel injection pump

不带自驱动凸轮轴的柱塞式喷油泵。

24.1040 单体式喷油泵 individual fuel injection pump

简称“单体泵”。用于单缸或多缸柴油机的一个气缸的单缸分列式喷油泵。

24.1041 周向布置式喷油泵 cylindrical fuel injection pump

各泵油偶件轴线沿周向排列成与驱动轴同心的喷油泵。

24.1042 V 型喷油泵 V-type fuel injection pump

两列泵油偶件相互倾斜呈一定夹角(V 形排列)并共用一根凸轮轴的合成式喷油泵。

24.1043 转子式喷油泵 rotary fuel injection pump

各泵油偶件轴线围绕一公共轴线旋转，以完成工作循环的驱动轴式喷油泵。

24.1044 多缸喷油泵 multi-cylinder fuel injection pump

具有多副泵油偶件，并有相同数量出油口的喷油泵。

24.1045 分配式喷油泵 distributor fuel injection pump

通过至少一个分配装置，向相应喷油器定时定量地供油的喷油泵。

24.1046 平底托架式喷油泵 base-mounted fuel injection pump

安装面底部为平面且与驱动轴轴线平行，而与各泵油偶件轴线垂直，以平面托架和柴油机连接的合成式喷油泵。

24.1047 平底法兰安装式喷油泵 base flange-mounted fuel injection pump

安装法兰与各泵油偶件轴线垂直，且进油口、油量调节机构和出油口位于安装法兰上部(即露在外面)的往复式喷油泵。

24.1048 高位法兰安装式喷油泵 high flange-mounted fuel injection pump

安装法兰与各泵油偶件轴线垂直，且油量调节机构位于安装法兰下部(通常不露在外面)的往复式喷油泵。

24.1049 侧面安装式喷油泵 side-mounted fuel injection pump

安装面平行于各泵油偶件轴线，并和凸轮轴(不论是否在喷油泵内)轴线平行的喷油泵。

24.1050 端面法兰安装式喷油泵 end flange-mounted fuel injection pump

安装法兰垂直于驱动轴的合成式喷油泵。

24.1051 弧形底安装式喷油泵 cradle-mounted fuel injection pump

底部外圆安装面为弧面，且与驱动轴同轴，以弧形托架和柴油机连接的合成式喷油泵。

24.1052 计量 metering

使用各种控制方式使燃油喷射装置在规定的工作范围内确定所需供油量的方法。

24.1053 油孔和螺旋槽计量 port and helix metering

通过柱塞上一个或多个斜槽以及柱塞套上一个或多个油孔，或者以相反方式来计量燃油的方法。

24.1054 滑套计量 sleeve metering

通过一个可移动套筒(滑套)来控制油孔开启和(或)关闭的计量方法。

24.1055 进油计量 inlet metering

在喷油泵充油或回油过程中，控制进入泵油腔燃油量的计量方法。

24.1056 可变行程计量 variable stroke metering

控制柱塞预行程或有效行程的计量方法。

24.1057 阀式计量 valve metering

采用控制阀来调节所需供油量的一种计量方法。

24.1058 滑阀位移计量 shuttle displacement metering

通过改变一辅助自由活塞位移的计量方法。

24.1059 凸轮升程 cam lift

凸轮轮廓线的最低点与最高点之间的几何差。

24.1060 柱塞行程 plunger stroke
柱塞沿其运动方向连续两次换向所移动的名义距离。

24.1061 断油孔关闭时柱塞预升程 plunger lift when cut-off port closing, plunger prestroke when cut-off port closing
从柱塞开始上升到断油孔关闭时的柱塞行程。它确定了几何供油的开始。

24.1062 断油孔关闭角 angle of cut-off port closing
与断油孔关闭时的柱塞预升程相对应的驱动轴转角。

24.1063 回油孔开启时柱塞升程 plunger lift to spill port opening
从柱塞开始上升到回油孔开启时的柱塞行程。它确定了几何供油的结束。

24.1064 回油孔开启角 angle of spill port opening
与回油孔开启时的柱塞升程相对应的驱动轴转角。

24.1065 断油孔 cut-off port
在几何供油开始时被柱塞关闭的油孔。

24.1066 回油孔 spill port
在几何供油结束时被柱塞打开的油孔。

24.1067 进油孔 inlet port
使燃油进入泵油腔的油孔。

24.1068 几何供油行程 geometric fuel delivery stroke
从几何供油开始到几何供油结束之间的柱塞行程。

24.1069 减压容积 retraction volume
又称“卸压容积”，“卸载容积(unloading volume)”。当供油结束后，由高压油管回流至喷油泵的回油油量。

24.1070 几何减压容积 geometric retraction volume
由减压阀(通常为一种带减压凸缘的出油阀)落座时几何位置变化所产生的高压油路内增大的那部分容积。它是可由计算求得的几何容积。

24.1071 减压行程 retraction stroke
与减压容积或几何减压容积相对应的、换算到出油阀或柱塞上的行程。可分别用出油阀或柱塞的截面积除以相应的减压容积来计算。

24.1072 有效行程 effective stroke
柱塞的几何供油行程与减压行程之差。

24.1073 剩余行程 remainder stroke
从几何供油行程结束到柱塞行程结束的那部分柱塞行程。

24.1074 柱塞顶隙 head clearance
柱塞行程结束时，从喷油泵柱塞(或柱塞组件)顶面到限制柱塞继续移动的最接近零件底面之间的距离。

24.1075 供油量 fuel delivery
燃油喷射系统在一个工作循环内所供给的可计量的燃油量。

24.1076 几何供油量 geometric fuel delivery
由几何供油行程确定的名义供油量。

24.1077 喷油泵总成 injection pump assembly
由喷油泵、调速器、输油泵及其他辅助装置等组合在一起所形成的总成。

24.1078 泵油偶件 pumping element
又称“柱塞偶件”。喷油泵中泵油柱塞与其套筒所组成的偶件。

24.1079 泵油系 pumping assembly
喷油泵中柱塞底部到高压油管或泵喷嘴的

喷油嘴之间的各零件组合。

24.1080　回油计量阀　metering spill valve
通过使燃油从泵油腔溢出，以控制几何供油开始和(或)结束的可调阀。

24.1081　溢流阀　spill valve
通过其循环动作使燃油从泵油腔溢出，从而控制几何供油开始和(或)结束的阀。

24.1082　进油阀　fuel inlet valve
使燃油进入泵油腔的自动阀。

24.1083　进油计量阀　metering inlet valve
执行进油计量的装置。

24.1084　出油阀　delivery valve
装在泵油腔出口处的阀。

24.1085　出油阀紧座　delivery valve holder
用以固紧出油阀的零件。

24.1086　喷油泵体　injection pump housing
用以安装喷油泵各功能零部件，包括泵内所装驱动轴或凸轮轴的壳体。

24.1087　燃油通道　fuel gallery
喷油泵体中燃油进出泵油偶件的通道。

24.1088　调节拉杆　control rod
其上无齿、用于调节供油量的杆子。其轴向位置和运动由调速器控制以调节供油量。

24.1089　调节齿杆　control rack
其上有齿与调节齿圈(或齿套)相啮合、用于调节供油量的杆子。其轴向位置和运动由调速器控制以调节供油量。

24.1090　调节臂　control arm
用于连接燃油计量装置(柱塞)与调节拉杆(齿条)的中间零件或部件。

24.1091　计量滑套　metering sleeve
用以进行滑套计量的可移动零件。

24.1092　最大油量限制器　maximum fuel stop, full load stop
在给定用途下，用以限制喷油泵最大供油量的装置。

24.1093　液力泵头总成　hydraulic head assembly
由泵油偶件、计量与分配元件，以及对分配式喷油泵而言可能还包括出油阀等组成的部件。

24.1094　起动加浓装置　excess fuel device
仅用于发动机起动时，使供油量超过最大油量限制器控制的(自动或手动)装置。

24.1095　增压补偿器　boost compensator
根据发动机增压压力来调节最大供油量的装置。

24.1096　增压压力控制式最大油量限制器　boost-pressure-controlled maximum fuel stop
根据发动机增压压力(增压空气)来限制最大供油量的装置。

24.1097　海拔高度补偿器　altitude compensator
根据发动机工作的海拔高度(通常由大气压力确定)来调节最大供油量的装置。

24.1098　海拔高度控制式最大油量限制器　altitude-controlled maximum fuel stop
根据发动机工作的海拔高度(大气压力)来限制最大供油量的装置。

24.1099　扭矩校正装置　torque control
修正发动机外特性上各转速下最大供油量的装置。

24.1100　旋转方向　direction of rotation
当面对驱动轴的驱动端，用顺时针或逆时针旋转表示的方向。

24.1101　喷油泵转速　fuel injection pump speed
当驱动轴装在喷油泵内时，指喷油泵驱动轴的转速；当驱动轴不装在喷油泵内时，指喷油泵出油口的供油频次。

24.1102 喷油次序 injection order

驱动轴按规定旋转方向转动时，喷油泵各出油口的供油顺序。

24.1103 残余压力 residual pressure

在下一工作循环开始供油前，在喷油泵高压出口处残存的平均燃油压力。

24.1104 定相 phasing

确定两个或两个以上喷油泵或喷油系统出口之间供油时间的几何(通常为转角)关系。

24.1105 静态定相 static phasing, spill phasing

通过观察溢流量的变化，以确定供油始点与终点相位的方法。

24.1106 动态定相 dynamic phasing

在喷油泵运转时，确定喷油循环中特定供油相位的方法。

24.15 喷 油 器

24.1107 喷油器 fuel injector

由喷油嘴和喷油器体组成的总成，通过它将一定量的燃油在高压下喷入燃烧室。

24.1108 常规喷油器 conventional fuel injector

仅由计量燃油的压力驱动的喷油器。

24.1109 机械式喷油器 mechanical fuel injector

由外部机械装置驱动的喷油器。

24.1110 电动喷油器 electrical fuel injector

由适当电动装置驱动的喷油器。

24.1111 液压喷油器 hydraulic fuel injector

由独立于燃油压力的液压装置驱动的喷油器。

24.1112 固定法兰定位式喷油器 fixed-flange-located fuel injector

利用喷油器体上的一个固定(整体)法兰将喷油器安装在发动机上并确定周向安装角度定位的喷油器。

24.1113 平面定位式喷油器 flats-located fuel injector

利用喷油器体上的平面和相应形状的紧固法兰或压板，将喷油器安装在发动机上并确定周向安装角度定位的喷油器。

24.1114 钢球定位式喷油器 ball-located fuel injector

利用喷油器体上的钢球和安装孔内对应的沟槽，来确定其在发动机上安装角度的喷油器。

24.1115 销键定位式喷油器 dowel-located fuel injector

利用喷油器体上的销键和安装孔内对应的沟槽，来确定其在发动机上安装角度的喷油器。

24.1116 法兰安装式喷油器 flange-mounted fuel injector

利用垂直于喷油器轴线的活动或整体式法兰，将其安装在发动机上，并至少用两只双头螺栓或螺柱固紧的喷油器。

24.1117 压板安装式喷油器 clamp-mounted fuel injector

利用一个或两个压头的夹板将其安装在发动机上，并用双头螺栓或螺柱固紧的喷油器。

24.1118 螺套安装式喷油器 screw-mounted fuel injector

通过一压紧螺套将其安装并固紧在发动机上的喷油器。

24.1119　螺纹安装式喷油器　screw-in fuel injector

利用喷油器体或喷油器紧帽上的外螺纹，将其安装并固紧在发动机上的喷油器。

24.1120　喷油嘴　nozzle

由两个主要零件，即针阀体(nozzle body)和针阀(valve nozzle)组成的喷射阀。当针阀开启时通过它使燃油雾化。

24.1121　轴针式喷油嘴　pintle nozzle

针阀上带有一成型突起（轴针），并伸入与针阀体同轴的喷孔内的喷油嘴。

24.1122　节流轴针式喷油嘴　delay throttle pintle nozzle

针阀的成型突起在针阀初始升程时可以使燃油产生节流的一种轴针式喷油嘴。

24.1123　削扁平面节流轴针式喷油嘴　flatted pintle nozzle

在针阀的成型突起上带有一个或多个磨扁平面，可在针阀初始升程时影响燃油流量的节流轴针式喷油嘴。

24.1124　品陶式喷油嘴　pintaux nozzle

又称“分流轴针式喷油嘴”，“副喷孔式喷油嘴”。在喷油嘴头部具有一个或多个辅助喷孔，在针阀初始升起(部分开启)、主喷开始之前的节流阶段使燃油以较低的压力从辅助喷孔进行喷射的节流轴针式喷油嘴。

24.1125　孔式喷油嘴　hole-type nozzle

具有一个或多个喷孔，无轴针，因而针阀不影响喷孔面积的喷油嘴。通常可分为单孔式喷油嘴和多孔式喷油嘴。

24.1126　无压力室喷油嘴　valve-covered orifice nozzle

简称“VCO 喷油嘴”。喷孔位于针阀体密封座面上(不在压力室中)，当针阀关闭时，针阀将位于针阀体密封座面上的喷孔盖住的孔式喷油嘴。

24.1127　菌形阀式喷油嘴　poppet nozzle

具有一个向外开启的菌形针阀的喷油嘴。

24.1128　冷却式喷油嘴　cooled nozzle

针阀体内带有冷却通道的喷油嘴。

24.1129　喷油器体　nozzle holder

用以安装喷油器各零部件的壳体。

24.1130　弹簧上置式喷油器　up-laying spring fuel injector

采用长挺杆结构，弹簧远离喷油嘴(高压端面)的喷油器。

24.1131　弹簧下置式喷油器　underlying spring fuel injector

采用短挺杆结构，弹簧靠近喷油嘴(高压端面)的喷油器。

24.1132　双弹簧喷油器　two-spring fuel injector

通过二级弹簧使喷油嘴工作的喷油器。

24.1133　冷却式喷油器　cooled fuel injector

带冷却液通道的喷油器。

24.1134　无回油喷油器　non-leak-off fuel injector

无需回油管座接头的喷油器。

24.1135　带偏心弹簧室的喷油器体　nozzle holder with eccentric spring chamber

顶杆、弹簧及其壳体与喷油器体及喷油嘴的中心线成偏心布置的结构。

24.1136　雾化　atomization

在高压下使液态燃油转化为由大量极小油滴组成的高速雾状物的过程。

24.1137　喷油器壳体　fuel injector body

内部设有燃油通道，并用来安装所有其他零件以组成喷油器的零件。

24.1138　过渡块　adapter plate

安装在喷油嘴和喷油器体之间、用于限制针阀升程的零件。

24.1139 喷油器帽 fuel injector cap
装在喷油器调压螺钉上的盖形螺母。它可以起到防护和密封作用，并可用于安装回油螺栓。

24.1140 挺杆 spindle
又称“顶杆”。位于调压弹簧和针阀之间，起传动等作用，具有一定长度的零件。

24.1141 弹簧座 spring seat
用于支承和定位弹簧的零件。

24.1142 调压螺钉 adjusting screw
用来调整作用在针阀上弹簧力(针阀开启压力)的螺钉。

24.1143 调压垫片 pressure-adjusting shim
用来调整作用在针阀上弹簧力(针阀开启压力)的垫片。

24.1144 针阀升程调整垫片 needle-lift adjusting shim
用来调整针阀升程限位用的垫片。

24.1145 弹簧盖形螺母 spring cap nut
内装调压弹簧，并可起调压螺钉作用的零件。

24.1146 进油管座接头 fuel inlet connection
喷油器体上用于安装高压油管的部分。

24.1147 进油管连接件 fuel inlet connector, inlet studs
与喷油器体相连，起进油管座接头作用的过渡零件。

24.1148 缝隙式滤清器 edge filter
装在进油管连接件或喷油器体内的一种依靠周边缝隙进油并对燃油中颗粒杂质具有一定过滤作用的零件。

24.1149 回油管座接头 back-leakage connection
喷油器体上与回油管相连接的部分。

24.1150 压紧螺套 gland nut
同轴安装在喷油器体上，用于把喷油器安装在发动机上的一种带螺纹、能自由旋转但具有防松功能的零件。

24.1151 隔热板 heat shield
用来降低因燃烧生成热对喷油嘴的影响的零件。

24.1152 针阀运动传感器 needle-motion sensor, SOI-sensor
又称“喷油始点传感器”。当喷油嘴针阀开启时，能发出电信号，指示喷油开始的传感器。

24.1153 针阀升程传感器 needle-lift sensor
能随针阀升程按比例发射电信号，指示针阀开启状态和升程的传感器。它记录整个喷射过程，为分析、研究喷油燃烧过程或电子控制提供信息。

24.1154 喷油器体外径 fuel injector shank diameter
决定喷油器在发动机同轴位置处的直径。

24.1155 喷油器安装长度 fuel injector shank length
从(装上喷油嘴后)喷油器紧帽的主密封面到由喷油器具体安装型式所决定的喷油器体上基准点的距离。

24.1156 压力面 pressure face
针阀体、喷油器体以及可能安装的过渡块，在喷油器装配后结合在一起所形成的防漏密封面。

24.1157 回油 back leakage, leak-off
通过针阀与针阀体之间的间隙泄漏的燃油。

24.1158 喷油器开启压力 fuel injector opening pressure, nozzle opening pressure
在缓慢将燃油加压的情况下，燃油开始打开

喷油嘴的针阀，从喷油嘴中流出所需的最低压力。

24.1159 喷油器工作压力 fuel injector working pressure, nozzle working pressure
又称“喷油嘴工作压力”。使发动机正常稳定工作所需的喷油器或喷油嘴的工作压力。

24.1160 喷油器调定压力 fuel injector setting pressure, nozzle setting pressure
又称“喷油嘴调定压力”。喷油器经初始调定后可确保在稳定后有正确工作压力的喷油嘴开启压力。

24.1161 喷油器关闭压力 fuel injector closing pressure, nozzle closing pressure
又称“喷油嘴关闭压力”。针阀开始关闭时的最高油压。

24.1162 密封面 sealing face
(1)喷油器上用以密封发动机燃气的座面。一般位于喷油器的紧帽上。(2)在高压油管部件和与之配用的管端连接件的锥孔管座之间所形成的高压密封接触面。

24.1163 密封锥面角度差 differential seat angle
喷油嘴针阀与针阀体配对的密封锥面间的角度差。

24.1164 压差比 differential ratio
又称“差动比”。针阀导杆直径与针阀座面密封直径之比。

24.1165 喷雾锥角 spray cone angle
又称“喷锥角度”。在多孔式喷油嘴中，包容各喷孔轴线所组成的锥形夹角。特殊型式的喷油嘴可能有多个喷雾锥角。

24.1166 喷雾扩散角 spray dispersal angle
燃油离开轴针式或菌形阀式喷油嘴，或孔式喷油嘴的单个喷孔时所形成的锥形夹角。

24.1167 喷锥倾斜角 spray cone offset angle, spray inclination angle
喷雾锥角轴线与喷油嘴轴线之间的夹角。

24.1168 重叠度 overlap
在节流轴针式喷油嘴中，当针阀关闭时测得的轴针节流部深入喷孔内的长度。

24.1169 喷油嘴压力室 nozzle sac, sac hole
孔式喷油嘴头部内的一个腔室，燃油由此进入喷孔。

24.1170 喷油嘴压力室容积 nozzle sac volume
在孔式喷油嘴头部内，当喷油嘴关闭时所确定的针阀与喷孔入口之间的容积。

24.1171 喷油嘴密封座面 nozzle seat
喷油嘴关闭时，在针阀和针阀体之间防止燃油流向喷孔的接触线或面。

24.1172 喷油器有害容积 fuel injector dead volume
喷油器内，在落座针阀与进油管座接头锥形底部之间所包含的高压容积。

24.16 泵 喷 嘴

24.1173 泵喷嘴 unit injector
将单缸泵和喷油器的性能集于一体，并通过它将定量燃油在高压下喷入燃烧室的总成。

24.1174 挺柱部件 tappet assembly
又称“随动件部件(follower assembly)”。将外部驱动件的运动转换成柱塞直线运动的部件。

24.1175 挺柱头部 tappet head
与外部驱动件接触、可与挺柱部件分离的部分。

24.1176 挺柱垫块 thrust pad
挺柱部件中位于挺柱头部与柱塞之间的零件。

24.1177 挺柱体 tappet body

挺柱部件中与挺柱导套接触滑动的部分。

24.1178 挺柱导套 tappet guide
挺柱体或泵喷嘴体中用以引导挺柱或挺柱部件运动的零件。

24.1179 挺柱保持器 tappet retainer
在泵喷嘴尚未装入发动机之前使挺柱部件保持总装状态的零件。

24.1180 回位弹簧 return spring
使挺柱与外部驱动件保持接触，并使柱塞回复至其行程起点的一个或多个弹簧。

24.1181 泵喷嘴体 unit injector body
有泵油元件的总成或部件。

24.1182 喷油嘴调压弹簧壳体 nozzle spring housing, nozzle spring chamber
用于安装喷油嘴调压弹簧并设有燃油通道的部件。

24.1183 喷油嘴调压弹簧 nozzle spring
对喷油嘴针阀施加预紧力的弹簧。

24.1184 调压弹簧壳体紧帽 spring housing retaining nut, spring housing cap nut
将喷油嘴调压弹簧壳体和可能安装的中间件固紧在泵喷嘴体总成上的零件。

24.1185 喷油嘴紧帽 nozzle retaining nut, nozzle cap nut
将喷油嘴和可能安装的过渡块固紧在喷油嘴调压弹簧壳体上的零件。

24.1186 喷油嘴壳体紧帽 nozzle housing retaining nut, nozzle housing cap nut
将喷油嘴调压弹簧壳体和其他零件固紧在泵喷嘴体总成上的零件。

24.1187 计量装置 metering device
确定喷油量的部件。

24.17 高压油管和管端连接件

24.1188 高压油管 high-pressure fuel injection pipe
具有一定切割长度并能承受较高油压的无缝钢管。

24.1189 高压油管部件 high-pressure fuel injection pipe assembly
在管子两端各配有一个管接螺母，并且每个管端均冲制成能与锥孔管座配用的成型端头的高压油管。

24.1190 高压油管组件 assembled pipe set
用装配夹块夹在一起固定在发动机上的、两根或多根高压油管部件。

24.1191 管端连接件 end-connection
能使高压油管部件与喷油泵和喷油器配用的零部件。

24.1192 无缝管 seamless tube
单壁冷拉成型，没有接缝，因而能承受较高油压的钢管。

24.1193 高压油管用复合管 composite tube for high-pressure fuel
内管可能是无缝内(衬)管也可能是有缝内管，采用优质非合金钢或能确保结构均匀的炼钢工艺生产的等效优质钢材制成的多层壁高压油管用钢管。

24.1194 高压油管用有缝复合管 seamed composite tube for high-pressure fuel, wrapped tube for high-pressure fuel
内管是有缝内管，横截面为螺旋形结构的高压油管用复合管。

24.1195 高压油管用无缝复合管 seamless composite tube for high-pressure fuel
内管是无缝内(衬)管，外管可以是无缝管或有缝管的高压油管用复合管。

24.1196 内孔表面质量等级 bore grade

对高压油管横截面的内表面上允许存在的缺陷数目和缺陷深度的一种定量说明。

24.1197 锥孔管座 female cone

与高压油管部件相配的锥孔管件。

24.1198 管端接头 connection end

无管接螺母的高压油管部件中与锥孔管座配用的成型端头。

24.1199 管接螺母 connector nut, union nut

高压油管部件中用以将管端接头紧固在管座接头内锥面上的零件。

24.1200 管接护套 connector collar

在高压油管部件中置于管接螺母与管端接头之间、用于改善连接状况的零件。

24.1201 基准直径 reference diameter

锥孔管座和管端接头之间的公共基本直径(其他尺寸以此为准)，为密封面上的理论接触线。

24.1202 管端组件 pipe end assembly

属于高压油管部件中的管端连接件的零部件。

24.1203 弯曲半径 bend radius

弯曲成形的油管中心线的半径。

24.1204 装配夹块 assembly clamp

将一根或多根高压油管部件与另一根高压油管部件夹紧在一起安装在发动机上的装置。

24.1205 油管内径 pipe inside diameter

面积与高压油管内孔横截面积相等的圆的直径。

24.18 共轨式燃油喷射系统

24.1206 共轨 common rail

在高压油泵、压力传感器和电子控制单元组成的闭环系统中，将喷射压力的产生和喷射过程彼此完全分开的、由高压油泵把高压燃油输送到公共供油管，通过对公共供油管内的油压实现精确控制，使高压油管压力大小与发动机转速无关的一种供油方式。

24.1207 共轨式喷油系统 common rail fuel injection system

以燃油轨部件表征的高压燃油喷射系统，用以向各个共轨式喷油器提供高压燃油，并可减少高压系统中的压力脉冲。

24.1208 初级输油泵 fuel feed pump

将燃油从油箱经由一个或几个滤清器输送到高压供油泵的低压油泵。

24.1209 高压供油泵 high-pressure supply pump

具有齿轮泵、活塞泵等结构形式、能在要求的最高压力下向燃油轨输送所需燃油量的一种供油泵。通常采用机械驱动。

24.1210 内输油泵 internal transfer pump

集成安置在高压供油泵壳体内，将低压燃油输送给高压供油泵，并由同一根轴驱动的供油泵(如叶片泵、齿轮泵等)。

24.1211 共轨式喷油器 common rail fuel injector

包含有常规喷油器的特性，此外还包括一个如采用电磁控制阀或压电驱动阀等以控制喷射开始和结束的装置的喷油器。

24.1212 压力控制阀 pressure control valve

高压系统中用以控制和改变燃油轨中的压力，以便随发动机转速和负荷变化达到要求值的电动回油阀。

24.1213 容积式供油控制阀 volumetric control valve

根据需求控制高压供油泵供油量的阀门。

24.1214 燃油轨 rail

具有向共轨式喷油器供应燃油和减少各喷油器高压系统压力脉动双重功能的高压储油室。

24.1215　流量限制器　flow limiter

位于燃油轨和每个共轨式喷油器之间、用于当油管内的燃油超过最大允许流量时切断燃油的装置。

24.1216　燃油阻尼器　flow damper

位于燃油轨和每个共轨式喷油器之间、用于缓冲每次喷油引起的供油管内的燃油产生压力脉冲的装置。

24.1217　共轨压力传感器　common rail pressure sensor

用以测量燃油轨中压力，向电控单元提供电信号的传感器。

24.1218　压力限制器　pressure limiter

用以限制工作压力使其不超过最大允许压力的安全阀。

24.1219　电子控制单元　electronic control unit, ECU

又称"电子控制模块"。一方面接收来自传感器的信号，另一方面完成对这些信息的处理，并发出相应的控制指令来控制执行元件的正确动作，使发动机和汽车的运行保持在最佳状态的核心控制元件。它实际上是一个微型计算机。

24.1220　进油流量控制阀　inlet flow control valve

调节高压供油泵进油口处的燃油流量，以控制向燃油轨输送高压燃油量的装置。

25.　水　轮　机

25.0001　水力机械　hydraulic machinery

冲击式和反击式水轮机、蓄能泵和水泵水轮机等实现液流能和机械能之间互相转换的机械。

25.0002　可调式水力机械　regulated hydraulic machinery

利用喷针、导叶和(或)转轮(叶轮)叶片等流量调节装置对水流加以调节的水力机械。

25.0003　不可调式水力机械　non-regulated hydraulic machinery

流量由闸门或主阀进行调节，没有流量调节装置的水力机械。

25.0004　立式机组　vertical unit

主轴呈铅直布置的机组。

25.0005　卧式机组　horizontal unit

主轴呈水平布置的机组。

25.0006　倾斜式机组　inclined unit

主轴呈倾斜布置的机组。

25.0007　水轮机　hydroturbine

把水能转换成机械能的水力机械。

25.0008　反击式水轮机　reaction turbine

通过转轮，利用水流压能为主的水能做功的水轮机。

25.0009　混流式水轮机　Francis turbine, radial-axial flow turbine

轴面水流接近于径向进入转轮，在固定的转轮叶片上逐渐变向，至转轮出口处接近于轴向的反击式水轮机。

25.0010　轴流式水轮机　axial-flow turbine

转轮叶片上的轴面流动近乎为轴向的反击式水轮机。

25.0011　轴流转桨式水轮机　Kaplan turbine, axial-flow adjustable-blade turbine

导叶和转轮叶片均可调的双调式水轮机。

25.0012　轴流定桨式水轮机　Nagler turbine, propeller turbine, axial-flow fixed-blade turbine

导叶可调，转轮叶片固定的单调式水轮机。

25.0013 轴流调桨式水轮机 semi-Kaplan turbine, Thoma turbine, axial-flow regulative-blade turbine

导叶固定，转轮叶片可调的单调式水轮机。

25.0014 贯流式水轮机 tubular turbine, straight-flow turbine

通常为卧轴或斜轴，水流轴向或斜向流过导叶的轴流式水轮机。机组可以为双调式、单调式或不可调式。

25.0015 灯泡式水轮机 bulb turbine

发电机置于流道中灯泡体内的贯流式水轮机。

25.0016 竖井贯流式水轮机 pit-type tubular turbine

发电机置于流道竖井中的贯流式水轮机。

25.0017 全贯流式水轮机 rim-generator tubular turbine

发电机转子直接装在转轮叶片外缘上的贯流式水轮机。

25.0018 轴伸贯流式水轮机 shaft-extension type tubular turbine

又称“S 形水轮机(S-type tubular turbine)”。具有 S 形流道，且主轴自流道伸出与发电机连接的贯流式水轮机。

25.0019 斜流式水轮机 diagonal turbine

轴面水流以倾斜于主轴的方向进、出转轮的反击式水轮机。

25.0020 斜流转桨式水轮机 Deriaz turbine, semi-axial flow adjustable-blade turbine

转轮叶片可与导叶协联调节的斜流式水轮机。

25.0021 斜流定桨式水轮机 fixed blade Deriaz turbine

转轮叶片不可调的斜流式水轮机。

25.0022 冲击式水轮机 impulse turbine

依靠一个或多个喷嘴调节流量，在喷嘴出口处将可利用的水能全部转化为动能的水轮机。

25.0023 水斗式水轮机 Pelton turbine

转轮由若干呈双碗形结构的水斗构成，喷嘴轴线位于水斗截面对称处的冲击式水轮机。

25.0024 斜击式水轮机 Turgo turbine

转轮由若干呈单勺形结构的水斗构成，喷嘴轴线倾斜于水斗平面的冲击式水轮机。

25.0025 双击式水轮机 Michell-Banki turbine, cross-flow turbine

转轮叶片呈圆柱形布置，水流通过转轮两次且垂直于转轮旋转轴线，并具有少许反击式水轮机特点的冲击式水轮机。

25.0026 蓄能泵 storage pump

将低处的水提升到高处蓄能，把机械能转换成水能的水泵。

25.0027 径流式蓄能泵 radial-flow storage pump

又称“离心式蓄能泵(centrifugal storage pump)”。轴面水流轴向流进、径向流出叶轮的蓄能泵。

25.0028 轴流式蓄能泵 axial storage pump

轴面水流轴向进、出叶轮的蓄能泵。

25.0029 斜流式蓄能泵 diagonal storage pump

又称“混流式蓄能泵(mixed-flow storage pump)”。轴面水流以倾斜于主轴的方向进、出叶轮的蓄能泵。

25.0030 多级式蓄能泵 multi-stage storage pump

水流依次流过装在一根轴上的多个叶轮的蓄能泵。

25.0031 水泵水轮机 pump-turbine

既可做水泵运行，又可做水轮机运行的水力机械。

25.0032　单级水泵水轮机　single-stage pump-turbine
只有一个转轮的水泵水轮机。

25.0033　多级水泵水轮机　multi-stage pump-turbine
水流依次流过装在一根轴上的多个转轮的水泵水轮机。

25.0034　主阀　main valve
装设在压力管道和蜗壳(压水室)之间能切断水流的阀门。

25.0035　蝶阀　butterfly valve
启闭件(蝶板)由阀杆带动，并绕阀杆的轴线做旋转运动的阀门。

25.0036　平板蝶阀　biplane butterfly valve, through flow butterfly valve
活门由双平板及隔栅组成，开启时平板间可以通过水流的阀门。

25.0037　圆筒阀　cylindrical valve, ring gate
活门呈圆筒形，位于水轮机固定导叶和活动导叶之间，可沿水轮机轴线方向上下移动的阀门。

25.0038　球阀　ball valve
启闭件(球体)由阀杆带动，并绕阀杆的轴线做旋转运动的阀门。

25.0039　盘形阀　mushroom valve, hollow-cone valve, Howell-Bunger valve
活门呈盘形，一般用作排水的阀门。

25.0040　针形阀　needle valve
活门呈锥状、阀芯沿轴线方向运动的进水阀门。

25.0041　真空破坏阀　vacuum break valve
当导叶紧急关闭时，为减小水锤引起的真空，能自动打开补入空气的阀门。

25.0042　引水室　flume
将水引入导水机构的通流部件。

25.0043　蜗壳　spiral case
连接高压管段与座环的蜗形收缩流道。

25.0044　蜗壳鼻端　spiral case nose
又称“鼻端固定导叶(nose vane)”。位于蜗壳终端具有特殊形状的固定导叶。

25.0045　蜗壳包角　nose angle
蜗壳进口断面至蜗壳鼻端的蜗线部分所对应的中心角。

25.0046　座环　stay ring
在流道中由两块环形部件与若干固定导叶共同组成的结构部件。其作用为提供支撑，保证结构连续和将水流引导至导水机构。

25.0047　固定导叶　stay vane
连接座环上、下环的支柱，引导蜗壳中的水流均匀流向导叶。

25.0048　顶盖　head cover
将流道与水力机械外部隔离开并承受主轴密封和水力机械导轴承质量的轴对称结构部件。

25.0049　内顶盖　inner head cover, inner top cover
又称“支持盖”。为吊出转轮，立式轴流式水轮机顶盖可分成内外两部分，其中的内圈部分。

25.0050　底环　bottom ring
支撑导叶下轴颈，并形成引向混流式水轮机转轮下环或轴流式水轮机转轮室的流道表面的固定环。

25.0051　耐磨板　facing plate, wear plate
顶盖和底环过流面上的耐磨损护面板。

25.0052　灯泡体　bulb
内部安装有发电机，有时还安装有变速装置的灯泡式机组中的流线型隔水壳体。

25.0053　灯泡体支柱　bulb support
流道中支承灯泡体并具有型线的部件。

25.0054　导水机构　distributor
引导水流和调节进入转轮流量的机构(包括顶盖、底环、导叶及其操作机构等)。

25.0055　导叶　guide vane, wicket gate
引导水流和调节水轮机(蓄能泵)流量的流线型零件。

25.0056　导叶高度　guide vane height
沿导叶轴线方向的流道高度。

25.0057　导叶开口　guide vane opening
导叶背面出口边上给定点与相邻导叶体之间的最短距离。

25.0058　导叶分布圆　guide vane circle
径向式导水机构导叶转动中心的分布圆。

25.0059　控制环　regulating ring
将接力器产生的力通过导叶连杆和导叶臂等传递给导叶的环状部件。

25.0060　导叶臂　guide vane lever
通过导叶连杆或独立的导叶活塞接力器向导叶轴上传递力的部件。

25.0061　分半销　split pin
连接导叶和导叶臂，并传递扭矩的分半的圆柱销。

25.0062　导叶连杆　guide vane link
控制环与导叶臂间的连接件。

25.0063　剪断销　shear pin
导叶运动受阻时剪断并可发故障信息的零件。

25.0064　导叶限位块　guide vane end stop
当某导叶与控制环分离时，限制导叶最大开度的部件。

25.0065　导叶接力器　guide vane servomotor
单独或通过控制环和连杆驱动导叶的接力器。

25.0066　单导叶接力器　individual guide vane servomotor
供给单个导叶操作力的液压装置。

25.0067　推拉杆　connecting rod
连接接力器活塞与控制环的部件。

25.0068　调速轴　regulating shaft
传递导叶接力器与控制环之间的操作力的转动轴。

25.0069　导叶轴承　guide vane bearing
支承导叶的轴承。

25.0070　导叶止推轴承　guide vane thrust bearing
承受导叶、导叶臂的质量和所有导叶上的水推力的轴承。

25.0071　导叶轴密封　guide vane stem seal
防止沿导叶轴漏水的密封装置。

25.0072　导叶端面密封　guide vane end seal
置于顶盖与底环上的环形槽中，当导叶关闭时，用于导叶端面止水的密封。

25.0073　导叶立面密封　guide vane seal
当导叶全关时，防止相邻导叶头尾叠合处漏水的密封。

25.0074　均压管　pressure balance pipe
将转轮上冠与顶盖间的空腔和尾水管连通以减小水推力的连通管。

25.0075　基础环　foundation ring
环绕于转轮下环且支撑可拆卸底环的基础结构部件。也可以是座环的一部分。

25.0076　转轮室　runner chamber
轴流式或斜流式水轮机中构成水力通道并与转轮(叶轮)叶片形成适当间隙的结构部件。

25.0077　尾水管　draft tube

将离开转轮水流的动能转化为压力能的成型管道。

25.0078　锥形尾水管　conical draft tube
流道呈直锥形的尾水管。

25.0079　肘形尾水管　elbow draft tube
流道部分呈弯肘形，并由锥管、肘管和扩散段组成的尾水管。

25.0080　肘形尾水管长度　length of elbow draft tube
机组中心线至尾水管出口断面中心的直线距离。

25.0081　肘形尾水管深度　depth of elbow draft tube
水轮机底环上平面至尾水管底面的垂直距离。

25.0082　尾水管锥管　draft tube cone
与转轮室或基础环相连的尾水管锥形管段。

25.0083　尾水管肘管　draft tube elbow
尾水管锥管和扩散段之间的肘形弯管。

25.0084　尾水管扩散段　draft tube outlet part
尾水管下游部分的扩散形流道。

25.0085　尾水管支墩　draft tube pier
尾水管扩散段内的流线型承重支墩。

25.0086　尾水管里衬　draft tube liner
用以保护混凝土免受磨损和空蚀的成型钢板里衬。

25.0087　机坑里衬　pit liner
作为机坑内部轮廓并保护周围混凝土的钢板护面。

25.0088　转动部件　rotating component
运行时旋转的部件及其轴承和密封。

25.0089　转轮　runner
水轮机中将水能转化为机械能的旋转部件。在水泵水轮机的水泵工况，转轮也将机械能转化为水能。

25.0090　转轮公称直径　runner nominal diameter
对于混流式水轮机是指叶片进水边与下环相交处的直径。对于轴流式、斜流式和贯流式水轮机是指与叶片轴线相交处的转轮室内径。对于水斗式水轮机是指转轮节圆直径。

25.0091　叶片开口　blade opening
转轮叶片正面出水边给定点至相邻叶片背面的最短距离。

25.0092　叶片正面　pressure side of blade
叶片两侧面之中压力相对较高的一面。

25.0093　叶片背面　suction side of blade
叶片两侧面之中压力相对较低的一面。

25.0094　叶片进水边　leading edge
水流进入转轮对应的叶片位置。

25.0095　叶片出水边　trailing edge
水流流出转轮对应的叶片位置。

25.0096　叶片安放角　blade angle
叶片外缘进、出水边上两点的轴向距离除以该两点间的弧长为其正弦值的角度。

25.0097　叶片转角　blade rotating angle
叶片绕其轴线转动的角度。从某一规定的安放角算起，向增大流量的方向转动时转角为正，反之为负。

25.0098　上冠　crown
固定混流式水轮机叶片上端并与主轴连接的环形构件。

25.0099　下环　band
固定混流式水轮机叶片下端的环形构件。

25.0100　泄水锥　runner cone
连接在混流式转轮上冠或轴流式转轮体下端，用以引导转轮出口水流的锥形构件。

25.0101 转轮密封装置 runner seal
转轮与相应固定部件之间的非接触式密封，用以减少漏水量。

25.0102 主轴密封 main shaft seal
用以减少主轴与固定部件之间漏水的装置。

25.0103 检修密封 standstill seal, maintenance seal
又称“空气围带”。检修主轴密封时，可阻止主轴处漏水的可膨胀密封。

25.0104 转轮止漏环 runner sealing ring
在转轮上冠、下环上组成转轮密封的构件。

25.0105 固定止漏环 stationary sealing ring
与转轮止漏环相对应的固定密封构件。

25.0106 转轮减压板 runner decompression plate
转轮上冠与顶盖之间，用以减小水推力的环板。

25.0107 联轴螺栓 coupling bolt
将主轴的连接法兰与转轮(叶轮)和发电机(或电动机)、齿轮或中间轴法兰连接起来的紧固件。

25.0108 导轴承 guide bearing
使主轴定位且承受径向力的轴承。

25.0109 轴领 guide bearing collar
固定在轴上，在导轴承内旋转的筒形构件。

25.0110 轴瓦 bearing pad
用耐摩材料制成的导轴承构件。

25.0111 轴承箱 bearing housing
支持水轮机轴瓦的导轴承构件。

25.0112 转轮叶片控制机构 runner blade control mechanism
简称“转叶机构”。装在转轮体内腔，操作叶片转动的连杆机构(包括转轮体、叶片及其操作机构等)。

25.0113 转轮体 runner hub
支撑轴流式转轮(叶轮)叶片的轴对称部件。

25.0114 叶片枢轴 runner blade trunnion
与叶片相连接，把转叶机构的转动力矩传递给叶片的短轴。

25.0115 叶片转臂 rocker arm, runner blade lever
安装在叶片枢轴上使叶片转动的构件。

25.0116 叶片连杆 runner blade link
连接转轮叶片转臂和操作架的杆件。

25.0117 操作架 crosshead
将接力器活塞的运动和力同步传递给所有转轮(叶轮)叶片的传动部件。

25.0118 转轮叶片接力器 runner blade servomotor
供给转轮叶片操作力的液压部件。

25.0119 受油器 oil head
装在转轮(叶轮)叶片可调式水力机械上，可将调节油引入转轴系统并排出低压油的部件。

25.0120 水斗 bucket
冲击式水轮机中实现水能转换成机械能的具有型线的部件。

25.0121 节圆直径 pitch diameter
水斗式转轮与射流中心线相切的圆周直径。

25.0122 射流直径 jet diameter
喷嘴出口射流的最小直径。

25.0123 射流直径比 jet ratio
冲击式水轮机转轮的节圆直径与射流直径之比。

25.0124 射流入射角 jet inclined angle
斜击式水轮机的射流中心线与转轮转动平面的夹角。

25.0125 射流椭圆 ellipse of inclined jet

斜击式水轮机的射流与转轮转动平面相交而形成的椭圆。

25.0126 叉管 branch pipe
向卧式双喷嘴水斗式机组的两只喷嘴均匀供水的管件组合体。

25.0127 分流管 manifold
在多喷嘴冲击式水轮机中，可以将水流均匀分配至各喷嘴的带有支管的弧形管。

25.0128 喷嘴支管 bifurcation
位于喷嘴前向喷嘴供水的短管。

25.0129 机壳 housing
防止转轮水流飞溅并支承喷嘴的外壳。

25.0130 喷针 needle
控制喷嘴流量并具有型线的运动部件。

25.0131 折向器 deflector
又称“偏流器”。装于喷嘴前，当停机或甩负荷时，迅速偏转全部或部分射流，使之不射在水斗上的装置。

25.0132 制动喷嘴 brake nozzle
产生提供逆向旋转力的射流，以使水斗式水轮机减速的喷嘴。

25.0133 喷针接力器 needle servomotor
供给喷针操作力的液压部件。

25.0134 吸水管 suction tube
引导水流进入叶轮的管道。

25.0135 叶轮 impeller
使水泵实现能量转换的具有叶片的旋转体。

25.0136 叶轮公称直径 impeller diameter
对于离心式蓄能泵是指叶轮前盖板进口直径。对于轴流蓄能泵和斜流蓄能泵是指与叶片轴线相交处的转轮室内径。

25.0137 叶轮后盖板 impeller back shroud
固定叶轮叶片后端并和主轴连接的构件。

25.0138 叶轮前盖板 impeller front shroud
固定叶轮叶片前端的构件。

25.0139 压水室 spiral housing
汇集叶轮出口水流的蜗形构件。

25.0140 扩散管 diffuser
降低水流速度，使水流的动能转换成压力能的管段。

25.0141 水轮机进口测量断面 inlet measuring section of turbine
测量水轮机进口水流能量的断面。

25.0142 水轮机出口测量断面 outlet measuring section of turbine
测量水轮机出口水流能量的断面。

25.0143 蓄能泵进口测量断面 inlet measuring section of storage pump
靠近吸水管进口处的商定断面。

25.0144 蓄能泵出口测量断面 outlet measuring section of storage pump
对于开敞式排流渠道，为靠近蓄能泵出口处的商定断面；对于封闭管道，为排水阀上游靠近蓄能泵压水室处的商定断面。

25.0145 比能 specific energy
单位质量流体所具有的机械能，是位置比能、压力比能和速度比能的总和。

25.0146 位置比能 potential energy
单位质量流体相对于基准面所具有的重力位能。

25.0147 压力比能 pressure energy
单位质量流体所具有的压能。

25.0148 速度比能 velocity energy
单位质量流体所具有的动能。

25.0149 总水头 total head
位置水头、压力水头和速度水头之和。

25.0150　位置水头　potential head
相应于位置比能的水头。

25.0151　压力水头　pressure head
相应于压力比能的水头。

25.0152　速度水头　velocity head
相应于速度比能的水头。

25.0153　毛水头　gross head
水电站上、下游水位的高程差。

25.0154　净水头　net head
水轮机进口与出口测量断面的总水头差，即水轮机用以做功的有效水头。

25.0155　额定水头　rated head
水轮机在额定转速下，额定输出功率时的最小净水头。

25.0156　设计水头　design head
水轮机在最高效率点运行时的净水头。

25.0157　最大水头　maximum head
在运行范围内，水轮机水头的最大值。

25.0158　最小水头　minimum head
在运行范围内，水轮机水头的最小值。

25.0159　加权平均水头　weighted average head
在电站运行范围内，考虑不同负荷下运行时间的水头的加权平均值。

25.0160　蓄能泵扬程　storage pump head
蓄能泵出口与进口测量断面的总水头差。

25.0161　蓄能泵零流量扬程　no-discharge head of storage pump
在额定转速运行时，流量为零的扬程。

25.0162　蓄能泵最大扬程　maximum head of storage pump
在规定运行条件下，允许达到的扬程最大值。

25.0163　蓄能泵最小扬程　minimum head of storage pump
在规定运行条件下，允许达到的扬程最小值。

25.0164　水轮机流量　turbine discharge
单位时间内通过水轮机进口测量断面水的体积。

25.0165　水轮机额定流量　rated discharge of turbine
水轮机在额定水头和额定转速下，输出额定功率时的流量。

25.0166　水轮机空载流量　no-load discharge of turbine
水轮机在额定水头和额定转速下，输出功率为零时的流量。

25.0167　蓄能泵流量　storage pump discharge
单位时间内通过蓄能泵出口测量断面水的体积。

25.0168　蓄能泵最大流量　maximum discharge of storage pump
在规定的运行范围及额定转速下，蓄能泵允许输出的最大流量。

25.0169　蓄能泵最小流量　minimum discharge of storage pump
在规定的运行范围及额定转速下，蓄能泵允许输出的最小流量。

25.0170　水轮机飞逸转速　runaway speed of turbine
水轮机处于失控状态，轴端负荷力矩为零时的最高转速。

25.0171　蓄能泵反向飞逸转速　reverse runaway speed of storage pump
当电动机断电，蓄能泵处于失控状态并以水轮机方向旋转的最高转速。

25.0172　水轮机输入功率　input power of turbine

水轮机进口水流所具有的水力功率。

25.0173　水轮机输出功率　output power of turbine

水轮机主轴输出的机械功率。

25.0174　水轮机额定输出功率　rated output power of turbine

在额定水头和额定转速下，水轮机能连续输出的功率。

25.0175　转轮输出功率　output power of runner

水轮机转轮传递给主轴的功率。

25.0176　转轮输入功率　input power of runner

水流从水轮机转轮进口至出口传递给转轮的水力功率。

25.0177　蓄能泵的输出功率　output power of storage pump

蓄能泵出口水流所具有的水力功率。

25.0178　蓄能泵的输入功率　input power of storage pump

传递给蓄能泵主轴的机械功率。

25.0179　蓄能泵最大输入功率　maximum input power of storage pump

蓄能泵在额定转速和最大流量时的输入功率。

25.0180　蓄能泵最小输入功率　minimum input power of storage pump

在规定条件下，蓄能泵保持稳定运行所需的最小输入功率。

25.0181　蓄能泵零流量输入功率　no-discharge input power of storage pump

蓄能泵在额定转速下，流量为零时的输入功率。

25.0182　叶轮输入功率　input power of impeller

蓄能泵主轴传给叶轮的功率。

25.0183　叶轮输出功率　output power of impeller

自蓄能泵叶轮进口到出口，由叶轮传递给水流的水力功率。

25.0184　水轮机效率　efficiency of turbine

水轮机输出功率与输入功率之比。

25.0185　相对效率　relative efficiency

某一工况的计算效率与最高计算效率之比。

25.0186　加权平均效率　weighted average efficiency

在规定运行工况点并采用规定的权重因子计算的效率平均值。

25.0187　算术平均效率　arithmetic average efficiency

在规定运行工况点直接用算术平均的方法计算的效率平均值。

25.0188　水轮机机械效率　mechanical efficiency of turbine

水轮机输出功率与转轮输出功率之比。

25.0189　蓄能泵机械效率　mechanical efficiency of storage pump

蓄能泵叶轮输入功率与蓄能泵的输入功率之比。

25.0190　水轮机水力效率　hydraulic efficiency of turbine

水轮机转轮输出功率与水轮机输入功率之比。

25.0191　蓄能泵水力效率　hydraulic efficiency of storage pump

蓄能泵输出功率与叶轮输入功率之比。

25.0192　水轮机容积效率　volumetric efficiency of turbine

实际通过水轮机转轮的流量与水轮机流量

之比。

25.0193　蓄能泵容积效率　volumetric efficiency of storage pump

蓄能泵流量与实际通过叶轮的流量之比。

25.0194　表计压力　gauge pressure

相对于环境大气压力的表计显示压力。

25.0195　绝对压力　absolute pressure

表计压力与大气压力的代数和。

25.0196　汽化压力　vapor pressure

所处海拔高程和当时温度下，水发生汽化时的绝对压力。

25.0197　空化　cavitation

当流道中水流局部压力下降至临界压力(一般接近汽化压力)时，水中气核成长为气泡，气泡的聚积、流动、分裂和溃灭过程的总称。

25.0198　临界空化系数　critical cavitation coefficient

在模型空化试验中用能量法确定的临界状态的空化系数。

25.0199　初生空化系数　incipient cavitation coefficient

转轮叶片开始出现气泡时的空化系数。

25.0200　水轮机空化系数　cavitation coefficient of hydroturbine, Thoma number of hydroturbine

曾称“气蚀系数”。表征水轮机空化发生条件和性能的无量纲系数。

25.0201　吸出高度　static suction head

水轮机中规定的空化基准面与尾水位的高差。

25.0202　电站空化系数　plant cavitation coefficient

曾称“装置气蚀系数”，“电站装置气蚀系数”。在电站运行条件下的空化系数。

25.0203　蓄能泵空化系数　cavitation coefficient of storage pump

表征蓄能泵空化发生条件和性能的无量纲系数。

25.0204　蓄能泵吸入高度　static suction head of storage pump

在蓄能泵第一级叶轮中所规定的空化基准面与进口侧自由水面的高差。

25.0205　蓄能泵吸入扬程损失　suction head loss of storage pump

自蓄能泵的进口侧自由水面至第一级叶轮进口之间的扬程损失。

25.0206　蓄能泵空化余量　net positive suction head of storage pump, NPSH

又称“蓄能泵净吸上扬程”。在蓄能泵的第一级叶轮进口处空化基准面的绝对压力与汽化压力之间的水柱差。

25.0207　空化裕量　cavitation margin

在模型空化系数上附加的裕量。

25.0208　安装高程　setting elevation

水力机械所规定安装时作为基准的某一水平面的海拔高程。

25.0209　空蚀　cavitation erosion, cavitation pitting

曾称“气蚀”，“气蚀破坏(cavitation damage)”。由于空化造成的过流表面的材料损坏。

25.0210　过渡过程　transient

机组从一种稳定工况变化到另一种稳定工况的暂态过程。

25.0211　调节保证　regulating guarantee

根据电站引水系统和机组的有关参数，水轮机或水泵水轮机在过渡过程时，对机组压力上升和机组转速上升所做出的保证。

25.0212　水锤　water hammer

有压流动中，流速剧烈变化使压力随之发生急剧变化的现象。

25.0213　初始压力　initial pressure
过渡过程开始前的稳态压力。

25.0214　水轮机最大瞬态压力　maximum momentary pressure of turbine
机组甩去规定负荷的过程中，水轮机进口测量断面处的最大压力。

25.0215　瞬态压力变化率　momentary pressure variation ratio
相对于初始压力的最大瞬态压力增量与初始压力之比。

25.0216　初始转速　initial speed
过渡过程开始前的稳态转速。

25.0217　水轮机最大瞬态转速　maximum momentary overspeed of turbine
机组甩去规定负荷的过渡过程中，水轮机转速上升达到的最大转速。

25.0218　蓄能泵的最大瞬态反向转速　momentary counterrotation speed of storage pump
电动机断电的过渡过程中，导叶和(或)轮叶处在任意位置不变，机组以水轮机方向旋转的最大瞬态转速。

25.0219　瞬态转速变化率　momentary speed variation ratio
相对于初始转速的最大瞬态转速增量与额定转速之比。

25.0220　原型　prototype
又称“原型机”。装于现场实现生产目的的水轮机、蓄能泵和水泵水轮机。

25.0221　模型　model
又称“模型机”。用以判断原型的性能，其通流部分与原型几何相似的装置。

25.0222　装配试验　assembly test
为测定各部尺寸、密封性能和检查动作情况等的试验。

25.0223　模型试验　model test
为判断原型的性能，对其模型进行各种特性测试的试验。

25.0224　特性试验　characteristic test
测量水轮机、蓄能泵和水泵水轮机水力特性的试验。

25.0225　飞逸试验　runaway speed test
在不同导叶开口条件下，水轮机轴端负荷力矩为零时测试转速的试验。

25.0226　力特性试验　force characteristic test
对某些零部件进行力和力矩测试的试验。

25.0227　负载试验　load test
确认原型在各种负载下没有异常的振动、漏油、漏水、噪声、轴承温升以及其他现象，直至可以连续正常运行的试验。

25.0228　耐压试验　pressure test
为确定承受水压或油压的承压件能否承受所规定压力而进行的加压试验。

25.0229　效率试验　efficiency test
通过模型或原型测量在不同工况下的水头、流量和功率，计算效率的试验。

25.0230　空化试验　cavitation test
确定空化发生的界限或研究空化引起特性变化的试验。

25.0231　压力脉动试验　pressure fluctuation test
在规定工况和电站空化系数(或规定空化系数)的条件下，在规定部位测量压力脉动大小和频率的试验。

25.0232　补气试验　air admission test
在模型或原型上向某一区域补进空气或压缩空气的试验。

25.0233 水轮机功率试验 turbine output test
在测出发电机输出功率和效率后，由此推算得到水轮机输出功率的试验。

25.0234 运行工况 operating condition
由转速、水头(扬程)、功率或流量、尾水位或空化系数确定的工作点。

25.0235 最优工况 optimum operating condition
效率最高时对应的运行工况。

25.0236 飞逸工况 runaway speed operating condition
水轮机运行中失控，输出功率(或轴端负荷力矩)为零时的工况。

25.0237 空载工况 no-load operating condition
水轮机在额定转速下输出功率为零时的工况。

25.0238 相似工况 similar operating condition
几何相似的水轮机、蓄能泵和水泵水轮机在相似水力条件下的运行工况。

25.0239 协联工况 combined condition
导叶和转轮(叶轮)叶片可以调节的轴流式、贯流式或斜流式水轮机、蓄能泵或水泵水轮机在导叶和叶片组合关系处于最优，具有最高效率的运行工况。

25.0240 比转速 specific speed
同系列的水轮机在 1 m 有效水头下发出 1 kW 功率时的转速。

25.0241 最优比转速 optimum specific speed
效率最高点对应的比转速。

25.0242 单位转速 unit speed
直径为 1 m 的转轮，在 1 m 有效水头下工作时机组的转速。

25.0243 单位流量 unit discharge
直径为 1 m 的转轮，在 1 m 有效水头下工作时通过转轮的流量。

25.0244 单位功率 unit output power
直径为 1 m 的转轮，在 1 m 有效水头下工作时输出的功率。

25.0245 单位飞逸转速 unit runaway speed
飞逸工况下的单位转速。

25.0246 力特性 force character
水流对装置零部件的作用力或力矩与运行工况的关系。

25.0247 导叶力特性 guide vane force character
水流作用在导叶上的水力矩(包括方向和大小)与导叶开度、运行工况之间的关系。

25.0248 桨叶力特性 blade force character
又称“叶片力特性”。水流作用在可调节转轮(叶轮)的叶片上的水力矩(包括大小与方向)与叶片安放角、运行工况之间的关系。

25.0249 轴向水推力 axial hydraulic thrust
水流作用在转轮(叶轮)轴线方向的力。

25.0250 径向力 radial force
水流作用在转轮(叶轮)径向方向的不均衡力。

25.0251 水轮机压力脉动 turbine pressure fluctuation
在选定测定时间段内，水轮机内水体压力相对于平均压力的往复变化或波动。

25.0252 水轮机运转特性曲线 turbine performance curve
在以输出功率和水头为坐标的坐标系中给出的水轮机效率、吸出高度、导叶开度、叶片转角、压力脉动等的等值曲线。

25.0253 飞逸特性曲线 runaway speed curve
以导叶开度和单位飞逸转速为坐标系，在该坐标系内绘制的反映转轮(叶轮)飞逸特性的关系曲线。

25.0254　水泵水轮机全特性　complete characteristics of pump-turbine
水泵水轮机正转、反转、正向流动、反向流动和正、反向制动组合成的全面特性。

26. 风　力　机

26.01　一 般 名 词

26.0001　风能　wind energy
空气流动产生的动能。

26.0002　空气的标准状态　standard atmospheric state
空气压力为 101.325 kPa、温度为 15℃(或绝对温度为 288.15 K)、空气密度为 1.225 kg/m^3 时的空气状态。

26.0003　风切变　wind shear
在垂直于风向的平面内风速随高度的变化。

26.0004　风切变影响　wind shear influence
风切变对风力机的影响。

26.0005　风切变指数　wind shear exponent
用于描述风速剖面线形状的幂定律指数。

26.0006　对数风切变律　logarithmic wind shear law
表示风速随离地面高度以对数关系变化的数学式。

26.0007　风切变幂律　power law for wind shear
表示风速随离地面高度以幂定律关系变化的数学式。

26.0008　阵风　gust
风速在相当短的时间内相对于规定时段的平均值的正负偏差。

26.0009　阵风影响　gust influence
阵风对风力机空气动力特性产生的影响。

26.0010　风速　wind speed
空间特定点周围气体微团的移动速度。

26.0011　平均风速　mean wind speed
给定时间内瞬时风速的平均值。给定时间从几秒到数年不等。

26.0012　年平均风速　annual average wind speed
按照年平均的定义确定的平均风速。

26.0013　风速频率　frequency of wind speed
一年时间的间距内，相同风速小时数的总和对总时数的百分比。

26.0014　风速分布　wind speed distribution
用于描述连续时限内风速概率分布的分布函数。

26.0015　瑞利风速分布　Rayleigh wind-speed distribution
在给出的风速频率里用瑞利公式对风速进行的数学描述。

26.0016　韦布尔风速分布　Weibull wind-speed distribution
在给出的风速频率里用韦布尔公式对风速进行的数学描述。

26.0017　风矢量　wind velocity
标有被研究点周围气体微团运动方向，其值等于该气体微团运动速度(即该点风速)的矢量。

26.0018　旋转采样风矢量　rotationally sampled wind velocity
旋转风轮上某固定点经受的风矢量。

26.0019　风廓线　wind profile
风速随离地面高度变化的分布曲线。

26.0020　粗糙长度　roughness length

在假定垂直风廓线随离地面高度按对数关系变化的情况下，平均风速变为 0 时算出的高度。

26.0021　湍流强度　turbulence intensity

标准风速偏差与平均风速的比率。用同一组测量数据和规定的周期进行计算。

26.0022　湍流尺度参数　turbulence scale parameter

纵向功率谱密度等于 0.05 时的波长。

26.0023　湍流惯性负区　inertial sub-range

涡流经逐步破碎达到均质，能量损失忽略不计时的风速湍流谱的频率区间。在典型的 10 m/s 风速下，惯性负区的频率范围大致在 0.02～2000 Hz 之间。

26.02　类　　型

26.0024　风车　windmill

利用风力带动其他机器，用来进行发电、提水、磨面、榨油等作业的一种动力机械装置。

26.0025　风力机　wind turbine

将风的动能转换为另一种形式能的旋转机械。

26.0026　高速风力机　high-speed wind turbine

额定叶尖速度比大于或等于 3 的风力机。

26.0027　低速风力机　low-speed wind turbine

额定叶尖速度比小于 3 的风力机。

26.0028　水平轴风力机　horizontal axis wind turbine

风轮轴线的安装位置与水平面夹角不大于 15°的风力机。

26.0029　垂直轴风力机　vertical axis wind turbine

风轮轴线的安装位置与水平面垂直的风力机。

26.0030　达里厄型垂直轴风力机　Darrieus wind turbine

又称“升力型垂直轴风力机”。法国工程师达里厄(Darrieus)发明的、利用空气流过叶片产生的升力作为驱动力的垂直轴风力机。

26.0031　上风向式风力机　up-wind-type wind turbine

使风先通过风轮再通过塔架的风力机。

26.0032　下风向式风力机　down-wind-type wind turbine

使风先通过塔架再通过风轮的风力机。

26.0033　风力提水机组　wind water-pumping set

利用风能进行提水作业的装置。

26.0034　风力机–活塞泵提水机组　wind turbine-piston pumping set

利用风力机通过曲柄–连杆机构驱动活塞泵进行提水作业的装置。

26.0035　风力机–螺旋泵提水机组　wind turbine-screw pumping set

利用风力机通过齿轮传动机构驱动螺旋泵进行提水作业的装置。

26.0036　风力机–空压泵提水机组　wind turbine-air compressor pumping set

利用风力机通过齿轮传动机构驱动空气压缩泵进行提水作业的装置。

26.0037　风力机–电泵提水机组　wind turbine-electrical pumping set

利用风力发电机发出的电来驱动电泵进行提水作业的装置。

26.0038　风力发电机组　wind turbine generator set, WTGS
将风的动能转换为机械能进行发电的装置。

26.0039　离网型风力发电机组　off-grid wind turbine generator set
采用不与电网连接的运行方式的风力发电机组。多为独立运行式风力发电机组。

26.0040　并网型风力发电机组　on-grid wind turbine generator set
采用与电网连接的运行方式的风力发电机组。多为在风电场运行的风力发电机组。

26.0041　小型风力发电机组　small wind turbine generator set
功率小于 100 kW 的风力发电机组。

26.0042　中型风力发电机组　medium wind turbine generator set
功率大于 100 kW、小于 600 kW 的风力发电机组。

26.0043　大型风力发电机组　large wind turbine generator set
功率大于 600 kW 的风力发电机组。

26.0044　海上风力发电机组　off-shore wind turbine generator set
适合在海上风电场安装使用的风力发电机组。

26.0045　双馈型风力发电机组　double-feed wind turbine generator set
由风轮通过多级变速箱驱动双馈异步发电机发电的风力发电机组。

26.0046　直驱型风力发电机组　direct-drive wind turbine generator set
由风轮直接驱动同步发电机发电的风力发电机组。

26.0047　直驱励磁型风力发电机组　direct-drive magnet wind turbine generator set
由风轮直接驱动励磁同步发电机发电的风力发电机组。

26.0048　直驱永磁型风力发电机组　direct-drive permanent-magnet wind turbine generator set
由风轮直接驱动永磁同步发电机发电的风力发电机组。

26.0049　半直驱永磁同步风力发电机组　semi-direct drive permanent magnet synchronous wind turbine generator
由风轮通过一级（或二级）变速箱驱动永磁同步发电机发电的风力发电机组。

26.0050　高空风力发电机　high-altitude wind turbine generator
利用距地球表面 1600～40 000ft(1ft=0.3048m)高空的风力来发电的发电机。

26.0051　风光互补发电系统　wind-photovoltaic hybrid power system
由太阳能光电板、小型风力发电机组、系统控制器、蓄电池组和逆变器等部分组成的发电系统。

26.0052　风光互补路灯　wind-photovoltaic road light
利用小型风光互补发电系统供电的道路照明灯。

26.0053　风柴互补发电系统　wind-diesel hybrid power system
由风力发电机与柴油发电机组成，在风资源充足的情况下利用风力发电机发电，在风资源不足的情况下利用柴油发电机发电的一整套节能、环保的发电系统。

26.0054　风力致热系统　wind power heating system
将风能转换成热能的供热系统。分为液体搅拌致热、固体摩擦致热、挤压液体致热和涡电流法致热等四种。

26.03 参　　数

26.03.01 设计、性能和安全参数

26.0055 设计工况 design condition
风力机运行中各种可能的状态，如发电、停车等。

26.0056 载荷状况 load case
设计状态与引起构件载荷的外部条件的组合。

26.0057 风力机外部条件 external condition for wind turbine
风况、温度、其他气候因素(雪、冰等)、地震和电网条件等影响风力机工作的诸因素。

26.0058 生存环境温度 survival environmental temperature
风力发电机组在生存状态下所能承受的温度范围。

26.0059 运行环境温度 operating environmental temperature
风力发电机组在运行状态下所能承受的温度范围。

26.0060 参考风速 reference wind speed
用于确定风力机级别的基本极端风速参数。

26.0061 起动风速 start-up wind speed
风力机风轮由静止开始转动并能连续运转的最小风速。

26.0062 切入风速 cut-in wind speed
风力机开始有功率输出时的最小风速。

26.0063 切出风速 cut-out wind speed
由于调节器的作用使风力机停止功率输出时的风速。

26.0064 工作风速范围 range of effective wind speed
风力机有功率输出的风速范围。

26.0065 额定风速 rated wind speed
由设计和制造部门给出的使机组达到规定输出功率的最低风速。

26.0066 安全风速 survival wind speed
风力发电机组结构所能承受的最大设计风速。

26.0067 停车风速 shutdown wind speed
控制系统使风力发电机组风轮停止转动的最小风速。

26.0068 极端风速 extreme wind speed
又称“生存风速(survival wind speed)”。风力发电机组在人工或自动保护时不致被破坏的最大允许风速。

26.0069 风电场有功功率 active power of wind farm
风电场输入到并网点的有功功率。

26.0070 风电场无功功率 reactive power of wind farm
风电场输入到并网点的无功功率。

26.0071 风电场功率变化率 power ramp rate of wind farm
在单位时间内，风电场输出功率最大值与最小值之间的变化量与风电场装机容量的比值。

26.0072 风力提水机组额定流量 rated water flow of wind pumping set
由设计和制造部门给出的、在标准空气状态下，对应于风力提水机组额定风速时的出水量。

26.0073 风力发电机组输出功率 output power of wind turbine generator set

风力发电机组输出的电功率。

26.0074　风力发电机组额定功率　rated power of wind turbine generator set

由设计和制造部门给出的、在标准空气状态下，对应于风力发电机组额定风速时的输出功率值。

26.0075　风力发电机组最大功率　maximum power output of wind turbine generator set

风力发电机组在工作风速范围内能输出的最大功率值。

26.0076　功率系数　power coefficient

风力发电机组净电功率输出与风轮扫掠面上从自由流得到的功率之比。

26.0077　发电机额定功率　rated power of generator

在额定风速时，与风力机匹配的发电机所输出的功率。

26.0078　发电机功率因数　power factor of generator

与风力机匹配的发电机的有功功率与视在功率之比。

26.0079　发电机额定电压　rated voltage of generator

在额定风速时，与风力机匹配的发电机所输出的电压。

26.0080　发电机额定转速　rated rotational speed of generator

在额定风速时，与风力机匹配的发电机的转速。

26.0081　发电机转速范围　rotational speed range of generator

在工作风速范围内，与风力机匹配的发电机的转速范围。

26.0082　风轮转速　rotor speed

风力机风轮绕其轴的旋转速度。

26.0083　风轮额定转速　rated rotor speed

输出额定功率时风轮的转速。

26.0084　风轮最高转速　maximum rotor speed

风力机处于正常状态(负载或空载)下风轮允许的最大转速值。

26.0085　风轮旋转方向　rotating direction of rotor

从上风向看，风轮的旋转方向。分为顺时针旋转和逆时针旋转。

26.0086　风轮位置　rotor position

风轮在风力机运行中相对于塔架的位置。风轮位置分为上风向和下风向。

26.0087　风轮直径　rotor diameter

风轮叶片叶尖旋转圆的直径。

26.0088　风轮仰角　tilt angle of rotor shaft

水平轴和斜轴风力机风轮轴线与水平面的夹角。

26.0089　风轮偏角　yawing angle of rotor shaft

风轮轴线与气流方向的夹角在水平面的投影。

26.0090　风轮实度　rotor solidity

风轮叶片投影面积的总和与风轮扫掠面积的比值。

26.0091　风轮功率系数　rotor power coefficient

又称“风轮的风能利用系数”。风轮所接受的风的动能与通过风轮扫掠面积的全部风的动能的比值。

26.0092　升力系数　lift coefficient

叶片所受到的升力与气流动压和参考面积二者的乘积之比，是一个无量纲量。

26.0093　阻力系数　drag coefficient

叶片所受到的阻力与气流动压和参考面积二者的乘积之比，是一个无量纲量。

26.0094 升阻比 ratio of lift coefficient to drag coefficient
升力系数与阻力系数的比值。

26.0095 正压力系数 thrust coefficient
用下式表示的无因次数值：$B=2p / \pi R^2\rho v^2$
式中：B——正压力系数；p——正压力，单位牛(N)；R——风轮半径，单位米(m)；ρ——空气密度，单位千克每立方米(kg / m^3)；v——风速，单位米每秒(m / s)。

26.0096 力矩系数 torque coefficient
风轮的输出力矩与风能对风轮产生的力矩的比值。

26.0097 额定力矩系数 rated torque coefficient
在额定叶尖速度比时风轮的力矩系数。

26.0098 起动力矩系数 starting torque coefficient
叶尖速度比为 0 时风轮的力矩系数。

26.0099 最大力矩系数 maximum torque coefficient
风轮力矩系数的最大值。

26.0100 叶片数 number of blade
一个风轮所具有叶片的数目。

26.0101 叶片投影面积 projected area of blade
叶片在风轮扫掠面上的投影面积。

26.0102 叶片长度 length of blade
叶片在展向上沿压力中心连线测得的最大长度。

26.0103 叶片最大弦长 maximum chord of blade
在叶片的整个展长中，几何弦长的最大值。

26.0104 叶片根梢比 ratio of tip-section chord to root-section chord of blade
叶片根部与尖部的几何弦长的比值。

26.0105 叶片展弦比 aspect ratio of blade
叶片长度与叶片平均几何弦长的比值。

26.0106 叶片安装角 setting angle of blade
叶片的翼型几何弦与叶片旋转平面所夹的角度。

26.0107 叶片扭角 twist of blade
叶片尖部几何弦与根部几何弦夹角的绝对值。

26.0108 叶片几何攻角 angle of attack of blade
翼型上合成气流方向与翼型几何弦的夹角。

26.0109 桨距角 pitch angle
在指定的叶片径向位置(通常为 100%叶片半径处)处叶片弦线与风轮旋转面间的夹角。

26.0110 叶片损失 blade loss
由于叶片表面与气流发生摩擦产生的能量损失。

26.0111 叶尖损失 tip loss
由于气流绕过叶片尖部形成的涡流所产生的能量损失。

26.0112 叶尖速度 tip speed
风轮旋转时叶尖的线速度。

26.0113 叶尖速度比 tip-speed ratio
叶尖速度与风速的比值。

26.0114 额定叶尖速度比 rated tip-speed ratio
风能利用系数最大时的叶尖速度比。

26.0115 顺桨 feathering
风轮叶片的几何攻角趋近零升力的状态。

26.0116 翼型 airfoil

风轮叶片横截面的轮廓。

26.0117 前缘 leading edge
翼型在旋转方向上的最前端。

26.0118 后缘 tailing edge
翼型在旋转方向上的最后端。

26.0119 翼型几何弦长 geometric chord of airfoil
从叶片前缘到后缘的距离。

26.0120 翼型平均几何弦长 mean geometric chord of airfoil
叶片投影面积与叶片长度的比值。

26.0121 翼型气动弦线 aerodynamic chord of airfoil
通过后缘使翼型升力为 0 的直线。

26.0122 翼型厚度 thickness of airfoil
几何弦上各点垂直于几何弦的直线被翼型周线所截取的长度。

26.0123 翼型相对厚度 relative thickness of airfoil
翼型厚度的最大值与几何弦长的比值。

26.0124 翼型厚度函数 thickness function of airfoil
翼型厚度的一半沿几何弦的分布。

26.0125 翼型中弧线 airfoil mean line
翼型厚度中点的连线。

26.0126 翼型弯度 airfoil curvature
翼型中弧线到几何弦的距离。

26.0127 翼型弯度函数 curvature function of airfoil
翼型弯度沿几何弦的分布。

26.0128 翼型族 airfoil family
由无穷多个翼型圆滑过渡组成的翼型系列。

26.0129 扫掠面积 swept area
垂直于风矢量平面上的、风轮旋转时叶尖运动所生成圆的投影面积。

26.0130 轮毂高度 hub height
从地面到风轮扫掠面中心的高度。

26.0131 齿轮传动级数 gear-driven steps
齿轮箱内参与传动的齿轮对数。

26.0132 齿轮传动比率 gear ratio
齿轮箱的始端主动轮与末端从动轮的角速度或转速的比值。

26.0133 安全停机时的变桨距角速度 pitch angular velocity when safety-shut-down
在安全停机时，叶片桨距变化的角速度。

26.0134 偏航控制速度 yaw controlling speed
风轮偏航对风时，控制系统允许的机舱相对塔架的回转速度。

26.0135 颤振 flutter
风力机风轮叶片在气流中出现自激振动的不稳定性。

26.0136 塔影响效应 influence by the tower shadow
塔架造成的气流涡区对风力机产生的影响。

26.0137 设计极限 design limit
设计中采用的最大值或最小值。

26.0138 极限状态 limit state
构件的一种受力状态，如果作用其上的力超出这一状态，则构件不再满足设计要求。

26.0139 使用极限状态 serviceability limit state
正常使用要求的边界条件。

26.0140 最大极限状态 ultimate limit state
与损坏危险和可能造成损坏的错位或变形对应的极限状态。

26.0141 设计寿命 designed lifetime

由设计和制造部门给出的风力发电机组工作寿命。

26.0142　安全寿命　safe life

严重失效前的预期使用时间。

26.0143　风力机严重故障　catastrophic failure of wind turbine

风力机的零件或部件严重损坏，导致主要功能丧失，安全受损的故障。

26.0144　潜伏故障　latent fault, dormant failure

正常工作中零部件或系统存在的未被发现的故障。

26.0145　发电机防护等级　protection grade of generator

按照与风力机匹配的发电机所具有的防尘、防水和防碰撞性能所划分的等级。

26.0146　发电机绝缘等级　insulation grade of generator

与风力机匹配的发电机所用绝缘材料的耐热等级，分 Y 级、A 级、E 级、B 级、F 级、H 级和 C 级。

26.0147　防雷设计标准　lightning protection design standard

设计风力发电机组防雷装置时所依据的标准。

26.0148　防雷措施　lightning protection measure

风力发电机组所采取的避雷方法。

26.0149　机组接地电阻值　earth resistance of wind turbine generator set

风力发电机组防雷系统接地导线的电阻值。

26.0150　表面防腐　surface corrosion protection

防止风力发电机组塔架等部件外露表面被锈蚀而采取的措施。

26.0151　风力发电机组低电压穿越性能　low-voltage ride-through performance of wind turbine generator set

当电网故障或扰动引起风电场并网点的电压跌落时，在一定电压跌落的范围内，风力发电机组能够保持不间断并网运行的能力。

26.03.02　噪声测试参数

26.0152　平均噪声　average noise level

在工作风速范围内测得的风力机噪声的平均值。

26.0153　声压级　sound pressure level

声压与基准声压之比的以 10 为底的对数乘以 20，以分贝计。

26.0154　声级　sound level

已知声压与 20 μPa 基准声压比值的对数。

26.0155　视在声功率级　apparent sound power level

在测声参考风速下，被测风力机风轮中心向下风向传播的大小为 1 pW 点辐射源的 A 计权声级功率级。以分贝表示。

26.0156　指向性　directivity

通过在风力机下风向与风轮中心等距离的各不同测量位置上测得的 A 计权声压级间的不同所描述出的噪声的方向性。以分贝表示。测量位置由相关标准确定。

26.0157　声的基准风速　acoustic reference wind speed

标准状态(10 m 高，粗糙长度等于 0.05 m)下的 8 m/s 风速。它为计算风力发电机组视在声功率级提供统一的根据。

26.0158　标准风速　standardized wind speed

利用对数风廓线转换到标准状态(10 m 高，粗糙长度等于 0.05 m)的风速。

26.0159　基准高度　reference height

用于转换风速到标准状态的约定高度。基准高度一般定为 10 m。

26.0160　基准粗糙长度　reference roughness length

用于转换风速到标准状态的粗糙长度。基准粗糙长度定为 0.05 m。

26.0161　基准距离　reference distance

从风力发电机组基础中心到指定的各麦克风位置中心的水平公称距离。

26.0162　掠射角　grazing angle

麦克风盘面与麦克风到风轮中心连线间的夹角。

26.04　结 构 部 件

26.0163　风向仪　anemoscope

由风向杆、箭头、箭尾、支架及用于将风向杆固定在支架上的可旋转配件组成，用于测量风向的仪器。

26.0164　风速仪　anemometer

用于测量风速的仪器。包括风杯风速仪、螺旋桨式风速仪、热线风速仪等。

26.0165　风速风向仪　anemoclinograph

由支杆、风标、风杯、风速风向感应器等组成，用于测量瞬时风速风向和平均风速风向的仪器。

26.0166　测风塔　wind measurement mast

安装风速、风向等传感器以及风数据记录器，用于测量风能参数的高耸结构。

26.0167　数据采集仪　data collecting instrument

从风速、风向传感器和其他模拟和数字被测单元中自动采集信息的仪器。

26.0168　避雷针　lightning rod

垂直安装在被保护体顶部的防止雷击的接地金属棒系统。

26.0169　风轮　wind rotor

由叶片等部件组成的接受风能转化为机械能的转动件。

26.0170　多叶片低速风轮　multi-blade low-speed rotor

由八个以上叶片组成的风轮。其转速较低，扭矩较大，适合驱动风力提水机组。

26.0171　叶片　blade

具有空气动力形状、接受风能使风轮绕其轴转动的主要构件。

26.0172　等截面叶片　constant chord blade

在工作长度上沿展向截面等同的叶片。

26.0173　变截面叶片　variable chord blade

在工作长度上沿展向截面不同的叶片。

26.0174　叶柄　root of blade

风轮中连接叶片和轮毂的构件。

26.0175　叶尖　tip of blade

水平轴和斜轴风力机的叶片距离风轮回转轴线的最远点。

26.0176　阻尼板　spoiling flap

随风速变化用来阻止风轮转速增加的构件。

26.0177　风力机轮毂　hub of wind turbine

将叶片固定到旋转轴上的连接部件。

26.0178　风力机轮毂罩　hub cover of wind turbine

保护轮毂的外罩壳体。多用玻璃钢制作。

26.0179　独立变桨机构　independent pitch control mechanism

每个叶片独立实现变桨距控制的变桨机构。

26.0180　机械变桨机构　mechanical pitch control mechanism

运用机械的办法实现叶片桨距改变的机构（多用于 300 kW 以下的风力机组）。

26.0181　液压变桨机构　hydraulic pitch control mechanism
运用液压的办法实现叶片桨距改变的机构。

26.0182　电动变桨机构　electric pitch control mechanism
运用电动机驱动的办法实现叶片桨距改变的机构。

26.0183　变桨距调节机构　regulating mechanism for pitch adjustment
使风轮叶片安装角随风速而变化，并能调节风轮旋转速度或功率输出的机构。

26.0184　导流罩　nose cone
又称“整流罩”。装在风轮轮毂前面、呈流线形状、起导流作用的防护罩。

26.0185　机舱　nacelle
设在水平轴风力机顶部，包容电机、传动系统和其他装置的部件。

26.0186　机舱罩　nacelle cover
保护机舱的外罩壳体。多用玻璃钢制作。

26.0187　风力机控制系统　control system of wind turbine
接受风力机信息和(或)环境信息，调节风力机，使其保持在工作要求范围内的系统。

26.0188　风电场控制中心　control center of wind farm
风电场的中心控制室。

26.0189　风力发电机组保护系统　protection system of wind turbine generator set
确保风力发电机组运行在设计范围内的保护系统。

26.0190　迎风机构　orientation mechanism
又称“调向机构”。使风轮保持最佳迎风位置的装置。

26.0191　尾舵　tail vane
在风轮后面使风轮迎风的装置。

26.0192　尾轮　tail wheel
风力机尾舵上的多叶片小风轮。

26.0193　侧翼　side vane
在风轮侧面，利用风压使风轮偏离风向的机构。

26.0194　风力机支撑结构　support structure of wind turbine
由塔架和基础组成的风力机部分。

26.0195　风轮调速机构　regulating mechanism of wind rotor
能调节或限制风轮旋转速度的机构。

26.0196　风轮偏侧式调速机构　offset speed-regulating mechanism of wind rotor
使风轮轴线偏离气流方向的调速机构。

26.0197　回转体　rotation body
在小型风力机中，可以绕塔架垂直轴线做 360° 自由转动，以实现风轮的对风和调速，承载风轮、发电机、尾翼等部件的载体。

26.0198　风力发电机组齿轮箱　gear box of wind turbine generator set
通过齿轮副的增速作用，将风轮在风力作用下所产生的动力传递给发电机，使其得到相应转速的齿轮箱。

26.0199　风轮主轴承　main shaft bearing of wind rotor
支撑风轮轴的轴承。

26.0200　偏航轴承　yaw bearing
支撑风力机偏航机构的轴承。

26.0201　风力机主制动系统　main braking system of wind turbine
大型风力机的主要制动系统。

26.0202　风力机第二制动系统　second braking system of wind turbine

大型风力机的辅助制动系统。

26.0203　风力机液压制动系统　hydraulic braking system of wind turbine
采用液压机构实现风力机制动的系统。

26.0204　风力机机械制动系统　mechanical braking system of wind turbine
采用机械机构实现风力机制动的系统。

26.0205　风力机空气制动系统　air braking system of wind turbine
采用气动机构实现风力机制动的系统。

26.0206　制动机构　braking mechanism
使风力机风轮停止工作的机构。

26.0207　风力机制动器　brake of wind turbine
能降低风轮转速或能停止风轮旋转的装置。

26.0208　偏航调节机构　yaw regulating mechanism
风力发电机组上使风轮轴绕垂直轴旋转，从而使叶轮自然地对准风向的调节机构。

26.0209　塔架　tower
支撑风力机回转部分及以上部件的支撑物。

26.0210　独立式塔架　free stand tower
只有塔杆，没有拉索的塔架。

26.0211　拉索式塔架　guyed tower
有塔杆，又有拉索的塔架。

26.0212　钢制锥筒式塔架　steel conic tower
用多段钢筒焊接成的呈锥筒形的塔架。

26.0213　桁架式塔架　lattice tower
由钢管或角钢等组成的框架式结构的塔架。

26.0214　风力发电机组基础　foundation of wind turbine generator set
支撑整个风力发电机组的地基或基础构件。

26.0215　海上风力发电机组基础　foundation of off-shore wind turbine generator set
支撑整个海上风力发电机组的基础构件。

26.0216　单桩式海上风力发电机组基础　single-pile foundation of off-shore wind turbine generator set
采用单桩嵌入海床形成的海上风力发电机组的基础。

26.0217　沉箱式海上风力发电机组基础　caisson-type foundation of off-shore wind turbine generator set
采用混凝土沉箱在海床上形成的海上风力发电机组的基础。

26.0218　三脚式海上风力发电机组基础　three-leg-type foundation of off-shore wind turbine generator set
采用三脚式钢结构支架在海床上形成的海上风力发电机组的基础。

26.0219　多脚式海上风力发电机组基础　multi-leg-type foundation of off-shore wind turbine generator set
采用多脚式钢结构支架在海床上形成的海上风力发电机组的基础。

26.0220　浮动式海上风力发电机组基础　floating-type foundation of off-shore wind turbine generator set
采用大体积浮动式结构在海面上形成的海上风力发电机组的基础。

26.0221　变流器　converter
使电源系统的电压、频率、相数和其他电量或特性发生变化的电器设备。

26.0222　全功率变流器　full power converter
可实现发电机定子和转子同时向电网馈电的变流器。一般是指与永磁(或励磁)同步发电机配套的变流器。

26.0223　逆变器　inverter
可将 24 V 或 48 V 的直流电转换成 230 V、

50 Hz交流电或其他类型的交流电的一种电源转换装置。

26.0224 风力发电机组控制器 controller of wind turbine generator set
将发风力发电机组发出的交流电进行整流并转换成直流电，储存到蓄电池的装置。

26.0225 卸荷器 unloader
小型风力发电机组中，当风速持续较高、蓄电池充电很足时，用于消耗多余电力的部件。

26.0226 风力机蓄电池 battery of wind turbine
储存风力发电机发出的电能的装置。

26.0227 蓄水池 storage tank
又称"蓄水箱(storage box)"。储存风力提水机提出的水的装置。

26.0228 输水管路 water supply pipeline
输送风力提水机提出的水的管路系统。

26.0229 风力机活塞泵 piston pump of wind turbine
风力机–活塞泵提水机组的配套水泵。

26.0230 风力机螺旋泵 screw pump of wind turbine
风力机–螺旋泵提水机组的配套水泵。

26.0231 气压提水装置 pneumatic water pumping device
风力机–空压泵提水机组的配套提水装置。

26.05 运　行

26.0232 风电场 wind power station, wind farm
由一批风力发电机组或风力发电机组群组成的发电站。

26.0233 风电场规划 wind farm planning
在建设前对风电场所进行的规划。

26.0234 风能资源评估 evaluation of wind resource
根据测得的数据，对风电场的风能资源进行的评价和估算。

26.0235 风电场选址 site choosing of wind power station
根据对风能资源的评估，对风电场的地址进行选择。

26.0236 风电场后评估 post-construction evaluation of wind farm
在风电场建设后对其所进行的评估。

26.0237 年发电量 annual energy production
利用功率曲线和轮毂高不同风速频率分布估算得到的一台风力发电机组一年时间内生产的全部电能。计算中假设可利用率为100%。

26.0238 年能量输出 annual energy output
风力机一年(8760 h)中输出能量的总和。

26.0239 风力发电机组可利用率 availability of wind turbine generator set
在某一期间内，除去风力发电机组因维修或故障未工作的时数后余下的时数与这一期间内可工作总时数的比值(以百分比表示)。

26.0240 电网联接点 network connection point
(1)单台风力发电机组的输出电缆终端。
(2)风电场与电力汇集系统总线的联接点。

26.0241 风电场并网点 interconnection point of wind farm
风电场升压站高压侧母线或节点。

26.0242 电力汇集系统 power collection system
汇集风力发电机组电能并输送给电网升压变压器或电负荷的电力联接系统。

26.0243 互联 interconnection
用于将电能输送给电网的风力发电机组与

电网之间的电力联接。

26.0244 风场电气设备 electrical facilities of wind farm
风力发电机组电网联接点与电网之间的所有相关电气装备。

26.0245 度电成本 cost per kW·h
风力发电机组生产实际中平均输出一度电的实际成本。

26.0246 立方米水成本 cost per cubic-meter water
风力提水机组作业中平均输出一立方米水的实际成本。

26.0247 风电场装机容量 installation capacity of wind farm
某一风电场安装风力发电机组的总功率。

26.0248 新增装机容量 newly increased installation capacity
当年新增的风力发电机组装机容量。

26.0249 累计装机容量 accumulated installation capacity
到某一年底所累计的风力发电机组装机容量。

26.0250 风力提水机组扬程 lifting head of wind water-pumping set
风力提水机组在作业中达到的提水高度。

26.0251 风力提水机组流量 flow rate of wind water-pumping set
风力提水机组在作业中达到的提水量。

26.0252 远距离控制 remote control
从风电场的中心控制室监测、控制远处风力发电机组的运行情况。

26.0253 风力机关机 shutdown of wind turbine
风力机从发电到静止或空转之间的过渡状态。

26.0254 风力机正常关机 normal shutdown of wind turbine
风力机关机全过程都是在控制系统控制下进行的关机。

26.0255 风力机紧急关机 emergency shutdown of wind turbine
风力机运转过程中出现紧急情况时，保护装置触发或通过人工干预实现的风力机迅速关机。

26.0256 机组效率 efficiency of wind turbine generator set
风力发电机组输出功率与单位时间内通过风轮扫掠面积的风能的比值。

26.0257 风力机使用寿命 service life of wind turbine
风力机在安全风速以下正常工作的使用年限。

26.0258 风力机空转 idling of wind turbine
风力机缓慢旋转但不发电的状态。

26.0259 风力机锁定 blocking of wind turbine
利用机械销或其他装置，而不是通常的机械制动盘，防止风轮轴或偏航机构运动。

26.0260 风力机停机制动 shutdown braking of wind turbine
为了实现风力机停机而对正在转动的风轮进行的制动。

26.0261 偏航 yawing
水平轴风力机的风轮轴绕垂直轴的旋转。

26.06 风力机试验

26.0262 常速试验 constant speed test
风力机在风洞中或风力机相对于静止空气做相对运动进行的试验。

26.0263 外场试验 field test

风力机在自然环境条件下所进行的试验。

26.0264　功率特性　power performance
风力发电机组发电能力的表述。

26.0265　测量的功率曲线　measured power curve
按确定的测量程序测试、修正和标准化处理后，风力发电机组净电功率输出与风速的函数关系曲线。

26.0266　外推功率曲线　extrapolated power curve
用估计的方法对测量的功率曲线从测量的最大风速到切出风速的延伸所得到的曲线。

26.0267　净电功率输出　net electric power output
风力发电机组输送给电网的电功率值。

26.0268　分组方法　method of bins
将实验数据按风速间隔区间分组的数据处理方法。在各组内，采样数与它们的和都被记录下来，并计算出组内平均参数值。

26.0269　测量扇区　measurement sector
测取测量的功率曲线所需数据的风向扇区。

26.0270　距离常数　distance constant
在阶梯变化的风速中，当风速仪的指示值达到稳定值的63%时，通过风速仪的气流行程长度。它是风速仪的时间响应指标。

26.0271　气流畸变　flow distortion
由障碍物、地形变化或其他风力机引起的气流改变。其结果是相对自由流产生了偏离，造成一定程度的风速测量误差。

26.0272　障碍物　obstacle
邻近风力发电机组，能引起气流畸变的固定物体，如建筑物、树林等。

26.0273　复杂地形带　complex terrain
风电场场地周围地形显著变化的地带或有能引起气流畸变的障碍物的地带。

26.0274　风障　wind break
障碍物间相互距离小于障碍物高度3倍的、高低不平的、影响空气流动的自然环境。

26.0275　自由流风速　free stream wind speed
轮毂高度处，未被扰动的自然空气流动速度。

26.0276　停车风速　shutdown wind speed
控制系统使风力机风轮停止转动的最小风速。

26.0277　过载度　ratio of overload
最大力矩系数与额定力矩系数的比值。

26.0278　风轮空气动力特性　aerodynamic characteristics of rotor
表示风轮力矩系数、风能利用系数和叶尖速度比之间关系的属性。

26.0279　风力机输出特性　output characteristics of wind turbine
表示风力机在整个工作风速范围内输出功率的属性。

26.0280　调节特性　regulating characteristics
表示风力机转速或功率随风速变化的属性。

26.0281　调向灵敏性　following-wind sensitivity
表示随风向的变化风轮迎风是否灵敏的属性。

26.0282　调向稳定性　following-wind stability
在工作风速范围内反映风力机风轮迎风全过程是否稳定的属性。

26.0283　风轮尾流　rotor wake
在风轮后面经过扰动的气流。

26.0284　尾流损失　wake loss
在风轮后面由风轮尾流产生的能量损失。

26.0285　实度损失　solidity loss
由于未完全利用整个风轮扫掠面积而产生的能量损失。

英 汉 索 引

A

abnormal operation　非正常运行　23.0341
abnormal piston blow-by　活塞窜气　24.0217
above-throttle-valve EGR system　节气门前排气再循环系统　24.0777
abrasion　磨粒磨损　24.0234
abrasion-resistant fan　耐磨通风机　10.0068
abrasive waterjet　磨料射流　08.0017
absolute anchor point　绝对死点　23.0197
absolute pressure　绝对压力　25.0195
absolute vacuum gauge　绝对真空计　13.0165
absorbent　吸收剂　12.0058
absorber　吸收器　12.0219
absorption refrigerating machine　吸收式制冷机　12.0081
absorption refrigerating system　吸收式制冷系统　12.0046
absorption refrigeration cycle　吸收式制冷循环　12.0032
acceleration torque　加速扭矩　24.0165
accessories for percussive drilling　钎具　21.0201
accessories for rotary drilling　钻具　21.0202
accumulated installation capacity　累计装机容量　26.0249
accumulating roller conveyor　积放式辊子输送机　02.0218
accumulator　分液蓄液器　12.0237
accumulator fuel injection pump　蓄压式喷油泵　24.1028
accumulator injection　蓄压式喷射　24.0074
acoustic hood　隔声罩　24.0449
acoustic reference wind speed　声的基准风速　26.0157
active power of wind farm　风电场有功功率　26.0069
active regeneration　主动再生　24.0722
actual enthalpy drop of turbine　透平实际焓降　23.0024
actual enthalpy rise of compressor　压气机实际焓增　23.0023
actuating mechanism　驱动机构　24.0339
actuating oil system　压力油系统　23.0795
actuator　执行机构，* 执行器　24.0624
adapter plate　过渡块　24.1138
adaptive memory　自适应存储器　24.0820
additional power-limiting device　功率限制附加装置　24.0572
additional tank　辅助水箱　24.0469
additive　添加剂　22.0046
add-on part　后加件　24.0209
adiabatic delivery refrigeration of gases　绝热放气制冷　12.0010
adiabatic engine　绝热发动机，* 隔热式发动机　24.0025
adjusting　调整　24.0199
adjusting screw　调压螺钉　24.1142
adsorbent　吸附剂　12.0060
adsorber　吸附器　11.0071
adsorption chamber　吸附室　11.0168
adsorption pump　吸附泵　13.0054
adsorption refrigeration cycle　吸附式制冷循环　12.0034
aerial ropeway　架空索道　02.0252
aerial work platform　高空作业平台　20.0065
aero-derivative gas turbine　航空派生型燃气轮机，* 航空发动机改型燃气轮机　23.0524
aerodynamic characteristics of rotor　风轮空气动力特性　26.0278
aerodynamic chord of airfoil　翼型气动弦线　26.0121
aerofoil flow measuring element　翼型测风装置　22.0452
aerosol　悬浮颗粒　24.0692
AFBC　常压流化床联合循环　23.0861
after burner　后燃器　24.0763
after-cooler　后冷却器　23.0430
after loading blade　后加载叶片　23.0167
agent　介质　22.0002
agglomeration　结焦　22.0521
aggregate feeder　配料给料装置　15.0012

air admission test　补气试验　25.0232
air and flue gas system　风烟系统　22.0025
air atomization　空气雾化　22.0252
air atomizing oil burner　空气雾化油燃烧器　22.0300
air blast freezing　气流冷冻　13.0269
air blower　风机　10.0036，鼓风机　10.0071
air braking system　空气制动系　14.0006
air braking system of wind turbine　风力机空气制动系统　26.0205
air chamber　空气室　24.0126
air-charging system　空气充气系统　23.0753
air cleaner　空气滤清器　24.0446，空气滤清器滤芯　24.0447
air cleaning-conditioning unit　净化空气调节机组　12.0338
air compressor　空气压缩机　11.0199
air condenser　空气凝汽器　23.0438
air conditioner　空气调节机　12.0343，空气调节器　12.0354
air conditioner for communication room use　通信机房专用空气调节机　12.0352
air conditioner for computer room use　计算机房专用空气调节机　12.0351
air conditioner with multi-units　多台并联式机组型房间空气调节器　12.0363
air conditioning　空气调节　12.0304
air-conditioning equipment　空调设备　12.0309
air-conditioning system　空气调节系统　12.0310
air-conditioning unit　空气调节机　12.0343
air-conditioning unit with constant temperature and humidity　恒温恒湿空气调节机　12.0347
air-conditioning water system　空调水系统　12.0320
air-cooled air-conditioning unit　风冷式空气调节机　12.0346
air-cooled compressor　风冷式压缩机　10.0090
air-cooled engine　风冷发动机　24.0024
air-cooled oil cooler　风冷式机油冷却器　24.0475
air-cooled refrigerant condenser　风冷冷凝器　12.0150
air cooler　空气冷却器　12.0205，23.0439
air-cooler unit　空气冷却机组　12.0183
air cooling　空气冷却　24.0463
air cooling tower　空气冷却塔　11.0082，* 干式冷却塔　23.0437
air cooling zone　空气冷却区　23.0417
aircraft-derivative gas turbine　航空派生型燃气轮机，* 航空发动机改型燃气轮机　23.0524
air cushion belt conveyor　气垫带式输送机　02.0029
air cutting device　气刀　02.0172
air diffuser　空气散流器　12.0372
air distribution manifold　空气分配歧管　24.0840
air distributor　布风板　22.0324，空气分配器　24.0586
air duct　风道　22.0272
air ejector　抽气器　23.0425
air film cooling　气膜冷却　23.0694
air filter　空气过滤器　11.0064，12.0456，空气滤清器　24.0446
air filter storage system　空气滤清器储存装置　24.0871
airfoil　翼型　26.0116
airfoil curvature　翼型弯度　26.0126
airfoil family　翼型族　26.0128
airfoil mean line　翼型中弧线　26.0125
air-fuel ratio control device　空燃比控制装置　24.0899
air-fuel ratio feed-back control system　空燃比反馈控制系统　24.0819
air heater　空气加热器　12.0407
air heat exchanger　空气换热器　12.0392
air-hydraulic braking system　气液制动系　14.0008
air infiltration　直接泄漏　22.0254
air injection　空气喷射　24.0070
air injection relief valve　空气喷射安全阀　24.0925
air injection tube　空气喷射管　24.0926
air inlet valve　进气门　24.0329
air intake duct　进气道　23.0759
air leakage factor　漏风系数　22.0189
air leakage rate　漏风率　22.0245
air leakage test　漏风试验　22.0562
air leg　气腿　21.0060
air-leg rock drill　气腿式凿岩机　21.0017
air-leg rock drill with dust collector　气腿式集尘凿岩机　21.0019
air nozzle　风帽　22.0325
air-on water-on mechanism　气水联动机构　21.0219
air-operated impact hammer　空气锤　16.0005
air plenum　风室，* 风仓　22.0370
airport-runway rubber-removal vehicle　机场跑道除胶车　08.0007

air precooling system 空气预冷系统 11.0083
air preheater 空气预热器 22.0427
air preheater coils 暖风器 22.0435
air proportional EGR system 空气比例式排气再循环系统 24.0779
air pump diverter valve 空气泵转向阀 24.0927
air refrigeration cycle 空气制冷循环 12.0036
air separation 空气分离 11.0015
air separation plant 空气分离设备 11.0016
air shower booth 空气吹淋室 12.0486
air staging 空气分级 22.0232
air staging over burner zone 炉膛整体空气分级 22.0233
air switching valve 空气开关阀 24.0730
air-tight-type en masse conveyor 气密型埋刮板输送机 02.0088
air-to-air charge air cooler 空–空式增压空气冷却器 24.0478
air-to-air heat exchanger 空气–空气热回收器 12.0449
air-to-air sensible heat exchanger 显热回收器 12.0451
air-to-air total heat exchanger 全热回收器 12.0450
air-to-liquid charge air cooler 气–液式增压空气冷却器 24.0477
air tool 气动工具 21.0076
air-to-water air-conditioning system 空气–水空调系统 12.0316
air tube 气针 21.0215
air turbine refrigerating machine 空气涡轮制冷机 12.0076
air washer 空气洗涤器 12.0373
air wash system 空气洗涤系统 12.0382
air-water induction unit 空气–水诱导器 12.0441
aisle stacking crane 巷道堆垛起重机 01.0447
alarm and protection system 报警保护系统 23.0002，23.0797
alarm monitoring 报警监测 24.0642
aligning arm 导向翼板，*导向爪 01.0514
alkalinity 碱度 22.0590
all-air air-conditioning system 全空气空调系统 12.0314
all-air induction unit 全空气诱导器 12.0440
all-direction pneumatic drill 万向式气钻 21.0127
all-speed governor 全程式调速器 24.0537
all-unit operation 全部工作状态 12.0384
all-water air-conditioning system 全水空调系统 12.0315
all wheel drive tipper 全轮驱动式自卸车 14.0234
alternative fuel 代用燃料 24.0654
altitude compensating 海拔补偿 24.0827
altitude compensator 海拔高度补偿器 24.1097
altitude-controlled maximum fuel stop 海拔高度控制式最大油量限制器 24.1098
ambient pressure 环境压力 24.0184
ambient temperature 环境温度 24.0188
ammonia absorption heat pump unit 氨吸收式热泵机组 12.0128
ammonia air-conditioning unit 氨吸收式空气调节机组 12.0127
ammonia-water absorption refrigerating machine 氨水吸收式制冷机 12.0082
amplifier 放大器 23.0248
amplitude changing mechanism 变幅机构 14.0109
analogical electro-hydraulic control system 模拟式电液调节系统 23.0240
analytical train 分析系统 24.0979
anchor 锚定装置 01.0106
anchorage device 附着装置 01.0577
anchor point 死点 23.0196
anchor rope 锚拉索 02.0292
anemoclinograph 风速风向仪 26.0165
anemometer 风速仪 26.0164
anemoscope 风向仪 26.0163
angle dozer 角推土铲 14.0176
angle of approach 接近角 14.0220
angle of attack of blade 叶片几何攻角 26.0108
angle of cut-off port closing 断油孔关闭角 24.1062
angle of scraper 耙角 14.0118
angle of spill port opening 回油孔开启角 24.1064
angle pneumatic drill 角式气钻 21.0129
angle pneumatic grinder 角式气动砂轮机 21.0117
angle pneumatic wrench 角式气扳机 21.0138
angle pump 角式泵 07.0076
angle valve 角式阀 09.0089
angular trolley 角形小车 01.0349
angular-type compressor 角度式压缩机 10.0116
annual average wind speed 年平均风速 26.0012

annual energy output　年能量输出　26.0238
annual energy production　年发电量　26.0237
annular combustor　环形燃烧室　23.0560
annular-handle pneumatic chipping hammer　环柄式气铲　21.0087
annular-handle pneumatic wrench　环柄式气扳机　21.0135
annular-handle torque-controlled pneumatic wrench　环柄式定扭矩气扳机　21.0141
annulus drag loss　环壁阻力损失　23.0603
anteroom　穿堂　12.0280
anti-bumping clearance　防撞间隙　24.0149
anti-clinker box　防焦箱　22.0392
anti-collision warning device　防碰报警装置　01.0503
anti-corrosion pump　耐腐蚀泵　07.0048
anticorrosion-type en masse conveyor　防腐型埋刮板输送机　02.0087
anti-diesel device　防继燃装置　24.0836
anti-explosion-type en masse conveyor　隔爆型埋刮板输送机　02.0089
anti-friction slewing ring　滚动轴承式回转支承　01.0083
anti-oscillation device　止摆装置　01.0237
anti-rebound device of compensation rope　补偿绳防跳装置　06.0041
antistall　防失速　24.0558
antistall device　防失速装置　24.0574
anti-surge system　防喘振装置　10.0016
anti-sway device　减摇装置　01.0506
anvil spindle　扳轴　21.0265
A-portainer　A 形门架岸边集装箱起重机　01.0483
apparent sound power level　视在声功率级　26.0155
approach angle　接近角　14.0220
apron conveyor　鳞板输送机　02.0113
arc discharge deposition　电弧离子镀　13.0244
arc end loss　弧端损失　23.0121
arch　拱　22.0273
arch firing　拱式燃烧　22.0213
area heat release rate　面积热强度　23.0647
area ratio　面积比　23.0209
argon distilling equipment　氩提取设备　11.0112
argon fraction　氩馏分　11.0099
argon heat exchanger　氩换热器　11.0118
argon precooler　氩预冷器　11.0119
argon purifier　氩纯化器，* 触媒炉　11.0120
arithmetic average efficiency　算术平均效率　25.0187
arm　托架　02.0202
arm crowd force　斗杆挖掘力　14.0075
arm elevator　托架提升机　02.0190
arm lever　臂杆　14.0159
aromatic hydrocarbon　芳香烃　24.0652
articulated chassis　铰接式底盘　21.0256
articulated connecting rod　主副连杆　24.0390
articulated frame dumper　铰接车架自卸车　14.0226
articulated jib　铰接臂　01.0190
articulated mobile crane　铰接流动式起重机　01.0167
articulated piston　铰接活塞　24.0361
articulated steering tipper　铰接式自卸车　14.0232
as-fired fuel　炉前燃料，* 入炉燃料　22.0019
ash pit　冷灰斗　22.0275
ash recirculation　飞灰再循环　22.0036
ash-retention rate　捕渣率，* 排渣率　22.0195
aspect ratio　展弦比　23.0211，23.0680
aspect ratio of blade　叶片展弦比　26.0105
asphalt cooker　* 沥青加热锅　15.0002
asphalt-distributing tanker　沥青洒布车　15.0090
asphalt drum mixer　滚筒式沥青混凝土搅拌设备　15.0009
asphalt feeding system　沥青供给系统　15.0017
asphalt finisher　沥青混凝土摊铺机　15.0021
asphalt melting and heating unit　沥青熔化加热装置　15.0073
asphalt mixing plant　沥青混合料搅拌设备　15.0004
asphalt mixing plant with recycling capability　沥青混合料再生搅拌设备　15.0010
asphalt mixture　沥青混合料　15.0003
asphalt mixture batch plant　间歇式沥青混合料搅拌设备　15.0005
asphalt mixture curb machine　沥青混合料路缘成型机　15.0031
asphalt paver　沥青混凝土摊铺机　15.0021
asphalt pump　沥青泵　15.0086
asphalt storage　沥青储仓　15.0060
as-received fuel　炉前燃料，* 入炉燃料　22.0019
assembled camshaft　组合式凸轮轴　24.0312
assembled crankshaft　装配式曲轴　24.0400
assembled pipe set　高压油管组件　24.1190
assembled placing boom　组装式布料杆　17.0103

assembly clamp 装配夹块 24.1204
assembly cleanroom 装配式洁净室 12.0478
assembly test 装配试验 25.0222
assisted-service refrigerated display cabinet 他助式冷藏陈列柜 12.0252
asymmetric alternate current sputtering 非对称性交流溅射 13.0235
atmosphere premixed combustion 大气式预混燃烧 22.0222
atmospheric cooling tower 自然通风冷却塔 12.0185
atmospheric deaerator 大气式除氧器 23.0499
atmospheric fluidized bed boiler 常压流化床锅炉 22.0126
atmospheric hot water boiler 常压热水锅炉 22.0068
atmospheric pressure compensating 气压补偿 24.0828
atmospheric pressure fluidized bed combined cycle 常压流化床联合循环 23.0861
atmospheric relief valve 排空阀，* 大气释放阀 23.0407
atomization 雾化 24.1136
atomized particle size 雾化细度 23.0653
atomizing air system 雾化空气系统 23.0751
attached hoist 附着式升降机 01.0624
attached tower crane 附着式塔式起重机 01.0552
attachment 挂接 02.0318
attack angle 冲角，* 攻角 23.0005
attemperator 减温器 22.0415
attractive mould dragger 牵引式拉模机 17.0155
A-type boiler A 型锅炉 22.0089
auger coal drill 煤钻 21.0054
auger concrete paver 螺旋摊铺器 15.0127
auger-type rail-form concrete paver 螺旋轨模式混凝土摊铺机 15.0119
auto-leveling device 自动调平控制器 15.0047
auto-leveling system 自动调平系统 15.0046
automated monorail 单轨小车悬挂输送机 02.0232
automatic braking system 自动制动系 14.0005
automatic controlled stacking crane 自动控制堆垛起重机 01.0449
automatic control system 自动控制系统 24.0608
automatic-dispatched monorail system 自动控制单轨系统 01.0394
automatic feed control mechanism 推进自控机构 21.0255
automatic feed water bypass system 给水自动旁路系统 23.0476
automatic grip 鞍式抱索器 02.0313
automatic lubricating oil filter 自动清洗式机油滤清器 24.0506
automatic monitoring 自动监测 24.0636
automatic protection monitoring 自动保护监测 24.0645
automatic runback device 自复位装置 23.0251
automatic S/R machine 自动有轨巷道堆垛起重机 01.0459
automatic starting air valve 自动起动空气阀 24.0589
automatic starting device 自起动装置 23.0512
automatic starting system 自动起动系统 24.0584
automatic starting time of gas turbine 燃气轮机的自动起动时间 23.0804
automatic start-up control system 自动起动控制系统 23.0269
auxiliary ballast weights 辅助平衡重 05.0025
auxiliary braking system 辅助制动系 14.0004
auxiliary crab 副小车 01.0070
auxiliary ejector 辅助喷射器 12.0142
auxiliary hook 副钩 01.0118
auxiliary load 辅助负荷 23.0585
auxiliary oil pump 辅助油泵 23.0278
auxiliary rope 辅助索 01.0369
auxiliary truck 臂架平车 01.0239
availability 可用性 23.0802
availability of wind turbine generator set 风力发电机组可利用率 26.0239
available hours 可用小时数 22.0624
available state 可用状态 22.0612
available static head 运动压头 22.0148
average continuous running time of gas turbine 燃气轮机平均连续运行时间 23.0803
average noise level 平均噪声 26.0152
axial displacement limiting device 轴向位移保护装置 23.0798
axial-flow adjustable-blade turbine 轴流转桨式水轮机 25.0011
axial-flow compressor 轴流式压缩机 10.0078，轴流式压气机 23.0551
axial-flow fan 轴流式通风机 10.0046

axial-flow fixed-blade turbine　轴流定桨式水轮机　25.0012
axial-flow pump　轴流泵　07.0019
axial-flow regulative-blade turbine　轴流调桨式水轮机　25.0013
axial-flow steam turbine　轴流式汽轮机　23.0048
axial-flow turbine　轴流式透平　23.0531，轴流式涡轮　24.0425，轴流式水轮机　25.0010
axial-flow-type converter　轴流式转化器　24.0713
axial-flow water-turbine pump　轴流式水轮泵　07.0136
axial hydraulic thrust　轴向水推力　25.0249
axial pump　轴向泵　07.0080
axial storage pump　轴流式蓄能泵　25.0028
axle distribution of mass　轴荷分配　14.0193
axle housing　桥壳　14.0056
axle load　轴荷　01.0205
azeotropic refrigerant　共沸制冷剂　12.0056

B

backfill blade　回填铲　14.0218
back-flushing lubricating oil filter　反冲式机油滤清器　24.0505
backhoe　反铲　14.0112
backhoe loader　挖掘装载机　14.0078
backing pressure　前级压力　13.0090
backing vacuum pump　前级真空泵　13.0064
backing valve　前级真空阀　13.0143
back leakage　回油　24.1157
back-leakage connection　回油管座接头　24.1149
back pressure　背压　23.0142
back pressure of chamber　炉膛背压　22.0196
back pressure regulator　背压调节器　23.0256
back pressure steam turbine　背压式汽轮机　23.0051
backreach　后伸距　01.0518
back seal test　上密封试验　09.0010
back stay　斜撑　01.0590
back-streaming rate　返流率　13.0098
back-wall service cabinet　靠墙放置的他助式壁柜　12.0258
back washing system　反冲洗系统　23.0432
back wash valve　凝汽器反冲洗阀　23.0405
baffle plate　缝隙挡板　22.0380
baffle valve　挡板阀　13.0154
bag　料袋　02.0204
bag elevator　袋式提升机　02.0189
bag filter　袋式过滤器　11.0067
bag-type air filter　袋式空气过滤器　12.0471
balanced draft　平衡通风　22.0239
balanced draft boiler　平衡通风锅炉　22.0114
balanced-opposed compressor　对动式压缩机　10.0107
balanced valve　平衡式阀　09.0092
balance pump　均衡泵　07.0038
balance weight　平衡重　24.0407
balancing hole　平衡孔　23.0294
balancing trolley　平衡小车　04.0030
ballast　压重　01.0099
ballast container　压载箱　05.0024
ballast pump　压舱泵　07.0037
ballast tightening device　重锤式张紧装置　01.0384
ball float steam trap　浮球式疏水阀　09.0074
ball-located fuel injector　钢球定位式喷油器　24.1114
ball-tube mill　筒式磨煤机，＊钢球磨煤机　22.0332
ball valve　球阀　09.0033，25.0038
band　下环　25.0099
banking fire　压火　22.0498
bare tube economizer　＊光管省煤器　22.0423
bar feeder　刮板输送装置　15.0034
bar grate stoker　横梁式炉排　22.0363
barometric condenser　混合式冷凝器　12.0160
barreled asphalt melting and heating unit　桶装沥青熔化加热装置　15.0080
barrel pump　筒式泵　07.0049
barrel-type casing　筒形汽缸　23.0153
barrel washer　桶式清洗机　19.0034
barring　盘车　23.0823，24.0200
base　基距　01.0021
base flange-mounted fuel injection pump　平底法兰安装式喷油泵　24.1047
base frame　底架　01.0064
base jib section　基础臂节　01.0187
base level enclosure　地面防护围栏　01.0636
base-load boiler　基本负荷锅炉　22.0131

base-load operation　基本负荷运行　23.0336
base-load rated output　基本负荷额定输出功率　23.0580
base-load steam turbine　基本负荷汽轮机　23.0067
base metal catalyst　普通金属催化剂　24.0736
base-mounted fuel injection pump　平底托架式喷油泵　24.1046
base of crawler crane　履带底盘基距　01.0214
base section　基础节　01.0568
basic jib　基本臂，*最短主臂　01.0185
basic screed unit　基本熨平装置　15.0039
basket　吊篮　02.0304
batch sample　非连续取样　24.0968
batch-type ice cream freezer　间歇式冰淇淋冻结器　12.0292
battery of wind turbine　风力机蓄电池　26.0226
Bayard-Alpert gauge　B-A 真空计　1 3.0185
bearing housing　轴承体　24.0422，轴承箱　25.0111
bearing pad　轴瓦　25.0110
bearing pedestal　轴承座，*轴承箱　23.0190
beater wheel mill　风扇磨煤机　22.0335
bedding-in pattern　磨合痕迹　24.0235
bed lift　病床电梯，*医用电梯　06.0005
bedplate　机座　24.0285
bed temperature　床温　24.0791
beehive gland　蜂窝式汽封　23.0183
Beer-Lambert law　比尔–朗伯定律　24.0974
bellows metering pump　波纹管计量泵　07.0094
bellows seal balance safety valve　波纹管平衡式安全阀　09.0059
bellows seal reducing valve　波纹管式减压阀　09.0069
bellows valve　波纹管阀　09.0097
below-throttle-valve EGR system　节气门后排气再循环系统　24.0778
belt broken protector　输送带纵向撕裂保护装置　02.0072
belt bucket elevator　带斗式提升机　02.0179
belt conveyor　带式输送机　02.0007
belt conveyor driven by linear motor　直线电动机驱动带式输送机　02.0035
belt conveyor driven by line friction　直线摩擦驱动带式输送机　02.0034
belt conveyor with cross cleats　横隔板带式输送机　02.0017
belt-driven live roller conveyor　带传动辊子输送机　02.0215
belt feeder　带式给料机　03.0002
belt protector for anti-break　输送带断带保护装置　02.0073
belt sag　输送带垂度　02.0040，传动带垂度　24.0218
belt slip detector　输送带打滑检测装置　02.0075
belt speed　带速　02.0039
belt tensioner　皮带张紧装置　24.0326
belt thrower　带式抛料机　02.0037
belt twin-bucket elevator　双排带斗式提升机　02.0180
belt width　带宽　02.0038
bend pulley　改向滚筒　02.0052
bend radius　弯曲半径　24.1203
bent-beam gauge　弯注型电离真空计　13.0189
benzo pyrene　苯并芘　24.0683
bevel gear differential　圆锥齿轮式差速器　14.0053
BFBC　鼓泡流化床燃烧　22.0216
bias sputtering　偏压溅射　13.0233
bi-cable circulating ropeway　双线循环式架空索道　02.0267
bi-cable ropeway　双线架空索道　02.0266
bidirectional valve　双向阀门　09.0102
bi-flux heat exchanger　汽–汽热交换器　22.0418
bifurcated fan　分路通风机　10.0058
bifurcation　喷嘴支管　25.0128
bi-line to-and-fro funiculars　双线往复式缆车　02.0282
bimetal-element steam trap　双金属片式疏水阀　09.0077
bin detection device　双重货位检测装置，*货位探测器　01.0472
biohazard safety room　生物危害安全室　12.0482
biological cleanroom　生物洁净室　12.0481
biomass-fired boiler　生物质燃料锅炉　22.0099
biplane butterfly valve　平板蝶阀　25.0036
bit　钎头　21.0206
bit grinder　磨钎机　21.0071
bitumen heating and storage plant　沥青加热存储设备　15.0064
bituminous binders dispenser　液态沥青运输车　15.0101
bituminous binders heater and smelter　沥青结合料加

热融化装置　15.0002
bituminous binder spreader　沥青喷洒机　15.0087
bituminous binders storage tank　沥青储存罐　15.0072
bituminous emulsifying plant　沥青乳化设备　20.0048
bituminous emulsion and dispersion sprayer　沥青乳液和乳化剂喷洒机　20.0049
black-liquor-fired boiler　黑液锅炉　22.0109
black smoke　黑烟　24.0703
black start　黑起动　23. 0820
blade　旋片　13.0072，叶片　23.0036，26.0171
blade angle　叶片安放角　25.0096
blade carrier　静叶持环，* 隔板套　23.0295
blade centrifugal bending stress　叶片偏心弯应力　23.0302
blade centrifugal tensile stress　叶片离心拉应力　23.0301
blade disk　叶轮　23.0035
blade-disk vibration　叶片–轮盘系统振动，* 轮系振动　23.0308
blade end loss　端部损失　23.0115
blade fatigue　叶片疲劳　23.0309
blade force character　浆叶力特性，* 叶片力特性　25.0248
blade ground clearance　犁刀离地间隙　14.0214
blade height　叶片高度　23.0033
blade inlet angle　叶片进口角　23.0684
blade loss　叶片损失　26.0110
blade offset from centerline　犁刀距中心线的偏移量　14.0215
blade opening　叶片开口　25.0091
blade outlet angle　叶片出口角　23.0685
blade profile　叶型　23.0037
blade profile thickness　叶型厚度　23.0679
blade resonant vibration　叶片共振　23.0304
blade root　叶根　23.0034
blade rotating angle　叶片转角　25.0097
blade seal　叶片汽封　23.0179
blade steer angle　刀具转向角　14.0213
blade tooth　爪齿　14.0148
blade tuning　叶片调频　23.0303
blade-type rail-form concrete paver　刮板轨模式混凝土摊铺机　15.0120
blade wheel　叶轮　23.0035
blade width　叶宽　23.0205
blast heater　热风器　12.0374
bleed air　抽气　23.0625
block ice maker　块冰制冰机　12.0286
blocking of wind turbine　风力机锁定　26.0259
blow-down flow　排污量　22.0158
blow-down flow rate　排污量　22.0158
blow-down valve　排污阀　22.0447
blower for road bed cleaning　路面清理用鼓风机　15.0129
blow-off　放水　22.0474，脱火　22.0543，放气　23.0626，吹除　24.0928
blow-off valve　放气阀　23.0763
blow piston　冲击活塞　21.0187
blue smoke　蓝烟　24.0704
BMCR　锅炉最大连续蒸发量，* 锅炉最大连续出力　22.0136
boat-mounted concrete mixing plant　船载式混凝土搅拌站　17.0003
bodywork　车身侧板　05.0026
bogie　平衡台车　01.0066
bogie tire wheel　支承–压实轮　15.0170
bogie turning mechanism　台车回转装置　01.0502
bogie wheel　支承轮　15.0169
boiler　锅炉　22.0049
boiler ash split　锅炉灰平衡　22.0244
boiler blow-down　锅炉排污　22.0493
boiler capacity　锅炉容量，* 锅炉出力　22.0134
boiler combustion adjustment test　锅炉燃烧调整试验，* 燃烧优化试验　22.0556
boiler convection tube bank　锅炉管束　22.0401
boiler design performance　锅炉设计性能　22.0600
boiler feed pump　锅炉给水泵　07.0029
boiler flue gas monitoring　锅炉排烟监测　22.0577
boiler heat efficiency　锅炉热效率　22.0580
boiler heat efficiency test　锅炉热效率试验　22.0555
boiler heat input　锅炉输入热量　22.0149
boiler heat output　锅炉有效利用热量　22.0150
boiler load range　锅炉负荷调节范围　22.0591
boiler maximum continuous rating　锅炉最大连续蒸发量，* 锅炉最大连续出力　22.0136
boiler minimum stable combustion load rate　锅炉最低稳燃负荷率　22.0595
boiler minimum stable load without auxiliary fuel support　锅炉最低稳定燃烧负荷　22.0594

boiler performance certificate test 锅炉性能鉴定试验 22.0558
boiler performance test 锅炉性能试验 22.0557
boiler rated load 锅炉额定负荷，* 锅炉额定蒸发量 22.0135
boiler seal 锅炉密封 22.0459
boiler steam and water circuit 锅炉汽水系统 22.0441
boiler structure 锅炉构架 22.0436
boiler tube explosion 锅炉爆管 22.0545
boiler tube failure 锅炉爆管 22.0545
boiler tube rupture 锅炉爆管 22.0545
boiler unit 锅炉机组 22.0050
boiler utilization heat 锅炉有效利用热量 22.0150
boiler wall 炉墙 22.0458
boiler water 锅水，* 炉水 22.0005
boiler water circulating pump 炉水循环泵，* 控制循环泵 22.0462
boiler water concentration 锅水浓度，* 炉水浓度 22.0583
boiler water treatment 锅炉水处理 22.0497
boiler with dry ash furnace 固态排渣锅炉 22.0111
boiler with dry-bottom furnace 固态排渣锅炉 22.0111
boiler with slagging furnace 液态排渣锅炉 22.0112
boiler with wet bottom furnace 液态排渣锅炉 22.0112
boiling crisis 沸腾传热恶化 22.0013
boiling-out 煮炉 22.0502
boom 臂架 01.0093，悬臂 01.0094，海侧悬臂，* 外臂架 01.0497
boom balancing system 臂架平衡系统 01.0275
boom hoisting mechanism 悬臂俯仰机构 01.0060
boom latch 悬臂定位钩 01.0500
boom length 悬臂长度 01.0352
boom raising time 悬臂俯仰时间 01.0522
boom telescope 臂架伸缩 01.0031
boom telescoping device 起重臂伸缩机构 01.0179
boom tie 悬臂拉杆 01.0498
boom with fly jib 组合式起重臂 01.0193
boost compensator 增压补偿器 24.1095
booster compressor 增压压缩机 10.0115
booster expansion turbine 增压机–透平膨胀机，* 增压透平膨胀机 11.0179
booster oil pump 增压油泵 23.0282
booster pump 增压泵 07.0047，前置泵 23.0487
booster vacuum pump 增压真空泵 13.0068
boosting vaporizer 增压气化器 11.0155
boost pressure 增压压力 24.0186
boost-pressure-controlled maximum fuel stop 增压压力控制式最大油量限制器 24.1096
bore grade 内孔表面质量等级 24.1196
bottom ash 炉底渣 22.0039
bottom ash cooler 冷渣器 22.0464
bottom ash discharge valve 排渣控制阀 22.0328
bottom dead center 下止点 24.0135
bottom dump tipper 底部卸料式自卸车 14.0229
bottom ring 底环 25.0050
bottom terminal landing 底层端站 06.0029
bottom vacuum pouring 底部真空浇注 13.0291
bowed blade 弯曲叶片 23.0164
bowl edge protection 活塞顶凹腔护边 24.0366
bowsill 系梁 01.0592
box conveyor 箱型板式输送机 02.0116
box girder 箱形主梁 01.0091
box-handling crane with grab 抓斗料箱起重机 01.0425
box-handling crane with magnet 电磁料箱起重机 01.0424
box jib 箱形臂 01.0181
box-type boiler 箱型锅炉 22.0084
brace pole of fly jib 副臂支撑杆 01.0199
brake 制动器 01.0100，14.0013
brake by blower 风机制动 11.0181
brake by booster 增压机制动，* 压缩机制动 11.0182
brake by generator 电机制动 11.0183
brake nozzle 制动喷嘴 25.0132
brake of wind turbine 风力机制动器 26.0207
brake power 有效功率 24.0168
brake rope 制动索 02.0290
brake thermal efficiency 有效热效率 24.0170
brake torque 有效扭矩 24.0161
braking mechanism 制动机构 26.0206
braking system alarm device 制动系报警装置 14.0021
branch pipe 叉管 25.0126
Brayton cycle 布雷敦循环 12.0028
breakaway torque 起动扭矩 24.0162
breakerless ignition system 无触点式点火系统 24.0805
breaking hammer 破碎锤 21.0073

break maintenance　事故检修，* 故障检修　22.0507
breakout force　破碎挖掘力，* 铲斗挖掘力　14.0074
break valve　真空截止阀　13.0142
bridge　桥架　01.0067
bridge crane　桥式起重机　01.0284
bridge grabbing crane　抓斗门式起重机　01.0332
bridge inspection truck　桥梁检测作业车　20.0084
brine cooler　盐水冷却器　12.0204
bringing a boiler onto the line　并汽　22.0477
broad-arrow engine　扇形发动机　24.0042
broken device　破拱装置　17.0114
brusher　刷光机　20.0059
B-type scraper　B 形刮板　02.0103
bubble cap tray　泡罩塔板　11.0037
bubble cap tray column　泡罩塔　11.0030
bubbler-type drinking-water cooler　喷泉式饮水冷却器　12.0203
bubbling atomization　气泡雾化　22.0249
bubbling atomizing oil burner　气泡雾化油燃烧器　22.0303
bubbling cap　风帽　22.0325
bubbling fluidized bed boiler　鼓泡流化床锅炉，* 鼓泡床锅炉　22.0124
bubbling fluidized bed combustion　鼓泡流化床燃烧　22.0216
bucket　料斗　02.0192，铲斗　14.0113，水斗　25.0120
bucket auto-leveling device　装载斗自动调平装置　14.0167
bucket auto-return device　装载斗自动复位装置　14.0166
bucket elevator　斗式提升机　02.0178
bucket float　浮桶　09.0023
bucketing mechanism　铲装机构　14.0105
bucket lift　吊篮式客运架空索道　02.0271
bucket lip　斗刃　14.0130
bucket loader　铲斗式装载机　14.0082
bucket tongue　斗舌　14.0129
bucket wheel reclaimer　斗轮取料机　04.0003
bucket wheel stacker-reclaimer　斗轮堆取料机　04.0002
bucket with ejector　强制卸料铲斗　14.0162
buckstay　刚性梁　22.0437
buffer　缓冲器　01.0147
buffer feeder　缓冲导料装置　02.0129
builder's hoist　施工升降机　01.0616
building tower crane　建筑塔式起重机　01.0561
built-up crankshaft　组合式曲轴　24.0399
bulb　灯泡体　25.0052
bulb support　灯泡体支柱　25.0053
bulb turbine　灯泡式水轮机　25.0015
bumper　缓冲器　01.0147，刚性梁　22.0437
burner　燃烧器　22.0291
burner heat output　燃烧器输出热功率，* 燃烧器出力　22.0177
burner nozzle　燃烧器喷口　22.0309
burner outlet temperature　燃烧室出口温度　23.0638
burner zone wall heat release rate　燃烧器区域壁面热强度　22.0153
burning gas heating asphalt storage　燃气加热式沥青储仓　15.0067
butterfly swing check valve　蝶式止回阀　09.0052
butterfly valve　蝶阀　09.0036，13.0157，25.0035
bypass control　旁路控制　23.0829
bypass control system　旁通控制系统　24.0614
bypass damper　旁路挡板　22.0420
bypass governing　旁通调节　23.0368
bypass leakage　间接泄漏，* 携带泄漏　22.0255
bypass lubricating oil filter　分流式机油滤清器　24.0502
bypass system　旁路系统　23.0383
bypass-type VAV terminal device　旁通型变风量末端装置　12.0444
bypass valve　旁通阀　13.0144，24.0924

C

cab-controlled monorail system　司机室操纵单轨系统　01.0392
cabin　吊厢　02.0301
cable belt conveyor　钢丝绳牵引带式输送机　02.0022
cable crane　缆索起重机　01.0356
cable crane with swinging leg　摇摆式缆索起重机　01.0359
cable drum　电缆卷筒　01.0138

cable excavator　机械挖掘机　14.0066
cableless remote operated crane　无线遥控起重机　01.0680
cable remote operated crane　有线遥控起重机　01.0683
cable rotating device　转索器　01.0375
cable trolley　电缆小车　01.0075
cable-type crane　缆索型起重机　01.0651
cable winder　电缆卷绕装置　01.0137
cab-operated crane　司机室操纵起重机　01.0676
cab-operated overhead crane　司机室操纵桥式起重机　01.0310
cage　吊笼　01.0629
caisson-type foundation of off-shore wind turbine generator set　沉箱式海上风力发电机组基础　26.0217
calibrated leak　校准漏孔　13.0211
calibration coefficient　校准系数　13.0202
calibration gas　标定气　24.1007
cam　凸轮　24.0313
camber　悬臂端上翘度　01.0353
camber angle　叶型折转角　23.0686
camber line　中弧线　23.0678
cam follower　凸轮从动件　24.0345
cam follower bracket　凸轮从动件支架　24.0347
cam follower shaft　凸轮从动件销轴　24.0346
cam lift　凸轮升程　24.1059
camshaft　凸轮轴　24.0310
camshaft drive　凸轮轴传动机构　24.0314
camshaft fuel injection pump　凸轮轴式喷油泵　24.1036
can annular combustor　环管形燃烧室　23.0561
canned motor pump　屏蔽电泵　07.0024
cantilever　悬臂　01.0094
cantilever crane　悬臂起重机　01.0654
cantilever gantry crane　悬臂门式起重机　01.0320
can-type combustor　分管形燃烧室　23.0559
capacity　输气量　10.0032
capacity of high-pressure bypass system　高压旁路系统容量，* 整体旁路容量　23.0389
capacity of low-pressure bypass system　低压旁路系统容量　23.0390
capstan　绞盘　01.0539
capsule hydraulic pipe conveyor　容器管道液力输送机　02.0164
capsule pipeline conveyor　容器式管道气力输送机　02.0161
capture vacuum pump　捕集真空泵　13.0053
car　轿厢　06.0036
carbon air filter　活性炭空气过滤器　12.0476
carbon canister　炭罐　24.0873
carbon canister for evaporative emission　蒸发排放物用炭罐　24.0875
carbon canister storage system　炭罐储存装置　24.0872
carbon canister vent valve　炭罐通气阀　24.0874
carbon dioxide　二氧化碳　24.0680
carbon dioxide adsorber　二氧化碳吸附器　11.0074
carbon dioxide capture　二氧化碳分离　23.0042
carbon dioxide filter　二氧化碳过滤器　11.0069
carbon dioxide sequestration　二氧化碳封存　23.0043
carbon dioxide storage　二氧化碳封存　23.0043
carbon monoxide　一氧化碳　24.0679
carbon residue　积炭　24.0236
carburetor deceleration combustion control valve　化油器减速燃烧控制阀　24.0900
carburetor engine　化油器式发动机　24.0015
car frame　轿架，* 轿厢架　06.0037
car head　天轮　01.0630
car-loader　装车机　04.0016
Carnot cycle　卡诺循环　12.0024
carriage　客车　02.0302
carrier head　猫头　01.0402
carriers　吊具　02.0300
carrying cable　承载索，* 主索，* 轨索　01.0365，02.0288
carrying hauling rope　运载索　02.0294
carrying idler　承载托辊　02.0056
cart　运输车　02.0248
cartridge-charged fixing tool　射钉枪　20.0061
cascade　叶栅　23.0677
cascade control system　串级控制系统　24.0612
cascade refrigerating system　复叠式制冷系统　12.0045
cascade refrigeration cycle　复叠式制冷循环　12.0035
cascade utilization of thermal energy　热能的梯级利用　23.0843
casing　汽缸　23.0152，气缸，* 机匣　23.0697
Ca/S mole ratio　钙硫[摩尔]比　22.0231
cassette-type air conditioner　嵌入式空气调节器

12.0361
cassette-type fan-coil unit 嵌入式风机盘管机组，* 吸顶式风机盘管机组 12.0438
cast-iron boiler 铸铁锅炉 22.0083
cast-iron gilled tube economizer 铸铁省煤器 22.0426
catalyst 催化剂 24.0731
catalyst assembly 催化器总成 24.0711
catalyst attrition 催化剂耗损 24.0739
catalyst converter 催化转化器 24.0712
catalyst poisoning 催化剂中毒 24.0741
catalyst shrinkage 催化剂收缩 24.0740
catalytic combustion 催化燃烧 23.0565
catalytic combustion analyzer 催化燃烧分析仪 24.0989
catalytic converter 催化转化器 24.0712
catalytic converter efficiency 催化转化器转化效率 24.0754
catalytic efficiency 催化效率 24.0753
catalytic purifier 催化箱 14.0189
catalytic trap 催化捕集器 24.0913
catalyzed diesel particulate filter 催化型颗粒过滤器 24.0727
catastrophic failure of wind turbine 风力机严重故障 26.0143
catch header 汇集集箱 22.0391
cat head 塔顶 01.0571
caustic cracking 苛性脆化 22.0532
caustic embrittlement 苛性脆化 22.0532
cavitation 空化 25.0197
cavitation coefficient of hydroturbine 水轮机空化系数，* 气蚀系数 25.0200
cavitation coefficient of storage pump 蓄能泵空化系数 25.0203
cavitation corrosion 穴蚀 24.0237
cavitation damage * 气蚀破坏 25.0209
cavitation erosion 空蚀，* 气蚀 25.0209
cavitation margin 空化裕量 25.0207
cavitation pitting 空蚀，* 气蚀 25.0209
cavitation test 空化试验 25.0230
CCHP 冷热电联供系统，* 冷热电联产系统 23.0845
CDPF 催化型颗粒过滤器 24.0727
CDPF balance point temperature 催化型颗粒过滤器平衡点温度 24.0945
ceiling coil 顶排管 12.0243
ceiling fan-coil unit 卧式风机盘管机组 12.0435
ceiling module with air curtain 气幕式洁净罩 12.0498
ceiling superheater 顶棚管过热器 22.0413
ceiling-type air conditioner 吊顶式空气调节器 12.0358
center axle drive tipper 中间轴驱动式自卸车 14.0235
center drill boom 中心钻臂 21.0223
center soil stabilization material mixing equipment 稳定土厂拌设备 15.0158
center support system 定中系统 23.0707
center swivel grab loader 中心回转式抓岩机 14.0095
central air-conditioning system 集中式空气调节系统 12.0311
central fan system 集中通风系统 12.0328
central humidifier 中央加湿器 12.0411
central post slewing ring 柱式回转支承 01.0077
central water-supply mechanism 中心供水机构 21.0217
centrifugal compressor 离心式压缩机 10.0077
centrifugal cryogenic liquid pump 离心式低温液体泵，* 低温离心泵 11.0195
centrifugal fan 离心式通风机，* 径流式通风机 10.0045
centrifugal freezing 离心冷冻 13.0264
centrifugal humidifier 离心式加湿器 12.0418
centrifugal impeller 离心式叶轮 24.0431
centrifugal pump 离心泵 07.0017
centrifugal refrigerant compressor 离心式制冷压缩机 12.0112
centrifugal separator 离心分离器 22.0243
centrifugal storage pump * 离心式蓄能泵 25.0027
centring idler 调心托辊 02.0061
centripetal turbine * 向心式透平 23.0530，径流式涡轮 24.0426
ceramic-to-metal seal 陶瓷金属封接 13.0124
CFBC 循环流化床燃烧 22.0217
CFC 氯氟化碳 24.0682
chain assembly tension adjuster 链条总成张紧调节装置 24.0319
chain belt stoker 链带式炉排 22.0362
chain block 手拉葫芦 01.0530

chain-bucket elevator 链斗式提升机 02.0181
chain-bucket loader 链斗装载机 04.0009
chain-bucket ship unloader 链斗卸船机 04.0022
chain-bucket waggon unloader 链斗卸车机 04.0020
chain drive 链传动 24.0316
chain-driven belt conveyor 链牵引带式输送机 02.0023
chain-driven live roller conveyor 链传动辊子输送机 02.0216
chain filter 链带式过滤器 11.0066
chain grate stoker 链条炉排，* 移动式炉排 22.0361
chain lever block 环链手扳葫芦 01.0533
chain-line trencher 链式挖沟机 14.0203
chain rope carrier 链条式支索器，* 牵引式承马 01.0380
chain scraper 刮板链条 02.0099
chain support trolley 空载滑架 02.0235
chain twin-bucket elevator 双排链斗式提升机 02.0182
chair 吊椅 02.0303
chair lift 吊椅式客运架空索道 02.0270
change of control point 控制点变化 24.0603
channel leak 通道漏孔 13.0207
characteristic map 压气机特性图 23.0637
characteristic test 特性试验 25.0224
charcoal canister 活性炭罐 24.0877
charge air bypass control system 增压空气旁通控制系统 24.0437
charge air cooler 增压空气冷却器，* 中冷器 24.0476
charge blade 进料叶片 17.0087
charge flow 充气流量 24.0108
charge valve 充气阀 13.0140
charging efficiency 充气效率 24.0107
charging pressure ratio 增压比 24.0112
charring 结焦 24.0238，活塞烧焦 24.0258
chassis 车架 05.0023，台车 14.0120
chassis dynamometer 底盘测功机 24.0980
chassis frame 底架 01.0064
checked coal 校核煤种 22.0021
check plate 卡轨器 14.0125
check test 校核试验，* 辅助试验 12.0301
check valve 止回阀 09.0046
chemical cleaning 化学清洗 22.0501，23.0451
chemical deaeration 化学除氧 23.0494
chemical fertilizer pump 化肥泵 07.0108
chemical reaction vacuum refining 化学反应真空精炼 13.0273
chemical vapor deposition 化学气相沉积 13.0241
chemiluminescent analyzer 化学发光分析仪 24.0982
chemiluminescent detector analyzer 化学发光检测器分析仪，* CLD 分析仪 24.0988
chilled food storage room 冷却物冷藏间 12.0274
chilling room 冷却间 12.0278
chip ice maker 片冰制冰机 12.0284
chipping 剥蚀 24.0239
chippings spreader 石屑撒布机 15.0107
chippings spreader pushed by tipper truck 自卸卡车推行式石屑撒布机 15.0110
chippings spreading device 石屑撒布装置 15.0114
chisel 钎头 21.0270
chlorofluorocarbon 氯氟化碳 24.0682
choke opener 阻风门开启器 24.0834
choking 堵塞 23.0631
choking limit 阻塞极限 23.0636
chord 弦长 23.0031
CHP 热电联供系统，* 热电联产系统 23.0856
chromium depletion 贫铬 22.0527
chuck 卡套 21.0198
chuck bushing 衬套 21.0200
chuck sleeve 钎尾套 21.0196
circlip 挡圈 24.0372
circular flow tray 环流塔板 11.0035
circulating fluidized bed boiler 循环流化床锅炉，* 循环床锅炉 22.0125
circulating fluidized bed combustion 循环流化床燃烧 22.0217
circulating funiculars 循环式缆车 02.0278
circulating ropeway 循环式架空索道 02.0253
circulating water pump 循环水泵 07.0031
circulating water pump of steam turbine 汽轮机循环水泵 23.0424
circulation circuit 循环回路 22.0009
circulation ratio 循环倍率 22.0010
circulation velocity 循环水速 22.0167
circulative cooling 循环冷却 24.0457
circumferential air nozzle 周界风喷口 22.0354
clamp 夹钳 01.0434，抱卡 02.0315
clamp hanger 夹钳吊架，* 钢板提升器 01.0440

clamping device　夹紧装置　16.0030
clamp-mounted fuel injector　压板安装式喷油器　24.1117
clamps　夹钩　01.0469
clamshell attachment　抓铲装置　14.0072
clapper　锁气器　22.0351
classification group　工作级别　01.0027
claw crane　料耙起重机　01.0418
claw tipping mechanism　料耙倾翻机构　01.0431
CLD analyzer　化学发光检测器分析仪, * CLD 分析仪　24.0988
clean bench　洁净工作台　12.0495
cleaning adapter　清洗结合器　17.0100
cleaning catcher　清洗接收器　17.0101
cleaning device for transport tube　输送管道清洗装置　17.0098
cleaning drum　清洗筒　17.0111
cleanness factor　清洁系数　23.0410
clean oven　洁净烘箱　12.0493
cleanroom　洁净室　12.0477
clean shelf　洁净保管柜　12.0492
clean-water pump　清水泵　07.0104
clearance of seaside gantry frame　侧门框净空尺寸　01.0519
clearance of side portal　侧门架净空　01.0354
C-leg　C 形支腿　01.0343
climbing crane　爬升式起重机　01.0662
climbing frame　爬升套架　01.0578
climbing mechanism　顶升机构　01.0575，爬升机构　01.0576
climbing tower crane　内爬式塔式起重机　01.0545
clinkering　结焦　22.0521
clogging　堵灰　22.0524
close cycle system　封闭式系统　12.0323
closed cycle　闭式循环　23.0544
closed diameter of grab unit　抓斗闭合直径　14.0154
closed-loop control　闭环控制　24.0901
closed refrigerated display cabinet　封闭式冷藏陈列柜　12.0250
closed shell and tube condenser　卧式壳管式冷凝器　12.0158
closed wet-bottom furnace　闭式液态排渣炉膛　22.0282
closing mechanism　开闭机构　01.0062
clutch　离合器　01.0607
clutch in traveling system　走行挂齿装置　01.0236
CNG　压缩天然气　24.0661
CO　一氧化碳　24.0679
coal abrasiveness index　煤磨损指数　22.0198
coal feeder　给煤机　22.0337
coal-fired boiler　燃煤锅炉　22.0100
coal-fired heat-transfer material heater　有机载热体燃煤加热装置　15.0084
coal grindability index　煤可磨性指数　22.0197
coal hopper　煤斗　22.0371
coal pulverizing system　煤粉制备系统　22.0026
coal pump　煤浆泵　07.0034
coal water mixed boiler　水煤浆锅炉　22.0105
coal water slurry boiler　水煤浆锅炉　22.0105
coal water slurry burner　水煤浆燃烧器　22.0297
coarse pulverized coal classifier　粗粉分离器　22.0338
coast-down method　滑行法　24.0954
coasting richer　强制怠速加浓装置　24.0849
coating material　镀膜材料　13.0224
coaxial water-turbine pump　同轴水轮泵　07.0132
coefficient of mass utilization　质量利用系数　01.0207
coercive grip　螺旋式抱索器，* 强迫式抱索器　02.0311
cogeneration steam turbine　热电联产汽轮机　23.0054
cogeneration system　热电联供系统，* 热电联产系统　23.0856
coil clamp　钢卷夹钳　01.0438
coiled pipe heat exchanger　绕管式换热器　11.0045
coil-tube header-type heater　螺旋管联箱式加热器　23.0461
coking　结焦　22.0521
cold air distributing test of pulverizing system　制粉系统冷态风平衡试验　22.0561
cold binder spreader　冷沥青喷洒机　15.0096
cold cathode ionization gauge　冷阴极电离计　13.0178
cold cathode magnetron gauge　冷阴极磁控管真空计　13.0180
cold chain　冷藏链　12.0270
cold-drawn spiral steel bar making machine　冷拔螺旋钢筋成型机　18.0015
cold fuel filter clogging　低温燃油滤清器堵塞　24.0219
cold fuel filter plugging　低温燃油滤清器堵塞

24.0219
cold model test 炉膛冷态模型试验 22.0560
cold reheat steam conditions 冷再热蒸汽参数，* 冷段再热蒸汽参数 23.0092
cold-rolled and twisted steel bar making machine 冷轧扭钢筋成型机 18.0014
cold rolling steel wire and bar making machine 冷轧带肋钢筋成型机 18.0011
cold starting 冷态起动 23.0322， 23.0821
cold start-up 冷态启动 22.0467
cold storage 蓄冷 12.0065
cold storage room 冷藏间 12.0273
cold store 冷库 12.0267
cold trap 冷阱 13.0081
cold vaporizer 冷式气化器 11.0157
Collins helium liquefier 柯林斯氦液化器 12.0227
column 机柱 24.0288
column-type fan-coil unit 立柱式风机盘管机组 12.0436
comb 梳齿板 06.0058
combinational drill boom 组合式钻臂 21.0226
combination governor 复合式调速器 24.0540
combination pneumatic nutrunner 组合式气扳机 21.0145
combined air-conditioning unit 组合式空气调节机组 12.0331
combined bucket 组合型料斗 02.0196
combined circulation boiler 复合循环锅炉 22.0093
combined compressor 复合压缩机 10.0133
combined condition 协联工况 25.0239
combined cool, heat and power system 冷热电联供系统，* 冷热电联产系统 23.0845
combined cycle power plant with underground coal gasification 地下煤气化联合循环电厂 23.0859
combined cycle steam turbine 联合循环汽轮机 23.0073
combined cycle with multi-pressure level Rankine cycle 多压兰金循环的联合循环 23.0852
combined cycle with reheat Rankine cycle 再热兰金循环的联合循环 23.0853
combined cycle with single pressure level Rankine cycle 单压兰金循环的联合循环 23.0851
combined deNO_x-particulate filter 组合式降氮氧化物–颗粒物系统 24.0794
combined drill jumbo 联合钻车 21.0037
combined heat and power system 热电联供系统，* 热电联产系统 23.0856
combined hoist 混合式施工升降机 01.0619
combined refrigerated display cabinet with open top 上部敞开组合式冷藏陈列柜 12.0255
combined refrigerated display cabinet with top glass door 上部玻璃门组合式冷藏陈列柜 12.0254
combined reheat valve 再热联合汽阀 23.0225
combined supercharged boiler and gas turbine cycle 增压锅炉型联合循环 23.0866
combined valve 联合汽阀 23.0223
combined water 结合水 24.0698
combine snow remover 联合式除雪机 15.0179
comb safety device 梳齿板安全装置 06.0059
combustion chamber 炉膛，* 燃烧室 22.0278，燃烧室 24.0121
combustion equipment 燃烧设备 22.0024
combustion intensity 燃烧强度 23.0643
combustion liner 火焰筒 23.0717
combustion residue 燃烧残余物 24.0240
combustion stability 燃烧稳定性 23.0657
combustion system 燃烧系统 22.0023
combustion zone 燃烧区 23.0710
combustor basket 火焰筒 23.0717
combustor can 火焰筒 23.0717
combustor chamber 燃烧室 23.0556
combustor efficiency 燃烧室效率 23.0649
combustor outer casing 燃烧室外壳 23.0722
combustor outlet temperature 燃烧室出口温度 23.0638
combustor specific pressure loss 燃烧室比压力损失 23.0650
comfort air conditioning 舒适空调 12.0305
common rail 共轨 24.1206
common rail fuel injection system 共轨式喷油系统 24.1207
common rail fuel injector 共轨式喷油器 24.1211
common rail pressure sensor 共轨压力传感器 24.1217
compact dumper 小型自卸车 14.0227
compact excavator 小型挖掘机 14.0065
compact loader 小型装载机 14.0087
compactness factor 紧凑系数 23.0663

compensating chain device 补偿链装置 06.0039
compensating device for hoist ropes 曳引绳补偿装置 06.0038
compensating pulley 平衡滑轮 01.0108
compensating rope device 补偿绳装置 06.0040
compensating sheave 平衡滑轮 01.0108
complete characteristics of pump-turbine 水泵水轮机全特性 25.0254
complete equipment for making concrete blocks 混凝土砌块生产成套设备 17.0134
complete set of automatic equipment for block making 全自动混凝土砌块生产成套设备 17.0135
complete set of manual operating equipment for block making 手动操作混凝土砌块生产成套设备 17.0137
complete set of non-rack-curing block making equipment 无架养护混凝土砌块生产成套设备 17.0139
complete set of rack-curing block making equipment 带架养护混凝土砌块生产成套设备 17.0138
complete set of semi-automatic equipment for block making 半自动混凝土砌块生产成套设备 17.0136
complete set of single-plate-conveying block making equipment 单板传送混凝土砌块生产成套设备 17.0140
complex terrain 复杂地形带 26.0273
composite tube for high-pressure fuel 高压油管用复合管 24.1193
compound bowed and twisted blade 复合弯扭叶片 23.0165
compound refrigerant compressor 单机双级制冷压缩机 12.0119
compound two-stage compressor 单机双级压缩机 10.0112
compound-type floating crane 复合浮式起重机 01.0247
compressed-air distributing mechanism 配气机构 21.0210
compressed-air distributing mechanism of driving valve 主动阀配气机构 21.0211
compressed-air distributing mechanism of unpowered valve 被动阀配气机构 21.0212
compressed air spray-type humidifier 压缩空气喷雾加湿器 12.0417
compressed air starter motor 压缩空气起动马达 24.0593
compressed air tank 压缩空气储罐 11.0201
compressed natural gas 压缩天然气 24.0661
compressible factor 压缩性修正系数 10.0015
compression chamber 压缩腔 13.0076
compression gauge 压缩式真空计 13.0171
compression glass-to-metal seal 压缩玻璃金属封接 13.0122
compression height 压缩高度 24.0381
compression ignition engine 压燃式发动机 24.0008
compression pressure in a cylinder 气缸压缩压力 24.0182
compression ratio 压缩比 13.0095
compression refrigerating system 压缩式制冷系统 12.0044
compression refrigeration cycle 压缩式制冷循环 12.0031
compressor 压气机 23.0550
compressor-absorption heat pump unit 压缩–吸收式热泵机组 12.0133
compressor casing 压气机壳 24.0423
compressor discharge line calorimeter method 压缩机排气管道量热器法 12.0022
compressor disk 压气机轮盘 23.0767
compressor input power 压气机输入功率 23.0627
compressor intake anti-icing system 压气机进气防冰系统 23.0772
compressor polytropic efficiency 压气机多变效率 23.0622
compressor rotor 压气机转子 23.0766
compressor stage 压气机级 23.0013
compressor surge 压气机喘振 24.0220
compressor turbine 压气机透平 23.0533
compressor washing system 压气机清洗系统 23.0773
compressor wheel 压气机叶轮 23.0768
compressor with electromagnetically actuated piston 电磁驱动活塞压缩机 10.0086
compulsory cleaning machine for concrete 强制式混凝土清洗机 17.0108
compulsory concrete mixer 强制式混凝土搅拌机 17.0022
computer-controlled monitoring 计算机控制监测 24.0638
concealed fan-coil unit 暗装风机盘管机组 12.0433

concentrating lubricating system 集中润滑系统 14.0260
concrete asphalt melter and mixer 沥青混凝土熔化加热机 15.0011
concrete batching plant 混凝土配料站 17.0009
concrete bucket 混凝土斗 17.0096
concrete crack sealing machine 混凝土路面填缝机 15.0132
concrete curb machine 混凝土路缘成型机 15.0142
concrete delivery tank 混凝土输送箱 17.0095
concrete delivery vessel 混凝土输送容器 17.0099
concrete dumper 混凝土翻斗车 17.0033
concrete finisher *混凝土修整机 15.0121
concrete hopper 混凝土贮斗 17.0116
concrete leveller 混凝土整平机 15.0135
concrete linable machine 混凝土路面排式振动器 15.0141
concrete mix delivery equipment 混凝土输送设备 17.0035
concrete mixer 混凝土搅拌机 17.0016
concrete mixing carrier 混凝土搅拌运输车 17.0036
concrete mixing plant 混凝土搅拌站 17.0001
concrete mixing tower 混凝土搅拌楼 17.0002
concrete mix laying machine 水泥混凝土铺设机 15.0130
concrete mix paver 固模式混凝土摊铺机 15.0121
concrete mix placer 混凝土浇筑机 15.0136
concrete mix transfer machine 水泥混凝土转运机 15.0138
concrete paver 混凝土摊铺机 15.0116
concrete products machinery 混凝土制品机械 17.0133
concrete pump 混凝土输送泵 07.0124
concrete pump truck 混凝土泵车，*布料杆泵车，*臂架式泵车 17.0048
concrete pump with distributor 带布料杆的混凝土泵 17.0046
concrete pump without a placing boom 不带布料杆的混凝土泵 17.0047
concrete saw 混凝土路面切缝机 15.0131
concrete scarifier machine 混凝土路面刻纹机 15.0143
concrete spraying machine 混凝土喷射机 17.0070
concrete spreader *混凝土撒布机 15.0130
concrete texture curing machine 混凝土拉毛养生机 15.0144
concrete transport agitating skip 混凝土搅拌输送斗 17.0038
concrete transport skip 混凝土输送斗 17.0032
concrete trowel machine 混凝土路面抹光机 15.0140
concrete truck mixer 混凝土搅拌运输车 17.0036
concrete vacuum dewatering treatment equipment 混凝土真空脱水处理设备 15.0139
concrete vibrator 混凝土振动器 17.0053
condensate flow 凝结水流量，*冷凝水流量 23.0401
condensate pump 凝结水泵 07.0030，23.0423
condensate temperature 凝结水温度 23.0402
condensate water 凝结水 22.0007
condenser 冷凝器 11.0056，12.0145，13.0087，凝汽器 23.0391
condenser characteristics 凝汽器特性 23.0449
condenser cleaning equipment 凝汽器清洗装置 23.0406
condenser deaeration 凝汽器除氧 23.0399
condenser equipment 凝汽设备 23.0378
condenser-evaporator 冷凝蒸发器 11.0058
condenser heat load 凝汽器热负荷 23.0409
condenser performance test 凝汽器性能试验 23.0447
condenser pressure 凝汽器压力 23.0400
condenser-receiver 冷凝-贮液器 12.0161
condenser vacuum degree 凝汽器真空度 23.0408
condensing boiler 冷凝式锅炉 22.0107
condensing steam turbine 凝汽式汽轮机 23.0050
condensing-water recovery equipment 冷凝水回收装置 22.0456
condensing zone 凝汽区，*凝结区 23.0416
condition-based maintenance 状态检修，*预知性检修 22.0509
condition curve 热力过程线，*状态过程线 23.0147
condition monitoring 工况监测 24.0639
conductance 流导 13.0020
cone crusher *圆锥破碎机 19.0018
conformity of production 生产一致性 24.1022
conical draft tube 锥形尾水管 25.0078
connecting lever 拐臂 01.0348
connecting rod 连杆 24.0383，推拉杆 25.0067
connecting rod big end 连杆大头 24.0385
connecting rod big end bearing 连杆大头轴承

24.0395
connecting rod bottom end 连杆大头 24.0385
connecting rod bottom end bearing 连杆大头轴承 24.0395
connecting rod length 连杆长度 24.0151
connecting rod ratio 连杆比 24.0152
connecting rod shank 连杆杆身 24.0386
connecting rod small end 连杆小头 24.0384
connecting rod small end bearing 连杆小头轴承 24.0396
connecting rod top end 连杆小头 24.0384
connecting rod top end bearing 连杆小头轴承 24.0396
connection dimension 连接尺寸 09.0013
connection end 管端接头 24.1198
connector collar 管接护套 24.1200
connector nut 管接螺母 24.1199
consequential damage 从属损坏 24.0221
consistency measurer 稠度仪 17.0085
consolidated replacement part 统一更换件 24.0206
constant air volume system 定风量系统 12.0325
constant chord blade 等截面叶片 26.0172
constant power operation 恒功率运行 23.0815
constant pressure charging 定压增压 24.0088
constant-pressure exhaust manifold 定压排气歧管 24.0442
constant-pressure operation 定压运行 22.0483, 23.0344
constant-pressure spreader 恒压洒布机 15.0089
constant-pressure start-up 定压启动 22.0466
constant safety device 匀速式安全器 01.0640
constant speed test 常速试验 26.0262
constant temperature operation 恒温运行 23.0814
constant-volume sampler 定容取样器 24.0991
construction winch 建筑卷扬机 01.0595
consumable part 易损件 24.0202
contact drying 接触干燥 13.0255
container crane with rope trolley 绳索小车集装箱起重机 01.0484
container crane with self-propelled trolley 自行小车集装箱起重机 01.0486
container crane with semi-rope trolley 半绳索小车集装箱起重机 01.0485
container handling crane 集装箱起重机 01.0480
container portal crane 集装箱门座起重机 01.0496
continual loader 连续式装载机 14.0083
continuous asphalt plant 连续式沥青混合料搅拌设备 15.0006
continuous blow-down 连续排污 22.0494
continuous coating plant 连续镀膜设备 13.0248
continuous concrete mixer 连续式混凝土搅拌机 17.0017
continuous concrete mixing plant 连续式混凝土搅拌站 17.0015
continuous ice cream freezer 连续式冰淇淋冻结器 12.0291
continuously circulating ropeway 连续循环式架空索道 02.0254
continuously regenerating device 连续再生装置 24.0918
continuous sampling 连续取样法 24.0966，连续取样 24.0967
continuous treatment vacuum plant 连续处理真空设备 13.0103
contra-rotating fan 对旋式通风机 10.0047
control 控制 24.0597
control arm 调节臂 24.1090
control by adjustable nozzle 转动喷嘴调节，*可调喷嘴调节 11.0187
control by changing height of nozzle 变高度喷嘴调节 11.0188
control by nozzle block 喷嘴组调节，*副喷嘴调节，*部分进气调节 11.0186
control by throttling 节流调节 11.0185
control center of wind farm 风电场控制中心 26.0188
control guard for handrail breakage 扶手带断带保护装置 06.0063
controllable starting air valve 可控起动空气阀 24.0588
controlled atmosphere storage 气调冷库，*气调库 12.0269
controlled circulation boiler 控制循环锅炉 22.0092
controlled condition 受控条件 24.0600
controlled freezing-point storage 冰温贮藏 12.0271
controller 控制器 24.0621
controller of wind turbine generator set 风力发电机组控制器 26.0224

control oil system 调节油系统 23.0276
control point 控制点 24.0602
control rack 调节齿杆 24.1089
control rod 调节拉杆 24.1088
control system 控制系统 23.0729，24.0599
control system of wind turbine 风力机控制系统 26.0187
control unit ＊控制单元 24.0621
control valve 调节汽阀 23.0220
convection pass 对流烟道 22.0270
convection superheater 对流过热器 22.0411
convective cooling 对流冷却 24.0458
convective heating surface 对流受热面 22.0262
conventional fuel injector 常规喷油器 24.1108
conversion efficiency 转化效率 24.0747
converter 变流器 26.0221
converter bypass 转化器旁通 24.0749
convertible engine 可转换发动机 24.0012
conveying fan 传输通风机，＊传送通风机 10.0066
conveying mechanism 运输机构 14.0110
conveyor 输送机械 02.0001
conveyor belt 输送带 02.0049
conveyor length 输送机长度 02.0044
conveyor swing angle 运输机架尾端摆角 14.0143
coolant override valve 冷却液过热越控阀 24.0902
coolant tank 冷却水箱 24.0466
cooled blade 冷却叶片 23.0675
cooled fuel injector 冷却式喷油器 24.1133
cooled nozzle 冷却式喷油嘴 24.1128
cooler 冷却器 11.0060，12.0200
cooling airduct 冷却气道 24.0480
cooling and heating heat pump 制冷与供热热泵 12.0139
cooling and sealing air system 冷却与密封空气系统 23.0755
cooling battery 冷却管组 12.0241
cooling-down 冷却盘车 23.0816
cooling fin 散热片 24.0481
cooling gallery 冷却通道 24.0382
cooling/heating air-conditioning unit 制冷/供热空气调节机组 12.0329
cooling processing room 冷加工间 12.0277
cooling rate 冷却倍率 23.0404
cooling shutdown 冷却停机 23.0321
cooling system 冷却系统 23.0754
cooling tower 冷却塔 12.0184，23.0434
cooling water 冷却水，＊循环水 23.0396
cooling-water leakage detector 冷却水泄漏检查装置 23.0431
cooling water tube 冷却水管 23.0413
COP 生产一致性 24.1022
core drill 空心钻 20.0063，岩心钻 21.0057
corner burner 角式燃烧器 22.0296
corner-fired boiler 切向燃烧锅炉 22.0117
corner firing ＊角式燃烧 22.0210
corner-tube boiler 角管式锅炉 22.0082
corrected flow 折算流量 23.0805
corrected maintenance 改进性检修 22.0508
corrected output 折算输出功率 23.0583
corrected speed ＊修正转速 23.0834
corrected thermal efficiency 折算热效率，＊修正热效率 23.0588
correcting unit 纠正单元 24.0620
corrosion-resistant fan 耐腐蚀通风机 10.0069
corrosive pitting 点蚀 24.0242
corrugated finned tube exchanger 波纹型肋片换热器 12.0397
corrugated plate separator 百叶窗分离器 22.0381
corrugated separator 百叶窗分离器 22.0381
cost per cubic-meter water 立方米水成本 26.0246
cost per kW·h 度电成本 26.0245
counterbalanced fork lift truck 平衡重式叉车 05.0007
counter-boom 平衡臂 01.0572
counter-current operation concrete mixer 逆流式混凝土搅拌机 17.0029
counter-flow combustor 逆流式燃烧室 23.0558
counter flow tray 对流塔板 11.0036
counter-jib 平衡臂 01.0572
counter rope 平衡索 02.0296
counterweight 平衡重 01.0098，对重 01.0633
coupling 联轴器 23.0185
coupling bolt 联轴螺栓 25.0107
coupling frame 挂接器 02.0316
coupling rail 挂接器 02.0316
coupling sleeve 连接套 21.0205
cover carriage crane 揭盖起重机 01.0414
CO_2 zero emission 二氧化碳零排放 23.0044
crab 起重小车 01.0068

crab-rake loader　蟹耙装载机　04.0012
crab slewing mechanism　小车回转机构　01.0059
crab traverse mechanism　小车运行机构，* 起重小车运行机构　01.0054
crab traversing limiter　小车行程限位器　01.0154
crab traversing speed　小车运行速度　01.0015
crab traversing speed limiter　小车运行速度限制器　01.0141
cradle　铲斗架　14.0117
cradle-mounted fuel injection pump　弧形底安装式喷油泵　24.1051
crane　起重机　01.0002
crane anticollision device　起重机防碰装置　01.0159
crane clearance line　起重机限界线　01.0028
crane datum level　起重机基准面　01.0017
crane stability　起重机稳定性　01.0037
crane traveling　起重机运行　01.0030
crane traveling limiter　起重机行程限位器　01.0153
crane traveling speed　起重机运行速度　01.0014
crane traveling speed limiter　起重机运行速度限制器　01.0140
crane travel mechanism　起重机运行机构　01.0053
crane truck　汽车起重机　01.0162
crank　曲柄　24.0401
crankcase　曲轴箱　24.0279
crankcase breather　曲轴箱呼吸器　24.0282
crankcase door　曲轴箱检查孔盖　24.0280
crankcase dual ventilation system　曲轴箱双通风系统　24.0866
crankcase emission　曲轴箱排放物　24.0675
crankcase emission control system　曲轴箱排放物控制系统　24.0865
crankcase end cover　曲轴箱端盖　24.0281
crankcase oil　曲轴箱油　24.0521
crankcase scavenging　曲轴箱扫气　24.0099
crankcase single ventilation system　曲轴箱单通风系统　24.0867
crankcase storage system　曲轴箱储存装置　24.0870
crank chambcr　曲柄室　24.0286
crank-handle starter　摇把起动器　24.0579
cranking resistance torque　旋转阻力矩　24.0164
cranking torque　旋转扭矩　24.0163
crank journal　主轴颈　24.0402
crankless pump　无曲柄泵　07.0083
crank pin　曲柄销　24.0403
crank pump　曲柄泵　07.0082
crank rotation mechanism　曲柄式回转机构　21.0240
crankshaft　曲轴　24.0397
crankshaft piston compressor　曲轴活塞压缩机　10.0081
crank throw　曲柄　24.0401
crank web　曲柄臂　24.0404
crawler asphalt paver　履带式沥青混凝土摊铺机　15.0024
crawler attachment　履带行走机构　14.0106
crawler bearing area　履带接地面积　01.0211
crawler bearing length　履带接地长度　01.0212，14.0219
crawler crane　履带起重机　01.0161
crawler downhole drill　履带式潜孔钻机　21.0049
crawler excavator　履带挖掘机　14.0067
crawler-mounted tower crane　履带式塔式起重机　01.0550
crawler rig　履带式钻车　21.0038
crawler slipform concrete paver　履带式滑模混凝土摊铺机　15.0123
crawler track　履带行走装置　15.0171
crawler-type tractor-dozer　履带式推土机　14.0172
crawler width　履带宽度　01.0213
crevice corrosion　缝隙腐蚀　22.0529，24.0241
critical backing pressure　临界前级压力　13.0091
critical cavitation coefficient　临界空化系数　25.0198
critical dissolved salt　临界含盐量　22.0584
critical fluidized velocity　临界流化速度　22.0229
critical heat flux density　临界热流密度　22.0176
critical speed　临界转速　23.0835
critical steam quality　临界含汽率　22.0172
cross compound steam turbine　双轴汽轮机　23.0066
cross drum boiler　横锅筒锅炉，* 横置式锅炉　22.0074
cross fire tube　联焰管　23.0718
cross flame tube　联焰管　23.0718
cross-flow blower　横流式通风机　10.0054
cross-flow fan　贯流风机　10.0037
cross-flow turbine　双击式水轮机　25.0025
cross frame portal　交叉式门座　01.0281
crosshead　十字头　24.0375，操作架　25.0117
cross head engine　十字头式发动机　24.0030

crosshead piston　十字头活塞　24.0357
cross light tube　联焰管　23.0718
cross-over pipe　联通管　23.0234
cross scavenging　横流扫气　24.0097
crown　上冠　25.0098
crown adjustment　拱度调节范围　15.0057
crown control device　拱度调节装置　15.0045
crude argon　粗氩　11.0100
crude argon column　粗氩塔　11.0113
crude argon condenser　粗氩冷凝器　11.0115
crude krypton　粗氪　11.0110
crude krypton column　粗氪塔，* 二氪塔　11.0130
crude krypton condenser　粗氪冷凝器　11.0136
crude krypton evaporator　粗氪蒸发器　11.0135
crude Ne-He　粗氖氦气　11.0107
crude Ne-He column　粗氖氦塔，* 氖氦浓缩塔　11.0122
crude Ne-He condenser　粗氖氦冷凝器　11.0123
crusher　破碎机　19.0014
cryogenic delivery pipe　低温输液管　11.0160
cryogenic liquid pump　低温液体泵　11.0189
cryogenic liquid tank　低温液体贮槽　11.0140
cryogenic liquid vessel　低温液体容器　11.0137
cryogenic rectification column　低温精馏塔　11.0022
cryogenic refrigerating machine　低温制冷机　12.0088
cryogenics　低温技术　12.0002
cryogenic valve　超低温阀门　09.0087
cryogenic vessel　低温容器　12.0238
cryopump　低温泵　13.0060
cryosublimation trap　冷冻升华阱　13.0084
cumulative batcher　累计式称量装置　17.0078
curvature function of airfoil　翼型弯度函数　26.0127
curve boom　弯臂　21.0228
curved belt conveyor　弯曲带式输送机　02.0024
curved-handle pneumatic chipping hammer　弯柄式气铲　21.0086
curved-handle pneumatic riveting hammer　弯柄式气动铆钉机　21.0093
curved slat conveyor　弯曲板式输送机　02.0125
curve-negotiating S/R machine　曲线运行型有轨巷道堆垛起重机　01.0463
cut-flight screw　锯齿形螺旋　02.0146
cut-in wind speed　切入风速　26.0062
cut-off port　断油孔　24.1065
cut-out wind speed　切出风速　26.0063
cutter driving torque　刀盘装备扭矩　14.0259
cutting and milling system　铣刨装置　15.0175
cutting ring　切割环　17.0126
cutting rotor　翻松转子　15.0166
CVD　化学气相沉积　13.0241
CVS　定容取样器　24.0991
cycle　循环　12.0023
cyclic ice maker　间歇式制冰机　12.0283
cycling operation　周期性负荷运行　23.0337
cyclone combustion　旋风燃烧　22.0214
cyclone firing　旋风燃烧　22.0214
cyclone separator　旋风分离器　10.0020，22.0378
cylinder　汽缸　23.0152，气缸　24.0295
cylinder air starting　气缸空气起动　24.0585
cylinder bank　气缸列　24.0193
cylinder block　气缸体　24.0291
cylinder block end piece　气缸体端盖　24.0293
cylinder bore　缸径　24.0131
cylinder cover　气缸盖　24.0301
cylinder cover base　气缸盖下层　24.0302
cylinder cover top　气缸盖上层　24.0303
cylinder expansion indicator　绝对膨胀指示器　23.0274
cylinder frame　气缸体机架　24.0290
cylinder guide　导向套　21.0194
cylinder head　气缸盖　24.0301
cylinder head base　气缸盖下层　24.0302
cylinder head bolt　气缸盖螺栓　24.0309
cylinder head gasket　气缸盖垫片　24.0307
cylinder head ring gasket　气缸盖密封环　24.0308
cylinder head stud　气缸盖螺栓　24.0309
cylinder head top　气缸盖上层　24.0303
cylinder liner　气缸套　24.0296
cylinder lubrication　气缸润滑　24.0491
cylinder offset　气缸偏置距　24.0195
cylinder oil　气缸油　24.0522
cylinder row　气缸排　24.0192
cylinder spacer　气缸体隔片　24.0292
cylindrical Dewar　直口杜瓦容器　11.0139
cylindrical fuel injection pump　周向布置式喷油泵　24.1041
cylindrical shell　筒体　22.0385
cylindrical tank　圆柱形贮槽　11.0141

cylindrical valve　圆筒阀　25.0037

D

damp-proofing machinery　防潮机械　20.0046
Darrieus wind turbine　达里厄型垂直轴风力机，* 升力型垂直轴风力机　26.0030
data acquisition system　数据采集系统　14.0261
data collecting instrument　数据采集仪　26.0167
datum layer　基准层　01.0608
dead band of gas turbine　* 燃气轮机死区　23.0004
dead band of steam turbine　* 汽轮机死区　23.0003
dead center　止点　24.0134
dead point　死点　23.0196
deaeration head　除氧头　23.0505
deaerator　除氧器　23.0497
deaerator feed water pump　除氧器给水泵　23.0513
deaerator nozzle　除氧器喷嘴　23.0506
decarburization　脱碳　22.0526
deceleration control system　减速控制装置　24.0837
deceleration spark advance control　减速点火提前控制装置　24.0811
deceleration-throttle modulator　减速节气门缓冲器　24.0830
deck crane　甲板起重机　01.0653
declared no-load speed　标定空载转速　24.0563
declared speed　标定转速　24.0156
decoking pump　除焦泵　07.0036
deep bucket　深斗　02.0194
deflection angle of rope　钢丝绳出绳偏角　01.0613
deflection arch　折焰角　22.0274
deflector　折向器，* 偏流器　25.0131
deflexion of shuttle　货叉下挠度　01.0478
defrosting system　加温解冻系统　11.0084
defrost test　融霜试验　12.0303
degassing　去气　13.0022
degassing throughput of vacuum system　真空系统的放气率　13.0109
degraded coolant　变质冷却剂　24.0275
degraded oil　变质机油　24.0273
degree of saturation　饱和度　13.0011
degree of supercooling　过冷度　23.0411
degree of superheat　过热度　23.0088
degree of vacuum　真空度　13.0006
dehumidifier　除湿装置　10.0018，除湿机　12.0423
delay throttle pintle nozzle　节流轴针式喷油嘴　24.1122
delivery pipe with conventional insulation　普通绝热输液管　11.0162
delivery pipe with vacuum insulation　真空绝热输液管　11.0163
delivery ratio　给气比，* 给气效率　24.0105
delivery valve　出油阀　24.1084
delivery valve holder　出油阀紧座　24.1085
demountable joint　可拆卸的真空封接　13.0126
denatured fuel ethanol　变性燃料乙醇　24.0657
deNO$_x$ system　降氮氧化物系统　24.0793
dense-lean combustion　浓淡燃烧　22.0219
dense phase zone　密相区　22.0227
dense region　密相区　22.0227
dense-weak combustion　浓淡燃烧　22.0219
departure angle　离去角　14.0221
departure-from-nucleate boiling　偏离核态沸腾　22.0014
deposit corrosion　沉积物腐蚀　22.0530
depth of elbow draft tube　肘形尾水管深度　25.0081
depth of low gathering　下挖深度　14.0142
derating　降低出力　22.0616
Deriaz turbine　斜流转桨式水轮机　25.0020
derrick crane　桅杆起重机　01.0580
derrick hoist　井架式升降机　01.0627
derricking limiter　臂架变幅限位器　01.0155
derricking mechanism　变幅机构　01.0055
descaling pump　除鳞泵　07.0035
design coal　设计煤种　22.0020
design condition　设计工况　23.0095，23.0572，26.0055
designed lifetime　设计寿命　26.0141
design head　设计水头　25.0156
design limit　设计极限　26.0137
design mass　设计质量　01.0005
design pressure　设计压力，* 计算压力　22.0141
desired value　预期值　24.0601
desorption　解吸　13.0021

desuperheater 减温器 22.0415
detachable draglift 脱挂抱索器式拖牵索道 02.0286
detachable grip 脱挂抱索器 02.0309
detached grip mono-cable ropeway 单线循环式脱挂抱索器架空索道 02.0263
detachment 脱开 02.0319
detector 检测器 24.0992
deteriorated component/system 劣化部件/系统 24.0910
deteriorate rate 劣化率 24.0948
detonation 爆燃 24.0130
deviation angle 落后角 23.0689
device for condensing vapor 真空冷凝器，* 蒸汽冷凝器 13.0119
device for spreading adhesives 黏接剂涂抹装置 20.0054
Dewar 杜瓦容器 11.0138
dewater bucket 脱水斗 02.0201
dewatering device 脱水装置 02.0174
dew-point corrosion 露点腐蚀 22.0538，24.0243
diagonal-brace derrick crane 斜撑式桅杆起重机 01.0583
diagonal storage pump 斜流式蓄能泵 25.0029
diagonal turbine 斜流式水轮机 25.0019
diameter-length ratio 径高比 23.0218
diameter of opened grab unit 抓斗张开直径 14.0155
diameter of screw 螺旋直径 02.0141
diameter of TBM 掘进机直径 14.0253
diaphragm 隔膜 09.0021，隔板 23.0158
diaphragm compressor 隔膜压缩机 10.0084
diaphragm metering pump 隔膜计量泵 07.0092
diaphragm pump 隔膜泵 07.0065
diaphragm reducing valve 薄膜式减压阀 09.0066
diaphragm refrigerant compressor 膜式制冷压缩机 12.0111
diaphragm seal 隔板汽封 23.0180
diaphragm valve 隔膜阀 09.0039
diaphragm walling equipment 连续墙设备 16.0036
diaphragm walling equipment using hydraulic grabs and telescopic extension rods 液压式连续墙抓斗 16.0037
diaphragm walling equipment using milling cutters 连续墙铣槽机 16.0039
diaphragm walling equipment using rope-operated grabs 钢丝绳式连续墙抓斗 16.0038
die pneumatic grinder 模具用气动砂轮机 21.0118
diesel aftertreatment device 柴油车排气后处理装置 24.0790
diesel direct injection engine 直接喷射式柴油机，* 直喷式柴油机 24.0064
diesel-electric floating crane 内燃电力浮式起重机 01.0250
diesel engine 柴油机 24.0063
diesel floating crane 内燃浮式起重机 01.0249
diesel-gas engine 柴油燃气发动机，* 柴油煤气机 24.0067
diesel indirect injection engine 间接喷射式柴油机，* 间喷式柴油机，* 非直喷式柴油机 24.0065
diesel knock 柴油机工作粗爆 24.0129
diesel LHD 内燃铲运机 14.0187
diesel locomotive crane 内燃铁路起重机 01.0225
diesel particulate 柴油机颗粒 24.0693
diesel particulate filter 颗粒过滤器 24.0720
diesel particulate matter 柴油机颗粒物 24.0700
diesel-powered impact hammer 柴油锤 16.0006
diesel smoke 柴油机排烟 24.0701
differential 差速器 14.0052
differential accelerator 微分加速器 23.0261
differential action controller 微分作用控制器 24.0630
differential expansion 胀差 23.0329
differential expansion indicator 相对膨胀指示器，* 胀差指示器 23.0273
differential locking coefficient 差速器锁止系数 14.0060
differentially pumped vacuum system 压差真空系统 13.0105
differential piston pump 差动活塞泵 07.0069
differential ratio 压差比，* 差动比 24.1164
differential seat angle 密封锥面角度差 24.1163
differential vacuum gauge 压差式真空计 13.0164
diffuser 扩压器 23.0702，24.0432，扩散管 25.0140
diffuser pump 导叶泵 07.0022
diffusion-absorption refrigerator 扩散–吸收式制冷机 12.0100
diffusion combustion 扩散燃烧 22.0224
diffusion-ejector pump 扩散喷射泵 13.0051
diffusion pump 扩散泵 13.0048
digging arm loader 立爪装载机 14.0085

digging mechanism　耙取机构　14.0111
digital electro-hydraulic control system　数字式电液调节系统　23.0239
dilute phase　稀相区　22.0228
dilute region　稀相区　22.0228
dilution air　稀释空气　24.1011
dilution tunnel　稀释通道　24.1004
dilution zone　掺混区　23.0716
dip lubrication　汲油润滑　24.0487
dipstick　油标尺　24.0513
direct acting pump　直动泵　07.0087
direct-acting reducing valve　直接作用式减压阀　09.0071
direct air system　直流式系统，* 全新风系统　12.0322
direct-burial plough　直埋式开沟机　14.0206
direct current diode sputtering　直流二极溅射　13.0234
direct-drive magnet wind turbine generator set　直驱励磁型风力发电机组　26.0047
direct-drive permanent-magnet wind turbine generator set　直驱永磁型风力发电机组　26.0048
direct-drive wind turbine generator set　直驱型风力发电机组　26.0046
direct dry cooling system　直接干式冷却系统　23.0442
direct-fired generator　直燃式发生器　12.0216
direct-fired lithiumbromide-absorption refrigerating machine　直燃式溴化锂吸收式制冷机　12.0097
direct fired pulverizing system　直吹式制粉系统　22.0030
direct injection　直接喷射　24.0072
direction of rotation　旋转方向　24.1100
directivity　指向性　26.0156
direct leakage　直接泄漏　22.0254
direct-loaded safety valve　直接载荷式安全阀　09.0061
directly heated spreader　直接加热喷洒机　15.0093
direct refrigeration system　直接制冷系统　12.0049
direct replacement part　直接更换件　24.0207
direct rcversing engine　可逆转发动机　24.0032
discharge apparatus　卸料装置　02.0006
discharge blade　出料叶片　17.0088
discharge capacity　排气量　10.0031
discharge capacity of safety valve　安全阀排汽量　22.0601
discharge casing　排气缸，* 排气室　23.0699
discharge gate　卸料门　17.0089
discharge head　排出压头　07.0004
discharge launder　卸料槽　14.0124
discharge pressure　排出压力　07.0002
discharger　卸料器　02.0171
discharge temperature　输气温度　10.0030
discharge tube indicator　放电管指示器　13.0181
discharge valve　排气阀　13.0073
discharging chute concrete mixer　溜槽卸料式混凝土搅拌机　17.0027
disk　启闭件　09.0014，闸板　09.0016，蝶板　09.0020，轮盘　23.0169
disk brake　盘式制动器　01.0103，14.0016
disk-coupled vibration　轮系振动　23.0806
disk diameter　圆盘直径　14.0209
disk feeder　盘式给料器　17.0105
disk friction loss　轮盘摩擦损失　23.0017
disk loader　圆盘装载机　04.0011
disk trencher　盘式挖沟机　14.0204
displacement pump asphalt spreader　带沥青泵的洒布机　15.0088
disposal material ropeway　堆栈式货运索道　02.0273
dissolved solid matter　溶解固形物　22.0587
distance between two telescopic shuttles　货叉间距，* 货叉中心距　01.0473
distance constant　距离常数　26.0270
distributary disequilibrium rate of multi-connected air-conditioning unit　多联式空气调节机组的分流不平衡率　12.0386
distributed energy system　分布式能源系统　23.0846
distributed header　分配集箱　22.0390
distributing head　分汽缸　22.0455
distributing hopper　摊铺斗　15.0128
distributing screw conveyer　螺旋分料装置　15.0036
distribution of enthalpy drop　焓降分配　23.0107
distributor　收放器　01.0382，导水机构　25.0054
distributor fuel injection pump　分配式喷油泵　24.1045
diurnal breathing loss　昼间换气损失　24.0672
divided combustion chamber　分隔式燃烧室　24.0123
division wall　双面水冷壁　22.0400
DLE combustor　干式低排放燃烧室　23.0564
DOC light-off temperature　氧化型催化转化器起燃温

度　24.0755
dormant failure　潜伏故障　26.0144
double-acting compressor　双作用压缩机　10.0111
double-acting engine　双作用发动机　24.0027
double-acting pump　双作用泵　07.0068
double-acting refrigerant compressor　双作用制冷压缩机　12.0117
double-block-and-bleed valve　双关双泄放阀　09.0105
double-blocking extruder　双块式挤压机　17.0150
double-boom stacker　双臂堆料机　04.0007
double-cable crane　双索缆索起重机　01.0363
double-chain bucket elevator　双链斗式提升机　02.0184
double-chain en masse conveyor　双链埋刮板输送机　02.0093
double-chain slat conveyor　双链板式输送机　02.0121
double-column drill rig　双柱式钻架　21.0066
double-deck lift　双层电梯　06.0008
double-die wire-drawing machine　双模冷拔机　18.0009
double-disk swing foot valve　旋启双瓣式底阀　09.0050
double-drum winch　双卷筒卷扬机　01.0602
double-duct system　双送风道系统　12.0324
double-effect lithiumbromide-absorption refrigerating machine　双效溴化锂吸收式制冷机　12.0093
double-feed wind turbine generator set　双馈型风力发电机组　26.0045
double-focusing mass spectrometer　双聚焦质谱仪　13.0195
double gate disk　双闸板　09.0018
double-girder gantry crane　双梁门式起重机　01.0315
double-girder overhead crane　双梁桥式起重机　01.0289
double-horizontal-shaft concrete mixer　双卧轴式混凝土搅拌机　17.0025
double-link jib　组合臂架系统　01.0273
double-link jib in parallelogram　平行四边形组合臂架　01.0274
double-loop mono-cable circulating detachable ropeway　双环路单线架空索道　02.0265
double-loop to-and-fro bi-cable ropeway　双环路双线往复式架空索道　02.0269
double-mast S/R machine　双立柱型有轨巷道堆垛起重机　01.0461
double-pipe condenser　套管式冷凝器　12.0155
double rectification column　双级精馏塔　11.0024
double-reduction final drive　双级主减速器　14.0051
double reversible tramway　双侧往复式架空索道　02.0259
double-roll crusher　双辊破碎机　19.0021
double-rotor impact breaker　双转子冲击破碎机　19.0026
double-rotor swing-hammer crusher　双辊摆锤破碎机，* 双辊锤磨机　19.0029
double-row compressor　两列压缩机　10.0098
double-row stage　复速级　23.0202
double-shaft agitator　双轴式强制搅拌器　15.0164
double-shaft mix rotor　双轴式搅拌转子　15.0168
double-stage compressor　两级压缩机　10.0095
double-suction pump　双吸泵　07.0053
double tamper　双夯锤　15.0044
double to-and-fro ropeway　双侧往复式架空索道　02.0259
double-toggle jaw crusher　双肘板颚式破碎机　19.0016
dowel-located fuel injector　销键定位式喷油器　24.1115
downcomer　下降管　22.0398
down-the-hole drill　潜孔钻机　21.0048
down-the-hole hammer　潜孔冲击器　21.0047
down-the-hole jumbo　潜孔钻车　21.0052
down-wind-type wind turbine　下风向式风力机　26.0032
dozer　推土机　14.0171
dozing device　推土铲装置　14.0174
DPF　颗粒过滤器　24.0720
DPF filtration efficiency　颗粒过滤器过滤效率　24.0946
DPF hot weight　颗粒过滤器热重　24.0947
DPF loading condition　颗粒过滤器加载工况　24.0725
DPF loading level　颗粒过滤器加载水平　24.0726
DPF regeneration　颗粒过滤器再生　24.0721
DPF regeneration efficiency　颗粒过滤器再生效率　24.0724
draft　牵引架　14.0241
draft loss　通风阻力　22.0146
draft tube　尾水管　25.0077

draft tube cone　尾水管锥管　25.0082
draft tube elbow　尾水管肘管　25.0083
draft tube liner　尾水管里衬　25.0086
draft tube outlet part　尾水管扩散段　25.0084
draft tube pier　尾水管支墩　25.0085
drag chain　牵引链　02.0095
drag coefficient　阻力系数　26.0093
drag conveyer　刮板输送装置　15.0034
draglift　拖牵索道　02.0283
dragline device　拉铲装置　14.0077
drain　疏水　22.0475
drain cooler　疏水冷却器　23.0471
drain flash tank　疏水扩容箱，* 疏水膨胀箱　23.0515
drain pipe　疏水管　23.0235
drain pump　疏水泵　23.0474
drain start-up system　启动系统　22.0442
drain system　疏水系统　23.0292
drain tank　疏水箱　23.0514
drain valve　疏水阀　22.0448，23.0230
drenched humidifier　淋水层加湿器　12.0420
drier　干燥器　11.0076，12.0236
drifter　导轨式凿岩机　21.0023
drifter with independent rotation　导轨式独立回转凿岩机　21.0025
drill　钻机　21.0010
drill bit　钻头　21.0209
drill boom　钻臂　21.0220
drill boom parallel traveling mechanism　钻臂平移机构　21.0243
drill boom rotation mechanism　钻臂回转机构　21.0238
drill boom telescopic cylinder　钻臂伸缩缸　21.0248
drilling pile forming rig　钻孔成桩设备　16.0015
drill rig　钻架　21.0064
drill rod　钎杆　21.0204，钻杆　21.0208
drill steel　钎杆　21.0204
drill steel holder　夹钎器　21.0253
drill steel support　托钎器　21.0254
drill wagon　钻车　21.0008
drinking-water cooler　饮水冷却器　12.0202
drip-feed lubrication　滴油润滑　24.0495
dripped fuel emission　滴油排放物　24.0677
dripping device　淋水装置　23.0507
drive arrangement　驱动装置　02.0002
drive axle　驱动桥　14.0046
drive axle maximum input torque　驱动桥最大输入扭矩　14.0057
drive axle maximum slip torque　驱动桥最大附着扭矩　14.0058
drive axle ratio　驱动桥减速比，* 主减速比　14.0061
drive cap　桩帽　16.0034
drive-chain guard　驱动链保护装置　06.0060
driver aid　行驶监视仪，* 司机助　24.0990
driving cycle　行驶循环　24.0961
driving end　传动端　07.0129
driving pulley　传动滚筒　02.0051
driving seal　土砂密封　14.0257
driving sheave　曳引轮　06.0045
driving sprocket　传动链轮　02.0107
driving system of gathering　耙装传动系统　14.0146
drop cooling tower　水滴式冷却塔　12.0190
dropping section　升降段　01.0404
drop-preventing device for carriage　限速防坠装置　01.0467
drum　锅筒，* 汽包　22.0372
drum boiler　锅筒锅炉，* 汽包锅炉　22.0073
drum brake　卷筒制动器　01.0101，鼓式制动器　01.0102，14.0015
drum concrete spraying machine　鼓轮式混凝土喷射机　17.0075
drum feeder　鼓轮给料器　17.0106
drum flooding　锅炉满水　22.0553
drum hoist　卷绕式绞车　01.0537
drum internals　锅筒内部装置，* 汽包内部装置　22.0373
drum mixer　滚筒式搅拌器　15.0020
drum rotor　鼓型转子，* 转鼓　23.0177
drum tightening device　卷筒式张紧装置　01.0386
drum wheel device　鼓轮装置　14.0097
dry band filter　干带式过滤器　11.0065
dry concrete spraying machine　干式混凝土喷射机　17.0071
dry cooling steam turbine　空冷式汽轮机　23.0068
dry cooling system　干式冷却系统　23.0441
dry cooling tower　干式冷却塔　12.0192
dryer　干燥器　11.0076，12.0236
dry-expansion evaporator　干式蒸发器　12.0164
drying by radiation　辐射干燥　13.0256
drying-out　烘炉　22.0506

dry liner　干缸套　24.0298
dry low emission combustor　干式低排放燃烧室　23.0564
dry out　蒸干　22.0015
dry pipe　集汽管　22.0384
dry-sealed vacuum pump　干式真空泵　13.0032
dry sump force-feed lubrication　干式油底壳强制润滑　24.0489
dry system refrigerant calorimeter method　干式制冷剂量热器法　12.0069
dry-type air cooler　干式空气冷却器　12.0206
dry-type air filter　干式空气过滤器　12.0457
dry vacuum pump　干式真空泵　13.0032
dry-wet cooling tower　干湿式冷却塔　12.0194
D-type boiler　D 型锅炉　22.0088
dual-bed converter　双床式转化器　24.0715
dual-catalyst system　双床催化系统，* 双重催化系统　24.0710
dual-circuit braking system　双回路制动系　14.0011
dual-diaphragm distributor　双膜片式分电器　24.0807
dual-duct VAV terminal device　双风道变风量末端装置　12.0446
dual-fuel engine　双燃料发动机　24.0021
dual-fuel nozzle　双燃料喷嘴　23.0726
dual-fuel system　双燃料系统　23.0750
dual-register burner with primary air exchange　一次风交换旋流燃烧器　22.0305
dual-register swirl burner　双调风旋流燃烧器　22.0304
ducted fan　管道输送通风机　10.0042
dumbwaiter　杂物电梯　06.0013
dummy piston　平衡活塞　23.0192
dumper　自卸车　14.0222，翻斗车　14.0244
dumping body　卸料斗　15.0112
dumping distance　卸载距离　14.0140
dumping lifter　翻斗提升机构　14.0245
dumping time　倾卸时间　14.0136
duplex lubricating oil filter　并联式机油滤清器　24.0504
duplex pump　双联泵　07.0060
duplex safety valve　双连弹簧式安全阀　09.0060
dust collector　收尘设备　17.0117，集尘器　21.0072
dust fan　排尘通风机　10.0065
dynamic balancer　动平衡机构　24.0410
dynamic compressor　速度型压缩机　12.0103
dynamic drying　动态干燥　13.0260
dynamic freezing　动态冷冻　13.0263
dynamic mill classifier　* 动态分离器　22.0340
dynamic phasing　动态定相　24.1106
dynamic sampling　* 动态取样法　24.0966
dynamic test　动载试验　01.0041

E

earth resistance of wind turbine generator set　机组接地电阻值　26.0149
eccentric holder-on　偏心顶把　21.0098
eccentric pump　偏心轴泵　07.0084
eccentric-type immersion vibrator　偏心式插入振动器　17.0065
ECE 15-mode test cycle　欧洲 ECE 15 工况试验循环　24.1012
ECE 13-mode test procedure　欧洲 ECE 13 工况试验循环　24.1014
economical continuous rating　经济连续蒸发量，* 锅炉经济连续出力　22.0137
economical operation　经济运行　22.0499
economic load　经济负荷　22.0593
economizer　经济器　12.0240，省煤器，* 节能器　22.0421
ECR　经济连续蒸发量，* 锅炉经济连续出力　22.0137
ECU　电子控制单元，* 电子控制模块　24.0862，24.1219
edge filter　缝隙式滤清器　24.1148
edge tamping and cutting machine　边缘压实切割机　15.0133
effective clearance volume　有效余隙容积　24.0148
effective compression ratio　有效压缩比　24.0145
effective cylinder volume　气缸有效容积　24.0147
effective furnace volume　炉膛有效容积　22.0173
effective length of tube　管子有效长度　23.0418
effective stroke　有效行程　24.1072
efficiency of turbine　水轮机效率　25.0184
efficiency of wind turbine generator set　机组效率　26.0256
efficiency test　效率试验　25.0229

EGI　排气点火　24.0750
EGR　排气再循环　24.0774
EGR control valve　排气再循环控制阀，* EGR 控制阀　24.0798
EGR cooler　排气再循环冷却器　24.0796
EGR filter　排气再循环过滤器　24.0797
EGR gas　再循环排气　24.0795
EGR pressure regulator　排气再循环调压阀　24.0799
EGR rate　排气再循环率　24.0800
EGR system　排气再循环系统，* 废气再循环系统，* EGR 系统　24.0775
EGR vacuum amplifier　排气再循环真空放大器　24.0787
EGR vacuum port　排气再循环真空口　24.0788
EHC　电加热催化器　24.0751
ejector　喷射器　12.0140，推料装置　14.0242
ejector vacuum pump　喷射真空泵　13.0044
elastic element gauge　弹性元件真空计　13.0170
elbow draft tube　肘形尾水管　25.0079
electrical auxiliary power　辅助电功率　23.0126
electrical equipment room　电气设备室　01.0133
electrical facilities of wind farm　风场电气设备　26.0244
electrical fuel injection pump　电控式喷油泵　24.1031
electrical fuel injector　电动喷油器　24.1110
electrically heated catalyst　电加热催化器　24.0751
electrical power　电功率　23.0125
electrical speed governor　电气式调速器　23.0244
electrical starter motor　起动电动机　24.0592
electric boiler　电加热锅炉　22.0103
electric cold header　电动冷镦机　18.0021
electric crane　电动起重机　01.0667
electric drifter　导轨式电动凿岩机　21.0031
electric floating crane　电动浮式起重机　01.0252
electric grab　电动抓斗　01.0123
electric heater　电加热器　11.0086，12.0408
electric heating asphalt storage　电加热式沥青储仓　15.0069
electric hoist　电动葫芦　01.0534
electric humidifier　电热式加湿器，* 电阻式加湿器　12.0414
electric LHD　电动铲运机　14.0188
electric overhead crane　电动桥式起重机　01.0308
electric pitch control mechanism　电动变桨机构　26.0182
electric reinforcing bar bender　电动式钢筋弯曲机　18.0036
electric rock drill　电动凿岩机　21.0006
electric thermactor air pump　电动热空气泵　24.0773
electric vibrator　电动振动器　17.0055
electric vibrator for piling equipment　电动式振动桩锤　16.0009
electrode-handling crane　电极棒起重机，* 拔棒起重机　01.0426
electrode humidifier　电极式加湿器　12.0415
electrodynamic vibrating conveyor　电动振动输送机　02.0226
electrodynamic vibrating feeder　电动振动给料机　03.0015
electro-hydraulic control　电液调节　23.0369
electro-hydraulic control system　电液调节系统　23.0238，23.0730
electrohydraulic governor　电–液调速器　24.0531
electro-hydraulic servovalve　电液转换器　23.0237
electroinduction air filter　电感应式空气过滤器　12.0474
electrolytic corrosion　电解腐蚀　24.0244
electromagnet　电磁吸盘，* 起重电磁铁　01.0126
electromagnetically operated valve　电磁阀　13.0152
electromagnetic pump　电磁泵　07.0148
electromagnetic vibrating conveyor　电磁振动输送机　02.0223
electromagnetic vibrating feeder　电磁振动给料机　03.0014
electron beam gun　电子束枪　13.0322
electron beam melting　电子束熔炼　13.0284
electron beam welding plant　电子束焊接设备　13.0308
electron beam welding plant under atmosphere　大气压电子束焊接设备　13.0312
electron gun　电子枪　13.0319
electronic auto-leveling device　电子自动调平器　15.0048
electronic-concentrated engine control system　发动机电子集中控制系统　24.0864
electronic-controlled carburetor　电子控制化油器　24.0829
electronic-controlled EGR system　电子控制式排气再

循环系统 24.0786
electronic control unit 电子控制单元，* 电子控制模块 24.0862，24.1219
electronic/electric governor 电子/电动调速器 24.0530
electronic fuel injection system 电控燃油喷射系统 24.0832
electronic ignition system 电子点火系统 24.0804
electron plane beam gun 电子平面射束枪 13.0321
electron ring beam short range gun 电子环射束近距离枪 13.0324
electropneumatic governor 电–气调速器 24.0532
electrostatic air cleaner 静电式空气净化装置 12.0473
elevator 提升机 02.0175，电梯 06.0001
eliminator 气液分离器 10.0019
ellipse of inclined jet 射流椭圆 25.0125
elliptically vibrating screen with additional mass 带附加质量的椭圆形振动筛 19.0006
embossed-plate evaporator 凹凸板式蒸发器 12.0175
emergency blowdown valve 危急排汽阀 23.0229
emergency braking system 紧急制动系 14.0002
emergency drain system 危急疏水系统 23.0473
emergency governor 危急保安器，* 危急遮断器 23.0259
emergency governor pilot valve 危急遮断油门，* 危急保安油门 23.0260
emergency oil pump 事故油泵，* 备用润滑油泵 23.0279
emergency shutdown of wind turbine 风力机紧急关机 26.0255
emergency stop switch 急停开关 01.0646
emergency switch along the line 拉线保护装置 02.0076
emission concentration standard 浓度排放标准 24.1017
emission control monitoring system 排放控制检测系统 24.0909
emission control system 排放控制系统 24.0908
emission correction method 排放物校正方法 24.0955
emission correction method with after treatment 后处理式排放修正法 24.0949
emission default mode 排放默认模式 24.0905
emission factor 排放系数 24.0938
emission index 排放指数 24.0939
emission pollutant 排放污染物 24.0669
emission standard 排放标准 24.1015
emulsion pump 乳化液泵 07.0106
enclosure 罩壳 23.0039
end carriage 端梁 01.0092
end condition 终参数，* 排汽参数 23.0146
end-connection 管端连接件 24.1191
end flange-mounted fuel injection pump 端面法兰安装式喷油泵 24.1050
endless track installation 履带行走装置 15.0171
end plate 平端盖 22.0388，端板 23.0783
end stop 终端止挡器 01.0148
energy effectiveness 能量有效度 23.0666
energy utilization coefficient 能量利用系数，* 总热效率 23.0139
engine block 机体 24.0278
engine-coupled turbocharger 联接式涡轮增压器 24.0417
engine cylinder volume 发动机气缸容积 24.0143
engine displacement 发动机排量 24.0142
engine-driven blower 机械驱动式压气机 24.0434
engine family 发动机系族 24.1023
engine piston 发动机活塞 21.0186
engine speed 发动机转速 24.0154
engine speed governor 发动机调速器 24.0524
engine-swept volume 发动机排量 24.0142
engine type 发动机型式 24.1021
engine-type vibrator 内燃振动器 17.0056
engine with externally supplied ignition 外源点燃式发动机 24.0010
en masse conveyor 埋刮板输送机 02.0078
en masse conveyor for high-temperature materials 热料型埋刮板输送机 02.0086
en masse feeder 埋刮板给料机 03.0020
entrained leakage 间接泄漏，* 携带泄漏 22.0255
entrapment vacuum pump 捕集真空泵 13.0053
equalizing beam for counterweight 对重平衡梁 01.0279
equalizing valve 预启阀 23.0226
equipment for application of insulating plastics 绝缘塑料应用设备 20.0055
equipment for jacking preformed pile sections into the ground 千斤顶压桩设备 16.0012
equivalence ratio 当量比 23.0641

equivalent area of turbine nozzle　涡轮喷嘴当量面积　24.0093
erecting device　架设机构　01.0574
erection platform　架设平台　01.0579
erosion　穴蚀　24.0237
erosion-corrosion　磨损腐蚀　22.0535
escalator　自动扶梯　06.0049
ETA pump　电动热空气泵　24.0773
ethanol　乙醇，*酒精　24.0656
ethanol gasoline　乙醇汽油　24.0658
eutectic salt cold storage　共晶盐蓄冷　12.0068
EU-test cycle　欧盟试验循环　24.1013
evacuated die casting　真空压铸　13.0293
evacuation rope　救援索　02.0299
evaluation of wind resource　风能资源评估　26.0234
evaporating heating surface　蒸发受热面　22.0393
evaporation ion pump　蒸发离子泵　13.0058
evaporation material　蒸发材料　13.0225
evaporation pump　*蒸发泵　13.0056
evaporation rate　蒸发率　13.0024，蒸发速率　13.0229
evaporative/refueling emission family　蒸发和加油排放物系族　24.1024
evaporative air-cooling unit　蒸发式空气冷却机组　12.0341
evaporative condenser　蒸发式冷凝器　12.0153
evaporative cooler　蒸发冷却器　23.0775
evaporative cooling　蒸发冷却　24.0453
evaporative cooling with additional tank　带辅助水箱的蒸发冷却　24.0455
evaporative cooling with condenser　带冷凝器的蒸发冷却　24.0456
evaporative emission　蒸发排放物　24.0671
evaporative emission control system　蒸发排放物控制系统　24.0907
evaporative purge system　蒸发排放物清除系统　24.0879
evaporative system leak monitor　蒸发系统泄漏监控器　24.0882
evaporator　蒸发器　11.0057，12.0163
excavator　挖掘机　14.0062
excess air　过量空气　22.0248
excess air coefficient　过量空气系数　22.0190
excess air ratio　过量空气系数　22.0190，23.0642，24.0117
excess fuel device　起动加浓装置　24.1094
excessive hydrogen　过量氢　11.0105
exchangeable spreader　可更换式吊具　01.0509
exhaust aftertreatment system　排气后处理系统　24.0789
exhaust air　三次风，*乏气风　22.0185
exhaust air rate　三次风率　22.0186
exhaust air ratio　三次风率　22.0186
exhaust back pressure　排气背压　24.0187
exhaust back pressure-controlled EGR system　排气背压控制式排气再循环系统　24.0783
exhaust bypass control system　废气旁通控制系统　24.0436
exhaust casing　排气缸，*排气室　23.0699
exhaust duct　排气道　23.0760
exhaust emission　排气排放物，*尾气排放　24.0670
exhauster　排粉风机　22.0344
exhaust gas filter　排气滤清器　24.0451
exhaust gas flow　排气流量　23.0618
exhaust gas ignition　排气点火　24.0750
exhaust gas nozzle　三次风喷口，*乏气风喷口　22.0356
exhaust gas recirculation　排气再循环　24.0774
exhaust gas recirculation system　排气再循环系统，*废气再循环系统，*EGR 系统　24.0775
exhaust gas scrubber　排气净化器　24.0450
exhaust gas temperature　排烟温度　22.0161
exhaust hood　排汽缸，*排汽室　23.0194
exhaust manifold　排气歧管　24.0441
exhaust pipe　排气总管　24.0440
exhaust plume　排气油烟　24.0222
exhaust port liner　排气道衬套　24.0762
exhaust pulse scavenging　排气脉冲扫气　24.0101
exhaust steam　排汽　23.0085
exhaust steam turbine　乏汽轮机　23.0079
exhaust temperature　排气温度　24.0191
exhaust valve　排气门　24.0330
expanded air filter　膨胀空气过滤器　11.0070
expander　膨胀机　12.0134
expand-type air filter　楔形空气过滤器　12.0467
expansion center　膨胀中心　22.0440
expansion chamber　膨胀腔　13.0075
expansion joint　膨胀节　22.0451

expansion method 膨胀法 13.0204
expansion piece 膨胀节 22.0451
expansion pipe 膨胀节 22.0451
expansion tank 膨胀水箱 12.0494，辅助水箱 24.0469
expansion turbine 透平膨胀机 11.0169，12.0135
explosion mixture limit 爆炸界限 22.0194
explosion of pulverized-coal preparation system 制粉系统爆炸 22.0549
explosion prevention lift 防爆电梯 06.0015
exposed fan-coil unit 明装风机盘管机组 12.0432
extended-tube economizer 翅片管省煤器 22.0424
extending speed of shuttle 货叉伸缩速度 01.0475
extending structure 伸展结构 20.0074
extension jib 加长臂 01.0183，组合式起重臂 01.0193
external-combustion gas turbine 外燃式燃气轮机 23.0542
external condition for wind turbine 风力机外部条件 26.0057
external deposit 烟气侧沉积物 22.0518
external fluidized bed heat exchanger 外置流化床换热器，* 外置床 22.0289
external leakage 外泄漏 10.0005
external loss 外损失 23.0607
external vibrator 附着振动器 17.0054，外置式振动器 17.0064
extraction air 抽气 23.0625
extraction check valve 抽汽逆止阀 23.0227
extraction pressure regulator 抽汽压力调节器 23.0255
extraction steam 抽汽 23.0082
extraction steam conditions 抽汽参数 23.0089
extraction steam turbine 抽汽式汽轮机 23.0052
extractor gauge 分离型真空计 13.0188
extrapolated power curve 外推功率曲线 26.0266
extreme wind speed 极端风速 26.0068
eye-shaped board 眼镜板 17.0125

F

fabric belt conveyor 织物芯带式输送机 02.0008
facing plate 耐磨板 25.0051
factor of disk friction 轮阻系数 10.0008
failure 故障 24.0196
fan 风机 10.0036，通风机 10.0038
fan-coil unit 风机盘管 12.0378，风机盘管机组 12.0429
fan-coil unit with double coil 双盘管风机盘管机组 12.0431
fan-coil unit with single coil 单盘管风机盘管机组 12.0430
fan cowl 风扇罩 24.0479
fan dynamic pressure 通风机动压 10.0023
fan efficiency 通风机效率 10.0025
fan mill 风扇磨煤机 22.0335
fan power box 风机动力箱 12.0369
fan pressure 通风机压力 10.0024
fan shaft efficiency 通风机轴效率 10.0026
fan static pressure 通风机静压 10.0022
fan static shaft efficiency 通风机静轴效率 10.0027
fan total efficiency 通风机总效率 10.0028
far-infrared heating asphalt storage 远红外线加热式沥青储仓 15.0070
fast start 快速起动 23.0819
fast valving protection 调节汽阀快控保护 23.0349
fast winch 快速卷扬机 01.0598
fatigue corrosion 疲劳腐蚀 22.0534
fatigue crack 疲劳裂纹 24.0245
fatigue fracture 疲劳断裂 24.0246
feathering 顺桨 26.0115
feed 推进器 21.0252
feed air 原料空气 11.0002
feed blade bend radius 进刀弯曲半径 14.0212
feed blade cover depth 进刀深度 14.0210
feed blade width 进刀宽度 14.0211
feed compensation cylinder 推进器补偿缸 21.0251
feed dump cylinder 推进器俯仰角缸 21.0249
feeder 供料器 02.0169，给料机械 03.0001，给料机 17.0083
feeder of fresh concrete and mortar 新鲜混凝土和灰浆给料器 17.0052
feeding and outgoing device 进出料装置 17.0093
feeding hopper 受料斗 17.0110
feed launder 进料槽 14.0123

feed swing cylinder　推进器摆角缸　21.0250
feedthrough　真空引入线　13.0134
feed water　给水　22.0004
feed water heater　给水加热器　23.0376
feed-water heating combined cycle　给水加热型联合循环　23.0867
feed water heating system　给水加热系统　23.0373
feed water pump of steam turbine　汽轮机给水泵　23.0485
feed water quality　给水品质　22.0581
feed water temperature　给水温度　22.0164
feed water temperature rise　给水温升　23.0482
feedway　供料装置　02.0005
female cone　锥孔管座　24.1197
FID analyzer　氢火焰离子化检测器分析仪，* FID 分析仪　24.0985
field test　外场试验　26.0263
filler feeding system　粉料供给系统　15.0016
filler layer　填料层　23.0508
filler tube restrictor　加油管限制装置　24.0852
filling　上水　22.0470
film air separation plant　膜空气分离设备　11.0209
film air separation plant membrane components　膜组件　11.0210
film boiling　膜态沸腾　22.0017
film cooling tower　水膜式冷却塔　12.0189
film material　膜层材料，* 膜层材质　13.0227
film packing　膜式填料　12.0196
film-type deaerator　膜式除氧器　23.0504
filter　过滤器　11.0063
filter cell　滤光室　24.1001
filter cover　滤清器座　24.0516
filter element of air filter　空气滤清器滤芯　24.0447
filter element of lubrication oil filter　机油滤清器滤芯　24.0520
filter housing　滤清器外壳　24.0515
filter insert　滤芯总成　24.0517
filter-type smokemeter　滤纸式烟度计　24.1000
final drive　主减速器　14.0049
final temperature difference　端差　23.0667
final temperature difference of heater　加热器终温差　23.0480
finely-pulverized coal classifier　细粉分离器　22.0339
finned compound tube heat exchanger　复合管换热器　12.0406
finned tube heat exchanger　肋片换热器　12.0395
finned tube heat exchanger with integral rolled fins　轧片换热器　12.0403
fire bed　火床　22.0047
firefighter lift　消防员电梯　06.0016
fire heating asphalt melting and heating unit　明火加热式沥青熔化加热装置　15.0076
fire prevention system　防火系统　23.0757
fire puffs　炉膛爆燃　22.0548
fire tube　炉胆　22.0257
fire tube boiler　火管锅炉，* 锅壳式锅炉　22.0072
fire tube heating asphalt melting and heating unit　火管加热式沥青熔化加热装置　15.0077
fire water pump　消防泵　07.0043
firing speed　着火转速　24.0159
fit diameter of well　适用井径　14.0152
five-screw pump　五螺杆泵　07.0120
fixed ball valve　固定式球阀　09.0035
fixed base crane　固定式起重机　01.0661
fixed base tower crane　固定式塔式起重机　01.0542
fixed belt conveyor　固定带式输送机　02.0012
fixed blade Deriaz turbine　斜流定桨式水轮机　25.0021
fixed car-loader　固定式装车机　04.0017
fixed carrier　固定式支索器　01.0377
fixed center of mass for jib balance　不变质心平衡原理　01.0276
fixed column　定柱　01.0089
fixed-flange-located fuel injector　固定法兰定位式喷油器　24.1112
fixed grip　固定抱索器　02.0308
fixed grip mono-cable ropeway　单线循环式固定抱索器架空索道　02.0262
fixed-height load-carrying truck　固定平台搬运车　05.0001
fixed jib　固定臂　01.0095
fixed length jib　固定长度起重臂　01.0191
fixed load-lifting attachment　固定吊具　01.0046
fixed platform truck　固定平台搬运车　05.0001
fixed pneumatic tool　固定式气动工具　21.0078
fixed rope　固定索　02.0287
fixed ship loader　固定式装船机　04.0014
fixed slat conveyor　固定板式输送机　02.0117

fixed stacker 固定堆料机 04.0005
fixed suspender 固定悬挂件 01.0400
fixed tower 固定塔身 01.0564
flame detector 火焰检测器 22.0578，23.0721
flame failure limit 熄火极限 23.0658
flame-failure trip device 火焰失效遮断装置 23.0742
flame-holder 火焰稳定器 23.0727
flame ionization detector 氢火焰离子化检测器 24.0993
flame ionization detector analyzer 氢火焰离子化检测器分析仪，* FID 分析仪 24.0985
flameless combustion * 无焰燃烧 22.0223
flame-out trip device 熄火遮断装置 23.0743
flame stabilizer 稳燃器 22.0321
flame tube 炉胆 22.0257，火焰筒 23.0717
flange-mounted fuel injector 法兰安装式喷油器 24.1116
flapper 锁气器 22.0351
flap valve 翻板阀 13.0155
flashback 回火 22.0542
flat covered steel belt for drive 扁平复合曳引钢带 06.0047
flat gasket 真空平密封垫 13.0133
flat idler 平形托辊 02.0058
flat-plate valve 平板闸阀 09.0029
flats-located fuel injector 平面定位式喷油器 24.1113
flatted pintle nozzle 削扁平面节流轴针式喷油嘴 24.1123
flat top conveyor 平板输送机 02.0112
flexible delivery pipe 挠性输液管 11.0164
flexible delivery pipe with vacuum insulation 真空绝热挠性输液管 11.0165
flexible derricking mechanism 柔性变幅机构 01.0056
flexible gate disk 弹性闸板 09.0019
flexible leg 柔性支腿 01.0346
flexible rotor 挠性转子，* 柔性转子 23.0018
flexible screw conveyor 可弯曲螺旋输送机 02.0134
flexible shaft 软轴 17.0069
flexible shaft vibrator 软轴式振动器 17.0060
flight time mass spectrometer 飞行时间质谱仪 13.0199
float finish device 抹平修整装置 20.0014
floating ball valve 浮动式球阀 09.0034
floating crane 浮式起重机 01.0241
floating crane for cargo handling 装卸用浮式起重机 01.0257
floating crane for erection work 建筑安装用浮式起重机 01.0259
floating crane for salvage work 救援用浮式起重机 01.0260
floating machinery 抹平机械 20.0013
floating-type foundation of off-shore wind turbine generator set 浮动式海上风力发电机组基础 26.0220
flooded evaporator 满液式蒸发器 12.0166
flooded refrigerant calorimeter method 满液式制冷剂量热器法 12.0071
floor 底板 02.0126
floor-controlled monorail system 地面操纵单轨系统 01.0391
floor-controlled overhead crane 地面操纵桥式起重机 01.0311
floor fan-coil unit 立式风机盘管机组 12.0434
floor finishing machine 地面修整机械 20.0022
floor grinder 地板磨光机 20.0040
floor-mounted truck conveyor 地面小车输送机 02.0210
floor-operated crane 地面操纵起重机 01.0677
floor polisher 地板抛光机 20.0060
floor saw 地板锯 20.0064
floor-supported S/R machine 地面支承型有轨巷道堆垛起重机 01.0451
floor tile cutter 地板砖切割机 20.0043
floor-to-floor distance 层间距离 06.0031
floor-type air conditioner 落地式空气调节器 12.0357
flow coefficient 流量系数 23.0113，23.0602
flow damper 燃油阻尼器 24.1216
flow distortion 气流畸变 26.0271
flow inlet angle 进气角 23.0687
flow lag angle 汽流落后角 23.0216
flow limiter 流量限制器 24.1215
flowmeter 流量计 11.0208
flow method 流导法，* 小孔法，* 泻流法 13.0205
flow outlet angle 出气角 23.0688
flow passage 通流部分 23.0030

flow pattern 流型 23.0693
flow rate of wind water-pumping set 风力提水机组流量 26.0251
flow reversal 循环倒流 22.0514
flow stagnation 流动停滞 22.0513
flow turning angle 汽流折转角 23.0217,气流折转角 23.0690
flue duct 烟道 22.0269
flue dust reburning in flue duct 尾部烟道再燃烧 22.0550
flue dust secondary combustion in flue duct * 尾部烟道二次燃烧 22.0550
flue gas analysis 烟气分析 22.0570
flue gas cleaning 烟气净化 22.0045
flue gas dewpoint 烟气露点，* 酸露点 22.0033
flue gas fan 抽烟风机 22.0346
fluid conveyor 流体输送机 02.0153
fluid drive coupling 液力联轴器 23.0489
fluidized bed 流化床 22.0048
fluidized bed boiler 流化床锅炉 22.0123
fluidized bed combustion 流化床燃烧，* 沸腾燃烧 22.0215
fluidized bed freezer 流态化速冻装置 12.0263
fluidizing velocity 流化速度 22.0230
flume 引水室 25.0042
flushing 冲管，* 水清洗 22.0503
fluted drum 槽面卷筒 01.0605
flutter 颤振 26.0135
fly ash 飞灰 22.0038
fly jib 副臂 01.0184
flywheel 飞轮 24.0408
flywheel battery * 飞轮电池 24.0667
flywheel energy storage device 飞轮蓄能装置 24.0667
foaming 泡沫共腾 22.0517
folded-media-type air filter 折褶式空气过滤器 12.0468
folded-media-type filter with separator 有隔板过滤器 12.0469
folding device 塔身折叠机构 01.0573
folding placing boom 折叠式布料杆 17.0104
follower assembly * 随动件部件 24.1174
following-wind sensitivity 调向灵敏性 26.0281
following-wind stability 调向稳定性 26.0282
foot valve 底阀 09.0049
force character 力特性 25.0246
force characteristic test 力特性试验 25.0226
forced action mixer 强制式搅拌器 15.0019
forced air cooling 强制空气冷却 24.0465
forced-circulation air cooler 强制循环空气冷却器 12.0208
forced circulation boiler * 强制循环锅炉 22.0092
forced convection air-cooled condenser 强制对流空气冷凝器 12.0149
forced draft 正压通风 22.0238
forced draft fan 送风机 22.0349
forced outage 强迫停运，* 故障停炉 22.0490
forced outage hours 强迫停运小时数 22.0623
force draught cooling tower 送风式冷却塔 12.0187
forced shutdown 强迫停运，* 故障停炉 22.0490
force-feed cooling 强制冷却 24.0459
force-feed cooling in a dual-circuit system 双循环强制冷却 24.0462
force-feed cooling in an open circuit 开式循环强制冷却 24.0460
force-feed cooling in a single-circuit system 单循环强制冷却 24.0461
force-feed lubrication 强制润滑 24.0484
forge cane 锻造起重机 01.0419
fork-and-blade connecting rod 叉形连杆 24.0393
fork lift truck 叉车 05.0006
fork link forged chain 模锻链 02.0096
formation of iron 析铁，* 液态排渣炉析铁 22.0551
fossil-fuel-fired boiler 化石燃料锅炉 22.0095
fouling 积灰，* 沾污 22.0522
foundation of off-shore wind turbine generator set 海上风力发电机组基础 26.0215
foundation of wind turbine generator set 风力发电机组基础 26.0214
foundation ring 基础环 25.0075
four-bar linkage grip 四连杆抱索器 02.0312
four-bearing screen * 四轴承筛 19.0002
four-cable crane 四索缆索起重机 01.0364
four-rope grab 四绳抓斗 01.0122
four-stroke cycle 四冲程循环 24.0079
four-stroke engine 四冲程发动机 24.0004
fractionating diffusion pump 分馏扩散泵 13.0050
fracturing pump 压裂泵 07.0128
frame 牵引架 14.0241，机架 24.0289

frame of driving sprocket device　头轮装置支架　02.0127
frame of the take-up sprocket device　尾轮装置支架　02.0128
Francis turbine　混流式水轮机　25.0009
free-fall concrete mixer　* 自落式混凝土搅拌机　17.0019
free-piston compressor　自由活塞压缩机　10.0085，自由活塞压气机　24.0051
free-piston engine　自由活塞发动机　24.0049
free-piston gas generator　自由活塞发气机　24.0050
free-piston gas generator set　自由活塞发气机组　24.0052
free piston gas turbine　自由活塞燃气轮机　23.0521
free-standing blade　自由叶片　23.0171
free stand tower　独立式塔架　26.0210
free stream wind speed　自由流风速　26.0275
free switch　顺向道岔　02.0244
free track　承载轨　02.0237
freeze-drying　冷冻干燥　12.0300，13.0251
freezing　冷冻　13.0261
freezing dry machine　冷冻干燥机　11.0202
freezing room　冻结间　12.0272
freight lift　载货电梯　06.0003
freon　氟利昂　12.0054
frequency of wind speed　风速频率　26.0013
fresh-air-conditioning unit　新风空气调节机组　12.0336
fretting rust　微动腐蚀　24.0247
frictional fatigue fracture　摩擦疲劳断裂　24.0248
friction brake　摩擦式制动器　14.0014
friction-driven live roller conveyor　摩擦传动辊子输送机　02.0217
friction hoist　摩擦式绞车　01.0538
friction power　摩擦功率　24.0173
front　额线　23.0682
front blade　前置铲刀，* 推土板　14.0199
front-handling mobile crane　集装箱正面吊运起重机　01.0493
front head　机头　21.0189
front wheel steering tipper　前轮转向式自卸车　14.0231
frozen food storage room　冻结物冷藏间　12.0275
fuel-air ratio　燃空比　22.0188，燃料空气比　23.0639
fuel and vapor separator　油气分离器　24.0878
fuel cell　燃料电池　24.0666
fuel characteristic analysis　燃料特性分析　22.0569
fuel chemistry sensor　燃料化学传感器　24.0859
fuel consumption　燃料消耗量　22.0155，24.0176
fuel consumption rate　燃料消耗量　22.0155，24.0176
fuel consumption rate for calculation　计算燃料消耗量　22.0156
fuel control system　燃料控制系统　23.0732
fuel decel valve　燃油减速阀　24.0846
fuel delivery　供油量　24.1075
fuel feed pump　初级输油泵　24.1208
fuel filler cap　加油口盖　24.0848
fuel filler restrictor　加油枪限制器　24.0896
fuel fill level control device　油面控制装置　24.0887
fuel-fired catalyst heater　燃料点火式催化加热器　24.0752
fuel flow control valve　燃料流量控制阀　23.0736
fuel flow divider　燃料流量分配器　23.0719
fuel gallery　燃油通道　24.1087
fuel injection pressure　燃料喷射压力　23.0651
fuel injection pump　喷油泵　24.1026
fuel injection pump speed　喷油泵转速　24.1101
fuel injector　燃料喷嘴　23.0723，喷油器　24.1107
fuel injector body　喷油器壳体　24.1137
fuel injector cap　喷油器帽　24.1139
fuel injector closing pressure　喷油器关闭压力，* 喷油嘴关闭压力　24.1161
fuel injector dead volume　喷油器有害容积　24.1172
fuel injector opening pressure　喷油器开启压力　24.1158
fuel injector setting pressure　喷油器调定压力，* 喷油嘴调定压力　24.1160
fuel injector shank diameter　喷油器体外径　24.1154
fuel injector shank length　喷油器安装长度　24.1155
fuel injector working pressure　喷油器工作压力，* 喷油嘴工作压力　24.1159
fuel inlet connection　进油管座接头　24.1146
fuel inlet connector　进油管连接件　24.1147
fuel inlet valve　进油阀　24.1082
fuel NO_x　燃料型氮氧化物　22.0042
fuel reburning　燃料再燃烧　22.0225
fuel shut-off valve　燃料切断阀　23.0739
fuel staging　燃料分级　22.0236

fuel supply system　燃料供给系统　23.0747
fuel system　燃油系统　24.0818
fuel tank anti-dripping device　燃油箱防滴油装置　24.0889
fuel tank check valve　燃油箱止回阀　24.0847
fuel tank puff loss　燃油箱喘息损失　24.0890
fuel treatment equipment　燃料处理设备　23.0746
full-arc admission　全周进汽　23.0097
full-circle slewing crane　全回转起重机　01.0672
full-circle slewing floating crane　全回转浮式起重机　01.0244
full extensional main jib　最长主臂　01.0186
full-flow end-of-line smokemeter　全流管端式烟度计　24.0997
full-flow lubricating oil filter　全流式机油滤清器　24.0501
full-flow sampling　全流取样法　24.0964
full-flow smokemeter　全流式烟度计　24.0995
full-hydraulic power steering system　全液压转向系　14.0026
full-hydraulic steering gear　全液压转向器　14.0034
full-lift safety valve　全启式安全阀　09.0057
full-load running test of tanker　槽车满载行驶试验　11.0152
full load stop　最大油量限制器　24.1092
full-port valve　全径阀门　09.0098
full power converter　全功率变流器　26.0222
fully fired combined cycle　排气全燃型联合循环　23.0865
functional diagnostic　功能诊断　24.0640
function limiter　功能限制器　01.0145
funiculars　缆车　02.0277
furnace　炉胆　22.0257，炉膛，* 燃烧室　22.0278
furnace aerodynamic test　炉膛空气动力场试验　22.0559
furnace and heat recovery area　锅炉本体　22.0256
furnace cross-section heat release rate　炉膛断面热强度，* 炉膛断面热负荷　22.0152
furnace detonation　炉膛爆燃　22.0548
furnace enclosure design pressure　炉膛设计压力　22.0143
furnace enclosure design transient pressure　炉膛设计瞬态承受压力　22.0144
furnace exit gas temperature　炉膛出口烟气温度　22.0162
furnace explosion　炉膛爆炸　22.0546
furnace implosion　炉膛内爆　22.0547
furnace slag screen　防渣管束，* 弗斯顿管束　22.0277
furnace volume heat release rate　炉膛容积热强度，* 炉膛容积热负荷　22.0151
furnace wall heat flux density　炉壁热流密度　22.0175

G

gantry　门架　01.0086
gantry clearance　门架净空　01.0355
gantry container crane　集装箱门式起重机　01.0490
gantry crane　门式起重机　01.0313
gantry crane for general use　通用门式起重机　01.0327
gantry crane with cantilever　单悬臂门式起重机　01.0321
gantry crane with chain hoist　手拉葫芦门式起重机　01.0335
gantry crane with electric hoist　电动葫芦门式起重机　01.0336
gantry crane with hinged boom　铰接悬臂门式起重机　01.0323
gantry crane with hook　吊钩门式起重机　01.0331
gantry crane with movable girder　可移动主梁门式起重机　01.0318
gantry crane with retractable boom　可伸缩悬臂门式起重机　01.0324
gantry crane with rope trolley　绳索小车门式起重机　01.0338
gantry crane with saddle　框架型门式起重机　01.0316
gantry crane with self-propelled trolley　自行小车门式起重机　01.0337
gantry crane with slewing man-trolley　带回转司机室小车的门式起重机　01.0341
gantry crane with traversing jib crane　带臂架起重机的门式起重机　01.0340
gantry crane with two cantilevers　双悬臂门式起重机　01.0322

gantry hoist　双导轨架式升降机　01.0626
garbage-fired boiler　垃圾焚烧锅炉　22.0108
garment stocker　洁净衣柜　12.0491
gas admittance system　进气系统　13.0106
gas admittance valve　进气阀　13.0141
gas ammonia absorption air-conditioning unit　燃气氨吸收式空气调节机组　12.0330
gas and steam combined cycle　燃气蒸汽联合循环，＊联合循环　23.0848
gas ballast pump　＊气镇泵　13.0030
gas ballast vacuum pump　气镇真空泵　13.0030
gas ballast valve　气镇阀　13.0074
gas-bearing expansion turbine　气体轴承透平膨胀机　11.0180
gas burner　气体燃烧器　22.0307
gas-bypass damper　烟气比例调节挡板　22.0419
gas chromatogram　气相色谱　24.0929
gas chromatograph　气相色谱仪　24.0983
gas collector　集气罐　12.0496
gas duct　烟道　22.0269
gas engine　燃气发动机　24.0018，煤气机　24.0066
gas expander turbine　气体膨胀透平　23.0534
gas flow bending stress　气流弯应力　23.0808
gas-fuel engine　气体燃料内燃机　24.0056
gas-fuel-fired boiler　气体燃料锅炉，＊燃气锅炉　22.0098
gas fuel nozzle　气体燃料喷嘴　23.0724
gas fuel supply system　气体燃料供给系统　23.0749
gas generator　燃气发生器　23.0734
gas jet vacuum pump　气体喷射真空泵　13.0046
gas liquefaction cycle　气体液化循环　12.0040
gas-liquid regenerator　气-液回热器　12.0181
gasoline direct injection engine　缸内直喷汽油机　24.0062
gasoline engine　汽油机　24.0060
gas proportioning damper　烟气比例调节挡板　22.0419
gas recirculation　烟气再循环　22.0034
gas solid two-phase flow　气固两相流　22.0012
gas temperature controller　燃气温度控制器　23.0735
gas-temperature probe　烟温探针　22.0579
gas-tight fan　气密式通风机　10.0064
gas turbine　燃气轮机　23.0516，24.0068，燃气透平，＊燃气涡轮　23.0529
gas-turbine power plant　燃气轮机动力装置　23.0517
gate　给料闸门　15.0035
gate-type feeder　闸门式振动给料器　15.0015
gate valve　闸阀　09.0025，插板阀　13.0156
gathering and digging arm loader　蟹立爪装载机　14.0086
gathering arm　耙爪　14.0144
gathering arm loader　蟹爪装载机　14.0084
gauge control unit　真空计控制单元　13.0162
gauge head　规头，＊规管　13.0160
gauge indicating unit　真空计指示单元　13.0163
gauge pressure　表计压力　25.0194
GAX efficient ammonia-absorption-cycle heat recovery unit　高效 GAX 回热循环氨吸收式机组　12.0129
gear box of wind turbine generator set　风力发电机组齿轮箱　26.0198
gear drive　齿轮传动　24.0315
gear-driven steps　齿轮传动级数　26.0131
geared traction machine　有齿轮曳引机　06.0043
gearless traction machine　无齿轮曳引机　06.0044
gear pump　齿轮泵　07.0121
gear ratio　齿轮传动比率　26.0132
general drive axle　普通驱动桥　14.0047
general overhead conveyor　通用悬挂输送机　02.0229
general purpose fan　通用通风机　10.0059
general purpose mobile crane　通用流动式起重机　01.0172
general purpose overhead crane　通用桥式起重机　01.0302
general valve　通用阀门　09.0024
generating tube bank　锅炉管束　22.0401
generator　发生器　12.0212
geometric chord of airfoil　翼型几何弦长　26.0119
geometric fuel delivery　几何供油量　24.1076
geometric fuel delivery stroke　几何供油行程　24.1068
geometric retraction volume　几何减压容积　24.1070
geothermal steam turbine　地热汽轮机　23.0071
getter ion pump　吸气剂离子泵　13.0057
getter pump　吸气剂泵　13.0055
Gifford-McMahon refrigeration cycle　吉福德-麦克马洪制冷循环　12.0039
Gifford-McMahon refrigerator　吉福德-麦克马洪制冷机　12.0086

girder making machine 钢筋桁架成型机 18.0042
gland nut 压紧螺套 24.1150
gland-packing plug valve 填料式旋塞阀 09.0044
gland steam condenser 轴封冷却器 23.0290
gland steam exhauster 轴封抽汽器 23.0291
gland steam regulator 汽封压力调节器 23.0297
glaze 瓷釉 24.0249
glaze-busting 清除瓷釉 24.0276
globe diaphragm valve 截止式隔膜阀 09.0041
globe valve 截止阀 09.0031
goliath 吊钩门式起重机 01.0331
gondola 吊厢 02.0301
gondola lift 吊厢式客运架空索道 02.0272
goods lift 载货电梯 06.0003
goods-passenger lift *货客电梯 06.0003
gooseneck 鹅颈式牵引架 14.0243
goose-neck jib tower crane 折臂式塔式起重机 01.0560
governing stage 调节级 23.0200
governing system 调节系统 23.0006
governing valve 调节汽阀 23.0220
governor characteristic curve 调速器特性曲线，*调速器控制杆曲线 24.0559
governor control rod curve 调速器特性曲线，*调速器控制杆曲线 24.0559
governor drive torque 调速器驱动扭矩 24.0553
governor force curve 调速器作用力曲线 24.0560
governor gain 调速器增益率 24.0552
governor impeller 调速泵，*脉冲泵 23.0243
governor input signal 调速器输入信号 24.0542
governor lever ratio *调速器杠杆比 24.0552
governor output signal 调速器输出信号 24.0543
governor power demand 调速器需求功率 24.0554
grab 抓斗 01.0119
grabbing crane 抓斗起重机 01.0659
grabbing floating crane 抓斗浮式起重机 01.0254
grabbing goliath 抓斗门式起重机 01.0332
grabbing productivity 抓岩能力 14.0151
grab claw 抓瓣 14.0158
grab loader 抓岩机 14.0092
grab sample 简单取样 24.0969
grab slewing mechanism 抓斗回转机构 04.0029
grab traversal mechanism 抓斗横移机构 04.0028
grab unit cylinder 抓斗气缸 14.0156
grab used in water 水下抓斗 01.0125
gradeability 爬坡能力 01.0023
graded seal 玻璃分级过渡封接 13.0121
grader 平地机 14.0195
grade trimming machine 路基修整机 15.0137
gradient 坡度 01.0022
granular ice machine 雪花冰制冰机 12.0285
grate 炉排 22.0358
grate-fired boiler 层燃锅炉，*火床炉 22.0128
grate firing 层状燃烧，*火床燃烧 22.0209
grate heat release rate 炉排面积热强度 22.0174
gravitation cleaning and sizing machine for concrete 自落式混凝土清洗筛分机 17.0109
gravitation concrete mixer 重力式混凝土搅拌机 17.0019
gravity-feed lubrication 重力润滑 24.0494
gravity oiling 重力润滑 24.0494
gravity roller conveyor 无动力辊子输送机 02.0213
grazing angle 掠射角 26.0162
grip 抱索器 02.0307
gripper unit of TBM 掘进机支撑机构 14.0252
gross head 毛水头 25.0153
gross heat rate 毛热耗率 23.0136
gross lifting load 总起重量 01.0049
gross refrigerating capacity 总制冷量 12.0016
ground and lapped seal 研磨面搭接封接 13.0129
ground asphalt storage 地上沥青储仓 15.0061
ground charging crane 地面加料起重机 01.0407
ground clearance of bottom dump body 底卸式料斗离地间隙 14.0239
ground contact length of track 履带接地长度 01.0212，14.0219
group of carriers 车组式运载工具 02.0305
gudgeon pin 活塞销 24.0371
guidance measuring system 导向测量装置 14.0262
guide bearing 导轴承 25.0108
guide bearing collar 轴领 25.0109
guide blade 导向叶片 23.0156
guide blade ring 导叶环 23.0161
guide idler 导向托辊 02.0062
guide vane 导叶 25.0055
guide vane bearing 导叶轴承 25.0069
guide vane circle 导叶分布圆 25.0058
guide vane end seal 导叶端面密封 25.0072

guide vane end stop　导叶限位块　25.0064
guide vane force character　导叶力特性　25.0247
guide vane height　导叶高度　25.0056
guide vane lever　导叶臂　25.0060
guide vane link　导叶连杆　25.0062
guide vane opening　导叶开口　25.0057
guide vane seal　导叶立面密封　25.0073
guide vane servomotor　导叶接力器　25.0065
guide vane stem seal　导叶轴密封　25.0071
guide vane thrust bearing　导叶止推轴承　25.0070
guideway　导板　24.0300
guide wheel　导轮　02.0108，导向轮　24.0323
guiding device　导向装置　16.0023
gulp valve　补气阀　24.0838
gust　阵风　26.0008
gust influence　阵风影响　26.0009
guy　缆绳，* 牵索　01.0586
guy anchor　锚碇，* 拉线锚　01.0588
guy-derrick crane　缆绳式桅杆起重机　01.0582
guyed tower　拉索式塔架　26.0211
guy rope　锚拉索　02.0292
gyratory crusher　旋回破碎机　19.0018
gyratory crusher for primary crushing application　首次破碎用旋回破碎机　19.0019
gyratory screen　旋回筛　19.0010

H

hairline crack　发裂　24.0250
halide leak detector　卤素检漏仪　13.0219
halohydrocarbons　卤代烃　12.0053
hammer　锤体　21.0188
hammer helmet　桩盔　16.0035
hammer mill　锤击磨煤机　22.0336
hand-chosen belt conveyor　手选带式输送机　02.0033
hand-cranking leg　手摇支腿　21.0063
hand-fired grate　手烧炉排，* 固定炉排　22.0359
hand governor　手动调速器　07.0145
hand-held/ air-leg rock drill　手持气腿两用凿岩机　21.0016
hand-held electric rock drill　手持式电动凿岩机　21.0029
hand-held internal-combustion rock drill　手持式内燃凿岩机　21.0027
hand-held rock drill　手持式凿岩机　21.0012
hand-held rock drill with dust collector　手持式集尘凿岩机　21.0014
hand-held underwater rock drill　手持式水下凿岩机　21.0015
hand-operated stacking crane　手操纵堆垛起重机　01.0448
hand operating test pump　手动试压泵　07.0099
hand pump　手动泵　07.0089
handrail　扶手带　06.0051
hand starting system　手起动系统　24.0578
hanging device　悬吊装置　14.0101
hanging tube　悬吊管　22.0276
hanging-type air-conditioning unit　吊挂式空气调节机组　12.0334
hang-up　拖尾　24.0975
harbour floating crane　港湾浮式起重机　01.0255
harbour portal crane for general use　港口通用门座起重机　01.0263
HAT cycle　湿空气透平循环　23.0844
haulage by train　回送　01.0240
haulage rope　牵引索　01.0366，02.0295
haulage speed　回送速度　01.0233
hauling rope　牵引索　01.0366，02.0295
haul rope　拖牵索，* 拖拉索　02.0297
HC　碳氢化合物　24.0684
HCCI engine　均质充量压燃式发动机，* HCCI 发动机　24.0006
HCD　空心阴极离子镀　13.0243
head　封头　22.0386
head clearance　柱塞顶隙　24.1074
head coefficient　扬程系数　07.0014
head cover　顶盖　25.0048
header　集箱，* 联箱　22.0389，联箱　23.0781
header tank　上水箱　24.0467
header-type heater　联箱式加热器　23.0460
heat balance calculation　热平衡计算　23.0140
heat battery　蓄热器　24.0668
heat consumption　热耗量　23.0135，23.0590，热能消耗量　24.0180

heat deviation 热偏差 22.0540
heat discoloration 热变色 24.0251
heated flame ionization detector analyzer 加热式氢火焰离子化检测器分析仪，* HFID 分析仪 24.0986
heat emission 散热 24.0175
heater air vent system 加热器空气排放系统 23.0478
heater condensing zone 加热器凝汽区 23.0468
heater desuperheating zone 加热器过热蒸汽冷却区 23.0467
heater drain cooling zone 加热器疏水冷却区 23.0469
heater drain system 加热器疏水系统 23.0472
heater operation rate 加热器投运率 23.0490
heater temperature decrease rate 加热器温降率 23.0493
heater temperature rise rate 加热器温升率 23.0492
heater tube-blocking rate 加热器堵管率 23.0491
heat exchanger 换热器，* 热交换器 11.0039，12.0222
heat exchanger plate 换热器板 23.0780
heat exchanger tube 换热器管 23.0779
heat flux meter 热流计 22.0574
heat indication test 热跑试验 23.0320
heating and ventilation system 加热与通风系统 23.0756
heating heat pump 供热热泵 12.0138
heating integrated part load value 制热综合性能系数 12.0391
heating surface 受热面 22.0260
heating surface area 受热面积 23.0786
heating surface evaporation rate 受热面蒸发率 22.0179
heat-insulated spreader 带隔热装置的喷洒机 15.0092
heat loss 热损失 22.0602
heat network 热网 23.0382
heat-pipe air preheater 热管空气预热器 22.0434
heat-pipe boiler 热管锅炉 22.0081
heat pipe heat exchanger 热管换热器 12.0394
heat pipe heat recovery unit 热管式热回收器 12.0454
heat pump 热泵 12.0137
heat-pump air conditioner 热泵式空气调节器 12.0366
heat rate 热耗率 23.0591
heat recovery ring 热回收环 12.0455
heat recovery steam generator 余热锅炉 22.0106，23.0857
heat regenerative cycle 回热循环 12.0026
heat release rate of furnace radiant heating surface 炉膛辐射受热面热强度 22.0154
heat shield 隔热罩 24.0801，隔热板 24.1151
heat sink 排热系统，* 冷端系统 23.0395
heat transfer boiler 热载体锅炉 22.0057
heat transfer material heater 有机载热体加热装置 15.0081
heat transfer rate of heating surface 受热表面的传热率 23.0664
heat transfer surface 受热面 22.0260
heat utilization 热能利用率 23.0586
heavy-duty engine 重载发动机 24.0053
heavy-duty slat feeder 重型板式给料机 03.0004
heavy oil rotary pump 稠油转子泵 07.0107
^{3}He-^{4}He dilution refrigeration ^{3}氦-^{4}氦稀释制冷 12.0009
^{3}He-^{4}He dilution refrigerator ^{3}氦-^{4}氦稀释制冷机 12.0079
height of portal clearance 门架净空高度 01.0520
helically finned tube economizer 翅片管省煤器 22.0424
helium liquefier 氦液化器 12.0225
helium mass spectrometer leak detector 氦质谱检漏仪 13.0220
helium purifier 氦纯化器 11.0127
helium refrigerator 氦制冷机 12.0078
helium turbine 氦气轮机 23.0528
helium vortex refrigeration 氦涡流制冷 12.0008
Heller system 海勒系统，* 混合式间接干式冷却系统 23.0444
H engine H 型发动机 24.0044
HEPA filter 高效空气过滤器 12.0463
HEPA filter unit 高效过滤器送风口，* 高效送风口 12.0500
hermetic refrigerating compressor 全封闭制冷压缩机 12.0124
herringbone-type evaporator V 形管蒸发器 12.0173
hexane equivalent concentration 正乙烷当量浓度 24.0930
HFID analyzer 加热式氢火焰离子化检测器分析仪，

* HFID 分析仪　24.0986
high-altitude wind turbine generator　高空风力发电机　26.0050
high-cycle fatigue　高周疲劳断裂　24.0252
high-efficiency filter　高中效空气过滤器　12.0462
high-efficiency particulate air filter　高效空气过滤器　12.0463，高效过滤器送风口，* 高效送风口　12.0500
high-efficiency window　高效窗口　24.0822
high flange-mounted fuel injection pump　高位法兰安装式喷油泵　24.1048
high-frequency air-leg rock drill　气腿式高频凿岩机　21.0018
high-frequency diode sputtering　高频二极溅射　13.0236
high-frequency drifter　导轨式高频凿岩机　21.0024
high-frequency hand-held rock drill　手持式高频凿岩机　21.0013
high-freguency spark leak detector　高频火花检漏仪　13.0218
high-frequency stoper　向上式高频凿岩机　21.0022
high-head axial-flow water-turbine pump　高水头轴流式水轮泵　07.0139
high-head mixed-flow water-turbine pump　高水头混流式水轮泵　07.0143
high idling speed　* 高怠速　24.0563
high level slewing tower crane　上回转塔式起重机　01.0546
high oil temperature protection device　润滑油温过高保护装置　23.0794
high-pressure binder spreader　高压沥青喷洒机　15.0098
high-pressure boiler　高压锅炉　22.0064
high-pressure bypass system　高压旁路系统　23.0385
high-pressure cleaning unit　高压清洗机　08.0002
high-pressure compressor　高压压缩机　10.0129，高压压气机 23.0555
high-pressure deaerator　高压式除氧器，* 压力式除氧器　23.0498
high-pressure expansion turbine　高压透平膨胀机　11.0178
high-pressure feed water heater　高压加热器　23.0466
high-pressure fuel injection pipe　高压油管　24.1188
high-pressure fuel injection pipe assembly　高压油管部件　24.1189
high-pressure generator　高压发生器　12.0217
high-pressure induction unit　高压诱导器　12.0370
high-pressure ionization gauge　高压力电离真空计　13.0184
high-pressure painting unit　高压喷漆装置　20.0034
high-pressure pump　高压泵　07.0111
high-pressure steam turbine　高压汽轮机　23.0059
high-pressure supply pump　高压供油泵　24.1209
high-pressure turbine　高压透平　23.0535
high-pressure turbocharger　高压涡轮增压器　24.0415
high-pressure valve　高压阀门　09.0083
high-pressure ventilating system　高压送风系统　12.0327
high-pressure waterjet　高压水射流　08.0015
high purity nitrogen　高纯氮　11.0008
high purity oxygen　高纯氧　11.0005
high-speed blower　高速鼓风机　10.0074
high-speed lift　高速电梯　06.0011
high-speed partial emission pump　高速部分流泵，* 高速离心泵　07.0025
high-speed pneumatic impact wrench　高转速气扳机　21.0132
high-speed pulverizer　高速磨煤机　22.0334
high-speed pump　高速泵　07.0115
high-speed winch　高速卷扬机　01.0597
high-speed wind turbine　高速风力机　26.0026
high-surface lift　高位拖牵索道　02.0285
high-temperature cleaning machine　高温清洗机　08.0005
high-temperature corrosion　* 高温腐蚀　22.0537
high-temperature separator　高温分离器　22.0285
high-temperature valve　高温阀门　09.0085
high vacuum electron beam welding plant　高真空电子束焊接设备　13.0309
high vacuum pump　高真空泵　13.0066
high vacuum valve　高真空阀　13.0148
high-viscosity binder spreader　高黏度沥青喷洒机　15.0097
hinged roller conveyor　铰接式辊子输送机　02.0220
hitch　拖挂装置　14.0240
Ho coefficient　何氏系数　13.0096
hoe attachment　反铲装置　14.0071
hoist　起重葫芦　01.0529，提升卷扬机　17.0124
hoisting limiter　起升高度限位器　01.0150

hoisting mechanism　起升机构　01.0052
hoisting rope　起重索　01.0367
hoist medium　起重挠性件　01.0048
hoist medium load　起重挠性件下起重量　01.0047
hoist rope　曳引绳　06.0046
hoist rope ratio of lift　电梯曳引绳曳引比　06.0035
hoist traverse mechanism　葫芦运行机构　01.0540
hoist way　井道　06.0032
holder-on　顶把　21.0097
holding vacuum pump　维持真空泵　13.0065
hole-type nozzle　孔式喷油嘴　24.1125
hollow blade　空心叶片　23.0703
hollow cathode discharge deposition　空心阴极离子镀　13.0243
hollow concrete slab extruder　混凝土空心板挤压成型机　17.0147
hollow concrete slab mould dragger　混凝土空心板拉模机　17.0153
hollow-concrete-slab squeezer　混凝土空心板推挤成型机　17.0152
hollow-cone valve　盘形阀　25.0039
home landing　基站　06.0027
home lift　家用电梯　06.0019
homogeneous charge compression ignition engine　均质充量压燃式发动机，* HCCI 发动机　24.0006
hook assembly　吊钩滑轮组　01.0110
hook crane　吊钩起重机　01.0658
hook floating crane　吊钩浮式起重机　01.0253
hook-grab-magnet gantry crane　三用门式起重机　01.0334
hopper　料斗　15.0033
hopper capacity　料斗容量　15.0052
hopper-type rail-form concrete paver　斗铺轨模式混凝土摊铺机　15.0118
horizontal air-conditioning unit　卧式空气调节机组　12.0333
horizontal axis wind turbine　水平轴风力机　26.0028
horizontal compressor　卧式压缩机　10.0106
horizontal concrete mix batching plant　水平式混凝土配料站　17.0011
horizontal concrete mixing plant　水平式混凝土搅拌站　17.0004
horizontal cyclone furnace　卧式旋风炉　22.0122
horizontal directional drilling machine　水平定向钻机　16.0040
horizontal dry-back shell boiler　卧式内燃干背式锅壳锅炉　22.0078
horizontal engine　卧式发动机　24.0036
horizontal heater　卧式加热器　23.0463
horizontal heat-transfer material heater　卧式有机载热体加热装置　15.0082
horizontal length of conveyor　输送机水平长度　02.0045
horizontal loop-type en masse conveyor　平面环型埋刮板输送机　02.0082
horizontally firing　墙式燃烧　22.0211
horizontally opposed engine　水平对置发动机　24.0041
horizontally split connecting rod　水平切口连杆　24.0388
horizontally step moving distance　梯级水平移动距离　06.0056
horizontally step run　梯级水平移动距离　06.0056
horizontal pump　卧式泵　07.0074
horizontal reciprocating cryogenic liquid pump　卧式低温往复泵　11.0194
horizontal refrigerated display cabinet　卧式冷藏陈列柜，* 柜台式冷藏陈列柜　12.0249
horizontal reinforcing bar cutting machine　卧式钢筋切断机　18.0028
horizontal screw conveyor　水平螺旋输送机　02.0131
horizontal shell boiler　卧式锅壳锅炉　22.0077
horizontal slat conveyor　水平板式输送机　02.0123
horizontal tank　卧式贮槽　11.0143
horizontal-type deaerator　卧式除氧器　23.0501
horizontal-type en masse conveyor　水平型埋刮板输送机　02.0079
horizontal unit　卧式机组　25.0005
horizontal wet-back shell boiler　卧式内燃湿背式锅壳锅炉　22.0079
horizontal wire-drawing machine　卧式冷拔机　18.0008
hose pump　软管泵　07.0123
hospital lift　病床电梯，* 医用电梯　06.0005
hot air recirculation　热风再循环　22.0035
hot air temperature　热风温度　22.0160
hot binder spreader　热沥青喷洒机　15.0095
hot bulb engine　热球点燃式发动机　24.0009

hot cathode direct current sputtering　热阴极直流溅射　13.0237
hot cathode high-frequency sputtering　热阴极高频溅射　13.0238
hot cathode ionization gauge　热阴极电离真空计　13.0182
hot cathode magnetron gauge　热阴极磁控管真空计　13.0191
hot corrosion　热腐蚀　22.0537，23.0811
hot gas fan　热气通风机　10.0061
hot metal charging crane　兑铁水起重机　01.0410
hot oil heating asphalt melting and heating unit　导热油加热式沥青熔化加热装置　15.0079
hot oil heating asphalt storage　导热油加热式沥青储仓　15.0068
hot pitch application equipment　热沥青用设备　20.0051
hot running test　热跑试验　23.0320
hot section inspection　热通道检查　23.0830
hot soak loss　热浸损失　24.0673
hot spot　过热区　24.0254
hot starting　热态起动　23.0324，23.0822
hot start-up　热态启动　22.0468
hot vaporizer　热式气化器　11.0158
hot water boiler　热水锅炉　22.0056
hot-water-operated lithiumbromide-absorption water chiller unit　热水型溴化锂吸收式冷水机组　12.0131
hot water temperature　热水温度　22.0165
hot well　热井　23.0415
housing　机壳　25.0129
H-outrigger　H 形外伸支腿　01.0196
Howell-Bunger valve　盘形阀　25.0039
H-portainer　H 形门架岸边集装箱起重机　01.0482
HRSG　余热锅炉　22.0106，23.0857
H-type compressor　H 型压缩机　10.0109
H-type scraper　H 形刮板　02.0105
hub cover of wind turbine　风力机轮毂罩　26.0178
hub height　轮毂高度　26.0130
hub of wind turbine　风力机轮毂　26.0177
hub planetary reductor　轮边行星减速器　14.0055
humid air turbine cycle　湿空气透平循环　23.0844
humidifier　加湿器，* 空气加湿器　12.0410，湿化器　23.0847
humidistat　恒湿器　12.0375
hunting　游车　24.0223
hybrid operation　复合运行　23.0347
hybrid start-up of high-medium pressure cylinder couplet　高–中压缸联合起动　23.0326
hydraulic accumulator　液压蓄能器　23.0283
hydraulically powered impact hammer　液压锤　16.0007
hydraulic asphalt paver　液压传动式沥青混凝土摊铺机　15.0026
hydraulic boosting steering system　液压助力转向系　14.0025
hydraulic braking system　液压制动系　14.0007
hydraulic braking system of wind turbine　风力机液压制动系统　26.0203
hydraulic breaking hammer　液压破碎锤　21.0075
hydraulic cleaning　水力清洗　23.0452
hydraulic cold-drawing machine　液压式钢筋冷拉机　18.0005
hydraulic cold header　液压冷镦机　18.0022
hydraulic concrete pump　液压式混凝土泵　17.0043
hydraulic conveyor　液力输送机　02.0163
hydraulic coupling　液力联轴器　23.0489
hydraulic crane　液压起重机　01.0668
hydraulic drifter　导轨式液压凿岩机　21.0028
hydraulic efficiency of storage pump　蓄能泵水力效率　25.0191
hydraulic efficiency of turbine　水轮机水力效率　25.0190
hydraulic end　液力端　07.0130
hydraulic excavator　液压挖掘机　14.0069
hydraulic extension screed unit　液压伸缩熨平装置　15.0041
hydraulic fuel injection pump　液压式喷油泵　24.1032
hydraulic fuel injector　液压喷油器　24.1111
hydraulic governor　液压调速器　24.0529
hydraulic head assembly　液力泵头总成　24.1093
hydraulic inner expansion clutch　液压内胀离合传动装置　14.0100
hydraulic jack　液压千斤顶　01.0527，液压顶　21.0263
hydraulic lift　液压电梯　06.0023
hydraulic lock　液力锁紧　24.0224
hydraulic machinery　水力机械　25.0001
hydraulic manipulator　液压操纵装置　14.0099
hydraulic overhead crane　液压桥式起重机　01.0309

hydraulic pitch control mechanism　液压变桨机构　26.0181
hydraulic reinforcing bar bender　液压式钢筋弯曲机　18.0037
hydraulic reinforcing bar straightening and cutting machine　液压式钢筋调直切断机　18.0033
hydraulic rock drill　液压凿岩机　21.0004
hydraulic scraper rock loader　液压操纵耙斗装岩机　14.0093
hydraulic servo-motor　油动机，*液压伺服装置　23.0245
hydraulic speed governor　液压式调速器　23.0242
hydraulic telescopic spreader　液压伸缩吊具　01.0512
hydraulic tensioning equipment　液压式张拉设备　18.0045
hydraulic vibrator　液压振动器　17.0058
hydraulic vibrator for piling equipment　液压式振动桩锤　16.0010
hydraulic wheel backhoe loader　轮胎式液压挖掘装载机　14.0079
hydrocarbon　碳氢化合物　24.0684
hydrodynamic characteristics test　*水动力特性试验　22.0564
hydro-dynamic retarder　液力减速装置　14.0020
hydrogen embrittlement　氢脆　22.0531
hydrogen explosion　氢爆　22.0552
hydrostatic lock　液力锁紧　24.0224
hydrostatic test　水压试验　22.0566
hydroturbine　水轮机　25.0007
hygroscopic compound air-conditioning system　吸湿型复合空调系统，*吸湿剂系统　12.0319

I

ice-bank evaporator　结冰式蒸发器　12.0178
ice cold storage　冰蓄冷　12.0067
ice cream freezer　冰淇淋冻结器　12.0290
ice cream maker　冰淇淋机　12.0289
ice lolly maker　冰棒机　12.0288
ice maker　制冰机　12.0281
ice storage room　冰库　12.0279
ideal jet velocity　理想速度　23.0111
ideal power　理想功率　23.0101
idle and limiting speed governor　两极式调速器　24.0539
idle limiter　怠速限制器　24.0833
idler　托辊　02.0055
idler spacing　托辊间距　02.0047
idler with rubber rings　梳形托辊　02.0065
idle speed emission standard　怠速排放标准　24.1016
idle time　惰走时间　23.0331，惰转时间　23.0800
idling of wind turbine　风力机空转　26.0258
idling speed　空负荷转速　23.0832，怠速　24.0158
IGCC　整体煤气化联合循环，*整体气化联合循环　23.0858
igniter　点火器　22.0317
ignition　点火　23.0825
ignition energy　点火能量　22.0178
ignition equipment　点火装置　22.0318，23.0720
ignition-proof fan　防电火花通风机，*传送防引燃通风机　10.0070
ignition speed　点火转速　23.0833
ignition timing　点火定时　24.0128
ignition timing control system　点火正时控制系统　24.0806
ignition water level　点火水位　22.0472
imaginary circle　假想切圆　22.0192
impact breaker　冲击破碎机　19.0023
impact crusher　冲击破碎机　19.0023
impact equipment　冲击设备　16.0028
impacter part　冲击器部件　21.0266
impact extractor　冲击式拔桩器　16.0025
impact extractor-hammer　冲击式沉拔桩设备　16.0026
impact hammer　冲击锤　16.0002
impact head　冲击头　21.0267
impact idler　缓冲托辊　02.0063
impact mill　锤击磨煤机　22.0336
impact piston　冲击活塞　21.0187
impact ripper　冲击式松土器　14.0181
impact roller　冲击压路机　15.0148
impeller　叶轮　25.0135
impeller back shroud　叶轮后盖板　25.0137
impeller diameter　叶轮公称直径　25.0136
impeller front shroud　叶轮前盖板　25.0138

impingement cooling　冲击冷却　23.0696
impulse expansion turbine　冲动式透平膨胀机，* 冲击式透平膨胀机　11.0170
impulse stage　冲动级　23.0203
impulse steam trap　脉冲式疏水阀　09.0078
impulse steam turbine　冲动式汽轮机　23.0046
impulse turbine　冲动式透平　23.0539，冲击式水轮机　25.0022
in-bed tube　流化床埋管　22.0326
in-ceiling-type air conditioner　吊顶内装式空气调节器　12.0360
incidence　冲角，* 攻角　23.0005
incidence loss　冲角损失，* 攻角损失　23.0119
incipient cavitation coefficient　初生空化系数　25.0199
inclined disk butterfly valve　斜板式蝶阀　09.0038
inclined elevator　倾斜提升机　02.0177
inclined engine　斜置式发动机　24.0037
inclined en masse conveyor　倾斜埋刮板输送机　02.0080
inclined screw conveyor　倾斜螺旋输送机　02.0132
inclined slat conveyor　倾斜板式输送机　02.0124
inclined unit　倾斜式机组　25.0006
incremental speed governing droop　局部转速不等率，* 局部不等率　23.0365
incrustation　结垢　22.0523
independent lubrication　独立润滑　24.0493
independent pitch control mechanism　独立变桨机构　26.0179
independent pressure charging　外源增压　24.0084
indicated power　指示功率　24.0166
indicated thermal efficiency　指示热效率　24.0174
indicating device　指示器　01.0149
indicator　指示器　01.0149
indicator diagram　示功图　24.0167
indirect acting controller　间接作用控制器　24.0623
indirect dry cooling system　间接干式冷却系统　23.0443
indirect dry cooling system of surface condenser　表面式间接干式冷却系统　23.0445
indirect injection　间接喷射　24.0073
indirectly heated spreader　间接加热喷洒机　15.0094
indirect refrigeration system　间接制冷系统　12.0050
individual fuel injection pump　单体式喷油泵，* 单体泵　24.1040
individual guide vane servomotor　单导叶接力器　25.0066
induced draft　负压通风　22.0240
induced draft boiler　负压锅炉　22.0113
induced draft fan　引风机　22.0350
induced draught cooling tower　吸风式冷却塔　12.0188
inducer　导流轮，* 导流环　24.0433
induction of fuel　燃料输入　24.0076
induction-type VAV terminal device　诱导型变风量末端装置　12.0445
induction unit　诱导器　12.0439
industrial air conditioning　工艺空调　12.0306
industrial boiler　工业锅炉　22.0055
industrial nitrogen　工业用氮　11.0006
industrial oxygen　工业用氧　11.0004
industrial process oxygen　工业用工艺氧　11.0003
industrial steam turbine　工业汽轮机　23.0077
industrial trailer　工业挂车　05.0034
inertia governor　惯性调速器　24.0541
inertial separator　惯性分离器　22.0242
inertial sub-range　湍流惯性负区　26.0023
inertial vibrating conveyor　惯性振动输送机　02.0224
inertia weights　惯性配重　24.0981
infixed finned air heat exchanger　套片换热器　12.0401
influence by the tower shadow　塔影响效应　26.0136
infrared humidifier　红外线加湿器　12.0422
infrared ray operated crane　红外线操纵起重机　01.0682
ingot charging crane　加热炉装取料起重机　01.0421
initial load　初始负荷，* 初负荷　23.0330
initial pressure　初始压力　25.0213
initial speed　初始转速　25.0216
initial steam　主蒸汽　23.0080，新蒸汽　23.0141
initial-steam flow rate　主蒸汽流量　23.0094
initial temperature difference of heater　加热器初温差，* 疏水端差　23.0479
injection flow rate　喷水量　22.0157
injection of fuel　燃料喷射　24.0069
injection order　喷油次序　24.1102
injection pump assembly　喷油泵总成　24.1077
injection pump housing　喷油泵体　24.1086
injector　注水器　22.0454

inlaid finned tube heat exchanger　镶片换热器　12.0404
inlet　入口　13.0070
inlet air chilling　进气冷却　23.0841
inlet air cooling　进气冷却　23.0841
inlet air flow　进口空气流量　23.0624
inlet air throttle　进气节气门　24.0839
inlet casing　进气缸，* 进气室　23.0698
inlet compensator　进口补偿器　11.0196
inlet flow angle　进汽角，* 进口汽流角　23.0212
inlet flow control valve　进油流量控制阀　24.1220
inlet geometric angle　进口几何角，* 叶型进口角　23.0214
inlet guide vanes　进口导叶　23.0769
inlet manifold　进气歧管　24.0439
inlet measuring section of storage pump　蓄能泵进口测量断面　25.0143
inlet measuring section of turbine　水轮机进口测量断面　25.0141
inlet metering　进油计量　24.1055
inlet pipe　进气总管　24.0438
inlet port　进油孔　24.1067
inlet pressure　进气压力　23.0609，24.0185，进口压力　23.0610
inlet studs　进油管连接件　24.1147
inlet temperature　进气温度　10.0029，24.0189，进口温度　23.0615
in-line engine　直列式发动机　24.0034
in-line fuel injection pump　直列式喷油泵　24.1038
inline pump　管道泵　07.0054
inner casing　内护板　22.0438，内气缸　23.0701
inner head cover　内顶盖，* 支持盖　25.0049
inner leakage　内泄漏　10.0004
inner power of fan　通风机内功率　10.0014
inner pressure vessel　内容器　11.0166
inner top cover　内顶盖，* 支持盖　25.0049
inner vanes　内调风器　22.0319
inner-vibrating extruder　内振式挤压机　17.0149
inner-vibrating mould dragger　内振式拉模机　17.0158
input power of impeller　叶轮输入功率　25.0182
input power of runner　转轮输入功率　25.0176
input power of storage pump　蓄能泵的输入功率　25.0178
input power of turbine　水轮机输入功率　25.0172
insensitivity　最小灵敏度，* 不灵敏度　24.0561
insertion board　铲板　14.0145
insert jib section　中间臂节　01.0189
inspection　检测　24.0197
installation capacity of wind farm　风电场装机容量　26.0247
installation error　安装错误　24.0225
instantaneous safety device　瞬时式安全器　01.0638
instrument air system　仪表空气系统　11.0085
insulated pipe　隔热管　24.0802
insulated rail-car　保温列车　12.0297
insulated vehicle　保温汽车　12.0294
insulating valve　保温阀　09.0096
insulation grade of generator　发电机绝缘等级　26.0146
intake air filter　进气过滤器　23.0761
integral action controller　积分作用控制器　24.0629
integral bypass system　整体旁路系统，* 一级旁路系统　23.0384
integral chassis　整体式底盘　21.0257
integral drill steel　整体钎　21.0207
integral drive fuel injection pump　合成式喷油泵　24.1035
integral drive gearing　整体传动齿轮系　24.0412
integral power steering gear　整体式动力转向器　14.0032
integral rotor　整锻转子　23.0174
integral shroud blade　整体围带叶片　23.0172
integral tip shroud　叶冠　23.0704
integrated energy system　总能系统　23.0842
integrated gasification combined cycle　整体煤气化联合循环，* 整体气化联合循环　23.0858
integrated recycle heat exchanger　整体化循环物料换热器　22.0290
integrated refueling emission control system　整体式加油排放控制系统　24.0891
intensification machinery for steel bar　钢筋强化机械　18.0002
inter-boiler process　锅内过程　22.0008
intercept valve　再热调节汽阀　23.0222
interconnection　互联　26.0243
interconnection point of wind farm　风电场并网点　26.0241
inter-connector　联焰管　23.0718

intercooled cycle　中间冷却循环　23.0548
intercooler　级间冷却器　12.0201，中间冷却器　23.0776，增压空气冷却器，* 中冷器　24.0476
interference　干扰　24.0976
inter-floor distance　层间距离　06.0031
inter-furnace process　炉内过程　22.0022
interior evaporation unit　内蒸发装置　24.0468
intermediate bottom　中间隔板　24.0299
intermediate flow　中间流　13.0017
intermediate-pressure compressor　中压压气机　23.0554
intermediate-pressure turbine　中压透平　23.0536
intermittent circulating ropeway　间歇循环式架空索道　02.0255
internal bucket elevator　内斗式提升机　02.0188
internal-combustion gas turbine　内燃式燃气轮机　23.0541
internal combustion rock drill　内燃凿岩机　21.0007
internal deposit　汽水侧沉积物　22.0519
internal efficiency of compressor　压气机内效率　23.0020
internal efficiency of turbine　透平内效率　23.0019
internal leakage in steering control valve　转向控制阀内泄漏量　14.0045
internal loss　内损失　23.0606
internal power　内功率　23.0104
internal spline nut　花键母　21.0197
internal transfer pump　内输油泵　24.1210
internal vibrator　内置式振动器　17.0063
in-use vehicle　在用车　24.1025
inverted bucket　钟形罩　09.0022
inverted bucket steam trap　钟形浮子式疏水阀　09.0075
inverted engine　倒置式发动机　24.0038
inverter　逆变器　26.0223
ion etching　离子蚀刻　13.0300
ionization vacuum gauge　电离真空计　13.0176
ion transfer pump　离子传输泵　13.0052
ion trap　离子阱　13.0083
isentropic efficiency　等熵效率　23.0629
isentropic enthalpy drop　等熵焓降，* 理想焓降　23.0100
isentropic power　等熵功率　23.0628
isochronous governing　无差调节　24.0556
isokinetical sampling　等速取样　22.0576
isolator　隔离室　12.0484

J

jack　千斤顶　01.0524
jacking oil pump　顶轴油泵　23.0280
jaw crusher　颚式破碎机　19.0015
jaw grab　多爪抓斗，* 多颚板抓斗　01.0124
jaw reinforcing bar cutting machine　颚剪式钢筋切断机　18.0030
jerk fuel injection pump　柱塞式喷油泵　24.1027
jet air register　直流式调风器　22.0311
jet condenser　喷射式凝汽器　23.0440
jet cooling tower　喷射式冷却塔　12.0193
jet diameter　射流直径　25.0122
jet fan　射流式通风机　10.0044
jet humidifier　喷射加湿器　12.0419
jet impact force　射流打击力　08.0019
jet inclined angle　射流入射角　25.0124
jet pump　射流泵　07.0146
jet ratio　射流直径比　25.0123
jet recoil force　射流反冲力　08.0020
jib　臂架　01.0093
jib attachment　安装吊杆　01.0642
jib balanced without counterweight　无对重平衡原理　01.0278
jib fold mechanism　臂架折叠机构　01.0200
jib-type crane　臂架型起重机　01.0652
journal bearing　支持轴承　23.0187
jumbo　钻车　21.0008

K

kangaroo　带斗门座起重机　01.0264
Kapitza helium liquefier　卡皮查氦液化器　12.0226
Kaplan turbine　轴流转桨式水轮机　25.0011
keel cooler　龙骨冷却器　24.0472
keeping-to-the-side hydraulic grab loader　靠壁式抓岩机　14.0094

kick starting system　脚踏起动系统　24.0582
kinetic vacuum pump　动量真空泵　13.0041
knock sensor　爆震传感器　24.0858
Kr-Xe recovery equipment　氪氙提取设备　11.0128

L

labyrinth compressor　迷宫压缩机　10.0093
labyrinth gland　曲径汽封，* 迷宫汽封　23.0182
lacing wire　拉筋，* 拉金　23.0170
lacquering　漆膜　24.0255
ladle crane　铸造起重机　01.0409
lagging　保温层，* 隔热层　23.0001
lance　喷枪　08.0011
lancing　吹灰　22.0496
landfill compactor　回填压实机　15.0145
landing　层站　01.0631
landing bar　层站栏杆　01.0634
landing entrance　层站入口　06.0026
landing gate　层门　01.0632
large scale air separation plant　大型空气分离设备　11.0018
large wind turbine generator set　大型风力发电机组　26.0043
laser auto-leveling device　激光自动调平器　15.0050
latent fault　潜伏故障　26.0144
lateral and front stacking truck　三向堆垛式叉车　05.0016
lateral stacking truck　侧面堆垛式叉车　05.0015
lateral vibration　弯振　10.0009
lattice jib　桁架臂　01.0180
lattice tower　桁架式塔架　26.0213
layered-filling block machine　分层布料式砌块成型机　17.0146
leading edge　叶片进水边　25.0094，前缘　26.0117
leadthrough　真空引入线　13.0134
leak　漏孔　13.0206
leakage　渗漏量　09.0011
leakage factor　泄漏系数　10.0007
leakage loss　泄漏损失　10.0006，漏汽损失　23.0122
leak detector　检漏仪　13.0217
leak-off　回油　24.1157
leak-off fuel　回流燃油　24.0226
leak rate　漏率　13.0214
leak throughput of vacuum system　真空系统的漏气速率　13.0110
lean fuel　贫燃料　22.0235
lean mixture　稀混合气　24.0114
lean phase zone　稀相区　22.0228
lean reactor　稀混合气反应器　24.0757
leaving velocity　余速　23.0109
leaving velocity loss　余速损失　23.0038
leg　支腿　01.0130
leg clearance　门架净空宽度　01.0521
leg support　支腿　21.0059
leg-support electric rock drill　支腿式电动凿岩机　21.0030
length between couples　车钩间距　01.0235
length-fixed drill boom　定长钻臂　21.0221
length of blade　叶片长度　26.0102
length of elbow draft tube　肘形尾水管长度　25.0080
leveling　平层　06.0033
level luffing　水平变幅　01.0033
level pressure control　基准压力调节　23.0791
lever block　手扳葫芦　01.0531
lever-loaded safety valve　杠杆式安全阀　09.0055
lever reducing valve　杠杆式减压阀　09.0070
lever valve　杠杆式阀　09.0093
lift　电梯　06.0001
lift boom cylinder　支臂缸　21.0246
lift car　轿厢　06.0036
lift check valve　升降式止回阀　09.0047
lift coefficient　升力系数　26.0092
lifting appliances　起重机械　01.0001
lifting beam　起重横梁　01.0128
lifting beam with hooks　吊钩横梁　01.0129
lifting capacity　举升能力　14.0133
lifting device　起重装置　14.0076
lifting head of wind water-pumping set　风力提水机组扬程　26.0250
lifting height　提升高度　02.0046
lifting hook　起重吊钩　01.0116
lifting mechanism　提升机构　14.0103
lifting of load　载荷升降　01.0029
lifting range　起升范围　01.0012

lifting time of boom　动臂举升时间　14.0135
lift on ships　船用电梯　06.0014
lift truck　起升车辆　05.0004
lift without machine room　无机房电梯　06.0020
light-duty lifting equipment　轻型起重设备　01.0523
light-duty slat feeder　轻型板式给料机　03.0006
lighter　点火器　22.0317
lightning protection design standard　防雷设计标准　26.0147
lightning protection measure　防雷措施　26.0148
lightning rod　避雷针　26.0168
light-off temperature　起燃温度　24.0748
limited slewing crane　非全回转起重机　01.0671
limited slewing floating crane　非全回转浮式起重机　01.0245
limited-slip differential　防滑差速器　14.0054
limiter　限制器　01.0139
limiting device　限制器　01.0139
limiting value　限值　24.0605
limit power　极限功率　23.0577
limit state　极限状态　26.0138
line oiler　注油器　21.0070
liner plate　衬板　17.0121
linkup load trolley　组合滑架　02.0234
liquefied natural gas　液化天然气　24.0662
liquefied nitrogen　液氮，* 液态氮　11.0010
liquefied oxygen　液氧，* 液态氧　11.0009
liquefied petroleum gas　液化石油气　24.0659
liquefied petroleum gas pump　液化石油气泵　07.0046
liquefier　液化器　11.0052，12.0224
liquid-absorbent dehumidifier　液体吸收剂除湿机　12.0425
liquid air　液空，* 釜液　11.0011
liquid air adsorber　液空吸附器　11.0072
liquid air and nitrogen subcooler　液空液氮过冷器　11.0050
liquid air subcooler　液空过冷器　11.0048
liquid argon　液氩　11.0092
liquid CO_2 freezer　液体二氧化碳速冻装置　12.0266
liquid-cooled engine　液冷发动机　24.0022
liquid-cooled oil cooler　液冷式机油冷却器　24.0474
liquid cooling　液体冷却　24.0452
liquid-fuel engine　液体燃料发动机　24.0014
liquid-fuel-fired boiler　液体燃料锅炉　22.0097
liquid-fuel nozzle　液体燃料喷嘴　23.0725
liquid helium　液氦　11.0096
liquid jet evaporator　液体喷射蒸发器　11.0059
liquid jet vacuum pump　液体喷射真空泵　13.0045
liquid level manometer　液位压力计　13.0169
liquid neon　液氖　11.0094
liquid N_2 freezer　液氮速冻装置　12.0265
liquid nitrogen　液氮，* 液态氮　11.0010
liquid nitrogen fraction　馏分液氮，* 污液氮　11.0013
liquid nitrogen subcooler　液氮过冷器　11.0049
liquid oxygen　液氧，* 液态氧　11.0009
liquid oxygen adsorber　液氧吸附器　11.0073
liquid oxygen subcooler　液氧过冷器　11.0051
liquid-ring pump　液环泵　07.0125
liquid ring vacuum pump　液环真空泵　13.0034
liquid-sealed vacuum pump　* 液封真空泵　13.0031
liquid separator　液体分离器　12.0231
liquid-solid handling pump　杂质泵　07.0039
liquid-to-liquid heat exchanger　液–液式热交换器　24.0471
liquid vacuum seal　液体真空封接　13.0127
liquified-petroleum-gas engine　液化石油气内燃机　24.0057
lithiumbromide-absorption heat pump unit　溴化锂吸收式热泵机组　12.0132
lithiumbromide-absorption refrigerating machine　溴化锂吸收式制冷机　12.0091
lithiumbromide-absorption refrigerating machine with bubble pump　无泵溴化锂吸收式制冷机　12.0098
live roller conveyor　动力式辊子输送机　02.0214
Ljungström-type air preheater　* 容克式空气预热器　22.0430
L-leg　L 形支腿　01.0342
LNG　液化天然气　24.0662
load　负荷　24.0172
load bar　载重梁　01.0398
load carrier　载货小车　02.0238
load case　载荷状况　26.0056
load dump test　甩负荷试验　23.0025
loaded mass　满载质量　14.0192
loader　装载机　14.0080，装载装置　14.0161
loader with digging bucket　铲斗装载机　04.0008
load-free fall winch　溜放卷扬机　01.0596
load gearbox　* 负荷齿轮箱　23.0744
load-handling device　取物装置　01.0115

loading bucket　装载斗　14.0163
loading head　铲头　14.0104
loading time　加载时间　23.0827
loading-unloading machine　装卸机械　04.0001
load-lifting height　起升高度　01.0010
load limiter　负荷限制器，＊功率限制器　23.0252
load limit operation　限负荷运行　23.0338
load location detector　货物位置异常检测装置　01.0471
load-lowering height　下降深度　01.0011
load moment　起重力矩　01.0003
load moment limiter　起重力矩限制器　01.0144
load proportional EGR system　负荷比例式排气再循环系统　24.0780
load range at constant temperature　额定汽温负荷范围　22.0592
load rejection test　甩负荷试验　23.0025
load sensing　负载感应　24.0573
load sensing system　载荷传感系统　20.0082
load test　负荷试验　22.0568，带负荷试验　23.0355，负载试验　25.0227
load-tipping moment　起重倾覆力矩　01.0004
load trolley　负载滑架　02.0233
local air-conditioning system　分散式空调系统　12.0313
local clean equipment　局部净化设备　12.0483
locking blade　锁口叶片，＊末叶片　23.0168
locking frame　挂接器　02.0316
locking piece　锁口件　23.0027
locking rail　挂接器　02.0316
lock mechanism of chassis　底盘锁紧机构　21.0259
lock-out device　闭锁装置　23.0263
logarithmic mean temperature difference　对数平均温差　23.0659
logarithmic wind shear law　对数风切变律　26.0006
log fork　圆木叉，＊圆木抓钩　14.0116
log grapple　圆木叉，＊圆木抓钩　14.0116
log-washer　洗矿机　19.0032
long blade flutter　长叶片颤振　23.0305
longitudinal drum boiler　纵锅筒锅炉，＊纵置式锅炉　22.0075
long shank blade root　长颈叶根　23.0705
loop-boot-type en masse conveyor　扣环型埋刮板输送机　02.0081
loop scavenging　回流扫气　24.0098
loop seal　回料控制阀　22.0327
Lorentz cycle　洛伦兹循环　12.0027
loss of fire　灭火，＊熄火　22.0544
loss of ignition　灭火，＊熄火　22.0544
loss of water level　锅炉缺水　22.0554
louver　百叶窗　12.0379
louver grate stoker　鳞片式炉排　22.0364
low-body fan-coil unit　矮体式风机盘管机组　12.0437
low-cycle fatigue　低周疲劳断裂　24.0253
lower column　下塔，＊压力塔　11.0025
lowering limiter　下降深度限位器　01.0151
lowering time of boom　动臂下降时间　14.0137
lower limit of speed regulator　调速器下限　23.0144
lowest adjustable no-load speed　最低可调空载转速　24.0564
low fuel pressure protection device　燃料压力过低保护装置　23.0792
low-head axial-flow water-turbine pump　低水头轴流式水轮泵　07.0137
low-head mixed-flow water-turbine pump　低水头混流式水轮泵　07.0141
low level slewing tower crane　下回转塔式起重机　01.0555
low-lift safety valve　微启式安全阀　09.0058
low NO_x burner　低氮氧化物燃烧器　22.0306
low NO_x combustion　低氮氧化物燃烧　22.0218
low oil pressure protection device　润滑油压过低保护装置　23.0266，23.0793
low oxygen combustion　低氧燃烧　22.0220
low-pressure binder spreader　低压沥青喷洒机　15.0100
low-pressure boiler　低压锅炉　22.0066
low-pressure bypass system　低压旁路系统　23.0386
low-pressure casing spray　低压缸喷水装置　23.0270
low-pressure compressor　低压压缩机　10.0127，低压压气机　23.0553
low-pressure expansion turbine　低压透平膨胀机　11.0176
low-pressure feed water heater　低压加热器　23.0465
low-pressure generator　低压发生器　12.0218
low-pressure induction unit　低压诱导器　12.0371
low-pressure painting unit　低压喷漆装置　20.0033
low-pressure pneumatic spraying equipment　低压气动喷射设备　20.0037
low-pressure pump　低压泵　07.0109
low-pressure side receiver　低压循环贮液器　12.0234

low-pressure steam turbine 低压汽轮机 23.0057
low-pressure turbine 低压透平 23.0537
low-pressure turbocharger 低压涡轮增压器 24.0414
low-pressure valve 低压阀门 09.0081
low-pressure waterjet 低压水射流 08.0014
low-speed blower 低速鼓风机 10.0075
low-speed lift 低速电梯 06.0009
low-speed pulverizer *低速磨煤机 22.0332
low-speed pump 低速泵 07.0113
low-speed winch 慢速卷扬机 01.0599
low-speed wind turbine 低速风力机 26.0027
low-surface lift 低位拖牵索道 02.0284
low-temperature air conditioner 低温空气调节器 12.0367
low-temperature corrosion * 低温腐蚀 22.0538
low-temperature refrigerator 低温制冷机 12.0088
low-temperature separator 低温分离器 22.0287
low-temperature valve 低温阀门 09.0086
low vacuum electron beam welding plant 低真空电子束焊接设备 13.0311
low vacuum pump * 低真空泵 13.0062
low vacuum valve 低真空阀 13.0147
low-voltage ride-through performance of wind turbine generator set 风力发电机组低电压穿越性能 26.0151
LPG 液化石油气 24.0659
L-type compressor L 型压缩机 10.0102
L-type en masse conveyor L 形埋刮板输送机 02.0084
L-type scraper L 形刮板 02.0106
lubricated plug valve 油封式旋塞阀 09.0045
lubricating oil pump 机油泵 24.0507
lubricating oil scavenging pump 机油抽油泵 24.0508
lubricating oil suction strainer 机油集滤器 24.0497
lubricating oil tank 机油箱 24.0514
lubrication oil consumption 机油消耗量 24.0178
lubrication oil filter 机油滤清器 24.0496
lubrication system 润滑油系统 23.0752
lubricator 润滑器 24.0509
luffing 变幅 01.0032
luffing jib 动臂 01.0097
luffing jib tower crane 动臂变幅塔式起重机 01.0559
lug-down 失速 24.0227
lug-down method 加载减速法 24.0950
lying leg 地梁 01.0591

M

machine and equipment for bituminous binders 沥青结合料用机械设备 15.0001
machine for stripping insulation 隔层剥离机 20.0057
machine room 机房 06.0024
machinery for cold application of bitumen 冷态沥青用机械 20.0047
machinery for floor work 地板施工机械 20.0039
machinery for sticking roll materials to base 卷材粘贴铺设机械 20.0052
machinery for vertical dampproofing 墙面防潮用机械 20.0062
machinery room 机械设备室 01.0132
machine tower 机器塔架，* 主塔 01.0370
magnet crane 电磁起重机 01.0423
magnet gantry crane 电磁门式起重机 01.0333
magnetic belt conveyor 磁垫带式输送机 02.0030
magnetic deflection mass spectrometer 磁偏转质谱仪 13.0196
magnetic drive pump 磁力泵 07.0026
magnetic refrigeration 磁制冷 12.0006
magnetron sputtering 磁控溅射 13.0239
magnifier 放大器 23.0248
main bearing 主轴承 24.0405
main bearing cap 主轴承盖 24.0283
main braking system of wind turbine 风力机主制动系统 26.0201
main crab 主小车 01.0069
main cryogenic heat exchanger 主低温换热器 11.0043
main drill boom 主臂 21.0227
main drive-chain guard 主驱动链保护装置 06.0061
main drive gear 主传动系 24.0411
main ejector 主喷射器 12.0141
main floor 基站 06.0027
main gearbox 主齿轮箱 23.0744
main girder 主梁 01.0090
main heat exchanger 主换热器 11.0046
main hook 主钩 01.0117

main jib 主臂 01.0182
main landing 基站 06.0027
main oil pump 主油泵 23.0277
main pump 主泵 13.0061
main running gear lubrication 主要运动件润滑 24.0486
main shaft bearing of wind rotor 风轮主轴承 26.0199
main shaft of steam turbine 汽轮机主轴 23.0293
main shaft seal 主轴密封 25.0102
main starting air valve 主起动空气阀 24.0590
main steam 主蒸汽 23.0080
main steam condition 主蒸汽参数，* 进汽参数 23.0145
main steam pipe 主蒸汽管 23.0232
main steam pressure regulator 主蒸汽压力调节器 23.0254
main stop valve 主汽阀 23.0219
maintenance 维修 24.0198
maintenance schedule 维修计划 24.0203
maintenance seal 检修密封，* 空气围带 25.0103
main vacuum valve 主真空阀 13.0146
main valve 主阀 25.0034
major function failure 严重功能性故障 24.0906
major inspection 关键部件检查 23.0831
major overhaul 大修 24.0204
make-up water 补给水 22.0006
malfunction indicator 故障指示器 24.0904
malfunction indicator light 故障指示灯 24.0863
man-hole 人孔 22.0375
man-hole cover 人孔盖板 22.0376
manifold 分流管 25.0127
manipulator 操纵器 21.0261
man lock 人行闸 14.0258
man trolley 带司机室小车 01.0071
manual chain-driven carrier 手链小车 01.0395
manual control system 手动控制系统 24.0607
manual crane 手动起重机 01.0666
manual governor 手动调速器 07.0145
manually-controlled winch 手动操纵式绞盘 14.0183
manually operated valve 手动阀 13.0150
manual monitoring 人工监测 24.0635
manual overhead crane 手动桥式起重机 01.0307
manual override shutdown 手动越控停机 24.0647
manual S/R machine 手动有轨巷道堆垛起重机 01.0457
manual starting system 人工起动系统 24.0577
manual steering gear 机械转向器，* 手动转向器 14.0027
manual steering system 机械转向系，* 手动转向系 14.0023
manual tripping 手动脱扣停机 23.0358
manual tripping device 手动跳闸装置 23.0267，手动遮断装置 23.0799
marine compressor 船用压缩机 10.0126
marine pump 船用泵 07.0101
marine steam turbine 船用汽轮机 23.0078
marine-type connecting rod 船用连杆 24.0387
mass emission 质量排放量 24.0940
mass rate of emission standard 质量排放标准 24.1018
mass-to-power ratio 质量功率比 23.0598
mass velocity 质量流速 22.0171
mast 导轨架 01.0628
mast attachment 桅柱装置 01.0175，塔臂配置 01.0194
mast-climbing work platform 导架爬升式工作平台 20.0076
master beam spreader 子母式吊具 01.0510
master connecting rod 主连杆 24.0391
master slave spreader 主从式吊具 01.0511
master trip 主脱扣器 23.0262
mastic asphalt paver 沥青砂胶摊铺机 15.0028
mastic asphalt transporting mixer 沥青砂胶输送搅拌机 15.0029
mast tie 附墙架 01.0635
matched glass-to-metal seal 匹配式玻璃金属封接 13.0123
material hoist 货用施工升降机 01.0620
material ropeway 货运索道 02.0250
material transfer machine 混合料转运机 15.0030
materiel controller 料位传感器 15.0051
mat-type air filter 平板式空气过滤器 12.0466
maximum allowable metal temperature 最高允许壁温 22.0159
maximum allowable working pressure 最高允许工作压力 22.0142
maximum backing pressure 最大前级压力 13.0092
maximum breakout force 最大铲取力 14.0132

maximum capability 最大功率，* 调节汽阀全开功率 23.0130
maximum capacity 最大起重量 01.0051
maximum chord of blade 叶片最大弦长 26.0103
maximum continuous power 最大连续功率 23.0576
maximum continuous speed 最高连续转速 23.0150，最高持续转速 24.0155
maximum cylinder pressure 最高气缸压力 24.0183
maximum discharge of storage pump 蓄能泵最大流量 25.0168
maximum distance of shuttle 货叉伸出最大行程 01.0476
maximum dumping height 最大卸载高度 14.0139
maximum extension of shuttle 货叉伸出最大行程 01.0476
maximum force 最大作用力 24.0550
maximum fuel stop 最大油量限制器 24.1092
maximum head 最大水头 25.0157
maximum head of storage pump 蓄能泵最大扬程 25.0162
maximum input power of storage pump 蓄能泵最大输入功率 25.0179
maximum mixing depth 最大搅拌深度 15.0173
maximum momentary overspeed of turbine 水轮机最大瞬态转速 25.0217
maximum momentary pressure of turbine 水轮机最大瞬态压力 25.0214
maximum momentary speed 飞升转速 23.0836
maximum ordonnance rate 最大配置率 12.0387
maximum output of asphalt pumping unit 沥青泵最大输出量 15.0104
maximum overload capability 最大过负荷功率 23.0131
maximum pavement load in working conditions 地面最大作业载荷 01.0206
maximum paving speed 最大摊铺速度 15.0056
maximum paving thickness 最大摊铺厚度 15.0055
maximum paving width 最大摊铺宽度 15.0054
maximum permitted diameter of aggregate 允许骨料最大粒径 17.0130
maximum platform height 最大工作平台高度 20.0077
maximum platform range ability 最大平台幅度 20.0079
maximum power output of wind turbine generator set 风力发电机组最大功率 26.0075
maximum prying force 最大掘起力 14.0169
maximum range 最大变幅距离 14.0153
maximum reel diameter 滚筒最大直径 14.0217
maximum rotating angle of pitman arm shaft 摇臂轴最大转角 14.0040
maximum rotor speed 风轮最高转速 26.0084
maximum speed 最高转速 23.0362
maximum speed rise 最高升速 23.0363
maximum swing angle 最大转向角 14.0138
maximum swing angle of steering pitman arm 转向摇臂最大摆角 14.0041
maximum torque 最大扭矩 24.0551
maximum torque coefficient 最大力矩系数 26.0099
maximum vertical delivery distance 最大垂直输送距离 17.0132
maximum working height 最大作业高度 20.0078
maximum working pressure 最大工作压力 13.0093
maximum working range ability 最大作业幅度 20.0080
McLeod-gauge method 压缩计法 13.0203
mean effective pressure 平均有效压力 24.0169
mean free path 平均自由程 13.0014
mean geometric chord of airfoil 翼型平均几何弦长 26.0120
mean piston speed 活塞平均速度 24.0160
means of compensation with compensating drum 平衡卷筒补偿法 01.0272
means of compensation with compensating pulley 平衡滑轮补偿法 01.0271
means of compensation with pulley block 滑轮组补偿法 01.0270
mean speed 平均速度 01.0611
mean wind speed 平均风速 26.0011
measured power curve 测量的功率曲线 26.0265
measurement sector 测量扇区 26.0269
measuring device based on subtraction method 减法计量装置 17.0081
measuring unit 测量单元 24.0619
mechanical asphalt paver 机械传动式沥青混凝土摊铺机 15.0027
mechanical atomization 机械雾化，* 压力雾化 22.0250

mechanical atomizing oil burner　机械雾化油燃烧器　22.0301
mechanical braking system　机械制动系　14.0009
mechanical braking system of wind turbine　风力机机械制动系统　26.0204
mechanical carry-over　机械携带　22.0202
mechanical carry-over coefficient　机械携带系数　22.0203
mechanical centrifugal speed governor　机械离心式调速器　23.0241
mechanical cleaning　机械清洗　23.0450
mechanical draft wet cooling tower　机械通风湿式冷却塔　23.0436
mechanical draught cooling tower　机械通风冷却塔　12.0186
mechanical-drive steam turbine　驱动用汽轮机　23.0076
mechanical efficiency　机械效率　23.0105，24.0171
mechanical efficiency of storage pump　蓄能泵机械效率　25.0189
mechanical efficiency of turbine　水轮机机械效率　25.0188
mechanical extension screed unit　机械加宽熨平装置　15.0040
mechanical fuel injection pump　机械式喷油泵　24.1030
mechanical fuel injector　机械式喷油器　24.1109
mechanical governor　机械调速器　24.0525
mechanical-hydraulic control system　机械液压调节系统　23.0236
mechanical-hydraulic governor　机械液压调速器　24.0526
mechanical injection　机械喷射　24.0071
mechanical loss　机械损失　23.0011
mechanically actuated diaphragm metering pump　机械隔膜计量泵　07.0093
mechanically refrigerated rail-car　机械冷藏列车　12.0296
mechanical pitch control mechanism　机械变桨机构　26.0180
mechanical-pneumatic governor　机械气动调速器　24.0527
mechanical pressure charging　机械增压　24.0085
mechanical refrigerating system　机械制冷系统　12.0043
mechanical reinforcing bar straightening and cutting machine　机械式钢筋调直切断机　18.0032
mechanical stops　货叉超行程停止器，* 货叉超行程挡块　01.0470
mechanical tensioning equipment　机械式张拉设备　18.0044
mechanical vibrating conveyor　机械振动输送机　02.0225
mechanical vibrating feeder　机械振动给料机　03.0016
mechanic telescopic spreader　机械伸缩吊具　01.0513
medial launder　中间槽　14.0122
medium　介质　22.0002
medium-efficiency filter　中效空气过滤器　12.0461
medium-pressure binder spreader　中压沥青喷洒机　15.0099
medium-pressure boiler　中压锅炉　22.0065
medium-pressure compressor　中压压缩机　10.0128
medium-pressure expansion turbine　中压透平膨胀机　11.0177
medium-pressure pneumatic spraying equipment　中压气动喷射设备　20.0038
medium-pressure pump　中压泵　07.0110
medium-pressure steam turbine　中压汽轮机　23.0058
medium-pressure valve　中压阀门　09.0082
medium-pressure water heating asphalt storage　中压水加热式沥青储仓　15.0065
medium scale air separation plant　中型空气分离设备　11.0019
medium-speed lift　中速电梯　06.0010
medium-speed mill　中速磨煤机　22.0333
medium-speed pump　中速泵　07.0114
medium-temperature separator　中温分离器　22.0286
medium vacuum electron beam welding plant　中真空电子束焊接设备　13.0310
medium wind turbine generator set　中型风力发电机组　26.0042
melted bitumen sprayer　熔化沥青喷洒机　20.0050
membrane economizer　膜式省煤器　22.0425
membrane filter　薄膜空气过滤器　12.0475
membrane humidifier　渗透膜加湿器　12.0421
membrane leak　薄膜漏孔　13.0208
membrane panel　膜式水冷壁　22.0395

membrane water-cooled wall 膜式水冷壁 22.0395
membrane water wall 膜式水冷壁 22.0395
meridionally accelerated axial fan 子午加速轴流通风机 10.0040
mesh belt tunnel freezer 网带式速冻装置 12.0261
mesh filter 网式过滤器 24.0914
metallurgy crane 冶金起重机 01.0405
metal vacuum degassing 金属真空除气 13.0274
metal vacuum distillation 金属真空蒸馏 13.0275
metering 计量 24.1052
metering device 计量装置 24.1187
metering inlet valve 进油计量阀 24.1083
metering pump 计量泵 07.0090
metering pump with electric stroke actuator 电控计量泵 07.0096
metering pump with pneumatic stroke actuator 气控计量泵 07.0097
metering pump with stroke adjustment 手调计量泵 07.0095
metering sleeve 计量滑套 24.1091
metering spill valve 回油计量阀 24.1080
methane 甲烷 24.0686
methanol 甲醇 24.0655
method of bins 分组方法 26.0268
method of modelling stage 模型级法 23.0692
method of plane cascade 平面叶栅法 23.0691
methylcyclopentadienyl 甲基环戊二烯三羰基锰 24.0665
methyl tertiary butyl ether 甲基叔丁基醚 24.0664
metro shield 盾构机 14.0254
MI 故障指示器 24.0904
Michell-Banki turbine 双击式水轮机 25.0025
micro-adjustable valve 微调阀 13.0139
micro gas turbine 微型燃气轮机 23.0527
microwave drying 微波干燥 13.0257
mid-deep bucket 中深斗 02.0195
middle-duty slat feeder 中型板式给料机 03.0005
mid-head axial-flow water-turbine pump 中水头轴流式水轮泵 07.0138
mid-head mixed-flow water-turbine pump 中水头混流式水轮泵 07.0142
MIL 故障指示灯 24.0863
mill rotor with flexible blades 叶桨式粉碎转子 15.0167
mineral floor grinder 矿物地板磨光机 20.0041
mini-and-small-type cleaning unit 微小型清洗机 08.0004
mini compressor 微型压缩机 10.0087，11.0200
minimal swing radius excavator 小回转半径挖掘机 14.0063
minimum discharge of storage pump 蓄能泵最小流量 25.0169
minimum engine starting temperature 发动机最低起动温度 24.0190
minimum flow recirculating system 最小流量装置 23.0486
minimum fluidized velocity 临界流化速度 22.0229
minimum ground clearance 最小离地间隙 14.0141
minimum head 最小水头 25.0158
minimum head of storage pump 蓄能泵最小扬程 25.0163
minimum input power of storage pump 蓄能泵最小输入功率 25.0180
minimum load operation 最低负荷运行 23.0340
minimum ordonnance rate 最小配置率 12.0388
minimum rated radius 最小工作幅度 01.0219
minimum sensitivity 最小灵敏度，* 不灵敏度 24.0561
minimum turning radius 最小转弯半径 01.0026
minimum turning radius of jib nose 臂头最小转弯半径 01.0216
mining drill boom 采矿钻臂 21.0232
mining drill wagon for underground 井下采矿钻车 21.0032
mining flameproof electrical rock drill 矿用隔爆电动岩石钻 21.0056
mini-pleat folded-media-type filter 无隔板过滤器 12.0470
misfire 失火 24.0228
mixed air-conditioning system 混合式空调系统 12.0318
mixed-cooling compressor 混冷式压缩机 10.0091
mixed desuperheater * 混合式减温器 22.0417
mixed-flow fan 混流式通风机 10.0053
mixed-flow heat exchanger 混合流换热器 12.0393
mixed-flow pump 混流泵 07.0018
mixed-flow storage pump * 混流式蓄能泵 25.0029
mixed-flow water-turbine pump 混流式水轮泵

07.0140
mixed friction 混合摩擦 24.0256
mixed-fuel-fired boiler 混烧锅炉 22.0104
mixed-pressure steam turbine 多压式汽轮机 23.0064
mixed refrigerant 混合制冷剂 12.0055
mixed-type air-conditioning unit 混合式空气调节机组 12.0335
mixer 搅拌器 15.0018，混合器 22.0402
mixing blade 搅拌叶片 17.0122
mixing condenser 混合式凝汽器，* 接触式凝汽器 23.0393
mixing drum 搅拌筒 17.0090
mixing heater 混合式加热器，* 接触式加热器 23.0454
mixing-in-place soil stabilizer 路拌式稳定土搅拌机 15.0153
mixing tank 搅拌罐 17.0086
mixing tank gear ring 搅拌罐齿圈 17.0118
mixing tank rolling track 搅拌罐滚道 17.0119
mixing width 搅拌宽度 15.0172
mobile belt conveyor 移动带式输送机 02.0013
mobile boiler 移动式锅炉 22.0053
mobile car-loader 移动式装车机 04.0018
mobile cleanbooth 移动式洁净小室 12.0479
mobile concrete mixing plant 移动式混凝土搅拌站 17.0007
mobile container crane 高架集装箱轮胎起重机 01.0495
mobile crane 流动式起重机 01.0160
mobile crane with articulated jib 铰接臂流动式起重机 01.0171
mobile crane with box section jib 箱形臂流动式起重机 01.0170
mobile crane with lattice jib 桁架臂流动式起重机 01.0169
mobile elevating work platform 移动式升降工作平台 20.0070
mobile en masse conveyor 移动埋刮板输送机 02.0090
mobile gas turbine 移动式燃气轮机 23.0520
mobile rope carrier 自行式支索器 01.0381
mobile screw conveyor 移动式螺旋输送机 02.0135
mobile ship loader 移动式装船机 04.0015
mobile slat conveyor 移动板式输送机 02.0118
mode 工况 24.0977
model 模型，* 模型机 25.0221
model test 模型试验 25.0223
modified part 更改件 24.0208
modified sliding-pressure operation 定压–滑压复合运行 22.0484，23.0348，改良滑压运行 23.0346
modulator gauge 调制型真空计 13.0186
moisture carry-over 机械携带 22.0202
moisture catcher 去湿装置 23.0193
moisture loss 湿汽损失 23.0123
moisture measurer for sand and stone 砂–石含水率测定仪 17.0115
moisture removal device 去湿装置 23.0193
moisture separator reheater 汽水分离再热器 23.0379
molecular drag pump 牵引分子泵 13.0042
molecular flow 分子流 13.0018
molecular leak 分子漏孔 13.0209
molecular sieve adsorbing tower 分子筛吸附塔 11.0203
molecular sieve air separation plant 分子筛空气分离设备 11.0198
molten metal vacuum seal 熔融金属真空封接 13.0128
momentary counterrotation speed of storage pump 蓄能泵的最大瞬态反向转速 25.0218
momentary pressure variation ratio 瞬态压力变化率 25.0215
momentary speed variation ratio 瞬态转速变化率 25.0219
moment sensing system 力矩传感系统 20.0083
monitoring 监测 24.0598
monitoring system 监测系统 24.0633
monitor pump 水力采煤泵 07.0032
mono-block rotor 整锻转子 23.0174
mono-cable continuously circulating ropeway 单线循环式架空索道 02.0261
mono-cable crane 单索缆索起重机 01.0362
mono-cable ropeway 单线架空索道 02.0260
mono-cable to-and-fro ropeway 单线往复式架空索道 02.0264
mono-drum winch 单卷筒卷扬机 01.0601
monolithic diesel particulate filter 柴油机用整体式颗粒过滤器 24.0728
monolithic substrate 整体式载体 24.0745

mono-mast crane 单立柱桅杆起重机 01.0584
mono-mast hoist 单导轨架式升降机 01.0625
monopole mass spectrometer 单极质谱仪 13.0194
monorail loop system 环形单轨系统 01.0389
monorail opened system 开式单轨系统 01.0388
monorail system 单轨小车悬挂输送机 02.0232
monorotor screw refrigerant compressor 单螺杆制冷压缩机 12.0114
mono-tube boiler 直流锅炉，* 惯流锅炉 22.0094
mortar combine 灰浆联合机 20.0003
mortar feeder 灰浆给料机 20.0008
mortar material processing machinery 灰浆制备机械 20.0001
mortar mixer 灰浆搅拌机 20.0007
mortar pump 灰浆泵 20.0002
mortar rendering unit 灰浆打底装置 20.0004
mortar sprayer 灰浆喷射器 20.0005
motion limiter 运动限制器 01.0146
motor-driven carrier 电动小车 01.0396
motor-driven railway crane 电动铁路起重机 01.0226
motor grab 电动抓斗 01.0123
motor-in vibrator 电动机式振动器 17.0061
motorized pulley 电动滚筒 02.0054
motor pump 电动泵 07.0086
motor starting system 马达起动系统 24.0591
motor test pump 电动试压泵 07.0100
mould-handling crane 整模起重机 01.0413
mould-vibrating block machine 模振式砌块成型机 17.0144
movable asphalt mixer 移动式沥青混凝土搅拌设备 15.0008
movable belt conveyor 移置带式输送机 02.0015
movable block machine 移动式砌块成型机 17.0142
movable carrier 移动式支索器 01.0378
movable center of mass for jib balance 移动质心平衡原理 01.0277
movable front cabinet 前侧开移式冷藏陈列柜 12.0257
movable tank 移动式贮槽 11.0146
movable vaporization equipment 移动式气化设备 11.0156
move-about arm 摆臂 14.0126
moving blade 动叶片 23.0157，23.0670
moving cascade loss 动叶栅损失 23.0118
moving rope 运动索 02.0293
MTBE 甲基叔丁基醚 24.0664
M-type compressor M 型压缩机 10.0108
muck transfer device of TBM 掘进机出渣转载装置 14.0247
muffler 消声器 24.0448
multi-axle tipper 多轴式自卸车 14.0238
multiblade fan 多叶通风机 10.0041
multi-blade low-speed rotor 多叶片低速风轮 26.0170
multi-blocking mould dragger 多块式拉模机 17.0157
multi-chamber sliding-vane rotary vacuum pump 多室旋片真空泵 13.0039
multi-circuit braking system 多回路制动系 14.0012
multi-cylinder fuel injection pump 多缸喷油泵 24.1044
multi-cylinder pump 多缸泵 07.0073
multi-disk swing check valve 旋启多瓣式止回阀 09.0051
multi-effect evaporator 多效蒸发器 12.0179
multi-effect lithiumbromide-absorption heat pump unit 多效溴化锂吸收式机组 12.0130
multi-element control system 多元控制系统 24.0617
multi-fuel burner 多种燃料燃烧器 22.0308
multi-fuel engine 多种燃料发动机 24.0017
multi-fuel-fired boiler 混烧锅炉 22.0104
multi-function-type slipform concrete paver 多功能滑模式混凝土摊铺机 15.0125
multi-leg-type foundation of off-shore wind turbine generator set 多脚式海上风力发电机组基础 26.0219
multilobed pressure charger 罗茨式增压器 24.0418
multi-piece piston 组合活塞 24.0359
multi-piston pneumatic scaling hammer 冲击式多头气动除锈器 21.0104
multiple-chain bucket elevator 多链斗式提升机 02.0185
multiple-chain slat conveyor 多链板式输送机 02.0122
multiple-drum winch 多卷筒卷扬机 01.0603
multiple-path monorail system 多支路单轨系统 01.0390
multiple-screw feeder 多螺旋给料机 03.0009
multiple-speed governor 多极式调速器 24.0538

multiple trolley carrier　复式小车　02.0240
multiplex pump　多联泵　07.0062
multi-pressure condenser　多压凝汽器　23.0394
multi-pressure steam turbine　多压式汽轮机　23.0064
multi-purpose bucket　多功能铲斗　14.0115
multi-purpose compressor　联合压缩机　10.0132
multi-purpose pile driving and extracting equipment　多功能沉桩和拔桩装置　16.0022
multi-row compressor　多列压缩机　10.0099
multi-screw　多头螺旋　02.0151
multi-service compressor　联合压缩机　10.0132
multi-shaft gas turbine　多轴燃气轮机　23.0519
multi-shaft-type combined cycle　多轴联合循环　23.0850
multi-shell condenser　组筒式冷凝器　12.0159
multi-spool gas turbine　多转子燃气轮机　23.0522
multi-stage coaxial water-turbine pump　多级同轴水轮泵　07.0134
multi-stage compressor　多级压缩机　10.0096
multi-stage expansion turbine　多级透平膨胀机　11.0173
multi-stage fan　多级通风机　10.0056
multi-stage pump　多级泵　07.0051
multi-stage pump-turbine　多级水泵水轮机　25.0033
multi-stage storage pump　多级式蓄能泵　25.0030
multi-temperature combined refrigerated display cabinet　多温组合式冷藏陈列柜　12.0256
municipal waste incineration boiler　垃圾焚烧锅炉　22.0108
mushroom valve　盘形阀　25.0039

N

nacelle　机舱　26.0185
nacelle cover　机舱罩　26.0186
Nagler turbine　轴流定桨式水轮机　25.0012
naked pipe　裸管　11.0161
natural air cooling　自然空气冷却　24.0464
natural aspiration　自然吸气　24.0081
natural circulation boiler　自然循环锅炉　22.0091
natural convection air-cooled condenser　自然对流冷却式冷凝器　12.0148
natural-convection air cooler　自然对流空气冷却器　12.0209
natural draft　自然通风　22.0237
natural draft wet cooling tower　自然通风湿式冷却塔　23.0435
natural gas　天然气　24.0660
natural gas engine　天然气发动机　24.0001
natural gas reducing station　天然气调压站　23.0787
naturally aspirated engine　非增压发动机，* 自然吸气式发动机　24.0003
natural refrigerant　天然工质制冷剂，* 自然工质制冷剂　12.0052
NDIR　不分光红外线分析仪　24.0984
needle　喷针　25.0130
needled finned tube heat exchanger　针刺型肋片换热器　12.0400
needle-lift adjusting shim　针阀升程调整垫片　24.1144
needle-lift sensor　针阀升程传感器　24.1153
needle-motion sensor　针阀运动传感器，* 喷油始点传感器　24.1152
needle servomotor　喷针接力器　25.0133
needle valve　针形阀　25.0040
negative pressure vacuum hot wall furnace　负压真空热壁炉　13.0315
negative torque control　负扭矩校正，* 负校正　24.0569
negotiable radius for haulage by train　回送通过最小曲线半径　01.0234
negotiable radius for self-propelled traveling　自行通过最小曲线半径　01.0232
Ne-He fraction　氖氦馏分　11.0106
Ne-He mixture　氖氦混合气　11.0108
Ne-He recovery equipment　氖氦提取设备　11.0121
Ne-He separator　氖氦分离器　11.0125
neon purifier　氖纯化器　11.0126
nest finned tube heat exchanger　窝型肋片换热器　12.0399
net electric power output　净电功率输出　26.0267
net head　净水头　25.0154
net heat rate　净热耗率　23.0137
net load　净起重量　01.0045
net positive suction head　汽蚀余量　07.0006，23.0488

net positive suction head of storage pump　蓄能泵空化余量，* 蓄能泵净吸上扬程　25.0206
net power　净电功率　23.0127
net refrigerating capacity　净制冷量　12.0017
network connection point　电网联接点　26.0240
new and clean condition　新的和清洁的状态　23.0595
newly increased installation capacity　新增装机容量　26.0248
NG　天然气　24.0660
nitrogen column　氮塔　11.0028
nitrogen remover for crude Ne-He　粗氖氦除氮器　11.0124
NMHC　非甲烷碳氢化合物　24.0688
NMOG　非甲烷有机气体　24.0687
NO_x　氮氧化物　24.0678，24.0934
noble metal catalyst　贵金属催化剂　24.0735
node carrier　节套式支索器，* 节子式承马　01.0379
node rope　节索　01.0368
no-discharge head of storage pump　蓄能泵零流量扬程　25.0161
no-discharge input power of storage pump　蓄能泵零流量输入功率　25.0181
no-foundation compressor　无基础压缩机　10.0088
noise level　噪声水平，* 噪声级　23.0356
no-load discharge of turbine　水轮机空载流量　25.0166
no-load operating condition　空载工况　25.0237
no-load operation　空负荷运行　23.0790
no-load running test of tanker　槽车空载行驶试验　11.0151
no-load speed　空载转速　24.0545
no-load test　空负荷试验　23.0354
nominal application rate　标定的洒布量　15.0105
nominal clearance volume　公称余隙容积　24.0139
nominal compression ratio　公称压缩比　24.0144
nominal cylinder volume　公称气缸容积　24.0141
nominal diameter　公称通径　09.0003
nominal gas flow　名义充气量　24.0109
nominal loading of tank　标定的沥青罐装载量　15.0102
nominal pressure　公称压力　09.0002
nominal volume　公称容积　24.0138
non-azeotropic refrigerant　非共沸制冷剂　12.0057
non-cantilever gantry crane　无悬臂门式起重机　01.0319
nonclogging fan　抗阻塞通风机　10.0067
non-coaxial water-turbine pump　非同轴水轮泵　07.0135
non-commercial vehicle lift　非商用汽车电梯　06.0018
non-condensable gas　非可凝性气体　13.0008
non-condensable gas separator　不凝性气体分离器　12.0232
non-cyclic ice maker　连续式制冰机　12.0282
nondispersive infrared analyzer　不分光红外线分析仪　24.0984
non-fixed load-lifting attachment　可分吊具　01.0044
non-impact pneumatic screwdriver　纯扭式气动螺丝刀　21.0152
non-integrated refueling emission control system　非整体式加油排放控制系统　24.0892
non-leak-off fuel injector　无回油喷油器　24.1134
non-lubricated compressor　干运转压缩机　10.0092
non-methane hydrocarbons　非甲烷碳氢化合物　24.0688
non-methane organic gas　非甲烷有机气体　24.0687
non-operating luffing　非工作性变幅　01.0267
non-pneumatic paint sprayer　无气涂料喷射机　20.0019
non-pressurized lubrication　非压力润滑　24.0483
non-propelled floating crane　非自航浮式起重机　01.0243
non-regeneration emission test　无再生排放试验　24.0958
non-regulated hydraulic machinery　不可调式水力机械　25.0003
non-return valve　止回阀　09.0046
non-reversible pneumatic screwdriver　单向气动螺丝刀　21.0151
non-rising-stem gate valve　暗杆闸阀　09.0027
non-self-erecting tower crane　非自行架设塔式起重机　01.0556
non-self-loading trailer　非自装载的挂车　05.0035
non-slewing crane　非回转起重机　01.0670
non-slewing floating crane　非回转浮式起重机　01.0246
non-slewing mobile crane　非回转流动式起重机　01.0166

non-stacking low-lift straddle carrier　非堆垛低起升跨车　05.0021
non-stacking low-lift truck　非堆垛用低起升车辆　05.0018
non-supercharged engine　非增压发动机，* 自然吸气式发动机　24.0003
normally-closed valve　常闭式阀　09.0095
normally-open valve　常开式阀　09.0094
normal shutdown of wind turbine　风力机正常关机　26.0254
normal start　正常起动　23.0818
nose　折焰角　22.0274
nose angle　蜗壳包角　25.0045
nose cone　导流罩，* 整流罩　26.0184
nose vane　* 鼻端固定导叶　25.0044
nozzle　喷嘴　13.0079，风帽　22.0325，喷油嘴　24.1120
nozzle cap nut　喷油嘴紧帽　24.1185
nozzle chamber　喷嘴室　23.0154
nozzle closing pressure　喷油器关闭压力，* 喷油嘴关闭压力　24.1161
nozzle dribble　喷油器滴漏　24.0257
nozzle governing　喷嘴调节　23.0343
nozzle holder　喷油器体　24.1129
nozzle holder with eccentric spring chamber　带偏心弹簧室的喷油器体　24.1135
nozzle housing cap nut　喷油嘴壳体紧帽　24.1186
nozzle housing retaining nut　喷油嘴壳体紧帽　24.1186
nozzle opening pressure　喷油器开启压力　24.1158
nozzle retaining nut　喷油嘴紧帽　24.1185
nozzle sac　喷油嘴压力室　24.1169
nozzle sac volume　喷油嘴压力室容积　24.1170
nozzle seat　喷油嘴密封座面　24.1171
nozzle setting pressure　喷油器调定压力，* 喷油嘴调定压力　24.1160
nozzle spring　喷油嘴调压弹簧　24.1183
nozzle spring chamber　喷油嘴调压弹簧壳体　24.1182
nozzle spring housing　喷油嘴调压弹簧壳体　24.1182
nozzle working pressure　喷油器工作压力，* 喷油嘴工作压力　24.1159
NPSH　汽蚀余量　07.0006，23.0488，蓄能泵空化余量，* 蓄能泵净吸上扬程　25.0206
nuclear energy steam generator　原子能锅炉　22.0110
nuclear refrigeration　核制冷　12.0007
nuclear steam turbine　核电汽轮机　23.0072
nucleate boiling　核态沸腾　22.0016
nude gauge　裸规　13.0161
number of blade　叶片数　26.0100
number of cylinders　缸数　24.0150
number of Knudsen　克努森数　13.0019
number of pass　流程数　23.0403

O

OBD　车载诊断　24.0903
oblique-flow fan　斜流通风机　10.0039
obliquely split connecting rod　斜切口连杆　24.0389
observation lift　观光电梯　06.0017
obstacle　障碍物　26.0272
odor　臭味　24.0708
OEC　增氧燃烧，* 富氧燃烧　22.0221
OFA　燃尽风　22.0187
off-dcsign condition　变工况　23.0573
off-design condition operation　非设计工况运行　22.0486
off-design conditions of condenser　凝汽器非设计工况　23.0448
off-grid wind turbine generator set　离网型风力发电机组　26.0039
offset speed-regulating mechanism of wind rotor　风轮偏侧式调速机构　26.0196
offset stoper　向上式侧向凿岩机　21.0021
off-shore wind turbine generator set　海上风力发电机组　26.0044
oil atomizer　油雾化器，* 油喷嘴　22.0314
oil brake　油制动　11.0184
oil burner　油燃烧器　22.0298
oil condition device　油净化装置　23.0289
oil-cooled engine　油冷式内燃机　24.0059
oil cooler　冷油器　23.0288，机油冷却器　24.0473
oil ejector　注油器，* 射油器　23.0284
oil-fired boiler　燃油锅炉　22.0102

oil-fired heat-transfer material heater　有机载热体燃油加热装置　15.0085
oil-free compressor　无油压缩机　10.0131
oil-free vacuum pump system　无油真空机组　13.0102
oil fuel supply system　液体燃料供给系统　23.0748
oil head　受油器　25.0119
oil-in-gasoline lubrication　混合油润滑，*汽–机油润滑　24.0485
oil leg　油腿　21.0062
oil level indicator　油位指示器　23.0287，油面指示器　24.0512
oil pan　油底壳　24.0287
oil pressure gauge　机油压力表　24.0519
oil pressure regulating valve　机油调压阀　24.0511
oil pressure relief valve　机油安全阀　24.0510
oil purification device　油净化装置　23.0289
oil purifier　油净化器　13.0086，滤油器　23.0511
oil receiver　集油器　12.0235
oil-sealed vacuum pump　油封真空泵　13.0031
oil separator　油分离器　11.0079，12.0230，13.0085
oil sludge　油泥　24.0274
oil sump　油底壳　24.0287
oil tank　油箱　23.0285
oil tank gas exhauster　油箱排气装置　23.0286
oil turbine　油透平　23.0281
oil vacuum pump system　有油真空机组　13.0101
oil whipping　油膜振荡　23.0372
olefin　烯烃　24.0650
O-leg　O 形支腿　01.0344
omegatron mass spectrometer　回旋质谱仪　13.0198
OMHCE　有机物碳氢当量　24.0931
on-board diagnostics　车载诊断　24.0903
on-board refueling vapor recovery　车载加油蒸气回收　24.0962
on-board refueling vapor recovery device　车载加油蒸气回收装置　24.0888
once-through boiler　直流锅炉，* 惯流锅炉　22.0094
one-piece camshaft　整体式凸轮轴　24.0311
one-piece crankshaft　整体式曲轴　24.0398
one-piece piston　整体活塞　24.0358
one-shell lithiumbromide-absorption refrigerating machine　单筒溴化锂吸收式制冷机　12.0094
one-shift operation　一班制运行　23.0335
one-term controller　* 单作用控制器　24.0628
one-unit operation　单台工作状态　12.0383
on-grid wind turbine generator set　并网型风力发电机组　26.0040
opacity　消光度　24.0942
open bucket steam trap　浮桶式疏水阀　09.0076
open combustion chamber　开式燃烧室　24.0122
open cycle　开式循环　23.0543
open-hearth furnace charging crane　平炉加料起重机　01.0406
open-pit crawler downhole jumbo　履带式露天潜孔钻车　21.0053
open-pit crawler rig　履带式露天钻车　21.0044
open-pit drill wagon　露天钻车　21.0043
open pulverizing system　开式制粉系统　22.0029
open shell and tube condenser　立式壳管式冷凝器　12.0157
open-type refrigerant compressor　开启式制冷压缩机　12.0122
open wet-bottom furnace　开式液态排渣炉膛　22.0280
operating condition　运行工况　25.0234
operating environmental temperature　运行环境温度　26.0059
operating luffing　工作性变幅　01.0268
operating point　运行点　23.0812
operating pressure　工作压力　09.0004
operating temperature　工作温度　09.0005
operating weight　作业质量　14.0134
operation at undesigned conditions　非设计工况运行　22.0486
operation cycle time　作业周期　01.0016
opposed-cylinder engine　* 对置气缸式发动机　24.0041
opposed-piston engine　对动活塞式发动机　24.0028
opposed pump　对置式泵　07.0079
opposite firing　对冲燃烧　22.0212
optical smokemeter　光学式烟度计　24.0998
optimum operating condition　最优工况　25.0235
optimum specific speed　最优比转速　25.0241
optimum velocity ratio　最佳速比　23.0112
orbitron gauge　弹道型真空计　13.0190
order-picking S/R machine　拣选型有轨巷道堆垛起重机　01.0455
order-picking truck　拣选车　05.0022
organic heat transfer boiler　有机热载体锅炉　22.0058

organic material hydrocarbon equivalent　有机物碳氢当量　24.0931
organic material non-methane hydrocarbon equivalent　非甲烷有机物碳氢化合物当量　24.0932
orientation mechanism　迎风机构，* 调向机构　26.0190
orifice　节流圈　22.0403
originally equipped catalytic converter　原装催化转化器　24.0717
Orsat flue-gas analyzer　奥氏烟气分析仪　22.0571
oscillating mast　摆动支架，* 摇腿　01.0373
O-type boiler　O 型锅炉　22.0090
O-type scraper　O 形刮板　02.0104
outage　停炉　22.0487
outer acceleration electron gun　外加速电子枪　13.0323
outer casing　外护板　22.0439，外气缸　23.0700
outer shell　外壳，* 外容器　11.0167
outer vanes　外调风器　22.0320
outer-vibrating extruder　外振式挤压机　17.0148
outer-vibrating mould dragger　外振式拉模机　17.0159
outgassing　放气　13.0023
outgassing throughput of vacuum system　真空系统的放气率　13.0109
outlet　出口　13.0071
outlet area　出口面积　23.0208
outlet compensator　出口补偿器　11.0197
outlet flow angle　出汽角，* 出口汽流角　23.0213
outlet geometric angle　出口几何角，* 叶型出口角　23.0215
outlet guide vanes　出口导叶　23.0770
outlet measuring section of storage pump　蓄能泵出口测量断面　25.0144
outlet measuring section of turbine　水轮机出口测量断面　25.0142
outlet pressure　出口压力　23.0611
outlet temperature　出口温度　23.0616
out of service　停用　22.0488
output characteristics of wind turbine　风力机输出特性　26.0279
output power of impeller　叶轮输出功率　25.0183
output power of runner　转轮输出功率　25.0175
output power of storage pump　蓄能泵的输出功率　25.0177
output power of turbine　水轮机输出功率　25.0173
output power of wind turbine generator set　风力发电机组输出功率　26.0073
outreach　前伸距　01.0517
outrigger　外伸支腿　01.0131
outside air cleaner　新风净化器　12.0488
overall air-fuel ratio　总空燃比　24.0103
overall height in transporting condition　行驶状态全高　01.0210
overall length in transporting condition　行驶状态全长　01.0208
overall width in transporting condition　行驶状态全宽　01.0209
over-fire air　燃尽风　22.0187
over-fire air nozzle　燃尽风喷口　22.0355
overhead conveyor　悬挂输送机　02.0228
overhead crane for metallurgic plants　冶金桥式起重机　01.0304
overhead crane with carrier-beam　挂梁桥式起重机　01.0292
overhead crane with double trolley on the different rails　异轨双小车桥式起重机　01.0291
overhead crane with double trolley on the same rails　同轨双小车桥式起重机　01.0290
overhead crane with electric hoist　电动葫芦桥式起重机　01.0293
overhead crane with grab　抓斗桥式起重机　01.0298
overhead crane with guided beam　带导向架的桥式起重机　01.0294
overhead crane with hook　吊钩桥式起重机　01.0297
overhead crane with loose-suspending　柔性吊挂桥式起重机　01.0295
overhead crane with magnet　电磁桥式起重机　01.0299
overhead crane with simple girder　梁式起重机　01.0296
overhead crane with slewing crab　带回转小车的桥式起重机　01.0286
overhead crane with slewing jib　带回转臂架的桥式起重机　01.0285
overhead explosion-proof crane　防爆桥式起重机　01.0305
overhead isolation crane　绝缘桥式起重机　01.0306

overhead stacking crane 桥式堆垛起重机 01.0444
overhead tow conveyor 拖式悬挂输送机 02.0231
overhead traveling crane 桥式起重机 01.0284
overhead-type crane 桥架型起重机 01.0650
overhead-valve engine 顶置气门发动机 24.0047
overheating 过热 22.0541，24.0229
overlap 重叠度 24.1168
overload speed 超负荷转速 24.0157
overload valve 过载阀 23.0228
overpressure protection device 超压保护装置 23.0477
overshoot speed 上冲转速 24.0565
overspeed control device 超速控制装置 23.0738
overspeed governor 限速器 01.0644，危急保安器，* 危急遮断器 23.0259
overspeed limiting device 超速限制装置 24.0575
overspeed protector 超速保护装置 02.0077
overspeed trip device * 超速遮断装置 23.0738
overspeed tripping 超速脱扣停机 23.0360
overspeed tripping device 超速保护装置 23.0258
overtemperature 超温 22.0539
overtemperature control device 超温控制装置 23.0740
overtemperature detector 超温检测器 23.0741
overtemperature protection system 过热保护装置 24.0759
overtemperature protective device * 超温保护装置 23.0740
overtemperature warning system 过热报警装置 24.0760
overturn protection of jib 防臂架后翻装置 01.0158
oxidation catalyst 氧化型催化剂 24.0732
oxidation catalyst converter 氧化型催化转化器 24.0719
oxides of nitrogen 氮氧化物 24.0678，24.0934
oxidizing atmosphere 氧化性气氛 22.0040
oxygen analysis instrument 氧分析仪 11.0207
oxygenated fuel 含氧燃油 24.0663
oxygen column 氧塔 11.0027
oxygen-enhanced combustion 增氧燃烧，* 富氧燃烧 22.0221
oxygen-enriched liquid air 富氧液空 11.0012
oxygen-enriched liquid air reflux 富氧液空回流液 11.0104
oxygen-enriched liquid air vapor 富氧液空蒸汽 11.0103
oxygen liquefier 氧液化器 11.0053
oxygen sensor 氧传感器 24.0824

P

package boiler 整装锅炉 22.0059
packaged air conditioner 柜式空气调节机 12.0350
packaged air-conditioning unit 整体式空气调节机 12.0344
packaged gas turbine 箱装式燃气轮机 23.0523
packed column 填料塔 11.0031
packing of cooling tower 冷却塔填料 12.0195
paddle concrete mixer 涡桨式混凝土搅拌机 17.0023
paddle rotor 涡浆转子 17.0123
paint catapult 涂料弹涂机 20.0020
painting machinery 油漆机械 20.0028
painting unit 油漆装置 20.0032
paint machine 涂料机械 20.0016
paint mixer 油漆搅拌机 20.0029
paint pump 涂料泵 20.0021
paint sprayer 涂料喷刷机 20.0017
pallet-stacking truck 托盘堆垛车 05.0010
pallet truck 托盘搬运车 05.0019
pallet-type conveyor 托盘输送机 02.0206
palm-ended connecting rod 船用连杆 24.0387
pan conveyor 槽型板式输送机 02.0115
panoramic lift 观光电梯 06.0017
paraffin hydrocarbon 烷烃 24.0651
parallel flow register 平流式调风器 22.0312
parallel gas pass 并联烟道 22.0271
parallel gate valve 平行式闸阀 09.0030
parallelly traveling cable crane 平移式缆索起重机 01.0360
parallelogram-type ripper 平行四连杆式松土器 14.0179
parallel pilot cylinder 平移引导缸 21.0247
parallel slide valve 平行式闸阀 09.0030
parallel traveling drill boom 平移钻臂 21.0225
parking braking system 驻车制动系 14.0003

partial air-conditioning unit　局部空气调节机组　12.0340
partial-arc admission　部分进汽　23.0098
partial-arc admission degree　部分进汽度　23.0099
partial-flow sampling　部分流取样法　24.0965
partial-flow smokemeter　部分流式烟度计　24.0996
partial partition of dumping body　卸料斗分隔板　15.0113
partial pressure　分压力　13.0003
partial pressure analyzer　* 分压分析仪　13.0167
partial pressure vacuum gauge　分压真空计　13.0167
particle separator　颗粒分离器　23.0777
particulate in flue gas　烟气含尘量　22.0598
particulate matter　颗粒物，* 微粒物　24.0691
partition fan　间壁式通风机　10.0043
parts per million carbon　百万分率碳　24.0937
part-unit operation　部分工作状态　12.0385
passenger conveyor　自动人行道　06.0050
passenger-goods lift　客货电梯　06.0004
passenger lift　乘客电梯　06.0002
passenger ropeway　客运索道　02.0251
passivating　钝化　22.0505
passive regeneration　被动再生　24.0723
paving block laying machine　* 路块铺设机　15.0134
paving compactness　摊铺密实度　15.0059
paving stone laying machine　路石铺设机　15.0134
paving width　摊铺宽度　15.0053
payload　有效起重量　01.0043，有效载荷　14.0191
PCVD　等离子体化学气相沉积　13.0242
PCV valve　曲轴箱强制通风阀　24.0869
peak load boiler　尖峰负荷锅炉　22.0133
peak load operation　尖峰负荷运行　23.0339
peak load rated output　尖峰负荷额定输出功率　23.0579
peak regulation steam turbine　调峰汽轮机　23.0074
peak-shaving operation　调峰运行　22.0485
pedal　踏板　06.0057
pedestrian-controlled mobile elevating work platform　行走控制移动式升降工作平台　20.0071
pedestrian-operated trencher　步行操纵式挖沟机　14.0201
pelleted substrate　颗粒状载体　24.0746
Pelton turbine　水斗式水轮机　25.0023
pendant-operated crane　按钮操纵起重机　01.0678
pendulum-type immersion vibrator　摆式插入振动器　17.0066
Penning gauge　潘宁计　13.0179
percentage of air space　通风截面比　22.0193
percentage of economizer evaporation　省煤器沸腾率　22.0180
percent of contact area　吻合度　09.0012
percussion drill　冲击钻　20.0026
percussive holder-on　冲击式顶把　21.0099
percussive pneumatic engraving tool　冲击式气动雕刻机　21.0112
percussive pneumatic tool　冲击式气动工具　21.0080
perforated distribution plate　多孔板　22.0383
performance map　压气机特性图　23.0637
performance monitoring　性能监测　24.0634
period hours　统计期间小时数　22.0626
periodically regenerating trap oxidizer　周期性再生捕集氧化装置　24.0917
periodic blow-down　定期排污　22.0495
periodic concrete mixer　周期式混凝土搅拌机　17.0018
periodic concrete mixing plant　周期式混凝土搅拌站　17.0014
peripheral air nozzle　周界风喷口　22.0354
permanent seal　永久性真空封接　13.0120
permanent synchro motor　永磁同步曳引机　06.0048
permeation　渗透　13.0025
personal and material hoist　人货两用施工升降机　01.0621
perturbated flow　变比流动　24.0823
per-unit refrigerating capacity of refrigerant mass　单位制冷量　12.0018
per-unit refrigerating capacity of swept volume　单位容积制冷量　12.0019
petrol lubrication　混合油润滑，*汽–机油润滑　24.0485
PFBC　增压流化床联合循环　23.0860
P governor　比例调速器，* P 调速器　24.0533
phasing　定相　24.1104
phasing operation　调相运行　23.0333
photochemically reactive hydrocarbons　光化学活性碳氢化合物　24.0689
photochemical smog　光化学烟雾　24.0707
photographic smoke measurement　烟度照相测量

24.0956
physical vapor deposition　物理气相沉积　13.0240
pick rod　镐钎　21.0269
PID governor　比例积分微分调速器，* PID 调速器　24.0535
PI governor　比例积分调速器，* PI 调速器　24.0534
pilefollower　送桩器　16.0029
pile forcing equipment　压桩设备　16.0011
pile forming rig　成桩设备　16.0014
pile guide　桩的导向装置　16.0032
pile-handling device　吊桩装置　16.0031
pile installation and extraction equipment　沉拔桩作业装置　16.0024
piling equipment　打桩设备　16.0001
piling rig　桩架　16.0033
pillar　立柱　01.0087
pillar jib crane　柱式悬臂起重机　01.0655
pilot-actuated safety valve　先导式安全阀　09.0056
pilot injection　引燃喷射　24.0075
pilot injection engine　引燃喷射式发动机　24.0013
pilot injection gas engine　引燃喷射式燃气发动机　24.0019
pilot-operated safety valve　先导式安全阀　09.0056
pilot reducing valve　先导式减压阀　09.0072
pilot valve　错油门　23.0249
pintaux nozzle　品陶式喷油嘴，* 分流轴针式喷油嘴，* 副喷孔式喷油嘴　24.1124
pintle nozzle　轴针式喷油嘴　24.1121
pipe belt conveyor　圆管带式输送机　02.0036
pipe end assembly　管端组件　24.1202
pipe inside diameter　油管内径　24.1205
pistol-grip eccentric pneumatic riveting hammer　枪柄式偏心气动铆钉机　21.0096
pistol-grip pneumatic riveting hammer　枪柄式气动铆钉机　21.0095
pistol-grip pneumatic wrench　枪柄式气扳机　21.0137
pistol-grip torque-controlled pneumatic wrench　枪柄式定扭矩气扳机　21.0143
piston　活塞　24.0356
piston area　活塞面积　24.0132
piston bottom part　活塞裙部，* 活塞下部　24.0363
piston bowl　活塞顶凹腔　24.0365
piston burning　活塞烧焦　24.0258
piston chamber　活塞顶内燃烧室　24.0127
piston compressor　活塞式压气机　24.0435
piston concrete pump　活塞式混凝土泵　17.0044
piston crown　活塞头部，* 活塞上部　24.0362
piston displacement　活塞排量　24.0140
piston feeder　柱塞式给料机　03.0018
piston guide ring　活塞导向环　24.0364
piston junk　顶岸　24.0378
piston pin　活塞销　24.0371
piston-pin bushing　活塞销衬套　24.0368
piston pin carrier　活塞销支座　24.0370
piston pneumatic drill　枪柄式气钻　21.0126
piston pneumatic nutrunner　活塞式气扳机　21.0144
piston pump　活塞泵　07.0063
piston pump of wind turbine　风力机活塞泵　26.0229
piston reducing valve　活塞式减压阀　09.0068
piston ring belt　活塞环带　24.0377
piston ring groove　活塞环槽　24.0380
piston ring land　活塞环岸　24.0379
piston rod　活塞杆　24.0374
piston rod load　活塞力　10.0033
piston rod load diagram　活塞力图　10.0034
piston shell　活塞筒体　24.0369
piston skirt　活塞裙部，* 活塞下部　24.0363
piston-swept volume　活塞排量　24.0140
piston top　活塞顶　24.0376
piston top insert　活塞顶镶圈　24.0367
piston-type cryogenic liquid pump　活塞式低温液体泵，* 低温活塞泵　11.0191
piston-type expander　活塞式膨胀机　12.0136
piston upper part　活塞头部，* 活塞上部　24.0362
piston vacuum pump　活塞真空泵　13.0033
piston with controlled thermal expansion　可控热膨胀活塞　24.0360
pitch　节距　01.0615，23.0014
pitch angle　桨距角　26.0109
pitch angular velocity when safety-shutdown　安全停机时的变桨距角速度　26.0133
pitch diameter　节圆直径　25.0121
pitch diameter of drum　卷筒节径　01.0614
pit drainage pump　矿山排水泵　07.0033
pit liner　机坑里衬　25.0087
pitting　麻点　24.0259
pitting attack　点蚀　22.0528
pit-type tubular turbine　竖井贯流式水轮机　25.0016

placing boom　布料杆　17.0102
planetary concrete mixer　行星式混凝土搅拌机　17.0024
planetary vibrator　行星式振动器　17.0062
planned derating　计划降低出力　22.0617
planned outage　计划停运　22.0480
planned outage hours　计划停运小时数　22.0621
plant cavitation coefficient　电站空化系数，* 装置气蚀系数，* 电站装置气蚀系数　25.0202
plasma chemistry vapor deposition　等离子体化学气相沉积　13.0242
plasma heat treatment　等离子体热处理　13.0299
plastering machinery　抹灰机械　20.0009
plastering unit　抹灰装置　20.0010
plastering unit for cement-lime mortars　水泥石灰砂浆抹灰机　20.0011
plastering unit for gypsum mortars　石膏灰浆抹灰机　20.0012
plastic insulation sprayer　绝缘塑料喷洒机　20.0056
plated belt tunnel freezer　板带式速冻装置　12.0262
plate-fin heat exchanger　板翅式换热器　11.0042
plate finned tube heat exchanger　平板型肋片换热器　12.0396
plate freezer　平板速冻装置　12.0264
plate heat exchanger　板式热回收器　12.0453
plate-mounted axial-flow fan　板式安装的轴流式通风机　10.0050
platen superheater　屏式过热器　22.0410
plate packing　片式填料　12.0197
plate-type bushed roller chain　板式套筒滚子链　02.0097
plate-type condenser　板式冷凝器　12.0146
plate-type evaporator　平板式蒸发器　12.0176
plate-type recuperator　板式回热器　23.0570
platform and stillage truck　平台搬运车　05.0020
platform truck　平台堆垛车　05.0011
plough tripper　犁式卸料器　02.0068
plug-type pneumatic conveyor with side air pipe　旁通管式栓状气力输送机　02.0160
plug valve　旋塞阀　09.0043
plunger lift to spill port opening　回油孔开启时柱塞升程　24.1063
plunger lift when cut-off port closing　断油孔关闭时柱塞预升程　24.1061
plunger metering pump　柱塞计量泵　07.0091
plunger prestroke when cut-off port closing　断油孔关闭时柱塞预升程　24.1061
plunger pump　柱塞泵　07.0064
plunger stroke　柱塞行程　24.1060
plunger-type cryogenic liquid pump　柱塞式低温液体泵，* 低温柱塞泵　11.0192
PM　颗粒物，* 微粒物　24.0691
pneumatically operated valve　气动阀　13.0151
pneumatic band saw　带式气锯，* 往复式气锯　21.0168
pneumatic barring down tool　气动撬浮机　21.0183
pneumatic belt sander　气动砂带机　21.0120
pneumatic breaker hammer　气动破碎锤　21.0074
pneumatic capstan　气动绞盘　21.0181
pneumatic carpet shears　气动地毯剪　21.0156
pneumatic chain saw　链式气锯　21.0167
pneumatic chipping hammer　气铲　21.0085
pneumatic chute　气力输送槽　02.0165
pneumatic circular saw　圆片式气锯　21.0166
pneumatic concrete placing device　气动混凝土布料装置　17.0049
pneumatic concrete pump　气压式混凝土泵　17.0042
pneumatic conveyor　气力输送机　02.0154
pneumatic conveyor in combination vacuum-pressure　混合式气力输送机　02.0157
pneumatic drill　气钻　21.0124
pneumatic elevator　气力提升机　02.0162
pneumatic engine　气动发动机　21.0264
pneumatic engraving tool　气动雕刻机　21.0111
pneumatic file　气锉刀　21.0163
pneumatic gear motor　齿轮式气动马达　21.0174
pneumatic governor　气动调速器　24.0528
pneumatic grinder　气动砂轮机，* 气砂轮　21.0115
pneumatic hoist　气动葫芦　01.0535，气动吊　21.0179
pneumatic impact wrench　冲击式气扳机　21.0131
pneumatic jack　气顶　21.0262
pneumatic lamp　气动灯　21.0123
pneumatic locker of strapping　气动捆扎锁紧机　21.0161
pneumatic machine　气动机械　21.0083
pneumatic mill　气铣刀　21.0162
pneumatic motor　气动马达　21.0170

pneumatic nail-driver 气动打钉机 21.0110
pneumatic needle scaler 针束气动除锈器 21.0105
pneumatic nibbler 气冲剪 21.0154
pneumatic nutrunner 纯扭式气扳机 21.0133
pneumatic nutrunner for combination 组合用气扳机 21.0146
pneumatic oil gun 气动油枪 21.0114
pneumatic oil pump 气动油泵 21.0177
pneumatic oil sprayer 气动涂油机 21.0122
pneumatic oscillating saw 摆式气锯 21.0165
pneumatic paint sprayer 有气涂料喷射机 20.0018
pneumatic pick 气镐 21.0084
pneumatic pile driver 气动打桩机 21.0184
pneumatic pile extractor 气动拔桩机 21.0185
pneumatic piston motor 活塞式气动马达 21.0173
pneumatic polisher 气动抛光机 21.0121
pneumatic puller of strapping 气动捆扎拉紧机 21.0160
pneumatic pump 气动泵 21.0176
pneumatic reinforcing bar straightening and cutting machine 气动式钢筋调直切断机 18.0034
pneumatic riveting hammer 气动铆钉机 21.0092
pneumatic rivet puller 气动拉铆机 21.0100
pneumatic rock drill 气动凿岩机 21.0003
pneumatic sander 气动磨光机 21.0169
pneumatic saw 气锯 21.0164
pneumatic scaler 气动除锈器 21.0102
pneumatic scaling hammer 冲击式气动除锈器 21.0103
pneumatic screwdriver 气动螺丝刀，* 气螺刀 21.0149
pneumatic shears 气剪 21.0153
pneumatic ship unloader 气力卸船机 04.0024
pneumatic spade 气锹 21.0089
pneumatic spraying equipment 气动喷射设备 20.0036
pneumatic squeeze riveter 气动压铆机 21.0101
pneumatic stapler 气动订合机 21.0157
pneumatic stapler for metallic mesh 气动扎网机 21.0158
pneumatic stirrer 气动搅拌机 21.0182
pneumatic strapping machine 气动捆扎机 21.0159
pneumatic tamper 气动捣固机 21.0090
pneumatic tapper 气动攻丝机 21.0148
pneumatic tool 气动工具 21.0076
pneumatic turbine motor 透平式气动马达 21.0175
pneumatic vane motor 叶片式气动马达 21.0171
pneumatic vane motor for starting 起动用叶片式气动马达 21.0172
pneumatic vertical grinder 端面气动砂轮机 21.0119
pneumatic vibrating hammer 冲击式气动振动器 21.0108
pneumatic vibrator 气动振动器 17.0057，21.0107
pneumatic water pump 气动水泵 21.0178
pneumatic water pumping device 气压提水装置 26.0231
pneumatic winch 气动绞车 21.0180
pneumatic wool shears 气动羊毛剪 21.0155
pneumatic wrench 气扳机 21.0130
polar-coordinates drill boom 极坐标式钻臂 21.0235
pollutants in flue gas 烟气污染物排放量 22.0599
polygon engine 多边形发动机 24.0046
polymer injection pump 注聚泵 07.0126
poor krypton 贫氪 11.0109
poor krypton column 贫氪塔，* 一氪塔 11.0129
poor krypton evaporator 贫氪蒸发器 11.0133
poor krypton heat exchanger 贫氪换热器 11.0134
poppet nozzle 菌形阀式喷油嘴 24.1127
portable belt conveyor 携带带式输送机 02.0014
portable crane 便携式起重机 01.0663
portable machines and tools 手持机具 20.0015
portable pneumatic tool 手持式气动工具 21.0077
portable ropeway 可移式架空索道 02.0275
portable slat conveyor 携带板式输送机 02.0119
portable soil mix plant 移动式稳定土拌和站 15.0159
portal 门座 01.0065
portal bridge crane 门式起重机 01.0313
portal bridge crane with fixed jib 带固定臂架的门式起重机 01.0339
portal cable crane 门式缆索起重机 01.0357
portal slewing crane 门座起重机 01.0261
portal with cylindrical structure 圆筒形门座 01.0282
portal with prop bar 撑杆式门座 01.0280
port and helix metering 油孔和螺旋槽计量 24.1053
ported vacuum-controlled EGR system 孔口真空控制式排气再循环系统 24.0781
port-injection gasoline engine 气道喷射汽油机

24.0061
positioner 定位器 24.0625
position sensor 位置传感器 24.0856
positive crankcase ventilation device 曲轴箱强制通风装置 24.0868
positive-displacement compressor 容积式压缩机 10.0079
positive-displacement pump 容积式泵 07.0056
positive-displacement refrigerant compressor 容积式制冷压缩机 12.0102
positive-displacement vacuum pump 变容真空泵，* 容积真空泵 13.0027
positive drive lift 强制驱动电梯 06.0022
positive torque control 正扭矩校正 24.0570
post combustion 后燃 24.0230
post-construction evaluation of wind farm 风电场后评估 26.0236
post revolving mechanism 立柱回转机构 01.0427
potential energy 位置比能 25.0146
potential head 位置水头 25.0150
power-actuated safety valve 带动力辅助装置的安全阀 09.0062
power and free overhead conveyor 积放式悬挂输送机 02.0230
power boiler 电站锅炉 22.0054
power coefficient 功率系数 26.0076
power collection system 电力汇集系统 26.0242
power consumption of pulverizing system 制粉电耗 22.0611
power-controlled winch 动力操纵式绞盘 14.0184
power control valve 动力排放阀 22.0449
power driven cold rolling steel wire and bar making machine 主动冷轧带肋钢筋成型机 18.0012
power factor of generator 发电机功率因数 26.0078
power generation steam turbine 发电用汽轮机，* 电站汽轮机 23.0075
power-heat ratio 电热比 23.0864
power law for wind shear 风切变幂律 26.0007
powerless driven cold rolling steel wire and bar making machine 被动冷轧带肋钢筋成型机 18.0013
power performance 功率特性 26.0264
power pump 机动泵 07.0085
power ramp rate of wind farm 风电场功率变化率 26.0071
power recovery turbine 能量回收透平 23.0538
power station gantry crane 水电站门式起重机 01.0329
power station portal crane 电站门座起重机 01.0266
power station tower crane 电站建设塔式起重机 01.0563
power steering gear 动力转向器 14.0031
power steering system 动力转向系 14.0024
power switch 逆向道岔 02.0243
power take-off 取力装置，* 动力输出装置 01.0202
power-take-off water-turbine pump 动力输出式水轮泵 07.0144
power track 牵引轨 02.0236
power turbine 动力透平 23.0532，动力涡轮 24.0427
prechamber 预燃室 24.0124
precooler 预冷器 11.0061，12.0182，23.0774
precooling system with water and impure nitrogen 氮水预冷系统 11.0080
predetermined landing 预定层站，* 待梯层站 06.0028
preliminary drying 预干燥 13.0252
premixed combustion 预混燃烧 22.0223
pre-opened play of steering control valve 转向控制阀预开隙 14.0043
pre-operational test boiler 启动锅炉 22.0130
preposed preheater * 前置预热器 22.0435
pressure-adjusting shim 调压垫片 24.1143
pressure atomizing oil burner * 压力雾化油燃烧器 22.0301
pressure balance 压力天平 13.0172
pressure balance pipe 均压管 25.0074
pressure cap 压力盖 24.0482
pressure-charging 增压 24.0082
pressure control system 压力控制系统 24.0615
pressure control valve 压力控制阀 24.1212
pressure decay test 风压试验 22.0563
pressure-dependent VAV terminal device 压力相关型变风量末端装置 12.0447
pressure drop 汽水阻力 22.0145，通风阻力 22.0146
pressure energy 压力比能 25.0147
pressure exchanger 气波增压器 24.0419
pressure face 压力面 24.1156

pressure fluctuation test　压力脉动试验　25.0231

pressure gauge　压力计　13.0158

pressure gradient electron gun　压力梯段电子枪　13.0325

pressure head　压力水头　25.0151

pressure-independent VAV terminal device　压力不相关型变风量末端装置　12.0448

pressure limiter　压力限制器　24.1218

pressure ratio　压力比　10.0002，膨胀比　23.0617，压比　23.0623

pressure reducing valve　减压阀　09.0065

pressure regulator　调压器　23.0253

pressure rise　升压　10.0001

pressure sensor　压力传感器　24.0855

pressure side of blade　叶片正面　25.0092

pressure test　耐压试验　25.0228

pressure testing　压力试验　24.0201

pressure-type pneumatic conveyor　压气式气力输送机　02.0156

pressure wave charging　气波增压　24.0087

pressurized boiler　微正压锅炉　22.0116

pressurized component　受压部件　22.0263

pressurized fluidized bed boiler　增压流化床锅炉　22.0127

pressurized fluidized bed combined cycle　增压流化床联合循环　23.0860

pressurized lubrication　*压力润滑　24.0484

pressurized part　受压部件　22.0263

prestressed steel bar tensioning equipment　预应力钢筋张拉设备　18.0043

primary air　一次风　22.0181，一次空气　23.0713

primary air fan　一次风机　22.0345

primary air nozzle　一次风煤粉喷口　22.0352

primary air rate　一次风率　22.0182

primary air ratio　一次风率　22.0182

primary cooling circuit　一次冷却回路，*主回路　23.0380

primary drying　一次干燥，*稳速干燥　13.0253

primary zone　一次燃烧区　23.0711

priming　汽水共腾　22.0516

probe　探头　24.1005

procedure controller　程序控制器　11.0206

process air　加工空气　11.0001

process argon　工艺氩　11.0101

process pump　流程泵　07.0044

process xenon　工艺氙　11.0111

product gas purifying device　产品气纯化装置　11.0205

product gas tank　产品气储罐　11.0204

profile control pump　调剖泵　07.0127

profile loss　型面损失　23.0032

profile loss of steam turbine　汽轮机型面损失　23.0114

progressive safety device　渐进式安全器　01.0639

projected area of blade　叶片投影面积　26.0101

prompt NO_x　瞬态型氮氧化物，*快速氮氧化物　22.0044

propeller fan　螺旋桨式通风机　10.0049

propeller turbine　轴流定桨式水轮机　25.0012

propelling unit of TBM　掘进机推进机构　14.0250

proportional action controller　比例作用控制器　24.0628

proportional exhaust gas recirculation system　比例式排气再循环系统　24.0776

proportional governor　比例调速器，*P调速器　24.0533

proportional integral differential governor　比例积分微分调速器，*PID调速器　24.0535

proportional integral governor　比例积分调速器，*PI调速器　24.0534

proportional sampling　比例取样　24.0970

protection grade of generator　发电机防护等级　26.0145

protection pressure device　保护压力装置　14.0022

protection system　保护系统　23.0737

protection system of wind turbine generator set　风力发电机组保护系统　26.0189

protective device against side running of conveyor belt　输送带防跑偏装置　02.0071

protective device test　保护设备试验　23.0597

prototype　原型，*原型机　25.0220

puddle screw　桨叶形螺旋　02.0145

pulley　滑轮　01.0107，滚筒　02.0050

pulley block　滑车　01.0528

pulling scraper　拉铲　17.0084

pulp pump　纸浆泵　07.0045

pulsatile circulating ropeway　脉动循环式架空索道　02.0256

pulsating air system　脉动空气装置　24.0771

pulsation 脉动 22.0515
pulse air system 脉冲空气系统 24.0803
pulse converter 脉冲转换器 24.0444
pulse exhaust manifold 脉动排气歧管 24.0443
pulse pneumatic conveyor 脉冲气力输送机 02.0159
pulverized coal burner 煤粉燃烧器 22.0292
pulverized coal distributor 煤粉分配器 22.0342
pulverized coal feeder 给粉机 22.0341
pulverized coal fineness 煤粉细度 22.0199
pulverized-coal-fired boiler 煤粉锅炉 22.0101
pulverized coal mixer 煤粉混合器 22.0343
pulverized coal uniformity index 煤粉均匀性指数 22.0200
pulverizer rejects 石子煤 22.0032
pulverizing system with intermediate bunker and drying agent as primary air 中间贮仓乏气送粉系统 22.0028
pulverizing system with intermediate bunker and hot air as primary air 中间贮仓热风送粉系统 22.0027
pulvimixer rotor 松土-搅拌转子 15.0165
pump capacity 泵流量 07.0008
pump case 泵壳 13.0069
pump-down time 抽气时间 13.0114
pump effective power * 泵有效功率 07.0012
pump efficiency 泵效率 07.0013
pump-feed evaporator 强制循环式蒸发器 12.0168
pump fluid 泵液 13.0078
pump for cleaning units 清洗机用泵 07.0102
pump handling fluid separated by oil 油隔离泵 07.0066
pump head 泵扬程 07.0001
pumping ability factor 泵送能力指数 17.0131
pumping assembly 泵油系 24.1079
pumping concrete 泵送混凝土 17.0129
pumping concrete pressure 泵送混凝土压力 17.0128
pumping element 泵油偶件, * 柱塞偶件 24.1078
pumping mechanism 泵送机构 17.0097
pump power input * 泵输入功率 07.0011
pump power output 泵输出功率 07.0012
pump revolution speed 泵转速 07.0010
pump shaft power 泵轴功率 07.0011
pump system 真空机组 13.0100
pump-turbine 水泵水轮机 25.0031
pure argon 纯氩 11.0091
pure argon column 纯氩塔, * 精氩塔 11.0114
pure argon condenser 纯氩冷凝器 11.0116
pure argon evaporator 纯氩蒸发器 11.0117
pure helium 纯氦 11.0095
pure krypton 纯氪 11.0097
pure krypton column 纯氪塔 11.0131
pure neon 纯氖 11.0093
pure nitrogen 纯氮 11.0007
pure nitrogen liquefier 纯氮液化器 11.0054
pure xenon 纯氙 11.0098
pure xenon column 纯氙塔 11.0132
purge 吹扫 22.0473
purge recovery unit 抽气回收装置 12.0239
purge valve 清除阀 24.0880
purging 清吹 23.0828
purifier 纯化器 11.0075
purifying rate 净化率 24.0911
2-purpose overhead crane 二用桥式起重机 01.0300
3-purpose overhead crane 三用桥式起重机 01.0301
push chain conveyor 推链输送机 02.0208
pushing tractor 推顶车 05.0003
push-rod 推杆 24.0349
push roller 推辊 15.0032
PVC flooring welder 聚氯乙烯地板焊接机 20.0044
PVD 物理气相沉积 13.0240
pylon 柱架 01.0499
pyrites 石子煤 22.0032

Q

quadrantal compressor 扇型压缩机 10.0104
quadrupole mass spectrometer 四极质谱仪 13.0193
quad-sector air preheater 四分仓回转式空气预热器 22.0432
quality batcher 质量式称量装置 17.0079
quayside container crane 岸边集装箱起重机 01.0481
quenching crane 淬火起重机 01.0420
quick-acting choke 快动阻风门 24.0835
quick freezing equipment 速冻装置 12.0259
quick-heat intake manifold 速热式进气歧管 24.0841

R

rack and pinion hoist　齿轮齿条式施工升降机　01.0617
rack and pinion rotation mechanism　齿条齿轮式回转机构　21.0239
rack-pinion jack　齿条千斤顶　01.0526
rack-supported S/R machine　货架支承型有轨巷道堆垛起重机　01.0453
radial-axial-flow expansion turbine　向心径–轴流式透平膨胀机　11.0175
radial-axial flow turbine　混流式水轮机　25.0009
radial cable crane　辐射式缆索起重机　01.0361
radial compressor　星型压缩机　10.0103
radial crane　径向回转起重机　01.0673
radial engine　径向发动机　24.0045
radial-flow compressor　径流式压气机　23.0552
radial-flow steam turbine　辐流式汽轮机　23.0049
radial-flow storage pump　径流式蓄能泵　25.0027
radial-flow turbine　径流式透平　23.0530
radial-flow-type converter　径流式转化器　24.0714
radial force　径向力　25.0250
radial gantry crane　辐射式门式起重机　01.0326
radial-inflow expansion turbine　向心径流式透平膨胀机　11.0174
radial outrigger　辐射式外伸支腿　01.0198
radial pump　径向泵　07.0081
radial thrust bearing　径向推力轴承　23.0189
radial turbine　径流式涡轮　24.0426
radial-type ripper　铰接式松土器　14.0178
radiant heating surface　辐射受热面　22.0261
radiant superheater　辐射过热器　22.0407
radiation and convection heat loss　散热损失　22.0605
radiator　散热器　24.0470
radioactive ionization gauge　放射性电离计　13.0177
radio frequency mass spectrometer　射频质谱仪　13.0192
radio-operated crane　无线电操纵起重机　01.0681
radius　幅度　01.0008
rail　轨道　01.0135，燃油轨　24.1214
rail brake　防风制动器　01.0104
rail clamp　夹轨器　01.0105，21.0260
rail-form concrete paver　轨模式混凝土摊铺机　15.0117
rail jumbo　轨轮式钻车　21.0039
rail-mounted mobile elevating work platform　轨道移动式升降工作平台　20.0072
rail-mounted tower crane　轨道式塔式起重机　01.0544
rail-mounted transtainer　轨道式集装箱门式起重机　01.0492
rail tanker　铁路槽车　11.0149
rail track　轨道总成　01.0134
railway crane　铁路起重机　01.0223
railway crane for handling use　装卸用铁路起重机　01.0227
raising pressure　升压　22.0476
random packing　松散填料　12.0198
range of effective wind speed　工作风速范围　26.0064
range of limiting value　限值范围　24.0606
range of vacuum　真空区域　13.0007
Rankine cycle　兰金循环　12.0025
rare earth catalyst　稀土催化剂　24.0737
rare gas　稀有气体　11.0090
rare gas recovery equipment　稀有气体提取设备　11.0089
Raschig ring filter　拉西环过滤器　11.0068
ratchet pawl　棘轮爪　21.0192
ratchet pneumatic wrench　棘轮式气扳机　21.0147
ratchet ring　棘轮　21.0193
rated capacity　额定起重量　01.0050
rated capacity limiter　额定起重量限制器　01.0143
rated condition　额定工况　23.0351，23.0571
rated discharge of turbine　水轮机额定流量　25.0165
rated erection load　额定安装载重量　01.0648
rated hcad　额定水头　25.0155
rated heat capacity　额定供热量　22.0138
rated load　额定载荷　01.0609，20.0081，额定载重量　01.0647
rated output of gas turbine　燃气轮机额定输出功率　23.0574
rated output power of turbine　水轮机额定输出功率　25.0174
rated passengers　额定乘员数　01.0649

rated power of generator　发电机额定功率　26.0077
rated power of steam turbine　汽轮机额定功率，* 铭牌功率　23.0096
rated power of wind turbine generator set　风力发电机组额定功率　26.0074
rated pump capacity　泵的额定流量　07.0009
rated rotational speed of generator　发电机额定转速　26.0080
rated rotor speed　风轮额定转速　26.0083
rated speed　额定速度　01.0610，额定转速　23.0007，标定转速　24.0156
rated steam conditions　额定蒸汽参数　22.0139，23.0090
rated steam pressure　额定蒸汽压力　22.0140
rated steam temperature　额定蒸汽温度　22.0163
rated tip-speed ratio　额定叶尖速度比　26.0114
rated torque coefficient　额定力矩系数　26.0097
rated voltage of generator　发电机额定电压　26.0079
rated water flow of wind pumping set　风力提水机组额定流量　26.0072
rated wind speed　额定风速　26.0065
rate of load-up　负荷上升率　23.0371，23.0824
rating axle capacity　驱动桥额定桥荷能力　14.0059
ratio control system　比值控制系统　24.0616
ratio of heat-to-electricity　热电比　23.0086
ratio of lift coefficient to drag coefficient　升阻比　26.0094
ratio of overload　过载度　26.0277
ratio of tip-section chord to root-section chord of blade　叶片根梢比　26.0104
Rayleigh wind-speed distribution　瑞利风速分布　26.0015
RCP　残留碳颗粒　24.0699
reach fork truck　前移式叉车　05.0008
reaction degree of compressor　压气机反动度　23.0009
reaction degree of turbine　透平反动度　23.0008
reaction expansion turbine　反动式透平膨胀机，* 反作用式透平膨胀机，* 反击式透平膨胀机　11.0171
reaction stage　反动级　23.0204
reaction steam turbine　反动式汽轮机　23.0047
reaction turbine　反动式透平　23.0540，反击式水轮机　25.0008
reactive manifold　反应式歧管　24.0842
reactive power of wind farm　风电场无功功率　26.0070
reactive vacuum sputtering　反应性真空溅射　13.0232
reactivity adjustment factor　反应调节因素　24.0709
reactor liner　反应器衬套　24.0761
reagent　反应剂　24.0792
rear dump tipper　后卸料式自卸车　14.0228
rear wheel drive tipper　后轮驱动式自卸车　14.0233
rebuilt part　再制件　24.0210
receiver　贮液器　12.0233
reciprocating compressor　往复压缩机　10.0080
reciprocating compressor without crankshaft　无曲轴压缩机　10.0082
reciprocating cryogenic liquid pump　往复式低温液体泵，* 低温往复泵　11.0190
reciprocating feeder　往复式给料机　03.0012
reciprocating fuel injection pump　往复式喷油泵　24.1033
reciprocating grate　往复炉排　22.0367
reciprocating internal combustion engine　往复式内燃机　24.0055
reciprocating percussive pneumatic tool with independent rotation　独立回转往复冲击式气动工具　21.0082
reciprocating percussive pneumatic tool with integral rotation　内回转往复冲击式气动工具　21.0081
reciprocating positive displacement vacuum pump　往复式变容真空泵，* 活塞式变容真空泵　13.0028
reciprocating pump　往复泵　07.0057
reciprocating pump unit　往复泵机组　08.0001
reciprocating refrigerant compressor　往复式制冷压缩机　12.0104
reciprocating-type feeder　往复式给料器　15.0013
recirculating-ball lever-and-peg steering gear　循环球–曲柄销式转向器　14.0030
recirculating-ball rack-sector steering gear　循环球–齿条齿扇式转向器　14.0029
recirculating-ball steering gear　循环球式转向器　14.0028
recirculating control system　再循环控制系统　24.0613
recirculating fan　再循环风机　22.0347
recirculating zone　回流区　23.0715
recirculation ratio　循环倍率　22.0010
recirculation-type evaporator　再循环式蒸发器

12.0167
recoil starting device 回弹式绳索起动器 24.0581
recondition 修复 24.0213
reconditioned part 修复件 24.0214
rectangular-coordinates drill boom 直角坐标式钻臂 21.0236
rectification column 精馏塔 11.0021
rectifier 精馏器 12.0228
rectifying section 精馏段 11.0032
recuperator 蓄热器 12.0409，表面式回热器 23.0567
reduced-bore valve 缩口阀门 09.0100
reduced-port valve 缩径阀门 09.0099
reducing atmosphere 还原性气氛 22.0041
reduction catalyst 还原型催化剂 24.0733
reel carrier 滚筒支架 14.0216
reeving system 绳索滑轮组 01.0109
reference cell 参比室 24.1002
reference diameter 基准直径 24.1201
reference distance 基准距离 26.0161
reference fuel 基准燃料 24.0648
reference gauge 标准真空计 13.0200
reference height 基准高度 26.0159
reference leak 标准漏孔 13.0212
reference roughness length 基准粗糙长度 26.0160
reference wind speed 参考风速 26.0060
referred output 折算输出功率 23.0583
referred speed 折算转速 23.0834
referred thermal efficiency 折算热效率，* 修正热效率 23.0588
refrigerant 制冷剂 12.0051
refrigerant compressor 制冷压缩机 10.0134，12.0101
refrigerant compressor condensing unit 制冷压缩冷凝机组 12.0126
refrigerant liquid flowmeter method 制冷剂液体流量计法 12.0072
refrigerant oil 冷冻机油 12.0143
refrigerant vapor flowmeter method 制冷剂气体流量计法 12.0073
refrigerated air-conditioning system 冷剂式空调系统，* 机组式空调系统 12.0317
refrigerated cargo vessel 冷藏船 12.0298
refrigerated container 冷藏集装箱 12.0299
refrigerated display cabinet 冷藏陈列柜 12.0246
refrigerated rail-car 冷藏列车 12.0295
refrigerated vehicle 冷藏汽车 12.0293
refrigerating apparatus 制冷设备 12.0144
refrigerating capacity 制冷量 12.0015
refrigerating capacity of indoor machine 室内机制冷量 12.0380
refrigerating compressor unit 制冷压缩机组 12.0125
refrigerating condensing unit 制冷压缩冷凝机组 12.0126
refrigerating dehumidifier 冷冻除湿机 12.0424
refrigerating effect per shaft power 单位轴功率制冷量 12.0020
refrigerating energy efficiency ratio 制冷能效比 12.0389
refrigerating engineering 制冷工程 12.0001
refrigerating integrated part load value 制冷综合性能系数 12.0390
refrigerating machine 制冷机 12.0074
refrigerating plant 制冷装置 12.0011
refrigerating system 制冷系统 12.0042
refrigerating system with accumulation of cold 蓄冷式制冷系统 12.0048
refrigerating unit for cold storage 蓄冷用制冷机，* 双工况制冷机 12.0090
refrigeration 制冷 12.0003
refrigeration circuit 制冷回路 12.0012
refrigeration cycle 制冷循环 12.0030
refrigerator 冰箱 12.0245
refueling emission 加油排放物 24.0676
refueling emission control system 加油排放物控制系统 24.0883
refuse-fired boiler 垃圾焚烧锅炉 22.0108
regeneration 再生 24.0919
regeneration emission test 再生排放试验 24.0959
regeneration interval 再生间隔期 24.0922
regenerative air preheater 再生式空气预热器 22.0429
regenerative air refrigerating machine 回热式空气制冷机 12.0077
regenerative blower 旋涡鼓风机 10.0073
regenerative cycle 回热循环 23.0547
regenerative extraction steam 回热抽汽 23.0083
regenerative pump 旋涡泵 07.0020
regenerative steam turbine 回热式汽轮机 23.0055
regenerator 蓄冷器 11.0062，12.0211，回热器

23.0566
regenerator effectiveness　回热度　23.0660
register　调风器　22.0310
regulated drain valve　疏水调节阀　23.0475
regulated extraction steam　调节抽汽，* 调整抽汽　23.0084
regulated-extraction steam turbine　调节抽汽式汽轮机　23.0053
regulated hydraulic machinery　可调式水力机械　25.0002
regulating characteristics　调节特性　26.0280
regulating extraction steam valve　调节抽汽阀　23.0224
regulating guarantee　调节保证　25.0211
regulating mechanism for pitch adjustment　变桨距调节机构　26.0183
regulating mechanism of wind rotor　风轮调速机构　26.0195
regulating ring　控制环　25.0059
regulating shaft　调速轴　25.0068
regulating valve　真空调节阀　13.0138
reheat combustor　再热燃烧室　23.0563
reheat cycle　再热循环　23.0549
reheater　再热器　22.0414
reheat factor　重热系数　23.0108，23.0608
reheating of air　空气再加热　12.0381
reheat pressure　再热压力　23.0149
reheat steam　再热蒸汽　23.0081
reheat steam conditions　再热蒸汽参数，* 热段再热蒸汽参数　23.0091
reheat steam pipe　再热蒸汽管　23.0233
reheat steam turbine　再热式汽轮机　23.0056
reheat stop valve　再热汽阀　23.0221
reheat temperature　再热温度　23.0148
Reid vapor pressure　雷特蒸气压　24.0943
reinforcing bar bending machine　钢筋弯曲机　18.0035
reinforcing bar cutting machine　钢筋切断机　18.0025
reinforcing bar electric-cutting machine　电动钢筋切断机　18.0026
reinforcing bar hydraulic-cutting machine　液压钢筋切断机　18.0027
reinforcing bar straightening and cutting machine　钢筋调直切断机　18.0031
relative anchor point　相对死点　23.0198
relative blade height　* 相对叶高　23.0211
relative efficiency　相对效率　25.0185
relative pitch　相对节距　23.0210
relative thickness of airfoil　翼型相对厚度　26.0123
relative total charge　相对总充量　24.0111
relative vacuum gauge　相对真空计　13.0168
reliability　可靠性　23.0801
relief valve　安全阀　09.0053，22.0444
remainder stroke　剩余行程　24.1073
remanufactured part　改制件　24.0211
remote control　远距离控制　26.0252
remote-controlled monorail system　远距离操纵单轨系统　01.0393
remote-controlled overhead crane　远距离操纵桥式起重机　01.0312
remote control system　遥控系统　24.0609
remote operated crane　遥控起重机　01.0679
removable assembly spreader　可拆装的喷洒机　15.0091
replacement catalytic converter　替代用催化转化器　24.0718
replacement part　更换件　24.0205
rescue ropeway　救援索道　02.0276
reserve peak load output　备用尖峰负荷额定输出功率，* 应急尖峰负荷额定输出功率　23.0581
reserve shutdown hours　备用小时数　22.0620
reserve shutdown state　备用状态　22.0615
residential lift　住宅电梯　06.0006
residual carbon particulate　残留碳颗粒　24.0699
residual gas　余气，* 废气　11.0102
residual pressure　残余压力　24.1103
resolution　分辨率　24.0944
resonance screen　共振筛　19.0008
retaining ring　挡圈　24.0372
retarded injection timing control system　喷油延时控制系统　24.0813
retarded injection timing with load　负荷控制的喷油延时　24.0817
retarded injection timing with speed　转速控制的喷油延时　24.0816
retarder　减速装置　14.0017
retarder by electric traction motor　电动机减速装置　14.0019

retarder by internal combustion engine　内燃机减速装置　14.0018
retightening　重紧　24.0212
retraction stroke　减压行程　24.1071
retraction volume　减压容积，* 卸压容积　24.1069
return flow compressor　逆流式压缩机　10.0114
return flow refrigerant compressor　逆流式制冷压缩机　12.0121
return idler　回程托辊　02.0057
return speed　复位转速　23.0367
return spring　回位弹簧　24.1180
return water temperature　回水温度　22.0166
reversal chamber　回燃室　22.0258
reverse rotating torque of steering gear　转向器反驱动力矩　14.0042
reverse runaway speed of storage pump　蓄能泵反向飞逸转速　25.0171
reversible aerial tramway　往复式架空索道　02.0257
reversible axial-flow fan　可逆转轴流式通风机　10.0048
reversible belt conveyor　可逆带式输送机　02.0028
reversible belt conveyor with hopper　可逆配仓带式输送机　02.0032
reversible pneumatic drill　双向式气钻　21.0128
reversible pneumatic screwdriver　双向气动螺丝刀　21.0150
reversing concrete mixer　反转式混凝土搅拌机　17.0020
rework　修复　24.0213
reworked part　修复件　24.0214
ribbed belt conveyor　花纹带式输送机　02.0016
ribbed tube　内螺纹管　22.0399
ribbon panel　回带管屏　22.0266
ribbon screw　带形螺旋　02.0144
rich fuel　富燃料　22.0234
rich mixture　浓混合气　24.0113
rich rcactor　浓混合气反应器　24.0758
rich solution　浓溶液　12.0062
rider-operated trencher　驾驶操纵式挖沟机　14.0202
rifle bar　螺旋棒　21.0190
rifle nut　螺旋母　21.0191
rig　钻车　21.0008
rig for rotary drilling and installation of withdrawable casing　套管可拔出的旋转钻孔机　16.0016
rig for rotary drilling with a continuous flight auger　长螺旋钻孔机　16.0021
rig for rotary drilling with stabilizing fluid　使用稳定液的旋转钻孔装置　16.0018
rig for stroke drilling and installation of withdrawable casing　套管可拔出的冲抓钻孔机　16.0017
rig for stroke drilling with stabilizing fluid　使用稳定液的冲抓钻孔装置　16.0019
rigid derricking mechanism　刚性变幅机构　01.0057
rigid-frame dumper　刚性车架自卸车　14.0223，整体车架自卸车　14.0225
rigid leg　刚性支腿　01.0347
rigid rotor　刚性转子　23.0010
rigid vibrator　直联式振动器　17.0059
rim-generator tubular turbine　全贯流式水轮机　25.0017
ring drill rig　环形钻架　21.0069
ring gate　圆筒阀　25.0037
ring groove insert　活塞环槽镶圈　24.0373
ring guide drill rig　圆盘式钻架　21.0067
ring gumming　活塞环结胶　24.0260
ring scuffing　活塞环拉缸　24.0261
ring-shaped fan　环形通风机　10.0055
ring sticking　活塞环胶结　24.0262
ripper　松土器　14.0177，14.0197
riser　上升管　22.0397
rising stem gate valve　明杆闸阀　09.0026
road milling machine　路面铣刨机　15.0174
road tanker　公路槽车　11.0147
road test method　道路试验法　24.0952
road traveling　道路行驶　01.0217
rock drill　凿岩机　21.0002
rock drilling auxiliary　凿岩辅助设备　21.0011
rock drilling machine　凿岩机械　21.0001
rock drilling robot　凿岩机器人　21.0009
rock drill with rifle-bar rotation　内回转凿岩机　21.0026
rocker　摇臂　24.0350
rocker arm　摇臂　14.0131，24.0350，叶片转臂　25.0115
rocker arm bracket　摇臂座　24.0352
rocker arm pedestal　摇臂座　24.0352
rocker arm shaft　摇臂轴　24.0353
rocker cover　摇臂室盖　24.0305
rock loader　装岩机　14.0089

rod locking mechanism　挑杆锁紧机构　01.0433
rod oscillation mechanism　挑杆摆动机构　01.0432
rod tipping mechanism　挑杆回转机构　01.0428
rollback angle　收斗角　14.0168
roll-bond evaporator　吹胀式蒸发器　12.0177
roll crusher　辊式破碎机　19.0020
roller　压路机　15.0146
roller-axle-type concrete spread and flap solid machine　辊轴式混凝土路面摊铺整平机　15.0126
roller conveyor　辊子输送机　02.0212
roller fuel injection pump　滚轮式喷油泵　24.1034
roller path　滚道　01.0136
roller slewing ring　滚子夹套式回转支承　01.0082
roller tappet　滚轮挺柱　24.0342
roll hanger　轧辊吊架，＊换辊装置　01.0441
rolling cutter transporting unit of TBM　掘进机运刀机构　14.0251
rolling drum bolter for cleaning　清洗滚筒筛　17.0112
rolling-piston compressor　滚动活塞式压缩机　10.0119
rolling-piston refrigerant compressor　滚动活塞式制冷压缩机　12.0108
rolling race　滚道　17.0068
roll over protective structure　翻车保护机构　14.0170
roll-type air filter　自动卷绕式空气过滤器　12.0472
roof bolter　锚杆钻车　21.0035，锚杆钻装车　21.0036
roof-top air conditioner　屋顶式空气调节器　12.0365
room air conditioner　房间空气调节机　12.0349，房间空气调节器　12.0364
room spray-type humidifier　房间喷淋式加湿器　12.0412
root of blade　叶柄　26.0174
Roots vacuum pump　罗茨真空泵　13.0040
rope capacity　容绳量　01.0612
rope carrier　支索器，＊承马　01.0376
rope changer　换绳装置　01.0112
rope guard　压绳器　01.0114
rope guider　排绳器　01.0113
rope lever block　钢丝绳手扳葫芦　01.0532
rope loop　无极绳，＊绳环　02.0298
rope starter　绳索起动器　24.0580
rope-suspended hoist　钢丝绳式施工升降机　01.0618
rope trolley　钢丝绳牵引小车，*绳索小车　01.0072
ropeway　索道　02.0249
rotary air preheater　回转式空气预热器　22.0429
rotary column　转柱　01.0088
rotary compressor　回转式压缩机　10.0118
rotary cup atomization　旋杯雾化，＊转杯雾化　22.0253
rotary cup atomizing oil burner　旋杯雾化油燃烧器，＊转杯雾化油燃烧器　22.0302
rotary dehumidifier　转轮除湿机　12.0427
rotary drilling rig　旋挖钻机　16.0020
rotary drum feeder　滚筒式给料机　03.0011
rotary fuel injection pump　转子式喷油泵　24.1043
rotary heat exchanger　转轮式热回收器　12.0452
rotary mill classifier　回转式分离器　22.0340
rotary piston engine　旋转活塞式发动机，＊转子发动机　24.0007
rotary piston vacuum pump　定片真空泵　13.0036
rotary plunger vacuum pump　滑阀真空泵　13.0037
rotary pneumatic engraving tool　回转式气动雕刻机　21.0113
rotary pneumatic scaler　回转式气动除锈器　21.0106
rotary pneumatic tool　回转式气动工具　21.0079
rotary positive displacement vacuum pump　旋转式变容真空泵　13.0029
rotary pump　回转泵　07.0058
rotary-range mechanism　回转变幅机构　14.0108
rotary refrigerant compressor　回转式制冷压缩机　12.0105
rotary rock drill　岩石钻　21.0055
rotary screen　旋转筛　19.0011
rotary table feeder　圆盘给料机　03.0010
rotary vane feeder　叶轮给料机　03.0017
rotary vane vacuum pump　旋片真空泵　13.0035
rotating centrifugal lubricating oil filter　离心式机油滤清器　24.0500
rotating classifier　回转式分离器　22.0340
rotating component　转动部件　25.0088
rotating damper　旋转阻尼，＊旋转阻尼调速器　23.0246
rotating diaphragm　旋转隔板　23.0159
rotating direction of rotor　风轮旋转方向　26.0085
rotating-ducts air preheater　风罩回转式空气预热器　22.0433
rotating platform　转台　01.0084

rotating regenerator　回转式回热器，＊再生式回热器　23.0568
rotating-rotor air preheater　受热面回转式空气预热器　22.0430
rotating stall　旋转脱流　10.0011，旋转失速　23.0630
rotationally sampled wind velocity　旋转采样风矢量　26.0018
rotational speed of screw　螺旋转速　02.0140
rotational speed range of generator　发电机转速范围　26.0081
rotation body　回转体　26.0197
rotation drill　回转钻　21.0058
rotation drill boom　回转式钻臂　21.0237
rotation pneumatic vibrator　回转式气动振动器　21.0109
rotation sleeve　转动套　21.0195
rotative mechanism for arm　导向翼板翻转机构　01.0515
Rothemühle regenerative air preheater　＊罗特米勒式空气预热器　22.0433
rotodynamic pump　回转动力式泵，＊叶片式泵　07.0016
rotor　转子，＊转鼓　24.0518
rotor axial thrust　转子轴向推力　23.0317
rotor blade　动叶片　23.0157，23.0670
rotor concrete spraying machine　转子式混凝土喷射机　17.0073
rotor critical speed　转子临界转速　23.0315
rotor diameter　风轮直径　26.0087
rotor dynamic balancing　转子动平衡　23.0319
rotor position　风轮位置　26.0086
rotor power coefficient　风轮功率系数，*风轮的风能利用系数　26.0091
rotor solidity　风轮实度　26.0090
rotor speed　风轮转速　26.0082
rotor static balancing　转子静平衡　23.0318
rotor vibration resonance speed　转子共振转速　23.0314
rotor wake　风轮尾流　26.0283
rotor without blades　转子体　23.0041
roughing filter　粗效空气过滤器　12.0460
roughing time　粗抽时间　13.0113
roughing vacuum pump　粗抽真空泵　13.0063
roughness length　粗糙长度　26.0020
roughterrain mobile crane　越野流动式起重机　01.0173
rough-terrain truck　越野叉车　05.0014
rough vacuum pump　粗真空泵　13.0062
round bottom bucket　圆底斗　02.0198
round bucket　圆弧斗　02.0199
row of tubes　排管　12.0242
rubber-tired downhole drill　轮胎式潜孔钻机　21.0050
rubber-tired drill wagon　轮胎式钻车　21.0040
rubber-tired excavator　轮胎挖掘机　14.0068
rubber-tired open-pit drill wagon　轮胎式露天钻车　21.0045
rubber-tired transtainer　轮胎式集装箱门式起重机　01.0491
run-away regeneration　再生失控　24.0923
runaway speed curve　飞逸特性曲线　25.0253
runaway speed of turbine　水轮机飞逸转速　25.0170
runaway speed operating condition　飞逸工况　25.0236
runaway speed test　飞逸试验　25.0225
runner　转轮　25.0089
runner blade control mechanism　转轮叶片控制机构，＊转叶机构　25.0112
runner blade lever　叶片转臂　25.0115
runner blade link　叶片连杆　25.0116
runner blade servomotor　转轮叶片接力器　25.0118
runner blade trunnion　叶片枢轴　25.0114
runner chamber　转轮室　25.0076
runner cone　泄水锥　25.0100
runner decompression plate　转轮减压板　25.0106
runner hub　转轮体　25.0113
runner nominal diameter　转轮公称直径　25.0090
runner seal　转轮密封装置　25.0101
runner sealing ring　转轮止漏环　25.0104
running driving system　行走传动系统　14.0107
running-in　磨合　24.0215
running loss　运转损失　24.0674

S

sac hole　喷油嘴压力室　24.1169
saddle-type grip　鞍式抱索器　02.0313
safe device against slack rope　松绳保护装置　01.0466
safe life　安全寿命　26.0142
safety cabinet　生物安全柜　12.0490
safety device　防坠安全器　01.0637
safety device against wind　防风装置　01.0157
safety gear　安全钳　01.0641
safety hook　安全钩　01.0643
safety relief valve　安全泄放阀　22.0445
safety valve　安全阀　09.0053，22.0444
safety valve of deaerator　除氧器安全门　23.0510
sample cell　气样室　24.1003
sampling　取样　24.0963
sampling bag　取样袋　24.0973
sampling probe　取样探头　24.1006
sand pump　砂泵　07.0040
sandwich belt conveyor　压带式输送机　02.0019
saturated steam turbine　饱和蒸汽汽轮机，* 湿蒸汽汽轮机　23.0070
saturated vapor　饱和蒸气　13.0012
saturation vapor pressure　饱和蒸气压　13.0010
scale formation　结垢　22.0523
scarifier　松土耙　14.0196
scavenging　扫气　24.0095
scavenging by blower　扫气泵扫气　24.0100
scavenging efficiency　扫气效率　24.0110
scavenging of steam system　蒸汽系统吹洗，* 吹管　22.0504
score　拉伤　24.0263
scrap charging crane　料箱起重机　01.0408
scrap chute hanger　料箱吊架　01.0439
scraper　刮板　02.0100，铲运机　14.0185
scraper bucket　耙斗　14.0119
scraper feeder　刮板给料机　03.0019
scraper loader　刮板装载机　04.0010
scraper rock loader　耙斗装岩机　14.0090
scraper rock loader with planetary gear　行星传动耙斗装岩机　14.0096
scraping plate　推料板　14.0149
screed　路面整型器　15.0160
screed unit　熨平装置　15.0038
screening machinery　筛分机械　19.0001
screening machine with electromagnetic drive　电磁驱动筛分机　19.0009
screen separator　钢丝网分离器　22.0382
screen with direct vibrated screen plate　筛板振动筛　19.0012
screw　螺旋　02.0142
screw compressor　螺杆压缩机　10.0123
screw concrete spraying machine　螺旋式混凝土喷射机　17.0074
screw conveyor　螺旋输送机　02.0130
screw conveyor for package　件货螺旋输送机　02.0138
screw feeder　螺旋给料机　03.0007，螺旋给料器　17.0107
screw-in fuel injector　螺纹安装式喷油器　24.1119
screw jack　螺旋千斤顶　01.0525
screw-mounted fuel injector　螺套安装式喷油器　24.1118
screw pump　螺杆泵　07.0116
screw pump of wind turbine　风力机螺旋泵　26.0230
screw refrigerant compressor　螺杆式制冷压缩机　12.0113
screw ship unloader　螺旋卸船机　04.0023
screw-thread smoke tube　螺纹烟管　22.0405
screw tightening device　螺旋式张紧装置　01.0385
screw tube conveyor　螺旋管输送机　02.0139
screw-type grip　螺旋式抱索器，* 强迫式抱索器　02.0311
screw waggon unloader　螺旋卸车机　04.0021
scroll compressor　涡旋式压缩机　10.0125
scroll refrigerant compressor　涡旋式制冷压缩机　12.0110
sea-going floating crane　航海浮式起重机　01.0256
seal air fan　密封风机　22.0348
sealed housing for evaporative-emission determination　密闭室测定蒸发排放物法，* SHED 法　24.0953
sealed vacuum device　封离真空装置　13.0116
sealing　气封　23.0708
sealing face　密封面　24.1162

seal test　密封试验　09.0008
seal test pressure　密封试验压力　09.0009
seamed composite tube for high-pressure fuel　高压油管用有缝复合管　24.1194
seamless composite tube for high-pressure fuel　高压油管用无缝复合管　24.1195
seamless tube　无缝管　24.1192
search gas　探索气体，* 示漏气体　13.0216
seat　阀座　09.0015
secondary air　二次风　22.0183，二次空气，* 掺混空气　23.0714
secondary air control valve　二次空气控制阀　24.0765
secondary air distribution manifold　二次空气分配歧管　24.0764
secondary air diverter valve　二次空气转流阀　24.0767
secondary air injection relief valve　二次空气喷射减压阀　24.0770
secondary air injection system　二次空气喷射装置　24.0768
secondary air injection tube　二次空气喷射管　24.0769
secondary air nozzle　二次风喷口　22.0353
secondary air pump　二次空气泵　24.0772
secondary air rate　二次风率　22.0184
secondary air ratio　二次风率　22.0184
secondary air switching valve　二次空气转换阀　24.0766
secondary cooling circuit　二次冷却回路　23.0381
secondary drying　二次干燥，* 降速干燥　13.0254
secondary flow loss　二次流损失　23.0604
secondary fluid calorimeter method　第二制冷剂量热器法　12.0070
secondary machine room　辅助机房　06.0025
secondary refrigerant　载冷剂　12.0064
secondary zone　二次燃烧区　23.0712
second braking system of wind turbine　风力机第二制动系统　26.0202
sectional cold room　组合冷库　12.0268
sedimentation ash　沉降灰　22.0037
SEF　可溶取部分　24.0694
seizure　咬死　24.0264
selective catalytic reduction device　选择性催化还原装置　24.0729
self-acceleration electron gun　自加速电子枪　13.0320
self-acting controller　自作用控制器　24.0622
self-adjusting gland　自调整汽封　23.0184
self air cleaner　空气自净器　12.0487
self-contained air-conditioning unit　整体式空气调节机组　12.0339
self-erecting tower crane　自行架设塔式起重机　01.0557
self-loading trailer　自装载挂车　05.0036
self-monitoring　自监测　24.0637
self-moving mould dragger　自行式拉模机　17.0154
self-powered carrier　自行式运载工具　02.0306
self-priming pump　自吸泵　07.0027
self-propelled asphalt paver　自行式沥青混凝土摊铺机　15.0022
self-propelled chippings spreader　自行式石屑撒布机　15.0109
self-propelled floating crane　自航浮式起重机　01.0242
self-propelled jumbo　自行式钻车　21.0041
self-propelled pulvi-mixer　自行式稳定土搅拌机　15.0154
self-propelled ropeway　自行式架空索道　02.0274
self-propelled traveling　自力走行　01.0229
self-propelled traveling speed　自力走行速度　01.0231
self-purifying diffusion pump　自净化扩散泵　13.0049
self-raising tower crane　自升式塔式起重机　01.0551
self-service refrigerated display cabinet　自助式冷藏陈列柜　12.0251
self-sustaining speed　自持转速　23.0813
semi-automatic S/R machine　半自动有轨巷道堆垛起重机　01.0458
semi-axial flow adjustable-blade turbine　斜流转桨式水轮机　25.0020
semi-base-load rated output　半基本负荷额定输出功率，* 中间负荷额定输出功率　23.0582
semi-central air-conditioning system　半集中式空气调节系统　12.0312
semiclosed cycle　半闭式循环　23.0545
semiconductor refrigeration　半导体制冷　12.0005
semi-continuous coating plant　半连续镀膜设备　13.0249
semi-direct drive permanent magnet synchronous wind turbine generator set　半直驱永磁同步风力发电机组　26.0049

semi-direct fired pulverizing system　半直吹式制粉系统　22.0031
semi-gantry crane　半门式起重机　01.0314
semi-hermetic refrigerant compressor　半封闭制冷压缩机　12.0123
semi-integral power steering gear　半整体式动力转向器　14.0033
semi-Kaplan turbine　轴流调桨式水轮机　25.0013
semi-open wet-bottom furnace　半开式液态排渣炉膛　22.0281
semi-permanent seal　半永久性真空封接　13.0125
semi-portal bridge crane　半门式起重机　01.0314
semi-portal slewing crane　半门座起重机　01.0262
semi-radiant superheater　半辐射式过热器　22.0408
semi-rope trolley　钢丝绳半牵引小车，*半绳索小车　01.0073
semi-underground asphalt storage　半地下沥青储仓　15.0063
semi-vertical refrigerated display cabinet　半高立式冷藏陈列柜　12.0248
sensible heat loss in exhaust flue gas　排烟热损失　22.0607
sensible heat loss in residue　灰渣物理热损失　22.0606
separation of steam-water flow　汽水分层　22.0511
separator　分离器　02.0170，11.0077，12.0229
serpentine-tube header-type heater　蛇形管联箱式加热器　23.0462
serve-over counter with integrated storage　带有贮藏室的他助式柜台柜　12.0253
serviceability limit state　使用极限状态　26.0139
service braking system　行车制动系　14.0001
service hours　运行小时数　22.0619
service life of wind turbine　风力机使用寿命　26.0257
service lift　杂物电梯　06.0013
service mass　自重　05.0028
servo control system　伺服控制系统　24.0618
servo fuel injection pump　伺服式喷油泵　24.1029
servomotor position indicator　油动机行程指示器　23.0271
set point　设定点　24.0604
set point adjuster　设定点调节器　24.0626
setting angle of blade　叶片安装角　26.0106
setting elevation　安装高程　25.0208
setting speed　整定转速　24.0544
setting speed signal　整定转速信号　24.0547
settled ash　沉降灰　22.0037
sewage pump　污水泵　07.0042
sewer cleaning vehicle　下水道清洗车　08.0006
shaft　井道　06.0032
shaft end seal　轴封　23.0181
shaft-extension type tubular turbine　轴伸贯流式水轮机　25.0018
shaft gland　轴封　23.0181
shafting　轴系　23.0186
shafting stability　轴系稳定性　23.0313
shafting vibration　轴系振动　23.0807
shaft jumbo　伞形钻架　21.0068
shaft misalignment　同轴度　24.0265
shaft output　轴输出功率　23.0584
shaft piston compressor　轴活塞压缩机　10.0083
shaft position indicator　轴向位移指示器　23.0272
shaft power　轴端功率　23.0103
shaft seal　真空轴密封　13.0135
shallow bucket　浅斗　02.0193
shank　尾柄　21.0199
shank adapter　接杆钎尾　21.0203
shear pin　剪断销　25.0063
shear-type drill boom　剪式钻臂　21.0224
sheave　滑轮　01.0107
SHED　密闭室测定蒸发排放物法，* SHED 法　24.0953
shell　锅壳　22.0374
shell and coil evaporator　壳盘管式蒸发器　12.0169
shell and tube condenser　壳管式冷凝器　12.0156
shell and tube evaporator　壳管式蒸发器　12.0170
shell-and-tube heater　管壳式加热器，* 管式加热器　23.0456
shell and tube heat exchanger　列管式换热器　11.0041
shell and tube recuperator　壳管式回热器　23.0569
shell boiler　锅壳锅炉　22.0076
shell freezing　滚动冷冻　13.0265
shell of heat exchanger　换热器壳体　23.0778
shell-side pressure loss　壳侧阻力　23.0484
shipbuilding gantry crane　造船门式起重机　01.0328
ship loader　装船机　04.0013
shipping mass　装运质量　05.0029，运输质量　14.0194

ship unloader　岸边抓斗卸船机　04.0025
ship unloader with rope trolley　绳索小车抓斗卸船机　04.0027
ship unloader with self-propelled trolley　自行小车抓斗卸船机　04.0026
shipyard floating crane　造船用浮式起重机　01.0258
shipyard portal crane　船厂门座起重机　01.0265
shock loss　冲波损失，* 激波损失　23.0116
shop-assembled boiler　组装锅炉　22.0060
shovel attachment　正铲装置　14.0070
shroud　围带　23.0162
shrunk-on rotor　套装转子　23.0176
shutdown　停炉　22.0487，停机　24.0646
shutdown braking of wind turbine　风力机停机制动　26.0260
shutdown of wind turbine　风力机关机　26.0253
shutdown wind speed　停车风速　26.0067，26.0276
shuttle displacement metering　滑阀位移计量　24.1058
shuttle extension limiter　货叉伸缩行程限位器　01.0479
shuttle mechanism　货叉伸缩机构　01.0465
shuttle overtravel stops　货叉超行程停止器，* 货叉超行程挡块　01.0470
side-by-side connecting rod　并列连杆　24.0394
side container crane　集装箱侧面吊运机　01.0494
side dump bucket　侧卸铲斗　14.0114
side dump tipper　侧翻卸料式自卸车　14.0230
side-handle pneumatic wrench　侧柄式气扳机　21.0136
side-handle torque-controlled pneumatic wrench　侧柄式定扭矩气扳机　21.0142
sideling placed blade　斜置叶片，* 倾斜叶片　23.0166
side-loading truck　侧面式叉车　05.0013
side-mounted fuel injection pump　侧面安装式喷油泵　24.1049
side plough tripper　单侧犁式卸料器　02.0069
side-shift actuator　侧移机构　14.0165
side-valve engine　侧置气门发动机　24.0048
side vane　侧翼　26.0193
side water-supply mechanism　侧向供水机构　21.0218
sieve tray　筛孔板　11.0038
sieve-tray column　筛板塔，* 孔板塔　11.0029
signal rope　信号索　02.0291
SIGT　注蒸汽燃气轮机　23.0525
silencer　消声器　11.0088，23.0762，24.0448
silo combustor　筒形燃烧室　23.0562
similar operating condition　相似工况　25.0238
simple cycle　简单循环　23.0546
simplex pump　单联泵　07.0059
simultaneous backfilling device　同步注浆装置　14.0256
simultaneous oxidation reduction catalyst　同时氧化还原型催化剂　24.0738
single-acting compressor　单作用压缩机　10.0110
single-acting engine　单作用发动机　24.0026
single-acting pump　单作用泵　07.0067
single-acting refrigerant compressor　单作用制冷压缩机　12.0116
single batcher　单独式称量装置　17.0077
single-bed converter　单床式转化器　24.0716
single-blocking extruder　单块式挤压机　17.0151
single-blocking mould dragger　单块式拉模机　17.0156
single-boom stacker　单臂堆料机　04.0006
single-boom system　单臂架系统　01.0269
single-car to-and-fro funiculars　单往复式缆车　02.0280
single-chain bucket elevator　单链斗式提升机　02.0183
single-chain en masse conveyor　单链埋刮板输送机　02.0092
single-chain slat conveyor　单链板式输送机　02.0120
single-chamber pneumatic concrete placing device　单罐气动混凝土布料装置　17.0050
single-circuit braking system　单回路制动系　14.0010
single-column drill rig　单柱式钻架　21.0065
single-cylinder fuel injection pump　单缸喷油泵　24.1037
single-cylinder pump　单缸泵　07.0070
single-drum winch　单卷筒卷扬机　01.0601
single-effect lithiumbromide-absorption refrigerating machine　单效溴化锂吸收式制冷机　12.0092
single evaporative cooling　简单蒸发冷却　24.0454
single gate disk　单闸板　09.0017
single-girder gantry crane　单主梁门式起重机　01.0317
single-girder overhead crane　单主梁桥式起重机　01.0287

single-horizontal-shaft concrete mixer　单卧轴式混凝土搅拌机　17.0026
single-level alarm　一级报警　24.0643
single-lift container crane　单箱式集装箱起重机　01.0487
single-mast S/R machine　单立柱型有轨巷道堆垛起重机　01.0460
single-passage bucket elevator　单通道斗式提升机　02.0186
single-pass soil stabilizer　一次成型稳定土搅拌机　15.0156
single-pile foundation of off-shore wind turbine generator set　单桩式海上风力发电机组基础　26.0216
single rectification column　单级精馏塔　11.0023
single-reduction final drive　单级主减速器　14.0050
single reversible tramway　单侧往复式架空索道　02.0258
single-roll sledging crusher　单辊滑板破碎机　19.0022
single-rope grab　单绳抓斗　01.0120
single-rotor impact breaker　单转子冲击破碎机　19.0025
single-rotor swing-hammer crusher　单辊摆锤破碎机，* 单辊锤磨机　19.0028
single-row compressor　单列压缩机　10.0097
single-row stage　单列级　23.0201
single screw　单头螺旋　02.0150
single-screw compressor　单螺杆压缩机　10.0124
single-screw pump　单螺杆泵　07.0117
single-shaft gas turbine　单轴燃气轮机　23.0518
single-shaft-type combined cycle　单轴联合循环　23.0849
single-speed governor　单极式调速器　24.0536
single-stage ammonia-water absorption refrigerating machine　单级氨水吸收式制冷机　12.0083
single-stage coaxial water-turbine pump　单级同轴水轮泵　07.0133
single-stage compressor　单级压缩机　10.0094
single-stage expansion turbine　单级透平膨胀机　11.0172
single-stage lubricating-oil filter　单级机油滤清器　24.0498
single-stage pump　单级泵　07.0050
single-stage pump-turbine　单级水泵水轮机　25.0032
single-stage refrigerant compressor　单级制冷压缩机　12.0118
single steady speed method　稳定单速法　24.0951
single-strand floor-mounted truck conveyor　单线地面小车输送机　02.0211
single-suction pump　单吸泵　07.0052
single tamper　单夯锤　15.0043
single to-and-fro ropeway　单侧往复式架空索道　02.0258
single-toggle jaw crusher　单肘板颚式破碎机　19.0017
single trolley carrier　单车　02.0239
site choosing of wind power station　风电场选址　26.0235
site condition　现场条件　23.0592
site rated output　现场额定输出功率　23.0578
skew limiter　偏斜限制器　01.0142
skid-steer loader　滑移转向装载机　14.0088
skirted slat conveyor　挡边板式输送机　02.0114
ski-tow　拖牵索道　02.0283
slab clamp　板坯夹钳　01.0437
slab-handling crane　板坯搬运起重机　01.0416
slab turn crane　板坯翻转起重机　01.0417
slack rope device　防松绳开关　01.0645
slack rope stop　绳索松弛停止器　01.0156
slagging　结渣　22.0520
slagging-tap furnace　液态排渣炉膛　22.0279
slag removal equipment　除渣设备　22.0461
slag-slurry pump　渣浆泵　07.0041
slag-tapping critical load in wet bottom furnace　液态排渣临界负荷　22.0596
slat conveyor　板式输送机　02.0111
slat feeder　板式给料机　03.0003
slave connecting rod　副连杆　24.0392
sleeper　地梁　01.0591
sleeve metering　滑套计量　24.1054
slewing　回转　01.0035
slewing crane　回转起重机　01.0669
slewing limiter　回转限位器　01.0152
slewing mechanism　回转机构　01.0058
slewing mobile crane　回转流动式起重机　01.0165
slewing ring　回转支承　01.0076
slewing ring with fixed column　定柱式回转支承　01.0079
slewing ring with rotary column　转柱式回转支承　01.0078

slewing speed　回转速度　01.0013
slewing tower　回转塔身　01.0565
slewing trolley　回转小车　01.0074
slide bar　滑动导杆　24.0322
slide rail　张紧滑轨　24.0321
slide valve　闸阀　09.0025
sliding key system　滑销系统　23.0195
sliding-pressure operation　滑压运行，* 变压运行　22.0482，23.0345
sliding-pressure outage　滑参数停运　22.0489
sliding-pressure shutdown　滑参数停运　22.0489
sliding-pressure start-up　滑参数启动　22.0469
sliding tappet　滑动挺柱　24.0341
sliding-vane compressor　滑片式压缩机　10.0120
sliding-vane refrigerant compressor　滑片式制冷压缩机　12.0106
sliding-vane rotary vacuum pump　旋片真空泵　13.0035
slipform concrete paver　滑模式混凝土摊铺机　15.0122
slope adjustment　横坡度调节范围　15.0058
slurry pump　泥浆泵　07.0105
small block machine　小型砌块成型机　17.0141
small scale air separation plant　小型空气分离设备　11.0020
small-size boiler　小型锅炉　22.0069
small wind turbine generator set　小型风力发电机组　26.0041
smoke box　烟箱　22.0259
smokemeter　烟度计　24.0994
smoke opacimeter　消光烟度计，* 不透光烟度计　24.0999
smoke tube　烟管，* 火管　22.0404
smoke-ventilating fan　排烟通风机　10.0062
smooth drum　光面卷筒　01.0604
snowplough　扫雪装置　14.0198
snow remover　除雪机　15.0176
snow remover with snowblower　转子式除雪机　15.0177
snow remover with snowplough　犁板式除雪机　15.0178
SO_2　二氧化硫　24.0681
soaking pit clamp　均热炉夹钳　01.0435
soaking pit crane　夹钳起重机　01.0415，均热炉夹钳起重机　01.0422
SOF　可溶性有机物部分　24.0695
soil batch hopper　计量给土斗　15.0161
soil mix plant　稳定土拌和站　15.0157
soil stabilizer　稳定土拌和机　15.0152
soil-stabilizing machinery　稳定土搅拌机械　15.0151
SOI-sensor　针阀运动传感器，* 喷油始点传感器　24.1152
solar energy heating asphalt storage　太阳能加热式沥青储仓　15.0071
solenoid tripping　电磁脱扣停机　23.0359
solid-adsorbent dehumidifier　固体吸附剂除湿机　12.0426
solid-fuel-fired boiler　固体燃料锅炉　22.0096
solidity loss　实度损失　26.0285
solid-rotor impact breaker　坚硬转子冲击破碎机　19.0024
solid screw　实体螺旋　02.0143
solid woven belt conveyor　织物带式输送机　02.0010
soluble organic fraction　可溶性有机物部分　24.0695
solution　溶液　12.0061
solution heat exchanger　溶液热交换器　12.0223
solvent extractable fraction　可溶取部分　24.0694
Solver refrigeration cycle　索尔文制冷循环　12.0037
sonic-controlled EGR system　音控式排气再循环系统　24.0785
soot　碳烟　24.0702
soot blower　吹灰器　22.0460
soot-blowing　吹灰　22.0496
sorbent　添加剂　22.0046
sorption trap　吸附阱　13.0082
sound level　声级　26.0154
sound pressure level　声压级　26.0153
spacer　隔叶块　23.0706
space velocity　空速　24.0742
spade　锹头　21.0271
spalling　剥落　22.0525
span　跨度　01.0018
span gas　量距气　24.1008
spare part　备件　24.0216
spark advance angle　点火提前角　24.0814
spark delay device　点火延迟装置　24.0808
spark ignition engine　点燃式发动机，* 火花点燃式发动机　24.0011

spark ignition engine with fuel injection　燃料喷射点燃式发动机　24.0016
spark ignition gas engine　点燃式燃气发动机　24.0020
spark port　点火真空口　24.0815
spark-resistant fan　防电火花通风机，* 传送防引燃通风机　10.0070
special configuration mobile crane　特殊流动式起重机　01.0168
special mounted crane　特殊底盘起重机　01.0164
special overhead crane　专用桥式起重机　01.0303
special purpose fan　专用通风机　10.0060
specific air consumption　空气消耗率　24.0102
specific area heat release rate　比面积热强度　23.0648
specific emission　比排放量　24.0936
specific energy　比能　25.0145
specific fuel consumption　燃料消耗率　23.0589，24.0177
specific heat consumption　热能消耗率　24.0181
specific lubricating oil consumption　机油消耗率　24.0179
specific power　比功率，* 比功　23.0600
specific purpose mobile crane　专用流动式起重机　01.0174
specific speed　比转速　07.0007，25.0240
specific speed of fan　通风机比转速　10.0003
specific steam consumption　汽耗率　23.0134
specific-volume heat release rate　比容积热强度　23.0646
speed changer　* 转速变换器　23.0250，23.0731
speed control device　调速装置　23.0298
speed-controlled spark　车速控制式点火装置　24.0809
speed control system　转速控制系统　24.0610
speed detector　速度检测装置　02.0074
speed droop　调速率　24.0555
speed droop governing　有差调节　24.0557
speed error value　转速误差值　24.0548
speed factor　抽速系数　13.0097
speed governing droop　转速不等率　23.0364
speed governing operation　调频运行　23.0332
speed governor　转速调节器　23.0733
speed-power characteristic curve　转速–功率特性曲线，* 调速特性曲线　24.0546
speed pulser　磁阻发生器，* 转速脉冲发生器　23.0247
speed recovery time　转速回复时间　24.0567
speed sensor　转速传感器　24.0857
speed-setting device　调速部件　24.0562
spherical tank　球形贮槽　11.0142
spill phasing　静态定相　24.1105
spill port　回油孔　24.1066
spill valve　溢流阀　24.1081
spindle　挺杆，* 顶杆　24.1140
spin-freezing　旋转冷冻　13.0266
spinning disk humidifier　* 转盘式加湿器　12.0418
spin-on cartridge lubricating oil filter　旋装式机油滤清器　24.0503
spiral case　蜗壳　25.0043
spiral case nose　蜗壳鼻端　25.0044
spiral equipment for cleaning　清洗螺旋机　17.0113
spiral finned tube heat exchanger　绕片换热器　12.0402
spiral freezer　螺旋式速冻装置　12.0260
spiral housing　压水室　25.0139
spiral idler　螺旋托辊　02.0066
spirally wound tube　螺旋管圈，* 水平围绕管圈　22.0267
spiral rotation mechanism　螺旋副式回转机构　21.0241
spiral sheet condenser　螺旋板式冷凝器　12.0147
spiral turn-over mechanism　螺旋副式翻转机构　21.0244
splash lubrication　飞溅润滑　24.0490
splash packing　飞溅式填料　12.0199
splicing sleeve　支承套　01.0589
split air conditioner　分体式空气调节器　12.0356
split finned tube heat exchanger　条缝型肋片换热器　12.0398
split pin　分半销　25.0061
spoiling flap　阻尼板　26.0176
sponge ball cleaning　胶球清洗　23.0453
sponge ball cleaning device　胶球清洗装置　23.0433
spray absorber　喷淋式吸收器　12.0220
spray bar width　洒布管宽度　15.0103
spray chamber　喷水室　12.0377
spray condenser　淋激式冷凝器　12.0152
spray cone angle　雾化锥角　23.0654，喷雾锥角，* 喷

锥角度　24.1165
spray cone offset angle　喷锥倾斜角　24.1167
spray cooling tower　喷雾式冷却塔　12.0191
spray dispersal angle　喷雾扩散角　24.1166
sprayed air cooler　喷水空气冷却器，* 喷水式表冷器　12.0210
spray freezing　喷雾冷冻　13.0268
spray gun　喷枪　08.0011
spray inclination angle　喷锥倾斜角　24.1167
spraying equipment　喷射设备　20.0035
spraying unit for plaster-like coats　灰浆状涂层喷射机　20.0006
spray-stuffing-type deaerator　喷雾填料式除氧器　23.0503
spray tray deaerator　喷雾淋盘式除氧器　23.0502
spray-type air cooler　喷淋式空气冷却器　12.0376
spray-type desuperheater　喷水减温器　22.0417
spray-type evaporator　喷淋式蒸发器　12.0171
spray-type generator　喷淋式发生器　12.0214
spray water rate　喷水量　22.0157
spreader　集装箱吊具　01.0507
spreader chassis　撒布机底盘　15.0111
spreader incline device　吊具倾斜装置　01.0505
spreader slewing device　吊具水平回转装置　01.0504
spreader stoker　抛煤机　22.0369
spreading height　喷洒高度　15.0106
spreading hopper　撒布料斗　15.0115
spring cap nut　弹簧盖形螺母　24.1145
spring diaphragm reducing valve　弹簧薄膜式减压阀　09.0067
spring grip　弹簧式抱索器　02.0314
spring housing cap nut　调压弹簧壳体紧帽　24.1184
spring housing retaining nut　调压弹簧壳体紧帽　24.1184
spring-loaded safety valve　弹簧式安全阀　09.0054
spring screw　弹簧螺旋　02.0149
spring-screw conveyor　弹簧螺旋输送机　02.0136
spring seat　弹簧座　24.1141
spring starting system　弹簧起动系统　24.0583
sprocket wheel　链轮　24.0317
sputtering material　溅射材料　13.0226
sputtering rate　溅射速率　13.0230
sputter ion pump　溅射离子泵　13.0059
squeeze concrete pump　挤压式混凝土泵　17.0045
squish　挤流　24.0120
S/R machine for both unit load and order picking　拣选–单元混合型有轨巷道堆垛起重机　01.0456
stability test　稳定性试验　01.0042
stability to resist back tipping condition　后翻稳定性　01.0220
stability under no-load condition　空载状态稳定性　01.0039
stability under transport condition　行驶稳定性　01.0221
stability under working condition　工作状态稳定性　01.0038
stabilization time　稳定性时间　23.0838
stabilizer　稳定器　05.0027
stabilizing agent batch hopper　稳定剂计量给料斗　15.0162
stabilizing jack　稳车支腿　21.0258
stack draft　自生通风压头，* 自生通风压力　22.0147
stacker　堆料机　04.0004
stacking　堆垛　05.0030
stacking crane　堆垛起重机　01.0443
stacking high-lift straddle carrier　堆垛用高起升跨车　05.0017
stacking high-lift truck　堆垛用高起升车辆　05.0005
staged combustion　分级燃烧　22.0226
stage efficiency　级效率　23.0605
stage evaporation　分段蒸发　22.0207
stage I refueling control device　阶段 I 加油控制装置　24.0884
stage Ⅱ refueling control device　阶段Ⅱ加油控制装置　24.0885
stage Ⅱ vapor recovery nozzle　阶段Ⅱ蒸气回收加油枪　24.0886
stagger angle　安装角　23.0683
stagnant rate of gas turbine　燃气轮机迟缓率　23.0004
stagnant rate of steam turbine　汽轮机迟缓率　23.0003
stall　失速　23.0632，24.0227
standard air leak rate　标准空气漏率　13.0215
standard ambient condition　标准环境条件　13.0001
standard atmosphere　标准大气　23.0593
standard atmospheric state　空气的标准状态　26.0002
standardized wind speed　标准风速　26.0158
standard rated output　标准额定输出功率　23.0575
standard reference condition for gases　标准气体状态

13.0002
standard reference conditions　标准参考条件　23.0594
standard section　标准节　01.0569
standoff distance　靶距　08.0018
standstill seal　检修密封，* 空气围带　25.0103
starter cut-off　起动机脱扣　23.0789
starting aid　起动辅助措施　24.0594
starting air valve　起动空气阀　24.0587
starting characteristic curve of steam turbine　汽轮机起动特性曲线　23.0328
starting characteristics diagram　起动特性图　23.0817
starting characteristics test　起动特性试验　23.0596
starting ejector　起动抽气器　23.0426
starting equipment　起动设备　23.0745
starting handle　起动把　21.0268
starting interlock　起动联锁装置　24.0595
starting system　起动系统　24.0576
starting time　起动时间　23.0826
starting torque coefficient　起动力矩系数　26.0098
start performance test　起动性能试验　12.0302
start-up　启动　22.0465
start-up circulating pump　启动循环泵　22.0463
start-up ejector　起动抽气器　23.0426
start-up flash tank　启动分离器　22.0443
start-up flow rate　启动流量　22.0479
start-up of medium-pressure cylinder　中压缸起动　23.0327
start-up pressure　启动压力　22.0478
start-up wind speed　起动风速　26.0061
state in service　运行状态　22.0614
static drying　静态干燥　13.0259
static freezing　静态冷冻　13.0262
static phasing　静态定相　24.1105
static pile pushing/ pulling device　静力压拔桩机　16.0027
static pile pushing/ pulling equipment　静力压拔桩设备　16.0013
static pneumatic conveyor　静压气力输送机　02.0158
static rope　固定索　02.0287
static suction head　吸出高度　25.0201
static suction head of storage pump　蓄能泵吸入高度　25.0204
static test　静载试验　01.0040
stationary asphalt melting and heating unit　固定式沥青熔化加热装置　15.0075
stationary asphalt plant　固定式沥青混凝土搅拌设备　15.0007
stationary blade　静叶片　23.0155，23.0671
stationary block machine　固定式砌块成型机　17.0143
stationary boiler　固定式锅炉　22.0052
stationary cable crane　固定式缆索起重机　01.0358
stationary concrete batching plant　固定式混凝土配料站　17.0012
stationary concrete mixing plant　固定式混凝土搅拌站　17.0005
stationary concrete pump　固定式混凝土泵　17.0039
stationary derrick crane　固定式桅杆起重机　01.0581
stationary elevating work platform　固定式升降工作平台　20.0075
stationary hoist　固定式升降机　01.0622
stationary sealing ring　固定止漏环　25.0105
stationary shaft　固定枢轴　14.0147
stationary tank　固定式贮槽　11.0145
stationary tower crane　固定式塔式起重机　01.0542
station auxiliary power rate　厂用电率　23.0128
station auxiliary power system　厂用电系统　23.0375
stator blade　静叶片　23.0155，23.0671
stator blade ring　静叶环　23.0160
stator cascade loss　静叶栅损失　23.0117
stay gland　缆绳顶盖　01.0587
stay ring　座环　25.0046
stay vane　固定导叶　25.0047
steady-state condition　稳态工况　24.0978
steady-state incremental speed regulation　稳态转速增量调节　23.0839
steady-state speed　稳态转速　23.0837
steady-state speed droop　* 稳态转速不等率　23.0840
steady-state speed regulation　稳态转速调节　23.0840
steam　水蒸气，* 蒸汽　22.0003
steam-air ratio　蒸汽空气比　23.0862
steam atomization　蒸汽雾化　22.0251
steam atomizing oil burner　蒸汽雾化油燃烧器　22.0299
steam binding　汽塞　22.0512
steam blanketing　汽塞　22.0512
steam boiler　蒸汽锅炉　22.0051
steam chest　蒸汽室　23.0151

steam condensation heat transfer boiler 相变换热锅炉 22.0067
steam conditions 蒸汽参数 23.0087
steam consumption 汽耗量 23.0133
steam-cooled cyclone separator 汽冷旋风分离器 22.0331
steam distributing gear 配汽机构 23.0231
steam-electric floating crane 蒸汽电力浮式起重机 01.0251
steam floating crane 蒸汽浮式起重机 01.0248
steam flow excited vibration 汽流激振，* 汽流涡动 23.0316
steam-gas power ratio 蒸燃功比 23.0863
steam generator * 蒸汽发生装置 22.0051
steam heat accumulator 蒸汽蓄热器 22.0457
steam heater 蒸汽加热器 11.0087
steam heating asphalt melting and heating unit 蒸汽加热式沥青熔化加热装置 15.0078
steam heating asphalt storage 蒸汽加热式沥青储仓 15.0066
steam humidifier 干蒸汽加湿器 12.0413
steaming economizer 沸腾式省煤器 22.0422
steam injection equipment 注蒸汽设备 23.0764
steam injection gas turbine 注蒸汽燃气轮机 23.0525
steam jet air ejector 射汽抽气器 23.0429
steam jet refrigerating machine 蒸汽喷射式制冷机 12.0080
steam jet refrigerating system 蒸汽喷射式制冷系统 12.0047
steam jet refrigeration cycle 蒸汽喷射式制冷循环 12.0033
steam locomotive crane 蒸汽铁路起重机 01.0224
steam-operated absorption refrigerating machine 蒸汽型吸收式制冷机 12.0099
steam-operated impact hammer 蒸汽锤 16.0004
steam oxidation 蒸汽氧化 22.0536
steam pump 蒸汽泵 07.0088
steam purification 蒸汽净化 22.0018
steam purity 蒸汽品质 22.0582
steam quality by mass 质量含汽率 22.0168
steam quality by section 截面含汽率 22.0170
steam quality by volume 容积含汽率 22.0169
steam rate 汽耗率 23.0134
steam resistance 汽阻 23.0398
steam scrubber 清洗装置 22.0377
steam seal 汽封 23.0178
steam static bending stress 蒸汽静弯应力 23.0300
steam temperature control 汽温调节 22.0492
steam trap 疏水阀 09.0073，蒸汽疏水阀 09.0080
steam turbine 汽轮机，* 蒸汽轮机，* 蒸汽透平 23.0045
steam turbine of feed water pump 给水泵汽轮机 23.0377
steam turbine rotor 汽轮机转子 23.0173
steam washer 清洗装置 22.0377
steam washing 蒸汽清洗 22.0206
steam water separation 汽水分离 22.0205
steam water two-phase flow 汽水两相流 22.0011
steel band belt conveyor 钢带输送机 02.0018
steel bar cage making machine 钢筋笼成型机 18.0041
steel bar cold-drawing machine 钢筋冷拉机 18.0003，钢筋(丝)冷拔机 18.0006
steel bar forming machine 钢筋成型机 18.0010
steel bar header 钢筋镦头机 18.0020
steel bar hoop spiral bending machine 钢筋弯弧机 18.0038
steel bar rust cleaner 钢筋除锈机 18.0023
steel bar stirrup bender 钢筋弯箍机 18.0039
steel bar straightening machine 钢筋调直机 18.0024
steel bar straight thread rolling machine 钢筋滚轧直螺纹成型机 18.0018
steel bar taper thread making machine 钢筋锥螺纹成型机 18.0017
steel bar thread making machine 钢筋螺纹成型机 18.0016
steel bar upsetting and straight thread making machine 钢筋镦粗直螺纹成型机 18.0019
steel conic tower 钢制锥筒式塔架 26.0212
steel puller 钎卡 21.0216
steel reinforced-bar processing machinery 钢筋加工机械 18.0001
steel rope device 钢丝绳装置 14.0098
steel tube economizer 钢管省煤器 22.0423
steeply inclined belt conveyor 大倾角带式输送机 02.0027
steering drive axle 转向驱动桥 14.0048
steering gear angle ratio 转向器角传动比 14.0036

steering gear efficiency　转向器传动效率　14.0038
steering linkage angle ratio　转向传动机构角传动比　14.0037
steering system angle ratio　转向系角传动比　14.0035
step　梯级　06.0052
step grate stoker　阶梯炉排　22.0368
step riser　梯级踢板　06.0054
step sagging guard　梯级塌陷保护装置，* 踏板塌陷保护装置　06.0064
step track　梯级导轨　06.0055
step tread　梯级踏板　06.0053
sterile lock　无菌锁气室　12.0485
Stirling cycle　斯特林循环　12.0029
stoichiometric　理论配比　24.0821
stoichiometric fuel-air ratio　理论燃料空气比　23.0640
stoichiometric mixture　理论混合气　24.0116
stoker-fired boiler　层燃锅炉，* 火床炉　22.0128
stoker-fired grate　机械炉排　22.0360
stone crusher　碎石机　19.0013
stone cutter　石料切割机　20.0045
stop　停止器　01.0606
stoper　向上式凿岩机　21.0020
stopper　停止器　01.0606
stop valve　截止阀　09.0031，22.0446
storage　停炉保护　22.0500
storage bin　储料仓　17.0082
storage box　* 蓄水箱　26.0227
storage pump　蓄能泵　25.0026
storage pump discharge　蓄能泵流量　25.0167
storage pump head　蓄能泵扬程　25.0160
storage-retrieval machine　有轨巷道堆垛起重机　01.0450
storage tank　蓄水池　26.0227
storehouse　库房　12.0276
stove　加热装置　24.0850，进气加热装置　24.0851
straddle truck　插腿式叉车　05.0009
straight blade　直叶片　23.0040
straight dozer　直推土铲　14.0175
straight-flow combustor　顺流式燃烧室　23.0557
straight-flow pulverized coal burner　直流煤粉燃烧器　22.0293
straight-flow turbine　贯流式水轮机　25.0014
straightly traveling S/R machine　直线运行型有轨巷道堆垛起重机　01.0462
straight pneumatic chipping hammer　直柄式气铲　21.0088
straight pneumatic drill　直柄式气钻　21.0125
straight pneumatic grinder　直柄式气动砂轮机　21.0116
straight pneumatic riveting hammer　直柄式气动铆钉机　21.0094
straight pneumatic wrench　直柄式气扳机　21.0134
straight through transfer　直传装置　02.0245
straight-through valve　直通式阀　09.0088
straight torque-controlled pneumatic wrench　直柄式定扭矩气扳机　21.0140
straight-tube-type heater　直管式加热器　23.0459
stratified charge　分层充气　24.0825
stratified engine mixture　分层充气发动机的混合气　24.0115
strength test　强度试验　09.0006
strength test pressure　强度试验压力　09.0007
stress corrosion　应力腐蚀　22.0533
stringer　系梁　01.0592
stripe-removal vehicle　标志线清除车　08.0008
stripper　脱锭机构　01.0430
stripper crane　脱锭起重机　01.0412
stripper tong　脱锭夹钳　01.0436
stripping section　提馏段　11.0033
stroke　行程　24.0133
stroke-bore ratio　行程–缸径比　24.0137
stud water wall　销钉管水冷壁　22.0396
S-type tubular turbine　* S 形水轮机　25.0018
sub-boom　副臂　21.0229
subcooler　过冷器　11.0047，12.0162
subcooling　过冷　12.0014
subcritical pressure boiler　亚临界压力锅炉　22.0062
subcritical pressure steam turbine　亚临界汽轮机　23.0061
sub-HEPA filter　亚高效空气过滤器　12.0464
sub-high efficiency particulate air filter　亚高效空气过滤器　12.0464
sublimation pump　升华泵　13.0056
submerged-coil condenser　沉浸式冷凝器　12.0154
submerged evaporator　沉浸式蒸发器　12.0165
submerged generator　沉浸式发生器　12.0213
submerged tube　流化床埋管　22.0326
submergible motor pump　潜液电泵　07.0023

substrate　基片　13.0222，载体　24.0744
succor ropeway　救援索道　02.0276
suction boiler　负压锅炉　22.0113
suction head　吸入压头　07.0005
suction head loss of storage pump　蓄能泵吸入扬程损失　25.0205
suction nozzle　吸嘴　02.0168
suction pressure　吸入压力　07.0003
suction pyrometer　抽气式热电偶　22.0572
suction side of blade　叶片背面　25.0093
suction temperature　进气温度　10.0029
suction tube　吸水管　25.0134
Suerweier refrigerator　苏尔威尔制冷机　12.0087
sulfate　硫酸盐　24.0697
sulfur dioxide　二氧化硫　24.0681
summer air conditioning　夏季空调　12.0307
supercharged boiler　增压锅炉　22.0115
supercharged engine　增压发动机　24.0054
supercharger　增压器　08.0010
supercritical pressure boiler　超临界压力锅炉　22.0061
supercritical pressure steam turbine　超临界汽轮机　23.0062
superheat　过热　12.0013
superheated steam cooler　过热蒸汽冷却器　23.0470
superheater　回热器　12.0180，过热器　22.0406
super-high-pressure boiler　超高压锅炉　22.0063
super-high-pressure steam turbine　超高压汽轮机　23.0060
superimposition drill boom　叠式钻臂　21.0231
super-large scale air separation plant　特大型空气分离设备　11.0017
superposed steam turbine　前置式汽轮机　23.0069
superstructure　上车　01.0177
supervisory equipment　监视装置　23.0257
supplementary fired combined cycle with heat recovery steam generator　补燃的余热锅炉型联合循环　23.0855
supplementary-loaded safety valve　带补充载荷的安全阀　09.0063
supplementary lubrication　辅助润滑　24.0492
support construction　支承构件　02.0004
support contour　支承轮廓　01.0024
supported crane　支承式起重机　01.0674
supporting device　支撑装置　14.0102
supporting mast　支架　01.0372
supporting wheel　托轮　02.0110，17.0120
support plate　支撑板　23.0420
support-rig downhole drill　柱架式潜孔钻机　21.0051
support structure of wind turbine　风力机支撑结构　26.0194
suppressor gauge　抑制型真空计　13.0187
surface cleaner　平面清洗器　08.0012
surface condenser　表面式凝汽器　23.0392
surface corrosion protection　表面防腐　26.0150
surface crack　表面裂纹　24.0266
surface dressing out　修磨表面　24.0277
surface friction coefficient of driving pulley　传动滚筒表面摩擦系数　02.0041
surface heater　表面式加热器，* 间壁式加热器　23.0455
surface noise level　面噪声水平，* 面噪声级　23.0357
surface-type attemperator　面式减温器　22.0416
surge　喘振　10.0012，23.0633
surge limit　喘振边界　23.0635
surge line　喘振线，* 喘振临界线，* 稳定工作边界　24.0091
surge margin　喘振裕度　23.0634
surge point　喘振点　10.0013，24.0090
surge-preventing device　防喘装置　23.0771
survival environmental temperature　生存环境温度　26.0058
survival wind speed　安全风速　26.0066，* 生存风速　26.0068
suspended S/R machine　悬挂型有轨巷道堆垛起重机　01.0452
suspended solid matter　悬浮物　22.0588
suspended stacking crane　悬挂桥式堆垛起重机　01.0446
suspended tray　托盘　02.0203
suspension belt conveyor　吊挂带式输送机　02.0020
suspension combustion　悬浮燃烧，* 火室燃烧　22.0208
suspension-fired boiler　室燃锅炉　22.0129
suspension idler　吊挂托辊　02.0064
suspension lock device　悬挂锁紧机构　01.0203
suspension pipe belt conveyor　管状吊挂带式输送机　02.0021

swash-plate compressor　斜盘式压缩机　10.0121
swash-plate refrigerant compressor　斜盘式制冷压缩机　12.0107
sweeper　清扫机　20.0058
swept area　扫掠面积　26.0129
swing actuator　回转机构　14.0164
swing boom cylinder　摆臂缸　21.0245
swing carries　转盘　14.0150
swing check valve　旋启式止回阀　09.0048
swing-cylinder rotation mechanism　摆动缸式回转机构　21.0242
swing drill boom　摆式钻臂　21.0230
swing dumper　回转自卸车　14.0224
swing-hammer crusher　摆锤破碎机，* 锤磨机　19.0027
swing loader　回转装载机　14.0081
swing tray elevator　托盘提升机　02.0191
swirl　涡流　24.0118
swirl air register　旋流式调风器　22.0313
swirler　旋流器　23.0728
swirling intensity　旋流强度　22.0191
swirl pulverized coal burner　旋流煤粉燃烧器，* 圆型燃烧器　22.0294
swirl ratio　涡流比　24.0119
switch tongue　道岔舌　02.0242
swivel stand　回转机架　14.0160
symmetrically balanced compressor　对称平衡型压缩机　10.0117
synchronizer　同步器　23.0250，23.0731
synchronizing motor　同步电动机　23.0299
synchronous belt　同步带　24.0324
synchronous belt drive　同步带传动　24.0325
system　系统　12.0041，24.0596
system of calibration　校准系统　13.0201
system oil　系统油　24.0523

T

TA　型式认证　24.1019
table feeder　圆盘式给料器　15.0014
table-vibrating block machine　台振式砌块成型机　17.0145
tailing edge　后缘　26.0118
tail mast　后塔架，* 副塔　01.0371
tail radius　尾部回转半径　01.0009
tail tower　后塔架，* 副塔　01.0371
tail vane　尾舵　26.0191
tail wheel　尾轮　02.0109，26.0192
take-up pulley　拉紧滚筒　02.0053
take-up unit　拉紧装置　02.0003
tamper　夯锤　15.0042
tamping butt　捣头　21.0272
tandem compound steam turbine　单轴汽轮机　23.0065
tangential-fired boiler　切向燃烧锅炉　22.0117
tangential firing　切向燃烧　22.0210
tank container　罐式集装箱，* 液体集装箱　11.0150
tanker with vaporization and cylinder filling equipment　气化充瓶车　11.0159
tank normal vapor vent path　油箱正常蒸气通风道　24.0894
tank refueling vapor vent path　油箱加油蒸气通风道　24.0895
tank trailer　贮槽挂车　11.0148
tappet　挺柱　24.0340
tappet assembly　挺柱部件　24.1174
tappet body　挺柱体　24.1177
tappet guide　挺柱导套　24.0344，24.1178
tappet head　挺柱头部　24.1175
tappet retainer　挺柱保持器　24.1179
tappet roller　挺柱滚轮　24.0343
tar paper unroller　沥青纸展开机　20.0053
TBM　掘进机　14.0246
TBM cutterhead　掘进机刀盘　14.0248
TBM rolling cutter　掘进机滚刀　14.0249
teeming ladle crane　钢水包起重机　01.0411
telescope jib-type container crane　伸缩臂架式集装箱起重机　01.0489
telescopic belt conveyor　可伸缩带式输送机　02.0011
telescopic drill boom　伸缩钻臂　21.0222
telescopic gravity roller conveyor　可伸缩无动力辊子输送机　02.0219
telescopic jib　伸缩臂　01.0096
telescopic tower　伸缩塔身　01.0566

telescoping　伸缩　01.0036
telescoping boom attachment　伸缩臂工作装置　14.0073
telescoping mechanism　伸缩机构　01.0061
temperature compensating　温度补偿　24.0826
temperature control system　温度控制系统　24.0611
temperature effectiveness　温度有效度　23.0665
temperature-modulated air cleaner　调温式空滤器　24.0853
temperature pattern factor　温度场系数　23.0652
temperature ratio　温比　23.0599
temperature sensor　温度传感器　24.0854
temperature switch　温度开关　24.0860
temporarily installed suspended access equipment　高处作业吊篮　20.0067
temporary speed rise　瞬时升速　23.0361
tensioning pulley　张紧带轮　24.0327
tensioning wheel　张紧轮　24.0320
tension rope　张紧索　02.0289
terminal conditions　终端参数　23.0093
terminal device　末端装置　12.0428
terminal temperature difference of heater　加热器端差　23.0481
terrazzo grinder　水磨石机　20.0024
tertiary air　三次风，* 乏气风　22.0185
tertiary air nozzle　三次风喷口，* 乏气风喷口　22.0356
test cycle　试验循环　24.0960
test diagnostic　测试诊断　24.0641
test fuel　试验燃油　24.0649，试验燃料　24.0935
testing substrate　试验基片　13.0223
test pump　试压泵　07.0098
THC　总碳氢　24.0685
THC analyzer　总碳氢分析仪，* THC 分析仪　24.0987
the first kind of boiling crisis　* 第一类传热恶化　22.0014
theoretical air　理论空气量　22.0246
theoretical combustion temperature　理论燃烧温度　22.0247，23.0655
thermal blockage　热悬挂　23.0788
thermal chemical test　热化学试验　22.0565
thermal conductivity gauge　热传导真空计　13.0174
thermal cracking　热龟裂　24.0267
thermal deaeration　热力除氧　23.0495
thermal efficiency　热效率　23.0587
thermal fatigue　热疲劳　23.0810，24.0268
thermal matrix　蓄热体　23.0782
thermal NO_x　热力型氮氧化物，* 温度型氮氧化物　22.0043
thermal performance test　热力性能试验　23.0022
thermal power system　热力系统　23.0374
thermal process curve　热力过程曲线，* 汽轮机膨胀过程线　23.0106
thermal reactor　热反应器　24.0756
thermal shock　热冲击　23.0809
thermal test of superheater and reheater　过热器和再热器试验　22.0567
thermal vacuum switch　热真空开关　24.0812，* 热真空开关　24.0902
thermodynamic steam trap　热动式疏水阀　09.0079
thermo-electric refrigeration　热电制冷　12.0004
thermogravimetric analyzer　热重分析仪　22.0575
thermo-molecular gauge　热分子真空计　13.0175
the second kind of boiling crisis　* 第二类传热恶化　22.0015
thickening device　稠化装置　02.0173
thickness function of airfoil　翼型厚度函数　26.0124
thickness of airfoil　翼型厚度　26.0122
thickness of extended part of shuttle　货叉伸出高度　01.0477
Thoma cavitation constant　托马汽蚀系数　07.0015
Thoma number of hydroturbine　水轮机空化系数，* 气蚀系数　25.0200
Thoma turbine　轴流调桨式水轮机　25.0013
three-axle tipper　三轴式自卸车　14.0237
three-cylinder pump　三缸泵　07.0072
three-leg-type foundation of off-shore wind turbine generator set　三脚式海上风力发电机组基础　26.0218
three-screw pump　三螺杆泵　07.0119
three-stage bypass system　三级旁路系统　23.0388
three-term controller　三作用控制器　24.0632
three-waggon tipple　三车翻车机　04.0033
three-way catalyst　三效催化剂　24.0734
three-way valve　三通式阀　09.0091
throat　喉部　23.0412
throat area　喉部面积　23.0207，23.0681

throat opening 喉宽 23.0206
throttle dash pot 节气门缓冲器 24.0844
throttle governing 节流调节 23.0342
throttle opener 节气门开启器 24.0845
throttle positioner 节气门定位器 24.0843
throttle position switch 节气门位置开关 24.0861
throttle-type VAV terminal device 节流型变风量末端装置 12.0443
throttle valve 节流阀 09.0032
throttle-valve-controlled EGR system 节气门控制式排气再循环系统 24.0784
throttling-cycle low-temperature refrigerator 节流循环低温制冷机 12.0085
throttling loss 节流损失 23.0124
through flow butterfly valve 平板蝶阀 25.0036
through-flow parts 通流部分 23.0030
through piston rod 贯穿活塞杆 10.0035
throughput of pumping unit 抽气装置的抽气量 13.0108
throughput of vacuum pump 真空泵的流量 13.0089
through-the-wall air conditioner 穿墙型空气调节器 12.0362
thrust bearing 推力轴承 23.0188，止推轴承 24.0406
thrust coefficient 正压力系数 26.0095
thrust collar 推力盘 23.0191
thrust cup 止推座 24.0348
thrust device 推进装置 14.0255
thrust pad 挺柱垫块 24.1176
tie-plate 联接盘 14.0157
tiering 分层堆垛 05.0032
tie-rod 贯穿螺栓 24.0284
tie tamper 枕木捣固机 21.0091
tightening device 张紧装置 01.0383
tilt angle of rotor shaft 风轮仰角 26.0088
tilting burner 摆动式燃烧器 22.0295
tilting concrete mixer 倾翻式混凝土搅拌机 17.0021
time-based maintenance 预防性定期检修，* 计划检修 22.0510
timing chain 正时链条 24.0318
tip-hub ratio 轮毂比 23.0676
tip loss 叶尖损失 26.0111
tip of blade 叶尖 26.0175
tipper 翻料器 01.0442
tipping line 倾翻线 01.0222
tip speed 叶尖速度 26.0112
tip-speed ratio 叶尖速度比 26.0113
tire slipform concrete paver 轮胎式滑模混凝土摊铺机 15.0124
TMCR 汽轮机最大连续功率 23.0129
to-and-fro bi-cable ropeway 双线往复式架空索道 02.0268
to-and-fro funiculars 往复式缆车 02.0279
to-and-fro funiculars with criss-cross 有会车段往复式缆车 02.0281
to-and-fro ropeway 往复式架空索道 02.0257
toeing pattern 啮合痕迹 24.0269
TOF 总有机物被提取部分 24.0696
tong 夹钳 01.0434
tong operation mechanism 夹钳开闭机构 01.0429
tongue switch 转舌型道岔 01.0401
top dead center 上止点 24.0136
top jib section 顶部臂节 01.0188
top land 顶岸 24.0378
top-running stacking crane 支承桥式堆垛起重机 01.0445
top terminal landing 顶层端站 06.0030
torch oil gun 点火油枪 22.0315
torque coefficient 力矩系数 26.0096
torque control 扭矩校正 24.0568，扭矩校正装置 24.1099
torque-controlled pneumatic wrench 定扭矩气扳机 21.0139
torque control travel 扭矩校正行程 24.0571
torsional stiffness of steering gear 转向器扭转刚度 14.0039
torsional vibration 扭振 10.0010
torsional vibration damper 扭振减振器 24.0409
torsional vibration of shaft system 轴系扭振 23.0312
torsion beam crane 主梁受扭的起重机 01.0288
total dissolved salt 总含盐量 22.0585
total energy system 总能系统 23.0842
total hardness 总硬度 22.0589
total head 总水头 25.0149
total hydrocarbon 总碳氢 24.0685
total hydrocarbon analyzer 总碳氢分析仪，* THC 分析仪 24.0987
totally opened play of steering control valve 转向控制

阀全开隙 14.0044
total mass 总质量 01.0006
total organic extract fraction 总有机物被提取部分 24.0696
total particulate mass 颗粒总质量 24.0933
total pressure 全压力 13.0004
total pressure loss coefficient 全压损失系数 23.0601
total pressure loss for air side 空气侧全压损失 23.0662
total pressure loss for gas side 燃气侧全压损失 23.0661
total pressure recovery factor 全压恢复系数，* 全压保持系数 23.0656
total pressure vacuum gauge 全压真空计 13.0166
total solid matter 全固形物 22.0586
tow conveyor 拖式输送机 02.0209
tow device 牵引装置 01.0204
towed arm 牵引臂 15.0037
towed asphalt paver 拖式沥青混凝土摊铺机 15.0023
towed concrete pump 拖式混凝土泵 17.0040
towed hoist 拖式升降机 01.0623
towed pulvi-mixer 拖式稳定土搅拌机 15.0155
towed roller 拖式压路机 15.0147
towed rope carrier 链条式支索器，* 牵引式承马 01.0380
towed scraper 拖式铲运机 14.0186
tower 塔身，* 塔架 01.0085，塔架 26.0209
tower attachment 塔柱装置 01.0176，塔臂配置 01.0194
tower boiler 塔式锅炉 22.0085
tower concrete mixing plant 塔式混凝土搅拌站 17.0008
tower crane 塔式起重机 01.0541
tower crane for dam construction 堤坝建设塔式起重机 01.0562
tower crane with inner mast 转柱式塔式起重机 01.0554
tower crane with slewing cap head 塔帽回转式塔式起重机 01.0547
tower crane with slewing cat head 塔顶回转式塔式起重机 01.0548
tower crane with slewing upper platform 上回转平台式塔式起重机 01.0553
tower distributor 塔式布料杆 17.0094
tower section 塔节 01.0567
towing attachment 拖挂附件 02.0247
towing chain 拖链 02.0246
towing rope 拖牵索，* 拖拉索 02.0297
towing tractor 牵引车 05.0002
TPM 颗粒总质量 24.0933
track cable joint 承载索接头 01.0374
track control device 运行轨迹控制装置 01.0501
track curvature radius 轨道曲率半径 01.0025
track gage 起重机轨距 01.0019，小车轨距 01.0020
track rope 承载索，* 主索，* 轨索 01.0365，02.0288
track switch 道岔 02.0241
traction drill wagon 牵引式钻车 21.0042
traction lift 曳引驱动电梯 06.0021
traction machine 曳引机 06.0042
traction sheave 曳引轮 06.0045
traction type of lift 电梯曳引型式 06.0034
tractive chain conveyor 牵引链输送机 02.0205
tractor-driven carrier 拖行小车 01.0397
traditional tower crane 非自行架设塔式起重机 01.0556
trailer crane 拖行式起重机 01.0665
trailing edge 叶片出水边 25.0095
transferable concrete batching plant 可转移式混凝土配料站 17.0013
transferable concrete mixing plant 可转移式混凝土搅拌站 17.0006
transient 过渡过程 25.0210
transition idler 过渡托辊 02.0060
transition section 过渡节 01.0570
transloader 装运机 14.0091
transmission spark control valve 变速箱点火控制阀 24.0810
transmittance 透射比 24.0941
transpiration cooling 发散冷却 23.0695
transported chippings spreader 车载式石屑撒布机 15.0108
transported concrete pump 车载式混凝土泵 17.0041
transport fan 传输通风机，* 传送通风机 10.0066
transport pipe 输送管 02.0167
transport traveling 道路行驶 01.0217
trap 阱 13.0080，捕集器 24.0912
trapezium bucket 梯形斗 02.0200

trap oxidizer 捕集器氧化装置 24.0916
trap oxidizer system 捕集氧化系统 24.0915
trapped air-fuel ratio 实际空燃比 24.0104
trapping efficiency 扫气利用系数 24.0106
trap regeneration cycle 捕集器再生循环 24.0920
traveling asphalt melting and heating unit 移动式沥青熔化加热装置 15.0074
traveling crane 行走式起重机 01.0664
traveling derrick crane 移动式桅杆起重机 01.0585
traveling gantry crane 平移门式起重机 01.0325
traveling mechanism 行驶机构 01.0201，行走机构 14.0127
traveling speed end limiter 运行终端限速器，* 强迫换速开关 01.0468
traveling tower crane 移动式塔式起重机 01.0543
travel mechanism 水平运行机构 01.0464
traverse crane 挂梁起重机 01.0660
traversing 横移 01.0034
tray 塔板 11.0034
trencher 挖沟机 14.0200
trench offset 挖沟偏移量 14.0208
tricarbonyl manganese 甲基环戊二烯三羰基锰 24.0665
trigger to regeneration 再生触发信号 24.0921
triode gauge 三极管真空计 13.0183
triplex pump 三联泵 07.0061
tripper 卸料车 02.0067
trip speed 危急遮断器动作转速 23.0366
tri-sector air preheater 三分仓回转式空气预热器 22.0431
trochoidal focusing mass spectrometer 余摆线聚焦质谱仪 13.0197
trochoid pump 余摆线泵 13.0038
trolley 起重小车 01.0068
trolley conveyor 小车输送机 02.0207
trolley for turning use 翻身小车 01.0351
trolley jib tower crane 小车变幅塔式起重机 01.0558
trolley slewing mechanism 小车回转机构 01.0059
trough angle of idler 托辊槽角 02.0048
troughing idler 槽形托辊 02.0059
trowelling machine 地面抹光机 20.0023
truck 运输车 02.0248
truck concrete mixer with belt conveyor 带皮带输送机的混凝土搅拌输送车 17.0034
truck crane 汽车起重机 01.0162
truck mixer 搅拌输送车 17.0031
truck mixer with concrete pump 带混凝土泵的搅拌运输车 17.0037
truck-mounted tower crane 汽车式塔式起重机 01.0549
truck with elevatable operation position 操作台可升降的车辆 05.0012
trunk-piston engine 筒形活塞式发动机 24.0029
trussed portal 桁架式门座 01.0283
T-type boiler T 型锅炉 22.0087
T-type scraper T 形刮板 02.0101
tube and shell heat exchanger 管壳式换热器 11.0044
tube arrangement 管子排列 23.0421
tube axial fan 管式轴流通风机 10.0052
tube bank 管束，* 对流管束 22.0268
tube bundle 管束，* 对流管束 22.0268，管束 23.0784
tube expanding 胀管 23.0422
tube ice maker 管冰制冰机 12.0287
tube-in-sheet heater 管板式加热器 23.0457
tube nest 管束 23.0784
tube on sheet evaporator 管板式蒸发器 12.0174
tube panel 管屏 22.0264
tube plate 管板 22.0387，23.0419，23.0785
Ω-tube platen Ω 管屏 22.0288
tube-side pressure loss 管侧阻力，* 给水压力损失 23.0483
tube with internal screw 内螺旋管 02.0152
tubular air preheater 管式空气预热器 22.0428
tubular ball mill 筒式磨煤机，* 钢球磨煤机 22.0332
tubular centrifugal fan 筒形离心式通风机 10.0057
tubular en masse conveyor 管式埋刮板输送机 02.0091
tubular heat exchanger 管式换热器 11.0040
tubular pump 贯流泵 07.0028
tubular turbine 贯流式水轮机 25.0014
tuned blade 调频叶片 23.0307
tuned intake pressure charging 谐波增压 24.0083
tunnel boring machine 掘进机 14.0246
tunnel cleanroom 隧道式洁净室 12.0480
tunneling drill boom 掘进钻臂 21.0233
tunneling drill jumbo 掘进钻车 21.0033
turbine blade 涡轮叶片 24.0429

turbine characteristic curve　透平特性线　23.0621
turbine diaphragm　透平隔板　23.0673
turbine discharge　水轮机流量　25.0164
turbine entry temperature　透平进口温度　23.0613
turbine-generator protection system　汽轮发电机组保护系统　23.0268
turbine-generator shaft system　汽轮发电机组轴系　23.0310
turbine-generator thermal efficiency　汽轮发电机组热效率　23.0132
turbine inlet casing　涡轮壳进气端　24.0420
turbine maximum continuous rating　汽轮机最大连续功率　23.0129
turbine nozzle　透平喷嘴　23.0672
turbine nozzle ring　涡轮喷嘴环　24.0430
turbine outlet casing　涡轮壳排气端　24.0421
turbine output test　水轮机功率试验　25.0233
turbine performance curve　水轮机运转特性曲线　25.0252
turbine polytropic efficiency　透平多变效率　23.0620
turbine power output　透平输出功率　23.0619
turbine pressure fluctuation　水轮机压力脉动　25.0251
turbine reference inlet temperature　透平参考进口温度　23.0612
turbine rotor　透平转子　23.0668
turbine rotor inlet temperature　透平转子进口温度　23.0614
turbine stage　透平级　23.0012
turbine trip speed　燃气轮机跳闸转速，* 透平遮断转速　23.0796
turbine washing equipment　透平清洗设备　23.0709
turbine wheel　透平叶轮　23.0669，涡轮工作轮　24.0428
turbo-blower　透平鼓风机　10.0072
turbocharge engine　废气涡轮增压发动机　24.0002
turbocharger　废气涡轮增压器　24.0413
turbocharger efficiency　增压器效率　24.0092
turbocharger rotor　增压器转子　24.0424
turbocharging　涡轮增压，* 废气涡轮增压　24.0086
turbocharging aftercooling　增压中冷　24.0094
turbocharging intercooling　增压中冷　24.0094
turbocompound engine　涡轮复合式发动机，* 涡轮复合增压发动机　24.0033
turbo-compressor　透平压缩机　10.0076
turbo cyclone separator　涡轮式旋风分离器，* 轴流式分离器　22.0379
turbo-expander　透平膨胀机　11.0169，12.0135
turbo-molecular pump　涡轮分子泵　13.0043
turbo planetary concrete mixer　涡桨行星式混凝土搅拌机　17.0028
turbulence intensity　湍流强度　26.0021
turbulence scale parameter　湍流尺度参数　26.0022
Turgo turbine　斜击式水轮机　25.0024
turnbuckle　紧线器　01.0593
turndown ratio　燃烧器调节比　22.0597
turning　盘车　23.0823，24.0200
turning gear　盘车装置　23.0021
turning radius of crawler chassis　履带底盘转弯半径　01.0215
turntable slewing ring　转盘式回转支承　01.0080
twin-bank engine　双列式发动机　24.0039
twin-chain scraper en masse conveyor　双刮板埋刮板输送机　02.0094
twin-chamber pneumatic concrete placing device　双罐气动混凝土布料装置　17.0051
twin-cylinder pump　双缸泵　07.0071
twin-drum winch　双卷筒卷扬机　01.0602
twin lift　双电梯　06.0007
twin-lift container crane　双箱式集装箱起重机　01.0488
twin-passage bucket elevator　双通道斗式提升机　02.0187
twin-rope grab　双绳抓斗　01.0121
twin-rotor screw refrigerant compressor　双螺杆制冷压缩机　12.0115
twin-screw conveyor　双螺旋输送机　02.0137
twin-screw feeder　双螺旋给料机　03.0008
twin-screw pump　双螺杆泵　07.0118
twin-seat bidirectional valve　双座双向阀门　09.0103
twin-seat valve with one unidirectional seat and one bidirectional seat　一单向座一双向座的双座阀　09.0104
twin-waggon tipple　双车翻车机　04.0032
twisted blade　扭叶片　23.0163
twist lock　转锁　01.0516
twist of blade　叶片扭角　26.0107
two-axle tipper　双轴式自卸车　14.0236
two-bearing screen　* 两轴承筛　19.0003

two-level alarm　两级报警　24.0644
two-line compressor　两列压缩机　10.0098
two-pass boiler　Π型锅炉　22.0086
two-phase flow　双相流　02.0166
two-shell lithiumbromide-absorption refrigerating machine　双筒溴化锂吸收式制冷机　12.0095
two-shift operation　两班制运行　23.0334
two-side plough tripper　双侧犁式卸料器　02.0070
two-spring fuel injector　双弹簧喷油器　24.1132
two-stage ammonia-water absorption refrigerating machine　双级氨水吸收式制冷机　12.0084
two-stage bypass system　二级旁路系统　23.0387
two-stage lithiumbromide-absorption refrigerating machine　双级溴化锂吸收式制冷机　12.0096
two-stage lubricating-oil filter　二级机油滤清器　24.0499
two-stage turbocharging　两级废气增压　24.0089
two-step controller　两极控制器　24.0627
two-stroke cycle　二冲程循环　24.0080
two-stroke engine　二冲程发动机　24.0005
two-term controller　双作用控制器　24.0631
two-way bowl vent　浮子室双路通气　24.0881
type approval　型式认证　24.1019
Π-type boiler　Π型锅炉　22.0086

U

U-beam separator　槽型分离器　22.0329
U-flame boiler　U 型火焰锅炉　22.0119
U-flame furnace　U 型火焰炉膛　22.0283
U-leg　U 形支腿　01.0345
ultimate limit state　最大极限状态　26.0140
ultimate pressure　极限压力　13.0111
ultimate pressure of vacuum pump　真空泵的极限压力　13.0094
ultra-high-pressure compressor　超高压压缩机　10.0130
ultra-high-pressure valve　超高压阀门　09.0084
ultra-high-pressure waterjet　超高压水射流　08.0016
ultra-high-pressure waterjet cutting unit　超高压水切割机　08.0003
ultra-high-speed lift　超高速电梯　06.0012
ultra-high vacuum pump　超高真空泵　13.0067
ultra-high vacuum valve　超高真空阀　13.0149
ultra-low-penetration air filter　超高效空气过滤器　12.0465
ultra-pressure pump　超高压泵　07.0112
ultrasonic auto-leveling device　超声波自动调平器　15.0049
ultrasonic humidifier　超声波加湿器　12.0416
ultra supercritical pressure steam turbine　超超临界汽轮机　23.0063
unavailable hours　不可用小时数　22.0625
unavailable state　不可用状态　22.0613
unbalance　不平衡　24.0231
unburned carbon heat loss in residue　固体不完全燃烧热损失　22.0604
unburned combustible in bottom ash　炉渣可燃物含量，* 炉渣含碳量　22.0609
unburned combustible in fly ash　飞灰可燃物含量，* 飞灰含碳量　22.0608
unburned combustible in sifting　漏煤可燃物含量　22.0610
unburned gases heat loss in flue gas　气体不完全燃烧热损失　22.0603
uncoupling frame　脱开器　02.0317
uncoupling rail　脱开器　02.0317
undercarriage　底盘　01.0063
undercarriage jack　底架千斤顶　01.0238
underchassis　下车　01.0178
underground asphalt storage　地下沥青储仓　15.0062
underlying spring fuel injector　弹簧下置式喷油器　24.1131
undershoot speed　下冲转速　24.0566
underslung crane　悬挂式起重机　01.0675
underslung monorail system　悬挂单轨系统　01.0387
underslung track　悬挂轨道　01.0399
underslung trolley　悬挂小车　01.0350
underwater jumbo　水下钻车　21.0046
unexchangeable spreader　直接吊装式吊具　01.0508
unfired combined cycle with heat recovery steam generator　无补燃的余热锅炉型联合循环，* 余热锅炉型联合循环　23.0854
unidirectional engine　单转向发动机　24.0031
unidirectional flow ceiling module　洁净罩　12.0497
unidirectional flow wall module　洁净屏　12.0499

unidirectional valve 单向阀门 09.0101
uniflow compressor 顺流式压缩机 10.0113
uniflow refrigerant compressor 顺流式制冷压缩机 12.0120
uniflow scavenging 直流扫气 24.0096
unintentional reversal protection device 非操纵逆转保护装置 06.0062
union nut 管接螺母 24.1199
unitary air conditioner 单元式空气调节机 12.0348
unit discharge 单位流量 25.0243
unit fuel injection pump 分列式喷油泵 24.1039
unit injector 泵喷嘴 24.1173
unit injector body 泵喷嘴体 24.1181
unit load S/R machine 单元型有轨巷道堆垛起重机 01.0454
unit output power 单位功率 25.0244
unit runaway speed 单位飞逸转速 25.0245
unit speed 单位转速 25.0242
universal drill boom 通用钻臂 21.0234
universal drill wagon 通用钻车 21.0034
unleaded gasoline 无铅汽油 24.0653
unloader 装卸桥 01.0330，卸载机 04.0019，卸荷器 26.0225
unloading volume *卸载容积 24.1069
unlocking frame 脱开器 02.0317
unlocking rail 脱开器 02.0317
unplanned derating 非计划降低出力 22.0618
unplanned outage 非计划停运 22.0481，23.0350
unplanned outage hours 非计划停运小时数 22.0622
unsaturated vapor 未饱和蒸气 13.0013
unstacking 拆垛 05.0031
untiering 分层拆垛 05.0033
untuned blade 不调频叶片 23.0306
up-laying spring fuel injector 弹簧上置式喷油器 24.1130
upper column 上塔，*低压塔 11.0026
upper limit of speed regulator 调速器上限 23.0143
up-wind-type wind turbine 上风向式风力机 26.0031
utility boiler 电站锅炉 22.0054
utilization factor of leaving velocity 余速利用系数 23.0110
U-tube-type heater U形管式加热器 23.0458

V

vacuum 真空 13.0005
vacuum air lock 真空闸室 13.0118
vacuum arc melting 真空电弧熔炼 13.0286
vacuum atomization 真空雾化 13.0302
vacuum bell jar 真空钟罩 13.0117
vacuum brazing 真空钎焊 13.0304
vacuum break 破坏真空 23.0370
vacuum breaker 真空破坏器 23.0265
vacuum break valve 真空破坏阀 25.0041
vacuum chuck 真空吸盘 01.0127
vacuum coating 真空镀膜 13.0221
vacuum coating plant 真空镀膜设备 13.0245
vacuum cold wall furnace 真空冷壁炉 13.0316
vacuum container 真空容器 13.0115
vacuum continuity heating furnace 真空连续式加热炉 13.0317
vacuum crucible melting 真空坩埚熔炼 13.0289
vacuum cycle degassing process 真空循环脱气法 13.0283
vacuum deaeration 真空除氧 23.0496
vacuum decarbonizing 真空脱碳 13.0277
vacuum decreasing rate 真空下降率 23.0446
vacuum deoxidation 真空脱氧 13.0278
vacuum drying 真空干燥 13.0250
vacuum evaporation 真空蒸发 13.0301
vacuum evaporation coating 真空蒸镀 13.0228
vacuum evaporation coating plant 真空蒸发镀膜设备 13.0246
vacuum flange connection 真空法兰连接 13.0130
vacuum floating melting 真空悬浮熔炼 13.0295
vacuum furnace 真空炉 13.0313
vacuum gauge 真空计 13.0159
vacuum heat treatment 真空热处理 13.0303
vacuum hot wall furnace 真空热壁炉 13.0314
vacuum induction furnace 真空感应炉 13.0318
vacuum induction melting 真空感应熔炼 13.0285
vacuum ingot melting 真空锭模熔炼 13.0294
vacuum ladle degassing 真空钢包除气 13.0280
vacuum ladle degassing process 真空钢包脱气法 13.0281

vacuum melting　真空熔炼　13.0271
vacuum metallurgy　真空冶金　13.0270
vacuum metallurgy plant　真空冶金设备　13.0307
vacuum oxidation　真空氧化　13.0276
vacuum plasma melting　真空等离子体熔炼　13.0287
vacuum precision casting　真空精密浇注　13.0292
vacuum pressure sintering　真空加压烧结　13.0306
vacuum pulling crystal　真空拉单晶　13.0298
vacuum pump　真空泵　13.0026
vacuum pump oil　真空泵油　13.0077
vacuum refining　真空精炼　13.0272
vacuum refining of melting metal　熔融金属真空精炼　13.0279
vacuum relief valve　真空安全阀　09.0064
vacuum remelting　真空重熔　13.0296
vacuum resistance melting　真空电阻熔炼　13.0288
vacuum ring gasket　真空密封圈　13.0132
vacuum screen　真空筛　20.0031
vacuum sintering　真空烧结　13.0305
vacuum siphon degassing process　真空虹吸脱气法　13.0282
vacuum skull melting　真空凝壳熔炼　13.0290
vacuum spin-freezing　真空旋转冷冻　13.0267
vacuum sputtering　真空溅射　13.0231
vacuum sputtering coating plant　真空溅射镀膜设备　13.0247
vacuum system　真空系统　13.0099
vacuum system with an air-lock　闸门式真空系统　13.0104
vacuum test　真空试验　23.0352
vacuum-tight gasket　真空密封垫　13.0131
vacuum trip device　低真空保护装置　23.0264
vacuum-type pneumatic conveyor　吸气式气力输送机　02.0155
vacuum valve　真空阀　13.0145
vacuum window　真空窗　13.0136
vacuum zone melting　真空区域熔炼　13.0297
valve　阀门　09.0001，气门　24.0328
valve adjuster　气门调整螺钉　24.0351
valve bridge　阀桥，* 气门过桥　24.0354
valve cage　阀壳　24.0338
valve collet　气门锁夹　24.0332
valve-covered orifice nozzle　无压力室喷油嘴，* VCO 喷油嘴　24.1126
valve guide　气门导管　24.0335
valve key　气门锁夹　24.0332
valveless compressed-air distributing mechanism　无阀配气机构　21.0213
valve lock　气门锁夹　24.0332
valve mechanism casing　配气机构室　24.0304
valve mechanism cover　气缸盖罩　24.0306
valve metering　阀式计量　24.1057
valve point　阀点　23.0353
valve rotator　气门旋转机构　24.0355
valve seat insert　气门座圈　24.0336
valve seat pitting　阀座点蚀　24.0270
valve spring　气门弹簧　24.0334
valve spring retainer　气门弹簧座　24.0331
valve spring washer　气门弹簧垫圈　24.0333
valve stem seal　阀杆密封圈　24.0337
valve timing　气门定时　24.0153
valve with electrically motorized operation　电动阀　13.0153
vane　旋片　13.0072
vane axial fan　导叶轴流式通风机　10.0051
vane pump　滑片泵　07.0122
V-angle delta　V 形夹角　24.0194
vapor　蒸气　13.0009
vapor canister　蒸气炭罐　24.0876
vapor compression refrigerating machine　蒸气压缩式制冷机　12.0075
vaporization equipment　气化设备　11.0153
vaporizer　气化器　11.0154
vapor jet vacuum pump　蒸气喷射真空泵　13.0047
vapor lock　汽塞　22.0512
vapor lock due to overheating of fuel in the fuel system　燃油系统燃油过热气阻　24.0233
vapor lock in the fuel system　燃油系统气阻　24.0232
vapor management control valve　蒸发物控制阀　24.0893
vaporous carry-over　溶解携带，* 蒸汽携带　22.0204
vapor-phase drying　气相干燥　13.0258
vapor pressure　汽化压力　25.0196
vapor recovery nozzle　蒸气回收加油枪　24.0897
vapor seperator　油气分离器　24.0878
variable air volume conditioning unit　变风量空气调节机组　12.0337
variable air volume system　变风量系统　12.0326

variable air volume terminal device　变风量末端装置　12.0442
variable chord blade　变截面叶片　26.0173
variable diameter screw　变直径螺旋　02.0147
variable dilution sampling　变稀释度取样　24.0971
variable frequency air conditioner　变频空气调节器　12.0368
variable-geometry gas turbine　变几何燃气轮机　23.0526
variable-geometry turbocharger　可变几何截面涡轮增压器　24.0416
variable load boiler　可变负荷锅炉　22.0132
variable-load operation　调峰运行　22.0485
variable pitch screw　变螺距螺旋　02.0148
variable rate sampling　变流量取样　24.0972
variable refrigerant flow air conditioner　多联式空气调节机　12.0353
variable-speed governor　* 变速调速器　24.0537
variable-speed winch　调速卷扬机，* 变速卷扬机　01.0600
variable stator blade　可调静叶片　23.0674
variable stroke metering　可变行程计量　24.1056
variable-type ripper　可调式松土器　14.0180
varied length jib　可变长度起重臂　01.0192
varnishing　漆膜　24.0255
vascular cryogenic refrigerator　脉管低温制冷机　12.0089
V-bucket　三角斗　02.0197
vehicle-mounted mobile elevating work platform　高空作业车　20.0066，车载移动式升降工作平台　20.0073
vehicle tractive capacity　牵行能力　01.0230
vehicle type　车辆型式　24.1020
velocity coefficient　速度系数　23.0029
velocity energy　速度比能　25.0148
velocity head　速度水头　25.0152
velocity ratio　速比　23.0026
velocity stage　速度级　23.0199
velocity triangle　速度三角形　23.0028
V engine　V 型发动机　24.0040
vent fan　排粉风机　22.0344
Venturi flow-measuring element　文丘里测风装置　22.0453
Venturi pneumatic pyrometer　气力式高温计　22.0573
Venturi vacuum amplifier　喉管真空放大器　24.0831
Venturi vacuum controlled EGR system　喉管真空控制式排气再循环系统　24.0782
vermiculated pattern　虫蚀状痕迹　24.0271
vertical air-conditioning unit　立式空气调节机组　12.0332
vertical axis wind turbine　垂直轴风力机　26.0029
vertical boiler　立式锅炉　22.0080
vertical compressor　立式压缩机　10.0105
vertical concrete mix batching plant　竖直式混凝土配料站　17.0010
vertical cyclone furnace　立式旋风炉　22.0121
vertical deaerator　立式除氧器　23.0500
vertical-disk-type butterfly valve　垂直板式蝶阀　09.0037
vertical elevator　垂直提升机　02.0176
vertical engine　立式发动机　24.0035
vertical falling-film absorber　立式降膜式吸收器　12.0221
vertical falling-film generator　立式降膜式发生器　12.0215
vertical heater　立式加热器　23.0464
vertical heat-transfer material heater　立式有机载热体加热装置　15.0083
vertical loop-type en masse conveyor　立面环型埋刮板输送机　02.0083
vertical pump　立式泵　07.0075
vertical reciprocating cryogenic liquid pump　立式低温往复泵　11.0193
vertical refrigerated display cabinet　立式冷藏陈列柜　12.0247
vertical reinforcing bar cutting machine　立式钢筋切断机　18.0029
vertical riser tube panel　垂直上升管屏　22.0265
vertical screw conveyor　垂直螺旋输送机　02.0133
vertical shaft impactor　立轴式冲击破碎机　19.0030
vertical spindle mill　* 立轴式磨煤机　22.0333
vertical tank　立式贮槽　11.0144
vertical-type evaporator　立管式蒸发器　12.0172
vertical unit　立式机组　25.0004
vertical vibrating conveyor　垂直式振动输送机　02.0227
vertical wire-drawing machine　立式冷拔机　18.0007
very hot starting　极热态起动　23.0325
vibrating conveyor　振动输送机　02.0222
vibrating feeder　振动给料机　03.0013
vibrating head　振动棒　17.0067

vibrating screen driven by out-of-balance motors　不平衡马达驱动的振动筛　19.0005
vibrating screen with double or more out-of-balance drive　两个或多个非平衡驱动的振动筛　19.0004
vibrating screen with eccentric drive　偏心驱动振动筛　19.0002
vibrating screen with out-of-balance drive　非平衡驱动振动筛　19.0003
vibrating screen with push-rod drive　推杆驱动振动筛　19.0007
vibrating stoker　振动炉排　22.0365
vibration indicator　振动指示器　23.0275
vibration monitoring system　测振装置　10.0017
vibration of turbine-generator set　汽轮发电机组振动　23.0311
vibration screen　振动筛　20.0030
vibrator for piling equipment　振动桩锤　16.0008
vibratory rammer　振动冲击夯　15.0149
vibratory tamper　振动平板夯　15.0150
viewing window　观察窗　13.0137
virtual leak　虚漏　13.0213
viscosity gauge　黏滞真空计　13.0173
viscous factor　黏滞系数　13.0016
viscous flow　黏滞流　13.0015
viscous leak　黏滞漏孔　13.0210
viscous-type air filter　黏附式空气过滤器　12.0459
visual smoke measurement　目测烟度测量　24.0957
VOC　挥发性有机化合物　24.0690
volatile organic compound　挥发性有机化合物　24.0690
volume flow rate of pumping unit　抽气装置的抽速　13.0107
volume flow rate of vacuum pump　真空泵的体积流率　13.0088
volumetric batcher　容积式称量装置　17.0080
volumetric control valve　容积式供油控制阀　24.1213
volumetric efficiency of storage pump　蓄能泵容积效率　25.0193
volumetric efficiency of turbine　水轮机容积效率　25.0192
volumetric heat release rate　容积热强度　23.0645
volute pump　蜗壳泵　07.0021
vortex pump　旋涡泵　07.0020
V-type compressor　V 型压缩机　10.0100
V-type fuel injection pump　V 型喷油泵　24.1042
V-type pump　V 型泵　07.0077
V-type scraper　V 形刮板　02.0102
Vuilleumier refrigeration cycle　威勒米尔制冷循环，* VM 循环　12.0038

W

waggon tipple　翻车机　04.0031
wake loss　尾流损失　26.0284
walking crane　自行车式起重机　01.0657
walking excavator　步履式挖掘机　14.0064
wall coil　墙排管　12.0244
wall crane　壁式悬臂起重机　01.0656
walled belt conveyor　波状挡边带式输送机　02.0026
wall-enclosed surperheater　包墙管过热器　22.0412
wall-fired boiler　墙式燃烧锅炉　22.0118
wall firing　墙式燃烧　22.0211
wall-hung boiler　壁挂式锅炉　22.0070
wall-mounting-type air conditioner　壁挂式空气调节器　12.0359
wallpaper preparation device　壁纸准备装置　20.0027
wall superheater　墙式过热器，* 壁式过热器　22.0409
Wankel compressor　三角转子式压缩机　10.0122
Wankel engine　* 汪克尔发动机　24.0007
Wankel refrigerant compressor　三角转子式制冷压缩机　12.0109
warm starting　温态起动　23.0323
warm-up facility for FBC boilers　流化床点火装置　22.0323
warm-up oil gun　启动油枪　22.0316
warm-up system　启动系统　22.0442
washcoat　载体涂料　24.0743
washing machine　清洗机　19.0031
washing screen　清洗筛　19.0033
washing system　清洗系统　23.0758
waste gate　废气旁通阀　24.0445
waste nitrogen　污氮　11.0014
waste nitrogen liquefier　污氮液化器　11.0055
water batcher　计量给水装置　15.0163

water cannon　水炮　08.0009
water chamber　水室　23.0414
water chiller unit　冷水机组　12.0342
water circulation　水循环　22.0201
water circulation test　水循环试验　22.0564
water cold storage　水蓄冷　12.0066
water collector/separator　分集水器　12.0489
water-cooled air-conditioning unit　水冷式空气调节机　12.0345
water-cooled compressor　水冷式压缩机　10.0089
water-cooled condenser　水冷冷凝器　12.0151
water-cooled condenser calorimeter method　水冷冷凝器量热器法　12.0021
water-cooled cyclone separator　水冷旋风分离器　22.0330
water-cooled engine　水冷发动机　24.0023，水冷式内燃机　24.0058
water-cooled hopper　冷灰斗　22.0275
water-cooled vibrating stoker　水冷振动炉排　22.0366
water-cooled wall　水冷壁　22.0394
water cooling tower　水冷却塔　11.0081
water-driving rock drill　水压凿岩机　21.0005
water hammer　水锤　25.0212
water hammer pump　水锤泵　07.0147
water injection equipment　注水设备　23.0765
water injection pump　注水泵　07.0103
water injection system　喷水装置　24.0898
water injector　注水装置　10.0021
water jacket　水套　24.0294
waterjet　水射流　08.0013
water jet air ejector　射水抽气器　23.0428
water leg　水腿　21.0061
water level　水位　22.0471
water level indicator　水位表　22.0450
water resistance　水阻　23.0397
watcr ring vacuum pump　水环式真空泵　23.0427
water scrubber　水洗箱　14.0190
water seal gland　水封　23.0296
water separator　水分离器　11.0078，启动分离器　22.0443
water soluble sulfate　硫酸盐　24.0697
water storage tank of deaerator　除氧器贮水箱　23.0509
water-supplying device　供水装置　17.0091
water-supplying system　供水系统　17.0092
water supply pipeline　输水管路　26.0228
water-supported belt conveyor　水垫带式输送机　02.0031
water swelling　汽水膨胀　22.0491
water tank for cylinder cleaning　混凝土缸水洗箱　17.0127
water tube　水针　21.0214
water tube boiler　水管锅炉　22.0071
water-turbine pump　水轮泵　07.0131
water wall　水冷壁　22.0394
weak solution　稀溶液　12.0063
wear plate　耐磨板　25.0051
wear rate　磨损率　24.0272
wedge　闸板　09.0016
wedge diaphragm valve　闸板式隔膜阀　09.0042
wedge gate valve　楔式闸阀　09.0028
Weibull wind-speed distribution　韦布尔风速分布　26.0016
weighing batcher　称量装置　17.0076
weighted average efficiency　加权平均效率　25.0186
weighted average head　加权平均水头　25.0159
weight-operated grip　重力式抱索器　02.0310
weir diaphragm valve　屋脊式隔膜阀　09.0040
welded disk rotor　焊接转子　23.0175
welded spiral finned tube heat exchanger　焊片换热器　12.0405
welded steel chain　双板链　02.0098
well　井道　06.0032
wet-bottom furnace　液态排渣炉膛　22.0279
wet concrete spraying machine　湿式混凝土喷射机　17.0072
wet-gas fan　湿气通风机　10.0063
wet liner　湿缸套　24.0297
wet pit pump　液下泵　07.0055
wet sump force-feed lubrication　湿式油底壳强制润滑　24.0488
wet-type air cooler　湿式空气冷却器　12.0207
wet-type air filter　湿式空气过滤器　12.0458
W-flame boiler　W 型火焰锅炉　22.0120
W-flame furnace　W 型火焰炉膛　22.0284
wheel asphalt paver　轮胎式沥青混凝土摊铺机　15.0025
wheel conveyor　滚轮输送机　02.0221

wheel crane 轮胎起重机 01.0163
wheeled concrete transport equipment 混凝土轮式输送设备 17.0030
wheel efficiency of compressor 压气机轮周效率 23.0016
wheel efficiency of turbine 透平轮周效率 23.0015
wheel excavator 轮胎挖掘机 14.0068
wheel load 轮压 01.0007
wheel planetary reductor 轮边行星减速器 14.0055
wheel shaft 轮轴 14.0128
wheel slewing ring 滚轮式回转支承 01.0081
wheel trencher 轮斗挖沟机 14.0205
wheel-type tractor-dozer 轮胎式推土机 14.0173
wheel work 轮周功 23.0102
whirl chamber 涡流室 24.0125
white and blue smoke 蓝白烟 24.0706
white smoke 白烟 24.0705
wicket gate 导叶 25.0055
wide-range primary air nozzle 宽调节比一次风喷口 22.0357
width of conveyor 输送机宽度 02.0043
width of shuttles 货叉宽度 01.0474
winch 绞车 01.0536，14.0121，卷扬机 01.0594，绞盘 14.0182
winch-operated impact hammer 落锤 16.0003
winch-type cold-drawing machine 卷扬机式钢筋冷拉机 18.0004
windage loss 鼓风损失 23.0120
wind box 风箱 22.0322
wind break 风障 26.0274
wind-diesel hybrid power system 风柴互补发电系统 26.0053
wind energy 风能 26.0001
wind farm 风电场 26.0232
wind farm planning 风电场规划 26.0233
winding drum 卷筒 01.0111
wind measurement mast 测风塔 26.0166
windmill 风车 26.0024
window air conditioner 窗式空气调节器 12.0355
window cleaning unit 擦窗机 20.0068
wind-photovoltaic hybrid power system 风光互补发电系统 26.0051
wind-photovoltaic road light 风光互补路灯 26.0052
wind power heating system 风力致热系统 26.0054
wind power station 风电场 26.0232
wind profile 风廓线 26.0019
wind rotor 风轮 26.0169
wind shear 风切变 26.0003
wind shear exponent 风切变指数 26.0005
wind shear influence 风切变影响 26.0004
wind speed 风速 26.0010
wind speed distribution 风速分布 26.0014
wind turbine 风力机 26.0025
wind turbine-air compressor pumping set 风力机–空压泵提水机组 26.0036
wind turbine-electrical pumping set 风力机–电泵提水机组 26.0037
wind turbine generator set 风力发电机组 26.0038
wind turbine-piston pumping set 风力机–活塞泵提水机组 26.0034
wind turbine-screw pumping set 风力机–螺旋泵提水机组 26.0035
wind velocity 风矢量 26.0017
wind water-pumping set 风力提水机组 26.0033
winter air conditioning 冬季空调 12.0308
wire cord belt conveyor 钢绳芯带式输送机 02.0009
wire-mesh belt conveyor 钢丝网带输送机 02.0025
wire-mesh making machine 钢筋网成型机 18.0040
wooden floor planer 木地板刨平机 20.0025
wooden floor sander 木地板磨光机 20.0042
work capacity 工作能力 24.0549
working condition chart 工况图 23.0138
working cycle 工作循环 24.0077
working device 工作装置 14.0207
working fluid 工质 22.0001，24.0078
working fluid heater efficiency 工质加热器效率 23.0644
working fluid pair 工质对 12.0059
working medium 工质 22.0001，24.0078
working medium volume 工质容积 24.0146
working pressure 工作压力 13.0112
working radius 工作幅度 01.0218
work platform 工作平台 20.0069
W-outrigger W 形外伸支腿，* 蛙式支腿 01.0195
wrap angle 围包角 02.0042
wrapped tube for high-pressure fuel 高压油管用有缝复合管 24.1194
wreck railway crane 救援用铁路起重机 01.0228

WTGS　风力发电机组　26.0038
W-type compressor　W 型压缩机　10.0101

X

X engine　X 型发动机　24.0043
X-outrigger　X 形外伸支腿　01.0197

Y

yaw bearing　偏航轴承　26.0200
yaw controlling speed　偏航控制速度　26.0134
yawing　偏航　26.0261
yawing angle of rotor shaft　风轮偏角　26.0089
yaw regulating mechanism　偏航调节机构　26.0208
year-round air-conditioning system　全年空调系统　12.0321
Y-globe valve　直流式阀　09.0090
Y-switch　Y 形道岔，* 双路道岔　01.0403
Y-type pump　Y 型泵　07.0078

Z

zero gas　零气　24.1009
zero grade air　零点气　24.1010
zoned air control　分段送风　22.0241
Z-type en masse conveyor　Z 形埋刮板输送机　02.0085

汉 英 索 引

A

矮体式风机盘管机组　low-body fan-coil unit　12.0437
安全阀　safety valve, relief valve　09.0053，22.0444
安全阀排汽量　discharge capacity of safety valve　22.0601
安全风速　survival wind speed　26.0066
安全钩　safety hook　01.0643
安全钳　safety gear　01.0641
安全寿命　safe life　26.0142
安全停机时的变桨距角速度　pitch angular velocity when safety-shutdown　26.0133
安全泄放阀　safety relief valve　22.0445
安装错误　installation error　24.0225
安装吊杆　jib attachment　01.0642
安装高程　setting elevation　25.0208
安装角　stagger angle　23.0683
氨水吸收式制冷机　ammonia-water absorption refrigerating machine　12.0082
氨吸收式空气调节机组　ammonia air-conditioning unit　12.0127
氨吸收式热泵机组　ammonia absorption heat pump unit　12.0128
鞍式抱索器　saddle-type grip, automatic grip　02.0313
岸边集装箱起重机　quayside container crane　01.0481
岸边抓斗卸船机　ship unloader　04.0025
按钮操纵起重机　pendant-operated crane　01.0678
暗杆闸阀　non-rising-stem gate valve　09.0027
暗装风机盘管机组　concealed fan-coil unit　12.0433
凹凸板式蒸发器　embossed-plate evaporator　12.0175
奥氏烟气分析仪　Orsat flue-gas analyzer　22.0571

B

* 拔棒起重机　electrode-handling crane　01.0426
靶距　standoff distance　08.0018
白烟　white smoke　24.0705
百万分率碳　parts per million carbon　24.0937
百叶窗　louver　12.0379
百叶窗分离器　corrugated separator, corrugated plate separator　22.0381
摆臂　move-about arm　14.0126
摆臂缸　swing boom cylinder　21.0245
摆锤破碎机　swing-hammer crusher　19.0027
摆动缸式回转机构　swing-cylinder rotation mechanism　21.0242
摆动式燃烧器　tilting burner　22.0295
摆动支架　oscillating mast　01.0373
摆式插入振动器　pendulum-type immersion vibrator　17.0066
摆式气锯　pneumatic oscillating saw　21.0165
摆式钻臂　swing drill boom　21.0230
扳轴　anvil spindle　21.0265
板翅式换热器　plate-fin heat exchanger　11.0042
板带式速冻装置　plated belt tunnel freezer　12.0262
板坯搬运起重机　slab-handling crane　01.0416
板坯翻转起重机　slab turn crane　01.0417
板坯夹钳　slab clamp　01.0437
板式安装的轴流式通风机　plate-mounted axial-flow fan　10.0050
板式给料机　slat feeder　03.0003
板式回热器　plate-type recuperator　23.0570
板式冷凝器　plate-type condenser　12.0146
板式热回收器　plate heat exchanger　12.0453
板式输送机　slat conveyor　02.0111
板式套筒滚子链　plate-type bushed roller chain　02.0097
半闭式循环　semiclosed cycle　23.0545
半导体制冷　semiconductor refrigeration　12.0005
半地下沥青储仓　semi-underground asphalt storage　15.0063
半封闭制冷压缩机　semi-hermetic refrigerant compressor　12.0123
半辐射式过热器　semi-radiant superheater　22.0408

半高立式冷藏陈列柜　semi-vertical refrigerated display cabinet　12.0248
半基本负荷额定输出功率　semi-base-load rated output　23.0582
半集中式空气调节系统　semi-central air-conditioning system　12.0312
半开式液态排渣炉膛　semi-open wet-bottom furnace　22.0281
半连续镀膜设备　semi-continuous coating plant　13.0249
半门式起重机　semi-gantry crane, semi-portal bridge crane　01.0314
半门座起重机　semi-portal slewing crane　01.0262
* 半绳索小车　semi-rope trolley　01.0073
半绳索小车集装箱起重机　container crane with semi-rope trolley　01.0485
半永久性真空封接　semi-permanent seal　13.0125
半整体式动力转向器　semi-integral power steering gear　14.0033
半直吹式制粉系统　semi-direct fired pulverizing system　22.0031
半直驱永磁同步风力发电机组　semi-direct drive permanent magnet synchronous wind turbine generator set　26.0049
半自动混凝土砌块生产成套设备　complete set of semi-automatic equipment for block making　17.0136
半自动有轨巷道堆垛起重机　semi-automatic S/R machine　01.0458
包墙管过热器　wall-enclosed surperheater　22.0412
饱和度　degree of saturation　13.0011
饱和蒸气　saturated vapor　13.0012
饱和蒸气压　saturation vapor pressure　13.0010
饱和蒸汽汽轮机　saturated steam turbine　23.0070
保护设备试验　protective device test　23.0597
保护系统　protection system　23.0737
保护压力装置　protection pressure device　14.0022
保温层　lagging　23.0001
保温阀　insulating valve　09.0096
保温列车　insulated rail-car　12.0297
保温汽车　insulated vehicle　12.0294
报警保护系统　alarm and protection system　23.0002，23.0797
报警监测　alarm monitoring　24.0642
抱卡　clamp　02.0315
抱索器　grip　02.0307
爆燃　detonation　24.0130
爆炸界限　explosion mixture limit　22.0194
爆震传感器　knock sensor　24.0858
备件　spare part　24.0216
备用尖峰负荷额定输出功率　reserve peak load output　23.0581
* 备用润滑油泵　emergency oil pump　23.0279
备用小时数　reserve shutdown hours　22.0620
备用状态　reserve shutdown state　22.0615
背压　back pressure　23.0142
背压式汽轮机　back pressure steam turbine　23.0051
背压调节器　back pressure regulator　23.0256
被动阀配气机构　compressed-air distributing mechanism of unpowered valve　21.0212
被动冷轧带肋钢筋成型机　powerless driven cold rolling steel wire and bar making machine　18.0013
被动再生　passive regeneration　24.0723
苯并芘　benzo pyrene　24.0683
泵的额定流量　rated pump capacity　07.0009
泵壳　pump case　13.0069
泵流量　pump capacity　07.0008
泵喷嘴　unit injector　24.1173
泵喷嘴体　unit injector body　24.1181
泵输出功率　pump power output　07.0012
* 泵输入功率　pump power input　07.0011
泵送混凝土　pumping concrete　17.0129
泵送混凝土压力　pumping concrete pressure　17.0128
泵送机构　pumping mechanism　17.0097
泵送能力指数　pumping ability factor　17.0131
泵效率　pump efficiency　07.0013
泵扬程　pump head　07.0001
泵液　pump fluid　13.0078
泵油偶件　pumping element　24.1078
泵油系　pumping assembly　24.1079
* 泵有效功率　pump effective power　07.0012
泵轴功率　pump shaft power　07.0011
泵转速　pump revolution speed　07.0010
* 鼻端固定导叶　nose vane　25.0044
比尔–朗伯定律　Beer-Lambert law　24.0974
* 比功　specific power　23.0600
比功率　specific power　23.0600
比例积分调速器　proportional integral governor, PI governor　24.0534

比例积分微分调速器　proportional integral differential governor, PID governor　24.0535
比例取样　proportional sampling　24.0970
比例式排气再循环系统　proportional exhaust gas recirculation system　24.0776
比例调速器　proportional governor, P governor　24.0533
比例作用控制器　proportional action controller　24.0628
比面积热强度　specific area heat release rate　23.0648
比能　specific energy　25.0145
比排放量　specific emission　24.0936
比容积热强度　specific-volume heat release rate　23.0646
比值控制系统　ratio control system　24.0616
比转速　specific speed　07.0007，25.0240
闭环控制　closed-loop control　24.0901
闭式循环　closed cycle　23.0544
闭式液态排渣炉膛　closed wet-bottom furnace　22.0282
闭锁装置　lock-out device　23.0263
壁挂式锅炉　wall-hung boiler　22.0070
壁挂式空气调节器　wall-mounting-type air conditioner　12.0359
* 壁式过热器　wall superheater　22.0409
壁式悬臂起重机　wall crane　01.0656
壁纸准备装置　wallpaper preparation device　20.0027
避雷针　lightning rod　26.0168
臂杆　arm lever　14.0159
臂架　jib, boom　01.0093
臂架变幅限位器　derricking limiter　01.0155
臂架平车　auxiliary truck　01.0239
臂架平衡系统　boom balancing system　01.0275
臂架伸缩　boom telescope　01.0031
* 臂架式泵车　concrete pump truck　17.0048
臂架型起重机　jib-type crane　01.0652
臂架折叠机构　jib fold mechanism　01.0200
臂头最小转弯半径　minimum turning radius of jib nose　01.0216
边缘压实切割机　edge tamping and cutting machine　15.0133
扁平复合曳引钢带　flat covered steel belt for drive　06.0047
便携式起重机　portable crane　01.0663
变比流动　perturbated flow　24.0823
变风量空气调节机组　variable air volume conditioning unit　12.0337
变风量末端装置　variable air volume terminal device　12.0442
变风量系统　variable air volume system　12.0326
变幅　luffing　01.0032
变幅机构　derricking mechanism　01.0055，amplitude changing mechanism　14.0109
变高度喷嘴调节　control by changing height of nozzle　11.0188
变工况　off-design condition　23.0573
变几何燃气轮机　variable-geometry gas turbine　23.0526
变桨距调节机构　regulating mechanism for pitch adjustment　26.0183
变截面叶片　variable chord blade　26.0173
变流量取样　variable rate sampling　24.0972
变流器　converter　26.0221
变螺距螺旋　variable pitch screw　02.0148
变频空气调节器　variable frequency air conditioner　12.0368
变容真空泵　positive-displacement vacuum pump　13.0027
* 变速卷扬机　variable-speed winch　01.0600
* 变速调速器　variable-speed governor　24.0537
变速箱点火控制阀　transmission spark control valve　24.0810
变稀释度取样　variable dilution sampling　24.0971
变性燃料乙醇　denatured fuel ethanol　24.0657
* 变压运行　sliding-pressure operation　22.0482，23.0345
变直径螺旋　variable diameter screw　02.0147
变质机油　degraded oil　24.0273
变质冷却剂　degraded coolant　24.0275
标定的沥青罐装载量　nominal loading of tank　15.0102
标定的洒布量　nominal application rate　15.0105
标定空载转速　declared no-load speed　24.0563
标定气　calibration gas　24.1007
标定转速　declared speed, rated speed　24.0156
标志线清除车　stripe-removal vehicle　08.0008
标准参考条件　standard reference conditions　23.0594
标准大气　standard atmosphere　23.0593

标准额定输出功率　standard rated output　23.0575
标准风速　standardized wind speed　26.0158
标准环境条件　standard ambient condition　13.0001
标准节　standard section　01.0569
标准空气漏率　standard air leak rate　13.0215
标准漏孔　reference leak　13.0212
标准气体状态　standard reference condition for gases　13.0002
标准真空计　reference gauge　13.0200
表计压力　gauge pressure　25.0194
表面防腐　surface corrosion protection　26.0150
表面裂纹　surface crack　24.0266
表面式回热器　recuperator　23.0567
表面式加热器　surface heater　23.0455
表面式间接干式冷却系统　indirect dry cooling system of surface condenser　23.0445
表面式凝汽器　surface condenser　23.0392
冰棒机　ice lolly maker　12.0288
冰库　ice storage room　12.0279
冰淇淋冻结器　ice cream freezer　12.0290
冰淇淋机　ice cream maker　12.0289
冰温贮藏　controlled freezing-point storage　12.0271
冰箱　refrigerator　12.0245
冰蓄冷　ice cold storage　12.0067
并联式机油滤清器　duplex lubricating oil filter　24.0504
并联烟道　parallel gas pass　22.0271
并列连杆　side-by-side connecting rod　24.0394
并汽　bringing a boiler onto the line　22.0477
并网型风力发电机组　on-grid wind turbine generator set　26.0040
病床电梯　bed lift, hospital lift　06.0005
波纹管阀　bellows valve　09.0097
波纹管计量泵　bellows metering pump　07.0094
波纹管平衡式安全阀　bellows seal balance safety valve　09.0059
波纹管式减压阀　bellows seal reducing valve　09.0069
波纹型肋片换热器　corrugated finned tube exchanger　12.0397
波状挡边带式输送机　walled belt conveyor　02.0026
玻璃分级过渡封接　graded seal　13.0121
剥落　spalling　22.0525
剥蚀　chipping　24.0239
薄膜空气过滤器　membrane filter　12.0475
薄膜漏孔　membrane leak　13.0208
薄膜式减压阀　diaphragm reducing valve　09.0066
补偿链装置　compensating chain device　06.0039
补偿绳防跳装置　anti-rebound device of compensation rope　06.0041
补偿绳装置　compensating rope device　06.0040
补给水　make-up water　22.0006
补气阀　gulp valve　24.0838
补气试验　air admission test　25.0232
补燃的余热锅炉型联合循环　supplementary fired combined cycle with heat recovery steam generator　23.0855
捕集器　trap　24.0912
捕集器氧化装置　trap oxidizer　24.0916
捕集器再生循环　trap regeneration cycle　24.0920
捕集氧化系统　trap oxidizer system　24.0915
捕集真空泵　entrapment vacuum pump, capture vacuum pump　13.0053
捕渣率　ash-retention rate　22.0195
不变质心平衡原理　fixed center of mass for jib balance　01.0276
不带布料杆的混凝土泵　concrete pump without a placing boom　17.0047
不分光红外线分析仪　nondispersive infrared analyzer, NDIR　24.0984
不可调式水力机械　non-regulated hydraulic machinery　25.0003
不可用小时数　unavailable hours　22.0625
不可用状态　unavailable state　22.0613
* 不灵敏度　minimum sensitivity, insensitivity　24.0561
不凝性气体分离器　non-condensable gas separator　12.0232
不平衡　unbalance　24.0231
不平衡马达驱动的振动筛　vibrating screen driven by out-of-balance motors　19.0005
不调频叶片　untuned blade　23.0306
* 不透光烟度计　smoke opacimeter　24.0999
布风板　air distributor　22.0324
布雷敦循环　Brayton cycle　12.0028
布料杆　placing boom　17.0102
* 布料杆泵车　concrete pump truck　17.0048
步履式挖掘机　walking excavator　14.0064

步行操纵式挖沟机　pedestrian-operated trencher　14.0201
部分工作状态　part-unit operation　12.0385
* 部分进气调节　control by nozzle block　11.0186
部分进汽　partial-arc admission　23.0098
部分进汽度　partial-arc admission degree　23.0099
部分流取样法　partial-flow sampling　24.0965
部分流式烟度计　partial-flow smokemeter　24.0996

C

擦窗机　window cleaning unit　20.0068
采矿钻臂　mining drill boom　21.0232
参比室　reference cell　24.1002
参考风速　reference wind speed　26.0060
残留碳颗粒　residual carbon particulate, RCP　24.0699
残余压力　residual pressure　24.1103
操纵器　manipulator　21.0261
操作架　crosshead　25.0117
操作台可升降的车辆　truck with elevatable operation position　05.0012
槽车空载行驶试验　no-load running test of tanker　11.0151
槽车满载行驶试验　full-load running test of tanker　11.0152
槽面卷筒　fluted drum　01.0605
槽形托辊　troughing idler　02.0059
槽型板式输送机　pan conveyor　02.0115
槽型分离器　U-beam separator　22.0329
侧柄式定扭矩气扳机　side-handle torque-controlled pneumatic wrench　21.0142
侧柄式气扳机　side-handle pneumatic wrench　21.0136
侧翻卸料式自卸车　side dump tipper　14.0230
侧门架净空　clearance of side portal　01.0354
侧门框净空尺寸　clearance of seaside gantry frame　01.0519
侧面安装式喷油泵　side-mounted fuel injection pump　24.1049
侧面堆垛式叉车　lateral stacking truck　05.0015
侧面式叉车　side-loading truck　05.0013
侧向供水机构　side water-supply mechanism　21.0218
侧卸铲斗　side dump bucket　14.0114
侧移机构　side-shift actuator　14.0165
侧翼　side vane　26.0193
侧置气门发动机　side-valve engine　24.0048
测风塔　wind measurement mast　26.0166
测量单元　measuring unit　24.0619
测量的功率曲线　measured power curve　26.0265
测量扇区　measurement sector　26.0269
测试诊断　test diagnostic　24.0641
测振装置　vibration monitoring system　10.0017
层间距离　floor-to-floor distance, inter-floor distance　06.0031
层门　landing gate　01.0632
层燃锅炉　grate-fired boiler, stoker-fired boiler　22.0128
层站　landing　01.0631
层站栏杆　landing bar　01.0634
层站入口　landing entrance　06.0026
层状燃烧　grate firing　22.0209
叉车　fork lift truck　05.0006
叉管　branch pipe　25.0126
叉形连杆　fork-and-blade connecting rod　24.0393
* 差动比　differential ratio　24.1164
差动活塞泵　differential piston pump　07.0069
差速器　differential　14.0052
差速器锁止系数　differential locking coefficient　14.0060
插板阀　gate valve　13.0156
插腿式叉车　straddle truck　05.0009
拆垛　unstacking　05.0031
柴油车排气后处理装置　diesel aftertreatment device　24.0790
柴油锤　diesel-powered impact hammer　16.0006
柴油机　diesel engine　24.0063
柴油机工作粗爆　diesel knock　24.0129
柴油机颗粒　diesel particulate　24.0693
柴油机颗粒物　diesel particulate matter　24.0700
柴油机排烟　diesel smoke　24.0701
柴油机用整体式颗粒过滤器　monolithic diesel particulate filter　24.0728
* 柴油煤气机　diesel-gas engine　24.0067
柴油燃气发动机　diesel-gas engine　24.0067

* 掺混空气 secondary air 23.0714
掺混区 dilution zone 23.0716
产品气储罐 product gas tank 11.0204
产品气纯化装置 product gas purifying device 11.0205
铲板 insertion board 14.0145
铲斗 bucket 14.0113
铲斗架 cradle 14.0117
铲斗式装载机 bucket loader 14.0082
* 铲斗挖掘力 breakout force 14.0074
铲斗装载机 loader with digging bucket 04.0008
铲头 loading head 14.0104
铲头 chisel 21.0270
铲运机 scraper 14.0185
铲装机构 bucketing mechanism 14.0105
颤振 flutter 26.0135
长颈叶根 long shank blade root 23.0705
长螺旋钻孔机 rig for rotary drilling with a continuous flight auger 16.0021
长叶片颤振 long blade flutter 23.0305
常闭式阀 normally-closed valve 09.0095
常规喷油器 conventional fuel injector 24.1108
常开式阀 normally-open valve 09.0094
常速试验 constant speed test 26.0262
常压流化床锅炉 atmospheric fluidized bed boiler 22.0126
常压流化床联合循环 atmospheric pressure fluidized bed combined cycle, AFBC 23.0861
常压热水锅炉 atmospheric hot water boiler 22.0068
厂用电率 station auxiliary power rate 23.0128
厂用电系统 station auxiliary power system 23.0375
超超临界汽轮机 ultra supercritical pressure steam turbine 23.0063
超低温阀门 cryogenic valve 09.0087
超负荷转速 overload speed 24.0157
超高速电梯 ultra-high-speed lift 06.0012
超高效空气过滤器 ultra-low-penetration air filter 12.0465
超高压泵 ultra-pressure pump 07.0112
超高压阀门 ultra-high-pressure valve 09.0084
超高压锅炉 super-high-pressure boiler 22.0063
超高压汽轮机 super-high-pressure steam turbine 23.0060
超高压水切割机 ultra-high-pressure waterjet cutting unit 08.0003
超高压水射流 ultra-high-pressure waterjet 08.0016
超高压压缩机 ultra-high-pressure compressor 10.0130
超高真空泵 ultra-high vacuum pump 13.0067
超高真空阀 ultra-high vacuum valve 13.0149
超临界汽轮机 supercritical pressure steam turbine 23.0062
超临界压力锅炉 supercritical pressure boiler 22.0061
超声波加湿器 ultrasonic humidifier 12.0416
超声波自动调平器 ultrasonic auto-leveling device 15.0049
超速保护装置 overspeed protector 02.0077, overspeed tripping device 23.0258
超速控制装置 overspeed control device 23.0738
超速脱扣停机 overspeed tripping 23.0360
超速限制装置 overspeed limiting device 24.0575
* 超速遮断装置 overspeed trip device 23.0738
超温 overtemperature 22.0539
* 超温保护装置 overtemperature protective device 23.0740
超温检测器 overtemperature detector 23.0741
超温控制装置 overtemperature control device 23.0740
超压保护装置 overpressure protection device 23.0477
车钩间距 length between couples 01.0235
车架 chassis 05.0023
车辆型式 vehicle type 24.1020
车身侧板 bodywork 05.0026
车速控制式点火装置 speed-controlled spark 24.0809
车载加油蒸气回收 on-board refueling vapor recovery 24.0962
车载加油蒸气回收装置 on-board refueling vapor recovery device 24.0888
车载式混凝土泵 transported concrete pump 17.0041
车载式石屑撒布机 transported chippings spreader 15.0108
车载移动式升降工作平台 vehicle-mounted mobile elevating work platform 20.0073
车载诊断 on-board diagnostics, OBD 24.0903
车组式运载工具 group of carriers 02.0305

沉拔桩作业装置 pile installation and extraction equipment 16.0024
沉积物腐蚀 deposit corrosion 22.0530
沉降灰 sedimentation ash, settled ash 22.0037
沉浸式发生器 submerged generator 12.0213
沉浸式冷凝器 submerged-coil condenser 12.0154
沉浸式蒸发器 submerged evaporator 12.0165
沉箱式海上风力发电机组基础 caisson-type foundation of off-shore wind turbine generator set 26.0217
衬板 liner plate 17.0121
衬套 chuck bushing 21.0200
称量装置 weighing batcher 17.0076
撑杆式门座 portal with prop bar 01.0280
成桩设备 pile forming rig 16.0014
* 承马 rope carrier 01.0376
承载轨 free track 02.0237
承载索 carrying cable, track rope 01.0365，02.0288
承载索接头 track cable joint 01.0374
承载托辊 carrying idler 02.0056
乘客电梯 passenger lift 06.0002
程序控制器 procedure controller 11.0206
齿轮泵 gear pump 07.0121
齿轮齿条式施工升降机 rack and pinion hoist 01.0617
齿轮传动 gear drive 24.0315
齿轮传动比率 gear ratio 26.0132
齿轮传动级数 gear-driven steps 26.0131
齿轮式气动马达 pneumatic gear motor 21.0174
齿条齿轮式回转机构 rack and pinion rotation mechanism 21.0239
齿条千斤顶 rack-pinion jack 01.0526
翅片管省煤器 helically finned tube economizer, extended-tube economizer 22.0424
充气阀 charge valve 13.0140
充气流量 charge flow 24.0108
充气效率 charging efficiency 24.0107
冲波损失 shock loss 23.0116
冲动级 impulse stage 23.0203
冲动式汽轮机 impulse steam turbine 23.0046
冲动式透平 impulse turbine 23.0539
冲动式透平膨胀机 impulse expansion turbine 11.0170
冲管 flushing 22.0503
冲击锤 impact hammer 16.0002
冲击活塞 impact piston, blow piston 21.0187
冲击冷却 impingement cooling 23.0696
冲击破碎机 impact breaker, impact crusher 19.0023
冲击器部件 impacter part 21.0266
冲击设备 impact equipment 16.0028
冲击式拔桩器 impact extractor 16.0025
冲击式沉拔桩设备 impact extractor-hammer 16.0026
冲击式顶把 percussive holder-on 21.0099
冲击式多头气动除锈器 multi-piston pneumatic scaling hammer 21.0104
冲击式气扳机 pneumatic impact wrench 21.0131
冲击式气动除锈器 pneumatic scaling hammer 21.0103
冲击式气动雕刻机 percussive pneumatic engraving tool 21.0112
冲击式气动工具 percussive pneumatic tool 21.0080
冲击式气动振动器 pneumatic vibrating hammer 21.0108
冲击式水轮机 impulse turbine 25.0022
冲击式松土器 impact ripper 14.0181
* 冲击式透平膨胀机 impulse expansion turbine 11.0170
冲击头 impact head 21.0267
冲击压路机 impact roller 15.0148
冲击钻 percussion drill 20.0026
冲角 incidence, attack angle 23.0005
冲角损失 incidence loss 23.0119
虫蚀状痕迹 vermiculated pattern 24.0271
重叠度 overlap 24.1168
重紧 retightening 24.0212
重热系数 reheat factor 23.0108，23.0608
抽气 bleed air, extraction air 23.0625
抽气回收装置 purge recovery unit 12.0239
抽气器 air ejector 23.0425
抽气时间 pump-down time 13.0114
抽气式热电偶 suction pyrometer 22.0572
抽气装置的抽气量 throughput of pumping unit 13.0108
抽气装置的抽速 volume flow rate of pumping unit 13.0107
抽汽 extraction steam 23.0082
抽汽参数 extraction steam conditions 23.0089
抽汽逆止阀 extraction check valve 23.0227

抽汽式汽轮机 extraction steam turbine 23.0052
抽汽压力调节器 extraction pressure regulator 23.0255
抽速系数 speed factor 13.0097
抽烟风机 flue gas fan 22.0346
稠度仪 consistency measurer 17.0085
稠化装置 thickening device 02.0173
稠油转子泵 heavy oil rotary pump 07.0107
臭味 odor 24.0708
出口 outlet 13.0071
出口补偿器 outlet compensator 11.0197
出口导叶 outlet guide vanes 23.0770
出口几何角 outlet geometric angle 23.0215
出口面积 outlet area 23.0208
* 出口汽流角 outlet flow angle 23.0213
出口温度 outlet temperature 23.0616
出口压力 outlet pressure 23.0611
出料叶片 discharge blade 17.0088
出气角 flow outlet angle 23.0688
出汽角 outlet flow angle 23.0213
出油阀 delivery valve 24.1084
出油阀紧座 delivery valve holder 24.1085
* 初负荷 initial load 23.0330
初级输油泵 fuel feed pump 24.1208
初生空化系数 incipient cavitation coefficient 25.0199
初始负荷 initial load 23.0330
初始压力 initial pressure 25.0213
初始转速 initial speed 25.0216
除焦泵 decoking pump 07.0036
除鳞泵 descaling pump 07.0035
除湿机 dehumidifier 12.0423
除湿装置 dehumidifier 10.0018
除雪机 snow remover 15.0176
除氧器 deaerator 23.0497
除氧器安全门 safety valve of deaerator 23.0510
除氧器给水泵 deaerator feed water pump 23.0513
除氧器喷嘴 deaerator nozzle 23.0506
除氧器贮水箱 water storage tank of deaerator 23.0509
除氧头 deaeration head 23.0505
除渣设备 slag removal equipment 22.0461
储料仓 storage bin 17.0082
* 触媒炉 argon purifier 11.0120
穿墙型空气调节器 through-the-wall air conditioner 12.0362
穿堂 anteroom 12.0280
传动带垂度 belt sag 24.0218
传动端 driving end 07.0129
传动滚筒 driving pulley 02.0051
传动滚筒表面摩擦系数 surface friction coefficient of driving pulley 02.0041
传动链轮 driving sprocket 02.0107
传输通风机 conveying fan, transport fan 10.0066
* 传送防引燃通风机 spark-resistant fan, ignition-proof fan 10.0070
* 传送通风机 conveying fan, transport fan 10.0066
船厂门座起重机 shipyard portal crane 01.0265
船用泵 marine pump 07.0101
船用电梯 lift on ships 06.0014
船用连杆 marine-type connecting rod, palm-ended connecting rod 24.0387
船用汽轮机 marine steam turbine 23.0078
船用压缩机 marine compressor 10.0126
船载式混凝土搅拌站 boat-mounted concrete mixing plant 17.0003
喘振 surge 10.0012，23.0633
喘振边界 surge limit 23.0635
喘振点 surge point 10.0013，24.0090
* 喘振临界线 surge line 24.0091
喘振线 surge line 24.0091
喘振裕度 surge margin 23.0634
串级控制系统 cascade control system 24.0612
窗式空气调节器 window air conditioner 12.0355
床温 bed temperature 24.0791
吹除 blow-off 24.0928
* 吹管 scavenging of steam system 22.0504
吹灰 soot-blowing, lancing 22.0496
吹灰器 soot blower 22.0460
吹扫 purge 22.0473
吹胀式蒸发器 roll-bond evaporator 12.0177
垂直板式蝶阀 vertical-disk-type butterfly valve 09.0037
垂直螺旋输送机 vertical screw conveyor 02.0133
垂直上升管屏 vertical riser tube panel 22.0265
垂直式振动输送机 vertical vibrating conveyor 02.0227
垂直提升机 vertical elevator 02.0176

垂直轴风力机 vertical axis wind turbine 26.0029
锤击磨煤机 hammer mill, impact mill 22.0336
* 锤磨机 swing-hammer crusher 19.0027
锤体 hammer 21.0188
纯氮 pure nitrogen 11.0007
纯氮液化器 pure nitrogen liquefier 11.0054
纯氦 pure helium 11.0095
纯化器 purifier 11.0075
纯氪 pure krypton 11.0097
纯氪塔 pure krypton column 11.0131
纯氖 pure neon 11.0093
纯扭式气扳机 pneumatic nutrunner 21.0133
纯扭式气动螺丝刀 non-impact pneumatic screwdriver 21.0152
纯氙 pure xenon 11.0098
纯氙塔 pure xenon column 11.0132
纯氩 pure argon 11.0091
纯氩冷凝器 pure argon condenser 11.0116
纯氩塔 pure argon column 11.0114
纯氩蒸发器 pure argon evaporator 11.0117
瓷釉 glaze 24.0249
磁垫带式输送机 magnetic belt conveyor 02.0030
磁控溅射 magnetron sputtering 13.0239
磁力泵 magnetic drive pump 07.0026
磁偏转质谱仪 magnetic deflection mass spectrometer 13.0196
磁制冷 magnetic refrigeration 12.0006
磁阻发生器 speed pulser 23.0247
从属损坏 consequential damage 24.0221
粗糙长度 roughness length 26.0020
粗抽时间 roughing time 13.0113
粗抽真空泵 roughing vacuum pump 13.0063
粗粉分离器 coarse pulverized coal classifier 22.0338
粗氪 crude krypton 11.0110
粗氪冷凝器 crude krypton condenser 11.0136
粗氪塔 crude krypton column 11.0130
粗氪蒸发器 crude krypton evaporator 11.0135
粗氖氦除氮器 nitrogen remover for crude Ne-He 11.0124
粗氖氦冷凝器 crude Ne-He condenser 11.0123
粗氖氦气 crude Ne-He 11.0107
粗氖氦塔 crude Ne-He column 11.0122
粗效空气过滤器 roughing filter 12.0460
粗氩 crude argon 11.0100
粗氩冷凝器 crude argon condenser 11.0115
粗氩塔 crude argon column 11.0113
粗真空泵 rough vacuum pump 13.0062
催化捕集器 catalytic trap 24.0913
催化剂 catalyst 24.0731
催化剂耗损 catalyst attrition 24.0739
催化剂收缩 catalyst shrinkage 24.0740
催化剂中毒 catalyst poisoning 24.0741
催化器总成 catalyst assembly 24.0711
催化燃烧 catalytic combustion 23.0565
催化燃烧分析仪 catalytic combustion analyzer 24.0989
催化箱 catalytic purifier 14.0189
催化效率 catalytic efficiency 24.0753
催化型颗粒过滤器 catalyzed diesel particulate filter, CDPF 24.0727
催化型颗粒过滤器平衡点温度 CDPF balance point temperature 24.0945
催化转化器 catalytic converter, catalyst converter 24.0712
催化转化器转化效率 catalytic converter efficiency 24.0754
淬火起重机 quenching crane 01.0420
错油门 pilot valve 23.0249

D

达里厄型垂直轴风力机 Darrieus wind turbine 26.0030
打桩设备 piling equipment 16.0001
大气式除氧器 atmospheric deaerator 23.0499
大气式预混燃烧 atmosphere premixed combustion 22.0222
* 大气释放阀 atmospheric relief valve 23.0407
大气压电子束焊接设备 electron beam welding plant under atmosphere 13.0312
大倾角带式输送机 steeply inclined belt conveyor 02.0027
大型风力发电机组 large wind turbine generator set 26.0043
大型空气分离设备 large scale air separation plant

11.0018
大修　major overhaul　24.0204
代用燃料　alternative fuel　24.0654
带臂架起重机的门式起重机　gantry crane with traversing jib crane　01.0340
带补充载荷的安全阀　supplementary-loaded safety valve　09.0063
带布料杆的混凝土泵　concrete pump with distributor　17.0046
带传动辊子输送机　belt-driven live roller conveyor　02.0215
带导向架的桥式起重机　overhead crane with guided beam　01.0294
带动力辅助装置的安全阀　power-actuated safety valve　09.0062
带斗门座起重机　kangaroo　01.0264
带斗式提升机　belt bucket elevator　02.0179
带辅助水箱的蒸发冷却　evaporative cooling with additional tank　24.0455
带负荷试验　load test　23.0355
带附加质量的椭圆形振动筛　elliptically vibrating screen with additional mass　19.0006
带隔热装置的喷洒机　heat-insulated spreader　15.0092
带固定臂架的门式起重机　portal bridge crane with fixed jib　01.0339
带回转臂架的桥式起重机　overhead crane with slewing jib　01.0285
带回转司机室小车的门式起重机　gantry crane with slewing man-trolley　01.0341
带回转小车的桥式起重机　overhead crane with slewing crab　01.0286
带混凝土泵的搅拌运输车　truck mixer with concrete pump　17.0037
带架养护混凝土砌块生产成套设备　complete set of rack-curing block making equipment　17.0138
带宽　belt width　02.0038
带冷凝器的蒸发冷却　evaporative cooling with condenser　24.0456
带沥青泵的洒布机　displacement pump asphalt spreader　15.0088
带皮带输送机的混凝土搅拌输送车　truck concrete mixer with belt conveyor　17.0034
带偏心弹簧室的喷油器体　nozzle holder with eccentric spring chamber　24.1135
带式给料机　belt feeder　03.0002
带式抛料机　belt thrower　02.0037
带式气锯　pneumatic band saw　21.0168
带式输送机　belt conveyor　02.0007
带司机室小车　man trolley　01.0071
带速　belt speed　02.0039
带形螺旋　ribbon screw　02.0144
带有贮藏室的他助式柜台柜　serve-over counter with integrated storage　12.0253
* 待梯层站　predetermined landing　06.0028
怠速　idling speed　24.0158
怠速排放标准　idle speed emission standard　24.1016
怠速限制器　idle limiter　24.0833
袋式过滤器　bag filter　11.0067
袋式空气过滤器　bag-type air filter　12.0471
袋式提升机　bag elevator　02.0189
单板传送混凝土砌块生产成套设备　complete set of single-plate-conveying block making equipment　17.0140
单臂堆料机　single-boom stacker　04.0006
单臂架系统　single-boom system　01.0269
单侧犁式卸料器　side plough tripper　02.0069
单侧往复式架空索道　single to-and-fro ropeway, single reversible tramway　02.0258
单车　single trolley carrier　02.0239
单床式转化器　single-bed converter　24.0716
单导轨架式升降机　mono-mast hoist　01.0625
单导叶接力器　individual guide vane servomotor　25.0066
单独式称量装置　single batcher　17.0077
单缸泵　single-cylinder pump　07.0070
单缸喷油泵　single-cylinder fuel injection pump　24.1037
单罐气动混凝土布料装置　single-chamber pneumatic concrete placing device　17.0050
单轨小车悬挂输送机　monorail system, automated monorail　02.0232
单辊摆锤破碎机　single-rotor swing-hammer crusher　19.0028
* 单辊锤磨机　single-rotor swing-hammer crusher　19.0028
单辊滑板破碎机　single-roll sledging crusher　19.0022
单夯锤　single tamper　15.0043

单回路制动系　single-circuit braking system　14.0010
单机双级压缩机　compound two-stage compressor　10.0112
单机双级制冷压缩机　compound refrigerant compressor　12.0119
单级氨水吸收式制冷机　single-stage ammonia-water absorption refrigerating machine　12.0083
单级泵　single-stage pump　07.0050
单级机油滤清器　single-stage lubricating-oil filter　24.0498
单级精馏塔　single rectification column　11.0023
单级水泵水轮机　single-stage pump-turbine　25.0032
单级同轴水轮泵　single-stage coaxial water-turbine pump　07.0133
单级透平膨胀机　single-stage expansion turbine　11.0172
单级压缩机　single-stage compressor　10.0094
单级制冷压缩机　single-stage refrigerant compressor　12.0118
单级主减速器　single-reduction final drive　14.0050
单极式调速器　single-speed governor　24.0536
单极质谱仪　monopole mass spectrometer　13.0194
单卷筒卷扬机　single-drum winch, mono-drum winch　01.0601
单块式挤压机　single-blocking extruder　17.0151
单块式拉模机　single-blocking mould dragger　17.0156
单立柱桅杆起重机　mono-mast crane　01.0584
单立柱型有轨巷道堆垛起重机　single-mast S/R machine　01.0460
单联泵　simplex pump　07.0059
单链板式输送机　single-chain slat conveyor　02.0120
单链斗式提升机　single-chain bucket elevator　02.0183
单链埋刮板输送机　single-chain en masse conveyor　02.0092
单列级　single-row stage　23.0201
单列压缩机　single-row compressor　10.0097
单螺杆泵　single-screw pump　07.0117
单螺杆压缩机　single-screw compressor　10.0124
单螺杆制冷压缩机　monorotor screw refrigerant compressor　12.0114
单盘管风机盘管机组　fan-coil unit with single coil　12.0430
单绳抓斗　single-rope grab　01.0120
单索缆索起重机　mono-cable crane　01.0362
单台工作状态　one-unit operation　12.0383
* 单体泵　individual fuel injection pump　24.1040
单体式喷油泵　individual fuel injection pump　24.1040
单通道斗式提升机　single-passage bucket elevator　02.0186
单筒溴化锂吸收式制冷机　one-shell lithiumbromide-absorption refrigerating machine　12.0094
单头螺旋　single screw　02.0150
单往复式缆车　single-car to-and-fro funiculars　02.0280
单位飞逸转速　unit runaway speed　25.0245
单位功率　unit output power　25.0244
单位流量　unit discharge　25.0243
单位容积制冷量　per-unit refrigerating capacity of swept volume　12.0019
单位制冷量　per-unit refrigerating capacity of refrigerant mass　12.0018
单位轴功率制冷量　refrigerating effect per shaft power　12.0020
单位转速　unit speed　25.0242
单卧轴式混凝土搅拌机　single-horizontal-shaft concrete mixer　17.0026
单吸泵　single-suction pump　07.0052
单线地面小车输送机　single-strand floor-mounted truck conveyor　02.0211
单线架空索道　mono-cable ropeway　02.0260
单线往复式架空索道　mono-cable to-and-fro ropeway　02.0264
单线循环式固定抱索器架空索道　fixed grip mono-cable ropeway　02.0262
单线循环式架空索道　mono-cable continuously circulating ropeway　02.0261
单线循环式脱挂抱索器架空索道　detached grip mono-cable ropeway　02.0263
单箱式集装箱起重机　single-lift container crane　01.0487
单向阀门　unidirectional valve　09.0101
单向气动螺丝刀　non-reversible pneumatic screwdriver　21.0151
单效溴化锂吸收式制冷机　single-effect lithiumbromide-absorption refrigerating machine　12.0092
单悬臂门式起重机　gantry crane with cantilever　01.0321

单循环强制冷却　force-feed cooling in a single-circuit system　24.0461
单压兰金循环的联合循环　combined cycle with single pressure level Rankine cycle　23.0851
单元式空气调节机　unitary air conditioner　12.0348
单元型有轨巷道堆垛起重机　unit load S/R machine　01.0454
单闸板　single gate disk　09.0017
单轴联合循环　single-shaft-type combined cycle　23.0849
单轴汽轮机　tandem compound steam turbine　23.0065
单轴燃气轮机　single-shaft gas turbine　23.0518
单肘板颚式破碎机　single-toggle jaw crusher　19.0017
单主梁门式起重机　single-girder gantry crane　01.0317
单主梁桥式起重机　single-girder overhead crane　01.0287
单柱式钻架　single-column drill rig　21.0065
单转向发动机　unidirectional engine　24.0031
单转子冲击破碎机　single-rotor impact breaker　19.0025
单桩式海上风力发电机组基础　single-pile foundation of off-shore wind turbine generator set　26.0216
单作用泵　single-acting pump　07.0067
单作用发动机　single-acting engine　24.0026
* 单作用控制器　one-term controller　24.0628
单作用压缩机　single-acting compressor　10.0110
单作用制冷压缩机　single-acting refrigerant compressor　12.0116
弹道型真空计　orbitron gauge　13.0190
氮水预冷系统　precooling system with water and impure nitrogen　11.0080
氮塔　nitrogen column　11.0028
氮氧化物　oxides of nitrogen, NO_x　24.0678，24.0934
当量比　equivalence ratio　23.0641
挡板阀　baffle valve　13.0154
挡边板式输送机　skirted slat conveyor　02.0114
挡圈　retaining ring, circlip　24.0372
刀具转向角　blade steer angle　14.0213
刀盘装备扭矩　cutter driving torque　14.0259
导板　guideway　24.0300
导轨架　mast　01.0628
导轨式电动凿岩机　electric drifter　21.0031
导轨式独立回转凿岩机　drifter with independent rotation　21.0025
导轨式高频凿岩机　high-frequency drifter　21.0024
导轨式液压凿岩机　hydraulic drifter　21.0028
导轨式凿岩机　drifter　21.0023
导架爬升式工作平台　mast-climbing work platform　20.0076
* 导流环　inducer　24.0433
导流轮　inducer　24.0433
导流罩　nose cone　26.0184
导轮　guide wheel　02.0108
导热油加热式沥青储仓　hot oil heating asphalt storage　15.0068
导热油加热式沥青熔化加热装置　hot oil heating asphalt melting and heating unit　15.0079
导水机构　distributor　25.0054
导向测量装置　guidance measuring system　14.0262
导向轮　guide wheel　24.0323
导向套　cylinder guide　21.0194
导向托辊　guide idler　02.0062
导向叶片　guide blade　23.0156
导向翼板　aligning arm　01.0514
导向翼板翻转机构　rotative mechanism for arm　01.0515
* 导向爪　aligning arm　01.0514
导向装置　guiding device　16.0023
导叶　guide vane, wicket gate　25.0055
导叶泵　diffuser pump　07.0022
导叶臂　guide vane lever　25.0060
导叶端面密封　guide vane end seal　25.0072
导叶分布圆　guide vane circle　25.0058
导叶高度　guide vane height　25.0056
导叶环　guide blade ring　23.0161
导叶接力器　guide vane servomotor　25.0065
导叶开口　guide vane opening　25.0057
导叶力特性　guide vane force character　25.0247
导叶立面密封　guide vane seal　25.0073
导叶连杆　guide vane link　25.0062
导叶限位块　guide vane end stop　25.0064
导叶止推轴承　guide vane thrust bearing　25.0070
导叶轴承　guide vane bearing　25.0069
导叶轴流式通风机　vane axial fan　10.0051
导叶轴密封　guide vane stem seal　25.0071

导轴承　guide bearing　25.0108
倒置式发动机　inverted engine　24.0038
捣头　tamping butt　21.0272
道岔　track switch　02.0241
道岔舌　switch tongue　02.0242
道路试验法　road test method　24.0952
道路行驶　transport traveling, road traveling　01.0217
灯泡式水轮机　bulb turbine　25.0015
灯泡体　bulb　25.0052
灯泡体支柱　bulb support　25.0053
等截面叶片　constant chord blade　26.0172
等离子体化学气相沉积　plasma chemistry vapor deposition, PCVD　13.0242
等离子体热处理　plasma heat treatment　13.0299
等熵功率　isentropic power　23.0628
等熵焓降　isentropic enthalpy drop　23.0100
等熵效率　isentropic efficiency　23.0629
等速取样　isokinetical sampling　22.0576
低氮氧化物燃烧　low NO_x combustion　22.0218
低氮氧化物燃烧器　low NO_x burner　22.0306
低水头混流式水轮泵　low-head mixed-flow water-turbine pump　07.0141
低水头轴流式水轮泵　low-head axial-flow water-turbine pump　07.0137
低速泵　low-speed pump　07.0113
低速电梯　low-speed lift　06.0009
低速风力机　low-speed wind turbine　26.0027
低速鼓风机　low-speed blower　10.0075
* 低速磨煤机　low-speed pulverizer　22.0332
低位拖牵索道　low-surface lift　02.0284
低温泵　cryopump　13.0060
低温阀门　low-temperature valve　09.0086
低温分离器　low-temperature separator　22.0287
* 低温腐蚀　low-temperature corrosion　22.0538
* 低温活塞泵　piston-type cryogenic liquid pump　11.0191
低温技术　cryogenics　12.0002
低温精馏塔　cryogenic rectification column　11.0022
低温空气调节器　low-temperature air conditioner　12.0367
* 低温离心泵　centrifugal cryogenic liquid pump　11.0195
低温燃油滤清器堵塞　cold fuel filter clogging, cold fuel filter plugging　24.0219
低温容器　cryogenic vessel　12.0238
低温输液管　cryogenic delivery pipe　11.0160
* 低温往复泵　reciprocating cryogenic liquid pump　11.0190
低温液体泵　cryogenic liquid pump　11.0189
低温液体容器　cryogenic liquid vessel　11.0137
低温液体贮槽　cryogenic liquid tank　11.0140
低温制冷机　low-temperature refrigerator, cryogenic refrigerating machine　12.0088
* 低温柱塞泵　plunger-type cryogenic liquid pump　11.0192
低压泵　low-pressure pump　07.0109
低压发生器　low-pressure generator　12.0218
低压阀门　low-pressure valve　09.0081
低压缸喷水装置　low-pressure casing spray　23.0270
低压锅炉　low-pressure boiler　22.0066
低压加热器　low-pressure feed water heater　23.0465
低压沥青喷洒机　low-pressure binder spreader　15.0100
低压旁路系统　low-pressure bypass system　23.0386
低压旁路系统容量　capacity of low-pressure bypass system　23.0390
低压喷漆装置　low-pressure painting unit　20.0033
低压气动喷射设备　low-pressure pneumatic spraying equipment　20.0037
低压汽轮机　low-pressure steam turbine　23.0057
低压水射流　low-pressure waterjet　08.0014
* 低压塔　upper column　11.0026
低压透平　low-pressure turbine　23.0537
低压透平膨胀机　low-pressure expansion turbine　11.0176
低压涡轮增压器　low-pressure turbocharger　24.0414
低压循环贮液器　low-pressure side receiver　12.0234
低压压气机　low-pressure compressor　23.0553
低压压缩机　low-pressure compressor　10.0127
低压诱导器　low-pressure induction unit　12.0371
低氧燃烧　low oxygen combustion　22.0220
低真空保护装置　vacuum trip device　23.0264
* 低真空泵　low vacuum pump　13.0062
低真空电子束焊接设备　low vacuum electron beam welding plant　13.0311
低真空阀　low vacuum valve　13.0147
低周疲劳断裂　low-cycle fatigue　24.0253
堤坝建设塔式起重机　tower crane for dam construction　01.0562

滴油排放物　dripped fuel emission　24.0677
滴油润滑　drip-feed lubrication　24.0495
底板　floor　02.0126
底部卸料式自卸车　bottom dump tipper　14.0229
底部真空浇注　bottom vacuum pouring　13.0291
底层端站　bottom terminal landing　06.0029
底阀　foot valve　09.0049
底环　bottom ring　25.0050
底架　base frame, chassis frame　01.0064
底架千斤顶　undercarriage jack　01.0238
底盘　undercarriage　01.0063
底盘测功机　chassis dynamometer　24.0980
底盘锁紧机构　lock mechanism of chassis　21.0259
底卸式料斗离地间隙　ground clearance of bottom dump body　14.0239
地板锯　floor saw　20.0064
地板磨光机　floor grinder　20.0040
地板抛光机　floor polisher　20.0060
地板施工机械　machinery for floor work　20.0039
地板砖切割机　floor tile cutter　20.0043
地梁　sleeper, lying leg　01.0591
地面操纵单轨系统　floor-controlled monorail system　01.0391
地面操纵起重机　floor-operated crane　01.0677
地面操纵桥式起重机　floor-controlled overhead crane　01.0311
地面防护围栏　base level enclosure　01.0636
地面加料起重机　ground charging crane　01.0407
地面抹光机　trowelling machine　20.0023
地面小车输送机　floor-mounted truck conveyor　02.0210
地面修整机械　floor finishing machine　20.0022
地面支承型有轨巷道堆垛起重机　floor-supported S/R machine　01.0451
地面最大作业载荷　maximum pavement load in working conditions　01.0206
地热汽轮机　geothermal steam turbine　23.0071
地上沥青储仓　ground asphalt storage　15.0061
地下沥青储仓　underground asphalt storage　15.0062
地下煤气化联合循环电厂　combined cycle power plant with underground coal gasification　23.0859
* 第二类传热恶化　the second kind of boiling crisis　22.0015
第二制冷剂量热器法　secondary fluid calorimeter method　12.0070
* 第一类传热恶化　the first kind of boiling crisis　22.0014
点火　ignition　23.0825
点火定时　ignition timing　24.0128
点火能量　ignition energy　22.0178
点火器　igniter, lighter　22.0317
点火水位　ignition water level　22.0472
点火提前角　spark advance angle　24.0814
点火延迟装置　spark delay device　24.0808
点火油枪　torch oil gun　22.0315
点火真空口　spark port　24.0815
点火正时控制系统　ignition timing control system　24.0806
点火转速　ignition speed　23.0833
点火装置　ignition equipment　22.0318，23.0720
点燃式发动机　spark ignition engine　24.0011
点燃式燃气发动机　spark ignition gas engine　24.0020
点蚀　pitting attack　22.0528，corrosive pitting　24.0242
电磁泵　electromagnetic pump　07.0148
电磁阀　electromagnetically operated valve　13.0152
电磁料箱起重机　box-handling crane with magnet　01.0424
电磁门式起重机　magnet gantry crane　01.0333
电磁起重机　magnet crane　01.0423
电磁桥式起重机　overhead crane with magnet　01.0299
电磁驱动活塞压缩机　compressor with electromagnetically actuated piston　10.0086
电磁驱动筛分机　screening machine with electromagnetic drive　19.0009
电磁脱扣停机　solenoid tripping　23.0359
电磁吸盘　electromagnet　01.0126
电磁振动给料机　electromagnetic vibrating feeder　03.0014
电磁振动输送机　electromagnetic vibrating conveyor　02.0223
电动泵　motor pump　07.0086
电动变桨机构　electric pitch control mechanism　26.0182
电动铲运机　electric LHD　14.0188
电动阀　valve with electrically motorized operation

13.0153
电动浮式起重机　electric floating crane　01.0252
电动钢筋切断机　reinforcing bar electric-cutting machine　18.0026
电动滚筒　motorized pulley　02.0054
电动葫芦　electric hoist　01.0534
电动葫芦门式起重机　gantry crane with electric hoist　01.0336
电动葫芦桥式起重机　overhead crane with electric hoist　01.0293
电动机减速装置　retarder by electric traction motor　14.0019
电动机式振动器　motor-in vibrator　17.0061
电动冷镦机　electric cold header　18.0021
电动喷油器　electrical fuel injector　24.1110
电动起重机　electric crane　01.0667
电动桥式起重机　electric overhead crane　01.0308
电动热空气泵　electric thermactor air pump, ETA pump　24.0773
电动式钢筋弯曲机　electric reinforcing bar bender　18.0036
电动式振动桩锤　electric vibrator for piling equipment　16.0009
电动试压泵　motor test pump　07.0100
电动铁路起重机　motor-driven railway crane　01.0226
电动小车　motor-driven carrier　01.0396
电动凿岩机　electric rock drill　21.0006
电动振动给料机　electrodynamic vibrating feeder　03.0015
电动振动器　electric vibrator　17.0055
电动振动输送机　electrodynamic vibrating conveyor　02.0226
电动抓斗　electric grab, motor grab　01.0123
电感应式空气过滤器　electroinduction air filter　12.0474
电功率　electrical powcr　23.0125
电弧离子镀　arc discharge deposition　13.0244
电机制动　brake by generator　11.0183
电极棒起重机　electrode-handling crane　01.0426
电极式加湿器　electrode humidifier　12.0415
电加热催化器　electrically heated catalyst, EHC　24.0751
电加热锅炉　electric boiler　22.0103
电加热器　electric heater　11.0086，12.0408
电加热式沥青储仓　electric heating asphalt storage　15.0069
电解腐蚀　electrolytic corrosion　24.0244
电控计量泵　metering pump with electric stroke actuator　07.0096
电控燃油喷射系统　electronic fuel injection system　24.0832
电控式喷油泵　electrical fuel injection pump　24.1031
电缆卷绕装置　cable winder　01.0137
电缆卷筒　cable drum　01.0138
电缆小车　cable trolley　01.0075
电离真空计　ionization vacuum gauge　13.0176
电力汇集系统　power collection system　26.0242
电气设备室　electrical equipment room　01.0133
电气式调速器　electrical speed governor　23.0244
电–气调速器　electropneumatic governor　24.0532
电热比　power-heat ratio　23.0864
电热式加湿器　electric humidifier　12.0414
电梯　lift, elevator　06.0001
电梯曳引绳曳引比　hoist rope ratio of lift　06.0035
电梯曳引型式　traction type of lift　06.0034
电网联接点　network connection point　26.0240
电液调节　electro-hydraulic control　23.0369
电液调节系统　electro-hydraulic control system　23.0238，23.0730
电–液调速器　electrohydraulic governor　24.0531
电液转换器　electro-hydraulic servovalve　23.0237
电站锅炉　utility boiler, power boiler　22.0054
电站建设塔式起重机　power station tower crane　01.0563
电站空化系数　plant cavitation coefficient　25.0202
电站门座起重机　power station portal crane　01.0266
* 电站汽轮机　power generation steam turbine　23.0075
* 电站装置气蚀系数　plant cavitation coefficient　25.0202
电子点火系统　electronic ignition system　24.0804
电子/电动调速器　electronic/electric governor　24.0530
电子环射束近距离枪　electron ring beam short range gun　13.0324
电子控制单元　electronic control unit, ECU　24.0862，24.1219
电子控制化油器　electronic-controlled carburetor

24.0829
* 电子控制模块 electronic control unit, ECU 24.0862，24.1219
电子控制式排气再循环系统 electronic-controlled EGR system 24.0786
电子平面射束枪 electron plane beam gun 13.0321
电子枪 electron gun 13.0319
电子束焊接设备 electron beam welding plant 13.0308
电子束枪 electron beam gun 13.0322
电子束熔炼 electron beam melting 13.0284
电子自动调平器 electronic auto-leveling device 15.0048
* 电阻式加湿器 electric humidifier 12.0414
吊顶内装式空气调节器 in-ceiling-type air conditioner 12.0360
吊顶式空气调节器 ceiling-type air conditioner 12.0358
吊钩浮式起重机 hook floating crane 01.0253
吊钩横梁 lifting beam with hooks 01.0129
吊钩滑轮组 hook assembly 01.0110
吊钩门式起重机 gantry crane with hook, goliath 01.0331
吊钩起重机 hook crane 01.0658
吊钩桥式起重机 overhead crane with hook 01.0297
吊挂带式输送机 suspension belt conveyor 02.0020
吊挂式空气调节机组 hanging-type air-conditioning unit 12.0334
吊挂托辊 suspension idler 02.0064
吊具 carriers 02.0300
吊具倾斜装置 spreader incline device 01.0505
吊具水平回转装置 spreader slewing device 01.0504
吊篮 basket 02.0304
吊篮式客运架空索道 bucket lift 02.0271
吊笼 cage 01.0629
吊厢 cabin, gondola 02.0301
吊厢式客运架空索道 gondola lift 02.0272
吊椅 chair 02.0303
吊椅式客运架空索道 chair lift 02.0270
吊桩装置 pile-handling device 16.0031
叠式钻臂 superimposition drill boom 21.0231
蝶板 disk 09.0020
蝶阀 butterfly valve 09.0036，13.0157，25.0035
蝶式止回阀 butterfly swing check valve 09.0052
顶岸 top land, piston junk 24.0378
顶把 holder-on 21.0097
顶部臂节 top jib section 01.0188
顶层端站 top terminal landing 06.0030
顶盖 head cover 25.0048
* 顶杆 spindle 24.1140
顶排管 ceiling coil 12.0243
顶棚管过热器 ceiling superheater 22.0413
顶升机构 climbing mechanism 01.0575
顶置气门发动机 overhead-valve engine 24.0047
顶轴油泵 jacking oil pump 23.0280
定长钻臂 length-fixed drill boom 21.0221
定风量系统 constant air volume system 12.0325
定扭矩气扳机 torque-controlled pneumatic wrench 21.0139
定片真空泵 rotary piston vacuum pump 13.0036
定期排污 periodic blow-down 22.0495
定容取样器 constant-volume sampler, CVS 24.0991
定位器 positioner 24.0625
定相 phasing 24.1104
定压–滑压复合运行 modified sliding-pressure operation 22.0484，23.0348
定压排气歧管 constant-pressure exhaust manifold 24.0442
定压启动 constant-pressure start-up 22.0466
定压运行 constant-pressure operation 22.0483，23.0344
定压增压 constant pressure charging 24.0088
定中系统 center support system 23.0707
定柱 fixed column 01.0089
定柱式回转支承 slewing ring with fixed column 01.0079
冬季空调 winter air conditioning 12.0308
动臂 luffing jib 01.0097
动臂变幅塔式起重机 luffing jib tower crane 01.0559
动臂举升时间 lifting time of boom 14.0135
动臂下降时间 lowering time of boom 14.0137
动力操纵式绞盘 power-controlled winch 14.0184
动力排放阀 power control valve 22.0449
动力式辊子输送机 live roller conveyor 02.0214
动力输出式水轮泵 power-take-off water-turbine pump 07.0144
* 动力输出装置 power take-off 01.0202
动力透平 power turbine 23.0532

动力涡轮　power turbine　24.0427
动力转向器　power steering gear　14.0031
动力转向系　power steering system　14.0024
动量真空泵　kinetic vacuum pump　13.0041
动平衡机构　dynamic balancer　24.0410
动态定相　dynamic phasing　24.1106
* 动态分离器　dynamic mill classifier　22.0340
动态干燥　dynamic drying　13.0260
动态冷冻　dynamic freezing　13.0263
* 动态取样法　dynamic sampling　24.0966
动叶片　rotor blade, moving blade　23.0157，23.0670
动叶栅损失　moving cascade loss　23.0118
动载试验　dynamic test　01.0041
冻结间　freezing room　12.0272
冻结物冷藏间　frozen food storage room　12.0275
斗杆挖掘力　arm crowd force　14.0075
斗轮堆取料机　bucket wheel stacker-reclaimer　04.0002
斗轮取料机　bucket wheel reclaimer　04.0003
斗铺轨模式混凝土摊铺机　hopper-type rail-form concrete paver　15.0118
斗刃　bucket lip　14.0130
斗舌　bucket tongue　14.0129
斗式提升机　bucket elevator　02.0178
独立变桨机构　independent pitch control mechanism　26.0179
独立回转往复冲击式气动工具　reciprocating percussive pneumatic tool with independent rotation　21.0082
独立润滑　independent lubrication　24.0493
独立式塔架　free stand tower　26.0210
堵灰　clogging　22.0524
堵塞　choking　23.0631
杜瓦容器　Dewar　11.0138
度电成本　cost per kW·h　26.0245
镀膜材料　coating material　13.0224
端板　end plate　23.0783
端部损失　blade end loss　23.0115
端差　final temperature difference　23.0667
端梁　end carriage　01.0092
端面法兰安装式喷油泵　end flange-mounted fuel injection pump　24.1050
端面气动砂轮机　pneumatic vertical grinder　21.0119
断油孔　cut-off port　24.1065
断油孔关闭角　angle of cut-off port closing　24.1062
断油孔关闭时柱塞预升程　plunger lift when cut-off port closing, plunger prestroke when cut-off port closing　24.1061
锻造起重机　forge cane　01.0419
堆垛　stacking　05.0030
堆垛起重机　stacking crane　01.0443
堆垛用高起升车辆　stacking high-lift truck　05.0005
堆垛用高起升跨车　stacking high-lift straddle carrier　05.0017
堆料机　stacker　04.0004
堆栈式货运索道　disposal material ropeway　02.0273
对称平衡型压缩机　symmetrically balanced compressor　10.0117
对冲燃烧　opposite firing　22.0212
对动活塞式发动机　opposed-piston engine　24.0028
对动式压缩机　balanced-opposed compressor　10.0107
* 对流管束　tube bundle, tube bank　22.0268
对流过热器　convection superheater　22.0411
对流冷却　convective cooling　24.0458
对流受热面　convective heating surface　22.0262
对流塔板　counter flow tray　11.0036
对流烟道　convection pass　22.0270
对数风切变律　logarithmic wind shear law　26.0006
对数平均温差　logarithmic mean temperature difference　23.0659
对旋式通风机　contra-rotating fan　10.0047
* 对置气缸式发动机　opposed-cylinder engine　24.0041
对置式泵　opposed pump　07.0079
对重　counterweight　01.0633
对重平衡梁　equalizing beam for counterweight　01.0279
兑铁水起重机　hot metal charging crane　01.0410
盾构机　metro shield　14.0254
钝化　passivating　22.0505
多边形发动机　polygon engine　24.0046
* 多颚板抓斗　jaw grab　01.0124
多缸泵　multi-cylinder pump　07.0073
多缸喷油泵　multi-cylinder fuel injection pump　24.1044
多功能铲斗　multi-purpose bucket　14.0115
多功能沉桩和拔桩装置　multi-purpose pile driving and extracting equipment　16.0022

多功能滑模式混凝土摊铺机　multi-function-type slipform concrete paver　15.0125
多回路制动系　multi-circuit braking system　14.0012
多级泵　multi-stage pump　07.0051
多级式蓄能泵　multi-stage storage pump　25.0030
多级水泵水轮机　multi-stage pump-turbine　25.0033
多级通风机　multi-stage fan　10.0056
多级同轴水轮泵　multi-stage coaxial water-turbine pump　07.0134
多级透平膨胀机　multi-stage expansion turbine　11.0173
多级压缩机　multi-stage compressor　10.0096
多极式调速器　multiple-speed governor　24.0538
多脚式海上风力发电机组基础　multi-leg-type foundation of off-shore wind turbine generator set　26.0219
多卷筒卷扬机　multiple-drum winch　01.0603
多孔板　perforated distribution plate　22.0383
多块式拉模机　multi-blocking mould dragger　17.0157
多联泵　multiplex pump　07.0062
多联式空气调节机　variable refrigerant flow air conditioner　12.0353
多联式空气调节机组的分流不平衡率　distributary disequilibrium rate of multi-connected air-conditioning unit　12.0386
多链板式输送机　multiple-chain slat conveyor　02.0122
多链斗式提升机　multiple-chain bucket elevator　02.0185
多列压缩机　multi-row compressor　10.0099
多螺旋给料机　multiple-screw feeder　03.0009
多室旋片真空泵　multi-chamber sliding-vane rotary vacuum pump　13.0039
多台并联式机组型房间空气调节器　air conditioner with multi-units　12.0363
多头螺旋　multi-screw　02.0151
多温组合式冷藏陈列柜　multi-temperature combined refrigerated display cabinet　12.0256
多效溴化锂吸收式机组　multi-effect lithiumbromide-absorption heat pump unit　12.0130
多效蒸发器　multi-effect evaporator　12.0179
多压兰金循环的联合循环　combined cycle with multi-pressure level Rankine cycle　23.0852
多压凝汽器　multi-pressure condenser　23.0394
多压式汽轮机　multi-pressure steam turbine, mixed-pressure steam turbine　23.0064
多叶片低速风轮　multi-blade low-speed rotor　26.0170
多叶通风机　multiblade fan　10.0041
多元控制系统　multi-element control system　24.0617
多支路单轨系统　multiple-path monorail system　01.0390
多种燃料发动机　multi-fuel engine　24.0017
多种燃料燃烧器　multi-fuel burner　22.0308
多轴联合循环　multi-shaft-type combined cycle　23.0850
多轴燃气轮机　multi-shaft gas turbine　23.0519
多轴式自卸车　multi-axle tipper　14.0238
多爪抓斗　jaw grab　01.0124
多转子燃气轮机　multi-spool gas turbine　23.0522
惰转时间　idle time　23.0800
惰走时间　idle time　23.0331

E

鹅颈式牵引架　gooseneck　14.0243
额定安装载重量　rated erection load　01.0648
额定乘员数　rated passengers　01.0649
额定风速　rated wind speed　26.0065
额定工况　rated condition　23.0351，23.0571
额定供热量　rated heat capacity　22.0138
额定力矩系数　rated torque coefficient　26.0097
额定起重量　rated capacity　01.0050
额定起重量限制器　rated capacity limiter　01.0143
额定汽温负荷范围　load range at constant temperature　22.0592
额定水头　rated head　25.0155
额定速度　rated speed　01.0610
额定叶尖速度比　rated tip-speed ratio　26.0114
额定载荷　rated load　01.0609，20.0081
额定载重量　rated load　01.0647
额定蒸汽参数　rated steam conditions　22.0139，23.0090
额定蒸汽温度　rated steam temperature　22.0163
额定蒸汽压力　rated steam pressure　22.0140

额定转速　rated speed　23.0007
额线　front　23.0682
颚剪式钢筋切断机　jaw reinforcing bar cutting machine　18.0030
颚式破碎机　jaw crusher　19.0015
二冲程发动机　two-stroke engine　24.0005
二冲程循环　two-stroke cycle　24.0080
二次风　secondary air　22.0183
二次风率　secondary air ratio, secondary air rate　22.0184
二次风喷口　secondary air nozzle　22.0353
二次干燥　secondary drying　13.0254
二次空气　secondary air　23.0714
二次空气泵　secondary air pump　24.0772
二次空气分配歧管　secondary air distribution manifold　24.0764
二次空气控制阀　secondary air control valve　24.0765
二次空气喷射管　secondary air injection tube　24.0769
二次空气喷射减压阀　secondary air injection relief valve　24.0770
二次空气喷射装置　secondary air injection system　24.0768
二次空气转换阀　secondary air switching valve　24.0766
二次空气转流阀　secondary air diverter valve　24.0767
二次冷却回路　secondary cooling circuit　23.0381
二次流损失　secondary flow loss　23.0604
二次燃烧区　secondary zone　23.0712
二级机油滤清器　two-stage lubricating-oil filter　24.0499
二级旁路系统　two-stage bypass system　23.0387
* 二氪塔　crude krypton column　11.0130
二氧化硫　sulfur dioxide, SO_2　24.0681
二氧化碳　carbon dioxide　24.0680
二氧化碳分离　carbon dioxide capture　23.0042
二氧化碳封存　carbon dioxide sequestration, carbon dioxide storage　23.0043
二氧化碳过滤器　carbon dioxide filter　11.0069
二氧化碳零排放　CO_2 zero emission　23.0044
二氧化碳吸附器　carbon dioxide adsorber　11.0074
二用桥式起重机　2-purpose overhead crane　01.0300

F

发电机额定电压　rated voltage of generator　26.0079
发电机额定功率　rated power of generator　26.0077
发电机额定转速　rated rotational speed of generator　26.0080
发电机防护等级　protection grade of generator　26.0145
发电机功率因数　power factor of generator　26.0078
发电机绝缘等级　insulation grade of generator　26.0146
发电机转速范围　rotational speed range of generator　26.0081
发电用汽轮机　power generation steam turbine　23.0075
* HCCI 发动机　homogeneous charge compression ignition engine, HCCI engine　24.0006
发动机电子集中控制系统　electronic-concentrated engine control system　24.0864
发动机活塞　engine piston　21.0186
发动机排量　engine-swept volume, engine displacement　24.0142
发动机气缸容积　engine cylinder volume　24.0143
发动机调速器　engine speed governor　24.0524
发动机系族　engine family　24.1023
发动机型式　engine type　24.1021
发动机转速　engine speed　24.0154
发动机最低起动温度　minimum engine starting temperature　24.0190
发裂　hairline crack　24.0250
发散冷却　transpiration cooling　23.0695
发生器　generator　12.0212
* 乏气风　exhaust air, tertiary air　22.0185
* 乏气风喷口　exhaust gas nozzle, tertiary air nozzle　22.0356
乏汽轮机　exhaust steam turbine　23.0079
阀点　valve point　23.0353
阀杆密封圈　valve stem seal　24.0337
阀壳　valve cage　24.0338
阀门　valve　09.0001
阀桥　valve bridge　24.0354
阀式计量　valve metering　24.1057

阀座　seat　09.0015
阀座点蚀　valve seat pitting　24.0270
* SHED 法　sealed housing for evaporative-emission determination, SHED　24.0953
法兰安装式喷油器　flange-mounted fuel injector　24.1116
翻板阀　flap valve　13.0155
翻车保护机构　roll over protective structure　14.0170
翻车机　waggon tipple　04.0031
翻斗车　dumper　14.0244
翻斗提升机构　dumping lifter　14.0245
翻料器　tipper　01.0442
翻身小车　trolley for turning use　01.0351
翻松转子　cutting rotor　15.0166
反铲　backhoe　14.0112
反铲装置　hoe attachment　14.0071
反冲式机油滤清器　back-flushing lubricating oil filter　24.0505
反冲洗系统　back washing system　23.0432
反动级　reaction stage　23.0204
反动式汽轮机　reaction steam turbine　23.0047
反动式透平　reaction turbine　23.0540
反动式透平膨胀机　reaction expansion turbine　11.0171
反击式水轮机　reaction turbine　25.0008
* 反击式透平膨胀机　reaction expansion turbine　11.0171
反应剂　reagent　24.0792
反应器衬套　reactor liner　24.0761
反应式歧管　reactive manifold　24.0842
反应调节因素　reactivity adjustment factor　24.0709
反应性真空溅射　reactive vacuum sputtering　13.0232
反转式混凝土搅拌机　reversing concrete mixer　17.0020
* 反作用式透平膨胀机　reaction expansion turbine　11.0171
返流率　back-streaming rate　13.0098
芳香烃　aromatic hydrocarbon　24.0652
防爆电梯　explosion prevention lift　06.0015
防爆桥式起重机　overhead explosion-proof crane　01.0305
防臂架后翻装置　overturn protection of jib　01.0158
防潮机械　damp-proofing machinery　20.0046
防喘振装置　anti-surge system　10.0016
防喘装置　surge-preventing device　23.0771
防电火花通风机　spark-resistant fan, ignition-proof fan　10.0070
防风制动器　rail brake　01.0104
防风装置　safety device against wind　01.0157
防腐型埋刮板输送机　anticorrosion-type en masse conveyor　02.0087
防滑差速器　limited-slip differential　14.0054
防火系统　fire prevention system　23.0757
防继燃装置　anti-diesel device　24.0836
防焦箱　anti-clinker box　22.0392
防雷措施　lightning protection measure　26.0148
防雷设计标准　lightning protection design standard　26.0147
防碰报警装置　anti-collision warning device　01.0503
防失速　antistall　24.0558
防失速装置　antistall device　24.0574
防松绳开关　slack rope device　01.0645
防渣管束　furnace slag screen　22.0277
防撞间隙　anti-bumping clearance　24.0149
防坠安全器　safety device　01.0637
房间空气调节机　room air conditioner　12.0349
房间空气调节器　room air conditioner　12.0364
房间喷淋式加湿器　room spray-type humidifier　12.0412
放大器　amplifier, magnifier　23.0248
放电管指示器　discharge tube indicator　13.0181
放气　outgassing　13.0023，blow-off　23.0626
放气阀　blow-off valve　23.0763
放射性电离计　radioactive ionization gauge　13.0177
放水　blow-off　22.0474
飞灰　fly ash　22.0038
* 飞灰含碳量　unburned combustible in fly ash　22.0608
飞灰可燃物含量　unburned combustible in fly ash　22.0608
飞灰再循环　ash recirculation　22.0036
飞溅润滑　splash lubrication　24.0490
飞溅式填料　splash packing　12.0199
飞轮　flywheel　24.0408
* 飞轮电池　flywheel battery　24.0667
飞轮蓄能装置　flywheel energy storage device　24.0667
飞升转速　maximum momentary speed　23.0836

飞行时间质谱仪　flight time mass spectrometer　13.0199
飞逸工况　runaway speed operating condition　25.0236
飞逸试验　runaway speed test　25.0225
飞逸特性曲线　runaway speed curve　25.0253
非操纵逆转保护装置　unintentional reversal protection device　06.0062
非堆垛低起升跨车　non-stacking low-lift straddle carrier　05.0021
非堆垛用低起升车辆　non-stacking low-lift truck　05.0018
非对称性交流溅射　asymmetric alternate current sputtering　13.0235
非工作性变幅　non-operating luffing　01.0267
非共沸制冷剂　non-azeotropic refrigerant　12.0057
非回转浮式起重机　non-slewing floating crane　01.0246
非回转流动式起重机　non-slewing mobile crane　01.0166
非回转起重机　non-slewing crane　01.0670
非计划降低出力　unplanned derating　22.0618
非计划停运　unplanned outage　22.0481，23.0350
非计划停运小时数　unplanned outage hours　22.0622
非甲烷碳氢化合物　non-methane hydrocarbons, NMHC　24.0688
非甲烷有机气体　non-methane organic gas, NMOG　24.0687
非甲烷有机物碳氢化合物当量　organic material non-methane hydrocarbon equivalent　24.0932
非可凝性气体　non-condensable gas　13.0008
非连续取样　batch sample　24.0968
非平衡驱动振动筛　vibrating screen with out-of-balance drive　19.0003
非全回转浮式起重机　limited slewing floating crane　01.0245
非全回转起重机　limited slewing crane　01.0671
非商用汽车电梯　non-commercial vehicle lift　06.0018
非设计工况运行　operation at undesigned conditions, off-design condition operation　22.0486
非同轴水轮泵　non-coaxial water-turbine pump　07.0135
非压力润滑　non-pressurized lubrication　24.0483
非增压发动机　naturally aspirated engine, non-supercharged engine　24.0003
非整体式加油排放控制系统　non-integrated refueling emission control system　24.0892
非正常运行　abnormal operation　23.0341
* 非直喷式柴油机　diesel indirect injection engine　24.0065
非自航浮式起重机　non-propelled floating crane　01.0243
非自行架设塔式起重机　non-self-erecting tower crane, traditional tower crane　01.0556
非自装载的挂车　non-self-loading trailer　05.0035
* 废气　residual gas　11.0102
废气旁通阀　waste gate　24.0445
废气旁通控制系统　exhaust bypass control system　24.0436
* 废气涡轮增压　turbocharging　24.0086
废气涡轮增压发动机　turbocharge engine　24.0002
废气涡轮增压器　turbocharger　24.0413
* 废气再循环系统　exhaust gas recirculation system, EGR system　24.0775
沸腾传热恶化　boiling crisis　22.0013
* 沸腾燃烧　fluidized bed combustion　22.0215
沸腾式省煤器　steaming economizer　22.0422
分半销　split pin　25.0061
分辨率　resolution　24.0944
分布式能源系统　distributed energy system　23.0846
分层布料式砌块成型机　layered-filling block machine　17.0146
分层拆垛　untiering　05.0033
分层充气　stratified charge　24.0825
分层充气发动机的混合气　stratified engine mixture　24.0115
分层堆垛　tiering　05.0032
分段送风　zoned air control　22.0241
分段蒸发　stage evaporation　22.0207
分隔式燃烧室　divided combustion chamber　24.0123
分管形燃烧室　can-type combustor　23.0559
分级燃烧　staged combustion　22.0226
分集水器　water collector/separator　12.0489
分离器　separator　02.0170，11.0077，12.0229
分离型真空计　extractor gauge　13.0188
分列式喷油泵　unit fuel injection pump　24.1039
分流管　manifold　25.0127

分流式机油滤清器　bypass lubricating oil filter　24.0502
* 分流轴针式喷油嘴　pintaux nozzle　24.1124
分馏扩散泵　fractionating diffusion pump　13.0050
分路通风机　bifurcated fan　10.0058
分配集箱　distributed header　22.0390
分配式喷油泵　distributor fuel injection pump　24.1045
分汽缸　distributing head　22.0455
分散式空调系统　local air-conditioning system　12.0313
分体式空气调节器　split air conditioner　12.0356
分析系统　analytical train　24.0979
* CLD 分析仪　chemiluminescent detector analyzer, CLD analyzer　24.0988
* FID 分析仪　flame ionization detector analyzer, FID analyzer　24.0985
* HFID 分析仪　heated flame ionization detector analyzer, HFID analyzer　24.0986
* THC 分析仪　total hydrocarbon analyzer, THC analyzer　24.0987
* 分压分析仪　partial pressure analyzer　13.0167
分压力　partial pressure　13.0003
分压真空计　partial pressure vacuum gauge　13.0167
分液蓄液器　accumulator　12.0237
分子流　molecular flow　13.0018
分子漏孔　molecular leak　13.0209
分子筛空气分离设备　molecular sieve air separation plant　11.0198
分子筛吸附塔　molecular sieve adsorbing tower　11.0203
分组方法　method of bins　26.0268
粉料供给系统　filler feeding system　15.0016
* 风仓　air plenum　22.0370
风柴互补发电系统　wind-diesel hybrid power system　26.0053
风场电气设备　electrical facilities of wind farm　26.0244
风车　windmill　26.0024
风道　air duct　22.0272
风电场　wind power station, wind farm　26.0232
风电场并网点　interconnection point of wind farm　26.0241
风电场功率变化率　power ramp rate of wind farm　26.0071
风电场规划　wind farm planning　26.0233
风电场后评估　post-construction evaluation of wind farm　26.0236
风电场控制中心　control center of wind farm　26.0188
风电场无功功率　reactive power of wind farm　26.0070
风电场选址　site choosing of wind power station　26.0235
风电场有功功率　active power of wind farm　26.0069
风电场装机容量　installation capacity of wind farm　26.0247
风光互补发电系统　wind-photovoltaic hybrid power system　26.0051
风光互补路灯　wind-photovoltaic road light　26.0052
风机　fan, air blower　10.0036
风机动力箱　fan power box　12.0369
风机盘管　fan-coil unit　12.0378
风机盘管机组　fan-coil unit　12.0429
风机制动　brake by blower　11.0181
风廓线　wind profile　26.0019
风冷发动机　air-cooled engine　24.0024
风冷冷凝器　air-cooled refrigerant condenser　12.0150
风冷式机油冷却器　air-cooled oil cooler　24.0475
风冷式空气调节机　air-cooled air-conditioning unit　12.0346
风冷式压缩机　air-cooled compressor　10.0090
风力发电机组　wind turbine generator set, WTGS　26.0038
风力发电机组保护系统　protection system of wind turbine generator set　26.0189
风力发电机组齿轮箱　gear box of wind turbine generator set　26.0198
风力发电机组低电压穿越性能　low-voltage ride-through performance of wind turbine generator set　26.0151
风力发电机组额定功率　rated power of wind turbine generator set　26.0074
风力发电机组基础　foundation of wind turbine generator set　26.0214
风力发电机组可利用率　availability of wind turbine generator set　26.0239
风力发电机组控制器　controller of wind turbine

generator set 26.0224
风力发电机组输出功率 output power of wind turbine generator set 26.0073
风力发电机组最大功率 maximum power output of wind turbine generator set 26.0075
风力机 wind turbine 26.0025
风力机第二制动系统 second braking system of wind turbine 26.0202
风力机–电泵提水机组 wind turbine-electrical pumping set 26.0037
风力机关机 shutdown of wind turbine 26.0253
风力机活塞泵 piston pump of wind turbine 26.0229
风力机–活塞泵提水机组 wind turbine-piston pumping set 26.0034
风力机机械制动系统 mechanical braking system of wind turbine 26.0204
风力机紧急关机 emergency shutdown of wind turbine 26.0255
风力机空气制动系统 air braking system of wind turbine 26.0205
风力机–空压泵提水机组 wind turbine-air compressor pumping set 26.0036
风力机空转 idling of wind turbine 26.0258
风力机控制系统 control system of wind turbine 26.0187
风力机轮毂 hub of wind turbine 26.0177
风力机轮毂罩 hub cover of wind turbine 26.0178
风力机螺旋泵 screw pump of wind turbine 26.0230
风力机–螺旋泵提水机组 wind turbine-screw pumping set 26.0035
风力机使用寿命 service life of wind turbine 26.0257
风力机输出特性 output characteristics of wind turbine 26.0279
风力机锁定 blocking of wind turbine 26.0259
风力机停机制动 shutdown braking of wind turbine 26.0260
风力机外部条件 external condition for wind turbine 26.0057
风力机蓄电池 battery of wind turbine 26.0226
风力机严重故障 catastrophic failure of wind turbine 26.0143
风力机液压制动系统 hydraulic braking system of wind turbine 26.0203
风力机正常关机 normal shutdown of wind turbine 26.0254
风力机支撑结构 support structure of wind turbine 26.0194
风力机制动器 brake of wind turbine 26.0207
风力机主制动系统 main braking system of wind turbine 26.0201
风力提水机组 wind water-pumping set 26.0033
风力提水机组额定流量 rated water flow of wind pumping set 26.0072
风力提水机组流量 flow rate of wind water-pumping set 26.0251
风力提水机组扬程 lifting head of wind water-pumping set 26.0250
风力致热系统 wind power heating system 26.0054
风轮 wind rotor 26.0169
* 风轮的风能利用系数 rotor power coefficient 26.0091
风轮额定转速 rated rotor speed 26.0083
风轮功率系数 rotor power coefficient 26.0091
风轮空气动力特性 aerodynamic characteristics of rotor 26.0278
风轮偏侧式调速机构 offset speed-regulating mechanism of wind rotor 26.0196
风轮偏角 yawing angle of rotor shaft 26.0089
风轮实度 rotor solidity 26.0090
风轮调速机构 regulating mechanism of wind rotor 26.0195
风轮尾流 rotor wake 26.0283
风轮位置 rotor position 26.0086
风轮旋转方向 rotating direction of rotor 26.0085
风轮仰角 tilt angle of rotor shaft 26.0088
风轮直径 rotor diameter 26.0087
风轮主轴承 main shaft bearing of wind rotor 26.0199
风轮转速 rotor speed 26.0082
风轮最高转速 maximum rotor speed 26.0084
风帽 air nozzle, bubbling cap, nozzle 22.0325
风能 wind energy 26.0001
风能资源评估 evaluation of wind resource 26.0234
风切变 wind shear 26.0003
风切变幂律 power law for wind shear 26.0007
风切变影响 wind shear influence 26.0004
风切变指数 wind shear exponent 26.0005
风扇磨煤机 fan mill, beater wheel mill 22.0335
风扇罩 fan cowl 24.0479

风矢量　wind velocity　26.0017
风室　air plenum　22.0370
风速　wind speed　26.0010
风速分布　wind speed distribution　26.0014
风速风向仪　anemoclinograph　26.0165
风速频率　frequency of wind speed　26.0013
风速仪　anemometer　26.0164
风箱　wind box　22.0322
风向仪　anemoscope　26.0163
风压试验　pressure decay test　22.0563
风烟系统　air and flue gas system　22.0025
风障　wind break　26.0274
风罩回转式空气预热器　rotating-ducts air preheater　22.0433
封闭式冷藏陈列柜　closed refrigerated display cabinet　12.0250
封闭式系统　close cycle system　12.0323
封离真空装置　sealed vacuum device　13.0116
封头　head　22.0386
蜂窝式汽封　beehive gland　23.0183
缝隙挡板　baffle plate　22.0380
缝隙腐蚀　crevice corrosion　22.0529，24.0241
缝隙式滤清器　edge filter　24.1148
* 弗斯顿管束　furnace slag screen　22.0277
扶手带　handrail　06.0051
扶手带断带保护装置　control guard for handrail breakage　06.0063
氟利昂　freon　12.0054
浮动式海上风力发电机组基础　floating-type foundation of off-shore wind turbine generator set　26.0220
浮动式球阀　floating ball valve　09.0034
浮球式疏水阀　ball float steam trap　09.0074
浮式起重机　floating crane　01.0241
浮桶　bucket float　09.0023
浮桶式疏水阀　open bucket steam trap　09.0076
浮子室双路通气　two-way bowl vent　24.0881
幅度　radius　01.0008
辐流式汽轮机　radial-flow steam turbine　23.0049
辐射干燥　drying by radiation　13.0256
辐射过热器　radiant superheater　22.0407
辐射式缆索起重机　radial cable crane　01.0361
辐射式门式起重机　radial gantry crane　01.0326
辐射式外伸支腿　radial outrigger　01.0198
辐射受热面　radiant heating surface　22.0261
* 釜液　liquid air　11.0011
辅助电功率　electrical auxiliary power　23.0126
辅助负荷　auxiliary load　23.0585
辅助机房　secondary machine room　06.0025
辅助喷射器　auxiliary ejector　12.0142
辅助平衡重　auxiliary ballast weights　05.0025
辅助润滑　supplementary lubrication　24.0492
* 辅助试验　check test　12.0301
辅助水箱　additional tank, expansion tank　24.0469
辅助索　auxiliary rope　01.0369
辅助油泵　auxiliary oil pump　23.0278
辅助制动系　auxiliary braking system　14.0004
负荷　load　24.0172
负荷比例式排气再循环系统　load proportional EGR system　24.0780
* 负荷齿轮箱　load gearbox　23.0744
负荷控制的喷油延时　retarded injection timing with load　24.0817
负荷上升率　rate of load-up　23.0371，23.0824
负荷试验　load test　22.0568
负荷限制器　load limiter　23.0252
* 负校正　negative torque control　24.0569
负扭矩校正　negative torque control　24.0569
负压锅炉　induced draft boiler, suction boiler　22.0113
负压通风　induced draft　22.0240
负压真空热壁炉　negative pressure vacuum hot wall furnace　13.0315
负载感应　load sensing　24.0573
负载滑架　load trolley　02.0233
负载试验　load test　25.0227
附墙架　mast tie　01.0635
附着式升降机　attached hoist　01.0624
附着式塔式起重机　attached tower crane　01.0552
附着振动器　external vibrator　17.0054
附着装置　anchorage device　01.0577
复叠式制冷系统　cascade refrigerating system　12.0045
复叠式制冷循环　cascade refrigeration cycle　12.0035
复合浮式起重机　compound-type floating crane　01.0247
复合管换热器　finned compound tube heat exchanger　12.0406
复合式调速器　combination governor　24.0540
复合弯扭叶片　compound bowed and twisted blade

23.0165
复合循环锅炉　combined circulation boiler　22.0093
复合压缩机　combined compressor　10.0133
复合运行　hybrid operation　23.0347
复式小车　multiple trolley carrier　02.0240
复速级　double-row stage　23.0202
复位转速　return speed　23.0367
复杂地形带　complex terrain　26.0273
副臂　fly jib　01.0184，sub-boom　21.0229
副臂支撑杆　brace pole of fly jib　01.0199
副钩　auxiliary hook　01.0118
副连杆　slave connecting rod　24.0392
* 副喷孔式喷油嘴　pintaux nozzle　24.1124
* 副喷嘴调节　control by nozzle block　11.0186
* 副塔　tail tower, tail mast　01.0371
副小车　auxiliary crab　01.0070
富燃料　rich fuel　22.0234
* 富氧燃烧　oxygen-enhanced combustion, OEC　22.0221
富氧液空　oxygen-enriched liquid air　11.0012
富氧液空回流液　oxygen-enriched liquid air reflux　11.0104
富氧液空蒸汽　oxygen-enriched liquid air vapor　11.0103

G

改进性检修　corrected maintenance　22.0508
改良滑压运行　modified sliding-pressure operation　23.0346
改向滚筒　bend pulley　02.0052
改制件　remanufactured part　24.0211
钙硫[摩尔]比　Ca/S mole ratio　22.0231
干带式过滤器　dry band filter　11.0065
干缸套　dry liner　24.0298
干扰　interference　24.0976
干湿式冷却塔　dry-wet cooling tower　12.0194
干式低排放燃烧室　dry low emission combustor, DLE combustor　23.0564
干式混凝土喷射机　dry concrete spraying machine　17.0071
干式空气过滤器　dry-type air filter　12.0457
干式空气冷却器　dry-type air cooler　12.0206
干式冷却塔　dry cooling tower　12.0192
* 干式冷却塔　air cooling tower　23.0437
干式冷却系统　dry cooling system　23.0441
干式油底壳强制润滑　dry sump force-feed lubrication　24.0489
干式真空泵　dry-sealed vacuum pump, dry vacuum pump　13.0032
干式蒸发器　dry-expansion evaporator　12.0164
干式制冷剂量热器法　dry system refrigerant calorimeter method　12.0069
干运转压缩机　non-lubricated compressor　10.0092
干燥器　drier, dryer　11.0076，12.0236
干蒸汽加湿器　steam humidifier　12.0413
刚性变幅机构　rigid derricking mechanism　01.0057
刚性车架自卸车　rigid-frame dumper　14.0223
刚性梁　buckstay, bumper　22.0437
刚性支腿　rigid leg　01.0347
刚性转子　rigid rotor　23.0010
缸径　cylinder bore　24.0131
缸内直喷汽油机　gasoline direct injection engine　24.0062
缸数　number of cylinders　24.0150
* 钢板提升器　clamp hanger　01.0440
钢带输送机　steel band belt conveyor　02.0018
钢管省煤器　steel tube economizer　22.0423
钢筋成型机　steel bar forming machine　18.0010
钢筋除锈机　steel bar rust cleaner　18.0023
钢筋镦粗直螺纹成型机　steel bar upsetting and straight thread making machine　18.0019
钢筋镦头机　steel bar header　18.0020
钢筋滚轧直螺纹成型机　steel bar straight thread rolling machine　18.0018
钢筋桁架成型机　girder making machine　18.0042
钢筋加工机械　steel reinforced-bar processing machinery　18.0001
钢筋冷拉机　steel bar cold-drawing machine　18.0003
钢筋笼成型机　steel bar cage making machine　18.0041
钢筋螺纹成型机　steel bar thread making machine　18.0016
钢筋强化机械　intensification machinery for steel bar　18.0002

钢筋切断机　reinforcing bar cutting machine　18.0025
钢筋(丝)冷拔机　steel bar cold-drawing machine　18.0006
钢筋调直机　steel bar straightening machine　18.0024
钢筋调直切断机　reinforcing bar straightening and cutting machine　18.0031
钢筋弯箍机　steel bar stirrup bender　18.0039
钢筋弯弧机　steel bar hoop spiral bending machine　18.0038
钢筋弯曲机　reinforcing bar bending machine　18.0035
钢筋网成型机　wire-mesh making machine　18.0040
钢筋锥螺纹成型机　steel bar taper thread making machine　18.0017
钢卷夹钳　coil clamp　01.0438
钢球定位式喷油器　ball-located fuel injector　24.1114
* 钢球磨煤机　tubular ball mill, ball-tube mill　22.0332
钢绳芯带式输送机　wire cord belt conveyor　02.0009
钢水包起重机　teeming ladle crane　01.0411
钢丝绳半牵引小车　semi-rope trolley　01.0073
钢丝绳出绳偏角　deflection angle of rope　01.0613
钢丝绳牵引带式输送机　cable belt conveyor　02.0022
钢丝绳牵引小车　rope trolley　01.0072
钢丝绳式连续墙抓斗　diaphragm walling equipment using rope-operated grabs　16.0038
钢丝绳式施工升降机　rope-suspended hoist　01.0618
钢丝绳手扳葫芦　rope lever block　01.0532
钢丝绳装置　steel rope device　14.0098
钢丝网带输送机　wire-mesh belt conveyor　02.0025
钢丝网分离器　screen separator　22.0382
钢制锥筒式塔架　steel conic tower　26.0212
港口通用门座起重机　harbour portal crane for general use　01.0263
港湾浮式起重机　harbour floating crane　01.0255
杠杆式安全阀　lever-loaded safety valve　09.0055
杠杆式阀　lever valve　09.0093
杠杆式减压阀　lever reducing valve　09.0070
高处作业吊篮　temporarily installed suspended access equipment　20.0067
高纯氮　high purity nitrogen　11.0008
高纯氧　high purity oxygen　11.0005
* 高怠速　high idling speed　24.0563
高架集装箱轮胎起重机　mobile container crane　01.0495
高空风力发电机　high-altitude wind turbine generator　26.0050
高空作业车　vehicle-mounted mobile elevating work platform　20.0066
高空作业平台　aerial work platform　20.0065
高黏度沥青喷洒机　high-viscosity binder spreader　15.0097
高频二极溅射　high-frequency diode sputtering　13.0236
高频火花检漏仪　high-frequency spark leak detector　13.0218
高水头混流式水轮泵　high-head mixed-flow water-turbine pump　07.0143
高水头轴流式水轮泵　high-head axial-flow water-turbine pump　07.0139
高速泵　high-speed pump　07.0115
高速部分流泵　high-speed partial emission pump　07.0025
高速电梯　high-speed lift　06.0011
高速风力机　high-speed wind turbine　26.0026
高速鼓风机　high-speed blower　10.0074
高速卷扬机　high-speed winch　01.0597
* 高速离心泵　high-speed partial emission pump　07.0025
高速磨煤机　high-speed pulverizer　22.0334
高位法兰安装式喷油泵　high flange-mounted fuel injection pump　24.1048
高位拖牵索道　high-surface lift　02.0285
高温阀门　high-temperature valve　09.0085
高温分离器　high-temperature separator　22.0285
* 高温腐蚀　high-temperature corrosion　22.0537
高温清洗机　high-temperature cleaning machine　08.0005
高效窗口　high-efficiency window　24.0822
高效过滤器送风口　high-efficiency particulate air filter，HEPA filter unit　12.0500
高效 GAX 回热循环氨吸收式机组　GAX efficient ammonia-absorption-cycle heat recovery unit　12.0129
高效空气过滤器　high-efficiency particulate air filter, HEPA filter　12.0463
* 高效送风口　high-efficiency particulate air filter, HEPA filter unit　12.0500
高压泵　high-pressure pump　07.0111
高压发生器　high-pressure generator　12.0217

高压阀门　high-pressure valve　09.0083
高压供油泵　high-pressure supply pump　24.1209
高压锅炉　high-pressure boiler　22.0064
高压加热器　high-pressure feed water heater　23.0466
高压力电离真空计　high-pressure ionization gauge　13.0184
高压沥青喷洒机　high-pressure binder spreader　15.0098
高压旁路系统　high-pressure bypass system　23.0385
高压旁路系统容量　capacity of high-pressure bypass system　23.0389
高压喷漆装置　high-pressure painting unit　20.0034
高压汽轮机　high-pressure steam turbine　23.0059
高压清洗机　high-pressure cleaning unit　08.0002
高压式除氧器　high-pressure deaerator　23.0498
高压水射流　high-pressure waterjet　08.0015
高压送风系统　high-pressure ventilating system　12.0327
高压透平　high-pressure turbine　23.0535
高压透平膨胀机　high-pressure expansion turbine　11.0178
高压涡轮增压器　high-pressure turbocharger　24.0415
高压压气机　high-pressure compressor　23.0555
高压压缩机　high-pressure compressor　10.0129
高压油管　high-pressure fuel injection pipe　24.1188
高压油管部件　high-pressure fuel injection pipe assembly　24.1189
高压油管用复合管　composite tube for high-pressure fuel　24.1193
高压油管用无缝复合管　seamless composite tube for high-pressure fuel　24.1195
高压油管用有缝复合管　seamed composite tube for high-pressure fuel, wrapped tube for high-pressure fuel　24.1194
高压油管组件　assembled pipe set　24.1190
高压诱导器　high-pressure induction unit　12.0370
高真空泵　high vacuum pump　13.0066
高真空电子束焊接设备　high vacuum electron beam welding plant　13.0309
高真空阀　high vacuum valve　13.0148
高中效空气过滤器　high-efficiency filter　12.0462
高–中压缸联合起动　hybrid start-up of high-medium pressure cylinder couplet　23.0326
高周疲劳断裂　high-cycle fatigue　24.0252
高转速气扳机　high-speed pneumatic impact wrench　21.0132
镐钎　pick rod　21.0269
隔板　diaphragm　23.0158
隔板汽封　diaphragm seal　23.0180
* 隔板套　blade carrier　23.0295
隔爆型埋刮板输送机　anti-explosion-type en masse conveyor　02.0089
隔层剥离机　machine for stripping insulation　20.0057
隔离室　isolator　12.0484
隔膜　diaphragm　09.0021
隔膜泵　diaphragm pump　07.0065
隔膜阀　diaphragm valve　09.0039
隔膜计量泵　diaphragm metering pump　07.0092
隔膜压缩机　diaphragm compressor　10.0084
隔热板　heat shield　24.1151
* 隔热层　lagging　23.0001
隔热管　insulated pipe　24.0802
* 隔热式发动机　adiabatic engine　24.0025
隔热罩　heat shield　24.0801
隔声罩　acoustic hood　24.0449
隔叶块　spacer　23.0706
给粉机　pulverized coal feeder　22.0341
给料机　feeder　17.0083
给料机械　feeder　03.0001
给料闸门　gate　15.0035
给煤机　coal feeder　22.0337
给气比　delivery ratio　24.0105
* 给气效率　delivery ratio　24.0105
更改件　modified part　24.0208
更换件　replacement part　24.0205
工况　mode　24.0977
工况监测　condition monitoring　24.0639
工况图　working condition chart　23.0138
工业挂车　industrial trailer　05.0034
工业锅炉　industrial boiler　22.0055
工业汽轮机　industrial steam turbine　23.0077
工业用氮　industrial nitrogen　11.0006
工业用工艺氧　industrial process oxygen　11.0003
工业用氧　industrial oxygen　11.0004
工艺空调　industrial air conditioning　12.0306
工艺氙　process xenon　11.0111
工艺氩　process argon　11.0101
工质　working medium, working fluid　22.0001，24.0078

工质对　working fluid pair　12.0059
工质加热器效率　working fluid heater efficiency　23.0644
工质容积　working medium volume　24.0146
工作风速范围　range of effective wind speed　26.0064
工作幅度　working radius　01.0218
工作级别　classification group　01.0027
工作能力　work capacity　24.0549
工作平台　work platform　20.0069
工作温度　operating temperature　09.0005
工作性变幅　operating luffing　01.0268
工作循环　working cycle　24.0077
工作压力　operating pressure　09.0004，13.0112
工作装置　working device　14.0207
工作状态稳定性　stability under working condition　01.0038
公称气缸容积　nominal cylinder volume　24.0141
公称容积　nominal volume　24.0138
公称通径　nominal diameter　09.0003
公称压力　nominal pressure　09.0002
公称压缩比　nominal compression ratio　24.0144
公称余隙容积　nominal clearance volume　24.0139
公路槽车　road tanker　11.0147
功率特性　power performance　26.0264
功率系数　power coefficient　26.0076
功率限制附加装置　additional power-limiting device　24.0572
* 功率限制器　load limiter　23.0252
功能限制器　function limiter　01.0145
功能诊断　functional diagnostic　24.0640
* 攻角　incidence, attack angle　23.0005
* 攻角损失　incidence loss　23.0119
供料器　feeder　02.0169
供料装置　feedway　02.0005
供热热泵　heating heat pump　12.0138
供水系统　water-supplying system　17.0092
供水装置　water-supplying device　17.0091
供油量　fuel delivery　24.1075
拱　arch　22.0273
拱度调节范围　crown adjustment　15.0057
拱度调节装置　crown control device　15.0045
拱式燃烧　arch firing　22.0213
共沸制冷剂　azeotropic refrigerant　12.0056
共轨　common rail　24.1206
共轨式喷油器　common rail fuel injector　24.1211
共轨式喷油系统　common rail fuel injection system　24.1207
共轨压力传感器　common rail pressure sensor　24.1217
共晶盐蓄冷　eutectic salt cold storage　12.0068
共振筛　resonance screen　19.0008
鼓风机　air blower　10.0071
鼓风损失　windage loss　23.0120
鼓轮给料器　drum feeder　17.0106
鼓轮式混凝土喷射机　drum concrete spraying machine　17.0075
鼓轮装置　drum wheel device　14.0097
* 鼓泡床锅炉　bubbling fluidized bed boiler　22.0124
鼓泡流化床锅炉　bubbling fluidized bed boiler　22.0124
鼓泡流化床燃烧　bubbling fluidized bed combustion, BFBC　22.0216
鼓式制动器　drum brake　01.0102，14.0015
鼓型转子　drum rotor　23.0177
固定板式输送机　fixed slat conveyor　02.0117
固定抱索器　fixed grip　02.0308
固定臂　fixed jib　01.0095
固定长度起重臂　fixed length jib　01.0191
固定带式输送机　fixed belt conveyor　02.0012
固定导叶　stay vane　25.0047
固定吊具　fixed load-lifting attachment　01.0046
固定堆料机　fixed stacker　04.0005
固定法兰定位式喷油器　fixed-flange-located fuel injector　24.1112
* 固定炉排　hand-fired grate　22.0359
固定平台搬运车　fixed-height load-carrying truck, fixed platform truck　05.0001
固定式锅炉　stationary boiler　22.0052
固定式混凝土泵　stationary concrete pump　17.0039
固定式混凝土搅拌站　stationary concrete mixing plant　17.0005
固定式混凝土配料站　stationary concrete batching plant　17.0012
固定式缆索起重机　stationary cable crane　01.0358
固定式沥青混凝土搅拌设备　stationary asphalt plant　15.0007
固定式沥青熔化加热装置　stationary asphalt melting and heating unit　15.0075

固定式起重机　fixed base crane　01.0661
固定式气动工具　fixed pneumatic tool　21.0078
固定式砌块成型机　stationary block machine　17.0143
固定式球阀　fixed ball valve　09.0035
固定式升降工作平台　stationary elevating work platform　20.0075
固定式升降机　stationary hoist　01.0622
固定式塔式起重机　stationary tower crane, fixed base tower crane　01.0542
固定式桅杆起重机　stationary derrick crane　01.0581
固定式支索器　fixed carrier　01.0377
固定式贮槽　stationary tank　11.0145
固定式装车机　fixed car-loader　04.0017
固定式装船机　fixed ship loader　04.0014
固定枢轴　stationary shaft　14.0147
固定索　static rope, fixed rope　02.0287
固定塔身　fixed tower　01.0564
固定悬挂件　fixed suspender　01.0400
固定止漏环　stationary sealing ring　25.0105
固模式混凝土摊铺机　concrete mix paver　15.0121
固态排渣锅炉　boiler with dry ash furnace, boiler with dry-bottom furnace　22.0111
固体不完全燃烧热损失　unburned carbon heat loss in residue　22.0604
固体燃料锅炉　solid-fuel-fired boiler　22.0096
固体吸附剂除湿机　solid-adsorbent dehumidifier　12.0426
故障　failure　24.0196
* 故障检修　break maintenance　22.0507
* 故障停炉　forced shutdown, forced outage　22.0490
故障指示灯　malfunction indicator light, MIL　24.0863
故障指示器　malfunction indicator, MI　24.0904
刮板　scraper　02.0100
刮板给料机　scraper feeder　03.0019
刮板轨模式混凝土摊铺机　blade-type rail-form concrete paver　15.0120
刮板链条　chain scraper　02.0099
刮板输送装置　bar feeder, drag conveyer　15.0034
刮板装载机　scraper loader　04.0010
挂接　attachment　02.0318
挂接器　locking rail, locking frame, coupling rail, coupling frame　02.0316
挂梁起重机　traverse crane　01.0660
挂梁桥式起重机　overhead crane with carrier-beam　01.0292
拐臂　connecting lever　01.0348
关键部件检查　major inspection　23.0831
观察窗　viewing window　13.0137
观光电梯　observation lift, panoramic lift　06.0017
管板　tube plate　22.0387，23.0419，23.0785
管板式加热器　tube-in-sheet heater　23.0457
管板式蒸发器　tube on sheet evaporator　12.0174
管冰制冰机　tube ice maker　12.0287
管侧阻力　tube-side pressure loss　23.0483
管道泵　inline pump　07.0054
管道输送通风机　ducted fan　10.0042
管端接头　connection end　24.1198
管端连接件　end-connection　24.1191
管端组件　pipe end assembly　24.1202
管接护套　connector collar　24.1200
管接螺母　connector nut, union nut　24.1199
管壳式换热器　tube and shell heat exchanger　11.0044
管壳式加热器　shell-and-tube heater　23.0456
管屏　tube panel　22.0264
Ω管屏　Ω-tube platen　22.0288
管式换热器　tubular heat exchanger　11.0040
* 管式加热器　shell-and-tube heater　23.0456
管式空气预热器　tubular air preheater　22.0428
管式埋刮板输送机　tubular en masse conveyor　02.0091
管式轴流通风机　tube axial fan　10.0052
管束　tube bundle, tube bank　22.0268，tube bundle, tube nest　23.0784
管状吊挂带式输送机　suspension pipe belt conveyor　02.0021
管子排列　tube arrangement　23.0421
管子有效长度　effective length of tube　23.0418
贯穿活塞杆　through piston rod　10.0035
贯穿螺栓　tie-rod　24.0284
贯流泵　tubular pump　07.0028
贯流风机　cross-flow fan　10.0037
贯流式水轮机　tubular turbine, straight-flow turbine　25.0014
* 惯流锅炉　once-through boiler, mono-tube boiler　22.0094
惯性分离器　inertial separator　22.0242
惯性配重　inertia weights　24.0981

惯性调速器　inertia governor　24.0541
惯性振动输送机　inertial vibrating conveyor　02.0224
罐式集装箱　tank container　11.0150
* 光管省煤器　bare tube economizer　22.0423
光化学活性碳氢化合物　photochemically reactive hydrocarbons　24.0689
光化学烟雾　photochemical smog　24.0707
光面卷筒　smooth drum　01.0604
光学式烟度计　optical smokemeter　24.0998
* 规管　gauge head　13.0160
规头　gauge head　13.0160
轨道　rail　01.0135
轨道曲率半径　track curvature radius　01.0025
轨道式集装箱门式起重机　rail-mounted transtainer　01.0492
轨道式塔式起重机　rail-mounted tower crane　01.0544
轨道移动式升降工作平台　rail-mounted mobile elevating work platform　20.0072
轨道总成　rail track　01.0134
轨轮式钻车　rail jumbo　21.0039
轨模式混凝土摊铺机　rail-form concrete paver　15.0117
* 轨索　carrying cable，track rope　01.0365，02.0288
柜式空气调节机　packaged air conditioner　12.0350
* 柜台式冷藏陈列柜　horizontal refrigerated display cabinet　12.0249
贵金属催化剂　noble metal catalyst　24.0735
辊式破碎机　roll crusher　19.0020
辊轴式混凝土路面摊铺整平机　roller-axle-type concrete spread and flap solid machine　15.0126
辊子输送机　roller conveyor　02.0212
滚道　roller path　01.0136，rolling race　17.0068
滚动活塞式压缩机　rolling-piston compressor　10.0119
滚动活塞式制冷压缩机　rolling-piston refrigerant compressor　12.0108
滚动冷冻　shell freezing　13.0265
滚动轴承式回转支承　anti-friction slewing ring　01.0083
滚轮式回转支承　wheel slewing ring　01.0081
滚轮式喷油泵　roller fuel injection pump　24.1034
滚轮输送机　wheel conveyor　02.0221
滚轮挺柱　roller tappet　24.0342
滚筒　pulley　02.0050
滚筒式给料机　rotary drum feeder　03.0011
滚筒式搅拌器　drum mixer　15.0020
滚筒式沥青混凝土搅拌设备　asphalt drum mixer　15.0009
滚筒支架　reel carrier　14.0216
滚筒最大直径　maximum reel diameter　14.0217
滚子夹套式回转支承　roller slewing ring　01.0082
锅壳　shell　22.0374
锅壳锅炉　shell boiler　22.0076
* 锅壳式锅炉　fire tube boiler　22.0072
锅炉　boiler　22.0049
锅炉爆管　boiler tube explosion, boiler tube failure, boiler tube rupture　22.0545
锅炉本体　furnace and heat recovery area　22.0256
* 锅炉出力　boiler capacity　22.0134
锅炉额定负荷　boiler rated load　22.0135
* 锅炉额定蒸发量　boiler rated load　22.0135
锅炉负荷调节范围　boiler load range　22.0591
锅炉给水泵　boiler feed pump　07.0029
锅炉构架　boiler structure　22.0436
锅炉管束　generating tube bank, boiler convection tube bank　22.0401
锅炉灰平衡　boiler ash split　22.0244
锅炉机组　boiler unit　22.0050
* 锅炉经济连续出力　economical continuous rating, ECR　22.0137
锅炉满水　drum flooding　22.0553
锅炉密封　boiler seal　22.0459
锅炉排污　boiler blow-down　22.0493
锅炉排烟监测　boiler flue gas monitoring　22.0577
锅炉汽水系统　boiler steam and water circuit　22.0441
锅炉缺水　loss of water level　22.0554
锅炉燃烧调整试验　boiler combustion adjustment test　22.0556
锅炉热效率　boiler heat efficiency　22.0580
锅炉热效率试验　boiler heat efficiency test　22.0555
锅炉容量　boiler capacity　22.0134
锅炉设计性能　boiler design performance　22.0600
锅炉输入热量　boiler heat input　22.0149
锅炉水处理　boiler water treatment　22.0497
锅炉性能鉴定试验　boiler performance certificate test　22.0558
锅炉性能试验　boiler performance test　22.0557
锅炉有效利用热量　boiler heat output, boiler utilization heat　22.0150

* 锅炉最大连续出力　boiler maximum continuous rating, BMCR　22.0136
锅炉最大连续蒸发量　boiler maximum continuous rating, BMCR　22.0136
锅炉最低稳定燃烧负荷　boiler minimum stable load without auxiliary fuel support　22.0594
锅炉最低稳燃负荷率　boiler minimum stable combustion load rate　22.0595
锅内过程　inter-boiler process　22.0008
锅水　boiler water　22.0005
锅水浓度　boiler water concentration　22.0583
锅筒　drum　22.0372
锅筒锅炉　drum boiler　22.0073
锅筒内部装置　drum internals　22.0373
过渡过程　transient　25.0210
过渡节　transition section　01.0570
过渡块　adapter plate　24.1138
过渡托辊　transition idler　02.0060
过冷　subcooling　12.0014
过冷度　degree of supercooling　23.0411
过冷器　subcooler　11.0047，12.0162
过量空气　excess air　22.0248
过量空气系数　excess air ratio, excess air coefficient　22.0190，excess air ratio　23.0642，24.0117
过量氢　excessive hydrogen　11.0105
过滤器　filter　11.0063
过热　superheat　12.0013，overheating　22.0541，24.0229
过热保护装置　overtemperature protection system　24.0759
过热报警装置　overtemperature warning system　24.0760
过热度　degree of superheat　23.0088
过热器　superheater　22.0406
过热器和再热器试验　thermal test of superheater and reheater　22.0567
过热区　hot spot　24.0254
过热蒸汽冷却器　superheated steam cooler　23.0470
过载度　ratio of overload　26.0277
过载阀　overload valve　23.0228

H

海拔补偿　altitude compensating　24.0827
海拔高度补偿器　altitude compensator　24.1097
海拔高度控制式最大油量限制器　altitude-controlled maximum fuel stop　24.1098
海侧悬臂　boom　01.0497
海勒系统　Heller system　23.0444
海上风力发电机组　off-shore wind turbine generator set　26.0044
海上风力发电机组基础　foundation of off-shore wind turbine generator set　26.0215
氦纯化器　helium purifier　11.0127
^{3}氦-^{4}氦稀释制冷　^{3}He-^{4}He dilution refrigeration　12.0009
^{3}氦-^{4}氦稀释制冷机　^{3}He-^{4}He dilution refrigerator　12.0079
氦气轮机　helium turbine　23.0528
氦涡流制冷　helium vortex refrigeration　12.0008
氦液化器　helium liquefier　12.0225
氦制冷机　helium refrigerator　12.0078
氦质谱检漏仪　helium mass spectro-meter leak detector　13.0220
含氧燃油　oxygenated fuel　24.0663
焓降分配　distribution of enthalpy drop　23.0107
焊接转子　welded disk rotor　23.0175
焊片换热器　welded spiral finned tube heat exchanger　12.0405
夯锤　tamper　15.0042
航海浮式起重机　sea-going floating crane　01.0256
* 航空发动机改型燃气轮机　aero-derivative gas turbine, aircraft-derivative gas turbine　23.0524
航空派生型燃气轮机　aero-derivative gas turbine, aircraft-derivative gas turbine　23.0524
巷道堆垛起重机　aisle stacking crane　01.0447
合成式喷油泵　integral drive fuel injection pump　24.1035
何氏系数　Ho coefficient　13.0096
核电汽轮机　nuclear steam turbine　23.0072
核态沸腾　nucleate boiling　22.0016
核制冷　nuclear refrigeration　12.0007
黑起动　black start　23.0820
黑烟　black smoke　24.0703
黑液锅炉　black-liquor-fired boiler　22.0109

恒功率运行 constant power operation 23.0815
恒湿器 humidistat 12.0375
恒温恒湿空气调节机 air-conditioning unit with constant temperature and humidity 12.0347
恒温运行 constant temperature operation 23.0814
恒压洒布机 constant-pressure spreader 15.0089
桁架臂 lattice jib 01.0180
桁架臂流动式起重机 mobile crane with lattice jib 01.0169
桁架式门座 trussed portal 01.0283
桁架式塔架 lattice tower 26.0213
横隔板带式输送机 belt conveyor with cross cleats 02.0017
横锅筒锅炉 cross drum boiler 22.0074
横梁式炉排 bar grate stoker 22.0363
横流扫气 cross scavenging 24.0097
横流式通风机 cross-flow blower 10.0054
横坡度调节范围 slope adjustment 15.0058
横移 traversing 01.0034
* 横置式锅炉 cross drum boiler 22.0074
烘炉 drying-out 22.0506
红外线操纵起重机 infrared ray operated crane 01.0682
红外线加湿器 infrared humidifier 12.0422
喉部 throat 23.0412
喉部面积 throat area 23.0207，23.0681
喉管真空放大器 Venturi vacuum amplifier 24.0831
喉管真空控制式排气再循环系统 Venturi vacuum controlled EGR system 24.0782
喉宽 throat opening 23.0206
后处理式排放修正法 emission correction method with after treatment 24.0949
后翻稳定性 stability to resist back tipping condition 01.0220
后加件 add-on part 24.0209
后加载叶片 after loading blade 23.0167
后冷却器 after-cooler 23.0430
后轮驱动式自卸车 rear wheel drive tipper 14.0233
后燃 post combustion 24.0230
后燃器 after burner 24.0763
后伸距 backreach 01.0518
后塔架 tail tower, tail mast 01.0371
后卸料式自卸车 rear dump tipper 14.0228
后缘 tailing edge 26.0118
弧端损失 arc end loss 23.0121
弧形底安装式喷油泵 cradle-mounted fuel injection pump 24.1051
葫芦运行机构 hoist traverse mechanism 01.0540
互联 interconnection 26.0243
花键母 internal spline nut 21.0197
花纹带式输送机 ribbed belt conveyor 02.0016
滑参数启动 sliding-pressure start-up 22.0469
滑参数停运 sliding-pressure shutdown, sliding-pressure outage 22.0489
滑车 pulley block 01.0528
滑动导杆 slide bar 24.0322
滑动挺柱 sliding tappet 24.0341
滑阀位移计量 shuttle displacement metering 24.1058
滑阀真空泵 rotary plunger vacuum pump 13.0037
滑轮 sheave, pulley 01.0107
滑轮组补偿法 means of compensation with pulley block 01.0270
滑模式混凝土摊铺机 slipform concrete paver 15.0122
滑片泵 vane pump 07.0122
滑片式压缩机 sliding-vane compressor 10.0120
滑片式制冷压缩机 sliding-vane refrigerant compressor 12.0106
滑套计量 sleeve metering 24.1054
滑销系统 sliding key system 23.0195
滑行法 coast-down method 24.0954
滑压运行 sliding-pressure operation 22.0482，23.0345
滑移转向装载机 skid-steer loader 14.0088
化肥泵 chemical fertilizer pump 07.0108
化石燃料锅炉 fossil-fuel-fired boiler 22.0095
化学除氧 chemical deaeration 23.0494
化学发光分析仪 chemiluminescent analyzer 24.0982
化学发光检测器分析仪 chemiluminescent detector analyzer, CLD analyzer 24.0988
化学反应真空精炼 chemical reaction vacuum refining 13.0273
化学气相沉积 chemical vapor deposition, CVD 13.0241
化学清洗 chemical cleaning 22.0501，23.0451
化油器减速燃烧控制阀 carburetor deceleration combustion control valve 24.0900

化油器式发动机　carburetor engine　24.0015
还原型催化剂　reduction catalyst　24.0733
还原性气氛　reducing atmosphere　22.0041
环壁阻力损失　annulus drag loss　23.0603
环柄式定扭矩气扳机　annular-handle torque-controlled pneumatic wrench　21.0141
环柄式气扳机　annular-handle pneumatic wrench　21.0135
环柄式气铲　annular-handle pneumatic chipping hammer　21.0087
环管形燃烧室　can annular combustor　23.0561
环境温度　ambient temperature　24.0188
环境压力　ambient pressure　24.0184
环链手扳葫芦　chain lever block　01.0533
环流塔板　circular flow tray　11.0035
环形单轨系统　monorail loop system　01.0389
环形燃烧室　annular combustor　23.0560
环形通风机　ring-shaped fan　10.0055
环形钻架　ring drill rig　21.0069
缓冲导料装置　buffer feeder　02.0129
缓冲器　buffer, bumper　01.0147
缓冲托辊　impact idler　02.0063
* 换辊装置　roll hanger　01.0441
换热器　heat exchanger　11.0039，12.0222
换热器板　heat exchanger plate　23.0780
换热器管　heat exchanger tube　23.0779
换热器壳体　shell of heat exchanger　23.0778
换绳装置　rope changer　01.0112
灰浆泵　mortar pump　20.0002
灰浆打底装置　mortar rendering unit　20.0004
灰浆给料机　mortar feeder　20.0008
灰浆搅拌机　mortar mixer　20.0007
灰浆联合机　mortar combine　20.0003
灰浆喷射器　mortar sprayer　20.0005
灰浆制备机械　mortar material processing machinery　20.0001
灰浆状涂层喷射机　spraying unit for plaster-like coats　20.0006
灰渣物理热损失　sensible heat loss in residue　22.0606
挥发性有机化合物　volatile organic compound, VOC　24.0690
回程托辊　return idler　02.0057
回带管屏　ribbon panel　22.0266
回火　flashback　22.0542
回料控制阀　loop seal　22.0327
回流区　recirculating zone　23.0715
回流燃油　leak-off fuel　24.0226
回流扫气　loop scavenging　24.0098
回燃室　reversal chamber　22.0258
回热抽汽　regenerative extraction steam　23.0083
回热度　regenerator effectiveness　23.0660
回热器　superheater　12.0180，regenerator　23.0566
回热式空气制冷机　regenerative air refrigerating machine　12.0077
回热式汽轮机　regenerative steam turbine　23.0055
回热循环　heat regenerative cycle　12.0026，regenerative cycle　23.0547
回水温度　return water temperature　22.0166
回送　haulage by train　01.0240
回送速度　haulage speed　01.0233
回送通过最小曲线半径　negotiable radius for haulage by train　01.0234
回弹式绳索起动器　recoil starting device　24.0581
回填铲　backfill blade　14.0218
回填压实机　landfill compactor　15.0145
回位弹簧　return spring　24.1180
回旋质谱仪　omegatron mass spectrometer　13.0198
回油　back leakage, leak-off　24.1157
回油管座接头　back-leakage connection　24.1149
回油计量阀　metering spill valve　24.1080
回油孔　spill port　24.1066
回油孔开启角　angle of spill port opening　24.1064
回油孔开启时柱塞升程　plunger lift to spill port opening　24.1063
回转　slewing　01.0035
回转泵　rotary pump　07.0058
回转变幅机构　rotary-range mechanism　14.0108
回转动力式泵　rotodynamic pump　07.0016
回转机构　slewing mechanism　01.0058，swing actuator　14.0164
回转机架　swivel stand　14.0160
回转流动式起重机　slewing mobile crane　01.0165
回转起重机　slewing crane　01.0669
回转式分离器　rotary mill classifier, rotating classifier　22.0340
回转式回热器　rotating regenerator　23.0568
回转式空气预热器　rotary air preheater　22.0429

回转式气动除锈器 rotary pneumatic scaler 21.0106
回转式气动雕刻机 rotary pneumatic engraving tool 21.0113
回转式气动工具 rotary pneumatic tool 21.0079
回转式气动振动器 rotation pneumatic vibrator 21.0109
回转式压缩机 rotary compressor 10.0118
回转式制冷压缩机 rotary refrigerant compressor 12.0105
回转式钻臂 rotation drill boom 21.0237
回转速度 slewing speed 01.0013
回转塔身 slewing tower 01.0565
回转体 rotation body 26.0197
回转限位器 slewing limiter 01.0152
回转小车 slewing trolley 01.0074
回转支承 slewing ring 01.0076
回转装载机 swing loader 14.0081
回转自卸车 swing dumper 14.0224
回转钻 rotation drill 21.0058
汇集集箱 catch header 22.0391
混合料转运机 material transfer machine 15.0030
混合流换热器 mixed-flow heat exchanger 12.0393
混合摩擦 mixed friction 24.0256
混合器 mixer 22.0402
混合式加热器 mixing heater 23.0454
* 混合式间接干式冷却系统 Heller system 23.0444
* 混合式减温器 mixed desuperheater 22.0417
混合式空气调节机组 mixed-type air-conditioning unit 12.0335
混合式空调系统 mixed air-conditioning system 12.0318
混合式冷凝器 barometric condenser 12.0160
混合式凝汽器 mixing condenser 23.0393
混合式气力输送机 pneumatic conveyor in combination vacuum-pressure 02.0157
混合式施工升降机 combined hoist 01.0619
混合油润滑 oil-in-gasoline lubrication, petrol lubrication 24.0485
混合制冷剂 mixed refrigerant 12.0055
混冷式压缩机 mixed-cooling compressor 10.0091
混流泵 mixed-flow pump 07.0018
混流式水轮泵 mixed-flow water-turbine pump 07.0140
混流式水轮机 Francis turbine, radial-axial flow turbine 25.0009
混流式通风机 mixed-flow fan 10.0053
* 混流式蓄能泵 mixed-flow storage pump 25.0029
混凝土泵车 concrete pump truck 17.0048
混凝土斗 concrete bucket 17.0096
混凝土翻斗车 concrete dumper 17.0033
混凝土缸水洗箱 water tank for cylinder cleaning 17.0127
混凝土浇筑机 concrete mix placer 15.0136
混凝土搅拌机 concrete mixer 17.0016
混凝土搅拌楼 concrete mixing tower 17.0002
混凝土搅拌输送斗 concrete transport agitating skip 17.0038
混凝土搅拌运输车 concrete mixing carrier, concrete truck mixer 17.0036
混凝土搅拌站 concrete mixing plant 17.0001
混凝土空心板挤压成型机 hollow concrete slab extruder 17.0147
混凝土空心板拉模机 hollow concrete slab mould dragger 17.0153
混凝土空心板推挤成型机 hollow-concrete-slab squeezer 17.0152
混凝土拉毛养生机 concrete texture curing machine 15.0144
混凝土路面刻纹机 concrete scarifier machine 15.0143
混凝土路面抹光机 concrete trowel machine 15.0140
混凝土路面排式振动器 concrete linable machine 15.0141
混凝土路面切缝机 concrete saw 15.0131
混凝土路面填缝机 concrete crack sealing machine 15.0132
混凝土路缘成型机 concrete curb machine 15.0142
混凝土轮式输送设备 wheeled concrete transport equipment 17.0030
混凝土配料站 concrete batching plant 17.0009
混凝土喷射机 concrete spraying machine 17.0070
混凝土砌块生产成套设备 complete equipment for making concrete blocks 17.0134
* 混凝土撒布机 concrete spreader 15.0130
混凝土输送泵 concrete pump 07.0124
混凝土输送斗 concrete transport skip 17.0032
混凝土输送容器 concrete delivery vessel 17.0099
混凝土输送设备 concrete mix delivery equipment

17.0035
混凝土输送箱　concrete delivery tank　17.0095
混凝土摊铺机　concrete paver　15.0116
* 混凝土修整机　concrete finisher　15.0121
混凝土真空脱水处理设备　concrete vacuum dewatering treatment equipment　15.0139
混凝土振动器　concrete vibrator　17.0053
混凝土整平机　concrete leveller　15.0135
混凝土制品机械　concrete products machinery 17.0133
混凝土贮斗　concrete hopper　17.0116
混烧锅炉　mixed-fuel-fired boiler, multi-fuel-fired boiler　22.0104
活塞　piston　24.0356
活塞泵　piston pump　07.0063
活塞窜气　abnormal piston blow-by　24.0217
活塞导向环　piston guide ring　24.0364
活塞顶　piston top　24.0376
活塞顶凹腔　piston bowl　24.0365
活塞顶凹腔护边　bowl edge protection　24.0366
活塞顶内燃烧室　piston chamber　24.0127
活塞顶镶圈　piston top insert　24.0367
活塞杆　piston rod　24.0374
活塞环岸　piston ring land　24.0379
活塞环槽　piston ring groove　24.0380
活塞环槽镶圈　ring groove insert　24.0373
活塞环带　piston ring belt　24.0377
活塞环胶结　ring sticking　24.0262
活塞环结胶　ring gumming　24.0260
活塞环拉缸　ring scuffing　24.0261
活塞力　piston rod load　10.0033
活塞力图　piston rod load diagram　10.0034
活塞面积　piston area　24.0132
活塞排量　piston-swept volume, piston displacement 24.0140
活塞平均速度　mean piston speed　24.0160
活塞裙部　piston skirt, piston bottom part　24.0363
* 活塞上部　piston crown, piston upper part　24.0362
活塞烧焦　piston burning, charring　24.0258
* 活塞式变容真空泵　reciprocating positive displacement vacuum pump　13.0028
活塞式低温液体泵　piston-type cryogenic liquid pump 11.0191
活塞式混凝土泵　piston concrete pump　17.0044
活塞式减压阀　piston reducing valve　09.0068
活塞式膨胀机　piston-type expander　12.0136
活塞式气扳机　piston pneumatic nutrunner　21.0144
活塞式气动马达　pneumatic piston motor　21.0173
活塞式压气机　piston compressor　24.0435
活塞筒体　piston shell　24.0369
活塞头部　piston crown, piston upper part　24.0362
* 活塞下部　piston skirt, piston bottom part　24.0363
活塞销　piston pin, gudgeon pin　24.0371
活塞销衬套　piston-pin bushing　24.0368
活塞销支座　piston pin carrier　24.0370
活塞真空泵　piston vacuum pump　13.0033
活性炭罐　charcoal canister　24.0877
活性炭空气过滤器　carbon air filter　12.0476
火床　fire bed　22.0047
* 火床炉　grate-fired boiler, stoker-fired boiler　22.0128
* 火床燃烧　grate firing　22.0209
* 火管　smoke tube　22.0404
火管锅炉　fire tube boiler　22.0072
火管加热式沥青熔化加热装置　fire tube heating asphalt melting and heating unit　15.0077
* 火花点燃式发动机　spark ignition engine　24.0011
* 火室燃烧　suspension combustion　22.0208
火焰检测器　flame detector　22.0578，23.0721
火焰失效遮断装置　flame-failure trip device　23.0742
火焰筒　combustion liner, combustor can, combustor basket, flame tube　23.0717
火焰稳定器　flame-holder　23.0727
* 货叉超行程挡块　shuttle overtravel stops, mechanical stops　01.0470
货叉超行程停止器　shuttle overtravel stops, mechanical stops　01.0470
货叉间距　distance between two telescopic shuttles 01.0473
货叉宽度　width of shuttles　01.0474
货叉伸出高度　thickness of extended part of shuttle 01.0477
货叉伸出最大行程　maximum distance of shuttle, maximum extension of shuttle　01.0476
货叉伸缩机构　shuttle mechanism　01.0465
货叉伸缩速度　extending speed of shuttle　01.0475
货叉伸缩行程限位器　shuttle extension limiter 01.0479
货叉下挠度　deflexion of shuttle　01.0478

* 货叉中心距　distance between two telescopic shuttles　01.0473
货架支承型有轨巷道堆垛起重机　rack-supported S/R machine　01.0453
* 货客电梯　goods-passenger lift　06.0003
* 货位探测器　bin detection device　01.0472
货物位置异常检测装置　load location detector　01.0471
货用施工升降机　material hoist　01.0620
货运索道　material ropeway　02.0250

J

机舱　nacelle　26.0185
机舱罩　nacelle cover　26.0186
机场跑道除胶车　airport-runway rubber-removal vehicle　08.0007
机动泵　power pump　07.0085
机房　machine room　06.0024
机架　frame　24.0289
机壳　housing　25.0129
机坑里衬　pit liner　25.0087
机器塔架　machine tower　01.0370
机体　engine block　24.0278
机头　front head　21.0189
* 机匣　casing　23.0697
机械变桨机构　mechanical pitch control mechanism　26.0180
机械传动式沥青混凝土摊铺机　mechanical asphalt paver　15.0027
机械隔膜计量泵　mechanically actuated diaphragm metering pump　07.0093
机械加宽熨平装置　mechanical extension screed unit　15.0040
机械冷藏列车　mechanically refrigerated rail-car　12.0296
机械离心式调速器　mechanical centrifugal speed governor　23.0241
机械炉排　stoker-fired grate　22.0360
机械喷射　mechanical injection　24.0071
机械气动调速器　mechanical-pneumatic governor　24.0527
机械清洗　mechanical cleaning　23.0450
机械驱动式压气机　engine-driven blower　24.0434
机械设备室　machinery room　01.0132
机械伸缩吊具　mechanic telescopic spreader　01.0513
机械式钢筋调直切断机　mechanical reinforcing bar straightening and cutting machine　18.0032
机械式喷油泵　mechanical fuel injection pump　24.1030
机械式喷油器　mechanical fuel injector　24.1109
机械式张拉设备　mechanical tensioning equipment　18.0044
机械损失　mechanical loss　23.0011
机械调速器　mechanical governor　24.0525
机械通风冷却塔　mechanical draught cooling tower　12.0186
机械通风湿式冷却塔　mechanical draft wet cooling tower　23.0436
机械挖掘机　cable excavator　14.0066
机械雾化　mechanical atomization　22.0250
机械雾化油燃烧器　mechanical atomizing oil burner　22.0301
机械效率　mechanical efficiency　23.0105，24.0171
机械携带　mechanical carry-over, moisture carry-over　22.0202
机械携带系数　mechanical carry-over coefficient　22.0203
机械液压调节系统　mechanical-hydraulic control system　23.0236
机械液压调速器　mechanical-hydraulic governor　24.0526
机械增压　mechanical pressure charging　24.0085
机械振动给料机　mechanical vibrating feeder　03.0016
机械振动输送机　mechanical vibrating conveyor　02.0225
机械制动系　mechanical braking system　14.0009
机械制冷系统　mechanical refrigerating system　12.0043
机械转向器　manual steering gear　14.0027
机械转向系　manual steering system　14.0023
机油安全阀　oil pressure relief valve　24.0510
机油泵　lubricating oil pump　24.0507
机油抽油泵　lubricating oil scavenging pump　24.0508

机油集滤器　lubricating oil suction strainer　24.0497
机油冷却器　oil cooler　24.0473
机油滤清器　lubrication oil filter　24.0496
机油滤清器滤芯　filter element of lubrication oil filter　24.0520
机油调压阀　oil pressure regulating valve　24.0511
机油箱　lubricating oil tank　24.0514
机油消耗量　lubrication oil consumption　24.0178
机油消耗率　specific lubricating oil consumption　24.0179
机油压力表　oil pressure gauge　24.0519
机柱　column　24.0288
机组接地电阻值　earth resistance of wind turbine generator set　26.0149
* 机组式空调系统　refrigerated air-conditioning system　12.0317
机组效率　efficiency of wind turbine generator set　26.0256
机座　bedplate　24.0285
积放式辊子输送机　accumulating roller conveyor　02.0218
积放式悬挂输送机　power and free overhead conveyor　02.0230
积分作用控制器　integral action controller　24.0629
积灰　fouling　22.0522
积炭　carbon residue　24.0236
基本臂　basic jib　01.0185
基本负荷额定输出功率　base-load rated output　23.0580
基本负荷锅炉　base-load boiler　22.0131
基本负荷汽轮机　base-load steam turbine　23.0067
基本负荷运行　base-load operation　23.0336
基本熨平装置　basic screed unit　15.0039
基础臂节　base jib section　01.0187
基础环　foundation ring　25.0075
基础节　base section　01.0568
基距　base　01.0021
基片　substrate　13.0222
基站　main landing, main floor, home landing　06.0027
基准层　datum layer　01.0608
基准粗糙长度　reference roughness length　26.0160
基准高度　reference height　26.0159
基准距离　reference distance　26.0161
基准燃料　reference fuel　24.0648
基准压力调节　level pressure control　23.0791
基准直径　reference diameter　24.1201
* 激波损失　shock loss　23.0116
激光自动调平器　laser auto-leveling device　15.0050
吉福德–麦克马洪制冷机　Gifford-McMahon refrigerator　12.0086
吉福德–麦克马洪制冷循环　Gifford-McMahon refrigeration cycle　12.0039
汲油润滑　dip lubrication　24.0487
级间冷却器　intercooler　12.0201
级效率　stage efficiency　23.0605
极端风速　extreme wind speed　26.0068
极热态起动　very hot starting　23.0325
极限功率　limit power　23.0577
极限压力　ultimate pressure　13.0111
极限状态　limit state　26.0138
极坐标式钻臂　polar-coordinates drill boom　21.0235
急停开关　emergency stop switch　01.0646
棘轮　ratchet ring　21.0193
棘轮式气扳机　ratchet pneumatic wrench　21.0147
棘轮爪　ratchet pawl　21.0192
集尘器　dust collector　21.0072
集气罐　gas collector　12.0496
集汽管　dry pipe　22.0384
集箱　header　22.0389
集油器　oil receiver　12.0235
集中润滑系统　concentrating lubricating system　14.0260
集中式空气调节系统　central air-conditioning system　12.0311
集中通风系统　central fan system　12.0328
集装箱侧面吊运机　side container crane　01.0494
集装箱吊具　spreader　01.0507
集装箱门式起重机　gantry container crane　01.0490
集装箱门座起重机　container portal crane　01.0496
集装箱起重机　container handling crane　01.0480
集装箱正面吊运起重机　front-handling mobile crane　01.0493
几何供油量　geometric fuel delivery　24.1076
几何供油行程　geometric fuel delivery stroke　24.1068
几何减压容积　geometric retraction volume　24.1070
挤流　squish　24.0120
挤压式混凝土泵　squeeze concrete pump　17.0045

给水　feed water　22.0004
给水泵汽轮机　steam turbine of feed water pump　23.0377
给水加热器　feed water heater　23.0376
给水加热系统　feed water heating system　23.0373
给水加热型联合循环　feed-water heating combined cycle　23.0867
给水品质　feed water quality　22.0581
给水温度　feed water temperature　22.0164
给水温升　feed water temperature rise　23.0482
* 给水压力损失　tube-side pressure loss　23.0483
给水自动旁路系统　automatic feed water bypass system　23.0476
* 计划检修　time-based maintenance　22.0510
计划降低出力　planned derating　22.0617
计划停运　planned outage　22.0480
计划停运小时数　planned outage hours　22.0621
计量　metering　24.1052
计量泵　metering pump　07.0090
计量滑套　metering sleeve　24.1091
计量给水装置　water batcher　15.0163
计量给土斗　soil batch hopper　15.0161
计量装置　metering device　24.1187
计算机房专用空气调节机　air conditioner for computer room use　12.0351
计算机控制监测　computer-controlled monitoring　24.0638
计算燃料消耗量　fuel consumption rate for calculation　22.0156
* 计算压力　design pressure　22.0141
加长臂　extension jib　01.0183
加工空气　process air　11.0001
加权平均水头　weighted average head　25.0159
加权平均效率　weighted average efficiency　25.0186
加热炉装取料起重机　ingot charging crane　01.0421
加热器初温差　initial temperature difference of heater　23.0479
加热器堵管率　heater tube-blocking rate　23.0491
加热器端差　terminal temperature difference of heater　23.0481
加热器过热蒸汽冷却区　heater desuperheating zone　23.0467
加热器空气排放系统　heater air vent system　23.0478
加热器凝汽区　heater condensing zone　23.0468
加热器疏水冷却区　heater drain cooling zone　23.0469
加热器疏水系统　heater drain system　23.0472
加热器投运率　heater operation rate　23.0490
加热器温降率　heater temperature decrease rate　23.0493
加热器温升率　heater temperature rise rate　23.0492
加热器终温差　final temperature difference of heater　23.0480
加热式氢火焰离子化检测器分析仪　heated flame ionization detector analyzer, HFID analyzer　24.0986
加热与通风系统　heating and ventilation system　23.0756
加热装置　stove　24.0850
加湿器　humidifier　12.0410
加速扭矩　acceleration torque　24.0165
加温解冻系统　defrosting system　11.0084
加油管限制装置　filler tube restrictor　24.0852
加油口盖　fuel filler cap　24.0848
加油排放物　refueling emission　24.0676
加油排放物控制系统　refueling emission control system　24.0883
加油枪限制器　fuel filler restrictor　24.0896
加载减速法　lug-down method　24.0950
加载时间　loading time　23.0827
夹钩　clamps　01.0469
夹轨器　rail clamp　01.0105，21.0260
夹紧装置　clamping device　16.0030
夹钎器　drill steel holder　21.0253
夹钳　clamp, tong　01.0434
夹钳吊架　clamp hanger　01.0440
夹钳开闭机构　tong operation mechanism　01.0429
夹钳起重机　soaking pit crane　01.0415
家用电梯　home lift　06.0019
甲板起重机　deck crane　01.0653
甲醇　methanol　24.0655
甲基环戊二烯三羰基锰　tricarbonyl manganese, methylcyclopentadienyl　24.0665
甲基叔丁基醚　methyl tertiary butyl ether, MTBE　24.0664
甲烷　methane　24.0686
驾驶操纵式挖沟机　rider-operated trencher　14.0202
架空索道　aerial ropeway　02.0252
架设机构　erecting device　01.0574

架设平台　erection platform　01.0579
假想切圆　imaginary circle　22.0192
尖峰负荷额定输出功率　peak load rated output　23.0579
尖峰负荷锅炉　peak load boiler　22.0133
尖峰负荷运行　peak load operation　23.0339
坚硬转子冲击破碎机　solid-rotor impact breaker　19.0024
* 间壁式加热器　surface heater　23.0455
间壁式通风机　partition fan　10.0043
监测　monitoring　24.0598
监测系统　monitoring system　24.0633
监视装置　supervisory equipment　23.0257
拣选车　order-picking truck　05.0022
拣选-单元混合型有轨巷道堆垛起重机　S/R machine for both unit load and order picking　01.0456
拣选型有轨巷道堆垛起重机　order-picking S/R machine　01.0455
减法计量装置　measuring device based on subtraction method　17.0081
减速点火提前控制装置　deceleration spark advance control　24.0811
减速节气门缓冲器　deceleration-throttle modulator　24.0830
减速控制装置　deceleration control system　24.0837
减速装置　retarder　14.0017
减温器　attemperator, desuperheater　22.0415
减压阀　pressure reducing valve　09.0065
减压容积　retraction volume　24.1069
减压行程　retraction stroke　24.1071
减摇装置　anti-sway device　01.0506
剪断销　shear pin　25.0063
剪式钻臂　shear-type drill boom　21.0224
检测　inspection　24.0197
检测器　detector　24.0992
检漏仪　leak detector　13.0217
检修密封　standstill seal, maintenance seal　25.0103
简单取样　grab sample　24.0969
简单循环　simple cycle　23.0546
简单蒸发冷却　single evaporative cooling　24.0454
碱度　alkalinity　22.0590
件货螺旋输送机　screw conveyor for package　02.0138
间接干式冷却系统　indirect dry cooling system　23.0443
间接加热喷洒机　indirectly heated spreader　15.0094
间接喷射　indirect injection　24.0073
间接喷射式柴油机　diesel indirect injection engine　24.0065
间接泄漏　bypass leakage, entrained leakage　22.0255
间接制冷系统　indirect refrigeration system　12.0050
间接作用控制器　indirect acting controller　24.0623
* 间喷式柴油机　diesel indirect injection engine　24.0065
间歇式冰淇淋冻结器　batch-type ice cream freezer　12.0292
间歇式沥青混合料搅拌设备　asphalt mixture batch plant　15.0005
间歇式制冰机　cyclic ice maker　12.0283
间歇循环式架空索道　intermittent circulating ropeway　02.0255
建筑安装用浮式起重机　floating crane for erection work　01.0259
建筑卷扬机　construction winch　01.0595
建筑塔式起重机　building tower crane　01.0561
渐进式安全器　progressive safety device　01.0639
溅射材料　sputtering material　13.0226
溅射离子泵　sputter ion pump　13.0059
溅射速率　sputtering rate　13.0230
桨距角　pitch angle　26.0109
桨叶力特性　blade force character　25.0248
桨叶形螺旋　puddle screw　02.0145
降氮氧化物系统　deNO$_x$ system　24.0793
降低出力　derating　22.0616
* 降速干燥　secondary drying　13.0254
交叉式门座　cross frame portal　01.0281
胶球清洗　sponge ball cleaning　23.0453
胶球清洗装置　sponge ball cleaning device　23.0433
角度式压缩机　angular-type compressor　10.0116
角管式锅炉　corner-tube boiler　22.0082
角式泵　angle pump　07.0076
角式阀　angle valve　09.0089
角式气扳机　angle pneumatic wrench　21.0138
角式气动砂轮机　angle pneumatic grinder　21.0117
角式气钻　angle pneumatic drill　21.0129
* 角式燃烧　corner firing　22.0210
角式燃烧器　corner burner　22.0296
角推土铲　angle dozer　14.0176
角形小车　angular trolley　01.0349

绞车　winch　01.0536，14.0121
绞盘　capstan　01.0539，winch　14.0182
脚踏起动系统　kick starting system　24.0582
铰接臂　articulated jib　01.0190
铰接臂流动式起重机　mobile crane with articulated jib　01.0171
铰接车架自卸车　articulated frame dumper　14.0226
铰接活塞　articulated piston　24.0361
铰接流动式起重机　articulated mobile crane　01.0167
铰接式底盘　articulated chassis　21.0256
铰接式辊子输送机　hinged roller conveyor　02.0220
铰接式松土器　radial-type ripper　14.0178
铰接式自卸车　articulated steering tipper　14.0232
铰接悬臂门式起重机　gantry crane with hinged boom　01.0323
搅拌罐　mixing tank　17.0086
搅拌罐齿圈　mixing tank gear ring　17.0118
搅拌罐滚道　mixing tank rolling track　17.0119
搅拌宽度　mixing width　15.0172
搅拌器　mixer　15.0018
搅拌输送车　truck mixer　17.0031
搅拌筒　mixing drum　17.0090
搅拌叶片　mixing blade　17.0122
校核煤种　checked coal　22.0021
校核试验　check test　12.0301
校准漏孔　calibrated leak　13.0211
校准系数　calibration coefficient　13.0202
校准系统　system of calibration　13.0201
轿架　car frame　06.0037
轿厢　car, lift car　06.0036
* 轿厢架　car frame　06.0037
阶段 I 加油控制装置　stage I refueling control device　24.0884
阶段 II 加油控制装置　stage II refueling control device　24.0885
阶段 II 蒸气回收加油枪　stage II vapor recovery nozzle　24.0886
阶梯炉排　step grate stoker　22.0368
接触干燥　contact drying　13.0255
* 接触式加热器　mixing heater　23.0454
* 接触式凝汽器　mixing condenser　23.0393
接杆钎尾　shank adapter　21.0203
接近角　angle of approach, approach angle　14.0220
揭盖起重机　cover carriage crane　01.0414
节距　pitch　01.0615，23.0014
节流阀　throttle valve　09.0032
节流圈　orifice　22.0403
节流损失　throttling loss　23.0124
节流调节　control by throttling　11.0185，throttle governing　23.0342
节流型变风量末端装置　throttle-type VAV terminal device　12.0443
节流循环低温制冷机　throttling-cycle low-temperature refrigerator　12.0085
节流轴针式喷油嘴　delay throttle pintle nozzle　24.1122
* 节能器　economizer　22.0421
节气门定位器　throttle positioner　24.0843
节气门后排气再循环系统　below-throttle-valve EGR system　24.0778
节气门缓冲器　throttle dash pot　24.0844
节气门开启器　throttle opener　24.0845
节气门控制式排气再循环系统　throttle-valve-controlled EGR system　24.0784
节气门前排气再循环系统　above-throttle-valve EGR system　24.0777
节气门位置开关　throttle position switch　24.0861
节索　node rope　01.0368
节套式支索器　node carrier　01.0379
节圆直径　pitch diameter　25.0121
* 节子式承马　node carrier　01.0379
洁净保管柜　clean shelf　12.0492
洁净工作台　clean bench　12.0495
洁净烘箱　clean oven　12.0493
洁净屏　unidirectional flow wall module　12.0499
洁净室　cleanroom　12.0477
洁净衣柜　garment stocker　12.0491
洁净罩　unidirectional flow ceiling module　12.0497
结冰式蒸发器　ice-bank evaporator　12.0178
结垢　incrustation, scale formation　22.0523
结合水　combined water　24.0698
结焦　agglomeration, clinkering, coking　22.0521，charring　24.0238
结渣　slagging　22.0520
截面含汽率　steam quality by section　22.0170
截止阀　globe valve, stop valve　09.0031，stop valve　22.0446
截止式隔膜阀　globe diaphragm valve　09.0041

解吸　desorption　13.0021
介质　medium, agent　22.0002
金属真空除气　metal vacuum degassing　13.0274
金属真空蒸馏　metal vacuum distillation　13.0275
紧凑系数　compactness factor　23.0663
紧急制动系　emergency braking system　14.0002
紧线器　turnbuckle　01.0593
进出料装置　feeding and outgoing device　17.0093
进刀宽度　feed blade width　14.0211
进刀深度　feed blade cover depth　14.0210
进刀弯曲半径　feed blade bend radius　14.0212
进口补偿器　inlet compensator　11.0196
进口导叶　inlet guide vanes　23.0769
进口几何角　inlet geometric angle　23.0214
进口空气流量　inlet air flow　23.0624
* 进口汽流角　inlet flow angle　23.0212
进口温度　inlet temperature　23.0615
进口压力　inlet pressure　23.0610
进料槽　feed launder　14.0123
进料叶片　charge blade　17.0087
进气道　air intake duct　23.0759
进气阀　gas admittance valve　13.0141
进气缸　inlet casing　23.0698
进气过滤器　intake air filter　23.0761
进气加热装置　stove　24.0851
进气角　flow inlet angle　23.0687
进气节气门　inlet air throttle　24.0839
进气冷却　inlet air chilling, inlet air cooling　23.0841
进气门　air inlet valve　24.0329
进气歧管　inlet manifold　24.0439
* 进气室　inlet casing　23.0698
进气温度　inlet temperature, suction temperature　10.0029
进气温度　inlet temperature　24.0189
进气系统　gas admittance system　13.0106
进气压力　inlet pressure　23.0609，24.0185
进气总管　inlet pipe　24.0438
* 进汽参数　main steam condition　23.0145
进汽角　inlet flow angle　23.0212
进油阀　fuel inlet valve　24.1082
进油管连接件　fuel inlet connector, inlet studs　24.1147
进油管座接头　fuel inlet connection　24.1146
进油计量　inlet metering　24.1055
进油计量阀　metering inlet valve　24.1083
进油孔　inlet port　24.1067
进油流量控制阀　inlet flow control valve　24.1220
经济负荷　economic load　22.0593
经济连续蒸发量　economical continuous rating, ECR　22.0137
经济器　economizer　12.0240
经济运行　economical operation　22.0499
精馏段　rectifying section　11.0032
精馏器　rectifier　12.0228
精馏塔　rectification column　11.0021
* 精氩塔　pure argon column　11.0114
井道　well, shaft, hoist way　06.0032
井架式升降机　derrick hoist　01.0627
井下采矿钻车　mining drill wagon for underground　21.0032
阱　trap　13.0080
净电功率　net power　23.0127
净电功率输出　net electric power output　26.0267
净化空气调节机组　air cleaning-conditioning unit　12.0338
净化率　purifying rate　24.0911
净起重量　net load　01.0045
净热耗率　net heat rate　23.0137
净水头　net head　25.0154
净制冷量　net refrigerating capacity　12.0017
径高比　diameter-length ratio　23.0218
* 径流式通风机　centrifugal fan　10.0045
径流式透平　radial-flow turbine　23.0530
径流式涡轮　centripetal turbine, radial turbine　24.0426
径流式蓄能泵　radial-flow storage pump　25.0027
径流式压气机　radial-flow compressor　23.0552
径流式转化器　radial-flow-type converter　24.0714
径向泵　radial pump　07.0081
径向发动机　radial engine　24.0045
径向回转起重机　radial crane　01.0673
径向力　radial force　25.0250
径向推力轴承　radial thrust bearing　23.0189
静电式空气净化装置　electrostatic air cleaner　12.0473
静力压拔桩机　static pile pushing/ pulling device　16.0027
静力压拔桩设备　static pile pushing/ pulling equipment

16.0013
静态定相 static phasing, spill phasing 24.1105
静态干燥 static drying 13.0259
静态冷冻 static freezing 13.0262
静压气力输送机 static pneumatic conveyor 02.0158
静叶持环 blade carrier 23.0295
静叶环 stator blade ring 23.0160
静叶片 stationary blade, stator blade 23.0155, 23.0671
静叶栅损失 stator cascade loss 23.0117
静载试验 static test 01.0040
纠正单元 correcting unit 24.0620
* 酒精 ethanol 24.0656
救援索 evacuation rope 02.0299
救援索道 succor ropeway, rescue ropeway 02.0276
救援用浮式起重机 floating crane for salvage work 01.0260
救援用铁路起重机 wreck railway crane 01.0228
* 局部不等率 incremental speed governing droop 23.0365
局部净化设备 local clean equipment 12.0483
局部空气调节机组 partial air-conditioning unit 12.0340
局部转速不等率 incremental speed governing droop 23.0365
举升能力 lifting capacity 14.0133
距离常数 distance constant 26.0270
锯齿形螺旋 cut-flight screw 02.0146
聚氯乙烯地板焊接机 PVC flooring welder 20.0044
卷材粘贴铺设机械 machinery for sticking roll materials to base 20.0052
卷绕式绞车 drum hoist 01.0537
卷筒 winding drum 01.0111
卷筒节径 pitch diameter of drum 01.0614
卷筒式张紧装置 drum tightening device 01.0386
卷筒制动器 drum brake 01.0101
卷扬机 winch 01.0594
卷扬机式钢筋冷拉机 winch-type cold-drawing machine 18.0004
绝对膨胀指示器 cylinder expansion indicator 23.0274
绝对死点 absolute anchor point 23.0197
绝对压力 absolute pressure 25.0195
绝对真空计 absolute vacuum gauge 13.0165
绝热发动机 adiabatic engine 24.0025
绝热放气制冷 adiabatic delivery refrigeration of gases 12.0010
绝缘桥式起重机 overhead isolation crane 01.0306
绝缘塑料喷洒机 plastic insulation sprayer 20.0056
绝缘塑料应用设备 equipment for application of insulating plastics 20.0055
掘进机 tunnel boring machine, TBM 14.0246
掘进机出渣转载装置 muck transfer device of TBM 14.0247
掘进机刀盘 TBM cutterhead 14.0248
掘进机滚刀 TBM rolling cutter 14.0249
掘进机推进机构 propelling unit of TBM 14.0250
掘进机运刀机构 rolling cutter transporting unit of TBM 14.0251
掘进机支撑机构 gripper unit of TBM 14.0252
掘进机直径 diameter of TBM 14.0253
掘进钻臂 tunneling drill boom 21.0233
掘进钻车 tunneling drill jumbo 21.0033
均衡泵 balance pump 07.0038
均热炉夹钳 soaking pit clamp 01.0435
均热炉夹钳起重机 soaking pit crane 01.0422
均压管 pressure balance pipe 25.0074
均质充量压燃式发动机 homogeneous charge compression ignition engine, HCCI engine 24.0006
菌形阀式喷油嘴 poppet nozzle 24.1127

K

卡轨器 check plate 14.0125
卡诺循环 Carnot cycle 12.0024
卡皮查氦液化器 Kapitza helium liquefier 12.0226
卡套 chuck 21.0198
开闭机构 closing mechanism 01.0062
开启式制冷压缩机 open-type refrigerant compressor 12.0122
开式单轨系统 monorail opened system 01.0388
开式燃烧室 open combustion chamber 24.0122
开式循环 open cycle 23.0543
开式循环强制冷却 force-feed cooling in an open circuit 24.0460

开式液态排渣炉膛　open wet-bottom furnace　22.0280
开式制粉系统　open pulverizing system　22.0029
抗阻塞通风机　nonclogging fan　10.0067
靠壁式抓岩机　keeping-to-the-side hydraulic grab loader　14.0094
靠墙放置的他助式壁柜　back-wall service cabinet 12.0258
苛性脆化　caustic embrittlement, caustic cracking 22.0532
柯林斯氦液化器　Collins helium liquefier　12.0227
颗粒分离器　particle separator　23.0777
颗粒过滤器　diesel particulate filter, DPF　24.0720
颗粒过滤器过滤效率　DPF filtration efficiency 24.0946
颗粒过滤器加载工况　DPF loading condition 24.0725
颗粒过滤器加载水平　DPF loading level　24.0726
颗粒过滤器热重　DPF hot weight　24.0947
颗粒过滤器再生　DPF regeneration　24.0721
颗粒过滤器再生效率　DPF regeneration efficiency 24.0724
颗粒物　particulate matter, PM　24.0691
颗粒状载体　pelleted substrate　24.0746
颗粒总质量　total particulate mass, TPM　24.0933
壳侧阻力　shell-side pressure loss　23.0484
壳管式回热器　shell and tube recuperator　23.0569
壳管式冷凝器　shell and tube condenser　12.0156
壳管式蒸发器　shell and tube evaporator　12.0170
壳盘管式蒸发器　shell and coil evaporator　12.0169
可变长度起重臂　varied length jib　01.0192
可变负荷锅炉　variable load boiler　22.0132
可变几何截面涡轮增压器　variable-geometry turbocharger　24.0416
可变行程计量　variable stroke metering　24.1056
可拆卸的真空封接　demountable joint　13.0126
可拆装的喷洒机　removable assembly spreader 15.0091
可分吊具　non-fixed load-lifting attachment　01.0044
可更换式吊具　exchangeable spreader　01.0509
可靠性　reliability　23.0801
可控起动空气阀　controllable starting air valve 24.0588
可控热膨胀活塞　piston with controlled thermal expansion　24.0360
可逆带式输送机　reversible belt conveyor　02.0028
可逆配仓带式输送机　reversible belt conveyor with hopper　02.0032
可逆转发动机　direct reversing engine　24.0032
可逆转轴流式通风机　reversible axial-flow fan　10.0048
可溶取部分　solvent extractable fraction, SEF 24.0694
可溶性有机物部分　soluble organic fraction, SOF 24.0695
可伸缩带式输送机　telescopic belt conveyor　02.0011
可伸缩无动力辊子输送机　telescopic gravity roller conveyor　02.0219
可伸缩悬臂门式起重机　gantry crane with retractable boom　01.0324
可调静叶片　variable stator blade　23.0674
* 可调喷嘴调节　control by adjustable nozzle 11.0187
可调式水力机械　regulated hydraulic machinery 25.0002
可调式松土器　variable-type ripper　14.0180
可弯曲螺旋输送机　flexible screw conveyor　02.0134
可移动主梁门式起重机　gantry crane with movable girder　01.0318
可移式架空索道　portable ropeway　02.0275
可用小时数　available hours　22.0624
可用性　availability　23.0802
可用状态　available state　22.0612
可转换发动机　convertible engine　24.0012
可转移式混凝土搅拌站　transferable concrete mixing plant　17.0006
可转移式混凝土配料站　transferable concrete batching plant　17.0013
克努森数　number of Knudsen　13.0019
客车　carriage　02.0302
客货电梯　passenger-goods lift　06.0004
客运索道　passenger ropeway　02.0251
氪氙提取设备　Kr-Xe recovery equipment　11.0128
空负荷试验　no-load test　23.0354
空负荷运行　no-load operation　23.0790
空负荷转速　idling speed　23.0832
空化　cavitation　25.0197
空化试验　cavitation test　25.0230
空化裕量　cavitation margin　25.0207
空–空式增压空气冷却器　air-to-air charge air cooler

24.0478
空冷式汽轮机　dry cooling steam turbine　23.0068
空气泵转向阀　air pump diverter valve　24.0927
空气比例式排气再循环系统　air proportional EGR system　24.0779
空气侧全压损失　total pressure loss for air side　23.0662
空气充气系统　air-charging system　23.0753
空气吹淋室　air shower booth　12.0486
空气锤　air-operated impact hammer　16.0005
空气的标准状态　standard atmospheric state　26.0002
空气分级　air staging　22.0232
空气分离　air separation　11.0015
空气分离设备　air separation plant　11.0016
空气分配歧管　air distribution manifold　24.0840
空气分配器　air distributor　24.0586
空气过滤器　air filter　11.0064，12.0456
空气换热器　air heat exchanger　12.0392
空气加热器　air heater　12.0407
* 空气加湿器　humidifier　12.0410
空气开关阀　air switching valve　24.0730
空气–空气热回收器　air-to-air heat exchanger　12.0449
空气冷却　air cooling　24.0463
空气冷却机组　air-cooler unit　12.0183
空气冷却器　air cooler　12.0205，23.0439
空气冷却区　air cooling zone　23.0417
空气冷却塔　air cooling tower　11.0082，23.0437
空气滤清器　air filter, air cleaner　24.0446
空气滤清器储存装置　air filter storage system　24.0871
空气滤清器滤芯　filter element of air filter, air cleaner　24.0447
空气凝汽器　air condenser　23.0438
空气喷射　air injection　24.0070
空气喷射安全阀　air injection relief valve　24.0925
空气喷射管　air injection tube　24.0926
空气散流器　air diffuser　12.0372
空气室　air chamber　24.0126
空气–水空调系统　air-to-water air-conditioning system　12.0316
空气–水诱导器　air-water induction unit　12.0441
空气调节　air conditioning　12.0304
空气调节机　air-conditioning unit, air conditioner　12.0343
空气调节器　air conditioner　12.0354
空气调节系统　air-conditioning system　12.0310
* 空气围带　standstill seal, maintenance seal　25.0103
空气涡轮制冷机　air turbine refrigerating machine　12.0076
空气雾化　air atomization　22.0252
空气雾化油燃烧器　air atomizing oil burner　22.0300
空气洗涤器　air washer　12.0373
空气洗涤系统　air wash system　12.0382
空气消耗率　specific air consumption　24.0102
空气压缩机　air compressor　11.0199
空气预冷系统　air precooling system　11.0083
空气预热器　air preheater　22.0427
空气再加热　reheating of air　12.0381
空气制动系　air braking system　14.0006
空气制冷循环　air refrigeration cycle　12.0036
空气自净器　self air cleaner　12.0487
空燃比反馈控制系统　air-fuel ratio feed-back control system　24.0819
空燃比控制装置　air-fuel ratio control device　24.0899
空蚀　cavitation erosion, cavitation pitting　25.0209
空速　space velocity　24.0742
空调设备　air-conditioning equipment　12.0309
空调水系统　air-conditioning water system　12.0320
空心叶片　hollow blade　23.0703
空心阴极离子镀　hollow cathode discharge deposition, HCD　13.0243
空心钻　core drill　20.0063
空载工况　no-load operating condition　25.0237
空载滑架　chain support trolley　02.0235
空载转速　no-load speed　24.0545
空载状态稳定性　stability under no-load condition　01.0039
* 孔板塔　sieve-tray column　11.0029
孔口真空控制式排气再循环系统　ported vacuum-controlled EGR system　24.0781
孔式喷油嘴　hole-type nozzle　24.1125
控制　control　24.0597
* 控制单元　control unit　24.0621
控制点　control point　24.0602
控制点变化　change of control point　24.0603
* EGR 控制阀　EGR control valve　24.0798
控制环　regulating ring　25.0059

控制器　controller　24.0621
控制系统　control system　23.0729，24.0599
* 控制循环泵　boiler water circulating pump　22.0462
控制循环锅炉　controlled circulation boiler　22.0092
扣环型埋刮板输送机　loop-boot-type en masse conveyor　02.0081
库房　storehouse　12.0276
跨度　span　01.0018
块冰制冰机　block ice maker　12.0286
快动阻风门　quick-acting choke　24.0835
* 快速氮氧化物　prompt NO_x　22.0044
快速卷扬机　fast winch　01.0598
快速起动　fast start　23.0819
宽调节比一次风喷口　wide-range primary air nozzle 22.0357
矿山排水泵　pit drainage pump　07.0033
矿物地板磨光机　mineral floor grinder　20.0041
矿用隔爆电动岩石钻　mining flameproof electrical rock drill　21.0056
框架型门式起重机　gantry crane with saddle　01.0316
扩散泵　diffusion pump　13.0048
扩散管　diffuser　25.0140
扩散喷射泵　diffusion-ejector pump　13.0051
扩散燃烧　diffusion combustion　22.0224
扩散–吸收式制冷机　diffusion-absorption refrigerator 12.0100
扩压器　diffuser　23.0702，24.0432

L

垃圾焚烧锅炉　municipal waste incineration boiler, garbage-fired boiler, refuse-fired boiler　22.0108
拉铲　pulling scraper　17.0084
拉铲装置　dragline device　14.0077
* 拉金　lacing wire　23.0170
拉筋　lacing wire　23.0170
拉紧滚筒　take-up pulley　02.0053
拉紧装置　take-up unit　02.0003
拉伤　score　24.0263
拉索式塔架　guyed tower　26.0211
拉西环过滤器　Raschig ring filter　11.0068
拉线保护装置　emergency switch along the line 02.0076
* 拉线锚　guy anchor　01.0588
兰金循环　Rankine cycle　12.0025
蓝白烟　white and blue smoke　24.0706
蓝烟　blue smoke　24.0704
缆车　funiculars　02.0277
缆绳　guy　01.0586
缆绳顶盖　stay gland　01.0587
缆绳式桅杆起重机　guy-derrick crane　01.0582
缆索起重机　cable crane　01.0356
缆索型起重机　cable-type crane　01.0651
雷特蒸气压　Reid vapor pressure　24.0943
累计式称量装置　cumulative batcher　17.0078
累计装机容量　accumulated installation capacity 26.0249
肋片换热器　finned tube heat exchanger　12.0395
冷拔螺旋钢筋成型机　cold-drawn spiral steel bar making machine　18.0015
冷藏陈列柜　refrigerated display cabinet　12.0246
冷藏船　refrigerated cargo vessel　12.0298
冷藏集装箱　refrigerated container　12.0299
冷藏间　cold storage room　12.0273
冷藏链　cold chain　12.0270
冷藏列车　refrigerated rail-car　12.0295
冷藏汽车　refrigerated vehicle　12.0293
冷冻　freezing　13.0261
冷冻除湿机　refrigerating dehumidifier　12.0424
冷冻干燥　freeze-drying　12.0300，13.0251
冷冻干燥机　freezing dry machine　11.0202
冷冻机油　refrigerant oil　12.0143
冷冻升华阱　cryosublimation trap　13.0084
* 冷端系统　heat sink　23.0395
* 冷段再热蒸汽参数　cold reheat steam conditions 23.0092
冷灰斗　water-cooled hopper, ash pit　22.0275
冷剂式空调系统　refrigerated air-conditioning system 12.0317
冷加工间　cooling processing room　12.0277
冷阱　cold trap　13.0081
冷库　cold store　12.0267
冷沥青喷洒机　cold binder spreader　15.0096
冷凝器　condenser　11.0056，12.0145，13.0087

冷凝式锅炉　condensing boiler　22.0107
冷凝水回收装置　condensing-water recovery equipment　22.0456
* 冷凝水流量　condensate flow　23.0401
冷凝蒸发器　condenser-evaporator　11.0058
冷凝-贮液器　condenser-receiver　12.0161
冷却倍率　cooling rate　23.0404
冷却管组　cooling battery　12.0241
冷却间　chilling room　12.0278
冷却盘车　cooling-down　23.0816
冷却气道　cooling airduct　24.0480
冷却器　cooler　11.0060，12.0200
冷却式喷油器　cooled fuel injector　24.1133
冷却式喷油嘴　cooled nozzle　24.1128
冷却水　cooling water　23.0396
冷却水管　cooling water tube　23.0413
冷却水箱　coolant tank　24.0466
冷却水泄漏检查装置　cooling-water leakage detector　23.0431
冷却塔　cooling tower　12.0184，23.0434
冷却塔填料　packing of cooling tower　12.0195
冷却停机　cooling shutdown　23.0321
冷却通道　cooling gallery　24.0382
冷却物冷藏间　chilled food storage room　12.0274
冷却系统　cooling system　23.0754
冷却叶片　cooled blade　23.0675
冷却液过热越控阀　coolant override valve　24.0902
冷却与密封空气系统　cooling and sealing air system　23.0755
* 冷热电联产系统　combined cool, heat and power system, CCHP　23.0845
冷热电联供系统　combined cool, heat and power system, CCHP　23.0845
冷式气化器　cold vaporizer　11.0157
冷水机组　water chiller unit　12.0342
冷态沥青用机械　machinery for cold application of bitumen　20.0047
冷态启动　cold start-up　22.0467
冷态起动　cold starting　23.0322，23.0821
冷阴极磁控管真空计　cold cathode magnetron gauge　13.0180
冷阴极电离计　cold cathode ionization gauge　13.0178
冷油器　oil cooler　23.0288
冷再热蒸汽参数　cold reheat steam conditions　23.0092
冷渣器　bottom ash cooler　22.0464
冷轧带肋钢筋成型机　cold rolling steel wire and bar making machine　18.0011
冷轧扭钢筋成型机　cold-rolled and twisted steel bar making machine　18.0014
离合器　clutch　01.0607
离去角　departure angle　14.0221
离网型风力发电机组　off-grid wind turbine generator set　26.0039
离心泵　centrifugal pump　07.0017
离心分离器　centrifugal separator　22.0243
离心冷冻　centrifugal freezing　13.0264
离心式低温液体泵　centrifugal cryogenic liquid pump　11.0195
离心式机油滤清器　rotating centrifugal lubricating oil filter　24.0500
离心式加湿器　centrifugal humidifier　12.0418
离心式通风机　centrifugal fan　10.0045
* 离心式蓄能泵　centrifugal storage pump　25.0027
离心式压缩机　centrifugal compressor　10.0077
离心式叶轮　centrifugal impeller　24.0431
离心式制冷压缩机　centrifugal refrigerant compressor　12.0112
离子传输泵　ion transfer pump　13.0052
离子阱　ion trap　13.0083
离子蚀刻　ion etching　13.0300
犁板式除雪机　snow remover with snowplough　15.0178
犁刀距中心线的偏移量　blade offset from centerline　14.0215
犁刀离地间隙　blade ground clearance　14.0214
犁式卸料器　plough tripper　02.0068
理论混合气　stoichiometric mixture　24.0116
理论空气量　theoretical air　22.0246
理论配比　stoichiometric　24.0821
理论燃料空气比　stoichiometric fuel-air ratio　23.0640
理论燃烧温度　theoretical combustion temperature　22.0247，23.0655
理想功率　ideal power　23.0101
* 理想焓降　isentropic enthalpy drop　23.0100
理想速度　ideal jet velocity　23.0111
力矩传感系统　moment sensing system　20.0083
力矩系数　torque coefficient　26.0096

力特性　force character　25.0246
力特性试验　force characteristic test　25.0226
立方米水成本　cost per cubic-meter water　26.0246
立管式蒸发器　vertical-type evaporator　12.0172
立面环型埋刮板输送机　vertical loop-type en masse conveyor　02.0083
立式泵　vertical pump　07.0075
立式除氧器　vertical deaerator　23.0500
立式低温往复泵　vertical reciprocating cryogenic liquid pump　11.0193
立式发动机　vertical engine　24.0035
立式风机盘管机组　floor fan-coil unit　12.0434
立式钢筋切断机　vertical reinforcing bar cutting machine　18.0029
立式锅炉　vertical boiler　22.0080
立式机组　vertical unit　25.0004
立式加热器　vertical heater　23.0464
立式降膜式发生器　vertical falling-film generator　12.0215
立式降膜式吸收器　vertical falling-film absorber　12.0221
立式壳管式冷凝器　open shell and tube condenser　12.0157
立式空气调节机组　vertical air-conditioning unit　12.0332
立式冷拔机　vertical wire-drawing machine　18.0007
立式冷藏陈列柜　vertical refrigerated display cabinet　12.0247
立式旋风炉　vertical cyclone furnace　22.0121
立式压缩机　vertical compressor　10.0105
立式有机载热体加热装置　vertical heat-transfer material heater　15.0083
立式贮槽　vertical tank　11.0144
立轴式冲击破碎机　vertical shaft impactor　19.0030
* 立轴式磨煤机　vertical spindle mill　22.0333
立柱　pillar　01.0087
立柱回转机构　post revolving mechanism　01.0427
立柱式风机盘管机组　column-type fan-coil unit　12.0436
立爪装载机　digging arm loader　14.0085
沥青泵　asphalt pump　15.0086
沥青泵最大输出量　maximum output of asphalt pumping unit　15.0104
沥青储仓　asphalt storage　15.0060
沥青储存罐　bituminous binders storage tank　15.0072
沥青供给系统　asphalt feeding system　15.0017
沥青混合料　asphalt mixture　15.0003
沥青混合料搅拌设备　asphalt mixing plant　15.0004
沥青混合料路缘成型机　asphalt mixture curb machine　15.0031
沥青混合料再生搅拌设备　asphalt mixing plant with recycling capability　15.0010
沥青混凝土熔化加热机　concrete asphalt melter and mixer　15.0011
沥青混凝土摊铺机　asphalt paver, asphalt finisher　15.0021
沥青加热存储设备　bitumen heating and storage plant　15.0064
* 沥青加热锅　asphalt cooker　15.0002
沥青结合料加热融化装置　bituminous binders heater and smelter　15.0002
沥青结合料用机械设备　machine and equipment for bituminous binders　15.0001
沥青喷洒机　bituminous binder spreader　15.0087
沥青熔化加热装置　asphalt melting and heating unit　15.0073
沥青乳化设备　bituminous emulsifying plant　20.0048
沥青乳液和乳化剂喷洒机　bituminous emulsion and dispersion sprayer　20.0049
沥青洒布车　asphalt-distributing tanker　15.0090
沥青砂胶输送搅拌机　mastic asphalt transporting mixer　15.0029
沥青砂胶摊铺机　mastic asphalt paver　15.0028
沥青纸展开机　tar paper unroller　20.0053
连杆　connecting rod　24.0383
连杆比　connecting rod ratio　24.0152
连杆长度　connecting rod length　24.0151
连杆大头　connecting rod big end, connecting rod bottom end　24.0385
连杆大头轴承　connecting rod big end bearing, connecting rod bottom end bearing　24.0395
连杆杆身　connecting rod shank　24.0386
连杆小头　connecting rod small end, connecting rod top end　24.0384
连杆小头轴承　connecting rod small end bearing, connecting rod top end bearing　24.0396
连接尺寸　connection dimension　09.0013
连接套　coupling sleeve　21.0205

连续处理真空设备 continuous treatment vacuum plant 13.0103
连续镀膜设备 continuous coating plant 13.0248
连续排污 continuous blow-down 22.0494
连续墙设备 diaphragm walling equipment 16.0036
连续墙铣槽机 diaphragm walling equipment using milling cutters 16.0039
连续取样 continuous sampling 24.0967
连续取样法 continuous sampling 24.0966
连续式冰淇淋冻结器 continuous ice cream freezer 12.0291
连续式混凝土搅拌机 continuous concrete mixer 17.0017
连续式混凝土搅拌站 continuous concrete mixing plant 17.0015
连续式沥青混合料搅拌设备 continuous asphalt plant 15.0006
连续式制冰机 non-cyclic ice maker 12.0282
连续式装载机 continual loader 14.0083
连续循环式架空索道 continuously circulating ropeway 02.0254
连续再生装置 continuously regenerating device 24.0918
联合汽阀 combined valve 23.0223
联合式除雪机 combine snow remover 15.0179
* 联合循环 gas and steam combined cycle 23.0848
联合循环汽轮机 combined cycle steam turbine 23.0073
联合压缩机 multi-purpose compressor, multi-service compressor 10.0132
联合钻车 combined drill jumbo 21.0037
联接盘 tie-plate 14.0157
联接式涡轮增压器 engine-coupled turbocharger 24.0417
联通管 cross-over pipe 23.0234
联箱 header 23.0781
* 联箱 header 22.0389
联箱式加热器 header-type heater 23.0460
联焰管 cross flame tube, inter-connector, cross fire tube, cross light tube 23.0718
联轴螺栓 coupling bolt 25.0107
联轴器 coupling 23.0185
链传动 chain drive 24.0316
链传动辊子输送机 chain-driven live roller conveyor 02.0216
链带式过滤器 chain filter 11.0066
链带式炉排 chain belt stoker 22.0362
链斗式提升机 chain-bucket elevator 02.0181
链斗卸车机 chain-bucket waggon unloader 04.0020
链斗卸船机 chain-bucket ship unloader 04.0022
链斗装载机 chain-bucket loader 04.0009
链轮 sprocket wheel 24.0317
链牵引带式输送机 chain-driven belt conveyor 02.0023
链式气锯 pneumatic chain saw 21.0167
链式挖沟机 chain-line trencher 14.0203
链条炉排 chain grate stoker 22.0361
链条式支索器 chain rope carrier, towed rope carrier 01.0380
链条总成张紧调节装置 chain assembly tension adjuster 24.0319
量距气 span gas 24.1008
梁式起重机 overhead crane with simple girder 01.0296
两班制运行 two-shift operation 23.0334
两个或多个非平衡驱动的振动筛 vibrating screen with double or more out-of-balance drive 19.0004
两级报警 two-level alarm 24.0644
两级废气增压 two-stage turbocharging 24.0089
两级压缩机 double-stage compressor 10.0095
两极控制器 two-step controller 24.0627
两极式调速器 idle and limiting speed governor 24.0539
两列压缩机 double-row compressor, two-line compressor 10.0098
* 两轴承筛 two-bearing screen 19.0003
料袋 bag 02.0204
料斗 bucket 02.0192，hopper 15.0033
料斗容量 hopper capacity 15.0052
料耙起重机 claw crane 01.0418
料耙倾翻机构 claw tipping mechanism 01.0431
料位传感器 materiel controller 15.0051
料箱吊架 scrap chute hanger 01.0439
料箱起重机 scrap charging crane 01.0408
列管式换热器 shell and tube heat exchanger 11.0041
劣化部件/系统 deteriorated component/system 24.0910
劣化率 deteriorate rate 24.0948
临界含汽率 critical steam quality 22.0172

临界含盐量 critical dissolved salt 22.0584
临界空化系数 critical cavitation coefficient 25.0198
临界流化速度 critical fluidized velocity, minimum fluidized velocity 22.0229
临界前级压力 critical backing pressure 13.0091
临界热流密度 critical heat flux density 22.0176
临界转速 critical speed 23.0835
淋激式冷凝器 spray condenser 12.0152
淋水层加湿器 drenched humidifier 12.0420
淋水装置 dripping device 23.0507
鳞板输送机 apron conveyor 02.0113
鳞片式炉排 louver grate stoker 22.0364
零点气 zero grade air 24.1010
零气 zero gas 24.1009
溜槽卸料式混凝土搅拌机 discharging chute concrete mixer 17.0027
溜放卷扬机 load-free fall winch 01.0596
流程泵 process pump 07.0044
流程数 number of pass 23.0403
流导 conductance 13.0020
流导法 flow method 13.0205
流动式起重机 mobile crane 01.0160
流动停滞 flow stagnation 22.0513
流化床 fluidized bed 22.0048
流化床点火装置 warm-up facility for FBC boilers 22.0323
流化床锅炉 fluidized bed boiler 22.0123
流化床埋管 submerged tube, in-bed tube 22.0326
流化床燃烧 fluidized bed combustion 22.0215
流化速度 fluidizing velocity 22.0230
流量计 flowmeter 11.0208
流量系数 flow coefficient 23.0113，23.0602
流量限制器 flow limiter 24.1215
流态化速冻装置 fluidized bed freezer 12.0263
流体输送机 fluid conveyor 02.0153
流型 flow pattern 23.0693
硫酸盐 sulfate, water soluble sulfate 24.0697
馏分液氮 liquid nitrogen fraction 11.0013
龙骨冷却器 keel cooler 24.0472
漏风率 air leakage rate 22.0245
漏风试验 air leakage test 22.0562
漏风系数 air leakage factor 22.0189
漏孔 leak 13.0206
漏率 leak rate 13.0214
漏煤可燃物含量 unburned combustible in sifting 22.0610
漏汽损失 leakage loss 23.0122
炉壁热流密度 furnace wall heat flux density 22.0175
炉胆 furnace, flame tube, fire tube 22.0257
炉底渣 bottom ash 22.0039
炉内过程 inter-furnace process 22.0022
炉排 grate 22.0358
炉排面积热强度 grate heat release rate 22.0174
炉前燃料 as-received fuel, as-fired fuel 22.0019
炉墙 boiler wall 22.0458
* 炉水 boiler water 22.0005
* 炉水浓度 boiler water concentration 22.0583
炉水循环泵 boiler water circulating pump 22.0462
炉膛 furnace, combustion chamber 22.0278
炉膛爆燃 furnace detonation, fire puffs 22.0548
炉膛爆炸 furnace explosion 22.0546
炉膛背压 back pressure of chamber 22.0196
炉膛出口烟气温度 furnace exit gas temperature 22.0162
* 炉膛断面热负荷 furnace cross-section heat release rate 22.0152
炉膛断面热强度 furnace cross-section heat release rate 22.0152
炉膛辐射受热面热强度 heat release rate of furnace radiant heating surface 22.0154
炉膛空气动力场试验 furnace aerodynamic test 22.0559
炉膛冷态模型试验 cold model test 22.0560
炉膛内爆 furnace implosion 22.0547
* 炉膛容积热负荷 furnace volume heat release rate 22.0151
炉膛容积热强度 furnace volume heat release rate 22.0151
炉膛设计瞬态承受压力 furnace enclosure design transient pressure 22.0144
炉膛设计压力 furnace enclosure design pressure 22.0143
炉膛有效容积 effective furnace volume 22.0173
炉膛整体空气分级 air staging over burner zone 22.0233
* 炉渣含碳量 unburned combustible in bottom ash 22.0609
炉渣可燃物含量 unburned combustible in bottom ash

22.0609
卤代烃 halohydrocarbons 12.0053
卤素检漏仪 halide leak detector 13.0219
路拌式稳定土搅拌机 mixing-in-place soil stabilizer 15.0153
路基修整机 grade trimming machine 15.0137
* 路块铺设机 paving block laying machine 15.0134
路面清理用鼓风机 blower for road bed cleaning 15.0129
路面铣刨机 road milling machine 15.0174
路面整型器 screed 15.0160
路石铺设机 paving stone laying machine 15.0134
露点腐蚀 dew-point corrosion 22.0538，24.0243
露天钻车 open-pit drill wagon 21.0043
履带底盘基距 base of crawler crane 01.0214
履带底盘转弯半径 turning radius of crawler chassis 01.0215
履带接地长度 crawler bearing length, ground contact length of track 01.0212，14.0219
履带接地面积 crawler bearing area 01.0211
履带宽度 crawler width 01.0213
履带起重机 crawler crane 01.0161
履带式滑模混凝土摊铺机 crawler slipform concrete paver 15.0123
履带式沥青混凝土摊铺机 crawler asphalt paver 15.0024
履带式露天潜孔钻车 open-pit crawler downhole jumbo 21.0053
履带式露天钻车 open-pit crawler rig 21.0044
履带式潜孔钻机 crawler downhole drill 21.0049
履带式塔式起重机 crawler-mounted tower crane 01.0550
履带式推土机 crawler-type tractor-dozer 14.0172
履带式钻车 crawler rig 21.0038
履带挖掘机 crawler excavator 14.0067
履带行走机构 crawler attachment 14.0106
履带行走装置 crawler track, endless track installation 15.0171
氯氟化碳 chlorofluorocarbon, CFC 24.0682
滤光室 filter cell 24.1001
滤清器外壳 filter housing 24.0515
滤清器座 filter cover 24.0516
滤芯总成 filter insert 24.0517
滤油器 oil purifier 23.0511
滤纸式烟度计 filter-type smokemeter 24.1000
掠射角 grazing angle 26.0162
轮边行星减速器 wheel planetary reductor, hub planetary reductor 14.0055
轮斗挖沟机 wheel trencher 14.0205
轮毂比 tip-hub ratio 23.0676
轮毂高度 hub height 26.0130
轮盘 disk 23.0169
轮盘摩擦损失 disk friction loss 23.0017
轮胎起重机 wheel crane 01.0163
轮胎式滑模混凝土摊铺机 tire slipform concrete paver 15.0124
轮胎式集装箱门式起重机 rubber-tired transtainer 01.0491
轮胎式沥青混凝土摊铺机 wheel asphalt paver 15.0025
轮胎式露天钻车 rubber-tired open-pit drill wagon 21.0045
轮胎式潜孔钻机 rubber-tired downhole drill 21.0050
轮胎式推土机 wheel-type tractor-dozer 14.0173
轮胎式液压挖掘装载机 hydraulic wheel backhoe loader 14.0079
轮胎式钻车 rubber-tired drill wagon 21.0040
轮胎挖掘机 wheel excavator, rubber-tired excavator 14.0068
轮系振动 disk-coupled vibration 23.0806
* 轮系振动 blade-disk vibration 23.0308
轮压 wheel load 01.0007
轮周功 wheel work 23.0102
轮轴 wheel shaft 14.0128
轮阻系数 factor of disk friction 10.0008
罗茨式增压器 multilobed pressure charger 24.0418
罗茨真空泵 Roots vacuum pump 13.0040
* 罗特米勒式空气预热器 Rothemühle regenerative air preheater 22.0433
螺杆泵 screw pump 07.0116
螺杆式制冷压缩机 screw refrigerant compressor 12.0113
螺杆压缩机 screw compressor 10.0123
螺套安装式喷油器 screw-mounted fuel injector 24.1118
螺纹安装式喷油器 screw-in fuel injector 24.1119
螺纹烟管 screw-thread smoke tube 22.0405
螺旋 screw 02.0142
螺旋板式冷凝器 spiral sheet condenser 12.0147

螺旋棒　rifle bar　21.0190
螺旋分料装置　distributing screw conveyer　15.0036
螺旋副式翻转机构　spiral turn-over mechanism　21.0244
螺旋副式回转机构　spiral rotation mechanism　21.0241
螺旋给料机　screw feeder　03.0007
螺旋给料器　screw feeder　17.0107
螺旋管联箱式加热器　coil-tube header-type heater　23.0461
螺旋管圈　spirally wound tube　22.0267
螺旋管输送机　screw tube conveyor　02.0139
螺旋轨模式混凝土摊铺机　auger-type rail-form concrete paver　15.0119
螺旋桨式通风机　propeller fan　10.0049
螺旋母　rifle nut　21.0191
螺旋千斤顶　screw jack　01.0525
螺旋式抱索器　screw-type grip, coercive grip　02.0311
螺旋式混凝土喷射机　screw concrete spraying machine　17.0074
螺旋式速冻装置　spiral freezer　12.0260
螺旋式张紧装置　screw tightening device　01.0385
螺旋输送机　screw conveyor　02.0130
螺旋摊铺器　auger concrete paver　15.0127
螺旋托辊　spiral idler　02.0066
螺旋卸车机　screw waggon unloader　04.0021
螺旋卸船机　screw ship unloader　04.0023
螺旋直径　diameter of screw　02.0141
螺旋转速　rotational speed of screw　02.0140
裸管　naked pipe　11.0161
裸规　nude gauge　13.0161
洛伦兹循环　Lorentz cycle　12.0027
落锤　winch-operated impact hammer　16.0003
落地式空气调节器　floor-type air conditioner　12.0357
落后角　deviation angle　23.0689

M

麻点　pitting　24.0259
马达起动系统　motor starting system　24.0591
埋刮板给料机　en masse feeder　03.0020
埋刮板输送机　en masse conveyor　02.0078
* 脉冲泵　governor impeller　23.0243
脉冲空气系统　pulse air system　24.0803
脉冲气力输送机　pulse pneumatic conveyor　02.0159
脉冲式疏水阀　impulse steam trap　09.0078
脉冲转换器　pulse converter　24.0444
脉动　pulsation　22.0515
脉动空气装置　pulsating air system　24.0771
脉动排气歧管　pulse exhaust manifold　24.0443
脉动循环式架空索道　pulsatile circulating ropeway　02.0256
脉管低温制冷机　vascular cryogenic refrigerator　12.0089
满液式蒸发器　flooded evaporator　12.0166
满液式制冷剂量热器法　flooded refrigerant calorimeter method　12.0071
满载质量　loaded mass　14.0192
慢速卷扬机　low-speed winch　01.0599
猫头　carrier head　01.0402
毛热耗率　gross heat rate　23.0136
毛水头　gross head　25.0153
锚定装置　anchor　01.0106
锚碇　guy anchor　01.0588
锚杆钻车　roof bolter　21.0035
锚杆钻装车　roof bolter　21.0036
锚拉索　guy rope, anchor rope　02.0292
煤斗　coal hopper　22.0371
煤粉分配器　pulverized coal distributor　22.0342
煤粉锅炉　pulverized-coal-fired boiler　22.0101
煤粉混合器　pulverized coal mixer　22.0343
煤粉均匀性指数　pulverized coal uniformity index　22.0200
煤粉燃烧器　pulverized coal burner　22.0292
煤粉细度　pulverized coal fineness　22.0199
煤粉制备系统　coal pulverizing system　22.0026
煤浆泵　coal pump　07.0034
煤可磨性指数　coal grindability index　22.0197
煤磨损指数　coal abrasiveness index　22.0198
煤气机　gas engine　24.0066
煤钻　auger coal drill　21.0054
门架　gantry　01.0086
门架净空　gantry clearance　01.0355
门架净空高度　height of portal clearance　01.0520
门架净空宽度　leg clearance　01.0521
门式缆索起重机　portal cable crane　01.0357

门式起重机　portal bridge crane, gantry crane　01.0313
门座　portal　01.0065
门座起重机　portal slewing crane　01.0261
* 迷宫汽封　labyrinth gland　23.0182
迷宫压缩机　labyrinth compressor　10.0093
密闭室测定蒸发排放物法　sealed housing for evaporative-emission determination, SHED　24.0953
密封风机　seal air fan　22.0348
密封面　sealing face　24.1162
密封试验　seal test　09.0008
密封试验压力　seal test pressure　09.0009
密封锥面角度差　differential seat angle　24.1163
密相区　dense phase zone, dense region　22.0227
面积比　area ratio　23.0209
面积热强度　area heat release rate　23.0647
面式减温器　surface-type attemperator　22.0416
* 面噪声级　surface noise level　23.0357
面噪声水平　surface noise level　23.0357
灭火　loss of ignition, loss of fire　22.0544
名义充气量　nominal gas flow　24.0109
明杆闸阀　rising stem gate valve　09.0026
明火加热式沥青熔化加热装置　fire heating asphalt melting and heating unit　15.0076
明装风机盘管机组　exposed fan-coil unit　12.0432
* 铭牌功率　rated power of steam turbine　23.0096
模拟式电液调节系统　analogical electro-hydraulic control system　23.0240
模型　model　25.0221
* 模型机　model　25.0221
模型级法　method of modelling stage　23.0692
模型试验　model test　25.0223
模振式砌块成型机　mould-vibrating block machine　17.0144
膜层材料　film material　13.0227
* 膜层材质　film material　13.0227
膜空气分离设备　film air separation plant　11.0209
膜式除氧器　film-type deaerator　23.0504
膜式省煤器　membrane economizer　22.0425
膜式水冷壁　membrane panel, membrane water wall, membrane water-cooled wall　22.0395
膜式填料　film packing　12.0196
膜式制冷压缩机　diaphragm refrigerant compressor　12.0111
膜态沸腾　film boiling　22.0017
膜组件　film air separation plant membrane components　11.0210
摩擦传动辊子输送机　friction-driven live roller conveyor　02.0217
摩擦功率　friction power　24.0173
摩擦疲劳断裂　frictional fatigue fracture　24.0248
摩擦式绞车　friction hoist　01.0538
摩擦式制动器　friction brake　14.0014
磨合　running-in　24.0215
磨合痕迹　bedding-in pattern　24.0235
磨粒磨损　abrasion　24.0234
磨料射流　abrasive waterjet　08.0017
磨钎机　bit grinder　21.0071
磨损腐蚀　erosion-corrosion　22.0535
磨损率　wear rate　24.0272
抹灰机械　plastering machinery　20.0009
抹灰装置　plastering unit　20.0010
抹平机械　floating machinery　20.0013
抹平修整装置　float finish device　20.0014
末端装置　terminal device　12.0428
* 末叶片　locking blade　23.0168
模锻链　fork link forged chain　02.0096
模具用气动砂轮机　die pneumatic grinder　21.0118
木地板磨光机　wooden floor sander　20.0042
木地板刨平机　wooden floor planer　20.0025
目测烟度测量　visual smoke measurement　24.0957

N

氖纯化器　neon purifier　11.0126
氖氦分离器　Ne-He separator　11.0125
氖氦混合气　Ne-He mixture　11.0108
氖氦馏分　Ne-He fraction　11.0106
* 氖氦浓缩塔　crude Ne-He column　11.0122
氖氦提取设备　Ne-He recovery equipment　11.0121
耐腐蚀泵　anti-corrosion pump　07.0048
耐腐蚀通风机　corrosion-resistant fan　10.0069
耐磨板　facing plate, wear plate　25.0051
耐磨通风机　abrasion-resistant fan　10.0068
耐压试验　pressure test　25.0228
挠性输液管　flexible delivery pipe　11.0164

挠性转子　flexible rotor　23.0018
内顶盖　inner head cover, inner top cover　25.0049
内斗式提升机　internal bucket elevator　02.0188
内功率　internal power　23.0104
内护板　inner casing　22.0438
内回转往复冲击式气动工具　reciprocating percussive pneumatic tool with integral rotation　21.0081
内回转凿岩机　rock drill with rifle-bar rotation　21.0026
内孔表面质量等级　bore grade　24.1196
内螺纹管　ribbed tube　22.0399
内螺旋管　tube with internal screw　02.0152
内爬式塔式起重机　climbing tower crane　01.0545
内气缸　inner casing　23.0701
内燃铲运机　diesel LHD　14.0187
内燃电力浮式起重机　diesel-electric floating crane　01.0250
内燃浮式起重机　diesel floating crane　01.0249
内燃机减速装置　retarder by internal combustion engine　14.0018
内燃式燃气轮机　internal-combustion gas turbine　23.0541
内燃铁路起重机　diesel locomotive crane　01.0225
内燃凿岩机　internal combustion rock drill　21.0007
内燃振动器　engine-type vibrator　17.0056
内容器　inner pressure vessel　11.0166
内输油泵　internal transfer pump　24.1210
内损失　internal loss　23.0606
内调风器　inner vanes　22.0319
内泄漏　inner leakage　10.0004
内振式挤压机　inner-vibrating extruder　17.0149
内振式拉模机　inner-vibrating mould dragger　17.0158
内蒸发装置　interior evaporation unit　24.0468
内置式振动器　internal vibrator　17.0063
能量回收透平　power recovery turbine　23.0538
能量利用系数　energy utilization coefficient　23.0139
能量有效度　energy effectiveness　23.0666
泥浆泵　slurry pump　07.0105
逆变器　inverter　26.0223
逆流式混凝土搅拌机　counter-current operation concrete mixer　17.0029
逆流式燃烧室　counter-flow combustor　23.0558
逆流式压缩机　return flow compressor　10.0114
逆流式制冷压缩机　return flow refrigerant compressor　12.0121
逆向道岔　power switch　02.0243
年发电量　annual energy production　26.0237
年能量输出　annual energy output　26.0238
年平均风速　annual average wind speed　26.0012
黏附式空气过滤器　viscous-type air filter　12.0459
黏接剂涂抹装置　device for spreading adhesives　20.0054
黏滞流　viscous flow　13.0015
黏滞漏孔　viscous leak　13.0210
黏滞系数　viscous factor　13.0016
黏滞真空计　viscosity gauge　13.0173
啮合痕迹　toeing pattern　24.0269
* 凝结区　condensing zone　23.0416
凝结水　condensate water　22.0007
凝结水泵　condensate pump　07.0030，23.0423
凝结水流量　condensate flow　23.0401
凝结水温度　condensate temperature　23.0402
凝汽器　condenser　23.0391
凝汽器除氧　condenser deaeration　23.0399
凝汽器反冲洗阀　back wash valve　23.0405
凝汽器非设计工况　off-design conditions of condenser　23.0448
凝汽器清洗装置　condenser cleaning equipment　23.0406
凝汽器热负荷　condenser heat load　23.0409
凝汽器特性　condenser characteristics　23.0449
凝汽器性能试验　condenser performance test　23.0447
凝汽器压力　condenser pressure　23.0400
凝汽器真空度　condenser vacuum degree　23.0408
凝汽区　condensing zone　23.0416
凝汽设备　condenser equipment　23.0378
凝汽式汽轮机　condensing steam turbine　23.0050
扭矩校正　torque control　24.0568
扭矩校正行程　torque control travel　24.0571
扭矩校正装置　torque control　24.1099
扭叶片　twisted blade　23.0163
扭振　torsional vibration　10.0010
扭振减振器　torsional vibration damper　24.0409
浓淡燃烧　dense-weak combustion, dense-lean combustion　22.0219
浓度排放标准　emission concentration standard　24.1017

浓混合气　rich mixture　24.0113
浓混合气反应器　rich reactor　24.0758
浓溶液　rich solution　12.0062
暖风器　air preheater coils　22.0435

O

欧盟试验循环　EU-test cycle　24.1013
欧洲 ECE 13 工况试验循环　ECE 13-mode test procedure　24.1014
欧洲 ECE 15 工况试验循环　ECE 15-mode test cycle　24.1012

P

爬坡能力　gradeability　01.0023
爬升机构　climbing mechanism　01.0576
爬升式起重机　climbing crane　01.0662
爬升套架　climbing frame　01.0578
耙斗　scraper bucket　14.0119
耙斗装岩机　scraper rock loader　14.0090
耙角　angle of scraper　14.0118
耙取机构　digging mechanism　14.0111
耙爪　gathering arm　14.0144
耙装传动系统　driving system of gathering　14.0146
排尘通风机　dust fan　10.0065
排出压力　discharge pressure　07.0002
排出压头　discharge head　07.0004
排放标准　emission standard　24.1015
排放控制检测系统　emission control monitoring system　24.0909
排放控制系统　emission control system　24.0908
排放默认模式　emission default mode　24.0905
排放污染物　emission pollutant　24.0669
排放物校正方法　emission correction method　24.0955
排放系数　emission factor　24.0938
排放指数　emission index　24.0939
排粉风机　exhauster, vent fan　22.0344
排管　row of tubes　12.0242
排空阀　atmospheric relief valve　23.0407
排气背压　exhaust back pressure　24.0187
排气背压控制式排气再循环系统　exhaust back pressure-controlled EGR system　24.0783
排气道　exhaust duct　23.0760
排气道衬套　exhaust port liner　24.0762
排气点火　exhaust gas ignition, EGI　24.0750
排气阀　discharge valve　13.0073
排气缸　exhaust casing, discharge casing　23.0699
排气后处理系统　exhaust aftertreatment system　24.0789
排气净化器　exhaust gas scrubber　24.0450
排气量　discharge capacity　10.0031
排气流量　exhaust gas flow　23.0618
排气滤清器　exhaust gas filter　24.0451
排气脉冲扫气　exhaust pulse scavenging　24.0101
排气门　exhaust valve　24.0330
排气排放物　exhaust emission　24.0670
排气歧管　exhaust manifold　24.0441
排气全燃型联合循环　fully fired combined cycle　23.0865
* 排气室　exhaust casing, discharge casing　23.0699
排气温度　exhaust temperature　24.0191
排气油烟　exhaust plume　24.0222
排气再循环　exhaust gas recirculation, EGR　24.0774
排气再循环调压阀　EGR pressure regulator　24.0799
排气再循环过滤器　EGR filter　24.0797
排气再循环控制阀　EGR control valve　24.0798
排气再循环冷却器　EGR cooler　24.0796
排气再循环率　EGR rate　24.0800
排气再循环系统　exhaust gas recirculation system, EGR system　24.0775
排气再循环真空放大器　EGR vacuum amplifier　24.0787
排气再循环真空口　EGR vacuum port　24.0788
排气总管　exhaust pipe　24.0440
排汽　exhaust steam　23.0085
* 排汽参数　end condition　23.0146
排汽缸　exhaust hood　23.0194
* 排汽室　exhaust hood　23.0194
排热系统　heat sink　23.0395
排绳器　rope guider　01.0113
排污阀　blow-down valve　22.0447

排污量　blow-down flow, blow-down flow rate 22.0158
排烟热损失　sensible heat loss in exhaust flue gas 22.0607
排烟通风机　smoke-ventilating fan　10.0062
排烟温度　exhaust gas temperature　22.0161
排渣控制阀　bottom ash discharge valve　22.0328
* 排渣率　ash-retention rate　22.0195
潘宁计　Penning gauge　13.0179
盘车　turning, barring　23.0823，24.0200
盘车装置　turning gear　23.0021
盘式给料器　disk feeder　17.0105
盘式挖沟机　disk trencher　14.0204
盘式制动器　disk brake　01.0103，14.0016
盘形阀　mushroom valve, hollow-cone valve, Howell-Bunger valve　25.0039
旁路挡板　bypass damper　22.0420
旁路控制　bypass control　23.0829
旁路系统　bypass system　23.0383
旁通阀　bypass valve　13.0144，24.0924
旁通管式栓状气力输送机　plug-type pneumatic conveyor with side air pipe　02.0160
旁通控制系统　bypass control system　24.0614
旁通调节　bypass governing　23.0368
旁通型变风量末端装置　bypass-type VAV terminal device　12.0444
抛煤机　spreader stoker　22.0369
泡沫共腾　foaming　22.0517
泡罩塔　bubble cap tray column　11.0030
泡罩塔板　bubble cap tray　11.0037
配料给料装置　aggregate feeder　15.0012
配气机构　compressed-air distributing mechanism 21.0210
配气机构室　valve mechanism casing　24.0304
配汽机构　steam distributing gear　23.0231
喷淋式发生器　spray-type generator　12.0214
喷淋式空气冷却器　spray-type air cooler　12.0376
喷淋式吸收器　spray absorber　12.0220
喷淋式蒸发器　spray-type evaporator　12.0171
喷枪　spray gun, lance　08.0011
喷泉式饮水冷却器　bubbler-type drinking-water cooler 12.0203
喷洒高度　spreading height　15.0106
喷射加湿器　jet humidifier　12.0419
喷射器　ejector　12.0140
喷射设备　spraying equipment　20.0035
喷射式冷却塔　jet cooling tower　12.0193
喷射式凝汽器　jet condenser　23.0440
喷射真空泵　ejector vacuum pump　13.0044
喷水减温器　spray-type desuperheater　22.0417
喷水空气冷却器　sprayed air cooler　12.0210
喷水量　injection flow rate, spray water rate　22.0157
* 喷水式表冷器　sprayed air cooler　12.0210
喷水室　spray chamber　12.0377
喷水装置　water injection system　24.0898
喷雾扩散角　spray dispersal angle　24.1166
喷雾冷冻　spray freezing　13.0268
喷雾淋盘式除氧器　spray tray deaerator　23.0502
喷雾式冷却塔　spray cooling tower　12.0191
喷雾填料式除氧器　spray-stuffing-type deaerator 23.0503
喷雾锥角　spray cone angle　24.1165
喷油泵　fuel injection pump　24.1026
喷油泵体　injection pump housing　24.1086
喷油泵转速　fuel injection pump speed　24.1101
喷油泵总成　injection pump assembly　24.1077
喷油次序　injection order　24.1102
喷油器　fuel injector　24.1107
喷油器安装长度　fuel injector shank length　24.1155
喷油器滴漏　nozzle dribble　24.0257
喷油器工作压力　fuel injector working pressure, nozzle working pressure　24.1159
喷油器关闭压力　fuel injector closing pressure, nozzle closing pressure　24.1161
喷油器开启压力　fuel injector opening pressure, nozzle opening pressure　24.1158
喷油器壳体　fuel injector body　24.1137
喷油器帽　fuel injector cap　24.1139
喷油器体　nozzle holder　24.1129
喷油器体外径　fuel injector shank diameter　24.1154
喷油器调定压力　fuel injector setting pressure, nozzle setting pressure　24.1160
喷油器有害容积　fuel injector dead volume　24.1172
* 喷油始点传感器　needle-motion sensor, SOI-sensor 24.1152
喷油延时控制系统　retarded injection timing control system　24.0813
喷油嘴　nozzle　24.1120

* VCO 喷油嘴　valve-covered orifice nozzle　24.1126
* 喷油嘴工作压力　fuel injector working pressure, nozzle working pressure　24.1159
* 喷油嘴关闭压力　fuel injector closing pressure, nozzle closing pressure　24.1161
喷油嘴紧帽　nozzle retaining nut, nozzle cap nut　24.1185
喷油嘴壳体紧帽　nozzle housing retaining nut, nozzle housing cap nut　24.1186
喷油嘴密封座面　nozzle seat　24.1171
* 喷油嘴调定压力　fuel injector setting pressure, nozzle setting pressure　24.1160
喷油嘴调压弹簧　nozzle spring　24.1183
喷油嘴调压弹簧壳体　nozzle spring housing, nozzle spring chamber　24.1182
喷油嘴压力室　nozzle sac, sac hole　24.1169
喷油嘴压力室容积　nozzle sac volume　24.1170
喷针　needle　25.0130
喷针接力器　needle servomotor　25.0133
* 喷锥角度　spray cone angle　24.1165
喷锥倾斜角　spray cone offset angle, spray inclination angle　24.1167
喷嘴　nozzle　13.0079
喷嘴室　nozzle chamber　23.0154
喷嘴调节　nozzle governing　23.0343
喷嘴支管　bifurcation　25.0128
喷嘴组调节　control by nozzle block　11.0186
膨胀比　pressure ratio　23.0617
膨胀法　expansion method　13.0204
膨胀机　expander　12.0134
膨胀节　expansion joint, expansion piece, expansion pipe　22.0451
膨胀空气过滤器　expanded air filter　11.0070
膨胀腔　expansion chamber　13.0075
膨胀水箱　expansion tank　12.0494
膨胀中心　expansion center　22.0440
皮带张紧装置　belt tensioner　24.0326
疲劳断裂　fatigue fracture　24.0246
疲劳腐蚀　fatigue corrosion　22.0534
疲劳裂纹　fatigue crack　24.0245
匹配式玻璃金属封接　matched glass-to-metal seal　13.0123
偏航　yawing　26.0261
偏航控制速度　yaw controlling speed　26.0134
偏航调节机构　yaw regulating mechanism　26.0208
偏航轴承　yaw bearing　26.0200
偏离核态沸腾　departure-from-nucleate boiling　22.0014
* 偏流器　deflector　25.0131
偏斜限制器　skew limiter　01.0142
偏心顶把　eccentric holder-on　21.0098
偏心驱动振动筛　vibrating screen with eccentric drive　19.0002
偏心式插入振动器　eccentric-type immersion vibrator　17.0065
偏心轴泵　eccentric pump　07.0084
偏压溅射　bias sputtering　13.0233
片冰制冰机　chip ice maker　12.0284
片式填料　plate packing　12.0197
贫铬　chromium depletion　22.0527
贫氪　poor krypton　11.0109
贫氪换热器　poor krypton heat exchanger　11.0134
贫氪塔　poor krypton column　11.0129
贫氪蒸发器　poor krypton evaporator　11.0133
贫燃料　lean fuel　22.0235
品陶式喷油嘴　pintaux nozzle　24.1124
平板蝶阀　biplane butterfly valve, through flow butterfly valve　25.0036
平板式空气过滤器　mat-type air filter　12.0466
平板式蒸发器　plate-type evaporator　12.0176
平板输送机　flat top conveyor　02.0112
平板速冻装置　plate freezer　12.0264
平板型肋片换热器　plate finned tube heat exchanger　12.0396
平板闸阀　flat-plate valve　09.0029
平层　leveling　06.0033
平底法兰安装式喷油泵　base flange-mounted fuel injection pump　24.1047
平底托架式喷油泵　base-mounted fuel injection pump　24.1046
平地机　grader　14.0195
平端盖　end plate　22.0388
平衡臂　counter-jib, counter-boom　01.0572
平衡滑轮　compensating sheave, compensating pulley　01.0108
平衡滑轮补偿法　means of compensation with compensating pulley　01.0271
平衡活塞　dummy piston　23.0192

平衡卷筒补偿法 means of compensation with compensating drum 01.0272
平衡孔 balancing hole 23.0294
平衡式阀 balanced valve 09.0092
平衡索 counter rope 02.0296
平衡台车 bogie 01.0066
平衡通风 balanced draft 22.0239
平衡通风锅炉 balanced draft boiler 22.0114
平衡小车 balancing trolley 04.0030
平衡重 counterweight 01.0098，balance weight 24.0407
平衡重式叉车 counterbalanced fork lift truck 05.0007
平均风速 mean wind speed 26.0011
平均速度 mean speed 01.0611
平均有效压力 mean effective pressure 24.0169
平均噪声 average noise level 26.0152
平均自由程 mean free path 13.0014
平流式调风器 parallel flow register 22.0312
平炉加料起重机 open-hearth furnace charging crane 01.0406
平面定位式喷油器 flats-located fuel injector 24.1113
平面环型埋刮板输送机 horizontal loop-type en masse conveyor 02.0082
平面清洗器 surface cleaner 08.0012
平面叶栅法 method of plane cascade 23.0691
平台搬运车 platform and stillage truck 05.0020
平台堆垛车 platform truck 05.0011
平行式闸阀 parallel gate valve, parallel slide valve 09.0030
平行四边形组合臂架 double-link jib in parallelogram 01.0274
平行四连杆式松土器 parallelogram-type ripper 14.0179
平形托辊 flat idler 02.0058
平移门式起重机 traveling gantry crane 01.0325
平移式缆索起重机 parallelly traveling cable crane 01.0360
平移引导缸 parallel pilot cylinder 21.0247
平移钻臂 parallel traveling drill boom 21.0225
屏蔽电泵 canned motor pump 07.0024
屏式过热器 platen superheater 22.0410
坡度 gradient 01.0022
破拱装置 broken device 17.0114
破坏真空 vacuum break 23.0370
破碎锤 breaking hammer 21.0073
破碎机 crusher 19.0014
破碎挖掘力 breakout force 14.0074
普通金属催化剂 base metal catalyst 24.0736
普通绝热输液管 delivery pipe with conventional insulation 11.0162
普通驱动桥 general drive axle 14.0047

Q

漆膜 lacquering, varnishing 24.0255
启闭件 disk 09.0014
启动 start-up 22.0465
启动分离器 water separator, start-up flash tank 22.0443
启动锅炉 pre-operational test boiler 22.0130
启动流量 start-up flow rate 22.0479
启动系统 warm-up system, drain start-up system 22.0442
启动循环泵 start-up circulating pump 22.0463
启动压力 start-up pressure 22.0478
启动油枪 warm-up oil gun 22.0316
起动把 starting handle 21.0268
起动抽气器 start-up ejector, starting ejector 23.0426
起动电动机 electrical starter motor 24.0592
起动风速 start-up wind speed 26.0061
起动辅助措施 starting aid 24.0594
起动机脱扣 starter cut-off 23.0789
起动加浓装置 excess fuel device 24.1094
起动空气阀 starting air valve 24.0587
起动力矩系数 starting torque coefficient 26.0098
起动联锁装置 starting interlock 24.0595
起动扭矩 breakaway torque 24.0162
起动设备 starting equipment 23.0745
起动时间 starting time 23.0826
起动特性试验 starting characteristics test 23.0596
起动特性图 starting characteristics diagram 23.0817
起动系统 starting system 24.0576

起动性能试验　start performance test　12.0302
起动用叶片式气动马达　pneumatic vane motor for starting　21.0172
起燃温度　light-off temperature　24.0748
起升车辆　lift truck　05.0004
起升范围　lifting range　01.0012
起升高度　load-lifting height　01.0010
起升高度限位器　hoisting limiter　01.0150
起升机构　hoisting mechanism　01.0052
起重臂伸缩机构　boom telescoping device　01.0179
* 起重电磁铁　electromagnet　01.0126
起重吊钩　lifting hook　01.0116
起重横梁　lifting beam　01.0128
起重葫芦　hoist　01.0529
起重机　crane　01.0002
起重机防碰装置　crane anticollision device　01.0159
起重机轨距　track gage　01.0019
起重机基准面　crane datum level　01.0017
起重机稳定性　crane stability　01.0037
起重机限界线　crane clearance line　01.0028
起重机械　lifting appliances　01.0001
起重机行程限位器　crane traveling limiter　01.0153
起重机运行　crane traveling　01.0030
起重机运行机构　crane travel mechanism　01.0053
起重机运行速度　crane traveling speed　01.0014
起重机运行速度限制器　crane traveling speed limiter　01.0140
起重力矩　load moment　01.0003
起重力矩限制器　load moment limiter　01.0144
起重挠性件　hoist medium　01.0048
起重挠性件下起重量　hoist medium load　01.0047
起重倾覆力矩　load-tipping moment　01.0004
起重索　hoisting rope　01.0367
起重小车　crab, trolley　01.0068
* 起重小车运行机构　crab traverse mechanism　01.0054
起重装置　lifting device　14.0076
气扳机　pneumatic wrench　21.0130
气波增压　pressure wave charging　24.0087
气波增压器　pressure exchanger　24.0419
气铲　pneumatic chipping hammer　21.0085
气冲剪　pneumatic nibbler　21.0154
气锉刀　pneumatic file　21.0163
气刀　air cutting device　02.0172
气道喷射汽油机　port-injection gasoline engine　24.0061
气垫带式输送机　air cushion belt conveyor　02.0029
气顶　pneumatic jack　21.0262
气动拔桩机　pneumatic pile extractor　21.0185
气动泵　pneumatic pump　21.0176
气动除锈器　pneumatic scaler　21.0102
气动打钉机　pneumatic nail-driver　21.0110
气动打桩机　pneumatic pile driver　21.0184
气动捣固机　pneumatic tamper　21.0090
气动灯　pneumatic lamp　21.0123
气动地毯剪　pneumatic carpet shears　21.0156
气动雕刻机　pneumatic engraving tool　21.0111
气动吊　pneumatic hoist　21.0179
气动订合机　pneumatic stapler　21.0157
气动发动机　pneumatic engine　21.0264
气动阀　pneumatically operated valve　13.0151
气动工具　pneumatic tool, air tool　21.0076
气动攻丝机　pneumatic tapper　21.0148
气动葫芦　pneumatic hoist　01.0535
气动混凝土布料装置　pneumatic concrete placing device　17.0049
气动机械　pneumatic machine　21.0083
气动绞车　pneumatic winch　21.0180
气动绞盘　pneumatic capstan　21.0181
气动搅拌机　pneumatic stirrer　21.0182
气动捆扎机　pneumatic strapping machine　21.0159
气动捆扎拉紧机　pneumatic puller of strapping　21.0160
气动捆扎锁紧机　pneumatic locker of strapping　21.0161
气动拉铆机　pneumatic rivet puller　21.0100
气动螺丝刀　pneumatic screwdriver　21.0149
气动马达　pneumatic motor　21.0170
气动铆钉机　pneumatic riveting hammer　21.0092
气动磨光机　pneumatic sander　21.0169
气动抛光机　pneumatic polisher　21.0121
气动喷射设备　pneumatic spraying equipment　20.0036
气动破碎锤　pneumatic breaker hammer　21.0074
气动撬浮机　pneumatic barring down tool　21.0183
气动砂带机　pneumatic belt sander　21.0120
气动砂轮机　pneumatic grinder　21.0115
气动式钢筋调直切断机　pneumatic reinforcing bar

straightening and cutting machine 18.0034
气动水泵 pneumatic water pump 21.0178
气动调速器 pneumatic governor 24.0528
气动涂油机 pneumatic oil sprayer 21.0122
气动压铆机 pneumatic squeeze riveter 21.0101
气动羊毛剪 pneumatic wool shears 21.0155
气动油泵 pneumatic oil pump 21.0177
气动油枪 pneumatic oil gun 21.0114
气动凿岩机 pneumatic rock drill 21.0003
气动扎网机 pneumatic stapler for metallic mesh 21.0158
气动振动器 pneumatic vibrator 17.0057，21.0107
气封 sealing 23.0708
气缸 casing 23.0697，cylinder 24.0295
气缸盖 cylinder head, cylinder cover 24.0301
气缸盖垫片 cylinder head gasket 24.0307
气缸盖螺栓 cylinder head bolt, cylinder head stud 24.0309
气缸盖密封环 cylinder head ring gasket 24.0308
气缸盖上层 cylinder head top, cylinder cover top 24.0303
气缸盖下层 cylinder head base, cylinder cover base 24.0302
气缸盖罩 valve mechanism cover 24.0306
气缸空气起动 cylinder air starting 24.0585
气缸列 cylinder bank 24.0193
气缸排 cylinder row 24.0192
气缸偏置距 cylinder offset 24.0195
气缸润滑 cylinder lubrication 24.0491
气缸套 cylinder liner 24.0296
气缸体 cylinder block 24.0291
气缸体端盖 cylinder block end piece 24.0293
气缸体隔片 cylinder spacer 24.0292
气缸体机架 cylinder frame 24.0290
气缸压缩压力 compression pressure in a cylinder 24.0182
气缸油 cylinder oil 24.0522
气缸有效容积 effective cylinder volume 24.0147
气镐 pneumatic pick 21.0084
气固两相流 gas solid two-phase flow 22.0012
气化充瓶车 tanker with vaporization and cylinder filling equipment 11.0159
气化器 vaporizer 11.0154
气化设备 vaporization equipment 11.0153
气剪 pneumatic shears 21.0153
气锯 pneumatic saw 21.0164
气控计量泵 metering pump with pneumatic stroke actuator 07.0097
气力式高温计 Venturi pneumatic pyrometer 22.0573
气力输送槽 pneumatic chute 02.0165
气力输送机 pneumatic conveyor 02.0154
气力提升机 pneumatic elevator 02.0162
气力卸船机 pneumatic ship unloader 04.0024
气流畸变 flow distortion 26.0271
气流冷冻 air blast freezing 13.0269
气流弯应力 gas flow bending stress 23.0808
气流折转角 flow turning angle 23.0690
* 气螺刀 pneumatic screwdriver 21.0149
气门 valve 24.0328
气门导管 valve guide 24.0335
气门定时 valve timing 24.0153
* 气门过桥 valve bridge 24.0354
气门锁夹 valve collet, valve key, valve lock 24.0332
气门弹簧 valve spring 24.0334
气门弹簧垫圈 valve spring washer 24.0333
气门弹簧座 valve spring retainer 24.0331
气门调整螺钉 valve adjuster 24.0351
气门旋转机构 valve rotator 24.0355
气门座圈 valve seat insert 24.0336
气密式通风机 gas-tight fan 10.0064
气密型埋刮板输送机 air-tight-type en masse conveyor 02.0088
气膜冷却 air film cooling 23.0694
气幕式洁净罩 ceiling module with air curtain 12.0498
气泡雾化 bubbling atomization 22.0249
气泡雾化油燃烧器 bubbling atomizing oil burner 22.0303
气锹 pneumatic spade 21.0089
* 气砂轮 pneumatic grinder 21.0115
* 气蚀 cavitation erosion, cavitation pitting 25.0209
* 气蚀破坏 cavitation damage 25.0209
* 气蚀系数 cavitation coefficient of hydroturbine, Thoma number of hydroturbine 25.0200
气水联动机构 air-on water-on mechanism 21.0219
气体不完全燃烧热损失 unburned gases heat loss in flue gas 22.0603
气体喷射真空泵 gas jet vacuum pump 13.0046

气体膨胀透平　gas expander turbine　23.0534
气体燃料供给系统　gas fuel supply system　23.0749
气体燃料锅炉　gas-fuel-fired boiler　22.0098
气体燃料内燃机　gas-fuel engine　24.0056
气体燃料喷嘴　gas fuel nozzle　23.0724
气体燃烧器　gas burner　22.0307
气体液化循环　gas liquefaction cycle　12.0040
气体轴承透平膨胀机　gas-bearing expansion turbine　11.0180
* 气调库　controlled atmosphere storage　12.0269
气调冷库　controlled atmosphere storage　12.0269
气腿　air leg　21.0060
气腿式高频凿岩机　high-frequency air-leg rock drill　21.0018
气腿式集尘凿岩机　air-leg rock drill with dust collector　21.0019
气腿式凿岩机　air-leg rock drill　21.0017
气铣刀　pneumatic mill　21.0162
气相干燥　vapor-phase drying　13.0258
气相色谱　gas chromatogram　24.0929
气相色谱仪　gas chromatograph　24.0983
气压补偿　atmospheric pressure compensating　24.0828
气压式混凝土泵　pneumatic concrete pump　17.0042
气压提水装置　pneumatic water pumping device　26.0231
气样室　sample cell　24.1003
气液分离器　eliminator　10.0019
气–液回热器　gas-liquid regenerator　12.0181
气–液式增压空气冷却器　air-to-liquid charge air cooler　24.0477
气液制动系　air-hydraulic braking system　14.0008
气针　air tube　21.0215
* 气镇泵　gas ballast pump　13.0030
气镇阀　gas ballast valve　13.0074
气镇真空泵　gas ballast vacuum pump　13.0030
气钻　pneumatic drill　21.0124
* 汽包　drum　22.0372
* 汽包锅炉　drum boiler　22.0073
* 汽包内部装置　drum internals　22.0373
汽车起重机　crane truck, truck crane　01.0162
汽车式塔式起重机　truck-mounted tower crane　01.0549
汽封　steam seal　23.0178
汽封压力调节器　gland steam regulator　23.0297
汽缸　casing, cylinder　23.0152
汽耗量　steam consumption　23.0133
汽耗率　steam rate, specific steam consumption　23.0134
汽化压力　vapor pressure　25.0196
* 汽–机油润滑　oil-in-gasoline lubrication, petrol lubrication　24.0485
汽冷旋风分离器　steam-cooled cyclone separator　22.0331
汽流激振　steam flow excited vibration　23.0316
汽流落后角　flow lag angle　23.0216
* 汽流涡动　steam flow excited vibration　23.0316
汽流折转角　flow turning angle　23.0217
汽轮发电机组保护系统　turbine-generator protection system　23.0268
汽轮发电机组热效率　turbine-generator thermal efficiency　23.0132
汽轮发电机组振动　vibration of turbine-generator set　23.0311
汽轮发电机组轴系　turbine-generator shaft system　23.0310
汽轮机　steam turbine　23.0045
汽轮机迟缓率　stagnant rate of steam turbine　23.0003
汽轮机额定功率　rated power of steam turbine　23.0096
汽轮机给水泵　feed water pump of steam turbine　23.0485
* 汽轮机膨胀过程线　thermal process curve　23.0106
汽轮机起动特性曲线　starting characteristic curve of steam turbine　23.0328
* 汽轮机死区　dead band of steam turbine　23.0003
汽轮机型面损失　profile loss of steam turbine　23.0114
汽轮机循环水泵　circulating water pump of steam turbine　23.0424
汽轮机主轴　main shaft of steam turbine　23.0293
汽轮机转子　steam turbine rotor　23.0173
汽轮机最大连续功率　turbine maximum continuous rating, TMCR　23.0129
汽–汽热交换器　bi-flux heat exchanger　22.0418
汽塞　vapor lock, steam binding, steam blanketing　22.0512
汽蚀余量　net positive suction head, NPSH　07.0006，23.0488
汽水侧沉积物　internal deposit　22.0519

汽水分层　separation of steam-water flow　22.0511
汽水分离　steam water separation　22.0205
汽水分离再热器　moisture separator reheater　23.0379
汽水共腾　priming　22.0516
汽水两相流　steam water two-phase flow　22.0011
汽水膨胀　water swelling　22.0491
汽水阻力　pressure drop　22.0145
汽温调节　steam temperature control　22.0492
汽油机　gasoline engine　24.0060
汽阻　steam resistance　23.0398
千斤顶　jack　01.0524
千斤顶压桩设备　equipment for jacking preformed pile sections into the ground　16.0012
钎杆　drill steel, drill rod　21.0204
钎具　accessories for percussive drilling　21.0201
钎卡　steel puller　21.0216
钎头　bit　21.0206
钎尾套　chuck sleeve　21.0196
* 牵索　guy　01.0586
牵行能力　vehicle tractive capacity　01.0230
牵引臂　towed arm　15.0037
牵引车　towing tractor　05.0002
牵引分子泵　molecular drag pump　13.0042
牵引轨　power track　02.0236
牵引架　frame, draft　14.0241
牵引链　drag chain　02.0095
牵引链输送机　tractive chain conveyor　02.0205
* 牵引式承马　chain rope carrier, towed rope carrier 01.0380
牵引式拉模机　attractive mould dragger　17.0155
牵引式钻车　traction drill wagon　21.0042
牵引索　hauling rope, haulage rope　01.0366，02.0295
牵引装置　tow device　01.0204
前侧开移式冷藏陈列柜　movable front cabinet 12.0257
前级压力　backing pressure　13.0090
前级真空泵　backing vacuum pump　13.0064
前级真空阀　backing valve　13.0143
前轮转向式自卸车　front wheel steering tipper 14.0231
前伸距　outreach　01.0517
前移式叉车　reach fork truck　05.0008
前缘　leading edge　26.0117
前置泵　booster pump　23.0487
前置铲刀　front blade　14.0199
前置式汽轮机　superposed steam turbine　23.0069
* 前置预热器　preposed preheater　22.0435
潜伏故障　latent fault, dormant failure　26.0144
潜孔冲击器　down-the-hole hammer　21.0047
潜孔钻车　down-the-hole jumbo　21.0052
潜孔钻机　down-the-hole drill　21.0048
潜液电泵　submergible motor pump　07.0023
浅斗　shallow bucket　02.0193
嵌入式风机盘管机组　cassette-type fan-coil unit 12.0438
嵌入式空气调节器　cassette-type air conditioner 12.0361
枪柄式定扭矩气扳机　pistol-grip torque-controlled pneumatic wrench　21.0143
枪柄式偏心气动铆钉机　pistol-grip eccentric pneumatic riveting hammer　21.0096
枪柄式气扳机　pistol-grip pneumatic wrench　21.0137
枪柄式气动铆钉机　pistol-grip pneumatic riveting hammer　21.0095
枪柄式气钻　piston pneumatic drill　21.0126
强度试验　strength test　09.0006
强度试验压力　strength test pressure　09.0007
* 强迫换速开关　traveling speed end limiter　01.0468
* 强迫式抱索器　screw-type grip, coercive grip 02.0311
强迫停运　forced shutdown, forced outage　22.0490
强迫停运小时数　forced outage hours　22.0623
强制怠速加浓装置　coasting richer　24.0849
强制对流空气冷凝器　forced convection air-cooled condenser　12.0149
强制空气冷却　forced air cooling　24.0465
强制冷却　force-feed cooling　24.0459
强制驱动电梯　positive drive lift　06.0022
强制润滑　force-feed lubrication　24.0484
强制式混凝土搅拌机　compulsory concrete mixer 17.0022
强制式混凝土清洗机　compulsory cleaning machine for concrete　17.0108
强制式搅拌器　forced action mixer　15.0019
强制卸料铲斗　bucket with ejector　14.0162
* 强制循环锅炉　forced circulation boiler　22.0092
强制循环空气冷却器　forced-circulation air cooler 12.0208

强制循环式蒸发器　pump-feed evaporator　12.0168
墙面防潮用机械　machinery for vertical dampproofing　20.0062
墙排管　wall coil　12.0244
墙式过热器　wall superheater　22.0409
墙式燃烧　wall firing, horizontally firing　22.0211
墙式燃烧锅炉　wall-fired boiler　22.0118
锹头　spade　21.0271
桥架　bridge　01.0067
桥架型起重机　overhead-type crane　01.0650
桥壳　axle housing　14.0056
桥梁检测作业车　bridge inspection truck　20.0084
桥式堆垛起重机　overhead stacking crane　01.0444
桥式起重机　bridge crane, overhead traveling crane　01.0284
切出风速　cut-out wind speed　26.0063
切割环　cutting ring　17.0126
切入风速　cut-in wind speed　26.0062
切向燃烧　tangential firing　22.0210
切向燃烧锅炉　tangential-fired boiler, corner-fired boiler　22.0117
氢爆　hydrogen explosion　22.0552
氢脆　hydrogen embrittlement　22.0531
氢火焰离子化检测器　flame ionization detector　24.0993
氢火焰离子化检测器分析仪　flame ionization detector analyzer, FID analyzer　24.0985
轻型板式给料机　light-duty slat feeder　03.0006
轻型起重设备　light-duty lifting equipment　01.0523
倾翻式混凝土搅拌机　tilting concrete mixer　17.0021
倾翻线　tipping line　01.0222
倾斜板式输送机　inclined slat conveyor　02.0124
倾斜螺旋输送机　inclined screw conveyor　02.0132
倾斜埋刮板输送机　inclined en masse conveyor　02.0080
倾斜式机组　inclined unit　25.0006
倾斜提升机　inclined elevator　02.0177
* 倾斜叶片　sideling placed blade　23.0166
倾卸时间　dumping time　14.0136
清除瓷釉　glaze-busting　24.0276
清除阀　purge valve　24.0880
清吹　purging　23.0828
清洁系数　cleanness factor　23.0410
清扫机　sweeper　20.0058
清水泵　clean-water pump　07.0104
清洗滚筒筛　rolling drum bolter for cleaning　17.0112
清洗机　washing machine　19.0031
清洗机用泵　pump for cleaning units　07.0102
清洗接收器　cleaning catcher　17.0101
清洗结合器　cleaning adapter　17.0100
清洗螺旋机　spiral equipment for cleaning　17.0113
清洗筛　washing screen　19.0033
清洗筒　cleaning drum　17.0111
清洗系统　washing system　23.0758
清洗装置　steam washer, steam scrubber　22.0377
球阀　ball valve　09.0033，25.0038
球形贮槽　spherical tank　11.0142
曲柄　crank throw, crank　24.0401
曲柄泵　crank pump　07.0082
曲柄臂　crank web　24.0404
曲柄式回转机构　crank rotation mechanism　21.0240
曲柄室　crank chamber　24.0286
曲柄销　crank pin　24.0403
曲径汽封　labyrinth gland　23.0182
曲线运行型有轨巷道堆垛起重机　curve-negotiating S/R machine　01.0463
曲轴　crankshaft　24.0397
曲轴活塞压缩机　crankshaft piston compressor　10.0081
曲轴箱　crankcase　24.0279
曲轴箱储存装置　crankcase storage system　24.0870
曲轴箱单通风系统　crankcase single ventilation system　24.0867
曲轴箱端盖　crankcase end cover　24.0281
曲轴箱呼吸器　crankcase breather　24.0282
曲轴箱检查孔盖　crankcase door　24.0280
曲轴箱排放物　crankcase emission　24.0675
曲轴箱排放物控制系统　crankcase emission control system　24.0865
曲轴箱强制通风阀　PCV valve　24.0869
曲轴箱强制通风装置　positive crankcase ventilation device　24.0868
曲轴箱扫气　crankcase scavenging　24.0099
曲轴箱双通风系统　crankcase dual ventilation system　24.0866
曲轴箱油　crankcase oil　24.0521
驱动机构　actuating mechanism　24.0339
驱动链保护装置　drive-chain guard　06.0060

驱动桥　drive axle　14.0046
驱动桥额定桥荷能力　rating axle capacity　14.0059
驱动桥减速比　drive axle ratio　14.0061
驱动桥最大附着扭矩　drive axle maximum slip torque　14.0058
驱动桥最大输入扭矩　drive axle maximum input torque　14.0057
驱动用汽轮机　mechanical-drive steam turbine　23.0076
驱动装置　drive arrangement　02.0002
取力装置　power take-off　01.0202
取物装置　load-handling device　01.0115
取样　sampling　24.0963
取样袋　sampling bag　24.0973
取样探头　sampling probe　24.1006
去气　degassing　13.0022
去湿装置　moisture removal device, moisture catcher　23.0193
全部工作状态　all-unit operation　12.0384
全程式调速器　all-speed governor　24.0537
全封闭制冷压缩机　hermetic refrigerating compressor　12.0124
全功率变流器　full power converter　26.0222
全固形物　total solid matter　22.0586
全贯流式水轮机　rim-generator tubular turbine　25.0017
全回转浮式起重机　full-circle slewing floating crane　01.0244
全回转起重机　full-circle slewing crane　01.0672
全径阀门　full-port valve　09.0098
全空气空调系统　all-air air-conditioning system　12.0314
全空气诱导器　all-air induction unit　12.0440
全流管端式烟度计　full-flow end-of-line smokemeter　24.0997
全流取样法　full-flow sampling　24.0964
全流式机油滤清器　full-flow lubricating oil filter　24.0501
全流式烟度计　full-flow smokemeter　24.0995
全轮驱动式自卸车　all wheel drive tipper　14.0234
全年空调系统　year-round air-conditioning system　12.0321
全启式安全阀　full-lift safety valve　09.0057
全热回收器　air-to-air total heat exchanger　12.0450
全水空调系统　all-water air-conditioning system　12.0315
* 全新风系统　direct air system　12.0322
* 全压保持系数　total pressure recovery factor　23.0656
全压恢复系数　total pressure recovery factor　23.0656
全压力　total pressure　13.0004
全压损失系数　total pressure loss coefficient　23.0601
全压真空计　total pressure vacuum gauge　13.0166
全液压转向器　full-hydraulic steering gear　14.0034
全液压转向系　full-hydraulic power steering system　14.0026
全周进汽　full-arc admission　23.0097
全自动混凝土砌块生产成套设备　complete set of automatic equipment for block making　17.0135

R

燃尽风　over-fire air, OFA　22.0187
燃尽风喷口　over-fire air nozzle　22.0355
燃空比　fuel-air ratio　22.0188
燃料处理设备　fuel treatment equipment　23.0746
燃料点火式催化加热器　fuel-fired catalyst heater　24.0752
燃料电池　fuel cell　24.0666
燃料分级　fuel staging　22.0236
燃料供给系统　fuel supply system　23.0747
燃料化学传感器　fuel chemistry sensor　24.0859
燃料空气比　fuel-air ratio　23.0639
燃料控制系统　fuel control system　23.0732
燃料流量分配器　fuel flow divider　23.0719
燃料流量控制阀　fuel flow control valve　23.0736
燃料喷射　injection of fuel　24.0069
燃料喷射点燃式发动机　spark ignition engine with fuel injection　24.0016
燃料喷射压力　fuel injection pressure　23.0651
燃料喷嘴　fuel injector　23.0723
燃料切断阀　fuel shut-off valve　23.0739
燃料输入　induction of fuel　24.0076
燃料特性分析　fuel characteristic analysis　22.0569

燃料消耗量　fuel consumption, fuel consumption rate　22.0155，24.0176
燃料消耗率　specific fuel consumption　23.0589，24.0177
燃料型氮氧化物　fuel NO_x　22.0042
燃料压力过低保护装置　low fuel pressure protection device　23.0792
燃料再燃烧　fuel reburning　22.0225
燃煤锅炉　coal-fired boiler　22.0100
燃气氨吸收式空气调节机组　gas ammonia absorption air-conditioning unit　12.0330
燃气侧全压损失　total pressure loss for gas side　23.0661
燃气发动机　gas engine　24.0018
燃气发生器　gas generator　23.0734
* 燃气锅炉　gas-fuel-fired boiler　22.0098
燃气加热式沥青储仓　burning gas heating asphalt storage　15.0067
燃气轮机　gas turbine　23.0516，24.0068
燃气轮机迟缓率　stagnant rate of gas turbine　23.0004
燃气轮机的自动起动时间　automatic starting time of gas turbine　23.0804
燃气轮机动力装置　gas-turbine power plant　23.0517
燃气轮机额定输出功率　rated output of gas turbine　23.0574
燃气轮机平均连续运行时间　average continuous running time of gas turbine　23.0803
* 燃气轮机死区　dead band of gas turbine　23.0004
燃气轮机跳闸转速　turbine trip speed　23.0796
燃气透平　gas turbine　23.0529
燃气温度控制器　gas temperature controller　23.0735
* 燃气涡轮　gas turbine　23.0529
燃气蒸汽联合循环　gas and steam combined cycle　23.0848
燃烧残余物　combustion residue　24.0240
燃烧器　burner　22.0291
* 燃烧器出力　burner heat output　22.0177
燃烧器喷口　burner nozzle　22.0309
燃烧器区域壁面热强度　burner zone wall heat release ratc　22.0153
燃烧器输出热功率　burner heat output　22.0177
燃烧器调节比　turndown ratio　22.0597
燃烧强度　combustion intensity　23.0643
燃烧区　combustion zone　23.0710
燃烧设备　combustion equipment　22.0024
燃烧室　combustor chamber　23.0556，combustion chamber　24.0121
* 燃烧室　furnace, combustion chamber　22.0278
燃烧室比压力损失　combustor specific pressure loss　23.0650
燃烧室出口温度　burner outlet temperature, combustor outlet temperature　23.0638
燃烧室外壳　combustor outer casing　23.0722
燃烧室效率　combustor efficiency　23.0649
燃烧稳定性　combustion stability　23.0657
燃烧系统　combustion system　22.0023
* 燃烧优化试验　boiler combustion adjustment test　22.0556
燃油轨　rail　24.1214
燃油锅炉　oil-fired boiler　22.0102
燃油减速阀　fuel decel valve　24.0846
燃油通道　fuel gallery　24.1087
燃油系统　fuel system　24.0818
燃油系统气阻　vapor lock in the fuel system　24.0232
燃油系统燃油过热气阻　vapor lock due to overheating of fuel in the fuel system　24.0233
燃油箱喘息损失　fuel tank puff loss　24.0890
燃油箱防滴油装置　fuel tank anti-dripping device　24.0889
燃油箱止回阀　fuel tank check valve　24.0847
燃油阻尼器　flow damper　24.1216
绕管式换热器　coiled pipe heat exchanger　11.0045
绕片换热器　spiral finned tube heat exchanger　12.0402
热泵　heat pump　12.0137
热泵式空气调节器　heat-pump air conditioner　12.0366
热变色　heat discoloration　24.0251
热冲击　thermal shock　23.0809
热传导真空计　thermal conductivity gauge　13.0174
热电比　ratio of heat-to-electricity　23.0086
热电联产汽轮机　cogeneration steam turbine　23.0054
* 热电联产系统　cogeneration system, combined heat and power system, CHP　23.0856
热电联供系统　cogeneration system, combined heat and power system, CHP　23.0856
热电制冷　thermo-electric refrigeration　12.0004
热动式疏水阀　thermodynamic steam trap　09.0079
* 热段再热蒸汽参数　reheat steam conditions

23.0091
热反应器　thermal reactor　24.0756
热分子真空计　thermo-molecular gauge　13.0175
热风器　blast heater　12.0374
热风温度　hot air temperature　22.0160
热风再循环　hot air recirculation　22.0035
热腐蚀　hot corrosion　22.0537，23.0811
热管锅炉　heat-pipe boiler　22.0081
热管换热器　heat pipe heat exchanger　12.0394
热管空气预热器　heat-pipe air preheater　22.0434
热管式热回收器　heat pipe heat recovery unit　12.0454
热龟裂　thermal cracking　24.0267
热耗量　heat consumption　23.0135，23.0590
热耗率　heat rate　23.0591
热化学试验　thermal chemical test　22.0565
热回收环　heat recovery ring　12.0455
* 热交换器　heat exchanger　11.0039，12.0222
热浸损失　hot soak loss　24.0673
热井　hot well　23.0415
热力除氧　thermal deaeration　23.0495
热力过程曲线　thermal process curve　23.0106
热力过程线　condition curve　23.0147
热力系统　thermal power system　23.0374
热力型氮氧化物　thermal NO_x　22.0043
热力性能试验　thermal performance test　23.0022
热沥青喷洒机　hot binder spreader　15.0095
热沥青用设备　hot pitch application equipment　20.0051
热料型埋刮板输送机　en masse conveyor for high-temperature materials　02.0086
热流计　heat flux meter　22.0574
热能的梯级利用　cascade utilization of thermal energy　23.0843
热能利用率　heat utilization　23.0586
热能消耗量　heat consumption　24.0180
热能消耗率　specific heat consumption　24.0181
热跑试验　hot running test, heat indication test　23.0320
热疲劳　thermal fatigue　23.0810，24.0268
热偏差　heat deviation　22.0540
热平衡计算　heat balance calculation　23.0140
热气通风机　hot gas fan　10.0061
热球点燃式发动机　hot bulb engine　24.0009
热式气化器　hot vaporizer　11.0158
热水锅炉　hot water boiler　22.0056
热水温度　hot water temperature　22.0165
热水型溴化锂吸收式冷水机组　hot-water operated lithiumbromide-absorption water chiller unit　12.0131
热损失　heat loss　22.0602
热态启动　hot start-up　22.0468
热态起动　hot starting　23.0324，23.0822
热通道检查　hot section inspection　23.0830
热网　heat network　23.0382
热效率　thermal efficiency　23.0587
热悬挂　thermal blockage　23.0788
热阴极磁控管真空计　hot cathode magnetron gauge　13.0191
热阴极电离真空计　hot cathode ionization gauge　13.0182
热阴极高频溅射　hot cathode high-frequency sputtering　13.0238
热阴极直流溅射　hot cathode direct current sputtering　13.0237
热载体锅炉　heat transfer boiler　22.0057
热真空开关　thermal vacuum switch　24.0812
* 热真空开关　thermal vacuum switch　24.0902
热重分析仪　thermogravimetric analyzer　22.0575
人工监测　manual monitoring　24.0635
人工起动系统　manual starting system　24.0577
人货两用施工升降机　personal and material hoist　01.0621
人孔　man-hole　22.0375
人孔盖板　man-hole cover　22.0376
人行闸　man lock　14.0258
容积含汽率　steam quality by volume　22.0169
容积热强度　volumetric heat release rate　23.0645
容积式泵　positive-displacement pump　07.0056
容积式称量装置　volumetric batcher　17.0080
容积式供油控制阀　volumetric control valve　24.1213
容积式压缩机　positive-displacement compressor　10.0079
容积式制冷压缩机　positive-displacement refrigerant compressor　12.0102
* 容积真空泵　positive-displacement vacuum pump　13.0027
* 容克式空气预热器　Ljungström-type air preheater　22.0430

容器管道液力输送机 capsule hydraulic pipe conveyor 02.0164
容器式管道气力输送机 capsule pipeline conveyor 02.0161
容绳量 rope capacity 01.0612
溶解固形物 dissolved solid matter 22.0587
溶解携带 vaporous carry-over 22.0204
溶液 solution 12.0061
溶液热交换器 solution heat exchanger 12.0223
熔化沥青喷洒机 melted bitumen sprayer 20.0050
熔融金属真空封接 molten metal vacuum seal 13.0128
熔融金属真空精炼 vacuum refining of melting metal 13.0279
融霜试验 defrost test 12.0303
柔性变幅机构 flexible derricking mechanism 01.0056
柔性吊挂桥式起重机 overhead crane with loose-suspending 01.0295
柔性支腿 flexible leg 01.0346
* 柔性转子 flexible rotor 23.0018
乳化液泵 emulsion pump 07.0106
入口 inlet 13.0070
* 入炉燃料 as-received fuel, as-fired fuel 22.0019
软管泵 hose pump 07.0123
软轴 flexible shaft 17.0069
软轴式振动器 flexible shaft vibrator 17.0060
瑞利风速分布 Rayleigh wind-speed distribution 26.0015
润滑器 lubricator 24.0509
润滑油温过高保护装置 high oil temperature protection device 23.0794
润滑油系统 lubrication system 23.0752
润滑油压过低保护装置 low oil pressure protection device 23.0266，23.0793

S

撒布机底盘 spreader chassis 15.0111
撒布料斗 spreading hopper 15.0115
洒布管宽度 spray bar width 15.0103
三车翻车机 three-waggon tipple 04.0033
三次风 exhaust air, tertiary air 22.0185
三次风率 exhaust air ratio, exhaust air rate 22.0186
三次风喷口 exhaust gas nozzle, tertiary air nozzle 22.0356
三分仓回转式空气预热器 tri-sector air preheater 22.0431
三缸泵 three-cylinder pump 07.0072
三级旁路系统 three-stage bypass system 23.0388
三极管真空计 triode gauge 13.0183
三角斗 V-bucket 02.0197
三角转子式压缩机 Wankel compressor 10.0122
三角转子式制冷压缩机 Wankel refrigerant compressor 12.0109
三脚式海上风力发电机组基础 three-leg-type foundation of off-shore wind turbine generator set 26.0218
三联泵 triplex pump 07.0061
三螺杆泵 three-screw pump 07.0119
三通式阀 three-way valve 09.0091
三向堆垛式叉车 lateral and front stacking truck 05.0016
三效催化剂 three-way catalyst 24.0734
三用门式起重机 hook-grab-magnet gantry crane 01.0334
三用桥式起重机 3-purpose overhead crane 01.0301
三轴式自卸车 three-axle tipper 14.0237
三作用控制器 three-term controller 24.0632
伞形钻架 shaft jumbo 21.0068
散热 heat emission 24.0175
散热片 cooling fin 24.0481
散热器 radiator 24.0470
散热损失 radiation and convection heat loss 22.0605
扫掠面积 swept area 26.0129
扫气 scavenging 24.0095
扫气泵扫气 scavenging by blower 24.0100
扫气利用系数 trapping efficiency 24.0106
扫气效率 scavenging efficiency 24.0110
扫雪装置 snowplough 14.0198
砂泵 sand pump 07.0040
砂–石含水率测定仪 moisture measurer for sand and stone 17.0115
筛板塔 sieve-tray column 11.0029
筛板振动筛 screen with direct vibrated screen plate

19.0012
筛分机械　screening machinery　19.0001
筛孔板　sieve tray　11.0038
扇形发动机　broad-arrow engine　24.0042
扇型压缩机　quadrantal compressor　10.0104
上部玻璃门组合式冷藏陈列柜　combined refrigerated display cabinet with top glass door　12.0254
上部敞开组合式冷藏陈列柜　combined refrigerated display cabinet with open top　12.0255
上车　superstructure　01.0177
上冲转速　overshoot speed　24.0565
上风向式风力机　up-wind-type wind turbine　26.0031
上冠　crown　25.0098
上回转平台式塔式起重机　tower crane with slewing upper platform　01.0553
上回转塔式起重机　high level slewing tower crane　01.0546
上密封试验　back seal test　09.0010
上升管　riser　22.0397
上水　filling　22.0470
上水箱　header tank　24.0467
上塔　upper column　11.0026
上止点　top dead center　24.0136
蛇形管联箱式加热器　serpentine-tube header-type heater　23.0462
设定点　set point　24.0604
设定点调节器　set point adjuster　24.0626
设计工况　design condition　23.0095，23.0572，26.0055
设计极限　design limit　26.0137
设计煤种　design coal　22.0020
设计寿命　designed lifetime　26.0141
设计水头　design head　25.0156
设计压力　design pressure　22.0141
设计质量　design mass　01.0005
射钉枪　cartridge-charged fixing tool　20.0061
射流泵　jet pump　07.0146
射流打击力　jet impact force　08.0019
射流反冲力　jet recoil force　08.0020
射流入射角　jet inclined angle　25.0124
射流式通风机　jet fan　10.0044
射流椭圆　ellipse of inclined jet　25.0125
射流直径　jet diameter　25.0122
射流直径比　jet ratio　25.0123
射频质谱仪　radio frequency mass spectrometer　13.0192
射汽抽气器　steam jet air ejector　23.0429
射水抽气器　water jet air ejector　23.0428
* 射油器　oil ejector　23.0284
伸缩　telescoping　01.0036
伸缩臂　telescopic jib　01.0096
伸缩臂工作装置　telescoping boom attachment　14.0073
伸缩臂架式集装箱起重机　telescope jib-type container crane　01.0489
伸缩机构　telescoping mechanism　01.0061
伸缩塔身　telescopic tower　01.0566
伸缩钻臂　telescopic drill boom　21.0222
伸展结构　extending structure　20.0074
深斗　deep bucket　02.0194
渗漏量　leakage　09.0011
渗透　permeation　13.0025
渗透膜加湿器　membrane humidifier　12.0421
升华泵　sublimation pump　13.0056
升降段　dropping section　01.0404
升降式止回阀　lift check valve　09.0047
升力系数　lift coefficient　26.0092
* 升力型垂直轴风力机　Darrieus wind turbine　26.0030
升压　pressure rise　10.0001，raising pressure　22.0476
升阻比　ratio of lift coefficient to drag coefficient　26.0094
生产一致性　conformity of production, COP　24.1022
* 生存风速　survival wind speed　26.0068
生存环境温度　survival environmental temperature　26.0058
生物安全柜　safety cabinet　12.0490
生物洁净室　biological cleanroom　12.0481
生物危害安全室　biohazard safety room　12.0482
生物质燃料锅炉　biomass-fired boiler　22.0099
声的基准风速　acoustic reference wind speed　26.0157
声级　sound level　26.0154
声压级　sound pressure level　26.0153
* 绳环　rope loop　02.0298
绳索滑轮组　reeving system　01.0109
绳索起动器　rope starter　24.0580

绳索松弛停止器 slack rope stop 01.0156
* 绳索小车 rope trolley 01.0072
绳索小车集装箱起重机 container crane with rope trolley 01.0484
绳索小车门式起重机 gantry crane with rope trolley 01.0338
绳索小车抓斗卸船机 ship unloader with rope trolley 04.0027
省煤器 economizer 22.0421
省煤器沸腾率 percentage of economizer evaporation 22.0180
剩余行程 remainder stroke 24.1073
失火 misfire 24.0228
失速 stall 23.0632，lug-down, stall 24.0227
施工升降机 builder's hoist 01.0616
湿缸套 wet liner 24.0297
湿化器 humidifier 23.0847
湿空气透平循环 humid air turbine cycle, HAT cycle 23.0844
湿气通风机 wet-gas fan 10.0063
湿汽损失 moisture loss 23.0123
湿式混凝土喷射机 wet concrete spraying machine 17.0072
湿式空气过滤器 wet-type air filter 12.0458
湿式空气冷却器 wet-type air cooler 12.0207
湿式油底壳强制润滑 wet sump force-feed lubrication 24.0488
* 湿蒸汽汽轮机 saturated steam turbine 23.0070
十字头 crosshead 24.0375
十字头活塞 crosshead piston 24.0357
十字头式发动机 cross head engine 24.0030
石膏灰浆抹灰机 plastering unit for gypsum mortars 20.0012
石料切割机 stone cutter 20.0045
石屑撒布机 chippings spreader 15.0107
石屑撒布装置 chippings spreading device 15.0114
石子煤 pulverizer rejects, pyrites 22.0032
实度损失 solidity loss 26.0285
实际空燃比 trapped air-fuel ratio 24.0104
实体螺旋 solid screw 02.0143
使用极限状态 serviceability limit state 26.0139
使用稳定液的冲抓钻孔装置 rig for stroke drilling with stabilizing fluid 16.0019
使用稳定液的旋转钻孔装置 rig for rotary drilling with stabilizing fluid 16.0018
示功图 indicator diagram 24.0167
* 示漏气体 search gas 13.0216
事故检修 break maintenance 22.0507
事故油泵 emergency oil pump 23.0279
视在声功率级 apparent sound power level 26.0155
试压泵 test pump 07.0098
试验基片 testing substrate 13.0223
试验燃料 test fuel 24.0935
试验燃油 test fuel 24.0649
试验循环 test cycle 24.0960
室内机制冷量 refrigerating capacity of indoor machine 12.0380
室燃锅炉 suspension-fired boiler 22.0129
适用井径 fit diameter of well 14.0152
收尘设备 dust collector 17.0117
收斗角 rollback angle 14.0168
收放器 distributor 01.0382
手扳葫芦 lever block 01.0531
手操纵堆垛起重机 hand-operated stacking crane 01.0448
手持机具 portable machines and tools 20.0015
手持气腿两用凿岩机 hand-held/ air-leg rock drill 21.0016
手持式电动凿岩机 hand-held electric rock drill 21.0029
手持式高频凿岩机 high-frequency hand-held rock drill 21.0013
手持式集尘凿岩机 hand-held rock drill with dust collector 21.0014
手持式内燃凿岩机 hand-held internal-combustion rock drill 21.0027
手持式气动工具 portable pneumatic tool 21.0077
手持式水下凿岩机 hand-held underwater rock drill 21.0015
手持式凿岩机 hand-held rock drill 21.0012
手动泵 hand pump 07.0089
手动操纵式绞盘 manually-controlled winch 14.0183
手动操作混凝土砌块生产成套设备 complete set of manual operating equipment for block making 17.0137
手动阀 manually operated valve 13.0150
手动控制系统 manual control system 24.0607
手动起重机 manual crane 01.0666

手动桥式起重机　manual overhead crane　01.0307
手动试压泵　hand operating test pump　07.0099
手动调速器　hand governor, manual governor　07.0145
手动跳闸装置　manual tripping device　23.0267
手动脱扣停机　manual tripping　23.0358
手动有轨巷道堆垛起重机　manual S/R machine　01.0457
手动越控停机　manual override shutdown　24.0647
手动遮断装置　manual tripping device　23.0799
* 手动转向器　manual steering gear　14.0027
* 手动转向系　manual steering system　14.0023
手拉葫芦　chain block　01.0530
手拉葫芦门式起重机　gantry crane with chain hoist　01.0335
手链小车　manual chain-driven carrier　01.0395
手起动系统　hand starting system　24.0578
手烧炉排　hand-fired grate　22.0359
手调计量泵　metering pump with stroke adjustment　07.0095
手选带式输送机　hand-chosen belt conveyor　02.0033
手摇支腿　hand-cranking leg　21.0063
首次破碎用旋回破碎机　gyratory crusher for primary crushing application　19.0019
受控条件　controlled condition　24.0600
受料斗　feeding hopper　17.0110
受热表面的传热率　heat transfer rate of heating surface　23.0664
受热面　heating surface, heat transfer surface　22.0260
受热面回转式空气预热器　rotating-rotor air preheater　22.0430
受热面积　heating surface area　23.0786
受热面蒸发率　heating surface evaporation rate　22.0179
受压部件　pressurized component, pressurized part　22.0263
受油器　oil head　25.0119
梳齿板　comb　06.0058
梳齿板安全装置　comb safety device　06.0059
梳形托辊　idler with rubber rings　02.0065
疏水　drain　22.0475
疏水泵　drain pump　23.0474
* 疏水端差　initial temperature difference of heater　23.0479
疏水阀　steam trap　09.0073，drain valve　22.0448，23.0230
疏水管　drain pipe　23.0235
疏水扩容箱　drain flash tank　23.0515
疏水冷却器　drain cooler　23.0471
* 疏水膨胀箱　drain flash tank　23.0515
疏水调节阀　regulated drain valve　23.0475
疏水系统　drain system　23.0292
疏水箱　drain tank　23.0514
舒适空调　comfort air conditioning　12.0305
输气量　capacity　10.0032
输气温度　discharge temperature　10.0030
输水管路　water supply pipeline　26.0228
输送带　conveyor belt　02.0049
输送带垂度　belt sag　02.0040
输送带打滑检测装置　belt slip detector　02.0075
输送带断带保护装置　belt protector for anti-break　02.0073
输送带防跑偏装置　protective device against side running of conveyor belt　02.0071
输送带纵向撕裂保护装置　belt broken protector　02.0072
输送管　transport pipe　02.0167
输送管道清洗装置　cleaning device for transport tube　17.0098
输送机长度　conveyor length　02.0044
输送机宽度　width of conveyor　02.0043
输送机水平长度　horizontal length of conveyor　02.0045
输送机械　conveyor　02.0001
竖井贯流式水轮机　pit-type tubular turbine　25.0016
竖直式混凝土配料站　vertical concrete mix batching plant　17.0010
数据采集系统　data acquisition system　14.0261
数据采集仪　data collecting instrument　26.0167
数字式电液调节系统　digital electro-hydraulic control system　23.0239
刷光机　brusher　20.0059
甩负荷试验　load rejection test, load dump test　23.0025
双板链　welded steel chain　02.0098
双臂堆料机　double-boom stacker　04.0007
双侧犁式卸料器　two-side plough tripper　02.0070
双侧往复式架空索道　double to-and-fro ropeway, double reversible tramway　02.0259

双层电梯　double-deck lift　06.0008
双车翻车机　twin-waggon tipple　04.0032
* 双重催化系统　dual-catalyst system　24.0710
双重货位检测装置　bin detection device　01.0472
双床催化系统　dual-catalyst system　24.0710
双床式转化器　dual-bed converter　24.0715
双导轨架式升降机　gantry hoist　01.0626
双电梯　twin lift　06.0007
双风道变风量末端装置　dual-duct VAV terminal device　12.0446
双缸泵　twin-cylinder pump　07.0071
* 双工况制冷机　refrigerating unit for cold storage　12.0090
双刮板埋刮板输送机　twin-chain scraper en masse conveyor　02.0094
双关双泄放阀　double-block-and-bleed valve　09.0105
双罐气动混凝土布料装置　twin-chamber pneumatic concrete placing device　17.0051
双辊摆锤破碎机　double-rotor swing-hammer crusher　19.0029
* 双辊锤磨机　double-rotor swing-hammer crusher　19.0029
双辊破碎机　double-roll crusher　19.0021
双夯锤　double tamper　15.0044
双环路单线架空索道　double-loop mono-cable circulating detachable ropeway　02.0265
双环路双线往复式架空索道　double-loop to-and-fro bi-cable ropeway　02.0269
双回路制动系　dual-circuit braking system　14.0011
双击式水轮机　Michell-Banki turbine, cross-flow turbine　25.0025
双级氨水吸收式制冷机　two-stage ammonia-water absorption refrigerating machine　12.0084
双级精馏塔　double rectification column　11.0024
双级溴化锂吸收式制冷机　two-stage lithiumbromide-absorption refrigerating machine　12.0096
双级主减速器　double-reduction final drive　14.0051
双金属片式疏水阀　bimetal-element steam trap　09.0077
双聚焦质谱仪　double-focusing mass spectrometer　13.0195
双卷筒卷扬机　double-drum winch, twin-drum winch　01.0602
双块式挤压机　double-blocking extruder　17.0150
双馈型风力发电机组　double-feed wind turbine generator set　26.0045
双立柱型有轨巷道堆垛起重机　double-mast S/R machine　01.0461
双连弹簧式安全阀　duplex safety valve　09.0060
双联泵　duplex pump　07.0060
双链板式输送机　double-chain slat conveyor　02.0121
双链斗式提升机　double-chain bucket elevator　02.0184
双链埋刮板输送机　double-chain en masse conveyor　02.0093
双梁门式起重机　double-girder gantry crane　01.0315
双梁桥式起重机　double-girder overhead crane　01.0289
双列式发动机　twin-bank engine　24.0039
* 双路道岔　Y-switch　01.0403
双螺杆泵　twin-screw pump　07.0118
双螺杆制冷压缩机　twin-rotor screw refrigerant compressor　12.0115
双螺旋给料机　twin-screw feeder　03.0008
双螺旋输送机　twin-screw conveyor　02.0137
双面水冷壁　division wall　22.0400
双模冷拔机　double-die wire-drawing machine　18.0009
双膜片式分电器　dual-diaphragm distributor　24.0807
双排带斗式提升机　belt twin-bucket elevator　02.0180
双排链斗式提升机　chain twin-bucket elevator　02.0182
双盘管风机盘管机组　fan-coil unit with double coil　12.0431
双燃料发动机　dual-fuel engine　24.0021
双燃料喷嘴　dual-fuel nozzle　23.0726
双燃料系统　dual-fuel system　23.0750
双绳抓斗　twin-rope grab　01.0121
双送风道系统　double-duct system　12.0324
双索缆索起重机　double-cable crane　01.0363
双弹簧喷油器　two-spring fuel injector　24.1132
双调风旋流燃烧器　dual-register swirl burner　22.0304
双通道斗式提升机　twin-passage bucket elevator　02.0187
双筒溴化锂吸收式制冷机　two-shell lithiumbromide-absorption refrigerating machine　12.0095
双卧轴式混凝土搅拌机　double-horizontal-shaft concrete mixer　17.0025
双吸泵　double-suction pump　07.0053

双线架空索道 bi-cable ropeway 02.0266
双线往复式架空索道 to-and-fro bi-cable ropeway 02.0268
双线往复式缆车 bi-line to-and-fro funiculars 02.0282
双线循环式架空索道 bi-cable circulating ropeway 02.0267
双相流 two-phase flow 02.0166
双箱式集装箱起重机 twin-lift container crane 01.0488
双向阀门 bidirectional valve 09.0102
双向气动螺丝刀 reversible pneumatic screwdriver 21.0150
双向式气钻 reversible pneumatic drill 21.0128
双效溴化锂吸收式制冷机 double-effect lithium-bromide-absorption refrigerating machine 12.0093
双悬臂门式起重机 gantry crane with two cantilevers 01.0322
双循环强制冷却 force-feed cooling in a dual-circuit system 24.0462
双闸板 double gate disk 09.0018
双轴汽轮机 cross compound steam turbine 23.0066
双轴式搅拌转子 double-shaft mix rotor 15.0168
双轴式强制搅拌器 double-shaft agitator 15.0164
双轴式自卸车 two-axle tipper 14.0236
双肘板颚式破碎机 double-toggle jaw crusher 19.0016
双柱式钻架 double-column drill rig 21.0066
双转子冲击破碎机 double-rotor impact breaker 19.0026
双作用泵 double-acting pump 07.0068
双作用发动机 double-acting engine 24.0027
双作用控制器 two-term controller 24.0631
双作用压缩机 double-acting compressor 10.0111
双作用制冷压缩机 double-acting refrigerant compressor 12.0117
双座双向阀门 twin-seat bidirectional valve 09.0103
水泵水轮机 pump-turbine 25.0031
水泵水轮机全特性 complete characteristics of pump-turbine 25.0254
水锤 water hammer 25.0212
水锤泵 water hammer pump 07.0147
水滴式冷却塔 drop cooling tower 12.0190
水电站门式起重机 power station gantry crane 01.0329
水垫带式输送机 water-supported belt conveyor 02.0031
* 水动力特性试验 hydrodynamic characteristics test 22.0564
水斗 bucket 25.0120
水斗式水轮机 Pelton turbine 25.0023
水分离器 water separator 11.0078
水封 water seal gland 23.0296
水管锅炉 water tube boiler 22.0071
水环式真空泵 water ring vacuum pump 23.0427
水冷壁 water wall, water-cooled wall 22.0394
水冷发动机 water-cooled engine 24.0023
水冷冷凝器 water-cooled condenser 12.0151
水冷冷凝器量热器法 water-cooled condenser calorimeter method 12.0021
水冷却塔 water cooling tower 11.0081
水冷式空气调节机 water-cooled air-conditioning unit 12.0345
水冷式内燃机 water-cooled engine 24.0058
水冷式压缩机 water-cooled compressor 10.0089
水冷旋风分离器 water-cooled cyclone separator 22.0330
水冷振动炉排 water-cooled vibrating stoker 22.0366
水力采煤泵 monitor pump 07.0032
水力机械 hydraulic machinery 25.0001
水力清洗 hydraulic cleaning 23.0452
水轮泵 water-turbine pump 07.0131
水轮机 hydroturbine 25.0007
水轮机出口测量断面 outlet measuring section of turbine 25.0142
水轮机额定流量 rated discharge of turbine 25.0165
水轮机额定输出功率 rated output power of turbine 25.0174
水轮机飞逸转速 runaway speed of turbine 25.0170
水轮机功率试验 turbine output test 25.0233
水轮机机械效率 mechanical efficiency of turbine 25.0188
水轮机进口测量断面 inlet measuring section of turbine 25.0141
水轮机空化系数 cavitation coefficient of hydroturbine, Thoma number of hydroturbine 25.0200
水轮机空载流量 no-load discharge of turbine 25.0166

水轮机流量　turbine discharge　25.0164
水轮机容积效率　volumetric efficiency of turbine　25.0192
水轮机输出功率　output power of turbine　25.0173
水轮机输入功率　input power of turbine　25.0172
水轮机水力效率　hydraulic efficiency of turbine　25.0190
水轮机效率　efficiency of turbine　25.0184
水轮机压力脉动　turbine pressure fluctuation　25.0251
水轮机运转特性曲线　turbine performance curve　25.0252
水轮机最大瞬态压力　maximum momentary pressure of turbine　25.0214
水轮机最大瞬态转速　maximum momentary overspeed of turbine　25.0217
水煤浆锅炉　coal water slurry boiler, coal water mixed boiler　22.0105
水煤浆燃烧器　coal water slurry burner　22.0297
水膜式冷却塔　film cooling tower　12.0189
水磨石机　terrazzo grinder　20.0024
水泥混凝土铺设机　concrete mix laying machine　15.0130
水泥混凝土转运机　concrete mix transfer machine　15.0138
水泥石灰砂浆抹灰机　plastering unit for cement-lime mortars　20.0011
水炮　water cannon　08.0009
水平板式输送机　horizontal slat conveyor　02.0123
水平变幅　level luffing　01.0033
水平定向钻机　horizontal directional drilling machine　16.0040
水平对置发动机　horizontally opposed engine　24.0041
水平螺旋输送机　horizontal screw conveyor　02.0131
水平切口连杆　horizontally split connecting rod　24.0388
水平式混凝土搅拌站　horizontal concrete mixing plant　17.0004
水平式混凝土配料站　horizontal concrete mix batching plant　17.0011
* 水平围绕管圈　spirally wound tube　22.0267
水平型埋刮板输送机　horizontal-type en masse conveyor　02.0079
水平运行机构　travel mechanism　01.0464
水平轴风力机　horizontal axis wind turbine　26.0028
* 水清洗　flushing　22.0503
水射流　waterjet　08.0013
水室　water chamber　23.0414
水套　water jacket　24.0294
水腿　water leg　21.0061
水位　water level　22.0471
水位表　water level indicator　22.0450
水洗箱　water scrubber　14.0190
水下抓斗　grab used in water　01.0125
水下钻车　underwater jumbo　21.0046
水蓄冷　water cold storage　12.0066
水循环　water circulation　22.0201
水循环试验　water circulation test　22.0564
水压试验　hydrostatic test　22.0566
水压凿岩机　water-driving rock drill　21.0005
水针　water tube　21.0214
水蒸气　steam　22.0003
水阻　water resistance　23.0397
顺桨　feathering　26.0115
顺流式燃烧室　straight-flow combustor　23.0557
顺流式压缩机　uniflow compressor　10.0113
顺流式制冷压缩机　uniflow refrigerant compressor　12.0120
顺向道岔　free switch　02.0244
瞬时升速　temporary speed rise　23.0361
瞬时式安全器　instantaneous safety device　01.0638
瞬态型氮氧化物　prompt NO_x　22.0044
瞬态压力变化率　momentary pressure variation ratio　25.0215
瞬态转速变化率　momentary speed variation ratio　25.0219
司机室操纵单轨系统　cab-controlled monorail system　01.0392
司机室操纵起重机　cab-operated crane　01.0676
司机室操纵桥式起重机　cab-operated overhead crane　01.0310
* 司机助　driver aid　24.0990
斯特林循环　Stirling cycle　12.0029
死点　anchor point, dead point　23.0196
四冲程发动机　four-stroke engine　24.0004
四冲程循环　four-stroke cycle　24.0079
四分仓回转式空气预热器　quad-sector air preheater

22.0432
四极质谱仪　quadrupole mass spectrometer　13.0193
四连杆抱索器　four-bar linkage grip　02.0312
四绳抓斗　four-rope grab　01.0122
四索缆索起重机　four-cable crane　01.0364
* 四轴承筛　four-bearing screen　19.0002
伺服控制系统　servo control system　24.0618
伺服式喷油泵　servo fuel injection pump　24.1029
松散填料　random packing　12.0198
松绳保护装置　safe device against slack rope　01.0466
松土–搅拌转子　pulvimixer rotor　15.0165
松土耙　scarifier　14.0196
松土器　ripper　14.0177，14.0197
送风机　forced draft fan　22.0349
送风式冷却塔　force draught cooling tower　12.0187
送桩器　pilefollower　16.0029
苏尔威尔制冷机　Suerweier refrigerator　12.0087
速比　velocity ratio　23.0026
速冻装置　quick freezing equipment　12.0259
速度比能　velocity energy　25.0148
速度级　velocity stage　23.0199
速度检测装置　speed detector　02.0074
速度三角形　velocity triangle　23.0028
速度水头　velocity head　25.0152
速度系数　velocity coefficient　23.0029
速度型压缩机　dynamic compressor　12.0103
速热式进气歧管　quick-heat intake manifold　24.0841
* 酸露点　flue gas dewpoint　22.0033
算术平均效率　arithmetic average efficiency　25.0187
* 随动件部件　follower assembly　24.1174
碎石机　stone crusher　19.0013
隧道式洁净室　tunnel cleanroom　12.0480
缩径阀门　reduced-port valve　09.0099
缩口阀门　reduced-bore valve　09.0100
索道　ropeway　02.0249
索尔文制冷循环　Solver refrigeration cycle　12.0037
锁口件　locking piece　23.0027
锁口叶片　locking blade　23.0168
锁气器　flapper, clapper　22.0351

T

他助式冷藏陈列柜　assisted-service refrigerated display cabinet　12.0252
塔板　tray　11.0034
塔臂配置　mast attachment, tower attachment　01.0194
塔顶　cat head　01.0571
塔顶回转式塔式起重机　tower crane with slewing cat head　01.0548
塔架　tower　01.0085，26.0209
塔节　tower section　01.0567
塔帽回转式塔式起重机　tower crane with slewing cap head　01.0547
塔身　tower　01.0085
塔身折叠机构　folding device　01.0573
塔式布料杆　tower distributor　17.0094
塔式锅炉　tower boiler　22.0085
塔式混凝土搅拌站　tower concrete mixing plant　17.0008
塔式起重机　tower crane　01.0541
塔影响效应　influence by the tower shadow　26.0136
塔柱装置　tower attachment　01.0176
踏板　pedal　06.0057
* 踏板塌陷保护装置　step sagging guard　06.0064
台车　chassis　14.0120
台车回转装置　bogie turning mechanism　01.0502
台振式砌块成型机　table-vibrating block machine　17.0145
太阳能加热式沥青储仓　solar energy heating asphalt storage　15.0071
摊铺斗　distributing hopper　15.0128
摊铺宽度　paving width　15.0053
摊铺密实度　paving compactness　15.0059
弹簧薄膜式减压阀　spring diaphragm reducing valve　09.0067
弹簧盖形螺母　spring cap nut　24.1145
弹簧螺旋　spring screw　02.0149
弹簧螺旋输送机　spring-screw conveyor　02.0136
弹簧起动系统　spring starting system　24.0583
弹簧上置式喷油器　up-laying spring fuel injector　24.1130
弹簧式安全阀　spring-loaded safety valve　09.0054
弹簧式抱索器　spring grip　02.0314
弹簧下置式喷油器　underlying spring fuel injector

24.1131
弹簧座　spring seat　24.1141
弹性元件真空计　elastic element gauge　13.0170
弹性闸板　flexible gate disk　09.0019
炭罐　carbon canister　24.0873
炭罐储存装置　carbon canister storage system　24.0872
炭罐通气阀　carbon canister vent valve　24.0874
探索气体　search gas　13.0216
探头　probe　24.1005
碳氢化合物　hydrocarbon, HC　24.0684
碳烟　soot　24.0702
陶瓷金属封接　ceramic-to-metal seal　13.0124
套管可拔出的冲抓钻孔机　rig for stroke drilling and installation of withdrawable casing　16.0017
套管可拔出的旋转钻孔机　rig for rotary drilling and installation of withdrawable casing　16.0016
套管式冷凝器　double-pipe condenser　12.0155
套片换热器　infixed finned air heat exchanger　12.0401
套装转子　shrunk-on rotor　23.0176
特大型空气分离设备　super-large scale air separation plant　11.0017
特殊底盘起重机　special mounted crane　01.0164
特殊流动式起重机　special configuration mobile crane　01.0168
特性试验　characteristic test　25.0224
梯级　step　06.0052
梯级导轨　step track　06.0055
梯级水平移动距离　horizontally step moving distance, horizontally step run　06.0056
梯级塌陷保护装置　step sagging guard　06.0064
梯级踏板　step tread　06.0053
梯级踢板　step riser　06.0054
梯形斗　trapezium bucket　02.0200
提馏段　stripping section　11.0033
提升高度　lifting height　02.0046
提升机　elevator　02.0175
提升机构　lifting mechanism　14.0103
提升卷扬机　hoist　17.0124
替代用催化转化器　replacement catalytic converter　24.0718
天轮　car head　01.0630
天然工质制冷剂　natural refrigerant　12.0052
天然气　natural gas, NG　24.0660
天然气发动机　natural gas engine　24.0001
天然气调压站　natural gas reducing station　23.0787
添加剂　additive, sorbent　22.0046
填料层　filler layer　23.0508
填料式旋塞阀　gland-packing plug valve　09.0044
填料塔　packed column　11.0031
挑杆摆动机构　rod oscillation mechanism　01.0432
挑杆回转机构　rod tipping mechanism　01.0428
挑杆锁紧机构　rod locking mechanism　01.0433
条缝型肋片换热器　split finned tube heat exchanger　12.0398
调风器　register　22.0310
调峰汽轮机　peak regulation steam turbine　23.0074
调峰运行　peak-shaving operation, variable-load operation　22.0485
调节保证　regulating guarantee　25.0211
调节臂　control arm　24.1090
调节齿杆　control rack　24.1089
调节抽汽　regulated extraction steam　23.0084
调节抽汽阀　regulating extraction steam valve　23.0224
调节抽汽式汽轮机　regulated-extraction steam turbine　23.0053
调节级　governing stage　23.0200
调节拉杆　control rod　24.1088
调节汽阀　governing valve, control valve　23.0220
调节汽阀快控保护　fast valving protection　23.0349
* 调节汽阀全开功率　maximum capability　23.0130
调节特性　regulating characteristics　26.0280
调节系统　governing system　23.0006
调节油系统　control oil system　23.0276
调频叶片　tuned blade　23.0307
调频运行　speed governing operation　23.0332
调剖泵　profile control pump　07.0127
调速泵　governor impeller　23.0243
调速部件　speed-setting device　24.0562
调速卷扬机　variable-speed winch　01.0600
调速率　speed droop　24.0555
* P 调速器　proportional governor, P governor　24.0533
* PI 调速器　proportional integral governor, PI governor　24.0534
* PID 调速器　proportional integral differential governor,

PID governor 24.0535
* 调速器杠杆比 governor lever ratio 24.0552
* 调速器控制杆曲线 governor characteristic curve, governor control rod curve 24.0559
调速器驱动扭矩 governor drive torque 24.0553
调速器上限 upper limit of speed regulator 23.0143
调速器输出信号 governor output signal 24.0543
调速器输入信号 governor input signal 24.0542
调速器特性曲线 governor characteristic curve, governor control rod curve 24.0559
调速器下限 lower limit of speed regulator 23.0144
调速器需求功率 governor power demand 24.0554
调速器增益率 governor gain 24.0552
调速器作用力曲线 governor force curve 24.0560
* 调速特性曲线 speed-power characteristic curve 24.0546
调速轴 regulating shaft 25.0068
调速装置 speed control device 23.0298
调温式空滤器 temperature-modulated air cleaner 24.0853
调相运行 phasing operation 23.0333
* 调向机构 orientation mechanism 26.0190
调向灵敏性 following-wind sensitivity 26.0281
调向稳定性 following-wind stability 26.0282
调心托辊 centring idler 02.0061
调压垫片 pressure-adjusting shim 24.1143
调压螺钉 adjusting screw 24.1142
调压器 pressure regulator 23.0253
调压弹簧壳体紧帽 spring housing retaining nut, spring housing cap nut 24.1184
调整 adjusting 24.0199
* 调整抽汽 regulated extraction steam 23.0084
调制型真空计 modulator gauge 13.0186
铁路槽车 rail tanker 11.0149
铁路起重机 railway crane 01.0223
停车风速 shutdown wind speed 26.0067，26.0276
停机 shutdown 24.0646
停炉 shutdown, outage 22.0487
停炉保护 storage 22.0500
停用 out of service 22.0488
停止器 stop, stopper 01.0606
挺杆 spindle 24.1140
挺柱 tappet 24.0340
挺柱保持器 tappet retainer 24.1179
挺柱部件 tappet assembly 24.1174
挺柱导套 tappet guide 24.0344，24.1178
挺柱垫块 thrust pad 24.1176
挺柱滚轮 tappet roller 24.0343
挺柱体 tappet body 24.1177
挺柱头部 tappet head 24.1175
通道漏孔 channel leak 13.0207
通风机 fan 10.0038
通风机比转速 specific speed of fan 10.0003
通风机动压 fan dynamic pressure 10.0023
通风机静压 fan static pressure 10.0022
通风机静轴效率 fan static shaft efficiency 10.0027
通风机内功率 inner power of fan 10.0014
通风机效率 fan efficiency 10.0025
通风机压力 fan pressure 10.0024
通风机轴效率 fan shaft efficiency 10.0026
通风机总效率 fan total efficiency 10.0028
通风截面比 percentage of air space 22.0193
通风阻力 draft loss, pressure drop 22.0146
通流部分 flow passage, through-flow parts 23.0030
通信机房专用空气调节机 air conditioner for communication room use 12.0352
通用阀门 general valve 09.0024
通用流动式起重机 general purpose mobile crane 01.0172
通用门式起重机 gantry crane for general use 01.0327
通用桥式起重机 general purpose overhead crane 01.0302
通用通风机 general purpose fan 10.0059
通用悬挂输送机 general overhead conveyor 02.0229
通用钻臂 universal drill boom 21.0234
通用钻车 universal drill wagon 21.0034
同步带 synchronous belt 24.0324
同步带传动 synchronous belt drive 24.0325
同步电动机 synchronizing motor 23.0299
同步器 synchronizer 23.0250，23.0731
同步注浆装置 simultaneous backfilling device 14.0256
同轨双小车桥式起重机 overhead crane with double trolley on the same rails 01.0290
同时氧化还原型催化剂 simultaneous oxidation reduction catalyst 24.0738
同轴度 shaft misalignment 24.0265

同轴水轮泵　coaxial water-turbine pump　07.0132
统计期间小时数　period hours　22.0626
统一更换件　consolidated replacement part　24.0206
桶式清洗机　barrel washer　19.0034
桶装沥青熔化加热装置　barreled asphalt melting and heating unit　15.0080
筒式泵　barrel pump　07.0049
筒式磨煤机　tubular ball mill, ball-tube mill　22.0332
筒体　cylindrical shell　22.0385
筒形活塞式发动机　trunk-piston engine　24.0029
筒形离心式通风机　tubular centrifugal fan　10.0057
筒形汽缸　barrel-type casing　23.0153
筒形燃烧室　silo combustor　23.0562
头轮装置支架　frame of driving sprocket device　02.0127
透平参考进口温度　turbine reference inlet temperature　23.0612
透平多变效率　turbine polytropic efficiency　23.0620
透平反动度　reaction degree of turbine　23.0008
透平隔板　turbine diaphragm　23.0673
透平鼓风机　turbo-blower　10.0072
透平级　turbine stage　23.0012
透平进口温度　turbine entry temperature　23.0613
透平轮周效率　wheel efficiency of turbine　23.0015
透平内效率　internal efficiency of turbine　23.0019
透平喷嘴　turbine nozzle　23.0672
透平膨胀机　expansion turbine, turbo-expander　11.0169，12.0135
透平清洗设备　turbine washing equipment　23.0709
透平实际焓降　actual enthalpy drop of turbine　23.0024
透平式气动马达　pneumatic turbine motor　21.0175
透平输出功率　turbine power output　23.0619
透平特性线　turbine characteristic curve　23.0621
透平压缩机　turbo-compressor　10.0076
透平叶轮　turbine wheel　23.0669
* 透平遮断转速　turbine trip speed　23.0796
透平转子　turbine rotor　23.0668
透平转子进口温度　turbine rotor inlet temperature　23.0614
透射比　transmittance　24.0941
凸轮　cam　24.0313
凸轮从动件　cam follower　24.0345
凸轮从动件销轴　cam follower shaft　24.0346
凸轮从动件支架　cam follower bracket　24.0347
凸轮升程　cam lift　24.1059
凸轮轴　camshaft　24.0310
凸轮轴传动机构　camshaft drive　24.0314
凸轮轴式喷油泵　camshaft fuel injection pump　24.1036
涂料泵　paint pump　20.0021
涂料弹涂机　paint catapult　20.0020
涂料机械　paint machine　20.0016
涂料喷刷机　paint sprayer　20.0017
土砂密封　driving seal　14.0257
湍流尺度参数　turbulence scale parameter　26.0022
湍流惯性负区　inertial sub-range　26.0023
湍流强度　turbulence intensity　26.0021
推顶车　pushing tractor　05.0003
推杆　push-rod　24.0349
推杆驱动振动筛　vibrating screen with push-rod drive　19.0007
推辊　push roller　15.0032
推进器　feed　21.0252
推进器摆角缸　feed swing cylinder　21.0250
推进器补偿缸　feed compensation cylinder　21.0251
推进器俯仰角缸　feed dump cylinder　21.0249
推进装置　thrust device　14.0255
推进自控机构　automatic feed control mechanism　21.0255
推拉杆　connecting rod　25.0067
推力盘　thrust collar　23.0191
推力轴承　thrust bearing　23.0188
推链输送机　push chain conveyor　02.0208
推料板　scraping plate　14.0149
推料装置　ejector　14.0242
* 推土板　front blade　14.0199
推土铲装置　dozing device　14.0174
推土机　dozer　14.0171
托辊　idler　02.0055
托辊槽角　trough angle of idler　02.0048
托辊间距　idler spacing　02.0047
托架　arm　02.0202
托架提升机　arm elevator　02.0190
托轮　supporting wheel　02.0110，17.0120
托马汽蚀系数　Thoma cavitation constant　07.0015
托盘　suspended tray　02.0203
托盘搬运车　pallet truck　05.0019

托盘堆垛车　pallet-stacking truck　05.0010
托盘输送机　pallet-type conveyor　02.0206
托盘提升机　swing tray elevator　02.0191
托钎器　drill steel support　21.0254
拖挂附件　towing attachment　02.0247
拖挂装置　hitch　14.0240
* 拖拉索　towing rope, haul rope　02.0297
拖链　towing chain　02.0246
拖牵索　towing rope, haul rope　02.0297
拖牵索道　ski-tow, draglift　02.0283
拖式铲运机　towed scraper　14.0186
拖式混凝土泵　towed concrete pump　17.0040
拖式沥青混凝土摊铺机　towed asphalt paver　15.0023
拖式升降机　towed hoist　01.0623
拖式输送机　tow conveyor　02.0209
拖式稳定土搅拌机　towed pulvi-mixer　15.0155
拖式悬挂输送机　overhead tow conveyor　02.0231
拖式压路机　towed roller　15.0147
拖尾　hang-up　24.0975
拖行式起重机　trailer crane　01.0665
拖行小车　tractor-driven carrier　01.0397
脱锭机构　stripper　01.0430
脱锭夹钳　stripper tong　01.0436
脱锭起重机　stripper crane　01.0412
脱挂抱索器　detachable grip　02.0309
脱挂抱索器式拖牵索道　detachable draglift　02.0286
脱火　blow-off　22.0543
脱开　detachment　02.0319
脱开器　unlocking rail, unlocking frame, uncoupling rail, uncoupling frame　02.0317
脱水斗　dewater bucket　02.0201
脱水装置　dewatering device　02.0174
脱碳　decarburization　22.0526

W

挖沟机　trencher　14.0200
挖沟偏移量　trench offset　14.0208
挖掘机　excavator　14.0062
挖掘装载机　backhoe loader　14.0078
* 蛙式支腿　W-outrigger　01.0195
* 外臂架　boom　01.0497
外场试验　field test　26.0263
外护板　outer casing　22.0439
外加速电子枪　outer acceleration electron gun　13.0323
外壳　outer shell　11.0167
外气缸　outer casing　23.0700
外燃式燃气轮机　external-combustion gas turbine　23.0542
* 外容器　outer shell　11.0167
外伸支腿　outrigger　01.0131
外损失　external loss　23.0607
外调风器　outer vanes　22.0320
外推功率曲线　extrapolated power curve　26.0266
外泄漏　external leakage　10.0005
外源点燃式发动机　engine with externally supplied ignition　24.0010
外源增压　independent pressure charging　24.0084
外振式挤压机　outer-vibrating extruder　17.0148
外振式拉模机　outer-vibrating mould dragger　17.0159
* 外置床　external fluidized bed heat exchanger　22.0289
外置流化床换热器　external fluidized bed heat exchanger　22.0289
外置式振动器　external vibrator　17.0064
弯臂　curve boom　21.0228
弯柄式气铲　curved-handle pneumatic chipping hammer　21.0086
弯柄式气动铆钉机　curved-handle pneumatic riveting hammer　21.0093
弯曲板式输送机　curved slat conveyor　02.0125
弯曲半径　bend radius　24.1203
弯曲带式输送机　curved belt conveyor　02.0024
弯曲叶片　bowed blade　23.0164
弯振　lateral vibration　10.0009
弯注型电离真空计　bent-beam gauge　13.0189
烷烃　paraffin hydrocarbon　24.0651
万向式气钻　all-direction pneumatic drill　21.0127
* 汪克尔发动机　Wankel engine　24.0007
网带式速冻装置　mesh belt tunnel freezer　12.0261
网式过滤器　mesh filter　24.0914
往复泵　reciprocating pump　07.0057

往复泵机组　reciprocating pump unit　08.0001
往复炉排　reciprocating grate　22.0367
往复式变容真空泵　reciprocating positive displacement vacuum pump　13.0028
往复式低温液体泵　reciprocating cryogenic liquid pump　11.0190
往复式给料机　reciprocating feeder　03.0012
往复式给料器　reciprocating-type feeder　15.0013
往复式架空索道　to-and-fro ropeway, reversible aerial tramway　02.0257
往复式缆车　to-and-fro funiculars　02.0279
往复式内燃机　reciprocating internal combustion engine　24.0055
往复式喷油泵　reciprocating fuel injection pump　24.1033
* 往复式气锯　pneumatic band saw　21.0168
往复式制冷压缩机　reciprocating refrigerant compressor　12.0104
往复压缩机　reciprocating compressor　10.0080
危急保安器　emergency governor, overspeed governor　23.0259
* 危急保安油门　emergency governor pilot valve　23.0260
危急排汽阀　emergency blowdown valve　23.0229
危急疏水系统　emergency drain system　23.0473
* 危急遮断器　emergency governor, overspeed governor　23.0259
危急遮断器动作转速　trip speed　23.0366
危急遮断油门　emergency governor pilot valve　23.0260
威勒米尔制冷循环　Vuilleumier refrigeration cycle　12.0038
微波干燥　microwave drying　13.0257
微动腐蚀　fretting rust　24.0247
微分加速器　differential accelerator　23.0261
微分作用控制器　differential action controller　24.0630
* 微粒物　particulate matter, PM　24.0691
微启式安全阀　low-lift safety valve　09.0058
微调阀　micro-adjustable valve　13.0139
微小型清洗机　mini-and-small-type cleaning unit　08.0004
微型燃气轮机　micro gas turbine　23.0527
微型压缩机　mini compressor　10.0087，11.0200
微正压锅炉　pressurized boiler　22.0116
韦布尔风速分布　Weibull wind-speed distribution　26.0016
围包角　wrap angle　02.0042
围带　shroud　23.0162
桅杆起重机　derrick crane　01.0580
桅柱装置　mast attachment　01.0175
维持真空泵　holding vacuum pump　13.0065
维修　maintenance　24.0198
维修计划　maintenance schedule　24.0203
尾柄　shank　21.0199
尾部回转半径　tail radius　01.0009
* 尾部烟道二次燃烧　flue dust secondary combustion in flue duct　22.0550
尾部烟道再燃烧　flue dust reburning in flue duct　22.0550
尾舵　tail vane　26.0191
尾流损失　wake loss　26.0284
尾轮　tail wheel　02.0109，26.0192
尾轮装置支架　frame of the take-up sprocket device　02.0128
* 尾气排放　exhaust emission　24.0670
尾水管　draft tube　25.0077
尾水管扩散段　draft tube outlet part　25.0084
尾水管里衬　draft tube liner　25.0086
尾水管支墩　draft tube pier　25.0085
尾水管肘管　draft tube elbow　25.0083
尾水管锥管　draft tube cone　25.0082
未饱和蒸气　unsaturated vapor　13.0013
位置比能　potential energy　25.0146
位置传感器　position sensor　24.0856
位置水头　potential head　25.0150
温比　temperature ratio　23.0599
温度补偿　temperature compensating　24.0826
温度场系数　temperature pattern factor　23.0652
温度传感器　temperature sensor　24.0854
温度开关　temperature switch　24.0860
温度控制系统　temperature control system　24.0611
* 温度型氮氧化物　thermal NO_x　22.0043
温度有效度　temperature effectiveness　23.0665
温态起动　warm starting　23.0323
文丘里测风装置　Venturi flow-measuring element　22.0453
吻合度　percent of contact area　09.0012

稳车支腿　stabilizing jack　21.0258
稳定单速法　single steady speed method　24.0951
* 稳定工作边界　surge line　24.0091
稳定剂计量给料斗　stabilizing agent batch hopper　15.0162
稳定器　stabilizer　05.0027
稳定土拌和机　soil stabilizer　15.0152
稳定土拌和站　soil mix plant　15.0157
稳定土厂拌设备　center soil stabilization material mixing equipment　15.0158
稳定土搅拌机械　soil-stabilizing machinery　15.0151
稳定性时间　stabilization time　23.0838
稳定性试验　stability test　01.0042
稳燃器　flame stabilizer　22.0321
* 稳速干燥　primary drying　13.0253
稳态工况　steady-state condition　24.0978
稳态转速　steady-state speed　23.0837
* 稳态转速不等率　steady-state speed droop　23.0840
稳态转速调节　steady-state speed regulation　23.0840
稳态转速增量调节　steady-state incremental speed regulation　23.0839
涡桨式混凝土搅拌机　paddle concrete mixer　17.0023
涡桨行星式混凝土搅拌机　turbo planetary concrete mixer　17.0028
涡桨转子　paddle rotor　17.0123
涡流　swirl　24.0118
涡流比　swirl ratio　24.0119
涡流室　whirl chamber　24.0125
涡轮分子泵　turbo-molecular pump　13.0043
涡轮复合式发动机　turbocompound engine　24.0033
* 涡轮复合增压发动机　turbocompound engine　24.0033
涡轮工作轮　turbine wheel　24.0428
涡轮壳进气端　turbine inlet casing　24.0420
涡轮壳排气端　turbine outlet casing　24.0421
涡轮喷嘴当量面积　equivalent area of turbine nozzle　24.0093
涡轮喷嘴环　turbine nozzle ring　24.0430
涡轮式旋风分离器　turbo cyclone separator　22.0379
涡轮叶片　turbine blade　24.0429
涡轮增压　turbocharging　24.0086
涡旋式压缩机　scroll compressor　10.0125
涡旋式制冷压缩机　scroll refrigerant compressor　12.0110
窝型肋片换热器　nest finned tube heat exchanger　12.0399
蜗壳　spiral case　25.0043
蜗壳包角　nose angle　25.0045
蜗壳泵　volute pump　07.0021
蜗壳鼻端　spiral case nose　25.0044
卧式泵　horizontal pump　07.0074
卧式除氧器　horizontal-type deaerator　23.0501
卧式低温往复泵　horizontal reciprocating cryogenic liquid pump　11.0194
卧式发动机　horizontal engine　24.0036
卧式风机盘管机组　ceiling fan-coil unit　12.0435
卧式钢筋切断机　horizontal reinforcing bar cutting machine　18.0028
卧式锅壳锅炉　horizontal shell boiler　22.0077
卧式机组　horizontal unit　25.0005
卧式加热器　horizontal heater　23.0463
卧式壳管式冷凝器　closed shell and tube condenser　12.0158
卧式空气调节机组　horizontal air-conditioning unit　12.0333
卧式冷拔机　horizontal wire-drawing machine　18.0008
卧式冷藏陈列柜　horizontal refrigerated display cabinet　12.0249
卧式内燃干背式锅壳锅炉　horizontal dry-back shell boiler　22.0078
卧式内燃湿背式锅壳锅炉　horizontal wet-back shell boiler　22.0079
卧式旋风炉　horizontal cyclone furnace　22.0122
卧式压缩机　horizontal compressor　10.0106
卧式有机载热体加热装置　horizontal heat-transfer material heater　15.0082
卧式贮槽　horizontal tank　11.0143
污氮　waste nitrogen　11.0014
污氮液化器　waste nitrogen liquefier　11.0055
污水泵　sewage pump　07.0042
* 污液氮　liquid nitrogen fraction　11.0013
屋顶式空气调节器　roof-top air conditioner　12.0365
屋脊式隔膜阀　weir diaphragm valve　09.0040
无泵溴化锂吸收式制冷机　lithiumbromide-absorption refrigerating machine with bubble pump　12.0098
无补燃的余热锅炉型联合循环　unfired combined cycle with heat recovery steam generator　23.0854

无差调节 isochronous governing 24.0556
无齿轮曳引机 gearless traction machine 06.0044
无触点式点火系统 breakerless ignition system 24.0805
无动力辊子输送机 gravity roller conveyor 02.0213
无对重平衡原理 jib balanced without counterweight 01.0278
无阀配气机构 valveless compressed-air distributing mechanism 21.0213
无缝管 seamless tube 24.1192
无隔板过滤器 mini-pleat folded-media-type filter 12.0470
无回油喷油器 non-leak-off fuel injector 24.1134
无机房电梯 lift without machine room 06.0020
无基础压缩机 no-foundation compressor 10.0088
无极绳 rope loop 02.0298
无架养护混凝土砌块生产成套设备 complete set of non-rack-curing block making equipment 17.0139
无菌锁气室 sterile lock 12.0485
无气涂料喷射机 non-pneumatic paint sprayer 20.0019
无铅汽油 unleaded gasoline 24.0653
无曲柄泵 crankless pump 07.0083
无曲轴压缩机 reciprocating compressor without crankshaft 10.0082
无线电操纵起重机 radio-operated crane 01.0681
无线遥控起重机 cableless remote operated crane 01.0680
无悬臂门式起重机 non-cantilever gantry crane 01.0319
无压力室喷油嘴 valve-covered orifice nozzle 24.1126
* 无焰燃烧 flameless combustion 22.0223
无油压缩机 oil-free compressor 10.0131
无油真空机组 oil-free vacuum pump system 13.0102
无再生排放试验 non-regeneration emission test 24.0958
五螺杆泵 five-screw pump 07.0120
物理气相沉积 physical vapor deposition, PVD 13.0240
雾化 atomization 24.1136
雾化空气系统 atomizing air system 23.0751
雾化细度 atomized particle size 23.0653
雾化锥角 spray cone angle 23.0654

X

吸出高度 static suction head 25.0201
* 吸顶式风机盘管机组 cassette-type fan-coil unit 12.0438
吸风式冷却塔 induced draught cooling tower 12.0188
吸附泵 adsorption pump 13.0054
吸附剂 adsorbent 12.0060
吸附阱 sorption trap 13.0082
吸附器 adsorber 11.0071
吸附式制冷循环 adsorption refrigeration cycle 12.0034
吸附室 adsorption chamber 11.0168
吸气剂泵 getter pump 13.0055
吸气剂离子泵 getter ion pump 13.0057
吸气式气力输送机 vacuum-type pneumatic conveyor 02.0155
吸入压力 suction pressure 07.0003
吸入压头 suction head 07.0005
* 吸湿剂系统 hygroscopic compound air-conditioning system 12.0319
吸湿型复合空调系统 hygroscopic compound air-conditioning system 12.0319
吸收剂 absorbent 12.0058
吸收器 absorber 12.0219
吸收式制冷机 absorption refrigerating machine 12.0081
吸收式制冷系统 absorption refrigerating system 12.0046
吸收式制冷循环 absorption refrigeration cycle 12.0032
吸水管 suction tube 25.0134
吸嘴 suction nozzle 02.0168
析铁 formation of iron 22.0551
烯烃 olefin 24.0650
稀混合气 lean mixture 24.0114
稀混合气反应器 lean reactor 24.0757
稀溶液 weak solution 12.0063
稀释空气 dilution air 24.1011
稀释通道 dilution tunnel 24.1004

稀土催化剂　rare earth catalyst　24.0737
稀相区　lean phase zone, dilute phase, dilute region　22.0228
稀有气体　rare gas　11.0090
稀有气体提取设备　rare gas recovery equipment　11.0089
* 熄火　loss of ignition, loss of fire　22.0544
熄火极限　flame failure limit　23.0658
熄火遮断装置　flame-out trip device　23.0743
洗矿机　log-washer　19.0032
铣刨装置　cutting and milling system　15.0175
系梁　bowsill, stringer　01.0592
系统　system　12.0041，24.0596
* EGR 系统　exhaust gas recirculation system, EGR system　24.0775
系统油　system oil　24.0523
细粉分离器　finely-pulverized coal classifier　22.0339
下车　underchassis　01.0178
下冲转速　undershoot speed　24.0566
下风向式风力机　down-wind-type wind turbine　26.0032
下环　band　25.0099
下回转塔式起重机　low level slewing tower crane　01.0555
下降管　downcomer　22.0398
下降深度　load-lowering height　01.0011
下降深度限位器　lowering limiter　01.0151
下水道清洗车　sewer cleaning vehicle　08.0006
下塔　lower column　11.0025
下挖深度　depth of low gathering　14.0142
下止点　bottom dead center　24.0135
夏季空调　summer air conditioning　12.0307
先导式安全阀　pilot-actuated safety valve, pilot-operated safety valve　09.0056
先导式减压阀　pilot reducing valve　09.0072
弦长　chord　23.0031
显热回收器　air-to-air sensible heat exchanger　12.0451
现场额定输出功率　site rated output　23.0578
现场条件　site condition　23.0592
限负荷运行　load limit operation　23.0338
限速防坠装置　drop-preventing device for carriage　01.0467
限速器　overspeed governor　01.0644
限值　limiting value　24.0605
限值范围　range of limiting value　24.0606
限制器　limiting device, limiter　01.0139
相对节距　relative pitch　23.0210
相对膨胀指示器　differential expansion indicator　23.0273
相对死点　relative anchor point　23.0198
相对效率　relative efficiency　25.0185
* 相对叶高　relative blade height　23.0211
相对真空计　relative vacuum gauge　13.0168
相对总充量　relative total charge　24.0111
相似工况　similar operating condition　25.0238
箱形臂　box jib　01.0181
箱形臂流动式起重机　mobile crane with box section jib　01.0170
箱形主梁　box girder　01.0091
箱型板式输送机　box conveyor　02.0116
箱型锅炉　box-type boiler　22.0084
箱装式燃气轮机　packaged gas turbine　23.0523
镶片换热器　inlaid finned tube heat exchanger　12.0404
向上式侧向凿岩机　offset stoper　21.0021
向上式高频凿岩机　high-frequency stoper　21.0022
向上式凿岩机　stoper　21.0020
向心径流式透平膨胀机　radial-inflow expansion turbine　11.0174
向心径–轴流式透平膨胀机　radial-axial-flow expansion turbine　11.0175
* 向心式透平　centripetal turbine　23.0530
相变换热锅炉　steam condensation heat transfer boiler　22.0067
削扁平面节流轴针式喷油嘴　flatted pintle nozzle　24.1123
消防泵　fire water pump　07.0043
消防员电梯　firefighter lift　06.0016
消光度　opacity　24.0942
消光烟度计　smoke opacimeter　24.0999
消声器　silencer　11.0088，23.0762，muffler　24.0448
销钉管水冷壁　stud water wall　22.0396
销键定位式喷油器　dowel-located fuel injector　24.1115
小车变幅塔式起重机　trolley jib tower crane　01.0558
小车轨距　track gage　01.0020
小车回转机构　trolley slewing mechanism, crab

slewing mechanism 01.0059
小车输送机 trolley conveyor 02.0207
小车行程限位器 crab traversing limiter 01.0154
小车运行机构 crab traverse mechanism 01.0054
小车运行速度 crab traversing speed 01.0015
小车运行速度限制器 crab traversing speed limiter 01.0141
小回转半径挖掘机 minimal swing radius excavator 14.0063
* 小孔法 flow method 13.0205
小型风力发电机组 small wind turbine generator set 26.0041
小型锅炉 small-size boiler 22.0069
小型空气分离设备 small scale air separation plant 11.0020
小型砌块成型机 small block machine 17.0141
小型挖掘机 compact excavator 14.0065
小型装载机 compact loader 14.0087
小型自卸车 compact dumper 14.0227
效率试验 efficiency test 25.0229
楔式闸阀 wedge gate valve 09.0028
楔形空气过滤器 expand-type air filter 12.0467
协联工况 combined condition 25.0239
斜板式蝶阀 inclined disk butterfly valve 09.0038
斜撑 back stay 01.0590
斜撑式桅杆起重机 diagonal-brace derrick crane 01.0583
斜击式水轮机 Turgo turbine 25.0024
斜流定桨式水轮机 fixed blade Deriaz turbine 25.0021
斜流式水轮机 diagonal turbine 25.0019
斜流式蓄能泵 diagonal storage pump 25.0029
斜流通风机 oblique-flow fan 10.0039
斜流转桨式水轮机 Deriaz turbine, semi-axial flow adjustable-blade turbine 25.0020
斜盘式压缩机 swash-plate compressor 10.0121
斜盘式制冷压缩机 swash-plate refrigerant compressor 12.0107
斜切口连杆 obliquely split connecting rod 24.0389
斜置式发动机 inclined engine 24.0037
斜置叶片 sideling placed blade 23.0166
谐波增压 tuned intake pressure charging 24.0083
携带板式输送机 portable slat conveyor 02.0119
携带带式输送机 portable belt conveyor 02.0014
* 携带泄漏 bypass leakage, entrained leakage 22.0255
泄漏损失 leakage loss 10.0006
泄漏系数 leakage factor 10.0007
泄水锥 runner cone 25.0100
* 泻流法 flow method 13.0205
卸荷器 unloader 26.0225
卸料槽 discharge launder 14.0124
卸料车 tripper 02.0067
卸料斗 dumping body 15.0112
卸料斗分隔板 partial partition of dumping body 15.0113
卸料门 discharge gate 17.0089
卸料器 discharger 02.0171
卸料装置 discharge apparatus 02.0006
* 卸压容积 retraction volum 24.1069
卸载机 unloader 04.0019
卸载距离 dumping distance 14.0140
* 卸载容积 unloading volume 24.1069
蟹立爪装载机 gathering and digging arm loader 14.0086
蟹耙装载机 crab-rake loader 04.0012
蟹爪装载机 gathering arm loader 14.0084
新的和清洁的状态 new and clean condition 23.0595
新风净化器 outside air cleaner 12.0488
新风空气调节机组 fresh-air-conditioning unit 12.0336
新鲜混凝土和灰浆给料器 feeder of fresh concrete and mortar 17.0052
新增装机容量 newly increased installation capacity 26.0248
新蒸汽 initial steam 23.0141
信号索 signal rope 02.0291
星型压缩机 radial compressor 10.0103
行车制动系 service braking system 14.0001
行程 stroke 24.0133
行程–缸径比 stroke-bore ratio 24.0137
行驶机构 traveling mechanism 01.0201
行驶监视仪 driver aid 24.0990
行驶稳定性 stability under transport condition 01.0221
行驶循环 driving cycle 24.0961
行驶状态全长 overall length in transporting condition 01.0208
行驶状态全高 overall height in transporting condition 01.0210

行驶状态全宽 overall width in transporting condition 01.0209
行星传动耙斗装岩机 scraper rock loader with planetary gear 14.0096
行星式混凝土搅拌机 planetary concrete mixer 17.0024
行星式振动器 planetary vibrator 17.0062
行走传动系统 running driving system 14.0107
行走机构 traveling mechanism 14.0127
行走控制移动式升降工作平台 pedestrian-controlled mobile elevating work platform 20.0071
行走式起重机 traveling crane 01.0664
Y 形道岔 Y-switch 01.0403
B 形刮板 B-type scraper 02.0103
H 形刮板 H-type scraper 02.0105
L 形刮板 L-type scraper 02.0106
O 形刮板 O-type scraper 02.0104
T 形刮板 T-type scraper 02.0101
V 形刮板 V-type scraper 02.0102
U 形管式加热器 U-tube-type heater 23.0458
V 形管蒸发器 herringbone-type evaporator 12.0173
V 形夹角 V-angle delta 24.0194
L 形埋刮板输送机 L-type en masse conveyor 02.0084
Z 形埋刮板输送机 Z-type en masse conveyor 02.0085
A 形门架岸边集装箱起重机 A-portainer 01.0483
H 形门架岸边集装箱起重机 H-portainer 01.0482
* S 形水轮机 S-type tubular turbine 25.0018
H 形外伸支腿 H-outrigger 01.0196
W 形外伸支腿 W-outrigger 01.0195
X 形外伸支腿 X-outrigger 01.0197
C 形支腿 C-leg 01.0343
L 形支腿 L-leg 01.0342
O 形支腿 O-leg 01.0344
U 形支腿 U-leg 01.0345
V 型泵 V-type pump 07.0077
Y 型泵 Y-type pump 07.0078
H 型发动机 H engine 24.0044
V 型发动机 V engine 24.0040
X 型发动机 X engine 24.0043
Π 型锅炉 Π-type boiler, two-pass boiler 22.0086
A 型锅炉 A-type boiler 22.0089
D 型锅炉 D-type boiler 22.0088
O 型锅炉 O-type boiler 22.0090
T 型锅炉 T-type boiler 22.0087
U 型火焰锅炉 U-flame boiler 22.0119
W 型火焰锅炉 W-flame boiler 22.0120
U 型火焰炉膛 U-flame furnace 22.0283
W 型火焰炉膛 W-flame furnace 22.0284
型面损失 profile loss 23.0032
V 型喷油泵 V-type fuel injection pump 24.1042
型式认证 type approval, TA 24.1019
H 型压缩机 H-type compressor 10.0109
L 型压缩机 L-type compressor 10.0102
M 型压缩机 M-type compressor 10.0108
V 型压缩机 V-type compressor 10.0100
W 型压缩机 W-type compressor 10.0101
性能监测 performance monitoring 24.0634
修复 recondition, rework 24.0213
修复件 reconditioned part, reworked part 24.0214
修磨表面 surface dressing out 24.0277
* 修正热效率 referred thermal efficiency, corrected thermal efficiency 23.0588
* 修正转速 corrected speed 23.0834
溴化锂吸收式热泵机组 lithiumbromide-absorption heat pump unit 12.0132
溴化锂吸收式制冷机 lithiumbromide-absorption refrigerating machine 12.0091
虚漏 virtual leak 13.0213
蓄冷 cold storage 12.0065
蓄冷器 regenerator 11.0062，12.0211
蓄冷式制冷系统 refrigerating system with accumulation of cold 12.0048
蓄冷用制冷机 refrigerating unit for cold storage 12.0090
蓄能泵 storage pump 25.0026
蓄能泵出口测量断面 outlet measuring section of storage pump 25.0144
蓄能泵的输出功率 output power of storage pump 25.0177
蓄能泵的输入功率 input power of storage pump 25.0178
蓄能泵的最大瞬态反向转速 momentary counter-rotation speed of storage pump 25.0218
蓄能泵反向飞逸转速 reverse runaway speed of storage pump 25.0171
蓄能泵机械效率 mechanical efficiency of storage

pump 25.0189
蓄能泵进口测量断面 inlet measuring section of storage pump 25.0143
* 蓄能泵净吸上扬程 net positive suction head of storage pump, NPSH 25.0206
蓄能泵空化系数 cavitation coefficient of storage pump 25.0203
蓄能泵空化余量 net positive suction head of storage pump, NPSH 25.0206
蓄能泵零流量输入功率 no-discharge input power of storage pump 25.0181
蓄能泵零流量扬程 no-discharge head of storage pump 25.0161
蓄能泵流量 storage pump discharge 25.0167
蓄能泵容积效率 volumetric efficiency of storage pump 25.0193
蓄能泵水力效率 hydraulic efficiency of storage pump 25.0191
蓄能泵吸入高度 static suction head of storage pump 25.0204
蓄能泵吸入扬程损失 suction head loss of storage pump 25.0205
蓄能泵扬程 storage pump head 25.0160
蓄能泵最大流量 maximum discharge of storage pump 25.0168
蓄能泵最大输入功率 maximum input power of storage pump 25.0179
蓄能泵最大扬程 maximum head of storage pump 25.0162
蓄能泵最小流量 minimum discharge of storage pump 25.0169
蓄能泵最小输入功率 minimum input power of storage pump 25.0180
蓄能泵最小扬程 minimum head of storage pump 25.0163
蓄热器 recuperator 12.0409，heat battery 24.0668
蓄热体 thermal matrix 23.0782
蓄水池 storage tank 26.0227
* 蓄水箱 storage box 26.0227
蓄压式喷射 accumulator injection 24.0074
蓄压式喷油泵 accumulator fuel injection pump 24.1028
悬臂 cantilever, boom 01.0094
悬臂长度 boom length 01.0352
悬臂定位钩 boom latch 01.0500
悬臂端上翘度 camber 01.0353
悬臂俯仰机构 boom hoisting mechanism 01.0060
悬臂俯仰时间 boom raising time 01.0522
悬臂拉杆 boom tie 01.0498
悬臂门式起重机 cantilever gantry crane 01.0320
悬臂起重机 cantilever crane 01.0654
悬吊管 hanging tube 22.0276
悬吊装置 hanging device 14.0101
悬浮颗粒 aerosol 24.0692
悬浮燃烧 suspension combustion 22.0208
悬浮物 suspended solid matter 22.0588
悬挂单轨系统 underslung monorail system 01.0387
悬挂轨道 underslung track 01.0399
悬挂桥式堆垛起重机 suspended stacking crane 01.0446
悬挂式起重机 underslung crane 01.0675
悬挂输送机 overhead conveyor 02.0228
悬挂锁紧机构 suspension lock device 01.0203
悬挂小车 underslung trolley 01.0350
悬挂型有轨巷道堆垛起重机 suspended S/R machine 01.0452
旋杯雾化 rotary cup atomization 22.0253
旋杯雾化油燃烧器 rotary cup atomizing oil burner 22.0302
旋风分离器 cyclone separator 10.0020，22.0378
旋风燃烧 cyclone firing, cyclone combustion 22.0214
旋回破碎机 gyratory crusher 19.0018
旋回筛 gyratory screen 19.0010
旋流煤粉燃烧器 swirl pulverized coal burner 22.0294
旋流器 swirler 23.0728
旋流强度 swirling intensity 22.0191
旋流式调风器 swirl air register 22.0313
旋片 vane, blade 13.0072
旋片真空泵 sliding-vane rotary vacuum pump, rotary vane vacuum pump 13.0035
旋启多瓣式止回阀 multi-disk swing check valve 09.0051
旋启式止回阀 swing check valve 09.0048
旋启双瓣式底阀 double-disk swing foot valve 09.0050
旋塞阀 plug valve 09.0043

旋挖钻机　rotary drilling rig　16.0020
旋涡泵　regenerative pump, vortex pump　07.0020
旋涡鼓风机　regenerative blower　10.0073
旋转采样风矢量　rotationally sampled wind velocity　26.0018
旋转方向　direction of rotation　24.1100
旋转隔板　rotating diaphragm　23.0159
旋转活塞式发动机　rotary piston engine　24.0007
旋转冷冻　spin-freezing　13.0266
旋转扭矩　cranking torque　24.0163
旋转筛　rotary screen　19.0011
旋转失速　rotating stall　23.0630
旋转式变容真空泵　rotary positive displacement vacuum pump　13.0029
旋转脱流　rotating stall　10.0011
旋转阻力矩　cranking resistance torque　24.0164
旋转阻尼　rotating damper　23.0246
* 旋转阻尼调速器　rotating damper　23.0246
旋装式机油滤清器　spin-on cartridge lubricating oil filter　24.0503
选择性催化还原装置　selective catalytic reduction device　24.0729
穴蚀　cavitation corrosion, erosion　24.0237
雪花冰制冰机　granular ice machine　12.0285
循环　cycle　12.0023
* VM 循环　Vuilleumier refrigeration cycle　12.0038
循环倍率　circulation ratio, recirculation ratio　22.0010
* 循环床锅炉　circulating fluidized bed boiler　22.0125
循环倒流　flow reversal　22.0514
循环回路　circulation circuit　22.0009
循环冷却　circulative cooling　24.0457
循环流化床锅炉　circulating fluidized bed boiler　22.0125
循环流化床燃烧　circulating fluidized bed combustion, CFBC　22.0217
循环球–齿条齿扇式转向器　recirculating-ball rack-sector steering gear　14.0029
循环球–曲柄销式转向器　recirculating-ball lever-and-peg steering gear　14.0030
循环球式转向器　recirculating-ball steering gear　14.0028
循环式架空索道　circulating ropeway　02.0253
循环式缆车　circulating funiculars　02.0278
* 循环水　cooling water　23.0396
循环水泵　circulating water pump　07.0031
循环水速　circulation velocity　22.0167

Y

压板安装式喷油器　clamp-mounted fuel injector　24.1117
压比　pressure ratio　23.0623
压舱泵　ballast pump　07.0037
压差比　differential ratio　24.1164
压差式真空计　differential vacuum gauge　13.0164
压差真空系统　differentially pumped vacuum system　13.0105
压带式输送机　sandwich belt conveyor　02.0019
压火　banking fire　22.0498
压紧螺套　gland nut　24.1150
压力比　pressure ratio　10.0002
压力比能　pressure energy　25.0147
压力不相关型变风量末端装置　pressure-independent VAV terminal device　12.0448
压力传感器　pressure sensor　24.0855
压力盖　pressure cap　24.0482
压力计　pressure gauge　13.0158
压力控制阀　pressure control valve　24.1212
压力控制系统　pressure control system　24.0615
压力脉动试验　pressure fluctuation test　25.0231
压力面　pressure face　24.1156
* 压力润滑　pressurized lubrication　24.0484
* 压力式除氧器　high-pressure deaerator　23.0498
压力试验　pressure testing　24.0201
压力水头　pressure head　25.0151
* 压力塔　lower column　11.0025
压力梯段电子枪　pressure gradient electron gun　13.0325
压力天平　pressure balance　13.0172
* 压力雾化　mechanical atomization　22.0250
* 压力雾化油燃烧器　pressure atomizing oil burner　22.0301
压力限制器　pressure limiter　24.1218
压力相关型变风量末端装置　pressure-dependent VAV

terminal device　12.0447
压力油系统　actuating oil system　23.0795
压裂泵　fracturing pump　07.0128
压路机　roller　15.0146
压气机　compressor　23.0550
压气机喘振　compressor surge　24.0220
压气机多变效率　compressor polytropic efficiency　23.0622
压气机反动度　reaction degree of compressor　23.0009
压气机级　compressor stage　23.0013
压气机进气防冰系统　compressor intake anti-icing system　23.0772
压气机壳　compressor casing　24.0423
压气机轮盘　compressor disk　23.0767
压气机轮周效率　wheel efficiency of compressor　23.0016
压气机内效率　internal efficiency of compressor　23.0020
压气机清洗系统　compressor washing system　23.0773
压气机实际焓增　actual enthalpy rise of compressor　23.0023
压气机输入功率　compressor input power　23.0627
压气机特性图　performance map, characteristic map　23.0637
压气机透平　compressor turbine　23.0533
压气机叶轮　compressor wheel　23.0768
压气机转子　compressor rotor　23.0766
压气式气力输送机　pressure-type pneumatic conveyor　02.0156
压燃式发动机　compression ignition engine　24.0008
压绳器　rope guard　01.0114
压水室　spiral housing　25.0139
压缩比　compression ratio　13.0095
压缩玻璃金属封接　compression glass-to-metal seal　13.0122
压缩高度　compression height　24.0381
压缩机排气管道量热器法　compressor discharge line calorimcter mcthod　12.0022
* 压缩机制动　brake by booster　11.0182
压缩计法　McLeod-gauge method　13.0203
压缩空气储罐　compressed air tank　11.0201
压缩空气喷雾加湿器　compressed air spray-type humidifier　12.0417
压缩空气起动马达　compressed air starter motor　24.0593
压缩腔　compression chamber　13.0076
压缩式真空计　compression gauge　13.0171
压缩式制冷系统　compression refrigerating system　12.0044
压缩式制冷循环　compression refrigeration cycle　12.0031
压缩天然气　compressed natural gas, CNG　24.0661
压缩–吸收式热泵机组　compressor-absorption heat pump unit　12.0133
压缩性修正系数　compressible factor　10.0015
压载箱　ballast container　05.0024
压重　ballast　01.0099
压桩设备　pile forcing equipment　16.0011
亚高效空气过滤器　sub-high efficiency particulate air filter, sub-HEPA filter　12.0464
亚临界汽轮机　subcritical pressure steam turbine　23.0061
亚临界压力锅炉　subcritical pressure boiler　22.0062
氩纯化器　argon purifier　11.0120
氩换热器　argon heat exchanger　11.0118
氩馏分　argon fraction　11.0099
氩提取设备　argon distilling equipment　11.0112
氩预冷器　argon precooler　11.0119
烟道　gas duct, flue duct　22.0269
烟度计　smokemeter　24.0994
烟度照相测量　photographic smoke measurement　24.0956
烟管　smoke tube　22.0404
烟气比例调节挡板　gas proportioning damper, gas-bypass damper　22.0419
烟气侧沉积物　external deposit　22.0518
烟气分析　flue gas analysis　22.0570
烟气含尘量　particulate in flue gas　22.0598
烟气净化　flue gas cleaning　22.0045
烟气露点　flue gas dewpoint　22.0033
烟气污染物排放量　pollutants in flue gas　22.0599
烟气再循环　gas recirculation　22.0034
烟温探针　gas-temperature probe　22.0579
烟箱　smoke box　22.0259
严重功能性故障　major function failure　24.0906
岩石钻　rotary rock drill　21.0055
岩心钻　core drill　21.0057

研磨面搭接封接　ground and lapped seal　13.0129
盐水冷却器　brine cooler　12.0204
眼镜板　eye-shaped board　17.0125
扬程系数　head coefficient　07.0014
氧传感器　oxygen sensor　24.0824
氧分析仪　oxygen analysis instrument　11.0207
氧化型催化剂　oxidation catalyst　24.0732
氧化型催化转化器　oxidation catalyst converter　24.0719
氧化型催化转化器起燃温度　DOC light-off temperature　24.0755
氧化性气氛　oxidizing atmosphere　22.0040
氧塔　oxygen column　11.0027
氧液化器　oxygen liquefier　11.0053
摇把起动器　crank-handle starter　24.0579
摇摆式缆索起重机　cable crane with swinging leg　01.0359
摇臂　rocker arm　14.0131，rocker arm, rocker　24.0350
摇臂室盖　rocker cover　24.0305
摇臂轴　rocker arm shaft　24.0353
摇臂轴最大转角　maximum rotating angle of pitman arm shaft　14.0040
摇臂座　rocker arm bracket, rocker arm pedestal　24.0352
* 摇腿　oscillating mast　01.0373
遥控起重机　remote operated crane　01.0679
遥控系统　remote control system　24.0609
咬死　seizure　24.0264
冶金起重机　metallurgy crane　01.0405
冶金桥式起重机　overhead crane for metallurgic plants　01.0304
叶柄　root of blade　26.0174
叶根　blade root　23.0034
叶冠　integral tip shroud　23.0704
叶尖　tip of blade　26.0175
叶尖速度　tip speed　26.0112
叶尖速度比　tip-speed ratio　26.0113
叶尖损失　tip loss　26.0111
叶桨式粉碎转子　mill rotor with flexible blades　15.0167
叶宽　blade width　23.0205
叶轮　blade disk, blade wheel　23.0035，impeller　25.0135
叶轮公称直径　impeller diameter　25.0136
叶轮后盖板　impeller back shroud　25.0137
叶轮给料机　rotary vane feeder　03.0017
叶轮前盖板　impeller front shroud　25.0138
叶轮输出功率　output power of impeller　25.0183
叶轮输入功率　input power of impeller　25.0182
叶片　blade　23.0036，26.0171
叶片安放角　blade angle　25.0096
叶片安装角　setting angle of blade　26.0106
叶片背面　suction side of blade　25.0093
叶片长度　length of blade　26.0102
叶片出口角　blade outlet angle　23.0685
叶片出水边　trailing edge　25.0095
叶片高度　blade height　23.0033
叶片根梢比　ratio of tip-section chord to root-section chord of blade　26.0104
叶片共振　blade resonant vibration　23.0304
叶片几何攻角　angle of attack of blade　26.0108
叶片进口角　blade inlet angle　23.0684
叶片进水边　leading edge　25.0094
叶片开口　blade opening　25.0091
叶片离心拉应力　blade centrifugal tensile stress　23.0301
* 叶片力特性　blade force character　25.0248
叶片连杆　runner blade link　25.0116
叶片–轮盘系统振动　blade-disk vibration　23.0308
叶片扭角　twist of blade　26.0107
叶片疲劳　blade fatigue　23.0309
叶片偏心弯应力　blade centrifugal bending stress　23.0302
叶片汽封　blade seal　23.0179
* 叶片式泵　rotodynamic pump　07.0016
叶片式气动马达　pneumatic vane motor　21.0171
叶片枢轴　runner blade trunnion　25.0114
叶片数　number of blade　26.0100
叶片损失　blade loss　26.0110
叶片调频　blade tuning　23.0303
叶片投影面积　projected area of blade　26.0101
叶片展弦比　aspect ratio of blade　26.0105
叶片正面　pressure side of blade　25.0092
叶片转臂　rocker arm, runner blade lever　25.0115
叶片转角　blade rotating angle　25.0097
叶片最大弦长　maximum chord of blade　26.0103
叶栅　cascade　23.0677

叶型　blade profile　23.0037
* 叶型出口角　outlet geometric angle　23.0215
叶型厚度　blade profile thickness　23.0679
* 叶型进口角　inlet geometric angle　23.0214
叶型折转角　camber angle　23.0686
曳引机　traction machine　06.0042
曳引轮　driving sheave, traction sheave　06.0045
曳引驱动电梯　traction lift　06.0021
曳引绳　hoist rope　06.0046
曳引绳补偿装置　compensating device for hoist ropes　06.0038
液氮　liquid nitrogen, liquefied nitrogen　11.0010
液氮过冷器　liquid nitrogen subcooler　11.0049
液氮速冻装置　liquid N_2 freezer　12.0265
* 液封真空泵　liquid-sealed vacuum pump　13.0031
液氦　liquid helium　11.0096
液化器　liquefier　11.0052，12.0224
液化石油气　liquefied petroleum gas, LPG　24.0659
液化石油气泵　liquefied petroleum gas pump　07.0046
液化石油气内燃机　liquified-petroleum-gas engine　24.0057
液化天然气　liquefied natural gas, LNG　24.0662
液环泵　liquid-ring pump　07.0125
液环真空泵　liquid ring vacuum pump　13.0034
液空　liquid air　11.0011
液空过冷器　liquid air subcooler　11.0048
液空吸附器　liquid air adsorber　11.0072
液空液氮过冷器　liquid air and nitrogen subcooler　11.0050
液冷发动机　liquid-cooled engine　24.0022
液冷式机油冷却器　liquid-cooled oil cooler　24.0474
液力泵头总成　hydraulic head assembly　24.1093
液力端　hydraulic end　07.0130
液力减速装置　hydro-dynamic retarder　14.0020
液力联轴器　hydraulic coupling, fluid drive coupling　23.0489
液力输送机　hydraulic conveyor　02.0163
液力锁紧　hydraulic lock, hydrostatic lock　24.0224
液氖　liquid neon　11.0094
* 液态氮　liquid nitrogen, liquefied nitrogen　11.0010
液态沥青运输车　bituminous binders dispenser　15.0101
液态排渣锅炉　boiler with slagging furnace, boiler with wet bottom furnace　22.0112
液态排渣临界负荷　slag-tapping critical load in wet bottom furnace　22.0596
液态排渣炉膛　wet-bottom furnace, slagging-tap furnace　22.0279
* 液态排渣炉析铁　formation of iron　22.0551
* 液态氧　liquid oxygen, liquefied oxygen　11.0009
液体二氧化碳速冻装置　liquid CO_2 freezer　12.0266
液体分离器　liquid separator　12.0231
* 液体集装箱　tank container　11.0150
液体冷却　liquid cooling　24.0452
液体喷射真空泵　liquid jet vacuum pump　13.0045
液体喷射蒸发器　liquid jet evaporator　11.0059
液体燃料发动机　liquid-fuel engine　24.0014
液体燃料供给系统　oil fuel supply system　23.0748
液体燃料锅炉　liquid-fuel-fired boiler　22.0097
液体燃料喷嘴　liquid-fuel nozzle　23.0725
液体吸收剂除湿机　liquid-absorbent dehumidifier　12.0425
液体真空封接　liquid vacuum seal　13.0127
液位压力计　liquid level manometer　13.0169
液下泵　wet pit pump　07.0055
液压变桨机构　hydraulic pitch control mechanism　26.0181
液压操纵耙斗装岩机　hydraulic scraper rock loader　14.0093
液压操纵装置　hydraulic manipulator　14.0099
液压传动式沥青混凝土摊铺机　hydraulic asphalt paver　15.0026
液压锤　hydraulically powered impact hammer　16.0007
液压电梯　hydraulic lift　06.0023
液压顶　hydraulic jack　21.0263
液压钢筋切断机　reinforcing bar hydraulic-cutting machine　18.0027
液压冷镦机　hydraulic cold header　18.0022
液压内胀离合传动装置　hydraulic inner expansion clutch　14.0100
液压喷油器　hydraulic fuel injector　24.1111
液压破碎锤　hydraulic breaking hammer　21.0075
液压起重机　hydraulic crane　01.0668
液压千斤顶　hydraulic jack　01.0527
液压桥式起重机　hydraulic overhead crane　01.0309
液压伸缩吊具　hydraulic telescopic spreader　01.0512
液压伸缩熨平装置　hydraulic extension screed unit

15.0041
液压式钢筋调直切断机 hydraulic reinforcing bar straightening and cutting machine 18.0033
液压式钢筋冷拉机 hydraulic cold-drawing machine 18.0005
液压式钢筋弯曲机 hydraulic reinforcing bar bender 18.0037
液压式混凝土泵 hydraulic concrete pump 17.0043
液压式连续墙抓斗 diaphragm walling equipment using hydraulic grabs and telescopic extension rods 16.0037
液压式喷油泵 hydraulic fuel injection pump 24.1032
液压式调速器 hydraulic speed governor 23.0242
液压式张拉设备 hydraulic tensioning equipment 18.0045
液压式振动桩锤 hydraulic vibrator for piling equipment 16.0010
* 液压伺服装置 hydraulic servo-motor 23.0245
液压调速器 hydraulic governor 24.0529
液压挖掘机 hydraulic excavator 14.0069
液压蓄能器 hydraulic accumulator 23.0283
液压凿岩机 hydraulic rock drill 21.0004
液压振动器 hydraulic vibrator 17.0058
液压制动系 hydraulic braking system 14.0007
液压助力转向系 hydraulic boosting steering system 14.0025
液氩 liquid argon 11.0092
液氧 liquid oxygen, liquefied oxygen 11.0009
液氧过冷器 liquid oxygen subcooler 11.0051
液氧吸附器 liquid oxygen adsorber 11.0073
液–液式热交换器 liquid-to-liquid heat exchanger 24.0471
一班制运行 one-shift operation 23.0335
一次成型稳定土搅拌机 single-pass soil stabilizer 15.0156
一次风 primary air 22.0181
一次风机 primary air fan 22.0345
一次风交换旋流燃烧器 dual-register burner with primary air exchange 22.0305
一次风率 primary air ratio, primary air rate 22.0182
一次风煤粉喷口 primary air nozzle 22.0352
一次干燥 primary drying 13.0253
一次空气 primary air 23.0713
一次冷却回路 primary cooling circuit 23.0380
一次燃烧区 primary zone 23.0711
一单向座一双向座的双座阀 twin-seat valve with one unidirectional seat and one bidirectional seat 09.0104
一级报警 single-level alarm 24.0643
* 一级旁路系统 integral bypass system 23.0384
* 一氪塔 poor krypton column 11.0129
一氧化碳 carbon monoxide, CO 24.0679
* 医用电梯 bed lift, hospital lift 06.0005
仪表空气系统 instrument air system 11.0085
移动板式输送机 mobile slat conveyor 02.0118
移动带式输送机 mobile belt conveyor 02.0013
移动埋刮板输送机 mobile en masse conveyor 02.0090
移动式锅炉 mobile boiler 22.0053
移动式混凝土搅拌站 mobile concrete mixing plant 17.0007
移动式洁净小室 mobile cleanbooth 12.0479
移动式沥青混凝土搅拌设备 movable asphalt mixer 15.0008
移动式沥青熔化加热装置 traveling asphalt melting and heating unit 15.0074
* 移动式炉排 chain grate stoker 22.0361
移动式螺旋输送机 mobile screw conveyor 02.0135
移动式气化设备 movable vaporization equipment 11.0156
移动式砌块成型机 movable block machine 17.0142
移动式燃气轮机 mobile gas turbine 23.0520
移动式升降工作平台 mobile elevating work platform 20.0070
移动式塔式起重机 traveling tower crane 01.0543
移动式桅杆起重机 traveling derrick crane 01.0585
移动式稳定土拌和站 portable soil mix plant 15.0159
移动式支索器 movable carrier 01.0378
移动式贮槽 movable tank 11.0146
移动式装车机 mobile car-loader 04.0018
移动式装船机 mobile ship loader 04.0015
移动质心平衡原理 movable center of mass for jib balance 01.0277
移置带式输送机 movable belt conveyor 02.0015
乙醇 ethanol 24.0656
乙醇汽油 ethanol gasoline 24.0658
异轨双小车桥式起重机 overhead crane with double trolley on the different rails 01.0291

抑制型真空计　suppressor gauge　13.0187
易损件　consumable part　24.0202
溢流阀　spill valve　24.1081
翼型　airfoil　26.0116
翼型测风装置　aerofoil flow measuring element　22.0452
翼型厚度　thickness of airfoil　26.0122
翼型厚度函数　thickness function of airfoil　26.0124
翼型几何弦长　geometric chord of airfoil　26.0119
翼型平均几何弦长　mean geometric chord of airfoil　26.0120
翼型气动弦线　aerodynamic chord of airfoil　26.0121
翼型弯度　airfoil curvature　26.0126
翼型弯度函数　curvature function of airfoil　26.0127
翼型相对厚度　relative thickness of airfoil　26.0123
翼型中弧线　airfoil mean line　26.0125
翼型族　airfoil family　26.0128
音控式排气再循环系统　sonic-controlled EGR system　24.0785
引风机　induced draft fan　22.0350
引燃喷射　pilot injection　24.0075
引燃喷射式发动机　pilot injection engine　24.0013
引燃喷射式燃气发动机　pilot injection gas engine　24.0019
引水室　flume　25.0042
饮水冷却器　drinking-water cooler　12.0202
迎风机构　orientation mechanism　26.0190
* 应急尖峰负荷额定输出功率　reserve peak load output　23.0581
应力腐蚀　stress corrosion　22.0533
永磁同步曳引机　permanent synchro motor　06.0048
永久性真空封接　permanent seal　13.0120
油标尺　dipstick　24.0513
油底壳　oil pan, oil sump　24.0287
油动机　hydraulic servo-motor　23.0245
油动机行程指示器　servomotor position indicator　23.0271
油分离器　oil separator　11.0079，12.0230，13.0085
油封式旋塞阀　lubricated plug valve　09.0045
油封真空泵　oil-sealed vacuum pump　13.0031
油隔离泵　pump handling fluid separated by oil　07.0066
油管内径　pipe inside diameter　24.1205
油净化器　oil purifier　13.0086
油净化装置　oil purification device, oil condition device　23.0289
油孔和螺旋槽计量　port and helix metering　24.1053
油冷式内燃机　oil-cooled engine　24.0059
油面控制装置　fuel fill level control device　24.0887
油面指示器　oil level indicator　24.0512
油膜振荡　oil whipping　23.0372
油泥　oil sludge　24.0274
* 油喷嘴　oil atomizer　22.0314
油漆机械　painting machinery　20.0028
油漆搅拌机　paint mixer　20.0029
油漆装置　painting unit　20.0032
油气分离器　fuel and vapor separator, vapor seperator　24.0878
油燃烧器　oil burner　22.0298
油透平　oil turbine　23.0281
油腿　oil leg　21.0062
油位指示器　oil level indicator　23.0287
油雾化器　oil atomizer　22.0314
油箱　oil tank　23.0285
油箱加油蒸气通风道　tank refueling vapor vent path　24.0895
油箱排气装置　oil tank gas exhauster　23.0286
油箱正常蒸气通风道　tank normal vapor vent path　24.0894
油制动　oil brake　11.0184
游车　hunting　24.0223
有差调节　speed droop governing　24.0557
有齿轮曳引机　geared traction machine　06.0043
有隔板过滤器　folded-media-type filter with separator　12.0469
有轨巷道堆垛起重机　storage-retrieval machine　01.0450
有会车段往复式缆车　to-and-fro funiculars with criss-cross　02.0281
有机热载体锅炉　organic heat transfer boiler　22.0058
有机物碳氢当量　organic material hydrocarbon equivalent, OMHCE　24.0931
有机载热体加热装置　heat transfer material heater　15.0081
有机载热体燃煤加热装置　coal-fired heat-transfer material heater　15.0084
有机载热体燃油加热装置　oil-fired heat-transfer material heater　15.0085

有气涂料喷射机 pneumatic paint sprayer 20.0018
有线遥控起重机 cable remote operated crane 01.0683
有效功率 brake power 24.0168
有效扭矩 brake torque 24.0161
有效起重量 payload 01.0043
有效热效率 brake thermal efficiency 24.0170
有效行程 effective stroke 24.1072
有效压缩比 effective compression ratio 24.0145
有效余隙容积 effective clearance volume 24.0148
有效载荷 payload 14.0191
有油真空机组 oil vacuum pump system 13.0101
诱导器 induction unit 12.0439
诱导型变风量末端装置 induction-type VAV terminal device 12.0445
余摆线泵 trochoid pump 13.0038
余摆线聚焦质谱仪 trochoidal focusing mass spectrometer 13.0197
余气 residual gas 11.0102
余热锅炉 heat recovery steam generator, HRSG 22.0106，23.0857
* 余热锅炉型联合循环 unfired combined cycle with heat recovery steam generator 23.0854
余速 leaving velocity 23.0109
余速利用系数 utilization factor of leaving velocity 23.0110
余速损失 leaving velocity loss 23.0038
预定层站 predetermined landing 06.0028
预防性定期检修 time-based maintenance 22.0510
预干燥 preliminary drying 13.0252
预混燃烧 premixed combustion 22.0223
预冷器 precooler 11.0061，12.0182，23.0774
预期值 desired value 24.0601
预启阀 equalizing valve 23.0226
预燃室 prechamber 24.0124
预应力钢筋张拉设备 prestressed steel bar tensioning equipment 18.0043
* 预知性检修 condition-based maintenance 22.0509
原料空气 feed air 11.0002
原型 prototype 25.0220
* 原型机 prototype 25.0220
原装催化转化器 originally equipped catalytic converter 24.0717
原子能锅炉 nuclear energy steam generator 22.0110
圆底斗 round bottom bucket 02.0198
圆管带式输送机 pipe belt conveyor 02.0036
圆弧斗 round bucket 02.0199
圆木叉 log fork, log grapple 14.0116
* 圆木抓钩 log fork, log grapple 14.0116
圆盘给料机 rotary table feeder 03.0010
圆盘式给料器 table feeder 15.0014
圆盘式钻架 ring guide drill rig 21.0067
圆盘直径 disk diameter 14.0209
圆盘装载机 disk loader 04.0011
圆片式气锯 pneumatic circular saw 21.0166
圆筒阀 cylindrical valve, ring gate 25.0037
圆筒形门座 portal with cylindrical structure 01.0282
* 圆型燃烧器 swirl pulverized coal burner 22.0294
圆柱形贮槽 cylindrical tank 11.0141
圆锥齿轮式差速器 bevel gear differential 14.0053
* 圆锥破碎机 cone crusher 19.0018
远红外线加热式沥青储仓 far-infrared heating asphalt storage 15.0070
远距离操纵单轨系统 remote-controlled monorail system 01.0393
远距离操纵桥式起重机 remote-controlled overhead crane 01.0312
远距离控制 remote control 26.0252
越野叉车 rough-terrain truck 05.0014
越野流动式起重机 roughterrain mobile crane 01.0173
匀速式安全器 constant safety device 01.0640
允许骨料最大粒径 maximum permitted diameter of aggregate 17.0130
运动索 moving rope 02.0293
运动限制器 motion limiter 01.0146
运动压头 available static head 22.0148
运输车 truck, cart 02.0248
运输机构 conveying mechanism 14.0110
运输机架尾端摆角 conveyor swing angle 14.0143
运输质量 shipping mass 14.0194
运行点 operating point 23.0812
运行工况 operating condition 25.0234
运行轨迹控制装置 track control device 01.0501
运行环境温度 operating environmental temperature 26.0059
运行小时数 service hours 22.0619
运行终端限速器 traveling speed end limiter 01.0468
运行状态 state in service 22.0614

运载索　carrying hauling rope　02.0294
运转损失　running loss　24.0674
熨平装置　screed unit　15.0038

Z

杂物电梯　dumbwaiter, service lift　06.0013
杂质泵　liquid-solid handling pump　07.0039
载荷传感系统　load sensing system　20.0082
载荷升降　lifting of load　01.0029
载荷状况　load case　26.0056
载货电梯　goods lift, freight lift　06.0003
载货小车　load carrier　02.0238
载冷剂　secondary refrigerant　12.0064
载体　substrate　24.0744
载体涂料　washcoat　24.0743
载重梁　load bar　01.0398
再热兰金循环的联合循环　combined cycle with reheat Rankine cycle　23.0853
再热联合汽阀　combined reheat valve　23.0225
再热汽阀　reheat stop valve　23.0221
再热器　reheater　22.0414
再热燃烧室　reheat combustor　23.0563
再热式汽轮机　reheat steam turbine　23.0056
再热调节汽阀　intercept valve　23.0222
再热温度　reheat temperature　23.0148
再热循环　reheat cycle　23.0549
再热压力　reheat pressure　23.0149
再热蒸汽　reheat steam　23.0081
再热蒸汽参数　reheat steam conditions　23.0091
再热蒸汽管　reheat steam pipe　23.0233
再生　regeneration　24.0919
再生触发信号　trigger to regeneration　24.0921
再生间隔期　regeneration interval　24.0922
再生排放试验　regeneration emission test　24.0959
再生失控　run-away regeneration　24.0923
* 再生式回热器　rotating regenerator　23.0568
* 再生式空气预热器　regenerative air preheater　22.0429
再循环风机　recirculating fan　22.0347
再循环控制系统　recirculating control system　24.0613
再循环排气　EGR gas　24.0795
再循环式蒸发器　recirculation-type evaporator　12.0167
再制件　rebuilt part　24.0210
在用车　in-use vehicle　24.1025
凿岩辅助设备　rock drilling auxiliary　21.0011
凿岩机　rock drill　21.0002
凿岩机器人　rock drilling robot　21.0009
凿岩机械　rock drilling machine　21.0001
造船门式起重机　shipbuilding gantry crane　01.0328
造船用浮式起重机　shipyard floating crane　01.0258
* 噪声级　noise level　23.0356
噪声水平　noise level　23.0356
增压　pressure-charging　24.0082
增压泵　booster pump　07.0047
增压比　charging pressure ratio　24.0112
增压补偿器　boost compensator　24.1095
增压发动机　supercharged engine　24.0054
增压锅炉　supercharged boiler　22.0115
增压锅炉型联合循环　combined supercharged boiler and gas turbine cycle　23.0866
增压机–透平膨胀机　booster expansion turbine　11.0179
增压机制动　brake by booster　11.0182
增压空气冷却器　charge air cooler, inter-cooler　24.0476
增压空气旁通控制系统　charge air bypass control system　24.0437
增压流化床锅炉　pressurized fluidized bed boiler　22.0127
增压流化床联合循环　pressurized fluidized bed combined cycle, PFBC　23.0860
增压气化器　boosting vaporizer　11.0155
增压器　supercharger　08.0010
增压器效率　turbocharger efficiency　24.0092
增压器转子　turbocharger rotor　24.0424
* 增压透平膨胀机　booster expansion turbine　11.0179
增压压力　boost pressure　24.0186
增压压力控制式最大油量限制器　boost-pressure-controlled maximum fuel stop　24.1096
增压压缩机　booster compressor　10.0115

增压油泵　booster oil pump　23.0282
增压真空泵　booster vacuum pump　13.0068
增压中冷　turbocharging intercooling, turbocharging aftercooling　24.0094
增氧燃烧　oxygen-enhanced combustion, OEC　22.0221
渣浆泵　slag-slurry pump　07.0041
轧辊吊架　roll hanger　01.0441
轧片换热器　finned tube heat exchanger with integral rolled fins　12.0403
闸板　wedge, disk　09.0016
闸板式隔膜阀　wedge diaphragm valve　09.0042
闸阀　gate valve, slide valve　09.0025
闸门式真空系统　vacuum system with an air-lock　13.0104
闸门式振动给料器　gate-type feeder　15.0015
* 沾污　fouling　22.0522
展弦比　aspect ratio　23.0211，23.0680
张紧带轮　tensioning pulley　24.0327
张紧滑轨　slide rail　24.0321
张紧轮　tensioning wheel　24.0320
张紧索　tension rope　02.0289
张紧装置　tightening device　01.0383
胀差　differential expansion　23.0329
* 胀差指示器　differential expansion indicator　23.0273
胀管　tube expanding　23.0422
障碍物　obstacle　26.0272
罩壳　enclosure　23.0039
折臂式塔式起重机　goose-neck jib tower crane　01.0560
折叠式布料杆　folding placing boom　17.0104
折算流量　corrected flow　23.0805
折算热效率　referred thermal efficiency, corrected thermal efficiency　23.0588
折算输出功率　referred output, corrected output　23.0583
折算转速　referred speed　23.0834
折向器　deflector　25.0131
折焰角　nose, deflection arch　22.0274
折褶式空气过滤器　folded-media-type air filter　12.0468
针刺型肋片换热器　needled finned tube heat exchanger　12.0400
针阀升程传感器　needle-lift sensor　24.1153
针阀升程调整垫片　needle-lift adjusting shim　24.1144
针阀运动传感器　needle-motion sensor, SOI-sensor　24.1152
针束气动除锈器　pneumatic needle scaler　21.0105
针形阀　needle valve　25.0040
真空　vacuum　13.0005
真空安全阀　vacuum relief valve　09.0064
真空泵　vacuum pump　13.0026
真空泵的极限压力　ultimate pressure of vacuum pump　13.0094
真空泵的流量　throughput of vacuum pump　13.0089
真空泵的体积流率　volume flow rate of vacuum pump　13.0088
真空泵油　vacuum pump oil　13.0077
真空重熔　vacuum remelting　13.0296
真空除氧　vacuum deaeration　23.0496
真空窗　vacuum window　13.0136
真空等离子体熔炼　vacuum plasma melting　13.0287
真空电弧熔炼　vacuum arc melting　13.0286
真空电阻熔炼　vacuum resistance melting　13.0288
真空锭模熔炼　vacuum ingot melting　13.0294
真空度　degree of vacuum　13.0006
真空镀膜　vacuum coating　13.0221
真空镀膜设备　vacuum coating plant　13.0245
真空阀　vacuum valve　13.0145
真空法兰连接　vacuum flange connection　13.0130
真空干燥　vacuum drying　13.0250
真空坩埚熔炼　vacuum crucible melting　13.0289
真空感应炉　vacuum induction furnace　13.0318
真空感应熔炼　vacuum induction melting　13.0285
真空钢包除气　vacuum ladle degassing　13.0280
真空钢包脱气法　vacuum ladle degassing process　13.0281
真空虹吸脱气法　vacuum siphon degassing process　13.0282
真空机组　pump system　13.0100
真空计　vacuum gauge　13.0159
B-A 真空计　Bayard-Alpert gauge　13.0185
真空计控制单元　gauge control unit　13.0162
真空计指示单元　gauge indicating unit　13.0163
真空加压烧结　vacuum pressure sintering　13.0306
真空溅射　vacuum sputtering　13.0231

真空溅射镀膜设备 vacuum sputtering coating plant 13.0247
真空截止阀 break valve 13.0142
真空精炼 vacuum refining 13.0272
真空精密浇注 vacuum precision casting 13.0292
真空绝热挠性输液管 flexible delivery pipe with vacuum insulation 11.0165
真空绝热输液管 delivery pipe with vacuum insulation 11.0163
真空拉单晶 vacuum pulling crystal 13.0298
真空冷壁炉 vacuum cold wall furnace 13.0316
真空冷凝器 device for condensing vapor 13.0119
真空连续式加热炉 vacuum continuity heating furnace 13.0317
真空炉 vacuum furnace 13.0313
真空密封垫 vacuum-tight gasket 13.0131
真空密封圈 vacuum ring gasket 13.0132
真空凝壳熔炼 vacuum skull melting 13.0290
真空平密封垫 flat gasket 13.0133
真空破坏阀 vacuum break valve 25.0041
真空破坏器 vacuum breaker 23.0265
真空钎焊 vacuum brazing 13.0304
真空区域 range of vacuum 13.0007
真空区域熔炼 vacuum zone melting 13.0297
真空热壁炉 vacuum hot wall furnace 13.0314
真空热处理 vacuum heat treatment 13.0303
真空容器 vacuum container 13.0115
真空熔炼 vacuum melting 13.0271
真空筛 vacuum screen 20.0031
真空烧结 vacuum sintering 13.0305
真空试验 vacuum test 23.0352
真空调节阀 regulating valve 13.0138
真空脱碳 vacuum decarbonizing 13.0277
真空脱氧 vacuum deoxidation 13.0278
真空雾化 vacuum atomization 13.0302
真空吸盘 vacuum chuck 01.0127
真空系统 vacuum system 13.0099
真空系统的放气率 degassing throughput of vacuum system, outgassing throughput of vacuum system 13.0109
真空系统的漏气速率 leak throughput of vacuum system 13.0110
真空下降率 vacuum decreasing rate 23.0446
真空悬浮熔炼 vacuum floating melting 13.0295
真空旋转冷冻 vacuum spin-freezing 13.0267
真空循环脱气法 vacuum cycle degassing process 13.0283
真空压铸 evacuated die casting 13.0293
真空氧化 vacuum oxidation 13.0276
真空冶金 vacuum metallurgy 13.0270
真空冶金设备 vacuum metallurgy plant 13.0307
真空引入线 feedthrough, leadthrough 13.0134
真空闸室 vacuum air lock 13.0118
真空蒸镀 vacuum evaporation coating 13.0228
真空蒸发 vacuum evaporation 13.0301
真空蒸发镀膜设备 vacuum evaporation coating plant 13.0246
真空钟罩 vacuum bell jar 13.0117
真空轴密封 shaft seal 13.0135
枕木捣固机 tie tamper 21.0091
阵风 gust 26.0008
阵风影响 gust influence 26.0009
振动棒 vibrating head 17.0067
振动冲击夯 vibratory rammer 15.0149
振动给料机 vibrating feeder 03.0013
振动炉排 vibrating stoker 22.0365
振动平板夯 vibratory tamper 15.0150
振动筛 vibration screen 20.0030
振动输送机 vibrating conveyor 02.0222
振动指示器 vibration indicator 23.0275
振动桩锤 vibrator for piling equipment 16.0008
* 蒸发泵 evaporation pump 13.0056
蒸发材料 evaporation material 13.0225
蒸发和加油排放物系族 evaporative/refueling emission family 24.1024
蒸发冷却 evaporative cooling 24.0453
蒸发冷却器 evaporative cooler 23.0775
蒸发离子泵 evaporation ion pump 13.0058
蒸发率 evaporation rate 13.0024
蒸发排放物 evaporative emission 24.0671
蒸发排放物控制系统 evaporative emission control system 24.0907
蒸发排放物清除系统 evaporative purge system 24.0879
蒸发排放物用炭罐 carbon canister for evaporative emission 24.0875
蒸发器 evaporator 11.0057，12.0163
蒸发式空气冷却机组 evaporative air-cooling unit

12.0341
蒸发式冷凝器 evaporative condenser 12.0153
蒸发受热面 evaporating heating surface 22.0393
蒸发速率 evaporation rate 13.0229
蒸发物控制阀 vapor management control valve 24.0893
蒸发系统泄漏监控器 evaporative system leak monitor 24.0882
蒸干 dry out 22.0015
蒸气 vapor 13.0009
蒸气回收加油枪 vapor recovery nozzle 24.0897
蒸气喷射真空泵 vapor jet vacuum pump 13.0047
蒸气炭罐 vapor canister 24.0876
蒸气压缩式制冷机 vapor compression refrigerating machine 12.0075
* 蒸汽 steam 22.0003
蒸汽泵 steam pump 07.0088
蒸汽参数 steam conditions 23.0087
蒸汽锤 steam-operated impact hammer 16.0004
蒸汽电力浮式起重机 steam-electric floating crane 01.0251
* 蒸汽发生装置 steam generator 22.0051
蒸汽浮式起重机 steam floating crane 01.0248
蒸汽锅炉 steam boiler 22.0051
蒸汽加热器 steam heater 11.0087
蒸汽加热式沥青储仓 steam heating asphalt storage 15.0066
蒸汽加热式沥青熔化加热装置 steam heating asphalt melting and heating unit 15.0078
蒸汽净化 steam purification 22.0018
蒸汽静弯应力 steam static bending stress 23.0300
蒸汽空气比 steam-air ratio 23.0862
* 蒸汽冷凝器 device for condensing vapor 13.0119
* 蒸汽轮机 steam turbine 23.0045
蒸汽喷射式制冷机 steam jet refrigerating machine 12.0080
蒸汽喷射式制冷系统 steam jet refrigerating system 12.0047
蒸汽喷射式制冷循环 steam jet refrigeration cycle 12.0033
蒸汽品质 steam purity 22.0582
蒸汽清洗 steam washing 22.0206
蒸汽室 steam chest 23.0151
蒸汽疏水阀 steam trap 09.0080
蒸汽铁路起重机 steam locomotive crane 01.0224
* 蒸汽透平 steam turbine 23.0045
蒸汽雾化 steam atomization 22.0251
蒸汽雾化油燃烧器 steam atomizing oil burner 22.0299
蒸汽系统吹洗 scavenging of steam system 22.0504
* 蒸汽携带 vaporous carry-over 22.0204
蒸汽型吸收式制冷机 steam-operated absorption refrigerating machine 12.0099
蒸汽蓄热器 steam heat accumulator 22.0457
蒸汽氧化 steam oxidation 22.0536
蒸燃功比 steam-gas power ratio 23.0863
整定转速 setting speed 24.0544
整定转速信号 setting speed signal 24.0547
整锻转子 integral rotor, mono-block rotor 23.0174
* 整流罩 nose cone 26.0184
整模起重机 mould-handling crane 01.0413
整体车架自卸车 rigid-frame dumper 14.0225
整体传动齿轮系 integral drive gearing 24.0412
整体化循环物料换热器 integrated recycle heat exchanger 22.0290
整体活塞 one-piece piston 24.0358
整体煤气化联合循环 integrated gasification combined cycle, IGCC 23.0858
* 整体旁路容量 capacity of high-pressure bypass system 23.0389
整体旁路系统 integral bypass system 23.0384
* 整体气化联合循环 integrated gasification combined cycle, IGCC 23.0858
整体钎 integral drill steel 21.0207
整体式底盘 integral chassis 21.0257
整体式动力转向器 integral power steering gear 14.0032
整体式加油排放控制系统 integrated refueling emission control system 24.0891
整体式空气调节机 packaged air-conditioning unit 12.0344
整体式空气调节机组 self-contained air-conditioning unit 12.0339
整体式曲轴 one-piece crankshaft 24.0398
整体式凸轮轴 one-piece camshaft 24.0311
整体式载体 monolithic substrate 24.0745
整体围带叶片 integral shroud blade 23.0172
整装锅炉 package boiler 22.0059

正铲装置　shovel attachment　14.0070
正常起动　normal start　23.0818
正扭矩校正　positive torque control　24.0570
正时链条　timing chain　24.0318
正压力系数　thrust coefficient　26.0095
正压通风　forced draft　22.0238
正乙烷当量浓度　hexane equivalent concentration　24.0930
支臂缸　lift boom cylinder　21.0246
支撑板　support plate　23.0420
支撑装置　supporting device　14.0102
支承构件　support construction　02.0004
支承轮　bogie wheel　15.0169
支承轮廓　support contour　01.0024
支承桥式堆垛起重机　top-running stacking crane　01.0445
支承式起重机　supported crane　01.0674
支承套　splicing sleeve　01.0589
支承–压实轮　bogie tire wheel　15.0170
* 支持盖　inner head cover, inner top cover　25.0049
支持轴承　journal bearing　23.0187
支架　supporting mast　01.0372
支索器　rope carrier　01.0376
支腿　leg　01.0130，leg support　21.0059
支腿式电动凿岩机　leg-support electric rock drill　21.0030
织物带式输送机　solid woven belt conveyor　02.0010
织物芯带式输送机　fabric belt conveyor　02.0008
执行机构　actuator　24.0624
* 执行器　actuator　24.0624
直柄式定扭矩气扳机　straight torque-controlled pneumatic wrench　21.0140
直柄式气扳机　straight pneumatic wrench　21.0134
直柄式气铲　straight pneumatic chipping hammer　21.0088
直柄式气动铆钉机　straight pneumatic riveting hammer　21.0094
直柄式气动砂轮机　straight pneumatic grinder　21.0116
直柄式气钻　straight pneumatic drill　21.0125
直传装置　straight through transfer　02.0245
直吹式制粉系统　direct fired pulverizing system　22.0030
直动泵　direct acting pump　07.0087
直管式加热器　straight-tube-type heater　23.0459
直角坐标式钻臂　rectangular-coordinates drill boom　21.0236
直接吊装式吊具　unexchangeable spreader　01.0508
直接干式冷却系统　direct dry cooling system　23.0442
直接更换件　direct replacement part　24.0207
直接加热喷洒机　directly heated spreader　15.0093
直接喷射　direct injection　24.0072
直接喷射式柴油机　diesel direct injection engine　24.0064
直接泄漏　direct leakage, air infiltration　22.0254
直接载荷式安全阀　direct-loaded safety valve　09.0061
直接制冷系统　direct refrigeration system　12.0049
直接作用式减压阀　direct-acting reducing valve　09.0071
直口杜瓦容器　cylindrical Dewar　11.0139
直联式振动器　rigid vibrator　17.0059
直列式发动机　in-line engine　24.0034
直列式喷油泵　in-line fuel injection pump　24.1038
直流二极溅射　direct current diode sputtering　13.0234
直流锅炉　once-through boiler, mono-tube boiler　22.0094
直流煤粉燃烧器　straight-flow pulverized coal burner　22.0293
直流扫气　uniflow scavenging　24.0096
直流式阀　Y-globe valve　09.0090
直流式调风器　jet air register　22.0311
直流式系统　direct air system　12.0322
直埋式开沟机　direct-burial plough　14.0206
* 直喷式柴油机　diesel direct injection engine　24.0064
直驱励磁型风力发电机组　direct-drive magnet wind turbine generator set　26.0047
直驱型风力发电机组　direct-drive wind turbine generator set　26.0046
直驱永磁型风力发电机组　direct-drive permanent-magnet wind turbine generator set　26.0048
直燃式发生器　direct-fired generator　12.0216
直燃式溴化锂吸收式制冷机　direct-fired lithium-bromide-absorption refrigerating machine　12.0097
直通式阀　straight-through valve　09.0088
直推土铲　straight dozer　14.0175

直线电动机驱动带式输送机 belt conveyor driven by linear motor 02.0035
直线摩擦驱动带式输送机 belt conveyor driven by line friction 02.0034
直线运行型有轨巷道堆垛起重机 straightly traveling S/R machine 01.0462
直叶片 straight blade 23.0040
止摆装置 anti-oscillation device 01.0237
止点 dead center 24.0134
止回阀 check valve, non-return valve 09.0046
止推轴承 thrust bearing 24.0406
止推座 thrust cup 24.0348
纸浆泵 pulp pump 07.0045
指示功率 indicated power 24.0166
指示器 indicating device, indicator 01.0149
指示热效率 indicated thermal efficiency 24.0174
指向性 directivity 26.0156
制冰机 ice maker 12.0281
制动机构 braking mechanism 26.0206
制动喷嘴 brake nozzle 25.0132
制动器 brake 01.0100，14.0013
制动索 brake rope 02.0290
制动系报警装置 braking system alarm device 14.0021
制粉电耗 power consumption of pulverizing system 22.0611
制粉系统爆炸 explosion of pulverized-coal preparation system 22.0549
制粉系统冷态风平衡试验 cold air distributing test of pulverizing system 22.0561
制冷 refrigeration 12.0003
制冷/供热空气调节机组 cooling /heating air-conditioning unit 12.0329
制冷工程 refrigerating engineering 12.0001
制冷回路 refrigeration circuit 12.0012
制冷机 refrigerating machine 12.0074
制冷剂 refrigerant 12.0051
制冷剂气体流量计法 refrigerant vapor flowmeter method 12.0073
制冷剂液体流量计法 refrigerant liquid flowmeter method 12.0072
制冷量 refrigerating capacity 12.0015
制冷能效比 refrigerating energy efficiency ratio 12.0389
制冷设备 refrigerating apparatus 12.0144
制冷系统 refrigerating system 12.0042
制冷循环 refrigeration cycle 12.0030
制冷压缩机 refrigerant compressor 10.0134，12.0101
制冷压缩机组 refrigerating compressor unit 12.0125
制冷压缩冷凝机组 refrigerant compressor condensing unit, refrigerating condensing unit 12.0126
制冷与供热热泵 cooling and heating heat pump 12.0139
制冷装置 refrigerating plant 12.0011
制冷综合性能系数 refrigerating integrated part load value 12.0390
制热综合性能系数 heating integrated part load value 12.0391
质量功率比 mass-to-power ratio 23.0598
质量含汽率 steam quality by mass 22.0168
质量利用系数 coefficient of mass utilization 01.0207
质量流速 mass velocity 22.0171
质量排放标准 mass rate of emission standard 24.1018
质量排放量 mass emission 24.0940
质量式称量装置 quality batcher 17.0079
中弧线 camber line 23.0678
中间臂节 insert jib section 01.0189
中间槽 medial launder 14.0122
* 中间负荷额定输出功率 semi-base-load rated output 23.0582
中间隔板 intermediate bottom 24.0299
中间冷却器 intercooler 23.0776
中间冷却循环 intercooled cycle 23.0548
中间流 intermediate flow 13.0017
中间轴驱动式自卸车 center axle drive tipper 14.0235
中间贮仓乏气送粉系统 pulverizing system with intermediate bunker and drying agent as primary air 22.0028
中间贮仓热风送粉系统 pulverizing system with intermediate bunker and hot air as primary air 22.0027
* 中冷器 charge air cooler, inter-cooler 24.0476
中深斗 mid-deep bucket 02.0195
中水头混流式水轮泵 mid-head mixed-flow water-turbine pump 07.0142
中水头轴流式水轮泵 mid-head axial-flow water-turbine pump 07.0138

中速泵　medium-speed pump　07.0114
中速电梯　medium-speed lift　06.0010
中速磨煤机　medium-speed mill　22.0333
中温分离器　medium-temperature separator　22.0286
中效空气过滤器　medium-efficiency filter　12.0461
中心供水机构　central water-supply mechanism　21.0217
中心回转式抓岩机　center swivel grab loader　14.0095
中心钻臂　center drill boom　21.0223
中型板式给料机　middle-duty slat feeder　03.0005
中型风力发电机组　medium wind turbine generator set　26.0042
中型空气分离设备　medium scale air separation plant　11.0019
中压泵　medium-pressure pump　07.0110
中压阀门　medium-pressure valve　09.0082
中压缸起动　start-up of medium-pressure cylinder　23.0327
中压锅炉　medium-pressure boiler　22.0065
中压沥青喷洒机　medium-pressure binder spreader　15.0099
中压气动喷射设备　medium-pressure pneumatic spraying equipment　20.0038
中压汽轮机　medium-pressure steam turbine　23.0058
中压水加热式沥青储仓　medium-pressure water heating asphalt storage　15.0065
中压透平　intermediate-pressure turbine　23.0536
中压透平膨胀机　medium-pressure expansion turbine　11.0177
中压压气机　intermediate-pressure compressor　23.0554
中压压缩机　medium-pressure compressor　10.0128
中央加湿器　central humidifier　12.0411
中真空电子束焊接设备　medium vacuum electron beam welding plant　13.0310
终参数　end condition　23.0146
终端参数　terminal conditions　23.0093
终端止挡器　end stop　01.0148
钟形浮子式疏水阀　inverted bucket steam trap　09.0075
钟形罩　inverted bucket　09.0022
重锤式张紧装置　ballast tightening device　01.0384
重力润滑　gravity-feed lubrication, gravity oiling　24.0494
重力式抱索器　weight-operated grip　02.0310
重力式混凝土搅拌机　gravitation concrete mixer　17.0019
重型板式给料机　heavy-duty slat feeder　03.0004
重载发动机　heavy-duty engine　24.0053
周界风喷口　circumferential air nozzle, peripheral air nozzle　22.0354
周期式混凝土搅拌机　periodic concrete mixer　17.0018
周期式混凝土搅拌站　periodic concrete mixing plant　17.0014
周期性负荷运行　cycling operation　23.0337
周期性再生捕集氧化装置　periodically regenerating trap oxidizer　24.0917
周向布置式喷油泵　cylindrical fuel injection pump　24.1041
轴承体　bearing housing　24.0422
轴承箱　bearing housing　25.0111
* 轴承箱　bearing pedestal　23.0190
轴承座　bearing pedestal　23.0190
轴端功率　shaft power　23.0103
轴封　shaft gland, shaft end seal　23.0181
轴封抽汽器　gland steam exhauster　23.0291
轴封冷却器　gland steam condenser　23.0290
轴荷　axle load　01.0205
轴荷分配　axle distribution of mass　14.0193
轴活塞压缩机　shaft piston compressor　10.0083
轴领　guide bearing collar　25.0109
轴流泵　axial-flow pump　07.0019
轴流定桨式水轮机　Nagler turbine, propeller turbine, axial-flow fixed-blade turbine　25.0012
* 轴流式分离器　turbo cyclone separator　22.0379
轴流式汽轮机　axial-flow steam turbine　23.0048
轴流式水轮泵　axial-flow water-turbine pump　07.0136
轴流式水轮机　axial-flow turbine　25.0010
轴流式通风机　axial-flow fan　10.0046
轴流式透平　axial-flow turbine　23.0531
轴流式涡轮　axial-flow turbine　24.0425
轴流式蓄能泵　axial storage pump　25.0028
轴流式压气机　axial-flow compressor　23.0551
轴流式压缩机　axial-flow compressor　10.0078
轴流式转化器　axial-flow-type converter　24.0713
轴流调桨式水轮机　semi-Kaplan turbine, Thoma turbine, axial-flow regulative-blade turbine　25.0013

轴流转桨式水轮机 Kaplan turbine, axial-flow adjustable-blade turbine 25.0011
轴伸贯流式水轮机 shaft-extension type tubular turbine 25.0018
轴输出功率 shaft output 23.0584
轴瓦 bearing pad 25.0110
轴系 shafting 23.0186
轴系扭振 torsional vibration of shaft system 23.0312
轴系稳定性 shafting stability 23.0313
轴系振动 shafting vibration 23.0807
轴向泵 axial pump 07.0080
轴向水推力 axial hydraulic thrust 25.0249
轴向位移保护装置 axial displacement limiting device 23.0798
轴向位移指示器 shaft position indicator 23.0272
轴针式喷油嘴 pintle nozzle 24.1121
肘形尾水管 elbow draft tube 25.0079
肘形尾水管长度 length of elbow draft tube 25.0080
肘形尾水管深度 depth of elbow draft tube 25.0081
昼间换气损失 diurnal breathing loss 24.0672
主泵 main pump 13.0061
主臂 main jib 01.0182，main drill boom 21.0227
主齿轮箱 main gearbox 23.0744
主传动系 main drive gear 24.0411
主从式吊具 master slave spreader 01.0511
主低温换热器 main cryogenic heat exchanger 11.0043
主动阀配气机构 compressed-air distributing mechanism of driving valve 21.0211
主动冷轧带肋钢筋成型机 power driven cold rolling steel wire and bar making machine 18.0012
主动再生 active regeneration 24.0722
主阀 main valve 25.0034
主副连杆 articulated connecting rod 24.0390
主钩 main hook 01.0117
主换热器 main heat exchanger 11.0046
* 主回路 primary cooling circuit 23.0380
* 主减速比 drive axle ratio 14.0061
主减速器 final drive 14.0049
主连杆 master connecting rod 24.0391
主梁 main girder 01.0090
主梁受扭的起重机 torsion beam crane 01.0288
主喷射器 main ejector 12.0141
主起动空气阀 main starting air valve 24.0590
主汽阀 main stop valve 23.0219
主驱动链保护装置 main drive-chain guard 06.0061
* 主索 carrying cable, track rope 01.0365，02.0288
* 主塔 machine tower 01.0370
主脱扣器 master trip 23.0262
主小车 main crab 01.0069
主要运动件润滑 main running gear lubrication 24.0486
主油泵 main oil pump 23.0277
主真空阀 main vacuum valve 13.0146
主蒸汽 main steam, initial steam 23.0080
主蒸汽参数 main steam condition 23.0145
主蒸汽管 main steam pipe 23.0232
主蒸汽流量 initial-steam flow rate 23.0094
主蒸汽压力调节器 main steam pressure regulator 23.0254
主轴承 main bearing 24.0405
主轴承盖 main bearing cap 24.0283
主轴颈 crank journal 24.0402
主轴密封 main shaft seal 25.0102
煮炉 boiling-out 22.0502
住宅电梯 residential lift 06.0006
注聚泵 polymer injection pump 07.0126
注水泵 water injection pump 07.0103
注水器 injector 22.0454
注水设备 water injection equipment 23.0765
注水装置 water injector 10.0021
注油器 line oiler 21.0070，oil ejector 23.0284
注蒸汽燃气轮机 steam injection gas turbine, SIGT 23.0525
注蒸汽设备 steam injection equipment 23.0764
贮槽挂车 tank trailer 11.0148
贮液器 receiver 12.0233
驻车制动系 parking braking system 14.0003
柱架 pylon 01.0499
柱架式潜孔钻机 support-rig downhole drill 21.0051
柱塞泵 plunger pump 07.0064
柱塞顶隙 head clearance 24.1074
柱塞计量泵 plunger metering pump 07.0091
* 柱塞偶件 pumping element 24.1078
柱塞式低温液体泵 plunger-type cryogenic liquid pump 11.0192
柱塞式给料机 piston feeder 03.0018
柱塞式喷油泵 jerk fuel injection pump 24.1027

柱塞行程　plunger stroke　24.1060
柱式回转支承　central post slewing ring　01.0077
柱式悬臂起重机　pillar jib crane　01.0655
铸铁锅炉　cast-iron boiler　22.0083
铸铁省煤器　cast-iron gilled tube economizer　22.0426
铸造起重机　ladle crane　01.0409
抓瓣　grab claw　14.0158
抓铲装置　clamshell attachment　14.0072
抓斗　grab　01.0119
抓斗闭合直径　closed diameter of grab unit　14.0154
抓斗浮式起重机　grabbing floating crane　01.0254
抓斗横移机构　grab traversal mechanism　04.0028
抓斗回转机构　grab slewing mechanism　04.0029
抓斗料箱起重机　box-handling crane with grab　01.0425
抓斗门式起重机　bridge grabbing crane, grabbing goliath　01.0332
抓斗起重机　grabbing crane　01.0659
抓斗气缸　grab unit cylinder　14.0156
抓斗桥式起重机　overhead crane with grab　01.0298
抓斗张开直径　diameter of opened grab unit　14.0155
抓岩机　grab loader　14.0092
抓岩能力　grabbing productivity　14.0151
爪齿　blade tooth　14.0148
专用流动式起重机　specific purpose mobile crane　01.0174
专用桥式起重机　special overhead crane　01.0303
专用通风机　special purpose fan　10.0060
转化器旁通　converter bypass　24.0749
转化效率　conversion efficiency　24.0747
转向传动机构角传动比　steering linkage angle ratio　14.0037
转向控制阀内泄漏量　internal leakage in steering control valve　14.0045
转向控制阀全开隙　totally opened play of steering control valve　14.0044
转向控制阀预开隙　pre-opened play of steering control valve　14.0043
转向器传动效率　steering gear efficiency　14.0038
转向器反驱动力矩　reverse rotating torque of steering gear　14.0042
转向器角传动比　steering gear angle ratio　14.0036
转向器扭转刚度　torsional stiffness of steering gear　14.0039
转向驱动桥　steering drive axle　14.0048
转向系角传动比　steering system angle ratio　14.0035
转向摇臂最大摆角　maximum swing angle of steering pitman arm　14.0041
* 转杯雾化　rotary cup atomization　22.0253
* 转杯雾化油燃烧器　rotary cup atomizing oil burner　22.0302
转动部件　rotating component　25.0088
转动喷嘴调节　control by adjustable nozzle　11.0187
转动套　rotation sleeve　21.0195
* 转鼓　drum rotor　23.0177，rotor　24.0518
转轮　runner　25.0089
转轮除湿机　rotary dehumidifier　12.0427
转轮公称直径　runner nominal diameter　25.0090
转轮减压板　runner decompression plate　25.0106
转轮密封装置　runner seal　25.0101
转轮式热回收器　rotary heat exchanger　12.0452
转轮室　runner chamber　25.0076
转轮输出功率　output power of runner　25.0175
转轮输入功率　input power of runner　25.0176
转轮体　runner hub　25.0113
转轮叶片接力器　runner blade servomotor　25.0118
转轮叶片控制机构　runner blade control mechanism　25.0112
转轮止漏环　runner sealing ring　25.0104
转盘　swing carries　14.0150
转盘式回转支承　turntable slewing ring　01.0080
* 转盘式加湿器　spinning disk humidifier　12.0418
转舌型道岔　tongue switch　01.0401
* 转速变换器　speed changer　23.0250，23.0731
转速不等率　speed governing droop　23.0364
转速传感器　speed sensor　24.0857
转速–功率特性曲线　speed-power characteristic curve　24.0546
转速回复时间　speed recovery time　24.0567
转速控制的喷油延时　retarded injection timing with speed　24.0816
转速控制系统　speed control system　24.0610
* 转速脉冲发生器　speed pulser　23.0247
转速调节器　speed governor　23.0733
转速误差值　speed error value　24.0548
转索器　cable rotating device　01.0375
转锁　twist lock　01.0516
转台　rotating platform　01.0084
* 转叶机构　runner blade control mechanism　25.0112

转柱　rotary column　01.0088
转柱式回转支承　slewing ring with rotary column　01.0078
转柱式塔式起重机　tower crane with inner mast　01.0554
转子　rotor　24.0518
转子动平衡　rotor dynamic balancing　23.0319
* 转子发动机　rotary piston engine　24.0007
转子共振转速　rotor vibration resonance speed　23.0314
转子静平衡　rotor static balancing　23.0318
转子临界转速　rotor critical speed　23.0315
转子式除雪机　snow remover with snowblower　15.0177
转子式混凝土喷射机　rotor concrete spraying machine　17.0073
转子式喷油泵　rotary fuel injection pump　24.1043
转子体　rotor without blades　23.0041
转子轴向推力　rotor axial thrust　23.0317
桩的导向装置　pile guide　16.0032
桩架　piling rig　16.0033
桩盔　hammer helmet　16.0035
桩帽　drive cap　16.0034
装车机　car-loader　04.0016
装船机　ship loader　04.0013
装配夹块　assembly clamp　24.1204
装配式洁净室　assembly cleanroom　12.0478
装配式曲轴　assembled crankshaft　24.0400
装配试验　assembly test　25.0222
装卸机械　loading-unloading machine　04.0001
装卸桥　unloader　01.0330
装卸用浮式起重机　floating crane for cargo handling　01.0257
装卸用铁路起重机　railway crane for handling use　01.0227
装岩机　rock loader　14.0089
装运机　transloader　14.0091
装运质量　shipping mass　05.0029
装载斗　loading bucket　14.0163
装载斗自动复位装置　bucket auto-return device　14.0166
装载斗自动调平装置　bucket auto-leveling device　14.0167
装载机　loader　14.0080
装载装置　loader　14.0161
* 装置气蚀系数　plant cavitation coefficient　25.0202
* 状态过程线　condition curve　23.0147
状态检修　condition-based maintenance　22.0509
锥孔管座　female cone　24.1197
锥形尾水管　conical draft tube　25.0078
着火转速　firing speed　24.0159
子母式吊具　master beam spreader　01.0510
子午加速轴流通风机　meridionally accelerated axial fan　10.0040
自持转速　self-sustaining speed　23.0813
自动保护监测　automatic protection monitoring　24.0645
自动扶梯　escalator　06.0049
自动监测　automatic monitoring　24.0636
自动卷绕式空气过滤器　roll-type air filter　12.0472
自动控制单轨系统　automatic-dispatched monorail system　01.0394
自动控制堆垛起重机　automatic controlled stacking crane　01.0449
自动控制系统　automatic control system　24.0608
自动起动空气阀　automatic starting air valve　24.0589
自动起动控制系统　automatic start-up control system　23.0269
自动起动系统　automatic starting system　24.0584
自动清洗式机油滤清器　automatic lubricating oil filter　24.0506
自动人行道　passenger conveyor　06.0050
自动调平控制器　auto-leveling device　15.0047
自动调平系统　auto-leveling system　15.0046
自动有轨巷道堆垛起重机　automatic S/R machine　01.0459
自动制动系　automatic braking system　14.0005
自复位装置　automatic runback device　23.0251
自航浮式起重机　self-propelled floating crane　01.0242
自加速电子枪　self-acceleration electron gun　13.0320
自监测　self-monitoring　24.0637
自净化扩散泵　self-purifying diffusion pump　13.0049
自力走行　self-propelled traveling　01.0229
自力走行速度　self-propelled traveling speed　01.0231
* 自落式混凝土搅拌机　free-fall concrete mixer　17.0019
自落式混凝土清洗筛分机　gravitation cleaning and sizing machine for concrete　17.0109

自起动装置　automatic starting device　23.0512
自然对流空气冷却器　natural-convection air cooler　12.0209
自然对流冷却式冷凝器　natural convection air-cooled condenser　12.0148
* 自然工质制冷剂　natural refrigerant　12.0052
自然空气冷却　natural air cooling　24.0464
自然通风　natural draft　22.0237
自然通风冷却塔　atmospheric cooling tower　12.0185
自然通风湿式冷却塔　natural draft wet cooling tower　23.0435
自然吸气　natural aspiration　24.0081
* 自然吸气式发动机　naturally aspirated engine, non-supercharged engine　24.0003
自然循环锅炉　natural circulation boiler　22.0091
自升式塔式起重机　self-raising tower crane　01.0551
* 自生通风压力　stack draft　22.0147
自生通风压头　stack draft　22.0147
自适应存储器　adaptive memory　24.0820
自调整汽封　self-adjusting gland　23.0184
自吸泵　self-priming pump　07.0027
自卸车　dumper　14.0222
自卸卡车推行式石屑撒布机　chippings spreader pushed by tipper truck　15.0110
自行车式起重机　walking crane　01.0657
自行架设塔式起重机　self-erecting tower crane　01.0557
自行式架空索道　self-propelled ropeway　02.0274
自行式拉模机　self-moving mould dragger　17.0154
自行式沥青混凝土摊铺机　self-propelled asphalt paver　15.0022
自行式石屑撒布机　self-propelled chippings spreader　15.0109
自行式稳定土搅拌机　self-propelled pulvi-mixer　15.0154
自行式运载工具　self-powered carrier　02.0306
自行式支索器　mobile rope carrier　01.0381
自行式钻车　self-propelled jumbo　21.0041
自行通过最小曲线半径　negotiable radius for self-propelled traveling　01.0232
自行小车集装箱起重机　container crane with self-propelled trolley　01.0486
自行小车门式起重机　gantry crane with self-propelled trolley　01.0337
自行小车抓斗卸船机　ship unloader with self-propelled trolley　04.0026
自由活塞发动机　free-piston engine　24.0049
自由活塞发气机　free-piston gas generator　24.0050
自由活塞发气机组　free-piston gas generator set　24.0052
自由活塞燃气轮机　free piston gas turbine　23.0521
自由活塞压气机　free-piston compressor　24.0051
自由活塞压缩机　free-piston compressor　10.0085
自由流风速　free stream wind speed　26.0275
自由叶片　free-standing blade　23.0171
自重　service mass　05.0028
自助式冷藏陈列柜　self-service refrigerated display cabinet　12.0251
自装载挂车　self-loading trailer　05.0036
自作用控制器　self-acting controller　24.0622
总含盐量　total dissolved salt　22.0585
总空燃比　overall air-fuel ratio　24.0103
总能系统　integrated energy system, total energy system　23.0842
总起重量　gross lifting load　01.0049
* 总热效率　energy utilization coefficient　23.0139
总水头　total head　25.0149
总碳氢　total hydrocarbon, THC　24.0685
总碳氢分析仪　total hydrocarbon analyzer, THC analyzer　24.0987
总硬度　total hardness　22.0589
总有机物被提取部分　total organic extract fraction, TOF　24.0696
总制冷量　gross refrigerating capacity　12.0016
总质量　total mass　01.0006
纵锅筒锅炉　longitudinal drum boiler　22.0075
* 纵置式锅炉　longitudinal drum boiler　22.0075
走行挂齿装置　clutch in traveling system　01.0236
阻风门开启器　choke opener　24.0834
阻力系数　drag coefficient　26.0093
阻尼板　spoiling flap　26.0176
阻塞极限　choking limit　23.0636
组合臂架系统　double-link jib　01.0273
组合滑架　linkup load trolley　02.0234
组合活塞　multi-piece piston　24.0359
组合冷库　sectional cold room　12.0268
组合式降氮氧化物–颗粒物系统　combined deNO_x-particulate filter　24.0794

组合式空气调节机组 combined air-conditioning unit 12.0331
组合式起重臂 boom with fly jib, extension jib 01.0193
组合式气扳机 combination pneumatic nutrunner 21.0145
组合式曲轴 built-up crankshaft 24.0399
组合式凸轮轴 assembled camshaft 24.0312
组合式钻臂 combinational drill boom 21.0226
组合型料斗 combined bucket 02.0196
组合用气扳机 pneumatic nutrunner for combination 21.0146
组筒式冷凝器 multi-shell condenser 12.0159
组装锅炉 shop-assembled boiler 22.0060
组装式布料杆 assembled placing boom 17.0103
钻臂 drill boom 21.0220
钻臂回转机构 drill boom rotation mechanism 21.0238
钻臂平移机构 drill boom parallel traveling mechanism 21.0243
钻臂伸缩缸 drill boom telescopic cylinder 21.0248
钻车 drill wagon, jumbo, rig 21.0008
钻杆 drill rod 21.0208
钻机 drill 21.0010
钻架 drill rig 21.0064
钻具 accessories for rotary drilling 21.0202
钻孔成桩设备 drilling pile forming rig 16.0015
钻头 drill bit 21.0209
最长主臂 full extensional main jib 01.0186
最大变幅距离 maximum range 14.0153
最大铲取力 maximum breakout force 14.0132
最大垂直输送距离 maximum vertical delivery distance 17.0132
最大工作平台高度 maximum platform height 20.0077
最大工作压力 maximum working pressure 13.0093
最大功率 maximum capability 23.0130
最大过负荷功率 maximum overload capability 23.0131
最大极限状态 ultimate limit state 26.0140
最大搅拌深度 maximum mixing depth 15.0173
最大掘起力 maximum prying force 14.0169
最大力矩系数 maximum torque coefficient 26.0099
最大连续功率 maximum continuous power 23.0576
最大扭矩 maximum torque 24.0551
最大配置率 maximum ordonnance rate 12.0387
最大平台幅度 maximum platform range ability 20.0079
最大起重量 maximum capacity 01.0051
最大前级压力 maximum backing pressure 13.0092
最大水头 maximum head 25.0157
最大摊铺厚度 maximum paving thickness 15.0055
最大摊铺宽度 maximum paving width 15.0054
最大摊铺速度 maximum paving speed 15.0056
最大卸载高度 maximum dumping height 14.0139
最大油量限制器 maximum fuel stop, full load stop 24.1092
最大转向角 maximum swing angle 14.0138
最大作业幅度 maximum working range ability 20.0080
最大作业高度 maximum working height 20.0078
最大作用力 maximum force 24.0550
最低负荷运行 minimum load operation 23.0340
最低可调空载转速 lowest adjustable no-load speed 24.0564
* 最短主臂 basic jib 01.0185
最高持续转速 maximum continuous speed 24.0155
最高连续转速 maximum continuous speed 23.0150
最高气缸压力 maximum cylinder pressure 24.0183
最高升速 maximum speed rise 23.0363
最高允许壁温 maximum allowable metal temperature 22.0159
最高允许工作压力 maximum allowable working pressure 22.0142
最高转速 maximum speed 23.0362
最佳速比 optimum velocity ratio 23.0112
最小工作幅度 minimum rated radius 01.0219
最小离地间隙 minimum ground clearance 14.0141
最小灵敏度 minimum sensitivity, insensitivity 24.0561
最小流量装置 minimum flow recirculating system 23.0486
最小配置率 minimum ordonnance rate 12.0388
最小水头 minimum head 25.0158
最小转弯半径 minimum turning radius 01.0026
最优比转速 optimum specific speed 25.0241
最优工况 optimum operating condition 25.0235
作业质量 operating weight 14.0134
作业周期 operation cycle time 01.0016
座环 stay ring 25.0046